构造岩相学理论、找矿预测与示范应用系列丛书

塔西砂砾岩型铜铅锌矿床成矿规律与找矿预测

方维萱　王　磊　王寿成　李天成　贾润幸　杜玉龙等　著

科学出版社

北　京

内 容 简 介

塔西地区中-新生代盆山原镶嵌构造区具有铜铅锌-天青石-铀-石膏-煤-天然气等多矿种同盆共存富集特点。本书在深入解剖研究萨热克砂砾岩型铜矿床、乌拉根砂砾岩型铅锌矿床成矿规律和主控因素基础上，从深部地质作用、沉积盆地-造山带-构造高原耦合与转换角度入手，研究还原性成矿流体、盆地热卤水和中新生代深源流体与砂砾岩型铜铅锌矿床成岩成矿关系。在构造岩相学及地球化学岩相学解剖研究基础上，创建了塔西盆山原镶嵌构造区砂砾岩型铜铅锌成矿系统。总结塔西砂砾岩型铜铅锌矿床的区域构造-成矿演化规律，对同类型矿床的勘查与研究具有借鉴意义。

本书可为找矿勘探人员提供参考，也可供地质院校师生阅读。

图书在版编目(CIP)数据

塔西砂砾岩型铜铅锌矿床成矿规律与找矿预测 / 方维萱等著 . —北京：科学出版社，2019.10

（构造岩相学理论、找矿预测与示范应用系列丛书）

ISBN 978-7-03-060957-1

Ⅰ. ①塔… Ⅱ. ①方… Ⅲ. ①塔里木盆地-砂岩储集层-铜矿床-成矿规律-研究 ②塔里木盆地-砂岩储集层-铜矿床-找矿-预测-研究 ③塔里木盆地-砂岩储集层-铅锌矿床-成矿规律-研究 ④塔里木盆地-砂岩储集层-铅锌矿床-找矿-预测-研究 Ⅳ. ①P618.4

中国版本图书馆 CIP 数据核字（2019）第 058069 号

责任编辑：王 运 李 静 / 责任校对：张小霞
责任印制：肖 兴 / 封面设计：铭轩堂

斜 学 出 版 社 出版

北京东黄城根北街 16 号
邮政编码：100717
http://www.sciencep.com

三河市骏杰印刷有限公司 印刷
科学出版社发行 各地新华书店经销

*

2019 年 10 月第 一 版 开本：787×1092 1/16
2019 年 10 月第一次印刷 印张：28 插页：12
字数：650 000
定价：278.00 元

序

在塔里木盆地西缘和北缘广泛发育有新生代盆地，并含有丰富的沉积岩型铜铅锌、铀、膏盐类等矿产资源。深入探讨其成矿规律，开展找矿预测，具有重要的科学意义和应用价值。《塔西砂砾岩型铜铅锌矿床成矿规律与找矿预测》以盆山镶嵌构造理论和成矿系统理论为指导，应用并进一步发展了方维萱科研团队提出的构造岩相学和地球化学岩相学等综合创新性研究方法，从构造–流体–岩相多重耦合与金属大规模成矿角度，对塔西地区十个不同含矿层位，萨热克巴依、乌拉根、拜城和托云等四个含铜铅锌次级盆地，萨热克和乌拉根等八个典型砂砾岩型铜铅锌矿床进行系统研究和对比。创新性构建了塔西盆山原镶嵌构造区砂砾岩型铜铅锌成矿系统及其物质–时间–空间演化结构，划分为三个成矿亚系统：①燕山期（J_{2+3}-K_1）铜多金属–煤（铀）成矿亚系统；②燕山晚期–喜马拉雅早期（K_2-E）铅锌–天青石–铀成矿亚系统；③喜马拉雅晚期（N_{1-2}）铜铀成矿亚系统。

该书系统地探讨了在帕米尔高原–塔里木叠合盆地–南天山造山带中新生代陆内盆山镶嵌构造区形成演化过程，区域构造–流体–成矿与金属矿产–天青石–煤–铀–油气资源同盆富集成矿规律与陆内特色成矿单元关系。阐明了塔西地区砂砾岩型铜铅锌矿床的盆地基底构造层、主成矿期构造样式、区域构造配置、构造样式和构造组合、盆地隐蔽构造类型，揭示了盆地构造反转事件、构造热事件生排烃与砂砾岩型铜铅锌矿床富集成矿的物质–时间–空间耦合关系，为深部隐伏矿体探测提供了相关理论依据。对塔西盆山原耦合转换不同期次的构造岩相学序列、构造岩相学组合类型、原型盆地和盆地动力学，结合沉积盆地内部构造样式、深部隐蔽构造样式和构造组合等进行了深入的综合研究，厘定了砂砾岩型铜铅锌成矿系统的物质–时间–空间分布规律，认为受塔西地区盆山原镶嵌构造区挤压–伸展转换过程的控制显著。

从构造岩相学和地球化学岩相学等综合方法角度，采用八个成岩成矿要素"源–生、气–卤–烃、运–聚–时、耦、存、叠、表"，阐明了塔西地区砂砾岩型铜铅锌–天青石–铀成矿系统的成矿规律和成矿演化模式。在厘定成矿时代的基础上，建立了塔西砂砾岩型铜铅锌成矿系统内三个成矿亚系统区域构造–成矿演化模式，阐明了砂砾岩型铜铅锌矿床成矿规律。基于构造岩相学和地球化学岩相学创新技术方法，创建1：5万区域找矿预测和1：1万矿区深部和外围找矿预测方法系列，经工程验证，提交了两处具有大中型找矿潜力的示范区。

该书将理论创新研究、找矿预测技术研发和矿产勘查实践紧密相结合，为砂砾岩型铜铅锌矿找矿预测提供了新理论指导和新技术方法的支撑。该书的出版发行将有力地推进地质矿产行业科学技术进步。该书可供研究院所、大专院校师生和矿山企业专业技术人员等在解决科研和生产实际问题时参考使用。

中国工程院院士

2019 年 9 月

前　　言

　　塔西地区塔里木盆地西缘中–新生代盆山原镶嵌构造区具有铜铅锌–天青石–铀–石膏–煤–天然气等多矿种同盆共存富集成藏成矿特征，是我国陆内特色成矿单元。本书在深入解剖研究萨热克式砂砾岩型铜矿床、乌拉根式砂砾岩型铅锌矿床成矿规律和主控因素基础上，从深部地质作用（辉绿岩–辉绿辉长岩侵位事件）和盆地流体大规模运移、造山带–前陆盆地与冲断褶皱带耦合与转换角度入手，研究还原性盆地流体、盆地热卤水（含钾膏岩系）和中新生代深源流体与砂砾岩型铜铅锌矿床成岩成矿关系，探索塔西砂砾岩型铜铅锌矿床的区域构造–成矿演化规律。研发塔西中高山区砂砾岩型铜铅锌矿床的勘查评价与找矿预测技术集成体系，开展砂砾岩型铜铅锌矿床成矿远景区、找矿预测和勘查靶位圈定，总结塔西砂砾岩型铜铅锌矿床成矿规律，进行找矿预测示范研究。

　　区内砂砾岩型铜矿床与砂砾岩型铅锌矿床共生分异与叠加成矿规律，盆–山耦合转换与冲断褶皱带形成的时–空结构，以及区域构造–成矿演化模型是砂砾岩型铜铅锌矿研究的理论创新点。含矿盆地流体（盆地低温热卤水和还原性烃类油气流体等）大规模运移路径、盆内构造–岩相–流体多重耦合、大规模水–岩反应（低温蚀变带）与矿质巨量沉淀–富集反应机制和时空演化结构，以及找矿预测与靶区快速优选评价是找矿的关键。本书紧密围绕以上科学问题和关键技术，开展了以下三个方面的研究。

　　(1) 塔西砂砾岩型铜矿床成矿特征与成矿模式。①以萨热克大型铜多金属矿床、花园和拜城滴水中型铜矿床等典型矿床为研究对象，确定主要控制因素、成矿特征和成矿时代，建立砂砾岩型铜矿床的成矿模式；②对上侏罗统库孜贡苏组（萨热克式铜矿）、下白垩统克孜勒苏群下段 Cu-Pb-Zn-Mo 含矿层（与辉绿辉长岩脉群有关的萨热克南矿带铜铅锌矿体）、古近系含铜膏盐岩（蒸发岩系）–含铜泥岩–含铜灰岩、新近系中新统安居安组（花园式铜银矿床）进行区域铜含矿层位对比研究，总结成矿特征；③建立了萨热克复式向斜内隐蔽构造、对冲式逆冲推覆构造和辉绿辉长岩侵入构造、秋里塔格冲断褶皱带–拜城储矿向斜–北部线性冲断褶皱带等不同构造组合、构造样式、构造配置与砂砾岩型铜铅锌矿床之间的关系；④研发了次级含矿盆地分析的构造岩相学–物探深部探测–岩石地球化学等综合方法技术；⑤以矿物地球化学填图与找矿预测新技术研发为主导，深入研究了富铜矿体的形成机制、赋存规律与找矿预测标志。

　　(2) 塔西砂砾岩型铅锌矿床成矿特征与成矿模式。①以乌拉根、康西、托帕等典型铅锌矿床为研究对象，确定主要控制因素、成矿特征和成矿时代，建立了砂砾岩型铅锌矿床的成矿模式；②对下白垩统克孜勒苏群第五岩性段灰白色砂砾岩（乌拉根式铅锌矿）和古近系含铅锌天青石白云石角砾岩进行了研究，与区域含矿层位进行对比研究，厘定成矿时代，研究成矿规律；③研究了乌拉根和托帕两个次级盆地的基底背斜–储矿向斜–同生断裂，以及不同构造组合、构造样式、构造配置与砂砾岩型铅锌矿床之间的关系，以矿物地球化学填图与找矿预测新技术为主导，深入研究了铅锌富矿体形成机制、赋存规律与找矿预测标志。

(3) 塔西砂砾岩型铜铅锌矿床成矿系统、找矿预测技术集成与靶区圈定。以萨热克巴依、乌拉根、拜城和托云等四个含铜铅锌次级盆地为重点，开展了陆内盆地形成演化与区域成矿规律和成矿系统研究。①从陆内盆地形成期的深部地质作用（碱性辉绿岩-辉绿辉长岩群和白垩纪碱性火山岩）、盆-山耦合（造山带提供成矿物质可能性）、前陆盆地流体大规模运移、构造-流体-岩相多重耦合与金属大规模成矿角度，对塔西地区不同含矿层位进行对比研究，建立了次级盆地中砂砾岩型铜-铜银-铜铅锌矿床的成矿序列；②从古近纪造山期和盆-山转换期深部地质作用（古近纪辉绿岩-辉绿辉长岩侵位事件）叠加、盆-山转换与盆地流体叠加、前陆冲断褶皱带与盆地变形样式、构造组合和构造配置关系等角度入手，研究建立了砂砾岩型铜铅锌矿床的区域构造-成矿演化模式；③揭示了砂砾岩型铜铅锌矿成矿系统的内部时-空结构、多重耦合特征、子系统组成，建立了区域找矿预测指标体系；④建立了塔西地区遥感色彩异常-区域找矿预测模型，研发了次级含矿盆地的构造岩相学-物探深部探测-岩石地球化学等综合方法技术，以及含铜铅锌次级盆地分析与找矿预测技术，在探矿验证工程基础上完善修改，最终形成了砂砾岩型铜铅锌矿床勘查评价与找矿预测有效方法技术集成体系。

本书是在有色金属矿产地质调查中心负责的"塔西砂砾岩型铜铅锌矿床成矿系统、找矿预测技术集成与靶区圈定"课题研究（201511016-1）基础上撰写而成。课题研究成果和新创建的1∶5万区域找矿预测和1∶1万矿区大比例尺找矿预测两类技术系列，以及有色金属矿产地质调查中心承担和完成的中国地质调查局相关项目，作为单位匹配项目进行了示范推广应用，包括新疆萨热克铜矿整装勘查区专项填图与技术应用示范项目（12120114081501）（2014~2016年）、新疆萨热克铜矿整装勘查区矿产调查与找矿预测项目（1212010040001500017-47；1212010040000160901-67）、新疆乌恰县乌拉根-萨热克地区1∶5万资源环境综合调查（DD20160001-[2017]0418-11和DD20160001-[2018]0418-1）。相关研究工作是在有色金属矿产地质调查中心（北京矿产地质研究院）、自然资源部科技发展司和项目办、中国地质调查局西安地质调查中心、中国地质调查局发展研究中心等领导的支持和关怀下完成的。在研究工作中，得到了国土资源部行业基金项目、中国地质调查局公益性地质项目、新疆汇祥永金矿业有限公司（萨热克铜矿）、新疆紫金锌业有限公司（乌拉根铅锌矿）和新疆拜城县滴水铜矿开发有限责任公司（滴水铜矿）等单位和领导的大力支持和帮助。特此致谢！

全书共分7章，由方维萱执笔撰写，参加编写人员还有王磊、王寿成、贾润幸、李天成和杜玉龙。鲁佳、郭玉乾和胡玉平等参加了图件制作和资料综合研究。张建国等完成了遥感色彩异常图像处理和解译。参加课题研究工作的人员有：方维萱、贾润幸、王磊、李天成、杜玉龙、鲁佳、郭玉乾、俞望杰、韩文华、于志远、范玉须、曹经纬、郝贵宝、郑宁、郭海丽、胡玉平、李艳艳、蒋智颖等。全书由方维萱、王寿成和王磊统稿并审定。

由于时间短促，本书在某些方面研究还不够深入，认识也不尽全面系统，真诚欢迎地学界同行们批评指正。

目　　录

第1章 研究思路与方法技术

1.1 研究现状与存在问题

1.1.1 现状与进展

沉积岩型铜矿床(砂砾岩型、砂岩型、页岩型和白云岩型等)是全球主要铜矿床类型之一,约占全球铜矿床的30%,仅次于斑岩型铜矿床,深受地学界和矿业界关注并被深入研究。塔西地区沉积岩型铜铅锌矿床在全球独具特色。①在塔里木周缘古近系和新近系中发育砂岩型铜矿床,而萨热克大型砂砾岩型铜矿床赋矿层位为上侏罗统,它们与造山带-沉积盆地耦合转换构造系统有密切关系,以大陆挤压体系为特点,在全球十分特殊。沉积岩型铜矿床主要分布在中西部,如塔里木周缘古近-新近系和侏罗系砂砾岩型铜矿床、云南滥泥坪震旦系砂砾岩-白云岩型铜矿床、康滇元古宙隆起周缘中生界含铜砂页岩型铜矿床、湖南麻阳白垩系和古近系砂岩型铜矿床、六盘山-贺兰山泥盆系砂页岩型和白垩系砂砾岩型铜矿床、玉门-肃南志留系砂岩型铜矿床,但从单个铜矿床规模上看,萨热克砂砾岩型铜矿床规模最大,且其外围具有巨大的找矿潜力;②沉积岩型铅锌矿床是全球主要铅锌矿床类型之一,从赋矿层位上看,大型规模砂砾岩型铅锌矿床主要产于元古宇(如加拿大乔治湖铅锌矿床)、寒武系(如瑞典拉伊斯瓦尔铅锌矿床,铅锌资源储量为392万t)、石炭系(如加拿大亚瓦铅锌矿床,铅锌资源储量为142.4万t)、三叠系(如德国Mechernich铅锌矿床,铅锌资源储量为405万t,Maubach铅锌矿床,铅锌资源储量为249.6万t)、侏罗系(摩洛哥泽迪铅锌矿床)、古近系(如云南兰坪砂砾岩型铅锌矿床),铅锌资源储量为1500万t。在乌拉根中-新生代前陆盆地中,下白垩统顶部—古近系底部产出超大型砂砾岩型铅锌矿床,其铅锌资源量远景达1000万t,乌拉根砂砾岩型铅锌矿床与天青石矿床共生,与花园-杨叶新近系中砂岩型铜矿带在空间上同盆共存;③在塔里木叠合盆地周缘沉积岩型铜铅锌矿集区,塔西-塔北地区沉积岩型铜铅锌矿床与铀矿床、石膏岩盐类、煤炭、天然气和油气田等多种金属矿产、非金属矿产和多种能源矿产具有同盆富集成矿规律。

在砂砾岩型铜铅锌矿床找矿勘查与综合研究上,国内外研究现状和发展趋势可以归纳为如下四个方面。

(1)砂砾岩型铜铅锌矿床是全球主要铜矿床和铅锌矿床类型之一。萨热克砂砾岩型铜矿床和乌拉根砂砾岩型铅锌矿床在全球位置十分特殊,但其成矿时代、成矿规律和成矿模式尚需深入研究。

第一,萨热克砂砾岩型铜矿床主要赋矿层位为上侏罗统库孜贡苏组,在全球十分特殊。从赋矿层位看,大型-超大型沉积岩型铜矿床主要为元古宇、石炭系、二叠-三叠系、白垩系、古近-新近系等,如赞比亚铜矿省、扎伊尔中-新元古界沉积岩型铜钴矿带、俄罗斯乌多坎砂岩型铜矿床(周永恒等,2013)、哈萨克斯坦杰兹卡兹甘石炭系砂岩型铜矿床、我国云南楚雄白垩系砂页岩型铜矿床、波兰卢宾铜矿床(铜金属资源储量为1500万t;瞿泓滢等,2013),德国曼斯菲尔德铜矿床赋存层位为二叠系,格陵兰-欧洲二叠-三叠系为砂砾岩型-砂岩型-页岩型铜矿床主要赋存层位。智利、玻利维亚、阿根廷和墨西哥等安第斯造山带中,砂砾岩型铜矿床赋存层位为白垩系和古近-新近系。在我国塔里木周缘古近-新近系砂岩型铜矿床发育,但萨热克大型砂砾岩型铜矿床为上侏罗统,在全球十分特殊。

第二,萨热克砂砾岩型铜矿床在我国沉积岩型铜矿床中规模最大,其外围找矿潜力巨大。我国沉积岩型铜矿床主要分布在云南楚雄和新疆塔西萨热克巴依中新生代沉积盆地中,次为塔里木周缘古近-新近系砂岩型铜矿床、云南滥泥坪震旦系砂砾岩-白云岩型铜矿床、康滇古元宙古隆起周缘川-滇-黔中新生界含铜砂砾岩-砂页岩型铜矿床、湖南麻阳白垩-古近系砂岩型铜矿床、六盘山-贺兰山泥盆系砂页岩型和白垩系砂砾岩型铜矿床、玉门-肃南志留系砂岩型铜矿床。但从铜矿床规模上看,萨热克砂砾岩型铜矿床规模最大,单矿床资源储量为大型矿床,其外围仍具有巨大的找矿潜力。

第三,乌拉根超大型砂砾岩型铅锌矿床在全球位置十分特殊,具有较大的理论研究意义。砂砾岩型铅锌矿床是全球主要铅锌矿床类型之一,乌拉根和兰坪超大型砂砾岩型铅锌矿床在全球具有十分特殊的位置,尤其是在乌拉根-康西-加斯砂砾岩型铅锌矿带北侧为萨热克式砂砾岩型铜矿带,南侧为花园-杨叶砂岩型铜矿带,这种区域成矿分带在全球十分少见,研究价值较大。

(2)成矿模式和勘查模型研究极大地提升了国内外矿床学和找矿勘查研究理论水平,提高了找矿成功率,降低了找矿风险;成矿系统理论(翟裕生,1999,2000,2003,2007,2009;翟裕生等,2008;邓军等,1998,1999;毛景文等,2002,2005;胡瑞忠等,2005;侯增谦等,1998,2004;张连昌等,2006;杨永强等,2006;陈衍景等,2010;杨立强等,2010;李文昌等,2013)和找矿预测技术新方法研究,构建了矿床学与矿产勘查之间的桥梁(翟裕生,2003),促进了矿产勘查向纵深方向发展,也是当前和今后主要发展方向。在砂砾岩型铜矿床和砂砾岩型铅锌矿床研究方面,先后提出了"沉积-改造成矿"、"热卤水成矿"和"地下水搬运-成岩再造"等成矿模式。近年来,在注重研究沉积盆地改造过程中,深部地质作用、盆地流体大规模运移、构造-流体成矿-岩性耦合(谭凯旋等,1999;韩润生等,2010)和同位素精确定年约束构造-流体-成岩成矿作用事件研究成为主要发展趋势,提出了兰坪金顶铅锌矿床的"壳幔流体混合成矿"(尹汉辉等,1990;王京彬等,1991;Xue et al.,2000,2003;薛春纪等,2002;李春辉等,2011)、"同生沉积-变形叠加成矿"(吴淦国等,1989)、"流体混合大规模成矿"(薛春纪等,2006)等不同观点;在金顶铅锌矿床含铅锌矿角砾岩成岩成矿作用研究上,认为金顶成岩成矿系统经历了周期性高度活跃剧烈的高压盆地流体作用,主要有"湖底热液喷发"(王江海等,1998)、"侵入角砾岩"(高兰等,2005,2008)、"构造-岩溶角砾岩"(高广立等,1989;胡明安,1989;覃功炯等,1991,1994;王安建等,2007,2009)、水力压裂构造-碎屑灌入体-含矿热液角砾岩(池国祥等,2011)。一些学者采用磷灰石裂变径迹、黄铁矿和沥青Re-Os同位素测年,精确厘定了金顶铅锌矿床的成矿时代(李小明等,2000;薛春纪等,2003;高炳宇等,2012;唐永永等,2013),为本书研究提供了新技术方法。

对萨热克层控砂砾岩型铜矿床(高珍权等,2005;祝新友等,2011)和乌拉根层控砂砾岩型铅锌矿床的成因研究也取得了新进展(蔡宏渊等,2002;刘宏林等,2010;刘增仁等,2010,2011;韩凤彬等,2013)。对乌拉根铅锌矿床的成因认识主要有"沉积型或沉积-弱改造型"(彭守晋,1990)、"海底喷流沉积型"(蔡宏渊等,2002;谢世业等,2002,2003)、热卤水沉积-改造铅锌矿床(高珍权等,2002;李丰收等,2005;白洪海等,2008;康亚龙等,2009)、MVT型铅锌矿床(张舒,2010;祝新友等,2010)、还原性盆地油田卤水形成白垩系含铅锌矿褪色化蚀变碎屑岩和古近系含铅锌矿白云石化坍塌角砾岩(王京彬和祝新友等,2008;祝新友等,2010;董新丰等,2013)、层次性砂岩型铅锌铜铀矿成矿系列的多成因复成矿床(刘宏林等,2010)。但由于成矿时代未精确厘定,制约了成矿模式与成矿规律的深入认识。采用成矿系统理论和现代同位素技术(钼矿物、黄铁矿和沥青Re-Os同位素测年、磷灰石裂变径迹法等)将有助于精确厘定成矿时代和建立成矿模式。

然而,塔西-塔北砂砾岩型铜铅锌矿床与铀-天青石-煤系是否属于统一成矿系统?与煤系烃源岩和石油天然气之间同盆共存富集成矿,与帕米尔高原-塔里木叠合盆地-西南天山造山带之间耦合转换联系是什么?它们是否为陆内特色成矿单元?砂砾岩型铜铅锌矿床与煤系烃源岩和石油天然气之间,是否具有协同成矿作用?多种矿产同盆共存富集成矿的内在联系是什么?这些都是值得深入研究的科学问题。

(3)矿产勘查新技术向立体勘查方向发展,以空间探测、地面勘查、深部探测和井巷工程综合方法勘探等系列方法为具体发展方向,采用集成有效勘查技术方法,不但大幅度提高了矿产勘查效率,而且提高了勘查精度、探测深度和找矿成功率。

第一,高空间分辨率遥感新技术,在1:20万和1:50万比例尺上快速查明和圈定大面积普查-预查区,为找矿靶区的圈定和优选提供了快速、低成本、数字化和可视化的影像技术手段,如Landsat-7、SPOT-5、QuickBird(快鸟)、IKONOS等卫星可提供空间分辨率从10m到厘米级的遥感信息等。尤其是QuickBird数据接近真色彩,为开展1:5万或1:1万比例尺的构造岩相学填图提供了技术支撑;在遥感色彩异常解译-实际路线地质调绘建模的基础上,建立干旱荒漠区和中高山区景观下遥感色彩异常勘查模式,已在安第斯斑岩成矿带中取得了成功。

第二,大探测深度和高分辨率物探新技术和设备的研发及应用,加大了地面勘查的探测深度,提高了探测精度,如加拿大V-8系统、EM-67系统、EH4系统、美国GDP-32Ⅱ系统等已成为全球领先的技术方法,具有多功能、智能化、集成化、多通道、分布式、现场大容量存储、图示和处理等发展趋势。井中电磁法技术、井-地和坑-地方式物探测量是矿山深部找矿的重要技术,以音频大地电磁测深(AMT)和MT等方法,最大探测深度可达5000m,可有效探测3000m深度的目标体。国内也在加快具有自主知识产权的大深度、高精度电磁系统研制步伐。

大比例尺(1:5万~1:5000)构造岩相学深部填图理论逐渐成熟并示范推广应用(方维萱等,2018),促进了构造岩相学与音频大地电磁测深(AMT)和深部磁化率填图等新技术研发,为采用基于AMT和深部磁化率填图,寻找和圈定隐伏构造岩相体和找矿预测,提供了新理论基础和新型技术。

第三,在寻找隐伏金属矿床方面,地球化学勘查技术迅速发展,并以加大探测的深度为主流趋势。已相继研发出痕量化探相态分析技术、地电地球化学方法、地气法、酶提取法和金属活动态测量法等化探找矿技术,在隐伏矿勘查中发挥了较大作用。痕量化探相态分析技术为寻找隐伏砂砾岩型铜铅锌矿床提供了新技术方法支撑。

第四,在金属矿山深部找矿中,矿山井巷工程构造岩相学填图-地球化学勘探-矿物地球化学填图等技术不但具有立体填图和找矿预测功能,而且取得了寻找新类型和新矿种效果(方维萱,2011b,2012a;方维萱等,2012b)。矿山井中三分量高精细磁力探测技术(陈天振等,2008;王庆乙等,2009,2013;邹美玲等,2009)为寻找井旁和井底磁性体提供了有效的技术方法。基于数字矿山技术平台,实现矿山深部三维立体综合探测成为今后主要的发展趋势,将专项技术集成于数字矿山工作平台,实现工程技术集成化平台成为今后发展方向。

(4)塔里木叠合盆地周缘具有寻找沉积岩型铜铅锌矿床的巨大潜力,有待创新理论和创新技术研发,实现快速评价,助推尽快取得重大找矿突破,为解决边疆贫困地区发展新路径提供技术支撑和可开采的后备矿产资源。

第一,塔西地区分布有四个砂砾岩型铜铅锌成矿带、四个砂砾岩型铜铅锌矿含矿层位和一批砂砾岩型铜铅锌矿床和矿点,急需有效的勘查理论指导和高效方法技术组合进行成矿远景区预测,尽快实现找矿突破,也是本次成果的直接市场需求。塔西地区四个主要赋矿层位为上侏罗统库孜贡苏组(J_3k)(萨热克式砂砾岩型铜矿床)、下白垩统克孜勒苏群(K_1kz)(乌拉根式砂砾岩型铅锌矿床)、古近系始新统乌拉根组-卡拉塔尔组(E_2w-E_2k)(玛依喀克铜矿)和新近系中新统安居安组(N_1a)(花园式砂岩型铜矿床)等。研究揭示,塔西地区中-新生代前陆盆地现今面积在 5 万 km^2 以上,为世界级砂砾岩型铜铅锌成矿带,具有巨大的找矿前景。目前在 $100km^2$ 内,探明了超大型乌拉根砂砾岩型铅锌矿床和大型萨热克砂砾岩型铜矿床,已经取得了重大找矿突破,但在塔西地区 5 万 km^2 以上中-新生代前陆盆地中,广泛分布有四个区域砂砾岩型铜铅锌矿带和诸多化探异常,寻找和优选新的有望勘查靶区,力争取得找矿新突破,成为当前和今后主攻方向。

第二,圈定塔西砂砾岩型铜铅锌矿床成矿远景区是当前南疆矿产资源勘查和开发的主流市场需求。在塔里木盆地周缘中新生代前陆盆地-冲断褶皱带系统中,广泛发育砂砾岩型铜铅锌矿床和矿化带,但仅在塔西乌恰前陆盆地探明了乌拉根和萨热克(超)大型砂砾岩型铜铅锌矿床,急需在典型砂砾岩型铜铅锌矿床建模研究基础上,改进传统的选区评价方法,研发砂砾岩型铜铅锌矿床选区评价的新方法技术体系,在塔西地区 5 万 km^2 范围内,支撑和实现找矿新突破。

第三,塔西地区可划分出 A、B、C、D4 个规模较大的铜铅锌成矿带:①北部为 A-萨热克式砂砾岩型铜矿带,位于上侏罗统库孜贡苏组中,萨热克巴依次级含矿盆地面积近 $100km^2$;萨热克巴依次级盆地属托云拉分盆地的次级盆地,在托云盆地中具有寻找萨热克式砂砾岩型铜矿床的类似成矿地质条件。②中部为 B-乌拉根式砂砾岩型铅锌矿带,位于下白垩统克孜勒苏群顶部第 5 岩性段灰白色砂砾岩和上覆的古近系古新统阿尔塔什组(E_1a)坍塌角砾岩中;乌拉根式砂砾岩型铅锌矿带区域断续延伸达 350km 以上,康西铅锌矿床具有中型规模,乌拉根北矿带(达克铅锌矿、江额结尔铅锌矿、加斯铅锌矿、硝若布拉克铅锌矿、吉勒格铅锌矿、托帕铅锌矿等)具有较大潜力。③西部为 C-花园式砂岩型铜矿带,位于古近-新近系中,在乌恰-温宿-拜城-轮台古近-新近系中的砂岩型铜矿床(滴水式含铜膏盐岩-砂岩-灰岩)和矿化带,东西向长 800km,宽约 40km,这些砂砾岩型铜铅锌矿床和矿化带在区域上稳定产出,分布一系列中小型矿床(萨哈尔、杨叶、花园、吉勒格、伽师铜矿等)、矿点和化探异常,具有世界级砂砾岩型铜铅锌成矿带规模,显示出巨大的找矿前景。④南部边缘为 D-玛依喀克砂岩型铜矿带,位于乌帕尔断裂带南侧古近系喀什群顶部,主要有玛依喀克、休木喀尔和乔克玛克等砂岩型铜矿床等,该砂岩型铜矿成矿带长度近 300km。在上述四个砂砾岩型铜铅锌矿成矿带圈定成矿远景区,明确主攻地区和主攻层位,有助于满足当前南疆地区核心市场需求和主流市场需求。

1.1.2　存在问题

目前对萨热克砂砾岩型铜矿床和乌拉根砂砾岩型铅锌矿床的成因存在不同观点,形成机制尚存在较大争论,但对油田卤水和有机质参与成矿作用的意见较一致。然而,成矿流体运移构造通道、盆地流体圈闭类型和圈闭构造、盆地流体混合成矿机制等问题仍需深入研究,尤其是塔西地区砂砾岩型铜矿床、铅锌矿床和铀矿床,对其成矿地质背景是否有差异等科学问题研究很少。萨热克砂砾岩型铜多金属矿床建成投产和矿山地质找矿新发现、乌拉根铅锌矿床建设开发和矿山地质新进展,以及康西砂砾岩型铅锌矿床和托帕砂砾岩型铜铅锌矿床找矿新进展等,揭示塔西乌恰地区不但已成为我国新建的铜铅锌矿床开发基地,而且仍具有巨大的找矿潜力。综合研究严重滞后是制约塔西地区砂砾岩型铜铅锌矿床取得突破的主要因素。塔西砂砾岩型铜铅锌矿床研究方面,存在的主要关键科学问题如下。

(1)塔西地区砂砾岩型铜铅锌矿床成矿特征和成矿规律不明,急需精确厘定成矿特征和成矿时代,开展中新生代区域成矿对比,研究盆地油田卤水、盆地热卤水(膏盐层)和中新生代深源流体(与碱性火山岩和辉绿辉长岩有关等)等对(超)大型砂砾岩型铜铅锌矿床形成的贡献和成矿机制。

(2)塔西乌恰前陆盆地-冲断褶皱带与超大型砂砾岩型铜铅锌矿床内在关系不明,砂砾岩型铜矿床和砂砾岩型铅锌矿床两大成矿系统组成与共生分异规律不清,也直接制约了区域上找矿新突破。

(3)次级含矿盆地的基底构造、内部构造、侵入构造、逆冲-对冲构造和盆地变形构造等构造配置,与成矿流体耦合机制和富铜铅锌矿体赋存规律尚待进一步研究。

(4)塔西地区砂砾岩型铜铅锌矿找矿靶区尚待采用新的综合方法进行预测圈定。在塔里木周缘砂砾岩型铜铅锌矿选区评价中,尚待新方法技术体系支撑。

在以上四个关键科学问题中,存在以下三个研发难点:①在盆-山耦合转换与冲断褶皱带形成过程中,含矿盆地流体(盆地低温热卤水和还原性烃类油气流体等)大规模运移路径、盆内构造-岩相-流体多重耦合、大规模水-岩反应(低温蚀变带)与矿质巨量沉淀-富集反应机制与时空演化结构;②砂砾岩型铜铅锌矿床叠加成矿时代与隐伏矿体定位预测、砂砾岩型铜铅锌矿床的成矿地质体识别与空间形态圈定新方法技术;③中高山区隐伏砂砾岩型铜铅锌矿床找矿预测与快速评价新技术。

1.1.3　技术方案

"塔西砂砾岩型铜铅锌矿床成矿规律与找矿预测"(项目编号:201511016)下属课题"塔西砂砾岩型铜铅锌矿床成矿系统、找矿预测技术集成与靶区圈定"(课题编号:201511016-1)总体目标,主要研究内容,拟解决的主要科学问题、关键技术和研发难点以及总体技术思路等如下。

(1)总体目标。①研究建立塔西地区萨热克巴依、乌拉根、拜城、托云等4个次级盆地中砂砾岩型铜-铜银-铜铅锌矿床的成矿序列,建立砂砾岩型铜铅锌矿区域构造-成矿演化模式,为重点勘查区找矿突破提供科学依据;②研究揭示砂砾岩型铜矿床和铅锌矿床两个成矿系统的内部时空结构、多重耦合特征、子系统组成与找矿预测体系,集成塔西地区砂砾岩型铜铅锌矿的成矿规律和勘查评价技术研究成果,构建砂砾岩型铜铅锌矿床的找矿预测标志和勘查模型;③创新研发塔西中高山区砂砾岩型铜铅锌矿床的勘查评价与找矿预测技术集成体系,开展砂砾岩型铜铅锌矿床成矿远景区、找矿预测和勘查靶位圈定,开展浅部化探相态分析技术对比研究与应用示范,进行塔西地区砂砾岩型铜铅锌矿床找矿靶区预测,完成1个找矿预测示范区,提交有望成为大中型矿床的找矿靶区1处。

(2)主要研究内容。①研究建立塔西地区次级盆地中砂砾岩型铜-铜银-铜铅锌矿床的成矿序列,以萨热克巴依、乌拉根、拜城和托云等四个含铜铅锌次级盆地为重点,开展前陆盆地形成演化与区域成矿规律和成矿系统研究。从前陆盆地形成期的盆地流体和深部地质作用、盆-山耦合(造山带提供成矿物质可能性)、前陆盆地流体大规模运移、构造-流体-岩相多重耦合与金属大规模成矿角度,对塔西地区不同含矿层位进行对比研究,建立次级盆地中砂砾岩型铜-铜银-铜铅锌矿床的成矿序列。在成矿序列研究中重点如下:一是厘定砂砾岩型铜矿床和砂砾岩型铅锌矿床的含矿层位,属于单一层位,还是多层位含矿?对上侏罗统库孜贡苏组(萨热克式铜矿)、下白垩统克孜勒苏组下段 Cu-Pb-Zn-Mo 含矿层(在萨热克铜矿区,发育与成矿关系密切的切层和顺层辉绿辉长岩脉群)、古近系含铜膏盐岩(蒸发岩系)-含铜泥岩-含铜灰岩、新近系中新统安居安组(花园式铜银矿,包括萨哈尔、杨叶、吾东、吉勒格、花园、大山口和拜希塔木铜银矿床等)进行区域铜含矿层位对比研究,采集辉铜矿-黄铜矿、含沥青铜矿石和铅锌矿石进行铼锇同位素定年,确定成矿序列与成矿时代。二是以下白垩统克孜勒苏群顶部第5岩性段灰白色砂砾岩(乌拉根式铅锌矿)和古近系含铅锌天青石白云石角砾岩为主,对区域铅锌含矿层位进行对比研究。三是厘定砂砾岩型铜矿床和砂砾岩型铅锌矿床的含矿层位和成矿时代,阐明它们的成矿层位是属于次级盆地中含矿层内盆地流体改造富集成矿,还是深源流体形成的多层位叠加成矿,总结区域成矿规律。与哈萨克斯坦、玻利维亚、我国云南金顶地区铅锌矿床和楚雄地区砂岩型铜矿床等进行对比,通过全球砂砾岩型铅锌矿床对比研究,进一步总结塔西地区砂砾岩型铜铅锌矿床成矿规律。②研究建立塔西地区砂砾岩型铜铅锌矿床的区域构造-成矿演化模式与找矿预测系统。从古近纪造山期和盆-山转换期深部地质作用(古近纪辉绿岩-辉绿辉长岩侵位事件)叠加、盆-山转换与盆地流体叠加、前陆冲断褶皱带与盆地变形样式、构造组合和构造配置关系等角度入手,研究重点如下。首先,对萨热克复式向斜构造中深部隐蔽褶皱-断裂构造、萨热克巴依次级盆地两侧对冲式逆冲推覆构造带和辉绿辉长岩侵入构造、秋里塔格冲断褶皱带-拜城储矿向斜-北部线性冲断褶皱带、乌拉根和托帕次级盆地等不同构造样式、构造组合与构造配置关系进行系统研究,总结控制塔西地区砂砾岩型铜矿床(矿田)定位构造及构造-成矿演化模式。其次,建立含铜铅锌次级盆地分析与找矿预测技术,对萨热克巴依含铜次级盆地进行构造-岩相带的分布与控矿规律解析,研发构造岩相学-物探深部探测(AMT、三极激电测深(偶极-偶极-单极))-岩石地球化学-沉积盆地分析等综合方法技术,总结侵入构造和基底对冲构造与砂砾岩型铜多金属矿床之间叠加成矿关系。最后,对乌拉根基底背斜-储矿向斜-同生断裂不同构造组合与构造配置样式进行研究,对乌拉根、康西-黑孜苇两个含铅锌次级盆地进行构造-岩相带的分布与控矿规律解析,深入研究储矿构造岩相带与铅锌富矿体形成机制与赋存规律。总结控制砂砾岩型(天青石)铅锌矿床定位构造及构造-成矿演化模式。③深入研究和揭示砂砾岩型铜铅锌矿成矿系统的内部时空结构、多重耦合特征、子系统组成与区域找矿预测指标体系。研究砂砾岩型铜铅锌矿床的成矿系统内部时空结构、多重耦合特征和子系统组成,总结确定控制砂砾岩型铜铅锌矿床的构造岩相学找矿预测指标,分别建立砂砾岩型铜矿床和砂砾岩型铅锌矿床的找矿预测系统。④研发建立区域尺度的成矿远景区预测模型和矿区尺度的找矿靶区预测模型,进行靶区优选。研发建立塔西地区遥感色彩异常-地质的区域找矿预测模型。研发构造岩相学-物探深部探测(AMT、三极激电测深(偶极-偶极-单极)、地面高精度磁力测量)-岩石地球化学-沉积盆地分析等综合方法技术,建立含铜铅锌次级盆地分析与找矿预测技术,在探矿验证工程基础上完善修改,最终研发建立砂砾岩型铜铅锌矿床勘查评价与找矿预测有效方法技术集成体系。进行塔西地区找矿靶区预测的新技术方法研究,完成砂砾岩型铜多金属矿找矿靶区优选。优选重要找矿靶区,进行综合研究和示范研究,开展化探物相分析(Pb、Zn、Cu 和 Fe 等变价元素)、矿石物相分析和矿物地球化学填图等新技术方法研发,研究铅锌矿表生成矿作用及分布规律,以储矿构造岩相带和富矿体赋存部位为目标物,进行铅锌富矿体主控因素与找矿预测标志研究。完成1个找矿预测示范区,提交有望成为大中型矿床的找矿勘查靶区1处。

(3)拟解决的主要科学问题、关键技术和研发难点。①紧密围绕项目主要关键科学问题开展研究。一是塔西地区砂砾岩型铜铅锌矿床的成矿特征和成矿规律不明,急需精确厘定成矿特征和成矿时代,开展中新生代区域成矿对比,研究盆地油田卤水、盆地热卤水(膏盐层)和中新生代深源流体(与碱性火山岩和辉绿辉长岩有关等)对大型砂砾岩型铜铅锌矿床形成的贡献和成矿机制。本研究关键在于依据这些主控因素,建立区域找矿预测指标体系。二是塔西前陆盆地和前陆冲断褶皱带与超大型砂砾岩型铜铅锌矿床内在关系不明,铜和铅锌两大成矿系统组成与共生分异规律不清,也直接制约了区域上找矿靶区优选和实现新的找矿突破。本研究关键在于建立砂砾岩型铜矿床和铅锌矿床的找矿预测系统。三是塔西地区次级含矿盆地的基底构造、盆地内部隐蔽构造、侵入构造、逆冲-对冲构造和盆地变形构造等时间-空间构造配置关系不明。本研究关键在于建立区域砂砾岩型铜铅锌矿床的构造-成矿的时间-空间演化模式,为区域找矿预测提供依据。四是塔西地区的砂砾岩型铜铅锌矿床成矿远景区和找矿靶区尚待采用新的综合方法进行预测圈定,本研究关键在于创新并集成一套高效的方法技术组合,圈定成矿远景区和找矿靶区。②关键技术包括三点。一是形成对塔西地区中新生代盆山耦合转换-冲断褶皱带与砂砾岩型铜铅锌矿床的盆地流体成矿与叠加成矿时代研究的有效方法手段与技术方法组合。二是以前陆盆地砂砾岩型铜矿床与铅锌矿床共生分异机制与成矿系统结构为核心,形成以矿物地球化学填图技术为主导的创新技术组合。三是中高山区隐伏砂砾岩型铜铅锌矿床找矿预测新技术研究与勘查技术集成。③ 研发难点是在盆-山耦合转换与冲断褶皱带形成过程中,含矿盆地流体(盆地低温热卤水和还原性烃类油气流体等)大规模运移路径、盆内构造-岩相-流体多重耦合、大规模水-岩反应(低温蚀变带)与矿质巨量沉淀-富集反应机制与时空演化结构,以及砂砾岩型铜铅锌矿床叠加成矿时代与隐伏矿体定位预测,砂砾岩型铜铅锌矿床成矿地质体识别与空间形态圈定新方法技术,中高山区隐伏砂砾岩型铜铅锌矿床找矿预测与快速评价新技术。

(4)总体技术思路。综合研究与样品测试分析紧密围绕勘查方法技术与工作手段投入和新方法技术研发,聚焦在典型矿床成矿规律和找矿预测示范上,以解决四个科学问题和三个技术问题为核心。本研究技术路线是"典型矿床解剖→成矿系统分析→成矿模式建立→高效找矿技术方法集成→找矿靶区圈定"。主要分为三个步骤:一是对典型砂砾岩型铜铅锌矿床开展解剖研究,核心为建立砂砾岩型铜矿和铅锌矿两大成矿系统的内部结构、多重耦合特征、子系统组成与找矿预测指标体系,进行区域成矿远景区和找矿靶区预测。二是围绕空间探测→地面勘查→深部探测→井巷工程填图示范与找矿预测技术研发重点,在3个找矿预测示范区内及周边地段,开展高效的空间遥感色彩-地质找矿预测模型技术研发、地面综合勘查评价技术组合研究、含铜铅锌次级盆地深部探测技术研发、矿山井巷矿物地球化学填图新技术研发与示范研究。三是在探矿工程验证基础上进行修改完善,建立以成矿系统理论为指导的砂砾岩型铜铅锌矿床勘查评价与找矿预测的高效集成方法技术体系。

1.2 沉积盆地与金属成矿的研究思路与方法技术

1.2.1 原型盆地与构造-岩浆-热流体改造叠加盆地

在盆山原(盆地-高山-平原,也可写作盆-山-原)镶嵌构造区与砂砾岩型铜铅锌-天青石-铀-煤成矿系统研究中,采用构造岩相学和地球化学岩相学研究方法,可将区域构造演化、沉积盆地、区域成矿规律与典型矿床紧密结合进行综合研究。帕米尔高原与西南天山相向仰冲于塔里木盆地之上,它们为盆山原在岩石圈尺度上的镶嵌构造区。深地震反射剖面揭示,在深部地壳尺度上,塔里木盆地盖层厚约12km。其下发育稳定的结晶基底,在南天山造山带向塔里木盆地呈逆冲推覆构造,塔里木盆地盖层向南天山之下呈滑脱构造,反映出地壳尺度上的陆内汇聚盆山深部镶嵌构造关系(侯贺晟等,2012),塔里木盆地西端呈正弦波浪消减于冲断褶波之下。寒武系和阿尔塔什组底部能干性较弱的石膏岩层,为固体滑移波和构造应力转换界面。它们也是构造热流体大规模运移构造岩相学界面。按盆地后期改造主要动力作用及改造形式不同,划分为抬升剥蚀型、叠合深埋型、热力改造型、构造变形型、肢解残留型、反转改造型和复合改造型等7种改造型盆地(刘池洋和孙海山,1999)。在油气地质研究上,一是从生烃岩系出发,研究生烃中心和排烃中心、生排烃量、运移及聚集规律、寻找原生和次生油藏;二是从油气保存和储集层出发,强调从圈闭构造评价和优选,以实现油气勘探的突破,其着眼点在储集层的含油气性,改造型盆地对寻找油气田具有积极的指导意义(张抗,1999),对金属矿床也有指导价值。

沉积盆地改造变形期次(方维萱,1999)和构造-岩浆-热事件包括:①垂向升降与沉积成岩期压实型盆地流体运移改造;②横向挤压收缩与沉积成岩期构造热流体的运移改造;③盆山转换期构造流体改造-叠加作用;④构造-岩浆-热事件叠加成岩成矿;⑤幔壳耦合型深源热流体叠加成岩成矿作用。

方维萱等(2018a)将沉积盆地受垂向升降、横向收缩和沉积成岩期构造热流体的运移改造等内源性构造-热流体作用影响的沉积盆地,归入热流体改造型盆地。将盆山转换期构造流体改造-叠加作用、构造-岩浆-热事件叠加成岩成矿和幔壳耦合型深源热流体叠加成岩成矿作用等外源性构造-热流体叠加改造作用影响的沉积盆地,归入热流体叠加改造型盆地。从上述构造岩相学和地球化学岩相学思路出发,考虑到盆山原和盆山耦合转换过程和机制,以热流体与构造作用与沉积盆地之间空间拓扑学结构、热物质-时间-空间与沉积盆地耦合结构,进一步对内源性热流体改造型盆地和外源性热流体叠加改造型盆地进行分类,如外源性热流体叠加改造型盆地可以划分为:①构造-热事件叠加改造型盆地;②构造-壳源岩浆-热事件叠加改造型盆地;③构造-幔源岩浆-热事件叠加改造型盆地。在这三类热流体叠加改造型盆地中,热流体主要与挤压构造作用、挤压走滑转换构造作用、局部伸展走滑转换构造作用、壳源岩浆(如花岗岩、花岗闪长岩、碱性花岗岩等)和幔源岩浆[如辉绿岩脉群、辉绿辉长岩株(岩脉群)等]有密切关系,它们主要来自盆地底部深源构造-热流体地质作用,也是盆山原和盆山转换过程中形成的热物质叠加到盆地之内。按照构造-热事件与沉积盆地空间-时间拓扑学结构,可以划分为:①盆边型点式;②盆内型点式;③盆边线带状;④盆内线带状;⑤盆边面状;⑥盆内面状;⑦盆边多期叠加式;⑧盆内多期叠加式。这8种不同的时间-空间拓扑学结构,在热流体叠加改造盆地中所形成的岩浆热液场-热力场及效应均有不同差异,其构造岩相学填图和找矿预测的思路和方法技术均不尽相同。应研究盆山原和盆山耦合转换过程中,构造-热流体改造中心位置和构造-热流体叠加改造中心位置及其波及范围,以指导金属矿产深部找矿预测和勘查实践,因此,构造岩相学填图为重要技术支撑体系。

从构造岩相学和地球化学岩相学思路,将塔西地区盆山原镶嵌构造形成演化过程与盆地深部的构造-岩浆-热事件结合起来,研究砂砾岩型铜铅锌成矿系统与沉积盆地在物质-时间-空间上耦合关系,按照构造改造-岩浆-热流体叠加作用强度不同,将沉积盆地划分为原型盆地、内源性热流体改造型盆地、外源性热流体改造叠加型盆地、多期次复源热流体改造叠加型盆地等四种主要类型。

(1)原型盆地。指在特定时期内特定的构造古地理位置,在相对稳定的地球动力学和盆地动力学条件下,形成的特定完整的构造-沉积体系、构造岩相学类型和相体组合。现今大洋内沉积盆地和大陆上沉积盆地均为原型盆地。地质历史时期原型盆地均经历了构造变形和构造-岩浆-热流体叠加改造,需要进行原型盆地恢复。在研究盆地基底构造层特征和构造演化、板块边界类型、沉积盆地与板块边界的相对位置、盆地构造古地理位置、初始成盆期和主成盆期的盆地动力学特征、盆地内沉积充填序列、多向沉积物源区分析、蚀源岩区和添加的深部物源识别、盆地构造反转特征等综合因素基础上,进行原型盆地恢复,如:①在萨热克砂砾岩型铜多金属矿区,萨热克巴依次级盆地在中侏罗世末—晚侏罗世原型盆地处于陆内走滑拉分断陷盆地构造反转期,也是萨热克砂砾岩型铜多金属矿床初始成矿期,原型盆地恢复为陆内走滑拉分断陷盆地。②在乌拉根砂砾岩型铅锌矿区,乌拉根局限海湾潟湖盆地原型盆地为晚白垩世—古近纪挤压–伸展转换盆地,康苏燕山晚期(晚白垩世)前陆冲断褶皱带驱动了侏罗系煤系烃源岩大规模生排烃事件,在克孜勒苏群第5岩性段硅质细砾岩中形成了铅锌矿层,为乌拉根局限海湾潟湖盆地正反转构造高峰期,前陆冲断褶皱带形成的挤压走滑抬升作用造就了乌拉根半岛构造;而阿尔塔什组底砾岩–高温热水岩溶白云质角砾岩中铅锌矿层和天青石矿层,为乌拉根局限海湾潟湖盆地负反转构造高峰期,局部伸展走滑拉分断陷盆地使乌拉根局限海湾潟湖盆地进一步增深成盆,演化为浅海相泥灰岩–生物碎屑灰岩,为砂砾岩型铅锌–天青石矿床保存提供了良好的构造岩相学条件。③塔西–塔北地区砂岩型铜矿床形成于古近纪–新近纪沉积盆地中,滴水砂岩型铜矿床和杨叶–花园砂岩型铜矿床形成的原型盆地为压陷周缘山间盆地。

原型盆地以盆地动力学类型为第一命名原则,如伸展转换盆地、伸展断陷盆地、挤压压陷盆地、挤压走滑拉分盆地、走滑拉分盆地、走滑拉分断陷盆地等。也可以采用构造–古地理位置和盆地动力学类型进行复合命名,如前陆挤压–伸展转换盆地、后陆走滑拉分断陷盆地、压陷周缘山间盆地、山前断陷盆地、山间断陷盆地等。

(2)内源性热流体改造型盆地。内源性热流体为原型盆地在盆地反转和构造改造过程中来自于原型盆地内部的成岩成矿成藏流体,如在萨热克巴依和乌拉根次级盆地中,来自侏罗系煤系烃源岩的富烃类还原性成矿流体和富 CO_2-H_2S 非烃类还原性成矿流体,均为内源性成矿流体。

在原型盆地恢复研究的基础上,厘定内源性热流体是否存在、内源性热流体特征及其构造岩相学记录和地球化学岩相学记录,是厘定内源性热流体改造型盆地的关键基础。内源性热流体改造型盆地一般具有一期多阶段的内源性热流体地质作用。

多期内源性热改造流体型盆地指具有多期次内源性热流体地质作用,具有递进成熟演化的方向性,如在盆→山转换期的盆地正反转构造样式基础上,进一步演化为前展式薄皮型前陆冲断褶皱带,随着前展式薄皮型前陆冲断褶皱带构造变形强度增加,叠加后展式厚皮型前陆冲断褶皱带或对冲式厚皮型前陆冲断褶皱带。它们是沉积盆地在构造变形过程中,盆地流体和造山带流体大规模运移的驱动力和能量源区。

(3)外源性热流体改造叠加型盆地。外源性热流体来自盆地基底构造层和地壳–地幔尺度,以侵入型注入储集层,以岩浆侵入事件和区域性构造–岩浆–热事件叠加事件为区别性标志。如秦岭造山带柞山和凤太晚古生代陆缘拉分断陷盆地,受石炭纪–二叠纪幔源铁白云石钠长热流体角砾岩等叠加改造强烈,它们为外源性热流体改造叠加型盆地。外源性热流体改造叠加型盆地一般具有一期多阶段的外源性热流体地质作用,以壳源岩浆侵入作用或幔源岩浆侵入作用为主。

多期外源性热流体改造叠加型盆地一般具有多期次多阶段的外源性热流体地质作用,常发育多期次壳源岩浆侵入事件和多期次幔源岩浆侵入事件,热液蚀变相带和热液蚀变分带作用明显。

(4)多期次复源热流体改造叠加型盆地。以盆地基底构造层和盆内构造岩相层划分和研究,确定和识别盆地构造层变形-热流体活动期次,识别内源性和外源性热流体叠加改造程度,进行内源性热流体改造型盆地和外源性热流体改造叠加型盆地划分。厘定内源性、外源性、内源-外源性热流体的活动期次,以及相应构造-岩浆-热事件对成岩成藏成矿贡献和在物质-时间-空间上的耦合关系。

在造山带和沉积盆地内,深源热流体不但是重要的黏合剂(沉积成岩作用)和焊接剂(岩浆热流体侵入作用),也是驱动构造高原抬升的深部动力学机制和成岩成矿成藏关键主控因素。成矿系统在物质-时间-空间上,与沉积盆地和构造变形事件-构造变形样式等具有密切的耦合关系,构造-岩浆-热流体与盆山原耦合方式为金属成矿事件关键主控因素。因此,对于盆山原镶嵌边界区和盆山镶嵌边界区,需要进行构造岩相学解剖研究,其构造岩相学相序结构记录了盆山原耦合转换过程、构造-岩浆-热事件。

在物质-时间-空间结构上,从塔西盆山原耦合转换的构造岩相学序列、构造岩相学类型、原型盆地和盆地动力学等综合角度,将塔西砂砾岩型铜铅锌-天青石-铀-煤成矿系统,划分成燕山期铜铅锌-铀-煤成矿亚系统、燕山晚期-喜马拉雅早期铅锌-天青石-铀成矿亚系统和喜马拉雅晚期铜-铀成矿亚系统。它们受盆山原镶嵌构造区和挤压-伸展转换过程控制显著。本书在对典型矿床研究的基础上,建立了塔西砂砾岩型铜铅锌-铀-天青石-煤成矿系统的物质-时间-空间结构模型,详见 6.1 节。

1.2.2　沉积盆地内成岩系统与划分方案

在沉积盆地内成岩相为沉积-化学流体成岩作用、沉积-构造成岩作用和沉积-热变质成岩作用等地质作用及其叠加形成的构造岩相学产物。据中华人民共和国石油天然气行业标准《碎屑岩成岩阶段划分》(SY/T 5477— 2003),按照不同成岩介质对不同成岩阶段划分,促进了油气资源储集层预测和勘探新发现(邹才能等,2008;李忠等,2006)。但在盆山原镶嵌构造区内发现了(非)金属矿产-油气田-煤-铀等同盆共存,故需重新认识沉积盆地内成岩相系类型,揭示多种矿产同盆共存的成岩成矿成藏动力学作用。

1. 成岩相系与成岩作用

(1)成岩相的划分。从高效综合勘查、(非)金属矿产储集相体和能源矿产优质储集层的成岩作用等角度看,三大类型成岩相系为:①沉积-化学流体成岩作用包括有机酸成岩作用(酸性成岩相)、碳酸盐化作用(方解石化、铁白云石化、锰方解石-锰白云石化,碱性成岩相)、硫酸盐热化学还原作用(TSR,氧化-还原成岩相)、流体水-岩耦合反应相(地下-流体混合溶蚀等)、断裂带-热化学作用(断裂成岩相)、表生淋滤-富集成岩作用(氧化成岩相)、成岩矿物相变和交代作用(特征矿物相),形成了沉积-化学流体成岩相系列。②沉积-构造成岩作用包括沉积物压实成岩作用(压实成岩相、压实流体排泄相)、节理-裂隙化成岩作用(节理-裂隙成岩相)、碎裂岩化作用(碎裂岩化相)、碎斑岩化作用(碎斑岩相)、糜棱岩化作用(糜棱岩化相和糜棱岩相)等,这些成岩作用形成了构造成岩相系,对构造成岩作用和强度识别,有助于圈定构造生排烃-成矿流体生成中心、流体大规模排驱运移路径和成岩成矿成藏中心。③沉积-热变质成岩作用包括增温地热场、构造热事件场、构造-岩浆-热事件场等,这些多重地质综合作用形成了沉积-热变质成岩相系列。研究沉积-热变质-岩浆流体叠加成岩强度和分布规律,有助于圈定构造-岩浆-热事件形成的隐伏生排烃和成矿流体中心,寻找构造-岩浆-热事件形成的深部生排烃中心和隐伏的成岩成矿成藏中心。

(2)成岩期次划分与成岩事件。①按照构造岩相学和地球化学岩相学思路,把沉积岩系的成岩成矿期次划分为同生沉积成岩成矿期、早期成岩成矿期(A 和 B 阶段)、中期后生内源性热流体改造成岩成矿期(A、B 和 C 阶段)、中期后生外源性热流体叠加改造成岩成矿期(A、B 和 C 阶段)、晚期表生成岩成矿期(A、B 和 C 阶段)。按照参与成岩成矿流体介质类型不同,划分为酸性相、碱性相、中性相、多期叠加相及多种过渡相类型。②成岩事件序列包括埋深压实成岩事件、构造-热事件、构造-流体-热事件、构造-壳源岩浆-叠加热事件、构造-幔源岩浆-叠加热事件等。建立成岩事件序列,对油气资源预测和金属预测具有重要作用。

(3)盆地流体类型与流体来源。按照盆地流体成分、流体动力学、盆地流体成因、控制流体运移和聚集地质因素,可进行盆地流体系统恢复,如塔西-塔北地区盆地流体划分为天然气型、油气型、卤水型、热水沉积型、富烃类还原型、富 CO_2 非烃类流体型、构造流体型、岩浆热液型和层间水-承压水型等 9 种类型(方维萱等,2017a)。

2. 成岩相系的动力学机制

(1)地球化学岩相学的相系统类型。在成岩相系列上,沉积岩特征(M_1)、盆地流体成分(M_2)、水-岩反应作用($M_1+M_2=M_i$)类型和产物等,为内在成岩动力学基础,在地球化学岩相学分类上,按照流体地球化学动力学-岩石组合系列或岩相学-地球化学相进行岩相类型划分,可分为氧化-还原相(F_{OR})、酸碱相(F_{Eh-pH})、盐度相(F_S)、温度相(F_T)、压力相(F_P)、化学位相(F_C)、不等化学位相和不等时不等化学位地球化学岩相等(方维萱,2012b),有助于研究地球化学岩相学机理。

(2)构造动力学机制为构造成岩作用的成岩能量强度和供给源区。构造动力学能量强度和因素包括温度场(正常地温增热)、应力场(压实应力场)、构造-温度场(侧向应力-温度场)、热物质供给场(构造-岩浆-热事件场,侧向-垂向应力-温度-热物质)。对切层断裂带、层间滑动断裂带和相体结构,进行构造岩相学填图,有助于恢复成岩成矿成藏能量供给源类型(层间构造-热流体作用),揭示成岩成矿成藏深度和强度。

(3)成岩事件序列和动力学机制是形成不同成岩相系的主要动力学机制。①在埋深压实成岩事件过程中,以沉积岩孔隙度减小、渗透率降低、盆地流体排泄和胶结成岩作用等为主。②构造-热事件不但形成递进增温的热演化作用,而且同期构造作用形成沉积岩构造变形(如碎裂岩化相、热液角砾岩化相等),发生构造-热能-流体等多重耦合和水岩作用。③构造-流体-热事件对于沉积盆地内构造生排烃中心和成矿流体中心具有显著控制作用。④构造-壳源岩浆-叠加热事件以中酸性侵入岩为特征,不但形成沉积盆地构造变形变质,而且叠加热物质作用和成岩成矿,驱动烃源岩大规模生排烃和运移。⑤构造-幔源岩浆-叠加热事件为热物质和热能供给源,形成较大规模烃类流体和非烃类 CO_2 流体等,常形成(非)金属矿床。

1.2.3 碎裂岩化相与糜棱岩化相——沉积盆地变形构造岩相学类型

裂隙(裂缝)作为碎裂岩化相的主要特征之一,为塔西地区中新生代沉积盆地构造变形样式和典型储矿构造岩相学特征(方维萱等,2015,2016a,2017a;韩文华等,2017)。裂缝作为砂砾岩中流体运移的重要运移通道,与储层的渗流能力和特低渗油藏开发水平密切相关,在油气及金属勘探领域具有重要的研究价值。在裂缝性储层研究方面国内外学者已有大量研究成果。美国能源部 Sandia National Laboratory(国家实验室)开展的野外露头裂缝的系统研究和得克萨斯州 Speraperay 油田的 MWX 实验研究都在裂缝性油气藏开发方面有了突破性的认识。与国外相比,国内对于裂缝的研究主要还是集中于石油研究方向,有关固体矿产方面的研究较少,雷秉舜(1988)等在研究安基山铜矿的基础上,推断斑岩体地表含脉率值可判断深部铜矿化强度。国内自从 20 世纪 60 ~ 70 年代发现四川碳酸盐岩和华北古潜山油藏并大规模开发以来,才开始开展对裂缝性储层的研究工作。前人按裂缝的研究尺度,将其分为宏观裂缝和微观裂缝。宏观裂缝为可直接观察和描述的裂缝,而微观裂缝须借助显微镜、扫描电镜等技术手段才能观察和描述。微观裂缝主要是起到储矿空间和连通粒间孔的作用,宏观裂缝对致密砾岩储层渗透率有很大的贡献。目前研究砾岩裂缝及孔隙结构的方法主要包括:地质方法(岩心观察法、地质类比法、镜下统计法、开发动态分析法)和地球物理学方法(测井方法、地震方法)。

　　构造裂隙作为后期砾岩在成岩过程中受构造应力发生变形的特征之一,也是萨热克砂砾岩型铜矿床中碎裂岩化相在显微尺度上的重要特征之一,且其中充填有较多的辉铜矿等铜硫化物微细脉。在萨热克砂砾岩型铜矿区,铜工业矿体受旱地扇扇中亚相和叠加的碎裂岩化相共同控制。碎裂岩化相宏观特征为顺层裂隙破碎带+切层裂隙破碎带+碎裂岩化+沥青化+网脉状铜硫化物(以辉铜矿为主)。其微观特征为沿裂隙和裂缝充填绿泥石细脉、辉铜矿细脉、沥青质细脉、硅化细脉和铁碳酸盐细脉等;揭示碎裂岩化相形成于盆地改造过程并形成了裂隙-盆地流体强烈耦合。萨热克铜矿主要赋存于库孜贡苏组蚀变杂砾岩层中,受后期碎裂岩化相改造强烈,碎裂岩化相对萨热克砂砾岩型铜矿床具有明显的控制作用,但目前有关碎裂岩化相和有机碳与成矿系统的关系的研究十分欠缺。萨热克铜矿含矿层位库孜贡苏组杂砾岩类中显微裂隙(裂缝)比较发育,为铜矿的主要富集空间,碎裂岩化相显微组构的构造岩相学研究,也是对碎裂岩化相宏观研究重要的补充,在显微尺度上,能够深入揭示裂隙密度、裂隙开度、裂隙渗透率、裂隙充填物类型及成分特征等,揭示杂砾岩类在后期构造变形过程中,碎裂岩化相形成与盆地成矿流体作用之间的关系。

　　在地球化学岩相学研究中,糜棱岩相-糜棱岩化相和碎裂岩相-碎裂岩化相不但是两类客观物质实体,而且也是矿物-岩石-流体-构造应力多重耦合结构场中重要的因素,详见1.4.8 节。

　　在沉积盆地尺度上,糜棱岩相-糜棱岩化相有四个方面作用:①一般主要为沉积盆地的基底构造层的变形构造样式与构造岩相学特征,它们多分布在沉积盆地内,作为盆内隐蔽构造样式,为盆地基底构造层中成矿流体、造山带流体运移和聚集提供通道。②它们分布在沉积盆地边部的厚皮型前陆冲断褶皱带中,是在沉积盆地与相邻造山带耦合转换过程中,形成的典型盆山镶嵌构造带;同时,也是造山带流体相沉积盆地之内运移和聚集的构造通道。③在厚皮型前陆冲断褶皱带的前锋带,糜棱岩化相带常逆冲于沉积盆地之上,对沉积盆地中成矿流体构成了构造封闭作用。④在糜棱岩化相带中,常发育造山型铜铅锌金银矿床和蚀变矿化带,它们为沉积盆地提供初始矿源物质。

1.2.4　盆山原镶嵌构造区与区域金属成矿分带

1. 盆山原镶嵌构造区

新生代以来,欧亚大陆处于西伯利亚板块、古太平洋板块及印度板块的"三面夹击"中,形成了欧亚大陆内沉积盆地-构造高原-造山带耦合转换构造,出现了四川盆地、鄂尔多斯盆地、塔里木盆地、柴达木盆地及楚雄盆地等系列陆内沉积盆地,与云贵高原、青藏高原、帕米尔高原、内蒙古高原和蒙古高原之间为多个造山带等组成的盆山原镶嵌构造。从北到南为阿尔泰造山带、天山-兴蒙造山带、昆仑-祁连-秦岭-大别山造山带、龙门山造山带、哀牢山造山带等。这种沉积盆地-构造高原-造山带耦合转换的大陆镶嵌构造系统(图1-1),为研究多板块构造相互作用和大陆构造新样式提供了良好"天然实验室"。恢复和研究其形成演化历史和成矿系统,需要综合多学科进行系统研究。大陆由造山带、沉积盆地、稳定地盾(克拉通地块)和构造高原等四种典型构造地貌单元组成,如青藏高原、内蒙古高原、云贵高原和黄土高原是我国四大高原,组成了我国大陆第一级、第二级和第三级阶梯状构造地形地貌,不但对生态、环境、资源具有决定性制约,也影响和制约了人类生存和进化过程。高原一般海拔在1000m以上的大面积开阔平坦区域,分布有闭流性河流和原内湖泊盆地,这也是人类聚集生存区、淡水和盐湖资源地,如内蒙古高原和云贵高原等。高原周边的造山带为侵蚀山地和冰川雪山地貌,如青藏高原和帕米尔高原等,不但是大陆上水源涵养源区"巨型水塔",也是河流发源区和海洋-湖泊水体沉积物侵蚀源区。盆山原耦合转换和造山带剥蚀去顶等多种地质作用,对于金属矿产和能源矿产具有显著的控制作用,控制了金属矿产-非金属矿产-油气田-煤炭-铀等同盆共存现象。在我国生态文明建设新时代,需从盆山原耦合转换和生态-环境-资源多重耦合角度,重新认识盆山原镶嵌构造区形成演化史,促进对"人山水林田湖草矿"多重生态-环境-资源耦合作用调查评价和综合研究。

近年来,在青藏高原和内蒙古高原等典型盆山原镶嵌构造区内,发现了金属矿产-非金属矿产-油气田-煤-铀等同盆共存现象,如塔里木盆地金属矿-多种能源矿产同盆共存,这种有机界-无机界矿产资源同盆富集成藏成矿,对传统成藏成矿理论和勘查评价提出了挑战,也成为当前热点科学问题。砂砾岩型铜铅锌矿床和沉积岩型铜铅锌矿床总体呈环带状分布在塔里木叠合盆地周缘造山带中,如火烧云超大型铅锌矿床最新研究进展显示塔里木叠合盆地周缘金属矿产潜力巨大。在塔西-塔北地区砂砾岩型铜铅锌-天青石-铀-煤-天然气等成藏成矿集中区,发育碎裂岩化相-沥青化蚀变相-褪色化蚀变相(方维萱等,2016a,2017a),揭示曾有大量有机质参与成矿作用过程(董新丰等,2013;韩凤彬,2012;韩凤彬等,2013;李盛富等,2015a,b;刘章月等,2015)。康苏煤矿、阿克莫木天然气田(王招明等,2005;张君峰等,2005;达江等,2007;傅国友等,2007)和拜城油气田,与砂砾岩型铜铅锌矿床紧密相邻,同盆共存富集成藏成矿。本书以塔里木叠合盆地西侧(简称"塔西")盆山原镶嵌构造区内砂砾岩型铜铅锌-天青石-铀-煤矿床为研究对象,以成矿系统理论(翟裕生,1999;2007;翟裕生等,2008)为指导,采用构造岩相学研究方法,对砂砾岩型铜铅锌-天青石-铀成矿系统的物质-时间-空间结构模型进行研究,探索陆内特色成矿单元(张鸿翔,2009)内区域成矿规律。

张伯声创立的镶嵌构造理论及应用(张伯声和王战,1974,1993;张伯声和吴文奎,

1986)，从地球圈层、大陆波浪运动和多级驻波运动等方面，解释了山链(波峰)、沉积盆地(波谷)、盆山耦合区(波浪运动)等大陆表面构造地貌形成机制，也为探索地球圈层构造运动学和动力学机制提供了思路。然而，在现今中国大陆盆山原镶嵌构造格局中(图1-1)，帕米尔高原北侧-塔里木盆地西端-南天山造山带为陆内盆山原镶嵌构造区(图1-1)，多种能源-金属矿产同盆共存，也是我国陆内特色成矿单元。塔西地区从北到南，构造分带和区域成矿学分带独具特色：①北部为萨热克巴依NE向砂砾岩型铜多金属-煤成矿集中区，库孜贡苏NW向煤矿集中区；②在苏鲁铁列克断隆区形成了造山型金铜矿床和MVT型铅锌矿床；③在帕米尔斜向突刺结NE边缘，阿克莫木天然气田位于乌恰县东，西为乌拉根超大型砂砾岩型铅锌矿床、康西铅锌矿床和石膏矿床、康苏-前进煤矿带、花园-杨叶砂岩型铜成矿带、帕卡布拉克天青石矿床；④巴什布拉克砂砾岩型铀矿床、加斯铅锌矿和铜矿等，位于帕米尔正向突刺结北顶端和苏鲁铁列克断隆区接触部位；⑤在帕米尔NW向突刺结NW边缘，萨哈尔-乌鲁克恰提弧形斜冲断褶带，分布有江格吉尔砂砾岩型铜矿床、江格结尔砂砾岩型铜铅锌矿床、喀炼铁厂砂砾岩型铜铅锌矿床、萨哈尔砂岩型铜矿床、石膏矿床等。这种区域构造分带规律在中-新生代陆内山→盆发生转换耦合，并在青藏高原拼接过程的远程板块碰撞效应下，大陆地壳产生多期次陆内挤压-伸展走滑作用，塔西地区具有自身的陆内盆→山转换与耦合过程，造山带与沉积盆地之间为大型挤压-伸展转换断裂带或挤压走滑断裂带所镶嵌，缺乏大规模中酸性岩浆侵入活动，但发育区域构造-热事件和盆地流体大规模运移事件，本书称为塔西陆内盆山原镶嵌造山区。高原侵蚀基准面与相邻造山带、沉积盆地内平原沉积相和相邻沉积相，均为方波转正弦波结构；而沉积盆地和山脉链、盆岭构造区表现为波谷、波峰和驻波，即为陆内镶嵌造山作用区或称为塔西盆山原镶嵌构造区，本书采用波浪镶嵌构造理论探索塔西陆内特色成矿单元中构造-沉积演化过程，砂砾岩型铜铅锌-天青石-铀成矿系统的物质-时间-空间结构模型。

从全球板块构造边界和古近纪-新近纪构造演化角度看，在全球范围内也存在一系列盆山原镶嵌构造区和典型构造-地形地貌-生态系统，需要从系统地球科学新视角，重新审视和调查研究陆内盆山原镶嵌构造区与生态-环境-资源多重耦合效应、盆山原河湖海激变带、合适的矿山生态位和自然-人类-社会复合生态系统稳健性(方维萱，2018c)。沉积岩型铜铅锌矿床也与盆山原镶嵌构造区形成演化有密切关系：①在南美板块秘鲁-玻利维亚-阿根廷-智利一带，具有"洋-沟-楔-盆-弧-山-原(盆)-山"，可称为安第斯型盆山原镶嵌构造区。从东向西，玻利维亚高原东侧为东科迪勒拉山链(玻利维亚南部-委内瑞拉)，汇集了6座高度超过6000m的山峰，玻利维亚高原一般海拔在4000m以上，面积约45万km^2，原内高原湖盆发育，深切割谷地和河流众多；西侧为西科迪勒拉山链(秘鲁-智利-阿根廷)分隔，海拔6964m的阿空加瓜峰(Aconcagua)位于智利-阿根廷接壤处，构成了东西两侧为巨型山链分割、中部为玻利维亚高原和原内盆地，即"山-原(盆地)-山"的构造-地貌结构特征。深切割河流将高原-高山蚀源岩剥蚀物传输到原内盆地或远程传输到两侧大洋中，地形地貌-生态系统为垂向和侧向激变带(垂向高度与水平宽度比值)，其形成大地构造背景为智利-秘鲁的古近纪-新近纪"沟-弧-盆-山-原"镶嵌构造区。②我国云贵高原具有陆内山-弧-盆-原特征，可称为云贵型盆山原镶嵌构造区(图1-1)。云贵高原西起横断山脉，北邻四川盆地，东到雪峰山，面积达3.0×10^{5}km^2。西侧云贵高原海拔多在1900m以上，而东侧贵州山原区海拔为 1000~1900m, 以固结的红色风化壳和耕作红土、喀斯特地貌、深切割河流和诸多原内盆地和山间湖盆为特征, 它们组成了我国第二阶梯地形地貌带。云贵高原古近纪–新近纪哀牢山陆内复合造山带强烈走滑作用、滇中 NW 向碱性斑岩带侵入构造系统和陆内盆地拉分作用, 可能为云贵高原形成演化深部动力学机制。③帕米尔高原(塔西及邻区盆山原镶嵌构造区)由三条巨大的陆内复合造山带(阿尔卑斯–喜马拉雅山带、帕米尔–楚科奇山带和天山带)和其间山间谷地(塔里木叠合盆地西端)、河流和侵蚀台地等组成, 平均海拔 4000~7700m。④青藏高原和内蒙古高原–大兴安岭地区, 也是典型陆内盆山原镶嵌构造区(图 1-1), 形成构造–地形地貌–生态系统。

2. 成矿带

(1)南美智利–玻利维亚"洋–沟–楔–盆–弧–山–原(盆)–山"镶嵌构造区与金属成矿带。大洋板块和洋中脊单向俯冲形成的活动大陆边缘、沉积盆地和构造高原, 以南美板块最为典型。在纳兹卡大洋板块和三个洋中脊(Nazca、Iquique 和 Juan Fernandez)向东俯冲作用下, 形成了斑岩铜金矿床和浅成低温热液型金银铜矿床、安第斯造山带和高原抬升等, 在玻利维亚也形成了盆山原镶嵌构造区。在规模上, 近南北向长约 9000km 的安第斯大陆山系最宽处 400km, 最窄处 90km, 是全球陆表最长山系。主要山链海拔在 3000m 以上, 阿空加瓜山高达 6964m。在时间–空间演化上, ①Nazca 洋中脊(海岭构造)向东俯冲消减于南美板块之下, 形成了 Inca 高原、秘鲁安第斯中新世斑岩铜矿和浅成低温热液型金银铜铅锌矿床, 如 La Granja(14.2~13.4Ma)和 Antamina(10.8~8.8Ma)斑岩型 Cu-Au-Mo 矿床, Pierina、Sinchao、Quicay 等高硫化型 Au-Ag 矿床, Arcata 低硫化型金矿床, Cerro de Pasco、Huanzala 等夕卡岩型 Zn-Pb-Ag 矿床等(Rosenbaum et al., 2005)。②在智利中生代弧后盆地基础上, 晚白垩世末—古近纪初(70~55Ma)深成中酸性岩浆弧侵位并向东迁移, 形成了弧后盆地褶皱变形。Iquique 洋中脊(海岭构造)向东俯冲, 形成了 Rosario(约 33Ma)、Chuquicamata(33~31Ma)、La Escondida(34~32Ma)、El Salvador(42~41Ma)等斑岩铜矿床和 Austral 高原(Rosenbaum et al., 2005)(被认为属消失的印加高原; Gutscher et al., 1999), 后期叠加了始新世深成岩浆弧(25~1Ma)。在造山带和高原抬升过程中, 斑岩铜金(钼)和浅成低温热液金银成矿系统形成次生富集(34~14Ma; Sillitoe, 1996)。③Juan Fernandez 洋中脊向东俯冲消减于南美板块之下, 在智利形成了 El Teniente(7.1~4.6Ma)、Rio Blanco(5.4Ma)、Los Palembres-El Pachon(10Ma)等超大型斑岩铜矿床(Mutschler et al., 1999)。④在智利新近纪–第四纪弧前山间盆地(中央盆地)中, 形成了以阿卡塔玛盐湖盆地(Salar de Atacama)为代表的含锂钾盐–硝盐成矿系统。该盆地规模较大, 从渐新世(30Ma)以来, 盆地中心陆相沉积岩层厚度为 1000~1800m, 南北向长度约 500km, 东西向宽度在 50~75km。新近纪–第四纪主体为陆相沉积, 局部为陆相含盐碎屑岩相, 沉积物来自安第斯山脉和智利海岸科迪勒造山带。向东尖灭于阿尔蒂普拉诺高原和火山弧西缘, 火山喷发活动提供了大量物源, 早期深成岩浆弧也为蚀源岩区(弧前山间盆地)。⑤在安第斯造山带东侧为波状起伏的普纳高原, 玻利维亚–秘鲁高原西部为西科迪勒拉山系, 东部为东科迪勒拉山系, 在玻利维亚盆山原镶嵌构造区内形成了陆相红层铜矿床, 与高原和造山带抬升剥蚀、富含有机质地层和干旱气候环境密切相关, 如玻利维亚 Corocoro 铜矿床赋存在中新统冲积扇相含膏砂岩–含膏砾岩亚相中, D 铜矿床赋存在新近系砂砾岩层中。阿根廷北部 Yasyamayo 铜矿床赋存在中新统–上新统砂岩中

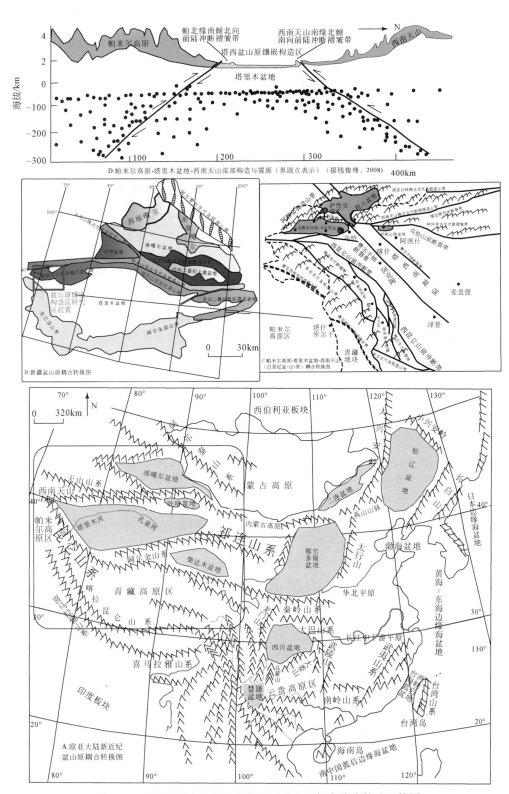

图 1-1　中国和邻区(研究区)第四纪盆山原耦合镶嵌构造区简图

（Warren,2000;Flint,1989）。乌尤尼闭流盐湖盆地位于阿尔蒂普拉诺高原内部,平均海拔在3656m以上。在玻利维亚乌尤尼闭流盐湖盆（Salar de Uyuni）和阿根廷翁布雷穆埃尔托（Salar de Hombre Muerto）闭流盐湖盆内,形成了锂钾盐-硝盐硫酸盐型卤水成矿系统。墨西哥萨卡特卡斯含锂盐湖盆（如 La Ventana 锂矿床等）位于墨西哥高原和德雷山系半地堑咸化湖盆内河流相-湖泊相系地层中,含锂黏土化蚀变凝灰岩层为主要赋矿层位。

　　（2）云贵川弧-盆-山-原镶嵌构造区与金属成矿带。云贵高原在中-新生代期间总体为"两山二隆夹五盆"构造古地理格局,从西往东构造单元依次为澜沧江复合造山带→兰坪-思茅中-新生代复合盆地→哀牢山复合造山带→楚西逆冲推覆构造带+楚雄中-新生代后陆盆地→元谋前寒武纪盆内基底隆起带→楚东中生代盆地区→东川前寒武纪基底隆起带→昭通-曲靖中生代盆山耦合转换带→黔西中生代陆缘转换盆地。在兰坪-思茅中-新生代复合盆地中,形成了金顶超大型铅锌矿床。楚雄中-新生代后陆盆地具有铜-铅锌银铁-煤同盆共存富集成矿和寻找天然气田的潜力。楚雄后陆盆地经历了四期构造演化:①前三叠纪盆地基底形成期。北侧大雪山基底隆起带为北部分割山体,延伸到楚雄后陆盆地成为盆内基底隆起带。以元古宇为下基底构造层,石炭-二叠系为上基底构造层,其石炭系海相玄武岩和二叠系大陆玄武岩铜矿点发育,它们能够提供丰富的铜初始成矿物质。②晚三叠世—侏罗纪同造山期为后陆盆地的主成盆期。基底构造层在斜向挤压大陆动力学背景下,形成了挤压抬升（基底隆起带）和走滑拉分断陷成盆的盆地动力学格局。下三叠统一平浪组含煤碎屑岩系沉积充填在西部和南部。罗家大山组一段深灰、灰绿色玄武岩、沉凝灰岩夹砾岩、晶屑火山碎屑凝灰岩等火山沉积岩系,揭示其西侧接近岛弧带,具有弧后前陆盆地特征。因周缘山体抬升隆起后,在侏罗纪演进为周缘山间后陆盆地。在晚三叠世—古近纪哀牢山造山带具有背冲式运动学特征,在兰坪-思茅中生代前陆盆地东缘发育自东向西逆冲推覆构造带（哀牢山造山带西侧）,在楚雄中生代后陆盆地西侧发育自西向东逆冲推覆构造带（哀牢山造山带东侧）。③白垩纪盆山原耦合转换期。相邻哀牢山造山带抬升强烈,形成了白垩纪同碰撞花岗岩带。④古近纪深源岩浆热侵位与盆山原镶嵌构造区抬升期。在断裂构造组合上,NS—近 NS 向、NW 向、近 EW 向、NWW 向和 NEE 向断裂组为盆地变形的断裂构造体系,NWW 向幔型断裂为切割大陆地壳的岩浆侵入构造系统。

1.3　构造岩相学填图相关基础理论与沉积盆地和金属成矿

　　方维萱等（2012）对构造岩相学释义为:在一定时间-空间结构上,岩石组合类型及这些岩石特征代表的构造-地质环境和条件的综合反映。构造岩相学具有横断科学特征,采用综合集成性的研究手段和有针对性的创新研究方法进行新技术研究与示范应用推广;同时,须遵循岩相古地理学、矿相学、火山岩相学和岩石地球化学等多学科的工作方法、研究思路和手段。构造岩相学（包括岩相、亚相与微相类型）主要从不同层次上进行研究,即大地构造岩相学、区域构造岩相学、矿田构造岩相学、矿床构造岩相学、矿体构造岩相学、显微构造岩相学等六种不同尺度,其核心是围绕成岩成矿作用系统形成的大陆动力学背景和找矿预测进行研究。

　　我国矿山深部和外围找矿潜力大,深地勘探开发成为主要发展方向,尤其是在金属矿山立体深部找矿预测中,深部找矿预测、新矿种发现与勘探新方法技术研发是当前重要的技术创新方向之一。在矿产资源全球化配置和产业价值链全球化进程中,全球化战略性勘查选区和矿业项目评估,成为当前面临的关键科学技术难题之一,是矿产勘查界和矿业界关注和研究的热点,尤其是矿业权增值预测、项目成长性预测和风险管控系统建立,均需要从综合角度进行系统结构性研究和预测。在对秦岭晚古生代沉积盆地铜铅锌多金属矿床和金矿床、新疆古陆边缘多金属成矿等构造岩相学研究和技术研发(方维萱,1990,1998,1999;方维萱等,2000,2001,2009a,2013)的基础上,初步建立了构造岩相学与找矿预测理论和方法技术框架。构造岩相学独立填图单元和亚相填图方法(方维萱,1990,1998,1999;方维萱等,2000,2001,2009c)等,在云南东川铁铜矿深部找矿中得到应用推广,证明岩相学填图法对新类型铁铜矿和新矿种具有直接的预测功能(方维萱等,2009b,2009c)。在云南个旧锡铜多金属矿床集中区和云南墨江金镍矿床、贵州锑-萤石-黄铁矿-金矿田等开展持续研发和深入研究,完善了大比例尺(1:10000 ~ 1:200)构造岩相学研究和填图理论,初步形成了金属矿床-矿田 1:200 构造岩相学编录、建相和相序列结构研究、1:5000 ~ 1:1000 构造岩相学填图和找矿预测、1:1 万地面地球物理勘探和深部地质填图、矿山井巷工程地球物理精细勘查、1:5 万构造岩相学修图和找矿预测理论和技术系列。

　　大比例尺构造岩相学填图理论和技术研发(方维萱等,2018)包括大地构造岩相学研究和编图(1:500 万 ~ 1:50 万)与战略性勘查选区、区域构造岩相学(1:25 万 ~ 1:5 万)与勘查选区、矿田构造岩相学(1:5 万 ~ 1:1 万)与找矿预测、矿床构造岩相学填图(1:1 万 ~ 1:5000)和找矿预测、矿体构造岩相学填图(1:5000 ~ 1:1000)、矿物地球化学EPMA 微区填图岩相学六个不同层次。矿床外围(1:5 万 ~ 1:5000)和矿山深部立体构造岩相学填图技术(1:5000 ~ 1:100)两大系列,是主要关键技术系列。方维萱等(2018)在《大比例尺构造岩相学填图技术与找矿预测》专著中,对构造岩相学填图的相关基础理论和新技术研发、找矿预测和应用案例等进行了详细论述。本次塔西砂砾岩型铜铅锌矿床研究涉及六个不同层次技术系列,相关术语的含义释义如下。

1.3.1　大地构造岩相学

　　大地构造岩相学是指在特定大地构造单元和相关大地构造单元内,特定区域构造单元和相关区域构造单元内形成的垂向相序列和水平相序列中,分别具有特定的岩石组合类型及特定的岩石地球化学特征。根据这种构造岩相垂向相序列和水平相序列的大地构造相类型、结构和相体组合等能够恢复重建构造-古地理单元与位置,如蛇绿岩套、山前磨拉石相、山间磨拉石相、山后磨拉石相等。

　　大地构造岩相学与大地构造相(许靖华等,1998;潘桂棠等,2008)不同,大地构造岩相学除关注大地构造相研究内容外,将特定构造单元和相关构造单元内的相关大地构造相类型,进行垂向大地构造相类型的时间域相序结构和水平方向大地构造相类型和空间域相序列结构解剖研究,进行时间-空间域相序结构的系统对比研究。垂向大地构造相类型和相序结构序列可表述为时间域演化相序结构模型,如沉积盆地基底构造层可以按照构造岩石和构造地层划分为下基底构造层、中基底构造层和上基底构造层等;而沉积盆地内沉积充填相体按照初始成盆期、主成盆期、盆地构造反转期、盆地萎缩封闭期、盆地改造期、盆地热流体叠加期等进行系统研究和综合对比。水平方向的大地构造相序列可表述为现今的时间-空间场中的空间域镶嵌相体结构,需恢复重建统一地质时代的空间域水平大地构造相类型分带,如西南天山陆内复合造山带经历了海西期、印支期、燕山期和喜马拉雅期等四期造山作用叠加,海西期为岛弧造山带,印支期为陆陆造山带,而在印支期末形成了盆山耦合与转换,侏罗纪—早白垩世为山→盆期,而在晚白垩世—古近纪为盆山原耦合与转换期,新近纪形成了典型的陆内盆山原耦合转换,新近纪西域期为盆山原镶嵌构造区基本定型过程。从海西期造山带形成之后,经历了强烈的陆内复合造山作用,最终定型为盆山原镶嵌构造区特征,对于塔西砂砾岩型铜铅锌-铀矿床和成矿带、油气田-煤-铀等能源矿产、石膏矿床、天青石矿床等稀有金属矿产、钾盐(含钾卤水)-岩盐等矿产的形成具有独特控制作用(方维萱等,2017a,2017c)。

我国处于欧亚大陆,大规模的陆内复合造山带、盆山耦合与转换过程、盆山原耦合与转换过程等具有十分复杂的大陆构造样式,构造-岩浆-热事件和构造-热事件具有多期次叠加成岩成矿特征,因此,以构造岩相学变形筛分、构造岩相学回剥、构造-岩浆-热事件恢复等研究方法,开展大地构造岩相学类型和多期次叠加相的研究,有助于从大地构造相类型和演化序列角度,恢复重建区域的大地构造相演化序列(大地构造岩相学),并有助于战略性勘查选区、生态-环境-资源基地的生态功能区划等调查评价和战略区划。

在塔西地区砂砾岩型铜铅锌矿床研究中,涉及塔西中-新生代盆山原耦合与转换构造样式和构造组合,塔西砂砾岩型铜铅锌矿床与帕米尔高原前陆冲断褶皱带-塔西中-新生代沉积盆地-西南天山造山带耦合转换过程有十分密切的关系(方维萱等,2018a)。

1.3.2　区域构造岩相学

区域构造岩相学是指在同一大地构造单元内,由于同一构造单元在不同构造-古地理位置,因而具有不同构造动力学类型和构造演化序列,在不同时间-空间域内,所形成的特定岩石组合类型及这些岩石特征,具有记录这种构造岩相在不同构造-古地理位置及构造演化历史的功能。在活动大陆边缘上,按照构造-(古)地理单元,将沉积盆地划分为弧前盆地、弧间盆地、弧后盆地、大陆边缘海盆地等,它们具有不同的构造岩相学水平相序结构和垂向相序结构,如智利海岸山带中生代IOCG成矿带,位于智利中生代活动大陆边缘上,与纳兹卡大洋板块俯冲过程密切有关,IOCG矿床位于主岛弧带、弧后盆地和弧间盆地中。在被动大陆边缘上,按照构造-(古)地理单元,将沉积盆地划分为陆间裂谷盆地、陆缘裂谷盆地、陆缘拉分盆地、陆缘断陷盆地等。

大陆动力学体制有以下6种主要类型:①大陆挤压收缩体制(侧向和垂向挤压收缩,迁移火山岛弧、迁移深成岩浆弧、迁移沉积盆地);②大陆伸展拉张体制(水平拉伸、走滑拉分、挤压-断陷等);③大陆走滑体制(走滑拉分、挤压-走滑、斜向走滑);④大陆垂直升降体制(软流圈上涌、地幔柱上侵、断块上升、断块沉降);⑤大陆旋转体制;⑥大陆多种动力学耦合体制(造山带→沉积盆地耦合转换、沉积盆地→造山带耦合转换、造山带+深成岩浆弧耦合)。这些不同的大陆动力学体制,形成了相应的大地构造岩相学类型和区域构造岩相学类型,对它们进行系统的研究有助于建立构造–古地理单元和恢复重建大陆动力学体制。在大地构造岩相学和区域构造岩相学水平相序结构、重建的构造–古地理单元格局、成矿规律和优势矿种研究基础上,进行二级和三级构造–岩浆–成矿带划分,依据大地构造岩相学和区域构造岩相学研究,结合遥感构造地质–矿产地质综合解译、现场研究和路线地质考察等,进行战略性勘查选区和成矿远景区圈定。

区域构造岩相学研究内容包括:①成矿(区)带构造成岩成矿系统形成发展历史,金属矿床的时间–空间分布规律;②相邻和类似成矿构造单元内,金属富集成矿规律、成矿分带与构造岩相学特征对比,区域构造岩相学特征(含矿田构造岩相学),包括不同构造样式的几何学、动力学、运动学、物质学和年代学特征,建立构造变形序列,研究该构造变形序列与构造成岩成矿事件关系。在此基础上,总结已知成矿带特征,进行新成矿带预测,划分三级和四级成矿区带,并圈定和预测新的成矿靶区。

区域构造岩相学类型和特征,是二级构造单元的划分依据。岩相学与区域构造关系十分密切,研究基本思路是采用构造岩相学专题填图与区域地质矿产研究相结合,以恢复重建区域构造为目的,依据岩相学、构造样式进行构造岩相学划分是基本思路,如:①秦岭泥盆纪沉积盆地构造动力学类型划分与同生断裂格架(方维萱等,2001);②云南元古宙地层中底辟构造类型(软弱岩层底辟构造刺穿体、岩浆流体底辟刺穿体、斜冲走滑构造刺穿体等、背斜轴部虚脱构造刺穿体)和多期构造运动样式与筛分格架,云南楚雄中–新生代沉积盆地等;③根据智利科皮亚波区域构造岩石地层和岩石地层单元,恢复中生代构造格局从西到东为前侏罗纪弧前增生楔构造地体→中生代主岛弧构造带→弧后盆地构造带→弧后盆地反转构造带→古近纪钙碱性深成岩浆弧。

在战略性勘查选区和目标勘查区筛选研究中,大地构造岩相学–区域构造岩相学专项研究的工作程序为:第一,通过大地构造岩相学和区域构造岩相学类型的鉴定、划分和恢复重建,进行构造古地理单元类型恢复和重建。第二,按照构造–古地理单元位置,进行垂向和水平相序结构研究,建立二级和三级大地构造单元构造成岩系统。第三,按照恢复重建的构造古地理单元格架,进行构造成岩成矿系统和叠加成岩成矿体系研究。第四,恢复重建成矿大地构造单元的构造形成演化与构造变形序列,在构造变形序列框架下,总结矿产形成条件和时间–空间分布规律,寻找和预测新的成矿省,圈定战略性勘查选区。第五,对主要类型矿床及集中区进行研究,阐明时间–空间分布规律、构造成岩成矿规律,建立构造–岩浆–成岩成矿序列,寻找和预测新成矿带,圈定成矿远景区。

在区域构造岩相学修编图中,重点对区域构造样式、区域构造岩相学类型和组合、区域构造岩相学相序列和演化规律进行系统研究,根据不同区域地质特征,分别按照沟–弧–盆体系、山–弧–盆体系、盆–山–原体系、盆山耦合与转换等学术观点进行编图和修图。对于重点勘查选区和部署,工作比例尺选择 1∶25 万～1∶10 万较为合适,对于战略性勘查选区和规划部署研究,工作比例尺选择 1∶50 万较为合适。

萨热克巴依地区重大构造岩相学事件主要有 5 期。第一期构造地质事件【DA①】,为前寒武纪下基底构造层形成与演化期,含铜金脆韧性剪切带和变基性火山岩为独立填图单元。

---

① DA 为构造变形事件 A。按构造变形事件序列,分别记为 DA、DB、DC、DE。

第二期构造地质事件【DB】,为古生代上基底构造层形成与演化期,脆韧性剪切带和蚀变岩为独立填图单元。第三期构造地质事件【DC】,为印支期晚二叠世—早三叠世山→盆转换期,脆韧性剪切带、含碳岩系、煤系地层和变玄武岩—辉绿岩等为独立填图单元。第四期构造地质事件【DD】,为燕山期中生代前陆和后陆盆地系统形成演化期,康苏组构造变形和含煤岩系,杨叶组构造变形、玄武岩类和含煤岩系,库孜贡苏组褪色化蚀变带,克孜勒苏群第三和第五岩性段与褪色化蚀变带等为独立填图单元。第五期构造地质事件【DE】,为喜马拉雅期周缘山间盆地形成与演化期。

基于萨热克巴依地区重大构造岩相学事件,建立的构造岩相学序列如下。

(1)古生界基底构造岩层系统。在构造变形域、构造变形样式和构造岩相学研究基础上,构造岩相学相序域和基本填图单位划分为盆地下基底构造层前寒武纪构造岩石地层(韧性→脆韧性剪切变形构造域/糜棱岩相–糜棱岩化相)和盆地上基底构造层古生界构造岩石地层(脆韧性剪切变形构造域/糜棱岩化相),新厘定了萨热克铜矿区深部阿克苏岩群下基底构造层和古生界上基底构造层,确定阿克苏岩群形成年龄在 $1528 \pm 140 \mathrm{Ma}$($N=6$,加权平均年龄,$\mathrm{MSWD}=4.6$)。

(2)下二叠统—上三叠统岩石地层系统(造山带卷入地层系统,面带型脆韧性剪切带/糜棱岩化相–构造片理化相)。

(3)侏罗系—白垩系陆内盆地地层系统(侏罗系—白垩系岩石地层系统,脆性构造变形域/碎裂岩化相)。

(4)古近系海峡–局限海湾盆地地层系统。在托云后陆盆地内部,古近纪—新近纪为陆内山间尾闾湖盆。在萨热克巴依盆地缺失古近系,西域组在区内山顶及盆地东部残留,西域组与下伏不同时代地层呈角度不整合关系,因此,新近纪期间,萨热克巴依地区整体处于抬升剥蚀状态,仅在局部形成山间盆地。

在塔里木叠合盆地周缘砂砾岩型铜铅锌矿床研究和找矿预测中,区域构造岩相学类型和特征主要为帕米尔高原–塔里木叠合盆地–西南天山造山带在盆山原耦合与转换过程中,形成盆山原耦合转换构造带,以前陆冲断褶皱带最为特征。前陆冲断褶皱带对砂砾岩型铜铅锌矿床形成演化具有极其重要的控制作用,盆地反转构造、前陆冲断褶皱带和变碱性超基性岩–变碱性基性岩侵位事件等构造–岩浆–热事件,是构造生排烃作用的主要驱动力,提供了砂砾岩型铜铅锌成矿系统成矿能量。

1.3.3　矿田构造岩相学

矿田构造岩相学是指在限定范围内(具有类似的成矿时代、成因类型和控矿因素的两个或多个矿床组成范围),构造样式、构造演化序列及构造动力学对成岩成矿作用、构造岩相学类型、垂向和水平相序结构等具有明显的控制作用,且在一定时间–空间结构上,这些岩矿石组合类型及特征是其所代表的构造–地质环境和条件的综合反映。

一般来说,矿田是在限定的空间范围内,由两个或多个矿床组成,这些矿床在成矿时代、成因类型和控矿因素上具有内在联系,如:①云南东川地区具有 IOCG 矿床、东川型铜矿和桃园型铜矿等矿床组合;②智利科皮亚波地区具有 IOCG 矿床、铁氧化物矿床和热液型金银矿床等矿床组合;③秦岭造山带北缘晚古生代沉积盆地凤太一级拉分盆地、柞水-山阳一级拉分断陷盆地、镇安拉分盆地等,分别控制了凤太铜铅锌-金矿田、柞水-山阳铜铅锌-菱铁矿-重晶石矿田、镇安汞锑金-铜金矿田等,这些沉积盆地的盆内同生构造、后期构造变形样式和构造组合,主要控制了热水沉积-改造型(SEDEX型)铅锌矿床和造山型金矿床。热水沉积-改造型铜铅锌-菱铁矿-重晶石矿床主要形成于泥盆纪热水同生沉积期,受热水沉积岩相、热水沉积体系和三级热水沉积盆地控制显著,受印支期形成的复式向斜和复式背斜控制而形成了同造山期构造流体改造富集成矿作用。在寒武纪、泥盆纪、三叠纪等形成了初始矿源层,而在石炭纪-印支期造山过程中,发生递进式顺层脆韧性剪切+切层脆韧性剪切强烈变形作用,局部有隐伏-半隐伏燕山期岩浆侵入构造系统叠加,形成了卡林型-类卡林型、造山型金矿床等;④在云南个旧锡铜铯铷铅锌银多金属矿床集中区1000km²内,有马拉格、松树脚、高松、老厂和卡房五个矿田,锡铜铅锌银矿床主要受燕山期岩浆侵入构造系统、夕卡岩相带和断裂-岩浆热液构造带显著控制,而锡铜钨铋铯铷多金属矿床主要受三叠纪海底火山热水沉积相、碱性苦橄岩-碱性玄武岩和火山热水沉积盆地控制,而在燕山期花岗岩侵入构造系统,以岩浆热液叠加成岩成矿作用(硅镁夕卡岩化相带)为主。

矿田构造岩相学类型研究重点集中在矿田构造尺度上,恢复重建沉积盆地中的三级沉积盆地及同生断裂、沉积中心与沉降中心、火山机构类型与控矿格局、侵入体及侵入构造、蚀变带与控制因素、脆性剪切带构造样式与岩石类型等。例如,智利铁氧化物铜金(IOCG)型矿床与弧内盆地和弧后盆地、平行造山带的脆韧性剪切带、辉长岩墙-闪长岩-花岗闪长岩-花岗岩的侵位构造等三种构造-岩相学类型有密切关系(方维萱等,2009b)。陕西泥盆纪铅锌矿与沉积盆地、同生断裂、三级构造热水沉积盆地和热水沉积岩相关系密切。

矿田构造岩相学基本思路是:在典型矿床解剖研究的基础上,结合构造岩相学专题填图与区域地质矿产进行综合研究。主要依据岩相学填图恢复重建古矿田构造类型与特征,与现今矿田构造进行对比分析,筛选和圈定找矿预测靶区。

在矿田构造岩相学填图方面,以1:5万和1:1万构造岩相学专题填图为主,也可根据实际情况,进行1:5万构造岩相学修图和编图。构造岩相学填图(修图和编图)核心为沉积岩区和沉积岩型金属矿床、岩浆岩区和岩浆热液矿床、火山岩区和火山热液矿床、变质岩区和变质矿床(脆韧性剪切带型金多金属矿床),构造岩相学填图单元确定以核心构造岩相学填图对象为目标。例如,岩浆侵入构造系统、岩浆叠加侵入构造系统、火山机构的构造岩相学系统、热液角砾岩构造系统、沉积盆地系统、变质核杂岩构造系统、断隆构造系统、脆韧性剪切带构造系统等,建立构造岩相学的水平相序结构(相组合)、垂向相序结构(相组合)、构造-热流体叠加-改造事件有关的相序结构和相体组合等,进行区域构造样式的构造岩相学研究。尤其是在岩浆热液成岩成矿系统、火山热液成岩成矿系统、热液角砾岩的成岩成矿构造系统、热水沉积成岩成矿系统研究中,需要以构造岩相学填图单元建立和构造岩相学填图等综合方法,进行构造系统和成岩成矿系统的恢复重建,也称为岩相构造学。

在矿田构造研究上,同一矿田内经常有多个金属矿带,根据研究范围、控制地质因素、矿带和构造的形态学特征不同,进一步可以分为金属矿带构造岩相学,如:①云南东川落因复式倒转背斜岩浆-构造矿带、石将军-滥泥坪-汤丹铁铜和铜矿带;②智利科皮亚波主岛弧带IOCG矿床和热液型金银矿床;弧后盆地IOCG矿床、浅成低温热液型金银多金属矿床和曼陀型(Manto-type)铜矿等。在矿田构造岩相学研究中,注重成岩成矿体系的构造控制样式、构造扩容与容纳空间(矿床储矿构造样式)等,如侵入构造样式、脆韧性剪切带与构造样式、三级沉积盆地与盆内构造。

隐伏构造岩相体与地球物理深部填图是矿田构造岩相学中尚待开拓的研究领域。例如,在沉积盆地基底等深面图和隐伏侵入岩体顶面等高线图等一系列隐伏构造岩相学填图中,在基于已知钻孔验证和主要构造岩相体的物性参数、构造岩相学类型研究等基础上,采用大地电磁音频测深(CSAMT、AMT 和 MT)、地面高精度磁法测量、三极激电、深部磁化率填图、比磁化率填图等方法技术,可以有效地进行隐伏构造岩相学填图和找矿预测。利用油气勘探中取得的地震勘探资料,对金属矿田构造样式和构造组合进行研究,也是十分有效的综合研究方法。

在塔西砂砾岩型铜铅锌矿田构造样式、构造组合和构造配置研究中,采用地面构造岩相学填图和遥感色彩异常综合解译,进行矿田地表构造岩相学填图和构造解析研究。包括:①采用 AMT(CSAMT)、三极激电、地面高精度磁力测量和构造岩相学研究等综合方法,以钻孔构造岩相学纵剖面填图、隐伏构造岩相体与地球物理深部填图为主,对萨热克巴依砂砾岩型铜多金属–煤炭矿田构造进行研究,圈定隐蔽构造样式和构造组合类型,进行找矿预测。②以钻孔和露天采场的构造岩相学纵剖面填图、隐伏构造岩相体与地球物理深部填图为主,结合前人在乌拉根砂砾岩型铅锌矿床和杨叶–花园砂岩型铜矿床附近取得的地震勘探资料,对矿田深部构造样式和构造组合进行研究,开展成矿规律研究和找矿预测。③结合前人在滴水砂岩型铜矿床附近取得的地震勘探资料,对矿田深部构造样式和构造组合进行研究,开展成矿规律研究和找矿预测。

1.3.4　矿床构造岩相学

矿床构造岩相学是指同一构造成岩成矿体系或后续的构造成岩成矿系统,在特定时间–空间域内,所形成的特定岩矿石组合类型及物质体,这些岩矿石特征记录了构造成岩成矿体系和叠加成岩成矿作用过程。一般来说,矿床是由一个或多个具有相关成因类型、类似形态学特征并有经济或潜在经济开采价值的矿体组成。矿床一般由同一成岩成矿体系形成,大型–超大型矿床常具有叠加成岩成矿作用或后续的热流体叠加成岩成矿系统,表现为异时同位叠加成岩成矿作用。在研究中需注重成岩成矿前、主成岩成矿期、叠加成岩成矿期和成矿期后的构造样式识别。

矿床构造岩相学研究内容包括:①构造–流体–成岩成矿体系形成演化历史,叠加构造–流体–成岩成矿作用类型;②异时同位、异时异位、同时异相和异时异相成岩成矿作用类型与空间拓扑学结构和相体特征;③成岩成矿史,主成岩成矿前、主成岩成矿期、叠加成岩成矿期和成矿期后的构造样式识别,构造变形序列与成岩成矿事件;④物质学和年代学研究(采用同位素年代学、岩石地球化学和地球化学岩相学等方法);⑤主矿体的构造岩相学和地球化学岩相学解剖;⑥已知矿床深部和外围找矿预测,找矿靶区和靶位的圈定,新类型、新矿种和新空间的寻找。

矿床构造岩相学类型及特征是大比例尺构造岩相学填图第四个层次的划分单元,主要包括含矿岩石与储矿构造的组合样式、构造岩与小型构造样式,如甘肃北山地区金富集与绿泥石拉伸线理和构造置换片理有密切关系,形成了含金绿泥石化蚀变岩(构造岩相中绿泥石蚀变岩亚相);西小秦岭金钼矿富集成矿与北东向、北西向、东西向和南北向等不同方向断裂构造有密切关系,在这些不同方向断裂中,含金石英脉和蚀变岩具有不同成矿规律,在石英脉中富集 Au-Ag-Mo-Pb-Bi 共伴生矿体,在硅化钾长石化蚀变岩中富集 Au,其他元素均不够伴生矿品位(方维萱,1990)。在矿床的成矿构造层次上,确定构造岩相学类型和独立填图单元,需要通过细致的岩相和亚相的研究,选择具有重要成矿和控矿作用的构造岩相学类型作为独立填图单元,主要研究和圈定成矿构造空间展布规律,预测找矿靶位,设计勘探工程验证。一般在矿山巷道工程、穿脉和钻孔等探矿工程进行地下工程地质填图,需要配合现场快速勘查方法,如磁化率填图、井中高精度磁力测量和 XRF 现场快速分析、工程地球化学勘探等综合方法。

矿床构造岩相学研究,一般通过井巷工程构造岩相学(1∶5000 ~ 1∶1000)和1∶1万构造岩相学专题填图来实现,对于沉积岩型金属矿床、岩浆热液矿床、火山热液矿床、变质矿床(脆韧性剪切带型金多金属矿床)而言,需要针对性进行构造岩相学专题研究,分别确定相应的构造岩相学独立填图单元,以储矿相体、成矿相体、热流体改造相体、热液叠加成岩成矿相体为构造岩相学核心独立填图单元和填图要素,进行隐蔽构造岩相学相体预测,实现三维立体构造岩相学找矿预测。

1.3.5　矿体构造岩相学

矿体构造岩相学是指在同一成岩成矿系统内大量成矿物质的卸载中心部位形成的工业矿体-低品位矿体-蚀变矿化围岩体系,或在改造-叠加型成岩成矿系统中不同时间-空间上大量卸载成矿物质并形成多个同位-异位和异时同相-异时异相的卸载和叠加工业矿体-低品位矿体-蚀变矿化围岩体系,这些岩石组合、构造岩相学类型和特征能够揭示工业矿体-低品位矿体-蚀变矿化围岩体系形成演化历史。在矿床中,矿体是按照有关规范圈定的具有开采经济价值的工业矿石分布的地段,经过矿山企业采矿试验和选矿试验确定的经济可采指标圈定的空间范围。其中低品位矿体和矿化围岩的经济可采指标具有一定变化范围,即边际品位。因此,在矿体构造岩相学研究中,需要高度注意二者之间具有较大差别,矿体边界具有一定变化范围。在矿体构造岩相学填图中,需要将工业矿体、低品位矿体和矿化围岩作为整体进行研究,这样才能发现符合实际的矿体构造岩相学规律,尤其是在井巷工程综合编录过程中,需要高度重视矿体赋存规律和构造岩相学关系研究。

从构造岩相学角度,强调岩石组合类型而不是单一岩石,由于单一岩石可以出现在不同地质环境中,因岩石组合类型不同而形成的地质环境差别甚大,因此岩石组合类型及其特征是恢复地质环境的关键基础。虽然是相同岩石类型,但是由于岩石形成于不同的构造-古地理单元,岩石源区与成岩过程不同,物质成分(岩石地球化学与地球化学岩相学特征)差异很大,因此在构造-岩相学研究中,应重视岩石物质成分差异携带的成因信息,注重岩石成因学研究与物质成分差异之间的关系。从大地构造岩相学对研究区和勘查区(如沉积盆地和岩浆侵入构造系统等)综合研究,重点在于研究建立大地构造岩相类型,以及它们的水平相域结构、垂向相域结构和时间系列的相域现今空间叠置结构,经过构造岩相学变形筛分和相序列回剥分析,最终恢复重建构造-古地理单元与位置。在对水平相序列结构、垂向相序列结构和现今空间叠置时间域的相系列结构解剖研究基础上,经过构造岩相学的物质学、几何学、运动学和年代学等解析研究,建立不同变形变质层次的区域构造岩相学、构造组合和构造样式,最终建立区域重大地质事件与构造变形-变质序列。同时,以上研究均需要在矿田构造岩相学、矿床构造岩相学和矿体储矿构造岩相学等三个层次上进行建相研究和解剖研究,才能将矿田和矿床构造岩相学纳入到区域构造演化和大地构造演化范畴内进行统一研究,以及应用到成矿带划分和勘查选区、以找矿预测为核心的研究和勘查工作中。

采用构造岩相学填图恢复和预测的对象为:①成矿大地构造岩相学类型、区域构造岩相学类型与典型矿床主控因素组合、成岩成矿系统及形成的地球化学动力学类型等,需要采用1:100万~1:20万综合编图(构造-岩浆-区域地质、矿产地质、遥感构造地质解译-矿产、航磁异常-地质矿产和重力异常-矿产地质等综合编图),选择重点地区和典型矿床进行调研和路线地质观测,研究确定它们的特征,并进行成矿带划分和成矿远景区圈定。②在完成勘查选区后,进行预查和普查期间,需要开展矿业权区的找矿预测和专项研究,重点为区域构造岩相学和矿田构造岩相学研究,需要进行1:5万~1:1万矿产地质填图(专项修图)、遥感-物探-化探面积型勘查和专项研究工作,目的在于圈定找矿靶区和勘查靶位。③在典型矿床和矿山深部和外围进行勘查和综合研究中,从构造岩相学角度,重点探索和研究成岩成矿作用的机制与类型、研究和建立成岩成矿系统与物质组成、恢复重建典型矿床的成矿构造与储矿构造系统,需要通过1:5000~1:500比例尺的岩相和亚相填图,编制构造-岩相学的时间-空间拓扑学结构图,进行找矿预测。例如,采用构造岩相学填图,对碱性杂岩墙(枝)和铁钛氧化物铜金型矿床进行研究,第一,在依据野外现场岩相学编录和观测基础上,进行构造岩相学类型建立;第二,采用XRF现场分析、岩矿光薄片鉴定、岩石化学和微量元素分析进行构造岩相学的物质学研究,建立构造岩相学独立填图单元;第三,开展井巷工程中对碱性杂岩墙(枝)磁化率填图,系统获取各类岩矿石磁性参数,确定碱性杂岩墙(枝)和铁钛氧化物铜金型矿床主要有侵入岩岩相学、蚀变岩岩相学、构造流体岩相学和矿相学等构造岩相学的找矿预测标志;第四,对地面高精度磁法异常和井中三分量高精度磁法异常,进行综合方法构造岩相学解释和立体构造岩相学填图研究;第五,依据构造岩相学编录和进行立体构造岩相学填图综合分析,恢复和重建成矿构造与储矿构造,完成勘探和矿山井巷验证工程设计,并进行井巷工程验证;第六,及时跟进井巷验证工程和实时进行构造岩相学验证性编录,系统总结完善后,提交单项工程总结。

矿体构造岩相学研究包括以下内容:

(1)矿体赋存规律。研究要点包括:①控制矿体定位的构造类型及几何学特征、岩相学类型和亚相类型、岩性等;②矿化分带规律及控制因素;③矿体围岩蚀变类型及围岩蚀变分带规律;④矿化分带与蚀变岩相学-构造岩相学分带规律(垂向、横向和走向分带规律)。

(2)矿体和构造岩相学相体的空间-时间拓扑学结构。包括:①空间拓扑学-集合关系类型[同位共集关系(同时同位相体)、包含关系(同时包含相体)、相邻关系(同时相邻相体)、相离关系(同时异位相体,矿化分带)];②成岩成矿期次和阶段划分、改造富集成矿和叠加成岩成矿期识别和精确定年;③空间-时间拓扑学集合结构[异时同位叠加关系(同位叠加成岩成矿相)、异时异位相体(成岩成矿分带)、异时包含关系(叠加成矿分带)]。

(3)成矿微相划分。矿体构造岩相学(储矿构造)是五级划分单元,主要是依据矿石组构学与显微储矿构造类型组合进行成矿微相划分,包括:与成矿作用有关的蚀变围岩类型及其与小型构造、显微构造关系,矿石矿物富集规律与显微构造样式之间的关系等。如陕西八卦庙金矿中载金磁黄铁矿主要富集在铁白云石鞍状解理及绢云母的褶劈理应力扩容区(磁黄铁矿微相);陕西银硐子银铅多金属矿中银黝铜矿富集在切层显微劈理中呈微细脉状富集(后期改造银黝铜矿微相)。在矿山坑道和钻孔编录尺度上,开展显微构造、矿物特征鉴定与化学成分分析(矿物微束微区分析)。

矿体构造岩相学的研究,一般通过井巷工程构造岩相学(1∶5000～1∶1000)填图来实现。

第一是矿体外部几何形态学特征(矿体形态特征)。矿体形态特征为矿体产状和形状及其在三维空间域内的定量描述。根据矿体特征标志变化程度,一般分为简单、较简单、复杂和很复杂四种形态类型。矿体外部几何形态学特征对于找矿预测、详查勘探和矿山开采具有重大意义。①矿体外部几何形态学特征研究和矿体分布规律,不但是找矿预测标志研究的主要内容,也是成矿规律研究的核心内容之一,如矿体走向、倾向、倾角、侧伏方向、侧伏角及倾伏角等为矿体外部几何学特征的描述参数,而一般矿体走向、倾向和倾角等可现场用地质罗盘测定,但矿体总体倾向、走向和倾角在空间域上具有连续性和连续可变性,不是唯一不变的数据式,而且其他要素需要计算和作图确定;②在构造岩相学填图和研究中,将矿石-蚀变围岩作为统一整体进行填图和研究,围岩蚀变的岩相学类型和特征,也是矿体外部形态主要描述的空间几何学参数,并且具有寻找新矿种和共伴生矿产资源的潜力,也是构造岩相学在综合找矿、综合评价和综合利用等方面的高效方法;③矿体厚度等值线、品位等值线、品位变化系数等值线、厚度变化系数等值线、(矿体厚度×品位)等值线等一系列有效参数,将工业矿体、低品位矿体、矿化蚀变围岩等进行整体性研究,可以在井巷工程构造岩相学(1∶5000～1∶1000)剖面图和平面图上,进行充分的矿体赋存规律研究,为找矿预测建立经过效验后的定量预测模型。构造岩相学填图和研究满足了矿山开采、采准设计和开拓勘探工程需要、项目成长性评估和投资决策需求。①较准确地确定矿体的产状和空间位置;②能正确选择勘探方法组合和开拓工程设计,确定首采区勘探工程总体布置和勘探网度、开拓工程总体布置和勘探网度;③能合理圈定工业矿体范围,包括矿体底板等高线和顶板等高线范围,顶板围岩和底板围岩的岩石力学性质、工程地质、水文地质和环境地质特征,如裂隙岩相学填图和裂隙岩相学研究等,不但可以提供富矿石(脉)赋存规律,而且可以提供上述方面的有关核心构造岩相学参数;④可以合理地确定开采范围,正确布置主体开拓工程;⑤采矿方法和采准设计能够提供充分依据。

第二是矿体内部物质学特征。包括主工业组分和共伴生组分富集规律与赋存规律,有害杂质元素赋存规律。矿体内部特征包括矿石的矿物成分和化学成分、矿石品位、结构构造、物理性质和技术加工工艺特性等,其变化对有色金属矿床来说比外部特征更为复杂。构造岩相学填图和研究对于矿体内部物质学和富集规律特征的研究内容包括:①主工业组分和共伴生组分确定,主要类型工业矿石的矿物成分、含量及共生组合规律;②矿石化学成分、含量、赋存状态及品位空间变化,有害杂质元素赋存状态和分布规律;③工业矿石的矿石组构及其嵌布特征、矿石工艺特征及可选性;④矿石物理机械性质;⑤矿石的自然类型和工业品级、空间分布规律与构造岩相学分带之间关系、构造岩相学控制矿体的分布规律。

第三是构造岩相学分布规律及对矿体赋存规律的控制作用。不同构造样式(断裂、褶皱、裂隙、节理、劈理等)、不同构造组合(断裂-褶皱、褶皱-岩浆侵入构造系统、脆韧性剪切带叠加于先存韧性剪切带等)、不同构造系统(沉积盆地系统、岩浆侵入构造系统、热液角砾岩构造系统、脆韧性剪切带构造系统等)对矿体赋存规律具有显著的控制作用,这不但是找矿预测的核心内容,也是成矿规律的研究要点。就断裂(节理和裂隙带)构造带的力学性质而言,不同力学性质的储矿断裂,在矿体形态、产状、规模、空间排列组合上都具有不同的特征:①压性或压扭性断层(节理和裂隙)带中,矿体多呈似层状、板状、细网脉状、脉状和透镜状,矿体在走向或倾向上具有波状起伏、沿构造面上常见尖灭再现的现象。在走向波状转折处或沿倾向倾角由陡变缓时倾角缓的部位常形成厚大的富矿体,走向平直段或倾角陡处则常见矿体变薄变贫。矿体分支常见于剖面上断裂的上盘羽状裂隙发育段,在剖面上矿体多呈后行侧列的叠瓦状。②在扭性断裂(节理和裂隙带)带中,矿体多呈脉状;脉壁平直,厚度比较稳定;在平面上呈平行脉产出,在剖面上常有分支。随储矿断裂发育期次不同,在平面和剖面上,均呈侧幕状或左行、右行,矿脉间间距较为密集。③在张性断裂(节理和裂隙带)带中,矿体呈脉状、透镜状、巢状、网脉状及不规则形状等,其矿体形态复杂且厚度变化大,常见矿体突然尖灭或迅速变薄变厚的现象。矿体边界不规则,常见参差状、锯齿状,沿走向转折追踪现象明显,亦见侧幕排列展布,但规律性不明显,左行侧幕或右行侧幕,剖面上多呈前行侧列的阶梯状。矿石中角砾构造发育,张性断裂中与其他断裂中见张性特征的部位,一般矿化较强,品位较富。断裂面倾角变陡的地段,矿体延深一般有限。

在塔里木叠合盆地周缘砂砾岩型铜铅锌矿床研究和找矿预测研究中,采用矿体顶底板围岩等厚度线、含矿层等厚度线、矿体等厚度线、矿化强度等值线和成矿强度等值线 6 种构造岩相学填图技术,进行矿体分布规律和主控因素研究,为矿床深部和外围找矿预测提供可建模外推的构造岩相学模型。

1.3.6　显微构造岩相学

显微构造岩相学是指在室内借助现代测试分析仪器对岩矿石标本、光薄片等切片、岩矿石粉碎的粉末等进行系统物理参数、化学组成、表面形貌、显微-次显微-超显微级构造变形和矿物晶体变形的系统测量,可统一称为显微构造岩相学,如:①对于片理、劈理、节理、裂隙、层理、构造置换面理等小型构造,除在现场构造测量,系统采集构造岩相学标本,进行光薄片鉴定、电子探针、扫描电镜和 X 射线衍射分析等,还可基于现代分析测试手段,进行室内的系统构造岩相学研究,主要集中在显微尺度(厘米至毫米)、次显微尺度(毫米至微米)和超显微尺度(微米至纳米)的研究。②显微构造变形和矿物晶体变形显微结构,在韧性剪切带中大型透镜体和 S-C 面理组构规模尺度可达千米级,而一般来说,S-C 面理组构规模从米至纳米级。在陕西八卦庙金矿床含金脆韧性剪切带中,S-C 构造和绢云母缎带结构多在厘米至微米。韧性剪切带中的方解石颗粒大小从原岩的几毫米到糜棱岩的 $50 \sim 200 \mu m$,直到超糜棱岩的 $30 \mu m$。③在云南墨江镍金矿床中,含镍金脆韧性剪切带中溶蚀状黄铁矿表明溶蚀空洞中,毛缕状高岭石晶体为微米级。④在矿相学与围岩蚀变的岩相学中,显微-超显微构造岩相学在主工业组分、共伴生组分和有害杂质元素赋存状态研究中具有特殊作用,如在卡林型金矿床中,金在黄铁矿中以显微-次显微级自然金形式存在。

在塔里木叠合盆地周缘砂砾岩型铜铅锌矿床研究和找矿预测中,对于构造裂隙(裂缝)与成矿关系研究,室内采用显微构造岩相学研究(韩文华等,2017)。

此外,显微构造岩相学包括实验构造岩相学、地球化学岩相学、矿物地球化学岩相学、岩石力学性质测量、物理岩相学等系列的构造岩相学支撑技术体系。1.4 节对塔西砂砾岩型铜铅锌矿床研究中起较大作用的"地球化学岩相学与矿物地球化学岩相学"研究方法进行较系统论述。

1.4 地球化学岩相学相关基础理论与沉积盆地和金属成矿

沉积盆地形成演化与后期构造变形样式和构造组合、盆山耦合与转换过程构造-热事件、构造-岩浆-热事件叠加作用等研究,是特色成矿单元成矿作用和成矿规律研究的科学问题,也是制约沉积盆地中隐伏矿床勘查的关键系列技术难题。因此,需要对这些技术难题,有针对性地研发专项新技术,以促进深部隐伏矿床勘查技术发展,提升隐伏矿床的发现能力,也有助于探索特色成矿单元中成矿作用和成矿规律。同类岩石因岩石学特征和物质成分差异,具有不同的构造岩相学类型,如从构造岩相学角度看,因角砾岩-砾岩类的成岩作用不同,角砾岩-砾岩相系可划分为 8 种不同成因的相系类型,指示不同的成岩作用和后期构造流体叠加成矿作用(方维萱,2016b)。在同类岩石中因岩石学特征和物质成分差异,导致同类岩石中物质组成在元素赋存状态和元素价态方面具有差异,且具有不同地球化学岩相学特征,如在沉积砾岩-角砾岩类中,因其颜色、胶结物和砾岩成分不同,则形成于不同的地球化学岩相学环境中,如:①砾岩类-砂岩类以紫红色铁质胶结物为主时,主要形成于强氧化环境;而以沥青和碳质胶结物为主时,多形成于还原环境中。②在云南-贵州侏罗系和白垩系灰白色碳酸盐质砾岩中,砾石类以白云岩和结晶灰岩类为主,而胶结物均以细粒级碳酸盐类矿物为主,这主要与相邻造山带或蚀源岩区有关。其蚀源岩区以结晶灰岩和白云岩类为主,在造山带物质再循环过程中,这种灰白色碳酸盐质砾岩因近源快速堆积作用而形成。③砾岩和砂岩类结构、成分成熟度(砾石和碎屑、胶结物和重矿物成分、碎屑锆石等)的研究,有助于恢复沉积物源区和蚀源岩区构造背景(造山带、构造高原、岛弧带等)。有机质含量和指相元素特征对于恢复成岩成矿环境具有很好的指示意义(薛春纪等,2009;董新丰等,2013;汤冬杰等,2015;方维萱等,2015)。④按照流体地球化学动力学-岩石组合系列,可将地球化学岩相学相系划分为氧化-还原相(F_{OR})、酸碱相(F_{Eh-pH})、盐度相(F_S)、温度相(F_T)、压力相(F_P)、化学位相(F_C)、不等化学位相和不等时不等化学位等,对重建沉积盆地中流体场类型和成分特征、流体场大规模运移机制及动力学、盆地改造过程中流体叠加关系等,进行深部找矿预测有较大价值(方维萱,2012b)。⑤同类岩石物质组成和元素含量、岩石组合不同,也揭示了不同成岩成矿作用及形成环境,如在秦岭造山带泥盆系铅锌矿床中,硅质岩相由硅质岩、铁白云石硅质岩、菱铁矿硅质岩、泥质硅质岩和钠长石硅质岩等不同岩石类型组成,硅质岩相是典型浅水环境中形成的热水沉积岩相之一,与钠长石岩相和铁白云石碳酸盐相等共生。而在黔东北大河边-湘西新晃超大型重晶石矿床中，硅质岩相由硅质岩、重晶石硅质岩、绢云母硅质岩、碳质硅质岩等组成，硅质岩相为典型深水环境中形成的低温热水沉积岩相之一，以富 Ba、F、V、Mo 和 Ag 等元素为特征，与重晶石岩相和菱铁矿重晶石岩相共生。云南墨江金镍矿床中，晚泥盆世硅质岩相由硅质岩、绢云母硅质岩和凝灰质硅质岩等组成，硅质岩相形成于有限洋盆深水环境中，与石炭纪蛇绿岩套等共生。在东天山苦水地区，硅质岩相由暗紫红铁质碧玉岩、紫红色铁质碧玉岩、条带状浅紫红色硅质岩等组成，与酸性火山岩和浊积岩等共生，形成于苦水石炭纪弧间盆地中，以富 Ba 和 Fe 为特征。

稀土元素和相应地球化学参数，不但可用于成岩物质源区研究，而且能够揭示沉积成岩的氧化-还原环境；岩石地球化学、微量元素地球化学特征和元素比值等能够揭示成岩成矿环境（方维萱等，2006，2011a），然而，最终确立必须结合系统岩相学。因此，将岩石地球化学、矿物地球化学、元素地球化学研究等，与岩石学、矿床学和岩相学研究，进行横向断面整合，探索建立地球化学岩相学分支学科，这也是分支学科综合性创新研究方向之一。

横断科学理论和方法是当前地球科学发展急需探索方向之一，如在沉积盆地形成演化和构造变形改造过程中（方维萱等，2002；任战利等，2014；吴海枝等，2014；刘池洋等，2015），盆地流体类型包括低温卤水、富烃类还原性型盆地流体（石油-天然气-沥青多相有机质流体等）（李剑等，2001；薛会等，2006；高永宝等，2008）等不同成分和性状、多期次盆地流体叠加成岩成矿作用，因此，需要从更广阔角度（将沉积学、沉积相、金属矿床与能源矿床作为整体系统性研究）对各类盆地流体进行深入解剖研究，尤其是富烃类还原性盆地流体与其他类型盆地流体混合，导致矿质大规模沉淀富集成矿机制的盆地流体-岩石多重耦合结构和地球化学岩相学记录，成为当前研究焦点之一。

1.4.1　地球化学岩相学的理论基础与研究方法

需求导向是地球化学岩相学应用研究、创新研究和示范推广应用等一系列相关科研活动的立论基础和立足点。地球化学的最大优势在于采用现代先进的分析测试技术，查明岩石-矿石-矿物的物质组成及化学成分特征，而在矿床和地质体等形成机制和岩石-矿石-矿物的成因机理上，具有多样性和复杂性特点。

需求导向的研究方法论以协同学理论为指导，采用横断科学理论研究为综合集成手段，即采用不同学科手段，共同研究具体同一的需求导向。岩石岩相学主要是在野外地质调查的基础上，在显微镜下对岩石进行系统描述和分类命名，考虑到矿石属于具有开采经济价值的岩石学类型，因此，需要将矿石归入岩石岩相学中进行研究，将矿体围岩、蚀变围岩和矿石类型等作为整体，研究其成岩成矿成藏系统。岩相学现今将室内显微镜观察与现代分析测试技术相结合，全面研究岩石的矿物组成、化学成分和物理性质，如光性矿物学、岩石抗拉-抗压-抗剪等力学性质，岩石渗透率和孔隙度等，矿物磁性、电性、光电性、压电性等物理性质等。地球化学岩相学是地球化学与岩石岩相学之间的有效结合与协同研究，需要导向包括技术难题导向和目标问题导向两类。其中，目标问题导向的研究方法内容包括国家需求、区域需求、项目需求和企业需求。地球化学岩相学研究方法以技术难题为导向，基础理论创新为辅。以综合知识集成和横断科学整合为指导思路,以创新技术研发为核心,理论基础和研究方法主要包括以下 5 个方面。

(1)岩相地球化学研究。矿产勘查过程中,岩相地球化学研究是基础,如:①在沉积盆地系统的研究和填图中,常见技术难题为热水沉积岩相、火山沉积岩相、火山热水沉积岩相和火山热水同生蚀变岩相等典型地球化学岩相学类型建相。②在岩浆侵入构造系统和叠加岩浆侵入构造系统研究和填图中,常见技术难题为多期次叠加相体的构造岩相学变形筛分等,均需要进行岩相地球化学研究。③在区域变质岩相和蚀变岩岩相建相中,岩相地球化学研究是解决技术难题的基本方法。在岩相地球化学研究中,通常选择典型岩石组合和岩相学类型,进行岩石学和岩相学研究,结合系统主量元素和微量元素等分析,以岩相学研究为基础,以地球化学岩相学特征指相元素含量和比值研究为核心,研究并建立与成岩成矿密切相关的岩相学类型(岩石组合)和地球化学岩相学类型(特征指相元素)。例如,陕西八方山热水沉积-改造型铜铅锌矿床,其矿体上盘钙屑浊积岩中校正 B 为 225×10^{-6},热水浊积岩中校正 B 可达 763×10^{-6},热水钙屑浊积岩中 Ba 高达 1686×10^{-6},铁白云质钙屑浊积岩中 F 高达 $1150 \times 10^{-6} \sim 1480 \times 10^{-6}$,As 为 $59.3 \times 10^{-6} \sim 149 \times 10^{-6}$,说明沉积水体高度卤化,曾有强烈的热卤水活动,形成了热水混合沉积岩相。

(2)矿物地球化学岩相学研究。在矿产勘查中,多期次叠加成岩成矿系统是复杂的技术难题,矿物地球化学岩相学研究旨在解剖研究,建立不同期次成岩成矿作用形成的典型矿物组合和矿物地球化学标志,以揭示不同成岩成矿系统的物质组成和典型矿物-元素组合等,进一步揭示多期次成矿的多重耦合和叠加成岩成矿特征。矿物地球化学岩相学研究应用价值在于:①确定矿床的找矿指示元素和矿物地球化学本质。矿物地球化学-化探异常相互结合是确定矿床的找矿指示元素最直接的有效方法,地球化学异常图及异常特征可直观地圈定矿床所形成的元素地球化学异常,而矿物地球化学应用研究,则从微观上揭示了这些元素地球化学异常的内在本质和指示意义,如云南个旧锡铜矿体中的伴生铯铷矿床和海南丰收钨矿床中伴生铯铷矿,铯铷均富集在载体矿物金云母中,主要为金云母蚀变岩和透闪石金云母蚀变岩。②建立不同矿化类型的矿物-地球化学区别指标。如陕西秦岭地区 As 区域地球化学异常场发育,As 具有不同的矿物地球化学岩相学特征,As 独立矿物有砷黝铜矿、毒砂、砷黄铁矿、辉砷镍矿、辉砷钴矿、雄黄和雌黄等。As-Cu-Au-Ni-Co 组合型异常是铜金矿和铜金钴镍矿指示元素组合,As 主要赋存在砷黝铜矿、辉砷钴镍矿、辉砷钴矿等中,主要与碱性超基性岩有关的铜金钴镍矿有密切关系。而 As-Cu-Au 组合型异常,As 以砷黝铜矿-毒砂等形式赋存,则为铜金矿。As-Au 组合型异常,As 以砷黄铁矿-毒砂形式赋存,常为卡林型-类卡林型金矿所引起。③矿物地球化学岩相学标志对于肉眼难以辨认的稀有稀散元素富集成矿和分散矿化具有重要作用。如 Sc 可以富集在黑云母、角闪石和辉石中形成富集成矿或分散富集,但 Sc-Y 结合可以形成钪钇矿,具有 Sc 和 Y 共同富集成矿特征。④确定已知矿床和矿山的垂向地球化学异常元素分带和垂向成矿分带规律,为深部和外围找矿预测建立地质地球化学找矿预测模型。⑤地表重砂矿物地球化学测量和基岩人工重砂地球化学测量,是十分有效的评价矿点、物化探和遥感异常的方法。

(3)综合方法集成应用与多矿种共伴生富集成矿。因沉积盆地受到后期构造-岩浆-热事件叠加改造,常形成多矿种共生富集成矿和伴生富集成矿,如云南个旧和广西大厂锡铜多金属成矿集中区等;同时,我国金属矿床(山)常具有多矿种共伴生富集成矿规律,在主矿产、共生矿产和伴生矿产确定上,面临诸多技术难题,需要采用综合方法集成性研究和系统立体地球化学岩相学填图,查明其主矿产、共生矿产、伴生矿产和有害杂质元素的赋存相态和赋存状态,进行综合找矿、综合评价和综合利用研究。建立高效综合勘查方法技术系列,研究矿石中各类元素的可利用性,探索成矿成晕机制,建立综合方法技术的找矿预测系统等,如井巷工程地球化学勘探新技术系列(方维萱,2011b)。

(4)专项研究技术研发。欧亚大陆在全球具有复杂和独特的演化历史以及特殊的大陆成矿背景,面临复合大陆造山系统结构解剖和大陆动力成矿系统研究与理论创新问题,其构造筛分-同位素地球化学精确定年、复杂叠加成岩成矿系统的内部时间-空间结构和成岩成矿演化历史重建等,是矿产勘查中面临的技术难题,如云南墨江金镍矿床八卦庙金矿床研究等,均需要采用构造变形筛分与同位素精确定年相结合,研究其初始成岩成矿期和改造-叠加成矿期的形成年龄和构造样式。专项研究技术包括构造筛分-同位素地球化学精确定年、大比例尺($\geqslant 1 : 5000$)构造岩相学填图、矿物地球化学岩相学填图、矿山立体地球化学岩相学填图解剖研究等。

(5)专题研究和填图方法。生态环境系统中地球化学岩相学理论和技术、受损生态环境系统的工程地球化学修复理论和技术等面临前所未有的挑战和机遇,亟待综合知识集成和横断科学整合。

基础研究方法包括传统的岩石学和岩相学、矿物地球化学、地球化学(主量元素、微量元素、稀土元素)、同位素地球化学年代学、矿物流体-熔体包裹体地球化学研究等。有针对性的专题研究和填图方法主要包括如下6个方面。

①工程构造岩相学立体填图。对于沉积盆地、岩浆侵入构造系统、火山-次火山岩岩相、岩浆叠加侵入构造系统、构造变形-变质型相、构造变形序列、典型构造事件的构造变形样式和构造组合研究,均需要开展井巷工程-钻孔纵横三向剖面构造岩相学填图,以解剖研究并建立典型的构造岩相学相体类型,以及典型的构造岩相学相体的空间-时间拓扑学结构(X-Y-Z-M-t)。

工程构造岩相学立体填图以大比例尺($1 : 10000 \sim 1 : 100$)为主,必要时需要结合1:5万构造岩相学实测剖面和路线构造岩相学观测,进行不同层次的构造岩相学研究。

在工程构造岩相学填图过程中,进行岩石磁化率测量和比磁化率测量,具有较大的基础研究意义和实际应用价值,尤其是对于岩浆侵入构造系统、火山-次火山岩岩相、岩浆叠加侵入构造系统等解剖研究具有很好的效果,如基于地面和低空飞行的高精度磁力测量资料进行深部隐伏构造岩相学填图,在井巷工程中较系统测量岩石磁化率和比磁化率参数,对于三维定量解释推断能够提供有效的物性参数。

②工程地球化学勘探技术。它是以金属矿产勘查和找矿预测中多矿种共伴生组分综合评价技术难题为导向,通过不断试验与创新性探索研发了井巷工程地球化学勘探新技术系列(方维萱,2011),主要有5个工作流程:一、选择矿山探矿工程进行大比例尺($1 : 2000$)工程地球化学勘探,系统圈定原生异常和共伴生组分空间分布和空间形态结构,同时进行构造岩相学填图。二、选择主工业组分和共伴生组分异常地段进行系统岩相学研究,查明工业组分和共伴生组分赋存状态。同时,对选矿系统进行主工业组分和共伴生组分利用现状和实

收率调查研究,了解工业利用现状和存在问题。对尾矿库进行采样,查定尾矿库的尾矿中有用组分与对环境有害组分的分布现状,探索尾矿再选的可行性与利用对象。三、对主工业组分和共伴生组分异常主要地段进行刻槽取样、矿体圈定,开展找矿评价。四、通过实测构造岩相学剖面,开展系统岩相学的亚相与微相建相,进行综合找矿评价工作,探索新矿种找矿问题。五、基于系统综合研究成果进行找矿预测和资源储量估算,编写总结报告并提出今后的工作建议。

③矿物地球化学研究和填图。有针对性地选择典型矿体进行矿物地球化学研究和矿物地球化学填图,一般对分布范围大且蚀变类型复杂多变、多期次叠加蚀变的蚀变岩体-含矿蚀变岩体(如夕卡岩型金属矿床)、多矿种共伴生富集成矿集中区、多矿种共伴生型矿体等,在构造岩相学立体填图基础上,进行矿物地球化学填图,或进行专门性矿物地球化学填图。

④人工重砂矿物定量分析与重砂矿物地球化学研究与填图。对肉眼难以识别的矿种(如金矿等)和热带-亚热带、干旱荒漠景观区,在化探异常和矿点检查评价中,人工重砂矿物定量分析和重砂矿物地球化学研究和填图,有十分特殊的效果。研究特殊景观下元素次生富集与贫化规律、次生成矿成晕作用机制和富集成矿规律。在野外使用荧光灯、波谱仪、磁化率仪、XRF 现场快速测试仪等,不但可以进行岩石和土壤的矿物地球化学研究和填图,而且有助于矿物现场鉴定,如白钨矿、含稀土萤石和方解石等矿物,可以使用荧光灯进行现场鉴定,通过 XRF 现场快速测试仪进行矿物成分测试,可以大致测试矿物成分,进行矿物鉴定,以实现现场快速辅助填图。

⑤元素在岩石和矿石中的赋存相体和赋存状态与成矿成晕机制。在完成矿床(山)工程地球化学勘探、圈定原生地球化学异常(方维萱,2011b)和土壤地球化学异常基础上,采用化学相态分析和矿物相态分析、自然重砂定量分析、人工重砂定量分析、单矿物化学分析和电子探针分析等综合手段,可以有效地揭示元素在岩石、矿石、土壤、水体和植物中的赋存相态,为揭示地球化学岩相学类型提供有力的分析测试方法和填图新技术。同时,有助于建立完善的元素成矿成晕机制和模式。

⑥专项技术研发和应用。在沉积盆地构造变形样式和变形历史、构造-岩浆-热事件序列研究中,需要针对性研究专项技术,与其他研究方法紧密结合,进行多手段综合方法研究,如构造筛分-同位素地球化学精确定年与成岩成矿演化史研究,以糜棱岩相-糜棱岩化相和碎裂岩相-碎裂岩化相专题填图为核心,以构造岩相学变形筛分为主题,进行构造岩相学填图,初步厘定相对形成时代和穿插关系;在系统构造岩相学研究基础上,选择典型构造世代的典型矿物,进行镜下同位素地球化学年代学研究,精确确定其形成的绝对年龄。对于糜棱岩和糜棱岩化、碎裂岩和碎裂岩化进行构造岩相学的研究,以建立糜棱岩相、糜棱岩化相、碎裂岩相和碎裂岩化相为主要目的,圈定韧性剪切带、脆韧性剪切带和脆性断裂带,建立独立的构造岩相学填图单元,方法包括野外观测、室内鉴定、裂隙密度统计和裂隙充填物研究、糜棱岩相和碎裂岩化相的渗透率和孔隙度、构造-岩石性质-流体多重耦合结构研究、碎裂岩化相特征与找矿预测等。

1.4.2　岩相地球化学研究与地球化学岩相学类型建立

主量元素(岩石化学)和微量元素地球化学特征在岩相地球化学研究中具有实用价值,

可以有效地区分同类岩石中与成矿作用密切相关的地球化学岩相学信息。

(1)智利海岸科迪勒拉山带中生代IOCG成矿带,岛弧安山岩和闪长岩是主火山岛弧带主要岩石类型,但与IOCG矿床密切相关的多是铁质苦橄岩、铁质安山岩、铁质闪长岩和铁质辉长岩类。云南东川地区IOCG矿床与铁质凝灰岩、铁质辉长岩和铁质熔岩有密切关系,而碱性铁质辉长岩–碱性钛铁质闪长岩不但与IOCG矿床密切相关,而且形成了金红石型钛矿体。实际上,它们是富铁系列或富钛铁系列的基性–超基性岩,也是相应岩石的一种地球化学岩相学类型,其地球化学岩相学系列和类型直接指明了其岩浆成矿专属性较为明确(方维萱,2012b,2014a,2014b)。

(2)在个旧锡铜钨铋–铷铯多金属矿床集中区内,变基性火山岩产于中三叠统个旧组中,由于热变质作用形成了金云母岩–阳起石金云母岩–金云母阳起石岩系列,发育火山热水交代成因的似层状透辉石岩,经过井巷构造岩相学填图后,仍面临的困难是铷铯矿体赋存规律和富集规律不清晰。经过系统地球化学岩相学研究和填图试验后,厘定了碱性高钛苦橄岩–碱性高钛苦橄质玄武岩–高钛碱玄岩–高钛碱性玄武岩系列,从早到晚依次为碱性苦橄岩类→碱玄岩类+碱性苦橄岩类→碱玄岩类±高钛碱性玄武岩等组成的3个碱性苦橄岩类→碱性玄武岩小旋回。金云母岩和阳起石金云母岩为铷铯储矿岩相,原岩含矿岩相为碱性高钛苦橄岩–碱性高钛苦橄质玄武岩。其火山喷发–沉积岩垂向相体剖面结构为:下为海底次火山岩溢流相→海底火山溢流–爆发相→β→Ma过渡相(火山沉积相与碳酸盐岩之间连续过渡沉积);中为海底火山爆发沉积相→海底火山沉积相→β→Ma过渡相→火山沉积相→β→Ma过渡亚相;上为火山爆发沉积相→火山溢流–爆发相→浅海碳酸盐台地潮下相→局限碳酸盐台地潮滩蒸发相。沉积水体从下向上逐渐变浅。这种垂向相序结构为弧后裂谷盆地火山–沉积相序结构(方维萱,2011a,2011b;张海等,2014;方维萱等,2001a)。新山层状透辉石岩也是火山热水沉积岩类型之一,原岩为碱性玄武岩(钱志宽等,2011),呈夹层顺层产于变火山岩层之间。含铷铯金云母岩和阳起石金云母为海底火山热水同生蚀变–交代岩相体和岩浆热液叠加作用所形成,属Rb-Cs-F-Cl型含铷铯变夕卡岩相,这种铷铯矿体与锡铜矿体相邻异体共生;而萤石金云母夕卡岩和金云母夕卡岩为岩浆热液强烈交代碱性苦橄岩–碱性苦橄质玄武岩(海底火山热水同生蚀变–交代岩相体)所形成,属Sn-Cu-W-Bi-B-F-Rb-Cs型含铷铯夕卡岩相,铷铯矿体与锡铜多金属矿体同体共生。因此,采用地球化学岩相学方法恢复重建变火山岩并恢复其亚相,厘定铷铯含矿岩相和原岩岩相,研究Sn-Cu-W-Bi-B-F-Rb-Cs多矿种共生分异与富集成岩成矿规律,具有重要作用。

(3)在沉积岩的岩相地球化学研究中,Li-Rb-Sr-B-F元素组合、B含量及岩相学特征,可用于恢复黏土岩和泥质砂岩形成时的古盐度、沉积环境和热卤水活动(方维萱,1999;方维萱等,2003,2004)。①在云南墨江金镍矿床中,中三叠统歪古村组底部为典型底砾岩(含超基性岩及石英脉砾石),下部暗蓝绿色角砾状黏土岩含Li高达4518×10^{-6},Sr达2611×10^{-6},B达215×10^{-6},沉积环境为陆内山间咸化湖泊相。高含量的标型指示元素Li-Sr-B组合指示了咸化湖中水体的高度卤化特征,校正B可达1436×10^{-6},揭示咸化湖中水体曾高度卤化。②扫描电镜分析发现含有较多的硫酸锶、石膏和碳酸锶等蒸发盐类矿物,暗示墨江镍金矿在中三叠世前陆盆地(卤化湖盆地)中铬伊利石脉含Li-Sr-B均较高,B达628×10^{-6}。从Rb/Sr值看,晚泥盆世有限洋盆深水环境形成的泥砂质岩中Rb/Sr>4.5,而墨江中三叠世前陆盆地

(卤化湖盆地)黏土岩中 Rb/Sr< 0.04;因为有限洋盆中,Rb 可以以类质同象的形式替代绢云母(泥质)中的 K,而 Sr 可以以类质同象的形式替代 $CaCO_3$ 中的 Ca 富集在泥质碳酸盐岩中。卤化湖盆中,Sr 可以以类质同象的形式进入重晶石或形成硫酸锶沉淀,高含量的 Li-Sr-B 组合和 Sr 元素为高度卤化水体的示踪指示剂(方维萱等,2004)。③在陕西铅硐山铅锌矿区和八方山铜铅锌矿区,泥盆纪热卤水沉积岩相和热水浊积岩相,以铁白云石千枚岩–铁白云质钙屑浊积岩中富集 F-B-Ba-As-Sb 元素为特征,高 Fe^{2+}/Fe^{3+} 值、富碳质和黄铁矿等指示了还原环境中海底热卤水富集成矿特征(方维萱,1999;方维萱等,2003)。④萨热克砂砾岩型铜矿床中,利用 B 元素可恢复咸水环境中的古盐度(于志远等,2016);在乌拉根砂砾岩型铅锌矿区,石膏–天青石–重晶石等组合,揭示了乌拉根前陆盆地中曾发育高度卤化水体沉积作用,石膏岩–含膏泥岩–石膏质角砾岩–天青石岩–含天青石石膏岩等岩石组合为乌拉根前陆盆地中低温卤水同生沉积岩相。⑤在沉积岩系中,变价元素 Mn、Mo、Cr、V、U、Ni、Cu、Zn、Co 和 S,有机质(石油、天然气)等赋存相态指标可用于恢复沉积岩类形成的氧化–还原环境(王瑞廷等,2002;林治家等,2008;汤冬杰等,2015)。

(4)在地球化学岩相学研究中,典型地球化学岩相学类型识别标志和相类型建立最为核心,同时,也是最为复杂的综合研究内容。地球化学岩相学相系统类型分为氧化–还原相(F_{OR})、酸碱相(F_{Eh-pH})、盐度相(F_S)、温度相(F_T)、压力相(F_P)、化学位相(F_C)、不等化学位相和不等时不等化学位地球化学岩相等 8 种。本书通过地球化学岩相学和矿物流体–熔体包裹体等一系列研究,确定典型的地球化学岩相学类型,如重晶石岩、石膏岩、明矾石岩、天青石岩等,多为强酸性–高氧化地球化学相(F_{Eh-pH} 和 F_{OR} 相系列)等。而实际研究常以客观地质体或特殊相体为对象,这些特殊相体也是地质历史时期形成的客观物质学实体,常具有异时同位叠加相体、同时异位相体、异时异位相体等多种时间–空间拓扑学结构,因此,需要采用多种方法综合研究,才能最大可能地接近和探索其成岩成矿作用和真实的相体拓扑学结构,如电气石热液角砾岩蚀变–构造系统和云英岩蚀变–构造系统等,它们不但具有复杂的形成演化历史,而且常为多期次叠加作用所形成。一般而言,电气石热液角砾岩和电气石蚀变岩多形成于强酸性–氧化环境,为典型的 F_{Eh-pH} 和 F_{OR} 相系列,其形成温度却从气成高温相演化为高温热液相、中温热液相,具有锂电气石–铁电气石–镁电气石等系列变种矿物。

在钾硅酸盐化蚀变相系中,早期无水钾硅酸盐化蚀变相以钾长石化为主,属高温–氧化–碱性蚀变地球化学相;而中期水解钾硅酸盐化蚀变相以黑云母化–绢云母化为主,多属高中温–氧化–碱性蚀变地球化学相;晚期强水解钾硅酸盐化蚀变相以伊利石化为特征,多属中低温–氧化–酸性蚀变地球化学相,因伴有含 H^+-H_2O-OH^- 的热流体作用,其地球化学岩相学作用尚需进一步研究。

1.4.3　矿物地球化学岩相学与多期次叠加成岩成矿系统多重耦合环境恢复

(1)矿物地球化学岩相学主要集中在指相标型矿物地质产状和矿物地球化学特征研究上,用于恢复成岩成矿的地球化学岩相学环境。地球化学岩相学场集合函数如下:

$$F_{GL} = F[t, T, f(S_2), f(O_2)]$$

式中，F_{GL} 为地球化学岩相学场集合函数；F 为地球化学场函数；t 为成岩成矿年龄；T 为成岩成矿温度；$f(S_2)$ 为硫逸度；$f(O_2)$ 为氧逸度。

采用矿物温度-压力计、氧逸度-硫逸度估算、矿物包裹体温度-压力-密度等地球化学岩相学参数，对成岩成矿系统和成矿场的岩石-流体多重耦合结构进行解剖研究具有可行性。矿物地球化学研究证明八卦庙金矿床属含金脆-韧性剪切带型金矿床，多源多期次含矿热流体同位叠加成矿作用形成超大型金矿床(方维萱等,2000)。泥盆纪早期黑云母钠长石岩和钠长石黑云母岩中，以铁黑云母和富铁黑云母为主；石炭纪-早三叠世以分层剪切流变作用形成了顺层韧性剪切带，黑云母形成温度在 331~426℃，形成于高温、高氧逸度、低高硫逸度的环境下；燕山期脆韧性剪切带中退化蚀变的绿泥石化形成温度为 278.6~399.9℃，其绿泥石化形成环境具有中温、高硫逸度、低氧逸度的特征，并伴有同期构造期绢云母化、磁黄铁矿化和铁白云石化，形成了金沉淀；金主要富集在浸染状磁黄铁矿和铁白云石化、磁黄铁矿-铁白云石化细脉中，与富 $Fe-S-CO_3^{2-}$ 型构造热流体有密切关系。这种成岩成矿场结构，也是在时间序列上同位叠加成岩成矿的多重耦合结构(即异时异相空间同位叠加成岩成矿)。

(2)在地球化学岩相学场多维解剖研究中，成岩成矿相体多维解剖研究十分重要，尤其在多期叠加成岩成矿系统中具有很高的应用价值，地球化学岩相学场的多项函数如下：

$$F_{GLJ} = F[T, p, t, M, f_i(m, D, T, p)]$$

式中，F_{GLJ} 为地球化学岩相学场多项式解剖函数；T 为成岩成矿温度；p 为成岩成矿压力；t 为成岩成矿年龄；M 为成岩成矿相体的物质组成(可进一步深度解剖研究)；F 为地球化学岩相学场函数；f_i 为特定时间域成岩成矿相体的物质组成函数；m 为特定时间域的成岩成矿相体物质；D、T、p 为特定时间域的成岩成矿深度(D)、温度(T)和压力(p)。

即采用 T-p-t-M 为地球化学岩相学参数，对地球化学岩相学场函数(F_x)进行数量化精确描述。成岩成矿相体的物质组成(M)因时间不同，描述不同期次的相体结构需要从运动学-时间域-空间域角度进行解剖，即相体物质组成(M)为特定期次相体物质(m)、形成深度(D)、形成温度(T)和形成压力(p)的多项函数，即多期次地球化学岩相体的多维多项函数。

在云南白锡腊碱性钛铁质辉长岩-碱性钛铁质闪长岩侵位机制与成岩成矿研究中，应用矿物地球化学岩相学进行了实证研究。辉长岩体形成年龄在 $1047 \pm 15 \sim 1067 \pm 20$Ma(锆石 SHRIMP U-Pb 年龄)，具有贫硅、富碱、高磷、富钛铁特征，富集大离子亲石元素(LILE)、稀土元素(REE)及高场强元素(HFSE)，与洋岛玄武岩(OIB)类特征一致，具有富铁地幔源区特征(方维萱等,2013)。

铁浅闪石→铁韭闪石→铁钙闪石的矿物地球化学研究，揭示侵入岩体压力相的减压序结构为：$p = 944$MPa→546MPa→535MPa。侵入岩体温度相(T)形成的增温序结构为：$T = 769.9℃ \rightarrow 898.5℃ \rightarrow 1072.6℃$，岩浆侵位上升的成岩深度($D$)序结构为：$D = 35.67$km→$20.63$km→$20.21$km。

镁铝钙闪石/铁韭闪石-铁钙闪石-绿钙闪石的矿物地球化学研究，揭示该侵入岩体压力相的减压序结构为：$p = 546 \sim 545$MPa→535MPa→461MPa。温度相(T)形成的增温序结构为:$T=848.2\sim898.5℃\rightarrow1072.6℃\rightarrow1128.7℃$。岩浆侵位上升的成岩深度($D$)序结构为:$D=20.63km\rightarrow20.61km\rightarrow20.21km\rightarrow17.41km$。

总之,多维构造岩相学和地球化学岩相学综合研究揭示,云南自锡腊碱性钛铁质基性岩浆具有减压增温熔融动力学机制,推测为格林威尔期(1067~1047Ma)残留软流圈(地幔柱尾部)上涌侵位所形成。该碱性钛铁质辉长岩−碱性钛铁质闪长岩侵入岩体和其相类型组合,是新矿种与新类型铁铜矿直接找矿预测标志,也是隐伏IOCG直接找矿预测标志。

(3)在地球化学岩相学场多项函数中成岩成矿相体的物质组成(M)可做进一步深度解剖研究,即对地球化学物质场研究解剖,采用岩石地球化学→矿物地球化学→元素赋存相态地球化学→同位素地球化学→量子地球化学等5个不同地球化学尺度进行递进增生层次研究,但目前研究程度不够深入,是今后主要发展方向之一。

在矿物地球化学岩相学尺度上,如黝铜矿不同亚种系列包括砷黝铜矿、银黝铜矿、锌黝铜矿、铁黝铜矿、锑黝铜矿等,以及黝锡矿、似黝锡矿和银黄锡矿等,它们形成环境和元素富集规模具有一定差异,因此,对于成岩成矿环境指示意义不同。无论在钨矿床原生地球化学异常中,还是在次生地球化学异常中,W-Sn-Au和W-Mn-Mo-Cu-Nb-Ta-Sn-REE是两对典型的元素组合类型,但前者属于成矿系列中形成的地球化学异常中典型元素组合,常揭示不同的矿化类型,后者不但具有不同的矿化类型,也有深刻的矿物地球化学岩相学机制,黑钨矿有钨锰矿、钨锰铁矿和钨铁矿3个亚种,含有铌、钽、钪、钇和锡等混入物,锡锰钽矿与黑钨矿紧密共生;白钨矿具有3个不同亚种,分别为白钨矿、铜白钨矿和钼钨钙矿,在白钨矿中Mo:W可达1:1.4,即MoO_3可达24%,在白钨矿中Mo-W呈类质同象替代;白钨矿中钙可被铜和稀土元素替代,形成铜白钨矿;而且Mn^{2+}可呈类质同象替代Ca^{2+},Fe^{3+}呈类质同象替代W^{3+},因此,也就形成了W-Mn-Mo-Cu-Nb-Ta-Sn-REE组合型异常,因此,在矿床主矿产、共矿产和伴生矿产研究中,以及元素赋存状态和化探异常评价中,需要开展深入的矿物地球化学岩相学研究。

在矿物地球化学和量子地球化学尺度上,矿物因元素含量不同而显色机制不同,因成分不同而磁性差异甚大,如磁铁矿和磁黄铁矿因含有不同比例的$Fe^{2+}-Fe^{3+}$,具有极强磁性,绿泥石、黑云母和铁阳起石也具有一定磁性。矿物磁性强度变化和磁性体尚需进一步从量子地球化学角度深入研究,目前尚不能完全解释矿物磁性−磁性相体(磁性地质体)之间的内在关系。

1.4.4　元素赋存相态与成岩成矿环境恢复

元素在岩石和矿石中的赋存相态,对于矿石可利用性、成矿成晕机制和找矿预测研究等,具有重要作用。一般来说,元素在矿石和岩石中赋存的化学相态主要包括离子吸附相、碳酸盐相、氧化锰相、有机质相、氧化铁相、硫化物相、硅酸盐相等。

(1)在元素赋存化学相态中:①离子吸附相、有机质相、氧化锰相、氧化铁相等多与表生氧化环境密切有关;②原生岩石中高有机质相,指示其形成环境为强还原、酸性环境;③碳酸盐相指示其成岩成矿环境为强还原、弱碱性环境。变价元素赋存的化学相态及不同相态比值,对于成矿成晕机制和找矿预测具有重要作用,如变价元素(Fe、Mn、Mo、Cr、V、U、Ni、Cu、Zn、Co、S等)化学相态含量和不同化学相态比例,也能够准确揭示其岩矿石形成的氧化还原环境。

(2)从地球化学岩相学角度看,以铁氧化物铜金型矿床中铁赋存相态研究为例,可以归集为:全铁=磁性铁相铁+碳酸盐相铁+氧化相铁+硫化相铁+硅酸盐相铁。其铜赋存状态可以归集为:铜全量=自由相铜+次生硫化物相铜+原生硫化物相铜+结合相铜。以上为从化学物相角度和地球化学岩相学角度对元素赋存状态的表述,自由相铜(氧化相铜)包括孔雀石、蓝铜矿、赤铜矿、黑铜矿等,与铜矿物相具有一定差别。次生铜硫化物相是从化学物相分析角度表述,原生铜硫化物相仅包括了黄铜矿,是从人工重砂定量分析和自然重砂定量分析角度表述,铜赋存相态可以归集为:$w($铜全量$)=w($自然铜$)+w($铜氯化物相$)+w($铜氧化物相$)+w($铜硫化物相$)+w($铜碳酸盐相$)+w($铜硫盐类相$)+w($铜硅酸盐相$)+w($吸附相$)$。

(3)采用人工重砂和自然重砂定量分析,可深入研究元素赋存矿物相态,但除矿物相态外,部分元素呈类质同象和吸附相态存在,需补充电子探针分析和化学相态偏提取分析等进行综合研究,如铜矿物相态为:①自然铜相主要为自然铜和其他自然元素化合物(如含铜自然银、银铜金矿等);②铜氧化物相主要包括黑铜矿、赤铜矿等,尚有含铜磁铁矿和铜磁铁矿等;③铜硫化物相包括黄铜矿、辉铜矿、斑铜矿,尚有硫铜铁矿等;④铜碳酸盐相主要为蓝铜矿和孔雀石;⑤铜氯化物相主要为氯化铜等;⑥铜硫盐类相主要有黝铜矿系列;⑦吸附相铜包括铁锰氧化物吸附相铜、黏土矿物吸附相铜、有机质吸附相铜等,在特殊情况下,这些吸附相铜具有工业利用价值,如智利铜矿床中含铜锰土和含铜黏土为主要铜矿石类型之一。

(4)硫元素不同价态形成于不同成岩成矿环境中。在不同氧化–还原条件下,随着氧化程度不断升高,其还原程度不断降低,形成了 $S^{2-} \rightarrow [S_2]^{2-} \rightarrow S^0 \rightarrow S^{4+} \rightarrow S^{6+}$,而高氧化状态下为 SO_2 和 $[SO_4]^{2-}$,以黄铁矿和重晶石等代表了强还原条件和强氧化条件等。而铁地球化学物相态含量、不同相态比例和比值,可以准确恢复岩铁化蚀变岩和铁矿石形成的氧化–还原条件,对建立氧化–还原地球化学岩相学类型也有很好的指示价值,利用这些地球化学岩相学参数可进行找矿预测,其地球化学岩相学理论依据如下:①磁性铁相铁主要为磁铁矿、钛磁铁矿和假象赤铁矿,由于磁铁矿和假象赤铁矿结构式为 $FeO \cdot Fe_2O_3$,均有 Fe^{2+} 和 Fe^{3+} 含量,因此,磁性铁相指示了氧化–还原过渡相,也是评价铁矿床工业价值和划分矿石工业类型的指标。磁黄铁矿也具有较强磁性,一般归于硫化相铁中。在智利月亮山 IOCG 矿床赤铁矿化铁矿石中(表1-1),磁性铁相含量在 28.62%~56.87%,磁性铁相占铁总量 78.20%~92.37%,指示了地球化学岩相学类型为氧化–还原过渡相。②碳酸盐相铁为岩矿石中含铁碳酸盐矿物中的铁总量合计,一般包括菱铁矿和铁白云石,在进一步对菱铁矿和铁白云石物估算后,进行铁矿床工业价值和矿石可选性评价,按照磁铁矿、菱铁矿和铁白云石含量划分矿石类型,菱铁矿磁铁矿矿石和菱铁矿矿石需经焙烧还原后,采用磁选分离富集,但铁白云石型矿石不具有工业价值,可以作为炼铁助熔剂使用。碳酸盐相铁含量较高时,指示岩矿石形成于强还原–弱碱性相。在月亮山铁化蚀变岩中,以磁铁矿化(5.26%)和铁白云石化为主,碳酸盐相铁为 0.61%,指示了氧化–还原过渡相偏还原环境。③氧化相铁为岩矿石中磁性较弱的铁氧化物,包括赤铁矿、镜铁矿和褐铁矿等,无论是原始岩矿石还是次生矿石中,氧化相铁含量较高均指示了其成岩成矿环境为强氧化相。在月亮山 IOCG 矿区赤铁矿矿石中(表1-1),氧化相铁为21.68%~29.00%,氧化相铁含量占铁总量70.82%~79.94%,属地球化学强氧化相,推测其形成于强氧化环境。④硫化相铁为岩矿石中含铁硫化物中的铁,主要矿物有黄铁矿、白铁矿、磁黄铁矿、砷黄铁矿和黄铜矿等,还有其他硫化物和硫盐类矿物中的铁,从 S 价态看,这些铁硫化物均形成于强还原的酸性环境中。⑤硅酸盐相铁为岩矿石中含铁硅酸盐矿物中的铁,主要包括橄榄石、石榴子石、辉石、角闪石、黑云母、铁绿泥石、阳起石、铁电气石等主要硅酸盐矿物。因此,采用这些不同相态铁含量及比例,可以准确判断其岩矿石形成的氧化还原条件。

(5)在智利月亮山 IOCG 矿床,电气石热液角砾岩筒为典型岩浆热液角砾岩构造系统(方维萱,2016b,2018b)。在月亮山 IOCG 矿床 3 号和 7 号矿段,地表和深部均发育电气石热液角砾岩筒蚀变-构造系统,为典型强酸性-氧化地球化学相。对该区铁矿石和铁化蚀变岩成岩成矿环境和铁矿石质量,进行地球化学岩相学研究,ZK02 钻孔穿越了电气石热液角砾岩蚀变-构造系统,从上到下具地球化学岩相学分带规律(表1-1)。①在地表到 ZK02 孔深35.0m 处,岩石组合以浅红色赤铁矿电气石钾长石热液角砾岩+赤铁矿电气石热液角砾岩+赤铁矿热液角砾岩+赤铁矿岩为主。在地球化学岩相学特征上,全铁为27.12%,氧化相铁为21.68%,占全铁相 79.94%,磁性铁相铁、碳酸盐相铁和硫化相铁含量均较低(≤0.38%),揭示以强氧化环境为特征。硅酸盐相铁为4.88%,主要由灰黑色铁电气石引起,因电气石以硼酸盐为主并富含 F 和 Cl,以氧化相铁和硅酸盐相铁(铁电气石)为主揭示其地球化学岩相学类型为强酸性-强氧化地球化学相。②在 ZK02 孔深 35.0~49.3m 处,虽然磁性铁相铁(2.77%)有所增加,但仍然以氧化相铁为主(29.00%),铁矿石品位增高,可溶铁达 31.82%。磁性铁相铁、碳酸盐相铁和硫化相铁含量均较低(≤2.77%),仍然属于强酸性-强氧化地球化学相。③在 ZK02 孔深91.0m 处,以磁性铁相铁为主(28.62%),占全铁相的 78.20%;氧化相铁含量明显减小(2.44%),占全铁相的 6.67%。但碳酸盐相铁和硫化相铁含量均较低(≤0.09%),揭示其地球化学岩相学类型为典型氧化-还原过渡相,有利于磁铁矿型矿石富集。④在 ZK02 孔 180.4m,铁化蚀变岩为赤铁矿黄铁矿化蚀变岩,全铁为17.36%,碳酸盐相铁和硫化相铁含量明显升高,硫化相铁为 4.25%,占全铁比例达24.48%,碳酸盐相铁为 0.28%,占全铁比例为 1.61%,主要是由于黄铁矿化和铁白云石化较强,揭示地球化学岩相学类型为酸性-强还原地球化学相,有利于铜钴金富集成矿,但对于形成赤铁矿型和磁铁矿型铜矿石不利。⑤在岩浆热液角砾岩构造系统中,电气石热液角砾岩蚀变-构造系统为岩浆气成热液蚀变中心,虽然有利于形成赤铁矿矿石富集成矿,但具有将铁质富集在其顶部和顶部周缘的能力,如在 ZK12-3 钻孔 58~98m 处,形成电气石赤铁矿岩,含氧化相铁 24.87%~28.72%,但其上部明显降低。而在 ZK12-3 孔 2~25m 处,磁性铁相铁显著增高(28.81%),最顶部达 56.87%,占全铁比例从 83.41%升高到 92.37%,不但揭示了地球化学岩相学类型为氧化-还原过渡相,还表明这是磁铁矿型铁矿石富集成矿最有利的地球化学岩相学环境。

表 1-1　智利月亮山 IOCG 矿床中铁矿石和铁化蚀变岩的化学物相分析

矿石类型	样品位置	样号	TFe	OFe	MFe	SFe	CFe	SiFe	可溶铁	OFe/TFe	MFe/TFe	SFe/TFe	CFe/TFe	SiFe/TFe	OFe/MFe	SFe/OFe
电气石赤铁矿石	ZK02 孔 35.0m	BY89	27.12%	21.68%	0.38%	0.09%	0.09%	4.88%	21.96%	79.94%	1.40%	0.33%	0.33%	17.99%	57.05	0.004
赤铁矿石	ZK02 孔 49.3m	BY91	36.7%	29.00%	2.77%	0.11%	0.09%	4.41%	31.82%	79.02%	7.55%	0.30%	0.25%	12.02%	10.47	0.004
赤铁磁铁矿石	ZK02 孔 91.0m	BY94	36.6%	2.44%	28.62%	0.05%	0.09%	4.6%	31.72%	6.67%	78.20%	0.14%	0.25%	12.57%	0.09	0.02
赤铁黄铁矿蚀变岩	ZK02 孔 180.4m	BY101	17.36%	9.2%	0.38%	4.25%	0.28%	2.91%	10.09%	53.00%	2.19%	24.48%	1.61%	16.76%	24.21	0.46
磁铁矿石	ZK12-3 孔 2m	BY135	61.57%	4.41%	56.87%	0.05%	0.09%	0.09%	60.44%	7.16%	92.37%	0.08%	0.15%	0.15%	0.08	0.01
电气石化磁铁矿石	ZK12-3 孔 25m	BY136	34.54%	1.03%	28.81%	0.075%	0.09%	4.46%	28.91%	2.98%	83.41%	0.22%	0.26%	12.91%	0.04	0.07
电气石赤铁矿石	ZK12-3 孔 58m	BY139	37.35%	28.72%	4.32%	0.26%	0.09%	3.85%	33.04%	76.89%	11.57%	0.70%	0.24%	10.31%	6.65	0.01
电气石磁赤铁矿石	ZK12-3 孔 98m	BY142	35.119%	24.87%	5.26%	0.077%	0.14%	4.69%	29.94%	70.82%	14.98%	0.22%	0.40%	13.35%	4.73	0.003
磁铁矿化蚀变岩	ZK12-1	BY147	12.48%	4.74%	5.26%	0.4%	0.61%	1.03%	11.5%	37.98%	42.15%	3.21%	4.89%	8.25%	0.9	0.08

注:TFe. 全铁;OFe. 氧化相铁;MFe. 磁性铁;SFe. 硫化相铁;CFe. 碳酸盐相铁;SiFe. 硅酸盐相铁。

1.4.5 构造筛分－同位素地球化学精确定年与成岩成矿演化史

在大比例尺(1∶5000~1∶100)构造岩相学填图或编录基础上,采用构造变形筛分、同位素地球化学定年约束、构造蚀变岩的常量和微量元素地球化学等综合研究方法,是研究和解剖大陆造山带中多期构造变形和叠加成岩成矿历史的有效途径。例如,云南墨江含镍金绿色蚀变带形成与演化可分为三个期次,形成三个期次的构造置换面理(方维萱等,2004)。①早期含镍金绿色蚀变带形成于251.9±4.32Ma,产于韧性剪切带中,形成含铬绢云母－绢云母(S_2)组成的切层剪切面理,为印支期主造山期形成的韧性剪切带,记录了哀牢山造山带最早碰撞造山事件的起始年龄。②中期含镍金绿色蚀变岩形成于180.6~169.37Ma,产于燕山早期高角度脆韧性剪切带中,形成铬绢云母－含铬绢云母组成的透入性剪切面理置换(S_3)和绿泥石拉伸线理。③晚期含金绿色蚀变糜棱岩形成于149.98~71.14Ma,产于燕山晚期左旋走滑脆韧性剪切带中,发育铬伊利石(S_4)和铬绿泥石(S_4),组成透入性剪切变形面理置换,与脆韧性剪切带的主体产状一致,韧性剪切构造带内发育,走滑构造带中十分发育,形成褶皱变形带(倾竖褶皱、鞘褶皱)及含金蚀变岩。④在喜马拉雅期,以脆性变形构造域为主要特征,其含金石英脉的石英ESR平均年龄在46.7Ma(毕献武等,1996),发育粉尘状和毛缟状高岭石化、黄铁矿溶蚀空洞发育,以灰白色－白色黏土化硅化脉和硅化黏土化蚀变带为典型特征,金品位在10~100g/t,但镍含量很低。总之,在墨江金镍矿床内,上述三期含金镍绿色蚀变带(三期构造面理置换)与第四期灰白色富金黏土化－硅化蚀变带(无构造面理置换)的成岩成矿场时间-空间拓扑学结构为时间序列上的空间同位叠加,为多期次异时同位叠加成矿结构。

1.4.6 铁氧化物铜金型(IOCG)成矿系统与叠加成岩成矿作用

智利铁氧化物铜金型矿床围绕二长斑岩－二长闪长岩舌状侵入体形成电气石热液角砾岩构造系统和蚀变岩相带,总体垂向蚀变分带为上部黏土化－绢云母化－赤铁矿蚀变带,中部钾质蚀变相带(电气石－铁质)+热液角砾岩化相带,下部钠质蚀变相(铁质)－热液角砾岩化带,这种围岩蚀变分带,对于认识IOCG矿床区域成矿规律和找矿预测具有很好应用效果。IOCG矿床成矿母岩具有铁质苦橄岩－铁质安山岩、钛铁辉长岩－钛铁质闪长岩和二长岩－二长斑岩岩体等不同母岩类型,尤其是IOCG成矿系统与多期热液角砾岩构造系统后期叠加岩成矿作用(方维萱,2016),因此,采用地球化学岩相学进行解剖研究,是探索IOCG成矿系统与叠加成矿作用的特征、结构模型和勘查标志的可行手段之一。在扬子地块西缘IOCG成矿域中,IOCG矿床具有明显的叠加成岩成矿作用,方维萱(2014a)将其划分为7种类型:Fe-Cu-Au-Ag-PGE型、Fe-Cu-Au-REE(Mo,Nb,Co,F,P)型、Fe-Cu-Au-Ag-Ti-PGE型、Cu-Au-Ag-Co型、赤铁矿型、菱铁矿型和钛铁矿型。它们实际上也是不同期次地球化学岩相学类型叠加成岩成矿作用形成的多矿种共伴生富集成矿结构,因此,采用矿物地球化学岩相学和同位素年代学进行研究,能够揭示IOCG初始主成矿期和主叠加成矿期,进一步确定IOCG初始成矿系统和叠加成矿系统的特征、结构模型和勘查标志,如在构造岩相学变形筛分基础上,选择锆石、独居石和金红石等进行同位素定年,可以精确厘定铁铜矿、稀土元素和金红石形成年龄,从而解剖 IOCG 初始成矿系统和确定叠加成矿系统的形成年龄。

1.4.7　元素赋存状态与矿床共伴生组分评价

多矿种共伴生组分综合评价与新技术研发是地球化学岩相学研究中理论创新和新技术研发的核心方向之一。在有色金属矿山中,多矿种共生与共伴生组分资源十分丰富,如果缺乏对大型多矿种共生矿山综合评价与勘探的深入研究,就会造成资源严重浪费。深入开展大型多矿种共生矿山共伴生组分综合评价与勘探,有利于资源综合利用及开展新矿种找矿。例如,湖南瑶岗仙钨矿共生钼矿,共伴生组分有铋、铜、银、铅锌、锡等;湖南黄沙坪铅锌矿山中,铅锌银共生、钨钼共生、铜铅锌矿共生,并且共生萤石和铁;贵州晴隆锑矿伴生硒,锑-金、锑-硫铁矿、锑-硫铁矿-萤石矿共生。在云南个旧锡铜多金属矿山以往共伴生矿综合评价中,云南省有色金属地质局 308 队取得了卓越的勘探成果,在 1975～1990 年提交了一批勘探成果。1975 年云锡勘探队在《个旧矿区卡房矿田东瓜林地段接触带矿床地质勘探报告》中共探明提交($Sn+Cu+WO_3$)金属总量(原 C+D 级)$19.65×10^4$t(庄于秋等,1996),其中:Sn $6.9×10^4$t,Cu $12.3×10^4$t,WO_3 $0.4×10^4$t,证实卡房矿田东瓜林矿段是一个典型的多矿种共伴生矿床。随着云南个旧地区矿山开发不断深入,在矿山生产的过程中,通过对矿床成矿规律、矿体赋存特征等方面的综合分析与研究,加强了对矿体周边及空白区找矿,先后累计新增($Sn+Cu+WO_3$)金属量 $12.9×10^4$t(其中 Sn $2.6×10^4$t、Cu $3.8×10^4$t、WO_3 $6.5×10^4$t),为矿山生产探明了新的可采资源,延长了矿山服务年限。2004 年,云南锡业集团有限责任公司委托中南大学开展了音频大地电磁测深法(EH4)物探勘查及成矿预测,发现"玄武岩型铜锡矿"有较好的找矿潜力。在我国,矿山尾矿资源工业化利用是当前关注和研发的热点问题之一,尾矿资源工业化利用不但可以增加资源高效利用,同时也减少了污染排放,由于矿山具有经济、社会和生态环境三重复合系统特征,因此,多矿种共生与共伴生组分综合评价具有多重效益。在云南个旧地区,围绕多矿种共伴生组分资源探查和高效开发利用提出了一系列的新技术研发课题,首先,"玄武岩型铜锡矿"(实际属火山沉积-岩浆叠加改造型锡铜钨铷多金属矿床)成矿规律、控矿因素、找矿方向和资源潜力评价成为目前关注的热点;其次,锡铜多金属矿床中,共生矿和伴生矿找矿勘探评价方法技术亟待创新。

1.4.8　塔西地区砂砾岩型铜铅锌-铀矿床成矿系统与典型地球化学岩相学类型

塔西地区砂砾岩型铜铅锌-铀矿床成矿系统内部时间-空间物质组成,主要包括"源、生、运、储、盖、叠、存"等 7 个要素。矿源层相体结构为旱地扇扇中亚相含铜紫红色铁质杂砾岩(氧化相铜和钼),其他典型的地球化学岩相学类型建相和标志如下。

1. 矿石物质相体相态结构——萨热克铜矿床成矿元素 Cu 和 Ag-Mo-U 富集相态结构

在砂砾岩型铜铅锌-铀矿床成矿系统中,矿石是该成矿系统最终状态和现今保存状态的真实客观地质体(多期叠加复合相体),因此,首先对这些矿石类型进行解剖研究,厘定主成矿元素和共伴生元素的富集相态,为综合推断解释其形成机制提供依据。

（1）砂砾岩型铜矿石中铜主成矿组分富集相态和富集规律。①在萨热克铜矿床中（表1-2），氧化相铜含量（自由相铜）分别为0.077%、0.110%。氧化相铜包括孔雀石、蓝铜矿、赤铜矿、黑铜矿等，氧化相铜为表生成矿作用所形成，因此，在萨热克铜矿石坑道中存在少量的表生富集成矿作用。②次生硫化物相铜含量分别为3.676%、2.035%，该相态主要包括辉铜矿、铜蓝和斑铜矿，其黝铜矿和砷黝铜矿等铜硫盐类也包含在该相态中，该相态富集比例最高，与人工重砂定量分析结果相吻合，也是萨热克铜矿床中主要铜富集成矿的矿物地球化学相态，但它们为原生成矿作用所形成，只是在化学物相分析中与黄铜矿含量（原生硫化物相）进行区别，称为次生硫化物相铜。③原生硫化物相铜含量为0.017%、0.045%，该相态主要为黄铜矿，所占比例较小。④人工重砂分析表明，辉铜矿约占重矿物的70.48%，黄铜矿占12.15%，斑铜矿占7.75%，辉铜矿-斑铜矿-黄铜矿是铜硫化物相主要组成矿物，辉铜矿是主要矿石矿物，占铜硫化物总量的70%，揭示其成矿环境为高铜低硫环境。

（2）砂砾岩型铜矿石中铅锌共伴生组分富集相态和富集规律。①在萨热克砂砾岩型铜矿床中，局部共伴生Pb、Zn、Mo和Ag等组分。在铅锌矿石中，以方铅矿和闪锌矿等硫化物为主，在萨热克南矿带碱性辉绿辉长岩脉群发育部位，砂砾岩型铜矿体附近，形成砂砾岩型铜铅锌矿体、砂砾岩型铅锌矿体和砂砾岩型锌矿体，铜与铅锌具有同体共生和异体共生等规律。②在上侏罗统库孜贡苏组中，砂砾岩型铜铅锌矿体成矿垂向分带为"下部砂砾岩型铜矿，中部砂砾岩型铅锌铜矿，上部砂砾岩型铜铅锌矿体"；而在萨热克南矿带下白垩统克孜勒苏群中，下部为砂岩型铜矿体，上部为砂砾岩型铅锌矿体。总之，虽然砂砾岩型铜铅锌矿体在矿床尺度上，以砂砾岩型铜矿体为主，但砂砾岩型铅锌矿体具有同体共生或异体共伴生特征。

（3）砂砾岩型铜矿石中钼-银（-铀）共伴生组分富集相态和富集规律。在灰黑色沥青化蚀变岩强度较大部位，铜矿体中形成了Mo-Ag（-U）同体共伴生富集成矿特征（表1-2），Ag 10.4～48.7g/t，Mo 0.013%～0.61%（表1-3）。银主要富集在辉铜矿和斑铜矿中，为富银、高铜、低硫型铜硫化物，其次为硫铜钼银矿等。而钼以硫化相钼为主，主要为胶硫钼矿、富银胶硫钼矿、硫铜钼银矿等，其次为氧化相钼，主要为钼钙矿等，局部发育与铁结合相钼，以铁钼华形式存在。可以看出，钼富集成矿相态较为复杂。局部形成了铀矿化，U达187.0×10^{-6}。

表 1-2　萨热克铜矿床典型铜矿石的铜钼铁物相分析　（单位：%）

样品	铜相态					
	全铜	自由相铜	结合相铜	次生硫化物相铜	原生硫化物相铜	硫化物相铜合量
W01	3.966	0.077	0.035	3.676	0.017	3.693
W02	2.291	0.110	0.049	2.035	0.045	2.080

样品	铁相态					
	全铁	磁铁矿相铁	碳酸铁相铁	赤铁矿相铁	硫化物相铁	硅酸盐相铁
W01	7.208	<0.05	4.578	1.558	0.225	0.487
W02	3.75	<0.05	0.390	2.630	0.143	0.390

样品	钼相态					
	全钼	氧化相钼	硫化相钼	与铁结合相钼		
W01	0.55	0.026	0.35	0.170		
W02	0.35	0.016	0.33	0.004		

（4）本区铜矿石中磁铁矿相铁<0.05%，与基本未见磁铁矿客观特征一致（表1-2）。碳酸铁相铁含量分别为4.578%、0.390%，主要为较多铁白云石和铁方解石所引起。硫化物相铁分别为0.225%和0.143%，主要为铜硫化物和黄铁矿中含Fe^{2+}。硅酸盐相铁分别为0.487%和0.390%，推测这种相态铁主要为绿泥石形式赋存。在铁碳酸盐化和绿泥石化蚀变过程中和含铜铁硫化物富集成矿过程中，大量Fe^{3+}被富烃类还原性盆地流体还原为Fe^{2+}，这也是紫红色含铜铁质杂砾岩发生褪色化蚀变的地球化学岩相学机理之一。赤铁矿相铁为1.558%和2.630%，为残余的紫红色铁质胶结物。

总之，在萨热克砂砾岩型铜矿床中，主成矿组分铜以辉铜矿–斑铜矿等次生硫化相铜为主，其次为黄铜矿等原生硫化物相铜，少量氧化相铜（自由相铜），微量结合相铜。在萨热克砂砾岩型铜矿床中，砂砾岩型铅锌矿与铜矿体呈同体共生和异体共生，铅锌硫化物为原生硫化物相。银为铜矿体同体伴生组分，以富银高铜低硫型铜硫化物为主，其次为硫铜钼银矿等。钼为铜矿体同体共生组分或伴生组分，钼以硫化相钼为主，但仍有氧化相钼、与铁结合相钼；铜矿体局部伴生铀矿化。

2. 矿物地球化学岩相学类型和特征——萨热克铜矿床成矿分带与矿物分带

（1）从地表和浅部坑道，到深部坑道和钻孔，形成明显矿物垂向分带为孔雀石+氯铜矿+辉铜矿→辉铜矿→辉铜矿+斑铜矿±黄铜矿→辉铜矿±黄铜矿±黄铁矿→黄铁矿+铁碳酸盐矿物（铁白云石+含铁白云石+铁方解石），即可归纳为"氯–辉–斑–黄–黄–碳"。而且在砂砾岩型铜矿层从上盘围岩到矿体，下盘围岩，具有典型的"辉–斑–黄–黄–碳"。蓝铜矿分布不稳定，多呈明显的后期细脉，或常沿碎裂状矿石的裂隙充填，为后期表生成矿作用或次生富集作用所形成。辉铜矿型矿石带主要分布于浅部（如北矿带）。向下为辉铜矿+斑铜矿矿石带（斑铜矿型）。2800m水平以上，铜矿物为辉铜矿，少量孔雀石。2600m附近，出现少量斑铜矿。黄铜矿型矿石分布于向斜深核部，黄铜矿–黄铁矿分布在2600m以下。

（2）在萨热克铜矿区南矿带以辉绿辉长岩脉群为中心（如以30线为中心向两侧），形成了典型岩浆热液成因的矿物分带：①中心相为辉钼矿化和金矿化带，见于ZK001孔；②黄铜矿和黄铁矿见于ZK405孔、ZK3001孔；③方铅矿和闪锌矿见于ZK3001孔，这种浅黄棕色闪锌矿及共生的方解石显示出低温特点。辉绿辉长岩脉群是叠加成岩成矿热液中心。

（3）在矿体纵向上矿物分带受层位岩相和盆地内古构造洼地、斜坡构造岩相带复合因素控制：在萨热克北矿带，从古构造洼地→斜坡构造岩相带→盆地基底隆断带→斜坡构造带，矿物分带为辉铜矿+斑铜矿±方铅矿+闪锌矿→辉铜矿+斑铜矿→辉铜矿→辉铜矿+黄铁矿→辉铜矿+赤铁矿→赤铁矿。

（4）银辉铜矿、辉铜矿和铁辉铜矿等3个辉铜矿亚种揭示了不同的矿物地球化学岩相学类型：①铁辉铜矿中Fe为11.09%，Ag为2.03%，Cu为61.38%，S为25.88%，具有低铜银和高铁硫特征。银辉铜矿中Ag为6.26%，Cu为72.61%，S为21.32%，Fe为0.27%，具有富铜银和低铁硫特征。辉铜矿中Ag为2.01%，Cu为75.78%，S为21.88%，Fe为0.11%，具有富铜银和低铁硫特征。②本区辉铜矿中富集Ag和Fe，含Sb、Co、Ni、Mo、Pb和Zn均很低。③矿物地球化学岩相学分带为银辉铜矿（强还原相）→辉铜矿（还原相）→铁辉铜矿（氧化–还原相）→含铜赤铁矿（氧化相），也是两类盆地流体混合的矿物地球化学岩相学记录。

3. 成矿温度相结构——矿物包裹体测温与绿泥石矿物温度计

在地球化学岩相学研究中,成矿系统温度相可以采用矿物包裹体测温和矿物温度计进行恢复,萨热克砂砾岩型铜矿床成矿温度相以中–低温相为主。

(1)初始沉积成岩期成矿流体以中–低温为主。第一期方解石(胶结物)含烃盐水包裹体,均一温度 $81 \sim 181℃$,平均 $127.9℃$。白云石为含烃盐水包裹体,均一温度 $124 \sim 137℃$。石英中为含烃盐水包裹体,均一温度 $99 \sim 207℃$,平均 $140.33℃$。与采用绿泥石温度计恢复该期古地温场($163 \sim 217℃$)大致相近。

(2)盆地流体改造富集主成矿期成矿流体以低–中温以主。第二期方解石(改造型)为含烃盐水包裹体,均一温度 $142 \sim 145℃$,平均 $143.5℃$。石英中含烃盐水包裹体均一温度 $129 \sim 154℃$,平均为 $141.5℃$。方解石中含有轻质油包裹体,均一温度 $102 \sim 111℃$,平均 $105.7℃$。石英中含轻质油包裹体均一温度 $97 \sim 148℃$,平均 $127.8℃$。与采用绿泥石温度计恢复盆地流体改造富集期古地温场($188 \sim 219℃$)大致相近,但古地温场温度具有明显偏高特征。

(3)在萨热克砂砾岩型铜矿床中,绿泥石形成于沉积成岩期、盆地流体改造富集期和碱性辉绿辉长岩脉群侵位深源热流体叠加期。绿泥石化在该矿区内普遍发育,且与铜硫化物富集具有十分密切的关系,在黑色–灰黑色沥青化蚀变带和灰绿色–灰白色褪色化蚀变带中,绿泥石化与辉铜矿、斑铜矿和黄铜矿等紧密共生,因此,可采用绿泥石温度计恢复铜硫化物富集成矿过程中的古地温场结构。萨热克铜矿区内:①在辉铜矿型矿石带内,绿泥石温度计恢复古地温场在 $188 \sim 219℃$;②在斑铜矿+辉铜矿型矿石带内,绿泥石温度计恢复古地温场在 $196 \sim 237℃$;③在斑铜矿型矿石带内,绿泥石温度计恢复古地温场在 $203 \sim 226℃$;④揭示斑铜矿型和斑铜矿+辉铜矿型矿石带形成的古地温场为 $196 \sim 237℃$,而辉铜矿型矿石带形成古地温场温度($188 \sim 219℃$)相对较低。

4. 富烃类还原性盆地流体相物质记录——灰黑色沥青化蚀变相与铜银钼–铀富集成矿关系

围岩蚀变是成岩成矿系统的客观物质记录,也是揭示成岩成矿物质形成演化历史的关键物质记录。其沥青化蚀变相在塔西地区砂砾岩型铜铅锌矿床和砂岩型铀矿床中普遍发育,在古近系和新近系砂岩铜矿中,沥青化多呈团斑状、较大的浑圆状、线带状和浸染状等(表1-3)。总体看来,从萨热克砂砾岩铜矿床到滴水砂岩型铜矿床,沥青化穿越了侏罗系、白垩系、古近系和新近系,具有四期以上的富烃类盆地流体运移事件和沥青化蚀变。沥青化与褪色化(漂白化)蚀变具有密切关系,但对于紫红色杂砾岩和紫红色砂岩类而言,沥青化属与富烃类还原性盆地流体作用密切相关的黑色化–灰黑色化蚀变,不属于褪色化蚀变。

在萨热克砂砾岩型铜矿区,形成了以黑色强沥青化蚀变相为中心(铜成矿强度中心)的沥青化蚀变相带和蚀变分带,沥青化沿断层($1.0 \sim 2.0m$)形成垂向运移,沿库孜贡苏组杂砾岩层和克孜勒苏群细砾岩–含砾粗砂岩–岩屑砂岩层,发生侧向运移并形成了沥青化相分带。与滴水砂岩铜矿中沥青化呈团斑状和大球形有明显差别。巴什布拉克铀矿床赋存在下白垩统克孜勒苏群下段冲积扇相砾岩中,发育两期以上油气和有机质运移事件(方维萱等,2016a;韩凤彬等,2012;李盛富等,2015),具有两期以上沥青化蚀变。

表 1-3　萨热克砂砾岩型铜矿坑道刻槽样分析结果

样品编号	样长	Ag	Cu	Mo	Pb	U	总有机碳	地质产状
H4011-1	1.0m	48.7	2.21	0.013	0.011	7.13	0.97	含铜沥青化断层角砾岩
H4012-1	1.0m	23.5	3.06	0.16	0.016	187	0.32	含铜沥青化断层角砾岩
H4014-1	1.0m	10.4	1.44	0.005	0.01	3.74	0.21	挤压片理化沥青化破碎带
H2685-4	1.0m	24.7	3.48	0.19	0.019	1.39	0.16	挤压片理化沥青化破碎带
H2685-5	1.0m	38	5.89	0.61	0.028	3.29	0.15	含铜沥青–褪色化杂砾岩
Hw2685-5	1.0m	39.4	4.89	0.026	0.023	3.54	0.17	含铜沥青–褪色化杂砾岩

注:Ag、U 单位为 10^{-6},Cu、Mo、Pb、总有机碳单位为 10^{-2}。

5. 构造应力场、碎裂岩化相类型与裂隙–裂缝充填物特征

在地球化学岩相学研究中,糜棱岩相–糜棱岩化相和碎裂岩相–碎裂岩化相不但是两类客观物质实体,而且记录了地球化学岩相形成过程中,构造应力场也是矿物–岩石–流体–构造应力多重耦合结构场中重要的单因素。构造应力场不但提供了构造动力源,驱动成矿流体运移,而且可作为成矿流体和成矿物质的储存空间,因此,构造应力场类型也是成岩成矿系统的主控因素之一。

碎裂岩化相是岩石经过碎裂岩化、构造作用形成裂隙(节理)–显微裂隙等构造变形后形成的构造变形岩类,尚保存其原岩特征,但粒化作用发生在矿物颗粒边缘,构造变形裂隙穿越砾石和砾石群。在萨热克砂砾岩型铜多金属矿区,碎裂岩化相强度可以根据节理–裂隙密度进行分级:①强碎裂岩化相,在杂砾岩肉眼可识别节理–裂隙宽度(≥3mm 至 10cm)密度>5 条/m,显微裂隙(≤3mm)密度≥150 条/m,据统计最大可达 220 条/m。②中碎裂岩化相,在杂砾岩节理–裂隙密度 1～5 条/m,显微裂隙(≤3mm)密度100～150 条/m。③弱碎裂岩化相,在杂砾岩节理–裂隙密度<1 条/m,显微裂隙(≤3mm)密度50～100 条/m。④无–极弱碎裂岩化相,在杂砾岩节理–裂隙密度<0.01 条/m,显微裂隙密度≤50 条/m。

在强碎裂岩化相中,裂隙密度与辉铜矿细脉–灰黑色中沥青化–褪色化具有耦合作用:①在砾石边缘的砾缘圈闭裂隙和砾石之间连通性裂隙(孔隙)中,辉铜矿微细脉(0.1～0.5cm)沿微裂隙(3～5mm)充填。这种呈闭合状不规则砾缘裂隙组和不规则连通裂隙组与砾石边缘和砾石之间最初大孔隙度密切有关,并被后期穿砾裂隙所切过,推测为成岩早期形成的裂隙,估计与盆地构造反转期挤压应力场有密切关系,可以看出该期该组裂隙中充填辉铜矿微细脉,为富铜矿体标志。②透镜状裂隙组的裂隙密度高达 220 条/m,马尾丝状裂隙组裂隙密度具有散开趋势,这两组裂隙具有压剪性应力场下形成的裂隙组,辉铜矿和灰黑色中沥青化细脉(约0.2cm)沿杂砾岩这两组闭合裂隙(≤3mm)充填,可能指示了区域挤压应力场或走滑应力场。

碎裂岩化相与富烃类还原性盆地流体具有显著的多重耦合结构,与旱地扇扇中亚相含铜紫红色铁质杂砾岩(氧化相铜和钼)(方维萱等,2015,2016a,2017a;王磊等,2017)之间发生大规模水岩反应,形成褪色化和铜富集成矿。在砂砾岩型铜铅锌–铀矿床成矿系统研究中,采用化学物相和重砂定量分析,解剖了最终产物矿石物质相体相态结构,即萨热克铜矿床主成矿元素铜和伴生元素银-钼-铀富集相态结构;同时,矿物地球化学岩相学研究也揭示了矿石矿物分带规律,结合成矿温度研究,为深入揭示其成矿系统演化过程提供了依据。采用总有机质、包裹体成分分析等方法,恢复了富烃类还原性盆地流体成分,主要有液烃、气烃、气液烃、轻质油、沥青质和高有机质(TOC)等,其次富含 CO-CO_2 等,盆地初始成矿期和改造富集主期成矿流体地球化学岩相学类型为强还原相(方维萱等,2015,2016a)。

第2章　区域地质构造岩相特征与演化规律

2.1　区域构造层划分与构造岩相学演化规律

塔西地区和塔北地区,出露地层主要为中元古界阿克苏岩群(Pt_2Ch),未分的下古生界(Pz_1)、志留系、泥盆系、石炭系、二叠系、侏罗系、白垩系、古近系、新近系和第四系等(图2-1),本书在区域构造岩相学研究基础上,划分构造层为:①下基底构造层(Pt_{1-2}),为元古宙中高级变质断块与中生代盆地蚀源岩区;②上基底构造层(S-D-C-P),为前陆冲断褶皱带与中生代盆地蚀源岩区;③中生代(T-J)陆内拉分断陷盆地、构造岩相学系列与成煤期;④白垩纪(K)挤压-伸展转换盆地构造岩相学序列与铅锌-铀-天然气储集层;⑤古近纪(E)挤压-伸展转换盆地构造岩相学序列与铅锌-天青石矿床;⑥新近纪(N)挤压收缩与周缘山间咸化湖盆相序结构。由老至新分述如下。

2.1.1　盆地下基底构造层:元古宙中高级变质断块与中生代盆地蚀源岩区

1. 盆地下基底构造层岩石地层

盆地下基底构造层由吐尤克苏岩群和阿克苏岩群构成。

(1)古元古界吐尤克苏岩群分布于西南天山元古宙中高级变质断块苏鲁铁列克断块隆起区(图2-1~图2-3)。吐尤克苏岩群由陕西省地质矿产勘查开发局区域地质矿产研究院(2010)建立。在该岩群斜长角闪岩中获得 LA-ICP-MS 锆石 U-Pb 年龄为 2426.6Ma 和 2567.7Ma,该岩群中榴闪岩和石榴辉石岩为高温高压变质岩,阿克然变质核杂岩地块的核部地层主体为吐尤克苏岩群。苏鲁铁列克断块区与库鲁克塔格和铁克里克陆缘地块类似,属塔里木西北缘陆缘地块。

(2)中元古界阿克苏岩群(Pt_2Ch)分布于康苏镇以南克孜勒苏河两岸、苏鲁铁热克一带、"乌拉根隆起"核部及其附近和萨热克巴依次级盆地南北两侧。主要为浅灰色绢云母细粒石英岩夹辉绿岩、灰绿色绢云母-绿泥石片岩、绢云母-石英片岩、千枚岩、硅化细砾岩,以及大理岩和片理化灰岩。在萨热克巴依次级盆地南北两侧和乌拉根隆起核部出露最多,估计厚度在300m以上。分布于康苏西至加斯公路以北苏鲁铁热克隆起之高山区的中元古界阿克苏岩群(Pt_2Ch)为结晶片岩夹大理岩、石英岩及各种千枚岩,总厚达6700m。根据岩性,划分为六个岩系:①钙质片岩及石英岩岩系,岩性为白色薄板状绢云母石英岩,夹各种含碳酸盐岩的结晶片岩夹层,结晶片岩为黑及紫色黑云片岩及绿帘黑云片岩、绿色绿泥片岩、绿泥黑云片岩及滑石绿泥片岩,厚约2000m;②绿帘黑云片岩岩系,银黑色薄层状及板状绿帘黑云片岩与云母片岩、灰色及浅绿色细粒二云钙质石英岩成薄互层,厚约1000m;③云母石英岩

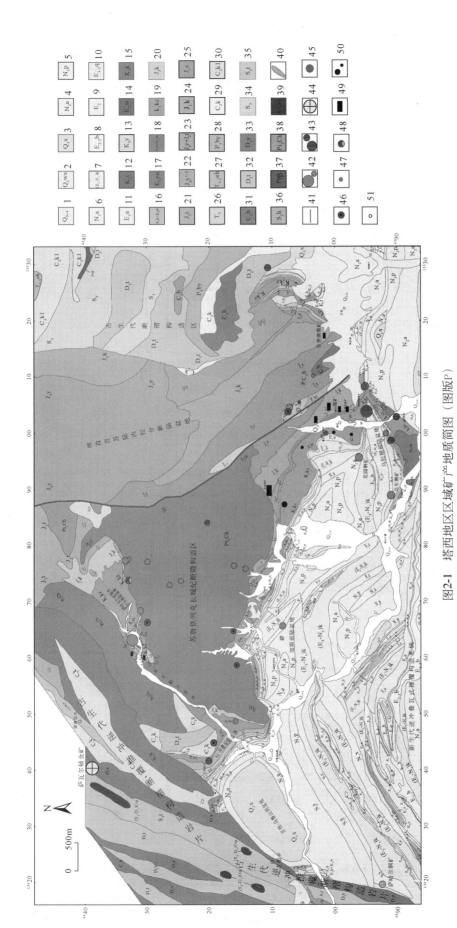

图2-1　塔西地区区域矿产地质简图（图版P）

1.中上更新统+全新统；2.中更新统乌苏群；3.下更新统西域组；4.上更新统西域组；5.中新统帕卡拉卡组；6.中新统安居安组；7.渐新统阿图什组；8.始新-渐新统克孜洛依依组；9.始新统；10.始新统齐姆根组；11.古新统阿尔塔什组；12.上白垩统依格孜牙组；13.上白垩统乌依塔格组；14.上白垩统库克拜组；15.上白垩统吾洛依依拜组；16.上白垩统库孜贡苏组；17.上白垩统英吉莎组；18.下白垩统克孜勒苏群—上白垩统英吉莎组；19.下白垩统克孜勒苏群；20.上侏罗统库孜贡苏组；21.中侏罗统杨叶组（J_2y-杨叶组；J_2y^1-杨叶组第一岩性段；J_2y^2-杨叶组第二岩性段）；22.中侏罗统杨叶组和塔尔尕组；23.中侏罗统沙里塔什组；24.下侏罗统康苏组；25.下侏罗统莎里塔什组；26.未分上三叠统；27.下三叠统俄霞布拉克群；28.下二叠统；29.下石炭统康克林组；30.下石炭统喀拉治尔加组；31.下石炭统巴什索贡组；32.中泥盆统沙夫提组；33.下泥盆统萨瓦亚尔顿组；34.未分上志留统；35.上志留统塔尔特库里组；36.中志留统合同沙拉群；37.二叠系黑云母花岗岩；38.晚元古界阿克苏群；39.晚志留世—早泥盆世超镁铁质岩石；40.辉绿岩脉；41.区域性断层；42.大中型铜矿床；43.大型铅锌矿床；44.大型金矿床；45.中型锶矿床；46.铁矿床和铁矿点；47.铝土矿点；48.铅锌铜矿点；49.煤矿床和煤矿点；50.大型铀矿床、铀矿点；51.地名

图例：
1. Q_{3+4}
2. Q_2wx
3. Q_1x
4. N_2a
5. N_1P
6. N_1a
7. N_1
8. $E_{2-3}b$
9. E_2
10. $E_{1-2}q$
11. E_1a
12. K_2y
13. K_2w
14. K_2k
15. K_2w
16. K_2yn
17. K_2yn
18. k_1k_2
19. k_1k_2
20. J_3k
21. J_2t
22. J_2y+J_2t
23. J_2y
24. J_2k
25. J_1k
26. T_3
27. P_1by
28. P_1by
29. C_1k
30. C_1kl
31. C_1b
32. D_2s
33. D_1s
34. S_3
35. S_3t
36. S_2h
37. $P\gamma\mu$
38. Pt_1ACh
39.
40.
41.
42.
43.
44.
45.
46.
47.
48.
49.
50.
51.

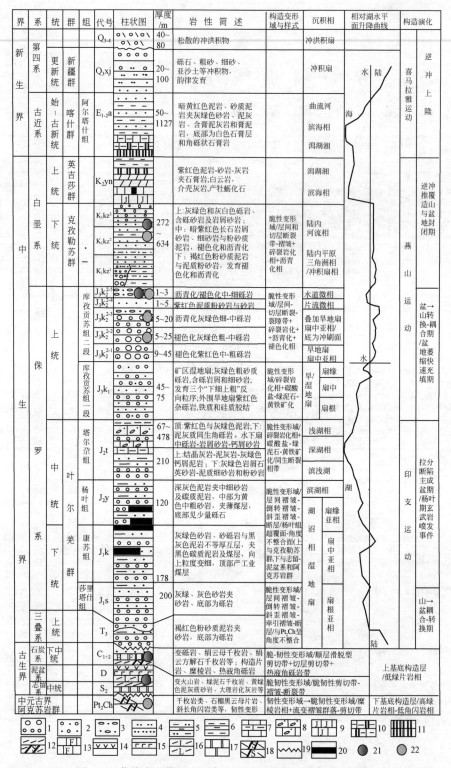

图 2-2　萨热克巴依地区及邻区后陆盆地构造岩相学柱状图

1. 砾岩、杂砾岩；2. 粗砂岩细砾岩类；3. 含砾粗砂岩类；4. 砂岩类；5. 粉砂岩类；6. 泥岩类；7. 泥质灰岩和泥晶灰岩；8. 泥灰岩同生角砾岩类；9. 绢云母方解石千枚岩；10. 含膏白云岩和含膏白云质灰岩；11. 角砾状石膏岩；12. 绢云母方解石千枚岩；13. 构造片岩和糜棱岩；14. 火山岩类；15. 变基性火山岩类；16. 绿泥石千枚岩；17. 大理岩化灰岩、大理岩；18. 片岩类、石榴黑云母片岩等；19. 角度不整合面；20. 煤层、含煤碎屑岩系；21. 铅锌矿床；22. 铜矿床

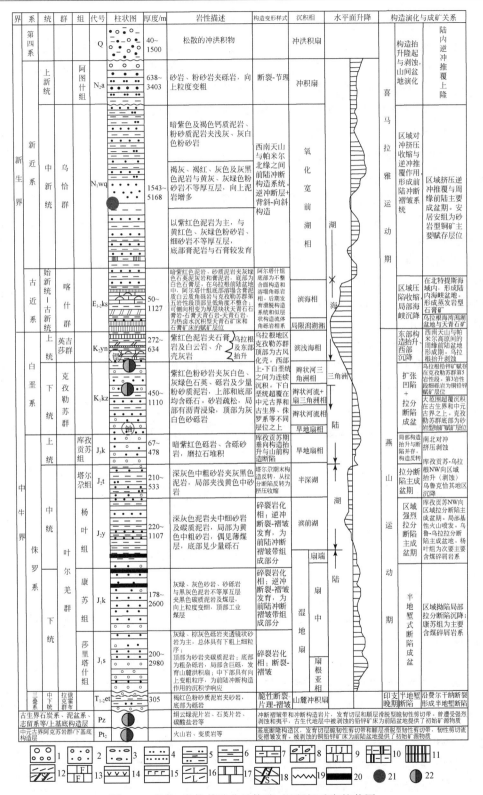

图 2-3　乌鲁–乌拉前陆盆地构造–沉积相垂向柱状图

1. 砾岩、杂砾岩；2. 粗砂质细砾岩类；3. 含砾粗砂岩类；4. 砂岩类；5. 粉砂岩类；6. 泥岩类；7. 泥质灰岩和泥晶灰岩；8. 泥灰质同生角砾岩类；9. 绢云母方解石千枚岩；10. 含膏白云岩和含膏白云质灰岩；11. 角砾状石膏岩；12. 绢云母方解石千枚岩；13. 构造片岩和糜棱岩；14. 火山岩类；15. 变基性火山岩类；16. 绿泥石千枚岩；17. 大理岩化灰岩、大理岩；18. 片岩类、石榴黑云母片岩等；19. 角度不整合面；20. 煤层、含煤碎屑岩系；21. 铜矿床；22. 铜锌矿床岩系,岩性为深灰、灰色、浅绿色含云母石英岩,厚700~800m;④碳酸盐黑云片岩岩系,主要由紫、褐色的碳酸盐黑云片岩组成,厚约1000m;⑤黑云片岩及大理岩岩系,以褐色碳酸盐黑云片岩居多,其次是黑色绿帘黑云片岩,中有杂色大理岩夹层,厚350~400m;⑥瘤状结晶片岩岩系,主要岩性为灰、紫褐色的云母片岩,次为绿黑及紫褐色的瘤状黑云片岩、二云片岩,沿走向很不稳定,变斑状结构显著,可见到灰白色透镜状大理岩,厚>150m。

2. 盆地下基底构造层元古宙构造岩相学特征与构造演化

吐尤克苏岩群为黑云角闪斜长片麻岩、含石榴黑云斜长变粒岩、透闪石大理岩、石榴黑云母片麻岩和混合岩等组成中高级变质岩系,总体为高角闪岩相,局部出露榴闪岩-榴辉岩达到麻粒岩相-榴辉岩相,它们组成了西南天山阿克然变质核杂岩造山带内核亚带。中元古界阿克苏岩群变质相为低角闪-高绿片岩相,为苏鲁铁列克断块隆起区的外核亚带。元古宙为下地壳尺度韧性构造变形域中形成的变形构造型相,以流变褶皱-韧性剪切带-糜棱岩相-糜棱岩化相为特征。经构造抬升后晚期叠加脆韧性剪切带,在变基性火山岩中发育造山型金铜钨矿和金铜矿,苏鲁铁列克元古宙断隆区(图2-1)为中-新生代沉积盆地蚀源岩区,为砂砾岩型铜铅锌矿床形成提供了大量的初始物源,如在萨热克南厚皮式逆冲推覆构造系统,阿克苏岩群在侏罗纪为萨热克巴依次级盆地的蚀源岩区,在古近纪期间,被逆冲推覆在侏罗系-白垩系之上。在阿克苏岩群中发育脆韧性剪切带,赋存有8个造山型金铜矿、金铜矿化带和以铜为主的综合化探异常,阿克然-泽木丹铜矿化带长约10km,铜品位在0.18%~0.68%,为萨热克铜矿床形成提供丰富的铜初始成矿物源。

2.1.2 盆地上基底构造层:前陆冲断褶皱带与中生代盆地蚀源岩区

(1)下古生界(Pz_1,志留系未分)分布于乌鲁克恰提东北卓尤勒干苏河两岸。主要岩性是灰绿色片岩、碎屑岩夹碳酸盐岩,总厚约3900m。根据变质程度较浅,超覆于中元古界之上,不整合于泥盆系之下,将其暂置于下古生界。按其岩性可分为四个"岩系":①绢云绿泥片岩岩系,灰色泥质绢云片岩及浅绿色绢云绿泥片岩(千枚岩)中夹粉砂岩及铁化钙质结核,厚约1000m。②石英岩状砂岩及石英岩岩系,由绿、深灰及褐灰色薄层状、中层状石英岩状砂岩及石英岩组成,夹有绢云片岩及绿泥片岩,含压扁了的腕足类化石,厚800m。③片岩岩系,在南部,由泥质,有时是钙质的深灰及灰色片岩组成,有绢云母及绿泥石;往东北片岩就逐渐变为变质较强的绿、银灰色的绿泥及白云片岩,其中有少许黄色大理岩化的灰岩及石英岩状砂岩的薄夹层,厚约600m。④钙质片岩岩系,主要岩石是深绿色皱纹状粗糙绿泥片岩,其成分除石英、绢云母(白云母)外,还有黑云母、碳酸盐及阳起石等,可超覆于中元古界之上,但未见到显著角度不整合,厚1200~1500m。

(2)志留系。①中志留统(S_2)分布于吉根以北一带,岩性上部为白、浅灰色大理岩化灰岩;下部为暗色灰岩与钙质绢云千枚岩、绿泥石及硅质岩互层,有时夹钙质砾岩。厚>1000m。②上志留统(S_3)分布于吉根以北一带,主要岩性为灰、灰绿、深灰色碎屑岩夹灰岩、喷出岩,含珊瑚化石;在中吉边界附近上部为黑色泥质岩、粉砂岩及灰色硅化砂岩,夹砾岩,顶部有燧石及灰岩透镜体,含珊瑚 *Favosites* sp.,厚>800m;中部为灰、绿色砂岩、粉砂岩及黑、绿色泥质页岩互层,靠下部有20m厚的灰岩,厚700m;下部为深灰、浅绿色泥岩夹硅化砂岩及片理化中性喷发岩,厚>700m。往东岩性略有变化,上部为深灰、浅绿色片岩与砂岩互层,夹灰岩透镜体;下部为黑、灰绿色片岩夹细砂岩,底部夹中性喷发岩,厚约450m。

(3)泥盆系。①下泥盆统萨瓦亚尔顿组(D_1s),分布于萨瓦亚尔顿河流域,岩性可分为两段,第一段为灰黑色含碳绢云千枚岩夹灰色变质砂岩;第二段为灰色变质钙质细砂岩夹碳质绢云千枚岩,该组为萨瓦亚尔顿金矿的主要含矿层位。②中泥盆统托格买提组(D_2t),广泛分布于东阿莱山地区,主要岩性上部为灰岩,下部为硅质泥岩和灰岩互层,夹碎屑岩和少量基性喷出岩,含珊瑚、腕足类及层孔虫化石,厚200~250m。

(4)石炭系。①下石炭统野云沟组(C_1y),分布于克孜勒苏河以北之中吉边境地带,为浅海相灰色、灰黑色灰岩,厚150~400m。②上石炭统卡拉达坂组(C_2k),分布同上,为浅海相碎屑岩夹碳酸盐岩,含腕足类、介形虫等化石。

(5)二叠系。①上石炭统-下二叠统康克林组(C_2-P_1)k,分布于乌恰县西北之阿里山东南坡,为浅海相碳酸盐岩,主要岩性为白、灰、浅黄、玫瑰红色灰岩(微大理岩化),有时相变为浅灰、黑色灰岩、碎屑灰岩与钙质片岩、碳质绢云母片岩互层,在阿雷克雷河地区,含 *Schwagerina*,厚约500m。②下二叠统比尤列提群(P_1by),分布于康苏以北至乌恰水泥厂一带(图2-1),基本呈南北向展布,为莎里塔什背斜核部主要出露地层,属侏罗纪前剥蚀残存的地层,岩性为灰紫色及灰褐色砾岩、含砾砂泥岩,上部为灰、绿灰色及深灰色泥岩夹碳质泥岩及砾岩。在乌恰莎里塔什剖面该套地层与下伏地层为断层接触,与上覆侏罗系莎里塔什组为角度不整合。该套地层根据与上下地层之间的关系暂定为"下二叠统比尤列提群(可能为该群的上部)"。另外于喀若勒南塔什皮萨克背斜核部亦见其出露,岩性为褐红色、暗紫色及灰绿色粉砂质泥岩、泥岩及同色细砂岩,厚度大于53.12m,与其上覆的下白垩统克孜勒苏群角度不整合。产鑶: *Pseudofusulina* ex. gr. *vulgaris*, *Rugosofusulinavalida*。克孜勒苏群岩性为浅灰色、灰色灰岩。

2.1.3 中生代陆内拉分断陷盆地、构造岩相学系列与成煤期

在中天山和西南天山之间,形成了位于吐尔尕特山之南托云山间拗陷沉降带,在这种同造山期的陆内山间盆地中,从下到上的垂向相序结构为下三叠统磨拉石相→细碎屑岩相+泥炭沼泽相(碳质泥岩夹煤线和薄煤层)。在托云后陆山间盆地中,下三叠统俄霍布拉克组为一套浅灰红和灰绿色粗砾岩、中细砾岩、砂岩,夹黏土岩、碳质泥岩和煤线,厚2223.0m。俄霍布拉克组本身构造变形强烈,以构造角砾岩相和构造片岩相为主,与上石炭统高角度不整合接触,其上被莎里塔什组呈角度不整合覆盖;揭示在早三叠世就进入陆内山间拗陷盆地的初始成盆期,其构造古地理与早三叠世印支运动陆-陆碰撞造山事件密切相关,原型盆地恢复为同造山期后陆内山间盆地,因中-晚三叠世末处于持续造山隆升过程而缺少中-上三叠统沉积。而西南天山造山带其南侧相邻的塔北库车前陆盆地等地区,三叠系继承了晚二叠世前陆盆地构造古地理格局,下三叠统由两套灰绿色细碎屑岩及一套浅灰红色、紫红色中粗碎屑岩组成,夹碳质泥岩和煤线,厚118.0~541.0m。中三叠统克拉玛依组下部为紫红色泥岩,上部为灰色泥岩,灰绿色中厚层细砾岩与灰色泥岩互层,厚200.0~885.0m。上三叠统黄山街组为厚层块状泥岩、中厚层砂岩互层,底部为中厚层块状含砾砂岩夹砾岩透镜体,厚

30.0~559.0m;上三叠统塔里奇克组下部为中厚层砾岩、粗砂岩夹煤层,上部为砂岩、泥岩、砾岩夹煤层,厚26.0~497.0m。库车三叠纪原型盆地为前陆盆地,构造古地理位于塔里木地块北缘与西南天山造山带南侧之间的盆山耦合部位。上三叠统粗碎屑岩系分布于康苏以北至乌恰水泥厂一带(图2-1)。

侏罗系可划分为五个组。①下侏罗统莎里塔什组(J_1s),主要分布于康苏东北、莎里塔什背斜两翼及萨热克一带,为NW—SE向呈带状展布,角度不整合超覆于不同时代地层之上,在乌拉根隆起东北坡亦有小面积分布;莎里塔什组岩性主要为一大套绿灰色砾岩夹砂岩条带或透镜体,下部颜色多为褐红及褐灰色,砾径较大,至顶部为砾岩与砂、泥岩不等厚互层。该组岩性及厚度侧向变化较大,在莎里塔什背斜东翼塔塔村一带发育较为完整,岩石颜色多为绿灰及灰、暗灰色,中部砂泥岩夹层较多,还夹有较多的碳质页岩,下部为巨砾岩,据前人资料可知厚度为2480m。向南东至乌恰水泥厂附近,颜色主要为绿灰及浅灰色,砾石砾径变小。其砾岩再向东南很快地侧变为含砾砂岩、砂岩及泥质粉砂岩,下部沉积了一套碎屑岩,夹少量煤线,产孢粉及植物化石。②下侏罗统康苏组(J_1k)。主要分布于乌恰-康苏以北、莎里塔什背斜两翼及萨热克一带,呈NW—SE向展布,与下伏莎里塔什组为连续过渡沉积。在康苏南乌拉根隆起东北坡亦有小面积分布。岩性以黄灰、浅灰色细粒石英砂岩为主,与黑灰及黄灰色泥岩不等厚互层,自下而上沉积物粒度变细,全组夹煤线,近顶部夹有煤层,是区内重要的产煤地层。该组产较丰富的孢粉及植物化石,含煤层段中产丰富的双壳类化石。③中侏罗统杨叶组(J_2y)。主要出露于乌恰县城以北、莎里塔什背斜东翼和西翼反修煤矿之南及康苏东北及萨热克一带,在乌拉根隆起东北坡也有小面积分布。杨叶组岩性主要为灰、灰黑色泥岩夹砂岩、碳质泥岩及粉砂岩。产丰富的孢粉及双壳类、介形类化石。与康苏组为连续沉积。④中侏罗统塔尔尕组(J_2t)。在乌恰县城北"库孜贡苏断陷"东南端与下伏杨叶组为连续过渡沉积,由反修煤矿南喀拉吉勒尕向西至乌宗敦奥祖该组沿天山山麓呈带状断续展布,东段喀拉吉勒尕-吾合沙鲁北乌丘塔什一带与下伏杨叶组整合接触,西段喀拉塔勒(盐场)-乌宗敦奥祖一带超覆于元古宇之上;在萨热克一带见小范围分布。该组以乌恰县煤矿-库孜贡苏河(塔尔尕)一带发育最佳,岩性以色泽较鲜艳的灰绿色为主及紫色、少量黑灰色泥岩与绿灰色粉砂岩及细砂岩不等厚互层,下部夹黄灰色灰岩。灰岩中见叠层石(包粒构造),组内产孢粉及植物、腹足类等化石。前人在该组地层中还见有介形类、轮藻、双壳类化石。厚497.46m。反修煤矿南喀拉吉勒尕向西至乌宗敦奥祖该组厚度逐渐减薄,岩性变化也较明显,在乌丘塔什一带,该组顶部为一套黄灰色泥岩夹浅灰色粉砂岩,底部夹少量煤线;向西至喀拉塔勒(盐场)-库克拜一带,该组上部全为一套红色碎屑岩,超覆于元古宇之上;萨热克巴依剖面主要为紫红、绿、灰色泥岩、粉砂岩夹砂岩及泥灰岩,与下伏杨叶组整合接触,含介形类化石,厚179~395.15m。⑤上侏罗统库孜贡苏组(J_3k)。分布于乌恰县城东北库孜贡苏-小黑孜苇以及由反修煤矿南之喀拉吉勒尕向西至乌宗敦奥祖、乌鲁克恰提往北至塔什多维、乌恰县城北石膏采料场,在北部萨热克巴依也见分布,该组地层与下伏中侏罗统塔尔尕组假整合接触或直接超覆于元古宇或古生界之上。岩性主要为暗紫红、棕红色砾岩,系红色磨拉石堆积,上部夹黄灰、棕红色砂岩及黄红色砂质泥岩,横向上砾岩颜色可变灰、变绿。西南石油大学在乌恰煤矿剖面于库孜贡苏组近顶部发现孢粉、介形类和轮藻化石。从三类古生物化石的组合情况分析认为,库孜贡苏组属晚侏罗世。该组上段砂砾岩为萨热克式砂砾岩型铜矿赋矿层位。

沉积盆地构造演化特征如下。

(1)中生代(T-J)陆内拉分断陷盆地构造岩相学类型与构造演化。晚三叠世—侏罗纪为山→盆转换期构造岩相学垂向相序结构,为主要成煤期。费尔干纳断裂在早三叠世走滑拉分作用下,形成了库孜贡苏北西向陆内拉分盆地,在三叠纪压剪性动力学背景下,在苏鲁铁列克东侧–萨里塔什盆地隆起带西侧、托云乡等地,形成了早三叠世 NW 向和近 EW 向的山前断陷沉积中心。早侏罗世转变为压剪–张剪性转换动力学特征,侏罗系总体呈 NW 向和NE 向延展,在库孜贡苏、萨热克巴依和托云地区形成了陆内走滑拉分断陷盆地,晚侏罗世发生区域构造反转后,在白垩纪发生了重大构造古地理变革(图 2-2)。

萨热克巴依地区构造–沉积岩相–成岩成矿演化序列如下:①早三叠世和侏罗纪断裂控盆期相序结构与成煤期。在托云–萨热克巴依和库孜贡苏分别形成了 NE 向和 NW 向早三叠世山前构造断陷粗碎屑岩沉积体系,与区域上的三叠纪山体隆升–构造断陷耦合与转换过程相协调,但本书研究区内中–晚三叠世沉积相类型和特征尚不明确。在下三叠统和侏罗系中发育含煤碎屑岩系,托云地区下三叠统煤层在燕山期形成了糜棱岩化相构造煤岩。下侏罗统康苏组中赋存工业价值煤层(图 2-2),中侏罗统杨叶组发育含煤碎屑岩系,它们组成了煤系烃源岩。揭示在中侏罗世陆内走滑拉分盆地沉降规模最大,并与地幔连通。杨叶组超覆沉积在前二叠系不同层位之上,显示在杨叶期初沉积范围和沉积盆地规模持续扩大。塔尔尕期在萨热克巴依地区形成了最大湖泛面,以塔尔尕组结晶灰岩–泥灰岩–钙屑泥岩、泥灰质同生角砾岩相带等为标志,指示了萨热克巴依地区 NE 向同生断裂带控制了断陷沉降中心,塔尔尕期为主成盆期。萨热克巴依、托云和库孜贡苏原型盆地为陆内拉分断陷盆地,具有深部地幔物质上涌侵位动力学背景。②晚侏罗—早白垩世山控盆期、盆地构造反转期与铜铅锌铀沉积–改造成矿期。在塔尔尕期末发育湖内水下冲积扇并具有向上变浅的沉积相序,在中侏罗世塔尔尕期末—晚侏罗世库孜贡苏期初,因相邻山体抬升发生了构造反转。库孜贡苏组旱地扇扇中亚相紫红色铁质杂砾岩类为萨热克型铜多金属矿床储矿层位,成矿物质被紫红色赤铁矿质胶结物所吸附,形成了氧化相铜铅锌铀初始富集。在晚侏罗世—早白垩世逆冲推覆、垂向断块抬升和挤压收缩作用下形成了盆地正反转构造,在萨热克巴依和托云两个尾间湖盆中形成了铜铅锌铀氧化相态初始富集成矿。晚侏罗世—早白垩世萨热克巴依原型盆地反转为挤压收缩体制下山间压陷尾间湖盆。③晚白垩世—古近纪中期(95 ~ 45Ma)深源热物质叠加、盆变形与热控盆和砂砾岩型铜铅锌铀叠加成矿期。晚白垩世(燕山晚期)以陆内挤压收缩、山体隆升和碱性辉长辉绿岩脉群侵入事件为主,以深源碱性辉长辉绿岩脉群为代表的垂向岩浆侵入构造系统,形成了构造–岩浆–热事件叠加成岩成矿作用。同期,形成了萨热克南和萨热克北对冲式厚皮型逆冲推覆构造系统、萨热克裙边式复式向斜构造系统,为萨热克式砂砾岩型铜多金属矿床形成和保存提供了良好的构造岩相学条件。

康苏北西向成煤盆地属库孜贡苏陆内走滑拉分断陷盆地系统的次级盆地和组成部分(图 2-1)。①在库孜贡苏北西向陆内走滑拉分断陷盆地内,萨里塔什古生代隆起周边的构造岩相学水平分带揭示山转盆格局,向外依次为上三叠统山前冲积扇–泥石流相→下侏罗统莎里塔什冲积扇相砾岩→下侏罗统康苏组和中侏罗统杨叶组含煤碎屑岩系,组成了区域同生披覆褶皱,其煤矿床呈半环形围绕古隆起边缘分布(图 2-1)。从北部苏鲁切列克断隆区→南部乌拉根沉积盆地中心,构造-岩相分异强烈,依次为莎里塔什组泥石流相巨砾岩+冲积扇相杂砾岩类→康苏组曲流河相巨砾岩-含砾砂岩→康苏组三角洲-沼泽相砂岩→康苏组湖泊-沼泽相。康苏组上段三角洲-沼泽相为煤矿赋矿层位,杨叶组为次要含煤层位,煤层富集带受水下隆起带控制明显。②乌拉根南前陆隆起东北端,从 SE→NW 向依次为康苏组→杨叶组→库孜贡苏组→克孜勒苏群,康苏组直接超覆在阿克苏岩群之上,克孜勒苏群超覆在乌拉根南前陆隆起(阿克苏岩群)而呈半环状分布,这种披覆褶皱(图 2-1)延伸到吾合沙鲁乡,也是西南天山造山带南缘。③从区域构造岩相学对比看,在苏鲁铁列克逆冲推覆构造形成山前挤压走滑拉分压陷沉降中心,在巴什布拉克-盐场中侏罗统杨叶组和塔尔尕组较为发育,属该构造沉降中心接受的山前冲积扇,杨叶组主要为石英质细砾岩;杨叶组石英质细砾岩在萨热克巴依局部也较为发育,苏鲁铁列克基底隆起区为蚀源岩区(图 2-1)。康苏河西北仅残留 15m,再向西则未见出露,其康苏煤矿区西北部古地形明显较高,推测已经接近西南天山古陆缘。向南东方向在康苏煤矿区厚 375m,杨叶组厚约 350m,主体为扇三角洲相砂岩,而在黑孜苇地区杨叶组厚 1093m,揭示康苏西北→黑孜苇东南逐渐变化为杨叶期沉积中心。④康苏-前进煤矿-帕卡布拉克前陆冲断带在燕山早期第一幕(J_2y^{2-3})强烈挤压变形,杨叶组中段发育灰白色石英质巨砾岩和粗砾岩,揭示其沉积水体变浅强烈,杨叶组中断褶构造发育,向南侧为挤压片理化带,伴有尖棱褶皱和构造面理置换,而与克孜勒苏群呈角度不整合接触,塔尔尕组缺失(J_2t,燕山早期第二幕),均说明本地段为燕山早期构造运动强烈部位。⑤杨叶组中段下部具有向上变深为咸化潟湖相,继而向上变浅为扇三角洲相,形成了煤层和煤线,中段顶部河流相紫红色铁质岩屑砂岩和赤铁矿薄层,指示沉积环境已变为干旱环境,杨叶期末煤层不易聚集,最终暴露于水面之上。在塔尔尕期-库孜贡苏期形成了古风化壳(J_2t-J_3k)(燕山早期第二幕)。⑥塔尔尕期末(J_2t-J_3k,燕山早期第二幕)为库孜贡苏北西陆内拉分断陷盆地萎缩反转期,最终在晚侏罗世末盆地反转并褶皱变形(J_3,库孜贡苏运动,燕山早期第三幕),库孜贡苏组萎缩到库孜贡苏河东岸和萨热克巴依地区(图 2-1)。⑦晚侏罗世在南天山的西南端,形成了喀炼铁厂-江格结尔两处半环状库孜贡苏期山前冲积扇体系,NE 向乌鲁克恰提-萨热克巴依具有明显的挤压走滑-压陷沉降作用中心特征。现今残存库孜贡苏组呈 NW 向和 NE 向延展,揭示挤压应力场仍继承了燕山早期第一幕(J_2y^{2-3})和第二幕(J_2t-J_3k)NE→SW 压剪性挤压应力场格局,形成了前进-康苏(J_2y^{2-3})→盐场-巴什布拉克(J_2t-J_3k)→喀炼铁厂-江格结尔(J_3k)沉积中心间断性迁移。在 NE→SW 向挤压应力场作用下,形成了库孜贡苏地区 NW 向断褶构造带和逆冲推覆构造带(图 2-1)。

(2)燕山早期第三幕(J_3-K_1)区域构造岩相学分异和盆-山耦合转换格局。在苏鲁铁列克垂向断隆作用显著而形成山控盆格局,导致相邻盆地沉积范围迅速收缩。①托云中生代后陆盆地发生了大规模挤压收缩和垂向断隆作用,克孜勒苏群平行不整合于侏罗系之上,使含煤碎屑岩系和煤层发生大规模生烃-排烃作用。在萨热克巴依发生构造反转,北东段巴依NW 向基底构造层垂向抬升,分割了其北东端与托云后陆盆地大规模连通,盆地正反转构造期与山间尾闾湖盆独立发育期,为铜铅锌铀成矿物质聚集在山间尾闾湖盆中提供了构造-古地理环境。②在燕山早期第三幕(J_3-K_1,166～100Ma)NE→SW 逆冲推覆作用,正反转构造驱动富烃类还原性成矿流体大规模排泄到尾闾湖盆中,形成了萨热克式砂砾岩型铜多金属矿床。③因苏鲁铁列克基底强烈隆升在相邻南侧,在库孜贡苏组冲积扇相蚀变紫红色铁质杂砾岩中,形成了江格结尔砂砾岩型铜矿床。在帕卡布拉克东侧,库孜贡苏组深湖相中碳泥质同生角砾岩和震积角砾岩发育,沉积水体向上变浅序列揭示同生断裂带活动可能为山体隆升的构造沉积学响应。④在库孜贡苏河东岸残余湖湾盆地中,库孜贡苏组围绕石炭系古隆起呈环形分布,揭示盆地强烈萎缩封闭,对铜铅锌铀成矿有利。总之,围绕苏鲁铁列克垂向断隆区周缘的库孜贡苏期构造岩相分异强烈,盆地正反转构造作用导致在克孜勒苏期,大规模南向迁移的构造沉降-沉积中心,转变为近东西向展布(图 2-1)。

2.1.4 白垩纪挤压-伸展转换盆地构造岩相学序列与铅锌-铀-天然气储集层

白垩系可划分为下白垩统克孜勒苏群($K_1 K_2$)及上白垩统英吉莎群。

(1)克孜勒苏群可分出 5 个岩性段,第 1 岩性段($K_1 kz^1$)为褐红色粉砂质泥岩、灰-灰绿色砾岩、黄褐色含砾砂岩、灰绿色岩屑砂岩、褐黄色长石岩屑砂岩。底部发育石英质细砾岩。局部砂岩和砾岩因后期油气蚀变而呈灰绿-灰白色,发育黄铁矿和褐铁矿化。第 2 岩性段($K_1 kz^2$)为辫状河相紫灰色、暗褐红色砂岩与泥岩互层,局部夹有含砾砂岩(巴什布拉克铀矿的赋矿层位)。岩性为黄褐色长石岩屑砂岩、紫红色岩屑砂岩、灰白色岩屑石英砂岩与紫灰色泥质粉砂岩、粉砂质泥岩及泥岩互层。第 3 岩性段($K_1 kz^3$)为一套辫状河相灰白色厚层状含砾砂岩、岩屑砂岩夹少量褐红色粉砂质泥岩,局部为砾岩。在托帕砂砾岩型铜铅锌-天青石矿区,该岩性段为储矿层位;在萨热克南矿带也是砂砾岩型铅锌矿体和砂岩型铜矿层的储矿层位。第 4 岩性段($K_1 kz^4$)为辫状河河道-河漫滩相褐红色岩屑砂岩与粉砂质泥岩互层夹含砾砂岩、砾岩。第 5 岩性段($K_1 kz^5$)为辫状河三角洲相灰白色厚层状砾岩、砂砾岩、含砾砂岩、砂岩夹少量泥岩,顶部为辫状河河道-河漫滩相褐红色泥岩与砂岩互层。该岩性段为乌拉根、康西和加斯砂砾岩型铅锌矿床储矿层位,以团斑状-线带状沥青化蚀变相、褪色化蚀变含砾岩屑粗砂岩和褪色化蚀变硅质细砾岩为主。该群是良好的油气储集层,已发现多处沥青砂岩和油气显示,为阿克莫木天然气田优质储集层。

(2)下白垩统克孜勒苏群和上白垩统英吉沙群在乌鲁克恰提-康苏和乌拉根-库孜贡苏一带,沿西南天山造山带南侧呈近东西向广泛分布。克孜勒苏群大范围超覆在乌拉根前陆隆起阿克苏岩群之上,与下伏阿克苏岩群和二叠系之间呈角度不整合或断层接触。以克孜勒苏群底部发育石英质底砾岩为特征,在康苏煤矿区与中侏罗统杨叶组呈断层接触或呈角度不整合超覆在杨叶组之上。

(3)克孜勒苏群在库孜贡苏、喀拉吉勒尕-乌宗敦奥祖和乌鲁克恰提东北等地,与下伏上侏罗统库孜贡苏组为整合接触,继承了侏罗纪山前断陷沉降-沉积中心的构造古地理特征。在塔什皮萨克、乌拉根前陆隆起之北、康苏、吉根斯木哈纳等地,克孜勒苏群直接超覆于下伏不同时代地层之上,而呈角度不整合或假整合接触,揭示早白垩世具有区域性构造沉降和沉积范围扩大过程(图 2-1),白垩纪转变为乌鲁克恰提-加斯-乌拉根 EW 向沉降-沉积中心,沉积范围向南迁移并越过乌拉根前陆隆起,逐渐发育为向西倾伏的同生披覆褶皱(图 2-1)。晚白垩世初库拜克期,海水从西侧乌鲁克恰提向东进入托帕一带。

(4)从南天山南缘向南到盆地内部,克孜勒苏群水平相序结构为冲积扇(扇根亚相-扇中亚相水道微相为巴什布拉克铀矿床赋存相位)→辫状河流相→辫状河三角洲平原相(分流河道微相硅质细砾岩为乌拉根式砂砾岩型铅锌矿床赋存相位)→辫状河三角洲前缘相(水道微相为阿莫克木天然气田赋存相位)。在康苏-库克拜为早白垩世沉积中心(厚1100m以上),受山前构造断陷沉降中心控制。在塔什皮萨克和乌拉根厚458~623m,乌拉根地区砾岩夹层较多,发育多层叠置冲积扇体,向东部塔什皮萨克其粒度变细,砾岩夹层较少而泥岩增多。喀什东侧发育前三角洲-滨浅湖相;在西北吉根乡斯木哈纳为滨浅湖相红色砂岩夹泥岩,东侧和西北侧沉积水体相对较深。

(5)在乌拉根-康苏-盐场发育燕山晚期前陆冲断作用的构造岩相学记录。晚白垩世康苏NE→SW向前陆冲断褶皱作用、正反转构造作用导致沉积中心迁移到康苏西乌鲁克恰提和东部库孜贡苏河东岸。在塔什皮萨克和萨热克巴依,缺失克孜勒苏群第4和5岩性段,为燕山晚期第一幕(K_1kz^{4-5})垂向抬升标志。燕山晚期第二幕(K_2)前陆冲断带,导致上白垩统在乌拉根地区缺失较大,形成了晚白垩世-古近纪乌拉根半岛构造(图2-2)。向东迁移到库孜贡苏河东岸-阿莫克木,向西迁移到乌鲁克恰提,揭示晚白垩世沉积范围不断收缩,但总体上东部构造抬升明显。在乌鲁克恰提、库克拜、库孜贡苏河东岸等地,库克拜组(K_2k)呈带状断续展布,岩石组合为灰绿及棕红色泥岩、膏泥岩夹介壳灰岩、泥灰岩、石膏层、白云岩和粉砂岩及砂岩,为小规模海进沉积序列。库克拜组在乌鲁克恰提厚289m,在巴什布拉克厚251m,至库孜贡苏河碳酸盐岩夹层减少,而砂岩增多,厚115m,揭示为挤压-伸展走滑转换盆地特征。乌依塔克组(K_2w)与库克拜组(K_2k)呈整合接触,为浑水潮坪相褐红色膏质泥岩,底部为灰白色石膏,岩性为褐红色膏质泥岩夹灰绿色含钙质泥岩及介壳灰岩条带。依格孜牙组(K_2y)仅分布在乌鲁克恰提和库孜贡苏河岸,与下伏乌依塔克组整合接触。库孜贡苏河东岸以暗紫红色泥岩为主,与灰绿色石膏岩不等厚互层,底及顶部夹浅灰色白云岩,顶部白云岩中产较丰富的双壳类及有孔虫、腹足类化石,厚137.20m。吐依洛克组(K_2t)在库孜贡苏河东岸以紫红、暗紫红色泥岩夹白色石膏岩及黄红色泥质石膏岩为主,厚88.66m;在乌鲁克恰提一带为紫红色膏泥岩、泥岩与石膏岩略等厚互层,厚37.37m。晚白垩世具有挤压-伸展转换盆地垂向相序结构。

2.1.5　古近纪挤压-伸展转换盆地构造岩相学序列与铅锌-天青石矿床

在晚白垩世末、古近纪初(65Ma),拉萨地块拼接到亚洲大陆南缘,形成了亚洲腹地区域挤压作用。古近纪帕米尔高原北侧向北推进,西南天山造山带向南推进、山-山相向推进、新特提斯陆内海湾盆地内三期海侵过程,揭示该挤压-伸展转换大陆动力学过程在古近纪沉积盆地内具有物质-时间-空间耦合作用记录。西南天山在古近纪局部深部地幔热物质上涌,驱动了大面积抬升事件,形成了盆地负反转构造期:①塔西地区古近纪局限海湾潟湖盆地主成盆期内,发育阿尔塔什-齐姆根期、卡拉塔尔-乌拉根期及巴什布拉克期3次小规模海进沉积层序,与塔西南浅海盆地相连通。②在乌拉根-康西-盐场地区,阿尔塔什组底部发育底砾岩和岩溶角砾岩等,呈角度不整合超覆在克孜勒苏群之上,为燕山晚期第二幕前陆冲断褶皱带活动结束标志(图版C中8和9),也是盆地负反转构造形成期。向上沉积层序结构为天青石细砾岩+天青石含砾粗砂岩(共生铅锌矿化体)→条带条纹状天青石岩+天青石石膏岩+石膏岩→厚层块状天青石岩+厚层块状石膏岩,为局限海湾潟湖盆地中热卤水同生沉积-交代岩相系。③古新-始新世齐姆根($E_{1-2}q$)中期(喜马拉雅早期第一幕,55.8Ma)导致乌拉根半岛范围扩大,海水退出成陆作用明显。④齐姆根晚期(始新世早期,约48.6Ma)海水从阿莱依海峡进入塔西地区,始新统卡拉塔尔组上段(E_2k^2)浅海相牡蛎灰岩和介壳灰岩,为陆内海域最大海泛面标志。在塔什皮萨克和乌拉根隆起北侧乌拉根组(E_2w)遭受剥蚀,乌拉根晚期海域大规模缩小。麦盖提-皮山广大地区均已露出水面,变为陆相沉积区。⑤渐新世早期(巴什布拉克中期)发生了塔西地区最后一次小规模海侵,海侵范围最东部仅限于乌恰地区,南部海岸远离帕米尔山北缘,海侵仍然到达了西南天山南缘。与喜马拉雅早期第三幕运动(始新世末,37.2Ma)有关,巴什布拉克早期海水第三次退出塔里木海湾。

2.1.6　新近纪挤压收缩与周缘山间咸化湖盆相序结构

新近纪原型盆地为大陆挤压收缩体制下的压陷盆地,渐新世进入周缘山间湖盆发育期,渐新世末(23.03Ma)主体为陆相沉积系统。克孜洛依期至帕卡布拉克期为拗陷型宽浅湖泊发育阶段,以含紫红色泥砾岩的泥质钙屑砂岩等为主,指示同生断裂带和压陷沉降中心位置。上新世阿图什期至早更新世西域期滨湖-辫状河-冲积扇沉积阶段,向上变粗的碎屑岩系形成于周缘山间盆地封闭期。总之,阿尔塔什组底部角度不整合面和岩溶角砾岩相带等组成了不整合面构造。在克孜洛依组和安居安组中以含泥砾岩和褪色化蚀变砂岩为构造岩相学特征,指示了同生断裂带和油气蚀变带;而克孜洛依组、安居安组和帕卡布拉克组中油砂-油气褪色化蚀变带发育,指示了富烃类还原性成矿流体强烈活动的层间构造流体岩相带。

本区域早-中侏罗世为山盆转换成盆期,中-晚侏罗世为构造反转期,康苏期-杨叶期为主成煤期,晚侏罗世反转为压陷山间尾闾湖盆。白垩纪-古近纪盆地发生构造变形,叠加了深源碱性辉长辉绿岩脉群形成的构造-岩浆-热事件改造(盆内岩浆叠加期),这些构造事件为形成燕山期砂砾岩型铜铅锌-铀-煤成矿亚系统提供优越条件。白垩纪-古近纪为乌鲁克恰提-乌拉根挤压-伸展转换主成盆期,为乌拉根砂砾岩型铅锌矿床和巴什布拉克砂砾岩型铀矿床形成提供了优越条件。乌鲁克恰提-乌拉根在新近纪演进为陆内周缘山间咸化湖盆,为帕米尔高原北侧和西南天山共同控制,在西域期形成了前展式薄皮型冲断褶皱系统,以西域组山间杂砾岩-巨砾岩等为结束标志。

2.2　区域构造特征

在中生代一级大地构造单元上,塔西-塔北地区为中-新生代欧亚陆内盆山原镶嵌构造区,二级大地构造单元格局为:南部为帕米尔高原,中部为塔里木叠合盆地,北部为南天山陆内造山带。在三级大地构造单元上,根据构造岩石地层单元和大地构造样式,与砂砾岩型铜铅锌矿集区有关的构造单元可进一步划分出四级构造单元。

(1)北侧西南天山中生代陆内镶嵌造山带由五个四级构造单元组成,自西向东分别为:

①NE 向吉根–萨瓦亚尔顿古生代冲断褶皱岩片带,为中–新生代沉积盆地的上基底构造层,主要由志留系、泥盆系、石炭系和少量二叠系组成,主体呈现自 NW→SE 向逆冲推覆和断褶作用,属海西期造山带,为西南天山西端与东阿赖山造山带转折部位,在中–新生代陆内造山过程中,侏罗纪再度复活为挤压走滑造山作用,在新生代西域期仍强烈活动,在乌鲁克恰提一带,西域组山间磨拉石相沉积厚度较大,可见晚古生代地层逆冲推覆在侏罗系、白垩系、古近系、新近系等不同时代地层之上,局部逆冲推覆于西域组之上,为控制乌鲁克恰提中–新生代沉积盆地和萨热克巴依侏罗纪—晚白垩世陆内走滑拉分盆地构造。②苏鲁铁列克基底断隆区(元古宙中高级变质断块),元古宙中高级变质断块中心部位为古元古界吐尤克苏岩群榴闪岩和石榴辉石岩,为高温高压变质相,组成了造山带核心带的内核相;中元古界阿克苏岩群结晶片岩夹大理岩、石英岩及各种千枚岩,为高–中级变质相,构成了造山带核心带的外核相。新元古界—志留系为被动陆缘沉积体系,组成了造山带过渡相,为早古生代洋–陆俯冲消减过程形成的增生造山带,围绕基底断隆区(元古宙中高级变质断块)周缘形成增生造山带。③迈丹早古生代隆起构造带(图 2-1、图 2-2),为晚古生代造山带,它们以自北向南增生造山和逆冲推覆断裂褶皱作用为主。④柯坪–巴楚早古生代古陆与新生代前陆盆地系统,属塔里木叠合盆地北侧,受西南天山造山带和塔里木地块复合控制。⑤南天山印支期前陆冲断褶皱带,位于拜城–库车北部。

(2)在西南天山中生代陆内镶嵌造山带内,最大构造特征是托云–库孜贡苏–萨热克巴依陆内走滑拉分断陷盆地系统,呈镶嵌结构分布在海西期天山造山带中,这种陆内镶嵌造山带是在印支期、燕山期和喜马拉雅期三期构造运动过程中,由陆内盆山耦合转换和陆内造山作用所形成,在深部构造上,耦合了费尔干纳地幔断裂系统和幔源富钛碱性岩浆侵入构造。托云–库孜贡苏–萨热克巴依陆内走滑拉分断陷盆地系统主要受费尔干纳地幔断裂系统和幔源富钛碱性岩浆侵入构造演化进程控制,构造单元由盆山耦合转换、幔型断裂带递进演化的不同构造阶段控制:①侏罗纪萨热克巴依–托云–库孜贡苏侏罗纪陆内走滑拉分断陷盆地。在晚三叠世,库孜贡苏地区 NW 向和 EW 向山前构造断陷沉积体系受费尔干纳 NW 向幔型断裂带控制,萨热克巴依–托云地区 NE 向和 EW 向山前构造断陷沉积体系,受 NE 向幔型断裂带控制。在侏罗纪,萨热克巴依–托云–库孜贡苏演化为一级陆内走滑拉分盆地系统,形成了下侏罗统康苏组和中侏罗统杨叶组含煤层位和区域烃源岩系。以杨叶组中 2~3 层碱性玄武岩喷发和碱性辉绿岩–辉长岩类侵位,揭示了该陆内走滑拉分盆地系统中,深源碱性基性岩浆侵位事件达到了顶峰时期。在中侏罗世(J_2y-J_2t),托云陆内拉分盆地继续加速下陷,总沉降速率达到最大,沉积范围超过早侏罗世,形成一系列滨浅–半深湖相细碎屑岩夹碳酸盐岩,指示了沉积水体向上增深和沉积物粒度变细,并形成碳酸盐岩沉积。在山前形成了冲积扇或扇三角洲相粗碎屑,揭示沉积盆地范围仍在扩大。塔拉斯–费尔干纳断裂带具有同生断裂带并控制了盆地的沉降中心和沉积中心。在塔拉斯–费尔干纳断裂带中,中–下侏罗统沉积厚度变化较大,在托云小区厚 5400m,在库孜贡苏及康苏地区厚约 4300m,沉降较快,塔拉斯–费尔干纳断裂带不但属于构造沉降中心,同时,该地带可能也是盆地沉积中心。它们呈 NE 向和 NW 向叠置在西南天山造山带内,而 NW 向库孜贡苏陆内走滑拉分断陷盆地,以晚侏罗世库孜贡苏期紫红色山间磨拉石相为标志而发生萎缩关闭。②早白垩世萨热克巴依和托云陆内走滑拉分断陷盆地。在中侏罗世杨叶期末发生构造反转,在乌拉根北康苏煤矿区形成了强烈的前陆冲断褶皱,导致库孜贡苏 NW 向陆内拉分断陷盆地萎缩封闭,萨热克巴依-托云-库孜贡苏一级陆内走滑拉分盆地系统解体,萨热克巴依和托云盆地进入独立演化期。在萨热克巴依和托云陆内尾间湖盆内,形成了下白垩统克孜勒苏群第一岩性段和第三岩性段粗碎屑岩沉积,盆地内地层发生褶皱变形和碎裂岩化变形,形成了早白垩世碱性辉长辉绿岩脉群侵位事件,早白垩世火山岩同位素年龄有:104.9 ~ 114.2Ma 及 112.7Ma(李永安等,1995);113.7 ~ 119.7Ma(Sobel,1995);101.7Ma 及 113Ma(韩宝福,1998),表明火山岩形成于早白垩世,平均年龄值为 112Ma(徐学义,2003)。早白垩世末期盆地萎缩抬升,缺失克孜勒苏群第4 和第5 岩性段,萨热克巴依陆内走滑拉分断陷盆地以 NE 向斜向叠置在西南天山造山带中,于早白垩世末期关闭。③托云盆地。在晚白垩世进一步萎缩为山间盆地,上白垩统英吉沙群(K_2yn)分布于托云盆地南部边缘,呈半弧形展布。主要岩性:下部为玄武岩,上部为海相钙质砂岩及生物灰岩,含双壳类、菊石类化石。厚 148m。根据玄武岩同位素年龄、岩性和灰岩中的双壳类化石,仅相当于库克拜组。与下伏克孜勒苏群假整合,与更老地层不整合接触。④托云山间火山-断陷成盆期。古新统(E_1)分布于托云盆地南部,主要为火山喷发岩,厚 160 ~ 224m。橄榄玄武岩、玄武岩与红色粗砂岩互层,玄武岩的 K-Ar 稀释同位素年龄为 61.7Ma。厚 150m,下伏浅玫瑰-白色粗砾岩,砾石成分为砂岩、石英岩、硅质岩、灰岩,钙质胶结,揭示古近纪为山间火山-断陷盆地形成期(E_1)。⑤托云压陷山间盆地期(N)。新近系中新统乌恰群(N_1wq)分布于托云盆地中部且出露最广,为山麓河流相玫瑰色-灰色砾岩与砂岩,厚度最大770m,下部为红色杂砾岩,砾石主要由砂岩组成,磨圆度好,钙质胶结;中部为浅棕色砾岩、玫瑰色中粗粒砂岩和红色砾岩互层,中上部夹中粗粒砂岩;上部由页岩、灰岩、玄武岩、燧石和石英组成,钙质胶结,向上变细沉积序列。上新统阿图什组(N_2a)分布于托云盆地北部,吐鲁噶尔特苏两侧。上部为灰色砂岩与砾岩互层,下部为棕色黏土岩与灰色砂岩不均匀互层,为山间盆地河湖相沉积。⑥在托云盆地表生变化期内,第四系更新统西域组(Qp^1x)分布于苏约克河下游及托鲁加尔特一带,主要为灰色巨厚层状砾岩,偶夹砂岩泥岩。钙质胶结,致密坚硬。厚300 ~ 1600m。揭示喜马拉雅期运动仍较为强烈。

(3)中部塔里木叠合盆地三级构造单元西端为塔西中-新生代挤压-伸展走滑转换盆地系统,位于盆山原镶嵌构造区中部,向东与喀什拗陷连接,受西南天山造山带-塔里木叠合盆地西端-帕米尔高原北侧构造结复合控制。向西受塔里木地块北缘和南天山造山带复合控制。

在东西方向上具有构造分段特征,这种东西分段特征是划分四级构造单元的主要依据,从西到东四级构造单元依次为:①塔西乌鲁克恰提-乌恰挤压-伸展-走滑转换盆地系统与中-新生代前陆冲断褶皱带,位于塔里木叠合盆地西端与西南天山造山带之间。超大型乌拉根式砂砾岩型铅锌矿床、巴什布拉克式砂砾岩型铀矿床、花园-杨叶砂岩铜矿床、康苏煤矿带和阿莫克木天然气田等产于该构造带中。②柯坪-巴楚早古生代古陆-新生代前陆盆地系统与前陆逆冲推覆构造系统,伽师砂岩型铜矿床产于该构造带古近纪前陆盆地中。③温宿-拜城-库车中-新生代迁移前陆盆地系统与前陆冲断褶皱-盐底辟构造带,位于塔里木板块北侧与南天山陆内造山带南侧之间部位。在该构造带内,分布有滴水砂岩型铜矿床等一批砂岩型铜矿点、铀矿点等,与三叠系-侏罗系中煤矿、油气藏和天然气田相伴产出。

(4)南部帕米尔高原北侧中-新生代挤压-走滑转换盆地系统和前陆冲断褶皱带,位于帕米尔高原北侧构造结正北突刺和两侧斜向挤压走滑转换构造带,以及塔西中-新生代挤压-伸展走滑转换盆地系统南侧,受古近纪以来的帕米尔高原北侧挤压走滑转换构造带、北向南倾前陆冲断褶皱带影响较大,前展式薄皮型冲断褶皱构造系统进入了塔西中-新生代盆地系统中(图2-4)。从西到东可划分为三个四级构造单元:①帕米尔高原西北侧中-新生代转换盆地系统与NE向斜向走滑转换构造带,位于帕米尔高原西北侧,受东阿莱NE向海西期造山带、塔里木叠加盆地西端和帕米尔高原北侧联合控制。②帕米尔高原北侧中-新生代转换盆地系统和正北向突刺构造带,位于乌鲁克恰提-加斯-杨叶一带,其形成演化受帕米尔高原正北向突刺构造带(前陆冲断褶皱带的前锋带)、塔里木叠合盆地西端和西南天山造山带联合控制,但正北向突刺构造带和前陆冲断褶皱带的前锋带,主要控制了塔西中-新生代盆地系统的构造变形作用。③帕米尔高原东北侧中-新生代转换盆地系统与NW向斜向走滑转换构造带,位于帕米尔高原东北侧与塔里木叠合盆地西南侧的结合部位。在本书研究区,帕米尔高原东北侧前陆冲断褶皱带最北端,位于乌拉根砂砾岩型铅锌矿床南侧克孜勒苏河的两岸,受乌拉根元古宙前陆隆起形成反向阻挡作用影响较大。

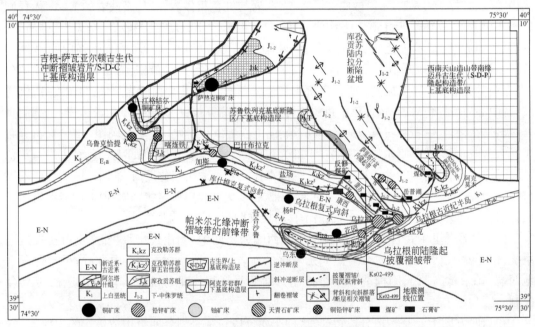

图2-4　乌拉根古近纪构造古地理格局图(地震解译剖面见后图4-13)

　　(5)温宿-拜城-库车中-新生代迁移前陆盆地系统与前陆冲断构造带(图2-5),位于南天山造山带和塔里木地块北侧之间,从北到南构造单元分带为中-新生代迁移前陆盆地和冲断褶皱带组成的共轭型正负相依的构造地貌单元,四级构造单元自北而南分为6个构造单元,拉尔墩基底卷入厚皮冲断带→哈尔克山褶皱冲断带→库勒前缘叠瓦冲断带→拜城-阳霞前渊拗陷带→塔北前陆斜坡带→塔中前缘隆起带。南天山造山带和塔北前陆盆地的发育演化共同控制了塔北前陆盆地的沉积特征、变形特征和构造样式(三叠纪前陆盆地系统)。温宿-拜城-库车迁移前陆盆地系统中,三叠系下部为一套以紫红色、红色砾岩、砂岩为主的磨拉石建造,属于干燥炎热条件下的山麓堆积,与古生界不整合或断层接触;上部以紫红色、互层状的砾岩泥岩、灰绿砂岩、泥岩为主,夹薄层碳质泥岩,为深水湖相及河流相沉积。晚三叠世气候转变为温暖潮湿,为煤炭资源形成提供了有利的气候条件和储存空间。侏罗系为主要含煤沉积岩系,厚约 2100m,下侏罗统塔里奇克组为主要含煤组,沉积了灰色粉砂岩、泥岩、碳质泥岩及灰白色中粗粒砂岩和煤层,聚煤期的煤系地层含煤 15 层,形成了俄霍布拉克煤矿、夏阔坦煤矿、明矾沟煤矿等。煤炭资源主要富集在三叠纪和侏罗纪前陆盆地系统中,含煤层位主要为上三叠统和侏罗系。油气资源丰富,成藏条件优越,油气分布主要受含油气系统和区域盖层控制,克拉苏构造带、依奇克里克构造带、秋里塔格构造带和塔北轮台断隆带等 4 个构造带是油气最富集的构造带。砂岩型铀矿床、砂岩型铜–铀矿床和成矿带,与天然气藏紧密相伴产出。

关于五级构造单元及其特征,将在沉积盆地形成演化、构造变形型相、变形构造组合和构造样式中具体论述,详见第 3 ~ 5 章。

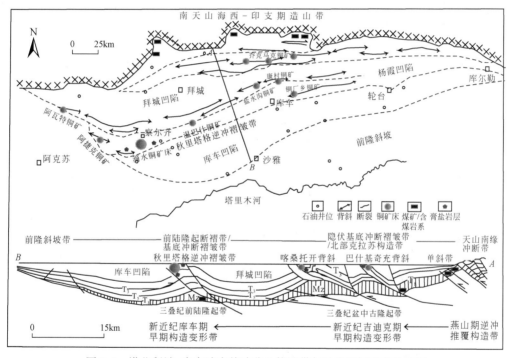

图 2-5　塔北拜城–库车陆内前陆盆地构造带与砂岩型铜矿带关系图

2.3　区域岩浆岩特征

(1)二叠纪玄武岩类。在区域上,塔里木叠合盆地内二叠纪玄武岩较为发育,与二叠纪地幔柱有密切关系,在柯坪–巴楚地区较为发育。

(2)中侏罗世碱性玄武岩–碱性辉绿辉长岩。在杨叶组发育 2 ~ 3 层深源碱性玄武岩层,在 1∶5 万托库依如克和库尔干柏勒幅、托云乡西边防站等地的杨叶组中,溢流相基性火山岩为铁质玄武岩和强蚀变辉绿玢岩、杏仁状橄榄玄武岩和橄榄玄武岩,属碱性玄武岩系列,原岩恢复为碱玄岩-苦橄质玄武岩,形成构造环境为板内碱性玄武岩(陕西省地质矿产勘查开发局区域地质矿产研究院,2010;四川省核工业地质调查院,2010);在托云乡碱性辉长岩和辉绿岩(169.41±4.65Ma)(李永安等,1995)形成于中侏罗世巴柔期。

(3)早白垩世碱性玄武岩-碱性辉绿辉长岩。下白垩统克孜勒苏群下部火山岩中产有交代地幔和下地壳捕房体,上部火山岩含有少量辉石、长石巨晶。早白垩世火山岩同位素年龄有104.9~114.2Ma 及112.7Ma(李永安,1995)、113.7~119.7Ma(Sobel,1995)、101.7Ma 及113Ma(韩宝福,1998),表明火山岩形成于早白垩世,平均年龄值为112Ma(徐学义,2003)。

(4)晚白垩世—古近纪碱性玄武岩、辉长岩和黑云母正长岩类。晚白垩世玄武岩和橄榄玄武岩年龄为70.4Ma(王彦斌等,2000)。早白垩世和古近纪期间,在乌恰县托云地区及塔拉斯-费尔干纳断裂以东,在中亚天山地区均发生了玄武质火山活动。在托云地区,下白垩统克孜勒苏群碎屑岩中夹约厚300m 的含橄榄石玄武岩,克孜勒苏群还被辉长岩和辉绿岩侵入,晚白垩世—古近纪碎屑岩中也夹玄武岩层。白垩纪-古近纪碱性玄武岩-碱性辉绿辉长岩-黑云母正长岩总体呈 NW 向分布在托帕-托云乡一带,在萨热克和托云地区,局部呈现NE 向分布。

(5)萨热克地区辉绿辉长岩脉群与周边褪色化蚀变带。萨热克南矿带分布辉长辉绿岩,呈岩脉的形式出露,呈顺层和切层侵入于上白垩统克孜勒苏群中。主要岩石成分为辉石、长石、角闪石,出露宽0.5~1m,延长20~1000m,物探方法探测深部延深较大,并有隐伏辉绿辉长岩脉群。在辉长辉绿岩脉群周边形成了较大规模褪色化蚀变带,并在克孜勒苏群中形成了铜矿化体和砂岩型铜矿体。

2.4　区域地球物理特征与深部构造

西南天山与西昆仑山具有布格重力低特征,而塔里木叠合盆地具有重力高特征,越往盆地中心,重力越高,三者呈现两个大规模的重力异常梯度带,揭示塔西地区(喀什凹陷)发育在一个总体向西凸出的近东西向重力梯度突变带上(图2-6),由东向西重力场大致以每100km $65×10^{-5}~120×10^{-5}$ m/s^2 的梯度,从 $-115×10^{-5}$ m/s^2 下降至 $-305×10^{-5}$ m/s^2。塔西地区(喀什凹陷)南北两侧的重力梯度更陡,可达 $150×10^{-5}$ m/s^2;反映塔西地区(喀什凹陷)发育在莫霍面深度梯度的变化带上。由东向西莫霍面深度大致从45.5km 降到50km(由东向西喀什凹陷的地壳深度加厚),而在南北方向上,塔西地区(喀什凹陷)地壳的厚度较西南天山和昆仑山略厚,因此,塔西发育在较为平缓的地幔低隆之上,北坡平缓、南坡较陡。重力异常和莫霍面形态研究结果揭示,塔西地区受近东西向和南北向两组深大断裂的控制,塔西地区(喀什凹陷)与下伏莫霍面形态呈复杂的对应关系,它并非对应于莫霍面的隆起,而是对应于莫霍面深度梯度变化带。

萨热克砂砾岩型铜矿床和乌拉根铅锌矿床处于重力异常和航磁异常梯度带上。喀什凹陷北部磁法测量的结果表明,其基底为弱磁性体,岩性为阿克苏岩群弱磁性的片岩与大理岩,背景值为0~100nT,与区域塔里木盆地北部航磁特征基本一致(图2-7)。在该低值区黑英山一带、东部柳树沟一带由于中酸性侵入岩、火山岩发育出现明显的磁力高,反映了该区以碳酸盐岩沉积建造为主体、岩浆活动极不发育的特点。

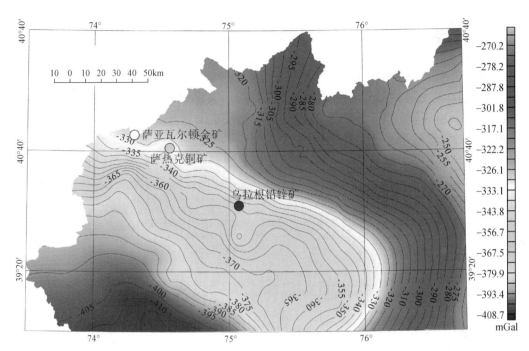

图 2-6　新疆塔西地区布格重力异常图(据中华人民共和国 1∶250 万布格重力异常图修编)

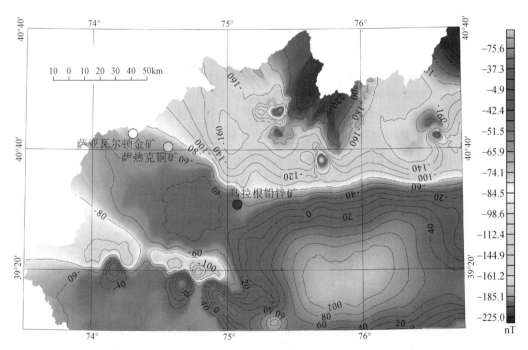

图 2-7　新疆塔西地区航空磁力异常图(据西南天山地区 1∶25 万航磁 ΔT 等值线异常平面图修编)

2.5　塔西-塔北地区砂砾岩型铜铅锌矿床分布规律

在塔里木西缘以西南天山造山带为核心部位,在挤压-伸展走滑转换(前陆)盆地-山间拉分断陷盆地(造山带内部)-后陆盆地中,为塔西砂砾岩型铜铅锌区域成矿带(图2-1~图2-3)。塔西地区分布有4个砂砾岩型铜铅锌-铀成矿带、5个砂砾岩型铜铅锌-铀矿赋矿层位和一批砂砾岩型铜铅锌矿床(点)。5个主要赋矿层位为:①中-上新统康村组(滴水式砂岩型铜矿床)等;②中新统安居安组(花园式砂岩型铜矿床);③始新统(玛依喀克砂岩型铜矿床和伽师砂岩型铜矿床);④下白垩统克孜勒苏群(乌拉根式砂砾岩型铅锌矿床和巴什布拉克砂岩型铀矿床);⑤上侏罗统库孜贡苏组(萨热克式砾岩型铜矿床)。揭示塔西地区中-新生代沉积盆地系统中,砂砾岩型铜铅锌矿-铀成矿带以西南天山造山带为核心,其沉积盆地类型和含矿性仍有区域性特征。

2.5.1　托云中-新生代后陆盆地系统和萨热克式砂砾岩型铜成矿带

北部萨热克式砂砾岩型铜成矿带主要赋存于萨热克巴依中生代山间拉分断陷盆地中,该盆地属托云中-新生代后陆盆地的次级盆地,现今残留面积近100km^2。萨热克式砂砾岩型铜矿带赋存于上侏罗统库孜贡苏组上段紫红色铁质砂砾岩中(图2-1、图2-2)。2012年,新疆汇祥永金矿业有限公司完成了新疆乌恰县萨热克铜矿床北矿段地质勘探工作,探获资源储量(331+332+333)为:铜矿石量1335.21万t,铜金属量166804t,伴生银金属量152263kg,铜平均品位1.25%。现已建成大型矿山的生产能力为3500t/d,进入规模化生产。铜资源量达大型规模以上。

在造山带-沉积盆地-构造高原耦合转换构造域中(方维萱等,2016a,2017a),后陆盆地系统对于形成沉积岩型铜矿床和"油-气-煤-铀"多种能源矿产同盆共存,具有十分优越的成矿地质条件。在沉积盆地形成演化上,具有后陆盆地内构造-岩浆-热事件发育的显著特点:①西南天山造山带是在塔里木泥盆-石炭纪被动陆缘系统基础上形成的海西-印支期造山带,在二叠纪末期,西伯利亚古板块持续向南漂移,并与塔里木板块发生陆-陆碰撞造山,形成了北部中天山阔克沙勒岭岛弧造山带。在北部中天山岛弧造山带和西南天山被动陆缘造山带之间,形成了位于吐尔尕特山之南托云山间拗陷沉降带,在这种同造山期的陆内山间盆地中,接受了下三叠统磨拉石相→细碎屑岩相。下三叠统俄霍布拉克组为一套浅灰红和灰绿色粗砾岩、中细砾岩、砂岩夹黏土岩,局部含有煤线,厚2223.0m,与上石炭统高角度不整合接触,其上被莎里塔什组呈角度不整合覆盖。在俄霍布拉克组中发育的后期断裂带中,侵入有辉绿辉长岩脉群,并形成了断层角砾岩化相带,揭示托云后陆盆地在早三叠世,就进入陆内山间拗陷盆地的初始成盆期,其构造古地理与早三叠世印支运动陆-陆碰撞造山事件密切有关,因中-晚三叠世末处于持续造山隆升过程,而缺少中-上三叠统沉积。②在西南天山造山带的南侧相邻塔北库车前陆盆地中,三叠系继承了晚二叠世前陆盆地构造古地理格局,形成了三叠系含煤前陆盆地。③乌恰县托云中-新生代后陆盆地现今残留面积约10000km^2,其NW—SE向和SW—NE向为两个盆地长轴方向,明显受塔拉斯-费尔干纳北西向走滑断裂带(罗金海等,2000;李江海等,2007;乔秀夫等,2008)和次级 NE 向断裂带控制。与西南天山造山带南侧的乌鲁-乌拉前陆盆地系统存在巨大差别,托云后陆盆地构造古地理位置为中天山阔克沙勒岭岛弧造山带与西南天山被动陆缘造山带之间,萨热克巴依和库孜贡苏两个山间拉分断陷次级盆地,均以斜切西南天山造山带方式形成了盆山耦合与转换构造带。④在托云后陆盆地系统中,发育早侏罗世—古近纪幔源玄武岩喷发事件,形成了相应的异常高古地温场结构,受 NW 向和 NE 向次级超岩石圈同生断裂带控制显著。⑤晚三叠世—早侏罗世初西南天山发生了造山带伸展垮塌,形成区域差异性构造抬升和构造断陷,NW 向塔拉斯-费尔干纳断裂带 NW 向走滑作用强烈,以托云地区为中心发生了构造断陷成盆,经构造抬升的周缘山体发生了剥蚀去顶作用,在托云后陆盆地系统中形成了中-下侏罗统河湖沼泽相沉积,与下伏下三叠统呈平行不整合接触。当时气候湿润且植被繁茂,形成了侏罗纪河湖-沼泽相含煤系地层。该后陆盆地系统后期受喜马拉雅构造挤压作用,使中部隆起,将盆地分成东西两部分。其构造-沉积演化过程可划分为托云后陆盆地系统形成期(P_2-T_3)、后陆拉分断陷盆地主成盆期与玄武岩喷发事件(J_1-J_2)、拉分断陷盆地萎缩期与幔源玄武岩喷发事件(J_3-K_2)、山间拉分断陷盆地叠加成盆期(E_1)、山间断陷-压陷叠加盆地转换期(E_2-N_2)、开流山间盆地地貌景观定型期(Q)等 6 个演化期次。⑥在托云中-新生代后陆盆地系统中,萨热克巴依 NE 向山间拉分断陷盆地和库孜贡苏 NW 向山间拉分断陷盆地,以斜切西南天山造山带方式构成了沉积盆地-造山带耦合与转换构造格局,构造古地理和盆地动力学属于山间拉分断陷盆地,具有寻找萨热克式砂砾岩型铜矿床的良好成矿地质条件。在库孜贡苏北西向山间拉分断陷盆地中,已发现了较多煤矿和化探异常,具有较好的寻找砂砾岩型铜铅锌-铀矿床的找矿前景。

2.5.2　乌鲁-乌恰挤压-伸展走滑转换(前陆)盆地与砂砾岩型铜铅锌成矿带

中部乌拉根式砂砾岩型铅锌矿-巴什布拉砂岩型铀矿成矿带,赋存于乌鲁克恰提-乌拉根前陆盆地(简称"乌鲁-乌拉前陆盆地")中(图 2-1、图 2-3)。中部砂砾岩型铜铅锌(铀)成矿带主要位于西南天山造山带之南,在塔西地区整体呈近东西向展布,具体如下:①乌拉根式砂砾岩型铅锌矿带区域断续延伸达 350km,康西铅锌矿床具有中型规模,其乌拉根北矿带-达克铅锌矿、江格结尔铅锌矿、加斯铅锌矿、硝若布拉克铅锌矿、吉勒格铅锌矿、托帕铅锌矿等具有较大潜力。乌拉根超大型层控砂砾岩型铅锌矿床赋矿层位为下白垩统克孜勒苏群第 5 岩性段(K_1kz^5)和上覆的古近系古新统阿尔塔什组(E_1a)坍塌角砾岩等。低温围岩蚀变主要为天青石化、黄铁矿化、石膏化、沥青化和褪色化、黄钾铁矾化等。紫金矿业集团股份有限公司于 2013 年最终提交了(111b+331+332+333)总矿石量 22230.61 万 t,锌金属量5058262t,铅金属量 880089t;Zn 平均品位为 2.53%,Pb 平均品位为 0.36%。乌拉根铅锌矿床建设开发规模为 5000t/d 原生矿采选系统和 3000t/d 氧化矿采选系统,采选规模达到8000t/d,规划建设了一个 10 万 t/a 锌冶炼系统,形成采-选-冶生产系统闭合大循环。②以巴什布拉克大型砂岩型铀矿床为核心,与同一赋矿层位相邻 4 个铀矿点等组成了砂岩型铀成矿带,赋存于克孜勒苏群下段褪色化蚀变砾岩和蚀变含砾粗砂岩中。③南部花园式砂岩型铜矿带位于古近系–新近系褪色化岩屑砂岩中(图 2-1、图 2-3)。

2.5.3　帕米尔高原前陆盆地系统与砂岩型铜成矿带

南部边缘玛依喀克砂岩型铜成矿带位于乌帕尔断裂带南侧古近系喀什群顶部(图 2-1)和渐新统–中新统褪色化蚀变砂岩中,主要有萨哈尔、玛依喀克、休木喀尔和乔克玛克等砂岩型铜矿床等,该砂岩型铜矿成矿带长度近 500km。主要形成于帕米尔构造高原北侧弧形前陆冲断褶皱带,古近系–新近系为典型的陆内前陆盆地系统,新近纪末期–第四纪,在喜马拉雅期有显著的陆内造山作用,形成了自南向北的叠瓦式逆冲推覆构造带和冲断褶皱带,西部走向为 NE 向、中部近东西向呈弧形展布、东部呈 NW 向并以伽师–喀瓦恰特为弧顶区域,砂岩型铜成矿带主要产于冲断褶皱构造带中。

2.6　区域赋矿层位与盆地构造岩相学特征

刘增仁等(2014)厘定了塔西砂砾岩型铜铅锌矿床三个赋存层位,从构造高原–造山带–沉积盆地耦合转换角度看,中–新生代沉积盆地的盆地基底构造层和原有的矿床类型、沉积盆地构造古地理位置和盆地构造–沉积演化史,对于塔西地区砂砾岩型铜铅锌矿床具有一定的控制作用。

(1)塔西地区盆地下基底构造层以元古宇为主,现今以残留的构造岩块和断隆岩块形式出露,组成了西南天山造山带核部带,具有低麻粒岩相–角闪岩相–高绿片岩相等中–高级变质地体特征,中–新生代到现今仍分隔了托云后陆盆地系统和乌鲁–乌拉前陆盆地系统(图 2-1)。其中:脆韧性剪切带中发育多期构造变形变质,早期(格林威尔期)为顺层滑脱型韧性剪切带,晚期(晋宁期)为切层脆韧性剪切带,形成了造山型金铜矿床(点),它们为相邻沉积盆地提供原始成矿物质来源。

(2)塔西地区盆地上基底构造以古生界为主,现今以构造岩片形式出露在西南天山造山带外带中,为海西期–印支期形成的、以古生界为主组成的冲断褶皱带和逆冲推覆构造系统,它们是西南天山造山带外带构造地层系统(图 2-1)。在古生代碳酸盐岩和大理岩中,发育 MVT 型铅锌矿床,如霍什布拉克和萨里塔什铅锌矿床等。乌鲁克恰提–乌拉根前陆盆地均经历了侏罗纪—早白垩世陆内拉分断陷成盆→晚白垩世区域构造抬升→古近纪海湾盆地→新近纪前陆盆地演化历史,它们以古生代地层为主要蚀源岩区,盆地上基底构造层中铅锌矿床能够提供铅锌原始成矿物质来源。

(3)萨热克大型砂砾岩型铜矿床赋存在上侏罗统库孜贡苏组上段紫红色铁质砂砾岩类中,沉积相为旱地扇扇中亚相;受托云中–新生代后陆盆地系统中次级盆地控制,萨热克巴依中生代次级盆地为 NE 向陆内拉分断陷盆地,构造古地理位置为斜切西南天山造山带。萨热克南和萨热克北 NE 向两个盆地边界同生断裂带走滑拉分断陷成盆为主控因素,在晚侏罗世初期,两个 NE 向盆地边界同生断裂带发生了构造反转作用,最终在对冲厚皮式逆冲推覆构造系统作用下,形成了萨热克裙边式复式向斜构造系统。后期叠加了幔源碱性辉绿辉长岩脉群和区域褪色化蚀变热事件。

(4)乌拉根超大型层控砂砾岩型铅锌矿床赋存在下白垩统克孜勒苏群第5岩性段和上覆的古近系古新统阿尔塔什组坍塌角砾岩相层等,乌拉根超大型层控砂砾岩型铅锌矿床和康西铅锌矿床受乌拉根中-新生代前陆盆地控制。东部托帕砂砾岩型铜铅锌矿床受托帕前陆盆地控制,而西部江格结尔砂砾岩型铜铅锌矿受乌鲁克恰提前陆盆地控制,其共同特征是以盆地上基底构造层为主要蚀源岩区,盆地下基底构造层为次要蚀源岩区。而在乌鲁克恰提前陆盆地东部和伽师前陆盆地,以盆地下基底构造层为主要蚀源岩区,盆地上基底构造层为次要蚀源岩区,但在泥盆系中含铜赤铁矿矿床中发育含铜菱铁矿矿体,因此,在下白垩统顶部形成了砂砾岩型铜矿带和砂岩型铀矿带,与前述以砂砾岩型铅锌矿为主的三个前陆盆地在矿种上有过渡关系和差异性。

在西南天山造山带南侧的前陆盆地系统中分布有古近系和新近系砂岩型成矿带,主要赋存层位是乌恰-温宿-拜城-轮台前陆盆地古近系和新近系,在新近系渐新统-中新统克孜洛依组和中新统安居安组中,赋矿岩系为含铜膏盐岩-砂岩-灰岩系,如杨叶、花园、吉勒格、伽师铜矿等。

西南天山造山带南侧的前陆盆地系统,因近东西向山前同生断裂带-盆地基底构造层差异-后期构造变形样式和构造差异,其构造-沉积演化历史差异(图2-1)和构造-流体耦合-成矿作用也具有类似性和差异性。在相近似的前陆盆地演化过程中仍然具有一些差异,其构造演化历史和矿种差异较为明显。从西到东区域构造-成矿分带明显:①乌鲁克恰提前陆盆地在库孜贡苏运动期,因西南天山造山带不断抬升,晚侏罗世山前同生断裂带南侧断陷沉降,形成了半地堑式成盆作用。经历了 J_3-K_1 半地堑式断陷成盆、K_2-N_1 压陷成盆、N_2-Q_1 压陷盆地萎缩期,烃源岩发育,但含煤碎屑岩系不发育。其西侧为 NE 向古生代逆冲推覆-断褶构造岩片,在下白垩统克孜勒苏群顶部产出江格结尔砂砾岩型铜铅锌矿床。其前陆盆地北侧和东北侧以盆地下基底构造层为主,局部残留盆地上基底构造层,在炼铁厂含铜赤铁矿矿床产于泥盆系中,变粗面质凝灰岩发育,在前陆盆地东北侧下白垩统克孜勒苏群顶部河湖三角洲相含砾粗砂岩-砂岩中形成了砂砾岩型铜矿床。在古近系中形成了石膏岩和含膏泥岩,为海湾潟湖蒸发岩相。北侧山前同生断裂带后期发生构造反转,形成了由长城系组成的冲断褶皱带,它们并逆冲推覆到该前陆盆地北侧上侏罗统和下白垩统之上。②伽师前陆盆地在中侏罗世开始形成半地堑式断陷成盆,受西南天山造山带山前同生断裂带控制显著。晚侏罗世库孜贡苏运动期间,曾经历了短暂抬升,东部残留有厚度不大的上侏罗统,向西逐渐减薄消失,暗示其西部构造抬升较为强烈。中侏罗统为砂岩型铀矿赋存层位,但尚未发现砂砾岩型铜铅锌矿床。其显著特征是在伽师中生代前陆盆地中形成了中生代砂砾岩型铀成矿带,巴什布拉克铀矿床赋存在下白垩统克孜勒苏群下段冲积扇相砾岩中。在伽师中-新生代前陆盆地中,新近系安居安组中形成了砂岩型铜成矿带,以伽师和杨叶砂岩型铜矿床为代表。该前陆盆地南部受帕米尔高原山前向北叠瓦式逆冲推覆构造系统和冲断褶皱带影响较大,为弧形构造系统向北突出的弧顶部位。北侧为西南天山造山带南侧高角度逆冲推覆构造系统。③乌拉根前陆盆地在前陆盆地系统中最为特殊,其南侧为乌拉根元古宙隆起带(盆地下基底构造层为长城系阿克苏岩群),北侧为大部分已经遭受剥蚀而消失的古生代断褶带,现今残留古生代断褶带保存了NW 向趋势。赋存在下白垩统克孜勒苏群顶部的砂砾岩型铅锌成矿带大致呈半环形分布,继承了侏罗纪—早白垩世海湾盆地的特征。晚白垩世经历了区域性构造抬升并缺失上白垩统,在克孜勒苏群顶部形成了古风化壳和岩溶角砾岩。古近纪初期形成了大规模海侵,古近系阿尔塔什组(E_1a)底部坍塌角砾岩和石膏岩-石膏天青石岩-天青石岩,它们为 $CaSO_4$-$SrSO_4$ 式硫酸盐型盆地卤水同生沉积作用形成的蒸发岩相,也是乌拉根铅锌-天青石矿床赋矿岩相重要的物质组成。古近纪逐渐发展为浅-滨海相和潟湖相,形成了含膏泥岩和石膏矿床。乌拉根砂砾岩型铅锌矿床分布于乌拉根向斜南北两翼。铅锌矿体底板围岩(克孜勒苏群第四岩性段紫红色粉砂质泥岩和泥质粉砂岩)和上盘围岩(阿尔塔什组底部角砾状白云质灰岩、坍塌岩溶白云质角砾岩、含石膏天青石岩和石膏岩),组成了富烃类还原性盆地流体的岩性岩相封闭层。乌拉根铅锌矿体呈似层状和层状产于克孜勒苏群第五岩性段灰白色块状砂砾岩(辫状河三角洲相)中。低温围岩蚀变为石膏化、方解石化、白云石化、天青石化、黄铁矿化、沥青化和褪色化蚀变,具油田低温热卤水大规模运移和有机质参与成矿特征。

(5)萨哈尔铜矿位于帕米尔构造高原北侧弧形构造结 NW 侧的 NE 向冲断褶皱带中。新近系帕卡布拉克组以砾岩、泥岩和石英砂岩为主;萨哈尔铜矿区以泥岩、粉砂岩和石英砂岩为主;灰白色褪色化蚀变砂岩为主要赋矿层位,含铜岩相为含膏泥岩和砂岩,形成于前陆盆地中。原生硫化矿以辉铜矿为主,氧化矿以蓝铜矿、孔雀石和自然铜为主,有少量残留的硫化物。盆地上基底构造层由志留系-泥盆系组成,其志留系塔尔特库里组上部以石英砂岩、硅质板岩和千枚岩类为主,下部以灰岩和玄武岩为主。萨哈尔断褶构造带为萨哈尔以南和以北两条断裂所夹持,不对称向斜构造两翼翘起,受吉根断裂影响造成了南翼缓而北翼陡,北翼局部倒转并发育次级褶皱;两翼侏罗系向核部为白垩系,穿盆断裂发育并控制了铜矿化分布和层间断裂,次级裂隙-节理发育。矿区南部发育辉长岩和辉绿岩脉群,岩脉两侧伴有褪色化蚀变砂岩,含石英辉铜矿化脉。

(6)乌恰东南玛依喀克山砂岩型铜矿床位于帕米尔构造结的弧顶突刺部位,总体地形呈现南西高耸而北东渐低趋势,中部近东西向呈弧形展布。砂岩型铜成矿带主要产于冲断褶皱构造带中。该区域发育盆地下基底构造层和上基底构造层,均发育铜铅锌成矿带,能够提供原始成矿物质。在中-新生代前陆盆地中,以古近系巴什布拉克组和新近系克孜洛依组、安居安组、帕卡布拉克组为主,砂岩型铜矿床主要赋存古近系巴什布拉克组($E_{2-3}b$)紫色与灰绿色砂岩和粉砂岩中,其次赋存于新近系克孜洛依组[$(E_3-N_1)k$]灰色和褐灰色岩屑砂岩中。砂岩型铜矿床受褪色化蚀变砂岩层位和冲断褶皱带复合控制。铜、锌、铅、金等化探异常和多处矿化线索,圈出了铜、铅、锌矿(化)体,限于地形和交通条件其勘查程度不高。

塔里木盆地西端中-新生代前陆盆地和托云中生代后陆盆地,不但受前古生代和古生代双基底构造层控制,而且受深部岩石圈构造控制。在欧亚大陆晚三叠世拼合过程中,二叠纪末期残余海盆和前陆盆地向南侧塔中方向迁移,塔北缘在三叠纪进入前陆盆地,总体为造山带-沉积盆地耦合与转换格局。以斜切西南天山造山带的费尔干纳北西向断裂带为标志,晚三叠世—侏罗纪进入陆内造山带-沉积盆地耦合转换过程。然而,塔西地区在白垩纪-古近纪却再度演化为与特提斯海北支有关的喀什海湾盆地。西南天山不但以造山型金矿床组成了"亚洲金腰带",而且新发现的萨热克大型砂砾岩型铜矿床和铀矿床,构成了砂砾岩型铜-铅锌-铀区域成矿带,具有十分独特的砂砾岩型铜铅锌矿床区域成矿背景,以萨热克式大型砂砾岩型铜多金属矿床和乌拉根式超大型砂砾岩型铅锌矿床为代表,该类型铜铅锌矿床仍具有巨大的找矿潜力。

第3章　萨热克式砂砾岩型铜矿床与萨热克巴依次级盆地演化

　　新疆乌恰县萨热克式大型砂砾岩型铜多金属矿床位于西南天山造山带南缘,受斜切西南天山造山带的萨热克巴依中生代次级盆地控制显著。区域出露地层(图2-1、图3-1)为中元古界阿克苏岩群、志留系、泥盆系和石炭系,上三叠统、下侏罗统莎里塔什组和康苏组、中侏罗统杨叶组和塔尔尕组、上侏罗统库孜贡苏组、下白垩统克孜勒苏群等。其中库孜贡苏组为萨热克式大型砂砾岩型铜多金属矿床的赋矿层位。萨热克巴依中-新生代次级盆地经历了燕山期和喜马拉雅山期构造变形后,形成了萨热克裙边式复式向斜构造,其北南两翼控制了北矿带和南矿带,北矿带控制长大于4000m,平均宽5～80m,铜矿体产于库孜贡苏组上段,呈NE向延展,现已圈定了Ⅰ、Ⅱ-1、Ⅱ-2、Ⅱ-3等6个铜矿体。南矿带也产于库孜贡苏组上段(J_3k^2),现已控制了Ⅰ-1、Ⅰ-2、Ⅱ号铜矿体及铅锌矿体。对萨热克式铜多金属矿床成因认识尚存在分歧,祝新友等(2011)认为该矿床属于与盆地卤水作用有关的层控低温热液矿床;而张振亮等(2014)提出了"热卤水溶滤沉积-构造叠加型"成因观点,李志丹等(2011)认为属于与盆地流体有关的砾岩型铜矿。方维萱等(2015)认为在上侏罗统库孜贡苏组叠加复合扇体中,旱地扇的扇中亚相为初始成矿地质体,控制了砂砾岩型铜多金属矿化范围;富烃类还原性成矿流体(沥青化蚀变相)与碎裂岩化相的叠加和多重耦合对于铜工业矿体控制显著;成矿结构面为岩性-岩相-流体的多因素多重耦合界面(方维萱等,2015,2016a,2017a,c,2018a),即叠加冲积扇体中古冲刷面(初始富集成矿期)、碎裂岩化相、富烃类还原性盆地流体(地球化学强还原相)与含铜紫红色铁质砂砾岩(地球化学氧化相)间多重耦合等。萨热克巴依陆内拉分断陷盆地形成演化和盆内构造样式、变形构造组合和构造样式,为控制矿田-矿床的五级构造单元和构造组合。在萨热克巴依次级盆地演化上,从如下4个方面进行论述:①从盆地内部构造样式与构造组合,对萨热克式大型铜多金属矿床控制规律进行研究,这些盆内构造样式和构造组合主要为砂砾岩型铜多金属矿床沉积成岩成矿期的初始成矿构造,控制了初始地质体及其空间分布规律。②对成矿前盆地构造系统和沉积成岩成矿期构造研究,有利于对该类型矿床成因的深入研究,进行隐伏矿体找矿预测。③本章主要论述萨热克巴依陆内拉分断陷盆地形成演化和盆地动力学特征,探索它们对于萨热克式砂砾岩型铜多金属矿床的控制规律,可直接提升其区域成矿规律和隐伏矿体找矿预测水平,将有助于深入认识斜切西南天山造山带的中生代山间盆地演化、盆-山耦合与转换关系。④应用构造岩相学填图新技术,对萨热克巴依次级盆地的构造古地理和盆内构造样式进行研究,建立盆内构造样式和构造组合,对萨热克式砂砾岩型矿床控制规律进行研究。

3.1　萨热克巴依盆地形成演化与盆地动力学

3.1.1　盆地基底构造层

中元古界阿克苏岩群(Pt_2Ch)为萨热克巴依区域的下基底构造层,现今分布在萨热克巴依次级盆地西北侧阿切塔什山脉和南东侧阿克兰山脉、盆地深部和东北端(图 3-1),其两侧阿克苏岩群被逆冲推覆到侏罗系和下白垩统之上。两侧阿克苏岩群为萨热克巴依次级盆地的蚀源岩区,为下侏罗统莎里塔什组和康苏组、中侏罗统塔尔尕组和杨叶组提供了物源。在萨热克巴依次级盆地两侧,杨叶组和下侏罗统直接超覆在阿克苏岩群之上。在萨热克巴依次级盆地南东边界同生断裂带(F_1^2)西北侧(图 3-1),虽然现今阿克苏岩群被逆冲推覆在塔尔尕组、库孜贡苏组和克孜勒苏群之上,但杨叶组、塔尔尕组和库孜贡苏组中砾石主要来自其南侧阿克苏岩群,为沉积型角度不整合关系,中侏罗统杨叶组和塔尔尕组明显地超覆沉积在阿克苏岩群之上。在该次级盆地中心,库孜贡苏组各类砾石主要来自古生代地层,少量砾石来自阿克苏岩群,显示阿克苏岩群具有半原地地层系统。但在新生代逆冲推覆构造作用下,将阿克苏岩群逆冲推覆到侏罗系和下白垩统之上,具有异地地层系统特征,因此,将阿克苏岩群作为该次级盆地两侧逆冲推覆构造系统中的半原地–异地地层系统。阿克苏岩群(Pt_2Ch)为一套结晶云母片岩类夹大理岩、石英片岩和构造片岩,局部脆韧性剪切带中发育糜棱岩和糜棱岩化。根据岩性组合划分为六个岩系,总厚达 6700m。选择第六岩性段棕褐色石英黑云母片岩进行 LA-ICP-MS 锆石 U-Pb 定年,6 个颗粒锆石的加权平均年龄为 1528 ± 140Ma,MSWD = 4.6;不谐和曲线上交点年龄为 1609 ± 190Ma,MSWD = 5.1,为中元古界长城系。阿克苏岩群的变质相为高绿片岩相–低角闪岩相。在韧性剪切带和脆韧性剪切带中,以糜棱岩相(石英二云母糜棱岩、绢英糜棱岩和碳酸盐质糜棱岩等)和糜棱岩化相为典型韧性构造变形域和脆韧性构造变形域的构造岩相学类型。在脆性断裂带(脆–韧性剪切带)中,发育构造角砾岩相,为深部韧性–脆韧性构造变形域被抬升到近地表后,又经受了一次脆性构造变形域的叠加变形构造岩相学类型。在阿克苏岩群中,泽木丹金铜矿点产于脆韧性剪切带中,属于绿泥石–绢云母型剪切带,含金构造岩相学类型为蚀变绢英糜棱岩–硅化绢英糜棱岩等。

阿克苏岩群在萨热克砂砾岩型铜矿床北矿带 ZK405 钻孔中,主要为灰褐色石英黑云母片岩,变质相为高绿片岩相。其下界线与志留–泥盆系之间发育碎裂岩化相和强烈脆韧性构造变形,推测属于逆冲推覆构造作用将其楔入到志留–泥盆系中。阿克苏岩群在 ZK404 钻孔中主要为灰褐色石英绢云母绿泥石片岩,变质相主要为绢云母–绿泥石型、绿泥石型和硅化–绿泥石型的高绿片岩相;发育同构造期的构造流体岩相(硅化–绿泥石型绿片岩相)和构造片岩相(绿泥石片岩),显示了中地壳尺度的构造变形变质作用特征,为脆韧性构造变形域。构造变形型相为流变褶皱、滑脱型韧性剪切带、密集构造面理置换和同构造期流变状绢英糜棱岩等,揭示经历了中下地壳尺度的构造流变和强烈的构造分异作用。这种滑脱型脆韧性剪切带形成于相对软弱岩层中(二云母片岩类–绢云母片岩类–石英二云母片岩类组合),

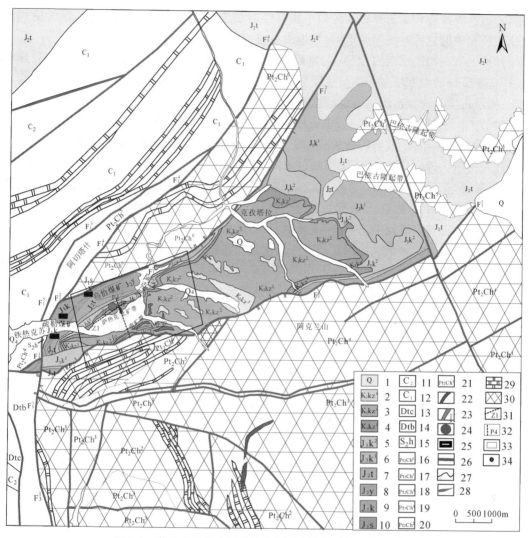

图 3-1　萨热克巴依次级盆地与相邻山体关系的区域地质图

1. 第四系砂砾石沉积物（Q）；2. 下白垩统克孜勒苏群第三岩性段（K_1kz^3），灰绿色、紫红色砾岩和含砾砂岩、岩屑砂岩夹紫红色粉砂岩；3. 克孜勒苏群第二岩性段（K_1kz^2），红色长石岩屑砂岩、泥质粉砂岩和褐灰色粉砂质泥岩互层，上部褐红色粉砂质泥岩夹长石岩屑砂岩；4. 克孜勒苏群第一岩性段（K_1kz^1），褐红色粉砂质泥岩与泥质粉砂岩互层，夹灰绿色含砾岩屑砂岩；5. 上侏罗统库孜贡苏组第二岩性段（J_3k^2），顶部紫红色、灰绿色和灰黑色细砾岩与紫红色透镜状长石岩屑砂岩泥质细砂岩，中部紫红色、灰绿色和灰黑色中细砾岩，下部紫红色和灰绿色粗–中砾岩，具有下粗上细的正向粒序结构；6. 库孜贡苏组第一岩性段（J_3k^1），上部灰绿色砾岩夹紫红色砾岩和含砾岩屑砂岩，中部灰绿色含砾岩屑砂岩夹含砾岩屑砂岩、长石岩屑砂岩，下部钙屑砂岩、钙屑含砾粗砂岩和钙屑泥质砂岩，具有下细上粗的反向粒序结构；7. 中侏罗统塔尔尕组（J_2t）；8. 中侏罗统杨叶组（J_2y）；9. 下侏罗统康苏组（J_1k）；10. 下侏罗统莎里塔什组（J_1s）；11. 上石炭统；12. 下石炭统；13. 中泥盆统塔什多维岩组 C 岩段；14. 中泥盆统塔什多维岩组 B 岩段；15. 中志留统合同沙拉组，绢云母千枚岩、硅质板岩、大理岩化灰岩；16. 阿克苏岩群第六岩性段；17. 阿克苏岩群第五岩性段；18. 阿克苏岩群第四岩性段；19. 阿克苏岩群第三岩性段；20. 阿克苏岩群第二岩性段；21. 阿克苏岩群第一岩性段；22. 铁矿体；23. 铜矿体和编号；24. 铜矿床；25. 煤矿床；26. 断层及编号；27. 地质界线；28. 辉绿辉长岩脉群；29. 阿克苏岩群中变形的大理岩标志层；30. 阿克苏岩群组成的下基底构造层；31. 实测构造岩相学剖面位置；32. 实测 4 勘探线构造岩相学剖面位置；33. 萨热克巴依次级盆地反演的基底深度线图范围；34. ZK404 和 ZK405 钻孔位置与二云母石英片岩和黑云母石英片岩中脆韧性剪切带共生相伴,揭示阿克苏岩群为萨热克巴依次级盆地的盆地基底半原地-异地地层系统。

盆地上基底构造层为古生界,志留系、泥盆系和石炭系与下侏罗统莎里塔什组和康苏组、中侏罗统杨叶组和塔尔尕组呈角度不整合关系(图3-1),侏罗系直接超覆沉积在古生界之上,揭示古生界为该次级盆地的原地基底地层系统。

(1)中志留统分布在萨热克外围吉根以北一带,在萨热克巴依次级盆地西南端有中志留统合同沙拉组(S_2sh)的残留构造岩片(图3-1),与下侏罗统康苏组呈角度不整合接触。上部为浅灰白色大理岩化灰岩;下部为暗色灰岩与钙质绢云母千枚岩、绿泥石片岩及硅质岩互层,夹钙质砾岩。厚>1000m。其中,绿泥石千枚岩与钻孔揭露的上基底构造层中绿泥石千枚岩可以对比。在萨热克巴依次级盆地中心部位,萨热克铜矿床4勘探线中ZK404和ZK405钻孔在深部揭露到中志留统-泥盆系,其中志留-泥盆系的顶面发育残积底砾岩,与下伏阿克苏岩群为断层接触。根据其顶面古风化壳和残积底砾岩和外围西北部石炭系与塔尔尕组呈角度不整合关系(图3-1),认为志留系、泥盆系和石炭系等为萨热克巴依次级盆地的上基底构造层,也是逆冲推覆构造系统的原地地层系统。古生界为萨热克巴依次级盆地提供了丰富的蚀源岩物质,该盆地中心侏罗系中砾石多来自古生代地层,砾石成分主要为变砂岩、片岩、硅质岩、大理岩、变基性火山岩等,也为萨热克铜多金属矿床提供了初始成矿物质来源。

(2)下泥盆统台克塔什组由黑色硅质片岩、绢云硅质片岩、黄绿色凝灰岩等组成,厚500~700m。中泥盆统塔什多维岩组(D_2t)广泛分布于东阿莱山地区。上部为灰岩,下部为硅质泥质岩和灰岩互层,夹碎屑岩和少量基性喷出岩。厚200~250m。在萨热克巴依次级盆地南西端外缘,泥盆系的构造岩残片呈近南北向延伸,暗示在SW—NE方向存在上古生界组成的上基底构造层,并产出有与火山岩有关的含铜赤铁矿矿床。其中,黄绿色凝灰岩和含铁矿黄绿色凝灰岩层,与萨热克铜矿区4勘探线钻孔揭露的上基底构造层中黄绿色凝灰岩类非常类似。

(3)石炭系分布于本区域北西地区(图3-1),野云沟组(C_1y)为浅海相灰色和灰黑色灰岩,厚150~400m。卡拉达坂组(C_2k)为浅海相碎屑岩夹碳酸盐岩,含腕足类、介形虫等化石。石炭系中发育顺层滑脱型脆韧性剪切带,并伴有较大规模的热液角砾岩相带,以铁锰碳酸盐化-硅化为主,黄铁矿化普遍发育,可见五角十二面体黄铁矿,对寻找类卡林型(造山型)金矿有利。石炭系具有分层剪切变形特征,构造变形型相为顺层滑脱型韧性-脆韧性剪切带,流变褶皱发育,并伴有同构造期强烈的热液角砾岩化相。

(4)与南天山晚古生代岛弧造山带有密切关系,志留系具有深海复理石相特征,泥盆系深水相硅质岩与灰岩互层,夹基性凝灰岩,向上为浅海相碳酸盐岩,从志留系到泥盆系具有沉积水体总体变浅趋势。石炭系为岛弧造山带中浅海相碳酸盐岩,局部发育粗砂质砾岩,浑圆状砾石揭示具有较大的搬运距离,总体具有向上沉积水体变浅趋势。二叠系具有显著的造山带-沉积盆地耦合与转换,塔北地区在晚二叠世-中三叠世进入前陆盆地构造演化系统,在托云一带二叠系为陆缘碎屑沉积岩,并演化为前陆盆地。根据以上构造岩相学特征,将志留系、泥盆系和石炭系作为萨热克巴依次级盆地上基底构造层,也是该区域逆冲推覆构造系统的原地地层系统,现今在萨热克巴依次级盆地西北侧和西侧,以残留构造岩片形式出露,为该次级盆地主要蚀源岩区,推测含铜赤铁矿矿床也是初始成矿物质源区之一。

3.1.2 陆内走滑拉分断陷盆地充填地层体:侏罗系—下白垩统

晚三叠世—早侏罗世初为印支运动期主造山期后,陆-陆碰撞挤压应力衰减期。西南天山发生了造山带伸展垮塌,形成区域差异性构造抬升和构造断陷。北西向塔拉斯-费尔干纳断裂带走滑作用强烈,为托云后陆山间拉分盆地形成提供了良好的大陆动力学条件。以托云地区为中心地带发生了构造断陷成盆,周围山体发生了剥蚀,在托云后陆山间盆地中形成了中-下侏罗统河湖沼泽相沉积,与下伏的下三叠统呈平行不整合接触,气候湿润且植被繁茂,形成了侏罗纪河湖-沼泽相含煤系地层。在萨热克巴依地区,中生代构造沉积学特征与盆地动力学演化过程如下。

(1)早侏罗世山间拉分断陷成盆期与含煤粗碎屑岩系。在萨热克巴依地区,莎里塔什组(J_1s)为冲积扇相粗碎屑岩系,向上为康苏组(J_1k)扇三角洲相,由薄层细砾岩-石英砂岩-岩屑砂岩-泥质细砂岩等组成了含煤碎屑岩系,最终为湖沼相黑色碳质泥岩-灰黑色粉砂岩-煤层。残存在该次级盆地南西端和两侧(图3-1)的山前断陷沉积体系位置揭示该区域构造古地理为"两侧相邻山地、中部残留基底隆起带"特征。莎里塔什组冲积扇相粗碎屑岩系和康苏组扇三角洲相含煤碎屑岩系,主要分布在该次级盆地西端,揭示其西端在早侏罗世最先发生断陷沉积,为早侏罗世山前构造断陷沉降中心和含煤粗碎屑岩-碳质泥岩等组成的沉积中心,具有"西南断陷、北东超覆"构造沉积学响应记录。早侏罗世气候为温暖潮湿,有利于植物生长和有机质聚集,这种由盆地边界同生断裂带控制的山前湿地扇相-扇三角洲相-湖沼相体,为在康苏组中形成含煤岩系提供了良好的构造古地理条件。康苏组煤岩中TOC含量为16.9%~53.2%,镜质组反射率为0.856%~1.068%,康苏组含煤碎屑岩系是本区良好烃源岩,为后期富烃类还原性盆地流体形成提供了基础(方维萱等,2016a,2017a)。

(2)中侏罗世拉分断陷成盆期与含煤碎屑岩-深湖沉积体系。杨叶组(J_2y)石英质砾岩和含砾石英岩均呈角度不整合,超覆在该次级盆地西北和东南边缘的阿克苏岩群之上(图3-1),具有双断式断陷成盆动力学过程,构造古地理格局具有西端、西北和东南边缘的三面构造断陷沉降,向北东向超覆沉积格局。在该次级盆地西端缘,杨叶组下部含煤粗碎屑石英岩含2~3个煤层,单煤层厚度最大可达1~2m(图3-2),形成了明显的沉积中心,继承了早侏罗世构造断陷沉降中心和山前沉积中心。杨叶组上部紫红色泥岩与灰绿色泥岩,显示浅湖相泥质细砂岩形成于构造稳定沉降过程。

在中侏罗世,在该盆地两侧NE向同生断裂发生构造断陷成盆,杨叶组石英质砾岩超覆在南北两侧的阿克苏岩群之上,底部发育褐铁矿细砾岩和岩屑砂岩透镜体。在萨热克铜多金属矿区,杨叶组超覆在志留-泥盆系之上,底部为残积角砾岩和石英质底砾岩,形成"下粗上细"的退积型沉积层序,揭示杨叶期主成盆期的沉积范围不断扩大(图3-2)。采用校正硼含量恢复古盐度在14.94‰~23.73‰。杨叶组形成于半咸水湖泊环境,古气候温暖潮湿,有利于植物生长和有机质聚集,形成了沉积物粒度向上变细的含煤粗碎屑岩系。总之,从早侏罗世到中侏罗世初期杨叶期的湿地扇体分布特点看,萨热克巴依次级盆地受 W、NW 和 SE 三面边界同生断裂控制的断陷沉降中心,具有向 NE 方向超覆沉积特征。康苏组和杨叶组含煤岩系和富含有机质泥岩组成了烃源岩,为后期形成富烃类还原性盆地流体提供了丰富烃源。在塔尔尕期经历了两次强烈同生断裂形成的湖震相和震积岩相(泥灰质同生角砾岩相),最终形成了最大湖泛面。塔尔尕组(J_2t)下段中结晶灰岩–方解石泥晶灰岩–泥灰岩等岩石组合,揭示了以泥质碳酸盐岩和钙屑泥岩等岩石组合为特征的深湖相。湖震相(砾屑状泥灰岩–泥质砾岩和软变形构造)和震积岩相(泥灰质同生角砾岩相)等构造岩相学记录,揭示盆地基底同生断裂活动强烈,在塔尔尕期具有强烈的走滑拉分断陷作用。塔尔尕期早阶段结晶灰岩–方解石泥晶灰岩–泥灰岩等岩石组合,不但揭示湖盆达到了最大湖泛面,也伴随基底同生断裂活动(以泥灰质同生角砾岩为震积相标志)。塔尔尕期晚阶段演进为浅湖相灰绿色与紫红色泥岩,采用校正硼含量恢复古盐度在 24.22‰～31.06‰,塔尔尕期为咸水湖泊环境,从杨叶期到塔尔尕期,湖泊水体的盐度具有升高趋势。在萨热克巴依次级盆地 SE 和 NW 边缘,在塔尔尕组下部均发育水下扇相灰绿色杂砾岩类,向盆地中心部位砂质粒度和砾石砾径均明显变细,相变为岩屑砂岩夹中粒砂岩和透镜状细砂岩,揭示在塔尔尕期不但继承了杨叶期三面构造断陷沉降格局,同时,萨热克巴依次级盆地中心部位也可能发育 NE 向同生断裂带。塔尔尕组(J_2t)在萨热克巴依次级盆地中分布面积最广,超覆在阿克苏岩群和石炭系之上,在北东端两个 NW 向基底隆起构造带两侧也形成了塔尔尕组超覆沉积,说明在塔尔尕期最大湖泛期间本区沉积范围最大(图 3-1、图 3-2)。本区基底构造层发生了最大规模的构造沉降,也是萨热克巴依次级盆地中 NE 向同生断裂带最活跃时期和主成盆期。本区早–中侏罗世构造古地理特征为"三面环山、北西通流、NE 向基底断陷沉降",三面环山的构造古地理为叠加复合扇体提供了丰富的蚀源岩区,萨热克 4～10 勘探线发育 NW 向基地隆起构造带,控制了同生披覆褶皱(图 3-2),也为盆地提供了该次级盆地的内部基底蚀源岩区。

(3)晚侏罗世构造反转期与湿地扇相–旱地扇相的叠加扇群。库孜贡苏组以冲积扇相砾岩–砂砾岩–砂岩等粗碎屑岩系为主(图 3-1、图 3-2),经过构造岩相学填图发现为叠加复合扇体:①库孜贡苏组下段的构造岩相学垂向相序结构为旱地扇±残余山间湖泊相(尾闾湖)湿地扇→库孜贡苏组上段旱地扇,库孜贡苏组下段总体为旱地扇体,在山间尾闾湖泊盆地中发育湿地扇,从下到上的岩性垂向层序结构为灰白色和灰绿色方解石绿泥石细–中砾岩→灰绿色钙屑绿泥石中砾岩→灰绿色钙屑绿泥石中砾岩夹紫红色铁质杂中砾岩→紫红色铁质杂中砾岩,指示了尾闾湖中水体被填平过程,古气候逐渐变半干旱,其上段主体为旱地扇紫红色铁质杂砾岩类。②从该盆地西端到中东部的北东纵向上,冲积扇相的亚相分带为西端扇根亚相→萨热克矿区扇中亚相→中部扇缘亚相,砂砾岩型铜多金属矿床分布在萨热克段扇中亚相紫红色和灰黑色铁质杂砾岩类中。③该次级盆地两侧边界同生断裂带(F_1^1 和 F_1^2)发生构造反转,从早期构造断陷作用转变为以挤压推覆构造作用为主,相邻的阿切塔什和阿克兰山体(图 3-1)抬升显著,并成为次级叠加扇群的蚀源岩区,形成了系列次级叠加冲积扇群,对萨热克巴依次级盆地中 NE 向主冲积扇体形成了冲刷面和叠加扇群。④库孜贡苏组下段在萨热克铜矿区内为湿地扇,而外围为旱地扇的扇中亚相,具有同期异相结构相体。上段旱地扇相体的扇中亚相为初始成矿地质体(图 3-2),来自南北相邻阿切塔什和阿克兰山体(图 3-1)的叠加扇群,控制了萨热克南矿带和北矿带分布,库孜贡苏组赋矿岩石由

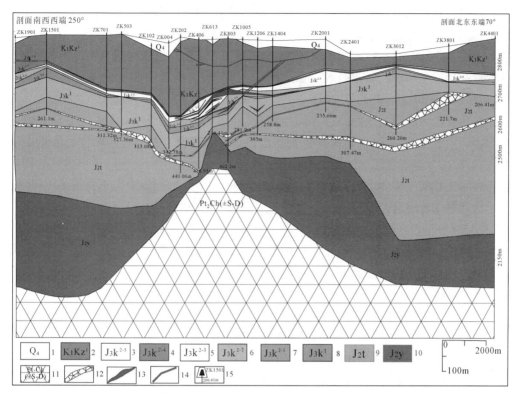

图 3-2　萨热克砂砾岩型铜矿区实测纵向构造岩相学剖面

1. 第四系松散和半固结沉积物。2. 下白垩统克孜勒苏群第一岩性段，紫红色粉砂质泥岩与泥质粉砂岩，夹暗紫红色含砾长石砂岩和岩屑细砂岩。在层间断裂和裂隙–破碎带中发育沥青化–褪色化蚀变，总体大致顺层，局部沿切层断裂分布；J_3k^2 为上侏罗统库孜贡苏组上段。3. 第五岩性层，紫红色中–细杂砾岩，砾石长轴定向和叠瓦状排列，旱地扇的扇中亚相中水道微相。后期沥青化–褪色化蚀变相，碎裂岩化相发育。4. 第四岩性层，紫红色泥质粉砂岩和砂岩，夹透镜状细砾岩，扇中亚相片流微相；铜矿体中夹石体，局部裂隙和断裂发育以褪色化为主，伴少量沥青化。5. 第三岩性层，紫红色和灰绿色细–中杂砾岩。6. 第二岩性层，紫红色和灰绿色粗–中杂砾岩；J_3k^{2-3} 和 J_3k^{2-2} 均为旱地扇的扇中亚相，在 J_3k^{2-2} 底部发育叠加扇底的冲刷面微相，为 J_3k^{2-2} 与 J_3k^{2-1} 之间明显的构造岩相学微相分界线，一般均以砾石大小为分界线；强沥青化–褪色化–铜矿化。7. 第一岩性层，紫红色中–粗杂砾岩，旱地扇的扇中亚相，泥石流微相+筛积微相，顶部局部残留冲刷面微相。8. 上侏罗统库孜贡苏组第一岩性段，灰绿色粗砂质砾岩、含砾岩屑砂岩和细砂岩；发育三个"下细上粗"反向粒序表明为退积型沉积层序，萨热克矿区为湿地扇，发育方解石化+铁锰碳酸盐化+绿泥石化蚀变；矿区外围多为旱地扇紫红色粗杂砾岩。9. 中侏罗统塔尔尕组（J_2t）上部为紫红色与灰绿色泥岩互层，深湖相泥岩类；中部为结晶灰岩、泥灰岩和灰绿色钙屑泥岩，夹泥灰质同生角砾岩相，深湖相钙屑泥岩–结晶灰岩类+湖震相（泥灰质同生角砾岩–钙屑泥质软变形构造）；下部为灰绿色岩屑石英砂岩、泥质粉砂岩和粉砂岩，滨湖相。10. 中侏罗统杨叶组（J_2y），上部为深灰色泥岩和碳质泥岩夹中–细砂岩，滨湖–沼泽相；中部为浅黄绿色中–粗砂岩夹煤线，下部为石英质砾岩和含砾粗砂质石英砂岩，底部发育残积角砾岩和残积砾岩，滨湖相。11. 中元古界阿克苏岩群（Pt_2Ch），局部发育志留系–泥盆系（±S-D）。12. 同生角砾岩–震积岩相带。13. 铜矿体和编号。14. 实测地层。15. 钻孔位置、编号和钻孔施工深度

斑杂色和灰绿色铁质杂砾岩、沥青化和褪色化铁质杂砾岩类组成，即砂砾岩型铜多金属矿床（图 3-2）。铜矿体总体受库孜贡苏组层位控制明显，但铜矿体穿切库孜贡苏组岩性层，具有后期叠加成矿显著特征。⑤在中侏罗世末期区域构造反转后，从库孜贡苏期初期开始，萨热克巴依次级盆地从区域拉分断陷盆地，反转为压陷体制下封闭性山间尾间湖盆，为萨热克砂

砾岩型铜多金属矿床的初始成矿地质体形成提供了十分特殊的封闭性构造古地理条件。该矿床中辉铜矿 Re-Os 同位素模式年龄范围为 $157\pm2 \sim 178\pm4$ Ma, 辉铜矿 Re-Os 同位素等时线年龄为 166.3 ± 2.8 Ma, $n=5$, MSWD = 1.2, 该组年龄值与萨热克巴依次级盆地在中侏罗世末−晚侏罗世初期发生构造反转事件相一致, 揭示构造反转起始于中侏罗世末八通阶 ($167.7\pm3.5 \sim 164.7\pm4.0$ Ma) (方维萱等, 2016a)。

在萨热克巴依次级盆地两侧边界同生断裂 (F_1^1 和 F_1^2) 附近, 下−中侏罗统发育强烈层间褶皱和倒转褶皱群落, 揭示它们曾经受到强烈挤压收缩变形。其上覆的库孜贡苏组中以层间断裂、裂隙破碎带和宽缓褶皱为主要构造变形组合, 揭示脆性构造变形域中形成的构造样式以碎裂岩化相和断裂−褶皱构造样式为主, 构造变形强度明显较小, 与下伏下−中侏罗统构造变形样式和构造组合差异较大。库孜贡苏期也是本区域发生构造反转和沉积层序强烈构造−沉积分异分序转变时期, 库孜贡苏运动造成区域性构造抬升, 同时西南天山造山带的萨热克巴依次级盆地发生了构造反转。在萨热克巴依周缘造山带迅速抬升, 为库孜贡苏组中冲积扇群形成提供了丰富物质来源。而该次级盆地内基底差异抬升, 尤其是在北东端两个 NW 基底抬升隆起, 分割了其与托云陆内拉分断陷盆地的连通, 压陷体制下形成封闭性山间盆地演化期, 库孜贡苏组下段为旱地扇+湿地扇, 上段为旱地扇+叠加扇群等组成的叠加复合扇体, 旱地扇紫红色铁质杂砾岩类揭示古气候十分干旱, 发育在古构造洼地的湿地扇垂向相序结构中, 形成了向上粒度变粗的反向粒序结构, 其顶端常见紫红色铁质杂砾岩和透镜状含砾砂岩夹层, 指示了残余湖泊水体被充填消失的过程, 揭示古气候变为高蒸发量的干旱环境, 这种构造岩相学特征为大陆挤压收缩体制下形成的构造岩相学特征 (图 3-2)。这种构造古地理格局为该矿区初始成矿地质体 (叠加复合扇旱地扇扇中亚相体) 提供了十分特殊的构造古地理条件。上侏罗统库孜贡苏组第一岩性段 (J_3k^1) 古盐度在 9.5‰ ~ 22.76‰, 含铜 $35.19\times10^{-6} \sim 124.3\times10^{-6}$; 第二岩性段 ($J_3k^2$) 古盐度在 12.50‰ ~ 20.31‰, 含铜 $243\times10^{-6} \sim 1077\times10^{-6}$; 均为半咸水沉积环境, 但尚未达到盆地热卤水的盐度水平, 证明其沉积环境有利于铜成矿物质形成初始富集。

3.1.3　早白垩世盆地萎缩封闭期与山间河流沉积体系

在萨热克巴依地区下白垩统克孜勒苏群, 与上侏罗统库孜贡苏组呈连续沉积关系, 外围局部可见平行不整合。克孜勒苏群下段 (K_1kz^1) 和中段 (K_1kz^2) 为山间平原三角洲相紫红色泥质粉砂岩、粉砂质泥岩和岩屑砂岩, 沉积范围迅速缩小且拉分盆地开始萎缩。上段 (K_1kz^3) 为山间盆地河流相细砾岩+岩屑砂岩, 克孜勒苏群从下段到上段形成了向上变粗层序和沉积岩相序结构, 即紫红色泥岩→紫红色泥质粉砂岩→紫红色岩屑砂岩→紫红色含砾粗砂岩→紫红色粗砂质细砾岩, 为萨热克巴依次级盆地萎缩封闭期构造岩相学层序结构。本区缺少上白垩统、古近系和新近系, 局部山顶发育第四系西域组巨砾岩类, 推测研究区主体为构造抬升区域。而在托云后陆盆地中, 发育晚白垩世−古近纪 ($122.2\pm1.2 \sim 54.1\pm1.9$ Ma, K-Ar 法) (季建清等, 2006) 碱性玄武岩和碱玄岩等火山岩类, 与砾岩、砂岩和泥灰岩等互层。

3.1.4 萨热克巴依盆地叠加改造期的构造岩相学记录

在沉积盆地构造变形特征上,变形构造样式及特点为构造岩相学记录,具体如下。

(1)在萨热克式铜矿床中,上侏罗统库孜贡苏组中发育沿裂隙-显微裂隙充填的沥青-铜硫化物细脉和微细脉,碎裂岩化相发育,其辉铜矿 Re-Os 同位素模式年龄在116±2.1~136.1±2.6Ma,揭示了富烃类还原性成矿流体第二次大规模排泄运移期发生在早白垩世期间(方维萱等,2016a,2017a),说明萨热克巴依陆内拉分断陷盆地在萎缩过程中,早白垩世相邻山体挤压和抬升作用,不但驱动了富烃类还原性盆地流体大规模形成和运移,同时导致了库孜贡苏组形成了碎裂岩化相构造变形,这种碎裂岩化相与具有高孔隙度和高渗透率的扇中亚相杂砾岩类耦合,在库孜贡苏组中形成了构造-岩相-岩性-流体多重耦合成矿结构面,为富烃类还原性成矿流体提供了储集层和良好的多重耦合成矿结构面(方维萱等,2016a,2017a,c,e)。

(2)在萨热克巴依次级盆地中部塔罗一带,在侏罗系和下白垩统克孜勒苏群形成了碱性辉绿岩脉群,围绕其分布区域性褪色化蚀变带。在区域性褪色化蚀变带中,强铁碳酸盐化、硅化蚀变体和蚀变辉绿岩脉中以发育黄铜矿-辉铜矿化和辉铜矿化为典型蚀变矿化特征,铜矿体分布在褪色化蚀变带中。而辉绿岩脉群本身遭受了碎裂岩化相构造变形,发育多组节理和裂隙,沿其构造变形面充填有含辉铜矿绿泥石碳酸盐化细脉。

(3)在本区域局部出露下更新统西域组砾岩类,揭示曾经历了构造隆升和山间断陷沉积。西域组和碱性辉绿岩脉群揭示该盆地经历了喜马拉雅山期构造变形。

3.1.5 原型盆地恢复与盆地动力学特征

总体来看:①侏罗系和白垩系为萨热克巴依次级盆地沉积充填地层体,其两侧阿切塔什山脉和阿克兰山脉(图3-1)为阿克苏岩群组成的山脉区域,中部峡谷为古生界组成的峡谷,东北段出露巴依北西向基底隆起构造带。②结合区域上志留系、泥盆系和石炭系分布特征,古生代地层属萨热克巴依次级盆地的上基底构造层,为盆地原地地层系统,古生代地层经历了脆韧性剪切变形型相,变质相为绿片岩相-低绿片岩相。在石炭系中发育层间滑脱型脆韧性剪切带和造山带流体大规模运移的构造岩相学记录。③中元古界阿克苏岩群经历了中下地壳尺度的韧性剪切-脆韧性剪切变形型相,变质相为高绿片岩相-低角闪岩相。阿克苏岩群为萨热克巴依地区异地-半原地地层系统,组成了萨热克巴依次级盆地的下基底构造层,在新生代逆冲推覆构造作用下,阿克苏岩群被逆冲推覆到侏罗系和下白垩统之上。④在侏罗纪构造古地理特征为"两侧高山、中间峡谷、北东封闭",在北东向盆地边界同生断裂带(F_1^1 和 F_1^2)拉分断陷作用下,形成了区域断陷成盆作用;结合上述的侏罗纪-早白垩世构造-沉积学特征,揭示该盆地动力学特征为中生代陆内山间拉分盆地,侏罗纪 NE 向构造-沉积学特征揭示,萨热克巴依陆内山间拉分盆地主体方向斜切西南天山造山带主体方向,具有显著斜交式盆山耦合结构,而侵位最高层位为下白垩统克孜勒苏群中碱性辉绿岩脉群,暗示该陆内山间拉分盆地具有深部地幔动力学背景。

3.2　萨热克巴依矿田构造样式、构造组合与成矿构造动力学

在萨热克巴依地区,矿田构造系统主要为三大构造系统组成:①萨热克巴依陆内拉分断陷盆地,为矿田同生构造系统,其盆内构造样式和构造组合、盆地构造古地理等构造要素,能够揭示沉积成岩成矿期和成矿前构造。主要控制了铜铅锌钼银初始富集成矿作用。②对冲式厚皮式逆冲推覆构造系统和裙边式复式向斜构造系统,为盆地流体改造主成矿期构造。裙边式复式向斜构造及隐蔽次级褶皱和断裂为主要储矿构造,形成了铜主矿体和铜钼银型同体共生矿体的改造富集成矿。③碱性辉绿辉长岩脉群及侵入构造,为盆地叠加成矿期构造,形成了隐伏碱性辉绿辉长岩脉群和侵入构造、区域褪色化蚀变带和铜铅锌钼银叠加成矿等。

3.2.1　盆内侏罗纪同生构造样式与构造组合:基底隆起带–构造洼地–下切谷

1. 盆内基底隆起构造及古构造洼地

基底隆起构造带现今在萨热克巴依次级盆地 NE 端呈 NW 向分布,在巴依 NW 向盆内基底隆起带两侧,塔尔尕组直接超覆沉积在阿克苏岩群之上,说明在塔尔尕期巴依基底隆起构造带在 NE 端仍构成了对萨热克巴依次级盆地的分割和围限,也是该次级盆地的蚀源岩区之一。从巴依基底隆起带向该次级盆地中心方向,依次为塔尔尕组→库孜贡苏组→克孜勒苏群,揭示中侏罗世末期,萨热克巴依地区基底构造层开始了区域性构造抬升,也是萨热克巴依地区库孜贡苏运动的直接记录(图 3-1)。

(1)在钻孔揭露基底构造层的现今深度建模校正基础上,对物探 AMT 和 CSAMT 资料联合解译,重建的盆内隐伏基底构造层顶面等高线图揭示了古地形–地貌单元特征(图 3-2、图 3-3)。在该盆地内构造古地理格局为隐伏 NNW 向基底隆起构造带和三处古构造洼陷。萨热克铜矿床北矿带主要位于 W1 构造洼地、北西斜坡构造带和隐伏基底隆起带中;南矿带位于盆内 NW 向隐伏基底隆起构造带、W1 和 W3 古构造洼地南侧、斜坡构造带(图 3-3)。总之,隐伏基底隆起构造带、古构造洼地和二者之间斜坡构造带,这种同生构造组合是萨热克隐伏铜多金属矿层主要分布区域,它们是控制该矿床的成矿前构造组合。

在萨热克北矿带 NE 向延伸部位,在阿克然发育 W2 古构造洼地(图 3-3),现今杨叶组和塔尔尕组的残留厚度较大,其上覆的上侏罗统库孜贡苏组和其上段的含矿岩相多已经被侵蚀。W2 古构造洼地南侧为 NE 向隐伏鼻状基底隆起带,是现今萨热克北矿带在地表向 NE 向延伸的出露部位。该鼻状基底隆起带向南东侧伏坡折构造带,属于 W3 古构造洼地之间的坡折构造带,推测为寻找隐伏砂砾岩型铜矿体有利勘查靶位。

(2)萨热克巴依次级盆地中,在 W3 古构造洼地(图 3-3)中残存的下白垩统克孜勒苏群厚度较大,推测是构造沉降中心和侏罗系–下白垩统组成的沉积中心。其南西侧塔罗地区发育辉长辉绿岩脉群和褪色化蚀变带(图 3-1、图 3-3),这些由碱性辉绿岩脉群和褪色化蚀变带组成的岩浆侵入构造系统,揭示了深源盆地流体垂向上涌并形成叠加成岩成矿部位,推测

W3 古构造洼地是寻找隐伏砂砾岩型铜矿床的有利部位。

（3）在萨热克巴依次级盆地南东缘 23、0 和 40-44 勘探线、北西缘 29、32 和 56 勘探线南侧（图 3-3）等分别发育六处次级鼻状基底隆起，它们也是库孜贡苏组发育的次级叠加冲积扇群的空间位置，显然，这些次级鼻状基底隆起为两侧叠加冲积扇群，提供了良好的构造古地形条件和丰富的蚀源岩区（阿克苏岩群）。

总体看，萨热克巴依次级盆地内，萨热克铜矿区构造-古地形-地貌等构造古地理单元组合，呈现"北西向水下高地、东南和西北低洼"的局部趋势。结合区域外围 SW 方向曾为古生代沉积槽沟，该槽沟一直延伸到乌鲁克恰提一带，暗示曾经存在的晚古生代造山带，为该次级盆地提供丰富的蚀源岩区物质。在萨热克巴依次级盆地中心砾石成分较多来自古生代地层，揭示其蚀源岩区物质来自 SW 方向，被传输到 SE 方向到该次级盆地内部。

2. 盆内隐伏基底隆起带和下切谷的构造岩相学分带

在萨热克巴依次级盆地内，发育三个北西向基底隆起构造带（图 3-1、图 3-3）。萨热克铜矿区内 4-10 勘探线，隐伏北西向基底隆起构造带、盆地两侧边界同生断裂带（图 3-1 中萨热克南 F_1^1 和萨热克北 F_1^2）复合控制和分割作用，分别形成了三个次级洼陷区。它们为形成砂砾岩型铜多金属矿床提供了良好的构造古地理微单元。

（1）中侏罗世杨叶期是萨热克巴依陆内走滑拉分断陷盆地的主成盆期。在萨热克铜矿床深部 4-8 勘探线之间，隐伏基底隆起带对上覆的中-上侏罗统构造-沉积岩相体分带具有明显的控制作用（图 3-2、图 3-3）。①在中侏罗世早期，杨叶期构造沉积中心位于萨热克巴依次级盆地西南端，而在西北侧克孜塔拉一带（图 3-1）杨叶组石英质砾岩超覆在阿克苏岩群之上，推测可能与托云陆内拉分盆地之间相互连通。总体上看，杨叶期构造古地理为半封闭的山间湖泊盆地，相邻周缘为阿克苏岩群和古生界组成的山体。②在东北端巴依基底隆起带附近，现今未见杨叶组出露，以塔尔尕组为主，暗示在杨叶期巴依基底隆起带仍然出露于湖盆水面之上。③在该次级盆地南北两侧边缘，可见到杨叶组石英质砾岩和残积角砾岩呈角度不整合超覆在阿克苏岩群之上，萨热克南 F_1^1 和萨热克北 F_1^2 两个边界同生断裂具有强烈走滑拉分断陷成盆作用。④杨叶组总体上为楔形冲积扇体，在 4 勘探线隐伏基底隆起部位发育残积角砾岩和古风化壳，揭示古地势较高。在纵向剖面上杨叶组呈楔形体分布，说明在萨热克巴依次级盆地中基底隆起提供了蚀源岩；随着远离基底隆起到古洼地处，南西侧 4-19 勘探线杨叶组厚度明显增加（图 3-2），具有大致对称的特征。因此，杨叶期主成盆期的盆地动力学特征为陆内走滑拉分断陷成盆。

（2）中侏罗世塔尔尕期仍是萨热克巴依次级盆地主成盆期。塔尔尕组在本区广泛分布，在北东部巴依 NW 向基底隆起带仍然将该次级盆地围限，构造古地理格局为"三面环山、一面开口"的半封闭山间湖盆。①在萨热克铜矿区北矿带深部，塔尔尕期早阶段形成了最大湖泛面，深湖相（结晶灰岩-方解石泥晶灰岩-泥灰岩）、湖震相（砾屑状泥灰岩-泥质砂岩和软变形构造）和震积岩相（泥灰质同生角砾岩相）等（图 3-2），揭示在萨热克巴依次级盆地中心隐伏基底隆起带附近，曾发生了基底同生断裂活动，形成了构造沉降中心。②塔尔尕组在萨热克巴依次级盆地中心部位和相邻山前部位具有显著的同期异相结构。在其南北两侧的阿克兰山和阿切塔什山前（图 3-1），塔尔尕组为灰绿色杂砾岩夹粗砂质砾岩和透镜状岩屑砂岩，砾石具有一定磨圆度，其蚀源岩区主要为阿克苏岩群变质岩系。这种湖盆水下扇向该次

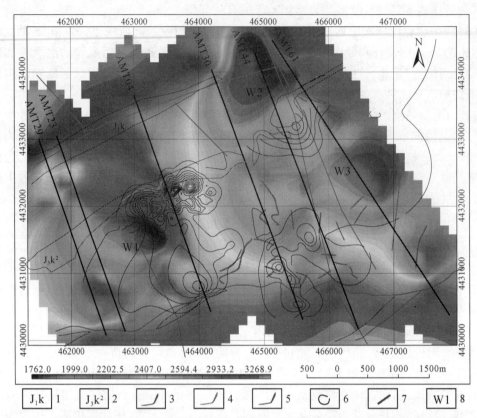

图 3-3 萨热克巴依次级盆地中反演的基底构造层顶面深度线与铜矿含矿层等厚度图(图版 Q)

1. 下侏罗统康苏组范围;2. 上侏罗统库孜贡苏组上段,萨热克铜矿床赋存层位;3. 辉绿辉长岩脉群;
4. 地表铜矿体;5. 铁矿体;6. 钻孔控制的铜矿(化)体含矿层等厚度线(m);7. 断层及据物探 AMT、
CSAMT 和高精度磁力测量等推测的隐伏断裂;8. 根据物探资料综合解译的古构造洼地

级盆地中心方向,在砾石的砾径和岩屑粒度上,均表现为沉积物粒度迅速变小变细,扇顶相位于阿克兰山和阿切塔什山体山前附近,砾石磨圆度极差,局部为泥石流相。该次级盆地中心部位为深湖相钙屑泥岩和薄层状结晶灰岩等。③在北东向巴依基底隆起带附近,普遍接受塔尔尕组沉积,揭示萨热克巴依次级盆地中心形成了受 NE 向同生断裂带控制的构造沉降中心,也是半封闭的山间湖盆沉积中心;深湖相主要受 NE 向同生断裂带形成的构造断陷带控制。④在 W1 古构造洼地中,塔尔尕组在萨热克铜矿区南侧深部 4-8 勘探线之间,总体形态为透镜状,在北东侧总体形态为楔形,从 6 勘探线向 44 勘探线方向不断加厚增宽,揭示隐伏基底隆起构造带和古构造洼地控制明显。总之,从早侏罗世初到中侏罗世末,本区大陆动力学特征具有山→盆转换格局,盆地蚀源岩区为相邻山体,成盆主控因素为 NW 向同生断裂带走滑拉分断陷成盆。但塔尔尕组上部具有反向粒序结构,其向上沉积物变粗,砾石的砾径变大而且砾石含量增加,沉积水体变浅,为塔尔尕期末构造反转形成的构造-沉积岩相学响应记录。

(3)晚侏罗世库孜贡苏期是萨热克巴依次级盆地发生构造反转的重要时期,局部地段库孜贡苏组一段继承了塔尔尕期构造地理格局,但具有向上变粗的反粒序沉积层序,属于典型的进积型冲积扇;但库孜贡苏组二段主体为退积型冲积扇。受古地形-地貌和古水体深浅等构造古地理要素控制明显,在 W1 和 W2 古构造洼地中,库孜贡苏组一段具有显著的湿地扇特征,胶结物以钙屑泥质、方解石和绿泥石等为主,多呈灰绿色,在向上粒度增加的反向粒序顶部,常见紫红色铁质杂砾岩,以铁质、泥质和碳酸盐质胶结为主。浅紫红色和灰绿色铁质杂砾岩为主且紫红色杂砾岩厚度较大时,则主体为旱地扇,主要分布在萨热克铜矿区外围古地形较高位置。在纵向方向上,库孜贡苏组一段具有湿地扇和旱地扇连续相变的同时异相结构,在北东部巴依 NW 向基底隆起带发生了垂向抬升,将库孜贡苏组在北东向围限和封闭,构造古地理格局总体为封闭性山间残余湖盆(尾闾湖),同时,古气候也从塔尔尕期湿润气候转变为库孜贡苏期干旱气候,这是本区形成萨热克大型砂砾岩型铜多金属矿床十分重要的构造古地理要素,为含铜铁质氧化相初始成矿地质体形成和保存提供了良好的条件(旱地扇扇中亚相紫红色铁质杂砾岩),而且富含辉铜矿的基性火山岩和辉绿岩类十分发育。

(4)早白垩世陆相碎屑岩沉积厚度最大部位,主要继承了库孜贡苏期山间尾闾湖构造古地理格局,以 W1 构造洼地(图 3-3)表现最为特征,克孜勒苏群具有较大的沉积厚度,也为该盆地流体成矿作用形成和萨热克砂砾岩型铜矿床保存提供了良好的盖层条件。

3.2.2　盆地改造主成矿期:对冲厚皮式逆冲推覆构造系统和复式向斜构造系统

萨热克巴依次级盆地南部边界断裂带(F_1^1)和北部边界断裂带(F_1^2)现今构造样式为对称式逆冲推覆构造带,它们具有多期活动历史,在萨热克巴依次级盆地形成发育过程中,早-中侏罗世为控制该拉分盆地形成演化的重要边界同生断裂带。在中侏罗世发生了构造反转,燕山期转变为逆冲推覆构造,在喜马拉雅山期形成了对冲式逆冲推覆构造系统:①萨热克对冲式逆冲推覆构造带根部带为中元古界阿克苏岩群,为异地-半原地地层系统;②古生界志留系、泥盆系和石炭系为原地地层系统,在石炭系和阿克苏岩群之间发育滑脱型脆韧性剪切带,在石炭系内部能干性较差的粉砂质绢云母千枚岩层和上下粉砂岩之间形成了滑脱型脆韧性剪切带;③该次级盆地的南部边界断裂带(F_1^1)和北部边界断裂带(F_1^2)分别形成基底卷入式构造变形,在侏罗系和下白垩统中发育断层传播褶皱、倒转褶皱和挤压断裂带,为逆冲推覆构造系统的前锋带。

1.南部边界萨热克南厚皮式逆冲推覆构造系统

南部边界由萨热克南断裂带(F_1^1)活动历史与构造岩相学记录(图 3-1)揭示为乌鲁-萨热克南 NE 向区域断裂带组成部分。①萨热克南断裂带现今呈大致 NE65°向延伸,到南西外围至乌鲁克恰提一带,其南东盘为阿克苏岩群,北西盘为阿克苏岩群、石炭系、泥盆系和志留系等。NEE 向长 55km 以上,在萨热克巴依长约 27km。主体倾向 NW,倾角(55°~80°)较陡。地表为断裂破碎带(宽度 10~200m)、断裂角砾岩带、挤压劈理化带、挤压片理化带、平行的 NE 向断裂组。②该断裂带形成活动历史很长,在阿克苏岩群中发育顺层和切层的脆韧性剪切带【DA①】,现今残留在其南侧 200～1000m 范围内,脆韧性剪切带主体呈 NE45°方向展布,与该断裂带呈斜交关系。

脆韧性剪切带和构造岩相学历史:①早期顺层滑脱型韧性剪切带【DA1szh+f】主要发育在黑云母片岩-绢云母片岩-二云母片岩和条带状大理岩之中,发育顺层流变褶皱、S 形和流变状硅化脉、S-C 组构、尖棱褶皱和强烈的构造面理置换【DA1szl+f】。阿克苏岩群在该地段变质相为高绿片岩相-低角闪岩相,顺层韧性剪切带主体倾向 NW 向,倾角变化较大(30°～60°),为顺层滑脱型石英-黑云母型韧性剪切带,形成于中下地壳尺度伸展流变构造条件下,韧性流变构造域高绿片岩相-低角闪岩相环境。②晚期切层脆韧性剪切带【DA2szv+f】切割早期顺层滑脱型韧性剪切带,为绿泥石-绢云母-石英型脆韧性剪切带,形成绢英糜棱岩和绢英岩化糜棱岩等,其 S 形褶皱和石香肠状硅化脉伴有同正扇形劈理。这种切层脆韧性剪切带倾向 SE,倾角在 70°～85°,常发育在二云母片岩和条带状大理岩的过渡部位、黑云母片岩-绢云母片岩-二云母片岩和条带状大理岩构成的背斜核心部位,属于压剪性切层脆韧性剪切带,它对于北界边界同生断裂带影响较大,早-中侏罗世同生断裂带(印支期)继承了压剪性切层脆韧性剪切带。③在萨热克铜矿区 SW 部位和 SW 外围区域,F_1^1 和 F_1^2 与 F_3^1 断裂带之间夹持部位,分布有志留系、泥盆系和石炭系断片,暗示该 NE 向狭窄地段曾为古生代地层分布区域,现在仍有志留系、泥盆系和石炭系断片残留【DB】,可能为被剥蚀掉的印支期造山带,这与萨热克巴依次级盆地中心部位深部钻孔揭露的古生代地层(隐伏上基底构造层)具有一致性,也揭示了该次级盆地中心侏罗系砾岩中以古生代地层砾石为主的特点。在 QD12($X=4427582,Y=445135,H=2696m$)发育韧性剪切带,主挤压应力面为 214°∠66°;同劈理向斜枢纽产状为 35°∠85°,绢云母和绿泥石组成的拉伸线理产状为 20°∠15°,显示 F_1^1 断裂带的运动学方向具有 NE 向斜冲走滑特征。④F_1^1 具有多期活动历史,但以燕山运动形成的构造岩相学记录十分显著,对印支期构造样式改造强烈,一时难以识别。总体上,以 F_1^1 和 F_1^2 为主组成了高角度逆冲推覆构造带【DE1+2】,其间 F_1^3 和 F_1^4 为协调断裂带,呈 NE45°方向展布,F_1^5 和 F_1^6 为反冲断裂带,在这些断裂带中,阿克苏岩群中早期顺层韧性剪切带和切层脆韧性剪切带为先存构造,在燕山期再度复活。它们是逆冲推覆构造带的根部带。

萨热克南断裂带(F_1^1)为逆冲推覆构造带的主带和强构造应变带,在 NE 方向上具有构造明显的空间分形特征:①在萨热克巴依次级盆地西南端疏勒煤矿区,形成了大型透镜体并逆冲推覆于西侧侏罗系和下白垩统之上【DE2】,被喜马拉雅时期近南北向断裂带(F_3^1)错断和位移【DE3】。在该区库孜贡苏组和克孜勒苏群中,发育褪色化砂岩和褪色化细砾岩,库孜贡苏组二段为旱地扇扇缘亚相(细砾岩-岩屑砂岩-细砂岩组合),对于形成砂岩型铜矿较为有利。②在萨热克铜矿区南矿带 31-8 勘探线,克孜勒苏群褪色化发育,构造组合为逆冲断层+两向斜夹背斜【DE3F+f】。这种冲断褶皱带为逆冲推覆构造前锋带,主逆冲推覆构造带为 F_1^1 断裂带,呈高角度逆冲到克孜勒苏群之上,局部(3 勘探线)逆冲到库孜贡苏组之上,北侧相邻区发育大规模褪色化带(白色化蚀变带),揭示了不但逆冲推覆量较大(估计在 3000m

① DA、DB、DC、DE 为构造变形事件 A、B、C、D。F 为断层,f 为褶皱,szh 为滑脱型剪切带,szl 为构造面理置换,szv 为切层脆韧性剪切带,DA1szh+f 为构造变形事件 A 中构造组合样式。

以上),而且伴随大规模区域性盆地流体运移(富 SiO_2 型和 $CaCO_3$ 型盆地流体),富 SiO_2 型盆地流体形成硅化和石英重结晶作用,伴有 $CaCO_3$ 型盆地流体形成的方解石化。在地表的克孜勒苏群中,形成了砂岩型铜矿体,寻找砂岩型铜矿体是本区找矿方向之一。③在萨热克南矿带 8-150 勘探线,主逆冲推覆构造带(F_1^1)逆冲推覆在 5000m 以上,阿克苏岩群被高角度逆冲推覆到克孜勒苏群之上;其下盘为侏罗系-下白垩统组成的翻卷式牵引褶皱,并形成了良好的构造圈闭,形成了砂砾岩型铜矿体、铜铅锌矿体和钼矿体,如南矿带 30 勘探线南端等。克孜勒苏群中发育大规模褪色化带(白色化蚀变带)、辉绿辉长岩脉群、直立和宽缓的传播褶皱,它们为逆冲推覆构造带的前锋带。在萨热克南矿带寻找隐伏砂砾岩型铜铅锌矿体较为有利,主要为主逆冲推覆构造带下盘强烈构造变形区。④在南矿带 150 勘探线以东地区,主逆冲推覆构造带与其上盘反冲断裂(F_1^5)之间,为早期先存的脆韧性剪切带,沿蚀变脆韧性剪切带形成了含金铜蚀变带和金铜矿体,这种反冲构造形成的冲起构造区对于含金铜蚀变带形成十分有利,含矿构造岩相学为蚀变糜棱岩、硅化绢英糜棱岩和硅化蚀变岩,含金铜蚀变岩叠加于早期先存糜棱岩相之上,形成了退化蚀变作用。⑤主逆冲推覆构造带(F_1^1)将阿克苏岩群逆冲推覆到杨叶组和塔尔尕组之上,在塔尔尕组、杨叶组和康苏组中,发育倒转褶皱和层间褶皱(推测为印支期构造变形样式)。在阿克苏岩群中形成紧闭褶皱+冲断褶皱,这种构造组合揭示构造样式为厚皮式冲断褶皱带【DE3F+f】。⑥远离主逆冲推覆构造带以北 500~1000m 范围内,克孜勒苏群和库孜贡苏组中形成了直立褶皱和倒转褶皱,为逆冲推覆构造带的前锋带,克孜勒苏群因构造挤压收缩形成构造加积作用明显,钻孔在 900m 尚未穿透克孜勒苏群。

2. 北部边界阿克苏北厚皮式逆冲推覆构造系统

萨热克巴依北部边界断裂带(F_1^2)活动历史与构造岩相学记录(图 3-1)表明:①现今呈大致 NE45° 向延伸到南西外围至大红山铁矿床以北的阿克苏岩群中,NE 向长 38km。主体倾向 NW,倾角(55°~80°)较陡。地表表现为断裂破碎带(宽度 10~200m)、断裂角砾岩带、挤压劈理化带、挤压片理化带、平行的 NE 向断裂组。②该断裂带形成活动历史很长,在阿克苏岩群中发育顺层和切层的脆韧性剪切带,现今残留在其北侧 200~500m 范围内,脆韧性剪切带主体呈 NE45° 方向展布。早期顺层主要发育在黑云母片岩-绢云母片岩-二云母片岩和条带状大理岩之中,发育顺层流变褶皱、S 形和流变状硅化脉、S-C 组构、尖棱褶皱和强烈的构造面理置换。阿克苏岩群在该地段变质相为高绿片岩相-低角闪岩相,顺层韧性剪切带主体倾向 NW 向,倾角变化较大(30°~60°),为顺层滑脱型石英-黑云母型韧性剪切带,形成于中下地壳尺度伸展流变构造条件下,韧性流变构造域相序列中高绿片岩相-低角闪岩相环境。③晚期切层脆韧性剪切带切割早期顺层滑脱型韧性剪切带,为绿泥石-绢云母-石英型脆韧性剪切带,形成绢英糜棱岩和绢英岩化糜棱岩等,其 S 形褶皱和石香肠状硅化脉伴有同正扇形劈理,这种切层脆韧性剪切带倾向 SE,倾角在 70°~85°,常发育在黑云母片岩-绢云母片岩-二云母片岩和条带状大理岩构成的背斜核心部位,属于压剪性切层脆韧性剪切带,它对于北部边界同生断裂带影响较大,早-中侏罗世同生断裂带(印支期)继承了压剪性切层脆韧性剪切带。

(1)在萨热克铜矿区 SW 外围(QD10: $Y=456143$, $X=4429523$, $H=2725$m;QD11: $Y=$

456143，$X=4429523$，$H=2725\mathrm{m}$；）为 F_1^2 断裂带延伸地段。①阿克苏岩群以灰白色绢云石英片岩夹灰色绢云绿泥石片岩，片理产状为 $346°\sim323°\angle80°\sim63°$，发育早期韧性剪切带，S-C组构发育，主压剪性构造面（C面）产状为 $325°\angle31°$，S面产状为 $313°\angle25°$，表明早期主要为 NW—SE 向主压剪性应力场形成的结构面。②叠加后期脆韧性剪切带，总宽度在 500m。主要表现为碎裂岩化相中，X形压剪性共轭破劈理化带产状为 $0°\angle48°$、$212°\angle28°$ 和 $22°\angle87°$，主挤压应力面形成的构造片理化带（绢云绿泥石片岩）产状为 $173°\angle81°$，指示了近南北向压剪性应力场形成的脆韧性剪切带叠加改造早期先存结构面，本期（印支期）与萨热克巴依拉分盆地形成可能具有同期性，形成了 $173°\rightarrow353°$ 主挤压应力场，其走滑拉分构造作用形成的构造伸展方向为 $263°\rightarrow86°$。③在印支期脆韧性剪切带形成的压剪性结构面上，形成了绢云母拉伸线理（$299°\rightarrow38°$）和正阶步，指示了 $299°\rightarrow110°$ 斜冲走滑构造作用，这种结构面记录了印支期脆韧性剪切带的构造岩相学特征，即在萨热克铜矿区 SW 外围处于压剪性逆冲推覆形成的造山作用持续进行，而在萨热克巴依因费尔干纳 NW 向地幔型走滑构造作用，形成的 NE 向楔形拉分成盆和 SW 侧压剪性应力场转换为张剪性应力场（$263°\rightarrow86°$）相互耦合，为萨热克巴依拉分盆地形成提供了良好的成盆动力学背景。

（2）该断裂带早期表现为同生断裂带，在萨热克铜矿区西南部边缘，沿该同生断裂带 SE 侧发育下侏罗统莎里塔什组和康苏组、中侏罗统杨叶组和塔尔尕组，这些地层现今呈弧形分布，主要为湖沼相湿地扇体，揭示北部同生断裂带（F_1^2）因走滑拉分作用形成了早-中侏罗世的沉降中心和沉积中心，为在康苏组和杨叶组形成乌恰和疏勒煤矿提供了构造-沉积容纳空间。

（3）在萨热克北矿带 60 勘探线北端，可见杨叶组呈角度不整合超覆在阿克苏岩群之上。萨热克北部边界同生断裂带的构造沉降作用在杨叶期处仍然活动强烈，这种同生构造断陷沉降作用，导致了萨热克巴依沉积盆地范围不断扩大。杨叶组底部发育石英质底砾岩、透镜状褐铁矿石英质砾岩和粗砂岩，说明在杨叶期初，周缘山体相对较为稳定，来自物源区的沉积砾石具有较高的成分成熟度，主要为沉积盆地同生构造断陷强烈，沉积盆地内基底构造层发生了整体性构造断陷沉降。萨热克巴依次级盆地北部边界断裂带（F_1^2）在印支期晚期初，以 NW 向压剪性应力场为主导，发生了构造应力场格局转变，在其南侧下-中侏罗统（莎里塔什组、康苏组和杨叶组）形成了一系列层间褶皱、倒转褶皱、斜歪褶皱和牵引褶皱群落，构造组合主体为紧闭褶皱+顺层和切层断裂带，褶皱轴向与北部边界断裂带（F_1^2）呈小角度相交，指示了北盘向 NE 方向位移（即顺时针的右行走滑），印支期主体压剪性应力面为 NW 向。这些构造样式、构造组合与运动学指向和燕山期有较大差别。印支期晚期应力场松弛，形成了塔尔尕期最大湖泛面，也是萨热克巴依拉分盆地主成盆期。

（4）燕山期挤压造山作用以 NW—SE 方向挤压收缩和逆冲推覆构造作用为主导格局，在萨热克巴依次级盆地中：①在克孜勒苏群中形成倒转褶皱，北翼倒转并较陡（倾向南东，倾角 $55°\sim40°$），南翼平缓而为正常翼（倾向北西，倾角 $4°\sim6°$）。在侏罗系和克孜勒苏群中形成了左行斜列式断裂组（反时针旋转应力场），揭示从北到南，构造变形强度逐渐减弱，倒转向斜-左行斜列式断裂组等组成的构造组合，构造样式为逆冲推覆构造带的前锋带。②在北部边界断裂（F_1^2）和南部边界断裂带下盘侏罗系-下白垩统中，形成了冲断紧闭褶皱带、宽缓传播褶皱带、牵引翻卷褶皱带等构造样式与构造组合。燕山运动初期以构造抬升为特征，在萨热克铜矿区 SE 区形成了下白垩统克孜勒苏群呈小角度不整合超覆在杨叶组之上,在 60 勘探线附近,形成了中侏罗统杨叶组和塔尔尕组中倒转褶皱–倒转斜歪褶皱–逆冲断裂–反冲断裂带等构造组合,康苏组和莎里塔什组可能已经被逆冲推覆构造带削切剥蚀(前锋带)或卷入下盘的隐伏构造区,侏罗系中褶皱群落为两条逆冲断层之间的强烈构造变形带,即构造样式为典型的双冲构造带。③北部边界断裂(F_1^2)逆冲推覆构造带的根部发育在阿克苏岩群中,构造组合为斜歪褶皱核部+逆冲推覆型脆韧性剪切带,发育绢英糜棱岩。总体上,在萨热克铜矿区,44-72 勘探线北部,燕山期的构造样式为厚皮式逆冲推覆构造带。本区阿克苏岩群和侏罗系中,发育 Zn-Au-Cu 化探异常和孔雀石蚀变带,具有一定找矿潜力,值得隐伏矿床勘查。

3. 对冲厚皮式逆冲推覆构造系统为盆地流体改造成矿期的构造驱动系统

萨热克南和萨热克北断裂带,在萨热克巴依次级盆地的南北两侧,形成了大规模对冲厚皮式逆冲推覆构造系统,有利于驱动造山带流体大规模聚集迁移到萨热克巴依次级盆地中聚集和圈闭。深源辉绿辉长岩脉群侵位形成构造–岩浆–热流体叠加成岩成矿事件,形成的深源热流体在复式向斜构造中聚集,被隐蔽次级褶皱群落所圈闭。①萨热克巴依次级盆地南北两侧为对冲厚皮式逆冲推覆脆韧性剪切带,大规模构造驱动有利于造山带流体在萨热克巴依次级盆地中形成聚集;②该盆地两侧均为厚皮式逆冲推覆脆韧性剪切带,其对冲结构有利于造山带流体大规模形成构造圈闭;③在萨热克含铜盆地边部构造变形强烈,但南北两侧盆地边部构造变形样式和组合有较大差别,北侧边缘为造山带中冲断褶皱带,驱动造山带流体发生运移,在库孜贡苏组中构造变形域减弱为碎裂岩化相,掀斜构造、层间断裂和裂隙带成为成矿流体的岩性–构造圈闭带,形成了北矿带;④在萨热克巴依次级盆地中,形成了复式向斜构造和次级褶皱群落,发育碎裂岩化相,但它们均属于弱构造变形强度区,在盆山耦合转换尺度上,属于构造扩容区域,也是构造驱动流体大规模运移和聚集的空间。

4. 盆地挤压变形构造样式(K_2-E):萨热克裙边式复式向斜构造与构造动力学

(1)萨热克巴依裙边式复式向斜构造的轴向主体为 NE45°,NE 向长 15km,NW 向宽 2 ~ 5km,面积约 80km^2。在总体几何学特征上,该复式向斜具有东宽西窄、两翼陡而核部缓、东西两端翘起特征;南北两翼被逆冲推覆断层叠加改造围限,其周边发育次级褶皱群落、深部隐蔽褶皱和层间滑动断裂–裂隙带,因此,总体几何学特征为裙边式复式向斜构造系统。①裙边式复式向斜的核部出露地层为下白垩统克孜勒苏群第二和三岩性段(图 3-1、图 3-4),两翼地层为下侏罗统莎里塔什组和康苏组、中侏罗统杨叶组和塔尔尕组、上侏罗统库孜贡苏组(萨热克铜矿的赋矿层位)、下白垩统克孜勒苏群第一岩性段。在 NW 翼陡(335°∠82° ~ 62°)且发育层间滑动断层–裂隙带,核部最为平缓(345°∠6°、165∠5°);而南翼(158° ∠80° ~ 30°)相对较缓但边部发育次级褶皱群落,并受萨热克南逆冲推覆构造系统影响强烈而局部直立和倒转。②该复式向斜构造东端扬起撒开而宽缓,克孜勒苏群和库孜贡苏组内发育次级 NW 向褶曲,东端扬起端为巴依 NW 向基底隆起所围限。受萨热克南 F_1^1 和萨热克北 F_1^2 逆冲推覆构造带影响,在其断裂带下盘(东端 SE 翼和 NW 翼),杨叶组和塔尔尕组中发育倒转褶皱–斜歪褶皱–紧闭褶皱群落。受 F_1^2 逆冲推覆构造带影响,在西端 NW 翼产状变陡并局部倒转,在康苏组和杨叶组中形成了层间褶皱。受萨热克南 F_1^1 逆冲推覆构造带叠加和影响,在西端 SE 翼叠加了断层破坏和逆冲构造作用,库孜贡苏组被逆冲于克孜勒苏群之上,沿逆冲推覆构造带附近,在库孜贡苏组中发育大规模褪色化蚀变和较弱沥青化。③该复式向斜构造西端,因铁热克苏 F_3^1 断裂逆冲推覆而地层翘起并局部倒转,康苏组和杨叶组被卷入倒转褶皱中,组成了倒转褶皱的上翼和下翼,构造加积作用使杨叶组煤层增厚,深部钻孔揭露下白垩统克孜勒苏群。④在该复式向斜构造中部,NW 翼产状较陡(58°∠25°~53°),而南翼产状(245°∠12°~30°)相对较缓,受盆地基底隆起控制,在复式向斜中央发育隐蔽次级背斜(图3-4),较陡的 NW 翼发育大致顺层的隐蔽层间滑动-裂隙构造带,沿其发育沥青化和褪色化蚀变带。

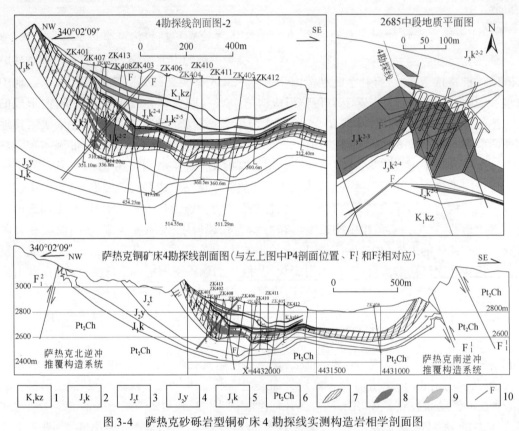

图 3-4　萨热克砂砾岩型铜矿床 4 勘探线实测构造岩相学剖面图

1. 下白垩统克孜勒苏群;2. 上侏罗统库孜贡苏组;3. 中侏罗统塔尔尕组;4. 中侏罗统杨叶组;5. 下侏罗统康苏组;
6. 中元古界阿克苏岩群;7. 碎裂岩化相分布范围;8. 铜矿体;9. 沥青化蚀变带;10. 实测断层

在该向斜构造 NE 轴向上,受隐伏基底隆起和成盆作用控制而发育同生披覆褶皱,在后期受到 SW—NE 向挤压收缩作用影响,形成次级隐蔽褶曲(褶皱)和隐蔽层间滑动断裂-裂隙构造带,沿其发育沥青化和褪色化蚀变带,明显控制了萨热克北矿带的构造-岩相定位。根据该复式向斜构造所卷入变形地层分析:①披覆褶皱形成时间为侏罗纪-早白垩世,以杨叶组和塔尔尕组围绕盆地基底隆起为核心而呈对称分布(图3-3)。②康苏组-杨叶组中层间褶皱与晚侏罗世库孜贡苏运动有关,推测因晚侏罗世末期构造反转作用形成的相邻山体迅速抬升,造成了紧邻反转断层附近的地层发生了层间滑动和构造变形,在康苏组-杨叶组中形成了以斜歪-倒转层间褶皱群落和断层等为构造样式和构造组合的构造变形型相。而库孜贡苏组中的构造变形型相以宽缓褶皱和断裂为主。③南北两侧逆冲推覆构造系统对复式向斜构造叠加和改造强烈，可能在晚白垩世发生了碱性辉绿岩脉群侵位，形成了岩浆侵入构造系统的叠加改造。④经过喜马拉雅山期运动最终形成了构造定型。在北翼局部出露较为完整，莎里塔什组、康苏组和中侏罗统杨叶组在北翼的西南部出露完整，受萨热克北逆冲推覆构造作用影响，阿克苏岩群逆冲推覆于下-中侏罗统之上。其南翼受萨热克南逆冲推覆构造影响，中生代地层被阿克苏岩群掩覆规模较大，并将侏罗系推覆在克孜勒苏群之上。总之，萨热克裙边式复式向斜构造系统属于萨热克巴依陆内拉分断陷盆地，经历了后期构造变形而形成，总体上继承了萨热克巴依次级盆地的构造原型，后期变形形成了裙边式复式向斜构造系统。

（2）NW 向穿盆碎裂岩化相带和切层断裂带。①在萨热克砂砾岩型铜多金属矿床中，侏罗系和下白垩统地层发育碎裂岩相，碎裂岩化相和沥青化（褪色化）蚀变相之间具有耦合结构关系。这种穿越侏罗系和下白垩统的碎裂岩化相带，由 NW 向和 NE 向剪张性断裂作用形成，它们是对冲式厚皮型逆冲推覆构造系统形成的构造应力场中协调断裂-裂隙-碎裂岩化相带，并沟通了康苏组和杨叶组烃源岩系，成为构造生排烃中心通道。②穿层分布的碎裂岩相主要受穿层断裂带控制，一般分布在断裂带中及附近，伴有较强的褪色化-沥青化-铁碳酸盐化蚀变，随着远离断裂带，碎裂岩化相逐渐减弱，以褪色化-方解石化为主。正常未变形地层碎裂岩化相消失。③多组断裂-裂隙带交汇部位碎裂岩化相-沥青化最强，也是铜富集成矿最佳部位和铜-钼-银改造富集成矿最佳部位，以发育碎裂状铜矿石、细网脉状和微网脉状沥青-辉铜矿为特征。沿岩石裂隙分布有密集的沥青-辉铜矿细脉带。有机质含量达 0.13%～2.55%，形成强黑色沥青化蚀变岩，这种有机质含量明显增高的富烃类还原性盆地流体主要与碎裂岩相发生耦合，有机质沿碎裂岩相带形成富集，这些特征是在野外编录和地质填图中，肉眼可识别的构造岩相学标志。

在穿层断裂-裂隙带储矿规律上，主要表现为：①共轭穿层断裂在坑道中可观测和进行构造岩相学测量，储矿规律表现为两组共轭断裂-裂隙带（图 3-5），两组产状为 70°∠85°，65°∠88°；125°∠85°，185°∠50°。沿切层断裂带面向两侧依次为黑色（似沥青状）断层泥和碎裂岩化辉铜矿矿石。沿切层断裂发育弥散状裂隙，底部上顶部呈"扫把状"，裂隙中充填沥青化断层泥和辉铜矿。受构造应力作用，两侧岩层发生褶曲变形，形成顺层剪切裂隙，节理面产状 340°～350°∠55°～85°，190°～230°∠25°～60°，沿裂隙面可见沥青擦痕及辉铜矿金属镜面，最大主应力方向 320°，最小主应力方向 230°。②在切层断裂构造边部，发育一组和多组共轭裂隙，形成了裂隙密集带和共轭穿层断裂等组成的小型构造面，其力学结构面以张剪性和压剪性为主。富烃类还原性成矿流体沿切层裂隙带上涌，以强沥青化蚀变相为标志，在层间滑动断层和碎裂岩化相带形成了似层状运移，主要为高孔隙度-高渗透率的构造岩相带（碎裂岩化紫红色杂砾岩）提供了成矿流体二次运移的构造岩相学通道；富烃类还原性成矿流体（含铜强还原相）与紫红色含铜铁质杂砾岩（赤铁矿吸附的氧化相铜）发生还原作用，形成辉铜矿、斑铜矿等的沉淀。在多组断裂-裂隙交汇处形成了黑色强沥青化褪色化蚀变和富铜矿体。③铜矿体在走向上的穿层性质和铜矿体分支现象，也说明存在一些层间断裂耦合作用，并制约着成矿溶液的活动。横向断层在萨热克矿区较普遍，规模均很小。除地表沟谷外，坑道中也可见到这组断裂的存在。走向 NW300°，表现为一系列左行,错距一般为 5～30m。构造与深部含铜矿剪切裂隙特征一致,显示具有两期以上构造–成矿流体叠加和耦合作用。

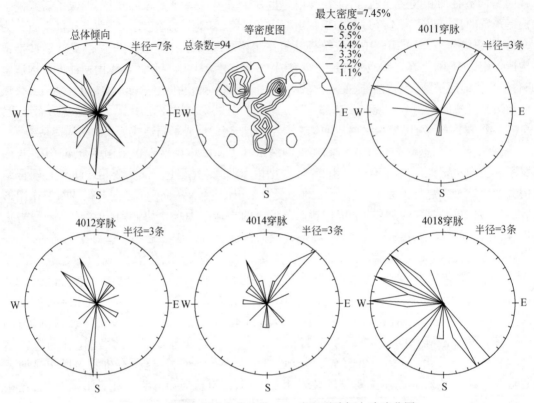

图 3-5　萨热克铜矿床北矿带 2685 中段裂隙倾向玫瑰花图

(3)层间碎裂岩化相带、层间劈理–裂隙–裂缝构造带。①顺层分布的碎裂岩化相,主要受层间断裂–裂隙破碎带控制,多发育在砾岩类和含砾粗砂岩中、含砾粗砂和粉砂质泥岩–泥质粉砂岩过渡部位,多伴有褪色化和沥青化蚀变,从层间滑动断层→碎裂岩化相砾岩→弱碎裂岩化相砾岩,蚀变分带为黑色沥青化蚀变带→灰黑色沥青化+灰色褪色化蚀变带→灰色–灰绿色褪色化蚀变带。②在后期变形过程中,沥青质常形成拉伸线理和金属镜面结构,铜含量大于 5%,并形成明显的 Mo 和 Ag 富集。晚期沥青质多散布在构造裂隙中,考虑到压实成岩期等因素,本区这些构造岩相学特征说明富烃类还原性盆地流体具有三期以上的构造岩相学活动历史。揭示萨热克巴依次级盆地深部发育三次以上的排烃类盆地流体。

(4)隐蔽层间褶曲构造带。隐蔽层间褶曲构造带主要为掀斜构造带中产状变化部位,这种产状在由陡变缓、由缓变陡等部位,形成了层间褶曲构造带,也是铜矿体增厚变富的部位,这种构造扩容空间是较大规模的层间滑动剪切作用所形成(图 3-6)。

(5)碎裂岩化相特征与盆地流体的小型–微型圈闭构造。碎裂岩化相–盆地流体的小型–微型储矿构造:①本区上侏罗统库孜贡苏组细中砾岩铜矿化体中发育切层层间断裂、切层大型节理和顺层层间断层,这些中型构造和小型构造均为脆性构造变形域,形成了碎裂岩化相。②在上述构造样式的交汇部位和旁侧发育一组和多组裂隙,形成了单裂隙-密集裂隙带和碎裂岩化等组成的小型构造面,构造裂隙面的力学结构面以张剪性和压剪性为主,并伴有明显斜冲走滑特征。③在层间断裂-切层和顺层裂隙面上,发育辉铜矿拉伸线理、方解石拉伸线理、黄铁矿和黄铜矿金属镜面、沥青和粉末状辉铜矿、细脉带-细脉型辉铜矿,显示具有两期以上同构造期的构造-成矿流体叠加和耦合作用。从上述碎裂岩化相与盆地流体运移的拓扑关系来看,北东向的切层断裂为盆地流体大规模上升运移的构造通道(沿断裂分布强沥青化蚀变带),层间断裂-破碎带为盆地流体顺层间运移的构造通道,碎裂岩化相为盆地流体的小型-微型储矿构造。

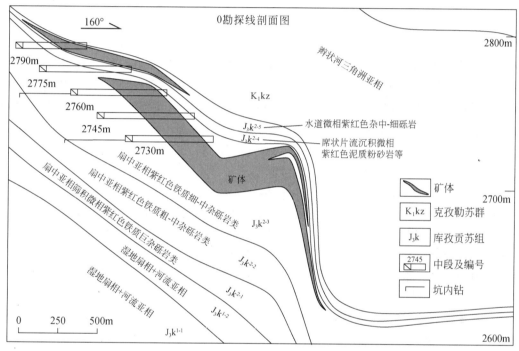

图3-6　萨热克铜矿床北矿带2730~2790m 中段沉积亚(微)相岩性组合剖面图

　　富烃类还原性盆地流体的岩性岩相圈闭构造特征为萨热克铜矿化体赋矿岩层主要为上侏罗统库孜贡苏组细-中砾岩,其上部为下白垩统克孜勒苏群下段褐红色粉砂质泥岩,下部为上侏罗统库孜贡苏组下段的灰绿色粉砂质泥岩,这种上下由粉砂质泥岩组成的不透水层形成了盆地流体的圈闭构造,这种岩性岩相组成的圈闭构造,有利于盆地流体沿着中间渗透率较高的细-中砾岩砾石间隙运移。从矿石中流体包裹体中的均一温度来看,成矿流体的温度总体在 $120 \sim 150 \text{℃}$,在矿体上下盘接触部位见明显的褪色化、绿泥石化和碳酸盐化,属中低温成矿流体与粉砂质泥岩发生水-岩反应结果。

3.2.3　盆地叠加成矿期构造:碱性辉绿辉长岩脉群侵入构造系统

　　碱性辉绿辉长岩脉群具有一定磁性,可以引起地面磁力异常,因此,根据地面磁力异常,可以推测本区隐伏辉绿辉长岩脉群分布范围,不但在萨热克北矿带铜成矿中心存在隐伏辉绿辉长岩脉群,而且在萨热克 30~100 勘探线,圈定了 5 个地面磁力异常,磁异常 5 和磁异常 6 均与地面出露的辉绿辉长岩脉群有关,因此,推测这 6 个地面磁力异常揭示了深部隐伏辉绿辉长岩脉群分布范围,指示了隐伏深源热流体形成的侵入构造系统和褪色化蚀变带。碱性辉长辉绿岩脉群上涌侵位于萨热克巴依次级盆地中心塔罗一带,形成了碱性基性岩浆侵入构造系统与褪色化蚀变带,为典型垂向热流驱动形成的盆地深源流体叠加成岩成矿系统。

(1)本区辉绿辉长岩岩脉群为叠加成岩成矿地质体,它们来自于深部地幔源区,具有 OIB 型地幔源区特征(图 3-7)。①辉绿岩富集 Cu(129×10^{-6} ~ 2105×10^{-6})、Zn(133×10^{-6} ~ 255×10^{-6})、Ag(0.10×10^{-6} ~ 2.50×10^{-6})和 Mo(1.13×10^{-6} ~ 4.04×10^{-6}),局部形成含铜蚀变体,揭示辉绿岩富集不但可以提供 Cu、Mo、Zn 的成矿物质,也直接形成了含铜蚀变体和含铜褪色化砂岩;②$Fe^{2+}/Fe^{3+}=2.15$,含铜 2105×10^{-6},揭示砂砾岩型铜矿体形成于地球化学还原相中;③辉绿岩等基性岩脉多沿南矿带中的断裂带等构造裂隙切层上侵,辉绿岩及其围岩均可见明显的褪色化和孔雀石化,表明辉绿岩脉可能为铜铅锌矿化提供了物源和热源;④从图 3-7 看,萨热克南矿带辉绿辉长岩脉属于碱性玄武岩系列中碱性辉长岩-辉长岩系列,它们的岩浆源区具有洋岛玄武岩(OIB)特征,属大陆地壳背景下形成的陆内洋岛玄武岩;⑤对于辉绿辉长岩进行 LA-ICP-MS 锆石 U-Pb 年龄测定,在发育铜矿化的辉绿岩脉(ZS1)中,获得 LA-ICP-MS 锆石 U-Pb 年龄为 $289\pm5Ma$,$n=6$,MSWD=0.013;$1611\pm48Ma$,$n=4$,MSWD=0.61。⑥在发育砂岩型铅矿化体的辉绿岩脉中(ZS3),获得 LA-ICP-MS 锆石 U-Pb 年龄为 $1562\pm13Ma$,$n=12$,MSWD=1.13。三组锆石数据精度均较高,但从辉绿岩侵位的地层时代为白垩系克孜勒苏群来看,这些锆石年龄可能指示了辉绿岩脉形成时期的岩浆源区年龄,1611~1562Ma 属于中元古代,与本区中元古界阿克苏岩群时代类似。$289\pm5Ma$ 为二叠纪,与塔里木板块发育二叠纪玄武岩时代类似;是目前得知的辉绿岩脉群最年轻的形成年龄,考虑到锆石 U-Pb 年龄封闭温度在 900℃,代表了岩浆结晶温度,推测这种基性岩浆在锆石 U-Pb 计时体系封闭之后仍持续上侵,岩浆尚未完全结晶冷却到常温状态。

(2)辉绿辉长岩脉群侵入事件驱动并形成了萨热克巴依次级盆地的大规模盆地流体形成和运移。萨热克巴依次级盆地形成演化具有深刻的深部地球动力学背景,辉绿辉长岩岩浆源区具有陆内洋岛玄武岩特征(图 3-7),其锆石 U-Pb 年龄可能指示了岩浆源区年龄,或岩浆上侵过程中捕获了本区基底地层的锆石。辉绿岩脉群不但可以提供丰富的成矿物质,也是重要的构造-岩浆热事件。辉绿辉长岩脉群发育较大规模褪色化蚀变,揭示辉绿辉长岩脉群侵入事件驱动并导致了萨热克巴依次级盆地的大规模流体形成和运移。

(3)在碱性辉绿辉长岩脉群边部和周缘形成了区域大规模褪色化蚀变带,这揭示这些岩脉群侵入构造与围岩之间,形成了区域性深源热流体叠加成岩成矿,在这些褪色化蚀变带中和碱性辉绿辉长岩脉群边部,形成了铜硫化物-硅化蚀变带和铜矿体。

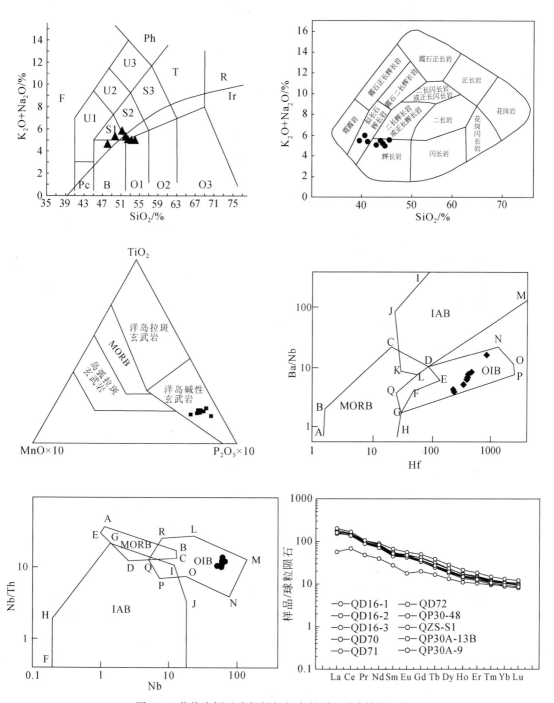

图 3-7　萨热克铜矿床辉绿辉长岩判别和形成构造环境

以上研究表明,萨热克巴依三大矿田构造系统形成于三个主要构造地质事件期,可以划分为成矿前构造(同生沉积成岩成矿期)、主成矿期构造和叠加成矿期构造。

(1)以萨热克巴依陆内拉分断陷盆地为代表的矿田同生构造系统,为沉积成岩成矿期和成矿前构造【DD】,控制了铜铅锌钼银初始富集作用。萨热克巴依次级盆地的内部同生构造样式和要素主要为隐伏基底构造隆起带、古构造洼地、构造斜坡带、下切谷、同生披覆褶皱、同生断裂带等。萨热克裙边式复式向斜构造继承了该盆地总体特征。

(2)以对冲式厚皮式逆冲推覆构造系统和裙边式复式向斜构造系统为构造组合样式,为盆地流体改造主成矿期构造【DE】,形成了铜主矿体和铜钼银型同体共生矿体的改造富集成矿。对冲式厚皮型逆冲推覆构造系统为造山带-沉积盆地转换构造系统,复式裙边式向斜构造系统、穿盆 NW 向碎裂岩化相和切层断裂带、隐蔽层间滑动构造带、层间褶曲带和层间碎裂岩化相带(节理-裂隙-裂缝带)为盆内构造变形样式和构造组合。

(3)(隐伏)碱性辉绿辉长岩脉群侵入构造系统和区域褪色化蚀变带为盆地叠加成矿期构造【DE】,在区域褪色化蚀变带形成铜铅锌钼银叠加成矿。晚白垩世-古近纪深源碱性基性-超基性岩浆侵入构造、碱性辉绿辉长岩脉群周边褪色化蚀变带和断裂-裂隙-节理相带等,为盆地深源热流体叠加改造样式与构造组合。

3.3　萨热克砂砾岩型铜多金属矿床成矿作用

3.3.1　萨热克铜矿岩(矿)石地球化学特征

从砂砾岩铜矿岩(矿)石分析结果(表 3-1)来看,铜矿石和铜矿化岩石中 SiO_2 含量为 44.85%~69.20%,平均为 58.55%。CaO 含量为 4.42%~23.36%,平均为 11.71%。TFeO 含量为 2.16%~14.38%,平均为 4.61%,主要与岩(矿)石中的铁碳酸盐矿物有关,包括铁碳酸盐砾石和铁碳酸盐胶结物。MgO 含量为 0.67%~5.63%,平均为 1.92%,部分样品中达到 5.63%,相应的 CO_2 含量也达到了 6.42%,表明这主要与白云石胶结物有关。Na_2O、K_2O、Al_2O_3 等主要与泥质等蚀变矿物有关,主要为绿泥石化和少量绢云母化,部分与原岩泥质密切有关。

矿石中有机碳含量为 0.11%~2.55%,平均为 0.35%,在断层中的有机碳含量最高,可达 2.55%,这主要与断层中含有大量的沥青等有机质有关(图 3-8A),揭示沥青化与铜富集成矿有十分密切的关系(图 3-8B),沥青化属于强还原性盆地流体的主要成分。

CO_2 含量为 1.77%~13.67%,平均为 4.68%,主要与矿石中的碳酸盐岩砾石或碳酸盐胶结物含量有关。岩(矿)石中铜含量为 0.81%~6.66%,平均为 1.68%。岩(矿)石中的化学成分变化较大,这主要与杂砾岩矿石中砾石成分多样化及胶结物含量的多少有关,总体上岩(矿)石中的铜含量与 TFe 呈弱的正相关性。

表3-1　萨热克铜矿岩（矿）石化学分析结果表

（单位：%）

样品编号	岩性	SiO_2	Al_2O_3	CaO	TFeO	K_2O	MgO	MnO	Na_2O	P_2O_5	TiO_2	烧失量	Cu	有机碳	S	CO_2	总量
2790-1	矿化杂砾岩	65.93	4.65	13.41	2.16	0.73	0.89	0.10	0.68	0.09	0.15	9.93	0.14	0.11	0.47	2.87	98.87
2790-3	矿化杂砾岩	69.20	6.08	9.78	2.86	0.78	1.34	0.12	1.06	0.12	0.21	7.83	0.12	0.11	0.37	2.19	99.49
2790-5	杂砾岩矿石	39.96	7.43	22.89	4.93	0.56	2.87	0.15	1.27	0.13	0.42	18.47	0.58	0.11	0.16	5.03	99.67
2760-1	杂砾岩矿石	62.04	8.16	11.54	2.91	0.98	1.58	0.16	1.95	0.13	0.26	8.54	0.79	0.12	0.51	2.63	99.04
2760-2	杂砾岩矿石	69.06	7.56	7.48	4.06	1.03	1.8	0.10	1.25	0.14	0.23	6.40	0.72	0.14	0.21	1.77	99.83
2760-3	杂砾岩矿石	46.15	5.19	23.36	2.77	0.82	1.08	0.07	0.74	0.16	0.16	17.53	1.27	0.12	0.31	4.98	99.3
2760-4	杂砾岩矿石	65.67	6.25	11.15	3.25	0.83	1.26	0.09	1.16	0.12	0.21	8.43	0.96	0.11	0.24	2.43	99.38
2730-1	构造蚀变岩	59.87	5.94	11.84	4.3	1.00	2.56	0.14	0.67	0.1	0.18	13.17	0.02	0.15	0.05	3.91	99.79
2730-2	杂砾岩	65.73	7.18	10.52	2.28	1.36	1.25	0.07	0.83	0.12	0.25	9.73	0.43	0.14	0.21	2.91	99.74
2730-3	沥青化泥质粉砂岩	66.66	9.0	5.9	3.32	1.13	2.41	0.1	2.11	0.08	0.26	8.62	0.04	0.25	0.16	2.7	99.63
2685-1	碎裂状铜矿石	63.21	6.78	11.5	3.24	0.68	1.13	0.08	1.16	0.13	0.29	9.07	1.79	0.13	0.54	2.69	99.06
2685-2	碎裂状铜矿石	59.61	5.84	13.69	2.53	0.83	1.25	0.08	0.87	0.13	0.19	9.51	4.10	0.13	1.05	3.07	98.63
2685-3	碎裂状铜矿石	56.18	6.52	16.39	3.16	0.95	1.29	0.08	1.00	0.12	0.22	12.31	1.17	0.13	0.3	3.61	99.38
2685-4	碎裂状铜矿石	61.75	5.23	14.05	2.16	0.74	1.15	0.09	0.85	0.11	0.17	8.36	3.99	0.13	1.00	3.01	98.65
2685-5	网脉状铜矿石	45.01	4.33	13.65	8.18	0.64	5.63	0.32	0.69	0.08	0.13	18.03	2.27	0.30	0.57	6.42	98.97
H2730-1	含沥青断层泥	58.00	15.64	4.42	3.04	2.03	3.84	0.83	0.06	0.15	0.71	10.15	0.81	1.77	0.88	4.41	99.71
H2730-2	含沥青断层泥	53.82	16.61	4.94	3.80	1.65	4.48	0.44	0.05	0.12	0.67	11.42	1.29	2.55	0.88	6.23	99.31
H2730-3	碎裂状铜矿石	53.77	4.96	9.04	12.53	1.68	0.79	0.88	0.16	0.1	0.14	11.13	4.52	0.18	1.43	12.38	99.69
H2730-4	碎裂状铜矿石	44.85	4.93	11.35	14.38	1.81	0.67	1.01	0.22	0.1	0.15	13.77	6.66	0.13	1.85	13.67	99.89
H2730-5	网脉状铜矿石	64.47	7.65	7.31	6.29	1.97	1.1	1.42	0.13	0.2	0.24	7.65	1.85	0.16	0.67	6.65	100.29

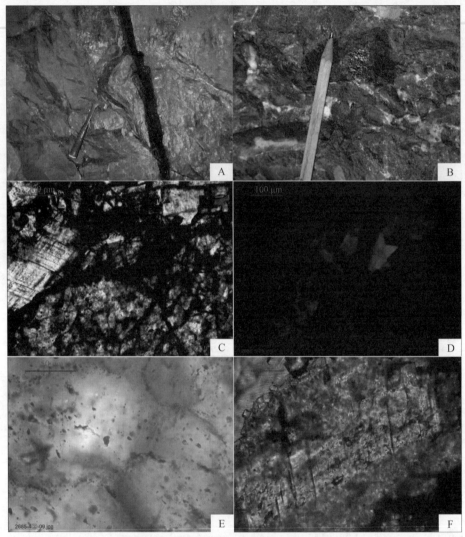

图 3-8　萨热克铜矿床沥青化蚀变相和富烃类包裹体特征(图版 R)

A. 2730 中段-006 穿脉可见切层断裂中的黑色沥青物质;B. 2685 中段-4014 穿脉中的网脉状辉铜矿;
C. 砾岩粒间孔隙为方解石所胶结,微缝隙含黑褐色沥青;D. 砾岩白云石胶结物晶间微缝隙含中轻质
油,显示浅蓝色荧光;E. 石英胶结物内成群分布,呈无色–灰色含烃盐水包裹体及深灰色气体包裹体;
F. 白云石胶结物内成群分布、呈褐色液烃包裹体

3.3.2　萨热克砂砾岩型铜多金属矿床的成矿流体类型和特征

成矿流体是盆地流体的主要类型之一,成矿流体富集了成矿物质,为成矿作用过程的信息载体。

(1)富烃类还原性盆地流体特征–沥青化蚀变相。富烃类还原性盆地流体以沥青和碳质为肉眼可识别标志,是还原性盆地流体改造富集成矿的重要还原剂(地球化学强还原相,如黑色沥青化蚀变),携带了 Mo、Cu 和 Ag 等成矿物质(方维萱等,2015)。①在富铜矿石中,沿岩石裂隙分布有密集的沥青-辉铜矿细脉带。有机质含量达 0.13%~2.55%。②在矿物包裹体类型上,赋存在方解石、白云石和石英等胶结物中,有机质烃类包裹体主要类型有成群分布含烃盐水类、含烃盐水-液烃共生类、含烃盐水-气烃共生类,为成岩期方解石、白云石和石英等矿物包裹体记录了三类盆地流体活动历史,即含烃盐水流体、含烃盐水-液烃共生类流体和含烃盐水-气烃共生类流体。③沿方解石胶结物内的微裂隙或沿石英等砾石碎裂微裂隙呈带状或线状分布的矿物流体包裹体为石英和方解石,受构造应力发生变形后,记录了两类盆地流体的成分特征,即含烃盐水类和轻质油类包裹体,也揭示了盆地流体在成分上的演化规律。

(2)油气烃类-盐水包裹体岩相学特征与形成期次。为进一步揭示富烃类还原性盆地流体的化学成分特征,进一步开展了矿物包裹体成分测试研究,在微观尺度上揭示其地球化学特征。砂砾岩铜矿石样品中大部分粒间孔隙为方解石、白云石或石英所胶结,部分砂砾岩粒间孔隙中含油(图 3-8C),具浅蓝色荧光显示(图 3-8D)。热液胶结物中发育二期次的油气包裹体。第 1 期(主成岩期)以方解石、白云石和石英形成的胶结成岩期为主,发育丰度极高(GOI 为 20%~30%),包裹体成群分布于石英(图 3-8E)、方解石或白云石(图 3-8F)胶结物内,主要为呈褐色、深褐色的液烃包裹体,局部视域内较为发育呈深灰色的气烃包裹体。第 2 期(盆地流体改造富集期)发育石英、方解石和白云石胶结成岩期后,可见包裹体沿方解石胶结物内的微裂隙或沿石英等砾石碎裂微裂隙呈带状或线状分布。石英裂隙中的包裹体中发育丰度较低(GOI 为 1%~2%),可见呈淡黄-灰色的气液烃包裹体,显示浅蓝色荧光,或呈褐色、深褐色的液烃包裹体。方解石裂隙中的发育丰度略低(GOI 为 4%~5%),三类包裹体均发育,其中液烃包裹体占 60% 左右,呈褐色、深褐色,显示浅蓝色的荧光;气液烃包裹体占 30% 左右,呈淡黄-灰色、显示浅蓝色荧光;气烃包裹体 10% 左右,呈灰色,无荧光显示。

从石英、方解石和白云石等矿物包裹体岩相学特征看,在萨热克砂砾岩铜矿床中,第一期(主成岩期)矿物包裹体主要为含烃盐水包裹体,形状规则,多成群分布于方解石和少量的石英、白云石中,可见部分方解石含烃盐水包裹体伴生液烃或气烃包裹体,白云石含烃盐水包裹体伴生液烃包裹体。第二期(盆地流体改造富集成矿期)矿物包裹体除含烃盐水包裹体外,还有轻质油包裹体,沿方解石胶结物内的微裂隙或沿石英等砾石碎裂微裂隙呈带状或线状分布。这些呈串珠状线形分布的含烃盐水包裹体或轻质油包裹体属于盆地构造变形期碎裂岩化过程中,赋存在岩矿石显微裂隙中,这些显微裂隙密度在 100~400 条/m,也是盆地流体大规模运移的包裹体岩相学记录。

(3)油气包裹体大小、盐度和均一温度。①含烃盐水包裹体:从萨热克铜矿矿物包裹体特征来看(图 3-8、图 3-9、表 3-2、表 3-3),第一期方解石中 76 个含烃盐水包裹体大小为 $(2×4)\mu m^2$~$(30×50)\mu m^2$;气液比 ≤5%~8%,均一温度为 81~181℃,平均温度为 127.9℃。盐度(%NaCl)为 2.07~23.18,平均为 19.29。白云石中 3 个含烃盐水包裹体大小为 $(17×20)\mu m^2$~$(30×45)\mu m^2$;气液比 ≤5%,均一温度为 124~137℃,平均温度为 131.3℃。盐度(%NaCl)为 6.3~23.05,平均为 17.47。石英中 21 个含烃盐水包裹体大小为 $(2×5)\mu m^2$~$(40×70)\mu m^2$,气液比 ≤5%,均一温度为 99~207℃,平均温度为 140.33℃。盐度(%NaCl)

为 3.06 ~ 16.71,平均为 7.6。第二期方解石中 2 个含烃盐水包裹体大小为 (3×7) μm^2 ~ (8×6) μm^2;气液比 ≤ 5%,均一温度为 142 ~ 145℃,平均温度为 143.5℃。盐度(% NaCl)22.38。石英中 2 个含烃盐水包裹体大小为 (5×6) μm^2,气液比 ≤ 5%,均一温度为 129 ~ 154℃,平均温度为 141.5℃;盐度(% NaCl)1.57 ~ 4.03,平均为 2.8。②含轻质油包裹体。主要产于第二期包裹体中,方解石中 3 个轻质油包裹体大小为 (5×10) μm^2 ~ (9×18) μm^2,气液比 ≤ 5%,均一温度为 102 ~ 111℃,平均温度为 105.7℃。石英中 10 个含轻质油包裹体大小为 (3×5) μm^2 ~ (20×50) μm^2,气液比为 ≤ 5% ~ 10%,均一温度为 97 ~ 148℃,平均温度为 127.8℃。

　　总之,富烃类还原性盆地成矿流体成分特征(方维萱等,2016a,2017a;贾润幸等,2017)为:一是野外肉眼可识别特征为沥青化蚀变相(图 3-8A 和 C),可以划分为黑色强沥青化蚀变相(铜银钼矿体)、灰黑色中沥青化蚀变相(富铜矿体)、灰色弱沥青化-褪色化蚀变相(铜矿体)。二是在沥青化蚀变相中(图 3-8A 和 C,表 3-1),有机质含量达 0.13% ~ 2.55%,有机碳以地沥青为主要成分,并富含铜、银、钼等成矿物质。三是石英、方解石和白云石矿物包裹体中,成矿流体为含烃盐水、气烃-液烃-气液态、轻质油和沥青等四类组成的富烃类还原性盆地流体(图 3-8 和图版 A)。它们均为富烃类还原性盆地流体在不同演化阶段形成的产物,推测含烃盐水类形成较早,气烃-液烃-气液态主体形成于烃源岩生烃-排烃阶段,而轻质油为生油门限之上形成的产物,沥青类是最终阶段所形成并被强烈构造运动所驱动,沿垂向断裂带发生了沥青运移后,聚集在萨热克裙边式复式向斜构造的次级隐蔽构造中。四是石英包裹体中,在气液两相包裹体中气相成分主要为 CH_4、CO_2、N_2、CO_2-CH_4、N_2-CH_4-H_2O、CO_2-N_2-CH_4 等。

　　(4)流体中有机质的来源。在萨热克砂砾岩型铜矿床的富铜矿石中,沿岩石裂隙分布有密集的沥青-辉铜矿细脉带,有机质含量达 0.16% ~ 2.55%(表 3-1)。但初始成矿地质体为旱地扇扇中亚相紫红色铁质砂砾岩类,这种富集在铜矿石中的有机质类,富烃类还原性盆地流体形成于盆地改造过程中(方维萱等,2015)。塔里木盆地中煤炭样品成熟度 R_o 为 0.65%,从其煤热解实验结果来看,当 R_o 为 0.8% 时,有轻烃开始生成,R_o 达到 1.1% 时进入大量生成阶段(胡国艺等,2010)。萨热克盆地下侏罗统康苏组 4 件煤炭样品 R_o 平均值为 0.976,与塔里木盆地侏罗系中煤炭样品基本相似。从有机组分的碳同位素来看,塔里木盆地三叠-侏罗系陆相腐殖型烃源岩可溶有机组分的碳同位素 $\delta^{13}C$ 一般大于-28‰(张中宁等,2006),萨热克铜矿石中有机质碳同位素 $\delta^{13}C$ 在-20.79‰ ~ -19.65‰(方维萱等,2015),两者也基本相似。上述结果表明萨热克盆地流体中的有机质可能与下伏康苏组和杨叶组煤层的热解有关。

　　(5)流体中有机烃的地球化学作用。沉积盆地中的有机质可能为盆地流体中金属元素快速大规模集中成矿的重要还原剂之一(薛春纪等,2007;顾雪祥等,2010)。方维萱等(2015)研究认为在萨热克砂砾岩型铜矿床的上侏罗统库孜贡苏组中,富烃类还原性盆地流体(沥青化和褪色化)与碎裂岩化相的叠加和多重耦合,对于铜工业矿体控制显著。在萨热克巴依盆地的演化过程中,当盆地深部富含有机质(C-CH_4 类等)的中低温还原性盆地流体,沿北东向构造裂隙上侵到渗透率较高的上侏罗统库孜贡苏组上段砂砾岩层时,该层上部的下白垩统克孜勒苏群下段褐红色粉砂质泥岩,与下部的上侏罗统库孜贡苏组下段灰绿色粉砂质泥岩形成封闭的隔水层,形成还原性盆地流体沿砂砾岩层水平运移和渗滤扩散作用。

这种富烃类还原性盆地流体与库孜贡苏组含铜紫红色铁质砾岩类、地层封存水和大气降水等含铜氧化相流体混合时,将铜和铁大量还原并形成辉铜矿和铜硫化物(斑铜矿和黄铁矿)的大量沉淀,辉铜矿多呈团块状、网脉状沿砾石间隙充填分布,表明盆地流体中这种中低温、中高盐度组分更有利于辉铜矿的结晶析出。当硫化物矿物全部沉淀后,而富烃类还原性盆地流体则发生不断的氧化作用,形成了较多的 HCO_3^- 和 CO_3^{2-} 等,它们与 Ca^{2+}、Mg^{2+} 和 Fe^{2+} 等离子结合,形成了碳酸盐化(含铁白云石化、含铁方解石化和方解石化)、碳酸盐矿物的结晶析出,因此,铁碳酸盐化和黄铁矿化多位于铜矿体下盘蚀变围岩中。

在成岩成矿期后,萨热克巴依盆地受燕山运动影响发生南北向挤压,早期的铜矿化重新发生活化、迁移,并富集在构造有利部位如坡折带中,主要表现在以下两个方面:①早期铜矿石中的砾石发生碎裂化,辉铜矿和碳酸盐矿物-石英细脉沿砾石裂隙重新充填胶结;②矿体产状发生明显变化,由近似水平状变成南倾的倾斜状,在铜矿体下部辉铜矿的矿化强度明显高于上部。

表 3-2　萨热克铜矿床中矿物流体包裹体特征

样品编号	赋存矿物	期次	包体类型	点数	大小范围/μm	气液比/%	均一温度范围/℃	平均/℃	盐度范围/%NaCl	盐度平均/%NaCl
2790-1	方解石	1	含烃盐水	5	2×4~3×12	≤5	113~181	136.8	12.51~22.44	19.12
2790-3	方解石	1	含烃盐水	8	3×8~12×17	≤5	103~151	127.75	18.38~22.38	21.38
2790-5	方解石	1	含烃盐水	12	3×5~8×16	≤5	136~158	152	19.21~22.44	21.6
2760-1	方解石	1	含烃盐水	12	3×7~20×25	≤5	104~132	119	22.98~23.18	23.12
2760-4	方解石	1	含烃盐水	8	12×8~13×16	≤5	81~145	106.5	14.97~23.11	19.65
2760-6	方解石	1	含烃盐水	11	4×7~18×15	≤5	92~125	110.5	11.61~23.11	20.31
2760-8	方解石	1	含烃盐水	8	3×6~11×9	≤5	124~168	153.1	2.07~10.61	3.2
2730-5	方解石	1	含烃盐水	1	14×17	≤5	127	127	22.38	22.38
2685-3	方解石	1	含烃盐水	4	4×5~9×5	≤5	96~141	124	22.31~22.38	22.35
2685-4	方解石	1	含烃盐水	7	4×5~30×50	≤5~8	108~136	121	20.07~23.05	20.73
2685-5	白云石	1	含烃盐水	3	17×20~30×45	≤5	124~137	131.3	6.3~23.05	17.47
2790-1	石英	1	含烃盐水	5	3×5~8×12	≤5	146~158	152.2	4.8~4.96	4.84
2790-3	石英	1	含烃盐水	1	8×10	≤5	168	168	3.06	3.06
2760-1	石英	1	含烃盐水	2	12×15~40×70	≤5	165~187	176	5.11~9.34	7.23
2760-8	石英	1	含烃盐水	1	4×12	≤5	142	142	4.34	4.34
2730-4	石英	1	含烃盐水	1	6×9	≤5	207	207	4.65	4.65
2730-5	石英	1	含烃盐水	2	3×5~4×7	≤5	105~144	119	12.28	12.28

续表

样品编号	赋存矿物	期次	包体类型	点数	大小范围/μm	气液比/%	均一温度范围/℃	平均/℃	盐度范围/% NaCl	盐度平均/% NaCl
2685-3	石英	1	含烃盐水	5	3×5~7×4	≤5	113~141	126.6	5.86~16.71	10.26
2685-4	石英	1	含烃盐水	2	2×5~3×4	≤5	120~127	123.5	7.17~7.31	7.24
2685-5	石英	1	含烃盐水	2	3×8~4×9	≤5	99~100	99.5	9.21~9.34	9.28
2790-5	方解石	2	含烃盐水	2	3×7~8×6	≤5	142~145	143.5	22.38	22.38
2730-8	石英	2	含烃盐水	2	5×6	≤5	129~154	141.5	1.57~4.03	2.8
2790-5	方解石	2	轻质油	3	5×10~9×18	≤5	102~111	105.7		
2730-4	石英	2	轻质油	8	3×7~20×50	≤5~10	97~144	123.9		
2685-3	石英	2	轻质油	2	3×5~3×6	10	139~148	143.5		

表 3-3　萨热克铜矿石石英包裹体中气相组分

样品编号	赋存矿物	包裹体类型	气相组成	谱峰位置/cm^{-1}
2790-1	石英	气液两相包裹体	CO_2	1284、1387
2790-3	石英	气液两相包裹体	CO_2,CH_4	1284、1387；2917
2790-4	石英	气液两相包裹体	CO_2,N_2	1284、1387；2329
2760-1	石英	气液两相包裹体	CH_4	2917
2760-1	石英	气液两相包裹体	N_2,CH_4,H_2O	2328、2917、3447
2760-2	石英	气液两相包裹体	CO_2,CH_4	1283、1387；2915
2760-2	石英	气液两相包裹体	CO_2,N_2	1283、1387；2328
2760-4	石英	气液两相包裹体	CO_2,N_2,CH_4	1285、1387；2329；2917
2760-5	石英	气液两相包裹体	CO_2,N_2,CH_4	1283、1387；2329；2915
2760-6	石英	气液两相包裹体	CH_4	2917
2760-6	石英	气液两相包裹体	CO_2	1284、1387
2730-5	石英	气液两相包裹体	CH_4	2917
2730-5	石英	气液两相包裹体	CO_2,N_2,CH_4	1283、1385；2327；2915
2685-2	石英	气液两相包裹体	CO_2,N_2,CH_4	1283、1385；2327；2915
2685-3	石英	气液两相包裹体	CO_2,N_2	1284、1386；2329
2685-3	石英	气液两相包裹体	N_2	2330
2685-3	石英	气液两相包裹体	N_2,CH_4	2330；2918

续表

样品编号	赋存矿物	包裹体类型	气相组成	谱峰位置/cm^{-1}
2685-4	石英	气液两相包裹体	CO_2,N_2,CH_4	1283、1387;2327;2914
2685-4	石英	气液两相包裹体	CO_2,CH_4	1284、1387;2917
2685-5	石英	气液两相包裹体	CO_2	1284、1387

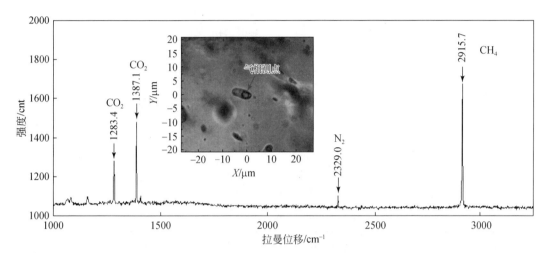

图 3-9　萨热克铜矿石 2685-4 样品中石英流体包裹体激光拉曼光谱

3.3.3　萨热克铜矿主成矿期的年龄测定

砂砾岩型铜铅锌矿床成矿年龄精确厘定一直是矿床学和同位素地球化学年代学方面难题,长期以来尚未得到很好解决。本次采用构造岩相学筛分确定相对成矿期次,采用同位素年代学进行精确定年约束,共同确定萨热克砂砾岩型铜多金属矿床的形成年龄。

通过构造岩相学变形筛分,将萨热克砂砾岩型铜多金属矿床成矿期划分为三个成矿期,①中侏罗世末期-晚侏罗世初期,萨热克巴依陆内拉分断陷盆地发生了构造反转,为萨热克砂砾岩型铜多金属矿床的初始成矿期,在库孜贡苏组(J_3k)冲积扇扇中亚相含铜紫红色铁质细-中砾岩类中,形成了铁质吸附和分散状态的氧化相铜富集,铜矿物质来源主要为阿克苏岩群,同时,因构造反转后以挤压收缩体制为主导,构造应力驱动形成了烃源岩发生了排烃作用,形成了大量含烃盐水、气烃-液烃-气液态类,这些以气液相态为主的富烃类还原性盆地流体进入萨热克巴依次级盆地后,因强烈还原作用导致了氧化相铜大量被还原,形成了辉铜矿沉淀。②晚白垩世富烃类还原性盆地流体改造富集期为主成矿期,表现为北东向次级切层断裂和层间断裂形成了强烈的灰黑色沥青化、灰绿色褪色化、网脉状辉铜矿化、碳酸盐化和少量的硅化,以铜银钼共生矿体强沥青化蚀变发育为特征,以气液相态为主体的富烃类还原性盆地流体以气烃-液烃-气液态和轻质油为主要成分,它们将大量氧化相铜还原为铜硫化物(辉铜矿、斑铜矿、黄铜矿等)。③深源热流体叠加成矿期。古近纪碱性辉绿岩脉群侵位事件,形成了大规模褪色化蚀变带和克孜勒苏群中砂岩型铜铅锌成矿和库孜贡苏组中砂砾岩型铜铅锌富集成矿,在辉绿岩脉两侧绿泥石-铁锰碳酸盐化和含铜褪色化蚀变发育。在碱性辉绿辉长岩脉群上涌侵位过程中,深部烃源岩和沥青储层遭到破坏,并在垂向热驱动和侧向-垂向构造驱动下,富烃类还原性盆地流体(含较多沥青质等)发生垂向运移,被多组断裂带交汇部位形成的层间滑动断裂+切层断裂+碎裂岩化相圈闭,形成了黑色强沥青化蚀变相和铜钼银同体共生矿体。

从表3-4中可以看出,萨热克铜矿床中的金属硫化物均伴生有一定的Mo含量。黄铁矿中Mo含量0.051%~0.071%,平均0.06%;黄铜矿中Mo含量0.048%,辉铜矿中Mo含量0.023%~0.029%,平均0.027%。三者相比黄铁矿中Mo含量最大,黄铜矿次之,辉铜矿Mo含量相对最小。

表3-4　萨热克金属硫化物电子探针分析结果　　　　　　(单位:%)

样号	硫化物	S	Cu	Fe	Mo	Au	Ag	As	Sb	Cd	Ga	Co	总量
BP0-47-2	辉铜矿	19.504	79.72	0.03	0.029	0.0	0.147	0.0	0.002	0.01	0.0	0.0	99.442
BP0-47-2	辉铜矿	22.768	74.444	2.118	0.023	0.0	0.082	0.0	0.0	0.019	0.0	0.012	99.466
BP0-47-2	辉铜矿	22.015	73.857	3.058	0.028	0.0	0.424	0.0	0.033	0.0	0.0	0.0	99.415
BP0-71-2	黄铜矿	34.582	34.464	30.902	0.048	0.0	0.011	0.0	0.0	0.0	0.001	0.088	100.096
BP0-27-3	黄铜矿	34.352	34.357	30.956	0.048	0.0	0.026	0.0	0.02	0.046	0.0	0.063	99.868
BP0-71-3	黄铁矿	52.984	0.009	46.405	0.051	0.136	0.0	0.001	0.019	0.012	0.02	0.123	99.76
BP0-50-6	黄铁矿	50.1	0.019	46.174	0.06	0.067	0.004	2.76	0.027	0.006	0.03	0.146	99.393
BP0-47-2	黄铁矿	53.195	0.003	46.12	0.063	0.005	0.0	0.0	0.013	0.038	0.051	0.119	99.607
BP0-52-1	黄铁矿	52.561	0.0	45.936	0.061	0.0	0.0	0.0	0.008	0.015	0.04	0.106	98.754
BP0-52-3	黄铁矿	53.379	0.013	46.346	0.067	0.0	0.0	0.011	0.005	0.0	0.02	0.095	99.936
BP0-56-2	黄铁矿	53.349	0.015	46.395	0.071	0.0	0.027	0.047	0.01	0.014	0.075	0.094	100.113
BP0-56-48	黄铁矿	53.129	0.009	46.182	0.057	0.0	0.0	0.0	0.044	0.035	0.005	0.11	99.571
BP0-61-3	黄铁矿	53.318	0.078	46.407	0.057	0.113	0.046	0.038	0.0	0.032	0.0	0.144	100.233

考虑到辉钼矿为近年铼-锇同位素定年的主要测试矿物,萨热克铜多金属矿床中辉铜矿中伴生Mo元素为铼-锇同位素定年提供了一定的条件。从表3-5和表3-6看,沥青样品中Re含量41.543±0.146~70.986±0.18(×10^{-9}),Os含量0.1327±0.0004~0.2118±0.0007(×10^{-9}),辉铜矿中Re含量6.066±0.339~5223±79(×10^{-9}),Os含量0.0173±0.0014~1.006.3±0.0037(×10^{-9}),样品中Re和Os的含量均满足定年的最低含量要求,在中国科学院广州地球化学研究所同位素地球化学国家重点实验室,进行了沥青、含铜沥青和辉铜矿铼-锇同位素定年试验研究,取得了初步方法试验效果,需要将沥青化蚀变岩和辉铜矿进行单独分离研究,才能精确区分其烃源岩区成岩年龄和辉铜矿成矿年龄。因此,系统补充采集

铜矿石,进行辉铜矿分选后,在国家地质实验测试中心进行测定分析。萨热克铜矿床辉铜矿和沥青的铼锇同位素测定的铼锇同位素模式年龄,其成矿年龄可分为三组。

第一组为全岩(含沥青辉铜矿)测定年龄 180±3 ~ 220±3Ma。可能揭示了富烃类还原性盆地流体第一次形成运移期。2790-4 样品测定为 512.3±30.3Ma,指示了本区富烃类还原性盆地流体的源区年龄,推测富烃类流体携带了源区的辉铜矿细粒一起运移。

第二组数总体为 157±2 ~ 178±4Ma,与前述富烃类还原性盆地流体第一次运移期相近,萨热克巴依次级盆地在中侏罗世末开始构造反转期一致,即晚侏罗世构造沉积相体(叠加复合扇体)与构造反转期起始年龄间有构造–沉积相记录滞后效应。

表 3-5　萨热克铜矿床辉铜矿和沥青的铼锇同位素分析结果

样号	样品	Re/10^{-9}	Os/10^{-9}	^{187}Re/^{188}Os	^{187}Os/^{188}Os	模式年龄/Ma
H2730-1	沥青	70.986±0.18	0.2118±0.0007	7041±29	25.9±0.16	220±3
H2730-2		41.543±0.146	0.1327±0.0004	3666±16	11.1±0.06	180±3
HD2730-3	辉铜矿	593.939±1.28	1.006.3±0.0037	119103±511	313.5±2.41	158±5
HD2730-4		305.514±0.692	0.5803±0.002	137130±566	406.9±2.74	178±4
HD2730-5		417.754±1.06	0.7459±0.0028	113765±517	315.7±2.33	167±5
HD2730-6		55.755±0.151	0.1001±0.0002	31450±110	82.3±0.4	157±2

资料来源:中国科学院广州地球化学研究所同位素地球化学国家重点实验室。

表 3-6　萨热克铜矿床辉铜矿铼锇同位素分析结果

样号	样品	Re/10^{-9}	Os/10^{-9}	^{187}Re/10^{-9}	^{187}Os/10^{-9}	^{187}Re/^{188}Os	^{187}Os/^{188}Os	模式年龄/Ma
2790-4	辉铜矿	6.066±0.339	0.2173±0.0053	3.813±0.213	0.0327±0.0006	134.8±8.2	1.156±0.034	512.3±30.3
2685-2	辉铜矿	2068±23	0.1724±0.0022	1300±14	3.593±0.023	57954±981	160.2±2.3	165.7±2.7
2685-3	辉铜矿	908.2±6.1	0.1185±0.0023	570.8±3.9	1.606±0.011	37015±771	104.1±2.2	168.6±2.3
HD2730-3	辉铜矿	582.7±5.6	0.0469±0.0031	366.2±3.5	0.9955±0.0073	60064±4026	163.3±10.9	162.9±2.5
HD2730-4	辉铜矿	304.9±2	0.0173±0.0014	191.6±1.3	0.5862±0.0038	85014±6797	260.1±20.8	183.4±2.5
HD2730-5	辉铜矿	407.9±2.9	0.041±0.003	256.3±1.8	0.7543±0.0052	48044±3507	141.4±10.3	176.4±2.5
2685-4	辉铜矿	3621±51	0.0302±0.0012	2276±32	4.417±0.025			116.4±2.1
2685-5	辉铜矿	5223±79	0.0438±0.0009	3283±50	7.452±0.047			136.1±2.6

资料来源:国家地质实验测试中心。

第三组为 116.4±2.1 ~ 136.1±2.6Ma。属于早白垩世,揭示了富烃类还原性盆地流体的第二运移期,与萨热克巴依次级盆地萎缩封闭期时间一致,也揭示了富烃类还原性盆地流体改造富集成矿期的形成年龄。

其中第二组中的三个样品 HD2730-3、HD2730-4 和 HD2730-5 中,中国科学院广州地球化学研究所同位素地球化学国家重点实验室与国家地质实验测试中心测定的对应 Re 含量和 $^{187}Re/^{188}Os$ 值，$^{187}Re/^{188}Os$ 值较为接近，两者获得的模式年龄也基本一致，表明上述采用辉铜矿-沥青测定铼锇同位素的方法及结果是可信的。

根据表 3-6 中第二组的 2790-4、2685-2、2685-3、HD2730-3、HD2730-4 和 HD2730-5 六件样品，得出该组铼锇同位素等时线年龄的成矿年龄为 166.3±2.8Ma（图 3-10），$^{187}Os/^{188}Os$ 初始比值为 0.782±0.041，与 2790-4 样品中的 $^{187}Os/^{188}Os$ 比值较为接近，表明 2790-4 样品可能代表了 Os 元素的初始状态。同时该组六组样品的 Re-Os 同位素等时线线性拟合度较高（MSWD=1.2），表明 Re-Os 同位素体系在辉铜矿中的封闭性较好，166.3±2.8Ma 基本代表了该成矿期主成矿阶段（辉铜矿）的成矿年龄。

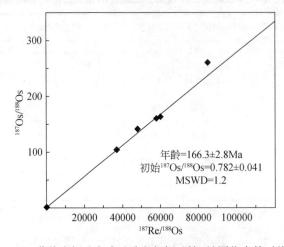

图 3-10　萨热克铜矿主成矿阶段辉铜矿铼-锇同位素等时线图

本次获得的成矿年龄主要为第二期富烃类还原性流体叠加成矿期，也是萨热克砂砾岩型铜矿的主成矿期。根据地质特征和对应的辉铜矿 Re-Os 同位素年龄，该主成矿期可划分为两个成矿期三个成矿阶段。

第一期第一阶段（180±3~220±3Ma），为富烃类还原性流体沿压扭性切层断裂形成的通道向上运移过程，这种压扭性断裂通常与盆地受南北向挤压而形成的逆冲推覆构造活动密切相关。

第一期第二阶段（166.3±2.8Ma），为主要的成矿阶段。当富烃类还原性流体沿压扭性切层断裂形成的通道向上运移时，受到上部紫红色粉砂质泥岩形成的不透水层阻拦后，沿高渗透率的杂砾岩层渗滤，与早期形成的氧化性含铜紫红色铁质细-中砾岩类发生化学作用，造成了辉铜矿的大量沉淀，并和方解石、石英等矿物沿砾石的间隙充填，呈网脉状分布。

第二期第一阶段（116.4±2.1~136.1±2.6Ma），在该阶段中随着大量辉铜矿等金属硫化物的沉淀，并伴随着石英-方解（$CaCO_3$）等脉状矿物的结晶，成矿流体中的温度、盐度进一步降低，大量的白云石（$MgCO_3$）开始慢慢结晶沉淀，表现为白云石多呈自形状，最后形成少量的辉铜矿沿白云石裂隙呈细脉状充填。

根据前述对于成矿地质背景和成矿构造等系统研究，结合对矿石构造岩相学研究，本次对萨热克砂砾岩型铜多金属矿床成矿期次划分为四个成矿期（表 3-7）。

（1）中-晚侏罗世初始沉积成岩成矿期；

（2）晚侏罗世末-白垩纪盆地流体改造主成矿期；

（3）古近纪深源热流体叠加成矿期；

（4）表生作用成矿期。

在萨热克铜矿床成矿年龄研究上，以辉铜矿和沥青铼锇同位素测定方法试验为先导，进行铼锇同位素模式年龄和等时线年龄研究，其成岩成矿年龄可分为三组。

（1）富烃类还原性盆地流体的烃源岩区年龄。其烃源岩源区形成年龄为晚三叠-早侏罗世和寒武纪。①全岩(含沥青辉铜矿)铼锇同位素模式年龄测定值在 $180\pm3 \sim 220\pm3$ Ma，可能揭示了富烃类还原性盆地流体第一次排泄运移期。揭示在中-晚侏罗世初始沉积成矿期内，盆地成矿流体形成辉铜矿和含铜沥青的年龄在晚三叠世卡尼阶(228.7Ma)-早侏罗世土阿辛阶末(171.6±3.0Ma)，这与在萨热克巴依次级盆地内，存在上三叠统-下侏罗统烃源岩密切有关。②推测萨热克巴依次级盆地内存在古生界烃源岩，即寒武系烃源岩，其中 2790-4 样品测定的铼锇同位素模式年龄为512.3±30.3Ma，暗示本区富烃类还原性盆地流体的形成源区(源区年龄)包括寒武纪烃源岩。③推测这些辉铜矿和含沥青辉铜矿以微细辉铜矿(或纳米级微粒)随富烃类还原性盆地流体一起运移。

表 3-7　萨热克砂砾岩型铜多金属矿床成矿期次划分表

主要期次	沉积成岩成矿期	盆地流体改造主成矿期		深源热流体叠加成矿期	表生成矿期
成矿阶段	铜氧化相+铁质吸附阶段	银辉铜矿-强沥青蚀变	辉铜矿-褪色化蚀变阶段	铜硫化物-褪色化蚀变阶段	氯铜矿-孔雀石阶段
氧化相铜	███				███
赤铁矿	███				
辉铜矿		───	███	███	
银辉铜矿		███	───	───	───
铁辉铜矿		───	███	───	
斑铜矿		───	───	───	
黄铜矿			───	███	
孔雀石					███
氯铜矿					███
蓝铜矿					───
赤铜矿					───
黄铁矿		───	───	───	
硫钼铜银矿		───	───		
银胶硫钼矿		███	───		
钼钙矿					───

续表

主要期次	沉积成岩成矿期	盆地流体改造主成矿期		深源热流体叠加成矿期	表生成矿期
方铅矿	氧化相铅	████		████	
闪锌矿	氧化相锌	████		████	
白铅矿					────
沥青		████	████	████	
石英	████	████	████	████	
绿泥石	████	████	████	████	
方解石	████	████	████	████	
锰铁方解石		████	████	████	
白云石		████	████	████	
铁锰白云石		████	────		
重晶石					
辉石	────			████	
黑云母			────	████	
斜长石					
磁铁矿				████	

（2）萨热克巴依次级盆地构造反转与盆地流体成岩成矿期。辉铜矿铼锇同位素模式年龄第二组数据在 157±2～178±4Ma，辉铜矿铼锇同位素模式年龄范围在早侏罗世末期土阿辛阶初（183±1.5～171.6±3.0Ma），到晚侏罗世初期牛津阶（161.2±4.0～155.6Ma），该时限范围正好与构造岩相学研究确认的萨热克巴依次级盆地构造反转期吻合。上侏罗统库孜贡苏组为构造反转期后的构造-沉积岩相学记录，即萨热克砂砾岩型铜多金属矿床初始成矿期形成于中侏罗世末期-晚侏罗世初期，这与萨热克巴依次级盆地构造反转期一致，辉铜矿铼锇同位素等时线年龄为 166.3±2.8Ma。

（3）富烃类还原性盆地流体改造成矿期，辉铜矿铼锇同位素模式年龄第三组为 116.4±2.1～136.1±2.6Ma。属于早白垩世，揭示了富烃类还原性盆地流体的第二运移期。在早白垩世相邻山体抬升，该盆地沉积范围迅速缩小，盆地变形强烈。

（4）古近纪深源热流体叠加成矿期。从克孜勒苏群中发育的似层状沥青化蚀变带、侵入在克孜勒苏群中碱性辉绿辉长岩脉群和区域性褪色化蚀变带等综合因素看，晚白垩世末期-古近纪在萨热克巴依次级盆地内，形成了深源热流体叠加成矿期。与托云后陆盆地中古近纪深源玄武岩形成年龄相吻合。新近纪-第四纪为表生作用成矿期，主要形成了萨热克砂砾岩型铜多金属矿床的次生氧化带。

3.3.4　萨热克铜矿床的垂向矿物分带和纵向矿物分带

萨热克砂砾岩型铜多金属矿体与典型的砂岩型铜矿床具有不同的矿物分带特征,揭示盆地流体改造富集成矿中,具有岩浆热液叠加成矿中心的特征。

(1)典型砂岩型铜矿床为"辉-斑-黄-黄-赤",如云南大姚铜矿床中,从铜矿体中心向外矿物分带为辉铜矿→斑铜矿→黄铜矿→黄铁矿→赤铁矿,主要矿石矿物为辉铜矿+黄铜矿,为沉积-改造型铜矿床。萨热克砂砾岩型铜矿床以辉铜矿为主,在北矿带地表为孔雀石-氯铜矿-蓝铜矿±辉铜矿,显示了干旱中高山区铜矿床氧化带矿物组合特征。

(2)从地表和浅部坑道,到深部坑道和钻孔,形成明显的矿物垂向分带为孔雀石+氯铜矿+辉铜矿→辉铜矿→辉铜矿+斑铜矿+黄铜矿→辉铜矿±黄铜矿±黄铁矿→黄铁矿+铁碳酸盐矿物(铁白云石+含铁白云石+铁方解石),即可简化归纳为"氯-辉-斑-黄-黄-碳"。①蓝铜矿分布不稳定,多呈明显的后期细脉,或常沿碎裂状矿石的裂隙充填,显示后期表生成矿作用或次生富集作用所形成。②辉铜矿型矿石主要分布于浅部(如北矿带),而黄铜矿型矿石分布于向斜深部,靠近南矿带。2800m 水平以上,铜矿物全部为辉铜矿,少量孔雀石。2600m 水平附近,出现少量斑铜矿。③黄铜矿-黄铁矿分布位置更深,主要出现于 2600m 水平以下。暗示地下水(大气降水)在辉铜矿和斑铜矿形成过程中的作用,需要进行深入研究。

(3)在辉绿辉长岩脉群附近形成了较为典型的岩浆热液成因的矿物分带,萨热克矿区存在典型热液矿化分带:①中心相为辉钼矿化和金矿化带,见于 ZK001 孔;②黄铜矿和黄铁矿见于 ZK405 孔、ZK3001 孔;③方铅矿和闪锌矿仅见于 ZK3001 孔,且这种浅黄棕色闪锌矿及共生的方解石显示出低温特点,辉绿辉长岩脉群为叠加成岩成矿热液中心。

(4)在矿体纵向上矿物分带受层位岩相和盆地内古构造洼地、斜坡构造岩相带复合因素控制。在萨热克北矿带,从古构造洼地→斜坡构造岩相带→盆地基底隆断带→斜坡构造带,矿物分带为辉铜矿+斑铜矿±方铅矿+闪锌矿→辉铜矿+斑铜矿→辉铜矿→辉铜矿+黄铁矿→辉铜矿+赤铁矿→赤铁矿。即可归纳为"方闪辉→辉斑→辉黄→辉赤→赤"。

(5)Mo 主要以氧化相和少量硫化型形式存在,在氧化相中,Mo 独立矿物为钼钙矿,其他呈铁质吸附相态形式赋存。在硫化相中,Mo 独立矿物为硫钼铜银矿和含银胶硫钼矿形式,在铜矿体中,Mo 和 Ag 均达到共生矿体,属于铜钼银同体共生,但这种矿体主要受强碎裂岩化相+黑色强沥青化蚀变相复合控制,为后期盆地流体改造-叠加成矿作用所形成。

(6)辉铜矿具有三种不同类型的亚种,即铁辉铜矿、银辉铜矿、辉铜矿。铁辉铜矿-斑铜矿具有高铁和低银特点,银辉铜矿具有富银铜而贫铁。辉铜矿具有高铜富银而贫铁,揭示了形成于不同地球化学岩相学环境中(表 3-8)。①在斑铜矿中,Fe 含量在 8.91% ~11.51%,Cu 含量在 60.00% ~63.57%,Ag 含量在 1.12% ~3.67%,推测为含铜紫红色铁质杂砾岩与富烃类还原性盆地流体发育氧化-还原地球化学岩相学反应后所形成,因此具有高铁和低铜银特点,铁辉铜矿-斑铜矿形成于成矿结构面为氧化-还原地球化学障。②在银辉铜矿中,Fe 含量≤1.08%,Cu 含量在 70.58% ~74.23%,Ag 含量在 5.18% ~7.44%,银辉铜矿具有富银铜而贫铁,银辉铜矿主要分布在黑色强还原相沥青化蚀变带中,并与硫钼铜银矿和含银胶硫钼矿等共生,揭示其形成于强还原地球化学岩相学环境中,为富烃类强还原盆地流体形成的改造富集成矿作用标志。③在辉铜矿中,Fe 含量≤0.58%,Cu 含量在 69.18% ~76.79%,Ag 含量在 0.39% ~3.13%,这种辉铜矿大量分布在灰黑色沥青化-褪色化蚀变带和褪色化蚀变带中,形成于还原性地球化学岩相学环境中,辉铜矿三个亚种揭示了成矿结构面为氧化-还原地球化学界面,即银辉铜矿(强还原相)→辉铜矿(还原相)→铁辉铜矿-斑铜矿(氧化-还原相)→含铜赤铁矿(氧化相)。可以看出,在萨热克砂砾岩铜矿床中,成矿结构面不但为扇中亚相(岩相岩性界面),而且碎裂岩化相发育(裂隙连通性物理界面),还具有显著的氧化-还原地球化学相界面(氧化-还原地球化学岩相学界面),因此,其成矿结构面为多重耦合结构。

表 3-8　新疆萨热克砂砾岩型铜多金属矿床硫化物电子探针分析结果　（单位:%）

矿物种类	S	Fe	Cu	Ag	Mo	As	Se	Sb	Zn	Ni	Mn	Co	Pb	Bi	总量
斑铜矿	25.18	8.91	63.57	1.49	0.02	0.00	0.05	0.00	0.02	0.00	0.02	0.01	0.02	0.02	99.31
斑铜矿	26.08	11.51	60.23	3.67	0.02	0.00	0.00	0.00	0.00	0.00	0.00	0.04	0.00	0.00	101.56
斑铜矿	26.07	11.46	61.42	0.75	0.02	0.00	0.00	0.02	0.03	0.00	0.00	0.02	0.00	0.00	99.82
斑铜矿	25.97	11.47	61.71	1.12	0.02	0.00	0.00	0.01	0.02	0.00	0.00	0.02	0.00	0.00	100.35
斑铜矿	26.37	11.44	61.10	1.89	0.02	0.00	0.00	0.01	0.00	0.00	0.00	0.03	0.00	0.00	100.89
斑铜矿	26.07	11.53	61.63	1.77	0.02	0.00	0.01	0.03	0.04	0.00	0.00	0.03	0.00	0.00	101.13
斑铜矿	25.40	11.26	60.00	3.50	0.02	0.00	0.00	0.00	0.05	0.00	0.00	0.01	0.00	0.00	100.25
银辉铜矿	20.86	0.03	73.89	5.65	0.01	0.00	0.00	0.01	0.12	0.00	0.00	0.01	0.00	0.02	100.60
银辉铜矿	22.98	1.08	70.58	5.88	0.02	0.00	0.00	0.05	0.00	0.00	0.00	0.00	0.00	0.00	100.59
银辉铜矿	20.68	0.00	72.09	7.44	0.01	0.00	0.01	0.00	0.09	0.01	0.05	0.00	0.03	0.00	100.39
银辉铜矿	21.17	0.24	72.25	7.17	0.01	0.00	0.00	0.00	0.00	0.00	0.03	0.01	0.01	0.07	100.99
银辉铜矿	20.93	0.01	74.23	5.18	0.01	0.00	0.06	0.00	0.01	0.05	0.00	0.00	0.00	0.01	100.49
辉铜矿	22.78	0.27	74.82	1.16	0.01	0.00	0.02	0.00	0.06	0.00	0.03	0.01	0.02	0.00	99.18
辉铜矿	23.09	0.01	76.42	0.39	0.02	0.00	0.03	0.00	0.03	0.00	0.01	0.00	0.00	0.03	100.04
辉铜矿	21.24	0.23	75.67	2.57	0.02	0.00	0.00	0.00	0.00	0.01	0.02	0.01	0.00	0.00	99.82
辉铜矿	21.20	0.03	75.20	3.31	0.01	0.00	0.00	0.00	0.00	0.08	0.00	0.00	0.00	0.00	99.84
辉铜矿	21.11	0.02	76.79	2.61	0.02	0.00	0.00	0.00	0.00	0.00	0.00	0.01	0.00	0.00	100.60
硫钼铜银矿	27.23	2.43	10.25	22.64	36.46	0.13	—	0.06	0.00	0.01	0.05	0.15	0.58	0.00	100.00
硫钼铜银矿	22.91	14.09	40.06	22.85	0.02	—	0.00	0.00	0.00	0.00	0.00	0.01	0.00	0.00	100.00
银胶硫钼矿	36.49	2.72	0.28	5.42	48.41	0.34	0.00	0.03	0.00	0.22	0.00	0.64	0.00	0.00	94.57
黄铜矿	35.06	30.33	33.93	0.42	0.01	0.00	0.02	0.00	0.00	0.00	0.00	0.01	0.00	0.00	99.85
黄铜矿	34.62	29.83	34.45	1.59	0.03	0.03	0.03	0.00	0.00	0.00	0.00	0.04	0.00	0.00	100.64
黄铜矿	34.92	29.58	33.81	1.20	0.02	0.00	0.00	0.01	0.00	0.00	0.00	0.02	0.00	0.00	99.69
黄铁矿	53.55	46.07	0.02	0.00	0.04	0.00	0.00	0.03	0.00	0.00	0.00	0.01	0.05	0.00	99.78
黄铁矿	50.22	45.86	1.22	0.05	0.04	2.80	0.00	0.00	0.03	0.00	0.00	0.01	0.05	0.00	100.27

矿物成矿分带与围岩蚀变分带揭示盆地流体改造期为主成矿期。在萨热克砂砾岩型铜矿床中,成矿分带受构造-古地理和盆内同生构造、盆地流体改造富集成矿期和深源热流体

叠加富集成矿期形成的三期综合地质因素控制。矿体纵向分带为铜(铅锌)矿体→铜银钼矿体→铜(银)矿体。①砂砾岩型铜铅锌矿体中,以铜矿体为主,局部形成铅锌矿石,主要受古构造洼地和下切谷控制;②铜银钼矿体主要受切层断裂和层间滑动构造带控制,其构造岩相学标志为强碎裂岩化相+黑色强沥青化蚀变相;③铜银矿体主要受层间滑动构造带和扇中亚相砂砾岩类控制,发育中碎裂岩相–弱碎裂岩相。

砂砾岩型铜多金属矿体在垂向方向上,从下到上形成了铜矿体±铜钼银矿体→铜铅锌矿体→铅锌矿体,这种垂向成矿分带,与萨热克南逆冲推覆构造系统和深源热流体叠加富集成矿密切有关。

刘宏林等(2010)在《新疆乌恰县萨热克铜矿普详查报告》中认为:萨热克砂砾岩型铜多金属矿床围岩蚀变类型主要有硅化、重晶石化、方解石化、绢云母化、黄铁矿化及较普遍的褐铁矿化。①硅化一般沿基底裂隙、胶结物分布,呈粒状、浸染状穿插于砾岩中,与硫化物关系密切;②重晶石化,发育一般,主要呈脉状、团块状和粒状与辉铜矿伴生;③方解石化发育较广泛,主要呈脉状、网状和粒状分布在砾岩、砂岩中;④绢云母化多在粉砂岩,粉砂质页岩中出现,主要呈片状,具丝绢光泽,0.05mm,在放大镜中可见;⑤黄铁矿化一般呈粒状、浸染状、立方体状分布在矿体上下盘砂岩中;⑥褐铁矿化,发育最广泛,常与方解石伴生,呈粒状、浸染状分布在砾岩、含砾砂岩、砂岩中,岩石表面为褐黄色,多为褐铁矿化。

本次研究除上述围岩蚀变类型外,一是新厘定了沥青化和绿泥石化;二是对碳酸盐化蚀变进行了深入研究,认为铁锰碳酸盐化蚀变与成矿有密切关系(表3-9);三是对围岩蚀变分带和蚀变岩相进行了研究,从盆地流体–构造–岩性–岩相方面,深入研究了它们之间的关系。

表 3-9 萨热克砂砾岩型铜多金属矿床碳酸盐矿物和重晶石电子探针分析结果 (单位:%)

矿物种类	CaO	MgO	FeO	MnO	F	Cl	BaO	Al_2O_3	P_2O_5	SiO_2	总量
方解石	55.66	0.07	0.03	0.14	0.00	0.09	0.02	0.00	0.01	0.01	56.08
方解石	52.74	0.41	0.92	0.69	0.25	0.01	0.00	0.00	0.04	0.07	55.27
方解石	55.10	0.22	0.04	0.03	0.08	0.01	0.00	0.15	0.00	0.40	56.19
方解石	54.90	0.10	0.16	0.82	0.00	0.01	0.04	0.01	0.01	0.02	56.14
方解石	56.22	0.32	0.08	0.01	0.00	0.00	0.00	0.00	0.00	0.06	56.80
方解石	55.25	0.05	0.02	0.00	0.16	0.00	0.00	0.03	0.04	0.01	55.61
方解石	55.92	0.02	0.00	0.00	0.00	0.00	0.00	0.00	0.00	0.01	56.02
方解石	56.02	0.26	0.07	0.21	0.00	0.00	0.00	0.00	0.03	0.04	56.68
方解石	54.90	0.29	0.45	0.51	0.00	0.00	0.11	0.01	0.02	0.02	56.38
方解石	55.92	0.10	0.00	0.04	0.00	0.01	0.00	0.00	0.03	0.01	56.17
方解石	55.33	0.06	0.00	0.00	0.13	0.00	0.09	0.00	0.00	0.00	55.72
方解石	55.33	0.06	0.00	0.00	0.13	0.00	0.09	0.00	0.00	0.00	55.72
方解石	55.34	0.34	0.00	0.00	0.00	0.00	0.11	0.01	0.00	0.01	55.93
方解石	56.36	0.05	0.00	0.00	0.08	0.00	0.00	0.00	0.05	0.00	56.59
方解石	53.30	0.02	0.05	0.08	0.00	0.00	0.00	0.00	0.00	0.00	53.52

矿物种类	CaO	MgO	FeO	MnO	F	Cl	BaO	Al$_2$O$_3$	P$_2$O$_5$	SiO$_2$	总量
方解石	55.45	0.12	0.63	0.47	0.00	0.00	0.01	0.00	0.01	0.02	56.75
方解石	54.62	0.17	0.51	0.29	0.00	0.02	0.44	0.00	0.02	0.02	56.15
方解石	56.36	0.05	0.00	0.00	0.00	0.07	0.00	0.00	0.01	0.02	56.52
方解石	55.71	0.07	0.00	0.00	0.21	0.01	0.07	0.00	0.00	0.00	56.13
方解石	55.33	0.23	0.00	0.00	0.00	0.00	—	0.01	0.06	0.00	55.66
方解石	59.63	0.65	0.94	0.01	0.00	0.00	0.00	0.01	0.02	0.00	61.36
方解石	62.83	0.15	1.23	0.17	0.05	0.00	0.00	0.00	0.02	0.01	64.49
方解石	53.88	0.39	0.72	1.33	0.03	0.01	0.00	0.06	0.01	0.07	56.54
方解石	53.88	0.39	0.72	1.33	0.03	0.01	0.00	0.06	0.01	0.07	56.54
方解石	54.71	0.18	0.02	1.39	0.00	0.00	0.07	0.01	0.01	0.04	56.44
方解石	53.99	0.31	0.00	1.14	0.11	0.00	0.06	0.01	0.01	0.18	56.13
方解石	54.29	0.22	0.54	1.10	0.03	0.01	0.00	0.01	0.01	0.18	56.46
方解石	53.03	0.73	1.82	1.07	0.00	0.00	0.00	0.05	0.00	0.07	56.88
方解石	54.61	1.28	0.33	0.00	0.05	0.00	0.00	0.04	0.00	0.05	56.46
含铁方解石	38.47	3.10	8.47	0.15	0.00	0.01	—	5.09	0.00	6.22	61.74
含锰方解石	48.38	0.31	0.69	8.68	0.39	0.00	0.04	0.01	0.00	0.00	58.58
含锰方解石	51.29	1.18	1.75	1.21	0.00	0.01	0.00	0.12	0.00	0.39	56.18
含锰白云石	34.59	19.35	1.09	5.03	0.00	0.02	0.31	0.02	0.00	0.02	60.45
含铁白云石	35.28	17.29	5.74	3.12	0.02	0.00	0.16	0.02	0.00	0.02	61.73
铁白云石	33.68	12.91	10.57	1.14	0.06	0.05	0.00	0.01	0.02	0.01	58.61
铁白云石	31.61	16.34	10.00	0.48	0.14	0.15	0.00	0.01	0.00	0.04	58.71
铁白云石	28.76	11.91	14.71	0.31	0.00	0.00	0.00	0.03	0.00	0.09	55.88
重晶石	63.01	34.49	2.57	0.15	0.01	0.08	0.10	0.02	0.02	0.02	100.81

(1)在围岩蚀变分带上,以富烃类还原性盆地流体叠加主成矿期为中心,形成了纵向围岩蚀变分带为黑色沥青化蚀变带→(灰黑色沥青化蚀变+褪色化)蚀变带→褪色化蚀变带→褪色化蚀变+浅紫红色铁质砂砾岩。

(2)在垂直方向上蚀变分带独具特点,从矿体顶盘围岩→矿体→矿体底板围岩形成的蚀变分带为:褪色化蚀变带(顶板围岩)→灰黑色沥青化+褪色化蚀变带(矿体顶部)→灰黑色沥青化(矿体中部)→灰黑色沥青化±褪色化蚀变带(矿体下部)→黄铁矿化-铁碳酸盐化-绿泥石化蚀变带(底板围岩)→碳酸盐化-绿泥石化蚀变带(下盘围岩),揭示富烃类还原性盆地流体改造作用为主成矿期。推测富烃类还原性盆地流体沿切层断裂上升运移到复式向斜构造之中,成矿流体沿层间滑动构造带和扇中亚相杂砾岩层形成层状运移并不断下渗流动,导致砂砾岩型铜多金属矿层下盘围岩蚀变发育。这是由于顶板围岩以泥质粉砂岩为主,这种低渗透率围岩对于富烃类还原性盆地流体形成了岩性封闭层,因此顶板围岩不发育,仅在局部碎裂岩化相中,沿裂隙形成了网脉状和脉状褪色化蚀变和黑色沥青化蚀变。

(3)在萨热克砂砾岩型铜多金属矿区,碳酸盐化蚀变具有显著特征。本区碳酸盐化较为发育,主要有以下几种类型(表 3-9)。①在沉积成岩期,主要表现为碳酸盐质胶结物,这些方解石比较纯净,以方解石为主,其他元素含量较低,其 FeO 和 MgO 含量也低于 1.0%,个别方解石中含有少量 F 和 BaO。在沉积成岩期也形成了含有少量 FeO、MgO 和 MnO(0.18% ~ 1.50%)的方解石,主要与沉积成岩期为半咸水环境有密切关系。②在盆地流体改造期,主要表现为含铁方解石化、含锰方解石化、含铁白云石化和铁白云石化,揭示强还原环境中形成的低温热液型铁锰碳酸盐化蚀变,与沉积成岩期碳酸盐化蚀变具有较大差异。含铁方解石中具有低钙高 MgO(3.10%)、FeO(8.74%)和 MnO(8.68%)特征,尤其是含锰方解石以玫瑰红细脉状和网脉状锰方解石-含锰白云石分布在铜矿石中和大理岩角砾中。铁白云石在地表风化后,呈浅褐红色,细脉状铁白云石在地表风化后容易识别,其 CaO 含量为 28.76% ~ 33.68%,MgO 含量为 11.91% ~ 16.34%,FeO 含量为 10.0% ~ 14.71%。

3.4 萨热克式砂砾岩型铜多金属矿床成矿规律与成矿机制

3.4.1 萨热克巴依次级盆地与初始成矿地质体

在萨热克巴依陆内拉分断陷盆地内,隐伏基底隆起、古洼地和坡折构造带控制了初始成矿地质体(晚侏罗世叠加复合扇体)。在叠加复合扇体中,旱地扇的扇中亚相为萨热克式砂砾岩型铜多金属矿床的初始成矿地质体(方维萱等,2015,2016a,2017b),扇中亚相主要位于萨热克巴依次级盆地中古基底隆起带和古洼地过渡地段(图 3-1、图 3-4),也是萨热克砂砾岩型铜多金属矿床的含矿层厚度最大位置,构造坡折带由基底隆起带→古洼地斜坡带→古洼地边缘带→古洼地中心(下切谷)四个构造岩相带组成,它们控制了萨热克砂砾岩型铜多金属矿床中矿层和含矿层的分布范围。

3.4.2 富烃类还原性盆地流体与地球化学岩相学记录标志

富烃类还原性盆地流体在萨热克砂砾岩型铜矿床形成过程中具有十分重要的作用,也形成了相应的地球化学岩相学记录和标志,其总沥青化和沥青化-褪色化蚀变、有机碳(TOC)、矿物包裹体中含烃盐水、气液烃类、轻质油和沥青类烃类矿物包裹体等,直接记录了富烃类还原性盆地流体活动历史和地球化学岩相学标志。

(1)在萨热克砂砾岩型铜矿床的矿石中,总有机碳含量越高,铜矿石品位越高,揭示总有机碳与铜富集成矿有十分密切的关系,如在萨热克北矿带深部坑道中,赋存在切层断裂带的含沥青断层泥中,经 XRF 测试,属于富铜矿石(Cu>1.5%)。这种富铜矿石呈切层产出,属萨热克巴依次级盆地在后期改造过程中形成的富铜矿石,叠加在含铜砂砾岩层之中呈现切层产出的特征。经采样分析总有机碳含量在 3.28% ~ 4.78%,铜矿石品位可达 1.50% ~ 5.89%。

(2)在黑色强沥青化蚀变带中,沥青化蚀变岩的碳同位素($\delta^{13}C$)在 $-20.79‰$ ~ $-19.65‰$,铜品位在 2.0% 以上,属于有机质成因的碳质,甲烷的产生由两部分组成,即重碳甲烷($^{13}CH_4$)和正常甲烷($^{12}CH_4$),甲烷碳同位素值($\delta^{13}C$)分别在$-20‰ \sim -18‰$和$-25‰ \sim -20‰$(帅燕华等,2003),本研究区东侧库车前陆盆地中,主要烃源岩为三叠系-侏罗系的暗色泥岩及煤系泥岩和煤岩,库车前陆盆地中克拉苏构造带的天然气可能与煤系烃源岩有关,煤成气的$\delta^{13}C$在$-18.5‰ \sim -27.3‰$(李剑等,2001)。本区与库车前陆盆地侏罗系烃源岩特征相同,碳同位素($\delta^{13}C$)组成也与库车前陆盆地中克拉苏构造带的天然气(煤成气)碳同位素组成相吻合,因此,认为这些富铜高有机质的铜矿石是在萨热克巴依次级盆地后期改造过程中,下覆侏罗系含煤泥岩系中形成了大量煤成气沿断裂带和裂隙带上升,将含铜紫红色砂砾岩中氧化相铜大量还原为铜硫化物相。

(3)矿物流体包裹体研究证明富烃类还原性盆地流体成分具有明显的演化趋势。早期以含烃盐水、气态烃-气液态烃-液态烃类为主;中期以烃类-轻质油为主;晚期具有以轻质油并出现沥青化为主的富烃类还原性盆地流体的演化趋势(图3-8、图3-11)。①萨热克砂砾岩型铜矿区中,第一期石英、方解石和白云石等矿物中,其包裹体以含烃盐水包裹体为主。对含烃盐水盆地流体以盐度划分为两类:一类在方解石和白云石矿物包裹体中的含烃盐水为中盐度,平均盐度为17.47% ~23.12% NaCl;另一类在石英-方解石中矿物包裹体中的含烃盐水为低盐度,盐度在3.2% ~12.28% NaCl,揭示盆地流体混合成矿作用存在。②第二期矿物包裹体也存在两类盐度的含烃盐水,方解石中含烃盐水包裹体盐度在22.38% NaCl;石英中含烃盐水包裹体盐度在2.8% NaCl。突出特征是在方解石和石英中存在轻质油包裹体,揭示存在两类不同盐度的含烃盐水和轻质油,推测曾存在两类含烃盐水盆地流体和轻质油等多相流体混合作用。③在高成熟天然气藏储层中,一般缺乏气液两相石油包裹体,而含烃盐水包裹体在天然气藏储层中普遍存在(赵靖舟等,2013),萨热克砂砾岩型铜矿床的石英等矿物中气液两相包裹体发育(图3-11和图版A),以CO_2和CH_4气为主,含有少量N_2。在萨热克砂砾岩型铜多金属矿区,早期含烃盐水中有气态烃、液态烃和气液态烃类等三相态存在(图3-11),揭示早期富烃类还原性盆地流体以含烃盐水型盆地流体运移为主,气态烃-液态烃-气液态烃类是主要运移方式,类似于天然气藏中烃类运移。本区矿物包裹体中烃类成分与滇黔交界区玄武岩型铜矿床矿物包裹体类型和成分具有相似性(李厚民等,2011)。④中期在含烃盐水存在三相态烃类,而且轻质油仅在晚期石英-方解石矿物包裹体中发育(图版A、图3-11),揭示富烃类还原性盆地流体从三相态烃类已经演进到轻质油类,即"天然气-石油"烃类流体转变和混合相区。⑤晚期以黑色沥青化蚀变相充填在层间断裂和切层断裂带中,形成了黑色强沥青化蚀变相→灰黑色中沥青化蚀变相→灰色沥青化-褪色化蚀变相。

3.4.3 隐伏基底隆起带(古潜山)和披覆褶皱为富烃类还原性成矿流体圈闭构造

萨热克裙边式复式向斜构造北翼和南翼,不但控制了萨热克北矿带和南矿带展布方向,而且在萨热克巴依次级盆地后期构造变形过程中,其复式向斜构造和派生次级隐蔽构造具有显著的控矿规律。①盆内隐伏基底隆起带(古潜山)和披覆褶皱构造为富烃类还原性盆地流体圈闭构造(图3-3),萨热克式砂砾岩型铜矿床受这些成矿前构造(NW向隐伏基底隆起

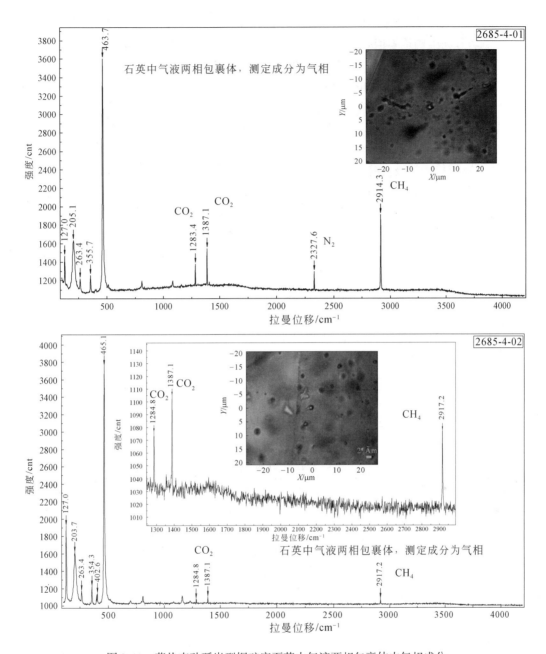

图 3-11　萨热克砂砾岩型铜矿床石英中气液两相包裹体中气相成分

带和 NW 向披覆褶皱)控制(图 3-4),它们圈闭了后期富烃类还原性成矿流体。②在该盆地两侧逆冲推覆构造带作用下(图 3-1、图 3-6 中萨热克南 F_1^1 和萨热克北 F_1^2),在康苏组和杨叶组中形成了一系列倒转紧闭褶皱和斜歪倒转紧闭褶皱。在库孜贡苏组因杂砾岩类具有较强能干性,以掀斜构造为主并发育大型节理和裂隙带,因应力屈服构造作用,伴有次级层间断裂-裂隙带和切层断裂-断裂带,在 3-30 勘探线形成了网络状破劈理-裂隙等小型构造组成的储矿构造系统,它们是控制富铜工业矿体的定位储矿构造系统(图 3-3)。③库孜贡苏组中叠加扇体在3-6勘探线深部形成了下切谷同生构造(图3-3),以叠加扇体的冲刷面为底界线,这些下切谷同生构造不但是初始成矿地质体发育部位,也是后期还原性盆地流体的圈闭构造,以发育沥青化和后期网络状破劈理-裂隙等小型构造为特征,在这种储矿构造系统中形成了深部富铜工业矿体。其上覆的下白垩统中发育切层断裂和牵引褶皱,发育沥青化-褪色化-孔雀石化,揭示还原性盆地流体沿切层断裂运移。④在复式向斜构造中心深部,由志留-泥盆系(原地地层系统)等组成的基底隆起,形成了同生披覆背斜,这种隐蔽构造之上为铜工业矿体产出有利部位(图3-3)。⑤在该盆地南侧萨热克南逆冲推覆构造带作用下,不但形成了下白垩统中宽缓传播褶皱;在强构造应变部位发育倒转-斜歪褶皱和切层断裂。辉绿辉长岩呈放射环状和封闭环状,局部伴有铁锰碳酸盐化和孔雀石化;区域上发育大规模白色褪色化,揭示曾发生盆地流体大规模运移。在萨热克南逆冲推覆构造带下部形成了隐蔽倒转褶皱,该褶皱成为最佳还原性成矿流体改造富集成矿和辉绿辉长岩叠加富集成矿空间部位,如南矿带30-28勘探线等。

3.4.4 成矿流体大规模卸载机制

在盆地流体圈闭构造中,被圈闭的富烃类还原性成矿流体与含铜氧化相紫红色砂砾岩类发生了多重耦合导致矿质大规模沉淀而富集成矿。首先,上述盆内构造样式形成了十分有利的成矿构造组合,在对冲式逆冲推覆构造作用下,富烃类还原性成矿流体在压剪性构造动力学驱动下,大规模聚集在隐伏基底隆起带(古潜山)和披覆褶皱构造而被构造-岩相-岩性圈闭。其次,裙边式复式向斜构造中发育隐蔽次级褶皱、隐蔽层间滑动-裂隙带,其高渗透率不但为盆地流体运移提供了构造通道,而且裂隙破碎带为良好的储矿构造。再次,在库孜贡苏组五个岩性层和微相体中,强碎裂岩化相和强富烃类还原性盆地流体(沥青化-褪色化-铁锰碳酸盐化)耦合是形成铜多金属工业矿体的关键因素。最后,富烃类还原性盆地流体与含铜氧化相紫红色砂砾岩类发生了强烈的氧化-还原地球化学岩相学作用而导致矿质最终大规模沉淀。

在地球化学氧化-还原岩相学反应界面作用而导致矿质最终大规模沉淀,主要依据如下。①采用Fe、Cu、Pb、Zn、Mo和Ag相态分析等,进行地球化学岩相学研究,表明(方维萱等,2016a):铜品位与全铁(TFe)呈现密切正相关关系($R^2 = 0.9399$, $N = 26$),其关系式为TCu% = 1.1084×TFe% − 2.5145,揭示TFe对于铜富集成矿具有明显的控制作用。铜品位与氧化相铁(OFe)呈现密切正相关关系($R^2 = 0.8383$, $N = 26$),其关系式为TCu% = 1.2266×OFe% − 0.6393。进一步揭示OFe对于铜富集成矿具有明显的控制作用,这与前述初始成矿地质体中因富集铁质并吸附Cu形成的初始富集成矿作用密切相关,含铜氧化相岩石主要为扇中亚相铁质砂砾岩类。②碳酸盐相铁(CFe)和硫化物相铁(SFe)能够揭示盆地流体改造过程中,氧化相铁(OFe)被富烃类-CO_2-CO型还原性流体和富S型还原性流体,或者二者混合的还原性盆地流体还原后,被还原的氧化相铁(OFe)比例和还原量。在铜矿化、铜矿石和高品位铜矿石之中,氧化相铁(OFe)被还原量一般都在10%以上,氧化相铁(OFe)被还原量在10%~55%,揭示还原性盆地流体具有一定规模,达到了可以将50%以上氧化相铁(OFe)进行还原的能力。但因紫红色含铁砾岩中碎裂岩化相、裂隙密度、渗透率和孔隙度等差异,构造改造作用强度等多因素多重耦合作用,氧化相铁(OFe)被还原量和已经还原的碳酸盐相铁(CFe)和硫化物相铁(SFe)分布极不均匀。③氧化相铁(OFe)被还原量与铜矿石品位之间没有相关性,暗示盆地流体改造和辉绿辉长岩脉群叠加成岩成矿流体本身携带了一定量的成矿物质,因此,除铜矿石品位与砂砾岩的物理性质(孔隙度、渗透率、裂隙密度等)耦合之外,也揭示盆地改造流体和叠加成岩成矿流体与含铜砂砾岩之间,存在化学耦合作用(如沥青质)并导致矿质沉淀。④碳酸盐相铁为典型地球化学强还原相类型,在碳酸盐相铁(CFe)和全铜(TCu)关系上,明显与氧化相铁(OFe)关系不同,呈现二项式密切正相关关系($R^2=0.79$,$N=25$),这与实际观察到两期以上的碳酸盐化蚀变现象相吻合,揭示铜富集成矿具有两期的叠加成矿作用,因此,铁锰白云石-铁方解石化等碳酸盐化蚀变与铜叠加成矿作用有十分密切关系。从相态转换和平衡角度分析,紫红色氧化相铁(OFe)被还原为碳酸盐相铁(CFe)和硫化相铁(SFe),可能是初始矿源层经历了地球化学强还原作用后,导致紫红色含铁砾岩类发生褪色化蚀变作用的地球化学岩相学机制,为辉铜矿、斑铜矿和黄铜矿等铜硫化物形成提供了还原性成矿地球化学环境。⑤沥青和碳质是还原性盆地流体改造富集成矿的重要还原剂(地球化学强还原相,如黑色沥青化蚀变),并携带了 Mo、Cu 和 Ag 等成矿物质。这种还原性盆地流体将含铜紫红色含铁砂砾岩中,以氧化物吸附的铜成矿物质大量还原,形成了银辉铜矿、辉铜矿、硫铜钼矿、斑铜矿和黄铜矿等铜硫化物相。在萨热克砂砾岩型铜矿床北矿带深部坑道中,富铜矿石叠加在含铜砂砾岩层之中呈现切层产出,其总有机碳含量在 3.28% ~4.78%,碳同位素($\delta^{13}C$)在–20.79‰ ~ –19.65‰,铜品位在 2.0% 以上。推测下覆含煤泥岩系中形成了大量煤成气,沿断裂带和裂隙带上升,将含铜紫红色砂砾岩中氧化相铜大量还原为铜硫化物相,这是十分重要的还原性盆地流体改造富集的成矿成晕机制。电子探针分析表明铜硫化物相为银辉铜矿和辉铜矿、硫铜钼矿、斑铜矿和黄铜矿。经人工重砂定量分析为辉铜矿约占重矿物的 70.48%、黄铜矿占 12.15%、斑铜矿占 7.75%,辉铜矿-斑铜矿-黄铜矿是铜硫化物相的主要组成矿物,硫铜钼矿产出在黑色沥青化蚀变强烈部位。⑥萨热克砂砾岩型铜多金属矿床围岩蚀变为低温围岩蚀变特征。本区辉绿辉长岩脉群中发育含铜铁白云石-硅化-绿泥石化,具有相对较高的形成温度,但远离后迅速变为碳酸盐化。在隐蔽褶皱-层间断裂-裂隙带中,铁锰碳酸盐化蚀变和绿泥石蚀变强烈;局部硅化发育,石英矿物包裹体均一法温度在铜成矿平均温度为 93℃。绿泥石温度计揭示古地温场在 142 ~ 297℃。萨热克砂砾岩型铜多金属矿床主体为蚀变相(铁方解石化、方解石化和硅化等)低温地球化学相。

3.4.5　构造岩相学微相类型与铜工业矿体关系

在萨热克砂砾岩型铜矿区内,铜多金属工业矿体主要受叠加复合扇体中旱地扇扇中亚相的微相类型、碎裂岩化相和富烃类还原性成矿流体改造叠加控制显著。库孜贡苏组上段旱地扇的扇中亚相具有显著垂向微相分带,自下而上可划分五个岩性层和微相体,它们为萨热克式铜矿床的储集层(赋矿层位),铜多金属工业矿体主要赋存在第二和第三岩性层,其次为第五和第一岩性层。①第五岩性层为水道微相紫红色杂中-细砾岩,叠加后期碎裂岩化相和沥青化-褪色化蚀变相。在碎裂岩化-沥青化褪色化中-细砾岩中,中-细砾石呈扁平状叠瓦式排列,局部含有透镜状岩屑砂岩,属水道微相示相标志。微细脉状和细脉状沥青化和脉状辉铜矿沿碎裂岩化相中的微裂隙和破劈理面分布,以辉铜矿、铁锰方解石和方解石等热液胶结物为主,揭示经历了富烃类还原性成矿流体改造富集,共生有细脉状和团块状的铁锰方解石-铁方解石化。在与上覆克孜勒苏群紫红色泥质粉砂岩(富烃类还原性成矿流体的岩性封闭层)之间发育层间断层时,沥青化沿顺层裂隙和劈理带发育,局部可见液压致裂角砾岩化,具有可拼接性的角砾之间为沥青质胶结。不含矿地段为紫红色中-细杂砾岩,以紫红色铁质和硅质胶结为主。②第四层席状片流沉积微相紫红色泥质粉砂岩、岩屑砂岩和含砾砂岩等,在萨热克铜矿区和外围稳定分布,这种稳定分布的席状片流沉积微相体在纵剖面上呈叶状体,局部为透镜状。局部受后期碎裂岩化相叠加,褪色化和沥青化沿层内断裂-裂隙带发育,因渗透率较低等因素常为铜多金属矿体中夹石,即使发育铜矿(化)体也不具有较大的开采工业价值。③第三层和第二层为扇中亚相紫红色铁质细-中和粗-中杂砾岩类,底部发育叠加扇冲刷面微相,发育后期强碎裂岩化相,叠加强烈的富烃类还原性成矿流体形成了沥青化-褪色化蚀变相,属萨热克式铜矿床的主工业矿体赋存层位。岩石组合以灰绿色褪色化细-中砾岩、粗-中砾岩和灰黑色沥青化细-中砾岩、粗-中砾岩为主,铁辉铜矿、辉铜矿和银辉铜矿以热液胶结物形式产出,或呈网脉状和透镜状分布在断裂-裂隙密集交汇部位、层间断裂-裂隙和切层断裂-裂隙的密集交汇部位,其次为细脉状环绕砾石和微细脉状穿切砾石,揭示铜富集成矿主要为扇中亚相叠加后期强碎裂岩化相和强富烃类还原性盆地流体(沥青化-褪色化-铁锰碳酸盐化)等多重耦合因素控制。④叠加扇体的冲刷面微相(初始成矿结构面)发育在第二层岩性层底部与第一层岩性层顶部之间,以透镜状含砾粗砂岩-含砾细砂岩-泥质粉砂岩的岩石组合为冲刷面微相标志。⑤后期碎裂岩化相叠加的构造岩相学标志为沿冲刷面形成了层间滑动构造面,其上下派生的密集羽状裂隙带被密集的细脉状辉铜矿充填,以斜切第一岩性层顶面冲刷面发育后期层间滑动面(富集细脉状和小透镜状辉铜矿)为特征。在矿物地球化学岩相学上,以辉铜矿-铁辉铜矿-银辉铜矿-硫铜钼矿细脉带沿层间断裂-裂隙带-羽状裂隙带(古冲刷面)充填或呈热液胶结物形式环绕砾石分布。在构造岩相学多重耦合作用标志上,它们属富烃类还原性成矿流体-后期碎裂岩化相-初始成矿结构面(叠加扇体的冲刷面)-层间断裂等构造-岩相-岩性-流体的多重耦合结构面。⑥第一层岩性层为扇中亚相筛积微相紫红色铁质细杂砾岩类,其含矿性较差且多为矿体底板围岩,仅在强沥青化-褪色化层间断裂和切层断裂(富烃类还原性成矿流体大规模运移的构造通道),形成小型工业矿体。总之,成矿结构面为叠加冲积扇体的古冲刷面(初始富集成矿期)、碎裂岩化相、还原性成矿流体与碎裂岩化相等多因素多重耦合界面。

考虑到萨热克巴依陆内走滑拉分断陷盆地和萨热克式砂砾岩型铜矿床形成演化,受控于西南天山复合造山带-塔里木地块西端-帕米尔高原北缘等盆-山-原耦合与转换特殊大陆构造样式控制和影响。研究区和邻区西南天山西端可能经历了晚三叠世-早侏罗世(220~180Ma)、中侏罗世末-早白垩世(166~100Ma)、晚白垩世-始新世(95~45Ma)、中新世(25Ma)、新近纪-新更新世(12Ma至今)等五个期次主要山体隆升事件。上述五个期次山体隆升事件,从侧面提供了萨热克巴依原型盆地和盆地动力学特征为陆内山间走滑拉分断陷盆地及形成演化特征。①与区域上山体隆升事件相关,研究区在晚三叠世-早侏罗世

(220~180Ma)发育走滑拉分断陷作用控制的构造–沉积岩相学垂向和水平相序结构。②区域上中侏罗世以深部地幔热物质上涌侵位事件为主导因素,在库孜贡苏 NW 向陆内走滑拉分断陷盆地中,杨叶组中发育 2~3 层碱性玄武岩,与费尔干纳 NW 向地幔型断裂带切割深达地幔有密切关系;在杨叶期–塔尔尕期中期为萨热克巴依陆内走滑拉分断陷盆地主成盆期,形成了塔尔尕期早阶段最大湖泛面,构造岩相学标志为深湖相(结晶灰岩–方解石泥晶灰岩–泥灰岩)、湖震相(砾屑状泥灰岩–泥质砾岩和软变形构造)和震积岩相(泥灰质同生角砾岩相)等构造岩相组合,揭示同生断裂带活动强烈,与区域具有一致性。③与区域上中侏罗世末–早白垩世(166~100Ma)山体隆升事件相吻合,研究区在塔尔尕期末开始构造反转,向上变粗的反向粒序结构和沉积水体变浅层序结构,代表从陆内走滑拉分断陷沉积体系,转变为挤压收缩体制下压陷沉积体系。在西南天山复合造山带中,这种陆内造山作用驱动造山带流体大规模运移并集聚在山间尾闾湖盆中,为萨热克式砂砾岩型铜矿床形成提供了优越的大陆动力学背景。④在晚白垩世–始新世(95~45Ma)区域山体隆升过程中,伴随地幔热物质上涌侵位,在萨热克铜矿区辉绿岩脉群侵位最高层位为下白垩统克孜勒苏群,形成了大规模褪色化–漂白化蚀变带,在克孜勒苏群中形成了砂岩型铜矿体和砂砾岩型铅锌矿体,在库孜贡苏组中形成了砂砾岩型铜铅锌–钼矿体,为深源成矿流体叠加成矿作用所形成。

　　综上所述:①萨热克巴依原型盆地为斜切西南天山造山带的中生代陆内山间走滑拉分断陷盆地。该盆地内部(矿田同生沉积成岩成矿期)主要构造样式和要素包括隐伏基底构造隆起带、古构造洼地、构造斜坡带、下切谷、同生披覆褶皱、同生断裂带等,萨热克裙边式复式向斜构造继承了萨热克巴依原型盆地总体特征。②早–中侏罗世构造古地理特征为“三面环山、北西通流、NE 向基底断陷沉降”,其构造古地理为叠加复合扇体提供了丰富的蚀源岩区。③萨热克式大型砂砾岩型铜矿床初始成矿地质体为晚侏罗世库孜贡苏期旱地扇扇中亚相紫红色铁质砂砾岩类,它们形成于封闭性山间尾闾湖泊环境,为形成大型铜矿床提供了良好的构造古地理条件和盆地构造古地理微单元组合。④盆内隐伏基底隆起带、古构造洼地、二者过渡部位的构造坡折带和相关构造岩相学单元,它们控制萨热克砂砾岩型铜矿层主要构造古地理要素,控制了后期富烃类还原性盆地流体圈闭构造和岩性岩相圈闭,沥青化–褪色化–铁锰碳酸盐化–铜硫化物–碎裂岩化相多重耦合改造富集成矿,为富烃类还原性成矿流体改造富集标志。这些构造样式和构造组合为萨热克式砂砾岩型铜矿床找矿预测标志。

3.4.6　矿物地球化学岩相学特征揭示成矿流体混合机制

　　富烃类还原性盆地流体与含铜紫红色铁质杂砾岩(氧化相铜)因两类盆地流体(或流体–岩石)相互作用,强还原性富烃类盆地流体将含铜紫红色铁质杂砾岩中初始富集作用形成的氧化相铜大量还原,形成了辉铜矿沉淀。这种两类盆地流体之间存在显著的氧化–还原作用形成的地球化学岩相学界面,辉铜矿是萨热克砂砾岩型铜矿床的主要矿石矿物,这种地球化学岩相学界面相互作用在辉铜矿和其他铜硫化物矿物成分中具有矿物地球化学岩相学记录。

　　(1)人工重砂分析表明,该类富铜矿石的矿石矿物主要有辉铜矿、黄铜矿和斑铜矿,辉铜矿约占重矿物的 70.48%、黄铜矿占 12.15%、斑铜矿占 7.75%，辉铜矿–斑铜矿–黄铜矿是铜硫化物相主要组成矿物，且辉铜矿是主要矿石矿物，占铜硫化物总量的 70%，揭示其成矿环境为高铜低硫环境。辉铜矿中 $\delta^{34}S$ 为 –24.0‰ ~ –19.0‰，指示硫来自地层中大量硫酸盐的生物还原作用。

（2）电子探针分析揭示辉铜矿具有三个不同亚种，即银辉铜矿、辉铜矿和铁辉铜矿（表3-10）：①银辉铜矿含 Ag 为 5.18% ~ 7.44%，含 Cu 在 70.58% ~ 74.23%，含 S 在 20.11% ~ 23.09%，含 Fe≤1.08%，具有富铜银和低铁硫特征。②辉铜矿含 Ag 在 0.39% ~ 3.31%，含 Cu 在 74.82% ~ 76.79%，含 S 在 20.68% ~ 22.98%，含 Fe≤0.27%，具有富铜银和低铁硫特征。③斑铜矿含 Ag 为 0.75% ~ 3.67%，含 Cu 在 60.00% ~ 63.67%，含 S 在 25.18% ~ 26.37%，含 Fe 在 8.89% ~ 11.50%，具有低铜银和高铁硫特征。④本区辉铜矿中含 Ag 均较高（0.39% ~ 7.44%），形成了银辉铜矿，本区共伴生银资源主要富集在辉铜矿中，其次为斑铜矿。本区辉铜矿中含 As、Sb、Co 和 Ni 均较低，含有微量 Mo、Pb 和 Zn 等。⑤三个亚种辉铜矿和含铜赤铁矿揭示了矿物地球化学岩相学分带为银辉铜矿（强还原相）→辉铜矿（还原相）→斑铜矿（氧化–还原相）→含铜赤铁矿（氧化相），也是两类流体混合的矿物地球化学岩相学记录。萨热克砂砾岩型铜硫化物类矿物组合和辉铜矿成分特征，与紫金山高硫型金铜矿（崔晓琳等，2015）和二叠系玄武岩铜矿（张乾等，2007）具有明显不同的特征。

表 3-10　萨热克砂砾岩型铜矿床辉铜矿–斑铜矿的电子探针分析结果计算的化学式

标高/m	探针编号	矿物化学结构式
2880	BPO-47-2-1-1	$(Cu_{2.0626}Ge_{0.0021}Mo_{0.0005}Ag_{0.0022}Cd_{0.0001}Fe_{0.0009}Zn_{0.0028})_{2.0713}(S_{1.0000})_{1.00}$
	BPO-47-2-1-2	$(Cu_{1.6923}Mo_{0.0004}In_{0.0001}Ag_{0.0057}Fe_{0.0797}Zn_{0.0021})_{1.7804}(S_{0.9996}Sb_{0.0004})_{1.00}$
	BPO-47-2-5-1	$(Mo_{0.0004}In_{0.0001}Cd_{0.0002}Ga_{0.0004}V_{0.0001}Fe_{0.4979}Co_{0.0012})_{0.5004}(S_{0.9990}As_{0.0006}Se_{0.0006}Te_{0.000}Sb_{0.000})_{1.00}$
	BPO-47-2-2-1	$(Cu_{1.6498}Mo_{0.0003}Ag_{0.0011}Cd_{0.0002}V_{0.0003}Fe_{0.0534}Co_{0.0003}Zn_{0.0006})_{1.7061}(S_{0.9999}Te_{0.0001})_{1.00}$
	BG-2-2-1	$(Cu_{1.2727}Mo_{0.0003}Zn_{0.0003}Fe_{0.2031}Mn_{0.0005}Co_{0.0002}Pb_{0.0001}Bi_{0.0001}Ag_{0.0175})_{1.4949}(S_{0.9992}Se_{0.0008})_{1.00}$
	BG-2-2-3	$(Cu_{1.6570}Mo_{0.0003}Zn_{0.0013}Fe_{0.0068}Mn_{0.0006}Co_{0.0001}Pb_{0.0001}Ag_{0.0151})_{1.6816}(S_{0.9997}Se_{0.0003})_{1.00}$
	BG-4-4-1	$(Cu_{1.6691}Mo_{0.0003}Zn_{0.0007}Fe_{0.0001}Ni_{0.0001}Co_{0.0002}Bi_{0.0002}Ag_{0.0051})_{1.6758}(S_{0.9995}Se_{0.0005})_{1.00}$
	BG-3-2-1	$(Cu_{1.1991}Mo_{0.0003}Zn_{0.0003}Fe_{0.2536}Co_{0.0007}Ag_{0.0128})_{1.4669}(S_{0.9998}Sb_{0.0002})_{1.00}$
	BG-3-2-2	$(Cu_{1.7977}Mo_{0.0003}Zn_{0.0010}Fe_{0.0061}Ni_{0.0002}Mn_{0.0006}Co_{0.0003}Ag_{0.0360})_{1.8421}(S_{1.0000})_{1.00}$
	BG-7-3-1	$(Cu_{0.0002}Mo_{0.0002}Fe_{0.4940}Mn_{0.0001}Co_{0.0005})_{0.4952}(S_{0.9998}Sb_{0.0002})_{1.00}$
	BG-17-1-1	$(Cu_{1.7877}Mo_{0.0002}Zn_{0.0012}Fe_{0.0008}Pb_{0.0001}Bi_{0.0002}Ag_{0.0806})_{1.8723}(S_{0.9999}Sb_{0.0001})_{1.00}$
	BG-20-3-1	$(Cu_{1.8357}Mo_{0.0003}Zn_{0.0012}Fe_{0.0005}Mn_{0.0002}Ag_{0.0368})_{1.8747}(S_{1.0000})_{1.00}$
	BG-21-3-1	$(Cu_{1.7879}Mo_{0.0002}Zn_{0.0011}Fe_{0.0004}Co_{0.0001}Pb_{0.0001}Ag_{0.0735})_{1.8632}(S_{0.9988}Se_{0.0011}Sb_{0.0001})_{1.00}$
	BG-15-1-Q4-01	$(Cu_{1.9413}Zn_{0.0012}Fe_{0.0035}Ag_{0.0063}Mo_{0.0023})_{1.9546}(S_{0.9995}Se_{0.0005})_{1.00}$
	BG-15-1-Q4-02	$(Cu_{1.2942}Zn_{0.0014}Fe_{0.2341}Ag_{0.0051}Co_{0.0010}Mo_{0.0026})_{1.5384}(S_{1.0000})_{1.00}$
	BG-15-1-2-1	$(Cu_{1.7590}Mo_{0.0002}Zn_{0.0020}Ni_{0.0001}Mn_{0.0014}Pb_{0.0002}Ag_{0.1069})_{1.8699}(S_{0.9999}Se_{0.0001})_{1.00}$
	BG-15-1-2-2	$(Cu_{0.0119}Mo_{0.0002}Zn_{0.0003}Fe_{0.5122}Mn_{0.0002}Co_{0.0006}Ag_{0.0003})_{0.5256}(S_{0.9767}As_{0.0233})_{1.00}$
	BG-15-1-4-1	$(Cu_{1.7221}Mo_{0.0002}Zn_{0.0011}Fe_{0.0066}Mn_{0.0008}Co_{0.0002}Bi_{0.0005}Ag_{0.1006})_{1.8321}(S_{1.0000})_{1.00}$
	BG-15-1-4-2	$(Cu_{1.1922}Mo_{0.0003}Zn_{0.0010}Fe_{0.2547}Co_{0.0002}Ag_{0.0410})_{1.4894}(S_{1.0000})_{1.00}$

续表

标高/m	探针编号	矿物化学结构式
2790	2790/1/1	$(Cu_{1.2801}Pb_{0.0001}Fe_{0.2442}Ag_{0.0007}Zn_{0.0002}Au_{0.0005})_{1.5258}(S_{1.0000})_{1.00}$
	2790/1/2	$(Cu_{1.2827}Fe_{0.2765}Ag_{0.0010}Zn_{0.0005}Au_{0.0002})_{1.5619}(S_{0.9999}Te_{0.0001})_{1.00}$
	2790/1/3	$(Cu_{0.4958}Fe_{0.5004}Ag_{0.0005}Zn_{0.0010}Au_{0.0003})_{0.9980}(S_{1.0000})_{1.00}$
	2790/1/4	$(Cu_{1.1917}Mo_{0.0001}Pb_{0.0003}Fe_{0.2212}Ag_{0.0011}Zn_{0.0005}Au_{0.0001})_{1.4150}(S_{0.9998}Se_{0.0002})_{1.00}$
	2790/1/5	$(Cu_{1.2429}Mo_{0.0001}Fe_{0.2491}Ag_{0.0007}Zn_{0.0001}Au_{0.0007})_{1.4936}(S_{1.000})_{1.00}$
	2790/1/6	$(Cu_{1.1609}Mo_{0.0001}Fe_{0.2211}Ag_{0.0012}Ni_{0.0002}Zn_{0.0007}Au_{0.0001})_{1.3842}(S_{0.9999}Sb_{0.0001})_{1.00}$
	2790-2(2)-2-1	$(Cu_{1.854}Fe_{0.060}Zn_{0.0001}Mo_{0.0002}Ag_{0.0001})_{1.918}(S_{0.992}Se_{0.0080})_{1.00}$
	2790-2(2)-2-3	$(Cu_{1.495}Fe_{0.169}Zn_{0.0001}Mo_{0.0001})_{1.666}(S_{0.9888}Se_{0.012})_{1.00}$
	2790-3(1)-1-1	$(Cu_{1.7974}Fe_{0.0407}Zn_{0.0004}Mo_{0.0011}Ag_{0.0006}Co_{0.0002}Ni_{0.003}Ge_{0.0007})_{1.8412}(S_{1.00})_{1.00}$
	2790-3(1)-1-3	$(Cu_{1.8490}Fe_{0.0235}Zn_{0.0008}Mo_{0.0005}Ag_{0.0005}Co_{0.0002})_{1.8744}(S_{0.9995}Sb_{0.0004}Se_{0.0001})_{1.00}$
	2790-3(1)-1-7	$(Cu_{1.8095}Fe_{0.0095}Mo_{0.0008}Ag_{0.0009}Zn_{0.0011})_{1.8218}(S_{0.9999}Sb_{0.0001})_{1.00}$
	2790-3(1)-1-8	$(Cu_{1.8544}Fe_{0.0085}Ge_{0.0009}Mo_{0.0020}Ag_{0.0011}Zn_{0.0014})_{1.8683}(S_{0.9997}Se_{0.0002}Sb_{0.0001})_{1.00}$
	2790-3(3)-2-2	$(Cu_{1.9030}Fe_{0.0171}Mo_{0.0015}Ag_{0.0010}Zn_{0.0006})_{1.9231}(S_{1.00})_{1.00}$
	2790-3(3)-2-4	$(Cu_{1.8777}Fe_{0.0063}Mo_{0.0025}Ag_{0.0010}Zn_{0.0026}Co_{0.0002})_{1.8903}(S_{1.00})_{1.00}$
2760	2760-1-Q1-01	$(Cu_{1.0048}Fe_{0.4994}Ag_{0.0001}Ni_{0.0001}Co_{0.0011}Mo_{0.0026})_{0.5080}(S_{0.9971}As_{0.0028}Sb_{0.0002})_{1.00}$
	2760-1-Q1-02	$(Cu_{0.8482}Zn_{0.0004}Fe_{0.3266}Ag_{0.0011}Ni_{0.0001}Co_{0.0007}Mo_{0.0023})_{1.1795}(S_{0.9998}Sb_{0.0002})_{1.00}$
	2760-1-Q2-01	$(Cu_{1.2795}Zn_{0.0004}Fe_{0.2618}Ag_{0.0008}Ni_{0.0011}Co_{0.0002}Mo_{0.0025})_{1.5463}(S_{1.0000})_{1.00}$
	2760-1-Q2-02	$(Cu_{0.5333}Zn_{0.0004}Fe_{0.4815}Ag_{0.0003}Co_{0.0007}Mo_{0.0025})_{1.0187}(S_{1.0000})_{1.00}$
	2760/2/1	$(Cu_{1.2550}Mo_{0.0001}Fe_{0.2431}Zn_{0.0004})_{1.4986}(S_{0.9998}Te_{0.0002})_{1.00}$
	2760/2/2	$(Cu_{1.5244}Fe_{0.1273}Ag_{0.0005}Zn_{0.0006}Au_{0.0006})_{1.6534}(S_{1.00})_{1.00}$
	2760/2/3	$(Cu_{1.4456}Fe_{0.1671}Ag_{0.0003}Ni_{0.0005}Zn_{0.0006}Au_{0.0005})_{1.6146}(S_{0.9998}Sb_{0.0002})_{1.00}$
	2760/2/4	$(Cu_{1.2695}Ge_{0.0001}Pb_{0.0002}Fe_{0.2520}Ag_{0.0007}Ni_{0.0001}Zn_{0.0004}Au_{0.0004})_{1.5233}(S_{0.9999}Te_{0.0001})_{1.00}$
	2760/10/1	$(Cu_{1.2745}Ge_{0.0015}Fe_{0.1771}Ag_{0.0004}Ni_{0.0001}Au_{0.0008})_{1.4543}(S_{1.0000})_{1.00}$
	2760/10/2	$(Cu_{1.4277}Fe_{0.2130}Ag_{0.0007}Zn_{0.0003}Au_{0.0006})_{1.6423}(S_{0.9999}As_{0.0001})_{1.00}$
	2760/10/3	$(Cu_{1.3848}Mo_{0.0001}Fe_{0.1956}Ag_{0.0007}Zn_{0.0004}Au_{0.0006})_{1.5821}(S_{1.0000})_{1.00}$
	2760/10/4	$(Cu_{1.2514}Mo_{0.0001}Fe_{0.2543}Ag_{0.0006}Ni_{0.0001}Zn_{0.0003}Au_{0.0002})_{1.5069}(S_{0.9999}Te_{0.0001})_{1.00}$
	2760/10/6	$(Cu_{1.3315}Mo_{0.0001}Fe_{0.2045}Ag_{0.0005}Zn_{0.0002}Au_{0.0007})_{1.5374}(S_{01.0000})_{1.00}$
2730	2730-5-Q1-01	$(Cu_{0.3429}Mo_{0.0030}Fe_{0.1876}Ag_{0.0002}Au_{0.0003})_{1.5340}(S_{0.9996}Se_{0.0004})_{1.00}$
	2730-5-Q1-02	$(Cu_{1.2055}Mo_{0.0015}Fe_{0.2215}Ag_{0.0003}Zn_{0.0001}Au_{0.0006})_{1.4295}(S_{1.0000})_{1.00}$
	2730-5-Q1-03	$(Cu_{0.9461}Mo_{0.0023}Pb_{0.0001}Fe_{0.3004}Ag_{0.0007}Au_{0.0003})_{1.2499}(S_{1.0000})_{1.00}$
	2730/5/2/1	$(Cu_{1.2691}Pb_{0.0003}Fe_{0.2424}Ag_{0.0013}Zn_{0.0007}Au_{0.0005})_{1.5143}(S_{0.9998}As_{0.0002})_{1.00}$
	2730-6(1)-Q1-01	$(Cu_{0.9207}Mo_{0.0019}Fe_{0.2859}Ag_{0.0010}Ni_{0.0008}Au_{0.0002})_{1.2105}(S_{0.9990}As_{0.0006})_{1.00}$
	2730-6(1)-Q1-03	$(Cu_{0.8052}Mo_{0.0017}Pb_{0.0002}Fe_{0.2890}Ag_{0.0014}Co_{0.0002}Zn_{0.0001}Au_{0.0002})_{1.0980}(S_{0.9999}As_{0.0001})_{1.00}$
	2730-6(1)-Q1-04	$(Cu_{0.4944}Mo_{0.0002}Pb_{0.0004}Fe_{0.4836}Ag_{0.0003}Ni_{0.0002}Co_{0.0001}Zn_{0.0007}Au_{0.0002})_{0.9818}(S_{0.9999}Sb_{0.0001})_{1.00}$
	2730-6(1)-Q3-01	$(Cu_{1.7005}Fe_{0.0432}Zn_{0.0015}Co_{0.0001}Mo_{0.0001}Ag_{0.0005})_{1.7460}(S_{1.00})_{1.00}$

续表

标高/m	探针编号	矿物化学结构式
2730	2730-6(1)-Q3-02	$(Cu_{1.7831}Fe_{0.0478}Zn_{0.0008}Ge_{0.0008}Mo_{0.0001}Pb_{0.0001}Ag_{0.0009})_{1.8336}(S_{1.00})_{1.00}$
	2730-6(1)-Q3-03	$(Cu_{1.5519}Fe_{0.1221}Zn_{0.0002}Co_{0.0005}Mo_{0.0001}Ag_{0.0005})_{1.6752}(S_{1.00})_{1.00}$
	2730-6(1)-Q3-04	$(Cu_{1.396}Fe_{0.1591}Zn_{0.0011}Ge_{0.0009}Mo_{0.0001}Pb_{0.0005})_{1.5580}(S_{1.00})_{1.00}$
	2730-6(2)-Q1-02	$(Cu_{0.6804}Mo_{0.0024}Pb_{0.0002}Fe_{0.4035}Ag_{0.0006}Au_{0.0001})_{1.0873}(S_{1.0000})_{1.00}$
	2730-6(2)-Q1-03	$(Cu_{0.7174}Ge_{0.0005}Mo_{0.0015}Pb_{0.0005}Fe_{0.3874}Ag_{0.0003}Co_{0.0005}Zn_{0.0004}Au_{0.0002})_{1.1088}(S_{1.0000})_{1.00}$
	2730-6(2)-Q1-04	$(Cu_{1.2577}Ge_{0.0004}Mo_{0.0014}Pb_{0.0002}Fe_{0.2126}Ag_{0.0005}Zn_{0.0003}Au_{0.0009})_{1.4737}(S_{1.0000})_{1.00}$
	2730-6(2)-Q1-05	$(Cu_{0.4855}Mo_{0.0026}Pb_{0.0001}Fe_{0.4617}Zn_{0.0005})_{0.9504}(S_{1.0000})_{1.00}$
	2730-6(2)-Q1-06	$(Cu_{1.2335}Mo_{0.0018}Pb_{0.0002}Fe_{0.2083}Ag_{0.0003}Zn_{0.0003}Au_{0.0003})_{1.4447}(S_{1.0000})_{1.00}$
	2730-6(2)-Q3-01	$(Cu_{1.5392}Mo_{0.0018}Pb_{0.0001}Fe_{0.0952}Ag_{0.0006}Ni_{0.0001}Zn_{0.0002})_{1.6372}(S_{1.0000})_{1.00}$
	2730-6(2)-Q3-02	$(Cu_{1.7124}Ge_{0.0002}Mo_{0.0016}Pb_{0.0003}Fe_{0.0164}Ag_{0.0004}Ni_{0.0011}Au_{0.0003})_{1.7328}(S_{0.9994}Sb_{0.0006})_{1.00}$
	2730-6(2)-Q3-03	$(Cu_{0.8618}Mo_{0.0025}Fe_{0.3330}Ag_{0.0002}Ni_{0.0001}Zn_{0.0002})_{1.1979}(S_{0.9998}Se_{0.0002})_{1.00}$
	2730-6(2)-Q3-04	$(Cu_{1.5524}Mo_{0.0021}Fe_{0.0843}Ag_{0.0005}Ni_{0.0005}Zn_{0.0005}Au_{0.0001})_{1.6405}(S_{0.9997}Sb_{0.0003})_{1.00}$
2685	2685-1-Q2-01	$(Cu_{2.1095}Zn_{0.0022}Fe_{0.0016}Ag_{0.0009}Ni_{0.0004}Mo_{0.0025})_{12.1171}(S_{1.0000})_{1.00}$
	2685-1-Q2-02	$(Cu_{1.9273}Bi_{0.0003}Zn_{0.0007}Fe_{0.0294}Ag_{0.0001}Co_{0.0006}Mo_{0.0019})_{1.9603}(S_{1.0000})_{1.00}$
	2685-1-Q3-01	$(Cu_{2.0078}Zn_{0.0012}Fe_{0.0078}Ag_{0.0010}Mo_{0.0025})_{2.0204}(S_{0.9996}Sb_{0.0004})_{1.00}$
	2685-1-Q3-02	$(Cu_{2.0051}Ge_{0.0003}Pb_{0.0002}Zn_{0.0016}Fe_{0.0001}Ag_{0.0006}Mo_{0.0027})_{2.0106}(S_{1.0000})_{1.00}$
	2685-2-Q1-01	$(Cu_{1.9419}Zn_{0.0015}Fe_{0.0005}Ag_{0.0002}Co_{0.0003}Mo_{0.0027})_{1.9471}(S_{0.9994}Sb_{0.0006})_{1.00}$
	2685-3-Q1-01	$(Cu_{2.1513}Bi_{0.0003}Zn_{0.0012}Fe_{0.0009}Ag_{0.0004}Co_{0.0002}Mo_{0.0025})_{2.1568}(S_{1.0000})_{1.00}$
	2685-3-Q1-02	$(Cu_{1.9941}Zn_{0.0009}Fe_{0.0005}Ag_{0.0005}Co_{0.0001}Mo_{0.0023})_{1.9983}(S_{1.0000})_{1.00}$
	2685-4-Q2-01	$(Cu_{1.9079}Bi_{0.0005}Zn_{0.0009}Fe_{0.0450}Ag_{0.0022}Co_{0.0003}Mo_{0.0026})_{1.9593}(S_{1.0000})_{1.00}$
	2685-4-Q2-03	$(Cu_{1.0592}Fe_{0.0290}Ag_{0.0012}Mo_{0.0027})_{1.0921}(S_{0.9999}Sb_{0.0001})_{1.00}$
	2685-4-Q1-02	$(Cu_{1.9988}Zn_{0.0008}Fe_{0.1414}Ag_{0.0014}Ni_{0.0002}Co_{0.0004}Mo_{0.0029})_{2.1459}(S_{0.9998}Sb_{0.0002})_{1.00}$
	2685-5-Q2-01	$(Cu_{2.1134}Bi_{0.0001}Zn_{0.0012}Fe_{0.0021}Ag_{0.0001}Mo_{0.0022})_{2.1192}(S_{0.9990}Se_{0.0005}Sb_{0.0005})_{1.00}$
	2685-5-Q2-02	$(Cu_{1.7003}Ge_{0.0003}Pb_{0.0002}Zn_{0.0010}Fe_{0.0682}Ag_{0.0006}Mo_{0.0020})_{1.7727}(S_{1.0000})_{1.00}$
2654	BZK404-11-Q1-01	$(Cu_{1.8180}Pb_{0.0003}Bi_{0.0003}Zn_{0.0016}Fe_{0.0022}Ag_{0.0017}Co_{0.0006}Mo_{0.0018})_{1.8265}(S_{0.9997}As_{0.0003})_{1.00}$
	BZK404-11-Q3-01	$(Cu_{1.6954}Ge_{0.0005}Pb_{0.0003}Zn_{0.0011}Fe_{0.0265}Ag_{0.0010}Co_{0.0001}Mo_{0.0025})_{1.7273}(S_{1.0000})_{1.00}$
	BZK404-11-Q1-02	$(Cu_{1.2773}Zn_{0.0007}Fe_{0.2602}Ag_{0.0019}Co_{0.0008}Mo_{0.0023})_{1.5432}(S_{1.0000})_{1.00}$
	BZK404-11-Q1-02	$(Cu_{1.2445}Zn_{0.0002}Fe_{0.2599}Ag_{0.0021}Ni_{0.0001}Co_{0.0005}Mo_{0.0020})_{1.5093}(S_{0.9986}As_{0.0009}Se_{0.0005})_{1.00}$
	BZK404-11-Q4-01	$(Cu_{1.6322}Zn_{0.0008}Fe_{0.0827}Ag_{0.0006}Mo_{0.0020})_{1.7184}(S_{0.9999}Sb_{0.0001})_{1.00}$
	BZK404-11-Q3-02	$(Cu_{1.2778}Ge_{0.0002}Pb_{0.0001}Zn_{0.0005}Fe_{0.2760}Ag_{0.0005}Co_{0.0003}Mo_{0.0016})_{1.5569}(S_{1.0000})_{1.00}$
	BZK404-11-Q3-03	$(Cu_{1.4644}Pb_{0.0003}Zn_{0.0006}Fe_{0.1101}Ag_{0.0012}Co_{0.0002}Mo_{0.0018})_{1.5785}(S_{1.0000})_{1.00}$
2649.2	BZK405-5-Q1-01	$(Cu_{1.9919}Bi_{0.0002}Zn_{0.0013}Fe_{0.0007}Ag_{0.0007}Co_{0.0002}Mo_{0.0025})_{1.9974}(S_{1.0000})_{1.00}$
	BZK405-5-Q1-02	$(Cu_{2.0121}Pb_{0.0003}Zn_{0.0008}Fe_{0.0043}Ag_{0.0016}Co_{0.0004}Mo_{0.0021})_{2.0216}(S_{0.9999}Sb_{0.0001})_{1.00}$
	BZK405-5-Q2-01	$(Cu_{1.8897}Zn_{0.0005}Fe_{0.0004}Ag_{0.0015}Mo_{0.0026})_{1.8946}(S_{0.9996}Se_{0.0004})_{1.00}$
	BZK405-5-Q2-02	$(Cu_{1.7654}Zn_{0.0007}Fe_{0.0016}Ag_{0.0012}Co_{0.0003}Mo_{0.0024})_{1.7717}(S_{1.0000})_{1.00}$

续表

标高/m	探针编号	矿物化学结构式
2643.5	BZK404-12-Q1-01	$(Cu_{1.2381}Fe_{0.0009}Ag_{0.0006}Co_{0.0012}Mo_{0.0022})_{1.4874}(S_{1.0000})_{1.00}$
	BZK404-12-Q1-02	$(Cu_{0.5066}Zn_{0.0011}Fe_{0.5002}Ag_{0.0003}Ni_{0.0002}Co_{0.0012}Mo_{0.0020})_{1.0117}(S_{0.9997}Sb_{0.0002})_{1.00}$
	BZK404-12-Q1-03	$(Cu_{1.2513}Pb_{0.0003}Zn_{0.0006}Fe_{0.2513}Ag_{0.0013}Co_{0.0001}Mo_{0.0026})_{1.4713}(S_{1.0000})_{1.00}$
2626.8	BZK406-11-Q1-01	$(Cu_{0.0021}Pb_{0.0003}Zn_{0.0001}Fe_{0.4922}Ni_{0.0004}Co_{0.0012}Mo_{0.0025})_{0.4988}(S_{1.0000})_{1.00}$
	BZK406-11-Q1-02	$(Cu_{0.5179}Zn_{0.0005}Fe_{0.4967}Co_{0.0011}Mo_{0.0024})_{1.0186}(S_{0.9997}As_{0.0003})_{1.00}$

铜矿在化学组成上,含 Cu 63.33%,含 Fe 11.12%,含 S 25.55%,但由于斑铜矿的缺席结构和常含黄铜矿、辉铜矿和铜蓝等显微包体,化学成分变化较大,含 Cu 52%~65%,含 Fe 8%~18%,含 S 20%~27%。斑铜矿缺席结构、斑铜矿与辉铜矿和黄铜矿等固溶体出溶结构等内在矿物地球化学特征,将有助于揭示铜硫化物富集过程中,矿物地球化学岩相学反应界面信息。因此,基于矿物地球化学和地球化学岩相学研究方法,本书从斑铜矿、黄铜矿和铜蓝等铜硫化物的矿物地球化学研究角度,研究揭示其矿物地球化学岩相学反应界面,寻找成矿流体-围岩水岩反应的地球化学岩相学界面。

萨热克铜矿成矿期矿物组成复杂,出现多种硫化物。矿石矿物包括辉铜矿、蓝辉铜矿、黄铜矿、斑铜矿、蓝铜矿,以及黄铁矿、闪锌矿、方铅矿、辉钼矿等,其中辉铜矿分布最广泛,也是最主要的成矿矿物。脉石矿物为方解石。主要结构为浸染状、碎裂状等。本书主要通过对萨热克 2730 中段、2760 中段、2790 中段的坑道样品进行电子探针分析,结合岩矿鉴定来研究萨热克铜多金属矿床在矿物尺度上铜硫矿物的结构特征。

3.4.7　矿物地球化学岩相学:矿物固溶体分离结构与成因分析

1. 黄铜矿-斑铜矿-蓝辉铜矿固溶体分离结构

在成矿温度较高时,因元素性质类似形成矿物中均一固溶体,但随着温度和压力下降变得不稳定,分离形成两种或两种以上的矿物相。固溶体分离时的温度为"共析点",当温度下降到"共析点"以下时发生固溶体分离,所以固溶体分离结构可以作为地质温度计,固溶体分离结构均形成于高温逐渐冷却后的低温环境。在萨热克铜矿区,黄铜矿-斑铜矿和斑铜矿-辉铜矿形成固溶体分离结构,通过矿物地球化学岩相学,对黄铜矿-斑铜矿与斑铜矿-辉铜矿固溶体分离结构进行研究,寻找它们成矿环境及成因特征信息。

(1)在萨热克铜矿床中发现 2730m 中段存在黄铜矿-斑铜矿固溶体分离结构(表 3-11、图版 B)。①黄铜矿中含 Cu 为 35.04%,Fe 为 30.11%,S 为 35.76%,含微量 Mo(0.22%)而低银。斑铜矿中含 Cu 为 55.29%~51.82%,Fe 为 16.34%~15.09%,S 为 32.47%~30.28%,斑铜矿具有高铁硫和低铜特征,推测与从黄铜矿中形成固溶体分离结构密切有关,含微量 Mo(0.18%~0.17%)而富银(0.15%~0.10%)。②在显微镜下反射光呈灰蓝色和淡红棕色部分 2730-6(1)、2730-6(2)为斑铜矿,黄色部分 2730-6(3)为黄铜矿。它们整体呈现出宽约 400μm 黄铜矿团斑状中,出溶宽 20~50μm 的不规则状斑铜矿团斑和微脉(约

5μm)等组成的黄铜矿出溶斑铜矿的固溶体分离结构。③点位2730-6(1)斑铜矿的颜色为红棕色,点位2730-6(2)斑铜矿的颜色为灰蓝色,推测其形成原因可能为两个点位的Fe含量不同,2730-6(1)中铁含量为15.09%,2730-6(2)中铁含量为16.34%,或者蓝色调斑铜矿2730-6(1)中有出溶物为硫铋铜矿,或与出溶温度相关。2730-6的3个位置上,Mo都具有较高的含量(0.18、017%、0.22%),Ag也具有较高含量(0.10%、0.15%、0.04%),其他元素含量较低。因此,从矿物地球化学岩相学角度看,Cu-Ag-Mo-Fe-S元素组合可作为萨热克铜矿的特征指示元素。

表3-11　萨热克铜矿床2730m中段硫化物化学成分表　　　　　(单位:%)

样号	矿物	电子探针分析结果											
		As	S	Fe	Cu	Zn	Co	Sb	Mo	Pb	Ni	Ag	Au	总量
2730-6(1)	斑铜矿	0.04	30.28	15.09	55.29	0.04	0.00	0.05	0.18	0.00	0.00	0.10	0.00	101.07
2730-6(2)	斑铜矿	0.01	32.47	16.34	51.82	0.05	0.01	0.00	0.17	0.03	0.01	0.15	0.03	101.09
2730-6(3)	黄铜矿	0.00	35.76	30.11	35.04	0.04	0.05	0.01	0.22	0.09	0.01	0.04	0.00	101.37

(2)萨热克铜矿床2730m中段,斑铜矿环带结构中的铜含量由内至外依次降低(图版B),同时Fe元素的含量由内至外依次增高,与电子探针分析结果(表3-11)吻合。在萨热克铜多金属矿床中,成矿流体中Cu元素的含量较高,而围岩(紫红色铁质杂砾岩)中Fe元素的含量又相对较高,推测该斑铜矿-黄铜矿的环带结构,因成矿流体与围岩之间的耦合反应界面作用所形成。

(3)黄铜矿-斑铜矿固溶体分离结构能指示铜矿石形成环境。①黄铜矿在次生富集带易转变为斑铜矿和辉铜矿。在萨热克砂砾岩型铜矿区黄铜矿为原生矿物,因此,黄铜矿-斑铜矿边界交互结构就是萨热克铜矿的一个原生-氧化还原相界面。黄铜矿-斑铜矿固溶体结构中出溶斑铜矿的温度为225~265℃(Kaiser,1975),所以该结构能作为热液矿床的成矿温度指示剂。由于该固溶体结构为黄铜矿出溶斑铜矿,因此反映出2730m中段该种矿石经历了温度大于225°条件下冷却至较低温度的过程。绿泥石化的现象在萨热克铜矿研究区普遍发育,与辉铜矿、斑铜矿和黄铜矿等铜硫化物紧密共生。在萨热克研究区铜矿区可划分为三种类型:斑铜矿+辉铜矿型铜矿石、辉铜矿型铜矿石和斑铜矿型铜矿石,绿泥石温度计恢复古地温场分别为196~237℃、188~219℃、203~226℃(方维萱等,2017e),萨热克铜矿床的黄铜矿-斑铜矿固溶体分离结构指示的温度和萨热克绿泥石温度计相似,推测萨热克铜多金属矿床中黄铜矿-斑铜矿固溶体分离结构和成矿作用形成于中温相。

(4)在萨热克铜矿床2760m中段,存在黄铜矿-斑铜矿环带结构(图版B、表3-12),①斑铜矿中含Cu为63.09%~68.07%,Fe为8.02%~11.27%,S为24.06%~26.00%,含微量Zn(0.12%)而低银。斑铜矿在矿物地球化学特征上,具有明显的富铜而低铁硫特征,推测与斑铜矿中形成环带状、脉状固溶体分离结构密切相关。②图版B中高铜的红色和深粉红色内核部分(2760-10-1、2760-10-2、2760-10-3等)为斑铜矿,边部黄色部分(电子探针能谱图显示较可能为黄铜矿)为黄铜矿,整体呈现出黄铜矿分布于斑铜矿边缘或晶体之间显微间隙的环带-条带穿切固溶体分离结构(似固溶体分离结构)。③从图版B可见,Fe的元素含量由两种不同的类型相互穿切,推测高铁微脉以黄铜矿分布为主,说明在萨热克铜矿 Fe 元素的富集过程至少经历了两期,推测围岩为紫红色铁质杂砾岩的高铁反应边,这种地球化学岩相学界面导致黄铜矿与斑铜矿形成固溶体分离结构。

表 3-12　萨热克铜矿床 2760m 中段硫化物化学成分表

样号	矿物	电子探针分析结果/%											
		As	S	Fe	Cu	Zn	Co	Sb	Mo	Pb	Ni	Ag	Au	总量
2760-10-1	斑铜矿	0.00	26.00	8.02	65.66	0.12	0.00	0.00	0.00	0.00	0.00	0.04	0.00	99.85
2760-10-2	斑铜矿	0.01	24.06	8.92	68.07	0.09	0.01	0.00	0.00	0.00	0.00	0.06	0.00	101.22
2760-10-3	斑铜矿	0.00	24.63	8.39	67.60	0.09	0.02	0.00	0.00	0.00	0.00	0.06	0.00	100.78
2760-10-4	斑铜矿	0.00	25.44	11.27	63.09	0.03	0.01	0.00	0.00	0.00	0.00	0.05	0.00	99.89

　　矿物地球化学岩相学界面解释:①从图版 B 中 2760m 看,斑铜矿-黄铜矿固溶体分离边界存在着含铁量较高的环带,推测黄铜矿向斑铜矿转变时,Fe 发生贫化或者说是成矿热液中富铜,而紫红色铁质杂砾岩中富铁导致了地球化学岩相学(Mi)浓度反应界面,说明萨热克铜矿铜硫化物(黄铜矿-斑铜矿-蓝辉铜矿)相互转化,与 Fe 含量变化密切相关。②斑铜矿-黄铜矿固溶体分离结构为斑铜矿出溶黄铜矿,斑铜矿出溶黄铜矿的固溶体形成温度一般高于 475℃,反映了 2760m 中段该种铜矿石可能经历了温度大于 475℃ 条件下的冷却过程,揭示萨热克矿床中具有原生深成斑铜矿(出溶黄铜矿),为热液成矿作用所形成,而不是表生富集的低温成矿作用所形成。

　　(5)在萨热克铜矿床中 2790m 中段,存在黄铜矿-斑铜矿固溶体呈格子状和叶片状结构(表 3-13 和图版 B 中 2790m):①黄铜矿中含 Cu 为 34.25%,Fe 为 30.38%,S 为 34.87%,含微量 Zn、Co 而低银;②斑铜矿中含 Cu 为 62.38%~62.96%,Fe 为 10.27%~11.87%,S 为 24.65%~27.12%;含微量 Zn、Co 而低银,粉红色斑铜矿具有富铜低 Fe(图版 B 中 2790m);③铜元素含量较高部位为斑铜矿,绿色部分 Fe 元素含量较高而相对低铜处为黄铜矿(图版 B 中 2790m),二者具有格子状固溶体分离结构特征,证实斑铜矿为热液成矿作用形成的产物;④Fe 元素有两类呈明显穿切关系的形态特征,推测 Fe 元素富集有两个期次。

表 3-13　萨热克铜矿床 2790m 中段硫化物化学成分表　　　　　(单位:%)

样号	矿物	电子探针分析结果											
		As	S	Fe	Cu	Zn	Co	Sb	Mo	Pb	Ni	Ag	Au	总量
2790-1-1	斑铜矿	0.00	25.20	10.72	63.93	0.08	0.01	0.00	0.00	0.01	0.00	0.06	0.05	100.05
2790-1-2	斑铜矿	0.00	24.65	11.87	62.67	0.04	0.03	0.00	0.00	0.00	0.00	0.08	0.00	99.34
2790-1-3	黄铜矿	0.00	34.87	30.38	34.25	0.07	0.07	0.00	0.01	0.00	0.00	0.06	0.03	99.73
2790-1-4	斑铜矿	0.00	26.66	10.27	62.96	0.02	0.03	0.00	0.05	0.00	0.00	0.10	0.00	100.09
2790-1-5	斑铜矿	0.00	25.37	11.01	62.50	0.11	0.03	0.00	0.00	0.00	0.00	0.06	0.00	99.06
2790-1-6	斑铜矿	0.00	27.12	10.44	62.38	0.02	0.04	0.01	0.01	0.00	0.00	0.11	0.01	100.12

2. 斑铜矿–蓝辉铜矿固溶体分离结构

（1）在萨热克铜矿床 2760m 中段，存在斑铜矿–蓝辉铜矿固溶体分离结构（表 3-14 和图版 B 中 2760m）：①蓝辉铜矿中含 Cu 为 70.82%，Fe 为 5.20%，S 为 23.45%，具有高铜低铁硫的特征，含微量 Zn、Co 而低银；②斑铜矿中含 Cu 为 62.92% ~ 63.02%，Fe 为 10.73% ~ 10.97%，S 为 24.99% ~ 25.34%，具有高铜铁和高硫特征，蓝辉铜矿为斑铜矿在低温条件下形成的固溶体分离结构；③红色–深粉红色部分为斑铜矿，淡粉红色团斑状部分为蓝辉铜矿，为斑铜矿出溶蓝辉铜矿的固溶体分离结构；④斑铜矿边缘被蚕蛹状和斑点状赤铁矿蚕食交代，在斑铜矿–蓝辉铜矿固溶体分离结构中有两类赤铁矿（图版 B 中 2760m），一是在斑铜矿边缘呈蚕食交代的赤铁矿（C2）；二是在蓝辉铜矿与斑铜矿边界附近小斑点状赤铁矿（C1），揭示斑铜矿在表生富集成矿作用下发生赤铁矿化，形成了富铜低硫的蓝辉铜矿，它们是地球化学岩相学（Mi）浓度反应界面；⑤矿物地球化学岩相学分析：斑铜矿–蓝辉铜矿固溶体分离结构的出溶温度一般小于 82℃（王濮，1987）。经化学分子式计算，固溶体分离结构中出溶物为蓝辉铜矿–吉硫铜矿的过渡矿物，以斑铜矿–蓝辉铜矿固溶体分离出溶温度为参考，揭示了 2760m 中段该类铜矿石经历的表生富集成矿温度可能为 82℃，与萨热克铜矿的表生富集成矿作用有关。

表 3-14　萨热克铜矿床 2760m 中段硫化物化学成分表　　　　（单位：%）

样号	矿物	电子探针分析结果											
		As	S	Fe	Cu	Zn	Co	Sb	Mo	Pb	Ni	Ag	Au	总量
2760-2-1	斑铜矿	0	25.34	10.73	63.02	0.00	0.02	0.00	0.00	0.00	0.00	0.00	0.00	99.11
2760-2-2	蓝辉铜矿	0	23.45	5.20	70.82	0.08	0.03	0.00	0.00	0.00	0.00	0.04	0.00	99.62
2760-2-3	蓝辉铜矿	0	23.83	6.94	68.28	0.07	0.02	0.00	0.00	0.00	0.00	0.02	0.00	99.19
2760-2-4	斑铜矿	0	24.99	10.97	62.92	0.06	0.02	0.00	0.00	0.03	0.00	0.06	0.00	99.05

（2）黄铜矿–斑铜矿、斑铜矿–蓝辉铜矿固溶体的环带结构，揭示了黄铜矿–斑铜矿–蓝辉铜矿固溶体的矿物地球化学岩相学反应界面，为成矿流体–围岩水岩反应作用的地球化学岩相学界面：①Fe 元素环带及其呈穿切关系，揭示本区 Fe 元素形成至少存在两个期次，推测围岩为紫红色铁质杂砾岩的高铁反应边，元素 Cu-Ag-Mo-Fe-S 可作为萨热克铜矿的特征指示元素；②蓝辉铜矿、斑铜矿等铜硫矿物往往会在化学式及成分上存在偏差现象（Grguric et al.，1999）。热液铜矿床的显微包体中经常含有黄铜矿、辉铜矿和铜蓝等铜硫矿物，而导致热液铜矿床铜硫矿物的成分发生偏差现象的本质是包体中 Cu^+ 与 Cu^{2+} 两种价态的 Cu 离子的比例不同，即斑铜矿等矿物的缺席构造，形成高铁硫低铜与高铜而低铁硫的斑铜矿。根据铜原子电子排布的洪特规则特例的应用，Cu^{2+} 在热液环境下比 Cu^+ 稳定，即在热液矿床中黄铜矿（$Cu^{2+}FeS_2$）等 Cu^{2+} 占比高的铜硫矿物形成于矿体深部，辉铜矿（Cu_2^+S）、蓝辉铜矿（$Cu_8^+Cu^{2+}S_5$）等 Cu^+ 占比高的铜硫矿物形成于矿体浅部。因此，推测 2730m 中段斑铜矿为低温浅成的斑铜矿，2760m 中段斑铜矿为热液深成的斑铜矿。

（3）斑铜矿固溶体特征揭示萨热克铜矿床存在高温热液叠加成矿作用。①从深部到浅部并对比 2730m、2760m 和 2790m 等三个不同标高中段，2790m 中段的斑铜矿出溶蓝辉铜矿,揭示成矿温度约为 82℃(王濮,1987),为低温的表生富集成矿作用形成;②2760m 中段的斑铜矿出溶黄铜矿结构,指示成矿温度约为 475℃。以上揭示了萨热克铜矿存在低温斑铜矿和高温斑铜矿;③在萨热克铜矿区 2760m 中段,浅成低温斑铜矿和深成高温斑铜矿同时发育在固溶体分离结构中,揭示两类成矿作用叠加与过渡特征,2760m 中段可能为两类成矿作用过渡分界面。

(4)2790m 和 2760m 中段分布有高温型斑铜矿,2730m 和 2760m 中段分布浅成低温型斑铜矿。推测 2730m 和 2760m 中段的低温斑铜矿为第一期原生低温斑铜矿,2760m 和 2790m 中段的高温斑铜矿为第二期深源热流体叠加作用形成的原生高温斑铜矿。

总之,萨热克铜矿区中存在浅成低温型和深成高温型斑铜矿:①第一期为中低温热液成矿作用形成的原生低温斑铜矿;②第二期为深源热流体叠加作用形成的原生高温斑铜矿;2760m 中段为两次热液成矿作用的分界面。

3. 辉铜矿-赤铁矿交代残余结构与矿物地球化学岩相学界面

(1)在萨热克砂砾岩型铜多金属矿床中 2790m 中段,存在赤铁矿被辉铜矿交代残余结构,辉铜矿呈港湾状交代赤铁矿特征(图版 B、表 3-15、表 3-16),与辉铜矿交代赤铁矿的矿物地球化学氧化-还原岩相学反应界面:①赤铁矿中含 CuO 为 0.6% ~6.34%,FeO 为 77.95% ~85.44%,SO$_3$ 为 0.03% ~0.66%,具有高铁低铜的特点,为铜在赤铁矿中初始富集成矿特征;②铁辉铜矿中含 Cu 69.41% ~77.31%,Fe 为 2.19% ~6.89%,S 为 20.87% ~23.14%,具有低铁高铜的特点,为辉铜矿交代→赤铁矿的残余反应界面结构;③辉铜矿中含少量 Fe(2.19% ~6.89%),推测 Cu-Fe 为类质同象替代,属于铁辉铜矿;④Cu 元素含量外部高,而内部低;Fe 元素含量内部高,而外部低(图版 B)。由此揭示了赤铁矿中 Fe 被辉铜矿中的 Cu 元素逐渐交代的过程。辉铜矿-赤铁矿的矿物地球化学反应界面,揭示了紫红色铁质杂砾岩与富铜成矿流体的反应面,即原生地球化学氧化-还原相界面。

表 3-15　萨热克铜矿床 2790m 中段硫化物化学成分表　　　（单位:%)

样号	矿物	电子探针分析结果										
		Se	As	Ge	S	Fe	Cu	Zn	Co	Sb	Ag	Pb	总量
2790-2(1)	铁辉铜矿	0.43	0.00	0.00	20.87	2.19	77.31	0.03	0.00	0.01	0.09	0	100.92
2790-2(3)	铁辉铜矿	0.70	0.00	0.00	23.14	6.89	69.41	0.03	0.00	0.01	0.01	0	100.18

表 3-16　萨热克铜矿床 2790m 中段氧化物化学成分表　　　（单位:%)

样号	矿物	电子探针分析结果												
		Na$_2$O	Al$_2$O$_3$	SiO$_2$	MnO	ZnO	MoO$_3$	FeO	SO$_3$	PbO	Cl	TiO$_2$	CuO	Ag$_2$O	总量
2790-2(2)	赤铁矿	0.01	0.00	0.07	0.02	0.00	0.01	85.44	0.03	0.04	0.02	0.01	0.98	0.01	86.65
2790-2(4)	赤铁矿	0.03	0.30	0.24	0.00	0.02	0.03	83.30	0.10	0.13	0.01	0.12	1.10	0.05	85.43
2790-2(5)	赤铁矿	0.06	0.14	4.95	0.00	0.00	0.01	81.12	0.03	0.06	0.00	0.10	0.60	0.00	87.07
2790-2(6)	赤铁矿	0.11	0.48	0.42	0.05	0.00	0.00	77.95	0.66	0.08	0.01	0.09	6.34	0.01	86.34

(2)Ag-Mo-Cu 具有共同富集特征,Au 富集在 2790m 中段铁辉铜矿和赤铁矿中,但深部

在2730m中段含量较低,揭示了Au与表生富集有关。

（3）总之,矿物地球化学岩相学反应界面研究揭示:①在萨热克铜矿床北矿带2和4勘探线之间,2790m中段、2760m中段、2730m中段和2685m中段四个不同中段,存在黄铜矿-斑铜矿-蓝辉铜矿固溶体分离结构与辉铜矿-赤铁矿交代残余结构,揭示本区成矿流体与围岩水岩反应作用的地球化学岩相学界面,也是矿物地球化学原生氧化-还原相界面;②根据斑铜矿-黄铜矿固溶体分离边界的Fe元素环带及其呈穿切关系的形态特征,认为本区存在铁参与成矿作用两个期次,推测围岩为紫红色铁质杂砾岩的高铁反应边,这种地球化学岩相学界面导致黄铜矿与斑铜矿形成固溶体分离结构;③通过黄铜矿-斑铜矿-辉铜矿固溶体分离结构研究,揭示本区至少存在两个原生成矿期,2760m中段为两期热液成矿作用的分界面,第一期为低温热液成矿作用形成的原生低温斑铜矿,第二期为深源热流体上升叠加作用形成的原生高温斑铜矿;且2760m中段的深成高温斑铜矿可能为成矿后期抬升造成的;④通过Ag、Mo、Cu元素在面扫描中呈现的共同分布规律,认为Ag-Mo-Cu具有初始共同富集的特征,Cu-Ag-Mo-Fe-S组合为萨热克铜矿特征指示元素。

3.5　萨热克铜矿床的矿物地球化学岩相学研究与分带规律

铜基半导体材料研究利用辉铜矿（Cu_2S）-铜蓝（CuS）之间过渡系列矿物材料,主要因其过渡系列矿物具有不同晶体结构和化学计量式（Cu_xS,$1<x<2$）,即辉铜矿（chalcocite,Cu_2S）、久辉铜矿（djurleite,$Cu_{1.96}S$）（Morimoto et al.,1962）、蓝辉铜矿（digenite,$Cu_{1.8}S$）、斜方蓝辉铜矿（anilite,$Cu_{1.75}S$）（Morimoto et al.,1969）、吉硫铜矿（geerite,$Cu_{1.60}S$）、斯硫铜矿（spionkopite,$Cu_{1.40}S$）、雅硫铜矿（yarrowite,$Cu_{1.12}S$）（Goble,1980a,1980b）和铜蓝（covellite,CuS）,然而,这8种不同系列铜矿物与不同的铜晶体结构和化学计量式、形成氧化条件和温度密切相关（Ramya and Ganesan,2010）。因此,对辉铜矿-铜蓝系列的矿物地球化学特征研究,有助于揭示其形成的矿物地球化学相作用,即铜蓝指示了低铜高硫端元,而辉铜矿为高铜低硫端元。因铜蓝、蓝辉铜矿和久辉铜矿等为典型表生作用下形成的铜次生矿物,而辉铜矿和斑铜矿既有深成型,也有表生型,因此,通过铜蓝-蓝辉铜矿-久辉铜矿等矿物地球化学研究,有助于分析铜表生富集成矿作用。

在萨热克铜矿床北矿带,地表为孔雀石-氯铜矿-蓝铜矿±辉铜矿,显示了干旱中高山区铜矿床氧化带矿物组合特征。根据不同标高坑道和钻孔的矿物地球化学岩相学特征,研究揭示萨热克砂砾岩型铜多金属矿床在铜矿体尺度上的矿物地球化学垂向分带特征。

3.5.1　蓝辉铜矿-斑铜矿-黄铜矿矿物系列变化特征

1. 蓝辉铜矿-斑铜矿-黄铜矿系列中高Cu低Fe-S与低Cu高Fe-S端元

在萨热克砂砾岩型铜矿的蓝辉铜矿-斑铜矿-黄铜矿系列中,根据电子探针分析数据（表3-17、图3-12）可见:①随着S元素含量的增加,Cu元素含量逐渐减少,同时,随着S元素含量的增加,Fe元素含量也相应增加;②总体上随着硫元素含量的变化,Fe元素和Cu元素呈现此消彼长的关系,与前面所述的辉铜矿-赤铁矿交代残余结构相符,由于不同类型的铜矿石中 Cu 元素的含量相差较大,这也揭示了 S 元素含量的多少能一定程度上反映出该点的矿物组合和成矿环境。

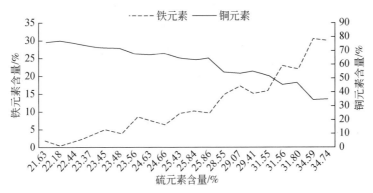

图 3-12　铜、铁元素与硫元素含量的特征对比图

2. 辉铜矿(Cu$_2$S)-铜蓝(CuS)端元与过渡系列

(1)在萨热克铜矿区,辉铜矿-斑铜矿-黄铜矿矿物系列(图 3-13)为热液原生成矿作用所形成,其铜硫矿物 Cu-Fe-S 元素含量有显著的特征变化。铜硫矿物呈现出较完整的黄铜矿-斑铜矿-辉铜矿成矿演化规律。辉铜矿、斑铜矿和黄铜矿存在三个端元矿物和其间的过渡系列矿物,这与福建紫金铜矿田的只有端元矿物而没有过渡矿物序列的现象形成了鲜明的对比(图 3-13A),因此,揭示了萨热克铜多金属矿床中斑铜矿-黄铜矿等固溶体分离现象,为热液成矿作用产物。

(2)在萨热克铜矿区,从斑铜矿-黄铜矿系列看(图 3-13C 和 D),呈现出斑铜矿和黄铜矿的端元矿物及其过渡矿物,这与上述斑铜矿-黄铜矿固溶体分离结构相符。斑铜矿相较于黄铜矿,其过渡序列矿物更加靠近斑铜矿,这可能与黄铜矿比斑铜矿更加稳定有关。斑铜矿-黄铜矿系列为热液原生成矿作用所形成。

表 3-17　萨热克铜矿床北矿带蓝辉铜矿-斑铜矿-黄铜矿矿物地球化学成分表

(单位:%)

测试点号	As	Ge	S	Fe	Cu	Zn	Co	Sb	Mo	Pb	Ag	Au	总量	矿物名称
2730-6(1)-Q3-02	0.00	0.04	21.63	1.80	76.42	0.04	0.00	0.00	0.01	0.01	0.06	0.00	100.01	蓝辉铜矿
2730-6(2)-Q3-02	0.00	0.01	22.18	0.65	77.52	0.05	0.00	0.05	0.01	0.05	0.03	0.00	100.54	斜方辉铜矿
2730-6(1)-Q3-01	0.00	0.00	22.44	1.69	75.62	0.07	0.01	0.00	0.01	0.00	0.04	0.00	99.86	斜方蓝辉铜矿
2730-6(2)-Q3-04	0.00	0.00	23.37	3.53	73.04	0.02	0.03	0.02	0.01	0.00	0.04	0.02	100.08	吉硫铜矿
2730-6(1)-Q3-03	0.00	0.00	23.45	4.98	72.11	0.01	0.00	0.01	0.01	0.00	0.04	0.00	100.61	斜方蓝辉铜矿
2730-6(2)-Q3-01	0.00	0.00	23.48	4.01	72.73	0.00	0.01	0.01	0.00	0.02	0.05	0.00	100.30	吉硫铜矿
2730-5-Q1-01	0.00	0.00	24.63	8.29	67.50	0.05	0.00	0.01	0.01	0.00	0.02	0.01	100.54	斑铜矿
2730-6(1)-Q3-04	0.00	0.05	24.66	6.83	68.23	0.01	0.01	0.00	0.01	0.08	0.03	0.00	99.94	斯硫铜矿
2730-6(2)-Q1-04	0.00	0.02	25.43	9.69	65.24	0.14	0.01	0.00	0.01	0.04	0.02	0.00	100.61	斑铜矿
2730-5-Q1-02	0.00	0.00	25.84	10.26	63.54	0.09	0.00	0.00	0.01	0.01	0.03	0.04	99.82	斑铜矿
2730-6(2)-Q1-06	0.00	0.00	25.86	9.65	65.06	0.05	0.00	0.00	0.01	0.04	0.03	0.00	100.71	斑铜矿

续表

测试点号	As	Ge	S	Fe	Cu	Zn	Co	Sb	Mo	Pb	Ag	Au	总量	矿物名称
2730-5-Q1-03	0.00	0.00	28.55	15.37	55.09	0.06	0.00	0.00	0.01	0.03	0.07	0.00	99.17	斑铜矿
2730-6(2)-Q3-03	0.00	0.00	29.07	17.36	53.12	0.01	0.01	0.01	0.01	0.00	0.02	0.00	99.62	斑铜矿
2730-6(1)-Q1-01	0.04	0.00	29.41	15.09	55.29	0.04	0.00	0.05	0.01	0.00	0.10	0.00	100.03	斑铜矿
2730-6(1)-Q1-03	0.01	0.00	31.55	16.34	51.82	0.05	0.01	0.00	0.01	0.03	0.15	0.03	100.00	斑铜矿
2730-6(2)-Q1-02	0.00	0.00	31.56	22.83	44.81	0.02	0.00	0.00	0.01	0.05	0.07	0.00	99.36	黄铜矿
2730-6(2)-Q1-03	0.00	0.04	31.80	22.08	46.54	0.07	0.02	0.00	0.01	0.10	0.04	0.02	100.75	黄铜矿
2730-6(2)-Q1-05	0.00	0.00	34.59	30.62	34.25	0.01	0.03	0.00	0.01	0.02	0.00	0.03	99.58	黄铜矿
2730-6(1)-Q1-04	0.00	0.00	34.74	30.11	35.04	0.04	0.05	0.01	0.01	0.09	0.04	0.00	100.14	黄铜矿

（3）在萨热克铜矿区的辉铜矿–蓝辉铜矿系列中（图 3-13B），辉铜矿–斑铜矿固溶体结构为热液原生成矿作用所形成：①斑铜矿–黄铜矿的铜硫矿物及过渡矿物，远少于辉铜矿–斑铜矿的铜硫矿物及过渡矿物，说明了萨热克矿区矿石矿物以辉铜矿–斑铜矿系列为主；②岩浆热液叠加作用影响明显，还存在辉铜矿–斑铜矿的过渡矿物；③辉铜矿–蓝辉铜矿系列发育，揭示铜表生富集成矿作用强烈，存在辉铜矿和蓝辉铜矿的端元矿物（图 3-13B），也存在辉铜矿–蓝辉铜矿之间过渡矿物，证明本区存在辉铜矿–蓝辉铜矿的固溶体结构；④辉铜矿主要分布在蓝辉铜矿区间内（图 3-13B），揭示萨热克铜矿区以蓝辉铜矿为主，铜表生富集作用显著。

（4）在萨热克铜矿区的辉铜矿–蓝辉铜矿系列中，蓝辉铜矿端元与久辉铜矿共生，为典型的表生富集成矿作用形成。①蓝辉铜矿一般形成于表生富集成矿条件下，如福建的紫金山斑岩型铜金矿床，该矿床主要矿石矿物为铜蓝–蓝辉铜矿–硫砷铜矿（刘羽等，2011），且发育巨厚的铜蓝–蓝辉铜矿组合为主的铜矿体（刘文元，2015），为斑岩–浅成低温热液成矿系统（张德全，2003）。紫金山斑岩型铜矿床的铜蓝、蓝辉铜矿等二元铜硫化物的形成很可能是热液蚀变对原生硫化物交代所形成的产物。②与福建的紫金山斑岩型铜金矿床的辉铜矿–蓝辉铜矿进行比较（图 3-14），发现与萨热克辉铜矿–蓝辉铜矿投点呈现相同的规律。③推测萨热克矿床蓝辉铜矿为晚期表生富集作用所形成，萨热克铜矿区发育久辉铜矿，并经 X 粉晶衍射分析证实，久辉铜矿为典型的表生富集矿物。

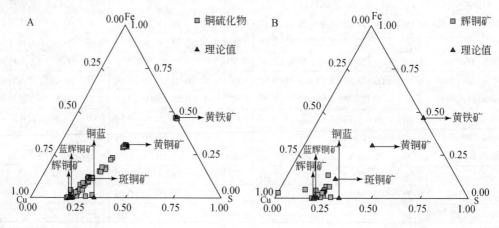

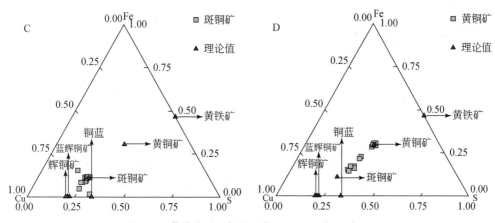

图 3-13　萨热克矿区铜硫矿物 Cu-Fe-S 含量关系图

A. 萨热克铜矿区铜硫矿物 Cu-Fe-S 含量与各矿物理论值的对比图；B. 萨热克铜矿区辉铜矿 Cu-Fe-S 含量与各矿物理论值的对比图；C. 萨热克铜矿区斑铜矿 Cu-Fe-S 含量与各矿物理论值的对比图；D. 萨热克铜矿区黄铜矿 Cu-Fe-S 含量与矿物理论值的对比图

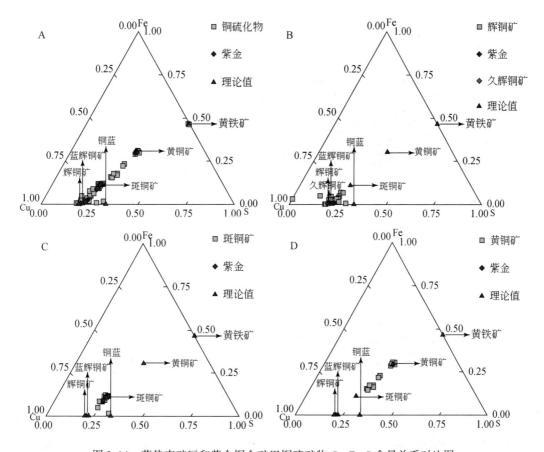

图 3-14　萨热克矿区和紫金铜金矿田铜硫矿物 Cu-Fe-S 含量关系对比图

A. 萨热克铜矿区铜硫矿物 Cu-Fe-S 含量与福建紫金山铜金矿田铜硫矿物的对比图；B. 萨热克铜矿区辉铜矿 Cu-Fe-S 含量与福建紫金山铜金矿田辉铜矿的对比图；C. 萨热克铜矿区斑铜矿 Cu-Fe-S 含量与福建紫金铜金矿田斑铜矿的对比图；
D. 萨热克铜矿区黄铜矿 Cu-Fe-S 含量与福建紫金山铜金矿田黄铜矿的对比图

3.5.2　萨热克铜矿体的矿物地球化学横向分带性

在萨热克铜矿区,铜矿体上盘围岩(克孜勒苏群)和下盘围岩(库孜贡苏组)具有不对称围岩蚀变分带,揭示具有显著水岩反应的地球化学岩相学界面。铜矿体的矿物地球化学横向分带性研究,有助于揭示矿体上下盘围岩蚀变、成矿流体水岩反应界面及成矿成晕作用。

(1)以萨热克铜矿 2730m 坑道平面 007#穿脉为例(图 3-15),进行库孜贡苏组内Ⅱ号矿体及其矿体上下盘蚀变围岩对比研究:①蚀变矿物相对称,蚀变矿物相横向分带性为(下盘围岩→矿体→上盘围岩):铁白云石–方解石相(下盘围岩)→绢云母–铁白云石–方解石相(矿体下盘)→铁白云石–方解石(矿体)←绢云母–铁白云石–方解石相(矿体上盘)←铁白云石–方解石相(矿体上盘围岩);②金属矿物相不对称的特征,黄铁矿相(下盘围岩)→辉铜矿–斑铜矿–黄铜矿–黄铁矿相(矿体下盘)→辉铜矿–斑铜矿–黄铜矿相(矿体)←辉铜矿–斑铜矿–黄铜矿–黄铁矿相(矿体上盘)←磁黄铁矿相(矿体上盘围岩);③矿体下盘–矿体–矿体上盘表现为对称式金属矿物相分带,揭示矿体中部为矿体运移通道,向两侧形成黄铁矿,主要为成矿流体在扩散交代过程中,紫红色铁质杂砾岩中赤铁矿被还原;④矿体上盘围岩中发育磁黄铁矿相,矿体下盘围岩发育黄铁矿相。

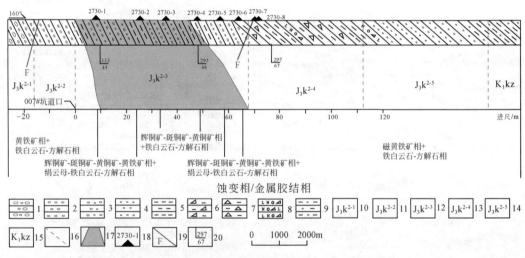

图 3-15　萨热克铜矿床 2730m 坑道 007#穿脉剖面图

1. 中粗砾岩;2. 中砾岩;3. 中细砾岩;4. 细砾岩;5. 粉砂质泥岩;6. 碎裂岩化粉砂质泥岩;7. 沥青化粉砂质岩;8. 钙质岩屑砂岩;9. 泥质粉砂岩;10. 上侏罗统库孜贡苏组上段第一岩性段;11. 上侏罗统库孜贡苏组上段第二岩性段;12. 上侏罗统库孜贡苏组上段第三岩性段;13. 上侏罗统库孜贡苏组上段第四岩性段;14. 上侏罗统库孜贡苏组上段第五岩性段;15. 下白垩统克孜勒苏群;16. 岩性界线;17. 矿体;18. 采样点;19. 断层;20. 地层产状

(2)对于萨热克 2730m 坑道内,Ⅱ号矿体在平面上呈 S 形(图 3-16),揭示层间滑动构造带发育。007#号穿脉由北西—南东依次采集样品 2730-1 至 2730-8(图 3-15),根据地层岩性采样点主要分布在上侏罗统库孜贡苏组上段第三岩性段和第四岩性段(J_3k^{2-3}、J_3k^{2-4}),为中–细杂砾岩和泥质粉砂岩夹中细砾岩。2730-1 和 2730-7、2730-8 分别为Ⅱ号矿体的下盘和上盘,对应岩性为砾岩和细砂岩,其中细砂岩未见矿化,揭示了细砂岩对成矿不利,考虑与渗透率相关。

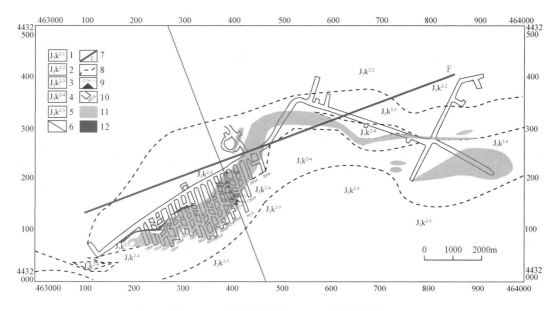

图 3-16 萨热克铜矿床 2730m 坑道平面图

1. 上侏罗统库孜贡苏组上段第一岩性段;2. 上侏罗统库孜贡苏组上段第二岩性段;3. 上侏罗统库孜贡苏组上段第三岩性段;4. 上侏罗统库孜贡苏组上段第四岩性段;5. 上侏罗统库孜贡苏组上段第五岩性段;6. 水平纵切剖面线;7. 断层;8. 岩性界线;9. 采样点;10. 巷道工程及编号;11. 铜矿体;12. 表外铜矿体

（3）从金属矿物相来看，Ⅱ号矿体上盘围岩为磁黄铁矿相，而下盘围岩呈现出黄铁矿相，推测为盆地还原性流体上涌所产生的磁黄铁矿晕。矿体边缘为辉铜矿-斑铜矿-黄铜矿-黄铁矿相，上下相局部对称。矿体中部为辉铜矿-斑铜矿-黄铜矿相，说明黄铁矿为矿体边缘的金属矿相。

（4）从蚀变矿物相来看，Ⅱ号矿体上盘和下盘围岩为铁白云石-方解石相，过渡相为铁白云石-方解石-绢云母相，中心部位为铁白云石-方解石相，整体对称。

综上所述，萨热克铜矿 2730m 坑道平面的金属矿物相为黄铁矿相→辉铜矿-斑铜矿-黄铜矿-黄铁矿相→辉铜矿-斑铜矿-黄铜矿相←辉铜矿-斑铜矿-黄铜矿-黄铁矿相←磁黄铁矿相;蚀变矿物相为铁白云石-方解石相→绢云母-铁白云石-方解石相→铁白云石-方解石←绢云母-铁白云石-方解石相←铁白云石-方解石相，具有金属矿相不对称、蚀变矿相对称的特征。

3.5.3 萨热克北矿带铜矿体的矿物地球化学岩相学垂向分带

以萨热克铜矿床中Ⅱ号及Ⅰ号矿体为代表，对本矿区不同标高（2880~2626m）坑道和钻孔岩心进行矿物地球化学岩相学研究，以揭示矿物地球化学岩相学垂向分带性、热液原生成矿作用和表生富集成矿作用。本矿区从地表到矿体深部，存在着原生成矿整体对称性、表生成矿不对称特征（表3-18、表3-19）。

（1）原生热液成矿作用的矿物地球化学分带性，通过黄铁矿、铜硫化物和共生矿物系列进行研究，其垂向矿物组合分带性具体表现为：①上部为"黄-黄-斑"（黄铁矿+黄铜矿+斑铜矿）；②中部为"辉-黄-黄-斑"（辉钼矿+黄铁矿+黄铜矿+斑铜矿）；③下部为"黄-黄-斑"（黄铁矿+黄铜矿+斑铜矿）；④底部为"闪-黄-黄"（闪锌矿+黄铁矿+黄铜矿）。

（2）表生富集成矿作用的矿物地球化学分带性，通过辉铜矿-铜蓝系列矿物进行研究，其矿物组合具体表现为：①顶部为含银辉铜矿+久辉铜矿+蓝辉铜矿+斜方蓝辉铜矿+斯硫铜矿+氯铜矿；②上部为久辉铜矿+蓝辉铜矿+斜方蓝辉铜矿+沥青；③中部为蓝辉铜矿+斜方蓝辉铜矿+吉硫铜矿+斯硫铜矿；④下部为辉铜矿+久辉铜矿+斜方蓝辉铜矿+铜蓝+辉钼矿；⑤表生富集成矿作用下界面为以铜蓝为标志相矿物，辉铜矿+久辉铜矿+蓝辉铜矿+斜方蓝辉铜矿+斯硫铜矿+沥青；⑥原生铜硫化物带为辉铜矿-斑铜矿-黄铜矿共生。

（3）在萨热克铜矿床，热液原生成矿作用可分为四个分带（图3-17）：①上部带，标高2880（地表）~2730m为上部成矿带，主要矿物组合为黄铁矿+黄铜矿+斑铜矿+辉铜矿，沥青化蚀变相发育，为富烃类还原性盆地流体识别构造岩相学标志（方维萱等，2015，2016a），因此，上部成矿带为富烃类还原性盆地流体的原生成矿带；②成矿中心带，标高2685m附近以成矿中心带为主，主要矿物组合为黄铁矿+黄铜矿+斑铜矿+辉钼矿，以强沥青化蚀变相+辉钼矿+Cu-Ag-Mo（±U）同体共生矿体，为主成矿期标志矿物，推测2685m附近为成矿中心区域；③下部带，标高为2654~2643.5m，主要矿物组合为黄铁矿+黄铜矿+斑铜矿+辉铜矿，与上部带具有对称特征，2654m处发现沥青，为两期富烃类还原性成矿流体在原生成矿期所形成；④底部铅锌叠加带，从2626.8m开始为底部铅锌叠加带，矿物组合为闪锌矿+黄铁矿+黄铜矿，推测为岩浆热液叠加作用形成铅锌矿体和铅锌矿化体叠加。在成晕带（2626.8m处），镜下发现有海胆化石（图3-18A），该处矿石为粉砂结构，推测闪锌矿形成于相对水体较深部的位置。同时在萨热克北矿带出现铅锌成晕，南矿带铅锌成矿的现象，考虑南矿带出现处于扇缘或是南矿带古水位较深。闪锌矿包裹在黄铜矿中（图3-18B），说明了闪锌矿与黄铜矿同期形成。

表3-18　萨热克铜矿床不同标高的原生矿物组合分带特征

原生分带	标高/m	矿物组合
上部成矿带	2880	黄铁矿+黄铜矿+斑铜矿
	2790	黄铁矿+黄铜矿+斑铜矿+沥青
	2760	黄铁矿+黄铜矿+斑铜矿
	2730	黄铁矿+黄铜矿+斑铜矿
中心成矿带	2685	黄铁矿+黄铜矿+斑铜矿+辉钼矿
下部成矿带	2654	黄铁矿+黄铜矿+斑铜矿+沥青
	2649	黄铁矿+黄铜矿+斑铜矿
	2643.5	黄铁矿+黄铜矿+斑铜矿
成晕带	2626.8	黄铁矿+黄铜矿+闪锌矿

表 3-19 萨热克铜矿床表生矿物组合垂向分带特征表

次生分带	标高/m	矿物组合
顶部带	2880	表生富集矿物组合：久辉铜矿+蓝辉铜矿+斜方蓝辉铜矿+斯硫铜矿+氯铜矿含银辉铜矿
上部带	2790	久辉铜矿+蓝辉铜矿+斜方蓝辉铜矿
中部带	2760	蓝辉铜矿+斜方蓝辉铜矿+吉硫铜矿+斯硫铜矿
	2730	
下部带	2685	表生富集底界线标志矿物：铜蓝辉铜矿+久辉铜矿+斜方蓝辉铜矿+铜蓝+辉钼矿
表生下界面	2654	蓝辉铜矿+斜方蓝辉铜矿+斯硫铜矿
	2649	辉铜矿+久辉铜矿+斜方蓝辉铜矿
非次生带	2643.5	热液原生矿物组合：辉铜矿-斑铜矿-黄铜矿共生

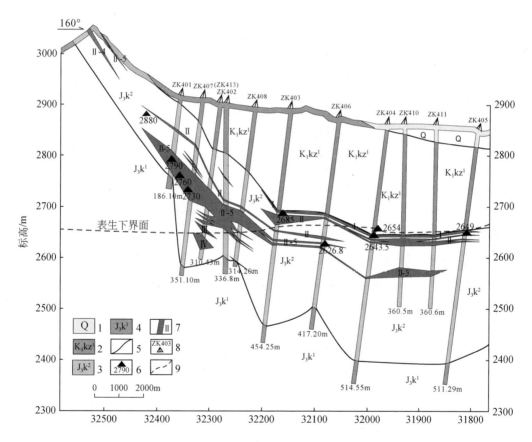

图 3-17 新疆萨热克铜矿床北矿带 4 号线勘探线剖面图

1. 第四系；2. 下白垩统克孜勒苏群第一段；3. 上侏罗统库孜贡苏组第二岩性段；4. 上侏罗统库孜贡苏组第一岩性段；
5. 地质界线；6. 采样点及编号；7. 矿体及编号；8. 钻孔及编号；9. 推测表生下界面

　　(4)从斑铜矿的铜硫比值看(图 3-19)：①上部带(2880~2730m)，铜硫比值逐渐下降，地球化学岩相学向还原性加强的方向发展；②下部带(2654~2643.5m)，最低铜硫比又有回升，地球化学成矿环境还原性有稍许减弱；③成矿中心带(2685m)处较可能为中心成矿带，

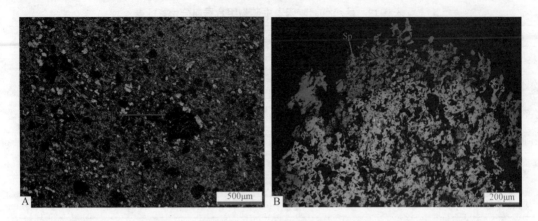

图 3-18　萨热克铜矿床 404-12(2643.5m 处)、406-11(2626.8m 处)镜下照片

同时上部成矿带(2880~2730m)与下部成矿带(2654~2643.5m)呈现对称的特点,也与上文吻合。

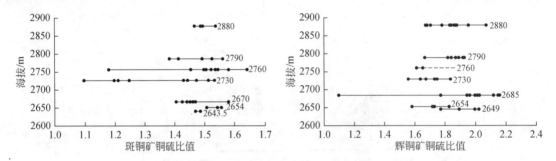

图 3-19　萨热克铜矿床斑铜矿铜硫比值图　　　图 3-20　萨热克铜矿床辉铜矿铜硫比值图

　　在萨热克铜矿区,表生富集成矿作用可分为六个分带:①顶部带,标高 2880~3000m(地表),矿物组合为含银辉铜矿+久辉铜矿+蓝辉铜矿+斜方蓝辉铜矿+斯硫铜矿+氯铜矿,此处分带以出现辉铜矿中富含银为显著特征,银元素的质量分数最高达 3.31%,且此处辉铜矿为高铜低硫端元;②标高 2790m 为上部带,矿物组合为久辉铜矿+蓝辉铜矿+斜方蓝辉铜矿,矿物组合开始由辉铜矿向铜蓝方向演化;③标高 2730~2760m 为中部带,矿物组合为蓝辉铜矿+斜方蓝辉铜矿+吉硫铜矿+斯硫铜矿,该处的矿物组合与上述差别较大,出现较多以吉硫铜矿为代表的低铜硫比矿物,推测中部带表生成矿成晕作用较为活跃;④标高 2685m 为下部带,矿物组合为辉铜矿+久辉铜矿+斜方蓝辉铜矿+铜蓝+辉钼矿,以出现辉钼矿和铜蓝为标志矿物,辉钼矿指示主成矿期,铜蓝为低铜高硫端元,即揭示了 2685m 附近为主成矿区域,也意味着 2685m 接近次生富集带底界;⑤标高 2649~2654m 为表生成矿作用下界面,矿物组合为辉铜矿+久辉铜矿+蓝辉铜矿+斜方蓝辉铜矿+斯硫铜矿,从镜下岩矿鉴定观察,发现此处以下未见蓝辉铜矿等表生矿物,由此界定表生下界面(表 3-19);⑥标高 2643.5m 为原生硫化物带,以斑铜矿-黄铜矿等共生为标志(图 3-20),揭示了该处主要为原生成矿作用。

　　从辉铜矿电子探针数据的铜硫比值来看(图 3-20),由顶部带(2880m)到下部带(2685m)总体呈现出铜硫比最大值和最小值均逐渐变小,说明从顶部带→下部带表生作用呈现逐渐加强的趋势特征。由下部带(2685m)到表生下界面(2649~2654m)铜硫比值的最大值与最小值逐渐变小,结合顶部带到下部带的特征,推测下部带(2685m)较可能为表生作用的成矿中心。

　　萨热克铜矿床存在两期以碳质为代表经历富烃类还原性盆地流体改造的原生成晕成矿期次,还存在一期以铜蓝交代辉铜矿的表生成矿期次。①在萨热克砂砾岩型铜多金属矿床中 Fe-Cu-S 元素三者存在密切的联系,随着 S 元素含量的增加,Fe 元素含量增加,Cu 元素含量降低,反之亦然。②通过辉铜矿–斑铜矿–黄铜矿的 Cu-Fe-S 元素投点图,发现萨热克铜矿的铜硫矿物呈现出较完整的黄铜矿–斑铜矿–辉铜矿的成矿成晕演化规律。发现有辉铜矿、斑铜矿、黄铜矿的端元矿物及其过渡矿物,进一步验证了萨热克铜多金属矿床中黄铜矿–斑铜矿–辉铜矿等固溶体分离现象的存在;又通过与紫金山斑岩型铜矿床铜硫矿物 Cu-Fe-S 元素的投点图进行对比,发现其中辉铜矿–蓝辉铜矿投点呈现相同的规律,均存在大量蓝辉铜矿。因此,推测萨热克铜矿床与紫金山铜矿床类似,为以表生作用为主的铜多金属矿床,且受后期热液叠加作用影响明显。③在萨热克砂砾岩型铜多金属矿床萨热克铜矿的 II 号及 I号矿体群,由地表到矿体深部具有原生矿物分带和表生矿物分带这两个矿物分带特征。原生矿物分带具有整体对称局部不对称的特征,具体表现为:上部成矿带为黄–黄–斑(黄铁矿+黄铜矿+斑铜矿),中部成矿带为辉–黄–黄–斑(辉钼矿+黄铁矿+黄铜矿+斑铜矿),下部成矿带为黄–黄–斑(黄铁矿+黄铜矿+斑铜矿),成晕带为闪–黄–黄(闪锌矿+黄铁矿+黄铜矿)。④次生(表生)矿物分带具有整体不对称的特征,具体表现为:顶部带为含银辉铜矿+久辉铜矿+蓝辉铜矿+斜方蓝辉铜矿+斯硫铜矿+氯铜矿,上部带为久辉铜矿+蓝辉铜矿+斜方蓝辉铜矿+沥青,中部带为蓝辉铜矿+斜方蓝辉铜矿+吉硫铜矿+斯硫铜矿,下部带为辉铜矿+久辉铜矿+斜方蓝辉铜矿+铜蓝+辉钼矿,表生下界面为辉铜矿+久辉铜矿+蓝辉铜矿+斜方蓝辉铜矿+斯硫铜矿+沥青,非次生带出现–斑铜矿–黄铜矿等共生现象。⑤萨热克铜矿 2730m 坑道,金属矿物相为黄铁矿相→辉铜矿–斑铜矿–黄铜矿–黄铁矿相→辉铜矿–斑铜矿–黄铜矿相←辉铜矿–斑铜矿–黄铜矿–黄铁矿相←磁黄铁矿相;蚀变矿物相为铁白云石–方解石相→绢云母–铁白云石–方解石相→铁白云石–方解石←绢云母–铁白云石–方解石相←铁白云石–方解石相。具有金属矿相不对称、蚀变矿相对称特征。

3.6　萨热克式砂砾岩型铜矿床勘查技术集成与综合找矿预测模型

3.6.1　萨热克式砂砾岩型铜多金属矿床综合地质–构造岩相学找矿模型

　　(1)在对砂砾岩型铜多金属矿床和江格结尔砂砾岩型铜矿床研究的基础上,建立萨热克式砂砾岩型铜多金属矿床综合地质–构造岩相学找矿预测模型(表 3-20、图 3-21)。在萨热克巴依次级盆地内部,具体针对实际成矿相体、成矿相体结构面和成矿构造等进行对比研究。

表 3-20 萨热克式砂砾岩型铜多金属矿床综合地质–构造岩相学找矿预测模型

原型盆地、盆地类型	原型盆地:J-K$_1$陆内走滑拉分断陷盆地。J$_{2-3}$构造正反转(从走滑拉分断陷反转为挤压收缩)。盆地类型为幔源热流体叠加改造作用形成的深部异源型叠加改造盆地
盆地演化与盆山原耦合转换事件	①初始成盆期(J$_1$):陆内拉分断陷成盆,康苏期–杨叶期粗碎屑岩系+含煤碎屑岩系+含碳碎屑岩。②主成盆期(J$_2$):塔尔尕期灰质同生角砾岩–薄层结晶灰岩–泥灰岩等深湖相。③盆地反转期(J$_{2+3}$):库孜贡苏期(J$_3$)在尾闾湖盆中形成向上变浅沉积相序,垂向相序结构为灰绿色杂砾岩湿地扇→旱地扇紫红色铁质杂砾岩。④盆地萎缩期:克孜勒苏早期垂向相序结构为河流湖泊相紫红色粉砂质泥岩–泥质粉砂岩→河流相浅红色粗砂岩–含砾粗砂岩–细砾岩。⑤盆地改造期:晚白垩世盆–山转换期盆地挤压变形和大规模盆地流体运移(晚白垩世构造生排烃事件)。⑥晚白垩世–古近纪幔源岩浆叠加期(构造–岩浆–热事件、生排烃事件)
五类成矿相体	①初始成矿相体:早–中侏罗世康苏期–杨叶期煤系烃源岩和矿源层。②库孜贡苏组(J$_3$k)叠加复合扇体旱地扇,扇中亚相紫红色铁质细–中砾岩类。③晚白垩世盆地流体改造富集相体为碎裂岩化相带(改造型成矿相体)。④富烃类还原性成矿流体氧化–还原成矿相体(沥青化蚀变相+铁锰碳酸盐化蚀变相)。⑤晚白垩世–古近纪叠加成矿地质体为蚀变碱性辉绿岩脉群(含铜蚀变辉绿岩+含铜褪色化蚀变带)
成矿构造及成矿相体结构面	成矿构造:①早–中侏罗世陆内拉分断陷盆地(J$_{1-2}$),成煤盆地。②中–晚侏罗世成矿构造(J$_{2+3}$):古构造洼地+构造坡折带+NW向隐伏基底隆起+披覆褶皱带。③晚白垩世主成矿期构造:对冲式逆冲推覆构造系统中原地构造系统+复式向斜构造系统中次级隐蔽构造。④晚白垩世–古近纪深源热流体叠加成矿构造系统–碱性辉绿岩侵入构造系统与带状褪色化蚀变带 成矿相体结构面:①中–晚侏罗世初始成矿结构面,扇中亚相水道微相+冲刷面微相+片流微相。②晚白垩世盆地流体叠加成矿构造结构面,碎裂岩化相+层间裂隙破碎带+盆地流体多重耦合结构面+含铜铁质氧化相+沥青化蚀变相–铁锰碳酸盐化蚀变相+绿泥石化蚀变相。③晚白垩世–古近纪深源热流体叠加成矿相体结构面,热流体侵入构造面
五元相体镶嵌结构样式	①岩性岩相封闭层(顶部低渗透率粉砂岩类–高渗透率砾岩类–底板碳酸盐化界面)。②碎裂岩化相带(成矿流体储集相体)。③沥青化蚀变相–铁锰碳酸盐化蚀变相–绿泥石化蚀变相(水岩耦合反应相)。④隐蔽层间构造–切层断裂带(成矿流体运移通道相)。⑤构造–岩浆–热事件(盆地流体多重耦合结构–绿泥石化砾岩类)
成矿作用特征标志	①沉积成岩成矿期:中–晚侏罗世初始成矿期(166Ma)紫红色含铜铁质杂砾岩,伴有 Pb、Ag 和 Mo。②晚白垩世改造成矿期:高渗透率细–中砾岩经碎裂岩化相构造变形+盆地流体多重耦合,富烃类强还原相盆地流体与含铜铁质氧化相流体混合导致铜质聚沉,沥青化+脉状–网脉状辉铜矿+辉钼铜矿,从矿体顶部到下盘围岩的矿物分带为银铁辉铜矿+辉铜钼矿→辉铜矿–斑铜矿±黄铜矿→辉铜矿±黄铜矿±黄铁矿→黄铁矿。③晚白垩世–古近纪岩浆热液叠加成矿期:深源热流体叠加成矿期(50Ma 左右),辉绿岩中含 Cu、Zn、Ag 和 Mo。④表生富集成矿期

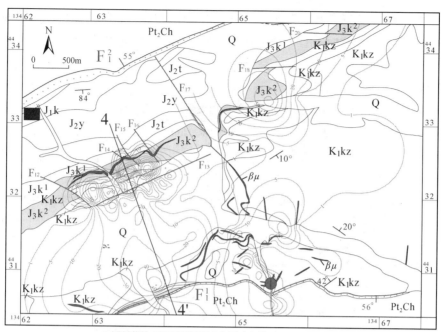

A.新疆萨热克砂砾岩型铜多金属矿床找矿地质模型平面图

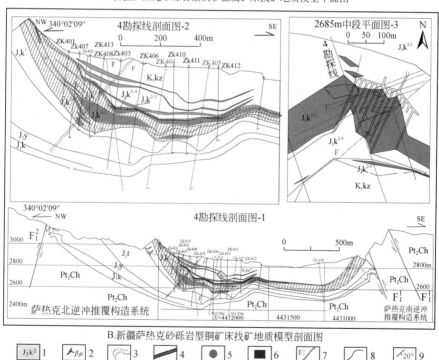

B.新疆萨热克砂砾岩型铜矿床找矿地质模型剖面图

图 3-21　新疆萨热克砂砾岩型铜多金属矿床找矿地质模型平面图(图版 S)

1. 初始成矿地质体(上侏罗统库孜贡苏组);2. 古近纪叠加成矿地质体(辉绿岩);3. 矿化层厚度等值线图;4. 砂砾岩型铜矿体;5. 砂岩型铅锌矿体;6. 下侏罗统康苏组煤矿;7. 断层及破碎带;8. 地质界线;9. 地层产状;10. 下白垩统克孜勒苏群;11. 中侏罗统塔尔尕组;12. 中侏罗统杨叶组;13. 下侏罗统康苏组;14. 长城系阿克苏岩群;15. 库孜贡苏组(J_3k)叠加复合扇体旱地扇成矿地质体;16. 铜矿体;17. 晚白垩世盆地流体改造富集成矿地质体

（2）构建的萨热克式砂砾岩型铜矿床的区域地质–构造岩相学找矿预测模型见表 3-21 和图 3-22。对于萨热克式砂砾岩型铜多金属矿床，依据表 3-21 和图 3-22 开展勘查找矿靶区圈定。在萨热克巴依和外围区域，包括萨热克式砂砾岩型铜多金属矿床、造山型金矿、金铜矿和铅锌矿。

表 3-21　萨热克式砂砾岩型铜多金属矿床和造山型金铜矿床区域地质–构造岩相学找矿模型

成矿相体	萨热克式：①中–晚侏罗世初始成矿相体，上侏罗统库孜贡苏组扇中亚相紫红色铁质细–中砾岩类。②晚白垩世盆地流体改造富集成矿相体，蚀变细–中砾岩+碎裂岩化相。③古近纪碱性辉绿岩叠加成矿相体，绿泥石–铁锰碳酸盐化蚀变岩相+硅化–铁锰碳酸盐化蚀变岩相。④蚀变岩型铜金矿–金矿，中元古界阿克苏岩群和石炭系中滑脱型脆韧性剪切带。
成矿构造及成矿结构面	成矿构造：①萨热克式中–晚侏罗世成矿（前）构造（J₃），走滑拉分断陷盆地中古构造洼地+构造坡折带+NW 向隐伏基底隆起+披覆褶皱带。晚白垩世主成矿期复式向斜构造系统中次级隐蔽构造带中层间断裂–裂隙系统。古近纪深源碱性辉绿岩侵入构造系统与褪色化蚀变带。②蚀变岩型铜金矿–金矿，成矿前构造早期韧性顺层滑脱型剪切带；主成矿期构造为中期脆韧性剪切带+晚期热液角砾岩化+脆性构造变形。成矿结构面：①萨热克式中–晚侏罗世初始成矿结构面，旱地扇扇中亚相水道微相+冲刷面微相+片流微相；晚白垩世盆地流体叠加主成矿构造结构面，碎裂岩化相+层间裂隙破碎带+盆地流体多重耦合结构面+含铜铁质氧化相；②蚀变岩型铜金矿–金矿成矿结构面，压剪性脆韧性构造变形结构面
结构类型	萨热克式为多元结构类型，受脆韧性剪切带控制的蚀变岩型铜金矿–金矿产于中元古界阿克苏岩群和石炭系中，二元结构模式，压剪性脆韧性剪切带+热流体耦合
成矿作用特征标志	萨热克式：早期为中–晚侏罗世初始成矿期（165Ma 左右）；中期为晚白垩世盆地流体叠加主成矿期（99~65Ma），富烃类强还原相盆地流体与含铜铁质氧化相流体混合导致矿质聚沉，沥青化+脉状–网脉状辉铜矿+辉铜铜矿。晚期为古近纪深源热流体叠加成矿期（50Ma 左右）从矿体顶部到下盘围岩的矿物分带为银铁辉铜矿+辉铜钼矿→辉铜矿→斑铜矿→黄铜矿→辉铜矿±黄铜矿±黄铁矿→黄铁矿。 阿克苏岩群中泽木丹–阿克然蚀变岩型铜金矿–金矿的主成矿期：成矿温度 180~260℃，流体密度在 0.56~0.91g/cm³，成矿压力为 0.9~17.1MPa。脆韧性剪切带，蚀变糜棱岩、硅化蚀变岩、绢云母硅化蚀变岩。矿物组合为黄铜矿–辉铜矿–斑铜矿±铜蓝

3.6.2　综合物探–隐伏构造岩相体的找矿预测模型

深部隐伏构造岩相体，在地球物理勘探上，具有直接及间接的信息发现或信息显示。在已知矿区及已见矿井巷工程上，进行构造岩相体的地球物理建模，进行综合分析及信息融合，有助于提高找矿预测效果。

（1）利用区域重力和航磁资料，进行萨热克砂砾岩型铜多金属矿床区域选区，该类型矿床产于萨热克巴依次级盆地中，含矿岩相为冲积扇相，该矿床位于重力低异常梯度带和低磁异常区，低（负）重力场和磁力场为圈定沉积盆地和筛选成矿远景区指标。

（2）本区完成了 1:5 万电法测量，获得一批电法异常，大致可以揭示含矿岩相带分布范围，电法异常首先揭示了含煤碎屑岩系分布范围，即沉积盆地内部烃源岩分布区，对各类电法异常进行实测构造岩相学剖面检查，确定其物探异常形成的地质背景和构造背景，总体上，含煤碎屑岩系为低阻高激化特征，而砂砾岩型铜多金属矿床具有高阻中激化特征，采用地质和化探异常，对物探电法异常进行综合评价解释。

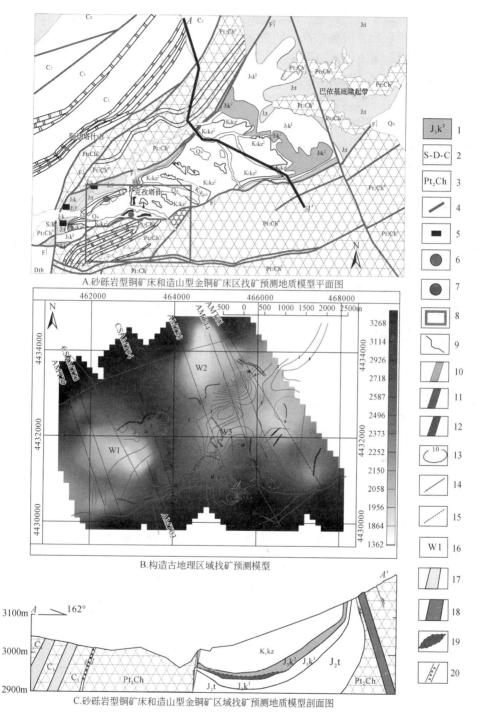

A.砂砾岩型铜矿床和造山型金铜矿床区找矿预测地质模型平面图

B.构造古地理区域找矿预测模型

C.砂砾岩型铜矿床和造山型金铜矿区域找矿预测地质模型剖面图

图 3-22　新疆萨热克砂砾岩型铜矿床和造山型金矿床综合区域找矿预测地质模型（图版 T）

1. 初始成矿地质体；2. 上基底构造层；3. 下基底构造层；4. 断裂；5. 下侏罗统康苏组煤矿；6. 萨热克铜矿床；7. 铁矿点；8. 岩相古地理恢复范围；9. 实测构造岩相学剖面；10. 辉绿辉长岩；11. 铜矿体；12. 铁矿体；13. 铜矿体等厚线；14. 断层；15. 反演断层；16. 古沉积洼地；17. 含金韧性剪切带；18. 铜金矿化韧性剪切带；19. 预测铜矿体；20. 角砾岩带

（3）电阻率和极化率异常（1∶1万）及地面高精度磁力测量，有助于圈定成矿地质要素，为研究成矿地质条件和隐伏构造提供依据。从萨热克铜矿区地质和激电异常综合图看，对比地质地层资料，极化率高值区分布有一定的规律性，与出露的碳质地层、断层、含矿地层和辉绿岩脉等有空间耦合关系。这些地质条件既包括了碳质地层对物探工作的干扰（但也是提供还原性盆地流体的地质体），也圈定了成矿地质体的分布范围，因此，对于极化率高值区要结合地质条件进行研究和具体分析，对于以往极化率高值区需采用实测构造岩相学剖面进行综合研究和解释。

（4）采用物探（AMT、CSAMT 和三极激电等）系列方法有可能形成不同探测深度（200m 和 1000m）的技术方法组合。①在萨热克铜矿区，形成激电异常的地质因素包括含矿地层、断层-褪色化带（提供热液活动的通道，如杨叶组）及辉绿岩脉群（叠加成矿地质体和热源-成矿物源提供者，根据萨热克铜矿体赋存空间和本区激电分布特征综合分析认为，中梯激电异常是在一定深度范围内（小于 200m）预测铜矿体可能富集空间的有效方法之一，单偶极激电测深是圈定矿体空间分布的有效手段。②可控源音频大地电磁测深（CSAMT）勘探有助于探测次级盆地中隐蔽构造和深部地层，在地形和矿体厚度情况下，有利于寻找隐伏矿体。③2014～2015 年完成的物探 AMT、三极激电测深异常特征与盆地深部探测证明，这些方法组合可实现对深部隐蔽构造和隐伏辉绿辉长岩脉群探测，可探测成矿地质体、成矿结构面和叠加成矿地质体。

（5）萨热克砂砾岩型铜矿激电测深找矿模型。根据萨热克铜矿测区岩（矿）石的电性参数统计结果，白垩系下统克孜勒苏群的电阻率一般低于侏罗系上统克孜贡苏组，中侏罗统杨叶组低于上侏罗统库孜贡苏组（J_3k），下侏罗统的电阻率应高于中侏罗统，长城系的电阻率应为最高。

（6）根据以往物性参数测试结果，库孜贡苏组第二岩性段含矿砾岩的充电率较高，长城系、康苏组和杨叶组含煤地层、克孜勒苏群及辉绿岩等，岩石充电率较大，可能产生明显的激电异常，需要加以区分。其他不含矿地层充电率都不高，包括不含矿的库孜贡苏组第一岩性段。在本区开展的激电中梯扫描成果中，IP2 号异常呈带状分布，北东向展布，规模（1400m×400m），ηs 峰值 3%。对应地层为库孜贡苏组和克孜勒苏群，其中库孜贡苏组第二岩性段（J_3k^2）为萨热克铜矿的赋矿层位，推测该异常为铜矿体引起，已发现的萨热克铜矿位于该异常中。为解剖该 IP2 异常，在 4 号勘探剖面上进行了已知矿体激电异常特征的研究，该勘探线长 2km，方位 340°，视极化率和视电阻率背景值分别为 2% 和 400Ω·m，视极化率异常位于 69～78 号点，长 160m，ηs 最大值为 4%，视电阻率为 300Ω·m 左右。与钻孔已控制的矿体对比表明激电异常可反映地表至 150～200m 深度范围的铜矿体。激电异常形态反映的极化体产状与矿体的产状一致。因此，激电测深方法对于确定矿化体的大致位置是有效的，IP1 激电异常为煤矿层和煤系烃源岩引起的异常，可有效地圈定出露和隐伏的煤系烃源岩和矿源层。本次构建的物探综合方法勘查模型如图 3-23 和图 3-24 所示。

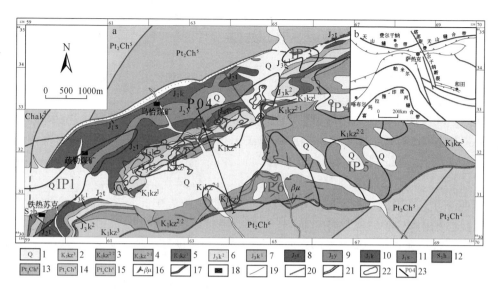

图 3-23　萨热克式砂砾岩型铜多金属矿综合物探–隐伏构造岩相体的找矿预测模型图（平面图）

1. 第四系；2. 下白垩统克孜勒苏群第三段；3. 下白垩统克孜勒苏群第二段上部；4. 下白垩统克孜勒苏群第二段下部；
5. 下白垩统克孜勒苏群第一段；6. 上侏罗统库孜贡苏组第二岩性段；7. 上侏罗统库孜贡苏组第一岩性段；8. 中侏罗
统塔尔尕组；9. 中侏罗统杨叶组；10. 下侏罗统康苏组；11. 下侏罗统沙里塔什组；12. 中志留统合同沙拉群；13. 长
城系阿克苏岩群第六岩性段；14. 长城系阿克苏岩群第五岩性段；15. 长城系阿克苏岩群第四岩性段；16. 辉长辉绿
岩脉；17. 铜矿体；18. 煤矿；19. 地质界线；20. 断层；21. 破碎带；22. 激电异常；23. 激电异常检查剖面

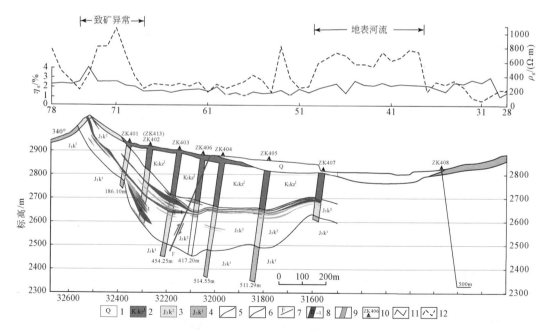

图 3-24　萨热克式砂砾岩型铜多金属矿综合物探–隐伏构造岩相体的找矿预测模型图（剖面图）

1. 第四系；2. 下白垩统克苏勒苏群第一岩性段；3. 上侏罗统库孜贡苏组第二岩性段；4. 上侏罗统库孜贡苏组第一岩性段；
5. 地质界线；6. 含矿地质体界线；7. 断层；8. 铜矿体；9. 铜矿化体；10. 钻孔位置及编号；11. 极化率；12. 电阻率

3.6.3　化探-遥感综合方法勘查模型

对于萨热克式砂砾岩型铜多金属矿床，不同比例尺的地球化学勘查方法能够有效发现和寻找萨热克砂砾岩型铜多金属矿床。

（1）不同比例尺化探异常可以有效地圈定成矿地质体和成矿远景区。1:20 万低密度区域化探方法可以有效地圈定该类型矿床成矿远景区。乌拉根-萨热克砂砾岩型铜铅锌成矿带，区域 1:20 万低密度化探所圈出的以 Pb、Zn、Cu 为主的综合异常 21 个，萨热克砂砾岩型铜多金属矿床和外围区内具有明显的 Cu-Pb-Zn 异常，以 Cu 异常最为显著，揭示 1:20 万低密度区域化探方法可以有效地圈定该类型矿床成矿远景区，高强度铜异常能够直接指示地表出露的砂砾岩型铜矿体。

（2）1:5 万水系沉积物测量能够有效圈定该类型矿床找矿靶区。有色金属矿产地质调查中心新疆地质调查所承担的《新疆乌拉根地区铅锌铜矿远景调查》项目所进行的 1:5 万水系沉积物测量，圈定了以铜为主的地球化学异常 9 个，直接圈定了萨热克式砂砾岩型铜多金属矿和造山型金铜矿的找矿靶区。其中，H-6 号综合异常现今已探明了萨热克砂砾岩型铜多金属矿床的北矿带和南矿带，异常面积 28km²，呈北东向带状延长约 11.5km，宽 2.5~3km。异常规格化面金属量值（NAP）值为 232.7，评序值第 2 位，在 Cu 异常中排序第一，为本区规模最大的 Cu 元素综合异常。

（3）采用 1:2.5 万沟系次生晕测量可以有效圈定该类型矿床的成矿地质体和找矿靶区。在地表开展地质-岩石地球化学测量可有效圈定高强度化探异常。在以往化探异常检查评价中，采用岩石地球化学剖面方法，结合岩石主微量分析、矿石物相分析，证明铜、铅和锌以硫化物相和氧化物相态为主要赋存状态，属于矿致异常。上述结果表明该方法非常有效，适用于本区化探异常检查评价和矿点检查评价。

（4）在井巷工程（坑道-钻孔岩心）进行地球化学岩相学研究，有利于开展砂砾岩型矿体的共伴生组分评价和成矿作用地球化学岩相学研究，本书发现坑道内黑色强沥青化蚀变相为铜银钼共生矿体，硫化相钼为硫钼铜银矿和银胶硫钼矿，它们是富烃类还原性盆地流体叠加改造作用形成的铜钼银同体共生矿体。氧化相钼为钼钙矿和铁钼华，为初始沉积作用和表生作用形成的氧化相钼。

（5）本次研究过程中，新发现了萨热克式砂砾岩型铜多金属矿床具有显著的烷烃类化探异常，包裹体地球化学和围岩蚀变地球化学研究证明，烷烃类异常主要与沥青化蚀变相密切有关，因此，烷烃类化探异常为成矿成晕过程成晕作用的产物。

3.6.4　萨热克铜多金属-煤炭矿田构造现今构造-地貌的遥感解译

萨热克砂砾岩型铜多金属-煤炭矿田构造系统的现今构造-地貌特征，本次主要采用遥感地质解译，结合路线地质观测和实际地质条件，进行萨热克巴依次级盆地现今构造-地貌研究，这是萨热克大型砂砾岩型铜多金属矿床的矿田同生构造（萨热克巴依陆内拉分断陷盆地），能够保存良好的矿床终态的定位构造-地貌（即矿床终态保存条件），也是今后进行地质–物探–化探–遥感（地–物–化–遥）综合找矿模型建立的遥感地质标志。

构造–地貌的遥感解译标志主要包括各类地质体和地质现象，在影像图上的色调、宏观特征、影纹图案、水系类型、地貌形态和各种影像特征的明显程度等，如地层单元和标志层、不整合接触界线、褶皱和断裂构造及冰雪覆盖的解译标志。经过路线地质观测和实际调绘后，为填图过程中人力所不及的特殊景观区地质界线连接，提供遥感地质解译依据。

在萨热克次级盆地及其周边山体，主要有 1:5 万的 ETM 彩色影像图、快鸟数据处理的 1:1 万影像图和用美国 GeoEye-1 卫星 B321 融合全色波段数据处理的 1:1 万影像图。1:1 万影像图包括 3 个块段，萨热克矿区及新疆乌恰县萨热克矿区东部南北两个小块段，可以借助遥感色彩异常，进行 1:1 万构造–蚀变色彩异常修图。从 1:5 万遥感影像可清楚地看到：①萨热克巴依次级盆地呈北东向喇叭口状展布；②南北两侧阿克苏岩群和古生界地层，与沉积盆地地层界线较为清晰，呈断层接触，可明显看到本区构造形迹总体呈北东向展布，宏观揭示了阿克苏岩群脆韧性剪切带展布方向；③线性构造为断裂带和山脊走向，树枝状为河流和冲谷发育形态。

在萨热克砂砾岩型铜多金属矿区，从萨热克铜矿区 1:1 万遥感影像（快鸟）来看，各地层具有明显的色调特征：①克孜勒苏群第一岩性段（K_1kz^1）为一套辫状河相褐红色泥岩夹砂岩及砾岩，遥感影像呈褐红色，局部受辉绿岩侵入可见白色–灰绿条带状；②上侏罗统库孜贡苏组下段（J_3k^1）为冲积扇–河流相砾岩、砂岩、粉砂岩互层，遥感影像呈浅灰绿色；③上侏罗统库孜贡苏组上段（J_3k^2）为一套快速堆积的冲积扇相的砾岩夹砂岩透镜体（萨热克铜矿的赋矿层位），遥感影像呈浅灰褐色；④中侏罗统塔尔尕组（J_2t）主要岩性为紫灰色、灰绿色岩屑石英砂岩夹暗紫灰色、泥质粉砂岩等，遥感影像呈褐色–灰绿色条带状；⑤中侏罗统杨叶组（J_2y）主要岩性为灰绿色–紫灰色岩屑石英砂岩、杂砂岩、泥质细砂岩、泥质粉砂岩等，遥感影像呈浅紫–灰绿色；⑥下侏罗统康苏组（J_1k）为一套湖泊–沼泽相的煤系地层，主要岩性为浅灰白色石英砂岩、灰色细粒岩屑石英砂岩、泥质细砂岩、灰黑色粉砂岩、黑色碳质泥岩夹煤层、煤线，遥感影像呈灰黑色；⑦下侏罗统莎里塔什组（J_1s）主要岩性为紫灰色、浅绿灰色、浅褐黄色块状砾岩夹含砾砂岩、砂岩透镜体，遥感影像呈灰白色；⑧长城系阿克苏岩群主要为一套云英片岩及大理岩等，为本区主要的高山地形区，遥感影像呈灰绿色–灰紫色。

总之，在萨热克巴依地区：①构造–地貌特征总体为萨热克巴依次级盆地，继承了原有的构造古地理特征，即"中间低洼、两侧高山"，北西向河流下切形成的深切谷穿越萨热克铜多金属矿区中心部位，可能造成了萨热克北矿带局部被剥蚀；②这种两侧相邻中高山区，因两侧山体在对冲式逆冲推覆构造系统作用下，萨热克巴依次级盆地两侧可能存在隐伏砂砾岩型铜矿体，该对冲式逆冲推覆构造系统不但对于形成盆地流体叠加成矿作用有利，而且对于该矿床形成后保存良好状态也十分有利。

3.6.5　萨热克式砂砾岩型铜多金属矿床深部和外围地–物–化–遥综合集成预测模型

在沉积盆地研究中，构造古地理格架是沉积盆地研究的基本内容。构造古地理、沉积盆地内部构造和相邻造山带关系是盆地动力学描述的三项基本参数。该三项参数为地质、物探、化探及遥感信息的探测对象及研究客体，对于该三项参数进行构造岩相学及地球化学岩相学解剖研究，也是构造岩相学信息提取及信息融合的关键过程。沉积盆地内部构造样式与先存的盆内构造古地理（如古隆起和拗陷）、盆缘和相邻造山带关系、同生断裂带和古构造地貌、沉积岩岩相学类型和相体空间拓扑学结构有密切关系，这些构造要素对原型盆地恢复、造山带和沉积盆地耦合与转换关系等研究均具重要意义。

构造岩相学综合找矿预测以盆-山耦合转换为研究思路，以区域构造岩相学和矿床构造岩相学研究方法体系为主导，以盆地内部构造样式和构造要素为核心内容。本次6种系列构造岩相学填图，构建找矿预测地质模型见图3-21和图3-22，在构造岩相学综合找矿预测方法上，综合预测模型包括如下系列新方法技术。

（1）沉积盆地基底和沉积充填体的构造岩相学地层格架建立，沉积盆地内部现今物质组成、构造样式和构造组合等研究，为造山带-山间盆地构造古地理单元恢复和沉积盆地内部构造古地理微单元恢复提供基础资料。其方法技术组合以1∶5万和1∶5000区域路线构造岩相学剖面观测、1∶1万构造岩相学填图和1∶5万构造岩相学填图、实测纵向构造岩相学剖面和钻孔-坑道-地表实测勘探线，进行立体构造岩相学研究和填图。

（2）在沉积盆地边缘与相邻造山带耦合与转换关系和沉积盆地双基底构造层研究上，对于现今沉积盆地与造山带边缘构造-地质体，进行实测构造岩相学剖面的解剖研究，采用物探（AMT）等综合方法技术，进行沉积盆地深部隐伏基底构造层顶面深度探测，通过实测构造岩相学剖面和已知钻孔校正，建立以AMT方法为主导的沉积盆地深部隐伏基底构造层顶面等高线恢复。

（3）围绕砂砾岩型铜铅锌矿床的构造岩相学类型和特征，以砂砾岩型铜铅锌矿体为关键对象进行构造岩相学填图，以钻孔-坑道-地表进行立体构造岩相学填图新方法技术为核心技术，采用矿体等厚度线、含矿层等厚度线、成矿强度等值线和矿化强度等值线图等6种系列的构造岩相学填图新技术填图，完成隐蔽地质体、矿体和相体空间拓扑学结构的解析和研究。萨热克巴依山间拉分盆地的内部构造样式和要素包括裙边式复式向斜、隐伏基底构造隆起带、古构造洼地、构造斜坡带、下切谷、同生披覆褶皱、同生断裂带等。

萨热克式砂砾岩型铜多金属矿床的地-物-化-遥综合找矿预测模型与矿产预测要素分析归纳如下。

1. 区域矿产预测要素-沉积盆地动力学与初始成矿相体

（1）沉积盆地构造古地理位置与盆山耦合结构。斜切造山带陆内拉分断陷盆地、前陆盆地和后陆盆地中，为寻找砂砾岩型铜多金属矿床的有利区域构造样式。基底构造层具有多构造变形域、多层次构造变形样式和构造组合。基底构造层中发育的铜铅锌钼矿床和矿点，可为相邻沉积盆地提供成矿物质。沉积盆地具有分级特征，沉积盆地内部基底隆起带发育，这些基底隆起带能够分割其盆地构造古地理，斜切和平行古造山带区域断裂发育并具有多期构造变形历史，可为形成次级盆地和三级构造洼地提供构造古地理条件和同生断裂带（图3-25、表3-22）。在沉积盆地基底构造层中，发育顺层滑脱型脆韧性剪切带和穿层脆韧性剪切带，原岩为基性凝灰岩系、钙屑泥岩和泥质岩系等，形成糜棱岩相-糜棱岩化相，在脆韧性剪切带内发育热液角砾岩相等，是寻找造山型金铜矿、金矿和铅锌矿的有利要素。

成矿盆地同生构造与成矿前构造组合样式：①盆地基底隆起带和同生断裂带为次级盆地和构造洼地的主控因素；②最关键的构造古地理条件为尾闾湖盆，它们成为初始成矿地质体保存和后期盆地构造变形与叠加改造的主控因素；③沉积盆地底部发育含煤碎屑岩系等组成的烃源岩系，盆地上基底构造层古生界富含碳质岩系组成的烃源岩，对大规模成矿较为有利。

（2）初始成矿地质体特征与含矿岩系岩石组合。以萨热克砂砾岩型铜多金属矿床为代表，在叠加复合扇中，旱地扇扇中亚相含铜紫红色铁质杂砾岩类为成矿物质初始富集层位，铜铅锌钼银等成矿物质以氧化相（氧化铁吸附相）赋存在初始富集层位中。以上侏罗统库孜贡苏组为主要层位，次要层位为白垩系。上侏罗统库孜贡苏组砾岩层呈紫色-紫红色，具有五个岩性层和相应的微相层序，顶部为水道微相含砾砂岩-细砾岩。胶结物为紫红色铁质、紫色砂质或泥质，含少量钙质。

铜工业矿体主要赋存在下白垩统克孜勒苏群底部紫红色粉砂质泥岩以下，该岩性层为盆地成矿流体封闭岩性层。其赋矿层位（库孜贡苏组）之下层位（康苏组和杨叶组）发育含煤碎屑岩系和碳质碎屑岩系等组成的烃源岩。

2. 矿床和矿体富集规律预测要素的构造岩相学标志

（1）沉积盆地内部构造样式对初始富集成矿和矿床定位具有较大作用，古构造洼地、基底隆起带、古构造洼地-基底隆起带之间的斜坡构造带、同生断裂带、披覆褶皱等控制了初始成矿地质体和矿床最终定位。

（2）大型裙边式复式向斜构造样式，为造山带流体大规模运移和聚集的构造空间，在复式向斜内，发育隐蔽次级褶皱和断裂构造，盆地基底隆起带（古潜山）和披覆褶皱为大规模流体运移集聚形成了良好的构造圈闭。

（3）岩性岩相与盆地流体多重耦合结构控制了富矿体形成。在叠加复合扇体中，旱地扇扇中亚相为初始成矿地质体，大型冲刷面微相、水道微相、席状片流微相、氧化相铜（含铜紫红色铁质胶结物、含铜紫红色杂砾岩等）等为初始成矿结构面。切层断裂-层间滑动构造带控制的裂隙破碎带和碎裂岩化相为盆地流体改造结构面，主要铜矿体形成于扇中亚相+碎裂岩化相+褪色化蚀变相。

沥青化蚀变相受岩相-岩性和切层断裂和层间断层等复合控制，在切层断裂和层间断层形成的层间滑动带，形成黑色沥青化蚀变相，为构造交汇部位到碎裂岩化相杂砾岩，沥青化蚀变分带清晰且与铜富集成矿强度密切有关，即黑色强沥青化蚀变相→灰黑色沥青化蚀变相→灰黑色沥青化蚀变相+褪色化蚀变相→褪色化蚀变相，铜富集程度逐渐降低。

（4）富铜矿体形成规律。在由库孜贡苏组扇中亚相含铜紫红色铁质杂砾岩等组成的复式向斜构造中，次级向斜核部发育共轭切层断裂和多组层间滑动断层、大型冲刷面构造，密集裂隙破碎带形成了强碎裂岩化相，这些构造样式和构造组合为富烃类还原性盆地流体大规模垂向运移和集聚提供了良好的构造通道和储层构造岩相学条件，富烃类还原性盆地流体大规模聚集形成了大规模的黑色沥青化蚀变相、灰黑色沥青化-褪色化蚀变相等。

3. 深源热流体叠加富集与矿床保存条件

在萨热克南矿带，碱性辉绿辉长岩脉群侵入于克孜勒苏群，对于萨热克砂砾岩型铜矿床形成了深源热流体叠加富集成矿，根据地面高精度磁力测量，预测在 30-74 勘探线和萨热克北矿带深部，均发育隐伏碱性辉绿辉长岩脉群，它们形成了区域褪色化蚀变带和铜叠加富集成矿。

在克孜勒苏群第二岩性段 (K_1kz^2) 砂岩型铜矿和砂砾岩型铅锌矿，这些矿点和区域褪色化蚀变带与碱性辉绿辉长岩脉群侵位事件密切有关，砂岩型铜矿表现为浸染状及细脉状孔雀石化、辉铜矿化、黄铜矿化，可见辉铜矿脉沿辉绿岩上盘的砂岩中的张性裂隙贯入现象，铜矿化成层性特征不明显，宏观表现出的是脉状特征，具有热液成矿的特征；同时在 ZK3001 中可见辉绿岩侵位于库孜贡苏组，周围存在脉状铜铅锌和钼矿化，辉绿岩见褪色蚀变明显，揭示隐伏碱性辉绿辉长岩脉群形成了区域褪色化蚀变带，以及铜、铅锌和钼的叠加富集成矿。以上各类成矿要素可归纳为图 3-25。

4. 矿产预测地质要素的地-物-化-遥标志

（1）沉积盆地分析与构造岩相学填图。对沉积盆地进行盆地分级、构造古地理、沉积相类型划分、亚相和微相类型划分和研究。建立成矿地质体、成矿结构面和成矿构造、成矿作用标志等。进行专题性构造-岩性-岩相填图，如含矿层位（库孜贡苏组）等厚度线、关键沉积相体平面填图、关键相体的等厚度线等。

（2）化探异常标志。1∶20 万和 1∶5 万水系沉积物地球化学异常特征，以 Cu 和 Ag 异常可以直接圈定成矿地质体和成矿远景区。采用 1∶2.5 万沟系次生晕测量，进行 1∶20 万和 1∶5 万化探异常检查评价，以 Cu-Ag-Pb-Zn-Mo 异常，确定成矿地质体和圈定找矿靶区。

地表、探槽、钻孔和坑道等工程地球化学测量，以岩石地球化学测量为主，采用化探物相分析技术和矿石物相分析等综合地球化学岩相学研究，进行成矿地质体和成矿结构面、成矿成晕机制研究，进行化探异常评价和深部找矿预测。

（3）物探异常标志。总体思路为寻找和圈定成矿地质体和成矿构造为主，实现间接（或直接）找矿。①磁力异常以（负）低缓地磁异常区为总体特征，揭示了大面积中生代沉积岩区，大致圈定沉积盆地范围。在沉积盆地范围内，在（负）低缓地磁异常区圈定相对（正）高磁异常区，寻找和预测深部隐伏碱性辉绿辉长岩脉群，寻找深源热流体叠加成矿地质体和成矿结构面；②以物探 AMT 剖面，结合三极激电测深和地面高精度磁力测量，进行深部构造岩相学填图，进行盆地构造样式和构造组合研究；③以物探电法测量为主，寻找和圈定地表和深部含煤碎屑岩系分布范围，预测深部烃源岩层分布范围。

（4）遥感地质解译。以遥感构造-地形地貌和遥感色彩异常填图为主要方法，进行路线遥感地质调绘解译。遥感地质解译对于本特殊景观区内人力难以到达山顶区，具有经济快速效果。以上成矿要素与相应的地-物-化-遥等综合标志，综合方法找矿模型可归纳为图 3-25 和表 3-22。

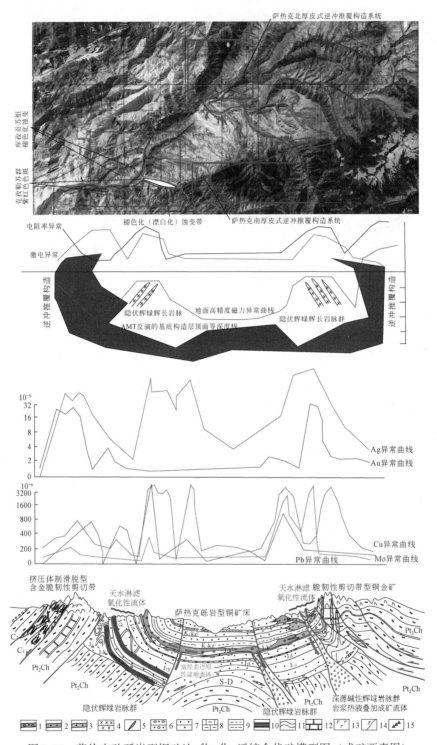

图 3-25　萨热克砂砾岩型铜矿地-物-化-遥综合找矿模型图（成矿要素图）

1. 上侏罗统库孜贡苏组二段；2. 下白垩统克孜勒苏群铜铅锌矿化体；3. 褪色化蚀变带；4. 辉绿岩；5. 脆韧性剪切带中金矿化；6. 砾岩；7. 砂岩；8. 泥灰岩；9. 泥质粉砂岩；10. 煤层-煤线；11. 褶皱变形；12. 大理岩；13. 基性火山岩；14. 逆冲推覆构造；15. 构造破碎带

表 3-22　萨热克式砂砾岩型铜多金属矿床综合地质–物探–化探–遥感集成综合找矿预测模型

成矿相体	初始成矿地质体：①康苏组–杨叶组煤系烃源岩和矿源层具有 Cu–Zn 化探异常和电法异常。②库孜贡苏组（J_3k）叠加复合扇体旱地扇，扇中亚相紫红色铁质细–中砾岩类（赤铁矿质含铜氧化相）。晚白垩世盆地流体改造富集成矿地质体。古近纪叠加成矿地质体。碱性辉绿岩脉群（盆内岩浆叠加期） 化探标志：Cu-Pb-Zn-Mo-Ag 等综合异常，Cu-Ag-Mo 共生矿体，硫化物相 Cu、Pb 和 Mo 为主。遥感标志：快鸟影像带状褪色化灰色蚀变带和面状–带状褪色化（漂白化）蚀变带。物探标志：高阻中高极化、偏高正磁力异常区（隐伏辉绿辉长岩脉群）
成矿构造及成矿相体结构面	成矿构造：中–晚侏罗世成矿（前）构造（J_3k^2）为古构造洼地+构造坡折带+NW 向隐伏基底隆起+披覆褶皱带。晚白垩世主成矿期构造为对冲式逆冲推覆构造系统中原地构造系统，复式向斜构造系统中次级隐蔽构造。古近纪为深源热流体叠加成矿构造系统–碱性辉绿岩侵入构造系统与带状褪色化蚀变带 化探标志：面状对称椭圆形带状 Cu-Pb-Zn-Mo-Ag 综合异常。地质地球化学剖面上为两个对称的同一层位中 Cu-Pb-Zn-Mo-Ag 综合异常。物探 AMT 资料反演盆地基底等高线图显示有隐伏基底隆起带和构造洼地，二者之间斜坡构造带为有利成矿构造。物探 AMT 揭示对冲厚皮式逆冲推覆构造系统和成矿构造。地面高精度磁力异常圈定隐伏碱性辉绿辉长岩脉群 成矿结构面：①中–晚侏罗世初始成矿结构面为扇中亚相水道微相+冲刷面微相+片流微相；②晚白垩世盆地流体叠加成矿构造结构面为碎裂岩相+层间裂隙破碎带+盆地流体多重耦合结构面+含铜铁质氧化相+铁锰碳酸盐化+绿泥石化；③古近纪深源热流体叠加成矿结构面为热流体侵入构造面 在初始成矿结构面中，含铜紫红色铁质杂砾岩中富集 Cu-Ag-Mo-Pb-Zn，为氧化相 Cu-Ag-Mo-Pb-Zn。在盆地流体改造型成矿结构面中，Cu-Ag-Mo 同体共生型铜矿体，硫化物氧化相 Cu-Ag-Mo-Pb-Zn，以铜硫化物相为主，部分 Mo 为氧化相 Mo，主要为铁钼华和钼钙矿等。深源热流体叠加成岩成矿构造面，碱性辉绿辉长岩脉群周边发育褪色化（漂白化）蚀变带，辉铜矿–斑铜矿等铜硫化物相发育
结构类型	多元结构模式：岩性岩相（顶部低渗透率粉砂岩类+高渗透率砾岩类+底板高孔隙度砾岩）。沥青化蚀变相+底板碳酸盐化–绿泥石化砾岩类+碎裂岩化相；隐蔽层间构造+盆地流体多重耦合结构
成矿作用特征标志	①烃源岩源区：寒武系（512.3±30.3Ma）、上三叠统–上侏罗统（180.3±3～220±3Ma）。②初始成矿期（157±2～178±4Ma）：中–晚侏罗世初始成矿期含铜紫红色铁质杂砾岩，铁质胶结物，伴有 Pb、Ag 和 Mo。③盆地流体改造主成矿期（116.4±2.1～136.1±2.6Ma）：高渗透率细–中砾岩经碎裂岩化相构造变形+盆地流体多重耦合，富烃类强还原相盆地流体与含铜铁质氧化相流体混合导致矿质聚沉，沥青化+脉状–网脉状辉铜矿+辉钼铜矿；从矿体顶部到下盘围岩的矿物分带为银铁辉铜矿+辉铜钼矿→辉铜矿→斑铜矿±黄铜矿→辉铜矿±黄铜矿+黄铁矿→黄铁矿。④深源热流体叠加成矿期：古近纪深源热流体叠加成矿期（50Ma 左右）：辉绿岩中含 Cu、Zn、Ag 和 Mo。⑤表生成矿期：蓝铜矿、氯铜矿、孔雀石、赤铜矿等。⑥从古构造洼地→斜坡构造岩相带→盆地基底隆断带，矿物分带为辉铜矿+斑铜矿+方铅矿+闪锌矿→辉铜矿+斑铜矿→辉铜矿→辉铜矿+黄铁矿→辉铜矿+赤铁矿→赤铁矿，即可归纳为"方闪辉→辉斑→辉黄→辉赤→赤"

第4章 乌拉根式砂砾岩型铅锌矿床与挤压–伸展转换盆地演化

在系统研究塔西垂向构造岩相学序列和乌拉根沉积盆地演化史的基础上，以乌拉根超大型砂砾岩型铅锌矿床为主，结合巴什布拉克铀矿床、帕卡布拉克中型天青石矿床、康苏–前进煤矿带等构造岩相学研究，揭示它们与乌拉根中–新生代沉积盆地系统形成演化与构造变形之间关系。以塔西地区盆山原镶嵌构造区为例，探讨特殊陆内成矿单元中铜铅锌–铀–天青石–煤–天然气–岩盐等同盆共存富集成矿规律。

4.1 乌拉根构造岩相学垂向相序列结构与盆地演化

4.1.1 乌拉根沉积盆地现今结构与金属矿产–煤矿–铀–天然气同盆富集成矿特征

从图2-1、图2-2和图4-1看，乌拉根中–新生代沉积盆地现今位于帕米尔高原弧形凸出区东北侧，盆地下基底构造层为中元古界阿克苏岩群，盆地上基底构造层为古生代地层。局部出露的三叠系经历了强烈构造变形。侏罗系、白垩系、古近系和新近系为主要沉积充填地层体。乌拉根复式向斜构造由侏罗系–新近系组成，局部次级褶皱发育，对于金属矿产形成具有显著控制作用。乌拉根沉积盆地形成演化受乌拉根中元古代前陆隆起带、西南天山造山带前陆冲断褶皱带和 NW 向费尔干纳走滑断裂构造带控制显著。

在乌拉根中–新生代沉积盆地中，铅锌矿床、天青石矿床、铀矿床、石膏矿床、煤矿和天然气同盆共存富集特征表现为受地层层位和沉积相体控制显著，具有"下部煤、中下部铀–天然气、中上部铅锌–天青石–石膏、上部铜（铀）"富集成矿规律（图2-1、图2-2和图4-1）：①康苏–前进煤矿带赋存在下侏罗统康苏组和中侏罗统杨叶组中；②巴什布拉克大型砂岩型铀矿床和铀矿点，赋存在下白垩统克孜勒苏群第一到第三岩性段中（韩凤彬等，2012；李盛富等，2105；刘章月等，2015；刘武生等，2017）；③塔西阿克莫木天然气田成藏组合以下白垩统克孜勒苏群砂岩和上白垩统库克拜组下部砂岩为储层，上白垩统英吉沙群膏泥岩及古近系阿尔塔什组膏泥岩为盖层，圈闭类型为阿克莫木背斜构造（王招明等，2005；张君峰等，2005；刘伟等，2015）；④超大型乌拉根式砂砾岩型铅锌矿床和康西铅锌矿床，赋存在下白垩统克孜勒苏群顶部第五岩性段细砾岩–含砾粗砂岩–砂岩与古近系阿尔塔什组第一岩性段含铅锌膏质角砾岩–含铅锌天青石砾岩中，而帕卡布拉克中型天青石矿床赋存在阿尔塔什组底部，形成了天青石矿床和天青石石膏矿床；⑤康苏大型石膏矿床产于古近系阿尔塔什组中，10层石膏矿赋存在含膏砂泥岩和含膏灰岩中，石膏层和含膏砂泥岩等为本区域良好成矿成藏流体的盖层；⑥花园铜矿、杨叶铜矿床和矿点等组成了半环形砂岩型铜成矿带，它们赋存在安居安组褪色化蚀变砂岩层。

基底构造层、区域构造组合和构造样式，对铅锌-天青石-石膏矿带、铀矿带、煤矿带和天然气田具有不同的控制作用，从北东向到南西向的空间分带规律清晰，即康苏-前进-岳普湖半环状煤矿带→康西-乌拉根-吉勒格半环状铅锌-天青石矿带→花园-杨叶-杨叶北半环状砂岩铜矿带（图2-1、图4-1）：①康苏-前进-岳普湖半环状煤矿带为北西向延伸，向东部转弯为北东向延伸，受萨里塔什古生代盆中隆起带和其边缘的早-中侏罗世构造沉降带控制；②康西-乌拉根-吉勒格半环状铅锌矿带，呈北西向延伸到乌拉根东部复式向斜构造的仰起端后，转折为向南向方向延伸，向东转变为天青石矿带，它们受乌拉根中生代沉积盆地和中元古代前陆隆起带复合控制；③杨叶北-杨叶半环状砂岩型铜矿带，呈北西向延伸至乌拉根铅锌矿区内，转折为南西向延伸到花园一带，受新生代沉积盆地和喜马拉雅期向斜构造控制；④从西到东，前陆冲断带控制了铀矿床和天然气田，受中侏罗世和晚白垩世两期 NW 向前陆冲断褶皱带控制，巴什布拉克-康苏铀矿带呈 NW 向展布。阿克莫木天然气田受托帕前陆冲断褶皱带中阿克莫木背斜控制，受喜马拉雅期前陆冲断褶皱带控制显著（王招明等，2005；张君峰等，2005；刘伟等，2015）。

4.1.2　盆地基底构造层特征与构造演化

1. 下基底构造层：元古宙中高级变质断块

元古宙中高级变质断块分布于苏鲁铁列克-乌拉根断块隆起区（图4-1），构造变形样式为下地壳尺度韧性构造变形域中形成流变褶皱和韧性剪切带，在脆韧性剪切带和变基性火山岩中发育造山型金铜矿和金铜化探异常。①古元古界吐尤克苏岩群（Pt_1t）为下部高级变质相的构造岩层，由黑云角闪斜长片麻岩系-含石榴黑云斜长变粒岩系-透闪石大理岩系-石榴黑云母片麻岩系-混合岩系等构成，局部出露榴闪岩-榴辉岩，总体为高角闪岩相，局部达到麻粒岩相（-榴辉岩相）等组成的（高-）中级变质地体断块隆起区，如阿克然变质核杂岩等，它们组成了西南天山造山带核部带内核亚带；②中元古界阿克苏岩群（Pt_2Ch）为低角闪岩相-高绿片岩相，在西部主要为浅灰色绢云母细粒石英岩夹变辉绿岩、灰绿色绢云母-绿泥石片岩、绢云母-石英片岩、大理岩及片理化灰岩，如在乌拉根前陆隆起和苏鲁铁列克断块隆起区，它们组成了西南天山造山带核部带外核亚带；③在阿克苏为高压变质相蓝片岩、低角闪岩相片麻岩-变基性火山岩-大理岩等，为核部带中高压碰撞带残片；④吐尤克苏岩群（Pt_1t）具有地壳深层次构造变形型相，以固态流变褶皱、紧闭同斜相似褶皱、顺层掩卧褶皱等形态与高级变质相协调同存。阿克苏岩群（Pt_2Ch）中发育顺层滑脱型剪切带、切层剪切带、紧闭褶皱群落等构造变形型相，与中高级变质相协调共存，为地壳中（-深）层次的构造变形变质相。阿克苏岩群中高压蓝片岩相为中高压变质相。

2. 上基底构造层：晚古生代地层的构造岩相学与构造演化

（1）泥盆纪滨浅海相细碎屑岩夹碳酸盐岩，围绕苏鲁铁列克地块分布（图4-1），泥盆系中发育脆韧性剪切带，流变褶皱群落发育，以高绿片岩相为主，为地壳中浅层次的构造变形–变质型相。南天山洋盆从晚泥盆世开始自东向西"剪刀式"闭合，南天山古洋盆在石炭纪末闭合（高俊等，2006）。塔西北缘在石炭–二叠纪演化为向西开口的残余海盆，塔北缘发育石炭–二叠纪前陆盆地（罗金海等，2012）。萨里塔什石炭系顶面古风化壳型铝土矿矿化带（杨鹏飞等，2013）和古岩溶构造，古岩溶角砾岩、古红壤和 7 层风化壳型铝土矿富集层等构造岩相学特征揭示萨里塔什和阿合奇–柯坪地区曾经历了 5 次以上的显著构造抬升。

（2）在 NW 向萨里塔什盆内晚古生代基底隆起带外缘，二叠系呈构造岩片分布在其南侧（图 4-1）。在塔西–塔北地区二叠纪构造岩相带分异显著，从北到南分别形成了次深海相、浅海相、滨海相、海陆交替相、陆相等侧向水平构造岩相序列，揭示其构造古地理在侧向水平方向具有多样性，而塔里木地块北缘具有"北深南浅"构造古地理格局，揭示具有向北俯冲趋势，在晚二叠世前陆隆起逐渐形成，标志其向前陆盆地系统演化。①在温宿县破城子–库尔干地区上石炭–下二叠统康克林组中，发育陆相冲积扇相砾岩，砾石成分为灰岩、砂岩，少量硅质岩、长英质片麻岩和花岗岩。柯坪隆起石炭系灰岩为蚀源岩区，其变质岩和花岗岩砾石以南天山为蚀源岩区，康克林组双向物源供给揭示塔西北在早二叠世进入了陆内构造–沉积期。②塔西北地区在伴随弧后裂谷盆地不断发育，中二叠世曾经发生了两期以上构造抬升，这种弧后伸展构造与地幔柱上涌侵位的深部地幔动力学背景相耦合（罗金海等，2012）。中二叠统小提坎立克组底部发育底砾岩，向上为安山岩–玄武岩夹凝灰岩、凝灰质碎屑岩和灰岩，其上部为流纹岩、流纹斑岩、石英斑岩、石英钠长斑岩等。中二叠统开派兹雷克组黑色玄武岩及杂色碎屑岩厚 901m，且含有植物化石。在印干村一带有 5 个玄武岩喷发旋回。在印干山–开派兹雷克一带，该组河流–湖沼相陆源碎屑岩系夹多层砾岩，厚 1080~1827m。在温宿萨瓦甫齐小提坎立克干沟，中二叠统库尔干组由杂色粉砂质泥岩、粉砂岩、细砂岩和粗砂岩组成，偶夹煤线，与下伏小提坎立克组平行或角度不整合接触，产植物化石，属典型陆相碎屑岩系。③晚二叠世晚期长兴期比尤勒包谷孜组砾岩中，砾石成分为灰岩、砂岩和燧石，少量片麻岩、石英片岩和大理岩，成分成熟度低，组成了厚层粗碎屑磨拉石相，揭示南天山在晚二叠世大规模造山隆升。温古尔–巴音库鲁其–萨里塔什发育二叠纪前陆盆地，三叠系、二叠系和石炭系等分布受费尔干纳断裂带西支断裂控制。

（3）塔什普什背斜核部下二叠统比尤列提群（P_1by）岩石组合为褐红色暗紫色及灰绿色粉砂质泥岩、泥岩夹灰色钙质砂岩、灰岩，厚度大于 53.12m，与上覆下白垩统克孜勒苏群呈角度不整合接触，说明海西期末–印支期一直处于抬升剥蚀状态。南天山在石炭纪晚期–中二叠世处于陆–陆碰撞期，同碰撞期弧后裂谷发育期可能耦合了深部地幔柱上涌，早二叠世残余盆地中心快速向南迁移，西南天山山前浊积岩系向南超覆在康克林组台地相灰岩之上。巴楚–拜城一带二叠纪地幔柱上涌形成陆缘断陷盆地，导致塔西北被动陆缘形成断块构造，后期卷入海西期–印支期造山带中。二叠纪沉积中心向南快速迁移也可能与俯冲岩片深部拆沉作用有关（张传恒等，2006），塔里木板块北缘岩石圈向南天山之下发生陆内俯冲作用（罗金海等，2012），山前沉积中心不断向南迁移到塔里木地块之上。塔北缘和南天山经历了多期盆山耦合与转换过程（汤良杰等，2012），南天山为二叠纪脆韧性剪切带+后碰撞深成岩浆化+弧后裂谷盆地关闭+上叠盆地成盆等多重区域构造单元耦合格局。本书认为在乌拉根东北侧下二叠统比尤勒提群下部深海复理石相，向上变浅为滨海相泥岩和砂岩，顶部上二叠统为陆内磨拉石相，指示了二叠纪前陆盆地完整发育过程，与同期异相和构造古地理景观单元多样化相协调。

海西期末造山带卷入最新地层系统为石炭系和二叠系，构造变形样式为前陆冲断褶皱带，在萨里塔什 NW 向晚古生代基底隆起带中，二叠系与泥盆系呈近东西断层接触，发育脆韧性剪切带和斜歪-直立褶皱群落，以绿片岩相变质为主，为地壳中浅层次构造变形-变质型相。

4.1.3　乌拉根中生代构造岩相学序列与盆地演化

上三叠统仅在库孜贡苏断陷盆地西缘边部呈 NW 向延伸，经历了脆韧性剪切变形作用。侏罗系和白垩系与中元古界和古生界呈角度不整合或呈逆冲断层接触，侏罗系为一套含煤碎屑岩建造，下白垩统为辫状河-滨海相砂岩、砾岩夹泥岩等陆源碎屑岩系，也是乌拉根超大型砂砾岩型铅锌矿床和巴什布拉克铀矿床的赋矿层位。在乌拉根缺失上白垩统，在西端乌鲁克恰提和库孜贡苏河东岸，上白垩统为局限海湾潟湖相泥质碳酸盐岩-含膏泥岩-蒸发岩系。新生界分布于乌鲁克恰提-乌拉根-乌恰-托帕一带，累计总厚度达 15000m。

1. 晚三叠世山前断陷构造-沉积体系与山→盆耦合转换期

俄霍布拉克组（T_3e）总体呈 NW 向分布在萨里塔什晚古生代盆内隆起带西侧和北侧、苏鲁切列克断块北东侧山前断裂带等（图 2-1、图 2-2 和图版 C1）。俄霍布拉克组（T_3e）厚度 232m，从下到上层序结构为褐红色砾岩（88m）→灰色中层状砂岩夹粉砂岩（23m）→紫褐色中厚层-块状砂岩、砾岩夹泥质砂岩（121m）→含碳泥岩夹薄煤层或煤线，垂向沉积相序结构为下部山麓冲积扇相杂砾岩类→中部河流相砂岩与粉砂岩类→上部浅湖相含碳泥岩夹薄煤层，向上变细的沉积序列和相序列揭示受山前构造断陷作用控制明显。在萨里塔什晚古生代盆内隆起带北侧，俄霍布拉克组与下石炭统巴什贡索组（C_1b）和中泥盆统托格买提组（D_2t）呈角度不整合接触，在其南西侧呈断层接触。结合北部托云中生代后陆盆地中俄霍布拉克组（T_3e）也受近东西向山前断裂带控制等综合分析看，晚三叠世山前盆地形成于陆内走滑拉分断陷的盆地动力学背景。磷灰石裂变径迹年龄揭示西南天山在 215±12Ma 和 203.3±9.7Ma（二叠系砂岩）经历构造隆升（Sobel and Dumitru, 1997; Sobel et al., 2006），揭示晚三叠世诺利阶（216.5~203.6Ma）为印支期西南天山造山带隆升期，因此，晚三叠世为构造隆升与构造断陷沉降共存的山盆耦合与转换动力学背景。

2. 早-中侏罗世山→盆转换期构造沉积体系与聚煤成盆期

（1）在早侏罗世萨里塔什期 NW 向半地堑式的构造断陷作用再度强烈，形成了较大面积莎里塔什组底部的泥石流相砾岩和山麓冲积扇相砾岩类，呈角度不整合超覆于下伏前侏罗纪的不同时代地层之上，主要围绕乌拉根中生代前陆盆地系统的萨里塔什 NW 向晚古生代盆内隆起带周边和库孜贡苏 NW 向断陷盆地西侧分布（图 2-1、图 2-2、图 4-1）。莎里塔什组（J_1s）为山前冲积扇相杂砾岩类夹砂岩透镜体，岩石组合为紫灰色、浅绿灰色和浅褐黄色块状巨砾岩（图版 C2）-粗砾岩夹含砾粗砂岩-砂岩透镜体。砾石以紫红色变砂岩、灰色石英片岩、灰色云母石英片岩、灰色灰岩、黄灰色大理岩、白色石英岩和石英脉碎块为主，砾径可达 30cm×90cm ~ 84cm×50cm，多呈次棱角状；颗粒支撑，砂泥质充填，分选极差。砾石最大扁平面排列略具定向性，具快速堆积特征。该组岩性及厚度侧向变化较大，在康苏北厚度达 1495m，揭示在康苏北为山前构造断陷中心和沉积中心，在乌拉根仅为 326m，向南砾岩快速侧相变为含砾砂岩、砂岩及泥质粉砂岩。

（2）康苏组（J_1k）下段（>185m）主要为硅质粗碎屑岩，岩石组合为灰白色石英质粗砂岩、灰黄色石英细砂岩夹灰绿色和灰黄色石英质砂砾岩，从底部向上，总体具有巨砾岩→粗砾岩→细砾岩→含砾粗砂岩→粗-中粒石英砂岩，向上灰绿色泥岩和薄煤线增加，发育多个粒序韵律层，揭示康苏盆地处于不断沉降过程，发育槽状、楔状、交错层理和斜层理，以辫状-曲流河流相为主；局部形成反向-正向粒序结构，粗砾岩向两侧相变为石英砂岩，为叠加冲积扇相砾岩体。康苏组上段（75.74 ~ 199.25m）主要为硅质细碎屑岩类、灰白色石英细砂岩和粉砂岩，偶夹石英粗砂岩和含砾石英粗砂岩等，为康苏地区主要工业煤层产出层位，工业煤层有 7 ~ 11 层，胶结物为硅质、铁质、黄铁矿、白云石、铁白云石和菱铁矿，白云石和铁白云质从下到上增加，形成了黄铁矿铁白云质石英细砂岩和钙质泥质细砂岩，为湖泊沼泽相标志。黄铁矿-菱铁矿-铁白云石组合揭示沉积成岩期为弱酸性强还原环境，对煤矿形成较为有利。总体上，从下到上的垂向相序为辫状-曲流河流相→扇三角洲相→湖泊相→沼泽相，湖泊相由浅灰白色石英砂岩、灰色细粒钙屑岩屑石英砂岩和泥质白云质细砂岩，沼泽相主要为灰黑色粉砂岩-黑色碳质泥岩夹煤层和煤线，在煤层及顶底板砂岩和粉砂岩中产有植物化石，康苏组为乌恰工业开采含煤层。在水平方向上，康苏组沉积厚度变化和差异较大，在黑孜苇一带厚达 2600m，在康苏一带厚 1225m，乌拉根地区厚仅数百米，康苏煤矿区东侧和西侧以河流相粗碎屑岩为主，在康苏煤矿区以南乌拉根隆起之北康苏组以河流相粗碎屑岩为主，揭示以康苏煤矿为 NW 向沉积中心（湖泊-沼泽相）。

（3）杨叶组（J_2y）下段（81 ~ 194m）在康苏煤矿区西北部杂色泥岩厚度较大，向东南方向逐渐减薄；相变为粉砂质泥岩夹长石石英细砂岩、泥质白云岩、黑色含碳泥岩和薄煤层（图版 C3），白云质泥岩和泥岩中水平层理发育，风化后呈薄片状，胶结物以硅质、铁质和白云质为主，在东南部铁白云质明显增高到 25% 以上，以铁白云质细砂岩和菱铁矿石英砂岩、泥质白云岩等岩石组合指示了咸化潟湖相，因此，从康苏煤矿区西北部扇三角洲相，到东南部相变为咸化潟湖相。在东南部杨叶组下段下部为扇三角洲相石英细砂岩夹薄煤线，赋存有工业煤层。在垂向上发育同生角砾岩、包卷层理和滑塌沉积等，向上相变为咸化潟湖相，铁白云质增多，出现泥质白云岩，揭示康苏地区曾经历了同生断陷沉积作用，咸化潟湖相对于煤层形成不利，多发育灰黑色含碳铁白云质泥岩。杨叶组中段（81 ~ 181m）具有向上沉积水体变浅的沉积层序，以碳质泥岩、泥质石英粉砂岩、褐黄色岩屑砂岩和长石石英砂岩为主，夹含砾粗砂岩和细砾岩。在康苏煤矿区东南部杨叶组中段下部含有 10 余层薄煤层，但杨叶组中段顶部发育紫红色粉砂质泥岩夹赤铁矿透镜体和赤铁矿薄层，揭示在杨叶中期末已经暴露于水面之上。推测由于康苏盆地周缘古陆发生构造抬升所形成，不利于煤层形成。在康苏煤矿区南部缺失杨叶组上段，杨叶组中段顶面发育古风化壳，缺失塔尔尕组和上侏罗统库孜贡苏组，与下白垩统克孜勒苏群呈小角度不整合覆盖于杨叶组之上，或与克孜勒苏群呈断层接触，局部有克孜勒苏群第一、二和三岩性段残留，但沿断层带下盘克孜勒苏群第一、二和三岩性段缺失较多，杨叶组逆冲推覆于克孜勒苏群第四岩性段之上。杨叶期晚阶段沉积中心向东南方向收缩到帕卡布拉克一带，在帕卡布拉克一带发育含砾碳泥质岩，两类不同成分和源区的砾石含量不断增加：一类是砂岩和菱铁矿砂岩类同生角砾（图版 C4），显示前期沉积物遭受扰动再沉积过程；另一类为石英岩和硅质岩角砾，为蚀源岩区远程搬运的砾石，揭示在沉积水体变浅过程中，物源区具有双向物源特征。杨叶组上段分布范围迅速缩小，向东到帕卡布拉克天青石矿床和乌拉根铅锌矿床东北侧，杨叶组上段为近东西向展布，以灰白色铁白云石质含砾粗砂岩、灰白色粗砂质砾岩和巨砾岩为主，向上变为含碳泥岩和含碳铁白云质粉砂岩，夹劣质煤薄层，总体为咸化潟湖相。

（4）因受 NE→SW 向逆冲推覆的康苏 NW 向前陆冲断褶皱影响（图版 C5 和图版 C6），乌拉根铅锌矿床和康苏煤矿区缺失塔尔尕组（J_2t）。而在库孜贡苏河东岸和巴什布拉克等地均发育，沉积厚度差异较大，在库孜贡苏河东岸厚 498m，向西到盐场–库克拜一带厚 170m，塔尔尕组（J_2t）超覆于中元古界之上（图 4-1）。塔尔尕组（J_2t）以浅湖相→半深湖相→深湖相向上水体变深相序列为特色，下部浅湖相以紫灰色和灰绿色岩屑石英砂岩、泥质细砂岩、泥质粉砂岩和粉砂质泥岩等为主；中部发育深湖相深灰色泥灰岩类；上部以暗紫灰色、紫红–灰绿色泥岩和泥质粉砂岩为主。

（5）上侏罗统库孜贡苏组（J_3k）主要分布在西南天山南侧山前，从东到西，在黑孜苇一带厚 462m，为暗紫红和棕红色铁质杂砾岩类，近顶部夹棕红色岩屑长石砂岩。在康苏组南侧康苏河两岸厚 68m，以紫红色铁质杂砾岩与褪色化蚀变杂砾岩为主。在库克拜厚 68m，为暗紫红或褐色、灰色砾岩夹黄灰、棕红色砂岩。在西端乌鲁克恰提一带厚 158m，暗紫色铁质砾岩夹紫红色铁质粗砂岩，局部为含铜褪色化蚀变杂砾岩。

总之，早侏罗世萨里塔什期和康苏期、中侏罗世杨叶期中期为库孜贡苏 NW 向陆内走滑拉分断陷盆地主要成盆期，下侏罗统莎里塔什组和康苏组，围绕萨里塔什 NW 向晚古生代盆地隆起带两侧和乌拉根中元古代前陆隆起北部分布，在主成盆期同生构造断陷沉降形成的沉积中心为 NW 向，主要形成了库孜贡苏 NW 向陆内走滑拉分断陷盆地，而乌拉根早–中侏罗世沉积盆地属其次级盆地。杨叶组分布范围明显增大，区域上杨叶组内分布 3 层碱性玄武岩，揭示主成盆期有深刻的地幔动力学背景，而在中侏罗世杨叶期末–晚侏罗世库孜贡苏期（J_{2-3}），库孜贡苏 NW 向陆内走滑拉分断陷盆地发生构造反转后开始萎缩，形成了 NW 向逆冲断层和 NW 向康苏–帕卡布拉克前陆冲断褶皱带。

4.1.4 白垩纪陆内局限海湾盆地沉积体系与铅锌–铀–天然气储集层

苏鲁铁列克地块和库孜贡苏侏罗纪断陷盆地因早白垩世构造抬升而没有接受沉积，下白垩统克孜勒苏群分布范围萎缩在萨热克巴依和托云后陆盆地之中，克孜勒苏群与下伏库孜贡苏组呈整合、平行不整合和小角度不整合接触，揭示苏鲁铁列克–库孜贡苏在早白垩世构造抬升作用显著，克孜勒苏群第四、第五岩性段和上白垩统缺失，这次构造抬升造成了乌拉根陆内前陆盆地发生了第二次前陆冲断作用,并使康苏−库孜贡苏陆内断陷盆地发生了构造反转并形成冲断褶皱带 (图 4-1)。

(1) 白垩系沿西南天山造山带南侧呈近东西向分布,在乌鲁克恰提和库孜贡苏河东岸,克孜勒苏群与下伏库孜贡苏组呈整合接触,其他大部分地区与下伏长城系阿克苏岩群、泥盆系和二叠系等,呈角度不整合或断层接触关系 (图版 C1、图版 C2)。在巴什布拉克铀矿区,克孜勒苏群呈角度不整合超覆在下二叠统比尤列提群之上。在康苏煤矿区,克孜勒苏群与中侏罗统杨叶组呈断层接触,或呈角度不整合超覆在杨叶组之上,以底部发育石英质底砾岩为特征。在乌拉根铅锌矿区克孜勒苏群发育,缺失上白垩统,与康苏地区晚白垩世前陆冲断带强烈活动有关,克孜勒苏群东迁到阿克莫木天然气田,西迁到乌鲁克恰提等,总体上看,乌拉根北部白垩纪构造抬升显著,相邻山体抬升剥蚀造成了乌拉根−乌鲁克恰提白垩纪陆内前陆盆地构造反转和构造−沉积中心向南迁移、构造岩相学类型分异,在白垩系碎屑锆石中具有物源区变化和构造−沉积事件记录 (杨威等,2017)。克孜勒苏群 (K_1kz) 分布在库孜贡苏、喀拉吉勒尕−乌宗敦奥祖和乌鲁克恰提等地,与下伏库孜贡苏组为整合接触。在塔什皮萨卡、乌拉根前陆隆起、吉根斯木哈纳等地,克孜勒苏群直接超覆于下伏不同时代地层之上,而呈角度不整合或假整合接触,揭示早白垩世区域性构造沉降和沉积范围具有向南部扩大趋势,推测与北部苏鲁铁列克地块和库孜贡苏构造抬升推挤作用有关,在反修−康苏−前进−帕卡布拉克形成了白垩纪 NW 向前陆冲断带。构造沉降和沉积中心转变并迁移到乌鲁克恰提−巴什布拉克−乌拉根一带,以近 EW 向山前拗陷−断陷沉积为主。沉积范围向南扩大到乌拉根前陆隆起之南,该前陆隆起不但成为水上隆起和蚀源岩区,而且对乌拉根砂砾岩铅锌矿床和帕卡布拉克天青石矿床等形成具有控制作用。

(2) 克孜勒苏群第 1 岩性段 (K_1kz^1) 由褐红色粉砂质泥岩、灰绿色砾岩、黄褐色含砾砂岩、灰绿色岩屑砂岩、褐黄色长石岩屑砂岩等组成,主体形成于干旱炎热古气候环境中,以辫状河相为主。接近苏鲁铁列克陆缘,发育山前冲积扇相紫红色铁质杂砾岩类,可见山麓泥石流相紫红色铁质巨砾岩类。第 2 岩性段 (K_1kz^2) 为黄褐色长石岩屑砂岩、紫红色铁质岩屑砂岩、灰白色岩屑石英砂岩与紫灰色泥质粉砂岩、粉砂质泥岩及泥岩互层。辫状河相紫灰色、暗褐红色砂岩与紫红色泥岩等,揭示形成于干旱炎热古气候下。在巴什布拉克铀矿区,含铀蚀变砂岩−含铀蚀变砾岩中发育强烈的沥青化−褪色化蚀变,黄铁矿化发育,为紫红色铁质含砾砂岩−暗紫红色铁质杂砾岩遭受油浸和气洗蚀变作用所形成 (铀赋矿层位)。第 3 岩性段 (K_1kz^3) 为辫状河相灰白色厚层状含砾砂岩、岩屑砂岩夹少量褐红色粉砂质泥岩,局部为砾岩,是托帕砂砾岩型铜铅锌矿床储矿层位之一。第 4 岩性段 (K_1kz^4) 在乌鲁克恰提−康苏−黑孜威为辫状河河道−河漫相褐红色岩屑砂岩与粉砂质泥岩,夹含砾砂岩和砾岩。第 5 岩性段 (K_1kz^5) 是辫状河三角洲相灰白色厚层状硅质细砾岩、硅质砂砾岩、含砾粗砂岩、长石石英砂岩夹少量泥岩,顶部为辫状河相分流河道−河漫滩亚相褐红色泥岩与砂岩互层。乌拉根式砂砾岩型铅锌矿床赋存在第 5 岩性段 (K_1kz^5),也是帕卡布拉克天青石矿床次要储矿层位之一 (图版 C 中 11～15)。阿克莫木天然气藏克孜勒苏群储层砂体为辫状河三角洲平原相辫状水道相。

(3) 新特提斯洋在晚白垩世初开始扩张,自西向东海水进入到喀什、叶城及和田等地，形成了塔西南陆表海中海陆交互相潮坪–潟湖相–滨岸沉积体系。而西南天山仍具有向南推挤趋势，乌拉根地区缺失上白垩统，推测乌拉根前陆隆起与北部苏鲁铁列克地块形成了陆桥。上白垩统库克拜组（K_2k）、乌依塔克组（K_2w）、依格孜牙组（K_2y）和吐依洛克组（K_2t）在乌鲁克恰提和阿克莫木天然气田等地发育，在走滑挤压抬升和拉分断陷作用下，与下伏克孜勒苏群（K_1kz）呈整合接触。

4.1.5　古近纪陆内海湾潟湖构造岩相学序列与盆山原耦合转换记录

古近系喀什群阿尔塔什组（E_1a）、齐姆根组（$E_{1-2}q$）、卡拉塔尔组（E_2k）、乌拉根组（E_2w）和巴什布拉克组（$E_{2-3}b$），在乌拉根中元古代隆起北侧–康苏西南区广泛出露，沿西南天山南侧和帕米尔高原北侧呈近东西向带状展布。

（1）古近纪乌拉根局限海湾潟湖盆地。古新统阿尔塔什组（E_1a，62.50～48.97Ma）下段为白色石膏岩夹少量白云岩，底部发育底砾岩，与下伏各层位呈角度不整合（图版 C 中 8 和 15）；底部石膏岩–溶塌角砾状膏质灰岩–石膏质角砾岩等同期异相结构，是燕山晚期第二幕运动形成的区域标志性相体（图版 C 中 8 和 9）。该组以局限海湾潮坪–潟湖相灰白色块状石膏岩夹白云岩为主，上段富产双壳类及腹足类化石的灰色灰岩为区域标志层（≤10m），顶部为浅海相生物碎屑灰岩。在乌拉根前陆隆起周缘，阿尔塔什组呈微角度不整合或角度不整合接触，超覆沉积在克孜勒苏群（K_1kz）之上，揭示沉积中心继续向南迁移。在乌拉根地区阿尔塔什组厚度仅为 32.83m，在库孜贡苏河东岸和乌鲁克恰提地区，阿尔塔什组厚度分别为 219m 和 153.49m，与上白垩统吐依洛克组为连续沉积。阿尔塔什组（E_1a）下段为乌拉根铅锌矿床、帕卡布拉克天青石矿床和康苏石膏矿床的储矿层位。

（2）古新–始新统齐姆根组下段（$E_{1-2}q^1$，48.97～44.26Ma）为局限海湾碳酸盐台地相灰绿色钙质泥岩夹介壳灰岩，上段（$E_{1-2}q^2$）为局限海湾浑水潮坪相暗褐红色泥岩夹砂岩及石膏，顶为灰绿色钙质砂岩、白云岩和泥灰岩。始新统卡拉塔尔组下段（E_2k^1）为浑水潮坪相杂色砂岩、泥岩、石膏夹灰岩；上段（E_2k^2，38.38～36.57Ma）浅海相牡蛎灰岩和介壳灰岩，为区域最大海泛面标志。在托帕铅锌矿区，卡拉塔尔组上段角砾灰岩及白云岩超覆在克孜勒苏群之上，为局限海湾的海侵层序。始新统乌拉根组（E_2w，36.57～33.62Ma）为海相灰绿色泥页岩夹灰色介壳灰岩、含生物泥灰岩，富产牡蛎、双壳类及腹足类等。

（3）始–渐新统巴什布拉克组（$E_{2-3}b$，33.62～28.91Ma）沿昆仑北侧和西南天山造山带南侧山前呈带状展布，该组底部灰白色块状石膏稳定产出；中部为紫红色泥岩夹灰绿色钙质泥岩及介壳灰岩，但在南部灰绿色钙质泥岩及介壳灰岩消失；上部为紫红色泥岩夹砂岩，为灰泥质浑水潮坪相。受始新世末印度板块与欧亚大陆碰撞影响，该组顶部陆相沉积体系发育，沙立它克能托铜矿赋存在巴什布拉克组。

4.1.6　新近纪陆内周缘山间盆地沉积体系与盆山原耦合期

新近系克孜洛依组［$(E_3-N_1)k$］、安居安组（N_1a）、帕卡布拉克组（N_1p）和阿图什组

(N_2a) 为陆相红色碎屑岩类，中部夹灰色-灰绿色砂岩和泥岩（图版 C16～18）。西部为蒸发岩相石膏岩-膏泥岩，与巴什布拉克组整合接触。中部及东部以底砾岩为标志层，假整合于古近系之上，克孜洛依组与巴什布拉克组呈平行不整合接触。渐新统-中新统克孜洛依组 [(E_3-N_1)k] 和中新统安居安组（N_1a）为新近纪砂岩型铜矿床主要储矿层位，上新统阿图什组（N_2a）与帕卡布拉克组（N_1p）为连续沉积，形成向上变粗的沉积序列。西域组（Q_1x）与阿图什组和下伏地层为角度不整合，西域组为周缘山间盆地的典型盆山原耦合转换的沉积学记录，西域组构造变形也记录了喜马拉雅山晚期隆升事件。

总之，研究认为乌拉根中-新生代沉积盆地经历了晚三叠世山前断陷成盆期、早-中侏罗世山盆转换成盆期、中-晚侏罗世构造反转期、白垩纪-古近纪挤压-伸展转换主成盆期、新近纪陆内周缘山间盆地等五个主要期次。

4.2 乌拉根沉积盆地演化序列、盆内同生构造样式与构造组合

4.2.1 原型盆地、盆地演化序列与同生构造组合

（1）晚三叠世-晚侏罗世原型盆地为陆内拉分断陷盆地。①山间构造断陷阶段以晚三叠世山→盆转换为主，在萨里塔什和托云乡等地，上三叠统呈北西向和近东西向分布，它们具有相类似的岩石组合、沉积相类型和垂向相序列结构，即为印支晚期造山带构造应力松弛阶段同生断裂带控制的小型陆内拉分断陷盆地。②早侏罗世萨里塔什期断陷成盆期，以莎里塔什组底砾岩与三叠系呈角度不整合接触并超覆在三叠系之前地层之上为标志。莎里塔什组巨砾岩-粗砾岩-含砾粗砂岩等组成的向上变细沉积序列，厚度达 1500m，揭示早侏罗世拉分断陷作用十分强烈。受塔拉斯-费尔干纳 NW 向幔型断裂带大规模陆内走滑作用控制，早侏罗世初始成盆期，形成了 NW 向半地堑式断陷湖盆，康苏-乌拉根属库孜贡苏拉分断陷盆地的次级盆地。莎里塔什组杂砾岩中砾石，以来自中元古界阿克苏岩群变质岩和晚古生代碳酸盐岩、白云岩和变砂岩类为主。底部和下部砾石磨圆度较好，砾石含量为 70%～90%，颗粒支撑，砂岩透镜体中发育交错层理，说明阿克苏岩群和晚古生代地层为蚀源岩区，为重力流沉积作用所形成。在底部局部砾石巨大（≥1.50m），砾石呈杂乱堆积，具有山前泥石流相特征。上部砾岩中砾石具有叠瓦状定向排列，颗粒支撑，发育灰白色碳酸盐质中砾岩和细砾岩层，砂岩中交错层理发育，为牵引流沉积作用形成，碳质泥质粉砂岩和碳质泥岩薄层发育，为辫状河流环境。③在康苏期-杨叶期（J_{1-2}）主成盆期，受萨里塔什 NW 向晚古生代盆内隆起带和乌拉根 NE 向中元古代前陆隆起带控制，康苏组和杨叶组呈 NW 向和 SE 向分布，康苏组和杨叶组煤矿带呈半环状分布在萨里塔什 NW 向晚古生代盆内隆起带外缘。在乌拉根前陆隆起之上康苏组以深湖相碳质泥岩为优质烃源岩，康苏-乌拉根地区具有"北浅南深"特征，揭示早-中侏罗世拉分断陷成盆作用强烈。④杨叶期末-库孜贡苏期（J_{2+3}）前陆冲断褶皱带导致盆地反转作用强烈，燕山早期（J_{2+3}）前陆冲断褶皱带导致 NW 向库孜贡苏半地堑断陷盆地发生构造反转、萎缩封闭和构造变形。西南天山两次山体隆升事件（164±6Ma、158±11Ma）（Sobel and Dumitru，1997；

Sobel et al., 2006)，在康苏-前进煤矿形成了 NW 向前陆冲断褶皱带，即中侏罗世卡洛夫阶（164.7±4.0～161.2±4.0Ma）（杨叶期末，J_{2+3}）和晚侏罗世牛津阶（161.2±4.0～155.6Ma）（库孜贡苏期初）。⑤晚侏罗世前陆冲断褶皱带造成了沉积中心迁移，库孜贡苏组的沉积范围萎缩到萨热克巴依、托云、康苏-巴什布拉克、库孜贡苏河东岸-托帕等地，它们为四个独立演化的拉分断陷盆地。盐场-康苏库孜贡苏组杂砾岩类呈 NW 向展布，沿西南天山造山带南侧分布向西断续延伸到乌鲁克恰提，在乌鲁克恰提库孜贡苏组与前二叠系呈角度不整合接触，暗示燕山早期第三幕（J_3-K_1，库孜贡苏运动）规模较大，相邻北侧山体迅速抬升和遭受剥蚀强烈。总之，同生断裂带、前陆冲断褶皱带和基底隆起带为侏罗纪主要同生构造样式。

（2）白垩纪-古近纪原型盆地为乌拉根局限海湾潟湖盆地，盆内古隆起带组成了乌拉根半岛（图 2-2）。①白垩纪塔西地区处于三面围限分隔的构造古地理格局，揭示发生了重大构造古地理变革，现今残留白垩系在西南天山南侧和帕米尔高原北侧之间，白垩系呈 NW 向、SE 向和近 EW 向三种方向展布，克孜勒苏群普遍平行或小角度不整合于侏罗系之上，或呈角度不整合超覆沉积在前二叠系之上（刘家铎等，2013）。西南天山和西昆仑（帕米尔高原北侧）为白垩纪主要蚀源岩区，白垩系在其山前多呈近东西向分布，从相邻山体到早白垩世沉积盆地内部，依次形成山前冲积扇相→扇三角洲相→三角洲平原相，这种对称式构造-沉积岩相带的侧向水平分带特征，揭示西南天山造山带和西昆仑造山带（帕米尔高原北侧）共同控制了乌拉根-乌鲁克恰提白垩纪沉积盆地形成演化，构造古地理格局为帕米尔高原之后与西南天山之前的盆山原耦合转换部位。②在西南天山造山带内部山间盆地中，白垩系呈 NE 向和 NW 向分布在山间尾闾湖盆中。尤其是在托帕-恰克马克-托云乡，在 NW 向白垩系中形成了晚白垩世-古近纪碱性辉绿辉长岩和基性火山岩，揭示有深刻的地幔动力学背景（王彦斌等，2000）。塔里木盆地与南天山该期间共同经历了区域性隆升（杜治利和王清晨，2007）。在麦盖提 NW 向斜坡（任宇泽等，2017）东侧的柯坪-民丰 NW 向古隆起缺失下白垩统沉积，该 NW 向柯坪-民丰古隆起在东部分隔了塔西陆内海峡，为乌拉根白垩纪-古近纪局限海湾潟湖盆地构造-古地理条件，即塔西地区盆山原耦合格局南侧为帕米尔高原北侧高地、北侧为西南天山造山带，东侧为柯坪-民丰古隆起带。下白垩统克孜勒苏群呈半环形分布在乌拉根-乌鲁克恰提（图 2-2）。③乌拉根前陆隆起在克孜勒苏期发生了显著沉降，形成了以乌拉根前陆隆起为核心，克孜勒苏群、古近系和新近系等组成的吉勒格同生披覆褶皱，向西到吾合沙鲁隐伏在深部，乌东和花园砂岩型铜矿位于该披覆背斜南北两翼之上。④晚白垩世显著构造抬升，在乌拉根前陆隆起缺失晚白垩世沉积，在东部塔什皮萨克地区缺失克孜勒苏群第 4 和 5 岩性段，与燕山晚期第一幕构造运动密切有关，西南天山前陆冲断作用在晚白垩世向南推进，导致苏鲁切列克古陆与乌拉根前陆隆起链均出露于海面之上（乌拉根半岛）（图 2-2）。托帕砂砾岩型铜铅锌矿床赋存在克孜勒苏群第三岩性段中，与萨热克式砂砾岩型铜矿床的南矿带砂岩型铜矿体赋存层位相同，揭示在西南天山造山带内部和南缘，克孜勒苏群第三岩性段为砂砾岩型铜铅锌矿床赋存层位，主要与晚白垩世前陆冲断作用有关。⑤晚白垩世反修-康苏前陆冲断带发育，盆地沉积中心发生迁移并转变为以近东西向为主的沉降-沉积中心；乌拉根半岛与水下隆起构造与走滑挤压抬升作用有关，钻孔资料对比揭示（张英志等，2014；任宇泽等，2017），在乌拉根前陆隆起的南北向深部同生披覆背斜规模较大，推测萨里塔什盆内隆起北与西南天山南缘连接，南与乌拉根前陆隆起连接，分割了乌拉根-乌鲁克恰提白垩纪沉积中心东缘，在康苏-帕卡布拉因乌拉根半岛弧形转弯部位，走滑拉分断陷作用形成了局限海湾潟湖盆地并向东收敛于乌拉根半岛隆起带（走滑挤压抬升带）。与西南天山造山带在晚白垩世-古近纪（K_2-E）发生隆升并形成了近南北向压剪性应力场有关，构造挤压断隆作用形成了乌拉根半岛，拉分断陷成盆作用显著，形成了晚白垩世-古近纪局限海湾潟湖盆地。⑥因西南天山南缘苏鲁切列克地块大规模抬升却缺少晚白垩世沉积，向南形成大规模冲断作用导致在乌拉根-乌鲁克恰提，形成了近东西向走滑拉分断陷-压陷沉积容纳空间，因吉根-萨瓦亚尔顿 NW 向冲断褶皱带分割，乌鲁克恰提也演化为晚白垩世-古近纪局限海湾潟湖盆地（图 2-2），推测局部保留了海峡通道。乌拉根地区在晚白垩世-古近纪的构造-古地理地貌，具有"盆北缘高陡、盆内局限海湾和半岛分隔"趋势。从西昆仑山前向北到乌拉根一带，晚白垩世沉积相分带为潮上带→潮间带→潮下带→局限台地潟湖盆地，盆内古地形地貌具有"南高北低"趋势。⑦在晚白垩世库克拜期和依格孜牙期发育两次小规模海侵沉积层序，库克拜组（K_2k）底部为含砾砂岩，向上为石膏和紫红色膏泥岩沉积，属新特提斯塔西陆内海侵层序，中上部以灰绿色泥岩为主，海侵规模增大。乌依塔格组（K_2w）整体为棕红色膏泥岩、泥岩夹薄层石膏。依格孜牙组（K_2y）为灰绿色泥岩，含生物碎屑岩和灰岩。吐依洛克组（K_2t）以棕红色泥岩、砂质泥岩和砂质膏泥岩为主，在宏观特征上它们表现为"两红夹一绿"，属两次新特提斯陆内海退和一次海侵作用形成。⑧因苏鲁铁列克地块在晚白垩世向南冲断作用，在乌拉根-康西-盐场克孜勒苏群中发育 NW 向褶皱，克孜勒苏群顶部发育古风化壳，与上覆阿尔塔什组呈角度不整合接触，揭示其构造抬升作用显著。总之，在白垩纪局限海湾潟湖盆地内和乌拉根半岛，发育走滑同生断裂、走滑拉分断陷、走滑挤压抬升和前陆冲断带等同生构造作用，因此，原型盆地为陆内挤压-走滑转换盆地，同期受南侧的西昆仑北缘、北侧的西南天山南缘和东侧的柯坪-民丰 NW 向隆起带（古陆）围限，塔西地区主体为新特提斯陆内局限海湾潟湖盆地。

（3）在古近纪初期盆地动力学总体背景再度发生了变革，详见 2.1.5 节。渐新世（23.03Ma）进入周缘山间湖盆发育期，形成了向上变粗沉积序列，新近纪原型盆地为大陆挤压收缩体制下压陷盆地，在西域期，盆地发生关闭和构造变形。

总之，乌拉根中-新生代沉积盆地经历了晚三叠世山前断陷成盆期、早-中侏罗世山盆转换成盆期、中-晚侏罗世构造反转期、白垩纪-古近纪挤压-伸展转换主成盆期、新近纪陆内周缘山间盆地等五个主要期次，为帕米尔高原北侧和西南天山共同控制的前陆盆地，但其盆地动力学过程与典型前陆盆地却具有较大差别，考虑到新特提斯陆内海域等耦合作用（塔里木盆地西北端）、帕米尔高原北侧和西南天山南缘对冲式挤压，从晚三叠世到新生代具有多期次的区域挤压-伸展转换走滑作用控制了研究区，因此，认为乌拉根中-新生代沉积盆地为陆内挤压-伸展走滑转换盆地，以下白垩统与古近系阿尔塔什组底部角度不整合面和岩溶角砾岩相带等组成了不整合面构造为构造岩相学标志层，也是砂砾岩型铅锌矿床-天青石矿床主要储矿层位。

4.2.2　前陆隆起带和盆中隆起带：盆地分割和围限构造

中元古界阿克苏岩群为盆地基底下构造层，组成了北侧苏鲁切列克古陆和乌拉根前陆隆起。泥盆系、石炭系和二叠系为乌拉根前陆盆地上基底构造层，组成了萨里塔什晚古生代 NW 向盆内隆起带（图 2-1、图 2-2 和图 4-1）。

（1）萨里塔什 NW 向晚古生代盆内隆起带，由中泥盆统托格买提岩组、下石炭统巴什索贡组和下二叠统比尤列提群等组成。①中泥盆统托格买提岩组原岩为碳酸盐岩、砂岩和页岩，该组是沙里塔什铅锌矿床主要赋矿地层，第一岩性段为砾岩和灰绿色砂岩；第二岩性段位于沙里塔什背斜南翼和北翼，主要为灰岩和页岩互层，与上覆第三岩性段为断层接触；第三岩性段为白云石化灰岩和片理化白云岩、页岩等，为萨里塔什铅锌矿主要含矿层位，经历了脆韧性剪切构造变形。从下到上相序结构为灰白色砂岩（500m）→片理化页岩夹白云石化块状灰岩（50～150m）→片理化页岩夹白云石化灰岩（80～300m）→白云岩+片理化白云岩（150～300m，主要储矿层位）→片理化页岩（50～70m），片理化页岩层为良好的盆地流体圈闭岩性层。该岩性段分布于沙里塔什背斜核部的次级向斜中，沙里塔什铅锌矿体产于该次级向斜核部地层中。萨里塔什铜铅锌矿体呈透镜状、巢状和筒状，萨里塔什 MVT 型铜铅锌矿床受脆韧性剪切带控制显著，铜铅锌矿体受岩性–岩相–层间构造带控制显著。②下石炭统巴什索贡组分布在萨里塔什背斜两翼，下部为深灰色薄层生物碎屑灰岩、硅质灰岩及条带燧石灰岩夹石英砂岩、紫红色石英砂岩和细砾岩，底部以细砾岩为底砾岩与下伏泥盆系呈角度不整合接触；与乔诺铅锌矿床–乔克马克一带巴什索贡组呈角度不整合覆盖在中泥盆统之上一致，暗示石炭纪之前本区曾经历了抬升剥蚀作用。上部以浅灰色中厚层状结晶灰岩为主，顶部发育红色古风化状灰岩、古喀斯特构造和风化壳型铝土矿层。③乔克莫克古风化壳型铝土矿层明显受古侵蚀间断面和古喀斯特，以及古岩溶洼漏斗底面控制，铝土矿体形态呈溶斗状和透镜状，铝土矿层下部为红褐色铁质黏土岩，中部为紫红色铁质铝土矿，偶夹少量灰岩，上部为灰褐色含灰岩碎屑黏土岩。巴什索贡组顶部古风化壳型铝土矿层和喀斯特等构造岩相学特征，揭示萨里塔什晚古生代隆起经历了晚石炭世强烈剥蚀和湿热气候条件下强烈风化作用。产于其中的 MVT 型铅锌矿床为在中–新生代盆地内隆起和蚀源岩区，可为乌拉根式砂砾岩型铅锌矿床提供大量初始矿源。④下二叠统比尤列提群呈角度不整合覆盖在上石炭统之上，在萨里塔什南侧与中泥盆统托格买提组呈断层接触，该群被逆冲推覆到莎里塔什组之上。

（2）乌拉根前陆隆起带由中元古界阿克苏岩群组成，深部阿克苏岩群呈叠瓦式向南逆冲推覆基底冲断岩片，向西到吾合沙鲁为隐伏基底隆起，属于西南天山冲断褶皱带的前锋区。下白垩统克孜勒苏群、古新统阿尔塔什组（E_1a）底部坍塌角砾灰岩和不整合面构造，在该隆起周缘稳定展布。乌拉根式砂砾岩型铅锌矿床围绕该前陆隆起周缘分布，其前陆隆起北侧为乌拉根式砂砾岩型铅锌矿床的南矿带。乌拉根前陆隆起带为盆地蚀源岩区，下侏罗统莎里塔什组超覆在该前陆隆起带北侧，克孜勒苏群呈角度不整合超覆在阿克苏岩群之上。由于喜马拉雅期南侧逆冲断层作用，在乌拉根隆起南侧新生代地层在地表产状变化较大，倾角 25°～85°，深部总体大致为 45°。

图4-1 乌拉根-巴什布拉克地区矿产地质图（图版U）

Q_{3+4} 1	Q_x 2	N_2p 3	N_2a^2 4
N_1a^1 5	E_{1-3} 6	K_{kz}^5 7	J_k 8
K_{kz}^4 9	K_{kz}^3 10	K_{kz}^2 11	J_t 12
J_t 13	J_y 14	J_s 15	T_3 16
P_{by} 17	C_b 18	D_2^1 19	Chak^6 20
Chak^5 21	Chak^4 22	Chak^3 23	24
25	F 26	27	28
29	30	31	32

1. 上新统-更新统：冲积-冲洪积砾石-砂；化学沉积盐类；湖积淤泥；风成砂。2. 下更新统西域组：灰色砾红色砾岩-含砾砂岩透镜体。3. 中新统帕卡布拉克组：可分为四段：第一和第三段以褐灰-灰褐色灰红-褐红色砂砾岩-砂砾岩为主，夹褐红-灰褐色细砂岩-粉砂质泥岩-泥岩；第二和第四段以褐灰-泥质粉砂岩和砂砾岩二段；以褐红-灰褐色泥岩-粉砂岩为主。4. 中新统安居安组二段：孜孜勒苏群第五岩性段：灰白-灰褐色砾岩-含砾砂岩夹灰色泥岩；以绿-褐灰色岩夹褐红色砂岩为主，夹砾岩夹砾层位；孜孜勒孜孜勒苏群第四岩性段：灰白-灰黄色砾岩-石英砂岩-含砾砂岩夹紫红色泥岩；顶部为紫红色泥岩夹砂岩；为乌拉根式铅锌矿"的赋矿层位；8. 克孜勒苏群第三岩性段：南部为灰-灰黄色砂岩与紫灰色砾泥岩-泥岩互层；9. 克孜勒苏群第二岩性段：10. 克孜勒苏群第一岩性段：下部为灰褐色砂岩及灰白色岩屑石英砂岩-粉砂岩夹褐灰色岩屑砂岩；北部为黄褐色长石岩屑砂岩-紫红色岩屑砂岩；南部为黄褐色长石砂岩夹褐灰色长石岩屑砂岩-泥质粉砂岩。11. 克孜勒苏群第一泥质粉砂岩与褐红色砂岩互层，上部为褐灰色岩屑石英砂岩-泥质细岩性段；底部夹灰绿色砾岩。12. 克孜勒苏群砾岩：北部萨热托尔尕尔；下部为黄灰色岩屑石英砂岩-灰褐黄色块状砾石岩-泥质粉砂岩-粉砂岩。13. 中侏罗统杨叶组；南部为褐灰色粉砂岩-灰绿色岩屑细砂岩为主，夹黄色中厚层状砂岩-夹深灰色碳质泥岩，顶部为灰绿色含砾砂岩。14. 中侏罗统杨叶组：灰绿色岩屑石英砂岩及灰白色含砾砂岩-砂岩夹灰色中厚层状砂岩；下部为煤层。15. 下侏罗统莎里塔什组；浅灰色石英砂岩-粉砂岩夹灰绿色泥质岩-黄灰色含砾砂岩-灰绿色岩屑长石砂岩；16. 未分上三叠统：灰绿色透镜体。17. 下叠统：灰绿色-灰红色泥质岩；下三叠统比什；浅灰色石英砂岩-粉砂岩夹褐红色石英及基性火山岩。18. 下石炭统巴什：以深灰色-黑色岩屑石英砂岩-深灰色片状页岩；19. 中泥盆统托天提群；底部有灰色石英岩和砾岩。支基性火山碎屑岩。灰色中广珊瑚-腕足类-层孔虫；20. 阿克苏群第六岩性段：灰色云母石英片岩-灰色云母石英片岩-褐灰色大理岩-浅绿岩；21. 阿克苏群第五岩性段；绿灰色云母石英片岩-浅灰色云母石英片岩-灰色黄色大理岩及浅灰色片岩；22. 阿克苏群第三岩性段：浅灰色绢云母石英片岩-浅灰色云母石英片岩-黑云母石英片岩夹灰色片岩；23. 阿克苏群第四岩性段：灰色绢云母石英片岩-浅灰色条带状石英岩；24. 砂岩型铅锌矿"点；25. 砂岩型铅锌矿"带；26. 断层；27. 向斜；28. 背斜；29. 铅锌矿"床-矿"点；30. 铜矿"床-矿"点；31. 煤矿"床-矿"点；32. 德矿"床；

4.2.3 康苏-岳普湖前陆断坪沉降带：侏罗纪聚煤同生构造带与前陆冲断褶皱带

1. 康苏-岳普湖半环状前陆断坪沉降带与半环状聚煤同生构造带

萨里塔什晚古生代 NW 向盆地隆起带边界同生断裂带快速断陷作用，形成了康苏-岳普湖半环状前陆断坪沉降带，为半环状聚煤同生构造带（图4-1）。①早侏罗世早期以山前洪积相和山麓冲积扇相为主，沙里塔什组巨厚的粗杂砾岩具有东厚西薄趋势，在萨里塔什晚古生代 NW 向盆内隆起带东西两侧大致对称分布，总体围绕该盆地隆起带呈环形分布，具有叠加变形的披覆背斜构造特征。②康苏期沉积范围扩大，在沉积层序上逐渐向上沉积物成熟度高，为泥石流相杂巨砾岩→山前冲积扇杂砾岩夹粗砂岩→河流相含砾粗砂岩夹中粒砂岩→湖滨相铁白云质细砂岩和泥质砂岩，最终以三角洲相中粒岩屑砂岩类和湖滨相铁白云质细砂岩和泥质砂岩为主。在湿润气候环境下古植物繁茂，康苏组发育工业煤层和含煤砂泥岩系。③杨叶组（J_2y）大致呈环状围绕萨里塔什晚古生代残余隆起分布，在库孜贡苏 NW 向断坪构造带中形成了半环状煤层。在库孜贡苏 NW 向半地堑式断陷盆地东南侧和乌拉根元古宙隆起东北侧，杨叶组呈角度不整合分别超覆在上石炭统和阿克苏岩群之上，揭示在杨叶期初主成盆期的沉积范围进一步扩大。杨叶组碱性玄武岩层和深湖相碳质泥岩等特征说明杨叶期初主成盆期有深部地幔热物质上涌的大陆动力学背景。④从南东到北西方向上，康苏组厚度逐渐变薄且煤层增多，在黑孜苇煤矿处厚度达到 1500m，含三层煤；康苏煤矿处厚度为 1410m，含 7 层煤；反修煤矿处厚度为 285m，煤层达到 11 层且煤层结构较简单，揭示煤层数随着含煤岩系厚度增大而减小。在前陆断坪构造带形成了同沉积背斜，其煤层中灰分产出率低，煤层厚。在前陆沉降带位置形成了同沉积向斜，其煤层灰分产出率高，煤层变薄和分叉；揭示同沉积背斜（前陆断坪构造带）为富煤带，而在聚煤期地层沉降速度偏高的沉积洼地，对富煤带形成不利。⑤聚煤期同沉积构造为盆边同生断隆强烈和盆中构造断陷强烈，在康苏地区早-中侏罗世冲积扇相发育，其物源来自西南天山造山带，形成了系列山麓冲积扇群，均不利于煤层大规模聚集。盆地基底顶面起伏和同沉积构造制约，造成康苏组煤系地层沉积厚度与煤层厚度不对称性。较好煤层富集在古基底地形较高部位（前陆断坪构造带），即聚煤同生构造为基底隆起形成的断坪构造带，局部发育泥炭沼泽相，煤层厚度变化较大。而含煤岩系厚度较大部位为前陆盆地构造沉降中心和沉积中心位置，对于煤层大规模聚集不利，但对于形成富碳质泥岩等烃源岩较为有利。⑥中侏罗世晚期气候变为干旱炎热，聚煤期结束。

2. 中-晚侏罗世前陆冲断褶皱作用与盆地沉积中心迁移

在杨叶期末形成了康苏-前进 NW 向前陆冲断褶皱带（图版 C 中 4~6），晚侏罗世经历了较强区域挤压抬升作用，以库孜贡苏组陆相冲积扇相红色杂砾岩类为标志，库孜贡苏 NW 向半地堑式断陷盆地萎缩。中-晚侏罗世前陆冲断带（J_{2-3}）从北西向南东发展，导致在白垩纪初沉积中心向南迁移，转变为近东西向构造沉降-沉积中心，与燕山早期（J_{2-3}）前陆冲断褶皱带关系密切。①燕山早期第一幕前陆冲断作用发生在中侏罗世杨叶期末（J_2y^c），使康苏地区发生构造抬升而缺失中侏罗统塔尔尕组和上侏罗统库孜贡苏组，克孜勒苏群与杨叶组（K_1kz/J_2y）呈角度不整合接触。在康苏煤矿区南侧杨叶组中形成了冲断–褶皱带，褶皱群落总体几何形态学特征具有南陡北缓的倾竖褶皱，倾竖方向为 NW 向或 NE 向，逆冲断层叠加于南陡北缓褶皱核部。揭示动力学为自 NE 向→SW 向逆冲推覆断层形成的断层相关褶皱群落。②燕山早期第二幕（J_3k/J_2y-J_2t）前陆冲断作用形成了康苏地区构造抬升，塔尔尕组遭受剥蚀或没有形成沉积。在康苏河东岸，库孜贡苏组红色粗碎屑岩指示其气候渐趋干燥炎热。在库孜贡苏东岸和库克拜等地，库孜贡苏组与下伏塔尔尕组（J_3k/J_2t）呈平行不整合。③燕山期早期第三幕晚侏罗世末期（J_3/K_1）前陆冲断作用强烈，苏鲁铁列克断隆构造抬升强烈，南侧山前库孜贡苏组山麓冲积扇相红色铁质粗碎屑岩类发育，与克孜勒苏群为平行不整合接触。在乌恰县盐厂北，库孜贡苏组直接超覆在中元古界之上。

4.2.4 角度不整合面构造、同生断裂带和乌拉根局限海湾潟湖盆地

1. 燕山晚期前陆冲断褶皱作用与角度不整合面构造

燕山晚期第一幕构造运动造成了下白垩统克孜勒苏群第 4 和 5 岩性段缺失。托帕铅锌矿区，卡拉塔尔组以平行不整合超覆在克孜勒苏群之上，缺失阿尔塔什组，揭示了燕山晚期和喜马拉雅早期局部构造抬升作用。在吾合沙鲁北–康西–乌拉根–吉勒格一带缺失上白垩统沉积，揭示燕山晚期构造抬升明显，古近系阿尔塔什组呈微角度不整合和平行不整合覆盖在克孜勒苏群之上，为燕山晚期第二幕运动（E_1a/K_1kz）结束标志。在库孜贡苏河东岸和乌鲁克恰提地区晚白垩世沉积范围缩小，形成了局限海湾蒸发岩相系，阿尔塔什组（E_1a）与下伏上白垩统吐依洛克组为连续沉积。总之，阿尔塔什组底部区域角度不整合面构造，为燕山期末前陆冲断作用形成构造岩相学界面，在喜马拉雅期又叠加了滑脱构造作用，成为层间富烃类还原性成矿流体和非烃类富 CO_2 还原性成矿流体大规模运移的构造通道。

燕山晚期断层相关褶皱带向西延伸到加斯西更为清晰，该地震剖面解释未见侏罗系（钱俊锋，2008），在地表阿克苏岩群直接逆冲推覆到克孜勒苏群之上，地表褶皱在深部规模变大，根植于阿克苏岩群基底冲断带的盲冲型逆冲断层切割了侏罗系和白垩系。推测演化成为控制新生代周缘山间盆地底部的同生断裂带，揭示了新生代山间沉积盆地具有挤压走滑拉分–压陷沉积特征，深部隐伏两排侏罗系–白垩系组成的褶皱群，为盲冲型逆冲断层在燕山晚期形成的断层相关褶皱，而新生代周缘山间盆地演化主要继承了南天山南翼燕山晚期冲断褶皱前锋带构造–沉积背景。其南侧为帕米尔高原北缘前陆冲断褶皱带的前锋带（克孜勒托–吾合沙鲁冲断褶皱岩片），因乌拉根前陆隆起逐渐向西隐伏于深部，帕米尔高原北缘突刺构造在加斯–巴什布拉克最为强烈，克孜勒托–吾合沙鲁冲断褶皱岩片为突刺构造北缘与西南天山前陆冲断带的对接部，二者组成了典型的陆内薄皮式对冲构造带。

2. 乌恰–乌拉根–吾合沙鲁同生断裂带

（1）乌恰–乌拉根–吾合沙鲁同生断裂带现今在地表为乌拉根复式向斜构造系统的核

部断裂，切穿了北翼，在地表倾向北而产状较陡，延伸到深部产状变缓，倾角在 20°~30°（图 4-5）。该断裂带深部扎根于下基底构造层阿克苏岩群中（Fh_3），前缘逆冲断层（Fh_3）于早白垩世形成了前渊沉降带。隐伏反冲断裂（Fh_5）和逆冲断裂（Fh_4）于晚白垩世在克孜勒苏群中形成了断层相关褶皱（图版 C 中 8）。

（2）乌恰-乌拉根-吾合沙鲁东西向同生断裂带具有长期活动历史，最早为分割 NW 向萨里塔什盆内隆起和乌拉根 NE 向前陆隆起的基底断裂构造带，现今活动构造带附近为地震和相关地质灾害易发带。①从康苏煤矿区 NW 端到 SE 端，杨叶组咸化潟湖相总体受该次级分支 NW 向同生断裂带控制。杨叶期末发生构造反转并形成了冲断-褶皱带，克孜勒苏群底部石英质砾岩与杨叶组为低角度不整合接触，记录了该期前陆冲断作用。②杨叶组和库孜贡苏组深湖相碳质泥岩系中，发育泥质同生角砾岩和同生巨砾泥岩，揭示该同生断裂带（J_{2+3}）活动强烈。③燕山晚期（图 4-5 中 Fh_4）第二次前陆冲断作用，在康西-盐场形成了克孜勒苏群中断层相关褶皱，阿尔塔什组与克孜勒苏群之间发育不整合面构造。④反冲断裂 Fh_5 在 Fh_3 和 Fh_4 部位，在古近纪形成了冲起构造（断层三角区），为乌拉根局限海湾潟湖盆地提供了构造动力学背景。⑤沿该断裂带分布有中更新统乌苏群杂砾岩，呈角度不整合覆盖于杨叶组和克孜勒苏群之上。

该同生断裂带从乌拉根古近纪局限海湾潟湖盆地中部通过，在乌拉根铅锌矿区可见到克孜勒苏群第三岩性段中发育地震岩席和紫红色同生泥砾岩（图版 C 中 10），在第五岩性段含方铅矿-闪锌矿沥青化蚀变硅质细砾岩中，发育棱角状紫红色泥砾并发育灰绿色褪色化蚀变反应边（图版 C 中 14），暗示在克孜勒苏群第四和第五岩性段形成过程中，同生断裂活动强烈，构造-沉积学特征为以远源高成熟度的硅质细砾岩和近源低成熟度的棱角状泥砾为多向物源的混合沉积特征。向西延伸到加斯西，推测为控制新生代沉积盆地挤压走滑-压陷沉降中心和沉积中心。同生断裂带为含铅锌-锶成矿热卤水喷流-同生交代作用的构造通道，以发育天青石同生角砾岩、含方铅矿同生天青石白云质角砾岩、含铅锌天青石白云质灰质角砾岩、厚层块状石膏天青石岩（图版 C 中 13）和天青石硅质细砾岩（图版 C 中 15）、地震岩席-紫红色泥砾岩-含紫红色泥砾硅质细砾岩（图版 C 中 14）等为特征。方铅矿、闪锌矿和天青石以热液胶结物形式，胶结细砾石和含砾粗砂质，形成了热卤水同生交代成因的铅锌矿层和天青石矿层。

4.2.5　乌拉根局限海湾潟湖盆地与砂砾岩型铜铅锌-天青石矿床

（1）乌拉根、康西和吉勒格砂砾岩型铅锌矿带呈半环形分布（图 4-1），受乌拉根复式向斜构造控制显著（图 4-2、图 4-3）。从下到上构造岩相学和成矿分带性明显：①铅锌矿层赋存层位为克孜勒苏群第五岩性段，储矿沉积亚相为扇三角洲前缘亚相硅质细砾岩、含砾粗砂岩和岩屑长石石英砂岩等。储矿沉积微相为水下分流河道微相硅质细砾岩+辫状河分流河道微相岩屑长石石英砂岩（图 4-3、图 4-4）。乌拉根Ⅰ、Ⅱ和Ⅲ号砂砾岩型铅锌矿层赋存在这些相体层中。储矿岩石组合为石英粗砂岩-含砾长石石英粗砂岩、硅质细砾岩。以团斑状-线带状沥青化蚀变相（图版 D 中 7）、褪色化蚀变相和碳酸盐化蚀变相为特征，揭示喜马拉雅期大规模外源性的富烃类还原性成矿流体和非烃类富 CO_2-H_2S 型还原性成矿流体叠加成岩成矿作用强烈。②含方铅矿闪锌矿褪色化沥青化白云石化蚀变角砾岩相带，为乌拉根铅锌矿区富铅锌矿层产出相带，主要分布在克孜勒苏群与阿尔塔什组之间，呈角度不整合构造。该构造岩相学相体界面为燕山晚期第二幕前陆冲断作用所形成，喜马拉雅期演化为成矿热流体+层间滑脱构造系统，是富烃类还原性成矿流体和非烃类富 CO_2-H_2S 型还原性成矿流体大规模运移构造通道和储集相体层。在乌拉根铅锌矿区内，储矿的构造热流体角砾岩相带以热流体角砾岩化相（含细网脉状方铅矿-闪锌矿）、不均匀褪色化蚀变相、浸染状-细脉状-团斑状灰色-黑色沥青化蚀变相、铁锰碳酸盐化蚀变相和黄钾铁矾蚀变相等为典型构造岩相学标志。但在阿尔塔什组内的康苏大型石膏矿床内，以网脉状石膏热流体角砾岩化相、细脉带沥青化蚀变相、流变状石膏角砾岩、脉带状石膏岩和角砾岩化石膏岩等构造岩相学特征为主，揭示大规模热流体-滑脱构造角砾岩化作用强烈。在乌拉根铅锌矿床内，岩石组合以碳酸盐化蚀变长石石英粗砂岩、含砾石英粗砂岩和天青石白云石化蚀变细砾岩等为主，脉状、脉带状、网脉状和不规则脉状闪锌矿-方铅矿发育，它们多伴有灰黑色沥青化蚀变相。含方铅矿和闪锌矿石膏脉、石膏天青石脉和天青石脉发育，与帕克卡拉克天青石矿床中伴生铅锌矿体特征一致。碎裂岩化相、滑脱构造角砾岩化相和白云质角砾岩化相，它们主要沿层间滑动构造带分布，揭示层间滑动构造带为成矿流体运移构造通道和储集相体。③同生断裂带和含矿沉积-热液角砾岩相。在乌拉根北矿带铅锌富矿体部位，储矿构造岩相学类型为褪色化含矿硅质细砾岩、含矿碳酸盐化含砾岩屑粗砂岩、碎裂岩化相沥青化蚀变硅质白云质角砾岩、碎裂岩化相沥青化蚀变白云质角砾岩等。含矿硅质细砾岩和含矿碳酸盐化含砾岩屑粗砂岩中，黑色硅质岩、白色石英和脉石英等硅质细砾石磨圆度好，主要来自远源蚀源岩区；而灰绿色和灰白色白云岩砾石、含方铅矿-闪锌矿蚀变白云岩砾石等多呈棱角状-次棱角状，推测来自近源蚀源岩区，应该为萨里塔什盆内隆起带泥盆系中 MVT 型铅锌矿；胶结物以方解石和白云石等为主。在喜马拉雅期碎裂岩化相和含矿断裂角砾岩化相部位，沥青化-褪色化蚀变相发育，方铅矿闪锌矿脉带叠加富集成矿显著，硅质白云质角砾岩型铅锌矿呈透镜状产出，倾角较陡（80°），矿体长 270m，厚度 0.8 ~ 8m，延伸 210m，平均品位 Pb 为 5.48%，Zn 为 8.45%，（Pb+Zn）为 13.93%，属外源性成矿流体叠加作用形成的铅锌富矿体。④砂砾岩型铅锌矿层顶部围岩为阿尔塔什组石膏天青石岩和天青石白云质角砾岩，$SrSO_4$ 品位在 10% ~ 35%，局部发育铅锌矿体或矿化体。在乌拉根铅锌矿层之上，阿尔塔什组石膏岩、含膏泥岩和含膏泥灰岩等为区域滑脱构造相带（图4-3），不但与康苏大型石膏矿床赋矿层位一致，与阿莫克木天然气藏相同，也是成藏成矿流体的岩性岩相圈闭层。

　　在总体上，乌拉根式砂砾岩型铅锌矿床赋存在同生角砾岩相带中，在喜马拉雅期演化为滑脱构造相带，滑脱构造相带底界为克孜勒苏群第五岩性段顶部不整合面，中部以含天青石硅质细砾岩→天青石角砾岩→天青石白云质角砾岩为垂向相序结构，向上以石膏岩-膏质白云岩-白云质灰岩为同期异相结构为强烈的走向构造岩相学相分异标志，乌拉根局限海湾潟湖盆地为砂砾岩型铅锌-天青石矿床提供了沉积容纳空间，同生断裂带为热卤水喷流-同生交代的成岩成矿构造通道。以阿尔塔什组顶部生物碎屑灰岩和含灰岩相为同生断裂相带结束的构造岩相学相变标志，指示古近纪富铅锌-锶成矿流体喷流-交代成矿事件已经结束，阿尔塔什期末演进为滨浅海相。

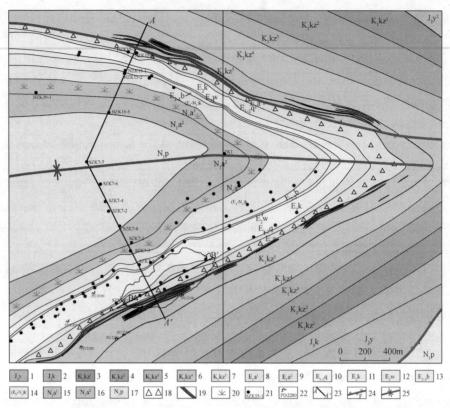

图 4-2　塔西地区乌拉根铅锌矿区地质简图（图版 V-1）

1. 杨叶组；2. 库孜贡苏组；3. 克孜勒苏群第一岩性段；4. 克孜勒苏群第二岩性段；5. 克孜勒苏群第三岩性段；6. 克孜勒苏群第四岩性段；7. 克孜勒苏群第五岩性段；8. 阿尔塔什组第一段；9. 阿尔塔什组第二段；10. 齐姆根组；11. 卡拉塔尔组；12. 乌拉根组；13. 巴什布拉克组；14. 克孜洛依组；15. 安居安组下段；16. 安居安组上段；17. 帕卡布拉克组；18. 白云质角砾岩和构造热流体角砾岩相带；19. 铅锌矿体；20. 孔雀石化带；21. 钻孔和编号；22. 坑道及编号；23. 构造岩相学剖面位置（A-A′构造岩相学剖面见图 4-3）；24. 断裂及性质；25. 向斜轴部位置

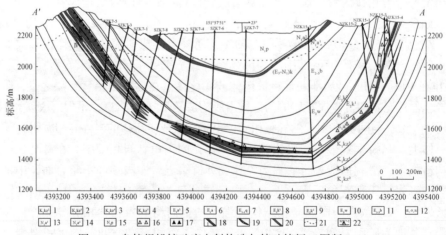

图 4-3　乌拉根铅锌矿床向斜构造与储矿特征（图版 V-2）

1. 克孜勒苏群第二岩性段；2. 克孜勒苏群第三岩性段；3. 克孜勒苏群第四岩性段；4. 克孜勒苏群第五岩性段；5、6. 阿尔塔什组；7. 齐姆根组；8. 卡拉塔尔组一段；9. 卡拉塔尔组二段；10. 乌拉根组；11. 巴什布拉克组；12. 克孜洛依组；13. 安居安组一段；14. 安居安组二段；15. 帕卡布拉克组；16. 白云质角砾岩；17. 沥青化；18. 铅锌矿体；19. 铅锌矿化体；20. 铜矿体；21. 露采界面；22. 钻孔及编号

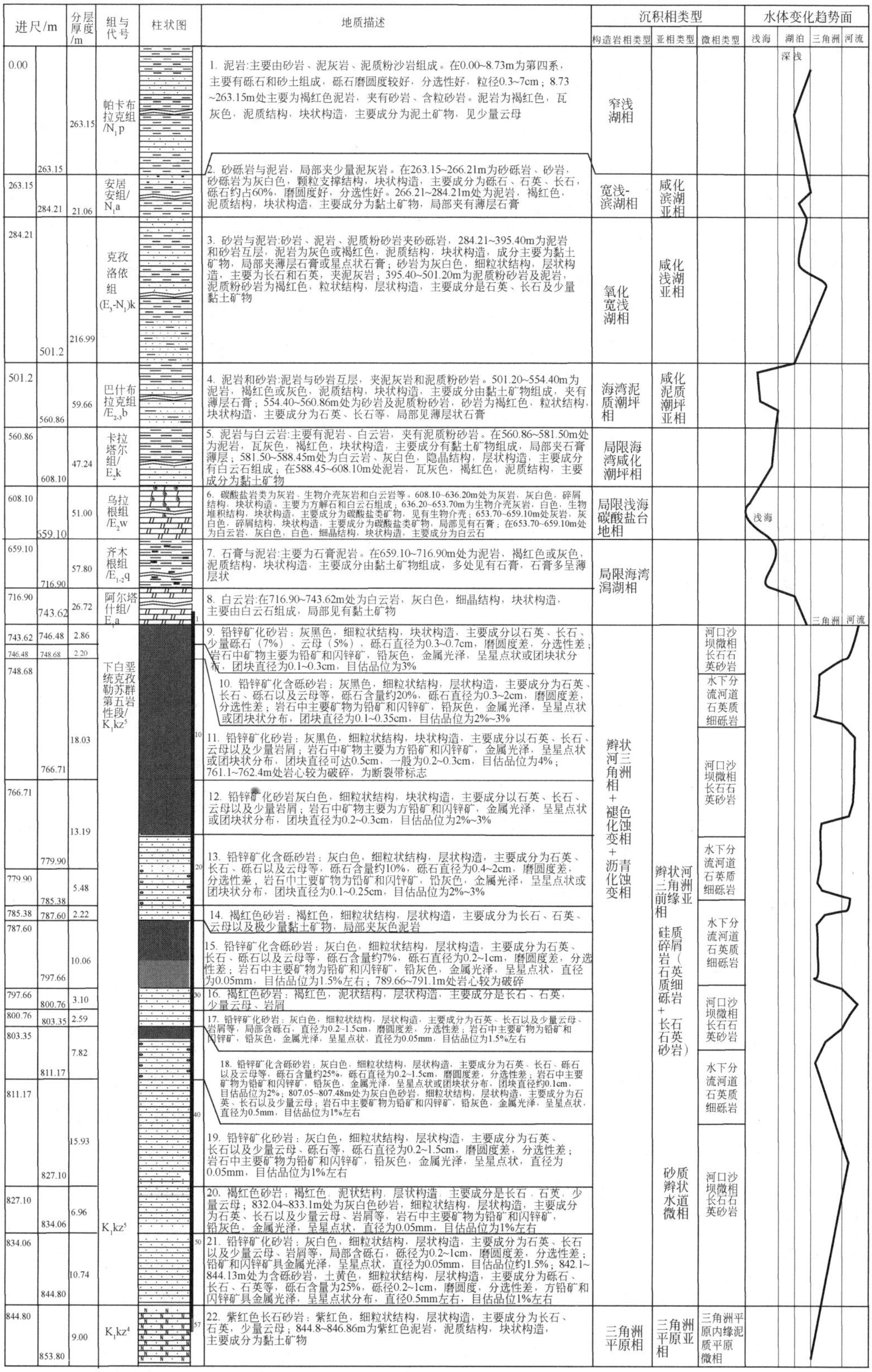

进尺/m	分层厚度/m	组与代号	柱状图	地质描述	沉积相类型			水体变化趋势面			
					构造岩相类型	亚相类型	微相类型	浅海	湖泊	三角洲	河流
0.00 / 263.15	263.15	帕卡布拉克组/N₁p		1. 泥岩:主要由砂灰岩、泥灰岩、泥质粉沙岩组成。在0.00~8.73m为第四系,主要由砾石和砂土组成,砾石磨圆度较好,分选性好,粒径0.3~7cm;8.73~263.15m处主要为褐红色泥岩,夹有砂岩,含短砂岩。泥岩为褐红色、瓦灰色,泥质结构,块状构造,主要成分为泥土矿物,见少量云母	窄浅湖相						
263.15 / 284.21	21.06	安居安组/N₁a		2. 砂砾岩与泥岩,局部夹少量泥灰岩:在263.15~266.21m为砂砾岩、砂岩,砂砾岩为灰白色,颗粒支撑结构,砾石约占60%,磨圆度好,分选性好。266.21~284.21m处为泥岩,褐红色,泥质结构,块状构造,主要成分为黏土矿物,局部夹有薄层石膏	宽浅-滨湖亚相	咸化滨湖亚相					
284.21 / 501.2	216.99	克孜洛依组(E₃-N₁)k		3. 砂岩与泥岩:砂岩、泥岩、泥质粉砂岩夹砂砾岩。284.21~395.40m泥岩和砂岩互层,泥岩为灰色或褐红色,泥质结构,块状构造,主要成分主要为黏土矿物,局部夹薄层石膏或星点状石膏;砂岩为灰色,细粒结构,层状构造,主要为长石和石英,夹泥灰岩,395.40~501.20m为泥质粉砂岩,泥质粉砂岩为褐红色,粒状结构,主要成分是石英、长石及少量黏土矿物	氧化宽浅湖相	咸化浅湖亚相					
501.2 / 560.86	59.66	巴什布拉克组/E₂₋₃b		4. 泥岩和砂岩:泥岩与砂岩互层,夹泥灰岩和泥质粉砂岩。501.20~554.40m为泥岩,褐红色或灰色,泥质结构,主要成分由黏土矿物组成,夹有薄层石膏;554.40~560.86m处为砂岩或泥质粉砂岩,泥岩为褐红色,粒状结构,块状构造,主要成分为石英、长石等,局部见薄层星点状石膏	海湾泥质坪相	咸化泥质潮坪亚相					
560.86 / 608.10	47.24	卡拉塔尔组/E₂k		5. 泥岩与白云岩:主要有泥岩、白云岩,夹有泥质粉砂岩。在560.86~581.50m为泥岩、灰白色,块状构造,主要成分为黏土矿物组成;581.50~588.45m为白云岩、灰白色,细晶结构,层状构造,主要成分有白云石组成;在588.45~608.10m处为泥岩,灰白色,泥质结构,主要成分为黏土矿物	局限海湾咸化潮坪相						
608.10 / 659.10	51.00	乌拉根组/E₂w		6. 碳酸盐岩类为灰岩、生物介壳灰岩和白云岩等。608.10~636.20m处为灰岩,灰白色,碎屑结构,主要为方解石和白云石组成,含生物碎屑;636.20~653.70m为生物介壳灰岩,灰白色、碎屑结构,主要为生物碎屑组成;653.70~659.10m为白云岩,灰白色、白色,细晶结构,主要成分为白云石	局限浅海碳酸盐台地相			浅海			
659.10 / 716.90	57.80	齐木根组/E₁₋₂q		7. 石膏与泥岩:主要为石膏泥岩。在659.10~716.90m处为泥岩,褐红色或灰色,泥质结构,块状构造,主要成分为黏土矿物组成,多处见有石膏,石膏多呈薄层状	局限海湾潟湖相						
716.90 / 743.62	26.72	阿尔塔什组/E₁a		8. 白云岩:在716.90~743.62m处为白云岩,灰白色,细晶结构,块状构造,主要由白云石组成,局部见有黏土矿物						三角洲	河流
743.62 / 746.48	2.86	下白垩统克孜勒苏群第五岩性段/K₁kz⁵		9. 铅锌矿化岩:灰黑色,细粒状结构,块状构造,主要成分为石英、长石、少量云母(7%)、云母(5%),砾石直径差,磨圆度差,分选性差;岩石中矿物主要为铅矿和闪锌矿,铅灰色,金属光泽,呈星点状或团块状分布,团块直径0.1~0.3cm,目估品位0.1~0.3cm			河口沙坝微相长石石英砂岩				
746.48 / 748.68	2.20			10. 铅锌矿化含砾砂岩:灰黑色,细粒状结构,层状构造,主要成分为石英、长石、砾石以及云母等,砾石含量约20%,磨圆度差,分选性差;岩石中主要矿物为铅矿和闪锌矿,铅灰色,金属光泽,呈星点状分布,团块直径为0.1~0.35cm,目估品位为2%~3%			水下分流河道石英质细砾岩				
748.68 / 766.71	18.03			11. 铅锌矿化砂岩:灰黑色,细粒状结构,块状构造,主要成分为石英、长石、云母以及少量岩屑;岩石中矿物主要为方铅矿和闪锌矿,金属光泽,呈星点状或团块状分布,团块直径可达0.5cm,一般为0.2~0.3cm,目估品位为4%;761.1~762.4m处岩心较为破碎,为断裂带标志	辫状河三角洲相 + 褪色蚀变相 + 沥青化蚀变相		河口沙坝微相长石石英砂岩				
766.71 / 779.90	13.19			12. 铅锌矿化砂岩:灰白色,细粒状结构,块状构造,主要成分为石英、长石、云母以及少量岩屑;岩石中矿物主要为方铅矿和闪锌矿,金属光泽,呈星点状或团块状分布,团块直径为0.2~0.3cm,目估品位2%~3%			水下分流河道石英质细砾岩				
779.90 / 785.38	5.48			13. 铅锌矿化含砾砂岩:灰白色,细粒状结构,层状构造,主要成分为石英、长石、云母以及砾石、砾石含量约10%,砾石直径为0.4~2cm,磨圆度差,分选性差,岩石中主要矿物为铅矿和闪锌矿,铅灰色,呈星点状或团块状分布,团块直径为0.1~0.25cm,目估品位2%~3%	辫状河三角洲前缘亚相 硅质碎屑岩(石英质细砾岩+长石英砂岩)		水下分流河道石英质细砾岩				
785.38 / 787.60	2.22			14. 褐红色砂岩:褐红色,细粒结构,块状构造,主要成分为长石、石英、云母以及少量黏土矿物,局部夹灰色泥岩			水下分流河道石英质细砾岩				
787.60 / 797.66	10.06			15. 铅锌矿化含砾砂岩:灰白色,细粒状结构,层状构造,主要成分为石英、长石、砾石以及云母等,砾石含量约7%,砾石直径为0.1~2cm,磨圆度差,分选性差;岩石中主要矿物为铅矿和闪锌矿,铅灰色,金属光泽,呈星点状,直径为0.05mm,目估品位1.5%左右;789.66~791.1m处岩心较为破碎			河口沙坝微相长石石英砂岩				
797.66 / 800.76	3.10			16. 褐红色砂岩:褐红色,泥质结构,主要成分为长石、石英、少量云母、岩屑							
800.76 / 803.35	2.59		K₁kz⁵	17. 铅锌矿化砂岩:灰白色,细粒状结构,层状构造,主要成分为石英、长石以及少量云母、岩屑等;岩石含量25%,磨圆度差,岩石中主要矿物为铅矿和闪锌矿,铅灰色,金属光泽,呈星点状,直径为0.05mm,目估品位1.5%左右			河口沙坝微相长石石英砂岩				
803.35 / 811.17	7.82			18. 铅锌矿化含砾砂岩:灰白色,细粒状结构,层状构造,主要成分为石英、长石以及云母等,砾石含量为25%,砾石直径为0.2~1.5cm,磨圆度差,分选性差;岩石中主要矿物为铅矿和闪锌矿,铅灰色,金属光泽,呈星点状或团块状分布,团块直径0.1cm,目估品位为2%;807.05~807.48m处为灰白色砂岩,细粒状结构,层状构造,主要成分为石英、长石以及少量云母等;岩石中主要矿物为铅矿和闪锌矿,铅灰色,金属光泽,呈星点状,直径为0.05mm,目估品位1%左右			水下分流河道石英质细砾岩				
811.17 / 827.10	15.93			19. 铅锌矿化砂岩:灰白色,细粒状结构,层状构造,主要成分为石英、长石以及少量云母、砾石等,磨圆度差,分选性差;岩石中主要矿物为铅矿和闪锌矿,铅灰色,金属光泽,呈星点状,直径为0.05mm,目估品位1%左右		砂质辫状水道微相	河口沙坝微相长石石英砂岩				
827.10 / 834.06	6.96	K₁kz⁵		20. 褐红色砂岩:褐红色,泥状结构,层状构造,主要成分是长石、石英、少量云母、岩屑等,局部含泥岩;832.04~833.1m处为砂岩,主要成分为石英、长石以及少量云母、岩屑等,岩石中主要矿物为铅矿和闪锌矿,铅灰色,金属光泽,呈星点状,直径为0.05mm,目估品位1%左右			河口沙坝微相长石石英砂岩				
834.06 / 844.80	10.74			21. 铅锌矿化砂岩:灰白色,细粒状结构,层状构造,主要成分为石英、长石以及少量云母、岩屑等,局部含砾岩;铅矿和闪锌矿具金属光泽,呈星点状,直径为0.05mm,目估品位约1.5%;842.1~844.13m处为含砾砂岩,土黄色,细粒状结构,主要成分为石英、长石、石英等,砾石含量为25%,砾径0.2~1cm,磨圆度差,分选性差,方铅矿和闪锌矿具金属光泽,呈星点状分布,直径0.5mm左右,目估品位1%左右							
844.80 / 853.80	9.00	K₁kz⁴		22. 紫红色长石砂岩:紫红色,细粒结构,层状构造,主要成分为长石、石英、少量云母;844.8~846.86m为紫红色泥岩,泥质结构,块状构造,主要成分为黏土矿物	三角洲平原相	三角洲平原亚相	三角洲平原内缘泥质平原微相				

图4-4　乌拉根铅锌矿区下白垩统-新近系构造岩相学垂向相序结构面

(2) 在帕卡布拉克天青石矿区，从阿尔塔什组底部到上部的储矿构造岩相学层序为：①天青石硅质细砾岩（矿体底板围岩）→含硅质细砾天青石岩→条带条纹状天青石岩→厚层块状天青石岩→灰质天青石岩→含天青石白云质灰岩（矿体顶板围岩）；②在矿体底板围岩（天青石硅质细砾岩）和天青石矿体下层位（含硅质细砾天青石岩），硅质细砾石为黑色硅质岩、白色石英岩和脉石英等，磨圆度好，为经历了远距离搬运的细砾石（2～10mm），与西部乌拉根铅锌矿区克孜勒苏群第五岩性段中硅质细砾岩相近，属水下分流河道微相，天青石（≤10%）呈胶结物形式赋存在细砾石之间，具有明显同生沉积特征；③向上进入天青石矿层中，仍含硅质细砾（≤10%），主体为天青石（90%～15%），可见天青石交代方解石，为热水同生沉积交代作用所形成；④含天青石白云质灰岩（矿体顶板围岩）中，普遍发育天青石交代方解石。热液溶蚀孔隙发育，说明富 Sr-Ba-SO_4^{2-} 热卤水以喷流–同生交代作用为主。脉状–细脉状含方铅矿闪锌矿天青石脉呈穿层分布在天青石矿层中，晶腺空洞构造发育，说明这些后期改造型脉体形成于开放构造条件下。

4.3 盆内构造变形样式、构造组合与成矿流体大规模运移

4.3.1 区域构造单元分带

西南天山前陆冲断褶皱系统和帕米尔北缘逆冲推覆构造系统，在塔西地区南北两侧分布，总体为对冲式逆冲推覆构造系统。这种复杂区域构造样式与构造组合具有区域构造单元分带规律，在乌拉根从北到南依次为反修–康苏–前进盆缘后展式厚皮型前陆冲断褶皱带→乌拉根–乌鲁克恰提燕山期前陆冲断褶皱带（深部为隐伏构造三角区–盲冲–反冲构造带）→康西–加斯盆中南向薄皮型逆冲推覆构造带→吾合沙鲁–乌恰喜马拉雅期南向北倾冲断岩片带→帕北缘北向前展式前陆冲断褶皱带的前锋带（图4-5）。

4.3.2 康苏–乌鲁克恰提后展式厚皮型前陆冲断构造带

(1) 康苏–乌鲁克恰提后展式基底卷入型前陆冲断褶皱带（图4-5）。在萨里塔什 NW 向晚古生代盆中隆起带南侧，二叠系逆冲推覆到下侏罗统莎里塔什组之上，深部为阿克苏岩群楔状冲断体，揭示构造样式为上基底构造层晚古生代地层和下基底构造层阿克苏岩群，均卷入到冲断褶皱构造带（图版D）。①具有三种不同构造变形域下形成的断裂–褶皱样式和构造组合特征（图版D），阿克苏岩群发育两期韧性剪切带和流变褶皱群落（f [Pt$_2$]），形成于下地壳尺度的韧性构造变形域（图版D中1）。晚古生代地层中发育脆韧性剪切带和流变褶皱（f [D-C]），形成中上地壳尺度的脆韧性构造变形域（图版D中2、3和4）；侏罗系–白垩系中发育宽缓褶皱和断层相关褶皱（f [J-K]），形成近地表脆性构造变形域（图版D中5、6和7）。②在南天山南边界，阿克苏岩群与侏罗系和白垩系等呈角度不整合接触，沿这些角度不整合面形成了掀斜构造，使侏罗系和白垩系变陡，在反修

煤矿北部发育燕山晚期逆冲断层。③Fh₄逆冲断层根植于深部阿克苏岩群和晚古生代地层中，穿越了侏罗系和白垩系（Fh₄［J-K-D-C-Pt₂]）（图4-5），在地表盐场一带克孜勒苏群中形成了燕山晚期断层相关褶皱带。④在乌拉根中生代盆地中心部位下方，发育Fh₃隐伏逆冲断层，穿切侏罗系而消失于白垩系底部，向西到吾合沙鲁该逆冲断层消失于古近系底部，揭示Fh₃隐伏逆冲断层在白垩纪活动强烈，推测为控制乌拉根–吾合沙鲁古近纪局限海湾潟湖盆地的同生断裂带和构造沉降中心。

（2）隐伏构造三角区、盲冲断裂带（同生断裂带）与反冲断裂带（图4-5、图版D中1）。在康苏–乌拉根深部发育盲冲型逆冲断裂（图4-5中Fh₃）和反冲断裂（图4-5中Fh₅），从其卷入地层看其活动时代为白垩纪（Fh₃［J-Pt₂]），因缺失晚白垩世沉积，推测为古近纪同生断裂带。在盲冲型逆冲断裂（图4-5中Fh₃）上盘发育倾向南的反冲断层（图4-5中Fh₅），Fh₅卷入地层（Fh₅［K-J-Pt₂]）揭示可能为古近纪同生断裂带，南倾向的反冲断层Fh₅和北倾向的逆冲断层Fh₃组成的构造三角区，为古近纪局限海湾潟湖盆地构造扩容空间，同生断裂带为含铅锌–锶热卤水提供了构造通道、容纳空间（局限海湾潟湖盆地）和埋藏保存条件。

（3）后展式厚皮型叠瓦状冲断构造岩片发育在康苏到乌拉根前陆隆起深部（图4-5），由Fh₁、Fh₂和Fh₃等3条倾向北的叠瓦状冲断构造岩片组成，它们发育在中元古界阿克苏岩群中，为西南天山南缘隐伏冲断岩片带的前锋带，推测从印支期开始，一直活动到第四纪，结合康苏–巴什布拉克前陆冲断构造带综合特征分析看，为后展式基底卷入型叠瓦状冲断褶皱带，也是控制侏罗纪–新近纪沉积盆地的基底构造，直接控制了乌拉根区域成矿分带模式。

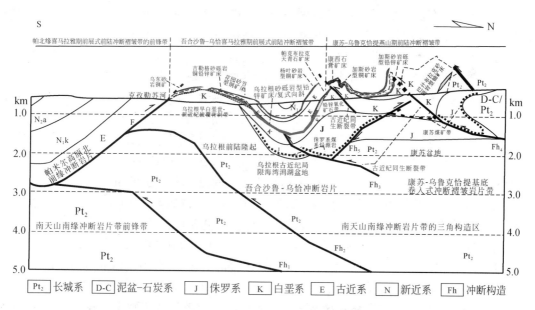

图4-5　乌拉根–康苏地区的构造分带、构造样式与区域成矿模型图

4.3.3　康苏–岳普湖燕山期前陆冲断褶皱带与煤层聚集改造

燕山期构造样式和运动学为南西指向的高角度冲断褶皱带（图4-5）：①第一次前陆冲断作用形成于燕山早期第一幕杨叶中期末（K_1-J_2y^2），杨叶组中层间褶皱带的几何学特征为NW向延展的北陡南缓斜歪复式褶皱群落，在其核部和北翼叠加系列NW向展布、南西指向的逆冲断层（图版 D 中5）。②第二次前陆冲断作用形成于燕山晚期第二幕（E_1a-K_1），在克孜勒苏群中形成了断层相关褶皱群落。③喜马拉雅期形成了三次前展式前陆冲断作用，对前期前陆冲断带形成集成和叠加改造。在库孜贡苏河东岸，阿尔塔什组和齐姆根组发生褶皱并逆冲推覆到乌拉根组之上。反修–康苏–前进侏罗系含煤岩系，总体受北西向倾伏的复式背斜构造两翼控制明显，该背斜北东翼较陡而南西翼较为平缓，逆冲断裂叠加在背斜核部切割并导致煤层发生褶曲加厚或减薄。④康苏镇北背斜轴线 NW 向延长约3000m，宽约500m，西北端为鼻状隆起端，北端被库孜贡苏断层切割，控制了背斜东翼煤系及煤层；西南翼倾角20°~30°，东北翼倾角≤10°，向东南倾伏。南端被第四系覆盖，逐渐被白垩系和古近系超覆。侏罗系含煤地层普遍发生较强变形和位移，具有构造生排烃作用。

4.3.4　乌拉根–吾合沙鲁前展式南向北倾的冲断–褶皱带和乌拉根复式向斜

帕米尔高原正向突刺使塔西地区在古近纪进入盆山原耦合与转换过程，在喜马拉雅期构造分段明显，东段乌恰–托帕前陆冲断褶皱带、中段吾合沙鲁–乌恰南向迁移式薄皮型断褶带、西段吉根–乌鲁半环状前陆冲断褶皱带。乌拉根–巴什布拉克南向迁移式薄皮型断褶带，由3条南向北倾的逆断层和相关褶皱组成，前锋带为南向北倾的吾合沙鲁–乌拉根逆冲断层，对新近系中杨叶–花园砂岩型铜矿带具有显著控制作用。

（1）吾合沙鲁–乌恰南向北倾的近东西断裂带，地表逆冲断裂带和断层相关褶皱带长度在50km以上，也是现今地震易发的活动构造带。断面北倾，倾角65°~85°，向南逆冲推覆作用导致克孜勒苏群掩压于阿尔塔什组之上。从北到南在古近系–新近系总体为前展式南向北倾的冲断–褶皱带：①康苏镇以南约3km处短轴背斜的轴线走向为 NEE 向，背斜长约3.5km，宽0.5~1km，长宽比<3。其两翼为杨叶组、库孜贡苏组及克孜勒苏群。该断裂向南高角度逆冲作用形成了北陡南缓的不对称褶皱（图版 D 中8）。②康苏镇西南7~15km 处，背斜轴线西段近东西向，东段近 NEE 向，呈 S 形长约10km，宽500~1000m，核部为卡拉塔尔组，两翼依次为乌拉根组、巴什布拉克组和克孜洛依组，受该断裂带向南逆冲推覆作用影响，巴什布拉克组发生了揉皱并局部倒转，古近系逆冲推覆到新近系帕卡布拉克组之上，形成于喜马拉雅山期中期。③在吾东断裂上盘牵引褶皱发育，断面北倾，倾角45°~85°。在吉勒格地区造成卡拉卡尔组和克孜洛依组缺失，在康苏河见克孜勒苏群推覆到克孜洛依组之上。④在乌拉根前陆隆起南部，阿克苏岩群推覆到克孜洛依组（（E_3-N_1）k）之上，属于西南天山前展式冲断–褶皱带前锋带位置，向南在克孜勒苏群为与帕米尔高原北侧前展式冲断褶皱带对接部位。

（2）喜马拉雅期乌拉根复式向斜构造基本定型，总体几何学特征为不对称复式向斜构造（图4-5），东西长约18km，南北宽约5km，现今残留面积约90km²：①北翼地层总体走向NW290°，倾角65°~80°，因乌拉根-吾合沙鲁南向北倾断裂带叠加改造，北翼局部为斜歪陡倾、直立或倒转，南翼地层总体走向NE62°，倾向北，倾角48°~68°，轴向268°，轴面倾向北，倾角为78°，在其北翼和南翼断层相关褶皱、次级NW向、NE向和SN向断裂和裂隙带发育；②复式向斜核部古近系和新近系，发育碎裂岩化相和层间热流体角砾岩化相带，喜马拉雅期层间滑脱构造带（K_1kz^5/E_1a）对成矿最为有利，乌拉根斜歪复式向斜构造系统于喜马拉雅晚期构造定型；③该向斜构造向西倾伏并变为宽度达3000m的宽缓褶皱，倾伏角在南翼32线以东约10°，以西变缓为4°。向东到帕卡布拉克天青石矿区为该向斜扬起端；④乌拉根铅锌矿床产于乌拉根向斜南北两翼和核部，揭示乌拉根复式向斜构造系统为成矿流体圈闭构造，地表至1800m为北翼掀斜构造区，倾角在65°~80°，1800m以下地层变缓，至1400m标高大致呈水平状。南翼地表产状较陡而深部地层倾角明显变缓，在1700m附近，地层倾角约为20°，在1400m左右近乎水平。

（3）在乌拉根复式向斜构造系统中，层间滑脱构造热流体角砾岩相带（K_1kz^5/E_1a）由层间滑动断层、滑脱角砾岩相和沥青化含铅锌热流体角砾岩相等组成：①因天青石化白云岩-天青石白云质灰岩-膏质白云岩等厚度较大，在褶皱形成过程中因石膏脱水作用、弱能干性和强流变性等多因素耦合，形成了以石膏岩层（康苏大型石膏矿床）为滑脱顶面的层间滑脱构造带，由纤维状石膏岩滑脱面、顺层滑动构造带、层间构造流体角砾岩化相带、层间裂隙破碎带、沥青化网脉状方铅矿-闪锌矿热液角砾岩相等多种异相同位相体叠置共生，如2190CM7白云质灰质角砾岩沿层间分布；在乌拉根向斜北翼沿层间构造带形成了透镜状方铅矿富矿体，为喜马拉雅期层间成矿流体叠加成矿作用所形成。②以阿尔塔什组石膏岩-膏质白云岩-膏质泥灰岩为主滑脱构造面，层间滑脱角砾岩相、溶塌角砾岩相、似层状构造流体热液角砾岩相、沥青化-白云石化-褪色化蚀变角砾岩相等非等位地球化学岩相学，揭示流体混合成岩成矿作用强烈，构造挤压成岩作用导致侏罗系含煤烃源岩系发生了构造生排烃作用，富烃类还原性成矿流体和富烃类富CO_2还原性成矿流体沿隐伏冲断褶皱带，向上运移到层间滑脱构造带内被复式向斜构造圈闭，沿层间滑脱构造带形成侧向二次运移，注入在高孔隙度砂砾岩中和裂隙破碎带中（储集层）。③富烃类还原性成矿流体和富烃类富CO_2还原性成矿流体沿层间滑脱构造带（K_1kz^5/E_1a）侧向二次运移过程中，形成大规模碳酸盐化蚀变相、沥青化蚀变相和褪色化蚀变相。构造热流体角砾岩型铅锌矿体，呈透镜状赋存在层间滑脱构造相带中和S-L透镜状构造扩容空间中，在碎裂岩化相-角砾岩化相形成过程中（强碎裂岩化相、角砾岩化砾岩和角砾岩化白云质灰岩），团斑状沥青化和铁白云石化蚀变强烈，导致铅锌矿质沉淀，形成了具有角砾状、脉状、脉带状、细网脉状构造的铅锌矿石，以晶腺晶洞状方铅矿呈自形晶充填在白云岩溶蚀空洞中。

（4）切层断裂带-碎裂岩化相-断层角砾岩相带，它们也是成矿流体二次运移的构造通道，常形成叠加富集成矿：①在乌拉根南矿带西部矿化富集区4线-21线一带，与乌拉根倒转斜歪向斜区域应力场一致，形成了南北向张性断裂、北西向和北东向张剪性断裂、层间滑动断层等4组断裂；层间正断层中发育层间破碎带和构造角砾岩化相带，铅锌品位明显增高。②在南北向张性断裂、北西向和北东向张剪性断裂形成了较强铅锌矿化，以断裂交汇部分铅锌品位明显变富，沿断裂构造在阿尔塔什组石膏岩层中砂砾岩夹层内，形成了较强铅锌富集成矿。③沿断裂带-裂隙面发育细脉状沥青化蚀变相和强烈碳酸盐化蚀变相，揭示它们为成矿流体运移通道。④乌恰-吾合沙鲁冲断-褶皱带，穿越在乌拉根北矿带（向斜北翼）铅锌富集区，在北西向和北东向张剪性断裂形成了方铅矿-闪锌矿细脉和脉带等组成的富矿段。

此外，吾合沙鲁-乌恰喜马拉雅期前展式薄皮型断褶带和帕米尔高原北缘前陆冲断褶皱带的北向南倾前锋带对新近纪砂岩型铜矿床形成演化具有重要控制作用。

4.4　乌拉根式砂砾岩型铅锌-天青石矿床的成矿作用与成矿规律

4.4.1　乌拉根砂砾岩型铅锌矿床储集层的岩相与岩矿石地球化学特征

1. 实测构造岩相学地球化学剖面特征

乌拉根砂砾岩型铅锌矿床储集层为克孜勒苏群第五岩性段和阿尔塔什组底部，二者之间发育角度不整合面和层间滑脱构造带，也是成矿流体-岩性-岩相多重耦合反应界面。以下以乌拉根露天采场2250m平台实测构造岩相学剖面为主，结合对乌拉根露天采场其他部位的构造岩相学对比分析，从岩相岩性与岩石地球化学角度进行研究，揭示其岩相地球化学特征。

（1）克孜勒苏群第四岩性段岩石组合（图版E）为紫红色砂质中砾岩（YW1）、紫红色铁质砂质中砾岩（YW4A）、灰绿色铁质砂质中砾岩（YW4B）和条带状粉砂质泥岩（YW7A）。泥砾和地震岩席发育，同生滑塌沉积和沉积物软变形构造发育，宏观标志为同生断裂角砾岩相带。克孜勒苏群第五岩性段岩石组合为含铅锌褪色化蚀变长英质细砾岩（YW8、YW10）、石膏化含锌钙质细砾岩（YW11、YW12）。

（2）阿尔塔什组底部从下到上的岩石组合和层间序列为石膏-硬石膏岩（YW13）-石膏岩（YW14）→天青石化砂屑鲕状白云岩（YW15）→碎裂状硬石膏岩（YW16A）→纯白色-灰褐色石膏岩（YW16B）→含膏白云岩（YW17）→含膏泥砂质白云岩（YW18）→砂屑钙质石膏岩（YW19）→膏质白云岩（YW20A）→含膏泥砂质白云岩（YW20B）→灰白色石膏岩（YW20C）。

（3）在塔西地区，阿尔塔什组底部发育厚层蒸发岩相系沉积，为断续海侵环境下形成的产物，在海侵范围扩大的过程中，蒸发岩相系中以发育砂屑泥岩和泥灰岩沉积为标志。①在乌拉根古近纪局限海湾潟湖盆地中，该实测岩相地球化学剖面上，乌拉根铅锌矿层为沥青化褪色化蚀变硅质细砾岩（褪色化蚀变相带），整体发育6~7层以石膏岩-硬石膏岩为标志层的蒸发相相系；②在砂砾岩型铅锌矿层上部为石膏化含铅锌钙质细砾岩（富集结晶水层位），铅锌矿层上盘围岩为石膏-硬石膏岩；③天青石矿化层之下为石膏岩（富集结晶水层位），而天青石矿化层之上为碎裂状硬石膏岩；④继续向上为膏质白云岩-含膏泥砂质白云岩与灰白色石膏岩互层。

总之，乌拉根砂砾岩型铅锌矿层和天青石化矿层上下附近，相变强烈，岩石组合变化较大，揭示其沉积环境变化强烈。局限海湾潟湖盆地和古湖水水体相演化趋势为淡水→微咸水→咸水→盐水的韵律变化，沉积层序为碳酸盐岩→膏泥岩→石膏岩→石盐岩；根据岩石组合和变化规律可回溯古湖水的淡−咸−盐变化关系（刘群等，1987；曹养同等，2010；张亮等，2015），进而恢复古沉积环境。

2. 克孜勒苏群第四岩性段岩相类型及岩石地球化学特征

（1）紫红色砂质中砾岩（图版 E 中 YW1）（原定名为紫红色泥岩）。经 XRD 粉晶衍射定量矿物含量分析，主要矿物成分为石英（36.5%）、正长石（32.6%）和钠长石（15.2%），少量白云石（8%）、云母（7%）和微量方解石（0.6%）。白云石含量较高，暗示成岩环境为富 $Mg\text{-}CO_3^{2-}$ 型低温盐水，形成了较高含量的半自形晶白云石胶结。含 Ti（3070×10^{-6}）、Cr（268×10^{-6}）和 Zn（132.1×10^{-6}）等较高，暗示蚀源岩区与基性凝灰岩有密切关系，铁质总量（Fe_2O_3+FeO）为 3.27%（表 4-1）。沉积相恢复为三角洲前缘亚相间湾河流微相，为高潮期间海水波及范围，白云质含量较高。

表 4-1　乌拉根砂砾岩型铅锌矿床岩矿石的岩石化学成分特征表　　（单位:%）

样号	SiO_2	TiO_2	Al_2O_3	Fe_2O_3	FeO	MnO	MgO	CaO	K_2O	Na_2O	P_2O_5	LOI	SO_3	总量
YW1	65.40	0.51	8.83	2.26	1.01	0.13	3.15	5.47	4.05	1.05	0.07	7.94		99.84
YW4A	54.60	0.75	15.25	8.82	0.76	0.08	3.37	3.10	5.24	0.36	0.10	7.33		99.76
YW4B	66.50	0.73	14.14	3.62	0.89	0.05	2.45	1.44	5.28	0.28	0.08	4.56		100.00
YW7A	44.87	0.62	15.76	8.41	0.70	0.13	6.11	5.55	5.97	0.36	0.16	11.36		99.99
YW7B	50.62	0.71	18.53	6.06	0.51	0.25	4.32	3.86	5.88	0.49	0.13	8.59		99.93
YW8	84.03	0.13	4.83	0.64	1.23	0.06	0.85	1.94	2.70	0.82	0.03	2.65		99.91
YW10	76.85	0.17	4.93	1.27		0.13	1.02	6.33	2.58	0.37		5.55		99.96
YW11A	60.10	0.08	2.85	0.36	0.76	0.28	0.27	19.43	1.67	2.59	0.03	8.94		99.56
YW11B	59.72	0.08	2.85	0.29	0.82	0.27	0.35	19.14	1.63	2.58	0.03	10.29		100.27
YW12	65.67	0.07	2.68	0.66	0.89	0.27	0.27	15.76	1.58	0.26	0.03	11.79		100.22
YW13	2.07	0.04	0.45	0.27		0.02	0.59	45.34	0.13	0.04	0.00		50.70	99.65
YW14	2.17	0.04	0.79	0.36		0.02	0.64	44.73	0.24	0.05	0.01		50.79	99.84
YW15	21.42	0.14	0.67	0.60	0.63	0.25	17.38	26.07	0.81	0.64	0.02	24.40		98.91
YW16A	1.09	0.01	0.21	0.12		0.03	0.47	45.61	0.06	0.02	0.02		51.87	99.50
YW16B	0.45	0.04	0.10	0.12		0.02	0.36	46.20	0.02	0.02	0.02		52.39	99.69
YW17	2.36	0.03	0.27	0.39	0.47	0.16	20.45	35.24	0.16	0.31	0.03	40.07		99.94

续表

样号	SiO$_2$	TiO$_2$	Al$_2$O$_3$	Fe$_2$O$_3$	FeO	MnO	MgO	CaO	K$_2$O	Na$_2$O	P$_2$O$_5$	LOI	SO$_3$	总量
YW18	37.02	0.50	8.80	2.20	1.36	0.09	8.23	18.81	3.48	0.63	0.13	18.67		99.92
YW19	19.77	0.39	5.58	2.32	0.51	0.09	2.68	33.73	1.80	0.38	0.06		32.22	99.53
YW20A	3.78	0.06	0.92	0.42	0.32	0.23	9.45	45.64	0.37	0.13	0.07	38.44		99.83
YW20B	33.29	0.50	4.78	1.26	0.76	0.12	12.28	18.19	1.89	0.72	0.10	26.09		99.97
YW20C	1.47	0.03	0.39	0.20		0.02	0.60	45.34	0.11	0.04	0.01		51.66	99.87

注：YW11，Zn=2.21%；YW12，Zn=0.30%；YW15，Sr=5.88%；YW24，Zn=2.08%；YW29，Cu=1.33%。空格为未检测项目。烧失量包括 CO$_2$ 和 H$_2$O$^-$ 等。岩石名称：YW1. 紫红色砂质中砾岩；YW4A. 紫红色铁质砂质中砾岩；YW4B. 灰绿色铁质砂质中砾岩；YW7A. 条带状粉砂质泥岩；YW8、YW10. 含铅锌褪色化蚀变长英质细砾岩；YW11、YW12. 石膏化含锌钙质细砾岩；YW13 和 YW14. 石膏-硬石膏岩；YW15. 天青石化砂质鲕状白云岩；YW16A. 碎裂状硬石膏岩；YW16B. 纯白色-灰褐色石膏岩；YW17. 含膏白云岩；YW18. 含膏泥砂质白云岩；YW19. 砂屑钙质石膏角砾岩；YW20A. 膏质白云岩；YW20B. 含膏泥砂质白云岩；YW20C. 灰白色石膏岩。

（2）紫红色铁质砂质中砾岩（YW4A）（原定名为紫红色泥岩）。具有砂质砾状结构，碎屑物占 96%~97%，填隙物占 3%~4%。碎屑物以中细砾石（70%~75%）为主：①砾石成分包括褐铁矿化泥岩、含粉砂质泥晶灰岩、泥晶白云岩、凝灰岩、变质粉细砂岩等，砾石以浑圆状中砾为主，少量细砾；②粗-中砂粒（25%~30%）包括石英、岩屑和长石，充填在砾间；③碎屑物成分以岩屑、石英和长石为主，岩屑呈次棱角状，粒径 0.2~16mm，成分除了与砾石相同的岩性外还有少量石英岩，含量 90%~95%，成分成熟度较低，石英呈次棱角状，粒径 0.1~0.8mm，含量 5%~10%。长石次棱角状，表明发生热液溶蚀作用，粒径 0.2~0.5mm，可见格子双晶；④填隙物成分（胶结物）以白云质胶结物和铁质胶结物为主，方解石呈泥晶状或他形粉晶状，充填在碎屑颗粒之间，含量 1%~2%。白云石呈半自形微晶状，充填在碎屑颗粒之间，含量约 5%，显示成岩自生矿物特征。泥质与铁质连生（褐铁矿-赤铁矿）充填在碎屑颗粒之间，含量约 1%。

经 XRD 粉晶衍射定量矿物含量分析，主要矿物成分为石英（54%）、正长石（12%）、钠长石（11%）、白云石（13%）、云母（11%），少量高岭石（4%）。①含 Ti（4143×10^{-6}）和 Cr（103×10^{-6}）等较高，暗示蚀源岩区与基性凝灰岩有密切关系，Zn（1907×10^{-6}）和 Pb（276×10^{-6}）显著富集，揭示可能为乌拉根铅锌矿的下伏铅锌矿源层；②含 Fe$_2$O$_3$ 为 8.82%，FeO 为 0.76%，Fe$_2$O$_3$ 大于 FeO，Fe$_2$O$_3$/FeO 值为 11.6，铁质（Fe$_2$O$_3$+FeO）总量达到了 9.58%，说明主要为赤铁矿质显著富集，铁质（>7.0%）需参加岩石定名，弥漫状赤铁矿揭示铁质在沉积过程中为铁质胶体相态，铁质胶体具有吸附 Zn 和 Pb 等成矿物质能力，形成富含 Zn-Pb 的铁质氧化相富集；③MgO+CaO+IG=14.13%，与白云石矿物（13%）基本接近，白云石含量较高，暗示成岩环境为富 Mg-CO$_3$ 型低温盐水，形成了较高含量的半自形晶白云石胶结，与克孜勒苏群第四岩性段为干旱氧化的沉积成岩环境密切相关；④高岭石为长石类矿物经酸性盆地流体成岩作用形成的产物，但由于岩石中具有较高的 Fe$_2$O$_3$/FeO 值（11.6），对硫化物相（闪锌矿-方铅矿-黄铜矿型硫化物相）大规模沉淀不利，但形成了赤铁矿吸附富集的矿源层，即为乌拉根铅锌矿床的矿源层。

紫红色铁质砂质中砾岩原定名为紫红色泥岩层，考虑到镜下鉴定发现泥岩呈中砾形式产出，为搬运后再沉积特征，浑圆状中砾石成分复杂且含有凝灰岩砾石，本次将紫红色泥岩、灰绿色泥岩等，均定名为紫红色-灰绿色（铁质）砂质中砾岩（YW4A）。

（3）灰绿色砂泥质中砾岩（YW4B）（原定名为灰绿色泥岩）。碎裂状构造和砂砾质状构造：①中细砾圆状砾石（$d = 2 \sim 8mm$）成分包括泥质板岩、泥晶白云岩、泥质粉砂岩等，含量占 55% ~ 60%；②粗-中砂粒呈次棱角-次圆状，粒径主要在 0.2 ~ 0.72mm，包括石英、岩屑和长石，含量占 40% ~ 45%，充填在砾间；③岩石中裂纹发育，裂纹中无充填物或呈半充填状态，揭示曾发生了盆地流体排泄运移作用；④碎屑物成分为岩屑和长英质，粒状岩屑（0.2 ~ 0.8mm）成分除同砾石相同的岩性以外，还包括石英岩和凝灰岩，含量 78% ~ 79%，粒状石英（0.08 ~ 0.72mm）含量约 20%，粒状长石（0.3 ~ 0.4mm）表面可见高岭石化，可见格子双晶，含量 1% ~ 2%；⑤填隙物成分为泥质和隐晶状泥质，多数变质为云母类，少数为灰泥质，充填在碎屑颗粒之间，含量 5% ~ 8%。

经 XRD 粉晶衍射定量矿物含量分析，主要矿物成分为石英（42%）、云母（33%）和透长石（16%），少量白云石（3%）、高岭石（4%）和石膏（2%）。①含 Ti（4346×10^{-6}）和 Cr（87.7×10^{-6}）等较高，Zn（181×10^{-6}）和 Pb（97×10^{-6}）富集，揭示可能为乌拉根铅锌矿的下伏铅锌矿源层。②含 Fe_2O_3 为 3.62%，FeO 为 0.89%，Fe_2O_3 大于 FeO，Fe_2O_3/FeO 值为 4.07，说明主要为赤铁矿质，赤铁矿可吸附 Zn 形成含 Zn 铁质氧化相富集，Zn（181×10^{-6}）和 Pb（97×10^{-6}）均发生了富集（表 4-2），但因 Fe_2O_3/FeO 值（4.07）降低，而泥质含量显著增加，云母类含量达 33%，仅有利于 Zn 和 Pb 在一定规模上富集成为矿源层；Zn 和 Pb 富集程度明显比 YW4A 降低，灰绿色标志为 Fe^{2+} 离子增加而 Fe^{3+} 离子减少的地球化学岩相学特征，而该样品中铁质总含量也显著降低（$Fe_2O_3 + FeO = 4.51\%$），也是赤铁矿吸附量减少的物质学原因。③高岭石（4%）和石膏（2%）主要为氧化酸性成岩环境下形成的成岩矿物相（高岭石-石膏相），与克孜勒苏群第四岩性段为干旱氧化酸性相的成岩环境密切相关。高岭石为长石类矿物经酸性盆地流体成岩作用形成的产物，但由于岩石中具有较高的 Fe_2O_3/FeO 值（4.07），对硫化物相（闪锌矿-方铅矿-黄铜矿型硫化物相）大规模沉淀不利，碎裂岩化相密集显微裂隙-裂缝为未充填-半充填状态，揭示乌拉根铅锌矿床矿源层的铅锌成矿物质曾发生了排泄迁移。

（4）紫红色铁质条带状粉砂质白云质泥岩（YW7A）。①碎屑物为石英、岩屑和云母类，分选好，粒径为 0.12 ~ 0.72mm，磨圆稍差，呈棱角-次棱角状，碎屑物为粒状石英（0.1 ~ 0.72mm），含量 70% ~ 75%。②岩屑（0.2 ~ 0.5mm）以凝灰岩为主，含量约 30%。少量电气石。③胶结物为白云石和方解石，呈不规则状充填在砂粒之间。次生孔隙发育，少数填隙物被溶蚀后形成了次生孔隙，被云母类充填。

经 XRD 粉晶衍射定量矿物含量分析，主要矿物成分为云母类（34%）、石英（22%）和白云石（33%）。①含 Ti（3796×10^{-6}）和 Cr（66.3×10^{-6}）等较高，Zn（1173×10^{-6}）和 Pb（110×10^{-6}）显著富集，揭示可能为乌拉根铅锌矿的下伏铅锌矿源层。②含 Fe_2O_3 为 8.41%，FeO 为 0.70%，Fe_2O_3 大于 FeO，Fe_2O_3/FeO 值为 12，铁质含量（$Fe_2O_3 + FeO = 9.11\%$），说明铁质明显富集，主要为赤铁矿质，赤铁矿可吸附 Zn 和 Pb 形成含 Zn-Pb 铁质

表 4-2　乌拉根砂砾岩型铅锌矿床岩矿石的微量元素成分特征表　　（单位：10^{-6}）

样号	Ti	Cr	V	Mn	Cu	Pb	Zn	Cd	Ag	Sr	Ba	F	Cl	Br	I
YW1	3070	268	56.2	907	9.16	31.1	132	0.435	0.05	239	437	325	107	<1.5	0.497
YW4A	4143	103	135	535	31.7	276	1907	3.09	0.133	147	328	799	67	<1.5	0.505
YW4B	4346	87.7	111	320	25.2	96.6	181	0.049	0.064	125	382	649	59	<1.5	1.29
YW7A	3796	66.3	93.6	908	20.9	110	1173	0.241	0.427	139	251	1034	100	<1.5	1.35
YW7B	4097	80.1	171	1617	566	33.3	2612	24.7	0.192	186	291	990	113	<1.5	1.10
YW8	704	400	23.1	376	14.7	18.7	3640	34.3	0.208	70.2	391	215	101	<1.5	0.742
YW10	924	36.2	135	881	12.0	1944	2077	15.8	0.293	145	328	799	67	<1.5	0.505
YW11	337	25.9	34.8	1507	8.14	2020	24010	43.9	0.361	194	250	186	45	<1.5	1.25
YW12	353	33.5	35.6	1834	6.09	3013	458	2.1	0.13	80.5	257	206	79	<1.5	1.33
YW13	155	3.79	30.2	78.1	3.23	42.1	153	0.597	0.135	1825	11.9	190	67	<1.5	0.756
YW14	191	3.19	27.4	32.2	3.79	15.6	61.2	0.235	0.037	1163	<10	206	67	2.07	0.785
YW15	219	14.1	48.2	940	3.21	38.8	1353	3.01	0.053	58763	3681	494	604	1.55	1.17
YW16A	107	4.75	25.7	58.5	2.00	7.63	52.3	0.335	0.011	3502	22.0	176	47	1.79	0.569
YW16B	104	2.46	26.2	23.3	1.92	5.56	51.0	0.156	0.031	2273	<10	165	44	<1.5	0.569
YW17	142	6.95	33.3	849	2.21	77.8	813	9.85	0.05	4256	88	870	900	4.11	0.871
YW18	2420	80.3	101	521	17.9	17.7	100	0.487	1.35	570	160	799	152	1.76	1.19
YW19	1684	17.6	53.3	343	7.67	24.5	71.7	0.271	0.099	1762	180	383	75	<1.5	0.473
YW20A	302	10.2	50.0	1391	4.02	13.7	47.9	1.66	0.129	429	10.2	296	220	2.27	0.593
YW20B	2816	34.4	52.1	792	16.3	10.1	35.2	0.146	0.069	412	165	649	209	1.52	1.37
YW20C	171	3.13	24.5	25.16	3.48	4.59	14.0	0.037	0.011	838	<10	193	34	<1.5	1.22

氧化相富集。③MgO+CaO+IG=23.02%，含 MnO 为 0.13%，含 F（1034×10^{-6}）、Cl（100×10^{-6}）、Ag（0.427×10^{-6}）、Cd（0.241×10^{-6}）和 I（1.35×10^{-6}）明显较高（表 4-2），结合白云石（30%）含量高等特征看，揭示曾经历了富 Mg-CO_3 型低温盐水形成的白云石化强烈和热卤水相关元素富集（Zn-Pb-F-Cl-I-Ag-Cd），与克孜勒苏群第四岩性段经历了热卤水沉积成岩交代作用密切有关。④推测部分云母为长石类矿物经酸性盆地流体成岩作用形成的产物，但由于岩石中具有较高的 Fe_2O_3/FeO 值（12），对硫化物相（闪锌矿-方铅矿-黄铜矿型硫化物相）大规模沉淀不利，即为乌拉根铅锌矿床的矿源层。

（5）灰绿色碎裂状白云质粉砂质泥岩（YW7B）。碎裂状构造，粉细砂结构。碎屑物分选较好，粒径在 0.03～0.16mm，磨圆一般，多呈棱角-次棱角状。碎屑物含量>95%，填隙物含量<5%：①粒状长石（0.06～0.16mm）碎屑物的表面黏土化或绢云母化，可见钠长石双晶，岩屑（0.08～0.2mm）包括凝灰岩（绢云母化）、硅质岩、石英岩等，含量 55%～60%。②泥质填隙物蚀变为黑云母和绢云母，定向分布。

经 XRD 粉晶衍射定量矿物含量分析，主要矿物成分为云母类（65%）、石英

（14%）、白云石（10%），少量高岭石（3%）、石膏（4%）和方解石（3%）。①含 Ti（4097×10^{-6}）和 Cr（80×10^{-6}）等较高。Zn（2612×10^{-6}）显著富集，揭示可能为乌拉根铅锌矿的下伏锌矿源层。②含 Fe_2O_3 为 6.06%，FeO 为 0.51%，Fe_2O_3 大于 FeO，Fe_2O_3/FeO 值为 12.94，说明主要为赤铁矿质，赤铁矿可吸附 Zn 形成含 Zn 铁质氧化相富集。③MgO+CaO+IG=16.77%，含 MnO 为 0.25%，与白云石和方解石（13%）矿物含量高密切相关，揭示曾经历了富 $Mg-CO_3$ 型低温蚀变作用，与克孜勒苏群第四岩性段经历了热卤水沉积成岩交代作用密切相关。④高岭石（3%）和石膏（4%）主要为氧化酸性成岩环境下形成的成岩矿物相（高岭石–石膏相），推测部分云母为长石类矿物经酸性盆地流体成岩作用形成的产物（高岭石–石膏–云母相），但由于岩石中具有较高的 Fe_2O_3/FeO 值（12.94），对硫化物相（闪锌矿–方铅矿–黄铜矿型硫化物相）大规模沉淀不利，即为乌拉根铅锌矿床的矿源层。

构造岩相学分析：①克孜勒苏群第四岩性段为扇三角洲前缘亚相水下分流河道微相的岩石组合，紫红色砂质中砾岩（YW1）–紫红色铁质砂质中砾岩（YW4A）–灰绿色铁质砂质中砾岩（YW4B），它们为扇三角洲平原相前缘亚相系中，辫状分流河道入湖后的水下延伸部分，因此含有较高的白云质碳酸盐成分。②分流间湾微相的岩石组合为条带状粉砂质白云质泥岩（YW7A）和灰绿色碎裂状白云质粉砂质泥岩（YW7B）相，为水下分流河道微相的粒度向上逐渐变细，演进分流间湾微相，白云质碳酸盐含量显著升高（白云石达 33%），揭示沉积水体增深。发育块状层理、小型槽状交错层理、板状交错层理及粒序层理，扇三角洲前缘亚相水下分流河道微相和分流间湾微相均为砂砾岩型铅锌矿床矿源层的储集微相。③两微相紫红色同类岩性（YW4A 和 YW7A）中，白云石含量低，发育高岭石–石膏相+层间碎裂岩化相，即矿物地球化学相类型为高岭石–石膏酸性相，构造岩相学类型为层间碎裂岩化相带；灰绿色碎裂状铁质砂质中砾岩（YW4B）和灰绿色碎裂状白云质粉砂质泥岩（YW7B）层为流体封闭岩性层；揭示它们曾经历了氧化酸性蚀变作用（高岭石–石膏相），形成了锌矿化层。

3. 克孜勒苏群第五岩性段岩相类型及岩石地球化学特征

（1）含铅锌褪色化蚀变长英质细砾岩（YW8 和 YW10）中：①以长英质细砾石为主，在砂砾岩型铅锌矿体下部以长英质细砾为主（YW8），含石英（63%）、正长石（23%）和钠长石（12%），石膏（2%）、闪锌矿和方铅矿为热液胶结物，呈稀疏浸染状分布在细砾之间。②向上仍为长英质细砾石（YW10），为石英（69%）和正长石（25%）组成，但热液胶结物为方解石（3%）和白云石（3%），MgO+CaO+IG=12.9%，含微量闪锌矿和方铅矿，揭示它们为盆地层间成矿流体作用所形成，但下部为氧化酸性成矿流体（高岭石–石膏相），上部为偏碱性还原性成矿流体（方解石–白云石相）。③含 Fe_2O_3 为 0.64%～0.72%，FeO 为 1.23%～1.27%，Fe_2O_3 小于 FeO，Fe_2O_3/FeO 值为 0.52～0.56，揭示曾经历了还原性成矿流体作用，为还原相，对于形成闪锌矿–方铅矿等硫化物富集成矿有利。

构造岩相学分析：在克孜勒苏群第五岩性段，扇三角洲前缘亚相水下分流河道微相的岩石组合含铅锌褪色化蚀变长英质细砾岩+灰色硅质细砾岩+浅紫红色–灰色铁质硅质细砾岩。在乌拉根铅锌矿床内，该微相层经历了线带状–团斑状沥青化和褪色化蚀变作用，发育碎裂岩化相+褪色化蚀变相±高岭石–石膏化相±锰白云石–锰方解石化相。这些成矿流体蚀变作用形成的围岩蚀变相，均为酸性还原蚀变相类型，层间碎裂岩化相带表现为：①硅质细砾石中显微裂缝发育，被闪锌矿-方铅矿-白云石等充填；②层间热液角砾岩相带+节理-裂隙相带发育，受层间断裂和切层断裂带交汇处控制；③层间滑动构造带，对于层间碎裂岩化相具有显著控制作用，它们对于铅锌富集成矿非常有利。

（2）含铅锌石膏化白云质细砾岩（YW11 和 YW12）。为克孜勒苏群顶面第五岩性段与阿尔塔什组底部角度不整合面附近岩石组合（底砾岩）。含 SiO_2（59.72% ~ 65.67%）、Al_2O_3（2.68% ~ 2.85%）、K_2O（1.58% ~ 1.63%）和 Na_2O（0.26% ~ 2.58%），与长英质细砾和粗砂密切有关，硅质砾石和粗砂质石英含量高，矿物组成以石英（65%）、透长石（9%）和钠长石为主。为氧化矿石带，发育菱锌矿石膏脉带，含菱锌矿（4%）和石膏（78%）。胶结物为方解石，沿砾间分布。锌品位 2.21%，铅品位 0.20%。

4. 阿尔塔什组下部岩相类型及岩石地球化学特征

（1）石膏-硬石膏岩（YW13 和 YW14，表4-1）。呈块状和纤维状构造，扭曲状变晶结构，具有显著拉长扭曲特征，揭示经历了构造应力变形作用。含 CaO 45.61% ~ 46.20%，SO_3 50.70% ~ 50.79%，（$CaO+SO_3$）含量为 96.04% ~ 95.52%。XRD 粉晶衍射分析组成矿物为石膏-硬石膏岩（YW13，表4-2）含硬石膏（88%）和石膏（12%），它们为乌拉根砂砾岩型铅锌矿上盘围岩。

构造岩相学分析：硬石膏岩中以纤维状硬石膏（98%）为主，少量石膏（2%），为天青石矿层下盘围岩，纤维状硬石膏说明其构造变形较强，经历了构造脱水作用。在乌拉根砂砾岩型铅锌矿区内，石膏含 H_2O^- 为 18.00%，而硬石膏中几乎不含结晶水。沉积成因的石膏在构造应力作用下形成了硬石膏，发生了 18.00% 构造应力排水作用，为形成循环对流成矿流体，萃取下伏紫红色红色铁质砂质中砾岩（YW4A，表4-2）和灰绿色铁质砂质中砾岩（YW4B，表4-2）铅锌成矿物质，提供了良好的构造岩相学组合类型和相体结构。石膏在构造应力场作用下的层间压实-构造排水作用，形成了大规模的层间盆地流体排泄，对层间滑动构造带具有强烈的水弱化作用，为形成大规模层间滑动构造带和层间热流体角砾岩提供了水岩弱化协同作用。

（2）天青石化砂屑鲕状白云岩（YW15，表4-2）。块状构造，鲕粒-内碎屑结构。碎屑物以内碎屑的砂屑为主，粒径在 0.14 ~ 0.9mm；其次是鲕粒和中粗粒砂粒，包括石英、长石和少量岩屑。填隙物为微晶-粉晶状白云石和重晶石。碎屑物成分包括鲕粒、内碎屑和砂粒：①鲕粒呈圆形-椭圆形，大小在 0.1 ~ 0.3mm，含量约20%；②内碎屑（砂屑）呈次圆状，粒径 0.08 ~ 0.9mm，为泥晶白云岩的砂屑，含量 70% ~ 75%；③砂粒呈次棱角状，粒径 0.16 ~ 1.36mm，以石英和长石为主，其次是凝灰岩、石英岩等岩屑，含量 5% ~ 10%，填隙物包括天青石、白云石和重晶石；④天青石呈自形晶粒状；⑤白云石呈自形-半自形微晶状，粒径为 0.02 ~ 0.03mm，分布于碎屑颗粒之间，常见围绕内碎屑生长，含量约15%；⑥重晶石呈不规则状充填在碎屑颗粒之间，可见两组直交解理，含量 5% ~ 10%。

（3）碎裂状硬石膏岩（YW16A，表4-2）-纯白色-灰褐色石膏岩（YW16B）：①碎裂状硬石膏岩（YW16A，表4-2）为块状构造，柱状结构，主要为弯曲延长的柱状硬石膏组成，XRD 粉晶衍射分析主体为硬石膏（99%），少量石膏（1.0%）；②纯白色-灰褐色石膏岩（YW16B，表4-2），块状构造，纤维柱状结构，全部为纤维柱状石膏（100%）组成，石膏大小在0.12~0.8mm，多数呈定向排列，局部含泥晶灰岩的碎块和少量自形–半自形的粒状石英，含结晶水（H_2O^-）为18.56%。

（4）含膏白云岩（YW17）和含膏泥砂质白云岩（YW18）：①含膏白云岩（YW17，表4-2）主要为白云石（95%），少量硬石膏（2%）和石膏（3%）；②经XRD粉晶衍射定量分析，含膏泥砂质白云岩（YW18，表4-2）主要矿物为白云石（27%）、钠长石（22%）和正长石（9%）、石英（19%），少量方解石（6%）、高岭石（5%）和石膏（1%）。含膏泥砂质白云岩（YW18）为块状构造，泥质结构。主要由泥级石英–长石类、泥级白云石和方解石等组成，含量占97%~98%，含少部分粉砂，粉砂呈棱角–次棱角状，粒径0.015~0.05mm，泥级的矿物含少量铁质，经氧化后呈现红色，它们为乌拉根局限海湾潟湖盆地中标志相主要岩石类型，含膏白云岩（YW17，表4-2）具有明显Sr异常（$4256×10^{-6}$），揭示天青石矿化作用仍然存在，而Cd和Zn仅为成晕作用；但其上含膏泥砂质白云岩（YW18，表4-2）为乌拉根砂砾岩型铅锌矿床的上部岩性岩相封闭层，以长英质和碳酸盐类泥质为封闭层效果最好，成矿成晕作用也随即消失。

构造岩相学分析：①硬石膏呈较大自形晶粗晶状，显示在构造应力场下重结晶作用形成的自形晶和完整晶体，揭示硬石膏在重结晶过程中将18.0%的结晶水发生了排泄。②碎裂化结构和扭曲状纤维状结构发育，在岩石裂隙和裂缝中充填了含碳质的灰泥，揭示硬石膏岩经历了较强构造应力变形作用，发生了结晶水构造排泄作用。它们为层间滑脱构造岩相带的主滑移构造应力面的构造岩相学类型。③含膏白云岩和纯白色–灰褐色石膏岩（YW16B，表4-2）仍然含有较高的结晶水（9%~19.3%），它们位于主滑移构造面上下附近，因构造应力逐渐减弱，因此，石膏化–石膏岩中仍含有不同程度的结晶水。

（5）砂屑钙质石膏角砾岩（YW19，表4-2）、膏质白云岩（YW20A，表4-2）、含膏泥砂质白云岩（YW20B，表4-2）和灰白色石膏岩（YW20C，表4-2）等均为乌拉根局限海湾潟湖盆地内蒸发相膏质白云岩–石膏岩–砂屑钙质白云岩，缺失硬石膏岩。

构造岩相学分析：①砂屑钙质石膏角砾岩（YW19，表4-2）为层间滑脱构造相带的上滑移构造界面，浑圆状石膏角砾为构造应力场下构造压溶圆化作用所形成，其上部网脉状砂屑钙质石膏角砾岩为构造热流体排泄通道相标志。石膏岩角砾在上滑移构造界面上，在滑移构造应力场中，形成了大型旋转碎斑和滑移构造面理置换（图版F），揭示具有强烈的构造–流体排泄作用；②下滑移构造面发育在克孜勒苏群第五岩性段中，伴有强烈的富烃类还原性成矿流体活动，以线性带状–团斑带状沥青化蚀变相为标志（图版F），同生形成了闪锌矿–方铅矿–黄铁矿等硫化物相，沿滑移构造面形成了沥青组成的拉伸线理和滑移构造面理置换，揭示沥青化蚀变相形成之后，仍具有较强烈的滑移构造活动。

4.4.2 乌拉根–帕卡布拉克天青石矿床地球化学岩相学类型与特征

1. 矿床地质特征

帕卡布拉克天青石矿床位于新疆乌恰县境内，沿喀什至乌鲁克恰提柏油公路行至113km处，沿便道向南2km即到矿区。帕卡布拉克天青石矿床位于乌拉根铅锌矿床东侧和北缘，已达中型规模，帕卡布拉克天青石矿床圈定了三个矿体，乌拉根天青石矿床圈定了两个矿体，估算天青石资源量（332+333 类）分别为 37811t 和 77761t、矿石量分别为 74139t 和 319778t，平均品位（$SrSO_4$）分别为 51.00% 和 31.20%（新疆地质矿产局第二地质大队，1999）。

中侏罗统杨叶组出露在该矿区北部和西南部，岩石组合为灰绿色泥岩、灰黑色碳质泥岩夹褐灰色钙屑砂岩、薄层状-条带状泥质灰岩和微晶灰岩，含丰富植物化石碎片，属深湖相稳定沉积环境，向上同生泥砾显著增加并砾径增大，沉积物软变形和同生滑移褶皱构造发育，为同生断裂带形成的同生构造角砾岩相带。厚度 109m。与上覆下白垩统克孜勒苏群呈断层（乌恰-乌拉根断层）接触。杨叶组内发育逆冲推覆断裂和层间褶皱带，与杨叶期末燕山早期康苏前陆冲断褶皱作用密切相关。

下白垩统克孜勒苏群在本矿区分布广泛，具有底粗（褐红色铁质中-粗砾岩夹含砾粗砂岩）-中细（深红色砂岩夹紫红色泥质岩和泥灰岩）-上粗（灰白色-灰色砂岩、含砾粗砂岩和硅质细砾岩）的沉积层序结构，在顶部硅质细砾岩中发育层间天青石脉带和天青石化硅质细砾岩。总厚度 608m。与上覆阿尔塔什组呈角度不整合接触，发育同期异相结构相体。

古新统阿尔塔什组为褐红色-灰绿色粉砂质泥岩、生物碎屑灰岩、生物灰岩、厚层石膏岩，少量微晶灰岩、白云质角砾岩和灰质角砾岩。底部为天青石含矿层。厚度 180m。下段（E_1a^1）厚层状石膏岩和石膏角砾岩，厚 20m，分布在该矿区南部。中段（E_1a^2）灰白色生物碎屑灰岩和生物灰岩，厚度 20m。以黑孜苇断层为界，与上覆地层和下伏克孜勒苏群呈断层接触。上段（E_1a^3）为黄色砂岩和粉砂质泥岩互层，厚 41m。分布在矿区北部。

中新统安居安组大面积出露在该矿区东南部，下段（N_1a^1）砖红色-灰绿色粉砂岩夹青灰色砂岩和紫红色泥岩，厚度约 10m。发育孔雀石化和天青石化，以 2~5cm 穿层天青石细脉为特征。上段（N_1a^2）为砖红色-灰绿色粉砂岩夹青灰色砂岩，厚度 221.6m。偶见层间天青石细脉。

受北部乌恰深大断裂和南部黑孜苇逆断层控制，中部为乌拉根向斜构造仰起端，与乌拉根铅锌矿在相近的成矿空间中异体共生。区内衍生了一些次级断层和褶皱，并导致了岩层产状多变、碎裂和变形，原生矿层受严重破坏。杨叶组（J_2y）逆冲推覆于克孜勒苏群（K_1kz）之上，为燕山晚期，或喜马拉雅早期所形成。杨叶组（J_2y）褶皱强烈，倾竖褶皱发育，轴面产状 40°∠60°，倾伏面：310°→20°。在杨叶组（J_2y）中，逆冲推覆断裂的下盘向上逆冲作用强烈。富集的天青石矿层厚 10~20cm，沿走向、倾向延伸都很稳定，长 870m，倾向上大于 60m。

天青石矿床的赋矿层位为古新统阿尔塔什组（E_1a）下部，上部为（E_1a）石膏层，下部为克孜勒苏群第五岩性段（K_1kz^5）砂砾岩，与乌拉根铅锌矿主要赋矿层位基本相同。由上到下可划分为 3 层矿体：①表层的矿体以天青石和灰质天青石为主，其次为天青石细砾岩，矿体长 220m，宽 60m，厚度 1.5~2.5m；②中间层的矿体以天青石细砾岩和含天青石灰岩为主，矿体走向延伸 77m，平均厚度 1.2m，从地表向深部天青石的含量逐渐降低；③下层的矿体以灰质天青石岩为主，是天青石矿区主要的矿体，矿体长 60m，宽 24m，平均厚度3.17m。

帕卡布拉克天青石矿段长约300m，由残坡积型天青石矿体和细砾质天青石岩型天青石矿体组成，残坡积型天青石矿体NW向长220m，宽60m，厚度1.5~2.5m，Ⅰ号矿体为不规则状，面积7834m²，平均厚2.20m，平均品位43.88%。细砾质天青石岩型天青石矿体产状112°∠32°，向深部变为114°∠22°；Ⅱ号天青石矿体走向长77m，厚度1.3m，平均品位32.66%。

乌拉根天青石矿段含矿层延长1820m：①在乌拉根砂砾岩型铅锌矿床南翼为天青石西矿段，天青石矿层赋存在阿尔塔什组生物碎屑微晶灰岩中，矿层厚度在0.6~2.3m，产状210°∠50°~60°；Ⅰ号矿体走向长度870m，倾向延深大于120m，在倾向和走向上稳定分布，平均品位24.72%，平均厚度1.25m。②帕卡布拉克天青石东矿段天青石矿层赋存在克孜勒苏群第五岩性段顶部构造细砾岩夹含砾粗砂岩中，含矿层走向断续长400m，产状210°~220°∠50°~60°；Ⅱ号天青石矿体走向长200m，倾向延深60m，厚度0.9~1.46m，平均品位35.48%，阿尔塔什组生物碎屑微晶灰岩与克孜勒苏群第五岩性段为角度不整合面构造，即异时异相结构相体地层，在乌拉根天青石矿床的东矿段和西矿段具有穿层分布的特征。

2. 天青石矿床的岩矿石岩相地球化学特征

（1）灰白色天青石硅质细砾岩（217-4和217-5，表4-3，图版G）。①细砾状构造和块状构造，天青石化灰质砾状结构和粒状结构。经XRD粉晶衍射分析矿物组成为石英（约70%）、天青石（约17%）、方解石（约6%）、长石（约5%），白云石（约2%）。显微镜下鉴定主要组成矿物为天青石（28%）、方解石和白云石（12%），天青石局部富集。其中砾石（52%）和砂质（8%）主要为硅质和长英质，砾石成分是以石英岩、酸性凝灰岩、球粒流纹岩等为主的硅质细砾，呈圆-次圆状，粒径2~8mm，含量约占52%，揭示砾石磨圆度和成分成熟度均较高。②砂质主要为石英、钾长石、岩屑等。③方解石胶结砂质和砾石，中粗粒晶粒结构，见重结晶现象，少量的泥质胶结物黏土（<1%）充填粒间，分布不均。④天青石呈自形柱状、板状，粒径0.2~1.0mm，含量约占28%，分布不均，为热卤水作用形成的沉积成岩热液胶结物。砾石间胶结方解石、砾屑、石英、长石、天青石。天青石局部富集，砾间的天青石含量在10%左右，主要是方解石和长石含量高。在距离砾石越远的地方天青石的含量越高，有局部富集特点，粒径为0.3~1mm。在方解石和天青石同时出现的情况下，多见天青石被方解石包裹，且粒径很小（0.02~0.05mm）；也见天青石包裹方解石，这时天青石的粒径0.1~0.3mm，方解石被交代形成交代残余结构。胶结物方解石和天青石呈自形晶粒状，揭示热卤水同生沉积成岩成矿作用显著，方解石和天青石互为包裹关系，为富Sr-SO_4^{2-}型热卤水与Ca-CO_3^{2-}型热水混合沉积作用所形成，地球化学岩相学作用类型为强氧化酸性Sr-SO_4^{2-}型热卤水，与偏碱性Ca-CO_3^{2-}型热水混合后，酸碱中和作用导致天青石沉淀富集。

在地球化学特征上，含SiO_2为47.29%~36.82%，Al_2O_3（0.73%~0.91%）、K_2O（0.39%）和Na_2O（0.05%）含量均较低，与硅质细砾特征相一致，揭示硅质细砾的成分成熟度较高。与217-4相比，后者（217-5）硅质细砾含量变低。在碳酸盐质胶结物中以方解石为主，未见白云石（表4-3）。CaO（6.34%~7.07%）、MgO（0.49%~0.18%）和烧失量（5.33%）主要与方解石和白云石含量较高有关。含$SrSO_4$为40.36%~49.34%。

热卤水指示元素 Ba（$1338 \times 10^{-6} \sim 2944 \times 10^{-6}$）和 F（$1136 \times 10^{-6} \sim 1073 \times 10^{-6}$）具有显著异常，与热卤水同生沉积成岩作用密切有关。富集 Cl（$208 \times 10^{-6} \sim 225 \times 10^{-6}$）和 Br（$4.06 \times 10^{-6} \sim 3.83 \times 10^{-6}$），但 I（$0.24 \times 10^{-6} \sim 0.23 \times 10^{-6}$）和 REE 含量低（$3.80 \times 10^{-6} \sim 5.44 \times 10^{-6}$），与热水沉积岩 REE 特征一致。

表 4-3　帕卡布拉克天青石矿床岩矿石常量组分含量特征表　　　　　（单位:%）

样号	H318	217-4	217-5	314A	314	217-2	217-1	217-6	323	217-3
SiO₂	58.33	47.29	36.82	26.86	1.80	8.92	1.36	0.68	5.00	0.90
Al₂O₃	4.73	0.91	0.73	1.24	0.42	0.36	0.28	0.18	0.71	0.15
TFeO	0.51	0.71	0.20	0.71	0.20	0.20	0.20	0.10	9.39	0.20
CaO	17.58	6.34	7.07	7.33	8.90	10.75	5.85	4.89	30.10	34.62
MgO	1.83	0.49	0.18	0.19	0.19	0.27	0.21	0.06	0.59	2.31
Na₂O	0.78	0.05	0.01	0.08	0.03	0.02	0.02	0.00	0.69	0.02
K₂O	2.05	0.39	0.30	0.35	0.10	0.18	0.08	0.02	0.38	0.06
P₂O₅	0.03	0.01	0.01	0.01	0.001	0.00	0.00	0.00	0.01	0.01
SrO	0.26	21.87	27.07	29.60	43.28	38.56	46.58	47.77	2.69	17.69
SO₃	0.93	18.49	22.27	25.47	35.88	31.07	38.38	39.87	31.89	14.64
烧失量	14.38	5.33	5.33	5.29	6.79	8.40	4.58	3.56	18.39	28.91
总量	101.41	101.89	100.04	97.37	97.59	98.74	97.54	97.12	99.86	99.51
SrSO₄	1.19	40.36	49.34	55.07	79.16	69.63	84.96	87.64	4.78%	32.33

注：H318. 含铅锌天青石砂岩/细粒钙屑石英长石砂岩；217-4、217-5、314A. 天青石硅质细砾岩（天青石矿石）；314. 方解石天青石岩（富天青石矿石）；217-2. 砂质灰质天青石热液角砾岩（富天青石矿石）；217-1. 自形晶多孔状天青石矿石（富天青石矿石）；217-6. 纯白色富天青石矿石（富天青石矿石）；323. 采场中含天青石黄钾铁矾化石膏灰质角砾状岩；217-3. 厚层块状天青石化中粗粒白云质灰岩（天青石矿石）。烧失量包括 CO₂ 和 H₂O 等。

（2）灰白色方解石细砾质天青石岩（314A，图版 G）。呈块状、细砾质构造。热液胶结物为自形（柱）板状结构和中粒柱板状变晶结构、交代残余结构。次浑圆状硅质细砾石（砾径 9mm）约 20%，以球粒流纹岩为主。中细粒长英质砂含量 5%。碳酸盐质胶结物被天青石交代。主要矿物为天青石（31%）和方解石（16%），少量石英和钾长石等。天青石呈柱板状自形晶，粒径 0.5 ~ 5.5mm，分布不均匀，见天青石交代方解石形成交代残余结构。方解石呈粒状，粒径 0.2 ~ 2.5mm，含量约占 16%，分布不均。钾长石呈粒状，粒径 0.2 ~ 2.0mm，含量约占 2%。石英呈他形粒状，粒径 0.2 ~ 1.0mm，含量约占 2%。在地球化学特征上，含 SiO₂ 为 26.86%，Al₂O₃（1.24%）、K₂O（0.35%）和 Na₂O（0.08%）含量均较低，与球粒流纹岩细砾的成分成熟度较高。CaO（7.33%）、MgO（0.19%）和烧失量（5.29%）主要与方解石较高有关，含 SrSO₄ 为 55.05%。热卤水指示元素 Ba（3184×10^{-6}）和 F（1277×10^{-6}）具有显著异常，与热卤水同生沉积成岩作用密切有关。富集 Cl（325×10^{-6}）和 Br（3.15×10^{-6}），但 I（0.21×10^{-6}）和 REE 含量较低，具有热水沉积特征。

（3）方解石天青石岩（314，富天青石矿石，图版 G）。块状构造，矿石矿物具自形板状结构和中粒板状变晶结构、交代残余结构。经 XRD 粉晶衍射分析，主要组成矿物为天青石（约72%）和方解石（约21%），少量石英（约5%）、白云石（约2%）和钾长石。显微镜下岩相学鉴定，天青石（81%）呈柱板状自形晶粒径（0.5～7.6mm），天青石交代方解石形成的残余结构发育。方解石（约17%）呈粒状（0.06～2.5mm），重结晶现象发育，分布不均。钾长石呈粒状，粒径 0.2～2.0mm，含量约占1%。石英（1%）呈他形粒状，粒径 0.2～0.8mm。这种既有天青石交代方解石，又见方解石交代天青石现象，揭示热水同生交代作用发育，热卤水具有多期次脉动式喷流作用。

在地球化学特征上，含 SiO_2、Al_2O_3、K_2O 和 Na_2O 均较低（表4-3）。CaO（8.90%）、MgO（0.19%）和烧失量（6.79%）主要与方解石较高有关，含 $SrSO_4$ 为 79.16%。热卤水指示元素 Ba（4388×10^{-6}）和 F（1421×10^{-6}）含量最高，指示了热卤水同生沉积–交代作用活动中心。富集 Cl（295×10^{-6}）和 Br（3.11×10^{-6}），但 I（0.21×10^{-6}）和 REE 含量低（20.1×10^{-6}），与热水沉积岩中 REE 特征一致。

（4）砂质灰质天青石热液角砾岩（217-2，富天青石矿石，图版 G）。块状构造和角砾状构造，自形晶粒状结构和砂质中粒晶粒结构。经 XRD 粉晶衍射分析，主要矿物为天青石（约48%）、方解石（约24%）、长石（约15%）和石英（约10%），少量白云石（约3%）。显微镜下岩相学鉴定：①砂质为中砂，少量粗砂和细砂岩，含量约占43%，粒状长石和石英合计达25%，长石颗粒之间被方解石脉充填，为沉积成岩作用产物；②碎屑组分主要为天青石、方解石、石英和钾长石，推测在天青石形成后产生再沉积而呈碎屑状产出；③方解石分布不均匀，具有中晶和细晶结构，推测中晶方解石为重结晶作用形成，粒径 0.2～0.8mm，含少量粗晶方解石；④天青石呈脉状和粒状，天青石脉与方解石脉交叉形成，具有热卤水同生沉积交代作用特征。

在地球化学特征上，SiO_2（8.92%）、Al_2O_3、K_2O 和 Na_2O 与长英质砂质有关（表4-3、表4-4）。CaO（10.75%）、MgO（0.27%）和烧失量（8.40%），与沉积和交代作用形成的方解石较高有关，含 $SrSO_4$ 为 69.63%。热卤水指示元素 Ba（4510×10^{-6}）含量最高，F（1236×10^{-6}）较高，指示了热卤水同生沉积–交代作用活动中心。富集 Cl（261×10^{-6}）和 Br（3.58×10^{-6}），但 I（0.21×10^{-6}）和 REE 含量低（2.61×10^{-6}），与热水沉积岩特征一致。

（5）自形晶多孔状天青石矿石（富天青石矿石，217-1，图版 G）。晶腺晶洞构造和块状构造，自形（柱）板状结构和中粒柱板状变晶结构。据 XRD 粉晶衍射分析，主要矿物为天青石（约75%）和方解石（约20%），少量石英（约3%）和白云石（约2%）。显微镜下岩相学鉴定：①天青石（92%）呈柱板状自形晶，粒径 0.5～4.0mm，可见天青石交代方解石形成交代残余结构；有些天青石呈粒状，粒径为 0.25～0.5mm，天青石在正交镜下有浅黄色、灰色，浅黄色在灰色的天青石之后形成，有包裹灰色天青石的现象。②方解石呈粒状，粒径 0.2～2.5mm，含量约占6%，分布不均。③钾长石呈粒状，粒径 0.2～2.0mm，含量约占1%。石英呈他形粒状，粒径 0.2～1.0mm，含量约占1%。

在地球化学特征上，SiO_2、Al_2O_3、K_2O 和 Na_2O 含量均较低（表4-3）。CaO（5.85%）和烧失量（4.58%）主要与沉积和交代作用形成的方解石较高有关，含 $SrSO_4$ 为 84.96%。热卤水指示元素 Ba（3612×10^{-6}）含量最高，F 含量（1342×10^{-6}）较高，指

示了热卤水同生沉积–交代作用活动中心。富集 Cl（273×10⁻⁶）和 Br（3.00×10⁻⁶），但 I（0.22×10⁻⁶）和 REE 含量低（2.08×10⁻⁶），与热水沉积岩中 REE 特征一致（表4-4）。

表4-4　帕卡布拉克天青石矿床岩矿石微量元素含量特征表　　（单位：10⁻⁶）

样号	H318	217-4	217-5	314A	314	217-2	217-1	217-6	323	217-3
Mn	1759	669	780	623	339	626	284	304	5668	4571
Ba	565	2944	1338	3784	4388	4510	3612	4035	984	3272
Ti	1059	138	119	165	73.7	51.8	70.0	12.9	138	11.2
F	239	1073	1136	1277	1421	1236	1342	1292	521	510
Cl	469	225	208	325	295	261	273	329	1954	378
Br	3.23	3.83	4.06	3.18	3.11	3.58	3.00	3.43	3.49	2.40
I	0.22	0.23	0.24	0.21	0.21	0.21	0.22	0.19	0.22	0.15
Sc	2.82	0.792	0.762	5.657	3.89	0.411	0.556	0.300	2.24	0.441
Y	14.3	3.05	2.85	12.20	10.10	1.67	1.36	1.11	10.5	1.49
La	23.2	0.620	0.430	2.21	2.23	0.29	0.32	0.12	21.3	0.667
Ce	37.0	1.08	0.696	5.54	4.70	0.344	0.335	0.100	27.8	0.962
Pr	4.06	0.143	0.103	0.979	0.684	0.053	0.043	0.017	3.00	0.125
Nd	16.4	1.17	0.715	5.51	4.35	0.763	0.536	0.504	12.1	0.744
Sm	3.20	0.591	0.327	1.82	1.60	0.447	0.326	0.337	2.46	0.265
Eu	0.536	0.212	0.114	0.444	0.386	0.223	0.153	0.166	0.527	0.091
Gd	2.98	0.352	0.315	2.15	1.55	0.116	0.081	0.029	2.09	0.166
Tb	0.419	0.061	0.054	0.354	0.267	0.019	0.014	0.004	0.312	0.025
Dy	2.44	0.459	0.386	2.222	1.66	0.134	0.096	0.046	1.80	0.144
Ho	0.503	0.099	0.089	0.459	0.349	0.033	0.021	0.008	0.349	0.033
Er	1.50	0.296	0.245	1.393	1.06	0.093	0.071	0.040	1.039	0.087
Tm	0.214	0.044	0.040	0.217	0.154	0.013	0.013	0.008	0.152	0.013
Yb	1.42	0.314	0.285	1.446	1.129	0.085	0.069	0.033	0.970	0.061
Lu	0.221	0.047	0.042	0.242	0.178	0.020	0.013	0.006	0.152	0.010
Th	5.57	0.467	0.433	2.40	1.72	0.336	0.402	0.222	3.51	0.253
U	1.19	0.600	0.593	3.13	2.25	0.293	0.497	0.273	1.01	1.28
REE	93.96	5.44	3.80	24.7	20.1	2.61	2.08	1.41	73.92	3.38

注：岩性同表3-3。

（6）纯白色方解石天青石岩（217-6，图版 G）。块状构造，自形（柱）板状结构和中粒柱板状变晶结构。经 XRD 粉晶衍射分析，主要组成矿物为天青石（约77%）和方解石（约18%），含少量石英（约5%）。显微镜下岩相学鉴定特征其主要矿物为：①天青石（81%）呈柱板状自形晶，粒径0.5～7.6mm，见天青石交代方解石形成交代残余结构。②方解石（17%）呈粒状，粒径0.2～2.5mm，含量约占17%，分布不均。③钾长石（约1%）呈粒状，粒径0.2～2.0mm，含量约占1%；石英（约1%）呈他形粒状，粒径0.2～1.0mm，含量约占1%。④天青石与天青石颗粒的链接地方有方解石胶结，见天青石被方解石交代，推测其原岩为灰岩，经过热卤水同生交代作用所形成，为热卤水同生交代蚀变岩。

（7）浅褐黄色含天青石黄钾铁矾化石膏灰质角砾岩（323，图版 G）。经 XRD 粉晶衍射分析和显微镜下鉴定，主要矿物组成为方解石（约 44%）和石膏（约 34%），其次为黄钾铁矾（约 6%）、天青石（约 4%）、石英（约 4%）、方沸石（约 4%）和重晶石（约 4%）。呈块状与角砾状构造，中细晶粒状结构。①方解石具中细粒晶粒结构，粒径 0.1 ~ 0.8mm，见交代方解石形成交代残余结构，局部富集；方解石的重结晶现象发育。②天青石呈自形板状，粒径 0.2 ~ 1.0mm，按照天青石分子式（SrO 56.20%，SO_3 43.40%）估算，当含 2.69% 时，天青石矿物含量在 4.78%，但天青石在石膏灰质角砾岩中分布不均匀，局部集中分布且含量较高（约 28%）。③有细砂质（约 7%）混入沉积。

（8）厚层块状天青石化中粗粒白云质灰岩（217-3，天青石矿石）。经 XRD 粉晶衍射分析，主要矿物组成为方解石（约 65%）和天青石（约 25%），其次为白云石（约 8%），少量石英（约 2%）。块状构造，中粗粒晶粒结构。显微镜下岩相学鉴定特征为：①方解石（约 62%）具中粗粒晶粒结构，粒径 0.3 ~ 1.2mm，见方解石重结晶现象。②天青石（38%）呈自形板状，粒径 0.2 ~ 1.4mm，见交代方解石形成交代残余结构，局部富集。见少量的天青石被方解石和白云石包裹，白云石多呈泥状。

4.4.3　乌拉根–帕卡布拉克砂砾岩型铅锌–天青石矿床的成矿流体类型和特征

1. 乌拉根砂砾岩型铅锌矿床的成矿流体类型和特征

据韩凤彬等（2012，2013）研究，在乌拉根砂砾岩型铅锌矿床内碎屑石英、方解石、天青石和重晶石的包裹体中，发育含烃盐水和气液烃类包裹体，烃类以气烃、液烃、气液烃等为主。碎屑石英中油气包裹体均一温度为 84 ~ 410℃；盐度为 3.06% ~ 8.95% NaCl、10.24% ~ 14.46% NaCl。天青石中油气包裹体均一温度为 140 ~ 353℃，平均为 235.8℃。早期沉积成岩期天青石包裹体中具有低盐度（3.55% ~ 5.26% NaCl），晚期东西向断裂带富集天青石多数包裹体的盐度升高（10.24% ~ 11.7% NaCl）。重晶石内油气包裹体的均一温度为 78 ~ 369℃，平均为 227.1℃，盐度为 3.35% ~ 7.59% NaCl。方解石中油气包裹体均一温度为 72 ~ 291℃，两个盐度区间为 6.3% ~ 7.31% NaCl、10.49% ~ 20.22% NaCl。有机质的氯仿沥青"A"变化不大，总烃平均为 46.22%，"非烃+沥青质"平均为 53.77%。Pr/Ph 为 0.41 ~ 1.84，平均为 1.04，说明有机质处在还原环境。OEP 为 0.75 ~ 1.07，平均为 0.92，显示了有机质高成熟的特征。CPI 为 1.03 ~ 1.30，平均为 1.16，指示热演化程度较高（表 4-5）。

表 4-5　乌拉根铅锌矿床矿物包裹体成分分析成果及物理化学参数表

样品	气相成分/10^{-6}							液相成分/10^{-6}					
	H_2	O_2	N_2	CH_4	CO	CO_2	H_2O	K^+	Na^+	Ca^{2+}	Mg^{2+}	F^-	Cl^-
方铅矿	0.35	1.39	痕	3.19	无	919.67	1406	0.65	12.14	16.35	1.22	3.20	8.75
黄铁矿	0.06	痕	无	痕	无	675.65	596	0.74	2.55	19.33	7.03	4.32	2.58
石膏	0.32	痕	痕	痕	43.89	27.78	1492	0.17	0.65	363.46	0.86	2.40	1.25

样品	气相成分/10^{-6}							液相成分/10^{-6}					
	H_2	O_2	N_2	CH_4	CO	CO_2	H_2O	K^+	Na^+	Ca^{2+}	Mg^{2+}	F^-	Cl^-
天青石	0.04	1.12	痕	1.81	无	22.34	33	0.50	9.45	45.77	0.97	3.40	8.75

样品	Ca^{2+}/Na^+	Mg^{2+}/Na^+	K^+/Na^+	平衡值	HCO_3^-	SO_4^{2-}	pH	Eh 值	盐度/% NaCl
方铅矿	0.77	0.1	0.031	4.72	70.24		4.94	-0.62	7.22
黄铁矿	4.35	2.61	0.171	5.18	82.35		4.82	-0.56	7.51
石膏	320.74	1.25	0.514	112.89		86.77	5.91	-0.67	20.29
天青石	2.78	0.1	0.031	6.55		113.37	4.95	-0.54	12.84

注：平衡值为阳、阴离子浓度和之比，HCO_3^-、SO_4^{2-}为阳、阴离子总和之差的估算值。据李丰收等（2005）。

在方铅矿和黄铁矿包裹体含有较高的气相态 CO_2（$675.65\times10^{-6}\sim919.67\times10^{-6}$）、液相态 HCO_3^-（$70.24\times10^{-6}\sim82.35\times10^{-6}$）、气相态 CH_4（3.19×10^{-6}）、强酸性特征（pH 为 4.94～4.82）、强还原特征（Eh 为-0.62～0.56V）。在石膏和天青石中均含有较高 SO_4^{2-} 和盐度，石膏中包裹体大小一般为 1～5μm，最大为 10μm，类型为气-液并存，气液比为 3%～60%，一般为 10%～25%。均一温度为 64～193℃，第一组为低温均一温度组（64～126℃），平均为 98.8℃（12 个样品），第二组为 144～193℃，平均为 156.9℃（16 个样品）（李丰收等，2005）。①成矿溶液中阳离子浓度大小排序为 $Ca^{2+}>Mg^{2+}>Na^+>K^+$。②方铅矿-黄铁矿-石膏-天青石中，Ca^{2+} 浓度逐渐升高，CO_2 含量逐渐减少，表明在铅锌成矿过程中，成矿流体中气相 CO_2 起重要作用，它有利于铅锌的沉淀富集成矿。本书在石英包裹体中，也发现了 CO_2 包裹体，揭示存在 CO_2 型非烃类还原性成矿流体，富 CO_2-H_2S 型非烃类还原性流体的气侵蚀变作用（褪色化蚀变）为重要成矿机制。③成矿过程中，阴和阳离子浓度变化明显，方铅矿中 $Na^+>Ca^{2+}>Mg^{2+}>K^+$；黄铁矿中 $Ca^{2+}>Mg^{2+}>Na^+>K^+$；石膏中 $Ca^{2+}>>Mg^{2+}>Na^+>K^+$；天青石中 $Ca^{2+}>>Na^+>Mg^{2+}>K^+$。成矿溶液中阳离子从以 Na^+ 为主，逐渐演化为以 Ca^{2+} 占绝对优势。阴离子浓度除天青石中 $Cl^->F^-$ 外，其他均为 $F^->Cl^-$。由于液相成分阴离子仅分析了 Cl^- 和 F^-，溶液中阴、阳离子摩尔浓度总体不平衡，石膏及天青石中的阴离子可由 SO_4^{2-} 作为补偿，而黄铁矿和方铅矿的包裹体气相成分中含有大量的 CO_2，可由 HCO_3^- 来补偿。因此，在成矿过程中，成矿溶液的阴离子由 HCO_3^-（F^-、Cl^-）型，逐渐转化为 SO_4^{2-}（Cl^-）型。④成矿过程中，溶液的盐度早期较低，为 7.22%～7.5% NaCl，晚期较高为 12.84%～20.29% NaCl。

总体看来，沉积成岩期成矿流体盐度不高，改造成矿期具有盐度升高趋势。与富烃类（气烃、液烃、气液态和固体烃）还原性成矿流体、非烃类富 CO_2-HCO_3^- 酸性-强还原混合流体等两类成矿流体强烈还原作用密切有关，而重晶石-含钡天青石岩和石膏天青石岩等，为富 Ca-Sr-Ba-SO_4^{2-} 型氧化态酸性成矿流体所形成，可见天青石交代方解石、白云石包裹天青石等现象，揭示在 Ca-Sr-Ba-SO_4^{2-} 型氧化态酸性成矿流体与非烃类富 CO_2-HCO_3^- 酸性-强还原混合流体之间，曾存在同生交代作用和成矿流体混合沉淀作用。整体看来，乌拉根式砂砾岩型铅锌矿床和巴什布拉克式砂砾岩型铀矿床，主体形成于盆地正反转构造期和顶峰期，伴有天青石矿化蚀变作用。

2. 帕卡布拉克天青石矿床的成矿流体类型和特征

在帕卡布拉克天青石矿床中，天青石矿物包裹体特征（表 4-6），揭示热卤水同生沉积成岩成矿作用显著。①克孜勒苏群第五岩性段天青石硅质细砾岩，与乌拉根铅锌矿层赋存层位相同，属同时异相结构相体地层，为铜铅锌–天青石早期成岩成矿期形成的产物，天青石呈热液胶结物形式，紧密胶结灰黑色硅质岩和灰白色石英脉细砾石。其成岩成矿温度相和盐度相特征为富气高温热液相（480～468℃）和中–高盐度相（23.18% NaCl）成矿流体、低温相（178～138℃）和低盐度（8.68%～4.65% NaCl）成矿流体，揭示存在两类成矿作用，即热水混合同生沉积成岩成矿作用和气侵成岩成矿作用。②从富气相、中–盐度的高温相成矿流体看，早期热卤水喷流沉积成岩成矿为高温热卤水喷流作用，以中–高盐度的高温相热卤水活动强烈为特征，暗示帕卡布拉克天青石矿床为帕卡布拉克–乌拉根–康西铅锌–天青石成矿带的热卤水喷流沉积成岩成矿中心相位置。向西到乌拉根铅锌矿床一带，富 Ca-Sr-Ba-SO_4^{2-} 型氧化态酸性成矿流体与富烃类还原性成矿流体，曾发生了氧化–还原地球化学岩相学作用，导致产生天青石与方铅矿–闪锌矿共生的内在机制。③在帕卡布拉克天青石矿床内，厚层块状天青石岩为富天青石矿石，与乌拉根铅锌矿层之上的天青石矿层一致，均赋存在阿尔塔什组底部，以含子矿物富液相的包裹体为特征，属高盐度相（53.26%～32.36% NaCl）的中温相（228～196℃）热卤水，同时低盐度相（6.01%～5.86% NaCl）的低温相（200～197℃）热水，揭示以高盐度中温相热卤水，与低温相热水混合同生沉积成岩成矿作用形成了富天青石矿石。④从下部天青石硅质细砾岩到上部厚层状天青石岩中，天青石矿物包裹体参数演化趋势看（表 4-6），气相比例降低，成矿温度降低，但成矿流体盐度显著增高，暗示存在热卤水降温浓缩结晶分异作用，推测帕卡布拉克天青石矿床曾处于较高的构造古地理位置（构造挤压抬升区），只有在干旱古气候和高蒸发量条件下，才能形成热卤水降温浓缩结晶分异作用，在厚层块状天青石岩中发育晶腺晶洞构造，自形晶天青石晶体生长良好。因此，乌拉根铅锌矿床位于乌拉根热水沉积盆地中心位置，为铅锌–天青石的沉积成岩成矿中心；而西侧康西古高地为石膏矿床的成岩成矿中心，东侧帕卡布拉克古高地为天青石矿床的成岩成矿中心，两侧古高地对于乌拉根热水沉积盆地构成了分割围限，有利于富烃类还原性成矿流体聚集，形成了乌拉根超大型铅锌矿床。总之，帕卡布拉克天青石矿床开始形成于盆地正反转构造期高峰期并转变为负反转构造期初，而天青石矿床的主富矿体（赋存阿尔塔什组底部）则形成于盆地负反转构造初期。

表 4-6　乌恰县帕卡布拉克天青石矿床的天青石中矿物包裹体参数表

地质特征	包裹体分布形态	测温包裹体类型	包裹体形状	大小/μm	气液比/%	均一相态	T_h/℃	盐度/% NaCl
323 天青石硅质细砾岩	成群分布	富液包裹体	规则	10×20	20	液相	219	7.02
	成群分布	富液包裹体	规则	7×10	10	液相	171	14.46
	成群分布	富气体包裹体	规则	4×15	80	气相	480	23.18
	成群分布	富气体包裹体	规则	5×7	70	气相	478	23.18
	均匀密集分布	富气体包裹体	规则	7×10	90	气相	468	23.18

续表

地质特征	包裹体分布形态	测温包裹体类型	包裹体形状	大小/μm	气液比/%	均一相态	T_h/℃	盐度/% NaCl
217-4 天青石硅质细砾岩	成群分布	富液包裹体	规则	4×12	20	液相	178	21.89
	成群分布	富液包裹体	规则	5×10	10	液相	171	21.96
	均匀密集分布	富液包裹体	规则	5×10	10	液相	158	8.68
	均匀密集分布	富液包裹体	规则	6×12	10	液相	159	8.68
	成群分布	富液包裹体	规则	4×8	20	液相	138	4.65
	成群分布	富液包裹体	规则	12×15	10	液相	199	6.01
217-1 厚层块状天青石岩	成群分布	富液包裹体	规则	10×10	10	液相	197	5.86
	成群分布	富液包裹体	规则	7×8	10	液相	200	5.86
	成群分布	含子矿物富液体包裹体	规则	6×20	20	液相	218	32.39
	成群分布		规则	7×50	10	液相	196	44.32
	成群分布		规则	10×12	20	液相	228	53.26

4.4.4　乌拉根砂砾岩型铅锌矿床的主成矿期年龄

在乌拉根–阿克莫木–托帕地区，形成了铜铅锌矿床、天青石矿床、煤矿、石膏矿床和天然气田等同盆共存富集成藏成矿特征，含煤碎屑岩系（含煤烃源岩系）形成于早–中侏罗世（康苏组和杨叶组），乌拉根式砂砾岩型铅锌矿床赋存在克孜勒苏群第五岩性段与古近系阿尔塔什组下部，克孜勒苏群为巴什布拉克大型铀矿床和阿克莫木天然气田储集层，这些多矿种同盆共存富集规律是我国陆内特色成矿单元内重要成矿特点之一，而成藏成矿事件与塔西地区在喜马拉雅期盆山原耦合与转换的时间–空间耦合关系是极其复杂的难点问题。

（1）在托帕前陆冲断带中阿克莫木背斜控制了阿克莫木天然气藏。据张君峰等（2005）研究，该气藏含气层系为下白垩统克孜勒苏群，含气面积16.9km²，天然气控制储量123.70×10⁸m³，阿克1井高产工业气流的日产量为119032m³；天然气组分为烃类（76%～81%）干气，以甲烷为主要成分，乙烷和丙烷含量低（<0.3%），含丁烷很低；非烃 N_2 气（8%～11.4%）和 CO_2（11.07%～11.44%）含量较高；甲烷碳同位素值为-23‰～-25.6‰，乙烷碳同位素为-20.2‰～-21.9‰，阿克1井储集层段中自生伊利石形成年龄分别为38.55Ma、38.1Ma和34.6Ma，属渐新世晚期（40.4～33.9Ma）。在中新世阿启坦阶–布尔迪加尔阶（23.03～15.97Ma）曾发生了天然气充注事件（17.8Ma和18.3Ma，王招明等，2005；22.60～18.79Ma，张有瑜等，2004）。乌拉根铅锌成矿年龄为55.4±2.2Ma（硫化物和碳酸盐矿物 Sm-Nd 和 Rb-Sr 等时线年龄，王莹，2017），碎屑磷灰石裂变径迹年龄为49.5～35.2Ma（韩凤彬，2012）。巴什布拉克铀矿床形成年龄分别为144～76Ma、19～16Ma、2.5Ma（李盛富等，2008）（表4-7）。

表 4-7　乌拉根砂砾岩型铅锌矿床构造事件−成岩成矿事件年龄

测定方法	年龄/Ma	成岩成矿事件解释	资料来源
磷灰石裂变径迹 FT 年龄	77.7±5.1 ~ 61.2±4.7	晚白垩世末−古近纪初经历了构造−热事件	韩凤彬，2012
磷灰石裂变径迹 FT 年龄	49.5 ~ 35.2	喜马拉雅期早期挤压事件	韩凤彬，2012
硫化物和碳酸盐矿物 Sm-Nd 和 Rb-Sr 等时线年龄	55.4±2.2	喜马拉雅期早期第一幕海退事件基本吻合	王莹，2017

（2）塔西地区在古近纪阿尔塔什晚期至齐姆根早期（古新世早期至古新世晚期）、卡拉塔尔期−乌拉根期（始新世中期）、巴什布拉克中期（始新世晚期至早渐新世）经历了三期海侵过程，海退事件记录发育在齐姆根组顶部（古新世晚期）、乌拉根组顶部（始新世中晚期，约41Ma）和巴什布拉克组第四段和第五段（早渐新世，约37Ma）（李建锋等，2017）。如果成藏成矿事件年龄与海侵过程有关，暗示成藏成矿事件与新特提斯北支陆内伸展作用有耦合关系；反之，暗示与塔西地区盆山原耦合转换过程挤压构造环境有耦合关系。①盖吉塔格组以厚层棕红色泥岩、膏泥岩层夹石膏层及少量薄层灰岩为主，因发现了始新世有孔虫，结合岩性特征确定该组为始新世早期（55.8Ma）（郝治纯等，1985），与齐姆根组上段岩性一致，具有明显的海退沉积序列特征；喜马拉雅期早期第一幕（55.8Ma）可能在古新−始新世齐姆根中晚期（$E_{1-2}q^2$），乌拉根铅锌矿床形成年龄（55.4±2.2Ma）（王莹，2017）与喜马拉雅期早期第一幕海退事件基本吻合。而在托帕砂砾岩型铅锌矿区缺失上白垩统、阿尔塔什组和齐姆根组，揭示晚白垩世−齐姆根期末一直处于抬升和剥蚀状态（燕山晚期−喜马拉雅期早期第一幕）。②始新世中期卡拉塔尔期−乌拉根期为塔西地区古近纪第二次海进过程，于始新世乌拉根期末（约41Ma）发生了海退。同期，西南天山曾有隆升事件发生（46.0±6.2Ma、46.5±5.6Ma，Sobel and Dumitru，1997；Sobel et al.，2006），与乌拉根铅锌矿床经历构造热事件年龄吻合（49.5 ~ 35.2Ma，韩凤彬，2012），乌拉根期末海退事件（41 ~ 33.9Ma）与西南天山构造抬升有一定关系，属喜马拉雅早期第二幕挤压事件年龄。③巴什布拉克期初开始了海侵，以介壳灰岩为最大湖泛面标志，巴什布拉克期末（$E_{2-3}b$，约33.9Ma）发生了海退，塔西地区乌鲁克恰提剖面生物地层分类、沉积时间、沉积环境和电子自旋测年揭示，特提斯海北支在早渐新世（约34Ma）从塔里木盆地退出（Wang et al.，2014），与喜马拉雅早期第三幕（约33.9Ma，巴什布拉克期，$E_{2-3}b$）区域挤压环境有密切关系。

可以看出，在始新世伊普里斯阶−普利亚本阶（55.8 ~ 33.9Ma）为铅锌−铀−天然气成藏成矿高峰期（55.4 ~ 34.6Ma），主要与喜马拉雅早期三幕挤压构造环境和相关海退过程有显著的时间−空间耦合关系，渐新世晚期（40.4 ~ 33.9Ma）区域富烃类还原性成矿流体排泄−注入事件，为乌拉根砂砾岩型铅锌矿床形成供给了成矿物质和成矿流体。塔西地区砂砾岩型铅锌−铀−天然气成藏成矿年龄与区域重大地质事件和成藏成矿事件具有时间域耦合关系，对印度洋古地磁异常研究表明印度板块和欧亚板块碰撞起始时间约为50Ma，约在45Ma为主体碰撞高峰期（Patriat and Achache，1984），这种陆−陆碰撞事件使塔西地区进入以近南北向为主挤压应力场的大陆动力学背景下。最新的碎屑锆石年龄揭示在西喜马拉雅山印度板块与欧亚板块碰撞时间为54Ma（Najmana et al., 2017），说明印度板块与欧亚板块碰撞期（59~45Ma）重大事件对中国大陆内部成藏成矿事件具有较大影响。

（3）在乌恰-托帕地区沉积了巨厚的上新统阿图什组（N_2a）和西域组（Q_1x），向上变粗变浅沉积序列揭示进入周缘山间湖盆萎缩封闭期。阿图什组平行或角度不整合在中新统乌恰群之上，为喜马拉雅晚期第一幕挤压造山环境标志。西域组与下伏地层为角度不整合，为喜马拉雅晚期第二幕区域挤压造山环境标志。整体未发生构造变形的乌苏群（Q_2ws）呈高角度不整合于西域组之上。在西域组发育的宽缓褶皱、断裂带中拖曳褶皱和碎裂岩化相带，记录了喜马拉雅晚期第三幕陆内造山隆升事件。上新世-更新世不但发生了阿克莫木气田内天然气充注事件（刘伟等，2015），也是杨叶和滴水砂岩型铜矿床中赤铜矿-氯铜矿等次生富集成矿期、乌拉根铅锌矿床中非硫化物型矿石带（铅锌氧化矿石带）等的形成时期。

4.4.5 乌拉根砂砾岩型铅锌矿床的垂向矿物分带和纵向矿物分带

砂砾岩型铅锌矿床围岩蚀变特征特殊，有不同性状和成分的热卤水-热流体混合作用和多期次显著形成的复合蚀变相带，但总体蚀变相分带清晰，以低温蚀变作用为主：①以大面积的面带型褪色化蚀变相为显著勘查标志，宽度在500~1000m，断续长度在100km以上，包括漂白化蚀变相（气洗蚀变相）、石膏化-天青石化（强氧化酸性蚀变相）、方解石化-白云石化（偏酸性碱性蚀变相）、细粒白云母化和黏土化蚀变（酸性蚀变相），伴有黄铁矿化和绿泥石化等，总体为低温蚀变相特征。②在上述面带型褪色化蚀变相中，沿切层和层间构造-裂隙带和层间滑动构造带，分布有细脉带-团斑状沥青化、线带状和浸染状沥青化蚀变相（酸性强还原蚀变相）。③在面带型褪色化蚀变相中，地表以浅黄红色-褐红色铅锌矾类-褐铁矾-黄钾铁矾化-黏土化蚀变相（次生强氧化硫酸盐土化蚀变相），为肉眼可识别和遥感色彩快速可圈定的铅锌氧化矿石带标志。④在克孜勒苏群顶部和阿尔塔什组底部之间，发育滑脱构造岩相带和热流体角砾岩化相带，流变褶皱、揉皱、热液角砾岩化相和溶塌角砾岩相等，热卤水同生沉积角砾岩、热流体角砾岩、热水溶塌白云质角砾岩和次生的岩溶角砾岩均较为发育。⑤从矿体底板围岩→铅锌矿床→上盘围岩具有不对称围岩蚀变分带，下盘发育方解石-高岭石-绢云母化和褪色化-黄铁矿化，以酸性地球化学岩相学为主，铅锌矿体中发育细脉带-团斑状沥青化、浸染状沥青化、石膏化、方解石-白云石化，矿体上盘围岩和矿层上部发育石膏化、石膏天青石化（天青石岩）、白云石化和热液角砾岩化等，揭示铅锌矿层上盘热卤水活动十分强烈，以石膏天青石岩-天青石岩为标志，稳定分布有天青石矿层。⑥在垂向上蚀变分带明显，揭示乌拉根铅锌矿床次生蚀变矿化作用强烈，地表以黄钾铁矾-褐铁矾为主，菱锌矿、水锌矿、白铅矿和铅矾分布在土状氧化矿石中。从浅部氧化矿石带到中上部混合矿石带，近地表绢云母化、高岭石化、碳酸盐化、褐铁矿化和黄钾铁矾化强烈，发育共生的白铅矿化-菱锌矿化等。黄钾铁矾化-白铅矿-菱锌矿-褐铁矾从地表向深部逐渐减弱，沥青化-褪色化-方铅矿-天青石-硬石膏-白云石化增强。以黄褐色角砾状白云质灰岩为次生富集作用底界线。中深部原生矿石带以沥青化-褪色化-方铅矿-闪锌矿-黄铁矿等为主。

4.4.6　区域成藏成矿规律与演化模式

乌拉根–加斯深部构造特征揭示帕米尔北缘与西南天山南缘，具有对冲式薄皮型冲断褶皱岩片特征，二者对接部位沿克孜勒苏河地区呈 NW 向展布，加斯地区为帕米尔北缘弧形突刺端，最终于喜马拉雅期末构造定型。通过构造岩相学垂向相序结构、陆内沉积盆地演化、原型盆地恢复、盆地变形样式和构造组合综合研究看，乌拉根区域成藏成矿规律和模型如下（图 4-5）。

（1）乌拉根中–新生代沉积盆地经历了晚三叠世山前断陷成盆期、早–中侏罗世山盆转换成盆期、中–晚侏罗世构造反转期、白垩纪–古近纪挤压–伸展转换主成盆期、新近纪陆内周缘山间盆地等五个主要期次，为帕米尔高原北侧和西南天山共同控制的前陆盆地，但其盆地动力学过程与典型前陆盆地却具有较大差别，考虑到新特提斯陆内海域等耦合作用（塔里木盆地西北端）、帕米尔高原北侧和西南天山南缘对冲式挤压，从晚三叠世–新生代具有多期次的区域挤压–伸展转换走滑作用控制了本书的研究区，因此，乌拉根中–新生代沉积盆地为陆内挤压–伸展走滑转换盆地。

（2）康苏–前进煤矿→康西–盐场→加斯，曾经历了中–晚侏罗世（J_{2-3}，燕山早期）和晚白垩世（K_1-E_1a，燕山晚期）两期前陆冲断作用，构造指向为北东向→南西向，由东部康苏向西部加斯逐渐发展，在加斯西深部隐伏燕山晚期冲断带和断层相关褶皱清晰，燕山期前陆冲断作用导致侏罗纪–白垩纪盆地发生构造反转，新生代向南迁移，转变为近东西向乌拉根–加斯–乌鲁克恰提构造沉降–沉积带。

（3）古近纪沉积盆地底部根植于阿克苏岩群的盲冲型岩片和逆冲断层，可能为古近纪初构造扩容空间和同生断裂带，同期在时间–空间上与新特提斯陆内海侵过程相互耦合。古近纪局限海湾潟湖盆地的盆地动力学背景，与西南天山南缘形成的挤压走滑–拉分断陷作用有关，原型盆地为挤压–伸展转换体系下的走滑拉分断陷盆地。在新特提斯陆内海进过程中，形成了局限海湾潟湖盆地；而帕米尔高原与西南天山相向推进形成的区域挤压过程中，为新特提斯陆内海退过程，同时，推测沿同生断裂带（热卤水喷流通道）发生了热卤水喷流–同生交代作用。

（4）乌拉根–康苏早–中侏罗世原型盆地为陆内伸展体系下的走滑拉分断陷盆地，属库孜贡苏陆内走滑拉分断陷盆地的组成部分。在侏罗系康苏组和杨叶组形成了工业煤层和含煤烃源岩系，如反修、康苏、前进、岳普湖和乌恰煤矿等。

本次测试康苏–前进杨叶组含煤烃源岩，含煤泥岩及碳质泥岩中镜质组反射率 R_o 在 $0.52\% \pm 0.03\%$，经过层间滑动作用形成煤线定向排列，R_o 为 $0.59\% \pm 0.03\%$，而碎裂岩化相含煤泥岩中 R_o 为 $0.64\% \pm 0.07\%$，说明杨叶组烃源岩系随着构造挤压作用增加，镜质组反射率逐渐升高，暗示存在构造生排烃作用。康苏组含煤烃源岩系进入生油窗口期，为有机质成熟阶段，以热催化作用为主，主要形成烃类气体、液烃和沥青质（固体烃）、非烃类富 CO_2-H_2S 气体等烃类和富烃类还原性成矿流体。在乌拉根–加斯缺乏深部石炭系和二叠系存在依据，深部发育侏罗系，因此，对于砂砾岩型铜铅锌–铀矿床和砂岩型铜矿床而言，侏罗系为主力烃源岩系。

（5）早侏罗世康苏期和中侏罗世杨叶期为聚煤期，形成了半环状煤矿带和含煤烃源岩系，燕山早期（J_{2-3}）和燕山晚期（K_1-E_1a）两次前陆冲断作用导致盆地发生构造反转，构造沉降–沉积中心从北西向转变为近东西向。在白垩纪–古近纪挤压–伸展转换主成盆期，盆地动力学为受同生断裂带控制，挤压走滑抬升隆起形成乌拉根半岛，走滑拉分断陷形成了构造扩容空间，演化为乌拉根局限海湾潟湖盆地，为克孜勒苏群和古近系提供了沉积容纳空间，阿尔塔什组底部热卤水沉积交代–改造型天青石矿床和石膏矿床形成于古近纪初，石膏岩–含膏泥岩–含膏泥质白云岩不但为区域滑脱构造面，也是阿克莫木天然气田良好的盖层。在始新世伊普里斯阶–鲁培尔阶（55.8～33.9Ma）为铅锌–铀–天然气成藏成矿高峰期，与喜马拉雅早期三幕区域挤压构造环境和相关海退过程有显著的时间–空间耦合关系。中新世阿启坦阶–布尔迪加尔阶（23.03～15.97Ma）为天然气充注成藏事件，安居安组砂岩型铜矿床与该期天然气充注和西南天山隆升事件有密切关系，主要与喜马拉雅中期区域挤压应力场下和干旱气候环境在时间–空间具有显著的耦合关系。

（6）乌拉根超大型铅锌矿床主控构造为脆性构造变形域，前陆盆地构造变形样式和构造组合为对冲型逆冲推覆构造系统、斜歪复式向斜+逆冲断层、下白垩统–古近系角度不整合面+层间滑脱构造带，控制了乌拉根超大型铅锌矿床、大型锶矿床、康苏煤矿等，组成了乌拉根前陆盆地构造变形样式和构造组合。在乌拉根复式向斜构造系统中，层间滑脱构造热流体角砾岩相带（K_1-E_1a）由层间滑动断层、滑脱角砾岩相和沥青化含铅锌热流体角砾岩相等组成，盆地流体运移通道类型包括冲断褶皱带型、断裂带型、不整合面型等。盆地流体储集层型运移构造岩相学通道包括低渗透率–低孔隙度型岩性封闭层、高渗透率型岩层、高孔隙度型岩层、高裂隙型岩层、强碎裂岩化相型岩层、层间断裂–裂隙型和切层断裂–裂隙型。

（7）在塔西盆山原镶嵌构造区的陆内特色成矿单元内，铜铅锌、天青石、煤、石膏、铀等矿床储矿层位和天然气田储集层，形成于中–新生代陆内走滑拉分断陷成盆动力学背景下。而铅锌–铀–天然气成藏成矿高峰期与喜马拉雅期多幕次陆内挤压收缩体制关系密切，揭示在中–新生代陆内走滑拉分断陷成盆过程中提供了沉积容纳空间，挤压变形过程中构造应力驱动了盆地流体和成矿流体大规模运移和聚集，背斜构造和向斜构造为主要圈闭构造。帕米尔北缘南倾北向的冲断–褶皱岩片与西南天山南缘北倾南向的冲断–褶皱岩片，组成了对称式薄皮式冲断褶皱构造带，南天山深部盲冲型冲断带具有叠瓦状后展式基底卷入型前陆冲断带。

4.5　乌拉根式砂砾岩型铅锌矿床勘查技术集成与综合找矿预测模型

4.5.1　乌拉根砂砾岩型铅锌矿床综合地质–构造岩相学找矿模型

就目前研究程度看，还原性成矿流体气侵作用形成的褪色化蚀变相可以划分为3个期次：①克孜勒苏群第五岩性段，早期B阶段以非烃类（气烃–液烃–气液烃–含烃盐水）强还原性成矿流体的气侵蚀变为主；②中期A阶段还原性成矿流体气侵作用为富气 CO_2-H_2S

型的非烃类成矿流体，在克孜勒苏群第五岩性段内发育；③中期 B 阶段，以天青石中记录的富气相高温氧化态成矿流体，为显著的高温（480～468℃）氧化态气侵成岩成矿流体，形成于古近纪阿尔塔什期，并具有向下渗滤特征，形成了天青石硅质细砾岩。在阿尔塔什组中形成了热水岩溶角砾岩相。在乌拉根砂砾岩型铅锌矿床研究基础上，建立了乌拉根砂砾岩型铅锌矿床综合地质–构造岩相学找矿模型（表 4-8）。

表 4-8　乌拉根砂砾岩型铅锌矿床综合地质–构造岩相学找矿模型

原型盆地、反转构造、盆地类型	①乌拉根原型盆地：J$_{1-2}$陆内走滑拉分断陷盆地（康苏–岳普湖煤矿）；②K$_1$-E 挤压–伸展走滑转换盆地（乌拉根铅锌矿–帕卡布拉克天青石矿）；③燕山早期（J$_{2-3}$）构造正反转（前陆冲断褶皱带，从走滑拉分断陷反转为挤压–伸展转换盆地）；燕山晚期（K$_1$kz^5-K$_2$）构造反转（从陆内断陷盆地反转为挤压抬升剥蚀）；④古近纪挤压–伸展走滑转换盆地
盆地演化与盆山原耦合转换事件	①初始成盆期（J$_1$）：侏罗纪陆内拉分断陷成盆，康苏期–杨叶期粗碎屑岩系+含煤碎屑岩系+含碳碎屑岩；②盆地反转期（J$_{2+3}$）：杨叶期末–库孜贡苏期（J$_3$）康苏前陆冲断褶皱带，在垂向相序结构为杨叶期深湖相碳质泥岩–同生泥砾岩→库孜贡苏期旱地扇紫红色铁质杂砾岩；③早白垩世陆内断陷盆地，克孜勒苏群扇三角洲相紫红色砾岩和紫红色泥岩，顶部硅质细砾岩；④晚白垩世盆地正反转与前陆冲断褶皱带、局部构造抬升与乌拉根半岛盆地。局部构造–热事件与富烃类还原性成矿流体大规模排泄事件与储集层二次运移（76Ma）；⑤古近纪初阿尔塔什期同时异相结构面，角度不整合面构造（古土壤和古风化壳）→底砾岩→石膏岩相–天青石硅质细砾岩相；⑥转换期盆地挤压变形和大规模盆地流体运移（古近纪构造生排烃事件）；⑦新近纪构造生排烃事件与富烃类成矿流体叠加
九类成矿相体	①初始矿源层和煤系烃源岩相体：早–中侏罗世康苏期–杨叶期煤系烃源岩和矿源层；②克孜勒苏群硅质细砾岩（水下分流河道微相）–紫红色含砾粗砂岩–粗砂岩（河流相）；③同生断裂相带（热流体岩溶白云质角砾岩相+溶塌白云质角砾岩相+紫红色泥质粉砂岩）；④热卤水同生沉积岩相（天青石硅质细砾岩+厚层状天青石岩）；⑤富烃类还原性成矿流体氧化–还原成矿相体（沥青化蚀变相+铁锰碳酸盐化蚀变相）；⑥碎裂岩化相（节理–裂隙–裂缝）；⑦褪色化蚀变相（±线带状沥青化蚀变相）；⑧盆地成矿流体改造相（层间脉带状石膏–重晶石–天青石脉）；⑨铁–铅锌氧化物相，表生富集成矿相与遥感色彩异常识别标志
成矿构造及成矿相体结构面	成矿构造：①晚白垩世前陆冲断带+乌拉根半岛+古风化壳；②K$_1$-E 角度不整合面构造+局限海湾潟湖盆地+同生断裂带；③新近纪层间滑脱构造带+前展式薄皮型冲断褶皱带。成矿相体结构面：①K$_1$顶部扇三角洲相前缘亚相水下分流河道微相+河口砂坝微相；②K$_1$-E 角度不整合面与同时异相结构面+石膏–天青石热水沉积岩相（构造热流体角砾岩相+热流体岩溶白云质角砾岩相）；③晚始新世–渐新世构造生排烃事件、线带状–星带状–团斑状沥青化蚀变相+碳酸盐化蚀变相+褪色化蚀变相+石膏–天青石–方铅矿–闪锌矿细脉带–网脉状；④西域期构造抬升剥蚀面+铁–铅锌氧化物相
五元相体镶嵌结构样式	①岩性岩相封闭层（顶部低渗透率粉砂岩类–高渗透率砾岩类–底板碳酸盐化界面）；②层间滑脱构造岩相带+构造热流体角砾岩相带（成矿流体大规模运移+储集相体）；③线带状–星带状–团斑状沥青化蚀变相–铁锰碳酸盐化蚀变相–褪色化蚀变相（水岩耦合反应相）；④隐蔽层间构造–切层断裂带（层间碎裂岩化相带、成矿流体运移通道带）；⑤构造–热事件（同时异相与盆地流体多重耦合结构面）
成矿作用特征标志	①沉积成岩成矿期：康苏组–杨叶组富铅锌煤系烃源岩系，富集有机碳、Pb-Zn 和 U-Mo 等；②早白垩世高孔隙度–高渗透率硅质细砾岩–含砾粗砂岩；③富 Ba-Sr 高温热卤水与富 Ca-CO$_3^{2-}$ 型热水混合沉积与同生交代作用；④晚白垩世、晚始新世–渐新世富烃类强还原相盆地流体与沥青化蚀变相；⑤表生富集成矿作用，白铅矿–菱锌矿相和褐铁矿–黄钾铁矾相

（1）在沉积盆地尺度上，乌拉根晚白垩世-古近纪局限海湾潟湖盆地的原型盆地为挤压-伸展转换盆地，从早白垩世初期到末期，构造沉积相序总体沉积水体向上变浅，伴有同生断裂活动形成的同生角砾岩相带，以含紫红色泥砾粉砂岩和岩屑砂岩为标志。以克孜勒苏群第五岩性段硅质细砾岩-长英质细砾岩为标志构造岩相学类型。古近系阿尔塔什组从下到上构造沉积相序为总体沉积水体变深的相序结构，为负构造反转作用形成的构造-沉积相序结构。构造岩相学垂向相序为"向上变浅→构造侵蚀+古土壤+热水岩溶角砾岩相带→膏质同生角砾岩+石膏岩+膏质泥质白云岩→浅海相生物碎屑灰岩+结晶灰岩"。

（2）早白垩世顶部与古近纪底部的局部角度不整合面构造。乌拉根砂砾岩型铅锌矿床稳定产出的下白垩统克孜勒苏群第五段（K_1kz^5）与古新统阿尔塔什组底部之间的局部角度不整合面构造附近，也是晚白垩世乌拉根半岛和古近纪乌拉根局限海湾潟湖盆地形成演化的重要构造事件界面，揭示了挤压-伸展走滑转换盆地正反转事件与负反转事件等重大构造-沉积-成岩成矿事件。

（3）铅锌氧化物相（白铅矿、菱锌矿、铅矾、水锌矾等）发育，与天青石化、黄铁矿化、石膏化及白云石化等围岩蚀变相伴，为直接找矿勘查构造岩相学标志。在混合矿石带-原生矿石带中，发育层间方铅矿-闪锌矿脉带。

（4）线带状和星点带状沥青化蚀变相，指示了沿断裂带形成油侵作用和富烃类还原性成矿流体叠加成岩成矿部位。在三期（K_1-E）构造-热事件过程中，驱动了富烃类还原性成矿流体大规模运移和聚集过程。在克孜勒苏群中，以线带状和星点带状沥青化蚀变相为最重要的构造岩相学记录。

（5）克孜勒苏群第五岩性段灰白色厚层状硅质细砾岩（水下分流河道微相）、砂砾岩和含砾粗砂岩（河口砂坝微相）为乌拉根式砂砾岩型铅锌矿床主要赋存层位，在乌拉根、康西、加斯、江格结尔等区域上稳定分布。古新统阿尔塔什组底部底砾岩和热流体岩溶白云质角砾岩为次要储矿层位。

（6）层间滑脱构造热流体角砾岩-构造角砾岩相带。该构造岩相学带发育在克孜勒苏群与阿尔塔什组底部，为区域性层间滑脱构造带，以复成因热流体构造角砾岩相带为标志，大规模铅锌矿体均伴有该构造岩相带。细脉状和网脉状铅锌矿化直接产于热流体岩溶白云质角砾岩中，该相带具有全岩矿化特征。但岩溶坍塌角砾岩和构造角砾岩相（白云质角砾岩类、石膏角砾岩类、泥质灰质角砾岩类、复成分角砾岩类等）含矿性差（非热流体岩溶角砾岩相）。

（7）褪色蚀变相带+铁锰碳酸盐化蚀变相+层间石膏-重晶石-天青石脉带相，指示了富 CO_2-H_2S 型非烃类气侵蚀变相带；天青石中发育的富气相高温成矿流体，为显著的高温（480～468℃）氧化态的气侵成岩成矿流体。克孜勒苏群中发育长百余千米的褪色化蚀变相，产于区域性滑脱构造带附近，伴有线带状-星点带状-团斑状沥青化蚀变相、铁锰碳酸盐化蚀变相、层间石膏-重晶石-天青石脉带相等。褪色化蚀变相属于富气 CO_2-H_2S 型的非烃类成矿流体，形成大规模气侵蚀变相带，是寻找乌拉根式砂砾岩型铅锌矿床的区域性构造岩相学指标。

4.5.2　综合物探勘查与隐伏构造岩相体模型

1. 乌拉根砂砾岩型铅锌矿床的岩矿石物性参数

（1）野外小四极法的岩石露头物性测量。对测区内出露的各类岩石露头进行了小四极法测量，结果表明含铜砂岩、含铅锌白云质角砾岩和含铅锌砂砾岩具有相对的高阻、高极化特点。具体特征如下。含铜砂岩：$\rho_s < 100\Omega \cdot m$，$\eta_s = 0.8\% \sim 2.9\%$；泥岩夹砂岩：$\rho_s < 100\Omega \cdot m$，$\eta_s = 0.8\% \sim 1.6\%$；石膏：$\rho_s = (1 \sim 2) \times 10^3 \Omega \cdot m$，$\eta_s = 0.2\% \sim 0.9\%$；介壳灰岩：$\rho_s = (1 \sim 2) \times 10^2 \Omega \cdot m$，$\eta_s = 0.2\% \sim 1.3\%$；膏质泥岩：$\rho_s = n \times 1 \sim n \times 10^1 \Omega \cdot m$，$\eta_s = 0.2\% \sim 0.9\%$；含铅锌坍塌白云质角砾岩：$\rho_s = n \times 10 \sim n \times 10^2 \Omega \cdot m$，$\eta_s = 1.4\% \sim 16.4\%$；含铅锌砂砾岩：$\rho_s = n \times 10^2 \sim n \times 10^3 \Omega \cdot m$，$\eta_s = 0.8\% \sim 1.9\%$。

（2）室内标本测量。标本采集以矿化岩层为主，兼顾整个测区出露的地层。共采集标本 100 余块，经室内加工后进行了电阻率和极化率的测量（表4-9）。室内测量结果与野外露头测量的结果基本吻合，不同岩性之间存在明显的电性差异，而且测区岩层出露稳定，在含矿岩石（岩层）上具有较低的电阻率及较高极化率特征。

表 4-9　乌拉根砂砾岩型铅锌矿床的岩矿石标本电性参数测定结果一览表

岩石标本	块数	极化率 η_s/%	电阻率 ρ_s/($\Omega \cdot m$)	备注
石膏	8	0.1 ~ 0.4	1000 ~ 2000	
白云岩	12	0.5 ~ 1.5	2500 ~ 10000	
介壳灰岩	11	0.5 ~ 0.6	100 ~ 200	
砂岩	10	0.4 ~ 0.6	50 ~ 500	
含铜砂岩	13	0.5 ~ 3.0	50 ~ 600	孔雀石化
坍塌角砾岩	15	0.3 ~ 0.8	800 ~ 5000	
含矿坍塌角砾岩	15	4.3 ~ 16.4	200 ~ 600	Pb、Zn 矿

2. CAEMP 测量特征

含矿岩石（岩层）上具有较低的电阻率及较高极化率特征。值得指出的是，石膏层在含铅锌矿化层的上部，作为高阻的石膏层和低阻的泥岩可以作为划分岩层界面的标志层，进而对测区各岩性进行分层，达到找矿的目的。根据试验结果，在矿层上有非常明显的低阻高极化异常（图4-6），说明在乌拉根矿区用物探方法圈定矿化蚀变带、寻找深部矿体是有效的。由于矿区磁异常特征不十分明显，矿体与围岩电性差别不大，不易区分，但可以通过高阻区（石膏层）的分布间接确定含矿层位。针对矿体与围岩极化率存在较大差异的特征，下一步工作可以开展大功率激电配合 CAEMP 圈定矿体（图4-7）。

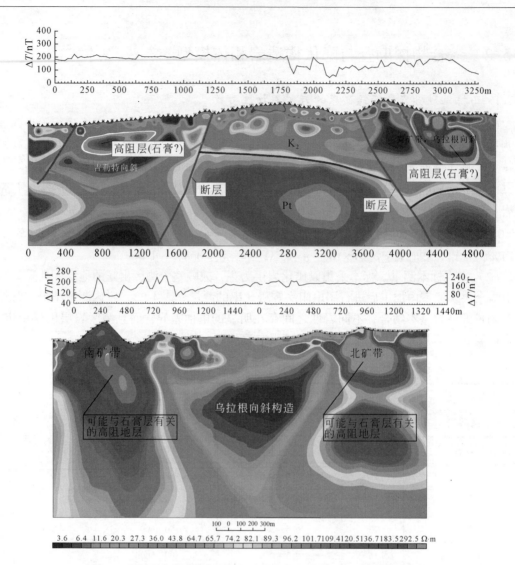

图 4-6　乌恰县乌拉根铅锌矿区–吉勒格铜铅锌矿区物探综合解译剖面

4.5.3　化探–遥感综合方法勘查模型

1. 遥感色彩异常特征

乌拉根式砂砾岩型铅锌矿赋矿层位赋存在下白垩统克孜勒苏群顶部灰白色褪色化蚀变砂砾岩与阿尔塔什组底部,叠加有沥青化蚀变带,含铅锌沥青化褪色化蚀变带具有清晰遥感色彩异常,利用铁化蚀变异常和羟基异常,可以有效圈定含矿蚀变带,作为找矿标志和找矿靶区的圈定依据之一。

2. 区域地球化学异常特征与成晕机制

经 1∶5 万水系沉积物地球化学测量,在乌拉根–康西–帕卡布拉克地区圈定了 Pb-Zn-

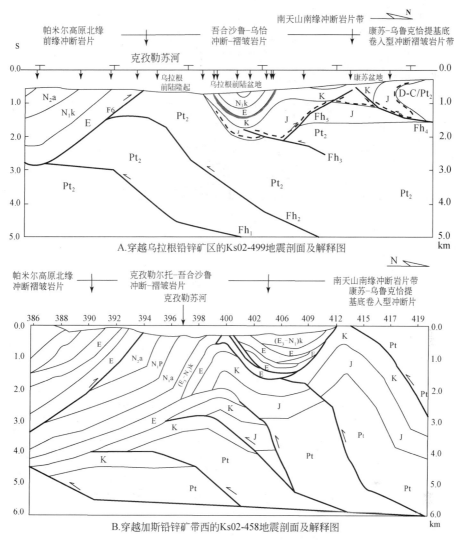

图 4-7　乌恰县乌拉根–吾合沙鲁地区地震剖面资料解译深部构造与前陆冲断褶皱带

（据钱俊锋，2008 修改）

Cd-Ag-W-Mo-Sr 综合异常，即在乌拉根砂砾岩型铅锌矿区，乌拉根北矿带–康西异常带北西向长 5km，宽 2.5km；乌拉根–康西矿区综合异常面积达 25km^2，形成环绕矿带分布、规模较大的环带状异常区，充分反映出乌拉根矿带空间分布形态、规模及延展方向，异常具浓度分带特征，浓集中心重合，异常峰值高（图 4-8），Pb$_{max}$ >2000×10^{-6}、Zn$_{max}$ >1100×10^{-6}、Cd$_{max}$10.28×10^{-6}。其他元素包括 Ag、Cu、Sb、Ba、Sr、Mo、As、Bi 也形成了规模不等的异常（图 4-8）。①乌拉根铅锌矿床以 Pb-Zn-Cd-Ag-W-Mo-Sr 为元素组合的 Pb、Zn 综合异常浓集中心主要沿乌拉根铅锌矿矿源层分布，形成环绕矿带分布规模较大的异常区，充分反映出 Pb、Zn 综合异常与铅锌矿赋矿层位的空间分布形态规模及延展方向基本一致。矿区综合异常与出露于向斜两翼的矿化体完全吻合，其元素组合为 Zn-Pb-Cd-Ag-Cu-As-Sb-Sr-Ba，其中 Zn-Cd-Pb 为主成矿元素组合，Ba-Sr 元素反映了天青石和含天青石膏盐层分布位置，Mo-As-Sb-Bi-Cu 既反映了前缘元素组合，又反映了新近系含铜砂岩的元素组合。②铅锌矿体上方围岩有明显的 Pb、Zn、Ag、Cd 异常。在含矿层未出露时，异常值是背景值的 3～5倍，在含矿层已出露时，异常值是背景值的 8 倍以上。③Cu-Ag-As-Mo-Sr 组合异常，与乌拉根向斜核部的砂岩型铜矿化带密切有关。

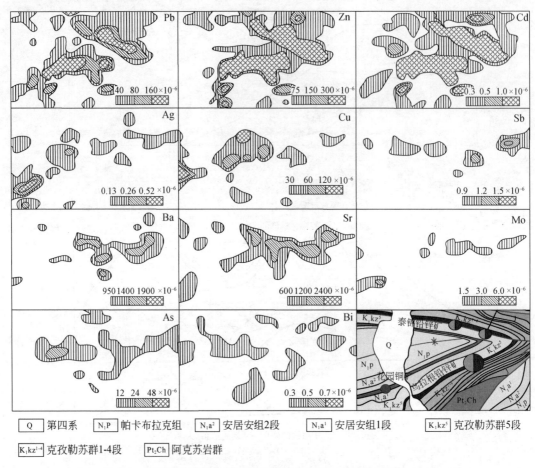

图 4-8　乌拉根砂砾岩型铅锌矿区异常剖析图（据胡剑辉等，2010）

3. 砂砾岩型铅锌矿的原生地球化学异常特征

①乌拉根砂砾岩型铅锌矿体，形成了 Pb-Zn-Cd-Sr-Ag 综合原生异常，在矿（化）体处含量均达到较大值，Pb 为 $3848×10^{-6}$，Zn 为 $32231×10^{-6}$，Cd 为 $87×10^{-6}$，Sr 为 $3491×10^{-6}$等。Cu、Ba、As 和 Sb 含量从围岩至矿体处则呈下降趋势，呈现负异常特征，由围岩中的 $39.6×10^{-6}$、$1091×10^{-6}$、$15.8×10^{-6}$、$1.02×10^{-6}$，降至矿体中的 $8.71×10^{-6}$、$644×10^{-6}$、$6.9×10^{-6}$、$0.42×10^{-6}$等。Mo 异常与热流体角砾岩相带有密切关系，最高为 $3.7×10^{-6}$，在其他岩性段均值小于 $1×10^{-6}$。Ag 异常在矿体上盘围岩白云岩处含量较高，其均值为 $325×10^{-9}$，在矿体处略高于均值。一般均较低，为 $35～70×10^{-9}$。②经计算，由浅部至深部元素分带系列为：Sr-Mo-Ba-As-Sb-Cu-Cd-Pb-Mn-Zn-Ag，其前缘元素以 Sr、Ba、As、Sb 为主，近矿元素以 Pb、Zn、Cd、Ag 为主（图 4-9）。③在新近系中 Cu-As-Sb-Mn-Mo 异

常，揭示了新近系中含铜矿化和铜矿源层的蚀变砂岩，也是新近系安居安组蚀变砂岩，对于铜富集成矿有利。

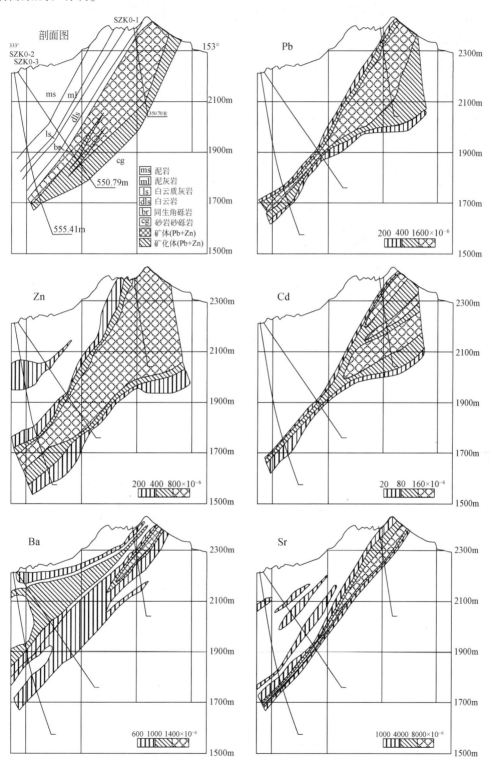

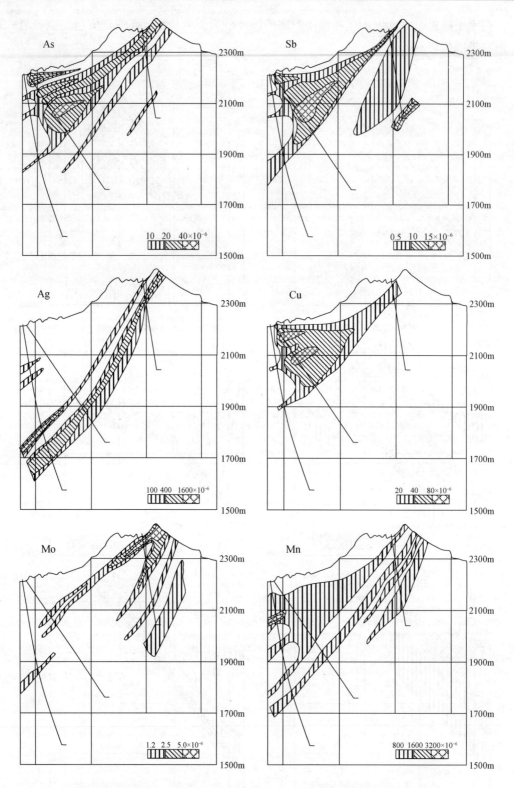

图 4-9　乌拉根铅锌矿南矿带 0 号勘探线原生异常剖面图（据胡剑辉等，2010）

4.5.4　乌拉根式砂砾岩型铅锌矿床地–物–化–遥综合集成找矿预测模型

乌拉根式砂砾岩型铅锌矿床地–物–化–遥综合集成找矿预测模型见表 4-10，该综合找矿预测模型，适用于乌拉根式砂砾岩型铅锌矿床的深部和外围区域找矿预测，在 1∶5 万喀炼铁厂幅和康西砂砾岩型铅锌矿深部找矿预测进行了示范应用，并取得了显著的找矿预测效果，深部验证见矿，对找矿预测模型进行完善修改。

表 4-10　乌拉根式砂砾岩型铜多金属矿床综合地质–物探–化探–遥感集成综合找矿预测模型

成矿相体与物化遥异常	初始成矿地质体：①康苏组–杨叶组煤系烃源岩和矿源层具有 Pb-Zn 化探异常；②克孜勒苏群顶部三角洲前缘岩相硅质细砾岩–含砾粗砂岩–粗砂岩；③古新统阿尔塔什组底部局限海湾潟湖相+热水沉积岩相（天青石石膏角砾岩–白云质角砾岩–天青石岩–含膏白云岩）；④化探标志：Cu-Pb-Zn-Cd-Sr 等综合异常，氧化相 Sr-Ba 异常；⑤遥感标志铁化蚀变相+褪色化蚀变相；⑥物探标志与隐伏相体：隐伏沉积盆地+前陆冲断褶皱带 叠加成矿相体：①成矿期相体：晚白垩世前陆冲断褶皱带；②层间滑脱构造岩相带；③线带状–团斑带状沥青化蚀变相–褪色化蚀变相
成矿构造及成矿相体结构面	①成矿期构造：晚白垩世构造抬升事件+挤压–走滑作用+乌拉根半岛构造；②同生成矿期构造、K_1-E 局部不整合面构造+古近系局限海湾潟湖盆地+同生断裂相带；③叠加成矿期构造：喜马拉雅期复式斜歪向斜构造+前展式薄皮型冲断褶皱带+层间滑脱构造岩相带 化探标志：半环状 Cu-Pb-Zn-Cd-Sr 综合异常。地震勘探圈定隐伏构造、隐伏盆地和隐蔽前陆冲断褶皱带 成矿相体结构：①初始矿源层和煤系烃源岩相体：早–中侏罗世康苏期–杨叶期煤系烃源岩和矿源层；②克孜勒苏群硅质细砾岩（水下分流河道微相）–紫红色含砾粗砂岩–粗砂岩（河流相）；③同生断裂相带（热流体岩溶白云质角砾岩相–溶塌白云质角砾岩相+紫红色泥砾粉砂岩）；④热卤水同生沉积岩相（天青石硅质细砾岩+厚层状天青石岩）；⑤富烃类还原性成矿流体氧化–还原成矿相体（沥青化蚀变相+铁锰碳酸盐化蚀变相）；⑥碎裂岩化相（节理–裂隙–裂缝）；⑦褪色化蚀变相（±线带状沥青化蚀变相）；⑧盆地成矿流体改造相（层间脉带状石膏–重晶石–天青石脉）；⑨铁–铅锌氧化物相，表生富集成矿相与遥感色彩异常识别标志
相体组合的结构类型	①岩性岩相封闭层（顶部低渗透率粉砂岩类–高渗透率砾岩类–底板碳酸盐化界面）；②层间滑脱构造岩相带+构造热流体角砾岩相带（成矿流体大规模运移+储集相体）；③线带状–星带状–团斑状沥青化蚀变相–铁锰碳酸盐化蚀变相–褪色化蚀变相（水岩耦合反应相）；④隐蔽层间构造–切层断裂带（层间碎裂岩化相带、成矿流体运移通道相）；⑤构造–热事件（同时异相与盆地流体多重耦合结构面）

成矿作用特征标志	①沉积成岩成矿期：康苏组–杨叶组富铅锌煤系烃源岩系，富集有机碳、Pb-Zn 和 U-Mo 等。②早白垩世高孔隙度–高渗透率硅质细砾岩–含砾粗砂岩。富烃类还原性成矿流体与含铅锌赤铁矿相（Pb-Zn 氧化相），地球化学岩相学类型：氧化–还原相界面作用。③富 Ba-Sr 高温热卤水与富 Ca-CO_3^{2-} 型热水混合沉积与同生交代作用。天青石热水同生沉积交代岩相、热水混合沉积岩相。④晚白垩世和晚始新世–渐新世叠加成矿作用：富烃类强还原相成矿流体与沥青化蚀变相、富 Mn-Mg-CO_3^{2-} 型成矿流体交代作用。⑤表生富集成矿作用：白铅矿–菱锌矿相和褐铁矿–黄钾铁矾相 砂砾岩型铅锌矿体特征：①大规模层状、似层状矿体，以砂砾岩型铅锌矿石（80%）为主，次为白云质角砾岩型铅锌矿石，伴生石膏和天青石矿石。②不对称斜歪向斜状矿体，局部穿层断裂–节理–裂隙带与层间滑动构造带交汇处，形成铅锌富矿块。③矿石矿物组合简单，闪锌矿–方铅矿–黄铁矿–白铁矿等；脉石矿物为石膏–方解石–白云石。④围岩蚀变组合：石膏–天青石化/石膏化–高岭石–伊利石–绢云母（酸性氧化相）、方解石化–白云石化（碱性相）、沥青化–黄铁矿化（酸性还原相）、褪色化等。⑤乌拉根铅锌矿床氧化强烈，形成深度很大的氧化带。北矿带角砾岩型铅锌矿体 200m 以上全为氧化矿石，其上部的砂砾岩型铅锌矿在 70m 以上亦全为氧化矿石，在 70～120m 以氧化矿为主有部分混合矿；南矿带同样以氧化矿为主，氧化深度可达 180m，其中亦可见混合矿。由于氧化淋滤所造成的富集作用，Pb、Zn 垂直分带现象明显，特别是锌的次生富集作用强烈；一般地表矿石中锌的品位不高，但向深部品位逐渐增高，主要富集部位在 70～180m 的混合矿带中

第5章 塔西地区中–新生代沉积盆地综合分析与成矿规律

研究表明:①在萨热克巴依陆内拉分断陷盆地中,库孜贡苏组砾岩类中,砾石成分混杂,成分成熟度低,尤其是以富含基性火山岩砾石为特征。与乌拉根下白垩统克孜勒苏群硅质细砾岩中砾石成分和特征差异甚大,也与杨叶–滴水–加斯新近纪沉积盆地中发育泥砾和粉砂质泥岩有巨大差异,显示它们为三种不同类型的蚀源岩区和盆地动力学背景。②在乌拉根–乌鲁克恰提白垩纪–古近纪挤压–伸展走滑转换盆地中,克孜勒苏群第五岩性段以硅质细砾岩为主,主要为灰黑色硅质岩、脉石英和酸性球粒流纹岩等细砾石,砾石的成分成熟度和磨圆度均较高,揭示距离蚀源岩区的远近。以富含酸性流纹岩砾石为区别性的构造岩相学特征,暗示它们蚀源岩区主要为酸性火山岩区(成熟岛弧带)。③在杨叶–滴水–加斯新近纪陆内咸化湖盆中,含泥砾钙屑砂岩和含泥砾岩屑砂岩中,紫红色泥砾为近源剥蚀再沉积产物,主要具有受同生断裂带相带控制的沉积盆地物质再循环沉积特点。而拜城–库车新生代陆内咸化湖盆,受盐丘构造和盐底劈构造控制更为强烈。本章以塔西–塔北地区萨热克中生代拉分断陷盆地、乌拉根白垩纪–古近纪挤压–伸展转换盆地、托云中–新生代后陆盆地、塔西新生代陆内咸化湖盆地和塔北新生代陆内咸化湖盆地等综合对比研究为主,解剖克孜洛依组–安居安组砂岩型铜矿床(杨叶–花园铜矿床)和康村组中砂岩型铜矿床(滴水砂岩型铜矿床),进行塔西–塔北地区砂砾岩型铜铅锌矿床和砂岩型铜矿床区域规律研究及国内外对比研究,建立塔西铜铅锌区域成矿系统演化模型。

5.1 盆地物源分析、蚀源岩区示踪与盆山耦合关系

近年来,碎屑沉积锆石 U-Pb 年龄、锆石裂变径迹年龄及磷灰石裂变径迹年龄研究发展迅速,成为定量示踪研究新热点技术。从构造岩相学和地球化学岩相学角度出发,结合岩相地球化学研究,进行多种方法综合研究和综合分析,对盆地物源分析和蚀源岩区示踪更为有效,对于研究沉积盆地源–汇系统与盆山原耦合转换过程,能够提供综合依据。

5.1.1 沉积物、碎屑和砾石成分特征与蚀源岩区分析

在萨热克巴依陆内拉分断陷盆地中,库孜贡苏组砾岩类中,砾石成分混杂,成分成熟度低,尤其以富含基性火山岩砾石为特征。与乌拉根下白垩统克孜勒苏群硅质细砾岩中砾石成分和特征差异甚大,也与杨叶–滴水–加斯新近纪沉积盆地中发育泥砾和粉砂质泥岩有巨大差异,显示它们有三种不同类型的蚀源岩区和盆地动力学背景。

1. 砾石成分特征

砾石成分特征:①与阿克苏岩群成分具有类似特征的砾石分布在莎里塔什组、杨叶组、

塔尔尕组和库孜贡苏组内,尤其是在萨热克巴依陆内走滑拉分断陷盆地南侧,塔尔尕组水下扇和陆相冲积扇中,来自阿克苏岩群砾石特征较为明显,从扇缘亚相泥质细砾岩→扇中亚相砂质中砾岩→扇顶亚相粗砾岩→水上泥石流相粗杂砾岩,揭示塔尔尕组为主成盆期。同时,在萨热克北矿带,在塔尔尕组顶部发育向上变粗的沉积层序,揭示塔尔尕组末期萨热克巴依走滑拉分断陷盆地发生了构造反转,盆地开始萎缩。②本次项目在钻孔构造岩相学编录中,新厘定了杨叶组与下伏地层的古风化壳和角度不整合面接触关系,证实了萨热克巴依走滑拉分断陷盆地中部存在隐伏基底构造层。而在萨热克北矿带地表,杨叶组底部发育石英质底砾岩,与阿克苏岩群呈角度不整合关系,揭示中侏罗世杨叶期为盆地拉分断陷沉积成盆期。③在库孜贡苏组湿地-旱地扇叠加复合扇体中,库孜贡苏组第一岩性段湿地扇中砾石成分复杂,以紫红色大理岩、灰白色大理岩、变砂岩、变粉砂岩、辉绿岩、辉绿玢岩、石英岩等为主,砾石成分与阿克苏岩群、志留系、泥盆系-石炭系等地层成分相似。胶结物以钙屑碳酸盐岩+网脉状铁白云石+黄铁矿+绢云母+硅质+绿泥石为主,呈灰白色-灰绿色,褪色化作用强烈。向萨热克铜矿区外围,库孜贡苏组第一岩性段为紫红色铁质杂砾岩,砾石成分与萨热克铜矿区的砾石相近或一致,但胶结物以铁质和碳酸盐质(方解石)为主,缺失网脉状铁锰白云石和铁锰方解石。

在萨热克铜矿区,库孜贡苏组第二岩性段中,砾石成分与阿克苏岩群、志留系、泥盆系-石炭系等地层成分相似:①主要特征整体上为含铜辉绿岩、含铜辉绿玢岩和基性火山岩砾石含量比例显著增加,局部以蚀变基性火山岩和蚀变紫红色碎裂岩化大理岩为主,在蚀变基性火山岩中,黑云母-绿泥石化蚀变相发育;在蚀变紫红色碎裂岩化大理岩中,发育网脉状铁锰白云石化-铁锰方解石化,揭示库孜贡苏组第二岩性段中,盆地流体和成矿流体更为发育。②在砾石之间和砾石裂缝中,沥青化蚀变发育,揭示这些砾石不但发育碎裂岩化相,而且叠加了富烃类强还原成矿流体作用,以发育沥青化蚀变相为标志。③在砾石之间、砾缘和砾内裂缝中,发育辉铜矿、斑铜矿和黄铜矿等热液硫化物胶结物,发育铁锰白云石和铁锰方解石热液胶结物。④在砾石和胶结物中,发育碎裂岩化相,以裂隙-裂缝中充填沥青质、热液硫化物、热液碳酸盐矿物(白云石-方解石)和绿泥石等为区别性构造岩相学标志,主要为库孜贡苏组内层间滑动构造带所形成。在萨热克铜矿区外围,库孜贡苏组中缺乏层间滑动构造带和碎裂岩化相叠加作用,局部因切层断裂带作用,发育切层褪色化和碎裂岩化相带。

基性凝灰质和岩屑、基性火山岩砾石等,在库孜贡苏组第二岩性段内较为发育,局部基性火山岩砾石和辉绿辉长岩砾石富集,它们在萨热克砂砾岩型铜多金属矿床形成过程中,主要有三个方面作用。①在沉积成岩成矿期,早期A阶段的成岩成矿作用表现为在基性火山岩、基性玢岩类砾石内部和砾缘边部,形成了辉铜矿-绿泥石-铁白云石组合,沉积成岩成矿期以基性火山岩砾石与同生成岩成矿作用为主。在萨热克30线、2760m中段和2685m中段等,含基性火山岩砾石在含铜蚀变粗砾岩-巨砾岩中发育,铜品位相对较高。含铜蚀变巨砾岩中发育较多玄武玢岩砾石,砾石含量在60%~65%,呈圆状、椭圆状、不规则状等,砾径在2~30mm,砾石成分主要为玄武玢岩等火山岩砾石、砂岩和粉砂岩等沉积岩砾石、粉砂泥质板岩和千枚岩等变质岩砾石。砂屑(30%~35%),圆状、次圆状、不规则状等,镜下粒径0.1~2mm,其成分以岩屑为主,次为石英,含少量长石。岩屑成分与角砾类同,仅为粒度上的差异;石英和长石粒度大小差异较大,无分选性。胶结物(5%)为方解石和辉铜矿,构成了典型的碳酸盐矿物和铜硫化物胶结,方解石粒径为 0.1~1mm,分布于角砾和砂屑间隙起着填隙与胶结作用,形成孔隙式胶结。②在沉积成岩成矿期早期 B 阶段,辉铜矿-绿泥石热液胶结物为泥质填隙物和凝灰质,胶结物经过热液蚀变作用所形成。在黏土矿物胶结成岩成矿作用中,绿泥石化普遍发育,具有典型溶蚀交代结构,绿泥石交代黏土质黑云母、角闪石和辉石,辉铜矿与绿泥石共生;在基性火山岩、玄武岩、辉绿玢岩和辉绿岩砾石中,绿泥石和方解石呈浸染状交代角闪石、辉石和黑云母等暗色矿物,形成方解石绿泥石化辉绿玢岩砾石,辉铜矿(0.06~1.1mm,6%)呈浸染状与绿泥石共生。绿泥石化方解石化辉绿玢岩具有斑状结构,暗色矿物斑晶已经被绿泥石和方解石完全交代。基质呈变余辉绿结构,其中斜长石呈板状杂乱分布,空隙中充填了辉石和辉铜矿,辉石已经被绿泥石、方解石完全交代。③在富烃类还原性成矿流体改造成矿期为地球化学酸性-碱性岩相学耦合反应界面(烃类-铜硫化物-铁锰白云石网脉)。辉铜矿(5%)呈不规则状(0.03~1.5mm),三种不同的赋存状态揭示了三类不同岩相学结构和成因,发育在玄武玢岩角砾的杏仁体中,辉铜矿有可能为沉积成岩成矿初期形成或者是玄武玢岩本身携带的辉铜矿;与黄铁矿伴生的辉铜矿,呈稀散浸染状分布在玄武玢岩角砾中,推测这种呈胶结物形式的辉铜矿形成于沉积成岩成矿初期。辉铜矿呈微脉状、断续脉状和稀散浸染状分布于玄武玢岩角砾与碎屑间隙,揭示玄武玢岩角砾遭受构造应力变形后,形成了显微裂隙和裂缝后,辉铜矿以充填方式进入这些显微裂隙中。黄铁矿含量为 3%~4%,他形不规则状,粒径 0.02~0.1mm,已强烈褐铁矿化,部分仅剩下交代残留,常与辉铜矿伴生,呈细脉浸染状分布于岩石裂隙中,部分呈微粒状分布于辉铜矿晶粒中。少量方铅矿呈不规则状,粒径 0.03~1.25mm,部分与辉铜矿连生,主要见于玄武岩角砾中,稀散浸染状分布。微量铜蓝呈不规则状,粒径 0.01~0.03mm,与辉铜矿伴生,局部可见。磁铁矿:少量,不规则粒状,粒径 0.01~0.25mm,已逐步赤铁矿化,稀散状分布于部分角砾中。④在侵入于克孜勒苏群的辉长辉绿岩脉群内,深源岩浆热液叠加成岩成矿作用直接形成了含铜硅化铁白云石化蚀变带,含有黄铜矿、闪锌矿、方铅矿、黄铁矿和磁黄铁矿等副矿物。发育地球化学酸性(硫化物)-碱性岩相学(铁锰白云石)耦合反应界面记录,以大规模黏土化蚀变相、硅化蚀变相、大规模硅化-铁白云石化蚀变相为标志。

总之,萨热克式砂砾岩型铜多金属矿区,在上侏罗统库孜贡苏组内,砾石来自中元古界阿克苏岩群和古生代地层,砾石成分混杂,磨圆度较差,以富含基性火山岩、辉绿岩和辉绿玢岩砾石且这些砾石中辉铜矿呈微细网脉状为特征,揭示近源快速剥蚀和搬运沉积过程,与相邻造山带距离较近,可为萨热克巴依走滑拉分断陷盆地提供丰富的蚀源岩和初始成矿物质。

2. 砾石成分与演化物源区关系

在乌拉根-乌鲁克恰提白垩纪-古近纪挤压-伸展走滑转换盆地中,下白垩统克孜勒苏群沉积物、岩屑和砾石成分,脉石英、硅质岩、酸性火山岩和球粒流纹岩等组成的细砾石,揭示早白垩世盆地演化与物源区,与阿克苏岩群和中酸性岩浆弧源区有密切关系。

(1)在萨热克巴依-托云地区,克孜勒苏群第一岩性段以紫红色泥质粉砂岩、紫红色粉砂质泥岩和含砾岩屑砂岩等为主,与下伏上侏罗统库孜贡苏组呈整合接触,主要为山间尾闾湖盆相,为干旱炎热环境下形成的沉积产物,揭示其沉积环境相对较为稳定,它们位于苏鲁铁列克垂向基底隆起构造带北侧。在苏鲁铁列克南侧的东西向乌鲁克恰提-巴什布拉克-康苏-托帕等一线,克孜勒苏群第一岩性段为紫红色粗杂砾岩-紫红色中杂砾岩夹砂岩透镜体,山麓冲积扇和旱地扇砾岩发育,显示其苏鲁铁列克垂向基底隆起构造带南侧和北侧沉积环境有较大差别。

(2)在苏鲁铁列克垂向基底隆起构造带南侧,克孜勒苏群底部为山麓冲积扇相,向上演进为河流-滨湖相。①在巴什布拉克砂砾岩型铀矿区克孜勒苏群发育三个岩性段,克孜勒苏群第一岩性段紫红色与灰绿色杂砾岩,与下伏阿克苏岩群呈角度不整合接触。第一岩性段为浅褐红色和灰色含砾粗碎屑岩系,以含砾中粗砂岩夹砾岩为主,厚度260m,夹薄层(10～50cm)杂色及灰绿色砂岩,为山麓冲积扇旱地扇相含铀矿砾岩,含11层较稳定的砾岩,发育区域性沥青化蚀变相和油苗。第二岩性段为褐红色和杂色中细砂岩夹泥岩,厚度235m,基本不含砾石;第三岩性段以褐红色和浅黄色中粗砂岩夹砾岩、泥岩,局部见灰绿色泥岩,它们为河流-滨湖相。②在托帕砂砾岩型铜铅锌矿区,克孜勒苏群与下二叠统比尤列提群(P_1by)呈角度不整合接触。白垩统克孜勒苏群分为3个岩性段:第一岩性段为褐红色块状泥岩夹灰绿、灰白色中薄层砂岩。第二岩性段为褐红、灰白色块状砂岩,岩屑砂岩夹少量褐红色泥岩,顶部为褐红色块状泥岩。第三岩性段为灰黄、褐黄色块状砂砾岩,砾岩,含砾砂岩,顶部为透镜状泥岩。与上覆始新统卡拉塔尔组透镜状坍塌角砾岩呈角度不整合接触,缺失阿尔塔什组等。揭示在克孜勒苏群第四阶段遭受剥蚀或未接受沉积,一直延续到始新世卡拉塔尔期。表明在克孜勒苏期第四阶段开始的构造抬升作用,从北到南且从东到西发展。③在乌鲁克恰提克孜勒苏群冲积扇相发育,Cu-Pb-Zn-Ba-Sr综合异常发育,为寻找砂砾岩型铜铅锌矿床找矿靶区。

(3)锆石裂变径迹年龄揭示其蚀源岩区曾经历了两期构造隆升事件,推测为苏鲁铁列克垂向基底隆起构造带南侧强烈隆升事件,沉积碎屑锆石裂变径迹年龄分别为159±7Ma、145±7Ma和119±6Ma(本书,沉积锆石裂变径迹法年龄),构造隆升事件发生在晚侏罗世库孜贡苏期(159±7Ma～145±7Ma)和克孜勒苏期第四阶段(119±6Ma)。在乌拉根砂砾岩型铅锌矿区克孜勒苏群第四岩性段内,发育紫红色泥砾岩、同生泥质角砾岩、地震岩席和滑脱同生沉积相带,且富集Pb-Zn等成矿物质,与克孜勒苏期第四阶段北侧苏鲁铁列克垂向基底构造隆升事件密切有关,揭示乌拉根砂砾岩型铅锌矿区内,局部同生断裂相带发育。

(4)克孜勒苏群第五岩性段以硅质细砾岩为主,主要有灰黑色硅质岩、脉石英、酸性火山岩和酸性球粒流纹岩等细砾石,砾石成分成熟度和磨圆度均较高,揭示距离蚀源岩区较远。以富含酸性火山岩和球粒流纹岩细砾石为区别性的构造岩相学特征,暗示它们蚀源岩区为酸性火山岩区(成熟岛弧带),显示乌拉根砂砾岩型铅锌矿床的蚀源岩区,与萨热克砂砾岩型铜多金属矿床和砂岩型铜矿床的蚀源岩区具有显著差异。

3. 不同组内发育砂岩成分不同

在喀什花园-杨叶-加斯新近纪陆内咸化湖盆中,克孜洛依组含铜钙屑砂岩发育褪色化,但紫红色泥砾不发育。而在安居安组内,以发育紫红色泥砾和含泥砾褪色化蚀变砂岩为标志。①含泥砾钙屑砂岩和含泥砾岩屑砂岩中,紫红色泥砾为近源剥蚀再沉积产物,主要受同生断裂带控制,而拜城-库车新生代陆内咸化湖盆,受盐丘构造和盐底劈构造控制更为强烈。②沉积锆石裂变径迹揭示,安居安组蚀源岩区,曾经历了145±7Ma源区构造隆升事件,为库孜贡苏运动所形成的构造隆升事件。③磷灰石裂变径迹年龄揭示,成矿流体和前展式薄皮型冲断褶皱带形成的构造-热事件为14±1Ma。④在拜城滴水新近纪陆内咸化湖盆中,内源白云质发育,揭示了咸化湖泊相特征。

以上对砾石特征构造岩相学研究表明:①萨热克式砂砾岩型铜多金属矿区,以富含基性火山岩、辉绿岩和辉绿玢岩砾石且这些砾石中辉铜矿呈微细网脉状为特征,相邻造山带距离较近,可为萨热克巴依走滑拉分断陷盆地提供丰富的蚀源岩和初始成矿物质,以富含超基性岩-基性岩砾石为主,砾石内和砾缘发育碎裂岩化相和显微裂缝,在这些砾石中发育碎裂岩化相和细网脉状铜硫化物;②在乌拉根-乌鲁克恰提白垩纪-古近纪挤压-伸展走滑转换盆地中,下白垩统克孜勒苏群砾石成分以硅质和长英质细砾石为特征,揭示早白垩世盆地演化与物源区,与阿克苏岩群和中酸性岩浆弧源区有密切关系;③克孜洛依组和安居安组以紫红色泥砾为特征,揭示砾石为近源快速堆积特征,推测与同生断裂关系密切,为同沉积期构造扰动再沉积作用所形成的构造岩相学产物,显微裂缝构造发育。

5.1.2　碎屑锆石地球化学特征与萨热克巴依沉积盆地物源区分析

选择萨热克巴依陆内走滑拉分盆地、乌拉根白垩纪-古近纪挤压-伸展走滑转换盆地、杨叶花园-加斯新近纪陆内咸化湖盆,进行碎屑锆石地球化学的源区示踪研究,揭示盆地蚀源岩区特征。

(1)样品采样位置及地质特征。本次研究在萨热克砂砾岩型铜多金属矿床北矿带采集样品 4 件:①HD2730-3 采样位置为萨热克铜矿勘查区 0 勘探线 2730m 中段 006 穿脉的 70m 处西壁,为含铜碎裂状砾石,碎裂岩化相;②HD2730-4 采样位置为萨热克铜矿勘查区 0 勘探线剖面,2730m 中段 006 穿脉的 70m 处东壁,为辉铜矿矿石,碎裂岩化相;③HD2730-5 采样位置为萨热克铜矿勘查区 0 勘探线剖面,2730m 中段 006 穿脉的 15m 处,辉铜矿脉状矿石;④HD2730-6采样位置为萨热克铜矿勘查区 0 勘探线剖面,2730m 中段 006 穿脉的 30m 处,位于中侏罗统库孜贡苏组。

(2) HD2730-3 碎裂岩化相富铜矿石(辉铜矿型矿石)为库孜贡苏组碎裂岩化相沥青化蚀变杂砾岩:①黑色沥青化蚀变杂砾岩的砾缘分布黄铜矿和斑铜矿,砾石内部有蚀变浸染状辉铜矿,砾石内边部分布半环带状、环带状辉铜矿细脉,砾石中心辉铜矿呈细粒浸染状,砾石边部可见辉铜矿、斑铜矿。显示辉铜矿、斑铜矿形成之后有构造运动。大的砾石有 3.5cm×2.5cm。浑圆状形态碎裂状边部有环带-半环带辉铜矿,内部有细脉状辉铜矿,显示砾石破碎后形成辉铜矿;②砾石粒径分别为 12mm×6mm、14mm×4mm,砾石呈浑圆状,辉铜矿呈热液胶结物胶结砾石,辉铜矿呈浑圆状环带围绕砾缘裂隙生长;③辉铜矿脉宽 1~2mm,以沥青化-泥化-硅化-绿泥石化蚀变为主。

(3)从 HD2730-3 样品分选出的锆石分两种,揭示具有两类碎屑锆石的物源区特征。一是锆石以玫瑰色为主,滚圆-次滚圆柱状、柱粒状,透明-半透明,部分已铁染,该锆石磨圆度较高,分选性较好,搬运痕迹略显→较明显,推测该锆石略经或经中距离搬运而来,占锆石总量的90% 左右。二是锆石为粉色,个别水化呈灰白色,自形半自形双锥柱状、断柱状,透明,该锆石磨圆度较低-中等,分选性较好,搬运痕迹不太明显,推测该锆石距母岩区较近,约占锆石总量的10% 左右。①锆石阴极发光证明锆石具有两类(岩浆成因和碎屑锆石两类)成因。一类是晶形较好可见明显的震荡环带(细密的震荡环带、较宽的震荡环),尽管有些已经模糊化,但仍依稀可辨,表明它们主要是岩浆成因的,说明其可能为岩浆成因锆石。另一类锆石具有磨圆状,阴极发光下环带不明显(发光与不发光均有),明显是颗粒破碎所致,可能是碎样过程造成的。选取晶形较好和环带清晰的锆石进行了测试分析(图 5-1);②锆石的 $^{232}Th/^{238}U$ 值变化范围为 $0.26 \sim 1.05(N=24)$, ^{232}Th 和 ^{238}U 含量均较低,其中 ^{232}Th 的平均含量为 160.46×10^{-6}, ^{238}U 的平均含量为 289.61×10^{-6}。$^{207}Pb/^{206}Pb$ 年龄数据计算的加权平均年龄为 $439 \pm 4Ma$(图 5-1), $N=12$, $MSWD=0.32$,为志留纪初期鲁丹阶末期($443.7 \pm 1.5 \sim 439.0 \pm 1.8Ma$)。该样品中尚有 $738.9 \sim 983.3Ma$、$2713.9Ma$ 等古老年龄信息。

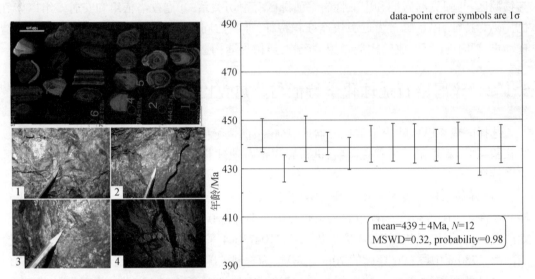

图 5-1　萨热克砂砾岩型铜多金属矿床碎屑锆石采样位置及特征和加权平均年龄图

1. 碎裂岩化相富铜矿石(辉铜矿型矿石)HD2730-3;2. 网脉状黄铜矿辉铜矿型矿石 HD2730-4;
3. 黄铜矿斑铜矿辉铜矿型矿石 HD2730-5;4. 含沥青断层泥 HD2730-6

　　(4)在库孜贡苏组中 HD2730-4 辉铜矿矿石分选出的锆石分两种:①以玫瑰色为主,滚圆-次滚圆柱状、柱粒状,透明-半透明,该锆石磨圆度较高,分选性较好,搬运痕迹略显→较明显,推测该锆石略经或经中长距离搬运而来,占锆石总量的90%左右。②粉色锆石个别水化呈灰白色,自形半自形双锥柱状、断柱状,透明,该锆石磨圆度较低-中等,分选性较好,搬运痕迹不太明显,推测该锆石距母岩区较近,约占锆石总量的10%。③阴极发光照片下可见锆石分为两种。一种是晶形较好可见明显的震荡环带(细密的震荡环带、较宽的震荡环),尽管有些已经模糊化,但仍依稀可辨,表明它们主要是岩浆成因的,说明其可能为岩浆成因锆石;另一种锆石具有磨圆状,阴极发光下环带不明显(发光与不发光均有),明显是颗粒破碎所致,可能是碎样过程造成的。④选取晶形较好和环带清晰的锆石进行了测试分析(图 5-2),锆石的 $^{232}Th/^{238}U$ 值变化范围为 $0.04 \sim 1.36(N=27)$, ^{232}Th 和 ^{238}U 含量均较低,其中 ^{232}Th 的平均含量为 160.46×10^{-6}, ^{238}U 的平均含量为 306.70×10^{-6}。$^{207}Pb/^{206}Pb$ 年龄数据计算得出加权平均年龄为 $434 \pm 6Ma$(图 5-2)。尚有 $720 \sim 922Ma$、$1909 \sim 2759Ma$ 等古老年龄信息。

　　(5)库孜贡苏组 HD2730-5 脉状辉铜矿矿石。分选出两类锆石:①以玫瑰色为主,滚圆-次滚圆柱状、柱粒状,透明-半透明,部分已铁染,毛玻璃光泽,表面从较光滑→较粗糙呈过渡

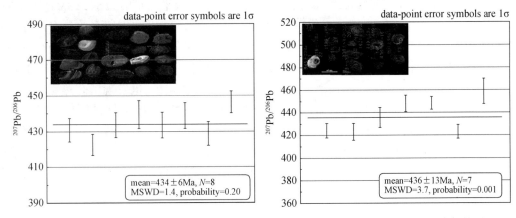

图 5-2　萨热克 HD2730-4 和 HD2730-5 样品中碎屑锆石阴极发光(CL)与加权平均年龄图

状或较粗糙,该锆石磨圆度较高,分选性较好,搬运痕迹略显→较明显,推测该锆石略经或经中长距离搬运而来,占锆石总量的 90% 左右。②粉色锆石呈自形半自形双锥柱状、断柱状,透明,该锆石磨圆度较低–中等,分选性较好,搬运痕迹不太明显,推测该锆石距母岩区较近,约占锆石总量的 10% 。③阴极发光照片下可见锆石分为两种。一种是晶形较好可见明显的震荡环带(细密的震荡环带、较宽的震荡环),尽管有些已经模糊化,但仍依稀可辨,表明它们主要是岩浆成因的,说明其可能为岩浆成因锆石;另一种锆石具有磨圆状,阴极发光下环带不明显(发光与不发光均有),明显是颗粒破碎所致,可能是碎样过程造成的。④选取晶形较好和环带清晰的锆石进行测试分析(图 5-2),锆石的 $^{232}Th/^{238}U$ 值变化范围为 0.03 ~ 1.45(N =36) , ^{232}Th 和 ^{238}U 含量均较低,其中 ^{232}Th 的平均含量为 $162.65×10^{-6}$, ^{238}U 的平均含量为 $294.07×10^{-6}$ 。 $^{207}Pb/^{206}Pb$ 年龄数据计算得出加权平均年龄为 436±13Ma(图 5-2),该样品中的较年轻锆石年龄为 294.51Ma,为早二叠世初期阿瑟尔阶,推测与塔西二叠纪玄武质岩浆大规模侵位(辉长岩侵入)密切有关。⑤最年轻碎屑锆石年龄为 150.09Ma,为晚侏罗世基末利阶(150.8 ~ 155.8Ma),考虑到中侏罗世末–晚侏罗世为萨热克巴依地区构造反转事件,推测为该构造反转事件年龄或同期岩浆活动事件,也为晚侏罗世库孜贡苏期的构造–岩浆–热事件的形成年龄(150.09Ma),以碎屑锆石最年轻的年龄为沉积地层时代,因此,该年龄为库孜贡苏组形成时代。该样品中尚有 636.74 ~ 983.34Ma、1138.9 ~ 2487.96Ma 等古老年龄信息。

(6)库孜贡苏组 HD2730-6 含辉铜矿沥青化断层泥。分选出两类锆石:①以玫瑰色为主,滚圆–次滚圆柱状、柱粒状,透明–半透明,部分已铁染,该锆石磨圆度较高,分选性较好,搬运痕迹略显→较明显,推测该锆石略经或经中长距离搬运而来,占锆石总量的 90% 左右。②粉色锆石呈自形半自形双锥柱状、断柱状,透明,该锆石磨圆度较低–中等,分选性较好,搬运痕迹不太明显,推测该锆石距母岩区较近,约占锆石总量的 10% 左右。③阴极发光照片下可见锆石分为两种。一种是晶形较好可见明显的震荡环带(细密的震荡环带、较宽的震荡环),尽管有些已经模糊化,但仍依稀可辨,表明它们可能为岩浆成因锆石;另一种锆石具有磨圆状,阴极发光下环带不明显(发光与不发光均有),明显是颗粒破碎所致,可能是碎样过程造成的。④选取晶形较好和环带清晰的锆石进行了测试分析,锆石的 $^{232}Th/^{238}U$ 值变化范围为 0.07 ~ 1.29($N=27$) , ^{232}Th 和 ^{238}U 含量均较低,其中 ^{232}Th 的平均含量为 $168.78×10^{-6}$, ^{238}U 的平均含量为 254.43×10⁻⁶。²⁰⁷Pb/²⁰⁶Pb 年龄数据计算得出加权平均年龄为 842±8Ma(图 5-3),揭示碎屑锆石形成的源区为新元古代,在区域上,震旦系–寒武系和志留系等具有广泛分布的黑色岩系,暗示萨热克巴依地区的沥青化源区,可能最深来自震旦系–寒武系,尚待进一步研究确认。⑤该组样品中最年轻的锆石年龄为 405.60Ma,年轻锆石年龄集中在 420.42 ~ 520.41Ma(志留纪–寒武纪),而在沥青 Re-Os 同位素年龄测定中,也发现了萨热克巴依次级盆地内存在古生界烃源岩,即寒武系烃源岩,其中 2790-4 样品测定的铼锇同位素模式年龄为 512.3±30.3Ma,暗示本区富烃类还原性盆地流体的形成源区(源区年龄)包括寒武系烃源岩。推测这些辉铜矿和含沥青辉铜矿,以微细辉铜矿(或纳米级微粒)颗粒形式随富烃类还原性盆地流体一起运移。该样品中尚有 753.71 ~ 910.80Ma、1138.9 ~ 2654.64Ma 等古老年龄信息。

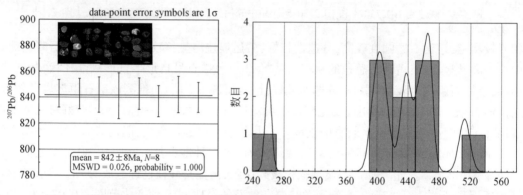

图 5-3　萨热克 HD2730-6 和克孜勒苏群中碎屑锆石阴极发光(CL)与加权平均年龄图

通过萨热克巴依地区上侏罗统库孜贡苏组中含铜蚀变杂砾岩和沥青化蚀变相带中碎屑锆石定年和蚀源岩示踪分析发现,主要规律如下。

(1)最年轻碎屑锆石年龄为 154Ma,为晚侏罗世基末利阶(150.8 ~ 155.8Ma),以碎屑锆石最年轻的年龄为沉积地层时代,因此,该年龄为库孜贡苏组形成时代。

(2)较年轻锆石年龄为 294.51Ma,为早二叠世初期阿瑟尔阶,指示了萨热克巴依走滑拉分断陷盆地蚀源岩区最年轻地层为二叠系,二叠系为西南天山造山带在印支期造山过程中圈入造山带的最新地层,也是造山带外带前陆冲断褶皱带的前锋带。碎屑锆石年龄为 350 ~ 400Ma,揭示了泥盆纪–石炭纪期间岩浆事件,推测萨热克巴依地区西侧晚古生代前陆冲断褶皱带为蚀源岩区信息记录。

(3)三个优势峰年龄分别为 439±4Ma、434±6Ma 和 436±13Ma,为志留纪初期鲁丹阶(443.7±1.5Ma)–特猎奇阶(420.2Ma)。郝杰等(1993)测得长阿吾子辉长岩中辉石单矿物 ⁴⁰Ar/³⁹Ar 年龄为 439.4±26.7Ma,该年龄代表了长阿吾子蛇绿混杂岩中蛇绿岩的形成年龄。本次课题研究碎屑锆石的三个优势峰年龄在 439±4 ~ 434±6Ma,与长阿吾子辉长岩所代表的蛇绿岩带具有密切相关性,推测为志留纪洋盆关闭后,在海西晚期形成了碰撞造山带,而萨热克巴依走滑拉分盆地的蚀源岩为富含基性岩浆岩的造山带再循环物质。

(4)从沉积学、盆山相邻关系、蚀源岩区等关系综合分析看,萨热克铜矿床北矿带库孜贡苏组中沉积碎屑锆石中有 637 ~ 983Ma(新元古代)、1006 ~ 1555Ma(中元古代)、1798 ~

2760Ma(古元古代-新太古代)等三组古老年龄信息,它们为前寒武纪信息记录。对中元古界阿克苏岩群第六岩性段棕褐色石英黑云母片岩进行 LA-ICP-MS 锆石 U-Pb 定年,6 个颗粒锆石的加权平均年龄为 1528±140Ma,MSWD=4.6;不谐和曲线上交点年龄为 1609±190Ma,MSWD=5.1。在萨热克巴依走滑拉分盆地南北两侧和盆地内部,均分布有阿克苏岩群,中元古代(1006~1555Ma)年龄范围,揭示其蚀源岩区为阿克苏岩群;而古元古代-新太古代(1798~2760Ma)年龄范围,可能为古元古界吐尤克苏岩群,在该岩群斜长角闪岩中获得 LA-ICP-MS 锆石 U-Pb 年龄为 2426.6Ma 和 2567.7Ma(陕西省地质矿产勘查开发局区域地质矿产研究院,2010)。总体上看来,在晚侏罗世库孜贡苏期,萨热克巴依走滑拉分盆地具有广泛宽阔的蚀源岩区。

(5)在萨热克砂砾岩型铜多金属矿床南矿带,克孜勒苏群中发育砂砾岩型铅矿层,主要为含铅锌细砾岩-粗砂质细砾岩,沉积碎屑锆石年龄范围收窄,主要在 267Ma、408~513Ma(图 5-3),揭示主体蚀源岩来自古生代,以早古生代为主。与早白垩世萨热克巴依尾闾湖盆有密切关系,沉积源区范围明显缩小。

5.1.3 碎屑锆石地球化学特征与乌拉根白垩纪-古近纪挤压-伸展走滑转换盆地

(1)从图 5-4 看,乌拉根砂砾岩型铅锌矿区内,下白垩统克孜勒苏群中含有丰富三叠纪构造-岩浆热事件信息,沉积碎屑锆石加权平均年龄为 235.2±5.8Ma,N=12,MSWD=1.6,数据精度较高,属早三叠世晚期拉丁阶(228.7~237Ma)。目前在西南天山 235.2Ma 构造-岩浆-热事件数据较为缺乏,以萨瓦亚尔顿造山型金矿床的含金石英脉形成时代为 246±16Ma 和 231±10Ma(含金石英脉的 Rb-Sr 等时线年龄,陈富文等,2003)。穆龙套超大型金矿集中区内,含金石英中绢云母的^{40}Ar/^{39}Ar 年龄为 220~245Ma,发育与金矿床同时代的岩墙群(230~240Ma)(Shayakubov et al.,1999),在北东向东阿莱造山带和近东西向中天山造山带中,有早三叠世构造-岩浆-热事件记录。考虑到乌拉根砂砾岩型铅锌矿区属西南天山印支期陆内造山带的山前部位,推测这些碎屑锆石主要来自西南天山印支期造山带的物质再循环沉积。印支期造山带和沉积盆地可能曾被大量剥蚀,在早白垩世期间被搬运到陆缘沉积盆地中。

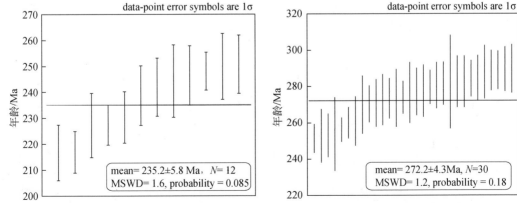

图 5-4　乌拉根砂砾岩型铅锌矿床克孜勒苏群细砾岩中碎屑锆石 U-Pb 年龄图(T)

(2)从图5-4看,乌拉根砂砾岩型铅锌矿区内,下白垩统克孜勒苏群中沉积碎屑锆石记录的二叠纪构造–岩浆–热事件信息最为丰富,沉积碎屑锆石加权平均年龄为272.2±4.3Ma,$N=30$,MSWD = 1.2,数据精度较高,属早二叠世空谷阶(270.6 ~ 275.6Ma)。与杨威等(2017)在下白垩统克孜勒苏群获得沉积碎屑锆石 U- Pb 年龄的晚古生代年龄组分峰值(274Ma)一致。①塔里木板块和伊犁–依塞克湖微板块的陆–陆碰撞发生于早二叠世(刘本培等,1996),南天山阔克萨彦岭地区花岗岩侵入岩体形成年龄在273 ~ 283Ma(LA-ICP- MS 锆石 U-Pb 年龄,刘博等,2013);S 型花岗岩形成时代在266±13 ~ 278±3Ma(Gou et al.,2012)。②塔北地区下二叠统开派兹雷克组玄武岩在印干村西剖面上见5层火山岩、火山碎屑岩夹玄武岩,总厚近530m,272.88±4.04Ma(第2层),288.40±4.37Ma(第3层)和248.27±3.76Ma(第5层,即顶层)(黄智斌等,2012,K- Ar 法)。库普库兹满组在印干村西剖面见2层玄武岩,总厚约70m(含火山碎屑岩),形成年龄在282.90±1.55Ma,274.08±2.35Ma 和271.93±3.67Ma(Zhang et al.,2010,^{40}Ar/^{39}Ar 法年龄)。③考虑到乌拉根砂砾岩型铅锌矿区位于塔里木地块北部和西南天山造山带过渡部位,本次所获的沉积碎屑锆石加权平均年龄(272.3±4.7Ma)(图5-4),与南天山阔克萨彦岭早二叠世岛弧造山带和塔里木早二叠世地幔柱引起的构造–岩浆–热事件有密切关系,揭示可能来自上述两个构造–岩浆–热事件活动区,也是造山带物质再循环作用结果。因此,乌拉根白垩纪–古近纪挤压–伸展走滑转换盆地,与相邻造山带有密切的山→盆转换关系。

(3)从图5-5和图5-6看,古生代地层和岩浆岩为乌拉根早白垩世主要蚀源岩区。①晚古生代(D-C)构造–岩浆–热事件为重要蚀源岩区(307 ~ 395Ma,图5-5)。②沉积碎屑锆石加权平均年龄为457.5±8.4Ma,$N=40$,MSWD = 0.22,数据质量最高,拟合度最好,为晚奥陶世桑比阶(455.8 ~ 460.9Ma)。该组峰值年龄的沉积碎屑锆石数据最多,也是本区沉积碎屑锆石的优势含量,揭示来自晚奥陶世桑比阶蚀源岩区占据较大比例。同时,来自志留纪的沉积碎屑锆石也为优势含量,沉积碎屑锆石加权平均年龄为425±13Ma,$N=15$,MSWD = 0.118(图5-6)。总体上来看,乌拉根砂砾岩型铅锌矿区,沉积碎屑锆石来自古生代蚀源岩区,为优势含量,推测南天山曾存在与柯坪古陆一致的古隆起构造带,但在白垩纪期间,具有较大的剥蚀再沉积物质循环,从现今残存的迈丹古生代冲断褶皱带、苏鲁铁列克和乌拉根中元古代垂向基底隆起构造带看,推测中元古代基底构造层之上的古生代地层被大量剥蚀后,再循环搬运到沉积盆地内部。暗示古生代地层 MVT 型铅锌矿床在早白垩世为乌拉根盆地主要蚀源岩区。

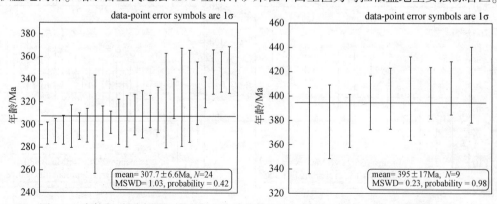

图 5-5 乌拉根砂砾岩型铅锌矿床克孜勒苏群细砾岩中碎屑锆石 U-Pb 年龄图(D-C)

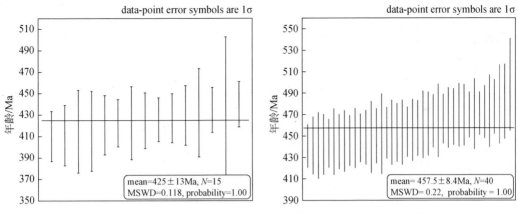

图 5-6　乌拉根砂砾岩型铅锌矿床克孜勒苏群细砾岩中碎屑锆石 U-Pb 年龄图(S-O-Є)

(4)杨威等(2017)对康苏地区中侏罗统杨叶组的沉积碎屑锆石年代学研究表明,中侏罗统杨叶组样品锆石 U-Pb 年龄广泛分布于 369～2687Ma,可大致分为 369～404Ma(约占4%)、418～501Ma(约占19%)和 544～2687Ma(约占77%)三个主要年龄组。中侏罗统杨叶组样品碎屑锆石 U-Pb 年龄分布范围广,各年龄组分均较为突显,反映中侏罗世西南天山水系发育、流域体系宽广,天山内各主要源区均得到沟通,物源范围广阔。下白垩统克孜勒苏群沉积碎屑锆石 U-Pb 年龄分布于 243～2820Ma,可大致分为 253～414Ma(约占35%)、423～489Ma(约占27%)和 668～2820Ma(约占37%)三个主要年龄组。下白垩统克孜勒苏群样品中前寒武纪年龄碎屑锆石显著减少,而晚古生代、早古生代碎屑锆石年龄则显著增加。锆石年龄分布的集中化反映早白垩世西南天山前缘的源区范围有所缩小,以天山古生代岩浆岩物质来源为主,距离较远的南天山新元古代基底贡献微弱。西南天山前缘与库车前陆盆地的物源构成在早白垩世呈现相似特征。

5.1.4　锆石裂变径迹年代学与乌拉根白垩纪-古近纪挤压-伸展走滑转换盆地

考虑到乌拉根白垩纪-古近纪挤压-伸展走滑转换盆地形成的盆地动力学复杂性,在沉积岩岩相学、沉积相序结构与盆地演化、构造岩相学相序结构(水平相序结构和垂向相序结构)、岩石学、地球化学、地球化学岩相学等研究基础上,选择上述沉积碎屑锆石进行年代学研究后,进行锆石裂变径迹年代学研究。沉积盆地内的碎屑锆石裂变径迹研究,能够识别源区及其抬升剥露史和构造热事件,特别是那些未通过 χ^2 检验的沉积盆地内碎屑锆石裂变径迹年龄(DZFTa),代表了没有经过盆地埋藏增温热重置改造的径迹混合年龄,通过数学方法可得到混合年龄中不同的年龄组成,用以识别可能的源区及其构造演化(Bernet and Garver,2005)。

沉积碎屑锆石裂变径迹的封闭温度为 250℃(Wagner and Haute 1992;Yamada et al.,1995)。锆石 ZFT 和 AFT 具有不同的封闭温度和 PAZ,它们在盆地热史分析中代表了不同的温度区间。锆石 ZFT 的封闭温度为 210±40℃(Wagner and Haute 1992),PAZ 的封闭温度为 210～320℃（Yamada et al.，1995）。磷灰石的封闭温度为 100 ±20℃（Wagner and Haute 1992），PAZ 的封闭温度为 60～125℃（Gleadow et al.，1986）。乌拉根砂砾岩型铅锌矿床的沉积碎屑锆石来自下白垩统克孜勒苏群第五岩性段含铅锌蚀变硅质细砾岩，沉积锆石裂变径迹年龄分别在 193±11Ma、186±14Ma、159±7Ma 和 119±6Ma（表 5-1）。

（1）沉积锆石裂变径迹年龄为 193±11Ma 和 186±14Ma，属早侏罗世幸涅缪尔阶（196.5～189.6Ma）和普林斯巴阶（189.6～183Ma），以康苏-乌拉根地区的早侏罗世萨里塔什期-康苏期早阶段时限相近，莎里塔什组以巨杂砾岩-粗杂砾岩为主，沉积锆石裂变径迹年龄揭示在早侏罗世萨里塔什期（193±11Ma），蚀源岩经历了山体抬升事件，指示康苏-乌拉根地区盆山耦合结构为相邻山体构造抬升显著，为沉积盆地提供了丰富的蚀源岩区物质，但属于近源快速堆积-沉积过程，在山前构造断陷部位为山麓冲积扇的沉积中心；在下侏罗统康苏组下部仍发育粗杂砾岩-中杂砾岩，形成向上变浅沉积序列，在早侏罗世康苏期（186±14Ma）相邻山体再度发生了构造抬升后，向上变浅的沉积序列揭示相邻山体逐渐稳定。总之，在乌拉根-库孜贡苏陆内拉分断陷盆地初始成盆过程中，苏鲁铁列克垂向基底隆起构造在早侏罗世强烈抬升，盆山耦合结构为山前同生构造断陷作用，在苏鲁铁列克垂向基底隆起构造周缘形成了下侏罗统莎里塔什组和康苏组粗碎屑岩系沉积，在库孜贡苏 NW 向分布的粗碎屑岩系从西到东逐渐变细，形成了半地堑式盆地结构；在萨热克巴依-托云一带，形成了莎里塔什组和康苏组粗碎屑岩，然而，在苏鲁铁列克垂向基底隆起构造南西侧乌鲁克恰提-伽师一带，现今缺失莎里塔什组和康苏组，推测早侏罗世处于构造抬升状态而缺失莎里塔什组-康苏组，或处于强烈构造断陷状态接受早侏罗世沉积后，现今深埋在乌鲁克恰提-加斯深部成为隐伏构造岩相体。在乌鲁克恰提地区，上侏罗统库孜贡苏组呈半环形分布，呈角度不整合超覆在中元古界阿克苏岩群、泥盆系和石炭系之上。总体上，揭示苏鲁铁列克垂向基底隆起构造具有斜向构造抬升和斜向构造沉降特征，与早侏罗世塔西地区处于挤压抬升构造应力场相吻合，莎里塔什组和康苏组整体分布在库孜贡苏 NW 向和萨热克巴依-托云 NE 向构造断陷中心，构造-沉积岩岩相分布规律也揭示了走滑拉分断陷成盆作用显著。

（2）沉积锆石裂变径迹年龄为 159±7Ma，属晚侏罗世初牛津阶（161.2～156.6Ma），与本区域上侏罗统库孜贡苏组时代一致。库孜贡苏期为本区域燕山早期构造隆升主要时期，形成了库孜贡苏运动。库孜贡苏运动从杨叶期末开始（166.7Ma）并导致塔尔尕组缺少沉积。一直延续到晚侏罗世末（145.5Ma）结束，并导致曾经沉积塔尔尕组遭受剥蚀。在晚侏罗世库孜贡苏期，塔西地区盆山耦合转换结构特征为：①在乌鲁克恰提-加斯一带，库孜贡苏组超覆在阿克苏岩群和晚古生代地层之上，现今呈半环状残留分布，库孜贡苏组底部发育硅质底砾岩。②盐场-康苏-库孜贡苏河东岸，库孜贡苏组呈断续近东西向分布，在康苏河发育山麓冲积扇。③在萨热克巴依地区，现今残留的库孜贡苏组呈封闭椭圆状，在萨热克南矿带局部底部未见出露，主要为萨热克南逆冲推覆构造系统掩盖，深部钻孔揭露库孜贡苏组和砂砾岩型铜多金属矿体为隐伏构造岩相体。④在库孜贡苏地区，该组主要呈近北西向分布，与迈丹古生代前陆冲断褶皱带向 SW 向逆冲推覆作用有密切关系。总之，在晚侏罗世库孜贡苏期（159±7Ma），苏鲁铁列克垂向基底隆起构造呈现垂向抬升特征，而迈丹古生代前陆冲断褶皱带为 SE 倾向、SW 向逆冲推覆作用强烈，导致库孜贡苏 NW 向走滑拉分断陷盆地萎缩封闭；萨热克巴依 NE 向走滑拉分断陷盆地强烈萎缩为山间尾间湖盆；但在乌鲁克恰提地区，以半环形向 SW 敞开的构造断陷成盆作用为主,为萨热克砂砾岩型铜多金属矿床和江格结尔砂砾岩型铜矿床形成,提供了良好的构造岩相学条件。

(3)沉积锆石裂变径迹年龄为 119±6Ma(表 5-1),属早白垩世阿普特阶(112.0 ~ 125.0Ma),推测与早白垩世克孜勒苏期第四阶段有关。塔西地区盆山耦合转换结构为:①在萨热克巴依地区形成了向上变浅–变粗的沉积序列,缺失克孜勒苏群第四和第五岩性段,推测在早白垩世阿普特阶(119±6Ma)经历相邻山体构造抬升后,萨热克巴依尾间湖盆完全消失,该尾间湖盆被圈入造山带之中;②克孜勒苏群在托云地区呈环形分布在托云中–新生代后陆盆地周边,局部也缺失克孜勒苏群第四和第五岩性段,缺失上白垩统,古近系喀什群与克孜勒苏群呈平行不整合接触,局部规模性构造抬升,推测与托云地区白垩纪和古近纪碱性基性岩浆侵入事件有密切关系;③在萨热克巴依地区和托帕地区,发育克孜勒苏群第三岩性段,为砂砾岩型铜铅锌矿床主要赋存层位,相邻苏鲁铁列克垂向基底隆起构造抬升强烈,能够提供大量蚀源岩区物质,揭示克孜勒苏群第三岩性段在区域上具有较大找矿潜力。

表 5-1 乌拉根砂砾岩型铅锌矿床和杨叶砂岩型铜矿床锆石裂变径迹年龄表

矿床	样号	颗粒数 n	ρ_s/ $(10^5/cm^2)$ (Ns)	ρ_i/ $(10^5/cm^2)$ (Ni)	ρ_d/ $(10^5/cm^2)$ (N)	$P(\chi^2)$ /%	中值年龄 /Ma $(\pm1\sigma)$	池年龄 /Ma $(\pm1\sigma)$
乌拉根砂砾岩型铅锌矿床露天采场	2164-4	35	150.668 (3051)	36.346 (736)	10.702 (6770)	50.8	193±11	193±10
	2190-2	35	92.993 (4013)	24.285 (1046)	11.2 (6770)	0	186±14	186±9
	2190-5	35	78.336 (5629)	23.282 (1673)	10.844 (6770)	76.8	159±7	159±7
	WY03	35	55.03 (4598)	22.189 (1854)	10.987 (6770)	0	119±6	119±5
杨叶砂岩型铜矿床三采场	Zyy2	35	177.376 (6678)	56.177 (2115)	10.559 (6770)	0.1	145±7	145±6
	Zyy4	35	137.101 (5876)	41.952 (1798)	10.274 (6770)	0.2	145±7	146±7

5.1.5 碎屑锆石年代学与杨叶–滴水新近纪陆内咸化湖盆

(1)从图5-7看,安居安组沉积锆石年龄与乌拉根砂砾岩型铅锌矿床和萨热克砂砾岩型铜多金属矿床沉积碎屑锆石年龄具有显著差异。①较年轻的沉积碎屑锆石年龄增加,最年轻的沉积碎屑锆石年龄为 38.8±1.4Ma 和 60.3±1.7Ma,揭示有喜马拉雅期造山带物质再循环沉积信息。②沉积碎屑锆石的古老年龄数据明显减少,仅限于 790.5 ~ 990.8Ma、2587± 30.2Ma;暗示蚀源岩区发生了较大变化。③推测主要与帕米尔高原北侧前陆冲断褶皱带被剥蚀循环再沉积有关,暗示新近纪盆山原耦合与转换作用明显增强。推测38.8±1.4Ma和60.3±1.7Ma的年龄值,为喜马拉雅早期构造−热事件,造成了蚀源岩区被剥蚀再循环后,搬运到新近纪陆内咸化湖盆中。

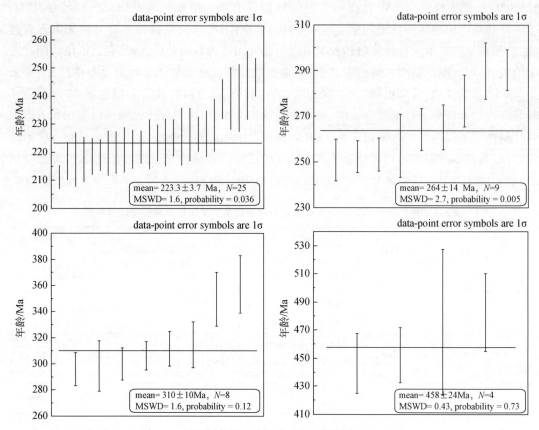

图5-7　杨叶铜矿安居安组中碎屑锆石U-Pb年龄图

(2)223.3±3.7Ma,N=25,MSWD = 1.6,与晚三叠世初卡尼阶(216.5～228.7Ma)构造−岩浆事件有关,推测为帕米尔高原北侧岩浆岛弧带物质,已经发生了剥蚀并搬运到新近纪陆内咸化湖盆内。因西南天山陆内造山带缺乏该期岩浆侵位事件,推测具有晚三叠世年龄的沉积碎屑锆石,主要来源于帕米尔高原北侧印支期,其沉积碎屑锆石年龄为264±14Ma,N=9,MSWD=2.7(图5-7),属中二叠世卡匹敦阶(260.4～265.8Ma)。塔里木二叠纪玄武岩侵位始于294Ma,在269Ma结束。

(3)部分年龄为310±10Ma,N=8,MSWD = 1.6和458±24Ma,N=4,MSWD = 0.43(图5-7),分别为来自石炭纪和奥陶纪构造−岩浆事件。与前述相应的沉积碎屑锆石具有类似来源。

总之,安居安组沉积碎屑锆石主体来源于较新的构造−岩浆事件源区,二叠纪、石炭纪和奥陶纪构造−岩浆事件源区明显减少,暗示来自帕米尔高原北侧印支期造山带物质循环较多,部分物源区为西南天山造山带。

5.1.6　锆石–磷灰石裂变径迹年代学与杨叶–花园新近纪陆内咸化湖盆

（1）沉积锆石裂变径迹年龄为 145±7Ma，揭示蚀源岩区在晚侏罗世经历了强烈隆升和剥蚀，在晚侏罗世–早白垩世初期间，帕米尔高原北侧与西南天山造山带挤压垂向抬升和相向运动加剧，两侧克孜勒苏群大致呈对称分布，塔西地区以构造沉降和沉积作用为主，山前均发育对冲分布的山麓冲积扇相，这些山麓冲积扇体主要由相邻造山带垂向构造抬升和山体隆升作用产生，在山前发育构造断陷和构造沉降作用显著。

（2）杨叶砂岩型铜矿床三采场，磷灰石裂变径迹年龄为 16±2Ma 和 14±2Ma，揭示强烈前展式薄皮式冲断褶皱带形成时代为 16±2Ma 和 14±2Ma，推测为杨叶砂岩型铜矿床的成矿年龄。

5.1.7　磷灰石裂变径迹年代学与萨热克砂砾岩型铜矿床保存条件

萨热克砂砾岩型铜多金属矿床北矿带，在新近纪中新世托尔通阶（7.2～11.608Ma）末期，开始经历显著构造抬升事件，具有连续的构造变形特征，磷灰石裂变径迹年龄分布为 8.8±1Ma、8.4±1Ma、7.4±1Ma 和 6.6±1Ma（表 5-2），一直延续到中新世末期梅辛阶（5.332～7.246Ma）。该期构造抬升为前西域期陆内造山事件，其后西域期（5.332Ma）遭受去顶剥蚀作用，在本区域高山区和山间盆内，均可见西域组杂砾岩分布。在中新世托尔通阶末期–梅辛阶（8.8±1～6.6±1Ma），为萨热克砂砾岩型铜矿床叠加成矿期，推测没有构造变形行迹的黑色油状含辉铜矿沥青脉形成于该期（8.8±1～6.6±1Ma），为磷灰石裂变径迹年龄所记录。

表 5-2　乌拉根砂砾岩型铅锌矿床和杨叶砂岩型铜矿床磷灰石裂变径迹年龄表

矿床	原样号	颗数 n	$\rho_s/$ $(10^5/cm^2)$ (Ns)	$\rho_i/$ $(10^5/cm^2)$ (Ni)	$\rho_d/$ $(10^5/cm^2)$ (N)	$P(\chi^2)$ /%	中值年龄 /Ma($\pm1\sigma$)	池年龄 /Ma ($\pm1\sigma$)	$L/\mu m$ (N)
杨叶砂岩型铜矿床	Zyy2	35	1.822 (339)	20.765 (3864)	8.403 (5949)	0	16±2	14±1	12.5±1.6 (102)
	Zyy4	35	2.129 (555)	26.299 (6856)	8.728 (5949)	0	14±2	14±1	13.2±1.8 (102)
萨热克砂砾岩型铜多金属矿床	4026-5	35	0.564 (79)	14.218 (1993)	8.566 (5949)	68.0	6.6±1	6.6±1	11.9±3.0 (32)
	4034-9	35	0.718 (132)	15.012 (2758)	8.89 (5949)	86.9	8.4±1	8.3±1	12.5±2.3 (86)
	4037-11	35	0.519 (111)	12.709 (2716)	9.22 (5949)	33.5	7.4±1	7.4±1	12.8±1.9 (77)
	ZS004W-1	35	0.953 (114)	19.777 (2366)	9.378 (5949)	80.0	8.8±1	8.8±1	13.0±2.2 (80)

5.2　沉积盆地古盐度恢复

5.2.1　萨热克巴依陆内走滑拉分盆地和萨热克式砂砾岩型铜矿床

古盐度分析方法依据是自然界水体中硼的浓度与盐度符合线性函数关系,溶液中的硼被黏土矿物吸收固定,且不会因为后期硼本身的浓度下降而被解吸。它在恢复古环境研究中有着广泛的应用,但是不同黏土矿物对硼的吸收具有差异性,为此 Walker 提出了硼含量校正公式来消除不同黏土矿物对硼吸附性的差异。Walker 提出的公式为 $B = 8.5 \times B_{样品}/K_2O_{样品}$,其中 B 表示"校正硼"质量分数,利用样品中 K_2O 质量分数为 5% 时的硼含量作为标准统一"校正硼"。为使计算结果更加精确,通过比对 K_2O 含量和 Walker 校正硼含量,将数值带入该曲线上计算出 Walker 相当硼含量。通过计算确定 Walker 相当硼含量,将数值带入 Adams 公式即可算出古盐度。Adams 计算公式:

$$Sp = 0.0977B_{相当} - 7.043$$

式中,Sp 为古盐度;$B_{相当}$ 为 Walker 相当硼含量。

利用 Adams 古盐度计算结果,根据古盐度大于 35‰为超咸水,25‰~35‰为咸水,10‰~25‰为半咸水,小于 1‰为微咸水-淡水的标准来反映水体性质。对比该区的 Walker 相当硼含量,按照 Walker 相当硼含量沉积标准对其沉积环境进行划分,其中 300×10^{-6}~400×10^{-6} 为正常海(咸)水沉积,200×10^{-6}~300×10^{-6} 为半咸水沉积,小于 200×10^{-6} 为微咸水-淡水沉积。萨热克 18 件样品古盐度计算结果表明,本次样品的古盐度值为 3.7‰~31.6‰,包括微咸水-淡水、半咸水和咸水三种类型,但是以 10‰~25‰的半咸水居多(表 5-3)。

(1)下白垩统克孜勒苏群(K_1kz^{2-1})古盐度值为 3.7‰~18.36‰,平均值为 9.4‰,古盐度数值大部分小于 10‰,显示其为微咸水-淡水;小部分古盐度数值为 10‰~25‰,12.5‰~20.31‰,平均值为 17.19‰,显示其为半咸水。

(2)上侏罗统库孜贡苏组第一段(J_3k^1)古盐度值为 4.68‰~22.76‰,平均值为 11.81‰,显示为半咸水。

(3)中侏罗统塔尔尕组(J_2t)古盐度值为 24.22‰~31.06‰,平均值为 27.64‰,显示为咸水。

(4)中侏罗统杨叶组(J_2y)古盐度值为 14.94‰~23.73‰,平均值为 20.64‰,显示为半咸水。

表 5-3　萨热克砂砾岩型铜多金属矿区"相当硼"质量分数和古盐度计算数据

序号	测试编号	岩性	B /10^{-6}	K_2O /10^{-6}	Cu /10^{-6}	Pb /10^{-6}	Zn /10^{-6}	校正硼 /10^{-6}	相当硼 /10^{-6}	古盐度 Sp/%
1	QD259	钙质砂岩	31.31	1.59	160	24.7	5.46	167.70	110.00	0.37
2	QD261-2	灰白色含砾粗砂岩	33.60	1.61	34.4	24.3	5.63	177.72	130.00	0.566
3	QD260	绢云母钙屑砂岩	43.71	1.81	69.9	31.4	5.70	205.04	150.00	0.761

续表

序号	测试编号	岩性	B /10⁻⁶	K₂O /10⁻⁶	Cu /10⁻⁶	Pb /10⁻⁶	Zn /10⁻⁶	校正硼 /10⁻⁶	相当硼 /10⁻⁶	古盐度 Sp/%
4	QD264	粉砂岩	50.48	1.77	170	29.2	9.19	242.01	200.00	0.125
5	QD278	青灰色钙质泥岩	125.21	4.20	32.7	83.7	8.00	253.16	260.00	1.836
6	QD265	含砾石英长石杂砾岩	34.88	1.06	35.3	33.8	7.31	279.17	200.00	1.25
7	QD266	含铜砾岩	99.05	2.80	4211	50.7	3.38	300.34	225.00	1.494
8	QD274-1	灰绿色杂砾岩铜矿石	55.56	1.14	14170	32.8	2.88	413.93	260.00	1.836
9	QD274-2	紫红色泥质粉砂岩	109.70	2.51	322	46.8	7.38	371.35	275.00	1.982
10	QD271	褪色化粉砂岩、砂岩	77.05	1.36	97.9	41.0	6.31	481.92	280.00	2.031
11	QD253	钙质砂岩	75.98	3.30	124	63.0	8.03	195.88	170.00	0.957
12	QD69-2	浅褐黄色含膏泥岩	94.03	3.56	35.2	69.4	17.1	224.83	175.00	1.005
13	QD69-1	浅褐黄色含膏泥岩	166.73	3.93	123	100	7.31	360.89	305.00	2.276
14	QD237	灰绿色泥岩	146.40	2.28	31.1	75.4	7.21	545.79	320.00	2.422
15	QD239	泥灰岩	78.36	0.65	21.2	14.3	4.27	1029.46	390.00	3.106
16	QD236-1	灰白色含砾粗砂岩	37.33	0.89	9.01	26.8	10.5	358.13	225.00	1.494
17	QD236-2	灰白色含砾粗砂岩	65.89	1.05	23.9	59.6	17.1	531.88	310.00	2.324
18	QD235	褐铁矿染岩屑杂砂岩	82.76	1.19	69.4	131	7.95	589.66	315.00	2.373

根据古盐度分析结果,萨热克砂砾岩型铜多金属矿区古盐度值相对较高的是上侏罗统库孜贡苏组第一段(J_3k^1),显示其为半咸水沉积环境,但尚未达到盆地卤水的盐度水平;且铜含量为 $35.19×10^{-6} \sim 124.3×10^{-6}$,相对其他地层含量较高,证明其沉积环境有利于铜成矿物质形成初始富集。古盐度值最低的是下白垩统克孜勒苏群(K_1kz^{2-1}),且铜含量为 $33.2× 10^{-6} \sim 69.9×10^{-6}$,相对其他地层含量较低,显示其为微咸水–淡水沉积环境。古盐度值最高的是中侏罗统塔尔尕组(J_2t),显示其为咸水沉积环境。在萨热克砂砾岩型铜多金属矿床中,上侏罗统库孜贡苏组第二段为赋矿层位且古盐度相对较高,所以半咸水沉积环境更有利于初始富集,对于后期盆地流体改造富集成矿和辉绿辉长岩叠加富集成矿提供了良好的初始成矿物质。

通过恢复侏罗系和下白垩统地层的古盐度和古地温,对该萨热克巴依次级盆地的古盐度及古地温进行研究,探究其与砂砾岩型铜矿床成矿的关系。

(1)铜初始富集与萨热克巴依次级盆地具有较高古盐度有密切关系。铜初始富集程度与古盐度有一定关系,随着古盐度升高,具有铜初始富集程度增高趋势。通过 Walker 相当硼判定法对古盐度定量分析,该盆地内中生界的古盐度及沉积环境特征是:下侏罗统康苏组为 9.8‰ ~ 31.1‰,中侏罗统塔尔尕组和杨叶组分别为 11.5‰ ~ 34.9‰和 10.1‰ ~ 29.6‰,三者主要为半咸水–咸水沉积环境。上侏罗统库孜贡苏组二段为 3‰ ~ 20.3‰,主要为半咸水沉积环境;库孜贡苏组一段为 0.8‰ ~ 20.3‰。下白垩统克孜勒苏群为 0.8‰ ~ 20.3‰,两者主要为淡水–微咸水和半咸水沉积环境。

(2)萨热克巴依次级盆地具有异常古地温结构。通过绿泥石温度计恢复盆地内侏罗系和下白垩统地层的古地温,其中上侏罗统库孜贡苏组为 188 ~237℃,下侏罗统康苏组为 214℃,中侏罗统塔尔尕组为 211℃,中侏罗统杨叶组为 210℃,下白垩统克孜勒苏群为 121~238℃。

(3)在萨热克巴依次级盆地,绿泥石形成温度间接指示了铜富集成矿温度。铜富集成矿与沉积成岩期及后期的 4 个地质热事件关系密切,古地温由于成岩期(163~217℃)、盆地流体改造富集期(188~219℃)、辉绿岩群侵入期(236~238℃)和辉绿岩蚀变期(121~185℃)四期地质热事件而形成异常地温梯度,详见 5.4.2 节。

(4)古盐度、古地温和铜富集成矿关系研究揭示(表 5-4),萨热克砂砾岩型铜矿床具有沉积-改造型铜矿床基本特征,受萨热克巴依次级盆地控制作用显著,主要赋存在上侏罗统库孜贡苏组紫红色铁质泥质砂砾岩中,即冲积扇扇中亚相。

表 5-4 新疆萨热克铜多金属矿区各地层沉积环境特征

沉积环境	古盐度/‰	主要地层	沉积相类型
淡水-微咸水	0.8 ~9.9	上侏罗统库孜贡苏组第一岩性段(J_3k^1)	冲积扇相湿地扇体的扇中、扇缘亚相
		下白垩统克孜勒苏群(K_1kz)	陆内河流相/陆内平原三角洲相
半咸水	10.1 ~23.7	上侏罗统库孜贡苏组第二岩性段(J_3k^2)	冲积扇相旱地扇体的扇中、扇缘亚相
咸水	27.2 ~34.9	中侏罗统塔尔尕组(J_2t)	深湖相、滨浅湖相
		中侏罗统杨叶组(J_2y)	三角洲相
		下侏罗统康苏组(J_1k)	曲流河相、深湖相
咸水	4.35/TDS	钻孔涌水	地层封存裂隙水
微咸水	2.45/TDS	矿区坑道涌水	地层封存裂隙水
微咸水	1.78/TDS	泉水露头	断层上升泉水
淡水	0.18 ~0.38/TDS	卓尤勒苏河	地表河流水

5.2.2 乌拉根白垩纪-古近纪挤压-伸展走滑转换盆地古盐度恢复

(1)在乌拉根砂砾岩型铅锌矿床的克孜勒苏群第四岩性段中总体为咸水环境,向上盐度逐渐升高,在成岩早期 B 阶段,以高岭石-石膏相为标志,曾有酸性卤水参与成岩作用。①灰绿色铁质砂质中砾岩(YW4B)、高岭石(4%)和石膏(2%)主要为氧化酸性成岩环境下形成的成岩矿物相(高岭石-石膏相),胶结物为白云石。灰绿色碎裂状白云质粉砂质泥岩(YW7B)高岭石(3%)和石膏(4%)主要为氧化酸性成岩环境下形成的成岩矿物相(高岭石-石膏相),胶结物为白云石(10%)和方解石(3%)。成岩早期 A 阶段,成岩环境和沉积水体为咸水环境(白云石-方解石相),但成岩早期 B 阶段,以高岭石-石膏相为标志,指示了高盐度卤水具有酸性氧化相特征。②紫红色条带状粉砂质白云质泥岩(YW7A)含白云石(33%)高,含 Fe_2O_3 为 8.41%,FeO 为 0.70%,Fe_2O_3 大于 FeO,Fe_2O_3/FeO 值为 12。紫红色铁质砂质中砾岩(YW4A)(原定名为紫红色泥岩)含白云石(13%)较高,含 Fe_2O_3 为 8.82%,FeO 为 0.76%,Fe_2O_3 大于 FeO,Fe_2O_3/FeO 值为 11.6。指示成岩早期 A 阶段为弱碱性咸水环境,成岩期 B 阶段为弱碱性氧化相。

（2）在克孜勒苏群第五岩性段中,具有较高古盐度,以石膏相、天青石-石膏相、重晶石-天青石相为标志,指示了高盐度酸性氧化相卤水参与了成岩成矿作用。①以高岭石-石膏相、天青石-石膏相、重晶石-天青石相不断增高为标志,指示了热卤水参与成岩成矿作用逐渐增强,在乌拉根铅锌矿床克孜勒苏群第五岩性段顶部,含铅锌膏质细砾岩为低温卤水参与成岩成矿作用的标志层。②在乌拉根砂砾岩型铅锌矿区内,以沿层间滑动构造面发育线带状和团斑带状沥青化蚀变相为标志,指示了高盐度卤水与富烃类成矿流体混合成矿作用界面,沥青-石膏形成了构造面理置换,沥青-石膏组成的拉伸线理,不但指示了它们是同期形成,而且共同经历了后期构造变形作用。③在帕卡布拉克天青石矿区,克孜勒苏群第五岩性段顶部,为天青石细砾岩-细砾质天青石岩,本书在天青石矿物包裹体中,发现了高温高盐度热卤水和石盐子晶证据,灰白色石英脉细砾岩的成岩成矿温度相和盐度相特征为:富气相的高温相(480~468℃)和中-高盐度相(23.18% NaCl)成矿流体、低温相(178~138℃)和低盐度(8.68%~4.65% NaCl)成矿流体。

（3）在帕卡布拉克天青石矿床内,厚层块状天青石岩为富天青石矿石,与乌拉根铅锌矿层之上的天青石矿层一致,均赋存在阿尔塔什组底部,以含子矿物富液相的包裹体为特征,属高盐度相(53.26%~32.36% NaCl)的中温相(228~196℃)热卤水,同时低盐度相(6.01%~5.86% NaCl)的低温相(200~197℃)热水,揭示以高盐度中温相热卤水,与低温相热水混合同生沉积成岩成矿作用形成了富天青石矿石。

（4）在乌拉根砂砾岩型铅锌矿床内,阿尔塔什组从下到上的岩石组合和层间序列为石膏-硬石膏岩(YW13)-石膏岩(YW14)→天青石化砂屑鲕状白云岩(YW15)→碎裂状硬石膏岩(YW16A)→纯白色-灰褐色石膏岩(YW16B)→含膏白云岩(YW17)→含膏泥砂质白云岩(YW18)→砂屑钙质石膏岩(YW19)→膏质白云岩(YW20A)→含膏泥砂质白云岩(YW20B)→灰白色石膏岩(YW20C)。石膏岩为热卤水沉积相,天青石化砂屑鲕状白云岩(YW15)为热卤水同生交代沉积岩相。

总之,乌拉根砂砾岩型铅锌矿床与萨热克砂砾岩型铜多金属矿床明显不同:①以铅锌矿层底盘成岩早期 A 阶段为弱碱性咸水环境,成岩期 B 阶段为弱碱性氧化相。成岩早期 B 阶段以高岭石-石膏相为标志,指示了高盐度卤水具有酸性氧化相特征。②在克孜勒苏群第五岩性段铅锌矿层中,具有较高古盐度,以石膏相、天青石-石膏相、重晶石-天青石相为标志,指示了高盐度酸性氧化相卤水参与了成岩成矿作用。在乌拉根砂砾岩型铅锌矿区,克孜勒苏群第五岩性段顶部以低温热卤水参与成岩成矿为主,叠加富烃类还原性成矿流体。帕卡布拉克天青石矿床内,发育富气相的高温相(480~468℃)和中-高盐度相(23.18% NaCl)成矿流体,与低温相(178~138℃)和低盐度(8.68%~4.65% NaCl)成矿流体。③阿尔塔什组从下到上的岩石组合和层间序列中,石膏岩相-石膏硬石膏岩为热卤水沉积相,天青石化砂屑鲕状白云岩(YW15)为热卤水同生交代沉积岩相。

5.2.3　杨叶-花园和拜城滴水新近纪陆内咸化湖盆的古盐度恢复

（1）在杨叶砂岩型铜矿区内:①安居安组紫红色泥砾岩屑砂岩,方解石和白云石为胶结物,反映在成岩早期 A 阶段为弱碱性咸水环境,而褐色化含天青石蚀变岩屑砂岩中发育天青石化,局部含 $SrSO_4$ 可达5%~10%,为高盐度卤水成岩环境;②经矿物包裹体测试分析,首次发现了高盐度含石盐子晶,石英中含子矿物富液体包裹体呈带状分布,形成温度157℃,盐度31.87%NaCl;③在地表铜矿化体和铜矿体中,发育氯铜矿化和含铜石膏型铜矿化,铜矿物组合为赤铜矿-氯铜矿-副氯铜矿,构成了典型赤铜矿-氯铜矿矿石,为典型含铜卤水表生沉淀富集成矿作用所形成,为表生成岩成矿期形成的产物。

(2)在乌拉根砂砾岩型铅锌矿区内,安居安组发育砂岩型铜矿化带,主要储矿岩石类型有两种。①含粗粉粒细粒长石岩屑砂岩,具粗粉粒细粒砂质结构,层理构造清晰。细砂占67%,粗粉砂占30%,其他占3%。碎屑颗粒分选性中等,磨圆度呈次棱角状,胶结类型为孔隙式。其中:碎屑组分特征揭示与火山岩有一定关系,石英呈粒状,粒径0.0625~0.5mm,含量约占35%;长石呈粒状,粒径0.0625~0.6mm,含量约占18%,部分发育高岭石化蚀变。岩屑呈粒状,粒径0.0625~3.0mm,含量约占47%,岩屑类型主要为火山岩和浅变质岩、黑云母片岩、泥岩等。填隙物特征为隐晶质泥质,粒径<0.03mm,含量约占1%;具有粉晶结构的方解石粒径0.03~0.1mm,含量约占2%,分布不均;孔雀石呈翠绿色纤维状,粒径0.03~0.05mm,含量约占2%,不均匀分布在辉铜矿边部或主要呈放射状充填在粒间孔隙中,辉铜矿呈显微细脉状或稀疏浸染状分布。黄铁矿现大多氧化成褐色隐晶质褐铁矿,粒径<0.03mm,含量约占3%,分布不均。②细砂质粗粉粒长石岩屑砂岩(BW30)具细砂质和粗粉砂质结构,层理构造清晰。细砂占30%,粗粉砂占67%,其他占3%。碎屑颗粒分选性中等,磨圆度呈次棱角状,胶结类型为孔隙式。碎屑组分特征为粒状石英粒径在0.0625~0.5mm,含量约占30%;粒状长石粒径0.0625~0.4mm,含量约占19%,部分发生高岭石化蚀变;粒状岩屑粒径在0.0625~0.45mm,含量约占51%,岩屑类型主要为火山岩和浅变质岩、黑云母片岩、泥岩等。填隙物隐晶质泥质粒径<0.03mm,含量约占2%;粉晶状方解石粒径在0.03~0.1mm,含量约占1%,分布不均;翠绿色纤维状孔雀石粒径在0.03~0.05mm,含量约占1%,主要呈放射状充填粒间孔隙中,分布不均;赤铜矿-辉铜矿呈浸染状团斑状分布。黄铁矿已成褐色隐晶质赤(褐)铁矿,粒径<0.03mm,含量约占2%,分布不均。安居安组砂岩型铜矿化带发育Sr异常,揭示具有较高古盐度特征,为咸化湖泊相特征。

(3)在滴水砂岩型铜矿区内:①铜矿石为(火山凝灰级)条带状泥岩,晶屑、玻屑、岩屑和火山灰级等火山物质发育,晶屑为黑云母,沿层间呈薄层状断续分布。铜矿物(赤铜矿、孔雀石等)沿显微裂隙充填。②经矿物包裹体测试分析,首次发现了高盐度含石盐子晶,石英中含子矿物富液体包裹体呈带状分布,形成温度132~195℃,盐度30.48%~32.92%NaCl。③发育含铜石膏型铜矿化和氯铜矿-副氯铜矿,在盐丘构造处盐泉周边发育,为典型含铜卤水表生沉淀富集成矿作用所形成,是表生成岩成矿期形成的产物。

5.3 烃源岩系、热演化与盆地构造变形

5.3.1 萨热克巴依次级盆地中烃源岩类型

在萨热克巴依次级盆地中存在良好的烃源岩,能够形成富烃类还原性盆地流体。在康

苏组、杨叶组中含煤碎屑岩系和煤层是优质煤系烃源岩,包括乌恰煤矿、疏勒煤矿、铁热苏克煤矿和巴依基底隆起带南侧隐伏煤矿等,以及这些含煤碎屑岩系。推测在萨热克巴依次级盆地深部,发育二叠系和上三叠统含煤碎屑岩系等,它们均构成了该次级盆地中烃源岩,因此,本书提出的"富烃类还原性盆地流体"来源丰富,能够提供大量烃源物质。

5.3.2 萨热克巴依侏罗系烃源岩层位与沉积岩岩相学特征

在萨热克铜多金属-金铜-铅锌-铁-煤矿田内共有 22 处矿床(点):①萨热克大型砂砾岩型铜矿床划分为北矿带和南矿带,深部钻孔证实为一个整体矿床,受萨热克裙边式复式向斜构造系统控制;②乌恰沙里拜、疏勒和铁热苏克等 3 处小型煤矿,赋存在侏罗系煤层和含煤碎屑岩系中,现今出露或隐伏在萨热克巴依中生代盆地边缘;③中元古界阿克苏岩群为盆地下基底构造层,其中分布有泽木丹金铜矿点等 8 处造山型金矿和金铜矿,主要受脆韧性剪切带控制,盆地上基底构造层为古生界,其石炭系中铅锌矿化点和金矿点,受冲断褶皱带和脆韧性剪切带控制。

(1)早-中侏罗世含煤粗碎屑岩系为主要烃源岩系(方维萱等,2016a)。①下侏罗统莎里塔什组为冲积扇相粗碎屑岩系,向上为康苏组扇三角洲相,由薄层细砾岩-石英砂岩-岩屑砂岩-泥质细砂岩等组成的含煤碎屑岩系,最终演化为湖沼相黑色碳质泥岩-灰黑色粉砂岩-煤层。康苏组扇三角洲相为含煤碎屑岩系。康苏期古气候为温暖潮湿环境,有利于植物生长和有机质聚集,早侏罗世盆地边界同生断裂带控制的山前湿地扇相-扇三角洲相-湖沼相体,为在康苏组中形成含煤岩系提供了良好的构造古地理条件。②杨叶组下部含煤粗碎屑岩中含 2~3 个煤层,单煤层厚度最大可达 1~2.0m。杨叶组上部以紫红色泥岩与灰绿色泥岩为特征。采用校正硼含量恢复古盐度为 14.94‰~23.73‰,杨叶组形成于半咸水湖泊环境。古气候为温暖潮湿环境,有利于植物生长和有机质聚集,形成了沉积物粒度向上变细的含煤粗碎屑岩系。总之,康苏组和杨叶组含煤岩系和富含有机质泥岩组成了烃源岩。

(2)萨热克巴依盆地侏罗系煤岩烃源岩生烃能力强。在康苏组和杨叶组中含煤碎屑岩系和煤层,以乌恰煤矿、疏勒煤矿、铁热苏克煤矿、巴依基底隆起带南侧隐伏煤矿层和含煤碎屑岩系为代表。乌恰沙里拜煤矿位于萨热克砂砾岩型铜矿区北 1.0km 处,萨热克巴依次级盆地为良好的中生代成煤盆地,其构造古地理特征为盆地的南、北、西侧三面环山,北西端与托云中-新生代后陆盆地连通。该煤矿赋存于下侏罗统康苏组中,与康苏煤矿、乌恰煤矿和反修煤矿赋矿层位相同。康苏组煤层和含煤碎屑岩系属湖泊-沼泽相砂泥质碎屑岩夹煤层沉积。康苏组岩性为浅灰、灰色薄-中层状石英砂岩、细粒岩屑石英砂岩、泥质细砂岩、灰黑色粉砂岩、黑色碳质泥岩、煤层和煤线,下部见有较多灰色薄层砾岩,煤层主要分布在该组中上部。杨叶组岩性为灰绿色薄-中层状岩屑砂岩、泥质细砂岩、粉砂岩夹煤线,为疏勒煤矿和铁热苏克煤矿含煤层位。乌恰沙里拜煤矿床共有煤层和煤线 6 层,其中可采煤层有 4 层;可采煤层呈层状或似层状产出,断续延伸长度 4300~7700m,可采厚度 0.81~3.23m。煤质均属亮煤型,凝胶化物质在 94%,属高硫、高灰分、低磷炼焦煤,变质程度属瓦斯-焦肥煤阶段,成因类型属湖泊-沼泽相沉积型煤矿。

(3)萨热克砂砾岩铜矿区康苏组煤岩能够提供大量烃源物质,富烃类还原性盆地流体来源丰富。①镜质组反射率是温度、时间的函数,有效记录了沉积地层经历的最高古地温(邹华耀和吴智勇,1998;李荣西等,2001;任战利等,1994,2014),选取康苏组煤岩进行煤岩镜质组反射率测试(表 5-5),恢复该沉积盆地演化史。萨热克地区煤岩的 R_o 变化范围在 0.817% ~ 1.201%,R_o 平均值在 0.856% ~ 1.068%,与塔里木盆地中镜质组反射率对比(李成等,2000),据此推测该煤岩埋藏深度在 3500m 左右,古地温为 100 ~ 120℃。②与不同母质类型烃源岩排气效率(胡国艺等,2014)相比较,R_o 为 0.817% ~ 1.201%,其排烃效率在 75% ~ 80%。③一般来说,R_o 为 0.5% ~ 0.7% 时对应为生油门限,而 R_o 为 0.7% ~ 1.3% 时一般对应为主要生油区,本区煤岩 $R_{o,min}$ 为 0.817% ~ 0.953%,$R_{o,max}$ 为 0.897% ~ 1.201%,均已超过了生油门限,进入主要生油区范围,这些煤岩能够提供富烃类还原性盆地流体(油气类流体)。④因萨热克砂砾岩型铜矿床中石英、方解石和白云石中矿物包裹体中,发育含烃盐水类、气烃–液烃–气液态、轻质油等三类相态的矿物包裹体。推测本区煤岩形成富烃类还原性盆地流体以油相、水溶相和气溶相为主。⑤从其煤热解实验结果来看,塔里木盆地中煤炭样品成熟度 R_o 为 0.65%,当 R_o 为 0.8% 时,有轻烃开始生成,R_o 达到 1.1% 时进入大量生烃阶段(胡国艺等,2010,2014)。萨热克地区 4 件煤炭样品 R_o 平均值为 0.976%,R_o 在 0.817% ~ 1.201%,与塔里木盆地侏罗系煤炭样品基本相似,进入轻烃开始生成到大量生成范围,具有良好的烃类初次运移基础。⑥从有机组分的碳同位素来看,塔里木盆地三叠–侏罗系陆相腐殖型烃源岩可溶有机组分的碳同位素 $\delta^{13}C$ 一般大于 −28‰(张中宁等,2006),萨热克铜矿石中有机质碳同位素 $\delta^{13}C$ 在 −20.79‰ ~ −19.65‰,两者也基本相似。上述结果表明萨热克盆地流体中的有机质可能与下伏康苏组和杨叶组煤层的热解有关。⑦总之,本区煤岩可能经历了埋藏深度在 3500m 左右,古地温在 100 ~ 120℃;已经进入轻烃开始生成到大量生成范围,能够形成排烃事件和高效的排烃,具有形成富烃类还原性盆地流体的烃源岩基础和排烃动力学基础。

表 5-5　萨热克巴依康苏组煤岩镜质组反射率(样品测点=30)

样号	层位	岩性	$R_{o,min}$/%	$R_{o,max}$/%	$R_{o,ran}$/%	TOC/%
MY-1	下侏罗统康苏组	碎裂岩化煤岩	0.913	1.15	1.034	
MY-2		煤岩	0.842	1.017	0.945	
MY-3		碎裂岩化煤岩	0.953	1.201	1.068	
MY-4		煤岩	0.817	0.897	0.856	
JD239B	褶曲状相	褶曲状煤岩	1.02	1.06	1.04±0.02	7.90
JD250	碎裂岩化相	碎裂岩化煤岩	1.23	1.37	1.30±0.07	4.56
JD249	碎裂岩化相	片理化碳质泥岩	1.10	1.26	1.18±0.08	0.29

资料来源:中国石油大学(北京)。

(4)萨热克地区以构造生排烃作用为主要生排烃机制,而埋深压实生排烃作用为辅,①先期采集煤岩样品中,碎裂岩化煤岩具有相对较高的 $R_{o,max}$(1.15% ~ 1.201%),暗示碎裂岩化对于提高镜质组反射率有一定作用;②碎裂岩化相煤岩发育褶曲和构造片理化的含煤砂岩,进行镜质组反射率测试,证实了构造片理化、褶曲作用和碎裂岩化作用等构造挤压作用,煤质镜质组反射率确实升高,镜质组反射率变化范围在 1.02% ~ 1.37%,平均值 1.04% ±0.02% ~ 1.30% ±0.07%, 镜质组反射率提高了 18% ~ 30%, 进入大量生烃阶段。

5.3.3　康苏-乌拉根地区侏罗系烃源岩层位与沉积岩岩相学特征

（1）喀什地区烃源岩系。石炭系和二叠系烃源岩为阿克莫木天然气田的主力烃源岩,有机质类型以 II 型干酪根或 II 型偏腐殖型为主,其次为侏罗系优质烃源岩系(王招明等,2005;张君峰等,2005;达江等,2007;傅国友等,2007)。杨叶组湖相烃源岩以 II 型干酪根为主,其次为 III 型,沼泽相烃源岩则主要表现为 III 型干酪根(傅国友等,2007)。康苏组碳质泥岩夹煤层热解生烃潜量在 0.1 ~ 2.64mg/g,总烃量为 55×10^{-6};R_o 在 1.2% ~ 2.0%;杨叶组泥岩热解生烃潜量在 0.94 ~ 4.89mg/g,总烃量为(228 ~ 443)×10^{-6};R_o 在 0.55% ~ 0.94%,它们均为优质烃源岩系(达江等,2007)。在乌拉根挤压-伸展转换盆地以内源性热流体叠加改造作用,部分富烃类还原性成矿流体来自盆地上基底构造层。

（2）康苏-前进-岳普湖康苏组煤系烃源岩。在喀什地区早侏罗世康苏期沉积范围扩大,从泥石流相杂巨砾岩→山前冲积扇杂砾岩夹粗砂岩→河流相含砾粗砂岩夹中粒砂岩→湖滨相铁白云质细砂岩和泥质砂岩,最终以三角洲相中粒岩屑砂岩类和湖滨相铁白云质细砂岩和泥质砂岩为主。在湿润气候环境下古植物繁茂,康苏组发育工业煤层和含煤砂泥岩系。经过盆山转换与聚煤成盆作用后(详见 4.1.3 节),康苏组含煤烃源岩系进入生油窗口期,为有机质成熟阶段,以热催化作用为主,主要形成烃类气体、液烃和沥青质(固体烃)、非烃类富 CO_2-H_2S 气体等富烃类-非烃类还原性成矿流体。深部发育侏罗系含煤烃源岩系主力烃源岩系,可为砂砾岩型铅锌-铀矿床和砂岩型铜矿床富集成矿,提供含铅锌富烃类还原性成矿流体。

5.3.4　康苏-乌拉根地区侏罗系烃源岩热解试验与生排烃能力评价

乌拉根-康苏地区杨叶组长焰煤和康苏组气煤,以埋藏压实成岩-构造挤压成岩形成生排烃作用为主,它们是砂砾岩型铜铅锌成矿系统的成矿能力供给源之一,以天然气注入和盆地气侵蚀变作用为主。①乌拉根铅锌矿区北侧中侏罗统杨叶组中含煤线灰绿色泥岩(采煤线)和煤线中,R_o 为 0.52% ±0.03%,煤线具有长焰煤(R_o 为 0.5% ~ 0.65%)褪色化灰绿色岩屑砂岩、泥岩夹薄煤层(294° ∠12°),单煤层厚 0.1 ~ 0.5m。多个薄煤层,含煤岩层厚度 3 ~ 5m,但煤层不具工业开采价值,主要为含煤烃源岩系,以埋藏压实成岩作用为主。②而含煤泥岩及碳质泥岩中煤线有定向排列,具有压实成岩特征,TOC>10%,R_o 为 0.59% ±0.03%。在康苏煤矿西部,煤线产于灰绿色薄层泥岩顶部,从下到上韵律层为灰绿色薄层泥岩与褐色中-薄层岩屑砂岩互层→中厚层褐黄色岩屑砂岩(285° ∠34°)→煤线(0.1 ~ 0.3m,305° ∠30°)→灰绿色薄层泥质岩。煤线含 TOC>10%,R_o 为 0.64% ±0.07%,含煤烃源岩系碎裂岩化相发育。杨叶组与克孜勒苏群呈断层接触,缺失库孜贡苏组,杨叶组碎裂岩化含煤烃源岩系 TOC>10%,R_o 为 0.55% ±0.07%。层间滑动作用和碎裂岩相等构造岩相学特征,构造变形作用可能导致 R_o(0.55% ±0.07% ~0.64% ±0.07%)有所升高,更接近于高级长焰煤、长焰煤与气煤界限附近(R_o 为 0.65%)揭示埋藏压实成岩作用为含煤烃源岩系生烃作用,构造变形作用为含煤烃源岩系生排烃事件的动力源机制。烃源岩系第一阶段生烃峰期(R_o 为 0.4% ~ 0.7%),推测本区含煤烃源岩系中排烃作用主要为以压实水驱运将部分烃类以水溶相态(含烃盐水类)排驱,以 CO_2 为助运剂等形式的气水驱排作用,因本区含煤烃源岩系为富含黄铁矿的腐殖型有机母质,煤岩中含 S 较高,在早期成烃过程中将产生比一般烃源岩系有更多的 CO_2-H_2S。而碎裂岩化相裂隙系统是排烃通道,为乌拉根式砂砾岩型铅锌矿床提供了富烃类还原性和非烃类富 CO_2-H_2S 还原性成矿流体,主要为发育在石英中次生包裹体中气烃、液烃和含烃盐水类。③康苏煤矿区原煤中有机质挥发组分>35%,含量范围为 36.3% ~ 38.65%,全硫 1.14% ~ 1.61%,发热量为 8127.6 ~ 8210.1Cal/kg,R_o 为 0.667% ~ 0.841%,属气煤(0.65% ~ 0.92%),主要用于火力发电用煤、炼焦配煤和炼油用煤。康苏煤矿 M5 号煤层自燃,形成了具有较重气味的浓烟雾,含 CO(0.04% ~ 0.1%)、CO_2(1% ~ 3%)和 CH_4(0.7% ~ 1.5%)、H_2S 和粉尘等,引起煤层自燃主要有挥发组分和硫含量较高、煤层较为破碎、地层产状较陡并且断层发育等综合因素,揭示断裂带为这些烃类(CH_4)和非烃类(CO、CO_2、H_2S)组分排烃空间和排驱构造通道。煤岩镜质组反射率 R_o 为 0.667% ~ 0.841%,平均值为 0.739% ~ 0.797%,揭示含煤烃源岩系进入生油窗口期,为有机质成熟阶段,以热催化作用为主,主要形成烃类气体、液烃和沥青质(固体烃)、非烃类富 CO_2-H_2S 气体等烃类和富烃类还原性成矿流体,矿物包裹体中气烃、液烃、非烃类富 CO_2-H_2S 气体、沥青质等为本期含煤烃源岩系曾形成的生排烃作用记录。④本次研究测试康苏–前进杨叶组含煤烃源岩(表 5-6、表 5-7),含煤泥岩及碳质泥岩中镜质组反射率 R_o 为 0.59% ±0.03%,经过层间滑动作用形成煤线定向排列,R_o 为 0.52% ±0.03%,而碎裂岩化相含煤泥岩中 R_o 为 0.64% ±0.07%,说明杨叶组烃源岩系随着构造挤压作用增加,镜质组反射率逐渐升高,暗示存在构造生排烃作用。康苏组煤岩的发热量为 8127.6 ~ 8210.1Cal/kg,R_o 为 0.667% ~ 0.841%,属气煤(0.65% ~ 0.92%)。康苏组含煤烃源岩系进入生油窗口期,为有机质成熟阶段,以热催化作用为主,主要形成烃类气体、液烃和沥青质(固体烃)、非烃类富 CO_2-H_2S 气体等烃类和富烃类还原性成矿流体。在乌拉根–加斯缺乏深部石炭系和二叠系存在依据,深部发育侏罗系,因此,对于砂砾岩型铜铅锌–铀矿床和砂岩型铜矿床而言,侏罗系为主力烃源岩系。

表 5-6　乌恰县康苏–前进煤矿中煤系烃源岩镜质组反射率

编号	岩性	$R_{o,max}$/%	$R_{o,min}$/%	R_o/%	测点数	TOC/%
JD208	杨叶组碳质泥岩	0.62	0.56	0.59±0.03	30	21.14
JD210	杨叶组煤线	0.71	0.57	0.64±0.07	30	15.64
JD215	杨叶组含煤线灰绿色泥岩(采煤线)	0.61	0.49	0.55±0.06	25	22.97
JD216B	杨叶组煤线	0.55	0.49	0.52±0.03	30	25.33
编号	岩性	$R_{o,max}$/%	$R_{o,min}$/%	R_o/%	测点数	
M7	康苏 7 号煤层	0.818	0.686	0.78	15	
M6	康苏 6 号煤层	0.814	0.667	0.779	14	
M5	康苏 5 号煤层	0.821	0.667	0.769	8	
M4	康苏 4 号煤层	0.841	0.672	0.764	14	

续表

编号	岩性	$R_{o,max}$/%	$R_{o,min}$/%	R_o/%	测点数	TOC/%
M3	康苏 3 号煤层	0.805	0.722	0.789	3	
M2	康苏 2 号煤层	0.808	0.736	0.797	2	
M1	康苏 1 号煤层	0.804	0.674	0.739	2	

表 5-7　乌恰县康苏–前进煤矿中煤系烃源岩镜质组反射率　　（单位:%）

样号	JDH114	JDHO143A	JHO111	KSJ1	KSJ2	KSJ3	KSJ4	KSJ5A	YDH162J	YDH210J
$R_{o,max}$	0.60	0.62	0.61	0.62	0.58	0.75	0.73	0.78	0.63	0.72
$R_{o,min}$	0.49	0.55	0.50	0.48	0.45	0.65	0.62	0.66	0.43	0.64
$R_{o,AVE}$	0.56	0.59	0.56	0.54	0.52	0.71	0.67	0.73	0.53	0.68
$R_{o,SD}$	0.03	0.02	0.04	0.04	0.04	0.03	0.03	0.04	0.05	0.02

推测构造生排烃中心位置,是砂砾岩型铅锌矿床和铀矿床的成矿系统能量源和物质供给区。选择不同的构造变形程度煤岩进行热解试验,寻找构造生排烃中心位置和成矿系统能量源,探索侏罗系含煤烃源岩系的构造生排烃作用。从表 5-8 看,①现今康苏组煤岩中轻烃(S_0,C_1–C_7)含量较低但富含有机质,碎裂岩化煤岩中 TOC 为 65.02%,初糜棱岩相煤岩含 TOC 为 55.26%。②在构造变形程度较低的碎裂岩化相煤岩中,残留烃(S_1)明显较高($S_1 = 0.98$mg/g),对比初糜棱岩相构造变形后煤岩,残留烃(S_1)明显降低($S_1 = 0.11$mg/g)。为排除 TOC 含量不同的影响,采用 TOC 含量进行归一化处理后,在碎裂岩化相煤岩中,单位残留烃含量仍高于糜棱岩化相煤岩,揭示随煤岩的构造变形程度增强,生排烃作用增强。因此,残留烃类可能因已形成了生排烃作用后,单位残留烃含量降低(表 5-8)。③裂解烃在碎裂岩化相煤岩中含量明显较高($S_2 = 152.02$mg/g),说明经过初糜棱岩相变形后,裂解烃含量大幅度降低($S_2 = 10.98$mg/g)。采用 TOC 含量进行归一化处理后也具有相同特征,揭示随着构造应力增强,可能造成大量裂解烃形成了生排烃作用,导致裂解烃显著降低。④S_3代表了煤岩在 600℃ 以下,不能裂解的残余有机碳含量(代表部分胶质和沥青质含量)。碎裂岩化相煤岩中 S_3(0.99mg/g)明显低于初糜棱岩相煤岩($S_3 = 11.52$mg/g)。推测经过初糜棱岩相构造变形后,形成较多非烃类 CO_2 的生成和驱排作用,导致初糜棱岩相煤岩中胶质和沥青质含量相对聚集,造成了 S_3 单位含量明显升高。总之,在前陆冲断带挤压构造作用下,康苏组和杨叶组煤岩可形成显著的构造生排烃作用,而断裂–碎裂岩化相–初糜棱岩相等构造岩相带为生排烃中心。

表 5-8　乌拉根地区康苏–前进煤岩热解试验结果表

特征/样号	S_0/(mg/g)	S_1/(mg/g)	S_2/(mg/g)	S_3/(mg/g)	S_4/(mg/g)	T_{max}/℃	TOC/%	IH	IO
康苏组碎裂岩化相煤岩/ KS1	0.01	0.98	152.02	0.99	514.09	437	65.02	234	2
康苏组初糜棱岩相煤岩/H143	0.01	0.11	10.98	11.52	533.65	532	55.26	20	21
杨叶组碎裂岩化相煤岩/ KS1	0.00015	0.0105	2.338	0.0152	7.907		1.00	3.599	0.031
杨叶组初糜棱岩相煤岩/H143	0.00018	0.0020	0.199	0.2085	9.657		1.00	0.362	0.380

注:采用 TOC% 进行标准归一化。

5.4　绿泥石化蚀变相与构造-岩浆-古地热事件和热通量恢复

采用镜质组反射率、矿物包裹体测温、磷灰石裂变径迹、生物标志物立体异构化、成岩自生黏土矿物温度计、磷灰石-锆石年龄数据等综合方法,可有效进行沉积盆地热演化史恢复(任战利,1992;任战利等,1994,2014;李荣西等,2001;李成等,2000;姚合法等,2004;喻顺等,2014)。然而,沉积盆地热演化史除受自身埋藏成岩和正常地热增温外,在后期经历的构造-热事件与构造-岩浆-热事件成岩成矿作用,常叠加在正常埋藏成岩事件之上。因此,需以构造-岩浆-热事件为主导思路,进行埋藏地热增温增压成岩作用与构造-岩浆-热事件叠加历史研究。区域性构造-岩浆-热事件不但是沉积盆地后期构造变形的驱动力,也是盆地流体大规模运移的驱动力源,因此,对沉积盆地后期改造-叠加变形历史研究,更需要关注它们经历的构造-岩浆-热事件改造与叠加作用。绿泥石是热液金属矿床中普遍发育的围岩蚀变之一,也是沉积盆地中普遍发育的自生矿物和盆地流体叠加蚀变矿物之一,利用绿泥石温度计恢复古地热事件和围岩蚀变温度得到广泛应用。绿泥石是盆地自生黏土矿物、成矿流体和盆地流体交代作用的指示矿物,对绿泥石化研究能够揭示成矿流体性质、水-岩反应环境和形成机制等。例如,肖志峰等(1993)运用绿泥石地质温度计估算了海南抱板金矿床围岩蚀变带中绿泥石的形成温度和氧逸度。Inoue(1995)认为在低氧逸度和低 pH 的环境下有利于镁质绿泥石的形成,而在相对还原的环境中则有利于富铁绿泥石的形成,根据 $Fe^{2+}/(Fe^{2+}+Mg^{2+})$ 值可判断其绿泥石化形成的氧化-还原环境。而郑作平等(1997)利用绿泥石六组分固溶体热液模型计算了八卦庙金矿床中绿泥石形成的物理化学条件(温度、氧逸度、硫逸度)。华仁民等(2003)研究了金山金矿热液蚀变黏土矿物特征、热液蚀变机制及水-岩反应环境。绿泥石化形成过程是由反应动力学控制的水-岩反应过程,它受温度、压力、水-岩比、氧化-还原条件、流体成分、寄主岩石化学成分、岩石物性(如裂隙密度、渗透率、孔隙度)等多重因素制约。因此,绿泥石矿物地球化学岩相学参数,能够揭示盆地流体活动和叠加历史。本次项目研究中,在对萨热克铜矿区绿泥石化蚀变(紫红色含铜铁质杂砾岩-岩屑砂岩的褪色化机制之一)地质产状进行岩相学研究的基础上,对绿泥石进行电子探针分析,恢复绿泥石化形成过程中水岩反应机制和相应的矿物地球化学岩相学参数,进一步采用绿泥石温度计进行古地热事件恢复,探索与古地热事件有关的绿泥石化过程的热通量,认为绿泥石化与砂砾岩型铜矿床有十分密切的关系。

5.4.1　绿泥石化相类型划分与地质产状

新疆萨热克砂砾岩型铜矿床赋存在托云中-新生代后陆盆地西南侧的萨热克巴依中生代陆内拉分断陷盆地中,铜矿体主要赋存在上侏罗统库孜贡苏组上段紫红色铁质杂砾岩类中,其赋矿层位以褪色化蚀变杂砾岩类为主,叠加有后期碎裂岩化相和沥青化蚀变相。辉绿辉长岩脉群在萨热克铜矿区侵位于侏罗系和下白垩统克孜勒苏群中,在萨热克南矿带克孜勒苏群中形成了大规模漂白-褪色化蚀变带和砂岩型铜矿体。在萨热克铜矿区绿泥石化分布比较普遍,按照萨热克铜矿区沉积成岩期、富烃类还原性盆地流体改造期、碱性辉绿辉长岩脉群侵位与区域褪色化蚀变期、碎裂岩化蚀变辉绿岩期等地质事件(方维萱等,2015,

2016a,2017a,e)和相应的绿泥石化地质产状特征,本区绿泥石化蚀变与砂砾岩型铜矿床紫红色铁质杂砾岩类型褪色化机制和铜富集成矿关系如下。

(1)沉积成岩期自生粒间状绿泥石相(A 型)与铜矿化关系紧密。①细叶片状的自生粒间状绿泥石(200μm×20μm,图版 H 中 1)与方解石和辉铜矿等,呈胶结物形式胶结砾石和岩屑等。②绿泥石与辉铜矿紧密共生分布在基性火山岩砾石中,如萨热克铜矿区北矿带 30 勘探线地表,在强碎裂岩化相含铜褪色化杂砾岩中,不规则状辉铜矿(Cc)含量 4% ~5%,粒径 0.03~1.5mm,分布在玄武岩砾石的残余杏仁体或呈稀散浸染状分布在玄武岩砾石中,并与黄铁矿-绿泥石共生;辉铜矿-绿泥石呈微脉状、断续脉状、稀散浸染状分布于砾石和碎屑间隙之间(图版 H 中 2),绿泥石呈环形被膜状(500μm×500μm)分布在玄武岩砾石之间,内部包含微环带状辉铜矿和岩屑等,这种绿泥石和辉铜矿为砾间孔隙中充填的沉积成岩期热液胶结物。他形不规则状黄铁矿(Py)含量为 3% ~4%,粒径 0.02~0.1mm,常与辉铜矿伴生,呈细脉浸染状分布于岩石显微裂隙中,部分呈微粒状分布于辉铜矿晶粒中(图版 H 中 2)。少量与辉铜矿连生的不规则状方铅矿粒径 0.03~1.25mm,稀散浸染状分布于玄武岩砾石中。微量不规则状铜蓝粒径在 0.01~0.03mm,与辉铜矿伴生。③绿泥石为黏土矿物和黑云母-辉石等暗色矿物蚀变而成,主要为沉积成岩期中期形成的微细脉辉铜矿-绿泥石-铁锰方解石。总之,在基性火山岩砾石中,绿泥石与辉铜矿-斑铜矿等铜硫化物紧密共生,暗示蚀源岩区基性火山岩提供了初始成矿物质。

(2)微细脉型绿泥石化蚀变相(B 型)受碎裂岩化相形成裂隙类型控制,形成了灰黑色沥青化-褪色化蚀变杂砾岩,微细脉型绿泥石化在裂隙和显微裂隙中与辉铜矿-斑铜矿紧密共生(图版 H 中 3),这种绿泥石化蚀变是含铜紫红色铁质杂砾岩类发生褪色化机制之一,暗示它们是在盆地流体改造富集成矿期所形成。在碎裂岩化过程中易在各类砾石边缘形成砾缘裂隙(图版 H 中 3),因砾石在变形过程中产生滑动效应形成穿砾裂隙,砾缘裂隙常具有弧形和不规则状,形成了显微 S-L 构造透镜体和显微构造扩容空间(图版 H 中 3),其裂隙中充填碳质-绿泥石-铜硫化物(辉铜矿-斑铜矿)受 S-L 构造透镜体化扩容空间控制,而 S-L 透镜状绿泥石微脉在构造扩容空间中呈扇形束状集合体,并与辉铜矿-斑铜矿共生(图版 H 中 5 和 6),揭示绿泥石化与铜硫化物同期形成并受同一构造扩容空间所控制。

在萨热克北矿带上侏罗统库孜贡苏组中,含铜褪色化中杂砾岩(图版 H 中 1 和 2)颜色为浅黄褐色、灰绿色、浅紫红色和斑杂色。砾石成分主要为细砂岩、碎裂岩化石英岩和少量中基性火山岩。砾石含量在 97%,定向排列的砾石特征揭示为旱地扇扇中亚相水道微相。填隙物主要为粗砂质,少量中-细砂质,含量约占 3%。它们被分布不均匀的方解石和辉铜矿胶结。碎裂岩化相标志为宽 0.03~0.2mm 裂隙发育,其裂隙密度≥100 条/m,裂隙被锰方解石、石英-锰方解石和辉铜矿细脉充填或半充填,这些石英-锰方解石和辉铜矿细脉为碎裂岩化相期盆地流体改造富集作用所形成,它们又经历了后期碎裂岩化相构造变形(图版 H 中 7 和 8),揭示碎裂岩化相具有多期形成特征。①晶粒状锰方解石的粒径 0.1~2.0mm,含量约占 10%,主要充填裂隙和原生粒间孔隙中。②他形粒状辉铜矿的粒径 0.1~1.6mm,含量约占 5%,辉铜矿主要充填在砾石裂隙、砾石间粒间孔隙和细砂岩岩屑内粒间孔隙中。③自形晶叶片状绿泥石大小在(100~200)μm×50μm,沿岩屑和矿物间孔隙分布,为沉积成岩期自生绿泥石,推测为黏土矿物结晶所形成。④自形晶束状-叶片状绿泥石集合体沿岩石裂隙定向排列,绿泥石晶体大小为(200～300)μm×50μm,这种微细脉绿泥石与辉铜矿-斑铜矿等共生,其显微裂隙中矿物充填序列为绿泥石→辉铜矿→铁白云石。碎裂岩化相中裂隙-显微裂隙主要为压性-压剪性构造应力场所形成,形成了近于平行和菱形显微裂隙组(图版 H 中 4),其中被绿泥石半充填和充填,而且辉铜矿解理也呈菱形,在经历后期碎裂岩化后,早期辉铜矿菱形解理位错距离为 10～20μm,揭示碎裂岩化相具有多期形成的特征。

(3)在辉绿岩-辉绿辉长岩脉群外接触带漂白-褪色化蚀变带中,团斑状-细脉状绿泥石化蚀变相(C 型)与碳酸盐化-硅化相伴产出(图版 H 中 4),从辉绿辉长岩脉群边部到地层具有蚀变分带现象,蚀变分带为绿泥石-硅化细脉带→绿泥石-铁锰碳酸盐化细脉带→绿泥石化褪色化蚀变带,是陆相红层盆地中克孜勒苏群紫红色铁质细砾岩和铁质岩屑砂岩褪色化蚀变机制之一。

(4)在辉绿岩-辉绿辉长岩脉群中,浸染状绿泥石化蚀变相(D 型)主要为黑云母、角闪石和辉石等暗色矿物蚀变而成,与方解石紧密共生(图版 I 中 BP30-9),绿泥石化-碳酸盐化为主要蚀变类型和特征,黑云母等暗色矿物完全绿泥石化,部分斜长石也发生了绿泥石化。

根据以上地质产状和绿泥石化特征,可见绿泥石化划分为四期不同的绿泥石化蚀变相。①自生粒间状绿泥石相(A 型)形成于沉积成岩期,绿泥石化主要为黑云母、角闪石和辉石等暗色矿物蚀变所形成,分布在基性火山岩砾石中,并与辉铜矿紧密共生。杂基中暗色矿物发生绿泥石化,与辉铜矿紧密共生。泥质发生重结晶形成自生绿泥石。②微细脉型绿泥石蚀变相(B 型)形成于碎裂岩化过程中,同构造期盆地流体形成了碎裂岩化相和多阶段绿泥石化,与辉铜矿-斑铜矿等铜硫化物紧密共生,呈微细脉状沿裂隙和裂缝充填,为盆地流体型绿泥石化蚀变相。这两类绿泥石化蚀变相与埋深成岩期和盆地碎裂岩化相变形期密切有关,属构造-热事件成因的绿泥石蚀变相,主要分布在上侏罗统库孜贡苏组中,与杂砾岩类和砂岩类中基性火山岩砾石类、杂基和泥质有密切关系。③团斑状-细脉状绿泥石化蚀变相(C 型)分布在辉绿岩-辉绿辉长岩脉群外接触带漂白-褪色化蚀变带中,可见团斑状、细脉状和自形晶叶片状绿泥石蚀变相,分布在上侏罗统库孜贡苏组和下白垩统克孜勒苏群中。④浸染状绿泥石化蚀变相(D 型)在辉绿岩-辉绿辉长岩脉群中,绿泥石交代黑云母、角闪石和辉石等暗色矿物,并伴有铜矿化。后两类主要与碱性辉绿辉长岩脉群侵位事件有密切关系,不但部分在库孜贡苏组中,在萨热克南矿带辉绿辉长岩脉群和周边克孜勒苏群中褪色化-漂白化蚀变带也广泛分布。后两类绿泥石化蚀变相主要与构造-岩浆-热事件密切有关,揭示了盆地构造-岩浆-热事件叠加成岩成矿作用事件。

5.4.2　绿泥石化相矿物地球化学特征与控制因素

1. 绿泥石矿物地球化学特征与成因类型

从表 5-9 和 5-10 看,在萨热克铜矿区绿泥石主要形成于中低温环境,但不同地质产状和形成环境的绿泥石与形成温度之间具有内在的成因联系,具体如下。

(1)通过对绿泥石 Fe-Si 图解(图 5-8),萨热克铜矿区绿泥石种类主要为富铁镁种属的密绿泥石、蠕绿泥石(铁绿泥石)。绿泥石形成温度范围为 121～238℃,按照方维萱(2012b)对地球化学岩相学的温度相划分标准,绿泥石相主要形成于中温相和低温相(表 5-9、表 5-10)。

表5-9　新疆萨热克铜矿区克勒苏群和蚀变辉绿岩中绿泥石化学成分电子探针分析表与形成温度

点号	绿泥石相	岩性	测点编号	电子探针分析结果/%														绿泥石温度/℃
				MgO	FeO	Al₂O₃	SiO₂	CaO	BaO	MnO	Cr₂O₃	NiO	K₂O	Na₂O	F	Cl	TiO₂	
P30A-1	A 型	白云母石英中粒砂岩	BP30A-1-1-1	17.24	22.60	18.71	27.65	0.03	0.03	0.23	0.00	0.10	0.04	0.24	0.09	0.05	0.00	208
			BP30A-1-2-2	18.59	15.71	16.49	29.18	0.16	0.04	0.14	0.02	0.12	0.30	0.19	0.13	0.15	2.68	175
P30A-9	D 型	灰绿色辉绿岩	BP30A-9-1-2	16.45	27.07	13.08	32.46	0.07	0.00	0.15	0.09	0.00	0.00	0.07	0.10	0.03	0.00	163
			BP30A-9-3-3	20.96	17.62	12.99	35.90	0.29	0.00	0.11	0.05	0.02	0.03	0.11	0.05	0.02	0.01	121
			BP30A-9-4-1	18.63	23.55	12.71	32.53	0.03	0.03	0.10	0.10	0.00	0.00	0.07	0.00	0.02	0.00	155
P30-33	A 型	灰白色细粒岩屑长石砂岩	BP30-33-1-1	11.41	27.74	17.83	28.34	0.06	0.00	0.26	0.08	0.00	0.09	0.16	0.00	0.10	0.00	198
			BP30-33-1-2	15.65	18.37	18.52	31.00	0.06	0.01	0.42	0.08	0.00	0.20	0.28	0.00	0.25	0.06	163
P30-34	A 型	灰白色石英长石砂岩	BP30-34-3-2	18.40	21.05	19.77	27.68	0.00	0.00	0.49	0.05	0.00	0.00	0.08	0.00	0.01	0.03	209
			BP30-34-2-1	16.87	19.93	18.10	30.19	0.03	0.00	0.31	0.05	0.00	0.06	0.13	0.00	0.15	0.02	176
			BP30-34-2-4	20.19	15.30	15.03	33.12	0.09	0.36	0.22	0.15	0.10	0.37	0.18	0.24	0.12	0.06	148
P30-37	B 型	紫红色细杂砾岩	BP30-37-1-1	13.85	25.67	21.61	25.16	0.00	0.00	0.13	0.08	0.02	0.01	0.05	0.00	0.00	0.01	238
			BP30-37-1-3	14.70	25.77	21.89	25.85	0.00	0.00	0.15	0.20	0.04	0.00	0.13	0.00	0.01	0.00	236
P30-43A	C 型	孔雀石化蚀变辉绿岩	BP30-43A-1-3	15.80	23.69	15.56	29.77	0.07	0.00	0.13	0.03	0.00	0.00	0.09	0.05	0.02	0.03	177
			BP30-43A-2-1	18.14	22.50	14.99	30.68	0.05	0.00	0.07	0.08	0.03	0.01	0.06	0.12	0.01	0.00	172
			BP30-43A-2-4	18.67	22.42	14.77	31.43	0.01	0.02	0.07	0.02	0.01	0.02	0.04	0.05	0.01	0.00	167
			BP30-43A-3-2	17.31	23.56	16.92	30.27	0.03	0.06	0.15	0.07	0.05	0.01	0.10	0.11	0.01	0.00	185

续表

点号	绿泥石相	型	岩性	测点编号	MgO	FeO	Al_2O_3	SiO_2	CaO	BaO	MnO	Cr_2O_3	NiO	K_2O	Na_2O	F	Cl	TiO_2	绿泥石温度/℃
										电子探针分析结果/%									
P30-58		A型	含铜褐色化杂砾岩	BP30-58-4	18.40	21.42	19.58	27.51	0.00	0.02	0.31	0.02	0.01	0.00	0.00	0.05	0.01	0.00	211
PO-27		A型	含铜褐色化杂砾岩	BPO-27-3-4	12.46	29.20	21.95	26.79	0.16	0.08	0.35	0.17	0.00	0.12	0.07	0.16	0.03	0.04	235
				BPO-27-3-4	14.09	27.54	22.86	26.71	0.01	0.08	0.28	0.10	0.00	0.04	0.06	0.00	0.02	0.12	237
PO-50		A型	含铜灰绿色杂砾岩	BPO-50-2-1	14.84	24.40	19.75	25.62	0.09	0.00	0.08	0.05	0.05	0.00	0.08	0.11	0.00	0.10	226
BG-2	库孜贡苏组 (J₃k)	B型+S	褐色化含铜杂砾岩	BG-2-1-1	13.97	27.91	21.46	28.12	0.00	0.13	0.14	0.03	0.04	0.02	0.03	0.06	0.01	0.08	222
				BG-2-1-2	15.09	24.22	21.47	28.25	0.01	0.01	0.01	0.03	0.03	0.00	0.05	0.07	0.03	0.00	211
BG-3		B型+S	含斑铜-辉铜矿蚀变杂砾岩	BG-3-1-1	13.06	27.88	19.80	28.06	0.02	0.20	0.07	0.10	0.01	0.03	0.09	0.13	0.01	0.00	213
				BG-3-4-1	13.97	25.33	19.13	29.33	0.15	0.01	0.24	0.04	0.01	0.08	0.08	0.29	0.02	0.01	195
BG-4		B型+S	含铜褐色化杂砾岩	BG-4-2-1	18.39	20.74	18.62	29.73	0.04	0.00	0.29	0.10	0.00	0.02	0.00	0.00	0.00	0.14	188
				BG-4-5-1	14.03	27.19	20.83	27.84	0.00	0.08	0.08	0.08	0.00	0.00	0.13	0.00	0.02	0.05	219
BG-7		B型+S	含铜褐色化杂砾岩	BG-7-1-1	13.51	26.47	20.65	26.68	0.01	0.00	0.14	0.06	0.02	0.04	0.06	0.00	0.01	0.09	223
				BG-7-4-3	14.06	26.42	19.45	28.29	0.00	0.13	0.05	0.02	0.02	0.00	0.00	0.26	0.01	0.03	208
BG-9		B型+S	含铜褐色化杂砾岩	BG-9-1-1	15.98	23.85	23.29	28.53	0.00	0.00	0.27	0.04	0.04	0.03	0.02	0.00	0.00	0.00	217
				BG-9-3-1	12.95	27.64	21.15	26.57	0.00	0.00	0.11	0.04	0.03	0.01	0.00	0.11	0.01	0.05	228
BG-11		B型+A型	含铜褐色化杂砾岩	BG-11-1-1	15.48	24.47	21.45	27.88	0.01	0.00	0.44	0.04	0.02	0.11	0.07	0.10	0.00	0.00	217
				BG-11-1-2	13.52	28.18	21.09	29.34	0.03	0.00	0.32	0.06	0.00	0.10	0.09	0.06	0.01	0.00	211
				BG-11-2-1	16.34	23.59	20.55	28.29	0.00	0.00	0.11	0.04	0.01	0.01	0.02	0.00	0.00	0.07	209
				BG-11-3-1	13.10	25.76	21.42	27.77	0.01	0.00	0.22	0.12	0.00	0.02	0.03	0.19	0.00	0.00	214
PO-56	塔尔尕组(J₂t)	A型	斑杂状杂砾岩	BPO-56-48-1	12.78	29.49	20.58	28.49	0.06	0.08	0.63	0.11	0.00	0.04	0.13	0.06	0.01	0.00	219
				BPO-56-48-4	16.07	22.78	20.20	28.56	0.06	0.00	0.27	0.05	0.04	0.20	0.01	0.14	0.01	0.14	203
PO-61	杨叶组(J₂y)	A型	细粒长石石英砂岩	BPO-61-7-3	16.31	29.11	24.31	31.01	0.10	0.17	0.02	0.11	0.04	1.15	0.06	0.06	0.03	0.08	211
PO-67	康苏组(J₁k)	A型	细粒石英砂岩	BPO-67-2-2	12.71	23.89	21.84	27.13	0.13	0.00	0.17	0.08	0.02	0.01	0.12	0.08	0.03	0.05	214

注:绿泥石相分期和特征见正文,S=碎裂岩化相;绿泥石形成温度据 Battaglia (1999) 方法估算。

表5-10　新疆萨热克铜矿区绿泥石结构式和形成温度表

样号	绿泥石相	岩性	测点编号	Na	Mg	Al	AlIV	AlVI	Si	K	Ca	Fe	Fe/(Fe+Mg)	Mg/(Mg+Fe)	Al/(Al+Mg+Fe)	Fe+/AlIV	形成温度/℃	d
P30A-1	A型	白云母石英中粒砂岩	BP30A-1-1-1	0.05	2.70	2.30	1.11	1.19	2.89	0.01	0.0	1.97	0.421	0.579	0.33	3.08	208	14.17
			BP30A-1-2-2	0.04	2.94	2.04	0.93	1.11	3.07	0.04	0.02	1.38	0.32	0.68	0.321	2.31	175	14.2
P30A-9	D型	灰绿色色辉绿岩	BP30A-9-1-2	0.01	2.54	1.59	0.66	0.93	3.34		0.01	2.32	0.478	0.522	0.246	2.98	163	14.22
			BP30A-9-3-3	0.02	3.11	1.51	0.45	1.06	3.55		0.03	1.45	0.318	0.682	0.249	1.9	121	14.26
			BP30A-9-4-1	C.01	2.89	1.54	0.64	0.9	3.36	0.0	0.0	2.03	0.413	0.587	0.239	2.67	155	14.22
P30-33	A型	灰白色细粒屑长石砂岩	BP30-33-1-1	0.03	1.85	2.27	0.93	1.34	3.07	0.01	0.01	2.5	0.575	0.425	0.343	3.43	198	14.18
			BP30-33-1-2	0.06	2.43	2.26	0.79	1.47	3.21	0.03	0.01	1.59	0.395	0.605	0.36	2.37	163	14.22
P30-34	A型	灰白色石英长石砂岩	BP30-34-3-2	0.02	2.84	2.39	1.15	1.24	2.85	0.0	0.01	1.8	0.389	0.611	0.34	2.96	209	14.17
			BP30-34-2-1	0.03	2.62	2.2	0.88	1.33	3.12	0.01	0.0	1.72	0.396	0.604	0.337	2.59	176	14.2
			BP30-34-2-4	0.03	3.01	1.75	0.71	1.04	3.29	0.05	0.01	1.27	0.296	0.704	0.291	1.98	148	14.23
P30-37	B型	紫红色细杂砂岩	BP30-37-1-1	0.01	2.22	2.71	1.32	1.4	2.68	0.0		2.28	0.507	0.493	0.376	3.6	238	14.14
			BP30-37-1-3	0.03	2.29	2.68	1.31	1.37	2.69	0.0		2.23	0.493	0.507	0.372	3.54	236	14.14
P30-43A	C型	孔雀石化蚀变辉绿岩	BP30-43A-1-3	0.02	2.53	1.96	0.82	1.14	3.18		0.01	2.11	0.454	0.546	0.296	2.93	177	14.2
			BP30-43A-2-1	0.01	2.83	0.92	0.80	0.12	3.2	0.0	0.01	1.95	0.408	0.592	0.161	2.76	172	14.21
			BP30-43A-2-4	0.01	2.89	1.79	0.76	1.03	3.24	0.0	0.0	1.92	0.40	0.60	0.271	2.69	167	14.21
			BP30-43A-3-2	0.02	2.66	2.04	0.9	1.14	3.1	0.0	0.0	2.01	0.431	0.569	0.304	2.91	185	14.19
P30-58 库牧贡苏组(J₃k)		A型/含铜褐色化杂砾岩	BP30-58-4-1		2.85	2.38	1.16	1.22	2.84			1.85	0.39	0.61	0.34	3.00	211	14.17
P0-27		A型/含铜褐色化杂砾岩	BP0-27-3-4-1	0.01	1.91	2.65	1.26	1.39	2.74	0.02	0.02	2.49	0.57	0.43	0.38	3.75	235	14.14
			BP0-27-3-4-2	0.01	2.13	2.72	1.30	1.41	2.70	0.00	0.00	2.32	0.52	0.48	0.38	3.62	237	14.14
P0-50		A型/含铜灰绿色杂砾岩	BP0-50-2-1	0.02	2.41	2.51	1.23	1.28	2.77		0.01	2.20	0.48	0.52	0.35	3.43	226	14.15
BG-2		B型+S/含铜斑铜-辉铜矿蚀变杂砾岩	BG-2-1-1	0.01	2.11	2.55	1.16	1.38	2.84	0.00	0.00	2.35	0.53	0.47	0.36	3.51	222	14.16
			BG-2-3-1	0.01	2.31	2.57	1.12	1.45	2.88	0.00	0.00	2.06	0.47	0.53	0.37	3.18	211	14.17

续表

样号	绿泥石相	岩性	测点编号	Na	Mg	Al	AlIV	AlVI	Si	K	Ca	Fe	Fe/(Fe+Mg)	Mg/(Mg+Fe)	Al/(Al+Mg+Fe)	Fe+AlIV	形成温度/℃	d
BG-3	库戈贡苏组（J₃k）	B型+S/含铜褐色化杂砾岩	BG-3-1-1	0.02	2.04	2.43	1.08	1.35	2.92	0.00	0.00	2.42	0.54	0.46	0.35	3.50	213	14.17
			BG-3-4-1	0.02	2.17	2.33	0.96	1.37	3.04	0.00	0.03	2.19	0.50	0.50	0.35	3.15	195	14.18
BG-4		B型+S/含铜褐色化杂砾岩	BG-4-2-1	0.01	2.80	2.23	0.98	1.25	3.02	0.00	0.01	1.76	0.39	0.61	0.33	2.73	188	14.19
			BG-4-5-1	0.03	2.16	2.51	1.15	1.36	2.85	0.00	0.00	2.32	0.52	0.48	0.36	3.47	219	14.16
BG-7		B型+S/含铜褐色化杂砾岩	BG-7-1-1	0.01	2.14	2.57	1.18	1.38	2.82	0.00	0.00	2.33	0.52	0.48	0.36	3.51	223	14.16
			BG-7-4-3	0.00	2.20	2.39	1.05	1.33	2.95	0.00	0.00	2.30	0.51	0.49	0.35	3.35	208	14.17
BG-9		B型+S/含铜褐色化杂砾岩	BG-9-1-1	0.00	2.36	2.69	1.20	1.50	2.80	0.00	0.00	1.95	0.45	0.55	0.38	3.15	217	14.16
			BG-9-3-1	0.00	2.04	2.62	1.21	1.41	2.79	0.00	0.00	2.42	0.54	0.46	0.37	3.63	228	14.15
BG-11		B型+A型/含铜褐色化杂砾岩	BG-11-1-1	0.01	2.36	2.56	1.17	1.39	2.83	0.01	0.00	2.07	0.47	0.53	0.37	3.24	217	14.16
			BG-11-1-2	0.02	2.02	2.48	1.07	1.41	2.93	0.01	0.01	2.34	0.54	0.46	0.36	3.41	211	14.17
			BG-11-2-1	0.00	2.50	2.47	1.11	1.35	2.89	0.00	0.00	2.01	0.45	0.55	0.35	3.12	209	14.17
			BG-11-3-1	0.01	2.04	2.61	1.12	1.49	2.88	0.00	0.00	2.23	0.52	0.48	0.38	3.35	214	14.16
PO-56	塔尔尕组（J₂t）	A型/斑杂状杂砾岩	BPO-56-48-1-1	0.03	1.94	2.45	1.11	1.34	2.89	0.01	0.01	2.49	0.56	0.44	0.36	3.60	219	14.16
			BPO-56-48-4-2	0.02	2.47	2.43	1.08	1.36	2.92	0.03	0.01	1.94	0.44	0.56	0.36	3.02	203	14.18
PO-61	杨叶组（J₂y）	A型/细粒长石石英砂岩	BPO-61-7-3	0.01	0.95	2.86	0.90	1.96	3.10	0.15	0.01	2.42	0.72	0.28	0.46	3.33	193	14.19
PO-67	康苏组（J₁k）	A型/细粒石英砂岩	BPO-67-2-2	0.02	2.01	2.71	1.14	1.57	2.86	0.00	0.01	2.10	0.51	0.49	0.40	3.24	214	14.17

注：以14个氧原子为标准，计算了绿泥石中各阳离子数及相关参数。绿泥石形成温度据 Battaglia（1999）方法估算。

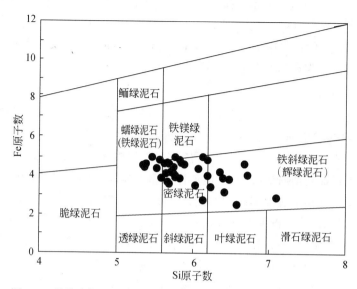

图 5-8　萨热克铜矿区绿泥石的分类图解(底图据 Deer et al. ,1962)

(2)绿泥石化原岩恢复。绿泥石中 Al/(Al+Mg^{2+} +Fe^{2+})值(表 5-10),有助于判断绿泥石形成的母岩性质,镁铁质岩石蚀变或转化形成的绿泥石中其值一般小于 0. 35,而原岩为泥质岩或泥质胶结物蚀变成因的绿泥石中其值一般大于 0. 35。在萨热克南矿带蚀变辉绿岩中(P30A-9),绿泥石中 Al/(Al+Mg^{2+} +Fe^{2+})值在 0. 239 ~ 0. 249;在辉铜矿化蚀变辉绿岩中(P30-43A)绿泥石中 Al/(Al+Mg^{2+} +Fe^{2+})值在 0. 161 ~ 0. 304,说明采用 Al/(Al+Mg^{2+} +Fe^{2+})值进行萨热克铜矿区绿泥石化原岩恢复与绿泥石化地质产状相吻合,该值可以在萨热克铜矿区进行其他绿泥石化原岩特征恢复。①在克孜勒苏群中,绿泥石中 Al/(Al+Mg^{2+} +Fe^{2+})值多数≤0. 35,推测这些绿泥石与碱性辉绿辉长岩脉群侵位的构造-岩浆-热事件密切有关。在克孜勒苏群紫红色铁质细杂砾岩中(P30-37)绿泥石中 Al/(Al+Mg^{2+} +Fe^{2+})值为 0. 376 ~ 0. 372,揭示其原岩为泥质胶结物所形成,绿泥石形成温度最高达 238 ~ 236℃。②在库孜贡苏组中,绿泥石中 Al/(Al+Mg^{2+} +Fe^{2+})值多数在 0. 35 以上,绿泥石主要为泥质岩或泥质胶结物蚀变而形成的自生绿泥石,少数绿泥石中 Al/(Al+Mg^{2+} +Fe^{2+})值≤0. 35,推测主要原因是紫红色杂砾岩中含有基性火山岩砾石和碎屑物,而这些基性火山岩与绿泥石化和辉铜矿富集有着十分密切的内在关系。③在康苏组、塔尔尕组和杨叶组的绿泥石中 Al/(Al+Mg^{2+} +Fe^{2+})值>0. 35,推测主要为泥质胶结物所形成。总之,从绿泥石中 Al/(Al+Mg^{2+} +Fe^{2+})值特征和地质产状综合看,在库孜贡苏组和克孜勒苏群中与基性火山岩和蚀变辉绿岩有关的绿泥石明显增多,而在康苏组、塔尔尕组和杨叶组中,绿泥石为泥质胶结物在沉积成岩期形成的自生绿泥石(表 5-10)。

(3)绿泥石化形成过程中裂隙-显微裂隙系统的氧化-还原性。Inoue(1995) 认为在低氧逸度和低 pH 的环境下有利于镁质绿泥石的形成,而在相对还原的环境中则有利于富铁绿泥石的形成。绿泥石中 Fe^{2+}/(Fe^{2+} +Mg^{2+})值可以判别绿泥石化过程中氧化-还原环境,在萨热克铜矿区的绿泥石中 Fe^{2+}/(Fe^{2+} +Mg^{2+})值为 0. 34 ~ 0. 72,平均值为 0. 46,且 Fe^{2+}/(Fe^{2+} +

Mg^{2+})值变化大于0.3,可以判断本书研究区绿泥石形成于还原环境,符合富铁镁绿泥石的形成条件。绿泥石中 $Fe^{2+}/(Fe^{2+}+Mg^{2+})$ 值越大,指示其形成环境的还原性更大,在库孜贡苏组含铜褪色化杂砾岩中,绿泥石中 $Fe^{2+}/(Fe^{2+}+Mg^{2+})$ 值在0.45~0.57,暗示其形成环境具有较高还原性,明显高于克孜勒苏群中绿泥石中 $Fe^{2+}/(Fe^{2+}+Mg^{2+})$ 值。

2. 绿泥石化与岩石裂隙渗透率-温度间耦合关系

在萨热克铜矿区内,部分绿泥石化微细脉明显受裂隙-显微裂隙控制,推测对古地热事件中古地温场热传导具有有利的构造岩相学条件。本研究区内绿泥石主要呈细叶片状分布于砾石和砂屑中,或呈不规则状分布于胶结物中,与辉铜矿、斑铜矿、黄铜矿和黄铁矿等共生,推测它们为沉积成岩期所形成,其盆地流体类型为粒间流体。部分绿泥石微细脉沿岩石裂隙分布,受碎裂岩化相中裂隙-显微裂隙控制明显,其盆地流体类型为裂隙流体。粒间流体和裂隙流体型盆地流体对古地温场形成热传导和盆地流体运移具有较重要作用。库孜贡苏组中紫红色铁质杂砾岩和岩屑砂岩经过绿泥石化之后,可有效封堵岩石有效孔隙连通性,对盆地流体可成为一种封闭效应,但绿泥石本身是黏土矿物并含有15%左右层间 H_2O,因此,绿泥石化形成过程本身就是盆地流体流通、水岩耦合反应过程,因此,基于裂隙岩相学和裂隙流体动力学研究可恢复其绿泥石化之前的岩石裂隙渗透率。

在萨热克铜矿区内,绿泥石化沿碎裂岩化相形成的裂隙-显微裂隙和裂缝充填和半充填,其显微裂隙密度频率最高为三组,即5000条/100cm、4500条/100cm、3500条/100cm。显微裂隙发育宽度主要有3种分别为0.03~0.3mm、0.03~0.2mm和0.03~0.1mm。根据Snow(1970)裂隙密度与岩石裂隙渗透率关系,可以进行裂隙渗透率和绿泥石化形成温度之间耦合关系分析,即 $k=nd^3/12$。其中 k 为渗透率(cm^2); n 为裂隙密度(cm^{-1}); d 为显微裂隙宽度(cm)。估算受裂隙-显微裂隙控制的绿泥石化过程中,岩石裂隙渗透率和绿泥石化形成温度间耦合关系分别为(表5-11): $30×10^{-6}cm^2/211~227℃$; $20×10^{-6}cm^2/194~219℃$; $4×10^{-6}cm^2/215~223℃$); $3×10^{-6}cm^2/196~211℃$; $2×10^{-6}cm^2/197~216℃$。

总体看来,根据绿泥石化和裂隙密度关系估算的岩石裂隙渗透率越高,绿泥石化形成的温度就越高,因此认为与绿泥石化有关古地热事件的热效应,有利于热启显微裂隙形成或因岩石高渗透率有利于含矿盆地流体运移而形成绿泥石化,这些过程均有利于盆地流体发生热传导,推测上述矿物-岩石-渗透率-裂隙结构-热传导都可能存在,即矿物-岩石之间存在多重耦合反应。

3. 绿泥石化与盆地流体改造成矿作用强度和古地温场中心恢复

(1)沥青化、褪色化和绿泥石化,以及石英脉、方解石脉、铁锰方解石和铁锰白云石脉属萨热克巴依盆地流体作用形成的直接产物,其石英脉、方解石脉、铁锰方解石和铁锰白云石脉发育程度,可以直接揭示盆地流体改造富集成矿作用和与辉绿岩形成的岩浆热液叠加成矿作用的强度,按照石英脉、方解石脉、铁锰方解石和铁锰白云石脉等,其发育密度和强度可分为强、中、弱三类,分别指示了萨热克砂砾岩型铜矿床中围岩蚀变强度和盆地流体改造作用强度,即强盆地流体改造带、中等盆地流体改造带和弱盆地流体改造带,其绿泥石温度分别为207~228℃(强)、198~213℃(中)、195~216℃(弱),推测采用绿泥石温度计恢复古地温较高的空间部位,有可能指示了盆地流体作用较强的成矿范围。

表 5-11 萨热克铜矿区绿泥石化强度和绿泥石化的热通量估算表

样号与层位	岩性	测点编号	绿泥石化产状	温度/℃	Fe/Mg值	绿泥石面积/μm²	绿泥石化强度/‰	绿泥石化热流密度/(J/(m²×s))
$P30A-1/K_1kz$	白云母细砾长石石英砂岩	BP30A-1-1-1	叶片状(120μm×30μm)	208	1.31	3600	1.52	132.55
		BP30A-1-2-2	沿裂隙分布的薄膜状($d=9μm$)	175	0.85	254	0.11	7.89
$P30A-9/K_1kz$	灰绿色蚀变辉绿岩	BP30A-9-1-2	呈黑云母假象(160μm×60μm)	163	1.65	9600	4.05	276.73
		BP30A-9-3-3	呈黑云母假象(90μm×30μm)	121	0.84	2700	1.14	58.14
		BP30A-9-4-1	呈黑云母假象(200μm×70μm)	155	1.26	14000	5.91	383.91
$P30-33/K_1kz$	灰白色细粒岩屑长石砂岩	BP30-33-1-1	叶片状($d=40μm$)	198	2.43	5024	2.12	176.38
		BP30-33-1-2	细叶片状(70μm×20μm)	163	1.17	1400	0.59	40.39
$P30-34/K_1kz$	灰白色石英长石砂岩	BP30-34-3-2	细叶片状(90μm×20μm)	209	1.14	1800	0.76	66.87
		BP30-34-2-1	细叶片状(70μm×30μm)	176	1.18	2100	0.89	65.42
		BP30-34-2-4	细叶片状(70μm×30μm)	148	0.76	2100	0.89	55.09
$P30-37/K_1kz$	紫红色细杂砾岩/碎裂岩化相	BP30-37-1-1	沿砾间裂缝呈薄膜状(210μm×50μm)	238	1.85	10500	4.43	442.86
		BP30-37-1-3	沿砾间裂缝呈薄膜状(220μm×100μm)	236	1.75	22000	9.29	922.63
$P30-43A/K_1kz$	孔雀石辉铜矿化蚀变辉绿岩/碎裂岩化相	BP30-43A-1-3	呈黑云母假象(110μm×20μm)	177	1.50	2200	0.93	68.95
		BP30-43A-2-1	呈黑云母假象($d=60μm$)	172	1.24	11304	4.77	344.92
		BP30-43A-2-4	呈黑云母假象(200μm×70μm)	167	1.20	14000	5.91	413.72
		BP30-43A-3-2	呈黑云母假象(200μm×70μm)	185	1.36	14000	5.91	458.25
$P30-58/J_3k$	含铜褐色化杂砾岩/碎裂岩化相	BP30-58-4-1	沿裂缝呈薄膜环状分布	211	1.16	29000	12.24	1085.3
$P0-27/J_3k$	含铜褐色化杂砾岩	BP0-27-3-4-1	细叶片状(80μm×20μm)	235	2.34	1600	0.68	66.73
		BP0-27-3-4-2	细叶片状(70μm×30μm)	237	1.95	2100	0.89	88.30
$P0-50/J_3k$	含铜褐色化杂砾岩	BP0-50-2-1	沿裂缝呈薄膜状分布(90μm×20μm)	226	1.64	1800	0.76	72.28
$BG-2/J_3k$	含铜褐色化杂砾岩/碎裂岩化相	BG-2-1-1	叶片状(150μm×40μm)	222	2.00	6000	2.53	235.20
		BG-2-3-1	细叶片状(150~100)μm×20μm	211	1.69	4000	1.69	150.2

续表

样号与层位	岩性	测点编号	绿泥石化产状	温度/℃	Fe/Mg值	绿泥石面积/μm²	绿泥石化强度/‰	绿泥石化热流密度/(J/(m²·s))
BG-3/J₃k	含斑铜-辉铜矿蚀变杂砾岩/多期碎裂岩化相	BG-3-1-1	叶片状(80μm×30μm)	213	2.13	2400	1.01	90.60
		BG-3-4-1	沿裂隙分布的薄膜状(d=90μm)	195	1.81	25434	10.74	878.78
BG-4/J₃k	含铜褐色化杂砾岩/碎裂岩化相	BG-4-2-1	沿裂隙分布的薄膜状(70μm×50μm)	188	1.13	3500	1.48	116.90
		BG-4-5-1	叶片状(170μm×50μm)	219	1.94	8500	3.59	330.49
BG-7/J₃k	含铜褐色化杂砾岩/碎裂岩化相	BG-7-1-1	叶片状(90μm×40μm)	223	1.96	3600	1.52	142.64
		BG-7-4-3	叶片状(180μm×60μm)	208	1.88	10800	4.56	397.62
BG-9/J₃k	含铜褐色化杂砾岩/碎裂岩化相	BG-9-1-1	叶片状(d=20μm)	217	1.49	1256	0.53	48.43
		BG-9-3-1	叶片状(110μm×60μm)	228	2.13	6600	2.79	266.80
BG-11/J₃k	含铜褐色化杂砾岩/碎裂岩化相	BG-11-1-1	细叶片状(110μm×30μm)	217	1.58	6600	2.79	253.70
		BG-11-1-2	细叶片状(120μm×20μm)	211	2.08	2400	1.01	89.74
		BG-11-2-1	沿裂隙分布的薄膜状(30μm×10μm)	209	1.44	300	0.13	11.12
		BG-11-3-1	沿裂隙分布的薄膜状(10μm×5μm)	214	1.97	50	0.02	1.90
P0-56/J₂t	斑杂色杂砾岩	BP0-56-1-1	叶片状(d=60μm)	219	2.31	11304	1.91	175.63
		BP0-56-4-2	细叶片状(80μm×60μm)	203	1.42	4800	2.03	172.82
P0-61/J₂y	灰绿色细粒长石石英砂岩	BP0-61-7-3	砾间裂缝薄膜状分布(80μm×30μm)	211	1.79	2400	1.01	89.82
P0-67/J₁k	灰紫色细粒石英砂岩	BP0-67-2-2	细叶片状(200μm×80μm)	214	1.88	16000	2.70	242.92

注：绿泥石化强度=(绿泥石化面积/测量薄片面积)×1000；测量薄片面积为2368000μm²；绿泥石化流体热通量=(绿泥石强度×绿泥石形成温度)×4.2l/10，即为绿泥石化过程中热通量(也称为热流密度)，为单位时间内通过物体单位横截面积上的热量，时间为s，面积为m²，热量单位为J，相应的热流密度(热通量)单位为J/(m²·s)。

（2）绿泥石化温度计与矿物包裹体测温（方维萱等，2016，2017；贾润幸等，2017）对比看，它们大致相近，总体上采用绿泥石温度计恢复的古地热略有偏高。

（3）按照铜硫化物矿物组合和绿泥石共生关系，探索采用绿泥石温度计揭示其铜富集成矿的古地温场结构，在萨热克砂砾岩型铜矿区内，铜矿石分带可划分为三组类型，分别为斑铜矿+辉铜矿型（196～237℃）铜矿石带、辉铜矿型（188～219℃）铜矿石带、斑铜矿型（203～226℃）铜矿石带，推测斑铜矿型铜矿石和斑铜矿+辉铜矿型带指示了盆地流体改造富集成矿的中心部位，其绿泥石化形成的古地温条件为196～227℃，也是盆地流体改造富集成矿中心部位的特征。

5.4.3　萨热克铜矿区构造-岩浆-热事件和热通量恢复

现对地质事件热通量法、构造岩相学回剥法和构造岩相学变形筛分研究法具体释义如下。

（1）地质事件热通量法。在沉积盆地中，由于埋藏压实古地热增温作用、构造作用和岩浆作用形成的地质热事件或因其叠加作用所形成的地质热事件所携带热能量度量。本书采用绿泥石温度计对本区进行古地温恢复后，发现萨热克砂砾岩型铜矿区具有异常古地热场结构，推测与构造-岩浆-热事件叠加作用有密切关系，按照下式进行绿泥石化过程中热通量估算（表5-11）。绿泥石化流体热通量=（绿泥石强度×绿泥石形成温度）×4.2J/10。

（2）构造岩相学回剥方法。在多期构造-岩浆-热事件叠加的区域构造和矿田构造研究中，首先，在对最晚期构造变形样式和构造岩相学类型进行研究后，确定其地质事件形成机制（包括成岩事件、构造-热事件、构造-岩浆-热事件等）。其次，将晚期地质事件和构造岩相学效应所形成的构造变形样式和构造岩相学类型，依次进行构造岩相学回剥后，恢复到先存地质事件域内，再进行先存地质事件的构造变形样式和构造岩相学类型研究。最后，依次建立从新到老的地质事件类型和序列、构造变形样式和岩浆侵入构造样式和热通量等，进行不同类型地质事件（成岩事件、构造-热事件、构造-岩浆-热事件）的构造变形筛分研究，最终，在构造岩相学变形筛分和构造组合研究基础上，恢复从老到新的地质事件类型、序列和热通量。

（3）构造岩相学变形筛分研究方法：在复杂的区域构造和矿田构造研究中，系统研究建立不同构造变形域（韧性构造变形域、脆韧性构造变形域和脆性构造变形域）形成的构造样式和构造组合，在对这些构造样式和构造组合进行构造解析的基础上，进行构造期次和构造叠加改造关系研究，进行不同期次构造系统物质组成和构造组合分期配套，最终按照从早到晚的时间序列，建立构造地质事件序列与成岩成矿事件关系、构造变形样式-构造组合与矿床组合和矿石组合关系。

以下采用地质事件热通量法和与构造岩相学回剥方法，按照由新到老的时间系列，对构造-岩浆-古地热事件和绿泥石化热通量恢复如下。

1. 辉绿辉长岩脉群侵位期前后的构造-岩浆-热事件与热通量

在萨热克铜矿区，辉绿辉长岩脉群最高侵位地层为下白垩统克孜勒苏群，在托云中-新生代后陆盆地中，辉绿辉长岩脉群侵位事件从白垩纪初期开始，到新近纪结束。而在萨热克巴依地区，侵入于下白垩统克孜勒苏群中辉绿辉长岩脉群不但发育碎裂岩化相，节理和破劈理发育，在其周边下白垩统和上侏罗统库孜贡苏组中形成了较大规模的褪色化蚀变带和漂白化蚀变带。而且在钻孔揭露深部辉绿辉长岩脉群形成了砂砾岩型铜铅锌-钼矿体,叠加在砂砾岩型铜矿床之上,形成了铜铅锌-钼同体共生或异体共生。在萨热克南厚皮型逆冲推覆构造系统作用下,下白垩统克孜勒苏群形成了断层传播褶皱和漂白化蚀变砂岩带,辉绿辉长岩脉群遭受构造挤压变形,形成了绿泥石化构造片岩和片理化辉绿辉长岩脉,因此,辉绿辉长岩脉群侵入事件可能形成于晚白垩世之后、新近纪之前,即形成于古近纪-新近纪。

(1)辉绿辉长岩脉群遭受绿泥石化蚀变的成岩成矿环境恢复。辉绿岩遭受热液蚀变和构造变形事件古地温在121~185℃。辉绿岩中发育X形节理,在其边部发育绿泥石化、硅化-铁碳酸盐化蚀变和含辉铜矿硅化细脉,揭示在辉绿岩形成之后或晚期形成了热液蚀变和构造变形事件。在辉绿岩形成之后发生蚀变过程中形成的绿泥石化,呈黑云母假象分布的绿泥石,其温度较低(121~185℃)。①其中辉绿岩脉(P30A-9)发生绿泥石化的蚀变温度为(121~163℃),平均温度为146℃,绿泥石化过程的热流密度为58.14~383.91J/(m²×s),平均热流密度为239.59J/(m²×s),其附近褪色化规模较小,该古地热事件可能代表了萨热克铜矿区最晚期构造-热事件。②含铜蚀变辉绿岩(P30-43A)发生绿泥石化的蚀变温度为167~185℃,平均为175℃,绿泥石化过程的热流密度在68.95~458.25J/(m²×s),平均热流密度321.46J/(m²×s),因辉绿辉长岩脉群控制其周边规模较大的漂白-褪色化蚀变带,因此认为这些漂白-褪色化蚀变带,与辉绿辉长岩脉群侵位过程形成的构造-岩浆-热事件密切有关。③经过对比可以看出,与碱性辉绿辉长岩脉群有关的砂砾岩型铜铅锌矿化,与它们后期遭受的绿泥石化强度和盆地流体的热流密度有一定相关性,即强绿泥石化蚀变辉绿岩的平均热流密度为321.46J/(m²×s),对于褪色化蚀变砂砾岩型铜铅富集成矿有利,温度相对较高,可能与构造-岩浆-热事件密切相关的深源盆地流体叠加富集成矿有关。④碎裂状蚀变辉绿辉长岩脉群中的绿泥石化主要为黑云母、角闪石和辉石蚀变而成,本次测定绿泥石主要呈黑云母假象,为黑云母蚀变而成,其$Fe^{2+}/(Fe^{2+}+Mg^{2+})$值在0.522~0.682,暗示绿泥石化过程为还原环境,平均热流密度为239.59J/(m²×s),对于铜铅锌富集成矿较为有利。

(2)辉绿辉长岩脉群侵位的构造-岩浆-热事件与岩浆热液叠加形成的绿泥石化蚀变温度。在辉绿辉长岩脉群侵位过程中,在上侏罗统库孜贡苏组和下白垩统克孜勒苏群中均形成了褪色化蚀变带,而在克孜勒苏群中局部为漂白-褪色化蚀变带。①在下白垩统克孜勒苏群中漂白-褪色化蚀变带以大面积强烈硅化蚀变为特征,在克孜勒苏群中形成了砂岩型铜矿体。其绿泥石形成温度最高,推测由构造-岩浆-热事件所形成的构造-岩浆热液叠加所形成,绿泥石沿砾间裂缝呈薄膜状分布,如褪色化细杂砾岩(P30-37)其绿泥石化形成的温度较高(236~238℃),属中温地球化学相。其绿泥石化过程中热流密度高达442.86~922.63J/(m²×s),认为本区深源碱性辉绿辉长岩脉群侵位形成的构造-岩浆-热事件规模大,热流密度最大,不但带来了深部幔源岩浆热液叠加成岩成矿作用,而且也形成了较大规模的区域性古地热事件。这种构造-岩浆-热事件为该盆地深部烃源岩大规模排烃、富烃类还原性盆地流体垂向一次运移和侧向二次运移提供了热驱动力,这也是萨热克南矿带深部找矿潜力巨大的成矿地质背景。②在萨热克南矿带深部上侏罗统库孜贡苏组中辉绿辉长岩脉群附近,因与辉绿辉长岩脉群侵位形成的构造-岩浆-热事件,形成了强烈的岩浆热液叠加富集成岩成矿作用,在萨热克南矿带30-0线深部,形成了砂砾岩型铜铅锌矿体和钼矿体,铅锌矿与铜矿体同体共生和异体共生。

2. 下白垩统克孜勒苏群构造-岩浆-热事件与古地温恢复

本研究区在早白垩世克孜勒苏期(K_1kz)经历古地温事件的温度范围为121~238℃,古地温在200℃以上均受到辉绿辉长岩脉群侵位和构造-岩浆-热事件影响,一般古地温≤200℃,属低温地球化学相。在克孜勒苏群中,采用绿泥石化恢复的热流密度变化大,最低为7.89J/($m^2\times s$),一般在40.39~66.87J/($m^2\times s$),推测它们代表了早白垩世经历的正常古地温场;热流密度最高在442.86~922.63J/($m^2\times s$),指示了克孜勒苏群遭受构造-岩浆-热事件形成的岩浆热液叠加成岩成矿作用。

3. 晚侏罗世构造-热事件与热通量和铜富集成矿关系

在晚侏罗世库孜贡苏期,本研究区经历的古地温可能在188~237℃,平均温度为216℃,一般古地温≥200℃。中侏罗统塔尔尕组(J_2t)和杨叶组(J_2y)古地温分别为211℃、210℃,下侏罗统康苏组(J_1k)为214℃。可以看出,库孜贡苏组(J_3k)经历构造-热事件改造叠加作用较为明显,其古地温也偏高。恢复早-中侏罗世构造-热事件的热流密度大致在89.82~242.92J/($m^2\times s$),而恢复晚侏罗世库孜贡苏期经历构造-热事件的热流密度在48.43~878.78J/($m^2\times s$)。

在上侏罗统库孜贡苏组中,采用绿泥石化蚀变相恢复构造-热事件形成的热流密度在235.20~878.78J/($m^2\times s$)(表5-11中BG-2、BG-3、BG-7、BG-9和BG-11),这些绿泥石化蚀变相与斑铜矿-辉铜矿带在空间上吻合,其绿泥石化蚀变相的热流密度较大,也是砂砾岩型铜矿富集成矿中心位置。绿泥石化蚀变相和构造岩相学主要特征为:①杂砾岩中发育基性火山岩角砾和杂基;②发育多期次碎裂岩相叠加;③在裂隙-显微裂隙中充填碳质-斑铜矿+辉铜矿-铁白云石-锰方解石-石英等组成的微细脉;④裂隙密度明显大,达100~600条/m。

4. 萨热克铜矿区构造-岩浆-热事件与热通量关系

依据萨热克铜矿区构造-岩浆-热事件和绿泥石化蚀变相特征,按照构造岩相学变形筛分方法,在从老到新的时间序列上,本研究区地质热事件序列可恢复为4期构造-岩浆-热事件,第一期和第二期为构造-热事件,第三期和第四期为构造-岩浆-热事件,其地质事件序列和相应的热通量特征如下。

第一期构造-热事件为沉积成岩期早-中期形成的盆地自生绿泥石相,粒间状绿泥石呈较小叶片状-细叶片状分布在基性火山岩砾石和杂基中,古地温场在163~217℃,恢复其盆地粒间状自生绿泥石相的热通量较小,估算其热流密度为40.39~48.43J/($m^2\times s$)。

第二期构造-热事件为盆地流体改造富集成矿期,盆地流体改造富集期的古地温场在188~219℃,恢复其绿泥石化过程中热流密度在116.90~330.49J/($m^2\times s$)。而微细脉型绿泥石化蚀变相形成过程中热流密度较高为多期碎裂岩化相叠加作用所形成,它们也是萨热克铜矿区铜富集成矿中心,绿泥石化蚀变相形成过程的热流密度在330.49~878.78J/($m^2\times s$),与辉绿辉长岩脉群侵位过程形成的构造-岩浆-热事件热流密度相近。

第三期构造-岩浆-热事件为碱性辉绿辉长岩脉群侵位事件及周边漂白-褪色化蚀变带,含铜蚀变辉绿岩(P30-43A),发生绿泥石化的蚀变温度为(167~185℃),平均为175℃,绿泥石化过程的热流密度在68.95~458.25J/($m^2\times s$),平均热流密度321.46J/($m^2\times s$),因辉绿辉长岩脉群控制了其周边规模较大的漂白-褪色化蚀变带。辉绿辉长岩脉群侵入构造期的古地温场在 236~238℃,其绿泥石化过程中热流密度高达 442.86~922.63J/(m²×s),认为本区深源碱性辉绿辉长岩脉群侵位形成的构造-岩浆-热事件规模大,热流密度最大。

第四期构造-岩浆-热事件为碱性辉绿辉长岩脉群遭受热液蚀变作用,辉绿岩遭受蚀变期的古地温场在 121~185℃。绿泥石化过程的热流密度在 58.14~383.91J/(m²×s),平均热流密度为 239.59J/(m²×s),该古地热事件代表了萨热克铜矿区最晚期构造-热事件。

5.4.4　萨热克铜矿区构造-岩浆-热事件与成矿关系

在萨热克铜矿区内,与绿泥石化蚀变相有关的地质热事件可恢复为 2 个主要构造-热事件和 2 个构造-岩浆-热事件,这也是本区具有异常古地温的主要原因。采用构造岩相学变形筛分方法,在从老到新的时间序列上、砂砾岩型铜矿床和铜矿石尺度上,构造-岩浆-热事件序列与铜富集成矿关系如下。

1. 中侏罗世末期-晚侏罗世沉积成岩期构造-热事件(J_{2-3})与铜富集成矿

侏罗纪-早白垩世沉积成岩期细叶片状的自生粒间绿泥石相(A 型)形成于 163~217℃,主要为沉积物埋藏-压实成岩期发生的构造-热事件所形成。沉积成岩期早-中期自生粒间状绿泥石相,其形成温度相对较低(163~198℃)。绿泥石以叶片状-细叶片状分布在基性火山岩砾石中斜长石晶粒之间、以细叶片状绿泥石分布在杂基和胶结物中,成岩期晚期自生粒间状绿泥石相的形成温度相对较高(175~217℃)。恢复其粒间状自生绿泥石相形成的热流密度为 40.39~48.43J/(m²×s),其热通量明显较小。沉积成岩期自生粒间状绿泥石相,总体大致顺层分布于侏罗系和下白垩统中,主要与基性火山岩砾石、杂基和泥质胶结物密切有关,在基性火山岩砾石和杂基中,绿泥石-方解石-辉铜矿紧密共生,暗示沉积成岩期辉铜矿化与基性火山岩原岩性质有密切关系。研究表明(方维萱等,2015,2016a,2017a,e),初始沉积成岩期(166.3±2.8Ma,辉铜矿铼锇同位素等时线年龄)成矿流体为以中-低盐度、中-低温、含烃盐水等为特点的盆地成矿流体。其富烃类还原性盆地流体形成运移年龄为 157±2~178±4Ma,烃源岩源区年龄为 180±3~220±3Ma 和 512.3±30.3Ma(铼锇同位素模式年龄),推测它们为构造-热事件垂向驱动所形成,构造-热事件驱动了盆地流体从盆地深部上升迁移到萨热克巴依盆地之中,这与萨热克巴依陆内拉分断陷盆地在中侏罗世末期反转为挤压收缩体制下形成的构造-热事件相吻合,即晚侏罗世库孜贡苏期为尾闾湖盆,形成了库孜贡苏组下部为湿地扇,代表了萎缩湖盆填平补齐的封闭过程,上部为旱地扇扇中亚相紫红色铁质杂砾岩类,是主要的储矿构造岩相带。①在萨热克铜矿区内沉积成岩期以含铜紫红色铁质杂砾岩为主要代表岩性,其成矿流体中,成矿物质(Cu-Pb-Zn-Ag-Mo)以氧化相 Cu-Pb-Zn-Ag-Mo 为主,被氧化铁相吸附或呈氧化相独立存在于紫红色铁质杂砾岩。山间尾闾湖盆主要为低-中盐度的半咸水环境。②沉积成岩期盆地流体以中-低温为主。第一期方解石(胶结物)为含烃盐水包裹体,均一温度为 81~181℃,平均温度为 127.9℃;白云石为含烃盐水包裹体,均一温度为 124~137℃;石英中为含烃盐水包裹体,均一温度为 99~207℃,平均温度为 140.33℃,揭示了含烃盐水型盆地流体为沉积成岩期富烃类还原性盆地流体,而采用绿泥石温度计恢复沉积成岩期的古地温场在 163~217℃,大致与方解石、石英和白云石包裹体形成温度相近,这些矿物也是与粒间状自生绿泥石相形成过程的共生矿物。③初始沉积成岩期盆地流体以中–低盐度为主。第一期方解石(胶结物)盐度 2.07~23.18% NaCl,平均为 19.29% NaCl;白云石为含烃盐水包裹体,盐度为 6.3~23.05% NaCl,平均为 17.47% NaCl;石英中含烃盐水包裹体,盐度 3.06%~16.71% NaCl,平均为 7.6% NaCl。与采用校正 B 恢复古盐度低–中盐度的半咸水环境基本一致。总之,在萨热克铜矿区,沉积成岩期绿泥石化蚀变相主要与基性火山岩砾石、凝灰质和泥质填隙物有密切关系,与绿泥石共生的辉铜矿和斑铜矿呈细粒浸染状分布在热液胶结物中。

2. 早白垩世构造–热事件(K₁)与盆地流体改造主成矿期

微细脉型绿泥石化蚀变相(B 型)主要形成于盆地流体改造富集期,其绿泥石化蚀变相形成温度为 188~219℃。微细脉型绿泥石化蚀变相主要呈弥漫状分布在凝灰质胶结物中或沿显微裂隙分布,受碎裂岩化相控制明显而显微裂隙分布绿泥石,它们由基性火山岩砾石的砾缘裂隙蚀变而成,或呈弥漫型微脉浸染状与斑铜矿–辉铜矿紧密共生,该期微细脉型绿泥石化蚀变相总体沿切层的裂隙和显微裂隙分布,并与辉铜矿和斑铜矿等铜硫化物共生,微细脉型绿泥石化蚀变相为萨热克砂砾岩型铜矿床铜主成矿期形成,揭示盆地流体改造富集成矿期构造–热事件的古地温场在 188~219℃,但其微细脉型绿泥石化蚀变相形成过程的热流密度较大,B 型绿泥石化蚀变相热通量在 116.90~330.49J/(m²×s)。研究表明(方维萱等,2015,2016a,2017a),在萨热克铜矿区盆地流体改造富集主成矿期内,成矿流体为富烃类还原性盆地流体,以沥青和碳质为肉眼可识别标志,是还原性盆地流体改造富集成矿的重要还原剂(地球化学强还原相,如黑色沥青化蚀变),携带了 Mo、Cu 和 Ag 等成矿物质,盆地流体改造富集主成矿期成矿流体以中–低盐度为主。①第二期方解石(改造型)为含烃盐水包裹体,盐度 22.38% NaCl;②石英中含烃盐水包裹体盐度 1.57~4.03% NaCl,平均为 2.8% NaCl;③方解石和石英中含轻质油包裹体。矿物包裹体含烃盐水包裹体和轻质油包裹体,沿方解石胶结物内的微裂隙或沿石英等砾石碎裂微裂隙呈带状或线状分布。这些呈串珠状线形分布的含烃盐水包裹体或轻质油包裹体形成于盆地构造变形期碎裂岩化过程中,赋存在岩矿石显微裂隙中,这些显微裂隙密度在 100~400 条/m,也是盆地流体大规模运移的包裹体岩相学记录。

在萨热克铜矿区,盆地流体改造富集主成矿期成矿流体以低–中温为主。①第二期方解石(改造型)为含烃盐水包裹体,均一温度为 142~145℃,平均温度为 143.5℃;②石英中含烃盐水包裹体均一温度 129~154℃,平均温度为 141.5℃;③方解石中含有轻质油包裹体,均一温度 102~111℃,平均温度为 105.7℃;④石英中含轻质油包裹体均一温度 97~148℃,平均温度为 127.8℃;⑤本次采用绿泥石温度计恢复盆地流体改造富集期的古地温场在 188~219℃。微细脉型绿泥石化蚀变相受裂隙–显微裂隙控制明显,其绿泥石化过程中,岩石裂隙渗透率和绿泥石化形成温度间耦合关系为形成温度越高,裂隙渗透率越高,分别为 30×10⁻⁶ cm²/211~227℃;20×10⁻⁶ cm²/194~219℃;4×10⁻⁶ cm²/215~223℃;3×10⁻⁶ cm²/196~211℃;2×10⁻⁶ cm²/197~216℃。⑥在萨热克砂砾岩型铜矿区内,斑铜矿+辉铜矿型(196~237℃)铜矿石带和斑铜矿型(203~226℃)铜矿石带,指示了盆地流体改造富集成矿的中心部位,也是盆地流体改造富集成矿中心部位的特征,其绿泥石化蚀变相形成过程的热流密度在 330.49~878.78J/(m²×s)。总之,B 型微细脉型绿泥石化蚀变相主要形成于盆地流体改造富集期,与细脉状和微细脉状辉铜矿和斑铜矿(±黄铜矿)紧密共生,也是萨热克铜矿区铜富集成矿中心部位 B 型绿泥石化蚀变相标志。

3. 辉绿辉长岩脉群侵位事件和古近纪深源热流体叠加成岩成矿作用

第三期构造–岩浆–热事件为碱性辉绿辉长岩脉群侵位事件及周边漂白–褪色化蚀变带，以团斑状–细脉状绿泥石化蚀变相（C 型）为代表，含铜蚀变辉绿岩（P30-43A）发生绿泥石化的蚀变温度为 167～185℃，平均为 175℃，其热流密度在 68.95～458.25J/（m²×s），平均热流密度 321.46J/（m²×s），因辉绿辉长岩脉群控制了其周边规模较大的漂白–褪色化蚀变带。辉绿辉长岩脉群侵入构造期的古地温场在 236～238℃，其绿泥石化过程中热流密度高达 442.86～922.63J/（m²×s），故认为本区深源碱性辉绿辉长岩脉群侵位形成的构造–岩浆–热事件规模大，热流密度最大。C 型绿泥石化蚀变相属本区构造–岩浆–热事件所形成：①在辉绿辉长岩脉群边部和外围形成了大规模含铜漂白–褪色化蚀变带，主要由含铜蚀变辉绿岩、褪色化蚀变杂砾岩和蚀变杂砂岩等组成。在库孜贡苏期中形成了铜矿体、铅锌矿体和钼矿体，铅锌矿体和钼矿体与铜矿体呈同体共生或异体共生关系。②在下白垩统克孜勒苏群中，含铜漂白–褪色化蚀变带规模大，形成了砂岩型铜矿体。③古近纪深源热流体叠加成岩成矿作用在萨热克南矿带十分发育，并受到了萨热克南厚皮型逆冲推覆构造系统掩盖，钻孔中发育 Cu-Pb-Zn-As-Sb-Hg-W 等综合原生异常，指示了深部找矿前景大。

4. 辉绿辉长岩脉群遭受新近纪热流体蚀变作用与构造变形

第四期构造–岩浆–热事件为碱性辉绿辉长岩脉群遭受热液蚀变作用和碎裂岩化相构造变形，以浸染状绿泥石化蚀变相（D 型）为代表，辉绿岩遭受蚀变期的古地温场在 121～185℃，其热流密度在 58.14～383.91J/（m²×s），平均热流密度为 239.59J/（m²×s），该古地热事件可能代表了萨热克铜矿区最晚期构造–热事件。碱性辉绿辉长岩脉群遭受热液蚀变作用的构造–岩浆–热事件形成于新近纪。结合本区下更新统西域组灰色砾岩夹砂岩透镜体，主要分布在萨热克铜矿区外围相邻基底隆起构造带的中元古界阿克苏岩群中构造断陷部位，萨热克裙边式复式向斜构造，对萨热克铜矿床而言具有良好构造保存作用，仅在萨热克北矿带东北段局部遭受剥蚀。蚀变辉绿辉长岩脉群于早更新世发生了碎裂岩化相，后期构造变形较弱。

总之，从绿泥石地球化学岩相学和构造岩相学综合分析，在萨热克铜矿区侏罗系和下白垩统具有异常古地温结构，不遵循随地层叠覆增厚，古地温随地层厚度增加而升高的正常古地温结构。各个地层古地温值从高到低排序为：上侏罗统库孜贡苏组（J_3k）→下侏罗统康苏组（J_1k）→中侏罗统塔尔尕组（J_2t）→中侏罗统杨叶组（J_2y）→下白垩统克孜勒苏群（K_1kz）。其他地层按照由下到上，由老到新的顺序排列，中侏罗统杨叶组（J_2y）沉积时代在中侏罗统塔尔尕组（J_2t）之前，古地温却相对较低，说明存在盆地流体改造作用。上侏罗统库孜贡苏组（J_3k）为萨热克砂砾岩型铜矿床的赋存层位，古地温相对较高，揭示库孜贡苏组遭受盆地流体改造作用强烈，与褪色化规模较大有密切关系，灰绿色含铜杂砾岩的颜色主体由绿泥石化强度较大所形成。推测这些古地热事件是本区形成异常古地温结构原因所在。而异常古地温梯度在萨热克巴依次级盆地中，因地层裂隙和热传导控制因素不同，而形成了异常古地温结构，其中：上侏罗统库孜贡苏组（J_3k）对于古地温热传导较为有利，也是形成萨热克砂砾岩型铜矿床的古地温因素。综上所述，主要结论如下。

（1）绿泥石化蚀变相揭示了 4 期构造–岩浆–热事件，沉积成岩期自生粒间状绿泥石相

（A 型）和盆地流体改造富集主成矿期微细脉型绿泥石蚀变相（B 型）为构造-热事件形成，分布在上侏罗统库孜贡苏组中。团斑状-细脉状绿泥石化蚀变相（C 型）和浸染状绿泥石化蚀变相（D 型）为构造-岩浆-热事件所形成，揭示了构造-岩浆-热事件叠加成岩成矿作用。

（2）在萨热克铜矿区，绿泥石化蚀变相为低温相和中温相两类，其绿泥石化形成温度越高，岩石裂隙渗透率越高。

（3）在萨热克铜矿区侏罗系和下白垩统具有异常古地温结构，不遵循随地层叠覆增厚和古地温场升高的正常古地温结构；绿泥石化蚀变相揭示了这种异常古地温结构与 4 期构造-岩浆-热事件密切有关。

（4）绿泥石化蚀变相发育，指示了强烈的富烃类还原性盆地流体曾发生了大规模水岩反应，也是陆相红层盆地中紫红色铁质杂砾岩主要褪色化机制之一，其水岩反应中心为砂砾岩型铜矿床富集成矿中心部位，斑铜矿+辉铜矿型（196～237℃）铜矿石带和斑铜矿型（203～226℃）铜矿石带，指示了盆地流体改造富集成矿的中心部位，也是盆地流体改造富集成矿中心部位的特征，其绿泥石化蚀变相形成过程的热流密度在 330.49～878.78J/（m²×s），预测萨热克南矿段深部找矿前景大。

5.5　变碱性超基性岩-基性岩的岩相地球化学与构造背景分析

对托云-萨热克巴依-西克尔地区岩浆活动研究揭示，侏罗纪-新近纪碱性基性-超基性岩形成时代和岩石组合为 5 期次活动历史：①中侏罗世碱性玄武岩-碱性橄榄玄武岩-碱性辉绿岩，在托云乡碱性辉长岩和碱性辉绿岩（169.41+4.65Ma）（李永安等，1995）形成于中侏罗世巴柔阶；②早白垩世和晚白垩世以碱玄岩-碱性橄榄玄武岩为主。托云地区早白垩世辉长岩和响岩形成年龄在 122.2±1.2～117.4±2.7Ma（K-Ar 法，季建清等，2006）；③在萨热克巴依地区侵入于下白垩统克孜勒苏群中碱性铁质辉长辉绿岩-辉绿玢岩呈岩脉群产出。托云地区黑云母辉长岩、玄武岩、橄榄玄武岩和响岩形成年龄在 86.3±3.4～65.9±1.1Ma（K-Ar法，季建清等，2005）；④古近纪以碱性橄榄玄武岩-碱性橄榄辉绿岩为主，碱性程度低。玄武岩、橄榄玄武岩和响岩的形成年龄在 58.8±1.1～54.1±1.9Ma（K-Ar 法，季建清等，2005）；⑤在柯坪古生代隆起带西克尔地区分布有新近纪碧玄岩，形成年龄在 19.76～21.90Ma（K-Ar 法，陈咪咪等，2008）。

Xu 等（2014）综合岩石成因学、岩相学、地质年代学和地球化学等研究，针对塔里木大火成岩省演化过程提出的地幔柱-岩石圈相互作用的三阶段模型，该模型中岩浆由于受到塔里木巨厚地壳（>150km）的影响在第三阶段流向塔里木盆地边缘的薄弱区，并未在塔里木盆地引起大规模的弯窿状抬升，塔里木二叠纪地幔柱活动经历了三个构造-岩浆演化过程：①第一阶段（约300Ma），在岩石圈地幔底部的地幔柱传导加热作用下，岩石圈底部内富含挥发物的交代层开始熔融，从而产生金伯利岩；②第二阶段（约290Ma），岩石圈地幔下部的热侵蚀引起浅层 SCLM 中易熔组分发生局部熔融，同时引起上升地幔的局部熔融；③第三阶段（约280Ma），地幔柱在薄弱区（如柯坪-巴楚地区等）发生减压熔融，形成基性岩墙、超基性岩和高 Nb-Ta 流纹岩等。

从 300~280Ma 岩浆活动高峰期、侏罗纪-新近纪局部碱性基性岩活动历史综合看,存在尚待研究解决的科学问题有:①在 280Ma 以后,是地幔柱活动停息,或是幔源岩浆作用与大陆地壳转换为一种尚未认识到的耦合方式? ②侏罗纪-新近纪局部碱性基性岩活动,与二叠纪地幔柱有关的岩浆活动是否存在岩浆集成性演化或高度分异性岩浆关系? ③塔里木二叠纪地幔柱岩浆活动在 280Ma 消失后没有任何踪迹了吗?

岩墙群是来源于地幔或下地壳、现今在地表出露的稳定分布板状侵入岩体,它们分布在地幔柱顶部、弧后扩张构造带、碰撞造山带中走滑伸展构造带、陆内裂谷等(Fahrig,1987;Gudmundsson,1990;Ernst and Baragar,1992;李江海等,1997;Erast and Buchan,2003;罗照华等,2008;胡俊良等,2007;杨树锋等,2007;张传林等,2010;李宏博等,2010;陈宁华等,2013),但总体它们形成于不同伸展构造体制中。在岩墙群岩石类型和地球化学成分上,以超基性-基性岩墙为主,如钾镁煌斑岩岩脉群、金伯利岩脉(岩筒)、碳酸岩-铁白云石黄长岩、黑云母碳酸岩、黄长岩脉群、煌斑岩脉群(Huang et al.,2002;邵济安和张履桥,2002;董朋生等,2018)、辉绿辉长岩-辉绿岩墙群、辉绿岩脉群等;而宽成分谱系岩墙群与成矿关系较为密切(李德东等,2011;黑慧欣等,2105)。它们常呈岩墙(脉)群成群产出,在地表和浅部空间展布上有 6 种几何形态学类型,分别为连续扇形、分散扇形、中心放射状、大面积近平行状、近平行窄条带状和拱形岩墙群,其中呈连续扇形、分散扇形、中心放射状岩墙群等可指示地幔柱。岩墙群地球化学成分特征及其侵位构造通道,记录了岩浆源区、富含岩浆源区特征和岩浆演化过程的动力学信息(Li et al.,2017),其岩浆来源、时空分布、几何形态和侵位机制等信息与研究区的岩浆活动,区域构造应力场和地壳演化等方面都具有密切的关系(Dong et al.,2017)。总之,超基性-基性岩墙群对研究揭示大火成岩省、地幔柱活动(陆松年和蒋明媚,2003)、大陆裂解、古火山机构、大陆演化(陈咪咪等,2008)和矿产资源等均具有重要意义。超基性-基性岩岩墙群几何形态学和地球化学成分特征,可以很好地指示岩浆流动方向、古应力场、岩浆源位置、岩浆超压和岩浆侵位机制(Li et al.,2017;Ciborowski et al.,2017)。侯贵廷(2010)根据岩墙群形成机制划分三类:①与火山机构有关的小规模放射状岩墙群,通常是由火山口下方的岩浆上涌,导致上部地壳产生放射状或同心圆状的张裂缝,随后岩浆沿裂缝侵入而成,可作为火山地热系统的通道,对研究火山发育和演化过程具有重要意义(李宏博等,2010);②与地幔柱有关的巨型放射状岩墙群具有岩墙群收敛中心和岩浆流动方向,可用于推测地幔柱头位置(Hou,2012),如著名的扇形 Mackenzie 岩墙群(Ernst and Baragar,1992);③与区域应力场(区域伸展作用)有关的大规模平行状岩墙群,这类岩墙群多数是形成于初始裂谷期(Fahrig,1987),受区域伸展运动作用而平行于裂谷边界发育。

5.5.1 萨热克铜矿区变超基性岩-基性岩脉群侵入构造特征

(1)构造岩相学变形筛分与超基性岩-基性岩构造变形历史。构造岩相学变形筛分目的在于确定超基性岩-基性岩群经历的构造变形样式和构造组合,有助于厘定先存构造样式与构造组合,从而确定超基性岩-基性岩脉群形成的侵入构造样式和构造组合。①碱性超基性岩-碱性基性岩脉群侵入最高层位为下白垩统克孜勒苏群第三岩性段,在侏罗系和克孜勒苏群中形成带状-面状蚀变相带,因此,早白垩世末期构造样式和构造组合为先存构造样式和构造组合。②萨热克砂砾岩型铜多金属矿区北矿带,在中新世托尔通阶末期-梅辛阶(8.8±1~6.6±1Ma)(磷灰石裂变径迹法)构造-热事件,主要为构造抬升变形事件,以发育节理-劈理化相为构造岩相学标志,与南矿带超基性岩-基性岩脉群发育的张剪性节理-裂隙相带特征一致,即张剪性节理-裂隙相为超基性岩-基性岩脉群形成之后的变形构造型相。③经过构造岩相学变形筛分后认为,超基性岩-基性岩脉群侵位事件发生在早白垩世晚期-古近纪期间。萨热克砂砾岩型铜矿床内,辉铜矿 Re-Os 同位素模式年龄在 55~50Ma(黄行凯等,2017),与托运地区最晚期碱性辉长岩形成年龄接近(53Ma),因此,认为萨热克南矿带超基性岩-基性岩脉群侵位事件为晚白垩世-古近纪。④萨热克巴依地区构造格架在晚白垩世初步定型,构造样式为脆性构造变形域中形成断褶相-节理-劈理化相,构造组合包括萨热克裙边式复式向斜构造、对冲式厚皮型逆冲推覆构造系统。⑤超基性岩-基性岩脉群侵位事件可能形成于构造应力松弛期,从锆石 U-Pb 年龄(280~288Ma)看,本区或相邻区存在长期活动的隐伏超基性岩浆房,推测隐伏岩浆房为先存构造。

(2)同岩浆侵入期构造样式与构造组合。①超基性岩-基性岩脉群主要围绕隐伏鼻状构造呈放射状岩脉群分布,鼻状构造呈 NW 向展布,长>1000m,宽约 400m,为 40~56 线部位。②超基性岩-基性岩脉群沿层间断裂和切层断裂分布,这些断裂为萨热克南逆冲推覆构造系统前锋带,它们分布在侏罗系-下白垩统中。③在超基性岩-基性岩脉群周边,形成了褪色化蚀变带、断裂蚀变带、热启裂隙带,它们呈带状和面带状分布,地表出露长度在 100~200m,宽 2~10m,面带状褪色化蚀变相带主要为相间排列的 2~3 条超基性岩-基性岩脉所形成,宽带可达到 30~40m。④超基性岩-基性岩脉内发育绿泥石-黏土化蚀变相。岩脉群边部发育网脉状辉铜矿(黄铜矿)硅化-铁白云石蚀变相。在库孜贡苏组和克孜勒苏群中以褪色化蚀变相为主。⑤鼻状构造和周边放射状超基性岩-基性岩群对砂砾岩型铜多金属具有叠加成矿作用。从铜矿体顶板和底板围岩等高线图看,鼻状构造对砂砾岩型铜多金属成矿具有显著控制作用:一是砂砾岩型铜铅锌矿体和砂砾岩型铅锌矿体围绕鼻状构造周边分布,砂砾岩型铜矿体厚度明显变薄;二是在超基性岩-基性岩脉边部克孜勒苏群内褪色化蚀变砂岩内,形成了砂岩型铜矿体;三是在克孜勒苏群蚀变含砾粗砂岩-蚀变长英质细砾岩中,形成了砂砾岩型铅锌矿体。

5.5.2　萨热克铜矿区变超基性岩-基性岩的岩石地球化学特征

1. 岩石地球化学与岩石系列

考虑到萨热克地区超基性岩-基性岩具有一定蚀变作用,除去水后硅碱图解(表 5-12、图 5-9 和图 5-10),(Zr/TiO$_2$×0.001-Nb/Y)火山岩分类命名及系列划分图被认为是划分蚀变、变质火山岩系列的有效图解(Winchester and Floyd,1977;李献华等,1999),将本区样品投到 Zr/TiO$_2$×0.001-Nb/Y 图中(图 5-9A),属于粗面玄武岩系列和碱玄岩-碧玄岩系列,具有碱玄岩-碧玄岩/霞石岩演化系列特征。在(Na$_2$O+K$_2$O)-SiO$_2$ 分类图中(图 5-9B),所有样品均在 Ir 线上方碱性系列中,与碱性侵入岩系列相对应,主体属于碱性辉长岩、副长石辉长岩类和二长辉长岩类,辉长闪长岩(QD16-3)为本区超基性岩在一定的岩浆结晶分异作用下,挥发组分含量富集,最终向辉长闪长岩方向演化。因此,本区超基性岩-基性岩属于富钛型碱性铁质超基性岩–富钛型碱性基性岩系列。本区超基性岩–基性岩属碱玄岩–碧玄岩和粗面玄武岩两个岩石系列,在 U1 区碱玄岩–碧玄岩系列样品多为碧玄岩。按照侵入岩图解(图 5-10),主要为辉长岩类,部分为似长石辉长岩类,含少量闪长岩和霞石二长辉长岩。

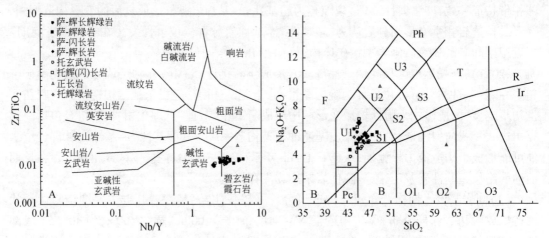

图 5-9　萨热克和托云地区超基性岩–基性岩的岩石类型图解

Pc. 苦橄玄武岩;B. 玄武岩;O1. 玄武安山岩;O2. 安山岩;O3. 英安岩;R. 流纹岩;S1. 粗面玄武岩;S2. 玄武质粗面
安山岩;S3. 粗面安山岩;T. 粗面岩、粗面英安岩;F. 副长石岩;U1. 碱玄岩、碧玄岩;U2. 响岩质碱玄岩;
U3. 碱玄质响岩;Ph. 响岩;Ir. Irvine 分界线,上方为碱性,下方为亚碱性

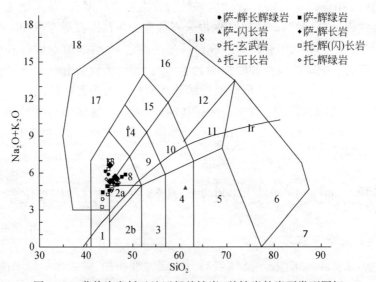

图 5-10　萨热克和托云地区超基性岩–基性岩的岩石类型图解

1. 橄榄辉长岩;2a. 碱性辉长岩;2b. 亚碱性辉长岩;3. 辉长闪长岩;4. 闪长岩;5. 花岗闪长岩;6. 花岗
岩;7. 硅英岩;8. 二长辉长岩;9. 二长闪长岩;10. 二长岩;11. 石英二长岩;12. 正长岩;13. 副长石辉长岩;
14. 副长石二长闪长岩;15. 副长石二长正长岩;16. 副长正长岩;17. 副长深成岩;18. 磷霞岩/白榴岩、霓方
钠岩;Ir. Irvine 分界线,上方为碱性,下方为亚碱性

(1)多数角闪辉长辉绿岩和黑云母辉绿岩样品 SiO_2 含量为 39.89% ~ 44.58%(表 5-12),反映了具有超基性岩特征,总体具有硅不饱和特征,SiO_2 含量属超基性岩范围(SiO_2 < 45%)。

表 5-12 萨热克铜矿区变超基性岩-变基性岩岩石化学分析结果表

(单位:%)

样品号	QD16-1	QD16-2	QP30-48	QZS-S1	QD70	QD71	QD72	Di6	Di7	Di14	Di17	Di16	Di13	QD16-3	BP30-13B	BP30-9
SiO_2	44.64	41.58	39.89	44.83	40.93	43.38	44.24	42.57	43.40	41.63	44.58	43.64	46.76	61.24	45.12	46.10
TiO_2	2.53	2.65	2.62	2.49	2.82	2.53	2.53	2.25	2.55	2.65	2.41	2.55	2.52	0.35	2.62	2.43
Al_2O_3	15.03	16.03	15.58	15.05	16.56	14.78	14.98	15.08	16.97	17.16	16.71	18.07	16.82	9.11	15.28	15.92
Fe_2O_3	5.16	3.91	2.06	5.59	1.79	5.07	4.92	4.57	1.92	3.24	3.74	1.97	3.57	1.58	4.30	4.28
FeO	5.34	5.10	3.98	5.48	2.97	6.49	7.01	5.22	3.22	4.75	4.30	3.28	5.13	0.80	7.35	6.77
MnO	0.13	0.15	0.24	0.13	0.19	0.12	0.11	0.10	0.09	0.10	0.27	0.07	0.05	0.27	0.08	0.09
MgO	5.63	5.81	5.89	5.67	5.05	6.59	6.27	9.75	9.69	10.70	7.78	12.66	9.30	2.12	9.27	7.53
CaO	9.81	10.11	12.48	9.56	12.18	9.25	8.26	6.49	6.81	4.74	6.39	3.07	2.89	10.15	4.15	4.60
Na_2O	3.25	4.03	4.18	3.30	3.92	3.25	3.53	2.17	2.69	2.91	2.48	2.67	5.02	3.47	4.00	4.22
K_2O	1.91	1.37	1.28	1.94	2.11	1.86	1.93	2.07	2.43	1.28	2.27	2.11	0.50	1.37	1.00	1.31
P_2O_5	0.72	0.79	0.74	0.71	0.83	0.72	0.73	0.76	0.80	0.83	0.91	0.89	0.96	0.09	0.72	0.87
烧失量	5.94	8.58	11.13	5.34	10.75	6.03	5.59	9.56	9.83	10.62	8.79	9.63	7.05	9.54	6.19	5.98
总量	100.09	100.09	100.07	100.08	100.09	100.07	100.10	100.59	100.38	100.58	100.61	100.60	100.55	100.09	100.09	100.09
CO_2	4.09	7.23	9.75	3.98	9.02	3.57	3.93	5.49	5.33	4.55	4.93	2.26	1.99	8.91	1.57	4.72
H_2O^-	0.34	0.26	0.37	0.43	0.43	0.37	0.52	0.16	0.08	0.12	0.16	0.10	0.11	0.15	0.48	0.34
CH	4.43	7.49	10.13	4.42	9.44	3.93	4.45	5.65	5.41	4.67	5.09	2.36	2.10	9.06	2.05	5.06
Fe_2O_3/FeO	0.97	0.77	0.52	1.02	0.60	0.78	0.70	0.88	0.60	0.68	0.87	0.60	0.70	1.98	0.59	0.63
Na_2O+K_2O	5.16	5.40	5.46	5.24	6.03	5.11	5.45	4.24	5.11	4.18	4.75	4.78	5.52	4.83	5.00	5.52
Na_2O/K_2O	1.70	2.94	3.27	1.70	1.86	1.75	1.83	1.05	1.11	2.27	1.09	1.27	10.10	2.54	3.98	3.23
TiFeMg	18.65	17.46	14.55	19.23	12.62	20.69	20.73	21.80	17.37	21.33	18.23	20.45	20.52	4.85	23.55	21.02
TFM/CA	1.90	1.73	1.17	2.01	1.04	2.24	2.51	3.36	2.55	4.50	2.85	6.66	7.11	0.48	5.68	4.57
Mg/Fe	0.54	0.64	0.98	0.51	1.06	0.57	0.53	1.00	1.89	1.34	0.97	2.41	1.07	0.89	0.80	0.68
铝质指数	1.00	1.03	0.87	1.02	0.91	1.03	1.09	1.41	1.42	1.92	1.50	2.30	2.00	0.61	1.67	1.57
Fe_2O_3+FeO	10.50	9.01	6.04	11.07	4.76	11.56	11.93	9.80	5.14	7.99	8.04	5.25	8.70	2.38	11.65	11.05
HHS	1.51	1.09	1.01	0.92	1.31	2.10	1.14	3.91	4.41	5.95	3.70	7.27	4.94	0.48	4.14	0.92

部分黑云母辉绿岩样品(Di13、BP30-13、BP30-9)SiO_2含量在45.12% ~ 46.76%,属基性岩(SiO_2在45% ~ 52%)范围。QD16-3样品SiO_2含量61.24%,属中性岩范围。可以看出,萨热克砂砾岩型铜多金属矿区内,这些超基性岩-基性岩的岩脉群具有一定的岩浆结晶分异演化作用,构成了超基性岩→基性岩→中性岩演化系列。

(2)在碱度特征上(图5-11),本区超基性岩-基性岩主要属于钾玄岩系列和高钾钙碱性系列,两件样品落入钙碱性系列,揭示为碱性超基性岩-碱性基性岩。具有从钾玄岩系列→高钾钙碱性系列→钙碱性系列演化趋势。Na_2O含量在2.17% ~ 5.02%,主要与钠长石有密切关系。含K_2O在0.50% ~ 2.43%,主要与钾长石和黑云母含量有密切关系。Na_2O+K_2O含量在4.24% ~ 6.03%,富钾钠与碱性长石有关。Na_2O/K_2O值在1.05 ~ 10.10,富Na_2O特征主要与钠长石化交代钙质斜长石有密切关系。辉长辉绿岩含Na_2O(5.02%)最高,Na_2O/K_2O值为10.10,钠长石强烈交代钙质斜长石。碱性超基性岩浆经历了岩浆结晶分异后,最终形成了辉长闪长岩。这种岩浆分异作用具有碱性超基性岩→碱性基性岩→钙碱性中性岩的三阶段演化趋势,对于岩浆结晶分异形成岩浆热液成矿作用有利。

(3)在铁镁质特征上,MgO含量在5.05% ~ 12.66%。按照MgO≥12.00%为苦橄岩类,MgO在8.00% ~ 12.00%为苦橄质岩类的标准,Di16样品属苦橄岩类,而Di6、Di7、Di13、Di14和QP30A-13B为苦橄质岩类。$FeO+Fe_2O_3$含量为2.38% ~ 11.65%,具有较大变化范围,揭示在岩浆结晶分异过程中,铁质发生了明显分异作用。M/F值为0.51 ~ 2.41,总体为富铁质超基性岩-富铁质基性岩。$TiO_2+FeO+Fe_2O_3+MgO$含量在14.55% ~ 21.80%,TiO_2含量在2.25% ~ 2.82%,属于富钛系列的铁质超基性岩-铁质基性岩,对于钒钛磁铁矿矿床形成较为有利,与塔里木地区二叠纪碱性玄武岩-辉长岩系列具有类似特征,推测为塔里木二叠纪地幔柱有关的超基性岩浆晚期演化形成的产物。

(4)在铝质指数上,本区属于过铝质-偏铝质岩石系列,以偏铝质的超基性岩-基性岩为主。采用($TiO_2+FeO+Fe_2O_3+MgO$)/CaO(TFM/CA)值,可以寻找岩浆结晶分异过程中,辉石岩与斜长岩的岩相学分异信息。TFM/CA在1.17 ~ 2.01,反映了辉石岩相和斜长岩相的岩浆结晶分异作用不强烈,而TFM/CA在2.24 ~ 7.11,暗示铁镁质矿物明显富集。在辉长闪长岩中,由于早期铁镁质矿物(辉石、角闪石和黑云母等)发生了结晶分异作用,TFM/CA明显降低(0.48),向低镁铁方向演化。早期铁镁质矿物发生了铁锰碳酸盐化蚀变相(QD16-3)。

(5)MgO与其他组分协变趋势(图5-12)可以揭示苦橄岩类-苦橄质岩类-富MgO玄武岩演化信息。①在MgO≥5.50%的$FeO+Fe_2O_3$与MgO关系上,MgO含量不断减低,而$FeO+Fe_2O_3$含量增高,揭示了萨热克地区铁镁质岩中,它们具有互为消长关系,与M/F值具有一致特征;②$FeO+Fe_2O_3$与MgO均有降低趋势,与本区岩浆结晶分异向碱性中性岩(闪长岩)和碱性超基性岩(霞石辉绿岩-辉长岩)演化趋势有关;③MgO与SiO_2呈现反消长关系,MgO与CaO具有明显反消长关系,揭示岩浆结晶演化向低镁和高硅钙方向演化趋势;④MgO与Na_2O大致也具有反消长关系,主要与钙质斜长石和钠长石含量增高有关,则铁镁质矿物(黑云母和角闪石)含量相对降低。

(6)CO_2与其他组分协变图(图5-13),可以揭示岩浆挥发组分与自身蚀变和成矿关系:①在萨热克超基性岩-基性岩中,CO_2与CaO之间正相关的关系显著,主要为岩石中白云石和

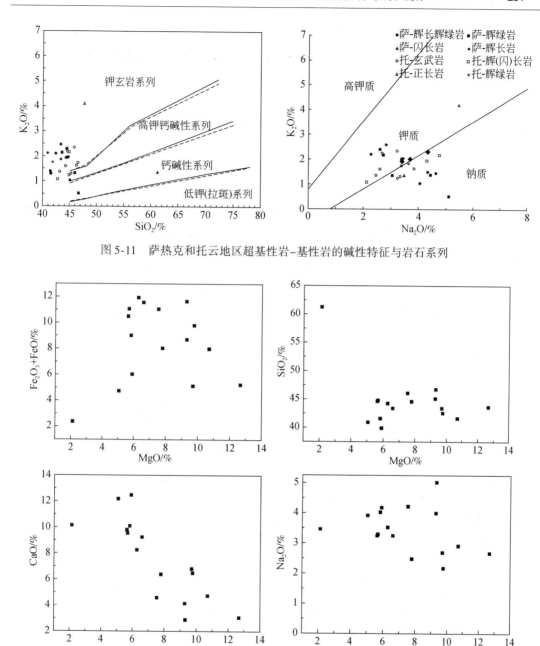

图 5-11　萨热克和托云地区超基性岩–基性岩的碱性特征与岩石系列

图 5-12　萨热克和托云地区超基性岩–基性岩常量组分 MgO 协变图

方解石化含量有密切关系;②CO_2 与钛铁镁含量(TiO_2+FeO+Fe_2O_3+MgO)具有显著负消长关系,推测为幔源流体交代作用导致暗色矿物含量降低,镜下见白云石和方解石,与绿泥石共生,它们交代辉石、角闪石和黑云母等,CO_2 深部流体交代作用,使富铁镁质矿物完全蚀变分解。

总体上看,①本区样品具有低 SiO_2 和高 Na_2O+K_2O 的含量特征,属于碱性超基性岩–基性岩;②高 TiO_2 含量(2.25% ~ 2.82%),富铁质的镁铁质特征,M/F 值在 0.51 ~ 2.41,属富钛型碱性铁质超基性岩–富钛型碱性铁质基性岩系列;③本区碱性铁质超基性岩–碱性铁质

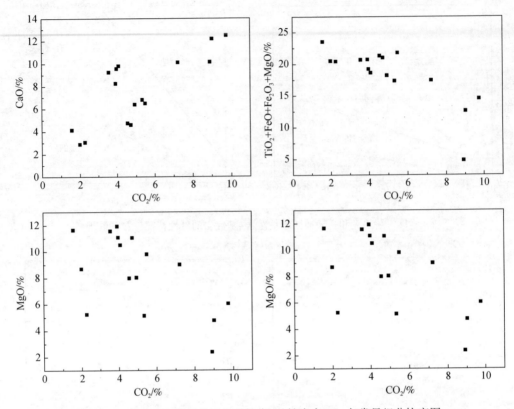

图 5-13　萨热克和托云地区超基性岩–基性岩中 CO_2 与常量组分协变图

基性岩在侵位过程中,在下白垩统克孜勒苏群和上侏罗统库孜贡苏组中形成了褪色化蚀变带,但这些地层主体为陆相碎屑岩系,对于这些岩脉群侵入过程中同化混染作用不大;④这些岩脉群内发育早期角闪石化和黑云母化等蚀变,晚期绿泥石–铁锰碳酸盐化蚀变相发育,主要为岩浆体系内部挥发组分含量逐渐聚集而形成的自变质作用。

2. 微量元素地球化学特征

采用原始地幔进行标准化后(表 5-13、表 5-14、图 5-14),萨热克砂砾岩型铜矿区内,碱性铁质超基性岩–碱性铁质基性岩富集大离子亲石元素(Cs-Rb-Ba-Th-U-K,Ta-Nb-La-Pb-Sr-Nd-P),形成了正异常,高于 MORB,显示板内玄武岩的特点。Ti 具有正异常,QD16-3 具有显著钛负异常(TiO_2 为 0.35%),揭示向低钛系列演化的趋势。

表 5-13　萨热克铜矿区变超基性岩–变基性岩微量元素分析结果表　　(单位:10^{-6})

样号	QD 16-1	QD 16-2	QD70	QP 30-48	QZS -S1	QD70	QD71	QD72	QD16 -3	BP30 -13	BP30 -9	Di6	Di7	Di14	Di17	Di13	Di16
Li	30.4	29.6	31.7	37.1	30.3	31.7	23.2	21.5	12.6	29.2	22.6	31.2	40.4	71.1	102	38.8	66.6
Rb	24.3	18.6	18.7	21.2	28.9	18.7	22.5	20.6	33.0	11.6	12.2	15.2	20.7	9.85	13.97	3.06	8.62
Ba	826	398	348	240	467	348	410	408	1861	231	412	479	489	180	563	108	147
Th	5.46	5.46	4.88	4.78	5.73	4.88	5.44	4.82	6.07	3.91	4.93	16.4	7.50	5.76	7.37	6.25	4.91

样号	QD 16-1	QD 16-2	QD70	QP 30-48	QZS -S1	QD70	QD71	QD72	QD16 -3	BP30 -13	BP30 -9	Di6	Di7	Di14	Di17	Di13	Di16
U	1.98	2.17	2.41	2.92	1.93	2.41	1.70	1.76	2.01	1.59	1.82	5.00	4.78	3.94	5.21	3.28	4.40
Ta	3.18	3.33	3.50	2.82	3.17	3.50	3.22	3.20	0.545	3.55	3.79	5.14	6.04	4.99	5.78	6.48	5.16
Nb	57.3	60.9	61.6	51.0	57.8	61.6	57.1	58.5	6.54	60.4	65.7	79.7	93.7	80.6	92.8	105.8	81.2
Sr	1054	973	733	383	1041	733	1011	985	212	279	759	931	929	149	1092	150	140
Ni	45.9	35.3	31.4	92.1	44.1	31.4	49.4	33.8	11.9	27.9	24.3	41.4	37.6	61.9	36.7	44.9	51.5
Co	39.9	37.8	29.3	39.6	40.7	29.3	37.1	35.4	6.4	38.1	30.1	51.9	54.4	146	36.7	43.5	67.3
V	190	158	158	157	153	158	171	147	58.2	179	135	209	234	255	202	219	235
Cr	88.3	46.6	49.9	135	80.8	49.9	118	41.9	24.9	27.4	22.0	132	101	206	32.8	41.4	110
Mn	1007	1066	1331	1619	985	1331	889	772	1888	524	571	955	872	901	2330	441	601
Ag	0.155	0.554	1.51	2.50	0.129	1.51	0.148	0.098	0.536	0.083	0.033	0.132	0.150	0.180	0.581	0.574	0.173
Cu	129	681	916	2105	73.4	916	98.6	69.3	552	65.3	60.6	166	225	143	56.1	37.4	82.9
Pb	10.4	12.7	9.97	9.69	12.4	9.97	11.1	6.85	6.04	32.1	30.7	11.3	8.32	10.3	15.3	22.4	11.1
Zn	255	80.9	48.2	61.3	199	48.2	188	133	11.1	56.6	60.1	82.4	54.1	58.6	81.3	64.0	57.2
Ga	25.0	24.9	24.4	21.8	24.8	24.4	24.2	23.2	8.85	25.0	24.7	29.8	34.0	35.3	31.1	33.7	34.7
As	3.74	6.09	2.17	4.23	4.04	2.17	3.16	2.73	2.99	5.32	2.39	3.61	8.11	6.54	13.7	7.13	4.63
Sb	0.392	0.324	0.218	0.275	0.502	0.218	0.246	0.189	0.302	0.383	0.553	0.522	0.432	0.734	1.10	0.654	0.209
W	2.13	1.74	1.35	1.84	1.37	1.35	1.21	1.24	1.04	1.34	1.15	2.16	2.05	2.41	2.01	2.29	1.81
Sn	3.07	2.42	2.17	1.99	2.61	2.17	2.79	2.61	1.74	2.36	2.80	3.37	3.42	4.09	3.86	3.50	3.88
Bi	0.130	0.243	0.330	0.735	0.093	0.330	0.084	0.043	0.862	0.039	0.037	0.109	0.364	0.377	8.49	5.12	3.60
Mo	3.53	3.64	2.91	2.04	3.26	2.91	3.72	4.04	1.13	1.83	2.66	7.05	4.33	2.22	4.24	7.12	1.82

表 5-14　萨热克铜矿区变超基性岩–变基性岩稀土元素分析结果和地球化学参数表（单位:10^{-6}）

样号	QD 16-1	QD 16-2	QD70	QP30 -48	QZS -S1	QD70	QD71	QD72	QD16 -3	BP30 -13	BP30 -9	Di6	Di7	Di14	Di17	Di13	Di16
Y	24.1	27.5	35.0	27.5	22.6	35.0	21.5	22.6	18.3	20.0	21.8	15.3	18.7	18.7	18.4	18.3	23.1
La	42.8	56.7	48.1	48.3	48.3	48.1	46.3	51.7	16.1	45.5	57.1	42.6	48.1	41.0	51.0	52.1	45.6
Ce	107	126	115	111	111	115	103	116	51.2	103	127	74.5	85.0	73.2	92.1	89.8	84.3
Pr	11.3	12.9	12.7	11.8	11.6	12.7	10.9	12.0	5.8	10.7	12.9	7.29	8.51	7.29	8.98	8.53	8.31
Nd	41.7	46.8	49.2	43.5	42.3	49.2	39.9	43.3	21.7	38.9	45.5	36.2	42.4	37.2	44.1	41.0	41.8
Sm	8.85	9.67	11.9	9.98	8.56	11.9	8.26	8.90	4.86	8.05	9.27	7.22	8.47	8.41	8.56	8.17	9.03
Eu	2.97	3.31	3.78	3.16	2.95	3.78	2.85	3.16	1.20	2.87	3.19	2.65	3.14	2.68	3.07	2.67	2.83
Gd	8.49	9.82	11.9	10.0	8.38	11.9	7.89	8.64	4.71	7.96	8.78	6.83	8.31	8.15	8.15	7.95	8.80
Tb	1.19	1.34	1.70	1.39	1.17	1.70	1.11	1.18	0.733	1.07	1.19	0.929	1.09	1.09	1.11	1.07	1.26
Dy	5.87	6.57	8.22	6.73	5.63	8.22	5.42	6.02	3.88	5.26	5.66	4.33	5.23	5.40	5.12	4.99	6.33

续表

样号	QD16-1	QD16-2	QD70	QP30-48	QZS-S1	QD70	QD71	QD72	QD16-3	BP30-13	BP30-9	Di6	Di7	Di14	Di17	Di13	Di16
Ho	1.01	1.13	1.38	1.10	0.990	1.38	0.944	1.01	0.716	0.885	0.965	0.740	0.890	0.880	0.869	0.832	1.07
Er	2.64	2.89	3.48	2.78	2.57	3.48	2.41	2.62	1.97	2.29	2.43	1.90	2.22	2.10	2.19	2.04	2.74
Tm	0.351	0.366	0.432	0.352	0.336	0.432	0.330	0.347	0.280	0.293	0.313	0.238	0.275	0.258	0.284	0.254	0.339
Yb	2.10	2.18	2.56	2.04	2.05	2.56	1.98	2.04	1.82	1.71	1.83	1.49	1.69	1.51	1.64	1.43	2.02
Lu	0.289	0.304	0.349	0.290	0.270	0.349	0.278	0.292	0.253	0.235	0.250	0.196	0.244	0.201	0.214	0.209	0.266
REE	237	280	271	253	246	271	231	257	115	229	276	187	216	189	227	221	215
LR	215	256	241	228	224	241	211	235	101	209	254	170	196	170	208	202	192
HR	22.0	24.6	30.0	24.7	21.4	30.0	20.4	22.2	14.4	19.7	21.4	16.6	19.9	19.6	19.6	18.8	22.8
LR/HR	9.8	10.4	8.0	9.2	10.5	8.0	10.4	10.6	7.0	10.6	11.9	10.2	9.8	8.7	10.6	10.8	8.4
δEu	0.34	0.34	0.32	0.32	0.35	0.32	0.35	0.36	0.25	0.36	0.35	0.38	0.37	0.32	0.37	0.33	0.32
δCe	3.95	3.63	3.79	3.71	3.70	3.79	3.59	3.65	4.67	3.66	3.62	2.99	3.00	3.03	3.07	2.96	3.12
Cu/Zr	0.63	3.24	4.32	11.59	0.36	4.32	0.48	0.34	6.51	0.31	0.27	0.83	1.02	0.72	0.25	0.16	0.34
Zn/Zr	1.25	0.39	0.23	0.34	0.99	0.23	0.92	0.65	0.13	0.27	0.27	0.41	0.25	0.29	0.36	0.28	0.24

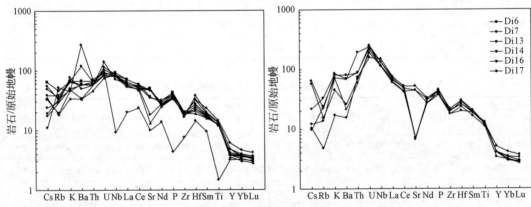

图 5-14　萨热克砂砾岩型铜金属矿区超基性岩–基性岩脉群的微量元素蛛网图

(原始地幔值据 Sun and McDonough，1989)

　　从表 5-14 和图 5-15 看，与大洋地壳 MORB 型超基性岩相比，本区变碱性超基性岩–变碱性基性岩中 REE 元素发生富集，$\sum$REE 为 $115\times10^{-6}\sim280\times10^{-6}$。LREE 为 $101\times10^{-6}\sim256\times10^{-6}$，HREE 为 $14.4\times10^{-6}\sim33.0\times10^{-6}$，LREE/HREE 值为 $7.0\sim11.9$，轻稀土元素富集显著，球粒陨石标准化配分模式图呈右倾型。具有明显的负 Eu 异常，δEu 为 $0.25\sim0.38$。正 Ce 异常显著，δCe 为 $2.96\sim4.67$。

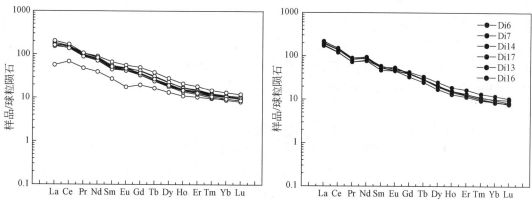

图 5-15 萨热克砂砾岩型铜金属矿区超基性岩-基性岩中稀土元素的球粒陨石标准化模式图
（球粒陨石值据 Sun and McDonough et al.,1989）

5.5.3 萨热克砂砾岩型铜多金属矿区超基性岩的原岩类型与蚀变矿化关系

因萨热克地区超基性岩-基性岩以次火山侵入相形式（岩脉-岩脉群）产出,对岩浆热液系统演化和岩浆侵入过程中蚀变作用,需要在野外宏观调查基础上,进行岩石岩相学、CIPW标准矿物计算和岩相地球化学深入研究,恢复原岩类型和蚀变相类型,进一步探索成岩成矿环境和岩浆热液成矿作用。

1. 蚀变角闪辉长辉绿岩-蚀变橄榄苏长辉长岩/苦橄岩-苦橄质岩类

在超基性岩-基性岩中,按照 $MgO \geqslant 12.00\%$ 为苦橄岩类、MgO 在 $8\% \sim 12\%$ 为苦橄质玄武岩的标准（Rajamani et al.,1989;Hanski and Smolkin,1995）,本区 Di16（MgO 为 12.66%）属苦橄岩类,Di6、Di7、Di14、Di17、Di13 和 QP30A-13B 样品含 MgO 在 $9.27\% \sim 10.70\%$,可归入苦橄质岩类。主要代表性岩石岩相学类型和特征如下。

（1）蚀变角闪辉长辉绿岩（Di16,蚀变碱性苦橄岩）。蚀变角闪辉长辉绿岩（Di16）中含 MgO 为 12.66%,$SiO_2 < 43.64\%$,含（$Fe_2O_3 + FeO + TiO_2 + MgO$）为 20.52%,（$Fe_2O_3 + FeO$）为 8.70%,（$Na_2O + K_2O$）为 4.78%,属于碱性苦橄岩类（$SiO_2 < 45\%$）。块状构造,半自形-全自形粒状、板状结构。经 CIPW 标准矿物计算,组成矿物以碱性长石（27.78%）和斜长石（21.16%）、紫苏辉石（23.53%）、橄榄石（8.15%）为主,含少量刚玉（8.7%）、钛铁矿（5.32%）和磁铁矿（3.05%）、磷灰石（2.28%）和锆（0.05%）,原岩恢复为橄榄苏长辉长岩。显微镜下鉴定主要矿物成分为角闪石（25%）、长石（48%）、绿泥石和黏土矿物（18%）,少量黑云母（1%）、辉石（1%）、钛铁矿和磁铁矿（2%）、碳酸盐矿物（1%）、磷灰石（1%）。①自形晶板状正长石和斜长石表面,发育轻微碳酸盐化和黏土化蚀变;②自形粒状或长板状角闪石被铁白云石、绿泥石和白钛矿完全交代呈假象,推测角闪石为紫苏辉石经过早期蚀变形成,辉石呈他形-自形粒状或柱状,被碳酸盐完全交代呈假象（图版 I 中 Di16）。褐绿色黑云母呈细小针状,与黏土矿物分布于斜长石和角闪石之间;③淡褐色黏土矿物（水黑云母、绿

泥石和含钛绿泥石)呈隐晶状或小片状集合体(图版Ⅰ中 Di16),其中包含了少量钠长石放射状、针状雏晶;④白云石呈他形不等粒状,主要是交代角闪石和辉石,少量铁白云石分布于斜长石和角闪石之间的空隙中;⑤磷灰石呈细长针状或树枝状,分布于黏土矿物集合体或斜长石中。钛铁矿与磁铁矿呈棒状和骨指状的出溶连晶,已经被白钛矿完全交代,与黑云母伴生,为角闪石在黑云母化过程中的出溶产物。红色半透明状赤铁矿呈他形粒状,分布于微量的闪锌矿中。

早期岩浆作用角闪石相和中期黑云母相,为岩浆结晶分异作用形成。中期黑云母相中,伴有钠长石-白云石化蚀变相。晚期以伊利石-绿泥石-钛绿泥石化(黏土化蚀变相)为主。白云石化相对较弱,CO_2 含量为 2.26%,以白云石含 CO_2 为 47.73%,折合白云石矿物含量约为 4.7%。采用烧失量减去 CO_2 和 H_2O^- 为 7.27%,即以结晶水($HO^-—H^+$)和 S 含量,推测它们可以代表岩浆热液系统中挥发组分含量特征,主要因角闪石和黏土矿物含量较高,它们含有较多的结晶水。以伊利石-绿泥石-钛绿泥石化组成了典型黏土化蚀变相,为岩浆系统在晚期经历的低温热液蚀变作用,推测有表生流体参与了成岩作用。按照蚀变岩矿物定名原则为黏土化蚀变角闪辉长辉绿岩。结合岩石地球化学和 CIPW 标准矿物计算,原岩恢复为橄榄苏长辉长岩(苦橄岩类)。分异指数(DI)为 38.53,液相线温度为 1251℃。固结指数(SI)代表了岩浆向低镁方向演化趋势,大多数原生玄武岩浆的固结指数为 40 左右或更大,固结指数越大,指示了岩浆分异程度越低,Di16 样品的固结指数高达 55.81,为萨热克地区最高,推测 Di16 样品可能代表了本区初始岩浆特征,即岩浆源区为碱性苦橄岩类。

(2)含闪锌矿强黏土化蚀变角闪辉绿岩(Di6、Di7、Di14 和 Di17,蚀变碱性苦橄质碧玄岩)。该组样品含 MgO 在 7.78% ~ 10.70%,含 SiO_2 为 41.63% ~ 44.58%,Na_2O+K_2O 为 4.18% ~ 5.11%,具有碱性苦橄质超基性岩($SiO_2<45\%$)特征。经 CIPW 标准矿物计算,组成矿物主要为碱性长石(16.42% ~ 23.55%)和斜长石(39.54% ~ 44.5%)、紫苏辉石(7.4% ~ 13.61)、橄榄石(7.76% ~ 18.37%),Di14 和 Di17 样品含少量刚玉(0.62% ~ 4.81%),不含透辉石,而 Di6 和 Di7 样品含透辉石(1.6% ~ 2.0%)、钛铁矿(4.7% ~ 5.59%)和磁铁矿(3.07% ~ 5.53%)、磷灰石(1.93% ~ 2.28%)和锆石(0.04%)。Di7 样品中含霞石(1.47%)。原岩恢复为橄榄苏长辉长岩。具有块状构造,半自形-全自形粒状、板状结构。主要矿物组成特征为:①斜长石(40%)多呈板状,少数呈柱状,发育卡钠复合双晶。角闪石(20%)以交代辉石为主,呈残留的自形粒状或长板状(图版Ⅰ中 Di17 和 Di16),被绿泥石、铁白云石、白钛矿完全交代呈假象。辉石(3%)呈残留的他形-自形粒状或柱状,被碳酸盐完全交代呈假象。褐绿色黑云母呈细小的针状,与黏土类矿物一起分布于斜长石和角闪石之间。②黏土矿物(30%)呈绿色的隐晶状或小片状集合体(图版Ⅰ中 Di17 和 Di16),以绿泥石和少量含铁蒙脱石为主,包含少量斜长石放射状和针状雏晶。与少量铁白云石分布于钠长石和角闪石之间空隙中。③含铁白云石呈他形不等粒状,主要是交代角闪石和辉石,少量颗粒分布于钠长石、角闪石之间的空隙中。少量磷灰石呈细长针状分布于绿泥石集合体中或斜长石中。④钛铁矿与磁铁矿或赤铁矿出溶连晶,呈菱形、正方形、板状、格子状,已经被白钛矿完全交代,含量约 6%。⑤微量黄铁矿呈他形微粒状分布于闪锌矿中,少量红色半透明状的闪锌矿呈他形粒状,与白云石共生,揭示黄铁矿-铁白云石-闪锌矿为碳酸盐化蚀变期形成的热液矿化特征。

早期角闪石相和中期黑云母相,角闪石交代辉石,黑云母交代角闪石和斜长石。中期黑云母相伴有钠长石-碳酸盐化,均为岩浆再平衡蚀变相,白云石化相对增强,CO_2 含量在 4.55% ~ 5.59%,白云石含 CO_2 为 47.73%,折合白云石矿物含量为 9.5% ~ 11.7%,推测在岩石圈深部经历了富 CO_2 深部流体交代作用,导致岩浆系统向碱性增强方向演化。采用烧失量减去 CO_2 和 H_2O^- 为 3.70% ~ 5.94%,即为结晶水($HO-H^+$)和 S 含量,推测岩浆热液系统中富含结晶水型挥发组分的深部流体作用减小,而被富 CO_2 深部流体交代作用所替代。晚期绿泥石化-铁蒙脱石交代角闪石和辉石,有表生流体交代作用参与的黏土化蚀变相,具有类似特征。按照蚀变岩矿物定名原则为强黏土化蚀变角闪辉绿岩,结合岩相学、岩石地球化学和 CIPW 标准矿物计算,恢复原岩为橄榄苏长辉长岩或碧玄岩类(碱性苦橄质超基性岩);分异指数(DI)为 33.59 ~ 39.65,与 Di16 样品的分异指数(DI=38.53)相比具有降低趋势,揭示岩浆分异程度明显增加。刚玉减少或无刚玉,紫苏辉石显著减少或无紫苏辉石,形成了透辉石。橄榄石含量增加,并形成霞石(Di7)。在富 CO_2 深部流体交代作用参与下,岩浆演化向碱性增加方向演化。液相线温度为 1242 ~ 1282℃。固结指数为 37.98 ~ 48.59,与 Di16 样品的固结指数(SI=55.81)相比,说明岩浆可能已向低镁方向演化,岩浆分异程度增加。推测在富 CO_2 深部流体交代作用参与下,碱性苦橄岩类岩浆源区经结晶分异后,含 Cr 为 $101×10^{-6}$ ~ $206×10^{-6}$,Cr 平均值在 $118×10^{-6}$,Cr<$200×10^{-6}$,揭示曾经历岩浆早期橄榄石结晶分异作用,主体向碱性增加的苦橄质岩方向演化。Cu 平均值为 $148×10^{-6}$,Mo 平均值为 $4.46×10^{-6}$,具有富集铜和钼特征,揭示碱性苦橄质岩类有能力形成富集 Cu-Mo 的成矿流体。它们具有类似次生蚀变相(黏土化蚀变相)。

(3)黏土化蚀变橄榄苏长辉长岩(Di13 和 QP30A-13B,蚀变粗面苦橄质玄武岩类)。MgO 含量为 9.27% ~ 9.30%,SiO_2 为 45.12% ~ 46.76%,Na_2O+K_2O 为 4.78%,具有碱性苦橄质基性岩特征。经 CIPW 标准矿物计算,组成矿物以碱性长石(15.2% ~ 16.03%)和斜长石(42.06% ~ 43.33%)、紫苏辉石(10.75% ~ 16.71%)、橄榄石(7.8% ~ 14.28%)为主,含少量刚玉(1.87% ~ 5.39%)、钛铁矿(5.12% ~ 5.31%)和磁铁矿(5.31% ~ 6.64%)、磷灰石(1.77% ~ 2.38%)和锆石(0.04% ~ 0.05%),原岩恢复为橄榄苏长辉长岩/粗面苦橄质玄武岩类。具有块状构造,半自形-全自形粒状、板状、柱状结构。主要矿物成分为角闪石(50%)、长石(30%)、绿泥石和黏土矿物(10%),少量黑云母(1.0%)、钛铁矿和磁铁矿(2%)、白云石(2%)、磷灰石(2%)和闪锌矿(1%)。①角闪石呈自形粒状或长板状(图版Ⅰ中 Di13),可见被绿泥石和碳酸盐矿物交代,析出白钛矿,部分角闪石发育细密残留的解理,推测为辉石经过早期角闪石化蚀变而形成;②长石多呈自形长板状,发育卡钠复合双晶;③含铁蒙脱石等黏土类矿物呈淡褐绿色(图版Ⅰ中 Di13),隐晶状或小片状集合体,包含了较多斜长石放射状和针状雏晶。与针状磷灰石和白云石分布于斜长石、角闪石之间的空隙中,含量约5%;④磷灰石呈针状分布于斜长石中,具有早期结晶形成的特征,黑云母呈片状或板状分布于长石与角闪石之间;⑤铁白云石呈自形-他形不等粒状,表面发育褐铁矿化,分布于斜长石和角闪石之间的空隙中(2%),或者交代角闪石,为晚期蚀变作用形成;⑥钛铁矿与磁铁矿或赤铁矿为出溶连晶,呈板状、自形晶、锯齿状棒晶,被白钛矿交代,含量约2%;⑦闪锌矿呈半透明,红褐色,板状或粒状,呈脉状产出,含量约1%。

在蚀变期次上,早期为角闪石相。中期为黑云母相。在中期黑云母相中,伴有钠长石-

白云石化蚀变相,伴有较弱的白云石化,CO_2含量为 1.99%,以白云石中含 CO_2 为 47.73%,折合白云石矿物含量约为 4.2%,可见方解石细脉和石英细脉。采用烧失量减去 CO_2 和 H_2O^- 为 4.94%,即为结晶水($HO—H^+$)和 S 含量,推测它们可以代表岩浆热液系统中挥发组分含量特征,主要因角闪石、黑云母和黏土矿物含量较高,它们含有较多的结晶水。晚期黏土化蚀变相以绿泥石-含铁蒙脱石为特征。综合岩相学和地球化学特征,岩石名称为黏土化蚀变橄榄苏长辉长岩,为黏土化蚀变相。分异指数为 42.3 ~ 48.57,与 Di16 样品的分异指数(DI = 38.53)相比具有增高趋势,揭示岩浆分异程度增加。液相线温度为 1214 ~ 1250℃。固结指数为 35.77 ~ 39.56,与 Di16 样品的固结指数相比,说明岩浆可能已向低镁方向演化,岩浆分异程度增加了,推测为碱性苦橄岩类岩浆源区经结晶分异后,演化为碱性粗面苦橄质玄武岩类,但它们具有类似的次生蚀变相(黏土化蚀变相)。

2. 铁白云石化蚀变辉绿岩-铁白云石蚀变辉绿岩/响岩质碱玄岩-响岩质碧玄岩

按照火山岩岩石化学 QAPF 分类($M<90\%$),在 13 区内,若橄榄石含量小于 10%,则称为响岩质碱玄岩,包括 QD16-1、QD16-2、QD70、QP30-48、Di13、Di16 和 Di17。若橄榄石标准矿物含量大于 10%,称为响岩质碧玄岩,Di7、Di14、QD71、QD72、QP30A-13B 和 QP30A-9 等样品中含橄榄石标准矿物大于 10%,归入响岩质碧玄岩。因 Di16、Di6、Di7、Di14、Di17、Di13 和 QP30A-13B 已归入上述的苦橄岩-苦橄质岩类论述,以下对响岩质碱玄岩(QD16-1、QD16-2、QD70、BP30-48)和响岩质碧玄岩(QD71、QD72 和 BP30-9)进行论述。

(1)铁白云石化蚀变辉绿岩(BP30-48、QD16-1、QD16-2、QD70,蚀变响岩质碱玄岩)。该组样品含 MgO 为 5.05% ~ 5.89%,含 SiO_2 为 39.89% ~ 44.64%。Na_2O+K_2O 为 5.168% ~ 6.03%,CO_2 为 4.09% ~ 9.75%,具有碱性超基性岩($SiO_2<45\%$)特征。经 CIPW 标准矿物计算,组成矿物主要以碱性长石(9.34% ~ 19.425%)和斜长石(24.89% ~ 35.83%)、透辉石(20.15% ~ 33%)、霞石(4.33% ~ 19.7%)为主。含少量橄榄石(2.08% ~ 7.2%)、钛铁矿(5.09% ~ 5.98%)、磁铁矿(2.27% ~ 6.16%)、磷灰石(1.76% ~ 2.12%)和锆石(0.04%)。原岩恢复为霞石辉绿岩(似长石辉长岩,图版 I)或响岩质碱玄岩(橄榄石≤10%,图 5-18)。在显微镜下鉴定,岩石具有致密块状构造及碎裂状构造,粒状结构和变余辉绿结构,主要矿物组成和特征为(图版 I 中 BP30-48):①斜长石(Pl)为 50% ~ 55%,自形-半自形板状,板长 0.2 ~ 1mm,常见聚片双晶,呈杂乱状、格架状杂乱分布,其间隙充填着辉石和蚀变组分绿泥石、白云石和不透明矿物,形成残余辉绿结构;②辉石(Px)呈半自形柱状,粒径 0.03 ~ 1mm,常分布于板条状斜长石的三角格架间隙,辉石已完全白云石化、绿泥石化和蛇纹石化,仅保留其柱状晶形轮廓;③蚀变组分(40% ~ 45%)主要为白云石(Dol)和绿泥石,次为蛇纹石,它们主要交代辉石并呈辉石假象,绿泥石、蛇纹石均呈片状完全取代辉石,绿泥石完全交代蚀变黑云母而呈黑云母假象,与铁白云石共生;④磁铁矿(1%)呈不规则粒状及八面体晶形,粒径 0.03 ~ 0.2mm,晶粒常见裂纹,已逐步赤铁矿化及褐铁矿化,钛铁矿(1%)呈不规则状,部分为板状,粒径为 0.02 ~ 0.06mm;⑤少量黄铁矿呈半自形-他形粒状,粒径 0.01 ~ 0.04mm,晶粒边缘已褐铁矿化。微量黄铜矿呈不规则粒状,粒径 0.005 ~ 0.01mm,晶粒边部已褐铁矿化。按照去水后,原岩恢复为似长石辉绿岩(图 5-16B);如果考虑到挥发组分为岩浆体系本身携带的深部地幔流体物质组成,在不去水的情况下,原岩恢复为霓霞岩(图 5-16A)。综合考虑岩石地球化学和岩相学特征,原岩恢复为霞石辉绿岩或蚀变响岩质碱玄岩,具有向霓霞

岩演化趋势。

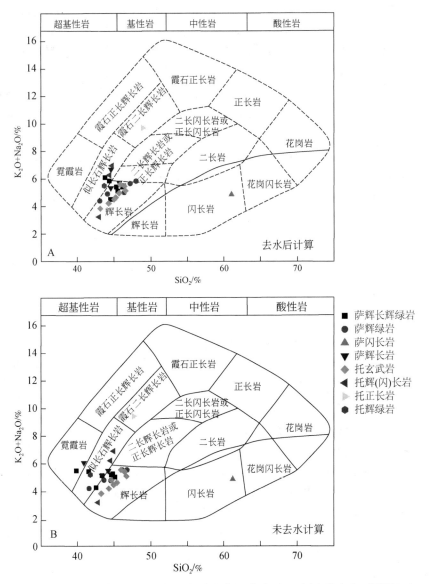

图 5-16　萨热克铜矿区超基性岩–基性岩的侵入岩类型(上图去除水和下图保留水)

在蚀变期次上:①早期为透闪石–黑云母相;②中期为钠长石–铁白云石–绿泥石化蚀变相;③岩浆低温热液蚀变为白云石–蛇纹石–绿泥石化蚀变相,与上述苦橄岩–苦橄质岩类次生蚀变显著不同(黏土化蚀变相)。除 QD16-1 含 CO_2(4.09%)中等外,CO_2 含量明显较高(7.23% ~9.75%),折合白云石矿物含量为 15.1% ~20%,镜下鉴定白云石、绿泥石和蛇纹石交代辉石,揭示霞石辉绿岩经历了较为强烈的富 CO_2 深部流体交代作用。采用烧失量减去 CO_2 和 H_2O^- 为 1.01% ~1.5%,揭示结晶水($HO^-–H^+$)和 S 等挥发组分含量明显较低。综合岩相学、CIPW 标准矿物计算和地球化学特征,岩石定名为铁白云石化蚀变霞石辉绿岩/铁白云石化蚀变响岩质碱玄岩。白云石–蛇纹石–绿泥石化蚀变相为次生蚀变作用所形成。分异指数为 31.6~37.5，与苦橄岩-苦橄质岩类（DI=48.57~33.59）相比，具有明显降低趋势，揭示岩浆分异程度明显增加。液相线温度为 1262~1309℃，与苦橄岩-苦橄质岩类液相线温度（1214~1250℃）相比具有增高特征。固结指数为 26.58~33.88，与苦橄岩（Di16，SI=55.81）固结指数差异较大，推测为碱性苦橄岩类岩浆源区经显著结晶分异后演化为霞石辉绿岩，或为霞石辉绿岩类经历了强烈的富 CO_2 深部流体交代作用后，岩浆结晶分异作用向碱性增强（蚀变响岩质碱玄岩，CIPW 计算的橄榄石≤10%，$Na_2O+K_2O>6.0\%$）和 SiO_2 增加的碱性中性岩（铁白云石化蚀变辉长闪长岩，QD16-3），它们对于铜银锌钼富集成矿均较为有利。

（2）铁白云石蚀变辉绿岩（QD71、QD72、BP30-9，蚀变响岩质碧玄岩）。该组样品含 MgO 为 6.27%~7.53%。QD71 和 QD72 样品含 SiO_2 为 43.38%~44.24%，BP30-9 含 SiO_2 为 46.10%。含 Na_2O+K_2O 5.11%~5.45%，CO_2 3.57%~4.72%，QD71 和 QD72 为碱性超基性岩（$SiO_2<45\%$），BP30-9 为碱性基性岩。经 CIPW 标准矿物计算，组成矿物主要为碱性长石（18.24%~20.71%）和斜长石（33.69%~44.78%）、橄榄石（10.56%~12.07%），QD71 和 QD72 含透辉石（14.6%~18.21%）和霞石（4.42%~5.69%），无紫苏辉石和刚玉。BP30-9 含紫苏辉石（8.4%）、刚玉（1.25%），无霞石。少量钛铁矿（4.91%~5.12%）和磁铁矿（6.59%~7.12%）、磷灰石（1.76%~2.13%）和锆石（0.04%~0.05%），原岩恢复为霞石辉绿岩（似长石辉长岩）/响岩质碧玄岩（橄榄石≥10%）。

经在显微镜下鉴定，主要组成矿物和特征为（图版 I 中 BP30-9）：①斜长石（P1）为 50%~55%，自形-半自形板状，板长 0.3~1mm，常见聚片双晶，呈杂乱状、格架状分布，其间隙充填着已蚀变的辉石、蚀变组分绿泥石、不透明矿物等，形成残余辉绿结构。②辉石（Px）呈半自形柱状，粒径 0.03~1mm，常分布于板条状斜长石的三角格架间隙。辉石已完全碳酸盐化、绿泥石化、透闪石和蛇纹石化，仅仅保留其柱状晶形轮廓。少量黑云母呈棕褐色鳞片状零星分布。③蚀变组分面积含量为 40%~45%，成分主要为白云石和绿泥石，次为透闪石和蛇纹石，它们主要交代辉石。白云石自形晶粒状。绿泥石、透闪石和蛇纹石均呈叶片状完全取代辉石。绿泥石完全交代蚀变黑云母而呈黑云母假象，与铁白云石共生。④金属矿物具星点浸染状构造。磁铁矿（1%）呈不规则粒状及八面体晶形，粒径 0.03~0.2mm，晶粒常见裂纹，已褐铁矿化。钛铁矿（1%~2%）呈不规则状，部分为板状，粒径 0.05~0.3mm，星点状分布于岩石中，已白钛石化。少量黄铁矿（Py）呈半自形粒状，粒径 0.03~0.5mm，稀散分布于岩石中。

在蚀变期次上：①早期为透闪石-黑云母相；②中期为钠长石-铁白云石-绿泥石蚀变相；③次生蚀变相为白云石-蛇纹石-绿泥石化蚀变相；④按照 CO_2 含量（3.57%~4.72%），折合白云石矿物含量为 7.5%~9.9%，为本区中等强度的铁白云石蚀变相。采用烧失量减去 CO_2 和 H_2O^- 为 0.92%~2.1%，揭示结晶水（HO—H^+）和 S 等挥发组分含量不高。综合岩相学和地球化学特征，岩石定名为铁白云石化蚀变霞石辉绿岩/铁白云石化蚀变响岩质碧玄岩。分异指数为 36.09~46.08，揭示岩浆分异程度明显。液相线温度为 1234~1286℃。固结指数为 26.52~31.24，与苦橄岩（Di16，SI=55.81）固结指数差异较大，推测霞石辉绿岩类经历了富 CO_2 深部流体交代作用后，岩浆结晶分异作用向粗面玄武岩方向演化（蚀变响岩质碧玄岩，CIPW 计算的橄榄石≥10%）。含 Na_2O+K_2O 为 5.11%~5.45%。

5.5.4　讨论:萨热克铜矿区变超基性岩-基性岩的构造背景与成矿关系

1. 岩浆源区与岩浆成岩演化作用

将本区变碱性超基性岩-变碱性基性岩的原岩恢复为两个岩石系列:碱性苦橄岩-碱性苦橄质岩-粗面苦橄质玄武岩系列和响岩质碱玄岩-响岩质碧玄岩系列。从图 5-17A 看,它们分别起源于软流圈和岩石圈地幔,从图 5-17B 看,经过了地幔流体交代作用。从它们经历不同演化作用看,推测它们也起源于两个相对独立的岩浆源区。

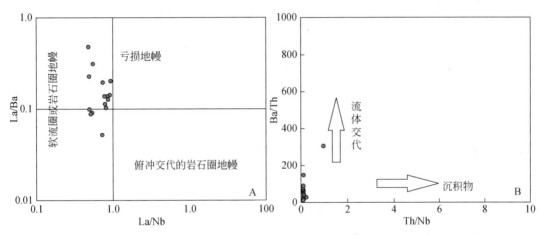

图 5-17　萨热克变碱性超基性岩-基性岩的 La/Ba-La/Nb 图解(A)与 Ba/Th-Th/Nb 图解(B)

(1)碱性苦橄岩类(Di16,蚀变碱性角闪辉长辉绿岩/蚀变碱性苦橄岩)-碱性苦橄质岩类(Di6、Di7、Di14、Di17,强黏土化蚀变角闪辉绿岩/蚀变碱性苦橄质碧玄岩)-粗面苦橄质玄武岩类(Di13、QP30A-13B,黏土化蚀变橄榄苏长辉长岩/蚀变粗面苦橄质玄武岩类)。

在岩浆成岩演化和岩浆热液自蚀变成岩特征上,碱性苦橄质岩类具有较好的成岩演化岩相学记录。①早期角闪石蚀变相,主要形成铁浅闪石、浅闪石和镁铝钙闪石(图 5-18),以角闪石温度-压力计,恢复角闪石相成岩压力为 7.94 ~ 4.70kbar(1bar = 10^5Pa),成岩深度 29.4 ~ 17.4km,成岩温度在 545 ~ 796℃,它们揭示了岩浆作用演化经历的成岩深度和成岩温度信息。②中期黑云母相为铁质黑云母和镁质黑云母(图 5-19A),以岩浆原生黑云母为主,揭示仍处于岩浆演化作用阶段,向再生平衡原生黑云母演化,形成少量再生平衡原生黑云母。经黑云母矿物温度-压力计恢复,黑云母的成岩压力为 176.9 ~ 58.1MPa,成岩深度为 6.54 ~ 2.1km,形成温度为 695 ~ 738℃,主要为岩浆成因的原生黑云母(图 5-19B),因此,黑云母形成压力、形成深度和形成温度,揭示了岩浆作用演化阶段的成岩压力、成岩深度和成岩温度。③从角闪石相(浅闪石→镁铝闪石)到黑云母相(铁质黑云母→镁质黑云母),成岩深度不断降低,成岩温度升高,角闪石相和黑云母相的岩浆成岩演化为减压增温作用显著。④因岩浆体系 H_2O 增加,主要为岩浆流体中挥发组分增加,岩浆向富水方向演化,H_2O 增加导致岩浆体系的体积迅速膨胀和增大,从角闪石相(17.4km)抬升到黑云母相(6.54km),发生了角闪石相→黑云母相的相变作用。⑤碱性长石因岩浆体系中 H_2O 增加,形成水解钾硅酸盐化蚀变相(黑云母蚀变相),黑云母相的成岩深度范围在 6.54～2.1km,推测大致在 2.1km 处形成了隐伏岩浆房。⑥中-晚期蚀变组合为钠长石-白云石化蚀变相,钠长石交代 碱性长石和钙质斜长石,钠长石呈雏晶状,表明岩浆经历了淬火快速结晶分异特征,与白云 石和绿泥石共生。⑦晚期以伊利石-绿泥石-钛绿泥石化(黏土化蚀变相)为主,绿泥石相成 岩温度在 143～78℃,平均成岩温度在 115℃;推测成岩深度≤2.1km。总之,推测本区变超 基性岩-变基性岩经历了三期(角闪石相→黑云母相→绿泥石相)成岩演化进程,可能为三 期隐伏岩浆房中逐渐演进形成的岩浆结晶分异的结果。

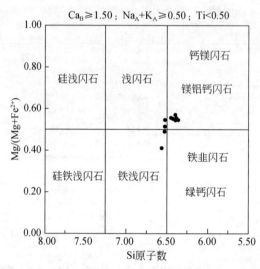

图 5-18　萨热克铜矿区超基性岩-基性岩脉中角闪石相的铁浅闪石-镁铝钙闪石图解

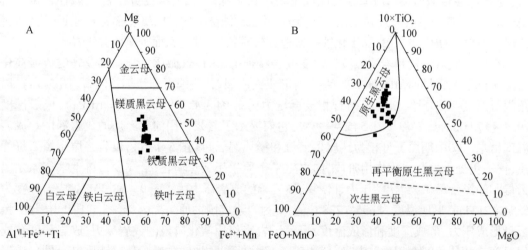

图 5-19　萨热克铜矿区超基性岩-基性岩脉中黑云母相的铁质黑云母-镁质黑云母图解

在锆石 U-Pb 年龄封闭温度研究上,前人认为锆石 U-Pb 体系的封闭温度高达 900～ 1000℃ (VanBremen et al.,1979;Cliff,1985;Rollison,1993;Pitcher,1993);花岗岩锆石 U-Pb 体系的封闭温度为 700℃ 左右(Harrison et al.,1979;Dodson et al.,1985;Farrar et al.,1997;

沈渭洲等, 2000; Wu et al. , 2000); 章邦桐等(2013)研究了花岗岩体 523 对锆石 U-Pb 年龄和全岩 Rb-Sr 等时线年龄, 拟合线性回归方程($t_{Zr} = 0.999775 \cdot tRb + 0.06898Ma$), 认为从花岗岩浆晶出锆石的 U-Pb 同位素体系封闭温度很可能也接近于 650 ±50℃。超基性岩-基性岩脉群侵位事件可能形成于构造应力松弛期, 本次研究获得的锆石 U-Pb 年龄(280 ~ 288Ma)为隐伏岩浆房(先存构造), 原生黑云母相的成岩深度为 6.54 ~ 2.1km, 成岩温度为 695 ~ 738℃, 也就是锆石 U-Pb 年龄的封闭温度。

(2)QP30-48、QD16-1、QD16-2 和 QD70 样品的原岩恢复为响岩质碱玄岩(CIPW 计算橄榄石≤10%)/铁白云石化霞石辉绿岩或似长石辉长岩, 与成矿关系密切, 具有较强的富 CO_2 深部流体交代作用。QD71、QD72、QP30A-9 样品原岩恢复为响岩质碧玄岩(CIPW 计算橄榄石≥10%)/铁白云石化蚀变霞石辉绿岩或似长石辉长岩。

在岩浆成岩演化和岩浆热液自蚀变成岩特征上: ①早期为透闪石-黑云母相, 因透闪石-黑云母均含有 OH^-—H^+ 等羟基成分, 推测主要与岩浆体系中 H_2O 加入有关。因岩浆体系中 H_2O 的加入, 霞石类矿物分解, 可以发生绢云母化, 在 Fe^{2+}-Mg^{2+} 加入后, 霞石发生黑云母化, 与苦橄岩-苦橄质岩有明显差别。②在中期钠长石-铁白云石-绿泥石蚀变相形成过程中, 与强烈的富 CO_2 深部流体交代作用密切有关, 霞石辉绿岩类岩浆结晶分异作用向碱性增强(蚀变响岩质碱玄岩, CIPW 计算的橄榄石≤10%, $Na_2O+K_2O>6.0\%$)、SiO_2 增加的碱性中性岩(铁白云石化蚀变辉长闪长岩, QD16-3)等两个方向演化。中期钠长石-铁白云石-绿泥石蚀变相中绿泥石形成温度在 155 ~ 185℃, 绿泥石化过程中具有较高的热流密度(276 ~ 458J/($m^2 \times s$)(方维萱等, 2017e)。③晚期白云石-蛇纹石-绿泥石蚀变相形成过程, 主要为 H_2O 加入和富 CO_2 流体作用, 在 H_2O 加入后的水化过程中, 辉石和橄榄石可发生蛇纹石化。中期铁白云石在晚期发生褐铁矿化。绿泥石化过程中热流密度明显变低[58 ~ 69J/($m^2 \times s$)], 形成温度降低(121 ~ 177℃)(方维萱等, 2017e)。

总之, 本区两类不同的岩浆源区在岩浆成岩作用演化上, 具有不同的演化历史。①本区变碱性超基性岩-变碱性基性岩的原岩系列, 分别恢复为碱性苦橄岩-碱性苦橄质岩-粗面苦橄质玄武岩系列和响岩质碱玄岩-响岩质碧玄岩系列; ②前者经历了早期角闪石相(成岩深度在 29.4 ~ 17.4km, 成岩温度在 545 ~ 796℃)→中期黑云母相(成岩深度在 6.54 ~ 2.1km, 形成温度在 695 ~ 738℃)→晚期黏土化蚀变相(伊利石-绿泥石-钛绿泥石化为主, 成岩温度在 115℃; 推测成岩深度≤2.1km)。主要经历了岩浆体系中 H_2O 加入, 其次与富 CO_2 深部流体交代作用有关。③响岩质碱玄岩-响岩质碧玄岩系列, 经历的早期透闪石-黑云母相与岩浆体系中 H_2O 加入有关。中期钠长石-铁白云石-绿泥石蚀变相, 与强烈的富 CO_2 深部流体交代作用密切有关, 岩浆结晶分异作用强烈, 向碱性增强(蚀变响岩质碱玄岩, $Na_2O + K_2O>6.0\%$)和 SiO_2 增加的碱性中性岩(铁白云石化蚀变辉长闪长岩, QD16-3)方向演化, 直接形成了岩浆热液型铜矿的成矿作用, 并提供了 Cu-Zn-Mo-Ag 等成矿物质。晚期白云石-蛇纹石-绿泥石蚀变相主要与 H_2O 加入和富 CO_2 流体作用有关。

2. 同化混染作用

本区多数样品中 Zr/Hf、Th/Ce 和 Th/La 比值范围分别为 35.7 ~ 21.6、0.04 ~ 0.09 和 0.09 ~ 0.16, 平均值分别为 26.4、0.07 和 0.14, 这些比值与幔源岩浆的不相容元素的比值很接近(Zr/Hf = ~ 36.3; Th/Ce = 0.02 ~ 0.05; Th/La = ~ 0.12); 与壳源物质的比值(Zr/Hf ≈

11.0、$Th/Ce ≈ 0.15$、$Th/La ≈ 0.30$）（Sun and McDonough，1989）有明显区别；因此，本书认为总体受壳源物质混染程度很小。但 QD16-3 样品中 Zr/Hf、Th/Ce 和 Th/La 比值分别为 19.2、0.12 和 0.38。由于壳源物质中含有相对较低的 Nb、Ta 含量，以及相对较高的 Zr、Hf、U、Th 和 Pb 含量，因此，本书认为 QD16-3 具有明显 Nb-Ta 负异常，而且该样品偏离主体样品群，具有明显的 Ti、P 和 Th 负异常，具有明显的 Ba 正异常，Zr/Hf、Th/Ce 和 Th/La 比值与壳源物质具有类似特征，而且演化为铁白云石化辉长闪长岩，可能经历了壳源物质的混染作用。

3. 构造背景分析

从图 5-20 看，萨热克铜矿区的变超基性岩–基性岩属于板内玄武岩（WPB），与板内碱性玄武岩一致（A1），说明它们形成于板内构造环境中。在 Ta/Hf-Th/Hf 图解中，萨热克铜矿区变超基性岩–基性岩位于陆内裂谷碱性玄武岩区（IV2）和地幔热柱玄武岩区（V）内。考虑到萨热克地区在晚白垩世已经进入陆内盆山区构造背景，变超基性岩–基性岩围绕隐伏鼻状构造区（基底隆起区）周边呈放射状和近平行的岩脉群，与下白垩统克孜勒苏群呈侵入接触关系，发育接触热变质蚀变带等地质特征，它们形成于陆内挤压转换带的应力松弛期。萨热克南挤压转换构造带在应力松弛期，岩浆从隐伏岩浆房（先存构造，280~288Ma，锆石 U-Pb 年龄）沿断裂带上涌侵位，形成了超基性岩–基性岩脉群。

4. 岩浆系统中挥发组分、蚀变岩岩相学类型与金属成矿关系

（1）烧失量（IG＝CO_2+H_2O^-+H_2O^++S）含量特征，可直接揭示超基性岩–基性岩中挥发组分含量水平。本区样品中烧失量较高，IG 为 5.34%~11.13%。其中：①CO_2 含量为 1.57%~9.75%，H_2O^- 为 0.08%~0.52%，CH（CH＝CO_2+H_2O^-）为 2.05%~10.13%。②烧失量包括 CO_2、H_2O^-、H_2O^+、S 等，CO_2 含量可以揭示超基性岩–基性岩中 CO_2 挥发组分含量特征，最终以岩浆热液自蚀变作用，形成了铁锰碳酸盐化蚀变相存在于超基性岩–基性岩脉中，本区超基性岩–基性岩脉中发育铁锰碳酸盐化蚀变相，CO_2 为 4.55%~9.75%，相应的烧失量（IG）为 8.58%~11.13%，可以看出本区超基性岩–基性岩脉中含有较高的 CO_2（4.55%~9.75%）含量，能够为萨热克砂砾岩型铜多金属矿区提供大量的富 CO_2 型还原性成矿流体，这也就揭示了萨热克砂砾岩型铜多金属矿区内，发育富 CO_2 型还原性成矿流体，且与铜银钼铅锌的岩浆热液叠加成岩成矿密切相关。含 Cu-Zn-Pb-Mo 成矿物质的富 CO_2 型还原性成矿流体，来自于碱性超基性岩–碱性基性岩脉群，这些岩脉群出露和隐伏区域为萨热克砂砾岩型铜多金属成矿亚系统的能量供给和成矿物源供给系统。③H_2O^- 以吸附水的形式赋存在黏土矿物中，能够指示岩石在表生环境下的水化作用，本区样品中含 H_2O^- 在 0.08%~0.52%，具有一定的表生环境下水化作用。④烧失量（IG）减去 CO_2 和 H_2O^- 的差值后，即可反映样品中 H_2O^+ 和 S 含量合计（HOS），考虑到 H_2O^+（OH-H）多以层间结构水形式赋存在角闪石、黑云母和绿泥石中，角闪石–黑云母与钛铁矿–磁铁矿–黄铜矿–黄铁矿共生，揭示黑云母和角闪石化过程中，具有钛铁矿物析出，并伴有黄铜矿–黄铁矿。而绿泥石化蚀变与黄铁矿–磁黄铁矿–闪锌矿–斑铜矿共生，本区样品中 HOS 为 0.48%~7.27%，可以看出本区样品仍有较高的 H_2O^+ 和 S，指示了角闪石–黑云母–绿泥石化过程中，岩浆热液中具有较高的挥发组分（H_2O^+ 和 S）含量，它们与 MgO 含量较高（9.27%~12.66%）的碱性苦橄质岩浆有

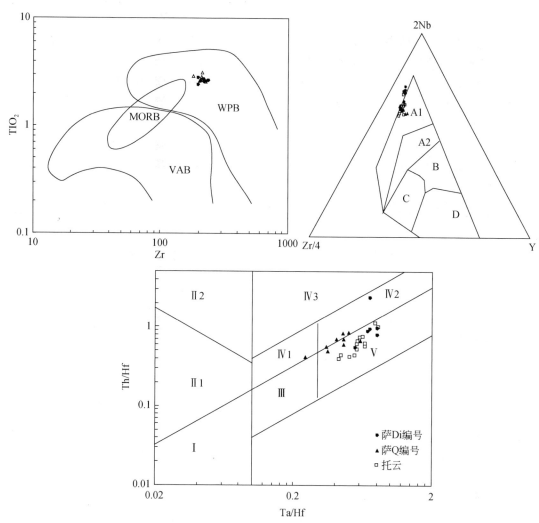

图 5-20　萨热克砂砾岩型铜金属矿区超基性岩–基性岩脉群形成构造背景图解（底图据 Meschede,1986）

A1+A2. 板内碱性玄武岩；A2+C. 板内拉斑玄武岩；B. P 型 MORB；D. N 型 MORB；C+D. 火山弧玄武岩；

Ⅰ. 板块发散边缘 N-MORB 区；Ⅱ. 板块汇聚边缘（Ⅱ1. 大洋岛弧玄武岩区；Ⅱ2. 陆缘岛弧及陆缘火山弧玄武岩区）；

Ⅲ. 大洋板内洋岛、海山玄武岩区及 T-MORB、E-MORB 区；Ⅳ. 大陆板内（Ⅳ1. 陆内裂谷及陆缘裂谷拉斑玄武岩区；

Ⅳ2. 陆内裂谷碱性玄武岩区；Ⅳ3. 大陆拉张带（或初始裂谷）玄武岩区）；Ⅴ. 地幔热柱玄武岩区；

WPB. 板内玄武岩；MORB. 洋中脊玄武岩；VAB. 火山弧玄武岩

密切关系。⑤与原始地幔相比较,本区超基性岩–基性岩中明显富集 P。总之,在萨热克砂砾岩型铜矿区内超基性岩–基性岩中挥发组分含量高,具有将幔源成矿物质携带到浅部形成岩浆热液叠加成岩成矿作用,CO_2 和 $H_2O^\pm$ 含量高,降低了岩浆黏度;Cl、F、S、Br 等挥发组分能与金属成矿元素结合形成易熔的络合物,使得金属元素长时保留在岩浆中,进一步富集直到大多数硅酸盐矿物晶出后,铜和锌等成矿物质发生富集。尤其是可直接形成富 CO_2 型还原性成矿流体,本身也形成了热液自蚀变和铜锌矿化作用。⑥超基性岩–基性岩中挥发组分含量高,有利成矿流体携带铜锌成矿物质进入浅部有利成矿部位富集成矿,挥发组分对温度和压力特别敏感,因此,对超基性岩–基性岩脉群温压演化趋势,有助寻找深部隐伏成岩成矿中心。

(2)在碱性超基性岩浆体系中,CO_2为十分重要的挥发组分,CO_2相关化合物和络合物形式,是重要的矿化剂并具有较高携带成矿元素的能力。从图5-21看,CO_2含量与Cu-Ag具有密切的正相关关系,与白云石化-铁白云石化和铜硫化物紧密共生的地质现象十分吻合。Zn和Mo在霞石辉绿岩中具有显著富集,说明它们具有提供丰富Zn和Mo成矿物质的基础,但与CO_2含量变化关系不大。例如,铜矿化铁白云石化蚀变霞石辉绿岩中(QP30-48,蚀变响岩质碱玄岩),碳酸盐化蚀变发育,Cu(2105×10^{-6})、Ag(2.50×10^{-6})和Mo(2.04×10^{-6})明显富集,揭示不但能够提供丰富的成矿物质,而且在本身蚀变过程中已经形成了强烈的铜矿化富集作用。含CO_2为9.75%,CaO+CO_2为22.23%,白云石含CO_2为47.73%,折合白云石矿物含量约为20%。在CO_2与成矿元素协变图中,铜、银与CO_2之间具有显著正相关关系,揭示碳酸盐化蚀变相与铜银富集成矿关系十分密切。在野外现场和室内镜下鉴定,在硅化-铁白云石化蚀变带中分布有黄铜矿、辉铜矿、斑铜矿和孔雀石等,经刻槽取样分析铜品位在0.31%,样长2.0m。岩脉在地表脉宽1.0~1.4m,具有分支现象。岩脉产状50°∠66°,侵入于克孜勒苏群第二岩性段紫红色铁质岩屑砂岩中,边部为砂岩型铜矿体。岩脉的结晶粒度由中心向两侧变细,岩脉边部硅化-绿泥石-铁白云石化蚀变强烈,可见30cm宽的硅化热液角砾岩化相带。碎裂岩化发育,沿裂隙发育石英-方解石细脉,裂隙面可见孔雀石化及星点状黄铜矿。从岩脉向两侧形成对称式构造岩相学分带,中心相带灰绿色蚀变辉绿岩(磁化率2.6×10^{-3}SI)→硅化热液角砾岩化相+角砾岩化相(2.78×10^{-3}SI)→碎裂岩化-片理带(0.3×10^{-3}SI)。

(3)在低温黏土化蚀变相具有不同的蚀变强度和矿化特征:①强黏土化蚀变相以含铁蒙脱石-绿泥石化蚀变为主,伴有黄铁矿+闪锌矿+白云石;②中黏土化黏土化蚀变相以含铁蒙脱石蚀变为主,伴有黄铁矿-磁黄铁矿-闪锌矿-白云石;③弱蒙脱石黏土化蚀变相以蒙脱石化蚀变为主,伴有赤铁矿-闪锌矿-白云石,揭示了蚀变辉长辉绿岩群侵位事件过程中,闪锌矿化形成于氧化-还原过渡环境;④蒙脱石化-绿泥石化蚀变组合的成岩成矿环境为碱性环境,而酸性环境下蒙脱石-高岭石共生。在蒙脱石化过程中,如果有Fe^{2+}和Mg^{2+}离子存在,形成蒙脱石-绿泥石混层,温度较高时以绿泥石化为主,本区绿泥石化不但为富含Fe^{2+}和Mg^{2+}的暗色矿物类(角闪石和黑云母等)蚀变而成,而且与蒙脱石化共伴生,揭示为低温碱性环境下形成的黏土化蚀变,并与白云石化共生,它们与黄铁矿-闪锌矿共生,揭示其成岩成矿形成的地球化学岩相学类型为碱性的氧化-还原过渡相。

5. 变超基性岩-基性岩脉群对砂砾岩型铜多金属矿床的成矿贡献

一般来说,在岩浆成岩成矿系统中,成矿作用主要为岩浆结晶分异成矿作用、岩浆熔离成矿作用、岩浆爆发成矿作用和封闭系统的岩浆结晶分异-气液富集-岩浆自变质成矿作用。前人对岩浆型铬铁矿矿床、铜镍硫化物矿床、钒钛磁铁矿矿床、磷-铁矿床和金刚石矿床、伟晶岩型稀有稀散元素矿床等岩浆成岩成矿系统研究取得了显著成就。但岩浆系统中挥发组分富集规律和金属富集成矿关系,尤其是多阶段岩浆侵位过程与沉积盆地叠加改造和金属富集成矿规律等仍在探索中,也是当前受到重视的研究方向(张旗等,2013a,b,2014,2015;方维萱,2018b)。

在岩浆成岩成矿系统中:①岩浆结晶分异成矿作用以结晶分异出固相成矿物质,形成早

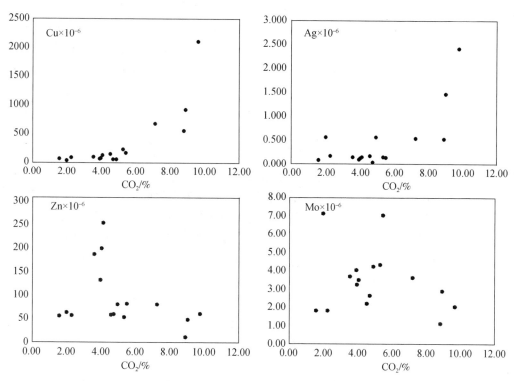

图 5-21　萨热克铜矿区超基性岩–基性岩脉中 CO_2 含量与 Cu、Ag、Zn 和 Mo 协变图

期岩浆型矿床和晚期岩浆型矿床。早期岩浆型矿床成矿物质早于硅酸盐矿物结晶或与硅酸盐矿物同时结晶,成矿母岩浆以富镁质的超基性岩(纯橄榄岩、橄榄岩、辉石岩及蛇纹岩)为主,形成铬铁矿矿床,如南非布什维尔德铬铁矿矿床,铂族元素呈自然金属矿物,与铬铁矿呈共伴生同体共存富集。在纯橄榄岩→斜方辉石→二辉岩→辉长岩等岩浆结晶分异过程中,镁质超基性岩中 M/F 值在 6.5 ~ 12(吴利仁,1963),对于 Cr-Ni-Co-Pd 矿床成矿有利;镁质超基性岩中 M/F 值>6.5,有利于形成铬铁矿矿床(吴利仁,1963)。在晚期岩浆型矿床中,因挥发分作用有利于成矿物质晚于硅酸盐矿物结晶分异,成矿母岩浆以基性岩、富 Mg 质的超基性岩为主,常发生绿帘石化、碳酸盐化、黑云母化、绿泥石化等围岩蚀变,如西藏罗布荷铬铁矿矿床等。产于铁质基性岩中,富铁质超基性岩(M/F 值为 2 ~ 0.5)–富铁基性岩(M/F 值<0.5),对形成钒钛磁铁矿矿床有利,如钒钛磁铁矿矿床(分异型、渡口型、贯入型的钒钛磁铁矿矿床)和磷灰石–磁铁矿矿床(河北大庙型磷–铁矿床)。②岩浆熔离成矿作用以铜镍硫化物和硅酸盐熔体形成液态不混溶作用为主,成矿母岩浆以铁质基性–超基性岩为主,铁质超基性岩中 M/F 值在 2 ~ 6.5,有利于形成铜镍硫化物(PGE)矿床,如加拿大肖德贝里以基性岩为主,金川镍矿为超基性岩。③岩浆爆发成矿作用。隐爆角砾岩筒型,如与碱性超基性隐爆角砾岩(金伯利–钾镁煌斑岩)筒有关的金刚石矿床。岩浆喷溢型磷–铁矿床主要产于中–基性火山岩体内或岩浆角砾岩体内,磷–铁矿体呈似层状两类不同成分的火山岩之间,受火山活动间歇期控制,以磁铁矿赤铁矿为主要工业组分,共伴生氟磷灰石。如智利可拉铁矿床。④封闭系统的岩浆结晶分异–气液富集–岩浆自变质成矿作用,主要形成了伟晶

岩型稀有稀散元素矿床,如新疆阿尔泰三号脉的伟晶岩型稀有稀散元素矿床等。⑤然而,以岩浆中挥发组分(矿化剂)高度分异聚集和岩浆-围岩热水岩反应作用为主,挥发组分含量(矿化剂)中 CO_2、H_2O^+、S、P、卤族元素(F、Cl、Br、I)等在岩浆结晶分异作用晚期高度分异聚集,它们可能侵入于沉积盆地之中或造山带之中,整体上岩浆侵入构造系统处于开放体系,与所侵入的地层和围岩发生大规模浆-液-固多重水岩耦合反应和相互作用,形成岩浆热液型钨锡铜铋多金属矿床,如云南个旧-广西大厂锡铜钨-铜铅锌银多金属矿集区、大兴安岭中南段锡钨钼-银铜铅锌多金属矿集区等。

从本区碱性铁质超基性岩-碱性铁质基性岩产状特征看,这些碱性铁质超基性岩-碱性铁质基性岩脉群,以切层侵位方式沿切层断裂带侵入,宽度在 0.3~2.5m,岩脉两侧均发育褪色化蚀变带,以铁锰碳酸盐化-硅化蚀变相为主。局部为大致顺层侵位,在岩脉上下两侧围岩蚀变发育,它们侵位最高层位为下白垩统克孜勒苏群第三岩性段,推测最早形成时代在早白垩世克孜勒苏期第四至第五阶段,它们不但直接形成了铜锌矿化体和蚀变矿化带,在克孜勒苏群和库孜贡苏组中形成了岩浆热液叠加型砂岩型-砂砾岩型铜铅锌矿体。①克孜勒苏群早白垩世干旱炎热气候环境下形成的一套陆内河流-湖泊相紫红色-浅红色含砾粗砂岩-砂岩-粉砂岩-泥岩,在碱性铁质超基性岩-碱性铁质基性岩脉群外侧,形成的褪色化蚀变带,主要来自其还原性岩浆热液成岩成矿作用,形成了克孜勒苏群中砂岩型铜矿体和砂砾岩型铅锌矿体。②在深部钻孔揭露和控制的上侏罗统库孜贡苏组、碱性铁质超基性岩-碱性铁质基性岩脉群发育部位,形成了砂砾岩型铜矿体、砂砾岩型铜铅锌矿体、砂砾岩型铅锌矿床,局部有共生钼矿体。③在萨热克砂砾岩型铜矿区内,因超基性岩浆体系本身具有较高的挥发组分(CO_2、H_2O^-、H_2O^+、S 含量高),自身具有较强的岩浆热液自蚀变作用和富集成岩成矿作用,需要从挥发组分含量和岩浆热液自蚀变岩相进行原岩恢复和研究。

Cu 和 Zn 为高度亲铜元素,而 Zr 为不亲铜元素。在硫化物不饱和的镁铁质岩浆早期分离结晶的过程中,这两个元素具有类似的不相容性,均表现为高度不相容(王焰,2008)。一般不亏损亲铜金属的典型大陆溢流玄武岩的 Cu/Zr 值接近 1,而由于硫化物熔离,亏损亲铜金属的大陆溢流玄武岩中 Cu/Zr 值往往小于 1(Lightfoot and Keays,2005)。因此,可以用 Cu/Zr 值了解岩浆演化与铜富集成矿关系,示踪本区变碱性超基性岩-变碱性基性岩对砂砾岩型铜多金属矿床的成矿贡献。①Cu/Zr>1.0(QD16-2、QD70、QP30-48、QD70、QD16-3)(图5-22),它们为铁白云石化蚀变辉绿岩(蚀变响岩质碱玄岩,橄榄石小于10%),对于岩浆热液叠加有关的铜富集成矿作用贡献最大。②碱性苦橄质岩类(Di7)中 Cu/Zr=1.02,指示初始岩浆中尚未发生明显的岩浆结晶分异作用。③Cu/Zr<1.0(QD16-1、QZS-S1、QD71、QD72、QP30A-13B、QP30A-9、Di6、Di14、Di17、Di13、Di16),揭示在响岩质碱玄岩(QD16-1、Di16)、响岩质碧玄岩(QZS-S1、QD71、QD72、QP30A-9)、苦橄岩(Di16)-苦橄质岩(Di6、Di17、Di14、QP30A-13B)中存在明显的岩浆结晶分异作用,暗示曾经历了硫化物熔离结晶分异作用。本区岩石中 M/F 值为 0.53~1.89,对于寻找隐伏钒钛磁铁矿床较为有利。④在响岩质碱玄岩中(QD16-1)Zn/Zr>1.0,QZS-S1 和 QD71 中 Zn/Zr 值约为 1.0;其他样品中 Zn/Zr<1.0,Zn 与 Zn/Zr 值具有显著正相关关系,揭示在硫化物熔离结晶分异过程中,Zn 发生了较弱的富集作用,因此,岩浆热液叠加有关的锌富集作用有一定的贡献。

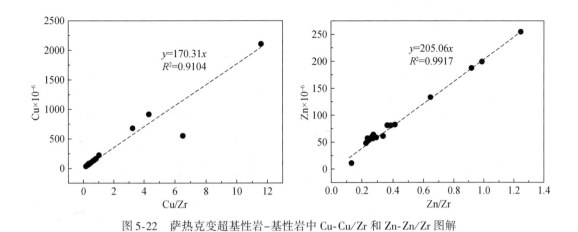

图 5-22　萨热克变超基性岩-基性岩中 Cu-Cu/Zr 和 Zn-Zn/Zr 图解

5.6　杨叶-花园和滴水砂岩型铜矿床与新生代陆内咸化湖盆

5.6.1　塔西-塔北新生代沉积体系与陆内咸化湖盆演化

塔西地区杨叶-花园-加斯古近纪局限海湾潟湖盆地-陆内浅海盆地在侏罗纪-白垩纪陆内挤压-伸展转换盆地基础上继承性地发育起来,经历了燕山期晚期前陆冲断褶皱作用,盆地动力学性质和原型盆地发生了转变,盆地下基底构造层仍为中元古界阿克苏岩群,盆地上基底层为古生界,但南北两侧盆缘部位的部分侏罗系-白垩系被卷入前陆冲断褶皱带中,如乌拉根地区燕山期前陆冲断褶皱带,造成了侏罗系-下白垩统克孜勒苏群发生了构造变形。在塔西乌鲁克恰提和库孜贡苏河东岸、杨叶-花园-加斯地区等,下白垩统克孜勒苏群、上白垩统与古近系,发育较为完整,具有连续沉积或平行不整合接触关系。

1. 塔西地区杨叶-花园-加斯新生代沉积体系与盆山原耦合转换期

塔西地区杨叶-花园-加斯古近纪为局限海湾潟湖盆地-陆内浅海盆地。古近系喀什群阿尔塔什组(E_1a)、齐姆根组($E_{1-2}q$)、卡拉塔尔组(E_2k)、乌拉根组(E_2w)和巴什布拉克组($E_{2-3}b$),在乌拉根南-花园-加斯广泛出露,沿西南天山南侧和帕米尔高原北侧呈近东西向带状展布。①张涛(2014)报道了方小敏教授的课题组,通过对喀什地区库孜贡苏和黑孜苇剖面开展高分辨率磁性地层年代学研究,结合微体古生物演化的宏观年代控制,获得新生代磁性地层年代分别为吐依洛克组(K_2-E_1;66.67 ~ 62.50Ma)、阿尔塔什组(E_1a, 62.50 ~ 48.97Ma)、齐姆根组(48.97 ~ 44.26Ma)、盖吉塔格组(44.26 ~ 38.30Ma)、卡拉塔尔组(38.38 ~ 36.57Ma)、乌拉根组(36.57 ~ 33.62Ma)、巴什布拉克组(33.62 ~ 28.91Ma)、克孜洛依组(28.91 ~ 20.73Ma)、安居安组(20.73 ~ 14.12Ma)、帕卡布拉克组(14.12 ~ 9.86Ma)、阿图什组(9.86 ~ 7.56Ma)及西域组(<7.56Ma)。经采用锆石和磷灰石裂变径迹年龄约束安居安组蚀源岩区年龄(沉积碎屑锆石最新年龄为38.8±1.4Ma, 60.3±1.7Ma)和构造抬升-热事件年龄(磷灰石裂变径迹年龄为16±2Ma、14±2Ma)、西南天山造山带构造抬升事件年龄

(8.8 ± 1Ma、8.4 ± 1Ma、7.4 ± 1Ma 和 6.6 ± 1Ma)和乌鲁克恰提–萨热克巴依地区西域组分布范围,与该方案中西域组(<7.56Ma)年龄一致,认为该磁性地层年代学划分方案适用于塔西地区。因此,本书采用该新生代地层磁性地层年代学划分方案。②Sun 和 Jiang(2013)在阿克陶地区近 3650m 厚的乌依塔格剖面开展了高分辨率的磁性地层学、沉积学、古生物学、碎屑锆石 U-Pb 年龄、地球化学研究,建立了 65～24.2Ma 年代序列,认为西昆仑与帕米尔在约 55Ma 发生过构造隆升。③东特提斯海自进入塔里木盆地西部地区以来,在齐姆根组时期(约 48.7Ma)海侵范围达到最大,此后随之开始缓慢的海退过程;在约 35.3Ma 东特提斯海开始显著快速退出塔里木盆地,发育陆相河湖相红层沉积;约 28.9Ma 发生最后一次较明显的短暂快速海侵之后未再见明显的海相沉积层位,东副特提斯海最终完全退出塔里木盆地西部地区(张志高,2013)。④该区新生代经历了三个强烈构造隆升阶段(21.3～21.1Ma、14.6～13.7Ma、7.7Ma 以来),同期发育山间拗陷和局部山前构造压陷沉积。⑤Sun 和 Lius(2006)分析了塔里木盆地南缘皮山地区桑株剖面 1626m 晚新生代地层的岩石显微结构和磁性地层学,建立了 6.5～2Ma 年代序列,西域砾岩开始沉积的时代为 3～2Ma,结合剖面中风成砂首次堆积的层位,认为塔里木盆地风成堆积开始于 5.3Ma,据此推断塔克拉玛干沙漠至少形成于 5.3Ma。⑥西域组顶界和底界限具有穿时地层特点,塔里木盆地北缘库车河剖面西域组顶界(1.50Ma)和底界(2.58Ma)(陈杰等,2002),塔西南缘前陆盆地的叶城剖面西域组可能起始于 3.6Ma,结束于 1.30Ma(Zheng et al.,2000)。塔什皮萨克复背斜阿亚克恰纳剖面,西域组起始于 15.50Ma,构造变形事件起始于 13.50Ma;科克塔木背斜阿湖水库剖面西域组起始于 8.60Ma,构造变形事件起始于 4.9Ma(Heermance et al.,2007;陈杰等,2007)。西域组构造变形也具有南强北弱、西强东弱的特点(黄汲清等,1980;滕志宏等,1996;张培震等,1996)。西域期塔西地区主要存在差异性构造抬升,与西域期构造–沉积岩相强烈分异作用有密切关系,在盆山转换区域、山前构造压陷区域和山间拗陷沉积区域,西域组具有穿时地层特点。

塔西地区构造沉积演化主要受帕米尔高原北侧前陆冲断褶皱带向北推进控制较为显著。在古新世阿尔塔什期–古新世齐姆根早期、卡拉塔尔期–乌拉根期、巴什布拉克中期经历了三期海侵过程,推测这三期海进过程为帕米尔高原向北推进的构造应力松弛期。海退事件记录发育在齐姆根组(48.97～44.26Ma)顶部(始新世早期鲁帝特阶,～40.4Ma)、乌拉根组(36.57～33.62Ma)顶部(始新世晚期普利亚本阶,～33.9Ma)和巴什布拉克组(33.62～28.91Ma)第四段和第五段(渐新世鲁陪尔阶,～33.9Ma)。推测这些海退事件主要为帕米尔高原北侧向北推进和构造抬升事件所形成。①在托帕砂砾岩型铅锌矿区缺失上白垩统、阿尔塔什组(E_1a,62.50～48.97Ma)和齐姆根组(48.97～44.26Ma),揭示晚白垩世–齐姆根期末一直处于抬升和剥蚀状态(燕山晚期–喜马拉雅期早期第一幕)。喜马拉雅期早期第一幕(55.8Ma)发生在阿尔塔什期(E_1a,62.50～48.97Ma),乌拉根铅锌矿床形成年龄为 55.4 ± 2.2Ma(王莹,2017),与喜马拉雅期早期第一幕隆升事件(阿尔塔什期)基本吻合。②在齐姆根组(48.97～44.26Ma)顶部海退事件,与西南天山曾有隆升事件发生(46.0 ± 6.2Ma、46.5 ± 5.6Ma,Sobel and Dumitru,1997;Sobel et al.,2006),与乌拉根铅锌矿床经历构造热事件年龄吻合(49.5～35.2Ma;韩凤彬,2012),齐姆根期末海退事件(约 44.26Ma)与西南天山构造抬升有一定关系,属喜马拉雅早期第二幕挤压事件年龄。盖吉塔格组(44.26～38.30Ma)以厚层棕红色泥岩、膏泥岩层夹石膏层及少量薄层灰岩为主,与齐姆根组上段岩性一致,具有明显的海退沉积序列特征。③始新世中期卡拉塔尔期-乌拉根期为塔西地区古近纪第二次海进过程,在始新世乌拉根期(约33.62Ma)末发生了海退。④巴什布拉克期初开始了海侵,以介壳灰岩为最大海泛面标志。巴什布拉克期末($E_{2-3}b$,33.62~28.91Ma)发生了海退,塔西地区乌鲁克恰提剖面生物地层分类、沉积时间、沉积环境和电子自旋测年揭示,特提斯海北支在早渐新世(约34Ma)从塔里木盆地退出(Wang et al.,2014),与喜马拉雅早期第三幕(33.62~28.91Ma)巴什布拉克期($E_{2-3}b$)挤压环境有密切关系。

沙立它克能托铜矿出露地层主要为始新统-渐新统巴什布拉克组($E_{2-3}b$,33.62~28.91Ma)、渐新统-中新统克孜洛依组(28.91~20.73Ma)、中新统安居安组(20.73~14.12Ma)、帕卡布拉克组(N_1p,14.12~9.86Ma)。喜马拉雅早期第三幕构造运动,形成了始新-渐新世巴什布拉克期($E_{2-3}b$,~28.91Ma)区域挤压环境。含铜蚀变砂岩带呈北西和南东向顺层分布在巴什布拉克组($E_{2-3}b$)中,铜矿体呈似层状、透镜状,走向近南西向,与帕米尔高原北侧山前构造压陷沉积背景密切有关。在巴什布拉克组紫红色砂岩和粉砂岩与灰绿色介壳砂岩、砂岩和细砂岩之间的夹层中,铜矿层赋存在浅色褪色化泥岩夹层中。巴什布拉克组上部中厚层石英砂岩底部含稳定延伸的层状铜矿体,矿石矿物主要为孔雀石、黄铜矿、黄铁矿等,As-Sb含量较高。该层位与伽师式砂岩型铜矿床赋存在苏依维组($E_{2-3}s$)相近,它们属于同期异名地层单位。巴什布拉克组($E_{2-3}b$)分布在帕米尔高原北侧前陆冲断褶皱带,二者在构造岩相学特征上具有镜像对称关系。

塔西地区在新近纪为陆内周缘山间盆地沉积体系与盆山原耦合期。新近系克孜洛依组[(E_3-N_1)k,28.91~20.73Ma]、安居安组(N_1a,20.73~14.12Ma)、帕卡布拉克组(N_1p,14.12~9.86Ma)和阿图什组(N_2a,9.86~7.56Ma)为陆相红色碎屑岩类,中部夹灰色-灰绿色砂岩和泥岩。西部为蒸发岩相石膏岩-膏泥岩与巴什布拉克组整合接触,以连续陆内拗陷沉积为主。中部及东部以底砾岩为标志层,假整合于古近系之上,克孜洛依组与巴什布拉克组呈平行不整合接触,说明中东部经历了一定的构造抬升作用,康苏-乌拉根一带半环形隆起围限作用明显,在乌拉根-吾合沙鲁和加斯-硝若布拉克分别形成了两处椭圆状环形分布的砂岩型铜矿化带,揭示构造抬升作用形成的水下隆起,对陆内咸化湖泊的水下分割和围限封闭作用显著,塔西地区处于挤压-伸展-走滑三重构造应力场转换期,对于砂岩型铜矿床形成有利。

(1)渐新统-中新统克孜洛依组[(E_3-N_1)k,28.91~20.73Ma]在乌拉根-乌鲁克恰提广泛分布。下段为海湾-滨浅湖相褐灰色砂岩与泥岩互层,底部发育石膏岩和砾岩,南部则为褐灰色砂岩与泥岩互层,黑色油斑极为发育。上段为浅湖相褐红色泥岩夹砂岩,南部则粒度较粗,为褐灰色砂岩、灰绿色砂岩与泥岩互层,形成陆内湖泊环境内向上变细变深沉积序列。在乌拉根地区以褐红色砂泥岩互层为主。在黑孜威地区,克孜洛依组(28.91~20.73Ma)与巴什布拉克组(33.62~28.91Ma)呈微角度不整合。该组下部膏泥岩及石膏岩为标志层,在其他地区与下伏巴什布拉克组整合接触,总体为紫红色泥岩与黄红色-绿灰色粉砂岩和细砂岩不等厚互层。以加斯为沉积中心,该组厚约1000m,乌拉根地区厚721.66m,乌鲁克恰提地区厚382.62m,库克拜地区厚874.09m,克孜洛依地区厚422m。渐新统-中新统克孜洛依组[(E_3-N_1)k]继承了喜马拉雅早期第三幕(约33.9Ma,巴什布拉克期,$E_{2-3}b$)区域挤压环境。

帕米尔高原北缘乌恰县伊日库勒-吾东砂岩型铜矿带,赋存在克孜洛依组[(E_3-N_1)k, $28.91 \sim 20.73$Ma]中。赋矿层位为紫红色含砾砂岩-中粗粒砂岩,为陆相辫状河三角洲相。褪色化蚀变相发育,以灰绿色孔雀石化钙质细粒长石岩屑砂岩和钙质细粒岩屑长石砂岩,发育含铜砾石等为标志。伊日库勒-吾东铜矿带,走向北西—近东西—北东向呈向北的凸弧形展布,东西长约40km,南北宽约4km。铜矿体出露长度在1900m,平均宽度约5.0m,产状 $155° \sim 193° \angle 20° \sim 88°$,帕米尔高原北缘在克孜洛依期向北推进显著,陆内咸化湖盆范围明显收缩。

(2)中新统安居安组(N_1a,$20.73 \sim 14.12$Ma)广泛分布于库什维克向斜及塔什皮萨克,与下伏克孜洛依组呈整合接触关系。以褐灰红铁质钙屑砂岩、黄灰绿色砂岩和黑灰色泥岩不等厚互层为主。下部以钙屑砂岩为主,向上泥岩增多,上部为泥岩夹砂岩。具东部粒度细而厚度大、西部粒度粗而厚度薄的特征。下段为滨浅湖相灰绿色和褐红色铁质钙屑砂岩夹钙屑泥岩,发育灰褐色铁质泥砾岩和紫红色铁质泥砾岩等标志层,指示了同生断裂活动强烈,具有陆内断陷成盆的构造岩相学的特征。上段为浅-半深湖夹滨湖相杂色泥岩夹砾岩、砂岩。在杨叶-加斯沉积中心内安居安组厚698.06m,乌鲁克恰提厚351.08m。在杨叶-花园式砂岩型铜矿带内含铜砾石和泥砾发育,褪色化蚀变砂岩和油苗分布较广。

(3)中新统帕卡布拉克组(N_1p)广泛分布于乌拉根-乌鲁克恰提,沉积物粒度具有西粗东细的特点。乌鲁克恰提厚819.48m,帕卡布拉克沟厚2168m,安居安厚811.14m。该组油苗分布较广。在萨哈尔铜矿区岩石组合为长石石英砂岩、砾岩、泥岩,出露厚417m。与下伏安居安组为整合接触,呈带状展布于背斜核部的安居安组外围。岩石组合为暗紫色及褐灰色含钙质泥岩、含粉砂质泥岩与浅棕灰色细-中粒砂岩不等厚互层夹浅灰、灰绿色粉砂岩。

新疆乌恰县萨哈尔铜矿床赋存在帕卡布拉克组(N_1p)中,铜矿体产于恰特多克-萨喀勒恰提向斜北西翼,含矿层为灰白色长石石英岩屑细砂岩,局部地段碎屑粒度可达中-粗砂级。含矿层断续出露长1.7km,厚4~6m,其顶底板岩性均为浅红色泥岩。层状Ⅰ号矿化体出露长约600m,单工程控制矿体厚2.23~8.03m,平均厚度4.40m,铜品位为0.59%~4.92%,平均1.06%,矿体产状在108°~149°∠45°~80°。受吉根冲断褶皱带影响,含铜砂岩层构造变形强烈,部分地层和矿体发生倒转,铜矿体产状与顶底板围岩产状基本一致。金属矿物以赤铜矿为主(占全铜的96%),含少量硅孔雀石、铜蓝、辉铜矿、黄铁矿。脉石矿物为石英、长石、方解石、云母等。

(4)上新统阿图什组(N_2a)与帕卡布拉克组(N_1p)为连续沉积,下段为褐色、浅棕灰色砂岩夹砾岩;上段为灰色砾岩夹黄灰色砂岩。自下向上粒度变粗且砾岩增加,向上变粗变浅沉积序列揭示进入周缘山间湖盆萎缩封闭期。沿乌鲁克恰提→克拉托背斜北→阿图什具有西粗东细,且厚度不断增加,上阿图什厚1106.16m,推测与吉根-萨瓦亚尔顿晚古生代冲断褶皱自NW向SE向逆冲推覆构造作用有密切关系。从北到南厚度增加,安居安组-阿图什组厚638.39m,而南到克拉托背斜南翼厚达3403m,揭示沉积中心向南迁移。

(5)西域组与阿图什组和下伏地层为角度不整合,西域组为周缘山间盆地的典型盆山耦合转换的沉积学记录,西域组构造变形特征记录了喜马拉雅晚期构造隆升事件。

总之,青藏高原在新生代构造隆升事件发生在始-渐新统巴什布拉克组期末($E_{2-3}b \sim$

28.91Ma)、中新世初(约23Ma)、中新世晚期(13~8Ma)和上新世(约5Ma以来)(张克信等，2008)，与西南天山隆升事件(25.8±5.6~18.3±3.1Ma,Sobel et al.,1997,2006)时间吻合，二者相向推挤和隆升造山，在塔西地区形成了陆内强烈挤压收缩区域动力学场，陆内咸化湖盆范围收缩显著。①在渐新-中新世克孜洛依期[(E$_3$-N$_1$)k,28.91~20.73Ma]为陆相三角洲沉积环境，塔西地区中新统(23Ma)普遍以石膏层或膏泥岩平行不整合于古近系不同层位之上，局部可见到角度不整合接触关系。中新世阿启坦阶-布尔迪加尔阶(23.03~15.97Ma)为天然气充注成藏事件，安居安组砂岩型铜矿床成矿年龄(16±2Ma,14±2Ma,磷灰石裂变径迹年龄，本课题)，与该期天然气充注事件和西南天山隆升事件有密切关系，主要与喜马拉雅中期区域挤压应力场下和干旱气候环境，在时间-空间上耦合关系显著。新近纪原型盆地为大陆挤压收缩体制下的压陷盆地，渐新世进入周缘山间湖盆发育期，渐新世末(23.03Ma)主体为陆相沉积系统。②中新世克孜洛依期至帕卡布拉克期拗陷型宽浅湖泊发育阶段，以含紫红色泥砾岩的泥质钙屑砂岩等，指示了同生断裂带和压陷沉降-沉积中心。上新世阿图什期至早更新世西域期滨湖-辫状河-冲积扇沉积阶段，发育巨厚的向上变粗的粗碎屑岩系，为周缘山间盆地萎缩封闭期。③在克孜洛依组和安居安组(砂岩型铜矿床赋存层位)中以含泥砾岩和褪色化蚀变砂岩为构造岩相学特征，指示了同生断裂带和油气蚀变带，而克孜洛依组、安居安组和帕卡布拉克组中油砂-油气褪色化蚀变带发育，指示了富烃类还原性成矿流体强烈活动的层间构造流体岩相带。④安居安组砂岩型铜矿带中，Cu-Ag-Mo-Sr-U区域化探异常带，分布在安居安组褪色化蚀变砂岩相带、气洗蚀变相和油斑-油迹-油侵蚀变带，前展式薄皮式冲断褶皱带形成时代为16±2Ma和14±2Ma(磷灰石裂变径迹年龄)，推测该年龄为杨叶砂岩型铜矿床的成矿年龄，揭示具有寻找砂岩型铜(铀-天青石)矿床潜力。

2. 柯坪伽师新生代前陆盆地沉积体系与盆山耦合关系

伽师新生代前陆盆地发育在柯坪古生代隆起之南侧，基底构造层(柯坪古生代隆起)为寒武系-志留系、泥盆系-二叠系等组成，在晚二叠世末-三叠纪为南天山前陆冲断褶皱带。侏罗纪一直处于降起状态，在白垩纪局部接受沉积但地层厚度不大，白垩系底部发育底砾岩，常见有含灰岩碎屑及砾石的泥质岩。上部砂岩增多，并普遍具有石膏化现象。与下伏地层呈平行不整合接触或断层接触。白垩系(Ka)为破碎状紫红色蚀变凝灰岩，薄-中厚层状，胶结物为凝灰质，已蚀变为黏土矿物及方解石等，局部夹有硅质岩条带，厚20.55m。白垩系(Kb)为紫红色蚀变凝灰岩，薄-中层状，胶结物已蚀变为黏土矿物及方解石等，局部底部含有砾石，岩层厚15.58m。在塔格志留系柯坪塔格群发育3~5层孔雀石化灰绿色砂岩和多处铜矿点；在白垩系与下伏地层断层接触带上，发育含硫化物褐铁矿化带。总之，该区域北侧白垩纪基性火山岩、本区白垩系凝灰岩和基底构造层中砂岩型铜矿带，具有能够提供铜初始成矿物质来源条件。在柯坪古生代前陆隆起基础上，伽师新生代前陆盆地从古近纪初开始形成，主要受南天山与塔里木叠合盆地北缘双重控制，与新生代帕米尔高原隆升和碰撞的远程效应有一定关系。但伽师半封闭局限海湾潟湖环境，总体为乌恰古近纪局限海湾盆地北侧边部，受柯坪塔格鼻状向西侧伏的基底隆起带控制显著。

(1)古近纪半封闭局限宽浅型潟湖盆地沉积体系。古-渐新统苏维依组(E$_{2-3}$s,38~36Ma)底砾岩厚约0.5m，为下伏始-古新统小库孜拜组(库姆格列木群)的分界线。在伽师地区底部发育底砾岩层，局部因断层影响与下伏白垩系恰克马克其组呈平行不整合接触，未见底砾岩层,揭示柯坪塔格鼻状向西侧伏的基底隆起带在古近纪末期(E_{2-3})有显著构造沉降。西南天山苏维依期($E_{2-3}s$)山前构造沉降事件,与帕米尔高原北侧巴什布拉克组期末($E_{2-3}b$,33.62~28.91Ma)构造沉降事件一致。以紫色和棕红色砂质泥岩与中细粒砂岩互层,与上覆吉迪克组均为整合接触。岩性组合为褐红色砂岩、粉砂岩和泥岩互层夹石膏层的沉积序列,底部可见灰绿色钙屑泥岩和紫红色泥岩,含介形虫,为海湾潟湖-潮坪相。伽师式砂岩型铜矿床储矿岩相为浅灰色褪色化蚀变薄中层状细砂岩,孔雀石化呈星点状和大团斑状大致沿层分布,铜矿层下部石膏层稳定分布。伽师式砂岩型铜矿成矿带长18km以上,分布在柯坪古生代隆起带南侧和西端,古近纪局限海湾潟湖盆地受柯坪隆起向西侧伏控制。渐新统苏维依组($E_{2-3}s$)为伽师式砂岩型铜矿床主要赋矿层位,与喀什市沙立它克能托铜矿(巴什布拉克组)具有镜像对称的构造岩相学关系。

(2)中新统吉迪克组(N_1j)主要分布于柯坪塔格北坡和奥兹格尔他乌北坡,岩性组合为一套棕红色-褐红色泥质砂岩和泥岩互层,其间夹层为红色-灰绿色粉砂岩、泥岩条带及石膏层等蒸发岩相,在沉积序列上具有红-绿相间的陆内潟湖相特征。该组与下伏苏维依组和上覆康村组均为整合接触,为砂岩型铜矿次要赋矿层位。

(3)中-上新统康村组($N_{1-2}k$)岩性组合为灰褐色砂岩夹砾岩、浅褐色砂岩夹多层灰绿色粉砂岩和泥岩条带的沉积序列,以灰绿色条带状泥岩为底界,以浅褐色粉砂岩和砂质泥岩为顶界。孔雀石化呈星点状分布在浅灰色薄-中层状细砂岩,该组与下伏吉迪克组和上覆库车组均为整合接触。拜城县阿捷克铜矿、滴水铜矿、库车县库兰康铜矿等赋存在康村组内,康村组为塔周缘新近系砂岩型铜矿床主要赋矿层位。

(4)上新统库车组(N_2k)该组分布于柯坪塔格山北侧山间洼地,岩性组合为褐色-黄褐色-土黄色砂质泥岩和泥质粉砂岩,夹灰-浅灰绿色砂岩、砾状砂岩及砾岩,主体为河流三角洲相沉积。上部以棕色为主,下部以灰绿色为主,暗示下部盆地流体活动强烈。库车组为砂岩型铜矿次要赋矿层位,孔雀石化呈星点状和鸡窝状分布在浅灰绿色薄层状砂岩。该组与下伏康村组和上覆西域组均为整合接触。

(5)下更新统西域组(Q_1x)分布于柯坪塔格山、奥兹格尔他乌北侧的山间洼地。岩石组合为灰色-黄灰色砾岩和砂砾岩,夹砂岩透镜体;下部夹砂质黏土层。与下伏古生代地层为角度不整合接触,与上新统库车组为平行不整合接触。上更新统新疆群(Q_3)由不同粒级的细砂、砾石、亚砂土等组成。

3. 拜城-库车新生代前陆盆地沉积体系与盆山耦合关系

拜城-库车新生代前陆盆地的基底构造层形成演化。新疆拜城-库车新生代陆内前陆盆地位于塔里木叠合盆地东北缘:①从晚二叠世开始,拜库地区演化为前陆盆地并接受沉积向上变粗的碎屑岩系,可见下三叠统超覆在下二叠统之上,三叠系覆盖在二叠系火山岩、火山碎屑岩之上,或以微角度不整合、平行不整合覆盖在寒武系-奥陶系之上,主要蚀源岩区为南天山造山带,是拜城-库车北部晚海西期造山运动的构造岩相学标志。李勇等(2017)采用露头地区和地震剖面综合解译研究,对前三叠纪隐伏基底构造层(Pt_1-Z-P)反演揭示拜城-库车中生代拗陷盆地发育在南天山-塔北缘两类不同基底构造层之上,库车拗陷南部斜坡上三叠系-侏罗系可以直接覆盖在塔北缘的寒武系-奥陶系之上,而克拉苏构造带及以北地区中生界覆盖在强烈变形的、在地震剖面上没有连续反射的古生界之上(南天山造山带增生楔)。滴水砂岩型铜矿带属塔北缘基底构造层之上。②在三叠纪初,拜城-库车地区演化为同造山期前陆拗陷盆地,三叠系垂向沉积相序层序总体自下而上为扇三角洲相→半深湖-深湖相→曲流河与泛平原相,上三叠统发育含煤碎屑岩,纵向上构成一个完整的陆相湖盆演化沉积旋回。③侏罗纪进入鼎盛时期,侏罗系向北超覆范围比三叠纪更大,侏罗纪沉降-沉积中心向北迁移,其原始地层甚至可能覆盖整个南天山晚古生代褶皱带,与天山深处现今残留的侏罗系连成一片(李勇等,2017),侏罗系中煤炭资源丰富,发育煤系烃源岩。晚侏罗世进入萎缩期,由湿润炎热气候转向干旱炎热气候,形成湖相赤铁矿岩。④从白垩纪开始,一直为干旱炎热气候,演化为山前挤压-伸展转换盆地,早白垩世挤压拗陷盆地更加宽缓,沉降-沉积中心向前陆迁移,早白垩世南天山逐渐发生区域性抬升,于晚白垩世南天山造山带发生较大规模构造抬升,缺失上白垩统。⑤从古近纪初,塔里木向南天山造山带深部俯冲消减,形成了陆内前陆盆地。对于拜城-库车新生代前陆盆地而言,前古近系为新生代前陆盆地的基底构造层,该基底构造层位为燕山期形成的褶皱基底构造层,也是盐下构造层。对拜城-库车新生代迁移前陆盆地的基底构造层而言,前震旦纪地层(如阿克苏岩群等)为下基底构造层,震旦纪-二叠纪为中基底构造层,三叠纪-白垩纪为上基底构造层,在上基底构造层中上三叠统和侏罗系为重要的煤系烃源岩。

新生代陆内山间咸化湖盆形成演化。古近系库姆格列木群和苏维依组,新近系吉迪克组、康村组、库车组、第四系为沉积充填地层。库姆格列木群为巨厚的蒸发岩沉积,上部苏维依组为少量石盐岩、石膏岩、细砂岩、粉砂岩和泥岩沉积,古近纪蒸发岩相库拜地区西部发育。新近系下部为河湖相沉积,上部为山麓相洪积物,吉迪克期在库拜地区东部形成了巨厚的蒸发岩相,新生代的沉积相组合模式为咸化湖泊相→扇三角洲相→冲积扇相,为新生代盆山耦合转换期内陆沉积相域组合模式。

郑民和孟自芳(2006)确定出库姆格列木群底界(60.5Ma)、苏维依组/库姆格列木组(38Ma)、吉迪克组/苏维依组(27.7Ma)的磁性地层年代,库木格列木群与上白垩统巴什基奇克组在65.2~60.5Ma地层严重缺失,二者为不整合接触。张志亮(2013)对库车地区克拉苏河剖面新生界岩石磁学与磁性地层学研究,认为各组地层的分界年龄为:库姆格列木群底界(41.5Ma)、苏维依组/库姆格列木群(33Ma)、吉迪克组/苏维依组(23.4Ma)、康村组/吉迪克组(9Ma)、库车组/康村组(6Ma)。

张涛(2014)通过对天山南麓库车拗陷依奇克里克剖面,以及二八台剖面新生代磁性地层学研究,结合孢粉组合及前人的古生物资料,确定了库车拗陷库姆格列木群(42.2~38Ma)、苏维依组(38~36Ma)、吉迪克组(36~13Ma)、康村组(13~6.5Ma)、库车组(6.5~2.6Ma)和西域组(未见顶)(<2.6Ma)。古地磁构造旋转研究结果表明在42.2~2.6Ma,库车地区顺时针旋转了8.2°,其中:库姆格列木期(42.2~38Ma)、苏维依期(38~36Ma)和吉迪克期(36~13Ma)顺时针旋转规模较小但具有加速旋转趋势,分别为0.8°、1°和2.2°;但康村期(13~6.5Ma)却逆时针旋转了4.9°,推测与塔拉斯-费尔干纳右旋走滑断裂有关;库车期(6.5~2.6Ma)顺时针旋转量明显增大9.1°,与印欧板块碰撞远程应力场驱动,库车地区恢复为顺时针。本次采用张涛(2014)磁性地层年代学格架,结合本次岩石地层和构造岩相学研究,引用张志亮(2013)对库姆格列木群底界限年龄(60.5Ma)、与上白垩统巴什基奇克组角度不整合有关的构造事件(65.2~60.5Ma)。

(1)古–始新统库姆格列木群(E_{1-2}km,60.5~38Ma),可大致与塔西地区阿尔塔什期(E_1a,62.50~48.97Ma)–齐姆根期(48.97~44.26Ma)–盖吉塔格期(44.26~38.30Ma)–卡拉塔尔期(38.38~36.57Ma)对比。在喜马拉雅早期库拜地区处于区域挤压应力场下,在古新世丹妮阶(65.2~60.5Ma),库拜地区处于隆升和剥蚀状态。在古新世塞兰特阶(61.1~58.7Ma)以陆内拗陷成盆为主,开始接受膏岩层沉积,库姆格列木群纯盐层的最大厚度达1447.50m(唐敏等,2012)。渐新统苏维依组(E_{2-3}s,38~36Ma)仍以含膏泥岩–膏岩沉积为主。

(2)古近纪渐新世吉迪克期(36~13Ma),可大致与塔西地区乌拉根期(36.57~33.62Ma)、巴什布拉克期(33.62~28.91Ma)、克孜洛依期(28.91~20.73Ma)和安居安期(20.73~14.12Ma)对比。在古近纪拗陷成盆期后,印度板块与欧亚板块的陆–陆碰撞作用应力已传递到塔里木盆地北缘,南天山造山带山体隆升并再度复活。在吉迪克期库拜地区,处于区域挤压体制下的构造压陷沉积环境,古近纪湖泊开始向南部萎缩,吉迪克期扇三角洲分布在南天山前缘库拜地区北部。吉迪克期宽浅型咸化湖泊相位于西盐水沟(滴水铜矿)–东盐水沟,气候干燥,蒸发强烈。吉迪克组中纯盐层最大厚度达402m(唐敏等,2012)。

(3)在南天山南侧的冲断褶皱带内,存在渐新统与中新统角度不整合接触(23Ma),与帕米尔高原北侧隆升事件(23Ma)和塔西地区克孜洛依期(28.91~20.73Ma)具有一致性,揭示南天山和帕米尔高原北侧具有相向不对称偶的对冲式应力场结构。库拜地区米斯布拉克背斜和中新世早期吉迪克组生长地层为25Ma;克拉苏背斜和中新世中晚期康村组生长地层为16.9Ma(卢华复等,1999)。在23Ma以后的喜马拉雅中期,印度板块进一步向欧亚板块楔入,库拜地区发生了油气运移和充注事件,三期油气充注事件的年龄分别为17~10Ma、10~3Ma、3~1Ma(赵靖舟和戴金星,2002)。其中:吉迪克期晚期–康村早中期(16.3~11Ma)三叠系烃源岩以生油为主,侏罗系烃源岩开始成熟,到康村期–库车期(11~3Ma)达到高峰,三叠系烃源岩进入生干气阶段,侏罗系烃源岩进入生油高峰。此时构造挤压作用增强,古逆冲断层活动加剧,背斜和断块构造进一步发育,大量轻质油气顺油源断裂进入克拉2、大北1、大北2背斜、断背斜圈闭,与变质核杂岩的构造–热隆起事件在物质–时间–空间上耦合,使得烃源岩提前进入了干气阶段,形成了克拉2等大型气田(马玉杰等,2013;何登发等,2013;赵孟军等,2015)。

(4)中新世康村期(13~6.5Ma),与塔西地区帕卡布拉克组(14.12~9.86Ma)、阿图什组(9.86~7.56Ma)可进行对比,但塔北库拜地区与塔西地区仍有较大差异。康村组继承了吉迪克期沉积格局,盆地蚀源岩以南天山为主,从山前到盆地中心,依次发育扇三角洲相和湖泊相。在康村早期(11Ma),区域挤压构造应力再度增强。南天山持续隆起,库拜地区扇三角洲向宽浅型咸化湖盆中心进积,逐渐形成半环形围限和分割。宽浅型咸化湖盆进一步向南和东部收缩到东盐水沟。区域挤压构造应力场,不但形成了山间尾闾咸化湖盆,也驱动了大规模构造生排烃作用。以拜城县滴水砂岩型铜矿床为主,康村早期末(11Ma)含铜卤水与富烃类还原性成矿流体混合,为砂岩型铜矿床的沉积成岩成矿作用提供了良好的构造古地理条件和驱动力源。库拜地区闭流咸化湖盆聚集并圈闭了含铜卤水汇聚,为砂岩型铜矿床富集成矿和保存提供了优越的区域成矿地质背景。

(5)上新世库车期(6.5~2.6Ma)天山迅速隆升并向南猛烈逆冲于拜库尾闾湖盆,拜库地区进入强烈构造挤压应力环境,冲断褶皱带和盐底辟构造作用加强。从山前到咸化盆地中心依次发育冲积扇→冲积平原→咸化尾闾湖泊相。

(6)第四纪西域组(<2.6Ma)以来,天山和昆仑山相向的强烈逆冲挤压,使塔里木叠加盆地大规模缩短,库拜地区北东和西南部位抬升剥蚀较为强烈。对滴水铜矿等砂岩型铜矿床的次生富集成矿作用形成极为有利,形成了表生富铜红化蚀变相带。

5.6.2　塔西–塔北新生代陆内咸化湖盆的构造变形样式与构造组合

1. 帕米尔高原北缘前陆冲断褶皱带的北向南倾前锋带

因帕米尔高原抬升剥蚀和逆冲推覆作用增强,其北侧喀什–叶城转换构造带在渐新–中新世活动强烈,随着主帕米尔逆断裂向北推覆,周缘山间盆地受到挤压形成了北向南倾的前展式冲断褶皱带,为本区形成铜物质富集提供了良好的条件,在渐新统–中新统克孜洛依组[(E$_3$–N$_1$)k]形成了砂岩型铜成矿带。帕米尔北缘北向南倾的逆冲推覆构造系统前锋带为克孜勒苏断裂带,近1000km,宽度3000m,由平行次级断裂和断层相关褶皱共同组成,东起明遥路背斜西端,向西延与托果乔尔套断裂系相接,长100km,现今大致以克孜勒苏河为界,其南侧为帕米尔高原北侧冲断–褶皱带前锋带。深部呈北向南倾的冲断带和断层相关褶皱,断层面南倾或南西倾,倾角45°~60°,断距2~4km,在加斯南–乌拉根南深部均连续发育帕米尔北缘北向南倾的冲断–褶皱岩片。二者对接部位(克孜勒苏断裂带)以右行走滑作用为主,扬北逆断裂的断面南倾,因断裂作用造成上盘形成牵引褶皱,在该褶皱区有着大量的油气显示,揭示这种对称式薄皮型冲断褶皱岩片带,为驱动盆地流体和富烃类还原性成矿流体大规模运移的构造动力学机制。

塔里木盆地向深部不断消减于帕米尔高原和西南天山岩石圈之下,陆内俯冲深度可达300km(钱俊锋,2008),而帕米尔高原北侧和西南天山南侧相向仰冲于塔里木盆地之上,这种陆内对冲构造带和塔里木盆地向南北两侧俯冲消减于岩石圈之下的特殊陆内大陆构造,三者构成了典型盆山原镶嵌构造带。深地震反射剖面(侯贺晟等,2012)揭示在深部地壳尺度上,塔里木盆地盖层厚约12km,其下发育稳定的结晶基底,在南天山造山带向塔里木盆地呈逆冲推覆构造,塔里木盆地盖层向南天山之下呈滑脱构造,反映出陆内汇聚下盆山耦合深部镶嵌构造关系。新近纪帕米尔高原、西南天山相向推进和逆冲推覆作用逐渐增强,在塔西地区形成了对冲式逆冲推覆构造,乌拉根前陆隆起南侧克孜勒苏群为帕米尔北缘冲断岩片的前锋带位置,南倾北向,而北侧吾合沙鲁–乌恰冲断岩片为南向北倾,属西南天山前陆冲断带前锋带,因此,在乌拉根前陆隆起周围,寻找砂岩型铜矿床十分有利。而在杨叶–加斯发育南向北倾冲断构造带,其背斜+逆冲断裂为砂岩型铜矿床最佳圈闭构造,具有形成砂岩型铜铀矿床的潜力。

2. 杨叶–滴水–加斯新生代前陆盆地的构造变形样式与构造组合

(1)陆内山间咸化尾闾湖盆形成演化与盆地同生构造。①新生代盆–山–原转换期,帕米尔高原北缘继续向北逆冲推覆,西南天山造山带向南西方向逆冲推覆,而东阿赖山 NE 向冲断褶皱带在新近纪末期向 SE 方向逆冲推覆,并封闭了古近纪海湾盆地,乌拉根–乌鲁克恰提为周缘山间盆地。中新统安居安组主体为辫状河三角洲相紫红色含砾砂岩-中粗粒砂岩,其南侧相变为三角洲平原亚相→宽浅湖相→半深湖相细砂岩,呈对称沉积相分带。花园和杨叶铜矿床产于安居安组,褶皱和断褶带为富烃类还原性成矿流体的圈闭构造。帕米尔高原北侧前缘为辫状河三角洲相紫红色含砾砂岩-中粗粒砂岩,也是砂岩铜矿赋矿层位。②帕米尔高原北侧前缘为辫状河三角洲相紫红色含砾砂岩-中粗粒砂岩,是砂岩铜矿赋矿层位,在帕米尔高原北缘伊日库勒-吾东铜矿带走向北西—近东西—北东向呈向南凸弧形展布,东西长约40km,南北宽约4km,由渐新统-中新统克孜洛依组控制。铜矿体出露长度在1900m,平均宽度约5.0m,产状155°~193°∠20°~88°。克孜洛依组灰绿色孔雀石化钙质细粒长石岩屑砂岩和钙质细粒岩屑长石砂岩为主要含矿层位,发育含铜砾石。③在阿克莫木天然气田内,下白垩统克孜勒苏群砂砾岩类为储集层,上白垩统库克拜组和阿尔塔什组含膏泥岩相盖层为阿克莫木背斜圈闭构造。

(2)塔西地区新生代盆地变形构造组合和构造分带。从南到北形成的塔西地区区域构造分带为:①塔西地区南部构造带,帕米尔高原北缘逆冲推覆构造系统前锋带于中新世中期(10~12Ma)在乌鲁克恰提一带与南天山开始发生碰撞,西南天山造山带向南俯冲消减。帕米尔前缘褶皱-逆断裂带西段开始活动(7~8Ma),帕米尔构造结东北部可能开始发生径向逆冲,盆-山-原镶嵌构造区基本定型,中新世末为周缘山间盆地。②塔西地区中部构造带,在乌恰-乌鲁克恰提西域组呈SE、NW和EW向分布,受NE向逆冲推覆构造系统和帕米尔西北侧斜冲走滑构造系统复合控制,由于塔里木地块西端在深部向南北两侧分别俯冲消减于帕米尔高原和西南天山造山带之下,乌恰-乌鲁克恰提断褶带是板内盆-山-原镶嵌构造带。塔西盆内前展对冲式薄皮冲断褶皱带。阿图什-塔浪河背斜与西侧乌拉根-吾合沙鲁-加斯-乌鲁克恰提复式向斜中次级断褶构造连接,总长约200km,平均宽5~10km,为典型线形褶皱,对新生代砂岩型铜矿床最终构造定型具有重要意义。③塔西地区北部构造带,分布在乌鲁-乌拉前陆盆地系统北侧与西南天山山前构造带,地表在西南天山陆内复合造山带向南侧,形成了一系列冲断构造带和冲断褶皱构造带,揭示西南天山陆内造山带在中新生代盆山耦合与转换过程中,造山带内核前寒武纪构造岩块(盆地下基底构造层)和造山带外带晚古生代泥盆系-二叠系(盆地上基底构造层),在不同地段逆冲推覆于乌鲁-乌拉陆内咸化湖盆系统北缘之上,在侏罗系-白垩系和古近系-新近系之中,形成了断裂-褶皱带和断层相关褶皱带。

塔西地区中部构造带以吾合沙鲁-乌恰喜马拉雅期前展式薄皮型断褶带为主要构造样式,它们为帕米尔高原北侧的南倾北向冲断褶皱带的前锋带,与西南天山前陆冲断褶皱带的前锋带,二者相向逆冲推覆构造带的对冲结合部位,在喜马拉雅晚期塔西陆内咸化湖盆最终全面圈入造山带之中。构造组合包括双向对冲、逆冲断裂-拖曳断裂-切层和层间裂隙带等。①杨叶-加斯南向前展式薄皮型断褶带,属吾合沙鲁-乌恰喜马拉雅期前展式前陆冲断褶皱带的主要组成部分,由北部杨叶-加斯(喀拉塔勒段)和南部克尔卓勒薄皮式冲断褶皱带等帕米尔高原北侧与西南天山复合造山带相向仰冲过程中,在乌拉根-乌鲁克恰提周缘山间湖盆中,形成了喜马拉雅晚期最终构造定型的对冲式薄皮型冲断褶皱构造系统。②在喀拉塔勒南部克孜洛依组[(E₃-N₁)k]和北部安居安组中,发育层间黑色油迹-油斑等沥青化蚀变相、褪色化蚀变相和碳酸盐化蚀变相带等,揭示构造驱动形成了富烃类还原性成矿流体和非

烃类富 CO_2 还原性成矿流体大规模运移。中南部稳定展布的安居安组下段蚀变砂岩为寻找花园–滴水式砂岩型铜矿储矿相体结构地层。③克尔卓勒背斜群由 3 个背斜和 1 个向斜组成,为逆断层上盘牵引作用形成的断层相关褶皱,呈轴向总体北西向延伸,总长 11.43km,宽 800~1600m,为短轴褶皱。背斜核部为阿尔塔什组,两翼地层为古近系齐姆根组、卡拉塔尔组、乌拉根组和巴什布拉克组,新近系克孜洛依组[$(E_3-N_1)k$]。向斜核部为巴什布拉克组,两翼由乌拉根组、卡拉塔尔组和齐姆根组组成。背斜北翼倾角稍缓($30°~80°$),局部因逆冲断裂作用而地层倒转;南翼地层倾角陡($50°~85°$),在背斜间的向斜南翼地层出现倒转现象。在该褶皱群古新统阿尔塔什组(E_1a)中推测深部存在克孜勒苏群第 5 岩性段,在克孜洛依组[$(E_3-N_1)k$]中见有大量的黑色油迹、油斑,深部找矿前景大。该褶皱群属克尔卓勒逆冲推覆构造带的断层相关褶皱,形成于喜马拉雅晚期(西域期)。④加斯北–喀拉塔勒复式向斜轴向宏观走向 $300°$,总长度在 35km 以上,其断层相关褶皱带和次级褶皱带发育,如色勒柏勒布那克向背斜、硝若布拉克向背斜、坑阿拉勒向斜、琼卓勒背斜及硝若布拉克南背斜。总体构造线方向为北西向,它们与西南天山前陆冲断褶皱密切有关,为喜马拉雅晚期南向迁移式薄皮型冲断褶皱带。该向斜核部为帕卡布拉克组(N_1p)和阿图什组(N_2a)。北翼由侏罗系和白垩系、古近系、新近系克孜洛依组[$(E_3-N_1)k$]和安居安组(N_1a)组成。⑤继续向北部接近西南天山造山带山前构造带,克孜勒苏群和塔尔尕组与阿克苏岩群呈角度不整合接触,但因阿克苏岩群向南推覆而产状倒转。向斜南翼因逆冲断层作用仅见安居安组和帕卡布拉克组,产状 $355°~45°∠37°~80°$。在加斯北–喀拉塔勒克孜勒苏群第 5 岩性段、阿尔塔什组和不整合面构造(K_1kz^5/E_1a)稳定延展,形成乌拉根砂砾岩型铅锌矿床的储矿相体结构地层。

(3)杨叶–花园砂岩型铜矿床储矿构造特征。在杨叶和花园砂岩型铜矿床内,铜矿体整体呈层状、似层状和透镜状,受复式向斜构造和次级褶皱控制显著。①在复式向斜构造中心部位,发育冲断褶皱带和断层相关褶皱,杨叶铜矿带分布于硝若布拉克短轴向背斜两翼,赋矿层随地层褶皱而褶曲,铜矿化带在区域上稳定延伸达 25km。②似层状同生泥质角砾状铜矿化发育,铜富集成矿强度,与碳化的植物碎片化石呈正相关关系,可见围绕紫红色泥砾周边发育团斑状和角砾状富集成矿(孔雀石和辉铜矿等),远离泥砾呈浸染状,整体呈似层状和透镜状。③团斑状铜矿化。④穿层裂隙状铜矿化,细脉状辉铜矿沿切层裂隙分布,为后期改造型脉体。以稀散单脉状为主,局部呈 X 形和 S 形细脉状辉铜矿沿剪切切层的裂隙。在铜矿体内局部裂隙密度 1~3 条/m,一般情况下裂隙密度多小于 1 条/m。⑤盐帽状自然铜–氯铜矿–赤铜矿–孔雀石,在断裂破碎带和泉水出露点附近,发育以暗绿色–孔雀绿与赤红色相间的盐帽状氯铜矿–孔雀石–赤铜矿–自然铜,赤铜矿–自然铜多与孔雀石相伴产出,为受断裂带控制上升泉形成的铜氧化带矿石。

3. 伽师新生代前陆盆地的构造变形样式与构造组合

(1)柯坪前陆冲断褶皱构造系统。柯坪塔格逆冲推覆构造系统为南天山中–新生代陆内造山带外缘的近南北向前陆冲断褶皱带,从南到北依次为柯坪塔格冲断褶皱带→奥兹格尔他乌褶皱–逆断裂带→托克散阿塔能拜勒褶皱–逆断裂带→科克布克三山褶皱–逆断裂带→奥依布拉克褶皱–逆断裂带(图 5-23、图 5-24)。①柯坪塔格冲断褶皱带在平面上连续分布,从弧顶向西延伸约 90km,在大山口西侧与八盘水磨的反向褶皱–逆断裂带相交。由东向西古生代柯坪塔格隆起带的宽度逐渐变窄并侧伏于深部,新生代地层范围逐渐扩大,呈现残留局限海湾格局;②奥兹格尔他乌褶皱–逆断裂带第2排褶皱–逆断裂带平面上连续分布,从弧顶向西延伸约100km,在小苏满以东与八盘水磨反向褶皱–逆断裂带相交;③第3排褶皱–逆断裂带受绍尔克里湖盆影响,陆内湖盆以东连续段长约40km,陆内湖盆以西断续延伸约30km。陆内湖盆以东褶皱–逆冲断裂带宽度明显大于湖盆以西构造带,湖盆以西出露最老地层为上新统–下更新统,显示向西逐渐封闭过程时代变新;④第4排褶皱–逆断裂带在皮羌断裂以西仅延伸长度约12km,前新生界出露最宽达9km,平面上呈三角形;⑤第5排褶皱–逆断裂带在皮羌断裂以西延伸长度约22km,前新生界出露最宽达10km,平面上呈纺锤形。

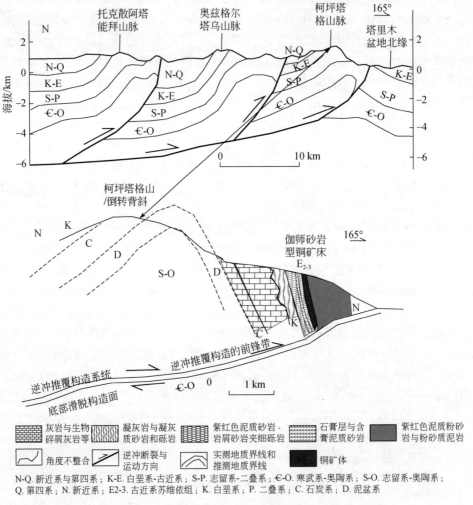

N-Q. 新近系与第四系;K-E. 白垩系-古近系;S-P. 志留系-二叠系;Є-O. 寒武系-奥陶系;S-O. 志留系-奥陶系;Q. 第四系;N. 新近系;E2-3. 古近系苏维依组;K. 白垩系;P. 二叠系;C. 石炭系;D. 泥盆系

图 5-23　托克–柯坪塔格前陆冲断褶皱带

(2)伽师新生代前陆盆地的构造变形样式与构造组合。在柯坪塔格逆冲推覆构造系统中,总体构造组合和几何学特征为不对称倒转背斜褶皱+逆冲断裂带+新生代盆地变形构造。

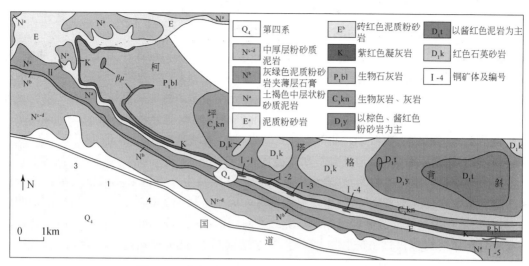

图 5-24　伽师砂岩型铜矿床构造样式与控制规律图

①背斜核部为基底构造层丘里塔格群（ϵ_3-O_1），两翼依次为志留系、泥盆系、石炭系、二叠系、古近系和新近系。古近系、新近系和第四系等组成的盖层褶皱，与基底构造层具有总体上的协调关系，为构造应力场局域化的构造配套关系，显示它们属统一逆冲推覆构造作用所形成。②区域性柯坪塔格冲断褶皱带内，不对称的倒转背斜轴近东西向展布，南翼产状陡，倾角 70° ~ 80°；北翼产状较为平缓，倾角 15° ~ 30°。倒转背斜北翼为相对平缓的正常翼，南翼较陡或倒转翼并叠加逆冲断裂，地层缺失严重，揭示从北向南逆冲推覆作用强烈。③丘里塔格群（ϵ_3-O_1）与新近系和第四系呈断层接触，基底构造层逆冲在新近系之上。④西克尔-大山口-伽师局限海湾潟湖盆地受柯坪塔格古隆起围限。基底隆起带南侧变形的新生代地层为冲断褶皱带的前锋带。哈拉峻-赞比勒新生代山间盆地位于逆冲推覆构造系统的后缘拉伸区，哈拉峻盆地在平面上 EW 向长约 100km，SN 向最宽约 50km，赞比勒盆地平面上呈椭圆形，与哈拉峻盆地相连。⑤伽师式砂岩型铜矿床（西克尔-大山口-伽师）位于柯坪塔格背斜南翼和西侧伏端，为该区域性逆冲推覆构造系统的前锋带，主要受斜歪背斜南缘和倒转翼控制显著。

（3）伽师砂岩型铜矿床储矿构造特征。①层间滑动断层+横向走滑断裂为主要储矿构造组合，在伽师铜矿区内，拜什塔木主矿段断裂主要有顺层走滑断裂、北东和北西向横向走滑断裂，为南北挤压应力派生的斜向右行走滑作用所控制（王泽利等，2015）。②以层间走滑断裂为主要储矿构造，层间滑动断层发育在柯坪塔格背斜南翼古近系底部灰绿色碎屑岩，以底部厚层石膏层为标志层，层状和似层状铜矿层展布稳定，在铜矿层中发育黑色沥青质有机物沿碎屑和砂粒间充填，浅蓝绿色层间沥青化-褪色化蚀变发育。③北东向走滑断裂规模较大，发育切层硫化物方解石脉，如拜什塔木主矿段钻井沟断裂位于西风井和主竖井之间，左行水平断距约 70m，切割二叠系灰岩和白垩系凝灰岩，地表断层破碎带中有铁帽氧化，井下测得断层产状 325°∠64°，在断层破碎带内发育硫化物方解石脉。大山口矿区北东向断层呈 2 ~ 3 组距离不等的近平行展布，断层内有辉铜矿矿化现象；北西向断层规模较北东向小，但在井下仍能见到断层大规模流体交代及矿化现象，说明成矿期北东向和北西向断层为成矿流体运移通道,形成穿层分布硫化物方解石脉(王泽利等,2015)。

　　4. 拜城新生代前陆盆地的构造变形样式与构造组合

　　(1)拜城-库车新生代构造变形样式、构造分带与砂岩型铜-铀成矿带关系。在拜城-库车中-新生代沉积盆地内部的变形构造样式与构造组合上,以三大冲断褶皱带为典型构造组合,分别为北部古生代-中生代前陆冲断褶皱带、中部中生代-新生代克拉苏-依其克里克冲断褶皱带和南部秋里塔格构造冲断褶皱带。从北到南区域构造分带为:Ⅰ. 边缘冲断(隐伏构造楔);Ⅱ. 斯的克背斜带;Ⅲ. 北部线性背斜带;Ⅳ. 拜城盆地;Ⅴ. 南部喀拉玉尔滚-亚肯背斜带(东丘里塔格背斜、大宛其背斜和亚肯背斜)。

　　在南部秋里塔格构造带内,砂岩型铜矿与岩盐矿床共生。古近系库姆格列木群和新近系吉迪克组中发育巨厚岩盐层,秋里塔格构造带内形成了盐相关构造;秋里塔格构造带西段却勒地区,发育却勒盐推覆体和米斯坎塔克盐背斜(汪新等,2002,2009)。拜城-库车迁移前陆盆地具有显著构造极性、递进构造变形、复杂的阶段性和递进式盆山耦合与转换进程。①在晚二叠世,拜城-库车地区演化进入俯冲碰撞期前陆盆地系统,发育向上变粗沉积层序,具有典型的前陆盆地沉积序列。南天山在晚二叠世末期-三叠纪初进入陆-陆碰撞造山期,下三叠统与中二叠统呈角度不整合接触,标志二叠纪前陆盆地消亡。同期,南天山以海西期强烈陆-陆碰撞造山作用为标志。②在三叠纪同造山期前陆盆地形成期间,天山陆内走滑造山作用仍然较为强烈,并伴有花岗岩侵入活动,以中天山-南天山形成了三叠纪花岗岩,在晚三叠世-早侏罗世(220~180Ma)南天山隆升作用显著。③南天山南侧温宿-拜城北-库拜北,在山前构造沉降和沉积学特征上,以温宿-拜城北-库车北三叠系和侏罗系连续沉积为特征,现今残存半环形残留的三叠系-侏罗系,上三叠统-下侏罗统为煤层主要赋存层位,也是区内煤系烃源岩层,古气候为温暖潮湿环境,对成煤较为有利,但不利于砂砾岩型铜矿床的形成,为砂砾岩型铜矿床形成储集了煤系烃源岩(富烃类还原性成矿流体的烃源岩层)。④晚侏罗世-早白垩世初(169~145Ma)和早白垩世(145~100Ma)南天山隆升作用强烈并且向南推进,导致三叠系-侏罗系地层发生褶皱和冲断作用。晚侏罗世形成了向上变浅的沉积序列,揭示同造山期前陆盆地萎缩封闭,南天山南侧在晚侏罗世-早白垩世初(169~145Ma)和早白垩世(145~100Ma)形成了北倾南向的大规模冲断褶皱带,为燕山期构造运动形成的陆内构造变形型相。

　　卢华复等(1999)认为在拜城-库车期,逆冲断层在斯的克背斜带侵位最早(25Ma),生长地层为中新世早期吉迪克组;北部线性背斜带(喀拉巴赫和克拉苏背斜)为16.9Ma,生长地层为中新世中晚期康村组;拜城盆地中大宛其背斜为3.6Ma,生长地层为上新世晚期地层库车组上部;南部背斜带(东丘里塔格背斜、大宛其背斜拜和亚肯背斜)为5.3Ma(北部)和1.8Ma(南部),构造变形作用自北向南逐渐推进且构造变形时间向南变新。①从白垩纪初,陆内山前盆地构造沉降中南向迁移到拜城盆地-依奇克里克一带,一直延续到新近纪持续接受沉积。②渐新世末-中新世初南天山强烈隆升(25~20Ma,Sobel and Dumitru,1997;Yin et al.,1998;Huang et al.,2006;Sobel et al.,2006)形成了库拜地区挤压构造应力场,持续到现今的喜马拉雅晚期(卢华复等,1999,2001;汪新等,2002,2009)。构造沉降中心继续南向迁移至拜城滴水-库车盐水沟一带。③在康村期(11Ma)区域挤压构造应力再度增强,北部南天山持续隆起,区域挤压构造应力场不但形成了山间尾闾咸化湖盆,还驱动了大规模构造生排烃作用,为康村期(11Ma)含铜卤水与富烃类还原性成矿流体混合的沉积成岩成矿提供了良好的构造古地理条件和驱动力源。在16.3~11Ma,三叠系烃源岩以生油为主,侏罗系烃源岩开始成熟。康村期-库车期(11~3Ma)达到高峰,三叠系烃源岩进入生干气阶段,侏罗系烃源岩进入生油高峰,此时构造挤压作用增强,古逆冲断层活动加剧,背斜和断块构造进一步发育。④上新世库车期(5.3~2.6Ma),天山迅速隆升并向南猛烈逆冲于拜库尾闾湖盆,拜库地区进入强烈的构造挤压应力环境,冲断褶皱带和盐底辟构造作用加强。⑤第四纪西域期(2.6~<1.8Ma)以来,天山和昆仑山相向的强烈逆冲挤压,使塔里木叠加盆地大规模缩短,库拜地区北东和西南部位抬升剥蚀较为强烈,不但改变了地下水流场,冲积平原分布在西盐水沟-东盐水沟南侧。对滴水铜矿等砂岩型铜矿床的次生富集成矿作用形成极为有利,形成了表生富铜红化蚀变相带。

(2)滴水铜矿田的变形构造样式与构造组合。滴水铜矿田由库姆铜矿、究姆铜矿、阿尔特巴拉铜矿、柯克别列铜矿、阿克铜矿和拜西科拉克铜矿等七个铜矿床组成,现称为滴水铜矿床和察哈尔铜矿床。滴水铜矿田构造样式为秋里塔格前陆冲断褶皱构造带的西部转折段,从北向南构造分带为(图5-25)(唐鹏程等,2010,2015;李世琴等,2013):①北部却勒盐推覆体和却勒逆冲断裂带,滴水砂岩型铜矿床和铜矿带位于却勒逆冲断裂带上盘康村组中,却勒逆冲推覆断裂带以苏依维组石膏岩和含膏岩盐层位逆冲推覆断裂上界面;②中部米斯坎塔克背斜构造带,分别向北东向和北西向两端侧伏,经地震勘探和深部钻孔揭露,深部为盐推覆作用形成的隐蔽盐丘构造,基底构造层位为褶皱-断裂发育的前白垩纪地层(燕山期断裂-褶皱构造层);③南部喀拉玉尔滚走滑构造带(北喀背斜、中喀背斜和南喀背斜)。

北部却勒盐推覆体和却勒断裂,近南北向区域地质剖面揭示却勒盐推覆体吸收的构造缩短量约16km,却勒盐推覆体为驱动滴水铜矿田成矿流体大规模运移和聚集成矿的成矿期构造样式。米斯坎塔克背斜和南喀背斜吸收的缩短量仅约2km,构造变形较弱,构造样式为滑脱褶皱,均以古近系盐层为滑脱层,其主要变形时间开始于晚上新世。

在秋里塔格前陆冲断褶皱带西部转折段,古-始新统库姆格列木群(E_{1-2}km,60.5~38Ma)纯盐层的最大厚度达1447.50m,延续到渐新统苏维依组(E_{2-3}s,27.7~38Ma);吉迪克组中纯盐层最大厚度达402m(唐敏等,2012)。以膏岩-膏盐层为界,可以划分为三个构造岩相学结构层序(图5-26):①盐下层由下白垩统及侏罗系-三叠系组成,发育叠瓦状逆冲推覆构造,推测形成于晚白垩世,为拜城-库车新生代陆相盆地的燕山期断裂-褶皱构造层(上基底构造层);②膏岩-膏盐岩层由古-始新统库姆格列木组(局部延续到渐新统苏维依组)含膏盐岩层组成,主要岩性为盐岩、膏岩、泥岩、砂岩和砾岩,且盐岩发生强烈地塑性流动变形,厚110~5000m;③盐上覆层由渐新统苏维依组、中新统吉迪克组和康村组、上新统库车组和第四系组成,主要岩性为砂泥岩、砾岩,其沉积物粒度由下向上变粗,康村组为滴水式砂岩型铜矿床赋存层位,属于盐上构造层。

米斯坎塔克背斜构造为盐推覆构造中却勒断层的断层相关褶皱,也是成矿流体圈闭构造。该背斜构造斜长约40km,平面上呈向南凸出的弧形,其东段走向为NE—SW向,中段近E—W走向,而西段走向为NW—SE向,向西与东阿瓦特背斜拼接,由中段向东段和西端延伸后最终成为隐伏背斜。①背斜东段北翼陡南翼缓,南翼出露第四系西域组砾岩,地层倾角约11°。背斜中段南翼陡北翼缓,南翼库车组砂泥岩倾角约50°,西域组砾岩角度不整合于

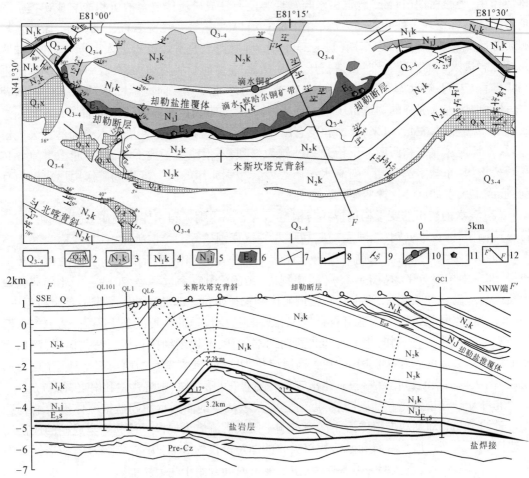

图 5-25　拜城县滴水砂岩型铜矿床控矿构造样式与控矿规律图(据唐鹏程等,2015 修改)

1. 第四系松散冲积砂砾层和砂层;2. 西域组杂色砾岩;3. 库车组;4. 康村组;5. 吉迪克组;6. 苏依维组;

7. 背斜轴脊和倾伏方向;8. 逆冲推覆断层带;9. 地层产状;10. 铜矿带和铜矿床;

11. 石膏矿床和含膏岩盐层;12. 地震勘探剖面位置

其上,滴水砂岩型铜矿床产于背斜中段北翼。背斜逐渐往北西倾伏,在西段出露西域组砾岩。②米斯坎塔克背斜中段两翼不对称,明显往南倾。F-F′剖面揭示背斜南翼由两个倾角区构成,最大倾角约47°,北翼倾角为21°。米斯坎塔克背斜北翼发育却勒盐枕构造,形成时间为晚中新世。而米斯坎塔克背斜为晚上新世,导致米斯坎塔克背斜北翼存在多个倾角区,靠近背斜核部的倾角区反映了米斯坎塔克背斜褶皱变形过程中北翼旋转角度。③米斯坎塔克背斜核部盐岩聚集加厚,最大厚度约 3.2km,往两翼方向盐岩减薄,甚至形成盐焊接。④G-G′剖面构造特征(唐鹏程等,2015)与 F-F′剖面构造样式一致,几何学特征为背斜两翼倾角均减小,南翼最大倾角约 35°,北翼倾角为 15°;背斜幅度降低,核部盐岩最大厚度约 2.7km(图 5-26)。

南部喀拉玉尔滚走滑构造带由北喀背斜、中喀背斜和南喀背斜等组成,为斜冲走滑断裂褶皱构造带,位于滴水铜矿田南部,为控制油气资源的走滑褶皱构造带。

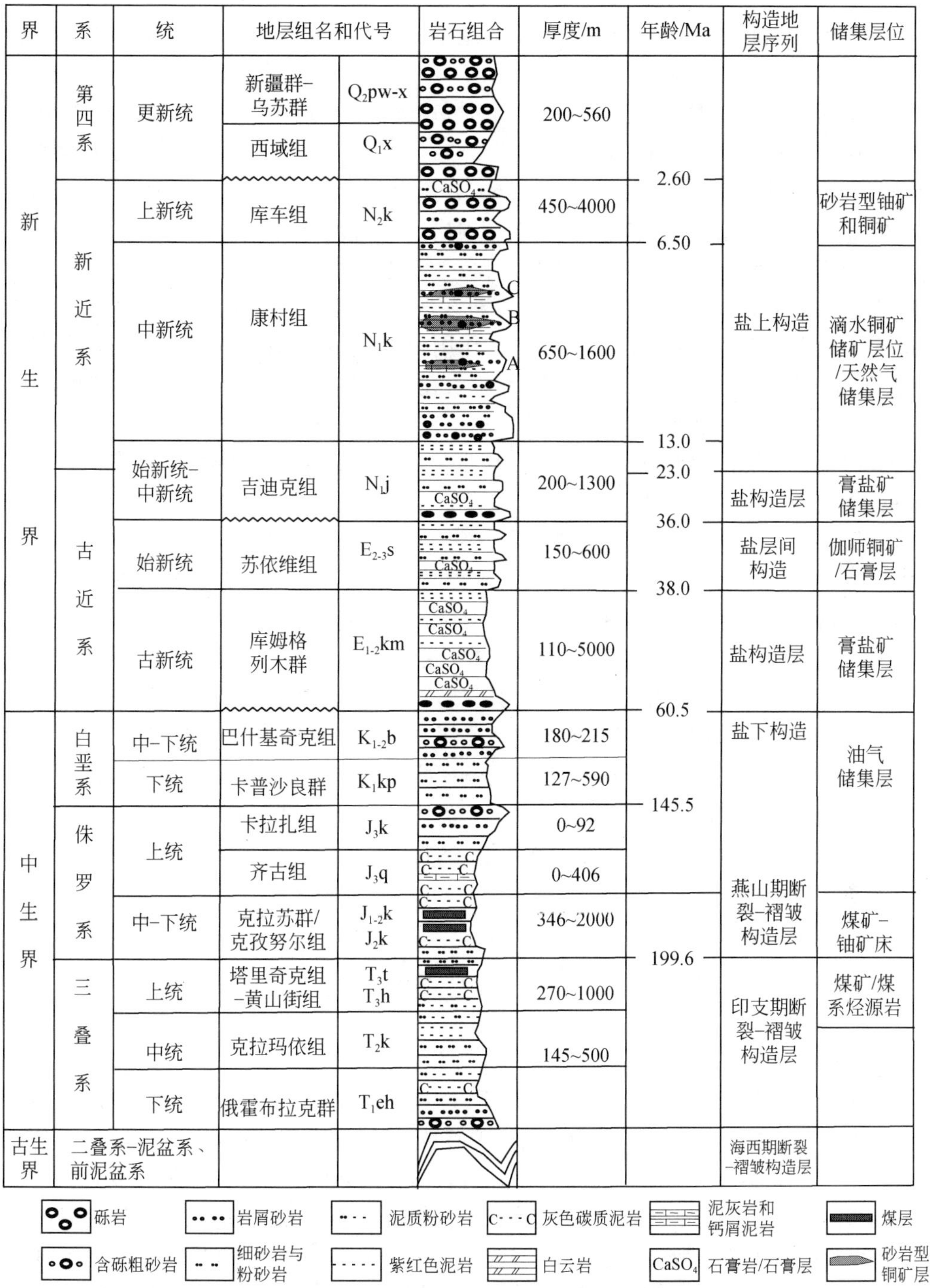

界	系	统	地层组名和代号		岩石组合	厚度/m	年龄/Ma	构造地层序列	储集层位
新生界	第四系	更新统	新疆群-乌苏群	Q_2pw-x		200~560		盐上构造	
			西域组	Q_1x			2.60		
	新近系	上新统	库车组	N_2k		450~4000	6.50		砂岩型铀矿和铜矿
		中新统	康村组	N_1k		650~1600			滴水铜矿储矿层位/天然气储集层
	古近系	始新统-中新统	吉迪克组	N_1j		200~1300	13.0 / 23.0	盐构造层	膏盐矿储集层
		始新统	苏依维组	$E_{2-3}s$		150~600	36.0 / 38.0	盐层间构造	伽师铜矿/石膏层
		古新统	库姆格列木群	$E_{1-2}km$		110~5000		盐构造层	膏盐矿储集层
中生界	白垩系	中-下统	巴什基奇克组	$K_{1-2}b$		180~215	60.5	盐下构造	油气储集层
		下统	卡普沙良群	K_1kp		127~590			
	侏罗系	上统	卡拉扎组	J_3k		0~92	145.5	燕山期断裂-褶皱构造层	煤矿-铀矿床
			齐古组	J_3q		0~406			
		中-下统	克拉苏群/克孜努尔组	$J_{1-2}k$ J_2k		346~2000			
	三叠系	上统	塔里奇克组-黄山街组	T_3t T_3h		270~1000	199.6	印支期断裂-褶皱构造层	煤矿/煤系烃源岩
		中统	克拉玛依组	T_2k		145~500			
		下统	俄霍布拉克群	T_1eh					
古生界	二叠系-泥盆系、前泥盆系							海西期断裂-褶皱构造层	

图例：砾岩；岩屑砂岩；泥质粉砂岩；c-c 灰色碳质泥岩；泥灰岩和钙屑泥岩；煤层；含砾粗砂岩；细砂岩与粉砂岩；紫红色泥岩；白云岩；CaSO₄ 石膏岩/石膏层；砂岩型铜矿层

图 5-26 盐构造(盐丘构造)的构造岩相学分层特征

(3)滴水砂岩型铜矿床的储矿构造样式与构造组合特征。①在滴水铜矿床内,铜矿体整体呈层状、似层状和透镜状,受层间滑动构造带和背斜构造控制显著,铜矿体主要位于米斯坎塔克(铜矿山)背斜构造北翼。沿背斜轴部叠加有走向断层切割,北盘上升,南盘下降,正断层的走向为 90°~60°，断落一般在 10m 以内，在滴水铜矿区东部转入察哈尔铜矿区 60°，倾角 80°~90°。横向走滑转换断裂较为发育，倾向东且向北走滑作用显著，显示右行旋转特征，呈现东盘阶梯状断落，断落距在 1~40m，总落差累积约 200m。②在滴水铜矿田内，断裂–节理–裂隙构造相发育，多充填石膏、断层泥和粉砂泥质，风化裂隙的深度可达 200m。地下水属 Na-Cl 型和 (Na,Mg)-Cl 型，矿化度为 5.35~21.6g/L，属高矿化度的咸水和卤水。纵向节理(裂隙)与地层走向相交，走向 90°~60°。正交节理垂直地层走向，节理面近于直立，走向 325°~355°。剪切节理(斜交节理)斜切地层，变化较大。上述三组节理同时伴有相应方向的裂隙组，整体与断裂组一致，组成了断裂–节理–裂隙构造相。碎裂岩化相主要由节理–裂隙组成，一般分布在断裂带附近，远离断裂带后，碎裂岩化相消失。断裂–节理–裂隙构造相对于滴水砂岩型铜矿床次生富集成矿作用较为有利，表现为一是有利于含铜卤水渗流和循环，在节理–裂隙面上形成细脉状–薄膜状孔雀石和赤铜矿等，形成表生富集矿块；二是有利于原生铜矿石带淋滤风化，迁移到铜表生富集带内再度富集；三是有利于深部含铜卤水上升和因干旱蒸发作用形成，在节理–裂隙带中形成表生富集。断裂–节理多对原生铜矿体表现为错动和破坏作用。③在滴水砂岩型铜矿床表生富集带内，断裂–节理–裂隙相为有利的成矿储矿构造组合，以红化蚀变带为铜氧化矿石带特征，典型矿物组合为自然铜–赤铜矿–氯铜矿–孔雀石–硅孔雀石–褐铁矿。主要特征一是微晶土状赤铜矿分布在蚀变层状细砂岩和粉砂岩的胶结物中或沉淀在裂隙面上，与褐铁矿共生。二是黑铜矿–蓝铜矿呈黑色斑点(4~8mm)梅花状–蓝色斑点(2~5mm)梅花状沿层面分布。三是孔雀石–石膏在表生富铜矿石带上部，呈穿层孔雀石–石膏脉沿切层裂隙充填。④盐帽状含铜石膏–石膏岩盐帽。滴水砂岩型铜矿床整体赋存在背斜核部偏两翼部位，沿近东西向断裂带呈带状分布，在盐丘构造附近发育盐帽状含铜石膏–石膏岩盐帽，铜矿物为氯铜矿、副氯铜矿、铜蓝、自然铜等(任彩霞等，2012)，呈浸染状、脉状、球状集合体分布于砂岩、泥岩和石膏盐帽中，可见砂岩缝隙中渗出盐泉，经表生环境下干旱强蒸发作用形成的含铜盐结壳，它们与含铜地下卤水上涌迁移和表生沉淀富集作用关系密切。

5.6.3　典型砂岩型铜矿床成矿作用与成矿规律特征

1. 拜城县滴水砂岩型铜矿床赋矿岩相地球化学特征

在拜城滴水铜矿田内，出露地层有古近系古–始新统库姆格列木群和始–渐新统苏依维组，新近系中新统吉迪克组、中–上新统康村组和始新统库车组。中–上新统康村组分布广泛，在拜城–库车地区出露较广，受地层倾角和抬升剥蚀影响，岩性及地层厚度变化大。沉积盆地边部相中略有变细的趋势，常有急剧增厚或减薄的现象。在克拉苏构造带一般为600m，在克孜勒努尔沟一带最厚达 1534m，为一套棕红色、暗红色的砂岩、砂砾岩夹砂泥岩的河湖相沉积物，与下伏吉迪克组呈整合接触，总体来看本组岩性由北向南有减薄趋势。

滴水式砂岩型铜矿床赋存在中–上新统康村组中，康村组可划分为四个岩性段。滴水铜矿床内的铜矿体主要赋存在康村组第三段(A 含矿层)与第四岩性段内(B 和 C 含矿层)。其中康村组第四段(B 含矿层和 C 含矿层)可分为 6 个岩性层，从上到下层序结构相序特征如下。

第六岩性层($N_{1-2}k^{4-6}$)由 1 个下粗上细的沉积韵律组成,含砾粗砂岩→中粗粒砂岩→细砂岩→泥质粉砂岩,具有下粗上细的沉积层序结构。中粗粒砂岩具有下浅上深颜色特点,平行层理或单斜层理发育。

第五岩性层($N_{1-2}k^{4-5}$,C 层矿体)发育四个由粗到细的沉积韵律,单个厚度 3~5m,由下至上层序结构为含砾粗砂岩→中粗粒砂岩→细砂岩→粉砂岩,具有下粗上细的沉积层序结构,扇三角洲平原亚相分流河道微相、扇三角洲前缘亚相水下分流河道微相–河口砂坝微相–分流河湾微相。滴水砂岩型 C 含矿层位于底部,C 含矿层上部为浅紫红色粉砂岩,中部为浅灰色泥灰岩夹浅灰色中细粒砂岩,下部为杂色中粗粒砂岩。铜矿化主要产于杂色砂岩(分流河湾微相)与泥灰岩(滨浅湖相)接触部位附近,地表及浅部多见孔雀石、蓝铜矿、赤铜矿,偶见黑铜矿及辉铜矿。

第四岩性层($N_{1-2}k^{4-4}$)有五个由粗到细的沉积韵律。单个沉积韵律厚度 3~5m,由下至上层序结构为含砾粗砂岩→中粗粒砂岩→细砂岩→粉砂岩,具有下粗上细沉积层序结构。

第三岩性层($N_{1-2}k^{4-3}$,B 层矿体)有四个由粗到细的沉积韵律,单个沉积韵律厚 6~9m,由下至上粒序结构为含砾粗砂岩→中粗粒砂岩→细砂岩→粉砂岩→钙屑泥岩夹泥灰岩。B层矿体规模最大、最稳定,铜的品位 0.98%~2.36%,平均 1.11%,厚度 0.71~2.10m,平均厚度 1.23m,金属储量约为 $20×10^4$t,是矿区主要开采对象。金属矿物多富集于深灰色泥灰岩或杂色细砂岩中。顶部 B 含矿层层序为下部红色–杂色中粗粒砂岩→中部浅灰色泥灰岩夹浅灰色中细粒砂岩→上部浅紫红色粉砂岩。铜矿化主要产于杂色砂岩和泥灰岩接触部位附近,含矿层主体为灰色与褐色杂色灰岩含矿层,但青灰色泥灰岩也是含矿层组成部分,地表及浅部多见孔雀石、蓝铜矿、赤铜矿,偶见黑铜矿及辉铜矿,滴水式钙屑泥砂岩–泥灰岩型B 含矿层为区域主要含铜层位,在区域上分布稳定。整体为扇三角洲前缘亚相水下分流河道微相和分流间湾微相,但钙屑泥岩–泥灰岩型 B 铜含矿层为扇三角洲前缘亚相水下分流河湾微相与滨浅湖相钙屑泥岩微相的相变部位(表 5-15 中 D4862、D4863 和 D4864)。

表 5-15　滴水砂岩型铜矿床和杨叶砂岩型铜矿床岩矿石常量元素含量表　（单位:%）

样号	YY1	YY5	YY4	YY2	D4862	D4863	D4864	D486	D4865	D4866
SiO_2	66.80	59.53	62.26	65.86	40.24	28.16	34.33	30.34	48.01	46.47
TiO_2	0.36	0.31	0.23	0.34	0.35	0.32	0.35	0.36	0.35	0.39
Al_2O_3	10.66	9.10	8.39	9.88	9.30	8.10	8.81	9.56	9.29	10.67
Fe_2O_3	2.81	2.29	1.93	2.45	2.77	1.47	1.20	1.76	1.49	2.67
FeO					2.58	2.01	2.38	2.44	2.41	2.51
MnO	0.08	0.06	0.04	0.07	0.14	0.25	0.20	0.23	0.06	0.06
MgO	1.37	1.11	0.95	1.19	2.86	2.57	2.72	2.93	3.17	3.52
CaO	7.15	5.61	5.55	6.80	17.72	27.36	22.69	23.75	11.80	11.61
K_2O	2.03	1.72	1.71	1.86	1.87	1.77	1.79	2.11	1.92	2.31
Na_2O	2.12	1.79	1.92	1.99	1.41	1.02	1.40	1.12	1.90	1.56
P_2O_5	0.10	0.16	0.11	0.12	0.14	0.13	0.15	0.16	0.17	0.16

样号	YY1	YY5	YY4	YY2	D4862	D4863	D4864	D486	D4865	D4866
烧失量	6.47	8.04	8.35	7.87	17.50	24.87	20.96	22.72	13.24	14.32
Cu	1.35	12.07	6.30	3.34	2.18	1.45	1.76	2.35	2.20	2.54
Cl	0.12	0.65	0.89	0.40	0.08	0.17	0.12	0.43	0.33	0.40
总量	101.40	102.44	98.64	102.18	99.13	99.65	98.85	100.25	96.32	99.18
有机碳	0.24	0.19	0.19	0.19	0.26	0.25	0.22	0.21	0.21	0.21
CO_2	1.26	0.85	0.61	1.19	14.96	22.12	18.53	18.74	10.15	9.52
H_2O^+	2.07	2.01	2.35	2.18	2.84	2.52	2.66	3.32	2.32	3.30
H_2O^-	0.23	0.27	1.37	0.13	0.40	0.23	0.25	0.27	0.33	0.35
SO_3	0.06	0.53	3.81	0.04	0.08	0.09	0.10	0.16	0.06	0.09
CHS 合计	3.87	3.85	8.33	3.73	18.53	25.22	21.77	22.69	13.08	13.47
Si-Al-Na-K	81.60	72.14	74.29	79.60	52.82	39.05	46.33	43.13	61.11	61.00
Ca-Mg-CO_2	9.78	7.57	7.11	9.18	35.54	52.05	43.94	45.41	25.12	24.65
SANK/CMC	8.34	9.53	10.45	8.67	1.49	0.75	1.05	0.95	2.43	2.47
氯水化量	2.42	2.93	4.61	2.71	3.32	2.92	3.03	4.02	2.98	4.05

注:CHS=CO_2+H_2O^++H_2O^-+SO_3,该合计量有助于识别岩石(矿石)中易活动的流体通量。Si-Al-Na-K= SiO_2+Al_2O_3+K_2O+Na_2O 合计量,用于识别沉积盆地中陆缘碎屑物质(砾-砂-泥合计量);Ca-Mg-CO_2 =CaO+MgO+CO_2,用于识别湖泊和海相的碳酸盐岩成分比例。SANK/CMC=(Si-Al-Na-K)/(Ca-Mg-CO_2),用于定量识别沉积盆地中陆缘碎屑组分和湖相-海相的碳酸盐岩组分的比例。氯水化量=Cl+H_2O^++H_2O^-,该指数用于识别表生作用条件下,氯化量和水化量的合计。

第二岩性层($N_{1-2}k^{4-2}$,A层矿体)为黄绿、灰绿色细中粒砂岩与淡棕色泥质粉砂岩互层,可见中细砾岩透镜体,属于河流相沉积。A含矿层为扇三角洲前缘亚相中水下分流河道微相。

第一岩性层($N_{1-2}k^{4-1}$)下部为灰绿、砖红、黄褐色含砾中粗粒砂岩,底部夹有细砾岩透镜体与淡棕色泥质粉砂岩互层。中部为灰褐-灰绿色细中粒砂岩与淡棕色泥质粉砂岩互层。上部为姜黄-黄褐色含砾中粗粒砂岩夹细砂岩透镜体与淡棕色泥质粉砂岩互层。上下部常有楔状层理,中部水平层理发育。

从表5-15看,铜混合矿石中 SiO_2+Al_2O_3+K_2O+Na_2O 合计量在52.82%~39.05%,CaO+MgO+ CO_2 合计量在52.05%~35.54%,SANK/CMC 在1.49~0.75,总体上含白云质较高。①青灰色条带状白云质泥质粉砂岩中含有较高钙屑(D4862),浅灰绿色白云质条纹发育,以泥晶状方解石和白云石为主。可见泥裂构造,揭示层间暴露于湖水面,在粉砂质层之间的白云质层面上,层间滑动面发育。因含 MnO(0.14%)较高,风化面常见富锰被膜。SANK/CMC=1.49,以泥质和粉砂质为主体,局部发育浅褐灰色粉砂质条带,白云母和黑云母在粉砂质条带中较为发育。推测白云质主要来自湖相水体,而泥质和粉砂质为扇三角洲前缘亚相水下分流河湾微相。含 Cl 在0.08%,说明表生作用影响不强,氯水化量在3.32%,暗示水化作用仍然较强,主要与白云母和黑云母等的水化作用密切有关,形成了伊利石化(水云母化）。②青灰色条纹状白云质粉砂质泥岩中（表 5-15 中 D4864），SANK/CMC=1.05，CaO+MgO+CO_2（43.94%）较高，具有浅湖相特征。白云质含量较高，指示了咸化湖泊环境。极薄层状灰绿色白云质条纹中发育孔雀石和蓝铜矿，主要因为白云质条纹有利于形成孔雀石和蓝铜矿等表生富集。层间滑动面和切层裂隙发育（50 条/m），在层间滑动面上分布有薄膜状孔雀石，切层裂隙发育赤铜矿-辉铜矿，边部为孔雀石。含 Cl（0.12%）较高也指示了咸化湖泊相或者经历了表生卤水作用。③青灰色条带条纹状泥灰岩中（D4863），主体为灰绿色条纹状白云质夹黄褐色水化黑云母凝灰质，CaO+MgO+CO_2（52.05%）含量最高，SANK/CMC=0.75，揭示以白云质为主，指示沉积水体具有卤水特征；含 SiO_2+Al_2O_3+K_2O+Na_2O 为39.05%，以凝灰质为主；属咸化湖泊相沉积。层间滑动裂隙和切层裂隙发育（30 条/m），沿层间滑动面形成了斑点状蓝铜矿，在白云质层中蓝铜矿呈浑圆状的稀疏浸染状分布，在切层裂隙面上分布浑圆状蓝铜矿。

　　目前滴水铜矿开采的工业矿体为"红化蚀变带"中氧化矿石带（图版 J 中照片 1~6）。"红化蚀变带"红层矿岩性为红色、杂色中粒-中细粒砂岩，主要矿石矿物为赤铜矿。上覆为灰色灰岩层，下伏为灰白色中粗粒砂岩或红褐色泥质粉砂岩、泥岩。二者之间为铜矿体，铜矿体中发育层间裂隙带、层间碎裂岩化带和层间液压致裂角砾岩相（图版 J 中照片 1~6），这些层间裂隙相带和层间角砾岩化相带，具有层间裂隙渗透率和孔隙度较高的岩相学特征，它们为层间含铜卤水、富烃类成矿流体-非烃类富 CO_2-H_2S 型成矿流体储集相体层结构特征。铜矿体总体上呈层状或者似层状赋存于中细粒砂岩、中粗粒砂岩中，局部在上覆泥灰岩底部矿化变红，或以孔雀石、蓝铜矿的矿石矿物为主。在斑杂状铜氧化矿石中，金属矿物以褐铁矿、赤铁矿、针铁矿和赤铜矿等呈现红色色调，多呈浅红色条带和团斑状分布。硅孔雀石、孔雀石和蓝铜矿等呈现绿色和蓝色，含少量蓝辉铜矿、辉铜矿、斑铜矿及铜蓝等，整体上呈斑杂色的浅红色（赤铁矿-针铁矿引起的色调）。铜氧化矿石带组成的铜矿体多顺层展布，但其形态并非严格平行于层理，呈现为"飘带状"波状起伏，尽管红层多限定于中细（粗）粒砂岩或泥质粉砂岩内。

　　2. 拜城县滴水砂岩型铜矿床成矿流体特征与成矿作用

　　从表 5-16 看，滴水砂岩型铜矿床与铜矿物共生的石英包裹体形成盐度分为三种类型：①高盐度相形成于低温相环境中，包裹体盐度较高（30.48%~32.92% NaCl），见三个包裹体中含有子晶，推测为石盐。它们的均一温度为 132~195℃，属低温相。推测它们与咸化湖泊环境中，成岩成矿期 B 阶段有密切关系。②石英包裹体盐度在 10.98%~11.1% NaCl，也形成于低温相（148~162℃）。揭示在成岩成矿早期 B 阶段，具有两类不同盐度流体存在，推测两类高盐度相成矿流体和低盐度相成矿流体的不同盐度流体混合作用，是导致矿质沉淀机制之一。③滴水砂岩型铜矿床经历了中温相（302~334℃）和低盐度相（<10% NaCl）成矿流体作用，但成矿流体盐度在 6.16%~0.53% NaCl。④据王伟等（2018）研究，滴水砂岩型铜矿床成岩期的成矿流体成分主要为 CH_4、H_2S、H_2O，代表还原性流体，具有中低温（82.4~181.6℃）、中高压（235.42~454.44MPa）的特点；成岩成矿期石英的 δD=-107.6‰~-78.3‰，$δ^{18}O_{H_2O}$=-4.50‰~4.06‰。改造期成矿流体成分主要为 H_2O、CO_2、CH_4，代表弱氧化性流体，亦具有中低温（146.2~268.1℃）、中高压（267.83~457.64MPa）的特征；改造成矿期石英的 δD=-109.5‰~-84.9‰，$δ^{18}O_{H_2O}$=-4.26‰~5.14‰，指示该矿床两个成矿期

成矿流体主要为大气降水与盆地卤水的混合。辉铜矿 $\delta^{34}S = -31.6‰ \sim -21.3‰$,表明硫主要源自硫酸盐细菌与有机质还原。成矿流体在新近系康村组矿源层中经水岩作用,演化形成含矿热卤水。该矿床碳同位素特征 $\delta^{13}C$ 值为 $-25.3‰ \sim -22.4‰$。

表 5-16　滴水砂岩型铜矿床石英包裹体特征及形成温度和盐度

包裹体分布形态	测温包裹体类型	包裹体形状	大小/m	气液比/%	均一相态	T_h/℃	盐度/% NaCl
成带状分布	富液包裹体	规则	3×4	20	液相	334	0.53
成带状分布	富液包裹体	规则	4×6	10	液相	328	0.53
成带状分布	富液包裹体	规则	2×6	15	液相	157	11.1
成带状分布	富液包裹体	规则	4×10	20	液相	162	11.1
成带状分布	富液包裹体	规则	2×5	10	液相	148	10.98
成带状分布	富液包裹体	规则	3×5	20	液相	302	6.16
成带状分布	含子矿物富液体包裹体	规则	4×6	10	液相	186	31.87
成带状分布	含子矿物富液体包裹体	规则	5×7	15	液相	195	32.92
成带状分布	含子矿物富液体包裹体	规则	3×6	5	液相	132	30.48

3. 乌恰县杨叶砂岩型铜矿床赋矿岩相地球化学特征

(1)杨叶式砂岩型铜矿床具有中型资源储量规模。乌恰县天振矿业有限责任公司委托山东省第八地质矿产勘查院资源量核实(核实基准日为 2012 年 11 月 30 日),杨叶式砂岩型铜矿床具有中型规模潜力,杨叶、杨树沟、花园矿区内铜矿的铜金属资源量 33.48×10^4 t,总矿石资源量 2949.15×10^4 t,平均品位 Cu 1.15%。①杨叶矿区铜矿矿石资源储量 2755.6×10^4 t,Cu 平均品位 1.15%,铜金属资源量为 31.72×10^4 t。其中:(331)类矿石资源量为 50.1×10^4 t,Cu 平均品位 0.80%,铜金属资源量为 0.40×10^4 t。(332)类矿石资源量为 11.6×10^4 t,Cu 平均品位 0.77%,铜金属资源量为 0.09×10^4 t。(333)类矿石资源量为 142.9×10^4 t,Cu 平均品位 1.31%,铜金属资源量为 1.88×10^4 t。(334)矿石资源量 2551.0×10^4 t,Cu 平均品位 1.15%,铜金属资源量为 29.35×10^4 t。②杨树沟矿区铜矿(333)类矿石资源储量 116.7×10^4 t,Cu 平均品位 0.93%,铜金属资源量为 1.01×10^4 t。③花园矿区铜矿(333)类矿石资源储量 76.85×10^4 t,Cu 平均品位 0.98%,铜金属资源量为 0.75×10^4 t,全部为(333)资源量。

(2)杨叶式砂岩型铜矿床(包括杨叶铜矿、花园铜矿和杨树沟铜矿等)含铜砂岩为渐新统-中新统 (E_3-N_1) 中的灰白色细-中粒含钙质砂岩和安居安组 (N_1a) 褪色化蚀变砂岩,含铜砂岩层位较稳定,连续延伸几千米。含铜砂岩受褶皱构造控制,铜矿层主要在背斜两翼,并受前展式薄皮型冲断褶皱控制显著。

(3)渐新统-中新统克孜洛依组 (E_3-N_1) 和中新统安居安组 (N_1a) 为主要赋矿层位。①克孜洛依组 (E_3-N_1) 为砖红色黏土岩与灰黄色钙质砂岩、灰绿色钙质砂岩互层,灰绿色钙质砂岩和含铜蚀变砂岩组成了含铜蚀变砂岩矿化带。其下部黄褐色细-中粒砂岩具有水成波痕。含铜灰绿色蚀变钙质砂岩厚 0.5 ~ 5m,碎屑有长石、石英及岩屑,略有定向,以钙质胶结物为主。金属矿物主要有赤铜矿和辉铜矿,呈稀疏浸染状,交代砂粒或填隙物。铜矿体赋存岩相为含铜灰绿色蚀变钙质砂岩,孔雀石呈细脉状和浸染状分布,矿化作用较强,孔雀石局部呈结核体分布,结核体的直径约为1cm,结核体的外层是孔雀石,内部可以看出赤铜矿、辉铜矿以及自然铜等矿物质,其矿化作用相对较强。②安居安组底部以含铜灰绿色蚀变泥砾砂岩、含铜斑杂色蚀变泥砾砂岩为主,发育含铜砾石、氯铜矿、孔雀石和蓝铜矿等铜表生矿物沿砾石周边分布,植物碎片发育,可见赤铜矿–辉铜矿完全交代植物碎片而保留其杆状残体特征。

(4)杨树沟铜矿床位于前展式薄皮型冲断褶皱带上,受吾合沙鲁逆冲断裂带和断层相关褶皱控制,南侧花园铜矿床倾向北西,在花园–杨树沟间为宽缓向斜构造。北侧杨叶铜矿床整体倾向北西,为断层相关向斜构造。①在杨树沟砂岩型铜矿床内铜矿体整体呈层状,南东矿段铜矿体产状176°~182°∠33°~70°,北东矿段铜矿体产状在180°∠40°~87°,局部近直立或倒转倾向北(0°)。五个铜矿体长度在2000~260m,沿倾向控制延深在208~80m。②在杨叶砂岩型铜矿床内,铜矿体呈层状,倾向北西(310°~345°),倾角较缓(7°~33°),Ⅱ号铜矿体规模最大,长度为2350m,倾向延深900m,354°∠16°~28°。③花园砂岩型铜矿床内,铜矿体呈层状,产状307°~338°∠17°~30°,Ⅱ-2号铜矿体规模最大,长度500m,倾向延深80m。

(5)铜矿石矿物以孔雀石、赤铜矿、氯铜矿、硅孔雀石为主,次之为辉铜矿和自然铜。呈星点浸染状、薄膜皮壳和结核状等,分布于砂岩胶结物中。孔雀石、赤铜矿、硅孔雀石、氯铜矿、自然铜等均为表生富集成矿作用形成的次生矿物。部分辉铜矿和自然铜为原生矿物。①孔雀石为皮壳状、球粒状和鲕状出现,粒度一般为0.02~0.2mm,个别可达0.3mm,作孔穴充填构造于砂岩之中或者呈微裂隙状产于切层裂隙中。硅孔雀石赋存状态及颗粒特征同孔雀石。②赤铜矿与孔雀石共生,常分布在辉铜矿或孔雀石边部,推测为辉铜矿经表生氧化作用所形成。常集中呈小条状,具孔穴充填构造,呈不规则粒状,大小在0.03~0.3mm。③辉铜矿形状大小基本与赤铜矿类同,辉铜矿以胶结物充填砂粒和岩屑之间。④自然铜呈细小粒状、分散状或树枝状存在于赤铜矿中,大小在0.02mm以下。⑤脉石矿物以石英为主,次棱角形,一般0.1mm左右,占55%~60%。方解石以胶结物存在,约占25%,此外尚有少量绢云母(2%)、长石、燧石及定向之黑云母和石膏等。⑥从图版J中7-12照片看,铜矿物主要富集在原生砾石或呈浸染状分布在岩屑中。富集铜矿物的原生砾石和紫红色泥砾特征,揭示在蚀源岩区有两类不同的物源特征。呈辉铜矿细脉沿裂隙切层产出,为砂岩型铜矿床改造期产物。

新疆乌恰县杨叶铜矿三采场(YY2)进行人工重砂矿物定量分析,其矿物成分及含量如下:

(1)金属矿物以孔雀石和辉铜矿为主,其次为磁铁矿、钛铁矿、自然铜、黄铁矿、蓝铜矿和氯铜矿等。①孔雀石含量2.76%,鲜绿色,多为不规则粒状,部分可见放射状及纤维状集合体,丝绢光泽及玻璃光泽,半透明,低硬度,粒径0.01~0.25mm,个别可达0.5mm左右;②辉铜矿含量0.11%,黑色,不规则粒状,金属光泽,低硬度,大部分已不同程度氧化分解为赤铜矿,而呈现不均匀的淡褐红,可见金刚光泽;③自然铜含量0.001%,铜红色及铜黄色,不规则粒状及树枝状,低硬度,具延展性,金属–半金属光泽,0.05~0.2mm;④磁铁矿含量0.001%,

褐黑色,多呈不规则粒状,部分可见八面体晶形,半金属光泽,高硬度,强磁性,粒径 0.02 ~ 0.1mm;⑤钛铁矿含量 0.01%,黑色,板状及不规则粒状,金属-半金属光泽,高硬度,粒径 0.02 ~ 0.1mm;⑥黄铁矿含量 0.001%,不规则粒状,铜黄色,金属光泽,粒径 0.1 ~ 0.4mm,偶见蓝铜矿和氯铜矿。

(2)重矿物以石榴子石、金红石、锆石、磷灰石、电气石、绿帘石和榍石为主。①石榴子石含量 0.02%,不规则粒状,主要为淡粉色,少量橘黄色,油脂光泽,半透明,高硬度,粒径 0.05 ~ 0.25mm;②金红石含量 0.002%,褐红色、红色,圆角柱状及粒状,金刚光泽,半透明,高硬度,粒径 0.1 ~ 0.25mm;③锆石含量 0.005%,无色及淡粉色,自形-半自形四方双锥柱状,透明,金刚光泽,高硬度,延长系数 1.5 ~ 3mm,个别在 4mm 左右,粒径 0.02 ~ 0.1mm;④磷灰石含量 0.003%,无色,半自形次圆柱状及柱粒状,玻璃光泽,透明-半透明,中等硬度,延长系数 1.5 ~ 2.5mm,粒径 0.05 ~ 0.25mm;⑤电气石含量 0.0004%,自形-半自形柱状,黄褐色,玻璃光泽,透明-半透明,高硬度,粒径 0.15 ~ 0.3mm;⑥绿帘石含量 0.0005%,柱状及不规则粒状,黄绿色,玻璃光泽,高硬度,粒径 0.1 ~ 0.2mm;⑦榍石含量 0.001%,扁粒状及不规则粒状,米黄色,半透明,油脂光泽,中等硬度,粒径 0.2 ~ 0.3mm。

(3)铁镁矿物类包括角闪石和黑云母:①角闪石含量 0.07%,柱状及不规则粒状,黑绿色,玻璃光泽,粒径 0.1 ~ 0.3mm;②黑云母含量 3.26%,片状,黑褐色,玻璃光泽,低硬度,粒径 0.1 ~ 0.3mm。

(4)轻矿物以方解石、白云母、石英、长石和岩屑为主:①方解石含量 6.14%,白色,不规则粒状,中等硬度,玻璃光泽,半透明,粒径 0.02 ~ 0.25mm;②白云母含量 0.44%,无色,片状,珍珠光泽,低硬度,粒径 0.05 ~ 0.25mm;③石英、长石及岩屑含量 87.12%,主要为石英,其次为长石及岩屑;石英无色,呈不规则粒状,粒径 0.1 ~ 0.6mm,少量石英可见褐红色染色。

4. 乌恰县杨叶砂岩型铜矿床成矿流体特征与成矿作用

在杨叶砂岩铜矿床中,该砂岩(BY4B)内石英中包裹体较为发育,主要呈带状分布和成群分布。其中,以呈透明无色的纯液包裹体与呈无色-灰色的富液体包裹体为主,部分视域内发育呈深灰色的气体包裹体,局部视域可见少量呈无色-灰色的含子矿物富液体包裹体,分析结果见表 5-17。①高盐度相形成于低温相环境中,包裹体盐度较高(31.87% NaCl),见两个包裹体中含有子晶,推测为石盐。它们的均一温度在 126 ~ 157℃,属低温相。推测它们与咸化湖泊成岩成矿期有密切关系。②中盐度相的石英包裹体中盐度在 16.89% ~ 22.24% NaCl,均一温度在 151 ~ 294℃,包裹体盐度中等。③低盐度包裹体多小于 8.0% NaCl,变化范围在(4.34% ~ 7.17% NaCl),包裹体形成温度相主体为中温相,部分为低温相,显示低盐度相的形成温度范围较大,形成温度在 307 ~ 246℃,属中温相,少数为低温相(158 ~ 164℃)。含铜蚀变砂岩(BY4B-3)内包裹体较为发育,呈带状和成群分布,以呈透明无色的纯液包裹体与呈无色-灰色的富液体包裹体为主,部分视域内发育呈深灰色的气体包裹体。

表 5-17 杨叶砂岩型铜矿床石英包裹体特征及形成温度和盐度

包裹体分布形态	测温包裹体类型	包裹体形状	大小/m	气液比/%	均一相态	Th/℃	盐度/% NaCl
呈带状分布	富液包裹体	规则	3×7	10	液相	267	7.02
呈带状分布	富液包裹体	规则	3×10	20	液相	307	7.02
呈带状分布	富液包裹体	规则	4×6	20	液相	298	7.17
呈带状分布	富液包裹体	规则	3×10	20	液相	209	14.25
呈带状分布	富液包裹体	规则	2×5	20	液相	215	14.25
呈带状分布	富液包裹体	规则	2×4	10	液相	143	14.36
呈带状分布	富液包裹体	规则	3×4	10	液相	165	14.36
呈带状分布	富液包裹体	规则	3×7	10	液相	246	4.65
呈带状分布	富液包裹体	规则	4×6	20	液相	265	4.65
呈带状分布	含子矿物富液体包裹体	规则	7×18	15	液相	157	31.87
呈带状分布	含子矿物富液体包裹体	规则	7×12	10	液相	149	含子晶
呈带状分布		规则	3×10	5	液相	126	高盐度
呈带状分布	富液包裹体	规则	7×15	20	液相	164	4.49
呈带状分布	富液包裹体	规则	5×8	10	液相	158	4.49
呈带状分布	富液包裹体	规则	3×6	10	液相	160	4.34
呈带状分布	富液包裹体	规则	5×7	15	液相	176	18.22
呈带状分布	富液包裹体	规则	4×4	10	液相	151	18.22
呈带状分布	富液包裹体	规则	4×6	15	液相	184	18.3
呈带状分布	富液包裹体	规则	5×5	20	液相	195	18.3
呈带状分布	富液包裹体	规则	6×12	10	液相	272	16.89
呈带状分布	富液包裹体	规则	3×4	20	液相	294	16.89
呈带状分布	富液包裹体	规则	3×3	15	液相	282	16.99
呈带状分布	富液包裹体	规则	5×7	20	液相	176	22.24
呈带状分布	富液包裹体	规则	4×4	20	液相	186	22.24
呈带状分布	富液包裹体	规则	3×6	15	液相	167	22.17
呈带状分布	富液包裹体	规则	3×5	10	液相	155	22.17
呈带状分布	富液包裹体	规则	3×4	10	液相	133	22.24
呈带状分布	富液包裹体	规则	4×12	20	液相	286	5.56
呈带状分布	富液包裹体	规则	4×4	20	液相	273	5.56
呈带状分布	富液包裹体	规则	3×6	20	液相	269	5.71
呈带状分布	富液包裹体	规则	2×5	20	液相	256	5.71
呈带状分布	富液包裹体	规则	3×3	10	液相	229	5.56
呈带状分布	富液包裹体	规则	4×7	20	液相	286	5.56
呈带状分布	富液包裹体	规则	4×5	15	液相	273	5.56
呈带状分布	富液包裹体	规则	3×4	15	液相	269	5.71
呈带状分布	富液包裹体	规则	3×5	15	液相	256	5.71
呈带状分布	富液包裹体	规则	3×3	10	液相	229	5.56

5.7　塔西-塔北地区的盆地流体类型与成矿流体

沉积盆地和塔里木叠合盆地中地质流体包括石油-天然气-沥青-油田水等多相有机质流体(蔡春芳等,1996;张景廉等,2001;刘全有等,2009;胡国艺等,2014;王丹等,2015;姚远等,2016;赵靖舟等,2016)、富 H_2S 天然气型酸性还原性流体(朱光有等,2006;杨家静等,2002;赵金洲,2007;高永宝等,2008)、富 CO_2 天然气型 (戚厚发和戴金星,1981;韩宏伟等,2010;方维萱,1999,2012b;方维萱等,2015,2016a)、富烃类还原性型成矿流体(方维萱等,2015,2016a,2017a,2018a)、低温热卤水型(方维萱,1999,2012b;方维萱等,2017b,2018a)等。不同成分和性状盆地流体可因流体系统减压和降温等地球化学岩相学作用,导致盆地流体系统失稳而大量卸载成矿物质(方维萱,1999,2012b,2016a,2017a,b);也可因多期盆地流体异时同位叠加,发生大规模水岩反应形成大规模褪色化蚀变带;或因流体-岩石间多重耦合作用导致成矿流体系统失稳,而卸载成岩成矿物质和叠加成岩成矿作用,如乌拉根大型砂砾岩型铅锌矿床热水喷流沉积成矿作用、油田卤水与富含有机质的还原性流体反应导致矿质沉淀(董新丰等,2013)。但塔西地区砂砾岩型铜铅锌-铀矿床中发育大规模褪色化蚀变,这些褪色化蚀变形成机制、盆地流体地质作用和成矿流体导致围岩蚀变之间区别、成矿流体类型和特征等成为科学难题,但它们也是砂砾岩型铜铅锌-铀矿床深部和外围找矿预测和勘查有效标志。

在塔西-塔北地区中-新生代盆山耦合与转换区内,以海西期末-印支期西南天山造山带为核心,铜铅锌-铀-煤-石油天然气等同盆共存富集成矿,与托云后陆盆地系统、乌鲁-乌拉前陆盆地系统、库车-拜城迁移前陆盆地系统等中新生代陆相红层盆地及燕山期-喜马拉雅山期陆内造山过程有密切关系。石油-天然气-煤炭等能源矿产形成于塔里木叠合盆地中部和周边,而塔西-塔北盆-山耦合与转换区,形成了铜铅锌-铀-煤-岩盐矿床,受前陆冲断褶皱带、后期构造变形样式和构造组合控制显著,它们形成于大陆挤压收缩体制下,与其他沉积岩型铜铅锌矿床形成于大陆伸展体制中明显不同。这种多种矿产同盆共存富集成矿过程中,其盆地流体系统和成矿流体的协同耦合成矿机制不明,因此,从砂砾岩型铜铅锌-铀矿床大规模褪色化蚀变研究入手,有助于提升塔西-塔北地区砂砾岩型铜铅锌-铀矿床的区域成矿学认识水平,探索该类型矿产区域、深部和外围找矿预测的新方法和高效勘查技术组合。

在铜铅锌-铀-煤-石油天然气同盆共存富集规律上,塔里木叠合盆地的盆内和边部主要为油气资源富集区(王清晨等,2007;何登发等,2009;2013;周新源和苗继军,2009;贾承造,2009;汤良杰等,2015),塔西-塔北前陆盆地和后陆盆地系统对于铜铅锌和铀-煤矿床具有显著控制作用。①在南天山盆-山耦合转换带区,托云中-新生代后陆盆地系统分布在南天山陆内造山带内部和北侧,受中天山海西期-印支期岛弧造山带分割并围限了该后陆盆地系统北界。托云后陆盆地系统由萨热克巴依 NE 向山间拉分断陷盆地、库孜贡苏 NW 向山间拉分断陷盆地和托云 NE 向后陆盆地等组成,萨热克巴依 NE 向和库孜贡苏 NW 向山间拉分断陷盆地以斜切西南天山造山带,构成了中生代盆山耦合转换构造带;而托云中-新生代 NE 向后陆盆地以斜向断块形式叠置在南天山和中天山造山带之间,白垩-古近纪碱性橄榄玄武岩喷发和侵入作用强烈,它们经喜马拉雅山期陆内造山作用,共同组成了中亚天山造山带西段。托云后陆盆地系统中产出有萨热克式大型砂砾岩型铜多金属矿床和煤矿。②在南天山造山带南侧形成了前陆盆地系统,以塔拉斯-费尔干纳和阿克苏-阿瓦提两个北西向断裂系统分割,形成了乌鲁-乌拉、托帕-西克尔、拜城-库车等三个前陆盆地系统。

而从金属和非金属矿产角度看,以塔里木盆地和周缘中新生代构造岩石地层演化为基准,构造地层可以划分为前寒武纪下基底构造层、古生代上基底构造层、中生代盆山耦合与转换构造层、新生代盆山转换和周缘前陆盆地构造层。①在前寒武纪下基底构造层中,古元古界赋存有铁铜矿床和铁氧化物铜金型(IOCG)矿床、金铜矿床等。在中元古界阿克苏岩群中,赋存有受脆韧性剪切带控制的铜金矿和铜金钨矿,是寻找造山型金矿床的有利地层。②在古生代上基底构造层中,寒武系-志留系和泥盆系-石炭系中赋存有密西西比河谷型铅锌矿床(MVT)、陆缘伸展体制下碱性花岗岩-碱性辉长岩有关的稀有稀散元素矿,主要为塔里木古生代被动陆缘伸展盆地地层系统,经历了海西期和印支期造山作用,形成了复合造山带。③中-新生代砂砾岩型铜铅锌-铀矿床,主要赋存在侏罗系、白垩系、古近系和新近系中,主要形成于中生代为盆-山耦合转换期的陆内构造演化过程中,在新生代盆-山耦合转换过程中,砂岩型铜铅锌矿床主要形成于陆内前陆盆地系统中。总之,中-新生代砂砾岩型铜铅锌-铀矿床受陆相红层盆地、后期构造变形和盆地流体改造-叠加作用复合控制。

砂砾岩型铜铅锌-铀矿床形成于前陆盆地系统和后陆盆地系统中(方维萱等,2016a,2017c,d),它们属大陆挤压收缩动力学体制中盆-山耦合与转换构造区,其盆地流体类型和水岩耦合反应较为强烈,需要从盆地流体类型和深部地质作用等多方面进行深入研究。但目前关于盆地流体分类尚没有明确的分类体系和分类方法。从石油-天然气地质学角度看,根据可燃有机岩石(矿产)的物理状态:①气态可燃矿产包括纯气田、油藏内与石油伴生的油气田、与煤层伴生气田和泥火山中气田等;②液态可燃矿产以石油为代表;③固态可燃矿产包括地沥青、石沥青等石油衍生物、煤、油页岩、硫磺等;④在石油天然气田中,分布有大量油田水等非可燃性液态流体。根据天然气原始物质来源,将其划分为无机成因、有机成因和混合成因等3类天然气,在成因来源、成藏机理、赋存分布、勘探预测和开发方式等方面具有特殊地质规律的天然气统称为非常规天然气;从成藏机理和分布预测角度看,非常规天然气统指不受浮力作用控制的天然气(赵靖舟等,2013)。刘建明等(1998)将地壳中划分出五大类不同的成矿地质流体体系:①与大陆地壳中-酸性岩浆热事件有关的热液流体体系;②与海底基性火山活动有关的热液喷流流体体系;③与海相沉积盆地演化有关的盆地流体体系;④与区域变质作用有关(含与大型剪切带有关)的变质流体体系;⑤与地幔排气过程有关的深部流体体系。方维萱(1999)采用地质类比方法并结合秦岭造山带热水沉积岩相研究,提出热水沉积体系概念,通过现代陆相及海相热泉和秦岭热水沉积岩相对比,按化学成分可将古热水场划分为强酸性硫酸盐型、弱酸强碱碳酸盐型、以 SiO_2 为酸酐型、碱性富 Mg 重卤水型、热卤水型及强酸性硼硅酸盐型等6种类型古热水场。从塔里木盆地及周边构造-岩石-流体多重耦合结构、金属成矿、石油-天然气田等角度看,油气运移在塔西和塔北地区金属矿产形成方面具有重要作用,需要进行盆地流体类型划分和研究,从地球化学岩相学和构造岩相学角度进行恢复重建盆地流体类型,深入研究盆地流体地质作用与成矿流体的内在关系,为找矿预测提供依据,进一步探索塔西砂砾岩型铜铅锌-铀矿床中大规模褪色化蚀变等形成机理。

本书在对研究区盆地流体类型进行恢复和典型砂砾岩型铜铅锌-铀矿床研究和对比基

础上,以砂砾岩型铜铅锌–铀矿床的围岩蚀变相和大规模褪色化蚀变相的构造岩相学和地球化学岩相学研究为核心,系统对塔西中–新生代陆内沉积盆地中主要围岩蚀变类型、区域性褪色化蚀变带与砂砾岩型铜铅锌–铀富集成矿机制,研究砂砾岩型铜铅锌–铀矿床成矿规律,为区域矿区深部和外围找矿预测提供依据和预测保障。

5.7.1　盆地流体恢复研究方法及成矿流体类型

塔西地区位于帕米尔高原北侧冲断褶皱带–塔里木盆地–西南天山造山带耦合与转换带,也是现今"盆–山–原"镶嵌构造区,先后发现了萨热克式大型砂砾岩型铜多金属矿床、乌拉根式大型砂砾岩型铅锌矿床和帕卡布拉克中型天青石矿床、巴什布拉克大型砂岩型铀矿床和阿克莫木大型天然气田等。塔北拜城–库车前陆盆地是砂岩型铜矿床(带)与天然气田和煤矿床等同盆共存富集成藏成矿的典型区域。在塔西和塔北中–新生代陆内红层盆地中,其显著特征是砂砾岩型铜铅锌–铀矿床与煤炭、油气田等同盆共存,砂砾岩型铜铅锌–铀矿床中围岩蚀变类型和特征与盆地流体和成矿流体作用关系十分密切。在沉积盆地中单一成因的地质源流体极少,各种地质作用和不同来源盆地流体相互混合并与岩石发生水岩反应,而形成新类型盆地流体类型或成矿流体,因此,盆地流体是一种多源复合的复杂地质流体系统,主要包括建造水、油田水和变质水等,局部有深源岩浆水、岩浆水与变质水和天水混合。

在盆地流体研究方法上,地球化学岩相学、同位素和包裹体地球化学等,可有效追索盆地流体成分和活动历史等有关信息。地球化学岩相学(方维萱,1999,2012b,2017b)是在特定的时间–空间拓扑学结构上,一组岩石类型及其岩石–矿物地球化学成分,因成岩成矿系统和环境变化、物质间相互作用而发生成岩成矿作用,形成特定的岩石组合类型及地质体;或不同时间序次上,不同源区和成因的成岩成矿物质在同位空间上相互叠加改造,最终形成了具有空间拓扑学结构的特定岩石组合类型及地质体。因此,基于对特殊的不同类型沉积相和岩石组合、蚀变岩相和岩石组合等,对这些岩石组合进行常量、微量和矿物地球化学研究,直接揭示它们物质组成和化学成分特征,以恢复地质历史时期盆地流体物质组成和化学成分。这些特定的岩石组合类型及地质体属于地球化学岩相学记录体,即可称它们为地球化学岩相体,它们是一组或几组岩石类型及其物质成分形成的地质地球化学条件和环境的综合反映和物质记录体,进行系统研究后恢复重建它们形成的地球化学条件和环境、构造–古地理环境和位置。地球化学岩相学分类按照流体地球化学动力学–岩石组合系列或岩相学–地球化学相进行岩相类型划分,地球化学岩相学的相系统类型分为氧化–还原相(ORF)、酸碱相(Eh–pH F)、盐度相(SF)、温度相(TF)、压力相(PF)、化学位相(CPF)、同期不等化学位相(HPF)和不等时不等化学位地球化学岩相(HHPF)等(方维萱,2012b,2017b),因此,从地球化学岩相学角度对塔西地区盆地流体进行研究,以揭示这些盆地流体的地球化学岩相学信息与成矿作用关系。从构造岩相学角度看(方维萱等,2015;方维萱,2016b,2017b),塔西萨热克砂砾岩型铜多金属矿区上侏罗统库孜贡苏组含矿褪色化杂砾岩类,其原岩沉积相为复合叠加冲积扇相扇中亚相,在后期叠加了碎裂岩化相和低温富烃类还原性盆地流体作用下形成的大规模褪色化蚀变,在裂隙面上辉铜矿发育拉伸线理和方解石–硅化蚀变等组成的阶步。下白垩统克孜勒苏群顶部与古新统阿尔塔什组底部发育区域滑脱构造系统(沿不整合面发育），这种区域构造岩相学相变界面有利于盆地流体运移和圈闭。新疆乌拉根砂砾岩型铅锌矿床和共伴生的天青石和石膏矿床，受似层状构造流体角砾岩构造系统控制显著。如何追踪这些盆地流体类型不但是科学问题难点，同时，盆地流体类型恢复和成矿流体特征的示踪研究也是科学问题研究热点之一，对于特殊成矿地质单元中成矿物质大规模聚集成矿研究具有较大启迪作用。盆地流体类型和成矿流体必然在其运移路径上保留其痕迹特征，因此，采用地球化学岩相学和构造岩相学、矿物包裹体、微量元素示踪、同位素地球化学、矿物地球化学、构造-岩石-流体多重耦合、孔隙度和渗透率、典型矿床解剖等综合研究方法，进行其地球化学岩相学和构造岩相学综合方法示踪研究。对研究区内盆地流体类型和成矿流体特征进行恢复的主要依据如下：①区域性蚀变带及其蚀变类型特征如大规模褪色化分布规律、物质组成和形成机制等，由于这些褪色化蚀变带受区域构造-岩相带控制，因此，可以揭示区域性地质流体类型和成矿流体特征，如在碳酸盐化蚀变相中，方解石-白云石化蚀变一般为沉积成岩期流体地质作用形成的产物，而网脉状-微脉状铁方解石-铁锰白云石化蚀变多受碎裂岩化相中裂隙-显微裂隙-裂缝等小型-显微构造控制，它们揭示了沉积盆地改造过程中构造-流体耦合作用，即碎裂岩化相与富 Fe- Mg- Mn- CO_2 型盆地流体耦合作用结果。②热水沉积岩相、岩石组合类型、特征等是热水沉积成岩成矿作用直接形成的产物，可以有效揭示沉积盆地中热水类型和特征，如天青石岩-重晶石岩等空间岩相分布范围及其矿物包裹体特征等，能够揭示 Ca-Mg-Sr-Ba-SO_4^{2-} 型（强氧化-酸性地球化学相）盆地流体类型、成矿流体特征和空间分布范围。③在辉绿辉长岩脉群和花岗岩侵入岩体等边部，发育接触热变质-接触交代蚀变带，其蚀变矿物组合和矿物包裹体类型和特征等，不但可以记录岩浆热液成分和特征，也可以追踪盆地流体与岩浆热液之间的流体混合作用信息。而且这些侵入岩体本身也发育节理-裂隙和破碎带（如绿泥石化构造片理化带）等，能够揭示其遭受的流体地质作用特征。④含矿构造带中构造岩和蚀变矿物类型及其组合，如萨热克砂砾岩型铜多金属矿床中，碎裂岩化相、裂隙-显微裂隙和裂隙中充填物，不但可以揭示成矿流体成分和特征，而且有助于揭示构造-岩性-岩相之间多重耦合与水-岩反应作用。⑤对现代盆地卤水和油田水可以采用直接取样测试分析其化学成分，因其具有高盐度等特征，其蒸发岩和油田水大规模运移路径中必然有相应的地球化学岩相学记录。⑥砂砾岩型铜铅锌-铀矿床中，主要类型矿石、赋矿围岩组合和围岩蚀变类型等，它们是盆地流体和成矿流体相互作用形成的直接产物，其岩石地球化学特征和微量元素地球化学特征，能够有效地追踪成矿流体成分和特征，如沥青化蚀变相强度不同、辉铜矿-沥青化蚀变相及分布范围，直接揭示了沥青质成矿流体特征和分布范围。⑦对于砂砾岩型铜铅锌-铀矿床，矿物包裹体研究不但可以追踪成矿流体成分和性质，并且可以恢复地质历史过程中盆地流体和成矿流体的氧化-还原相、温度相和盐度相等地球化学岩相学类型和特征。⑧矿物地球化学岩相学研究，有助于重建构造-热事件历史和盆地热演化历史，直接研究构造-岩浆-热事件作用和冷却过程，如绿泥石蚀变相、绿泥石温度计和黏土矿物结晶度等矿物温度计。⑨同位素地球化学研究是进行盆地流体和成矿流体示踪的有效方法，可以追踪其流体来源和成矿流体来源等。因此，从构造岩相学角度，对盆地流体地质作用进行研究。

按照塔里木和相邻沉积盆地流体的主要成分、流体动力学特征、盆地流体成因、主要控制流体运移和聚集地质因素，可将塔西-塔北盆地流体系统，暂划分为天然气型、油气型、卤水型、热水沉积型、富烃类还原型、富 CO_2 非烃类还原性流体型、构造流体型、岩浆热液型和层间水-承压水型等9种类型。

5.7.2 塔西-塔北地区主要盆地流体类型与成矿流体

1. 天然气型盆地流体

在塔西乌拉根超大型铅锌矿床东侧,相邻阿克莫木天然气藏为塔西地区典型的天然气型盆地流体系统,它们是天然气成藏聚集的主要控制因素。据张君峰等(2005)研究,在阿克莫木天然气田含气层系为下白垩统克孜勒苏群,含气面积 $16.9km^2$,天然气组分以烃类(76% ~ 81%)为主的干气,以甲烷为主要成分(80% ~ 91%),乙烷和丙烷含量低(<0.3%)。非烃气体含量高(20% 左右),N_2 含量中等(8% ~ 11.4%),CO_2 含量很高(11.07% ~ 11.44%)。甲烷碳同位素值为-25.6‰ ~ -23‰,乙烷碳同位素为-21.9‰ ~ -20.2‰,阿克1井天然气中的烃类气体属有机成因。阿克1井天然气田中烃类气体和非烃气体(CO_2 型盆地流体)来源于寒武系含膏碳酸盐岩、石炭-二叠纪碳酸盐岩、侏罗系康苏组和杨叶组等三套高演化的烃源岩,在早期油藏遭到破坏后,演化为高温裂解气,阿克1井储集层段砂岩中自生伊利石形成年龄为 38.55Ma、38.1Ma 和 34.6Ma,与乌拉根砂砾岩型铅锌矿床形成时代相近,为始新世末期巴尔通阶-普利亚本阶(40.2 ~ 33.9Ma),揭示其气藏圈闭形成于喜马拉雅期。刘全有等(2009)认为在塔里木盆地中,油型天然气的气烷烃气碳同位素组成较轻($\delta^{13}C_2<-28‰$,$\delta^{13}C_3<-25‰$),氢同位素组成偏重,成烃母质为海相沉积环境形成的寒武系-下奥陶统或中下奥陶统烃源岩,分布区域主要为台盆区。而煤型天然气的气烷烃气碳同位素组成较重($\delta^{13}C_2>-28‰$,$\delta^{13}C_3>-25‰$),氢同位素组成偏轻,成烃母质主要为陆相沉积环境形成的三叠系-侏罗系烃源岩,分布区域主要为前陆区;在库车前陆盆地中,煤型天然气具有两期生烃与晚期成藏,成分以 CH_4、C_2H_6、C_3H_8 等烃类为主,非烃类为 N_2 和 CO_2,如 YM7-H1 样品中 CH_4 含量达 90.14%,主要来源于三叠系和侏罗系腐殖型有机质,在渐新世末期(23Ma)开始生烃,在上新世初期(5Ma)被保存下来。库车-拜城前陆盆地天然气藏与古近系渐新统和新近系中新统中砂岩型铜矿床和砂岩型铜矿化带分布范围吻合,揭示这些煤层、煤型天然气与砂岩型铜矿化带关系尚需进一步深入研究,这些煤-油气田-气田-盐岩-铜矿床等同盆共存与富集成矿内在关系,涉及有机质和烃类从有机质大规模运移和有机质类盆地流体参与铜铅锌-铀等无机界的金属富集成矿机制。

2. 油气型盆地流体

在油气藏中,油气主要赋存相态以吸附态、游离态、溶解态等多相态存在,其连续型、准连续型和不连续型油气聚集代表了油气藏形成的3种基本类型,普遍存在于全球主要含油气盆地。在塔里木盆地发育寒武-奥陶系腐泥型、泥盆-二叠系、三叠-侏罗系腐殖型等三套烃源岩,后期形成了原生油气藏和次生调整型油气藏。其次生调整型油气藏是重要油气藏类型,因原生油气藏经后期构造破坏,油气发生蚀变或再次运移聚集所形成的油气藏(王清晨等,2007;何登发等,2009;2013;周新源等,2009;贾承造,2009;汤良杰等,2015)。杨海军等(2013)认为塔里木盆地凝析油气资源丰富,其气油比为 600 ~ 19900m^3/m^3,凝析油含量

$40 \sim 750 g / m^3$。原生凝析气田为原生腐殖型凝析气藏或煤成型凝析气藏;陆相油气经多期充注形成了次生凝析气藏,晚期干气对早期油藏发生混合改造,以牙哈陆相油气成因的次生凝析气藏为代表。海相油气经多期油气充注与晚期干气气侵造成蒸发分馏,在运移-聚集-成藏过程中烃体系分异和富化,发生反凝析作用后形成了海相次生凝析气藏。凝析气成分主要为甲烷含量 69.00% ~ 92.37%,平均 84.64%;乙烷以上含量 1.71% ~ 21.54%,平均8.11%;在非烃类组分中,二氧化碳含量范围在 1.73% ~ 10.25%,平均值 4.30%,H_2S 含量范围 $4.1 \sim 93900 mg / m^3$。这种凝析气可为砂岩型铜矿床形成提供丰富的富烃类还原性成矿流体,在伽师砂岩型铜矿床和滴水砂岩型铜矿床中,石英包裹体中均发现了 H_2S 气体(王伟等,2018),证实均有富 H_2S 酸性天然气型成矿流体,参与了砂岩型铜矿床的富集成矿过程,为还原性成矿流体中重要的还原性气体类。

在拜城-库车迁移前陆盆地中,凝析气藏和气田与新生代陆相红层盆地中砂岩型铜矿成矿带关系十分密切。新近系中新统康村组($N_{1-2}k$)陆相红色碎屑岩系为拜城滴水铜矿床主要赋矿层位,与库车前陆盆地油气系统大规模形成和成藏期具有相似的时限,赵靖舟和戴金星(2002)认为库车油气系统由未熟-低熟气、成熟气、高成熟气和过成熟气等 4 种天然气类型,以及未熟-低熟油、成熟油和高成熟油等 3 种类型原油组成,其低熟-未熟油主要来自侏罗系煤系源岩,成熟油来源于侏罗系和三叠系。库车盆地油气系统具有多期成藏和多阶段连续的成藏特点,3 个成藏期为新近纪康村早中期(17 ~ 10Ma)、康村晚期-库车早期(10 ~ 3Ma)、库车晚期-第四纪西域期(3 ~ 1Ma),形成三叠系湖相油藏以及侏罗系中低成熟煤成凝析油气藏。在拜城滴水铜矿床中,铜矿体和近矿围岩中发生了大规模褪色化蚀变、局部油斑和沥青化蚀变,在拜城-库车前陆盆地中,这些油气型盆地流体和天然气型盆地流体等组成了油气成藏聚集系统,它们是能源矿产的成矿流体,但是油气系统参与金属成矿作用强度有待进一步研究。

3. 卤水型、含铜卤水型和含烃卤水型盆地流体

在库车-拜城和乌鲁-乌拉前陆盆地系统中,白垩系-新近系发育厚层石盐岩、膏泥岩、含膏泥岩、含膏碳酸盐岩等,盐丘构造和盐泉发育,这些含膏泥岩相及岩石组合揭示存在高盐度卤水型盆地流体。按盐泉卤水离子组成等可分成氯化物型、硫酸盐型和碳酸盐型等 3 种主要类型的高盐度卤水(马万栋和马海州,2006;吴坤等,2014;伯英等,2015),在库车前陆盆地中,断裂带控制了现今盐泉水出露与分布,卤水型盐泉水的矿化度较高(TDS)为120.216 ~ 305.322g/L,$\delta^{18}O$ 范围为-9.1‰ ~ 4.7‰,δ^2H 值范围为-75‰ ~ -28‰,盐泉水的 H-O 同位素值偏离大气降水线,可能与盐泉水是深部盐卤水沿背斜轴部断裂带上升补给密切有关(伯英等,2015)。在库车盆地拜城县托克逊乡 DZK01 钻孔(科探 1 井)孔深 1321.39 ~1486.62m 范围内,对古新统库姆格列木群($E_{1-2}k$)上石盐段石盐岩岩心的研究揭示在蒸发岩形成过程中具有较高的蒸发浓缩程度,含盐层系中 K^+、Mg^{2+} 和 Li^+ 富集特征指示了卤水蒸发浓缩已经到达晚期阶段(吴坤等,2014),因此,深部卤水总体处于封闭状态,但陆内冲断褶皱带等陆内造山过程中,在构造动力驱动下沿库车前陆盆地中断裂带上升补给盐泉水具有物质基础和构造通道。

从表5-17看,本次研究揭示滴水砂岩型铜矿床的成矿流体具有三种盐度相,成岩成矿期 B 阶段:①含石盐子晶的高盐度相(30.48% ~ 32.92% NaCl)形成于低温相(132 ~ 195℃)

环境中;②中盐度相(10.98%～11.1% NaCl)也形成于低温相(148～162℃),推测两类高盐度相成矿流体和低盐度相成矿流体的不同盐度流体混合作用,是导致矿质沉淀机制之一;③滴水砂岩型铜矿床低盐度相(<10% NaCl)成矿流体为中温相(302～334℃)。在拜城-库车前陆盆地中古近纪-新近纪蒸发岩相系厚度大,古近系含盐岩系最大厚度达1447.5m,新近系含盐岩系最大厚度402m,蒸发岩相和盐丘构造(汪新等,2009;曹养同等,2009,2010)等对拜城滴水等砂岩型铜矿床具有明显的控制作用。在古近纪-新近纪陆相蒸发岩相系中,已经识别出5个蒸发岩沉积旋回并与喜马拉雅山期构造运动有良好的沉积响应关系(曹养同等,2009),盐岩-膏岩-含膏泥岩-含膏碳酸盐岩等岩石组合揭示卤水曾经历了强烈的蒸发沉积作用,铜富集与含膏泥岩-含膏碳酸盐岩等组成的盐丘构造有密切关系,揭示曾发育含铜卤水型成矿流体(盆地流体),曹养同等(2010)认为古封存卤水及大气降水淋滤地层中的盐层形成了含铜卤水,氯铜矿、含氯铜矿盐岩和膏岩为含铜卤水(成矿流体)沉淀富集主要标志性产物;以侧向逆冲推覆构造作用和盐丘构造垂向底劈作用为主,驱动了迁移前陆盆地中含铜卤水型盆地流体沿断裂带运移。在碎屑岩系中碎裂岩化相发育部位的构造扩容空间中沉淀富集,如节理面、裂隙面和部分层理面上富集辉铜矿、氯铜矿、石盐和石膏等,砂岩型、泥岩型和灰岩型铜矿化。在库车前陆盆地南部秋里塔格构造带和北部克拉苏构造带中,新近系砂岩型、泥岩型和灰岩型铜矿带受冲断褶皱带中背斜核部和两翼地层、近东西向逆冲断裂带和构造-岩性-岩相等复合控制,古近系和新近系盐岩、膏岩、褐红色粉砂岩-泥质粉砂岩-泥岩等为铜矿源层,灰绿色粉砂岩和泥岩、灰白色含砾粗砂岩为含铜矿层。

从表5-17看,杨叶砂岩型铜矿床的成矿流体具有三类盐度相,形成于成岩成矿期B阶段。①高盐度相(31.87% NaCl)形成于低温相(126～157℃)环境中,见两个包裹体中含有石盐子晶,揭示存在低温热卤水成岩成矿作用;②中盐度相(16.89%～22.24% NaCl)形成于151～294℃;③在改造成岩成矿期内,低盐度相(4.34%～7.17% NaCl)形成温度相主体为中温相(307～246℃)-低温相(158～164℃)。

在塔里木盆地中油田水属于含烃卤水型盆地流体,油田水具有高矿化度(60～320g/L)、相对富钙(4.524～13.072g/L)、富氯(59.226～121.251g/L)、富低碳脂肪酸(平均含量达501mg/L,含量范围主要在100～700mg/L及900～1700mg/L)、高有机质含量和低pH(5～6.5)、含一定量SO_4^{2-}(1479～2640mg/L)和HCO_3^-(124～351mg/L)等特点(李伟,1995;蔡春芳等,1996;张景廉等,2001)。因此,油田水也不同于一般卤水,主要区别在于富含烃类和富低碳脂肪酸,为还原性-弱酸性地球化学相类型,李伟(1995)对油田水有机质类型和地球化学特征研究表明,油田水中有机质含量随着与油层距离的增加而减少,在油田水中已发现的5种有机质类型与油田水成因有一定关系,具有Ⅰ型多碳富有机质类型(C_{5-18})的油田水所含原油的密度大(约0.92g/cm³),常存在于残留油藏中并指示了残留油藏的存在;具有Ⅱ型高碳有机质类型(C_{11-16})的油田水中,有机质主要为高碳数的不饱和烃,C_{11}以前的有机质几乎不存在,可能是沥青砂中的烃类被高温裂解的结果,该类型油田水与沥青砂有关;具有Ⅲ型中低碳有机质类型(C_{4-11})的油田水中,以轻质油(密度在0.81～0.84g/cm³)为主,该类型油田水为代表轻质油藏有关的地层水特征;在Ⅳ型低碳有机质类型(C_{4-6})的油田水中,其有机质多为低碳数的正构烷烃,其油田水所在地层中含凝析油气或少量水溶气,该类型油田水代表了凝析油气藏或水溶气藏有关的地层水特征;Ⅴ型贫有机质类型(含痕量烃类)的油田水中几乎不存在有机质,该类地层水多出现在凝析油气藏、水溶气藏及无油气地层中。因此,因卤水化学成分和参与油气资源和金属矿产的成藏-成矿作用不同,可进一步划分为卤水型、含铜卤水型和含烃卤水型盆地流体,但它们在沉积盆地中因化学成分不同具有不同的地球化学岩相学作用,总体上为高盐度相(富集 Cl-Na-K-Ca-Mg 等离子或矿物类,如氯铜矿和石膏等),而含烃卤水型盆地流体在运移过程中,因有机质与烃类亲水性和疏水性的差异,疏水性强的烃类(如 CH_4 等)容易脱离油田水,而以液烃-气烃相态逃逸并脱离油田水后,它们有可能参与了沉积盆地中金属矿床的形成过程。

4. 热水沉积型流体系统与高温热卤水沉积系统

据谢世业等(2002)对乌拉根砂砾岩型铅锌矿床矿物包裹体的研究,与铅锌矿共生的石膏和天青石富含热卤水包裹体证明其热水(卤水)沉积作用发育,石膏中包裹体大小一般1～5μm,最大10μm,包裹体的气液比为3%～60%,一般10%～25%;包裹体均一温度和盐度分为两组,第一组为64～126℃,平均98.8℃(12个样品),盐度为7.22%～7.5%NaCl;第二组为144～193℃,平均156.9℃(16个样品),盐度为12.84%～20.29%NaCl,充分表明成矿流体为热卤水特征;成矿年龄在45.4～54.0Ma。在乌拉根中-新生代前陆盆地中,古近系底部发育角砾状白云岩、白云质石膏角砾岩、厚层块状-条带状-层纹状石膏岩和天青石岩;在乌拉根超大型砂砾岩型铅锌矿区,古近系阿尔塔什组条带状和厚层块状灰白色石膏岩-青灰色天青石岩-含铅锌矿石膏天青石岩等,以重晶石岩-天青石岩-石膏天青石岩等为代表,它们属典型的(Sr-Ba-Ca)SO_4型低温热水场和强氧化-强酸性型地球化学岩相学特征(方维萱,2012b,2017b)。经历了始新世末期层间滑脱构造作用和富烃类还原性成矿流体叠加,形成构造流体型层间热流体角砾岩相和铅锌大规模成矿(方维萱,2016a,b),成矿流体中有机质烃类与赋矿地层中 SO_4^{2-} 发生反应生成 H_2S,而 H_2S 的生成也导致铅锌大量沉淀成矿(董新丰等,2013)。

在帕卡布拉克天青石矿床中,发育高温热卤水沉积成岩成矿系统。在高温热卤水沉积成岩成矿早期形成天青石硅质细砾岩。高温热卤水为富气高温相(480～468℃)和中-高盐度相(23.18%NaCl)成矿流体,与低温相(178～138℃)和低盐度(8.68%～4.65%NaCl)热卤水,形成了两类热水混合同生沉积成岩成矿作用。详见4.4.3节。

5. 富烃类还原性成矿流体

塔西地区富烃类还原性成矿流体可能是形成塔西砂砾岩型铜铅锌-铀矿床成矿系统主控因素(方维萱等,2015,2016a,2017a,2018a)。萨热克砂砾岩型铜多金属矿区内,在方解石、铁白云石和石英矿物包裹体中发育含烃盐水、气烃、液烃、气-液态烃类、轻质油、沥青等包裹体(方维萱等,2016a,2017a;贾润幸等,2017),这些矿物包裹体特征记录了富烃类还原性成矿流体信息,矿物包裹体、地球化学岩相学和构造岩相学特征记录富烃类还原性盆地流体的现今残存化学成分特征如下。

(1)在萨热克砂砾岩型铜多金属矿床中,矿物包裹体均一温度显示其富烃类还原性成矿流体的形成温度为低温相(81～207℃)、低盐度和中盐度两类含烃盐水类的成矿流体混合作用形成的特征。方解石和次生石英中含烃盐水包裹体均一温度范围在81～207℃,平均均一温度在99.5～176℃,方解石和次生石英含轻质油包裹体平均均一温度在105.7～143.5℃;

具有低盐度和中盐度两类含烃盐水的成矿流体混合特征,在方解石和白云石矿物包裹体中的中盐度含烃盐水的平均盐度为 17.47% ~23.12% NaCl,在石英和方解石矿物包裹体中的低盐度含烃盐水的盐度为 3.20% ~12.28% NaCl。

参照成矿压力和成矿深度经验公式(邵洁涟和梅建明,1986):

T_0(初始温度)= 374+920×N(盐度%)(℃);

P_0(初始压力)= 219+2620×N(盐度%)(10^5 Pa);

H_0(初始深度)= P_0×1/300×10^5(km);

计算出初始温度、压力和深度,然后依据公式 P_1(成矿压力)= P_0×T_1(实测成矿温度)/T_0(10^5Pa)计算成矿压力,依据 H_1(成矿深度)= P_1×1/300×10^5(km)计算成矿深度。

萨热克砂砾岩型铜多金属矿床的成矿压力为 225.8×10^5 ~502.6×10^5 Pa,平均成矿压力值为 360.87×10^5 Pa;成矿深度为 0.75 ~1.68km,平均成矿深度为 1.20km。

(2)在萨热克砂砾岩型铜多金属矿床中,在次生石英和方解石中含烃盐水类包裹体中,气烃类组分类型主要有:①CH_4型;②CH_4+CO_2型;③CH_4+N_2型;④CH_4+N_2+CO_2型;⑤CH_4+N_2+ CO_2+H_2O 型,它们具有显著的气-液两相不混溶包裹体特征。以 CH_4型、CH_4+CO_2型和CH_4+ N_2+CO_2型等三种类型为主,其次含少量 CH_4+N_2型 和 CH_4+N_2+CO_2+H_2O 型,而且以CH_4+N_2+CO_2+ H_2O 型揭示在富烃类还原性成矿流体以气相运移的相态存在,这些气相存在的成矿流体运移到萨热克巴依陆内拉分断陷盆地内,在其运移构造通道和储集相层(褪色化杂砾岩-含砾粗砂岩类)中有可能发生气洗蚀变作用,这种大规模褪色化蚀变带在萨热克南矿带和北矿带均较为发育。而辉铜矿等铜硫化物在浮选工业工艺流程中,也正是基于以捕获剂捕获辉铜矿等铜硫化物并增加铜硫化物颗粒的疏水性原理进行选矿工业化生产,如黄药类、硫醇类、硫氮类和烃油类作为捕获剂和醇类等起泡剂(王淀佐等,1999;覃文庆等,2011;张亚辉,2016)等,均为富烃类有机质。因这些气成成矿流体的运移成矿流体具有较强疏水性,有能力携带深源极细粒-细粒级辉铜矿等铜硫化物并聚集在库孜贡苏组褪色化杂砾岩相层中。CH_4型、CH_4+CO_2型和 CH_4+N_2+CO_2型气相运移成矿流体不但能够形成气洗蚀变作用(褪色化蚀变),也有可能在其表面携带深部来源的极细粒-细粒辉铜矿等铜硫化物,从盆地基底构造层中,以切层断裂带为垂向运移的构造通道,上升进入储矿构造岩相层(库孜贡苏组紫红色杂砾岩类)并发生了侧向和垂向下渗运移,在二次运移过程中发生了氧化作用,推测 CH_4+N_2+CO_2+H_2O 型记录了深部 CH_4被氧化的瞬态过程,由于 CO_2+H_2O 形成并发生了热液水解反应,形成了 CO_3^{2-}离子,为萨热克砂砾岩型铜多金属矿体底板围岩中,广泛发育铁锰碳酸盐化蚀变相提供了地球化学条件和物质基础,即 CH_4+$2O_2$ —→ CO_2+H_2O —→ HCO_3^-+H^+ === $2H^+$+ CO_3^{2-}。

(3)在萨热克砂砾岩型铜多金属矿床中,液烃和气-液态烃类矿物包裹体说明富烃类还原性成矿流体曾经历了气-液两相不混溶的相分离作用;烃盐水、气烃、液烃、气-液态烃类、轻质油、沥青等包裹体存在,揭示富烃类还原性成矿流体具有气相(气烃类)-液相(液烃类-含烃盐水类)-气液混合相(气液烃类)-固相烃类(沥青)等多相形式活动,而沥青类作为固体烃类主要呈脉状和细脉状充填在断裂-裂隙带中。沥青不但在铁白云石和石英矿物包裹体中发育,而且沿碎裂岩化相杂砾岩类中裂隙和裂缝发育,并与辉铜矿-斑铜矿-黄铜矿等铜硫化物紧密共生,野外构造岩相学填图和室内构造岩相学研究表明碎裂岩化相宏观特征以顺层裂隙破碎带+切层裂隙破碎带+碎裂岩化+沥青化+网脉状铜硫化物为主;微观裂缝类型主要为砾内缝、砾缘缝与穿砾缝,沿裂隙和裂缝充填绿泥石、辉铜矿、沥青质、石英和铁碳酸盐等(韩文华等,2017)。

(4)在巴什布拉克大型砂岩型铀矿床中(韩凤彬等,2012),油气包裹体以液烃包裹体为主,含有少量气液烃类和含烃盐水类包裹体,还原性成矿流体均一温度为 71 ~ 193℃,盐度为 0.71% ~ 23.05% NaCl,成矿压力为 77.90×10⁵ ~ 211.75×10⁵Pa,成矿深度在 0.26 ~ 0.71km,显示该铀矿床成矿压力和成矿深度均比萨热克砂砾岩型铜多金属矿床小。有机质的氯仿沥青"A"含量在 0.0019% ~ 0.0026%,OEP(奇偶优势指数)为 0.72 ~ 0.84,平均为 0.78,显示了有机质高成熟的特征;CPI(碳优势指数)为 1.16 ~ 1.35,平均为 1.25,指示热演化程度较高;Pr/Ph(姥鲛烷/植烷)为 0.77 ~ 1.01,平均为 0.89。

(5)构造岩相学特征揭示富烃类还原性成矿流体与断裂带、层间断裂-裂隙带、碎裂岩化相、滑脱型脆韧性剪切带和滑脱构造岩相带等具有显著的构造-流体-岩石-烃类多重耦合结构,对于储集岩层(储矿构造岩相学层位)而言,这些富烃类还原性成矿流体属于异源外来成矿流体,与库孜贡苏组紫红色杂砾岩类曾经历了强烈水岩反应和围岩蚀变作用,因此其构造岩相学具有的强烈构造-流体-岩性多重耦合特征。这些构造岩相带不但是这类盆地流体运移通道,也是富烃类还原性成矿流体的储集岩相层;其顶部粉砂质泥岩-泥质粉砂岩、含膏泥岩-泥岩等为构造-岩相-岩性圈闭层。

6. 构造流体型盆地流体

在塔西萨热克砂砾岩型铜矿床、乌拉根砂砾岩型铅锌矿床、花园和滴水砂岩型铜矿床、巴什布拉克砂岩型铀矿床中,发育大规模褪色化和漂白化蚀变,尤其是在漂白化砂岩中,主要为硅化、碳酸盐化和石膏化等,形成了强烈的漂白化,主要由浅色矿物石英细脉和微脉、铁白云石-硅化微脉、方解石-锰方解石化、铁白云石-锰铁白云石化等组成,暗色矿物很少,仅见少量绿泥石等。大规模褪色化和漂白化蚀变带一般多分布在塔西中-新生代沉积盆地的边缘断裂带、层间滑脱构造带和辉绿辉长岩脉群等区域,它们为富 SiO₂ 和 CO₂ 型盆地流体大规模运移的地球化学岩相学和构造岩相学记录,主要受前陆冲断褶皱带、大规模逆冲断裂和滑脱断裂带控制。在乌鲁-乌拉、伽师-托帕、拜城-库车等前陆盆地系统,构造流体型盆地流体系统发育,一是发育在西南天山前陆冲断褶皱带下盘中生代和新生代地层中;二是在古近系底部层间滑脱构造带中发育;三是这些构造岩相学内具有盆地流体大规模运移和层间热液角砾岩化相带,揭示它们与盆→山转换过程构造运动有十分密切的关系。

7. 岩浆热液型流体

岩浆热液型盆地流体系统主要在托云中-新生代后陆盆地系统(方维萱等,2016a)中十分发育,如托云乡、巴音布鲁克东侧和萨热克南矿带等,在早白垩世末期-古近纪初期(122.2± 1.2 ~ 54.1±1.9Ma,K-Ar 法,季建清等,2006)碱性玄武岩和碱性辉长岩类侵入岩体周边,以强烈的区域性褪色化蚀变带和漂白化蚀变带发育为特征,揭示这些盆地流体活动明显受火山喷发作用和岩浆侵入构造带控制。以早白垩世末期-古近纪初期碱性玄武质火山岩、碱性辉绿岩和碱性辉绿辉长岩岩脉群和侵入岩体周边分布,在蚀变辉绿岩脉群-蚀变砂砾岩-砂岩中,形成了砂岩型铜矿化和砂砾岩型铜铅锌矿化带和 Cu-Pb-Zn-Ag-Au-Mo-V-Ni 异常带,以强碳酸盐化蚀变辉绿岩和含铜铁白云石化蚀变砂岩为典型的富烃类还原性盆地流体和Fe-Mn-CO$_2$型盆地流体形成大规模褪色化蚀变带,这种热液烃类盆地流体与深源辉绿岩-辉长岩形成的岩浆热液型盆地流体系统密切相关,这也是托云中-新生代后陆系统与乌鲁-乌拉、乌拉根、拜城-库车等三个前陆盆地系统中区域成矿地质背景和深部大陆动力学背景的主要差别。乌鲁-乌拉、乌拉根、拜城-库车等三个前陆盆地系统不但分布在西南天山造山带南侧与塔里木地块北缘过渡地带区域,而且目前尚未发现与早白垩世末期-古近纪初期碱性玄武岩和碱性辉长岩类侵入事件有关的岩浆热液型流体系统证据。

8. 层间水-承压水型流体

在研究区内发育层间水-承压水型地下水,塔里木盆地相邻中高山区现代河流和冰川为地下水主要补给源区,沿山前第四系松散层运移的地下水向塔里木盆地中心补给,在沙漠腹地由深部向浅部顶托排泄;塔里木盆地内深层油田水处于高度封闭的滞留状态,与上部松散沉积层地下水之间基本没有联系(李文鹏等,2006)。但局部受构造应力场驱动的上升盐泉水与深部卤水有可能连通,主要为卤水特征。

9. 富CO$_2$型还原性流体

通过地球化学岩相学、矿物包裹体和激光拉曼测试分析、构造岩相学研究和碳酸盐化蚀变相等综合研究后,方维萱等(2016a,2017b)提出了富CO$_2$型还原性成矿流体新认识。富CO$_2$型造山带流体在现今造山带流体中,在乌恰县托云乡苏约克泉华景区和矿泉水矿区有泉水出露,地表河流中发育纯白色钙化沉淀物,据罗培(2014)研究,苏约克泉的逸气现象显著,上升泉的泉口均有明显的逸气现象,气体成分主要为CO$_2$,约占泉口溢出气体成分总量的86.2%,次为N$_2$(占总量7.2%)、O$_2$(占总量6.2%);水温为8~12℃。苏约克泉华景区泉水化学特征显示:其K$^+$+Na$^+$为17.0~68.8mg/L,Ca^{2+}为212.4~601.2mg/L,Mg^{2+}为36.4~77.8mg/L,Fe^{3+}最大可达0.28mg/L,Fe^{2+}均少于0.05mg/L,HCO$_3^-$为805.5~2166.2mg/L,SO$_4^{2-}$为19.2~230.5mg/L,Cl$^-$为17.7~32.6mg/L,游离CO$_2$含量为135.1~1110.3mg/L,偏硅酸12.9~19.2mg/L,pH为6.61~6.99,总硬度为800.6~1721.4mg/L,总碱度为660.5~1776.4mg/L,溶解性固体总量为885.8~18.2.6mg/L。微量元素中Sr^{2+}为0.95~1.75mg/L,含量整体较高;泉水水化学类型为HCO$_3$-Ca型,属含锶碳酸型矿泉水。

5.7.3 塔西砂砾岩型铜铅锌矿围岩蚀变组合类型、成矿机理与勘查标志

塔西砂砾岩型铜铅锌-铀矿床围岩蚀变总体是以沥青化蚀变相、褪色化蚀变相、漂白化蚀变、碳酸盐化蚀变等低温围岩蚀变相为特征的低温热液蚀变组合:①在萨热克砂砾岩型铜多金属矿床中,围岩蚀变类型以沥青化蚀变、褪色化蚀变、绿泥石化、方解石化、铁锰方解石化、白云石化、铁锰白云石化、黄铁矿化、绢云母化、硅化、铜硫化物化等为主,少量重晶石化,以往对沥青化蚀变相、绿泥石化蚀变相和铁锰碳酸盐化蚀变相研究欠缺。②以富烃类还原性成矿流体叠加主成矿期为中心,纵向围岩蚀变分带为黑色沥青化蚀变带→(灰黑色沥青化蚀变+褪色化)蚀变带→褪色化蚀变带→褪色化蚀变+浅紫红色铁质砂砾岩。③在垂直方向上蚀变分带独具特点,即褪色化蚀变带(顶板围岩)→灰黑色沥青化+褪色化蚀变带(矿体顶

部)→灰黑色沥青化(矿体中部)→灰黑色沥青化±褪色化蚀变带(矿体下部)→黄铁矿化-铁碳酸盐化-绿泥石化蚀变带(底板围岩)→碳酸盐化-绿泥石化蚀变带(下盘围岩)。④在乌拉根砂砾岩型铅锌矿床中,围岩蚀变主要有团斑状沥青化、漂白化蚀变、石膏化、天青石化、黄铁矿化、方解石化、白云石化、细粒白云母化和黏土化蚀变、铅锌硫化物等,总体为低温蚀变相特征。白铅矿化-菱锌矿化-褐铁矿化-黄钾铁钒化为表生蚀变组合。从浅部到深部垂向蚀变分带为黄钾铁矾化-白铅矿-菱锌矿-褐铁矿→沥青化-褪色化-方铅矿-天青石-硬石膏-白云石→沥青化-褪色化-方铅矿-闪锌矿→沥青化-褪色化-方铅矿-闪锌矿-黄铁矿→沥青化-褪色化-黄铁矿。早期层纹状细粒天青石化为层状相体,与石膏岩和含膏角砾状白云岩等共生,显示热卤水同生沉积成岩成矿特征;晚期网脉、细脉状和块状天青石化蚀变岩和天青石石膏化的结晶较粗,天青石和石膏可见呈晶簇状和脉状穿层早期天青石岩和天青石石膏岩。⑤在巴什布拉克大型砂岩型铀矿床中,围岩蚀变类型有黑色沥青化、褪色化、漂白化蚀变、碳酸盐化、黄铁矿化、黏土化蚀变(高岭石和伊利石化等)和铀矿化等,其特征主要为低温蚀变组合。⑥在滴水和花园等新近系砂岩型铜矿床中,低温围岩蚀变组合为褪色化蚀变、沥青化蚀变、氯铜矿化、石膏化、碳酸盐化和黏土化(高岭石化和蒙脱石化等)。从浅部到深部,从上到下金属矿物组合分带为氯化铜-黑铜矿-蓝铜矿-赤铁矿(氧化矿石带)→黄铁矿-辉铜矿→方铅矿-斑铜矿-黄铜矿-辉铜矿-黄铁矿(混合矿石带)→赤铁矿-辉铜矿-黄铁矿(原生矿石带)。

在塔西中-新生代陆内红层盆地中,砂砾岩型铜铅锌-铀矿床中普遍发育大规模低温褪色化蚀变,这种构造岩相学记录了盆地流体强烈的活动历史。通过构造岩相学和地球化学岩相学相研究,认为这种大规模低温褪色化蚀变带不但是盆地成矿流体运移的构造通道,而且在成矿流体-构造-岩相-岩性多重耦合部位,成矿流体多相不混溶作用、地球化学氧化-还原相反应界面、成矿流体-盆地流体混合作用等,导致成矿物质大规模沉淀。在地球化学岩相学机制上,在陆内红层盆地岩石地层系统中,发生了"一黑二白三灰色"等强烈的流体蚀变作用,"一黑色"主要为沥青化蚀变相形成的地球化学还原相作用,可划分为黑色强沥青化蚀变岩、灰黑色中沥青化蚀变相和灰色弱沥青化蚀变相,将大量 Fe^{3+}(紫红色铁质胶结物、赤铁矿等)还原为 Fe^{2+}(黄铁矿、斑铜矿-黄铜矿-辉铜矿等铜硫化物相)而使紫红色铁质碎屑岩类黑色化-褪色和变色。"二白色"为方解石化、白云石化、硅化、重晶石化、铁锰白云石化和铁锰方解石化等,这些围岩蚀变矿物本身为浅色矿物,而且在围岩蚀变过程中大量 Fe^{3+}(赤铁矿等)还原为 Fe^{2+}(铁白云石、铁方解石、黄铁矿、绿泥石等),这是紫红色铁质碎屑岩发生大规模区域性的褪色化蚀变的地球化学岩相学机制所在。"三灰色"主要为绿泥石化和辉铜矿化等本身显示灰绿色和灰色,同时也将 Fe^{3+} 还原为 Fe^{2+} 形成了含铁绿泥石和黄铁矿等。这些低温围岩蚀变地球化学岩相学过程,为陆内红层盆地中岩石-成矿流体大规模水岩反应所形成,其成矿流体不混溶作用等也导致了铜铅锌-铀富集成矿,为采用遥感色彩异常寻找和圈定找矿靶区提供了依据。

1. 氧化酸性低级泥化蚀变相:石膏-高岭石-伊利石蚀变相与铜铅锌富集成矿

氧化酸性低级泥化蚀变相包括石膏-高岭石-伊利石蚀变亚相和天青石-高岭石-伊利石蚀变亚相,分布在克孜勒苏群、上白垩统、古近系和新近系中。与砂砾岩型铜铅锌成矿系统密切相关的氧化酸性低级泥化蚀变相主要有四类:①主要在乌拉根砂砾岩型铅锌矿床和帕卡布拉克天青石矿床中发育,形成于成岩成矿早期 B 阶段,以石膏和天青石为地球化学岩相学标志矿物,指示了氧化酸性成岩成矿环境,在沉积物压实固结过程中,因富 Sr-Ca-SO₄ 型热卤水或盐水渗流交代作用,长石(钠长石、透长石和钾长石等)发生了低温酸性溶蚀作用,成岩深度较浅,形成了高岭石-伊利石等酸性蚀变矿物,伴有次生加大的石英,发育低温液相包裹体(<200℃)。指示乌拉根砂砾岩型铅锌矿床和帕卡布拉克天青石矿床经历了氧化酸性低级泥化蚀变成岩成矿作用。②在杨叶-花园砂岩型铜矿床和托帕砂砾岩型铜矿床中,发育石膏-高岭石-伊利石亚相和天青石(重晶石)-高岭石-伊利石蚀变亚相,因与富 Sr-Ba-Ca-SO₄ 型热卤水或盐水渗流交代作用,长石(钠长石、透长石和钾长石等)发生了低温酸性溶蚀作用。③在砂砾岩型铜铅锌矿床氧化带中,因硫化物氧化作用、表生成土作用和表生黏土化作用,形成了石膏-高岭石-伊利石蚀变亚相与黄钾铁矾-褐铁矾蚀变相等共生,在乌拉根砂砾岩型铅锌矿床氧化带较为发育。④在托云地区晚白垩世-古近纪火山岩中,玄武质凝灰岩和泥岩中,发育石膏-高岭石-伊利石蚀变相,为咸化湖泊相形成的产物。

氧化碱性低级泥化蚀变相以沸石亚相为主,在托云地区白垩纪玄武岩、古近系碱性基性岩和黑云母正长岩中发育,主要为褪色化蚀变标志。

2. 绢云母化蚀变相:富 H⁺—OH⁻ 羟基蚀变作用

绢云母蚀变相在萨热克砂砾岩型铜多金属矿内发育,主要发育在铜矿体底盘围岩中,与绿泥石化蚀变相、铁锰碳酸盐化蚀变相和硅化蚀变相共生,主要为泥质填隙物、碎屑长石和砾石中黑云母等蚀变而成,主要分布在库孜贡苏组内。克孜勒苏群中绢云母化分布仅限于断裂带内,克孜勒苏群及以上古近系等地层中,均无绢云母化蚀变。

3. 富 Sr-Ba-Ca-SO₄ 型氧化酸性成岩相系:石膏岩和重晶石-天青石岩相

富 Sr-Ba-Ca-SO₄ 型氧化酸性蚀变岩相系(酸性成岩相)包括石膏岩相、石膏硬石膏岩-硬石膏相、天青石岩相、重晶石天青石岩相、重晶石化蚀变相、天青石化蚀变相等。其中石膏岩、石膏硬石膏岩-硬石膏相和天青石岩相等,已在第 4 章中详细论述。①在托帕砂砾岩型铜铅锌矿区和喀炼铁厂预测区,Cu-Pb-Zn-Ba-Sr 综合异常分布在克孜勒苏群第三岩性段区域,揭示主要发育富 Sr-Ba-Ca-SO₄ 型氧化酸性蚀变岩相系(酸性成岩相),指示了酸性热卤水沉积成岩成矿作用范围。②在萨热克砂砾岩型铜多金属矿区内,局部发育 Ba 与 Cu-Pb-Zn 共生的化探异常,经人工重砂检查和定量分析,发现了砂砾岩型铜矿层内,Ba 异常主要与后期叠加的重晶石脉密切有关,指示了酸性成岩相(氧化酸性蚀变相)的分布范围。③在杨叶铜矿带、加斯砂砾岩型铅锌矿化带内,均发育 Sr-Ba-Cu-Pb-Zn 综合异常,指示了 Sr-Ba-SO₄ 型氧化酸性蚀变岩相系(酸性成岩相)。它们主要是寻找天青石矿床的找矿标志,也是寻找砂砾岩型铜铅锌矿床的间接找矿标志。

4. 富烃类还原性成矿流体、黑色沥青化蚀变相与铜银钼-铀富集成矿

1) 沥青化蚀变相强度分带与总有机碳

灰黑色-黑色强沥青化蚀变相在塔西地区砂砾岩型铜铅锌矿床和砂岩型铀矿床中普遍发育,因含总有机碳高而呈现黑色-灰黑色-灰色,揭示了有机质参与砂砾岩型铜铅锌-铀矿床特征。灰黑色-黑色沥青化蚀变相的强度分带揭示了富含沥青类和烃类还原性成矿流体作用的强度中心,以灰黑色-黑色沥青化蚀变相为还原性成矿流体带状充注运移中

心和区域面状褪色化蚀变中心,也指示了砂砾岩型铜铅锌–铀矿床的成矿中心部位,与陆内红层盆地中紫红色铁质粗碎屑岩系形成显著的紫红色的色斑–色系等具有巨大的反差性变化和强烈色差对比。黑色强沥青化蚀变带呈局部带状–团斑带状等形态学特征,具有最高有机碳含量;随着沥青化蚀变强度降低,逐渐变为灰黑色–青灰色,而弱沥青化蚀变带为青灰色–褪色化,具有区域性宽带状–面带状形态学特征,如在萨热克砂砾岩型铜矿区,①按照沥青化蚀变相强度、颜色、沥青含量和地质产状特征(图版 K),将沥青化蚀变相划分为带状–网脉状黑色强沥青化蚀变带(图版 K 中 1、2、3 和 4)、网脉状灰黑色中沥青化蚀变相(图版 K 中 5、6、7 和 8)、面状和面带状灰色弱沥青化蚀变带和灰色弱沥青化–灰绿色褪色化蚀变带(图版 L 中 1、2、3 和 4)等 4 个相带。②在萨热克砂砾岩型铜多金属矿床的铜钼银同体共生矿体中,带状黑色强沥青化蚀变带(图版 L 中 1 和 2)含总有机碳在 3.28% ~4.78%,$\delta^{13}C$ 在 $-20.79‰$ ~ $-19.65‰$;因盆地基底富烃类还原性成矿流体沿切层断裂充注,形成的黑色强沥青化蚀变带总有机质($TOC>1.0\%$)含量高,导致紫红色铁质杂砾岩–紫红色铁质岩屑砂岩–紫红色铁质粉砂岩类等发生了改色化(紫红色铁质→灰黑色–黑色沥青化)。③砂砾岩中沥青化蚀变带含总有机碳为 1.00% ~0.3%;弱沥青化–褪色化蚀变相中含总有机碳为 0.3% ~0.10%;未蚀变的紫红色铁质杂砾岩–铁质岩屑砂岩中含总有机碳<0.10%。随着总有机碳含量降低,富烃类还原性成矿流体作用减弱,最终变为正常的紫红色铁质碎屑岩类。

2)富烃类还原性成矿流体充注相态(一次运移和二次运移相态)和多相态不混溶作用

在不同强度的沥青化蚀变相带中,烷烃类 C_{10} ~ C_{38} 含量和 $(\Sigma C_{10-20})/(\Sigma C_{21-38})$ 比值等参数不同,揭示具有较强迁移和运移能力的 ΣC_{10-20} 富烃类还原性成矿流体可能以流体扩散机制进行二次运移。

(1)如在萨热克砂砾岩型铜多金属矿区,在黑色强沥青化蚀变带中的烷烃类 ΣC_{10}–C_{38} 合量达 419.32mg/kg(表 5-18 和图 5-27 中 2730-1),其主峰在 C_{23} 和 C_{25},为后峰型正烷烃系列,$(C_{21}+C_{22})/(C_{26}+C_{22})$ 为 2.04,指示了有机质生物源以陆源高等植物为主。$(C_{21}+C_{22})/(C_{28}+C_{29})$ 为 1.78,暗示具有一定海相植物信息。碳数优势指数(CPI)为 1.73,属未成熟有机质(CPI>1.20),处于生物化学生气阶段,该阶段产物主要为 CO_2、CH_4、NH_3、H_2S、H_2O 等。推测这些有机质(TOC 在 3.28% ~4.78%)被构造应力驱动而沿切层断裂带垂向运移而充注在储集层(储矿层位),在储集层内切层断裂带和碎裂岩化相带中形成了强沥青化蚀变带。

表5-18　萨热克铜矿床中铜矿石中烷烃类含量

样品	强沥青化蚀变带 /2730-1/Cu = 0.81%			弱沥青–褪色化蚀变带 /2685-5/Cu = 2.27%			褪色化蚀变带 /2760-4/Cu = 0.72%		
正构 烷烃	保留时间 /min	峰面积	含量/ (mg/kg)	保留时间 /min	峰面积	含量/ (mg/kg)	保留时间 /min	峰面积	含量/ (mg/kg)
C_{10}	7.39	16954	0.0815	7.49	1909	<0.003	7.34	31	<0.003
C_{11}	10.41	294586	1.86	10.47	8004	<0.003	10.46	7929	<0.003
C_{12}	11.93	1132298	6.23	11.95	30298	0.166	11.96	2991	0.016

续表

样品	强沥青化蚀变带 /2730-1/Cu=0.81%			弱沥青-褪色化蚀变带 /2685-5/Cu=2.27%			褪色化蚀变带 /2760-4/Cu=0.72%		
正构 烷烃	保留时间 /min	峰面积	含量/ (mg/kg)	保留时间 /min	峰面积	含量/ (mg/kg)	保留时间 /min	峰面积	含量/ (mg/kg)
C_{13}	13.67	2166773	8.52	13.67	86781	0.319	13.69	1284	<0.003
C_{14}	15.7	3934196	22.3	15.68	495107	1.97	15.68	48711	0.0345
C_{15}	18.03	5222995	20.5	18	634731	1.82	18	237063	0.2
C_{16}	20.66	6152969	24.5	20.62	825293	2.99	20.61	177694	0.373
C_{17}	23.52	6591536	25.4	23.46	648573	2.38	23.45	121398	0.345
Pr	23.67	1235159		23.64	280122		23.63	76661	
C_{18}	26.48	7151844	26.7	26.43	508825	1.85	26.41	123136	0.407
Ph	26.76	1168958		26.72	266377		26.71	109630	
C_{19}	29.5	7608635	26.9	29.42	349547	1.19	29.41	86735	0.259
C_{20}	32.49	8101189	28.2	32.4	263762	0.876	32.39	58787	0.162
C_{21}	35.41	8413631	28.9	35.33	204466	0.674	35.31	41517	0.113
C_{22}	38.25	8260971	27.7	38.16	166273	0.509	38.15	37581	0.0755
C_{23}	41.01	8771520	29.4	40.91	126280	0.409	40.9	25088	0.069
C_{24}	43.66	8393470	28.4	43.56	101144	0.306	43.55	28370	0.059
C_{25}	46.22	8563354	29.2	46.12	95893	0.3	46.11	22302	0.049
C_{26}	48.51	47736	0.097	48.59	79484	0.202	48.59	28150	0.032
C_{27}	51.06	6768747	22.8	50.98	64371	0.171	50.96	23870	0.0345
C_{28}	53.35	5315455	17.5	53.27	54294	0.124	53.27	21566	0.0145
C_{29}	55.56	4293288	14.3	55.5	45411	0.0955	55.48	19990	0.0105
C_{30}	57.7	3019079	10	57.64	33727	0.063	57.64	18264	0.011
C_{31}	59.77	2120989	6.22	59.73	25793	0.0305	59.72	30815	0.0455
C_{32}	61.77	1291486	4.15	61.74	16557	0.0215	61.73	14602	0.0155
C_{33}	63.74	856419	2.92	63.71	13068	0.026	63.71	7747	0.008
C_{34}	65.89	629998	2.32	65.87	22221	0.0635	65.85	6881	0.0065
C_{35}	68.34	417603	1.65	68.32	15882	0.054	68.3	3805	0.006
C_{36}	71.17	251377	1.03	71.14	7789	0.027	71.13	3205	0.008
C_{37}	74.48	173321	0.858	74.45	3246	0.0115	74.42	1592	0.0025
C_{38}	78.35	120318	0.679	78.33	3368	0.0165	78.35	749	0.0015
总和	—	—	419	—	—	16.7	—	—	2.3

续表

样品		强沥青化蚀变带 /2730-1/Cu=0.81%			弱沥青–褐色化蚀变带 /2685-5/Cu=2.27%			褐色化蚀变带 /2760-4/Cu=0.72%		
正构 烷烃		保留时间 /min	峰面积	含量/ (mg/kg)	保留时间 /min	峰面积	含量/ (mg/kg)	保留时间 /min	峰面积	含量/ (mg/kg)
烃类示踪参数	$\Sigma C_{10}-C_{20}$	191.19			13.56			1.8		
	$\Sigma C_{21}-C_{38}$	228.12			3.1			0.56		
	$\Sigma C_{10}-C_{20}/\Sigma C_{21}-C_{38}$	0.84			4.37			3.2		
	$(C_{21}+C_{22})/(C_{26}+C_{22})$	2.04			1.66			1.75		
	$(C_{21}+C_{22})/(C_{28}+C_{29})$	1.78			5.39			7.54		
	Pr/Ph	1.06			1.05			0.88		
	Pr/C_{17}	0.19			0.43			0.63		
	Ph/C_{18}	0.16			0.52			0.89		
	R29	1.04			1.02			0.82		
	碳优势指数 CPI	1.73			1.09			1.49		

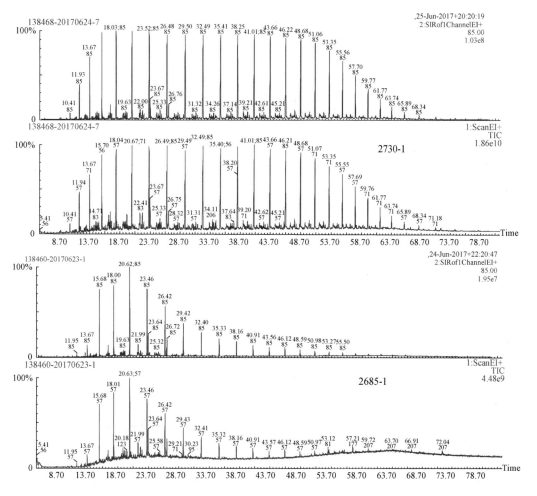

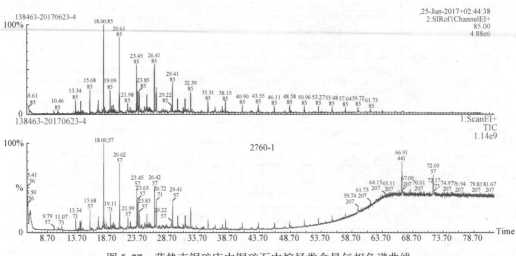

图 5-27　萨热克铜矿床中铜矿石中烷烃类含量气相色谱曲线

（2）在弱沥青化-褪色化蚀变带中（图 5-27 中 2685-5），ΣC_{10}-C_{38} 合量为 16. 67mg/kg，主峰为 C_{16} 和 C_{17}，C_{34} 和 C_{35} 为次级弱峰，略显双主峰趋势，推测与经过热液作用演化沥青化蚀变带沥青中高蜡质贡献有关。$(C_{21}+C_{22})/(C_{26}+C_{22})$ 为 1. 66，$(C_{21}+C_{22})/(C_{28}+C_{29})$ 为 5. 39，推测与富烃类还原性成矿流体在储集层（储矿层位）中发生了二次运移作用有密切关系。$(C_{21}+C_{22})$ 具有较强迁移能力，C_{26}、C_{28} 和 C_{29}（与沥青质碳数相当）与 $(C_{21}+C_{22})$（与柴油碳数相当）相比其迁移能力相对较弱，因弱沥青化蚀变带中沥青含有蜡质（C_{21-38}）迁移能力减弱；碳优势指数 CPI 为 1. 04，具成熟有机质（CPI<1. 20）特征，揭示有机质向成熟方向演化。

（3）原油中烃类可大致分为低分子量（$<C_{15}$）、中等分子量（C_{15} ~ C_{40}）及高分子量烃类（$>C_{40}$）。烃类的分子量越低，在构造热应力驱动下或热裂解作用下，它们的活化迁移和运移能力越强。如石油烃气（C_{1+5}）与柴油碳数相当的碳数 C_{10} ~ C_{20} 相比，石油烃气（C_{1+5}）具有较强的迁移和运移能力；石油沥青碳数为 C_{21} ~ C_{38}，它们与柴油碳数 C_{10} ~ C_{20} 相比，石油沥青（碳数为 C_{21} ~ C_{38}）的迁移和运移能力则明显减弱。因此，本书采用 $(\Sigma C_{10-20})/(\Sigma C_{21-38})$ 值、$\Sigma(C_{10}-C_{20})$、$\Sigma(C_{21}-C_{38})$ 和 $\Sigma(C_{10}-C_{38})$，探讨和示踪储集层（储矿层位）富烃类成矿流体二次运移的成岩成矿过程。

在围岩蚀变的地球化学岩相学机制方面：①在黑色强沥青化蚀变带中（表 5-16 和图 5-27 中 2730-1），ΣC_{10}-C_{20} 合量为 191. 19mg/kg，$\Sigma(C_{21}-C_{38})$ 合量为 228. 12mg/kg，$\Sigma(C_{10}-C_{38})$ 合量为 419. 32mg/kg，这种富烃类还原性成矿流体沿切层断裂带充注到储集层（储矿层位）中切层断裂-裂隙带后，在沿储集层内顺层断裂+裂隙带发生了二次运移。与石油沥青碳数 $\Sigma(C_{21}-C_{38})$ 相当的烃类含量，明显高于柴油碳数相当的 $\Sigma(C_{10}-C_{20})$ 烃类含量，推测与富烃类还原性成矿流体受构造应力驱动而呈塑性流体充注在切层断裂-裂隙带中（图版 L 中1 ~ 6）过程有关，并且与黑色强沥青化蚀变带的带状-网脉状的构造岩相学特征相吻合。②在弱沥青化蚀变相中（表 5-16 和图 5-27 中 2685-5），ΣC_{10}-C_{20} 合量为 13. 56mg/kg，$\Sigma(C_{21}-C_{38})$ 合量为 3. 10mg/kg，$\Sigma(C_{10}-C_{38})$ 合量为 16. 67mg/kg，但 $(\Sigma C_{10-20})/(\Sigma C_{21-38})$ 值为 4. 37，明显富集 ΣC_{10-20}，而且低扩散特征的 ΣC_{21-38} 相对贫化，显示二者烷烃类在其地球化学岩相学形成过程和形成机制上具有较大差异,暗示弱沥青化-褪色化蚀变相与挥发性较高的烷烃类(ΣC_{10}-C_{20})蚀变作用有关(即烃类气洗蚀变作用),而黑色强沥青化蚀变相与盆地底源沿基底断裂上升充注的富含石油沥青质蚀变作用有密切关系,沿盆地基底断裂带上升的富烃类还原性成矿流体充注在断裂带和强碎裂岩化相带的断裂-裂隙带中后,沿库孜贡苏组层间滑动断裂-裂隙带-碎裂岩化相(碎裂岩化杂砾岩类),富$\Sigma(C_{21}-C_{38})$烃类还原性成矿流体以侧向渗流作用为主,充注切层断裂-裂隙中;挥发性较高的烷烃类($\Sigma C_{10}-C_{20}$)以气液相扩散作用发生侧向运移,并可能形成气洗蚀变作用;因此,沥青化蚀变相的强度分带具有不同的地球化学岩相学形成过程和形成机制。③C_{27}、C_{28}和C_{29}甾烷相对分布是油源和有机质来源的对比指标,在该矿区内黑色强沥青化蚀变相与灰色弱沥青化-灰绿色褪色化蚀变相中,其分布型式均为$C_{27}>C_{28}>C_{29}$,说明它们具有类似的有机质来源,但与乌拉根砂砾岩型铅锌矿床中规则甾烷($C_{27}>C_{28}<C_{29}$)分布型式不同,暗示萨热克砂砾岩型铜多金属矿床与乌拉根砂砾岩型铅锌矿床具有不同有机质来源和气洗蚀变作用过程。

(4)在巴什布拉克铀矿床下白垩统克孜勒苏群下段冲积扇相砾岩中,至少发育两期油气和有机质运移事件形成的沥青化蚀变相。氯仿沥青"A"族组分中总烃所占比例偏少,"非烃+沥青质"比例较大,有机质正构烷烃主峰碳为C_{17}、C_{18}、C_{20}、C_{24}和C_{25}(韩凤彬等,2012)。在乌拉根砂砾岩型铅锌矿区近矿围岩和外围油砂中,有机质成分中氯仿沥青"A"族组成及其饱和烃的主要生物标志物特征均较相似,CPI=1.11~1.17,Pr/Ph=0.68~1.08,规则甾烷具有$C_{27}>C_{28}<C_{29}$的分布特征,说明二者有机质为同源(董新丰等,2013)。

(5)矿物包裹体地球化学岩相学特征记录了富烃类和非烃类的还原性成矿流体成分瞬间特征。①在萨热克砂砾岩型铜矿床中,方解石-铁白云石-石英中矿物包裹体主要有含烃盐水、液烃、气烃、气液烃、轻质油和沥青等,它们揭示了大规模富烃类还原性成矿流体的地球化学岩相学特征(方维萱等,2016a;2017a;贾润幸等,2017),即这种还原性成矿流体具有多相态不混溶作用。②在常温常压条件下,气烃为以C_1-C_4为主的烷烃类,液烃为以C_5-C_{15}为主的烷烃类,C_{16}以上的烷烃为固态或具塑性流动固体烃类,推测萨热克砂砾岩型铜矿床内气烃和气液烃可能以C_{16-}为主。③在石油炼制工业中,轻质油一般泛指沸点范围在50~350℃的烃类化合物。在煤化工行业中,在煤焦油和煤直接液化过程中,沸点低于210℃的轻馏组分称为轻质油;轻质油一般包括汽油、煤油、轻柴油等,而轻质油一般为C_{5-10}等组成,而柴油碳数为C_{20-}。推测萨热克砂砾岩型铜矿床内,轻质油矿物包裹体指示曾存在C_{5-10}烃类组成的还原性成矿流体。沥青化蚀变相中$\Sigma C_{10}-C_{20}$在191.19~13.56mg/kg,揭示存在残留的与柴油碳数相当的烃类。④沥青(C_{21+})是由不同分子量的碳氢化合物和非金属衍生物组成的黑褐色复杂混合物,沥青包括焦煤沥青、页岩沥青、石油沥青和天然沥青,本区主要为沥青(包括天然沥青和石油沥青),在萨热克砂砾岩型铜多金属矿床中,黑色强沥青蚀变相为棕褐色-黑色胶凝状物质,经分析其现今残留的石油沥青(C_{21+38})含量在419mg/kg,弱沥青化-褪色化蚀变相中含石油沥青为16.7mg/kg,它们为残留沥青质含量,而矿物包裹体中沥青碳数为C_{21+}。⑤在乌拉根铅锌矿区和巴什布拉克铀矿区,沥青富集$C_{17}-C_{29}$(董新丰等,2012;刘章月等,2015)。在巴什布拉克砂岩型铀矿床中发育液烃、含烃盐水、油气等矿物包裹体和富有机质等(韩凤彬等,2012;刘章月等,2015),两期油气充注等富烃类还原性成矿流体。

上述系列现象揭示在塔西砂砾岩型铜铅锌-铀矿床形成过程中,在构造应力场驱动下,富烃类还原性成矿流体一次运移相态和充注在储集层(储矿层位)以气相烃类(甲烷、CO_2 和少量 H_2O 等)、液相烃类(轻质油、含烃盐水)、高流动性固体烃类(沥青-石蜡等)等多相态不混溶的还原性成矿流体为主,沿盆地基底断裂-裂隙带注入储集层(储矿层位)。而这些富烃类还原性成矿流体进入储集层(储矿层位)后,它们以气相(气相 CH_4、CO_2、N_2 和 H_2O)、气液相(含气烃-含烃盐水)和液相(含烃盐水)等多相态不混溶还原性成矿流体形成了二次运移,以孔隙渗流方式为主沿层间滑动断层-裂隙带-碎裂岩化相带等高孔隙度和渗透率的杂砾岩层进行二次运移,气烃-液烃-含烃盐水,液烃-固体烃类、CO_2 和 H_2O 等非烃类还原性成矿流体不混溶作用等,是导致成矿物质沉淀富集成矿的主要机制。

　　3)沥青化蚀变相(富烃类还原性成矿流体)形成期次与碎裂岩化相耦合关系

　　沥青化蚀变相为多期沥青化蚀变作用在空间上异时同位叠加所形成,也是陆内红层盆地砂砾岩型铜铅锌-铀矿床的成岩成矿中心。以萨热克砂砾岩型铜矿床为例,论述沥青化蚀变相异时同位叠加的地球化学岩相学,即不等时不等化学位地球化学岩相学类型(HHPF)形成了异时同位叠加成岩成矿作用。

　　(1)根据沥青化蚀变地质产状划分为四期以上的沥青化蚀变相。①第一期沥青化蚀变相呈短细脉状、薄膜状和弥漫状分布在含铜灰色杂砾岩之中(图版 K 中 1 和 2),沥青化蚀变无明确的定向构造但总体大致沿层分布,呈胶结物形式分布在砾石间,沥青短细脉状和薄膜状(2~3mm)围绕砾石呈弧形分布,局部沿砾石表面发育清晰的金属镜面结构,为后期构造变形过程中砾石滑动所形成。第一期沥青化蚀变为面型分布较为广泛但蚀变强度不大,以灰色弱沥青化蚀变相和灰色弱沥青化-灰绿色褪色化蚀变带为主,主要呈面带状分布。②第二期黑色-灰黑色拉伸线理状含辉铜矿沥青化蚀变相的定向构造明显(图版 K 中 8),含 Cu 在 3%~5%,局部含铜可达 0.50%。第二期沥青化蚀变相受裂隙组和碎裂岩化相控制而分布较为局限,多在走向为 270°裂隙中分布,为同构造期沥青化蚀变产物,但该组裂隙在后期再度活动强烈,以斜冲走滑作用为主,形成了辉铜矿-沥青等组成的拉伸线理。显示具有显著的构造-岩石-流体多重耦合作用,以带状-网脉状分布为主。第二期沥青化穿切第一期沥青化蚀变,常与第三期油状和粉尘状沥青化呈大角度斜交关系,被第三期脉状沥青化所穿切。③第三期和第四期黑色强沥青化蚀变相受断裂带和碎裂岩(碎裂状蚀变杂砾岩类)控制,多沿切层小型断裂分布或沿层间裂隙带分布(图版 K 中 3、4、5 和 6),因第三期沿切层断裂和层间裂隙破碎带分布,黑色强沥青化-灰黑色中沥青化蚀变相的分布范围也较大,宽度可达 100m,钻孔揭露厚度可达 30~50m。第三期在断裂带(宽 0.2~0.5m)可见构造片理化强沥青化蚀变相,与断裂带相邻的 S 形裂隙中发育细脉状(1~2cm)沥青化蚀变脉,并发育滑动镜面构造(图版 K 中 3、4、5 和 6),在第三期沥青化蚀变相中,沿显微裂隙组的矿物充填序列为碳质→绿泥石+黄铜矿+斑铜矿→辉铜矿→铁锰方解石。第三期沥青化可沿断层上升进入克孜勒苏群中,形成了沿切层断裂分布的灰黑色沥青化蚀变相,沿砂岩层面可见灰白色弱沥青化蚀变相+褪色化蚀变砂岩(图版 L 中 5 和 6)。④第四期黑色强沥青化蚀变相主要沿断裂带内部呈油状和粉尘状分布,少见其发生构造变形现象(图版 K 中 1 和 2),主要受断裂带控制而呈带状和脉状。在库孜贡苏组上段含铜蚀变杂砾岩中,第四期黑色强沥青化蚀变相常与第三期沥青化叠加,形成了黑色强沥青化-灰黑色中沥青化蚀变相带中心,也是铜矿体成矿中心(Cu 10%~15%)。

　　(2)在萨热克南矿带下白垩统克孜勒苏群中以辉绿辉长岩脉群侵位形成了大规模褪色化蚀变带,而在萨热克北矿带沿克孜勒苏群中切层断裂和顺层断裂也分布沥青化蚀变相和褪色化蚀变相,为断裂控制的富烃类还原性成矿流体的断裂渗漏蚀变矿化异常带。①在萨热克北矿带地表,下白垩统克孜勒苏群发育断裂带中,可见晚期粉尘状沥青化蚀变相和沥青化构造片岩相,向断层两侧沥青化蚀变相迅速消失,并相变为褪色化蚀变岩屑砂岩(图版 L 中 6),揭示由沥青等组成的成矿流体沿切层断裂带形成了垂向运移和侧向扩散交代作用,为不等位地球化学相扩散作用所形成。②在萨热克北矿带钻孔深部揭露,克孜勒苏群沿含砾粗砂岩-粗砂质细砾岩层,顺层发育沥青化蚀变相揭示沥青类成矿流体侧向运移,主要受层间构造(层间滑动-裂隙破碎带)-岩相(河流相粗碎屑岩)-岩性(岩屑粗砂岩-含砾粗砂岩-粗砂质细砾岩层)多重耦合结构控制明显,在萨热克北矿带克孜勒苏群中沥青化-褪色化蚀变相规模较小,形成了沿沥青化褪色化蚀变构造带中发育 Cu 等原生地球化学异常。③在萨热克南矿带围绕侵入于克孜勒苏群辉绿辉长岩脉群分布的大规模褪色化中,形成了铜矿体、铅矿体、含铜褪色化蚀变体和含铅漂白化褪色化-矿化体;这种晚期沥青化蚀变相和沥青化构造片岩相形成于晚白垩世-古近纪,推测与辉绿辉长岩脉群侵位事件有密切关系。④总体看来,从萨热克砂砾岩铜矿床到新近系砂岩型铜矿床中,沥青化蚀变相穿越了侏罗系和白垩系,具有四期以上的富烃类盆地流体运移事件和沥青化蚀变相叠加特征(方维萱等,2015,2016a,2017a)。

　　沥青化蚀变相与褪色化(漂白化)蚀变带具有密切关系,但沥青化蚀变相属于富烃类还原性成矿流体作用密切相关的黑色-灰黑色-灰色沥青化蚀变相,根据构造岩相学研究,结合对萨热克砂砾岩型铜矿床内方解石-铁白云石-石英中矿物包裹体、Re-Os 同位素示踪和定年(方维萱等,2016a;贾润幸等,2017,2018)等研究,四期沥青化蚀变相成分特征和地球化学岩相学作用有一定差异,揭示这些还原性成矿流体可能具有一定差别。

　　(3)早期(J_{2-3}沉积成岩期)方解石-铁白云石中矿物包裹体中以含烃盐水、液烃、气烃和气液烃为主,揭示在中侏罗世末期-晚侏罗世初期,辉铜矿主成矿期年龄为 166.3 ±2.8Ma,富烃类还原性成矿流体主要形成于早期沉积成岩期(157±2 ~ 178±4Ma),以含烃盐水-气液烃类(C_1-C_{15-18})与库孜贡苏组中紫红色铁质杂砾岩中氧化相铜、铅锌和钼发生耦合反应为主,具有强烈还原作用的气烃、液烃和气液态类组成的富烃类还原性成矿流体,含烃盐水中气液烃类不混溶作用和强烈还原作用为导致矿质沉淀机制,紫红色铁质杂砾岩中氧化相铜、铅锌和钼形成了强烈还原作用,不但形成了紫红色铁质杂砾岩褪色化,而且形成了辉铜矿、方铅矿、闪锌矿和硫铜钼矿等沉淀富集,即紫红色赤铁矿中的 Fe^{3+} 被还原成黄铁矿和铁辉铜矿中的 Fe^{2+},烃类中甲烷气因氧化作用也导致黄铁矿和铁方解石化形成,并导致褪色化蚀变和铜富集成矿,可能的水-岩化学反应机制如下:

(赤铁矿)Fe_2O_3+2H_2S ——→(黄铁矿)FeS_2↓+H_2O+O_2↑

$CuSO_4$+CH_4——→(辉铜矿)CuS+2H_2O+CO_2↑

(赤铁矿)Fe_2O_3+CH_4+ H_2S +3O_2——→(黄铁矿)FeS_2↓+2H_2O+(铁方解石)$[Fe,Ca]CO_3$↓

　　(4)在中期(早白垩世碎裂岩化相)方解石-铁白云石-石英中矿物包裹体研究中,不但发育含烃盐水、液烃、气烃和气液烃矿物包裹体,而且形成了轻质油和沥青质等矿物包裹体,具有多相态不混溶含烃盐水和烃类等特点,气液烃类(C_1-C_{15-18})、轻质油(C_{5-10})和含烃盐水等组成的富烃类还原性成矿流体,因多相态不混溶作用和烃类还原性作用导致矿质沉淀。这些地球化学岩相学作用与早白垩世碎裂岩相期形成的显微裂隙和紫红色铁质杂砾岩具有高孔隙度,形成了构造-岩相-岩性多重耦合,以细脉状和显微脉状方解石-铁白云石-石英和相共生的辉铜矿-斑铜矿-黄铜矿等铜硫化物为典型的构造岩相学标志,显微裂隙类型主要为砾内缝、砾缘缝与穿砾缝,多充填有铜硫化物和沥青质微脉(韩文华等,2017),显微裂隙密度在 4~18 条/cm。该期辉铜矿 Re-Os 同位素模式年龄为 116.4±2.1~136.1±2.6Ma。

(5)晚期(古近纪碎裂岩化相)焦油状沥青呈脉状、细脉状和浸染状分布在切层断裂、顺层断裂和强碎裂岩化相部位,形成了沿断裂带分布的脉带状焦油状黑色沥青化蚀变相,揭示切层断裂带为焦油状沥青等还原性成矿流体运移构造通道,它们在沿切层断裂带进入含铜碎裂岩化相蚀变杂砾岩类后,沿顺层断裂-裂隙储集层相层发生了侧向渗流方式为主的二次运移,并受层间压剪性 S-L 透镜状裂隙组控制明显,这些压剪性裂隙组为含铜沥青等组成的成矿流体提供了构造扩容空间。压剪性 S-L 透镜状裂隙组-切层断裂-强碎裂岩化相等构造岩相学与多期次黑色强沥青化蚀变相叠加+网脉状辉铜化等特征,指示了多期次含辉铜矿沥青组成的成矿流体排泄和叠加聚集中心部位,也是富铜矿体和铜银钼同体共生矿体的找矿预测标志。最晚期的黑色强沥青化蚀变相的沥青 Re-Os 同位素模式年龄为 50~57Ma(黄行凯等,2017)。

沥青是烃类生成及演化的产物,原油经热变化、气体脱沥青化、水洗和生物降解等作用形成,与金属成矿关系密切(Parnell ,1988;施继锡等,1995;Bechtel and Püttmann,1992),在萨热克砂砾岩型铜多金属矿床中,含辉铜矿沥青化蚀变相的全岩 Re-Os 同位素模式年龄为 220±3Ma 和 180±3Ma,即指示了其烃源岩形成沥青和大规模生烃的时限为晚三叠世-早侏罗世,这与在托云中-新生代后陆盆地出露上三叠统含煤碳质泥岩夹煤线、康苏组含煤碎屑岩系等地质现象吻合,而萨热克巴依陆内拉分断陷盆地属托云后陆盆地系统的次级 NE 向盆地,推测其深部存在隐伏上三叠统含煤岩系,下侏罗统康苏组为萨热克铜多金属矿区主要工业煤层,上三叠统-下侏罗统含煤碎屑岩系为托云中-新生代后陆盆地中良好烃源岩系。上三叠统-下侏罗统烃源岩系在中侏罗世末-晚侏罗世初、早白垩世(116.4±2.1~136.1±2.6Ma)和古近纪(50~57Ma)经历了 3 期大规模生烃和排烃,形成了富烃类还原性成矿流体和沥青,揭示这些沥青可能来源于隐伏三叠统和出露下侏罗统康苏组含煤碎屑岩系,并携带了辉铜矿-硫铜钼矿等铜硫化物微粒,沿盆地基底断裂带上升运移至碎裂岩化相部位。

(6)在乌拉根和康西砂砾岩型铅锌矿床、滴水和花园古近系砂岩铜矿中,以区域性大规模褪色化蚀变带为主体,沥青化蚀变相呈团斑状和大球形分布,油斑和油迹呈团斑状分布。沥青化蚀变相、褪色化蚀变相和漂白化蚀变相在空间上共生并具有清晰的区域蚀变分带,这是塔西中新生代与陆相红层盆地发育区域性盆地流体强烈蚀变作用的构造岩相学和地球化学岩相学标志。新近纪 3 期油气运移事件(17~10Ma、10~3Ma、3~1Ma)(赵靖舟和戴金星,2002)也是塔里木盆地烃类运移和成藏的主要特点。

4)沥青化-褪色化蚀变相的强度和蚀变组合分带与铜银钼-铀富集成矿关系

沥青化蚀变相和褪色化蚀变相的蚀变组合以及蚀变强度与铜银钼-铀富集成矿强度关系密切。①在褪色化蚀变相的蚀变组合为灰绿色绿泥石化蚀变相、灰白色绢云母绿泥石化蚀变相、碳酸盐化蚀变相和硅化蚀变相,一般为低品位矿体和矿化体。②灰色弱沥青化蚀变带中,沥青化呈弥漫状分布在岩石的显微–次显微裂隙和裂缝中,灰色沥青化与辉铜矿紧密共生,形成了黄铁矿等矿物,将大量 Fe^{3+} 离子还原为 Fe^{2+} 离子。灰色沥青化蚀变带、铁锰白云石化–铁锰方解石化蚀变带(图 5-28)常为砂砾岩型铜工业矿体。③黑色强沥青化蚀变带多为砂砾岩型富铜铅锌矿体,并伴有钼、银和铀同体富集,在显微裂隙中富集辉铜矿、斑铜矿和硫铜钼矿等,这些微细粒级矿物在显微裂隙($5 \sim 60\mu m$)中多为连生体(图 5-28),硫化相钼以硫铜钼矿、胶硫钼矿和辉钼矿为主。这些微细粒矿物和沥青共存揭示曾产生含烃盐水(气烃、液烃和气液态烃)、轻质油、固体烃类(沥青)等多相不混溶作用,导致富烃类还原性成矿流体中成矿物质发生沉淀富集成矿。

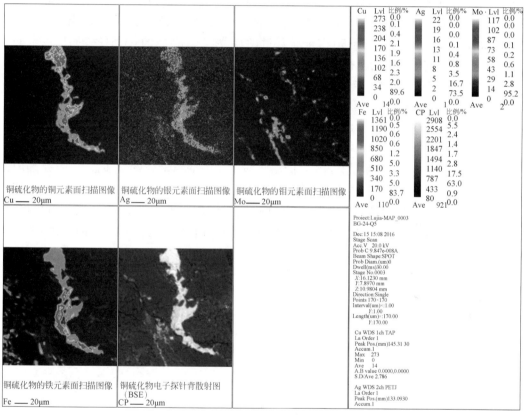

图 5-28　萨热克铜矿区黑色强沥青化蚀变相铜钼银共生矿石中和铜钼硫化物面背散射扫描图像(BG24)

从黑色强沥青化蚀变相(黑色沥青化蚀变杂砾岩类)→弱沥青化–褪色化蚀变相(沥青化蚀变杂砾岩类+沥青化褪色化蚀变杂砾岩类)→褪色化蚀变相(褪色化杂砾岩类),沥青化蚀变强度不但逐渐减弱,而且蚀变组合也发生变化,形成了铜银钼–铀→铜银→铜矿体的成矿分带。在萨热克砂砾岩型铜多金属矿体底板围岩中,发育黄铁矿化–铁碳酸盐化–绿泥石化蚀变带和碳酸盐化–绿泥石化蚀变带,上盘围岩紫红色粉砂质泥岩–泥质粉砂岩中,沿断裂带形成褪色化蚀变带和细脉状沥青化蚀变带,形成了富烃类还原性成矿流体渗漏异常带;萨热克铜矿床以铜矿体上下盘围岩具有不对称性蚀变分带为典型特征,在其侧向蚀变分带上,弱沥青化–褪色化蚀变相带之外为褪色化蚀变带,一般为低品位铜矿体;在侧向最外带为褪色化蚀变+浅紫红色铁质砂砾岩(地球化学氧化-还原相反应界面),属于铜矿化体和黄铁矿化带,铜成矿强度明显减弱。

从表5-18和图5-29中2760-5样品看,在褪色化碳酸盐化蚀变带中烷烃类为后峰形且具有弱双峰形,$\Sigma C_{10} - C_{38}$合量仅为2.36mg/kg,$(C_{21}+C_{22})/(C_{26}+C_{22})$为1.75,$(C_{21}+C_{22})/(C_{28}+C_{29})$为7.54;$\Sigma C_{10}+C_{20}$合量为1.80mg/kg,$\Sigma C_{21}+C_{38}$合量为0.56mg/kg,$(\Sigma C_{10-20})/(\Sigma C_{21-38})$比值为3.20,揭示烷烃类含量明显降低,而且以$(\Sigma C_{10-20})$烷烃类为主,指示褪色化蚀变相中仍有烃类气洗蚀变作用存在,推测与储集层(储矿层位)内富烃类还原性成矿流体经历了热成熟演化和水-岩反应作用有一定关系;这种褪色化蚀变主要与烃类和富CO_2型还原性成矿流体的气洗蚀变作用有密切关系,导致矿质沉淀,可能CO_2与含烃盐水两相不混溶作用有一定关系。褪色化碳酸盐化蚀变带中,铁锰碳酸盐化蚀变作用明显增强(表5-18),碳酸盐相铁含量(CFe为4.578%)占全铁含量(TFe为7.208%)的63.51%,如果以全铁为紫红色铁质杂砾岩中Fe^{3+}的全铁总量,约63.51%全铁含量被还原为碳酸盐相铁中的Fe^{2+},约3.12%的全铁量被还原为硫化铁相中的Fe^{2+},其余硅酸盐相铁(6.76%)可能赋存在铁绿泥石化蚀变相中。

5)富烃类富CO_2型还原性成矿流体与铁锰碳酸盐化蚀变相

A. 碳酸盐化蚀变相系列

在塔西砂砾岩型铜铅锌-铀矿床中,低温碳酸盐化蚀变相十分发育和普遍,也是陆内红层盆地紫红色铁质杂砾岩类-岩屑砂岩类-粉砂质泥岩类发生褪色化蚀变机制之一。从地球化学岩相学和构造岩相学研究角度看,碳酸盐化蚀变相系可划分为方解石-白云石化相、铁锰碳酸盐化蚀变相、锰碳酸盐化蚀变相和菱铁矿化蚀变相,它们与砂砾岩型铜铅锌-铀矿床关系密切。

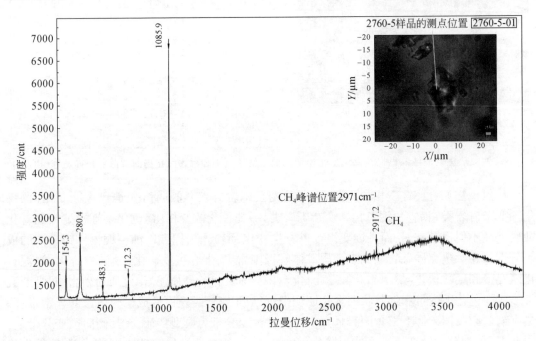

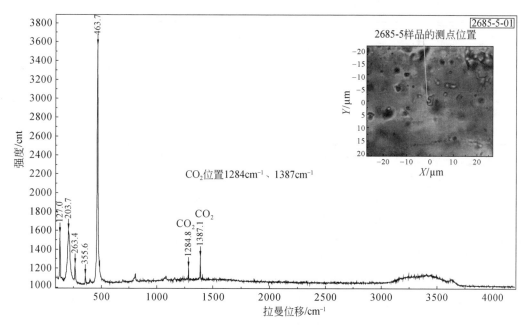

图 5-29　萨热克铜矿床沉积成岩期方解石中气相甲烷包裹体和铁锰碳酸盐化
蚀变相中石英中 CO_2 气相包裹体

碳酸盐化蚀变相在萨热克铜矿床、乌拉根铅锌矿床、巴什布拉克铀矿床、滴水和花园等铜矿床中,普遍较为发育,主要为沉积成岩期初期和中期所形成的产物。

在萨热克砂砾岩型铜多金属矿区,方解石−白云石化蚀变相形成于沉积成岩期初期(J_{2-3}),多以胶结物形式赋存岩石之中;后期含铁方解石以细脉和微脉形式赋存在裂隙−显微类型中(图版 M)。以碳酸盐质胶结物较纯净的方解石形成于沉积成岩期初期,呈胶结物形式的方解石中含烃盐水包裹体的平均盐度在 19.12% ~23.21% NaCl,平均均一温度 119 ~136.8℃,形成于低温相(50 ~200℃);方解石和白云石含烃盐水包裹体中,发育甲烷(2760-5)(气相烃)和液烃包裹体,沉积成岩期方解石胶结物中含烃盐水−气烃−液烃揭示存在含烃盐水的气−液两相不混溶作用,这种不混溶作用可能导致沉积成岩期初期(J_{2-3})辉铜矿富集成矿机制。呈胶结物的方解石含 FeO 和 MgO 小于 1.0%(表 5-19),个别方解石中含有少量 F 和 BaO;主要与沉积成岩期为半咸水环境有密切关系。

表 5-19　萨热克铜矿床中铜矿石的铁和铜化学物相分析结果与地球化学岩相学参数

样号	TFe	MFe	CFe	OFe	SFe	SiFe	TCu	FCu	PCuS	SCuS	JCu
2685-5	7.208	<0.05	4.578	1.558	0.225	0.487	2.291	0.11	2.035	0.045	0.049
2730-6	3.604	<0.05	1.51	1.169	0.237	0.584	1.463	0.07	1.134	0.193	0.042
2760-9	3.653	<0.05	0.877	2.094	0.152	0.487	1.486	0.066	1.351	0.023	0.039
2760-11	3.993	<0.05	0.779	1.997	0.169	0.682	2.906	0.076	2.726	0.053	0.039
2685-1	3.458	<0.05	0.682	2.045	0.111	0.487	1.654	0.115	1.53	0.042	0.044
2790-2	3.506	<0.05	0.39	2.679	0.128	0.292	0.518	0.019	0.416	0.022	0.027

样号	CFe/TFe	OFe/TFe	SFe/TFe	SiFe/TFe	CFe/OFe	(CFe+SFe)/OFe	(CuS+ScuS)/TCu	FCu/TCu	CuS/TCu	SCu/TCu	JCu/TCu
2685-5	63.51%	21.62%	3.12%	6.76%	2.938	3.082	90.78%	4.81%	88.82%	1.96%	2.14%
2730-6	41.89%	32.43%	6.58%	16.22%	1.292	1.495	90.68%	4.75%	77.48%	13.21%	2.84%
2760-9	24.00%	57.33%	4.18%	13.33%	0.419	0.491	92.45%	4.45%	90.89%	1.56%	2.63%
2760-11	19.51%	50.00%	4.24%	17.07%	0.39	0.475	95.63%	2.63%	93.80%	1.83%	1.33%
2685-1	19.72%	59.15%	3.22%	14.08%	0.333	0.388	95.05%	6.94%	92.50%	2.55%	2.64%
2790-2	11.11%	76.39%	3.66%	8.33%	0.145	0.193	84.52%	3.71%	80.27%	4.25%	5.29%

注:TFe＝全铁;MFe＝磁性铁相铁;CFe＝碳酸盐相铁;OFe＝氧化相铁;SFe＝硫化物相铁;SiFe＝硅酸盐相铁;TCu＝全铜;FCu＝自由氧化相铜;CuS＝次生硫化铜相铜(包括辉铜矿、黝铜矿等);SCu＝原生硫化铜相(黄铜矿);JCu＝结合相铜。铁和铜物相分析单位:%。

在强铁碳酸盐化蚀变相中,含铜褪色化铁碳酸盐化蚀变杂砾岩(铜品位为 2.291%,表 5-19 中 2685-5)的大部分粒间孔隙为铁白云石和石英所胶结。铁白云石胶结物内部晶间微缝隙中含中轻质油,显示浅蓝色的荧光,发育两期次的油气包裹体,第 1 期次油气包裹体发育于白云石胶结期间,发育丰度极高(GOI 为 30%±),含烃盐水包裹体成群分布于白云石胶结物内,主要为呈褐色、深褐色的液烃包裹体,局部视域内较为发育呈深灰色的气烃包裹体,石英中可见 CO_2 气相包裹体(图 5-29 中 2685-5)。揭示存在含烃盐水–液烃–气烃–气相 CO_2 等多相不混溶作用,它们是导致矿质沉淀富集成矿的机制。第 2 期次油气包裹体发育铁白云石胶结期后,发育丰度较高(GOI 为 4%～5% 左右),含烃盐水包裹体沿铁白云石胶结物内的微裂隙呈带状分布;包裹体中的液烃呈淡褐色、淡黄色、褐色,显示浅蓝色的荧光,气烃呈灰色,无荧光显示,轻质油包裹体发育在铁白云石微裂隙中(方维萱等,2017a;贾润幸等,2017)。其中液烃包裹体占 60% 左右,气液烃包裹体占 30% 左右,气烃包裹体占 10% 左右,可能存在还原性成矿流体的沸腾作用,也是导致矿质沉淀富集机制。

B. 铁锰碳酸盐化蚀变相的地球化学岩相学研究

通过对萨热克砂砾岩型铜矿石的铁和铜物相分析(表 5-19),以地球化学岩相学方法技术为手段,可有效追踪铜矿石形成过程中,成矿流体的地球化学氧化–还原相(ORF)作用信息。萨热克北矿带深部铜矿石品位在 2.906%～0.518%,碳酸盐相铁含量在 4.578%～0.39%,按照含铁方解石(FeO＝8.47%)进行定量恢复,含铁方解石含量在 54%～4.6%;按照铁白云石中含 FeO 为 14.71% 进行定量恢复,铁白云石化的矿物含量在 31%～2.7%;在含铁方解石和铁白云石等铁碳酸盐化中,铁以 Fe^{2+} 价态赋存在含铁方解石和铁白云石中,揭示 CO_2 型成矿流体发生热液水解后,为铁碳酸盐化蚀变提供了物质基础,而铁白云石和铁锰方解石主要在辉铜矿等铜硫化物形成之后,最晚充填在裂隙和显微裂隙中,即

$CO_2 + H_2O \longrightarrow HCO_3^- + CO_3^{2-} + H^+ + (Ca^{2+} - Mg^{2+} - Fe^{2+} - Mn^{2+}) \longrightarrow [Ca, Fe]CO_3$(含铁方解石)$+[Ca, Mg, Fe]CO_3$(铁白云石化)$+2H^+$

该水–岩反应过程中有 $2H^+$ 释放而使成矿环境呈偏酸性环境特征,从而形成了相共生的绢云母化和绿泥石化蚀变而消耗成矿环境中的 $2H^+$。

　　磁铁矿分子式为 $Fe_2O_3 \cdot FeO$,一般简写成 Fe_3O_4,该矿物同时含有 Fe^{3+} 和 Fe^{2+},并因 $Fe^{3+} \approx$ Fe^{2+} 之间量子纠缠和电子回旋而形成小磁极场,其磁铁矿大量形成为标记的典型地球化学氧化–还原过渡相,物相分析结果(表 5-19)显示在萨热克砂砾岩型铜矿床内磁铁矿相铁 MFe< 0.05%,没有提供成矿环境具有地球化学氧化–还原相的信息。紫红色铁质杂砾岩类中铁质为赤铁矿,因铁质含量不同而显浅红色–紫红色–暗紫红色的色调,在铜矿石中仍有氧化相铁残留,OFe 含量在 1.558% ~ 2.679%。推测硅酸盐相铁(SiFe 在 0.292% ~ 0.682%)主要与铁绿泥石蚀变相有关。硫化相铁也是地球化学氧化–还原相的还原成矿能力重要指标之一,主要为黄铁矿和铜硫化物相铁中含 Fe^{2+} 所引起,SFe 含量在 0.111% ~ 0.237%,SFe/TFe 值在 3.12% ~ 6.58%,揭示有 3.12% 以上的全铁被还原为黄铁矿和铜硫化物中 Fe^{2+}。铁碳酸盐化蚀变相的蚀变强度以碳酸盐相铁含量进行定量标记。①强铁碳酸盐化蚀变相,碳酸盐相铁 CFe>4.50% 且 CFe/TFe>50% 时,若以菱铁矿中含 FeO=62.01%、CO_2=37.99%,折合 7.26% 的菱铁矿重量分子当量,以含铁方解石中含 FeO 为 8.47%、含铁白云石中含 FeO 为 5.74%(表 5-20),可折合含铁方解石的分子当量为 53.18%,折合含铁白云石的分子当量为 78.4%。CFe/TFe>50% 标记在地球化学岩相学形成过程中,还原性成矿流体的还原能力在 50% 以上。②中铁碳酸盐化蚀变相,碳酸盐相铁 CFe 在 1.0% ~ 4.50% 且 CFe/TFe 在 25% ~ 50%。③弱铁碳酸盐化蚀变相,CFe<1.0% 且 CFe/TFe 在<25%。现论证如下。

　　(1)强铁碳酸盐化蚀变带(表 5-19 中 2685-5,图版 M,1 ~ 4),铜品位为 2.297%,次生硫化铜相为 2.035%,占全铜 88.82%,主要由辉铜矿组成;原生硫化铜相(黄铜矿)含量低 (1.96%),二者合计为 90.78%,铜主要为铜硫化物相存在。结合相铜含量低(2.14%),但自由氧化相铜为 4.81%。碳酸盐相铁为 4.578%,约 63.51% 全铁被还原为碳酸盐相铁 (Fe^{2+}),而硫化物相铁占全铁的 3.12%,揭示该强铁碳酸盐化蚀变相的地球化学岩相学的还原成矿能力达到了 65% 以上,属于强还原能力。铜硫化物主要为辉铜矿,辉铜矿呈半自形–他形粒状集合体与铁白云石共生,粒径为 0.02 ~ 1.2mm,呈不规则脉状和浸染状辉铜矿胶结物分布于白云石和铁碳酸盐化蚀变白云岩角砾边部(图版 M,1 ~ 4),证明铜物相分析结果具有正确性。在角砾和胶结物中的铁白云石(>80%)呈全自形粒状结构,粒径在 0.1 ~ 1mm,波状消光揭示经历了构造应力变形。矿石具有全自形粒状结构、砂砾状结构、碎裂状和块状构造。砂砾屑和砾石含量在 50% 以上,中细粒砾石呈次棱角–次圆状,以石英岩、变质石英细砂岩、绢云母泥质板岩、千枚岩、长石石英细砂岩、石英粉砂岩、基性火山岩和辉绿岩为主。

　　(2)中铁碳酸盐化蚀变带(表 5-19 中 2730-6 和图版 M 中 5 和 6)与碎裂岩化相之间的耦合强烈,碎裂状构造,铜品位为 1.463%。①以次生硫化铜相(1.134%)和原生硫化铜相 (0.193%)为主,占全铜 90.68%。②次生硫化铜相占全铜 77.48%,主要为辉铜矿、斑铜矿和蓝辉铜矿等,辉铜矿呈他形粒状,粒径在 0.02 ~ 0.2mm,有时与黄铜矿伴生;蓝辉铜矿呈灰蓝色,与斑铜矿与黄铜矿伴生;斑铜矿呈固溶体分离结构包含在黄铜矿中,斑铜矿(约 2%)表面形成了蓝色锖色膜。③原生铜硫化物相占全铜 13.21%,主要为黄铜矿,含量较高,在裂缝和显微裂隙中充填了铁方解石脉并含黄铜矿、黄铁矿、辉铜矿和铁白云石;黄铜矿分布在方解石脉中呈不规则粒状集合体,或者呈细脉状分布于变砂岩砾石中,粒径在 0.03 ~ 2.4mm,与方解石和黄铁矿伴生,含量约 2%。黄铁矿呈半自形–他形小粒状,粒径在 0.015 ~ 0.2mm,与黄铜矿伴生于方解石脉中。④碳酸盐相铁为 1.51%,约 41.89% 的全铁被还原为碳酸盐相铁

(Fe^{2+}),而硫化物相铁为占全铁的 6.58%,揭示其地球化学还原相的还原成矿能力达到了 48%以上,与铁方解石化共生的铜硫化物和黄铁矿含量明显增高,除铁碳酸盐化蚀变相外,有黄铁矿和黄铜矿等铁硫化物(Fe^{2+}-S^{2-})等同体形成,也佐证了铁碳酸盐化蚀变相为地球化学还原相特征。

(3)在弱铁碳酸盐化蚀变带中(表 5-19 中 2790-2 和图版 M 中 7 和 8),铜品位为 0.518%。①次生硫化铜相为 0.416%,占全铜 84.52%,主要为辉铜矿组成。原生硫化铜(黄铜矿)含量低(0.022%),二者合计为 84.52%,铜主要为铜硫化物相存在。结合相铜含量相对增高(5.29%),但自由氧化相铜为 3.71%。②碳酸盐相铁为 0.39%,约 11.11%的全铁被还原为碳酸盐相铁(Fe^{2+}),而硫化物相铁占全铁的 3.66%,揭示弱铁碳酸盐化蚀变带的地球化学岩相学的还原成矿能力仅有 14%,属于弱还原能力,与其处于地球化学氧化-还原相反应界面特征一致。而赤铁矿-铁辉铜矿共生表明在该矿物对中记录了曾经存在 Fe^{2+}-Fe^{3+}的地球化学氧化-还原相反应界面效应,即该赤铁矿-铁辉铜矿共生矿物对记录了地球化学氧化-还原相反应界面。在显微组构上(图版 M 中 7 和 8),该矿石中含赤铁矿方解石微脉穿插分布在石英粉砂岩、变质岩屑石英粉细砂岩等砾屑中,赤铁矿呈针状和叶片状分布于辉绿玢岩角砾中,或与辉铜矿伴生于变岩屑石英粉细砂岩中(图版 M 中 7 和 8),铁辉铜矿与赤铁矿呈共生关系,证明其还原能力明显较弱。铁辉铜矿呈他形粒状,粒径在 0.05 ~ 0.3mm,可能被蓝辉铜矿交代。砾屑(90%)多呈次棱角-次圆状,包括变岩屑石英粉细砂岩、变长石石英砂岩、长石岩屑石英砂岩、石英粉砂岩、千枚岩、泥质板岩、泥质粉砂岩、石英岩、辉绿玢岩。胶结物为方解石(5%)和赤铁矿。

C. 铁锰碳酸盐化蚀变相与矿质沉淀富集成矿机制

在铁碳酸盐化蚀变相形成过程与铜富集成矿关系上,强碳酸盐化蚀变带中,含烃盐水-液烃-气烃-气相 CO_2 等多相不混溶作用和流体沸腾作用可能是导致矿质沉淀富集的原因。在萨热克砂砾岩型铜矿区内方解石-铁白云石-石英等矿物包裹体中(图版 A),非烃类成分主要为 CO_2、N_2、H_2O,而多相不混溶作用和 CO_2 逸出可能形成流体沸腾作用。在库孜贡苏组下段发育黄铁矿-绿泥石-绢云母-碳酸盐化蚀变相带,为萨热克砂砾岩型铜矿床的底盘蚀变相带,推测逸出的 CO_2 向铜矿底盘围岩下渗并发生了热液水解作用,形成了大量含 CO_3^{2-},为形成铜矿体底盘围岩中铁锰碳酸盐化蚀变相提供了基础。①库孜贡苏组下段灰绿色铁质杂砾岩中,碳酸盐化蚀变以呈碳酸盐质胶结物形成的灰白色方解石化为主,与绿泥石和绢云母等泥质胶结物和石英等硅质胶结物共生。细粒浸染状黄铁矿与方解石-绿泥石-绢云母化等蚀变紧密共生,揭示沉积成岩期的黄铁矿-绿泥石-绢云母-方解石蚀变相形成于还原环境(铜矿体底盘围岩蚀变组合),但上盘围岩为下白垩统克孜勒苏群紫红色铁质粉砂质泥岩-紫红色铁质泥质粉砂岩等,以紫红色铁质胶结物和泥质胶结物为主,因低孔隙度和渗透率等物性特征为盆地流体岩性岩相圈闭层,因而缺乏围岩蚀变作用,这种不对称式围岩蚀变分带现象揭示其砂砾岩型铜矿体的底盘围岩曾经历了盆地流体蚀变作用,总体上揭示了富烃类还原性盆地流体具有向下渗滤循环对流的盆地流体场。②在底盘黄铁矿-绿泥石-绢云母-碳酸盐化蚀变相带中,紫红色铁锰方解石化和铁锰白云石化呈细脉状和网脉状沿切层裂隙带和顺层裂隙带产出,受切层断裂和层间断裂复合部位控制明显,揭示 Fe-Mn-Ca-Mg-CO_2 型盆地流体沿切层断裂带向上迁移,沿层间断层-裂隙破碎带形成侧向运移。

（1）方解石、铁白云石和石英矿物包裹体发现了在含烃盐水中存在 CO_2 气相包裹体（图版A），主要类型有 CO_2 型、CH_4+CO_2 型、$CH_4+N_2+CO_2$ 型和 $CH_4+N_2+CO_2+H_2O$ 4 种类型，它们揭示存在富 CO_2 非烃类和 CO_2 烃类两类气相流体，与含烃盐水、轻质油和沥青等富烃类还原性成矿流体存在多相不混溶作用，这种成矿流体多相不混溶作用也是导致成矿物质沉淀富集成矿的原因。①因矿体上盘围岩渗透率低和孔隙度低而圈闭，富 CO_2 型盆地流体在储集层（储矿层位）发生运移富集，并向矿体下盘高孔隙度和渗透率的杂砾岩类渗流循环，导致矿体和下盘围岩中发育铁锰碳酸盐化蚀变相，而上盘不发育铁锰碳酸盐化蚀变相，形成不对称围岩蚀变分带。②因 CO_2 溶于 H_2O 后形成 HCO_3^- 并进一步 H^+ 化而形成 CO_3^{2-}，即 $CO_2+H_2O \longrightarrow 2H^+ + CO_3^{2-}$。这些 H^+ 导致了绢云母化形成并消耗了成矿流体中 H^+，实际中可见的绢云母（绿泥石）–黄铁矿与铁锰碳酸盐化蚀变相共生。③细脉状沿裂隙分布的含铁方解石中具有低钙（38.47% ~ 51.29%），高 MgO（3.10%）、FeO（8.74%）和 MnO（8.68%）特征（表 5-20），与呈胶结物形式赋存的沉积成岩期初期方解石有明显差别。含锰方解石以玫瑰红细脉状和网脉状锰方解石–含锰白云石分布在铜矿石中和大理岩角砾中（图版 N 和表 5-20），为强铁锰碳酸盐化蚀变相。在塔尔尕组青灰色泥灰岩和泥晶灰岩中也发育方解石被锰白云石、铁方解石和铁锰白云石交代现象。铁白云石在地表风化后呈浅褐红色且容易识别，其 CaO 含量在 28.76% ~ 33.68%，MgO 含量在 11.91% ~ 16.34%，FeO 含量在 10.0% ~ 14.71%。总之，铁白云石–含铁方解石化蚀变指示了富 Fe- Ca- Mg- CO_2 亚型系列，而含锰白云石–含锰方解石化蚀变指示了富 Fe-Mn-Ca-Mg-CO_2 亚型系列；铁锰碳酸盐化在裂隙破碎带和碎裂岩化相中，沿裂隙和显微裂隙呈细脉状和微脉状产出，在大理岩角砾的铁锰碳酸盐化呈现鲜艳赤红色（图版 N 中 5 和 6），它们形成于富烃类还原性盆地流体改造富集成矿期（116.4±2.1 ~ 136.1±2.6Ma），方解石和石英矿物包裹体中记录其盆地流体中存在含烃盐水–轻质油–地沥青、富含 CH_4–CO_2 等，古地温场在 188 ~ 219℃，这种低温热液型铁锰碳酸盐化蚀变相（强还原相），与沉积成岩期碳酸盐化蚀变相（方解石化）具有较大差异。

表 5-20　萨热克铜矿区碳酸盐矿物和重晶石电子探针分析结果表　　　（单位:%）

矿物成分	CaO	MgO	FeO	MnO	F	Cl	BaO	Al_2O_3	P_2O_5	SiO_2	总量
方解石/$n=22$	55.45	0.22	0.19	0.15	0.05	0.01	0.05	0.01	0.02	0.04	56.27
方解石/$n=7$	55.23	0.34	0.73	1.08	0.04	0.01	0.02	0.03	0.01	0.07	57.64
含铁方解石	38.47	3.10	8.47	0.15	0.00	0.01	0.0	5.09	0.01	6.22	61.74
含锰方解石	48.38	0.31	0.69	8.68	0.39	0.00	0.04	0.01	0.01	0.01	58.58
含锰方解石	51.29	1.18	1.75	1.21	0.00	0.00	0.12	0.01	0.03	0.39	56.18
含锰白云石	34.59	19.35	1.09	5.03	0.00	0.00	0.31	0.01	0.00	0.00	60.45
含铁白云石	35.28	17.29	5.74	3.12	0.02	0.00	0.16	0.02	0.00	0.00	61.73
铁白云石	33.68	12.91	10.57	1.14	0.06	0.05	0.0	0.01	0.02	0.01	58.61
铁白云石	31.61	16.34	10.00	0.48	0.14	0.15	0.0	0.01	0.00	0.04	58.71
铁白云石	28.76	11.91	14.71	0.31	0.00	0.00	0.0	0.03	0.00	0.00	55.88
铁白云石	27.34	9.73	18.50	0.17	0.03	0.00	—	0.02	0.0	0.08	56.81
铁白云石	28.23	13.15	12.68	0.47	0.00	0.01	—	0.75	0.0	1.10	57.47

矿物成分	CaO	MgO	FeO	MnO	F	Cl	BaO	Al_2O_3	P_2O_5	SiO_2	总量
铁白云石	30.74	12.18	12.34	0.45	0.00	0.01	—	0.09	0.0	0.15	56.25
含锰白云石	31.94	17.90	1.40	5.98	0.11	0.06		0.00	0.0	0.02	57.53
矿物成分	BaO	SO_3	SrO	F	Cl	MnO	Na_2O	CaO	P_2O_5	SiO_2	总量
重晶石	63.01	34.49	2.57	0.15	0.01	0.08	0.1	0.02	0.02	0.02	100.81

注:—代表未检测项目。

（2）富 Fe-Mn-Ca-Mg-CO_2 型偏酸性还原性成矿流体与辉铜矿等铜硫化物富集成矿关系密切,铁锰碳酸盐化细脉-铜硫化物充填在显微裂隙中,铁锰白云石-铁白云石形成于铜硫化物之后而充填在显微裂隙中,揭示它们均受碎裂岩化相控制明显,具有显著的构造-流体-岩相-岩性多重耦合结构,而且铁锰白云石和铁锰方解石细脉多为最晚充填于裂隙-显微裂隙中。①在含铜褪色化杂砾岩中早期方解石胶结物被后期锰白云石、铁方解石和铁锰方解石交代,或见锰白云石和铁锰方解石呈细脉状沿裂隙分布,它们与辉铜矿等铜硫化物紧密共生,揭示细脉状和微细脉状铁锰碳酸盐化与铜富集成矿关系密切(图版N)。②在灰绿色-斑杂色含铜蚀变杂砾岩中,见辉铜矿、石英和锰白云石细脉沿砾石的裂隙发育,岩石具砾状结构,砾石具定向性构造。其砾石占95%,砂质胶结物(约5%)为粗砂质,少量中-细砂质。砾石成分主要为粉-细砂岩、碎裂岩化石英岩、硅质岩和少量变中基性火山岩,它们被锰白云石、辉铜矿和少量斑铜矿胶结,分布不均。裂隙宽0.03~0.2mm,被细脉状锰白云石、辉铜矿和斑铜矿等充填或半充填;其晶粒状锰白云石和方解石的粒径在0.1~2.0mm,含量约占6%,主要充填在显微裂隙和原生粒间孔隙。他形粒状辉铜矿粒径在0.1~1.5mm,含量约占3%,见辉铜矿与斑铜矿共生,主要充填砾石间粒间孔或细砂岩岩屑内粒间孔。他形粒状斑铜矿粒径0.03~0.1mm,含量约占2%,见斑铜矿氧化成蓝铜矿。其矿物充填序列为斑铜矿+辉铜矿→辉铜矿→锰白云石。③浅黄褐色-灰绿-浅紫斑杂色含铜铁质杂砾岩见石英和铁白云石细脉。辉铜矿沿砾石裂隙充填。铁白云石多褐铁矿化后呈蜂窝状。岩石具砾状结构,砾石具定向性构造,砾石占97%;砾石成分主要为细砂岩、碎裂岩化石英岩和少量中基性火山岩;它们被不均匀的铁白云石和辉铜矿胶结。砂质(约3%)主要为粗砂质,少量中-细砂质,含量约占3%。裂隙宽0.03~0.2mm,被铁白云石细脉充填或半充填;晶粒状铁白云石(约10%)粒径0.1~2.0mm,主要充填在裂隙和原生粒间孔隙中。他形粒状辉铜矿(约5%)粒径0.1~1.6mm,主要充填砾石间粒间孔或细砂岩岩屑内粒间孔,其矿物充填序列为辉铜矿→铁白云石。

6)绿泥石化蚀变相与铜铅锌富集成矿关系

（1）沉积成岩期绿泥石化蚀变相,主要为原岩中泥质胶结物和基性火山岩砾石等发生黏土化蚀变所形成,以辉绿岩、辉绿玢岩和基性火山岩中绿泥石化蚀变相的强度最大,辉铜矿也相对显著富集。①在2685m中段含铜褪色化中杂砾岩中,砾石类成分以钙质胶结砂岩、绿泥石绢云母千枚状板岩类、石英细砂岩、长石细砂岩、长石石英细砂岩、泥质板岩、基性火山岩和石英岩等为主,各类砾石含量>88%,砾石成分成熟度不高,暗示具有近源快速剥蚀搬运后混杂堆积特征。其绿泥石和辉铜矿等铜硫化物主要在基性火山岩砾石中富集,辉铜矿和方解石呈胶结物形式胶结各类砾石,形成于沉积成岩期初期。②长石石英细砂岩砾石的碎屑物以石英为主,含部分斜长石,填隙物为绢云母、绿泥石和泥质,绢云母定向分布。③辉绿岩、辉绿玢岩和基性火山岩砾石具有填间结构,斜长石交织分布,其斜长石格架中充填了绿泥石和辉铜矿。辉铜矿(0.005～0.45mm)呈浸染状分布。④砾石和岩屑间的胶结物主要为方解石(5%)、辉铜矿(2%)和绿泥石(2%),辉铜矿呈不规则粒状(集合体),粒径为0.02～0.6mm,与方解石和绿泥石胶结物伴生。绿泥石–辉铜矿与方解石–辉铜矿共生暗示这种自生粒间状绿泥石相为沉积成岩期初期产物。

(2)细脉状绿泥石化蚀变在铜硫化物形成之前形成,而绿泥石–铜硫化物同呈网脉状充填在显微裂隙中,显示微细脉状绿泥石化–铜硫化物形成于碎裂岩化相与成矿流体耦合反应过程中。①绿泥石由黏土矿物和黑云母–辉石等暗色矿物蚀变而成,主要为沉积成岩期中期,呈微细脉状辉铜矿–绿泥石–铁锰方解石等充填在显微裂隙中。②在含铜褪色化杂砾岩中碎裂岩化相发育,碎裂状构造的裂缝中充填了铁锰方解石细脉。细粒砂状结构,碎屑物以石英为主,其次是斜长石和少量岩屑,碎屑物之间呈面接触–缝合线接触。热液胶结物为方解石、细粒石英、黑云母(绿泥石化)和辉铜矿,铁锰方解石(约3%)多呈小粒状集合体。黑云母(约5%)呈小片状集合体充填在砂粒之间或分布于铁锰方解石脉两壁,多数黑云母被绿泥石不同程度交代。少量不规则粒状辉铜矿与铁锰方解石或绿泥石化黑云母伴生,揭示铁锰方解石–绿泥石化–辉铜矿紧密共生,推测沉积成岩期中期,辉铜矿可能在黑云母发生绿泥石化过程中形成。③在碎裂岩化相–沥青化蚀变相耦合部位,绿泥石–碳质充填在显微裂隙中,其矿物充填序列为碳质→绿泥石+黄铜矿+斑铜矿→辉铜矿→铁锰方解石,揭示碳质和绿泥石形成于铜硫化物沉淀富集成矿之前。

(3)采用绿泥石矿物温度计恢复萨热克砂砾岩型铜矿区四期古地热事件,第一期古地热事件为沉积成岩期(157±2～178±4Ma),古地温场在163～217℃。第二期古地热事件盆地流体改造富集期(116.4±2.1～136.1±2.6Ma),古地温场在188～219℃(方维萱等,2017e)。在萨热克北矿带深部坑道中揭露铁锰碳酸盐化与绿泥石化紧密共生,褪色化和灰绿色的显色机制与绿泥石化强度有密切关系,强烈绿泥石化蚀变呈现灰绿色特征,较强的绿泥石化和辉铜矿化使矿石和岩石整体呈现灰色–灰绿色。

7)辉绿辉长岩脉群蚀变特征与漂白化–褪色化蚀变相

(1)萨热克砂砾岩型铜矿区共有四期古地热事件,其中第三期古地热事件为辉绿辉长岩脉群侵入所形成的构造–岩浆–热事件,古地温场在236～238℃。第四期古地热事件为辉绿岩遭受蚀变的古地热事件,古地温场在121～185℃。以蚀变辉绿辉长岩脉群+褪色化蚀变相+漂白化蚀变相等为深源构造–岩浆–热液叠加成矿热事件的构造岩相学特征,不但在萨热克巴依陆内拉分断陷盆地较为强烈,而且广泛分布在托云中–新生代后陆盆地系统中,属典型的晚白垩世–古近纪岩浆热液型盆地流体系统所形成。在萨热克铜矿区南矿带,辉绿辉长岩脉群侵位最高层位为下白垩统克孜勒苏群,在其周边形成了大规模褪色化蚀变带、褪色化–漂白化蚀变带、含铜褪色化蚀变带。①在萨热克南矿带漂白化–褪色化蚀变带中,形成了砂岩型铜矿床和铅锌矿体;②在萨热克南矿带深部,上侏罗统库孜贡苏组中存在隐伏的辉绿辉长岩脉群侵入构造系统,形成隐伏砂砾岩型铜矿体、铅锌矿体和钼矿体,它们为同体共生或异体共生矿体。

(2)在辉绿辉长岩脉群侵入构造系统中,从内向外的构造岩相学分带为强硅化–绿泥石化-铁锰碳酸盐化蚀变辉绿辉长岩→含铜强硅化-绿泥石化-铁锰碳酸盐化蚀变带→含铜褪色化蚀变带(蚀变含砾砂岩-砂砾岩-中杂砾岩等)→漂白化蚀变砂岩带,漂白化-褪色化蚀变带位于萨热克南高角度厚皮式逆冲推覆构造系统下盘,以侏罗系-下白垩统中强构造变形的断褶带和断层传播褶皱最为发育,富集 Cu-Pb-Zn-Ag-As-Sb-Hg 组合化探异常,尤其是富集 As-Sb-Hg 等前缘晕异常,预测其萨热克南矿带深部具有巨大的找矿潜力。

(3)经构造岩相学和岩石地球化学研究认为辉绿辉长岩脉群为碱性玄武岩系列,其侵位时代可划分两期,第一期为碎裂岩化相含铜蚀变辉绿辉长岩脉群,经历了三期围岩蚀变组合,揭示伴随辉绿辉长岩脉群侵位事件曾经有较大规模的岩浆热液作用发生,早期为黑云母-角闪石化,以交代辉石而保留辉石假象为特征,伴有磁铁矿-钛铁矿-金红石等金属矿物;中期为绿泥石化-硅化-铁碳酸盐化蚀变相,伴有稀散星点状和微细脉状闪锌矿-黄铁矿-磁黄铁矿等金属矿化;晚期黏土化蚀变发育,主要以高岭石-蒙脱石为主,黏土化蚀变强度大(占体积10% ~30%)。其辉绿辉长岩脉群本身和外接触带发育强烈铁碳酸盐化蚀变相,以含辉铜矿-黄铜矿铁白云石脉和铁白云石硅化脉、X 型剪节理和挤压片理化带等为构造岩相学典型标志,明显富集 Cu($>1000\times10^{-6}$)、Pb($>200\times10^{-6}$)、Zn($>200\times10^{-6}$)和 Mo($>5\times10^{-6}$)等成矿元素,普遍含有闪锌矿、黄铜矿、磁黄铁矿-磁铁矿和少量方铅矿等副矿物,推测形成于晚白垩世,以强烈铁锰碳酸盐化蚀变相和周边褪色化蚀变带外围发育沥青化等现象,暗示形成了热液烃类盆地流体和富 Fe-Mn-CO_2 型盆地流体,这种岩浆热液型盆地流体系统不但直接形成了岩浆热液叠加成岩成矿作用,而且辉绿辉长岩脉群侵入构造系统形成了萨热克巴依陆内拉分断陷盆地垂向地幔热物质驱动的盆地循环对流型叠加成矿作用。

第二期辉绿辉长岩脉群蚀变较弱,构造变形较弱,Cu、Pb、Zn 等元素含量低,根据含有钛铁矿-磁铁矿等副矿物,推测形成于古近纪。在萨热克砂砾岩型铜矿区晚白垩世-古近纪碱性辉绿辉长岩脉群形成时代,与晚白垩世-古近纪碱性橄榄玄武岩类在托云中-新生代后陆盆地大规模侵位事件具有一致性。

(4)萨热克南矿带钼矿体、铅锌矿体和铜铅锌矿体等,它们与深源碱性辉绿辉长岩脉群的构造-岩浆-热事件关系密切,为岩浆热液叠加成岩成矿作用中心位置的构造岩相学标志。在辉绿辉长岩脉群附近褪色化蚀变带中,萨热克南矿带形成了较为典型岩浆热液成因的金属矿化分带和岩浆热液叠加成矿中心,也是萨热克砂砾岩型铜多金属矿床中铜矿体和铅锌矿体为异体共生和同体共生等成矿规律所在:①中心相为辉钼矿化-金矿化型,见于 ZK001孔;②过渡相为方铅矿-闪锌矿型铅锌矿体,见于 ZK3001 孔;③边缘相为黄铜矿-黄铁矿型铜矿体,见于 ZK405 孔和 ZK3001 孔。

8)表生红化蚀变相:表生干旱氧化酸性蚀变相与表生干旱酸性-碱性障积相

在乌拉根砂砾岩型铅锌矿床和滴水式砂岩型铜矿床中,均发育氧化带,在乌拉根砂砾岩型铅锌矿床内,形成了褐铁矾-赤铁矿等干旱酸性氧化蚀变相,发育石膏-高岭石-褐铁矾-铅矾-锌矾-锌明矾等组成的表生酸性氧化蚀变相。在滴水砂岩型铜矿床内,发育表生干旱酸性-碱性障积相,以孔雀石-蓝铜矿-硅孔雀石等矿物为标志,伴生自然铜、赤铜矿和氯铜矿等。

9) 关于成矿流体大规模聚集的成矿机制

(1) 在烃源岩大规模生烃-排烃机制和驱动机制上：①三叠系-侏罗系含煤碎屑岩系和古生代地层为双重烃源岩系。②前陆盆地和后陆盆地在中生代末-新生代构造挤压收缩体制下，在前陆冲断褶皱带中形成了对冲式薄皮型+盲冲式厚皮型逆冲推覆构造系统，它们为侏罗系含煤岩系等组成的烃源岩大规模生烃-排烃提供了构造驱动应力场，如乌鲁-乌拉前陆盆地系统等。③在托云中-新生代后陆盆地系统中，对冲式厚皮型逆冲推覆构造系统为主要的构造应力驱动系统，此外还有晚白垩世-古近纪地幔热物质(碱性玄武岩系列)上涌驱动和热液烃叠加等构造-岩浆-热事件，它们组成了地幔→地壳→陆壳浅部(托云中-新生代后陆盆地)垂向驱动动力学系统。④盆地流体和成矿流体大规模运移的构造通道类型包括冲断褶皱带型、切层断裂带型、不整合面型、岩浆侵入构造系统型等。⑤盆地流体圈闭构造包括裙边式复式向斜构造系统+对冲式厚皮型逆冲推覆构造系统+辉绿辉长岩脉群侵入构造系统(萨热克砂砾岩型铜多金属矿床)、倒转复式向斜构造系统(乌拉根砂砾岩型铅锌矿床)、盐底劈-断褶构造系统(滴水砂岩型铜矿床)、冲断褶皱带型构造系统(巴什布拉克铀矿床)、岩浆侵入构造系统等。⑥在砂砾岩型铜铅锌-铀矿床的储集层内，盆地流体侧向运移构造通道的构造-岩相-岩性标志为高渗透率-高孔隙度-强碎裂岩化相等多重因素耦合控制；其上盘围岩为低渗透率-低孔隙度的砂泥岩-含膏泥岩相，局部因构造破碎可形成盆地流体渗透上涌从而构成构造破碎蚀变相带；因富烃类还原性盆地流体向下渗流循环作用，底盘围岩蚀变发育。而矿体上盘围岩发育断裂-裂隙带控制的富烃类还原性成矿流体的构造渗漏带和沥青化-褪色化带、烃类异常等，为寻找隐伏矿体提供了线索。

(2) 在 9 种不同类型的盆地流体中，与砂砾岩型铜铅锌-铀矿床有关的成矿流体类型主要有低温热卤水型(如乌拉根式含铅锌石膏天青石岩)、含铜高盐度卤水(滴水式含铜砂岩-含铜泥灰岩型)、富烃类还原性成矿流体型(强沥青化蚀变相中富铜银钼铀型矿石)、富 CO_2-H_2S 型非烃类盆地流体(黄铁矿铁锰碳酸盐化蚀变相)、岩浆热液型(热液烃)(含铜蚀变辉绿辉长岩型)等 5 种主要类型。在陆内红层盆地中，它们对砂砾岩型铜矿床和铀矿床形成十分有利，在岩石物理性破裂面(构造片理化、劈理化、角砾岩化、断裂和显微裂隙等)和碎裂岩化相结构面上，岩石-流体耦合方式为物理性耦合，这些结构面为盆地流体提供了运移通道和储集物性层。盆地流体储集层型运移构造岩相学通道包括高渗透率型、高孔隙度型、高裂隙度型、强碎裂岩化相型、层间断裂-裂隙型、切层断裂-裂隙型等高渗透率-高孔隙度的构造岩相层，在垂向上它们被低渗透率-低孔隙度型岩性封闭。

(3) 富烃类还原性成矿流体、非烃类还原性成矿流体与岩石之间水-岩多重耦合反应的地球化学岩相学机制。从有机质烷烃类分析、烃类和 CO_2 类等不混溶的矿物包裹体等一系列现象看，这种还原性成矿流体具有较强的气洗蚀变作用，以沥青化蚀变相和蚀变分带及地球化学岩相学作用过程和形成机制为特征。①含烃盐水与气烃、液烃和气液态等矿物包裹体共存揭示曾明显存在烃类-H_2O 不混溶作用，这种富烃类还原性成矿流体不混溶作用可能是导致成矿物质沉淀富集成矿的原因。一般来说，天然气烃类组成为 C_1~C_7，凝析油为 C_1~C_{14}，轻质油为 C_1~C_{25}，中质油为 C_1~C_{38}，重质油为 C_{12}~C_{38}。碳数越少，蒸发温度越低，因此无论是烃源岩排烃作用，还是油气藏被破坏而形成三次以上烃类运移，均具有原地烃类分馏柱效应，经分馏后晚期为残留的地沥青($C_{17~29}$)，或经过强烈构造挤压驱动而被挤出沿断裂垂向运移到矿体内。在萨热克铜矿区内,含烃盐水、气烃、液烃、气液态和轻质油揭示,富烃类还原性成矿流体主要为 $C_1 \sim C_{25}$。②烷烃类分析结果证明在萨热克砂砾岩型铜多金属矿床内沥青化蚀变相中,以黑色强沥青化蚀变带富集。

从有机质成熟度角度看,$R_o < 0.5\%$ 为不成熟,以不成熟油和生物化学气为主,R_o 在 $0.5\% \sim 1.2\%$ 为成熟,以热催化生油阶段为主,R_o 在 $1.20\% \sim 2.0\%$ 为过成熟,以热裂解生凝析油阶段为主,$R_o > 2.0\%$ 为变质期,以高温甲烷到破坏阶段为主。在萨热克砂砾岩型铜多金属矿区,下侏罗统康苏组含煤碎屑岩系的 R_o 平均值在 $0.856\% \sim 0.98\%$,片理化煤岩(构造煤岩)为 $1.034\% \sim 1.068\%$,均已超过了生油门限而进入热催化生油阶段,康苏组煤岩能够提供富烃类还原性盆地流体(油气类流体)。本次测试康苏组片理化含煤砂岩(构造煤岩)R_o 为 $1.04\% \pm 0.02\% \sim 1.18\% \pm 0.08\%$,断裂带中片理化褶曲状煤岩(构造煤岩)为 $1.30\% \pm 0.07\%$,可以看出,随着煤岩构造变形程度增高,R_o 值不断升高,在断裂带中构造煤岩为过成熟而进入热裂解生凝析油阶段,在萨热克砂砾岩型铜多金属矿床受萨热克南和萨热克北两侧对冲式厚皮式逆冲推覆构造系统控制显著(方维萱等,2018a),推测这种构造应力场驱动康苏组含煤碎屑岩系发生了强烈构造变形和构造驱动生烃作用,可以为萨热克砂砾岩型铜多金属矿床提供大量的富烃类还原性成矿流体。

(4)揭示富烃类还原性成矿流体改造作用为主成矿期。推测富烃类还原性盆地流体沿切层断裂上升运移到复式向斜构造之中,成矿流体沿层间滑动构造带和扇中亚相杂砾岩层,形成了层状运移并不断下渗流动,导致了砂砾岩型铜多金属矿层下盘围岩蚀变发育。由于顶板围岩以泥质粉砂岩为主,这种低渗透率围岩对于富烃类还原性盆地流体形成了岩性封闭层,因此顶板围岩蚀变不发育,仅在局部碎裂岩化相中,沿裂隙形成了网脉状和脉状褪色化蚀变和黑色沥青化蚀变。

(5)非烃类成矿流体成分以 CO_2、H_2O、N_2 等为主。以方解石为胶结物的碳酸盐化形成于早期成岩阶段。中-晚期铁方解石、锰方解石、铁白云石和铁锰白云石等细网脉状铁锰碳酸盐化蚀变相,揭示存在富 Fe-Mn-Ca-Mg-CO_2 型还原性成矿流体,与辉铜矿等铜硫化物富集成矿关系密切。①在褐煤-长焰煤阶段,生成气体以 CO_2 为主体;②在沉积盆地中煤炭地下自燃作用过程中,也形成了大量 CO_2 型和 H_2S 型气体,而且现今萨热克地区煤炭自燃现象依然存在;③在沉积盆地中富含有机质地层,因有机质与地层封闭水相互作用,在甲烷形成过程中也形成了 CO_2,即有机 $C + 2H_2O \longrightarrow CO_2 + CH_4$;④烃类的硫酸盐还原作用包括热化学硫酸盐还原作用(TSR)、微生物硫酸盐还原作用(BSR)。TSR 作用包括甲烷气、原油、早期形成沥青的硫酸盐还原作用。甲烷气 TSR 作用,生成二氧化碳和硫化氢气体,而原油和沥青的TSR 作用可导致沥青形成,即烃类 $+ SO_4^{2-} \longrightarrow$ 蚀变烃类+固态沥青$+ H_2S$。

5.7.4　塔西地区砂砾岩型铜铅锌矿床成矿机制

1. 成矿物质来源具有多源性(源)

(1)在塔西-塔北地区,侏罗系-白垩系中砂砾岩型铜铅锌矿床储矿层位和新生代砂岩型铜矿床储矿层位均为矿源层,富集铜铅锌成矿物质。①上侏罗统库孜贡苏组为铜矿源层,库孜贡苏组扇中亚相紫红色铁质杂砾岩中富集铜初始成矿物质。萨热克大型砂砾岩型铜多金属矿床初始成矿地质体为库孜贡苏组旱地扇扇中亚相含铜紫红色铁质杂砾岩类。在紫红色铁质杂砾岩中,初始富集成矿物质,Cu 77.3×10^{-6} ~ 1080×10^{-6},Pb 89.3×10^{-6} ~ 949×10^{-6},Zn 272×10^{-6} ~ 1049×10^{-6},伴有 Ag 和 Mo,铜和钼以氧化相铜和钼为主。在萨热克砂砾岩型铜多金属矿区采用校正硼恢复古盐度,库孜贡苏组古盐度相对较高,显示其为半咸水沉积环境,但尚未达到盆地卤水的盐度水平;且铜含量为 35.19×10^{-6} ~ 124.3×10^{-6},证明其沉积环境有利于铜成矿物质形成初始富集。古盐度值最低的是下白垩统克孜勒苏群,铜含量为 33.2×10^{-6} ~ 69.9×10^{-6},相对其他地层含量较低。显示其为微咸水–淡水沉积环境,古盐度值最高的是中侏罗统塔尔尕组,显示其为咸水沉积环境。在萨热克砂砾岩型铜多金属矿床中,上侏罗统库孜贡苏组为赋矿层位且古盐度相对较高,所以半咸水沉积环境更有利于初始富集,对于富烃类还原性盆地流体改造富集和辉绿辉长岩叠加成矿提供了良好的初始成矿物质。②在乌拉根铅锌矿床内,下白垩统克孜勒苏群第四和第五岩性段内,均富集铅锌成矿物质。③在滴水砂岩型铜矿床、杨叶–花园砂岩型铜矿床内,康村组、克孜敦依组和杨叶组中,紫红色铁质砂岩中均形成铜初始富集。在萨热克砂砾岩型铜多金属矿区内,康苏组–杨叶组煤层和煤系烃源岩中富集 Cu,在构造生排烃过程中,能够形成含铜富烃类还原性成矿流体。在矿区坑道内,含铜较高的封存地层水排泄泉,它们也是铜成矿物质供给源。

(2)在萨热克砂砾岩型铜多金属矿区内,康苏组–杨叶组煤层和煤系烃源岩中富集 Cu,在构造生排烃过程中,能够形成含铜的富烃类还原性成矿流体。在矿区坑道内,含铜较高的封存地层水排泄泉,它们也是铜成矿物质供给源。

(3)在乌拉根砂砾岩型铅锌矿区内和外围,康苏组–杨叶组煤层和煤系烃源岩中富集铅锌,在构造生排烃过程中,能够形成含铅锌的烃类还原性成矿流体。在地表泉水出露处,为含铅锌和铜较高的封存地层水排泄泉,它们也是砂砾岩型铅锌矿床和砂岩型铜的成矿物质供给源。

2. 成矿流体形成与大规模一次运移和运移构造通道

构造–热事件是砂砾岩型铅锌矿床和砂岩型铜矿床的成矿流体生成排泄–运移和驱动运移的能量供给源。①构造–热事件为生排烃能量供给源,形成挤压应力场构造生排烃中心。构造动力驱动了成矿流体大规模运移,并控制了流体的运移方向。在乌拉根砂砾岩型铅锌矿区,晚白垩世前陆冲断褶皱带为构造生排烃事件动力源和运移驱动力,切层断裂为成矿流体一次运移构造通道(吾合沙鲁–乌恰同生断裂带),在克孜勒苏群第四岩性段中同生角砾岩和地震岩席为同生断裂活动的构造岩相学标志。②在乌拉根砂砾岩型铅锌矿床内,古近纪同生断裂活动强烈,主要表现为同生构造断陷作用,富 Sr 氧化性热卤水沿同生断裂发生热水喷流作用,热水喷流沉积成岩成矿中心位于帕卡布拉克天青石矿床一带,富 Sr 氧化性热卤水向西运移到乌拉根砂砾岩型铅锌矿区内。③砂岩铜矿床在沉积成岩成矿期内,咸化湖盆处于区域挤压构造应力场下,这种区域挤压应力场驱动盆地流体大规模运移,而滴水式砂岩型铜矿床和杨叶–花园砂岩型铜矿床均赋存在沉积水体向上变深的沉积序列中,这种局部构造断陷和拗陷中心为低温高盐度的热卤水聚集提供了条件,也是砂岩型铜矿床的同生沉积成岩成矿作用基础。切层断裂带为非烃类 $CO-H_2S$ 型还原性成矿流体运移构造通道。④在砂岩型铜矿床改造富集期,逆冲断裂带为非烃类 $CO-H_2S$ 型还原性成矿流体运移驱动力和切层运移构造通道。

构造-岩浆-热事件是砂砾岩型多金属矿床的成矿流体生成排泄-运移和驱动运移的能量供给源。①晚侏罗世-早白垩世相邻山体抬升形成了构造挤压应力场,对冲式厚皮型逆冲推覆构造系统形成构造-热事件,驱动了萨热克巴依地区成矿流体发生了一次运移,以切层垂向沿断裂带向上运移为主。②超基性岩-基性岩脉群垂向侵位形成了萨热克巴依地区垂向驱动的热应力场,采用绿泥石矿物温度计恢复萨热克砂砾岩型铜矿区四期古地热事件,第一期古地热事件【DD】为沉积成岩期(157±2~178±4Ma),古地温场在163~217℃。第二期古地热事件【DD3-DE1】为盆地流体改造富集期(116.4±2.1~136.1±2.6Ma),古地温场在188~219℃。第三期古地热事件【DE2】为辉绿辉长岩脉群侵入构造期,古地温场在236~238℃。第四期古地热事件【DE3】为辉绿岩遭受蚀变期,古地温场在121~185℃。推测这些古地热事件是本区形成异常古地温结构原因所在。而异常古地温梯度在萨热克巴依次级盆地中,因地层裂隙和热传导控制因素不同,形成了异常的古地温结构,其上侏罗统库孜贡苏组对于古地温热传导较为有利,也是形成萨热克砂砾岩型铜矿床的古地温因素。③在新近纪西域期,萨热克巴依地区不但发生了显著构造抬升,吉根-萨瓦雅尔顿 NE 向逆冲推覆构造系统自北西方向,向南东方向形成了大规模逆冲推覆构造作用,在乌鲁克恰提形成了较大规模的西域期山间盆地,在萨热克巴依地区也形成了小型山间盆地。西域期构造运动形成了萨热克砂砾岩型铜多金属矿床,沿切层断裂-裂隙带分布油脂状含铜沥青脉。

3. 成矿流体排泄运移相态、期次与盆地演化之间关系

(1)成矿流体运移相态。在不同时代的沉积盆地内,富烃类还原性成矿流体运移相态为多相态:①矿物包裹体研究、岩石地球化学研究、烷烃类地球化学研究,证明烃类成矿物质在成矿过程中,呈气相烃、液相烃、气液相烃、轻质油、固相烃(沥青)等多相态烃类,这些还原性成矿流体作为还原剂以成矿流体混合作用参与成矿过程,导致矿质大规模沉淀富集;②临界相态和瞬间态,烃类气液相不混溶和相分离、多相态不混溶和相分离、成矿流体体系压力降低导致轻烃类逃逸作用等,可能形成矿质沉淀机制,也揭示存在诸多瞬间相态;③矿物包裹体研究证明,富 $CO-H_2S$ 非烃类为气相,此外,呈气相态成矿流体还有 H_2O、N_2 等;④从石英包裹体均一温度最高达478℃中推测存在富 Sr 热卤水的超临界相态流体;⑤沥青化蚀变相呈脉状、浸染状、弥漫状、团斑状、线带状等不同地质产状,固体烃呈超微粒在储集层中形成二次运移,推测存在纳米级含辉铜矿固体烃。

(2)成矿流体多期次运移。在不同时代的沉积盆地内,具有多期次富烃类还原性成矿流体强烈活动:①含铜沥青全岩的铼锇同位素模式年龄为 220±3Ma 和 180±3Ma,其辉铜矿铼锇同位素模式年龄为 183.4±2.5Ma 和 512.3±30.3Ma,可能揭示了富烃类还原性盆地流体第一次排泄运移期,其烃源岩源区形成年龄为晚三叠-早侏罗世和寒武纪烃源岩。推测这些辉铜矿和含沥青辉铜矿,以微细辉铜矿(或纳米级微粒)颗粒形式随富烃类还原性盆地流体一起运移。②初始成岩成矿期年龄以第二组辉铜矿铼锇同位素模式年龄(157±2~178±4Ma)为代表,辉铜矿铼锇同位素等时线年龄为 166.3±2.8Ma,$N=6$,$MSWD=1.2$,该组数据精度高,推测为辉铜矿初始成矿期年龄。该组年龄值与萨热克巴依次级盆地在中侏罗世末-晚侏罗世初期发生构造反转事件相一致,即富烃类还原性盆地流体初始成岩成矿期在中侏罗世末期土阿辛阶到晚侏罗世初期牛津阶(183±1.5~155.6Ma),萨热克巴依陆内拉分断陷

盆地发生了构造反转,转变为陆内压陷体制下的尾闾湖盆,东部基底不断抬升并将其围限和封闭,第一期辉铜矿形成年龄为166.3±2.8Ma。③富烃类还原性盆地流体改造成矿期,以第三组辉铜矿铼锇同位素模式年龄为代表(116.4±2.1~136.1±2.6Ma),属于早白垩世,揭示了富烃类还原性盆地流体的第二运移期发生在早白垩世期间,同时也是萨热克巴依陆内拉分断陷盆地萎缩期。在早白垩世相邻山体抬升,该盆地沉积范围迅速缩小,盆地变形强烈,并于晚白垩世迅速抬升,萨热克巴依地区缺失上白垩统沉积。④晚白垩世末期-古近纪深源热流体叠加成矿期。从下白垩统克孜勒苏群中发育的似层状沥青化蚀变带看,本区域在古近纪曾形成了富烃类还原性盆地流体大规模运移事件。推测与侵入在克孜勒苏群中碱性辉绿辉长岩脉群密切有关,幔源碱性辉绿辉长岩脉群侵位也形成了区域性褪色化(漂白化)蚀变带。推测晚白垩世末期-古近纪在萨热克巴依次级盆地内形成了深源热流体叠加成矿期,与区域上托云后陆盆地中晚白垩世-古近纪深源玄武岩和玄武质火山岩大规模喷发事件相吻合。

在富锶热卤水大规模运移与砂砾岩型铅锌矿床和砂岩型铜矿床上,主要表现为三期不同的运移过程。①古新世阿尔塔什期,富锶热卤水沿同生断裂带发生热水喷流作用,进行局限海湾潟湖盆地内富集成矿;②在乌拉根-帕卡布拉克一带,沿克孜勒苏群顶部与阿尔塔什组之间角度不整合面-层间滑脱构造带,形成大规模一次运移;③在杨叶-花园铜矿床内,富锶卤水聚集与咸化湖盆沉积水体增深和同生断裂活动有密切关系,形成了富锶高盐度中低温热卤水聚集。

在表生成岩成矿作用过程中,地层封存卤水(含铜卤水和含铅锌卤水)为表生成岩成矿作用提供了成矿物质来源。

4. 成矿流体运移通道与构造岩相学标志(运储层)

(1)富烃类还原性盆地流体一次运移通道。富烃类还原性盆地流体从烃源岩中大量排烃后,向上侏罗统库孜贡苏组上段紫红色铁质杂砾岩类相层(旱地扇扇中亚相)储集层运移,为烃类-含烃盐水等组成的富烃类还原性盆地流体一次运移。在早-中侏罗世末期NE向盆地边界切层同生断裂带以同生断陷沉降,在中侏罗世末-晚侏罗世初期构造反转以挤压收缩体制下逆冲推覆,它们为富烃类还原性盆地流体运移的构造通道。萨热克NE向盆地边界同生断裂带在压陷体制持续活动,导致萨热克巴依次级盆地中形成了富烃类还原性盆地流体并开始了大规模运移。萨热克同生断裂带主要为两条NE向边界同生断裂带,其次为NNW向基底隆起带和构造洼地之间的构造坡折带,因两条NE向边界同生断裂带从构造断陷作用反转为逆冲推覆作用,不但造成了萨热克巴依陆内拉分断陷盆地发生构造反转,而且也对烃源岩大量排烃形成了构造驱动作用,同时,逆冲推覆构造作用对富烃类还原性盆地流体形成了大尺度构造驱动和构造圈闭,驱使富烃类还原性盆地流体向圈闭构造和岩性岩相圈闭层大规模运移。侏罗系砾岩中大孔隙度和裂隙发育,揭示孔隙-裂隙为烃类流体运移的小型构造通道。

(2)富烃类还原性盆地流体二次运移通道。富烃类还原性盆地流体在进入到萨热克巴依次级盆地后,被库孜贡苏组上段旱地扇扇中亚相含铜紫红色铁质杂砾岩类形成了岩性岩相圈闭层,发生了以侧向运移为主和以下渗运移为辅的富烃类还原性流体二次运移。①富烃类还原性盆地流体二次运移以顺层侧向运移为主,受层间滑动构造带-裂隙破碎带-杂砾岩等层间构造-岩性-岩相控制发生运移,主要沿构造裂隙带-碎裂岩化相杂砾岩等高渗透率部位,形成侧向运移。②以沥青化蚀变强度为地球化学岩相学标志,揭示富烃类还原性盆地流体改造富集作用的强度大小,可以划分为 3 个沥青化蚀变带,黑色强沥青化蚀变带→灰黑色中沥青化蚀变带→灰黑色沥青化-褪色化蚀变带,这种沥青化蚀变带在切层断裂和层间断裂交汇部位最为强烈,形成了侧向沥青化-褪色化蚀变分带,即黑色强沥青化蚀变带→灰黑色沥青化-褪色化蚀变带→褪色化蚀变带→褪色化含铜紫红色铁质杂砾岩类→含铜紫红色铁质杂砾岩类,这种侧向蚀变分带是富烃类还原性盆地流体侧向运移构造岩相学记录和流体-岩石氧化还原耦合反应的地球化学岩相学记录。

(3)非烃类 $CO-H_2S$ 型还原性成矿流体。通过对萨热克砂砾岩型铜矿体中不同铜品位的矿石物相分析数据研究,采用地球化学岩相学记录恢复其成矿机制(图版 N)。①铜品位与全铁(TFe)呈现密切的正相关关系($R^2=0.9399$,$N=26$),铜品位与矿石中 TFe 含量间关系式为:铜矿石品位(TCu%) = $1.1084 \times$TFe% -2.5145。揭示 TFe 对于铜富集成矿具有明显的控制作用(图版 N 中①)。②铜品位与氧化相铁(OFe)呈现密切正相关关系($R^2=0.8383$,$N=26$),铜品位与矿石中 OFe 含量间关系式为:铜矿石品位(TCu%) = $1.2266 \times$OFe% -0.6393。揭示 OFe 对于铜富集成矿具有明显控制作用(图版 N 中②)。③库孜贡苏组含铜紫红色铁质杂砾岩中,因与富集铁质并吸附 Cu 形成的初始富集成矿作用密切相关。碳酸盐相铁(CFe)和硫化物相铁(SFe)能够揭示盆地流体改造过程中,氧化相铁(OFe)被富 CO_2-CO 型还原性流体和富 S 型还原性流体,或者二者混合的还原性盆地流体的还原量和被还原的氧化相铁(OFe)比例。从图版 N 中③看,在铜矿化、铜矿石和高品位铜矿石之中,氧化相铁(OFe)被还原量一般都在 10% 以上,氧化相铁(OFe)被还原量在 10% ~ 55%,揭示还原性盆地流体具有一定规模,达到了可以将 50% 以上氧化相铁(OFe)进行还原的能力,但由于杂砾岩中碎裂岩化相发育不均匀,裂隙密度不同、杂砾岩渗透率和孔隙度不同、构造改造作用强度不同等多因素多重耦合作用,氧化相铁(OFe)被还原量和已经还原的成为碳酸盐相铁(CFe)和硫化物相铁(SFe)分布极不均匀。④碳酸盐相铁为典型强还原地球化学岩相学类型(方维萱,2012b),在碳酸盐相铁(CFe)和全铜(TCu)关系上(图版 N 中④),明显与氧化相铁(OFe)关系不同,呈现二项式密切正相关关系,相关系数 = 0.79,$N=25$,这与实际观察两期以上方解石化蚀变现象相吻合(图版 N 中③),揭示铜富集成矿具有两期的叠加成矿作用,因此,方解石-铁方解石化等碳酸盐化蚀变与铜叠加成矿作用有十分密切的关系。从地球化学岩相学的相态转换和平衡角度分析,含铜紫红色氧化相铁(OFe)被还原为碳酸盐相铁(CFe)和硫化相铁(SFe),是初始成矿相体(旱地扇扇中亚相含铜紫红色铁质杂砾岩类)经历了强还原地球化学作用后,导致形成紫红色岩石褪色化的地球化学岩相学机制,为辉铜矿、斑铜矿和黄铜矿等铜硫化物形成提供了成矿地球化学环境条件。

5. 成矿流体的圈闭构造与构造岩相学特征

萨热克巴依陆内拉分断陷盆地经后期构造变形,由于两侧边界同生断裂带在晚侏罗世构造反转后,形成了萨热克南和萨热克北两个对冲厚皮式逆冲推覆构造系统,驱动了造山带流体大规模向萨热克裙边式复式向斜构造系统排泄聚集,富烃类还原性盆地流体运移带同生披覆褶皱和基底隆起带顶部形成了大型构造圈闭。

(1)在库孜贡苏组中除岩性岩相圈闭外,碎裂岩化相是重要的储矿构造岩相学特征,也是富烃类还原性盆地流体圈闭构造。构造岩相学特征可从肉眼识别、肉眼借助放大镜和显微镜下鉴定研究进行统计,以发育辉铜矿脉、沥青化脉、硅化脉、方解石化细脉和铁白云石细脉或者它们组成的网脉为富烃类还原性盆地流体圈闭构造的岩相学标志。

(2)小型圈闭构造尺度(裂隙和节理宽度>0.1cm)的碎裂岩化相,肉眼可识别并根据节理–裂隙密度进行划分:①强碎裂岩化杂砾岩(裂隙密度>5 条/m)(强碎裂岩化相),一般多为富矿体和黑色强沥青化蚀变发育部位;②中碎裂岩化杂砾岩(裂隙密度 1~5 条/m)(中碎裂岩化相),一般为铜矿体和灰黑色中沥青化–褪色化蚀变相;③弱碎裂岩化杂砾岩(裂隙密度<1 条/m)(弱碎裂岩化相),一般为褪色化杂砾岩和斑杂色杂砾岩,多为铜矿化体;④紫红色铁质杂砾岩(无碎裂岩化)(裂隙密度<0.01 条/m),为正常未蚀变紫红色铁质杂砾岩。

(3)显微圈闭构造尺度的碎裂岩化相和裂缝标志,借助放大镜和显微镜下鉴定,进行显微裂隙和裂缝(宽度≤0.1cm)统计研究,以发育辉铜矿细脉、沥青化细脉、绿泥石化细脉、方解石化细脉和铁白云石细脉或者它们组成的细网脉为富烃类还原性盆地流体圈闭构造的岩相学标志。①强碎裂岩化相,杂砾岩、含砾砂岩和砂岩等的显微裂隙和裂缝密度>150 条/m;②中碎裂岩化相,杂砾岩、含砾砂岩和砂岩等的显微裂隙和裂缝密度 150~100 条/m;③弱碎裂岩化相,杂砾岩、含砾砂岩和砂岩等的显微裂隙和裂缝密度 100~50 条/m。显微裂隙和裂缝密度<50 条/m 可暂作受碎裂岩化相影响的岩石,不作独立建相标志。

(4)富烃类还原性盆地流体与含铜紫红色铁质杂砾岩(氧化相铜富集层位)之间形成了流体–岩石多重耦合结构,它们是氧化–还原耦合反应的地球化学岩相学记录。在萨热克砂砾岩型铜矿床中,围岩蚀变主要有沥青化、褪色化、绿泥石化、碳酸盐化、铁白云石化、硅化、绢云母化,局部发育重晶石化等。碳酸盐化蚀变作用与富烃类还原性盆地流体密切相关。①碳酸盐化蚀变作用(褪色化蚀变)和矿物地球化学岩相学特征揭示其两类盆地流体的化学耦合反应作用,在初始沉积成岩成矿期(157±2~178±4Ma),碳酸盐质胶结物以方解石为主,方解石比较纯净,其他元素含量较低,其 FeO 和 MgO 含量也低于 1.0%,在沉积成岩期也含有少量 FeO、MgO 和 MnO(0.18%~1.50%),主要与沉积成岩期为半咸水环境有密切关系。②在盆地流体改造成矿期(116.4±2.1~136.1±2.6Ma),碳酸盐化蚀变主要表现为含铁方解石化、含锰方解石化、含铁白云石化和铁白云石化,含铁方解石中具有低钙高 MgO(3.10%)、FeO(8.74%)和 MnO(8.68%)特征,尤其是以玫瑰红细脉状含锰方解石和网脉状锰方解石–含锰白云石分布在铜矿石中和大理岩角砾中。揭示强还原环境中形成的低温热液型铁锰碳酸盐化蚀变,与沉积成岩期碳酸盐化蚀变具有较大差异。③在萨热克砂砾岩型铜矿床中,上盘围岩、矿体和下盘围岩的渗透率和孔隙度特征能够揭示两类盆地流体–岩石之间物理性耦合和对流体–岩石之间化学耦合反应的控制,铜矿体上盘围岩为下白垩统克孜勒苏群紫红色泥质粉砂岩类,其气测渗透率为 0.00212×10^{-3}~$0.00311 \times 10^{-3}\ \mu m^2$,孔隙度为 1.212%~1.555%,构成了富烃类还原性盆地流体的岩性岩相封闭层,形成了很好的岩性岩相圈闭构造,但穿层断裂仍然构成了富烃类还原性盆地流体向上运移的构造通道。④上侏罗统库孜贡苏组上段紫红色铁质杂砾岩其气测渗透率为 0.01010×10^{-3}~$0.09354 \times 10^{-3}\ \mu m^2$,孔隙度为 1.798%~2.662%,其渗透率和孔隙度明显高于上述岩相岩性封闭层的渗透率和孔隙度,构成了富烃类还原性盆地流体的岩性岩相储集层,为其二次运移提供了良好的渗透率和孔隙度。在含铜沥青–褪色化蚀变杂砾岩中,气测渗透率为 0.00353×10^{-3}~$0.06578 \times 10^{-3}\ \mu m^2$,孔隙度为

1.331% ~ 1.767%，其渗透率和孔隙度明显高于上述岩相岩性封闭层的渗透率和孔隙度，但渗透率和孔隙度低于库孜贡苏组中正常未蚀变的紫红色铁质杂砾岩，显示经过富烃类还原性盆地流体作用后，由于铜富集成矿和围岩蚀变作用，导致了渗透率和孔隙度降低。⑤矿体底盘围岩为上侏罗统库孜贡苏组下段灰绿色含砾砂岩和砂岩，其气测渗透率为 0.01364×10^{-3} ~ $0.02514 \times 10^{-3} \mu m^2$，孔隙度为 3.129% ~ 4.819%，与库孜贡苏组上段相比较，其渗透率有所降低，但孔隙度仍然很好，因此，有利于富烃类还原性盆地流体向下渗流，但由于富烃类还原性盆地流体将库孜贡苏组上段紫红色铁质杂砾岩大量还原，同时富烃类还原性盆地流体也不断发生了氧化作用，形成了 CO-CO_2-CO_3^{2-} 型盆地流体，也导致了在该层位发育碳酸盐化–绿泥石化–黄铁矿化等组成的褪色化，即碳酸盐化–绿泥石化–黄铁矿化蚀变带。⑥温度场耦合结构与耦合作用特征为异常古地温场结构，在萨热克砂砾岩型铜矿床内，古地温结构也是流体多重耦合结构与氧化–还原耦合反应的地球化学岩相学记录。铜硫化物组合类型可以直接揭示铜富集成矿规律，采用绿泥石温度计可间接揭示其古地温场和绿泥石化蚀变温度（褪色化蚀变），按照铜硫化物矿物组合和绿泥石共生关系，萨热克铜矿区铜矿石可以划分为三种类型，即辉铜矿型矿石带的绿泥石温度计恢复古地温场在 188 ~ 219℃；斑铜矿+辉铜矿型矿石带的绿泥石温度计恢复古地温场在 196 ~ 237℃；斑铜矿型矿石的绿泥石温度计恢复古地温场在 203 ~ 226℃。推测斑铜矿型铜矿石和斑铜矿+辉铜矿型指示了富烃类还原性盆地流体成矿中心部位，其绿泥石化形成温度为 196 ~ 237℃，而斑铜矿型矿石带多分布在斑铜矿+辉铜矿型矿石带之内，其绿泥石化形成温度为 203 ~ 226℃。

5.7.5　矿质大规模沉淀富集成矿机理

在不同时代的沉积盆地内，富烃类还原性成矿流体参与成矿过程导致矿质大规模沉淀富集的成矿机制有两类：①富烃类还原性成矿流体以流体混合成矿作用，提供了还原性成矿流体和烃类还原剂，矿物包裹体研究、岩石地球化学研究、烷烃类地球化学研究，证明烃类成矿物质在成矿过程中，呈气相烃、液相烃、气液相烃、轻质油、固相烃（沥青）等多相态烃类，这些还原性成矿流体作为还原剂以成矿流体混合作用参与成矿过程，导致矿质大规模沉淀富集；②烃类气液相不混溶和相分离、多相态不混溶和相分离、成矿流体体系压力降低而导致轻烃类逃逸作用等，可能是导致矿质沉淀的机制。

5.7.6　对富烃类还原性盆地流体成矿理论的验证与深化

根据富烃类还原性盆地流体改造叠加成矿新观点，对于萨热克砂砾岩型铜矿山坑道，进行构造岩相学编录和地球化学岩相学研究，以验证富烃类还原性盆地流体叠加改造成岩成矿作用。①对其含铜蚀变杂砾岩进行刻槽取样发现，Cu 品位明显增高（1.44% ~ 5.89%），为富铜矿石，铜–银（Ag 为 10.4 ~ 48.7g/t）为同体共生–伴生，钼与铜矿体为同体共生矿体（0.013% ~ 0.61%），Ag-Mo-Cu 三种工业组分的矿石品位具有同步富集趋势。钼主要以硫铜钼矿和胶硫钼矿等独立硫化物相钼形式赋存。②该类型铜钼银同体共生矿体中，Pb 含量均较低，但局部 U 含量达到了铀矿化（0.0187%）。因此，在萨热克巴依地区，需要重视砂砾岩型 Cu-Ag-Mo-U 组合型铜矿体寻找和研究,这是一个值得重视的新找矿方向。③沥青化断层角砾岩是最晚期构造-流体活动事件的构造岩相学记录,断层角砾岩呈明显的棱角状,沥青化蚀变呈胶结物形式胶结断层角砾,总有机碳明显高(0.32% ~ 0.97%),含铀为 $7.13 \times 10^{-6} \sim 187.0 \times 10^{-6}$。④在挤压片理化沥青化破碎带中,早期沥青化蚀变已经发生了构造变形,形成了石墨金属镜面构造和碳质拉伸线理,揭示经历了后期走滑断裂作用,强烈构造应力作用造成了脱碳作用,总有机碳明显降低,暗示存在富烃类还原性盆地流体多期次运移作用。⑤含铜沥青-褪色化杂砾岩中铜、银和钼品位均较高,揭示强还原-中还原环境对于铜、银和钼富集最为有利。

5.8 区域成矿特征对比

5.8.1 富烃类和非烃类 CO_2-H_2S 还原性盆地流体与砂砾岩型铜铅锌矿床成矿机制

近年来,油气藏破坏和有机质与沉积岩型铜铅锌矿床的金属大规模成矿备受关注,有机质参与了铜铅锌富集成矿作用。塔西地区砂砾岩型铜铅锌矿床,明显受同生沉积成岩期构造岩相学和盆地改造期构造-流体多重耦合作用复合控制。其盆地流体的地球化学岩相学类型不同,对于砂砾岩型铜铅锌矿床具有不同的控制作用,其成矿机制也具有较大差异,但含铜铅锌氧化相盆地流体和富烃类还原性盆地流体混合,是形成不同成矿系统的关键地球化学岩相学机制。富烃类还原性盆地流体系统是最终形成砂砾岩型铜铅锌矿床的关键因素。富烃类还原性盆地流体与盆地封存流体(岩石)之间的盆地流体混合作用,导致矿质大规模沉淀,这些砂砾岩型铜铅锌矿床中,发育有机质、含烃盐水、气烃-液烃-气液态、轻质油和沥青等富烃类流体包裹体等揭示,曾存在富烃类还原性盆地流体活动。沥青化蚀变带也是富烃类还原性盆地流体直接可识别的构造岩相学标志,沥青化蚀变分带、沥青化-褪色化(漂白化)蚀变分带,也是富烃类还原性盆地流体与围岩大规模水岩耦合反应的构造岩相学记录,揭示沉积盆地在后期构造变形和叠加改造过程中,盆地流体与围岩之间存在大规模水岩耦合反应作用,这也是导致铜铅锌成矿物质大规模沉淀的主要机制。

5.8.2 后陆盆地系统与砂砾岩型铜矿床

在构造高原-造山带-沉积盆地耦合转换构造域中,后陆盆地一般位于两个平行的造山带之间、多造山带和地块横向叠置耦合或者构造高原与造山带之间。在后陆盆地沉积充填地层体中,下部多发育含煤碎屑岩系,中部发育金属矿床,在上部蒸发岩系发育盐类矿床,同时也是多种能源矿产(石油-煤炭-天然气-铀矿等和金属矿产同盆共存),后陆盆地中煤炭-石油-天然气和烃源岩系存在,为富烃类还原性盆地流体提供了良好的烃源物质基础。

萨热克南和萨热克北两个 NE 向盆地边界同生断裂带在中侏罗世末期开始构造反转,形成了挤压收缩体系下压陷盆地中叠加复合扇体,同时,挤压收缩体制导致了侏罗系等烃源岩发生了大规模生烃-排烃作用,经过构造反转的 NE 向同生断裂带为富烃类还原性盆地流体运移构造通道。新疆萨热克大型砂砾岩型铜铅锌矿床成矿机制与富烃类还原性盆地流体残留物(沥青化和总有机碳)与铜矿富集有密切关系,它们具有生物有机质成因特征。在富烃类还原性盆地流体中,沥青和碳质是盆地流体重要的还原剂,这种富烃类还原性盆地流体大规模运移到上侏罗统库孜贡苏组中,将旱地扇扇中亚相含铜紫红色砂砾岩中以铁氧化物吸附的氧化相铜等成矿物质大量还原,形成了辉铜矿、斑铜矿和黄铜矿等铜硫化物相。

库孜贡苏运动(J_3k)是区域性富烃类还原性盆地流体大规模运移期,在区域燕山早期(库孜贡苏运动)垂向构造抬升具有局域化特征,在库孜贡苏组与下伏塔尔尕组、克孜勒苏群与下伏塔尔尕组和盆地基底构造层之间形成了角度不整合面。而库孜贡苏组在康苏一带与下伏塔尔尕组呈假整合,在乌鲁-乌拉前陆盆地中心呈连续沉积。在反修煤矿南局部抬升明显,使塔尔尕组遭受剥蚀而呈楔状。在盐场北因垂向抬升强烈,塔尔尕组被剥蚀殆尽,库孜贡苏组直接超覆在阿克苏岩群之上。在康苏-库克拜地区,克孜勒苏群与塔尔尕组和其下地层普遍为角度不整合接触。

5.8.3　前陆盆地分段构造特征与区域成矿学特征

在塔西地区西南天山造山带南侧的中新生代前陆盆地系统,构造-沉积相、盆地构造变形样式和构造组合、区域成矿学和成矿分带,具有东西向分段特征。

(1)最西部乌鲁克恰提中-新生代前陆盆地为砂砾岩型铅锌矿床(如江格结尔铅锌矿)、砂砾岩型铜矿床(如炼铁厂铜矿)和石膏矿床等同盆共存,预测深部具有较大的寻找砂砾岩型铜铅锌矿床潜力。①盆地基底构造层最为典型,其西侧盆地基底上构造层为古生界,现今以 NE 向叠瓦式逆冲推覆构造系统和冲断褶皱带出露于该盆地西侧,局部逆冲推覆于中生代-新生代地层之上;其盆地北侧为长城系阿克苏岩群,为西南天山造山带南侧高角度冲断褶皱带,也逆冲推覆于中生代-新生代地层之上,揭示不但盆地基底构造层发育齐全,也有来自 NW→SE 向和 NE→SW 向不对称挤压收缩和逆冲推覆构造作用。②该前陆盆地于晚侏罗世开始发育,为半地堑断陷盆地。晚侏罗世-白垩纪沉积发育齐全,上白垩统与下白垩统为连续沉积,是塔西前陆盆地系统中最为典型的特征,形成了白垩系下部碎屑岩系和上部碳酸盐岩系组成的 2 个巨厚沉积旋回。白垩系沉积相垂向演化体现出海平面整体上升过程,上白垩统为标准的陆表海沉积。③炼铁厂砂砾岩型铜矿床产于克孜勒苏群上部河湖三角洲相砂砾岩中,沉积环境为乌鲁克恰提陆表海域中海湾盆地北东缘边部辫状河流域,与东北侧阿克苏岩群造山型铜金矿和泥盆系中含铜赤铁矿床关系十分密切,能够提供大量原始的铜成矿物质。④江格结尔砂砾岩型铅锌矿赋存于克孜勒苏群上部,其蚀源岩区主要为盆地上基底构造层古生界,以造山型铅锌矿和火山热水沉积-改造型铅锌矿床被剥蚀后,提供了大量原始的铅锌成矿物质。⑤受帕米尔弧形构造结西侧和弧顶向北推进的影响,该前陆盆地在古近系海湾盆地(古特提斯海域北支阿莱因海峡)形成含膏泥岩和石膏后,向周缘前陆盆地演化,受帕米尔构造高原和西南天山造山带双重挤压收缩体制影响,该前陆盆地发生了较大规模收缩变形,导致盆地流体大规模排泄和集聚,为富烃类还原性盆地流体集聚和构造圈闭-岩相岩性圈闭,形成大型砂砾岩型铜铅锌矿床提供了优越的成矿条件。

(2)加斯中–新生代前陆盆地为砂砾岩型铀矿、煤矿、铜矿和石膏矿同盆共存,该区域中部具有较大的寻找砂砾岩型铜铅锌–铀矿潜力。①中侏罗统杨叶组、塔尔尕组(如 KS 铀矿点)和下白垩统克孜勒苏群(巴什布拉大型砂岩型铀矿床)为砂岩型铀矿有利成矿层位。巴什布拉克大型砂岩型铀矿床赋存于克孜勒苏群下段褪色化蚀变砾岩和蚀变含砾粗砂岩中,围岩蚀变以沥青化、褪色化、碳酸盐化、黄铁矿化、黏土化等为主(阿种明等,2008;韩凤彬等,2012;刘章月等,2015;李盛富等,2015)。侏罗系和白垩系呈低角度超覆在阿克苏岩群之上,晚侏罗世和早白垩世北侧阿克苏岩群持续抬升,导致盆地基底构造层中原始含铀岩性被抬升后遭受剥蚀,为前陆盆地提供原始铀成矿物质。②西南天山造山带南侧冲断褶皱带在伽师前陆盆地北侧为巴什布拉克冲断褶皱带,在砂岩型铀成矿带内,总体有上侏罗统和白垩系组成的单斜地层,局部发育掀斜构造,这种构造样式与砂砾岩铜铅锌矿床内复式褶皱构造系统差别较大。③油气和有机质在铀富集成矿中具有很大作用(阿种明等,2008;韩凤彬等,2012;刘章月等,2015;李盛富等,2015),含铀矿物主要呈浸染状分布于有机质内部和有机质边缘裂隙,铀矿物主要为沥青铀矿、含铀地沥青和铀黑,次生铀矿物主要有板菱铀矿、钒钙铀矿、矽镁铀矿和铜铀云母等。以黄铁矿最为常见,少量方铅矿、闪锌矿、黄铜矿、辉钼矿和胶硫钼矿等。刘章月等(2015)认为早期油气有机质在白垩纪–古近纪沿着渗透性较好的岩性段、不整合面和泥岩破碎带,浸入到下白垩统克孜勒苏群砂砾岩中,在上白垩统和古近系巨厚膏岩和泥岩等形成了岩性圈闭,铀矿化主要受早期油气有机质及地沥青分布范围控制;晚期油气有机质浸入较晚,对铀成矿影响不大。李盛富等(2015)基于含矿层中有机质含铀性分析和铀矿物学研究,认为油气还原过程有 2 期,早期有机质不含铀,晚期有机质富含铀,其有机质包裹有多种铀矿物和金属硫化物,包括黄铁矿和胶硫钼矿、沥青铀矿、铀石和含钛铀矿物等;胶硫钼矿本身就包裹了沥青铀矿和铀石;在砂岩粒间碎屑物中,存在胶硫钼矿、沥青铀矿、铀石和含钛铀矿物。

加斯中–新生代前陆盆地在新近纪演化为陆内湖泊盆地,杨叶铜矿和花园铜矿赋存在安居安组下段(N_1a)灰绿色岩屑砂岩中,为浅湖相沉积。杨叶铜矿带分布于硝若布拉克短轴向背斜的两翼,赋矿层随地层褶皱而褶曲,由于帕米尔构造高原向北推进,在塔西地区(喀什凹陷)形成了新近纪坳陷氧化宽浅湖泊盆地,经历了坳陷沉降期(渐新–中新世克孜洛依期滨浅湖盆)→稳定沉降期(中新世安居安期滨湖–半深湖盆)→盆地反转期(中新世帕卡布拉克期冲积扇–滨浅湖–浅湖–半深湖相)→盆地萎缩期(上更新世阿图什期冲积扇相)4 个演化期。安居安组为乌鲁–乌拉前陆盆地系统中砂岩型铜成矿带主要赋存层位。

喜马拉雅期造山运动,形成了新近系渐新–中新统克孜洛依组[$(E_3\text{-}N_1)k$]与古近系始新–渐新统巴什布拉克组($E_{2\text{-}3}b$)及其下层位的局部不整合面,克孜洛依组与巴什布拉克组呈微角度不整合。在乌恰县城附近及其以东地区(克孜洛依、库孜贡苏石膏矿等),克孜洛依组底部发育底砾岩,巴什布拉克组常缺失第四段和第五段。在帕米尔构造北侧前陆盆地中,古近系始新–渐新统巴什布拉克组($E_{2\text{-}3}b$)和新近系渐新–中新统克孜洛依组[$(E_3\text{-}N_1)k$]为砂岩型铜成矿带主要赋存层位。砂岩型铜成矿带具有环形分布趋势,推测主要与乌鲁–乌拉周缘前陆盆地形成演化有密切关系。同时,加斯前陆盆地也是帕米尔高原北侧逆冲推覆构造系统的前锋带位置。

(3)在乌拉根前陆盆地中,燕山晚期构造运动在乌拉根前陆盆地中较为强烈,但在乌鲁克恰提前陆盆地和库孜贡苏拉分断陷盆地中表现不明显。①以古近系阿尔塔什组(E_1a)超覆在白垩系之上,并发育角度不整合面为典型构造岩相学特征,但区域上构造岩相学规律变化大,古近系阿尔塔什组(E_1a)与上白垩统吐依洛克组(K_2t)及下伏地层间呈角度不整合。②在乌拉根前陆盆地中康苏–库克拜地区,上白垩统缺失吐依洛克组(K_2t)和依格孜牙组(K_2y),阿尔塔什组常超覆于乌依塔克组(K_2w)、库克拜组(K_2k)和克孜勒苏群(K_1kz)之上,角度不整合构造发育,如在库克拜,阿尔塔什组(E_1a)超覆于乌依塔克组(K_2w)上,在康苏镇及乌拉根一带,阿尔塔什组(E_1a)超覆于克孜勒苏群(K_1kz)之上,角度不整合面发育。③在巴什布拉克,阿尔塔什组(E_1a)逐层超覆于乌依塔克组(K_2w)、库克拜组(K_2k)和克孜勒苏群(K_1kz)之上。④在乌鲁克恰提及库孜贡苏地区,阿尔塔什组(E_1a)与上白垩统吐依洛克组(K_2t)为整合接触。因克孜勒苏群顶部砂砾岩与古新统阿尔塔什组石膏岩类之间岩石性质差异大,在喜马拉雅山期形成了大规模区域滑脱构造带,叠加在区域角度不整合面之上,它们共同构成了油气资源(富烃类还原性盆地流体)大规模运移的构造通道。⑤燕山晚期在克孜勒苏群顶部与阿尔塔什组形成了区域角度不整合面,该构造岩相学界面在喜马拉雅山期为区域滑脱构造带,形成了构造–热流体角砾岩构造系统(方维萱,2016b),该区域构造岩相学相变界面,为有利于盆地流体运移和圈闭的高渗透率构造岩相带,为富烃类还原性盆地流体大规模运移构造通道。⑥阿尔塔什组(E_1a)底部为石膏矿和天青石矿床主要赋矿层位,这些石膏–天青石矿床为古近纪局限海湾盆地热卤水沉积所形成,与克孜勒苏群顶部接触部位以天青石白云质角砾岩相为主,侧向相变为天青石岩–石膏天青石岩–石膏岩。推测在喜马拉雅山期造山过程中,该构造岩相带为盆地–造山带流体的大规模运移通道和路径,乌拉根复式向斜构造系统不但是富烃类还原性盆地流体圈闭构造,也是岩性–岩相圈闭构造。

(4)在西南天山造山带南侧前陆盆地系统中,喜马拉雅期形成了前陆冲断褶皱带,不同地段具有不同的构造变形样式和构造组合,它们对新近系砂岩型铜矿床具有不同的控制规律,但总体上均以发育沥青化–褪色化为主要围岩蚀变特征。在库车前陆盆地中,中新统康村组河–湖泊相灰绿色钙质砂岩–砂质泥灰岩系为主要赋矿岩相。库车滴水铜矿床受秋立塔克复背斜的次级米斯坎塔格背斜控制,并叠加逆冲断层作用,复式冲断褶皱构造系统是富烃类还原性盆地流体的主要圈闭构造。综上所述,主要结论为以下三个方面。①以西南天山中–新生代复合造山带为核心,其前陆盆地、山间盆地和后陆盆地,对于砂砾岩型铜铅锌–铀矿床具有不同的控制作用。萨热克式砂砾岩型铜矿赋存在其北侧托云中–新生代后陆盆地系统的次级盆地(萨热克巴依中生代山间拉分断陷盆地),含矿岩相为上侏罗统库孜贡苏组上段旱地扇扇中亚相紫红色铁质杂砾岩。其南侧的前陆盆地系统具有东西向分段特征,其中:乌拉根砂砾岩型铅锌矿赋存于乌拉根前陆盆地中下白垩统克孜勒苏群顶部与古近系底部;巴什布拉大型砂岩型铀矿床赋存在克孜勒苏群中。在周缘前陆盆地系统中,古近系顶部和新近系渐新–中新统为砂岩型铜矿床赋存层位。②富烃类还原性盆地流体识别构造岩相学标志为沥青化蚀变相、沥青化–褪色化蚀变带、碎裂岩化相和沥青化蚀变相多重耦合结构。地球化学岩相学标志包括富含有机碳,矿物包裹体中含有含烃盐水、气烃–液烃–气液态烃、轻质油和沥青等有机质类包裹体、低盐度和中盐度成矿流体、Cu-Ag-Mo同体共生矿体、氧化相铜、硫化相铜硫化物和钼硫化物等。③砂砾岩型铜铅锌–铀矿床成矿机制主要包括:同生断裂带由走滑拉分断陷发生构造反转后,转变为挤压收缩体制为烃源岩大规模生烃–排烃机制。反转构造带、区域性不整合面、滑脱构造带、高孔隙度和渗透率砾岩等构造岩相带为富烃类还原性盆地流体大规模运移构造通道。高孔隙度和渗透率砾岩类上下围岩为低渗透率泥质粉砂岩和含膏泥岩为岩相岩性圈闭构造岩相学层。富烃类还原性盆地流体大规模与含铜紫红色铁质杂砾岩（氧化相铜）多相盆地流体混合，可能是砂砾岩型铜铅锌矿床大规模富集成矿的机制；油田卤水和富烃类还原性盆地流体多期次混合，可能是形成砂砾岩型铅锌矿床和砂岩型铀矿富集成矿的机制。

第6章 塔西砂砾岩型铜铅锌成矿系统、找矿预测和验证效果

6.1 塔西砂砾岩型铜铅锌区域成矿系统时空结构与演化模型

从构造岩相学和地球化学岩相学思路出发(方维萱,2012b,2016b,2017b),对塔西地区萨热克式砂砾岩型铜多金属矿床、江格结尔砂砾岩型铜矿床、乌拉根砂砾岩型铅锌矿床、康西砂砾岩型铅锌矿床、托帕砂砾岩型铜铅锌矿床、巴什布拉克砂砾岩型铀矿床、花园-杨叶砂岩型铜矿床、滴水砂岩型铜矿床和伽师砂岩型铜矿床等典型矿床进行解剖和综合对比研究。对萨热克巴依、乌鲁克洽提、乌拉根、加斯-吾合沙鲁、拜城-库车、托云等6个中-新生代沉积盆地和区域构造岩相学进行系统调查和研究。在对塔西-塔北地区的典型矿床研究和区域成矿学研究对比基础上,将塔西砂砾岩型铜铅锌-铀-天青石-煤成矿系统的物质-时间-空间结构模型归纳为表6-1和表6-2。塔西地区砂砾岩型铜铅锌矿床在物质-时间-空间结构上,与MVT型、SSC型、SEDEX型和VMS型铜铅锌矿床(Misra,1999;Cox et al.,2003)、沉积岩型铜矿床(Cox et al.,2003)和火山岩型红层铜矿床(Kirkham,1996)等均具有较大差别。塔西-塔北地区砂砾岩型铜铅锌矿床和砂岩型铜矿床具有自身的区域性成矿规律。

从塔西盆山原耦合转换的构造岩相学序列、构造岩相学类型、原型盆地和盆地动力学等综合角度,将塔西砂砾岩型铜铅锌-天青石-铀-煤成矿系统,划分为燕山期($J-K_1$)铜铅锌-铀-煤成矿亚系统、燕山晚期-喜马拉雅早期(K_2-E)铅锌-天青石-铀成矿亚系统、喜马拉雅晚期(E_3-N_1)铜-铀成矿亚系统。在物质-时间-空间分布规律上,它们受盆山原镶嵌构造区和挤压-伸展转换过程控制显著。

塔西地区受印度-欧亚大陆汇聚碰撞过程制约和控制,以盆山原耦合与转换独具特色。①古特提斯洋壳晚期俯冲阶段,自北向南形成巨大古特提斯印支期造山带(许志琴等,2016b)。西昆仑泉水沟三叠纪残余弧前盆地,与西昆仑印支期弧-陆碰撞造山带有密切关系(杨克明,1994)。西昆仑北缘在三叠纪主体处于构造抬升剥蚀状态,在挤压背景下挠曲作用的塔里木为大面积稳定沉降区,即三叠纪陆相开阔拗陷型湖盆(陈旭等,2011)、库车-拜城三叠纪前陆盆地中沉积了巨厚的陆缘碎屑岩系。②在费尔干纳-康瓦西NW向山前断裂带,形成了库孜贡苏、托云和杜瓦等三叠纪小型山间断陷沉积盆地。在库孜贡苏陆内走滑拉分断陷盆地内,下三叠统俄霍布拉克组(T_1e)总体呈NW向分布在山前断裂带;在托云地区俄霍布拉克组(T_1e)受近东西山前断裂带控制;俄霍布拉克组含煤线碳质泥岩具煤系烃源岩特征。中-晚三叠世西南天山二叠系砂岩经历构造隆升(215 ± 12Ma、203.3 ± 9.7Ma)(Sobel and Dumitru,1997;Sobel et al.,2006)。总体看来,塔西地区在三叠纪期间为山体隆升-山前构造断陷的耦合与转换过程。③西昆仑造山带北侧康瓦西脆韧性剪切带,在中三叠世早期处于

表6-1　塔西"盆山原"镶嵌构造区砂砾岩型铜铅锌成矿床成矿系统物质-时间-空间结构模型表

		成矿亚系统	燕山期(J-K)铜多金属-煤-铀成矿亚系统	燕山晚期-喜马拉雅早期(K_2-E)铅锌-天青石-铀-煤成矿亚系统	喜马拉雅晚期(N)铜-铀成矿亚系统
		典型金属矿床	萨热克式砂砾岩型铜矿床	乌拉根式砂砾岩型铅锌矿床+巴什布拉克式砂砾岩型铀矿	滴水式砂砾岩型铜矿床
		代表矿床	萨热克铜多金属矿床,江格结尔铜矿床	乌拉根铅锌矿床,康西铅锌矿床,帕卡布拉克天青石矿床,托帕砂砾岩型铜铅锌矿床,巴什布拉克铀矿床	滴水铜矿床,伽师,杨叶和花园铜矿床
		主共伴组分	铜共生铅锌,伴生银,钼和铀	以锌为主,伴生铅。铀矿床中发育Cu-Pb-Zn-Mo异常	以铜为主伴生银,铀
物质域组成特征		成矿流体	紫红色铁质杂砾岩类(氧化相钼)+富烃类还原性成矿流体(中-低温(238~99.5℃),中低盐相(13%~24%和<8% NaCl)。浅成相(<2000m)	富Sr-SO_4^{2-}型氧化,强酸性高温(480~468℃)成矿流体(30%~53.26% NaCl)中低温(350~120℃)富烃类还原性成矿流体-非烃类富CO_2-H_2S还原性成矿流体。浅成相(<2000m)	富铜中低温(334~126℃),热卤水(30%~32.92% NaCl)+富烃类还原性流体+富烃类富CO-H还原性成矿流体。浅成相(<1000m)
		矿石矿物	氧化矿石带:氯铜矿→孔雀石-蓝铜矿-斜方蓝辉铜矿→混合矿石带:斑铜矿-铜蓝-久辉铜矿-铜蓝→原生矿石带:辉铜矿-铜蓝-黄铜矿:辉铜矿-铜蓝-闪锌矿-方铅矿-黄铁矿	氧化矿石带:菱锌矿-白铅矿-水锌矿-锌明矾-铅矾-石膏→黄铁矾-褐铁矿→混合矿石带:铅矾铅矿→物资逐渐减低,方铅矿-闪锌矿-毒砂→原生矿石带:闪锌矿-方铅矿-黄铁矿→天青石	氧化矿石带:氯铜矿-赤铜矿-自然铜合矿石带:辉铜矿-蓝铜矿-斑铜矿→混矿石带:辉铜矿→原生矿石带:辉铜矿-斑铜矿→黄铜矿-黄铁矿
		围岩蚀变相	方解石蚀变相→褪色化蚀变相+铁锰碳酸盐化蚀变相+沥青化蚀变相+绿泥石化蚀变相	方解石蚀变相+黄铁钾钒化蚀变相+硅化蚀变相+天青石蚀变相+石膏化蚀变相+褐色化蚀变相+斑点状沥青化蚀变相	褪色化蚀变相+斑点状-团斑状沥青化蚀变相+碳酸盐化蚀变相+近矿围岩黏土化蚀变带
		地层层位	上侏罗统库孜贡苏组第二岩性段/克孜勒苏群第三岩性段	下白垩统克孜勒苏勒苏群第五岩性段+古近系阿尔塔什组第一岩性段	新近系康村组/安居安组

续表

成矿亚系统	燕山期(J-K)铜多金属-煤-铀成矿亚系统	燕山晚期-喜马拉雅早期(K₂-E)铅锌-天青石-铀-煤成矿亚系统	喜马拉雅晚期(N)铜-铀成矿亚系统
时间域特征 · 垂向成矿序结构与成矿"相互关系	煤/J_1→铜(±钼铀)+铅锌/J_3 k→铜+铅锌/K_1^5。侏罗系煤层烃源岩为砂砾岩型铜多金属提供流体和富集成矿"物源,提供还原性成矿CO₂源,并提供铜成矿"物源;烃源和CO₂源,天然气烃源岩系	煤/J_{1+2}→天然气+铀/K_1^1→铅锌/K_1-E_1→天青石-天青石+石膏/E_1→铜-铜银+岩盐/N_1 a。侏罗系煤层烃源岩为砂砾岩型铅锌和富集成矿为还原性成矿CO₂源,并提供铅锌和铀成矿物源,天然气烃源岩系	煤/T-J→岩盐+石膏/N_1 j铜(银)/N_1 k。T-J煤层烃源岩为砂砾岩型铜矿,提供还原性成矿流体的烃源岩系,为天然气烃源成矿"提供烃源和CO₂源
主成矿期	燕山早期末 J_{2+3}/166Ma(辉铜矿 Re-Os 等时线法年龄),构造岩相学事件伴法	燕山晚期-喜马拉雅早期 K_{1+2}-E_1/77.7~61.2Ma;55~45Ma构造岩相学-热事件伴法见正文	喜马拉雅晚期/渐新世康村期/安居安期。构造岩相学-热事件伴法见正文
改造富集成矿期	燕山晚期/K(116~136Ma)(辉铜矿和含铜沥青 Re-Os 模式年龄)	喜马拉雅中-晚期/(20~23Ma,7~13Ma)	喜马拉雅晚期(7~13Ma)
岩浆热液叠加期	燕山晚期-喜马拉雅早期叠加/K_2-E:50~57Ma	缺失	缺失
次生富集成矿期/上新世-更新世	以氯铜矿、孔雀石和蓝铜矿、久辉铜矿、斜方蓝辉铜矿和铜蓝为标志次生富集成矿。具体成矿"年龄待定	以菱锌矿→白铅矿→铅矾→黄钾铁矾等为标志的次生富集。具体成矿"年龄待定	以氯铜矿→赤铜矿→自然铜-黑铜矿等为标志的次生富集成矿"作用强烈。具体成矿"年龄待定
同体共伴生	铜银-铜铅锌共生;铅锌伴生铜。局部伴生铀和钼	铅锌矿体、同体共生天青石矿体	铜银同体伴生。局部伴生铀
异体共伴生	克孜勒苏群第三岩性段中砂岩型铜矿体和砂砾岩型铅锌矿体	上盘异体共生天青石矿体和石膏矿体	岩盐矿
空间域特征 · 围岩蚀变相差异	强沥青化蚀变相,石膏蚀变相(仅在地表发育。缺失高盐度热卤水沉积蚀变相标志	黄钾铁矾化蚀变强烈,重晶石-天青石高盐度卤水同生沉积(30%~53.26% NaCl)后期蚀变相强烈	地表红化蚀变相中含赤铜矿-氯铜矿-自然铜;含铜石膏化或夹天青石强烈
区域矿床组合	砂砾岩型铜多金属矿床和铜铅锌矿床/相邻造山型铜金矿和铜金矿床、煤、铅锌矿"床	砂砾岩型铅锌矿床、天青石矿床、砂岩型铜矿床、天然气田	砂岩型铜矿床、石膏矿、岩盐矿床,天然气田,煤,油气田

续表

成矿亚系统	燕山期（J-K）铜多金属-煤-铀成矿亚系统	燕山晚期-喜马拉雅早期（K_2-E）铅锌-天青石-铀成矿亚系统	喜马拉雅晚期（N）铜-铀成矿亚系统
圈闭构造	盆内基底隆起和构造洼地→披覆式同生背斜→褶边式复式向斜构造系统+斜切盆地的碎裂岩化相带	复式倒转向斜构造、同生断裂带、反冲构造三角区+横向断裂-裂隙带	尾闾湖盆地+前陆冲断褶皱带+背斜构造+层间断裂-裂隙带
储矿构造	层间断裂-裂隙带、碎裂岩化相带、切层断裂与层间断裂交汇部位，显微裂隙（穿砾、砾缘和砾间裂缝）	天青石角砾岩、含铅锌砂砾岩（热液胶结物）、天青石砂砾岩（热液胶结物）、层间断裂与层间断裂交汇处带、横向断裂-节理与层间断裂交汇处	前陆冲断褶皱带、背斜构造
主储矿相体层	库孜贡苏群上段旱地扇中亚相	克孜勒苏群第五岩性段-阿尔塔什组第一岩性段	康村组泥灰岩-钙质砂岩
储矿相体	上盘：紫红色泥质粉砂岩；下盘绢云母蚀变杂色砾岩类	上盘：石膏岩-天青石岩-膏质碳酸盐岩；下盘：紫红色泥质粉砂岩	上下盘均为紫红色粉砂质泥岩
成矿流体驱动系统	对冲式厚皮型逆冲推覆构造系统+碱性辉绿辉长岩脉群侵入构造系统，驱动经源岩大规模生排烃	前陆冲断褶皱带+深部盲冲冲型冲断带驱动成矿流体大规模运移，聚集在局限海湾潟湖盆地中（沉积容纳场所）	周缘山间咸化湖盆圈闭含铜卤水。前陆冲断褶皱带+盐底劈构造带驱动大规模运移

（矿石堆积场所）

续表

成矿亚系统		燕山期(J-K)铜多金属-煤-铀成矿亚系统	燕山晚期-喜马拉雅早期(K₂-E)铅锌-天青石-铀-煤成矿亚系统	喜马拉雅晚期(N)铜-铀成矿亚系统
成矿地质构造标志	成矿中心标志	下侏罗统康苏组煤层和铜矿源层(烃源岩)-基底构造层(铜铅锌型铜多金属矿源层)/上侏罗统库孜改勒组砂砾岩中砂砾岩型铅锌型铜和砂岩型铜矿体/辉绿辉长岩脉群和蚀变带中铜铅锌矿矿体	下侏罗统康苏组煤层和中侏罗统杨叶组中煤层和铅锌矿源层(铜铅锌型中铅锌矿源层)/上基底构造层-古近纪热水喷流沉积成岩成矿矿源层/喜马拉雅早期前陆冲断褶皱带+喜马拉雅期加剧成矿山带流体和富烃类盆地流体叠加成矿	山间尾闾湖盆-前陆冲断褶皱带/三叠系-侏罗系煤矿-康村组/安居村组中砂岩型铜-岩盐-石膏矿床
	油气显示	外源物源:铜矿层强烈富集异源的烃类。岩浆热液叠加与褐色化蚀变带	外源物源:铅锌矿层内沥青化强烈。矿区外围油气苗和天然气藏发育	外源物源:铜矿体内褐色化强烈。与油气苗和天然气藏相同成藏成矿
	烃源岩系	下侏罗统康苏组煤层,少量三叠系和寒武系	侏罗系康苏组和杨叶组煤岩和侏罗系地层、盆地石膏	深部上三叠系和侏罗系煤层地层
	同盆富集	煤-铜铅锌-(银铀铀)。盆地边部聚集煤炭	煤-天然气-铜铅锌-天青石膏	铜-铀矿、煤、天然气-石膏-岩盐矿床
	原型盆地与基底	中生代后陆盆地系统中陆内拉分断陷盆地,穿盆隆伏基底隆起和次级构造连通地发育	陆内前陆的挤压伸展转换盆地系统、前陆隆起带,盆内隆起带控制煤矿之带	周缘山间咸化湖盆,基底隆起形成同生断裂带
矿化网络结构与综合异常特征	化探异常	Cu-Pb-Zn-Ag-Mo-Ba综合化探异常位于下侏罗系-上侏罗统库孜改勒苏群和下白垩统克孜勒苏群异常	Cu-Pb-Zn-Ag-Sr-Ba综合化探异常位于下白垩统克孜勒苏群苏群和古近系阿尔塔什组中。烷烃类化探异常	Cu-Ag-Sr-Ba综合化探异常位于安居组、安居村组、依乃组、康村组中。烷烃类化探异常
	物探异常	煤层具有高充电率和低阻异常,AMT(CSAMT)异常可揭示盆地次级连地和隐伏基底隆起。地面高精度磁法探测碱性辉长岩绿岩脉群	地震勘探可揭示盆地深部构造、基底构造层、盆地形态和同生断裂带	地震勘探可揭示盆地深部构造和盐构造
	遥感异常	遥感褐色化异常、铁化蚀变异常和轻基异常,解译地层和断层层要素,圈定残存储矿盆地分布围等	遥感褐色化异常、铁化蚀变异常和轻基异常,解译地层和断层层要素,圈定残存储矿盆地分布围等	遥感褐色化异常、铁化蚀变异常和轻基异常,解译地层和断层层要素,圈定残存储矿盆地分布范围等

表 6-2　塔西砂砾岩型铜铅锌矿床与全球其他类型对比表

矿床类型	砂砾岩型铜多金属矿床	砂砾岩型铅锌矿床	MVT 型	SSC 型	SEDEX 型	VMS 型
特征矿物组合	赤铜矿~氯铜矿~蓝辉铜矿~铜蓝~斑铜矿~辉铜矿±方铜矿±闪锌矿±辉钼矿	闪锌矿~纤锌矿~方铅矿~铜矿±黄铁矿~白云石~方解石~天青石~石膏	方铅矿~闪锌矿~方解石~白云石±萤石~重晶石~黄铁矿	辉铜矿~斑铜矿~黄铜矿~黄铁矿；方铅矿~闪锌矿~黄铜矿	方铅矿~闪锌矿~黄铁矿±重晶石~菱铁矿	黄铁矿~磁黄铁矿~黄铜矿~方铅矿~闪锌矿~重晶石/石膏
工业组分	Cu 共生 Pb-Zn；Ag-Mo-U	Zn>Pb 型，共生天青石	Pb>Zn 型；Cd-Ag-Ge	Cu±Co-U；Ag；Pb-Zn；Ag	Pb-Zn±Cu-Ag±Fe-Ba	Cu-Pb-Zn，Ag-Au
单矿床矿石量和矿品位	大型铜矿床（铜金属资源储量>50×10^{4}t），伴生小型铅锌矿	超大型铅锌矿床（铅锌资源储量>500×10^{4}t），伴生天青石矿床	<1.0×10^6，(Pb+Zn) 3%~10%，缺 Cu。Zn:(Pb+Zn)为双峰式	铜矿 1.0×10^6 ~ 1000×10^6，缺 Pb-Zn，Cu 1.5%，铅锌矿缺乏 Cu	30×10^6~100×10^6，(Cu+Pb+Zn) >10%，Cu<1.0%	1×10^6~10×10^6，Cu+Pb+Zn <10%，Cu 为 1%~3%
金属成矿分带	侧向分带：Cu±Pb-Zn±Mo→Cu。垂向分带：Cu→Cu±Pb-Zn±Mo→Cu	侧向：Zn+Pb→SrSO$_4$。垂向：Zn+Pb→SrSO$_4$+CaSO$_4$→Cu	缺失典型分带	侧向和垂向：斑铜矿→辉铜矿→黄铜矿、铅锌矿	Cu → Pb + Zn → BaSO$_4$ ±FeCO$_3$	Cu→Pb+Zn 或 Cu→Pb-Zn±BaSO$_4$/CaSO$_4$，垂向分带显著
蚀变特征与分带	沥青化蚀变相~铁锰碳酸盐蚀变相~绿泥石蚀变相~褪色化~硅化~绢云母化	褪色化~沥青化~硅化~天青石化~碳酸盐化~黏土化	白云石化蚀变相±伊利石化蚀变相	围岩蚀变不典型	下盘围岩蚀变从强→弱→无	下盘围岩绿泥石化、绢云母化、热液角砾岩化相
矿化特征	层状，似层状和大透镜状矿体走向与地层走向斜交	受不整合面控制的层状、似层状和大透镜状矿体，富矿体高品位走向与地层走向斜交	层状，似层状，浸染型、裂隙充填型。砾岩相中发育角砾状矿石	限定在褪色地层单元内。氧化还原界面的层状和浸染状硫化物富集	同生型与围岩整合的层状似层状矿体。后生型：下伏不整合面型	同生型与围岩整合的层状~似层状矿体。后生型的网脉状或角砾岩筒状矿体
成矿流体/盐度 NaCl 当量	低和高盐度，中低温，富烃类和非烃类富 CO$_2$ 还原性成矿流体	低盐度和高盐度，中低温，富烃类还原性、非烃类富 CO$_2$ 还原性成矿流体	高盐度（>15%），低温（100~150℃）	中盐度，低温（100℃），pH 6~8。氧化环境，富硫酸盐	高盐度（10%~30%），中温（100~300℃）	中等盐度（4%~8%），中温（100~300℃）

续表

矿床类型	砂砾岩型铜多金属矿床	砂砾岩型铅锌矿床	MVT 型	SSC 型	SEDEX 型	VMS 型
储矿地层和岩性岩相	侏罗系山前冲积扇相偏中岩相紫红色铁色铁质杂砾岩、紫红色含砾粗砂岩	三角洲前缘-分流河道亚相硅质细砾岩-含砾粗砂岩、白云质同生角砾岩,天青石角砾岩等	碳酸盐岩台地相,主要富集在白云岩中,多不产于灰岩。热流体同生角砾岩相发育	以褪色化蚀变砂岩为主,碳质岩、白云岩,砂屑岩。与大陆红层和蒸发岩相密切有关	热水沉积岩相发育齐全。浅水和深水海相碎屑岩、碳酸盐岩夹薄层凝灰岩	以火山热水蚀变火山岩发育为特征。拉斑玄武岩-钙碱性火山岩夹火山碎屑岩、凝灰质砂岩
赋存地层	侏罗系	克孜勒苏群、古近系	古生界和古元古界为主	元古宇、石炭-二叠系为主	元古宇和上古生界为主	太古宇-新元古界为主
主控因素	山间尾闾湖盆、旱地扇亚相+碎裂岩化相。辉绿辉长岩脉群	局限海潟湖盆地、碎裂岩化相,层间滑脱构造带,同生断裂带	热液角砾岩化、断层。云岩-灰岩/泥质岩岩性界面	富有机质区,红层盆地和蒸发岩相,高透水性地层	裂谷盆地,同生断裂,缺氧沉积环境,基底矿源层	火山岩序,火山热水喷流沉积作用,侵入岩体
构造背景	走滑拉分断陷盆地+褶边式复式向斜构造+对冲式逆冲推覆构造系统	陆内挤压-伸展转换盆地、冲断滑脱带中斜歪向斜构造	克拉通边缘盆地+前陆冲断褶皱带	大陆裂谷盆地变形	陆内裂谷盆地+构造变形	俯冲板块之上的局部伸展构造、离散陆缘扩张中心
成因模型	富烃类还原性+非烃类富 CO_2 还原性成矿流体多期次叠加成矿模式	热卤水同生沉积与富烃类+非烃类富 CO_2 成矿流体后生叠加	盆地热卤水后生成矿模型	盆地卤水沉积同生成矿模型	热水喷流沉积同生成矿模型	火山喷流沉积成矿模型
典型实例	萨热克铜矿床、江格结尔铜矿床	乌拉根-康西铅锌矿床、天青石矿床	Viburnum Trend、Pine Point 等	赞刚金铜矿带、Kupferschiefer	砂利文、亚芒特艾萨	Noranda, Cyprus, Kuroko

古特提斯碰撞造山期(康磊等,2012),经历了3次左行走滑作用形成构造热事件(250Ma、203Ma、101~125Ma)。西昆仑塔什库尔干县城以东出露的夕线石榴黑云片麻岩和石榴角闪片麻岩等高压麻粒岩的峰期变质时代在220±2~253±2Ma,于晚三叠世卡尼阶结束(杨文强等,2011)。西昆仑南岩带塔西土路克、三十里营房和奇台大坂花岗岩岩体黑云母的封闭年龄为195.8~183.9Ma,经历了快速抬升和显著(0.083~0.125mm/a)抬升作用(张玉泉等,1998)。西昆仑印支期-早燕山期岛弧造山带为塔西中-新生代沉积盆地提供了蚀源岩区。④在晚侏罗世初期新特提斯洋壳已经开始向北俯冲,在塔西地区库孜贡苏运动(J$_{2-3}$)与新特提斯洋壳俯冲起始时间具有时间域耦合关系。印度与欧亚大陆汇聚经历了早期水平走滑汇聚(72~65Ma)、初始碰撞(45±5Ma)和晚期陆内汇聚(30±5Ma)(王二七,2017),丁林等(2017)认为印度与欧亚大陆首先于雅鲁藏布江缝合带中部发生正向碰撞的时间为65~63Ma。因南侧新特提斯洋壳俯冲消减,北侧西南天山为陆内刚性地块而形成了相向阻力,而塔西新生代沉积盆地在喜马拉雅期(65~63Ma)转变为走滑-伸展转换盆地,成为大陆应力场之间构造协调转换区。

(1)燕山期(J-K)铜多金属-铀-煤成矿亚系统,分布在西南天山造山带苏鲁铁列克基底断块构造和吉根-萨瓦亚尔顿NE向古生代逆冲-断褶构造,由岩片复合控制。构造古地理类型为中生代山间尾闾湖盆,原型盆地为挤压走滑压陷盆地。盆地动力学类型为陆内走滑拉分断陷盆地。盆地类型为多期次外源性热流体叠加改造盆地,以白垩纪-古近纪碱性辉长辉绿岩脉群多期次侵入叠加改造形成的构造-岩浆-热事件为区别性构造岩相学标志。萨热克巴依-托云NE向陆内拉分断陷盆地受次级NE向幔型断裂带控制,以斜切西南天山造山带镶嵌方式组成了"山转盆"构造带。垂向相序结构为早侏罗世走滑拉分断陷期含煤粗碎屑岩系→中侏罗世拉分断陷主成盆期碱性玄武岩系+灰质同生角砾岩+湖泛期泥质灰岩-结晶灰岩→晚侏罗世压陷萎缩期冲积扇相杂砾岩类,耦合有深部地幔热物质上侵形成的碱性辉长辉绿岩脉群侵入构造系统。康苏组-杨叶组中煤矿和含煤烃源岩系,为萨热克式砂砾岩型铜多金属矿床提供了成矿物质来源。

(2)燕山晚期-喜马拉雅早期(K$_2$-E)铅锌-天青石-铀成矿亚系统分布在苏鲁铁列克断块南侧。构造古地理类型为白垩纪-古近纪局限海湾潟湖盆地。盆地动力学类型为陆内挤压抬升-走滑拉分断陷构造转换期。原型盆地为大陆挤压-伸展走滑转换盆地,盆内构造沉降-沉积中心不断发生迁移。盆地类型为外源性热流体叠加改造盆地。以后展式厚皮型基底卷入式前陆冲断褶皱带为区别性构造岩相学标志。印度与欧亚大陆发生正向碰撞时间为65~63Ma;随后向东西两侧穿时性碰撞,青藏高原北缘新生代挤压-转换型山链阿尔金-西昆仑新生代陆内挤出-转换型山链(丁林等,2017)。乌拉根陆内挤压-伸展走滑转换盆地不但受新特提斯构造域控制,也与西昆仑陆内挤压-转换山链和西南天山陆内复合造山带密切有关。盆地类型为多期内源性热流体改造型盆地,以燕山晚期-喜马拉雅早期和喜马拉雅中期等两期构造-热流体改造为特征。在库孜贡苏走滑拉分断陷内形成了下侏罗统康苏组和中侏罗统杨叶组煤矿带和含煤烃源岩系。燕山早期末的前陆冲断褶皱作用,导致库孜贡苏陆内NW向走滑拉分断陷盆地萎缩封闭,在乌鲁克恰提-乌拉根形成了白垩纪-古近纪陆内挤压-伸展转换盆地。在下白垩统克孜勒苏群第一岩性段沥青化蚀变砂砾岩层中,赋存大型巴什布拉克式砂砾岩型铀矿床。在第三岩性段中赋存托帕砂砾岩型铜铅锌矿床。超大型乌拉根式砂砾岩型铅锌矿床赋存在克孜勒苏群第五岩性段和古近系阿尔塔什组底部。康西大型石膏矿床赋存在阿尔塔什组含膏角砾状泥岩-含膏角砾状泥质白云岩中。阿克莫木天然气田以下白垩统克孜勒苏群砂岩层和上白垩统砂岩为储集层,以阿尔塔什组膏岩层为盖层。

(3)喜马拉雅晚期(N)铜-铀成矿亚系统分布在塔西和塔北地区。受帕米尔高原向北推进的逆冲推覆和西南天山向南逆冲推覆,构造沉降-沉积中心具有内敛式收缩迁移,原型盆地为周缘山间挤压拗陷-断陷咸化湖盆。盆地类型为多期内源性热流体改造型盆地,在盆地正反转构造期内挤压构造驱动了盆地流体大规模运移和聚集。以喜马拉雅晚期前展式薄皮型冲断褶皱带为典型构造岩相学样式和构造组合。在拜城以前展式基底卷入型冲断褶皱带+盐底劈构造带为区别性标志。青藏高原的新生代构造隆升事件发生在中新世(约23Ma,13~8Ma)和上新世(约5Ma)(张克信等,2008),与西南天山隆升事件(25.8±5.6~18.3±3.1Ma)(Sobel et al.,2006;Sobel and Dumitru,1997)时间吻合,二者相向推挤形成了陆内挤压收缩构造体制。塔西地区中新统(23Ma)以石膏层或膏泥岩平行不整合于古近系不同层位之上,局部可见角度不整合接触关系。在塔西地区形成了杨叶-花园半环形砂岩型铜矿赋存于安居安组和克孜洛依组中,以半环形 Cu-Mo-Sr-Ba-U 化探异常为显著特点。在拜城-温宿油气藏附近,形成了砂岩型铜-铀成矿带,以大型滴水式砂岩型铜矿床为代表。

6.1.1　燕山期(J-K_1)铜多金属-铀-煤成矿亚系统

1.燕山期铜多金属-铀-煤成矿亚系统的物质-时间-空间结构

该成矿亚系统有萨热克式砂砾岩型铜多金属矿床(表6-1、表6-2、图6-1)、江格结尔砂砾岩型铜矿床、乌恰沙里拜煤矿、疏勒煤矿、铁热苏克煤矿等,产于萨热克巴依-托云中生代后陆盆地系统中。在过渡类型上,萨热克南矿带下白垩统第三岩性段中形成了砂砾岩型铅锌矿体;在辉长辉绿岩脉群周边克孜勒苏群第二岩性段的褪色化蚀变带中,形成了砂岩型铜矿体。含铜蚀变辉长辉绿岩中含有黄铜矿-闪锌矿-方铅矿-磁黄铁矿富集等,以白垩纪-古近纪碱性辉长辉绿岩脉群和多期次构造-岩浆-热事件为区别性构造岩相学标志,盆地正反转构造期有深部热物质上涌侵位,形成了深部热物质垂向驱动的热反转构造。既不同于MVT型、SSC型、SEDEX型和VMS型铜铅锌矿床(Misra,1999;Cox et al.,2003),也不同于火山红层盆地铜矿床(Kirkham,1996)。与玻利维亚 Corocoro 砂砾岩铜矿床有一定相似性,该矿床赋存在玻利维亚高原西侧山间盆地中新统(25~17Ma)含膏砂岩-含膏砾岩中,工业矿物除辉铜矿和斑铜矿外,含有大量自然铜和赤铜矿(Flint,1989)。

(1)萨热克式砂砾岩型铜多金属矿床已获矿石量 7954.75×10^{4}t,铜金属量 609083.08t(331+332+333+334级),铜矿床平均品位 0.77%。萨热克北矿带和主开采区探获矿石量 3597.20×10^{4}t,铜金属量 352525.84t(331+332+333级),铜平均品位 0.98%,铜资源储量达大型规模。伴生铅金属量 8149.60t,铅平均品位 0.40%;锌金属量 11365.02t,锌平均品位 0.67%;伴生银品位 12.27g/t,银金属量 401850.87kg。主工业组分为铜,共伴生组分为铅锌银。以富烃类还原性成矿流体理论为指导,不但新发现了钼和铀矿化信息、烃类化探异常与沥青化蚀变相蚀变强度关系而且验证了该理论(方维萱等,2015,2016a,2017a)。本次研究揭示铜矿石矿物主要为辉铜矿、蓝辉铜矿、斜方蓝辉铜矿和斑铜矿等,深部黄铜矿发育,并有

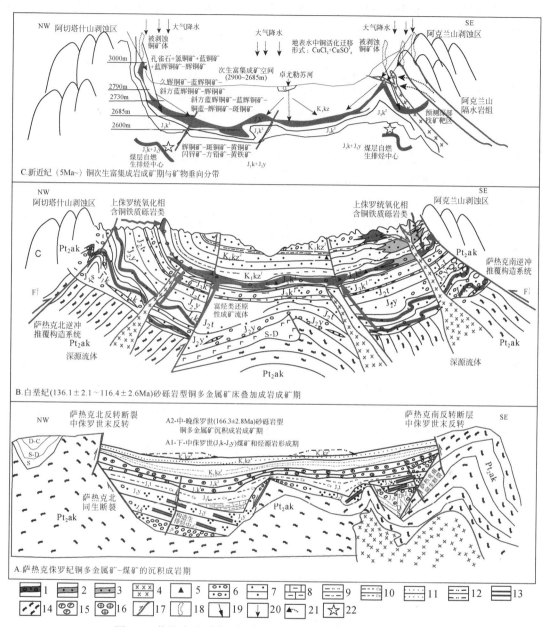

图 6-1　萨热克砂砾岩型铜多金属矿床-煤成岩成矿演化模式图

1. 砂砾岩型铜矿化；2. 砂岩型铜矿化；3. 砂岩型铅锌矿化；4. 辉绿岩脉群；5. 沥青化蚀变相；6. 砂砾岩；7. 石英砂岩；8. 泥质灰岩；9. 粉砂质泥岩；10. 粉砂质钙质泥岩；11. 石英岩屑砂岩；12. 砂质细砾岩+硅质细砾岩；13. 煤层；14. 变质片岩；15. 库孜贡苏组中基性火山岩和辉绿岩砾石；16. 库孜贡苏组中阿克苏岩群大理岩砾石；17. 断裂带及运动方向；18. 被剥蚀的铜矿体；19. 被剥蚀铜矿体的成矿物质迁移方向；20. 大气降水和地表水流向；21. 断裂上升泉；22. 康苏组和杨叶组煤层现代自燃点(生成气相 CH_4-CO_2 等还原性流体)

孔雀石、氯铜矿、蓝铜矿、久辉铜矿、黑铜矿和铜蓝等铜次生硫化物。深部共生钼以辉钼矿、硫铜钼矿和钼钙矿等形式存在。

　　该矿床围岩蚀变类型十分特殊,以碎裂岩化相+蚀变岩相+沥青化蚀变相等组成的水-岩-烃-多相态多重耦合结构为特征。紫红色-暗紫红色铁质杂砾岩,发生大规模面带状褪色化-沥青化蚀变,具有典型"一黑二灰三褪色+碎裂岩化"构造岩相学和蚀变相体结构(方维萱等,2017a,2018a)。围岩蚀变包括褪色化、沥青化、黄铁矿化、方解石化、白云石化、铁锰碳酸盐化(铁方解石-铁白云石-锰方解石-铁锰白云石-菱铁矿)、绿泥石化、绢云母化和硅化。蚀变岩分带为中心相(碎裂岩化相+沥青化蚀变相-铁锰碳酸盐化蚀变相-绿泥石化蚀变相-褪色化蚀变相)→过渡相(碎裂岩化相+铁锰碳酸盐化蚀变相-硅化-灰绿色绿泥石蚀变相-灰白色绢云母化蚀变带)→外部相(黄铁矿化-硅化-方解石化蚀变相)。在含铜蚀变辉长辉绿岩脉群内蚀变分带为硅化-铁锰碳酸盐化蚀变相→黏土化蚀变相。对称围岩蚀变分带结构为:①中心相为沥青化蚀变相+碳酸盐化蚀变相(方解石-铁白云石化)+铜硫化物相(辉铜矿-斑铜矿-黄铜矿);②过渡相(向两侧蚀变围岩)为褪色化蚀变相+绢云母化+碳酸盐化蚀变相(方解石-铁白云石化)+铜硫化物化相(辉铜矿-斑铜矿-黄铜矿-黄铁矿);③边缘相→碳酸盐化蚀变相(方解石-白云石化)+黄铁矿相/磁黄铁矿相(上盘围岩)。

　　从矿体下盘蚀变围岩→铜多金属矿体→矿体上盘蚀变围岩具有不对称蚀变相分带。①矿体下盘蚀变围岩的蚀变组合为碳酸盐化蚀变相+黄铁矿化蚀变相+(绿泥石化+绢云母化+硅化),围岩蚀变厚度明显大(20~50m),在库孜贡苏组上段第一岩性层较为发育,以褪色化蚀变+高孔隙-裂隙渗透率(被热液胶结物充填和胶结)为特征。在矿体下盘围岩中,以切层断裂裂隙-蚀变带为中心,在切层断裂的两侧蚀变围岩形成蚀变分带,切层断裂-裂隙蚀变带中心向两侧围岩的蚀变分带为黑色强沥青化蚀变带→灰黑色中沥青化蚀变带→灰色褪色化蚀变带,这种构造岩相学分带揭示了富烃类还原性成矿流体,从下部沿切层断裂-裂隙带的一次运移进入储集层(铜矿层)的构造通道相,在切层断裂-裂隙带和两侧蚀变围岩中,形成了小规模铜矿体,如图6-1中主矿体下盘围岩中,在ZK407和ZK402钻孔深部揭露了小规模铜矿体。②在铜多金属矿体中,以强碎裂岩化相+沥青化蚀变相+铁锰碳酸盐化蚀变相+细网脉状-脉状铜硫化物相+褪色化蚀变相+重晶石化蚀变相为特征。在局部发育基性火山岩砾石和凝灰质填隙物地段,形成了灰绿色绿泥石化蚀变相。在重晶石化蚀变相(强酸性氧化地球化学相)强烈部位,一般铜品位较低,重晶石呈微细脉状和星点状产出,Ba含量为5875×10^{-6}~1000×10^{-6},人工重砂定量分析重晶石矿物含量为2.69%~10.42%。在沥青化蚀变相铁锰碳酸盐化蚀变相(酸性强还原地球化学相)强烈部位,铜银(钼)品位均较高,揭示酸性强还原地球化学相对铜硫化物相富集成矿有利。③在矿体上盘蚀变围岩中,下白垩统克孜勒苏群第一岩性段中围岩蚀变不发育,仅在局部碎裂岩化相带中发育网脉状沥青化-褪色化蚀变相+碎裂岩化相,但在克孜勒苏群中顺层和切层断裂-裂隙带中,发育细线带状沥青化-褪色化蚀变,为烃类-非烃类还原性成矿流体的逃逸蚀变线带。

　　(2)在成矿作用、成矿相体和成矿地质体时间序列上,①在早侏罗世陆内拉分断陷成盆期,康苏期-杨叶期形成了含煤碎屑岩系,煤岩中含铜较高83.6×10^{-6}~160×10^{-6},平均值为113.8×10^{-6}($n=4$),揭示经过构造-热事件和构造生烃作用后,可提供丰富的含铜富烃类还原性成矿流体。②中侏罗世末-晚侏罗世初(J_{2+3})发生构造反转后,在晚侏罗世山间尾闾湖盆中形成库孜贡苏组叠加复合扇,库孜贡苏组下岩段为湿地扇相,上岩段为叠合复合的旱地扇相。扇中亚相紫红色铁质杂砾岩类为初始成矿地质体,紫红色铁质杂砾岩初始富集成矿物质 Cu 含量为 $77.3 \times 10^{-6} \sim 1080 \times 10^{-6}$,Pb 为 $89.3 \times 10^{-6} \sim 949 \times 10^{-6}$,Zn 为 $272 \times 10^{-6} \sim 1049 \times 10^{-6}$,伴有 Ag 和 Mo,而 Cu 和 Mo 以氧化相铜和钼为主,为砂砾岩型铜多金属矿床的初始富集特征(方维萱等,2016a,2017a)。褪色化铁质杂砾岩为储矿相体,主成矿期为燕山早期第二幕(J_{2+3})(166.3 ± 2.8Ma),该构造反转事件与西南天山隆升事件(164 ± 6Ma、158 ± 11Ma)(Sobel et al. 1997,2006)具有明显的时间-空间域上耦合关系。早白垩世($136.1 \pm 2.1 \sim 116.4 \pm 2.6$Ma)富烃类还原性成矿流体形成了改造富集成岩成矿作用,构造岩相学标志组合为碎裂岩化相+沥青化蚀变相+褪色化蚀变铁质杂砾岩相+网脉状-微细脉状铜硫化物相,揭示与早白垩世西南天山区域性构造抬升事件密切有关。③晚白垩世-古近纪深源地幔热流体叠加成矿作用,与碱性辉长辉绿岩脉群侵位形成的构造-岩浆-热事件叠加,在物质-时间-空间上具有三重耦合关系。④从地表(3000m)到深部(2685m)为:氯铜矿-孔雀石-蓝铜矿-蓝辉铜矿-辉铜矿→久辉铜矿-蓝辉铜矿-斜方蓝辉铜矿-辉铜矿→斜方蓝辉铜矿-蓝辉铜矿→辉铜矿-铜蓝,铜蓝为次生富集成矿作用下界限标志,铜蓝与钼钙矿共生,明显的铜次生矿物分带揭示铜次生富集成矿作用强烈。

(3)在空间关系上,①在区域成矿学尺度上,区域矿床组合为煤矿+砂砾岩型铜多金属矿床+砂砾岩型铅锌矿+砂岩型铜矿+造山型金铜矿-铅锌矿(图6-1)。巴依基底隆起带南侧隐伏煤矿层和含煤烃源岩系,乌恰沙里拜煤矿位于萨热克砂砾岩型铜矿区以北1000m处,萨热克巴依-托云后陆盆地为中生代成煤盆地,而在盆地相邻造山带中,形成了造山型铜金矿和铜金钨矿和铅锌矿床。②在矿床尺度上,萨热克北矿带中以铜矿体同体伴生银为主,深部局部发育铜银钼共生矿体,伴生铀矿化。在萨热克南矿带中以铜矿体同体伴生银为主,局部分布有铜银-铜铅锌共生,铅锌矿体伴生铜。异体共伴生特征为克孜勒苏群第三岩性段中砂岩型铜矿体和砂砾岩型铅锌矿体。③在库孜贡苏组内,从下到上的垂向矿体分带规律为砂砾岩型锌矿层→铅矿层→铜铅矿层→铜矿层(图6-1),在克孜勒苏群从下到上为砂岩型铜矿→砂砾岩型铅锌矿。④与乌拉根砂砾岩型铅锌矿床和托帕砂砾岩型铜铅锌矿床相比较,富集基性火山岩砾石,发育强碎裂岩化相和强沥青化蚀变相。缺失同生沉积成岩期高盐度卤水形成的石膏天青石化蚀变相,仅发育表生富集成矿期形成的次生石膏化相。重晶石化为盆地改造期末成矿流体高氧化状态的标志。

(4)矿石堆积场所与构造岩相学(图3-4和图3-6)。在萨热克式砂砾岩型铜多金属矿床内宏观标志为:①在萨热克铜矿区北矿带,赋矿层位为上侏罗统库孜贡苏组紫红色铁质杂砾岩类,储矿构造岩相层以碎裂岩化相褪色化蚀变杂砾岩+碎裂岩化相沥青化灰黑色蚀变杂砾岩为主;②在萨热克铜矿区南矿带中,赋矿层位为上侏罗统库孜贡苏组紫红色铁质杂砾岩类,其次为下白垩统克孜勒苏群紫红色铁质含砾粗砂岩-岩屑粗砂岩;③含铜矿化蚀变辉绿辉长岩群侵入到库孜贡苏组和克孜勒苏群中,形成了大规模褪色化蚀变带,局部发育铜矿化碎裂岩化相褪色化蚀变带,揭示碱性辉长辉绿岩脉群形成了构造-岩浆-热事件叠加成岩成矿。

储矿相体层具有5个方面的特征(图3-4、图3-6):①"上岩性封闭-中岩相储矿-下蚀变圈闭"垂向储集相体层结构。主储集相体层为扇中亚相蚀变铁质杂砾岩。克孜勒苏群第一岩性段紫红色铁质泥质粉砂岩和粉砂质泥岩为成矿流体岩性封闭的盖层,局部发育碎裂岩化褪色化蚀变泥质粉砂岩,伴有较弱铜矿化。在岩性封闭盖层中,沿断裂-裂隙带-碎裂岩化相带,富烃类还原性和富烃类富 CO_2-H_2S 还原性成矿流体发生渗透-扩散-逃逸作用,形成线带状褪色化-沥青化蚀变相沿含砾岩屑粗砂岩层分布,切层断裂-裂隙带为成矿流体线带状逃逸烟囱和构造通道,也是寻找隐伏矿体的构造岩相学标志。下盘蚀变围岩为绢云母化-碳酸盐化蚀变杂砾岩类,具有较高的裂隙渗透率。②铜硫化物分布在高渗流的切层+层间小型储矿构造中,小型储矿构造组合为层间断裂-裂隙带、切层断裂+层间断裂交汇处、切层断裂-断裂带。以碎裂岩化相与沥青化蚀变相和褪色化蚀变相强烈叠加耦合部位,指示了铜多金属富矿体赋存空间。在显微裂隙和裂缝充填的铜硫化物为主要盆地改造变形期和碱性辉长辉绿岩脉群侵入期形成的改造型与叠加型富矿石帽。③具有独特的水-岩-烃-多相态成矿流体多重耦合与水岩反应界面。地球化学岩相学相体结构原地色带色层分异强烈,黑色强沥青化蚀变带分布于 Cu-Ag-Mo-U 共生的富铜矿体和切层-顺层断裂-裂隙带中,为多期次富烃类还原性成矿流体叠加在断裂-裂隙-蚀变铁质杂砾岩(原岩为紫红色铁质杂砾岩),以沥青化蚀变相色带效应和分带性揭示富烃类还原性成矿流体波及范围最为清晰,即黑色强沥青化蚀变带→灰褐色-灰黑色中沥青化蚀变带→灰色弱沥青化蚀变带。不同期次碳酸盐化蚀变相也呈现显著的色带效应,揭示了不同期次非烃类富 CO_2 还原性成矿流体的波及范围,早期灰白色方解石化蚀变带,中期叠加铁方解石-铁白云石化蚀变脉带,晚期浅玫瑰红锰方解石-锰铁白云石化蚀变脉带。不含矿紫红色-绛紫红色铁质杂砾岩与褪色化蚀变铁质杂砾岩界线,揭示了外源性成矿流体的波及范围和界线。垂向构造岩相学结构为"近地表绿带-上逃逸蚀变-中富集成矿-下渗流蚀变",具有显著的地球化学岩相学色层效应。④构造挤压分期突破式大规模排泄与切层断裂输运聚集效应。在对冲式区域挤压应力场下,裙边式复式向斜形成了反扇形切层断裂-裂隙系统,在构造挤压作用下含煤烃源岩系发生了生排烃作用,反扇形断裂-裂隙系统不但是富烃类和富烃类富 CO_2-H_2S 还原性成矿流体向上库孜贡苏组储集层一次输运通道,而且具有向上收敛的反扇形切层断裂-裂隙系统,对于这些成矿流体形成了构造聚集作用,切层反扇形断裂-裂隙系统为成矿流体聚集烟囱。⑤多期叠加的成矿流体圈闭构造。沉积成岩成矿期圈闭构造为山间尾间湖盆和盆内基底隆起+构造洼地+披覆式同生背斜。改造成矿期圈闭构造为裙边式复式向斜构造系统+斜切盆地 NW 向和 NE 向碎裂岩化相带-断裂-裂隙带,铜多金属矿体呈"S"形、羽状分枝和平行小矿体,揭示压剪性构造应力场受盖层撕裂断裂-裂隙带影响,在平面上呈"S"形控制了矿体分布规律。碱性辉长辉绿岩脉群侵位构造系统,形成了矿体垂向分带。

(5)矿化网络结构与构造岩相学。在成矿系统"源-能-运-储-保"上:①成矿物质来源具有多源性,库孜贡苏组紫红色铁质杂砾岩具有氧化相的铜-银-钼初始富集;康苏组-杨叶组煤系烃源岩不但能够提供富烃类和非烃类富 CO_2-H_2S 还原性成矿流体,而且煤岩烃源岩中富集 Cu(113.8×10^{-6})和硫源,能够提供 Cu 和 S 成矿物质。萨热克铜矿床中,沥青化蚀变相和蚀变矿物石英-碳酸盐矿物的碳同位素揭示与下伏煤系碳同位素类似,具有变质流体特征(方维萱等,2016a;贾润幸等,2017),辉铜矿硫同位素具有来自生物硫特征(贾润幸等,2017)。在萨热克铜矿区外围,现代煤层自然释放烃类气体,地层封存水具有含铜盐水特征,它们均为铜表生富集成矿提供了优越条件。②沉积盆地和原型盆地的形成演化、沉积盆地反转构造、盆地改造变形、盆内岩浆侵入构造事件和岩浆热液叠加成矿作用,是矿化网络结构组成部分,也是成矿系统的能量供给源类型。成矿流体大规模运移驱动系统(该成矿亚系统的能量场源类型)具有多阶段演化模式,即中-晚侏罗世(J_{2+3})萨热克巴依陆内拉分断陷盆地构造反转期→早白垩世盆地改造变形期→白垩纪-古近纪碱性辉绿辉长岩脉群侵入构造系统,这三期主要构造热事件驱动了萨热克巴依盆地下伏的康苏组和杨叶组烃源岩大规模生排烃,推测也形成了上三叠统烃源岩生排烃作用。西域期,在萨热克巴依地区形成了大规模抬升,抬升高度为 1000～1500m,萨热克铜多金属矿床处于干旱气候下,西域期水文循环和古封存卤水循环作用,与逃逸烃类曾经发生了强烈相互作用,形成了萨热克铜多金属矿床的强烈次生富集成矿作用。③成矿流体大规模运移的构造通道系统为盆内 NW—NE 向切层断裂-碎裂岩化相带和盆缘近北东向切层断裂-断层传播褶皱带。盆内 NW—NE 向切层断裂-碎裂岩化相带形成于萨热克巴依陆内拉分盆地构造反转期之后,在区域挤压应力场下,形成了近北西向和北东向两组切层断裂-碎裂岩化相带。在该盆地北缘和南缘为萨热克南和萨热克北对冲式逆冲推覆构造系统下盘的前锋带,由切层断裂-断层传播褶皱组成,它们为成矿流体大规模上升运移的构造通道。在萨热克巴依裙边式复式向斜构造形成过程中,裙边式次级褶皱群落导致侏罗系含煤烃源岩系发生构造成岩和变形变质而形成大规模生排烃作用,因中心收敛式构造应力场的聚集和构造驱动作用,沿北东向和北西向切层断裂-裂隙系统向上运移。白垩纪-古近纪碱性辉长辉绿岩脉群侵入构造系统上涌侵位和切层断裂-裂隙系统,不但为侏罗系含煤烃源岩系大规模生排烃作用提供了热动力和驱动力,也提供了岩浆热液叠加作用,这些垂向侵入构造系统和断裂-裂隙系统也是最重要的成矿流体垂向运移通道。④在萨热克砂砾岩型铜多金属矿床的储集相体层特征上,以及在库孜贡苏组碎裂岩化相紫红色铁质杂砾岩层中,高孔隙度、高渗透率和高裂隙渗透率等构造岩相学特征,为成矿流体在储集相层中发生二次运移和水-岩-烃-多相态耦合反应的二次运移构造通道。主要构造岩相学因素为沥青化蚀变相+褪色化蚀变相+碎裂岩化相+旱地扇扇中亚相紫红色铁质杂砾岩,次要因素为克孜勒苏群第三岩性段紫红色铁质岩屑砂岩和粗砂质细砾岩、含铜蚀变辉长辉绿岩脉群和周边大规模褪色化蚀变相带。⑤在塔西地区新生代盆山原耦合转换过程中,相邻山体抬升并向萨热克巴依盆地内部形成了对冲式逆冲推覆构造系统,萨热克巴依陆内拉分断陷盆地经过构造变形后,形成裙边式复式向斜构造系统,为萨热克砂砾岩型铜多金属矿床改造富集成矿和埋藏保持提供了良好的构造岩相学条件。仅有局部形成构造侵蚀,造成了一处构造洼地发生了破坏和剥蚀,构造洼地剥蚀程度较大。总体上,萨热克砂砾岩型铜多金属矿床具有良好的构造岩相学保存条件。

　　矿化网络结构的地质-物探-化探-遥感勘查标志:①萨热克巴依侏罗纪陆内拉分盆地和构造变形组合、碱性变超基性岩-碱性变基性岩群侵位与岩浆侵入构造系统等,它们为矿化网络结构的物质基础。②化探异常特征为在侏罗系和下白垩统中,发育 1∶5 万水系沉积物和 1∶2.5 万沟系沉积物的地球化学异常,以 Cu-Ag-Pb-Zn-Mo-U 组合异常为主,伴有 Ba-Mn 异常。③褪色化蚀变带、羟基蚀变带和铁化蚀变带具有显著的遥感色彩异常,结合化探异常可以有效圈定地表成矿相体(成矿地质体)分布范围,缩小找矿靶位。④侏罗系含煤烃源岩系具有显著的低电阻率和高充电率异常,可圈定深部隐伏煤层和含煤烃源岩系。地面高精度磁法异常可以圈定深部隐伏碱性辉绿辉长岩脉群分布范围和隐伏侵入构造系统。在盆内隐蔽构造和深部构造特征上,AMT(CSAMT)综合资料解释和研究,可探测和揭示深部隐伏基底顶面形态,圈定隐蔽褶皱、隐蔽断裂、隐伏基底隆起和构造洼地位置,以及深部找矿靶区。

塔西地区盆山原耦合转换事件与构造热事件,对砂砾岩型铜多金属矿床具有重要成矿贡献。构造-热事件和构造-岩浆-热事件的古地温场结构和热演化史,能够揭示成矿系统的能量供给源类型和特征,该矿区具有沉积成岩期→盆地成矿流体改造→岩浆热液成矿叠加三期原生成岩成矿演化结构。①具有明显的异常古地热场结构,四期绿泥石化蚀变相(矿物包裹体等)形成的古地温和热通量揭示了这种异常古地温场和热演化史;②C 型和 D 型绿泥石蚀变相的古地温场和热通量,揭示了盆地构造-岩浆-热事件叠加成岩成矿作用事件,与碱性辉绿辉长岩脉群侵位事件有密切关系,不但在库孜贡苏组形成了砂砾岩型铜铅锌矿层,而且在克孜勒苏群中形成了砂砾岩型铅锌矿层和砂岩型铜矿层;③在萨热克南矿带辉绿辉长岩脉群和周边中,广泛分布褪色化-漂白化蚀变带(库孜贡苏组-克孜勒苏群),说明构造-岩浆-热事件具有穿层分布和高热通量特征,与盆地正反转构造期耦合深部热物质上涌形成的垂向热反转构造作用密切有关,推测对于隐伏的深部侏罗系-上三叠统含煤烃源岩系具有垂向构造-岩浆-热事件驱动作用;④采用磷灰石裂变径迹法,对萨热克砂砾岩型铜多金属矿矿床北矿带进行构造-热事件研究,揭示最晚期构造-热事件发生在 $8.8±1 \sim 6.6±1$ Ma,在中新世托尔通阶末期-梅辛阶($8.8±1 \sim 6.6±1$ Ma)为萨热克砂砾岩型铜矿床叠加成矿期,推测没有构造变形行迹的黑色油状含辉铜矿沥青脉形成于该期($8.8±1 \sim 6.6±1$ Ma)。在西域期(5.332Ma)陆内造山事件之后,遭受去顶剥蚀和铜表生富集成矿作用。

萨热克地区侏罗系煤矿层中富集铜-硫-烃类,煤系烃源岩为金属协同成矿作用的重要传媒介质和物质基础。根据萨热克侏罗系煤层与萨热克铜矿床成矿关系分析,揭示煤岩为富烃类还原性成矿流体的盆内内源性热流体的供给源岩。对冲式厚皮型逆冲推覆构造系统形成挤压构造生排烃作用,为该成矿亚系统能量供给源和成矿物质供给源。①在萨热克北煤矿中煤岩的 R_o 为 0.817% $\sim$ 1.201%,平均值为 0.976%,以肥煤为主。经构造变形后煤阶升高为焦煤,背斜正常翼(150°∠78°)片理化煤岩的 R_o 为 1.18%±0.08%,为焦煤(R_o 为 1.15% $\sim$ 1.60%),而背斜倒转翼(330°∠85°)煤岩的 R_o 为 1.30%±0.07%,虽仍然属于焦煤但 R_o 增加了。②二者同比,背斜倒转翼煤岩的 R_o 提高了 9.68%,揭示经历褶皱作用后,倒转翼煤岩可能发生了相对较强的生排烃作用,为有机质高成熟阶段(0.92% $\sim$ 1.60%),形成凝析油和湿气。③在挤压片理化带中煤层加积增厚,R_o 为 1.04%±0.02%,为肥煤(R_o 为 0.92% $\sim$ 1.15%),含煤线石英砂岩发生倒转(345°∠80°),在三组挤压片理化带(345° ∠80°、310°∠64°和172°∠50°),发育有大型 S-C 组构的构造透镜体,褐铁矿化片理化长石石英砂岩和片理化碳质泥岩二者岩石能干性差异显著,揭示煤岩经历了构造变形后,不但具有显著生烃作用,而且这些岩石片理化带也是烃类流体良好的排泄运移构造通道。④在萨热克巴依地区,库孜贡苏组、克孜勒苏群第1、2 和 3 岩性段、康苏组、杨叶组和塔尔尕组厚度合计为 1043.94m,而采用 R_o 恢复煤岩可能经历埋藏深度为 3500m 左右,经历的古地温在 100 $\sim$ 120℃,已经进入轻烃开始生成到大量生成阶段,但康苏组含煤烃源岩系之上的现今残余地层厚度仅有 1043.94m。采用矿物包裹体估算的萨热克砂砾岩型铜多金属矿床的平均成矿深度为 1200m,与现今残余地层厚度大致吻合。⑤在早白垩世克孜勒苏期晚阶段以后,萨热克巴依地区可能一直处于抬升状态,现今残存于克孜勒苏群第三岩性段之上,缺乏后续沉积作用的证据。西域组分布在现今侵蚀基准面(2700m)之上的800m山顶之上,揭示在西域期后仍经历了显著抬升(+700m)。因此,推测燕山期构造侧向挤压成岩生排烃作用强烈,按照地层埋深形成的垂向静围岩压力(0.275~0.3kbar[①]/km)估算等效构造侧向挤压应力强度,本区含煤烃源岩系经历构造侧向压力强度在0.68~0.75kbar,推测构造侧向挤压收缩应力场(0.68~0.75kbar),为该成矿亚系统能量的供给源之一,这种较强的构造侧向挤压应力场,能够使侏罗系含煤烃源岩系形成构造生排烃事件,驱动富烃类还原性成矿流体沿切层断裂-裂隙带向上一次运移进入储集层内聚集(图6-1)。

2. 萨热克式砂砾岩型铜多金属矿床成矿模式

燕山期砂砾岩型铜多金属-煤-铀成矿亚系统特征见表6-1。萨热克式砂砾岩型铜多金属矿床的成岩成矿演化过程可以划分为4个期次(图6-1)。

(1)早期沉积成岩成矿期(J_{2-3})。在晚侏罗世库孜贡苏期具有干旱炎热古气候环境,相邻造山带中古生代和中元古界阿克苏岩群中铜成矿物质被氧化后,随赤铁矿胶体($CuSO_4$和$CuCl_2$)迁移到萨热克巴依尾间湖盆内不断聚集,紫红色铁质杂砾岩中铁质(Fe_2O_3)吸附的氧化相铜钼银形成初始矿源层,赤铁矿呈胶结物和填隙物形式富集在紫红色-暗紫红色铁质杂砾岩中,可能化学反应式为

$$CuFeS_2+O_2+H_2O \longrightarrow CuSO_4+Fe_2O_3 \cdot nH_2O \longrightarrow Fe_2O_3 \cdot nH_2O \cdot CuSO_4$$
$$Cu^{2+}+2Cl^-+Fe_2O_3 \cdot nH_2O =\!=\!= Fe_2O_3 \cdot nH_2O \cdot CuCl_2$$

侏罗系含煤烃源岩系在晚侏罗世构造反转后的区域挤压收缩应力作用下,构造成岩形成了生排烃作用,形成了以富烃类(CH_4等)和富烃类富CO_2-H_2S型还原性成矿流体并携带铜成矿物质,与紫红色铁质杂砾岩铁质吸附的$Fe_2O_3 \cdot nH_2O \cdot CuSO_4$和$Fe_2O_3 \cdot nH_2O \cdot CuCl_2$反应,强烈还原作用导致铜硫化物沉淀富集成矿。

早期成岩成矿期形成于中-晚侏罗世(166.3±2.8Ma)(辉铜矿Re-Os等时线年龄)(贾润幸等,2018),与盆地正反转构造期密切有关。①早期成岩成矿期A阶段所形成辉铜矿-方解石和弱沥青化-褪色化蚀变呈成岩胶结物形式产出,微细粒浸染状分布在砾石和岩屑边部,方解石较为纯净;②早期成岩成矿B阶段形成辉铜矿-含铁方解石-白云石和弱沥青化-褪色化蚀变,它们呈成岩胶结物形式产出,以含铁方解石-白云石-铜硫化物成岩胶结物共生为特征,它们呈微细粒浸染状分布和细粒状镶嵌在砾石和岩屑边部。③早期成岩成矿期A型自生粒间状绿泥石相,主要为黑云母、角闪石和辉石等暗色矿物蚀变所形成,与辉铜矿紧密共生,分布在基性火山岩砾石。杂基中暗色矿物发生绿泥石化,与辉铜矿紧密共生。泥质发生重结晶形成自生绿泥石。A型自生粒间状绿泥石相形成古地温在163~217℃,热流密度为40.39~48.43J/($m^2×s$)。④成矿流体类型以富烃类还原性和非烃类富CO_2型还原性成矿流体为主,方解石-铁白云石矿物包裹体中以含烃盐水、液烃、气烃和气液烃为主(方维萱等,2016a,2017a;贾润幸等,2017),早期成岩成矿期A阶段方解石包裹体中含烃盐水-气烃-液烃,揭示存在含烃盐水的气-液两相不混溶作用,这种不混溶作用和富烃类还原性成矿流体可能是导致沉积成岩初期(J_{2-3})辉铜矿富集成矿机制。早期成岩成矿期A阶段方解石胶

---

① 1kbar=10^8Pa。

结物中,含烃盐水包裹体的平均盐度在 19.12% ~23.21% NaCl,平均均一温度 119 ~136.8℃,形成于低温相(50~200℃)。⑤早期成岩成矿期 B 阶段的铁白云石胶结物内部,沿晶间微缝隙中含中轻质油,显示浅蓝色的荧光,发育两期次的油气包裹体。第 1 期次油气包裹体发育于白云石胶结期间,发育丰度极高(GOI 为 30% 左右),含烃盐水包裹体成群分布于白云石胶结物内,主要为呈褐色、深褐色的液烃包裹体,局部视域内较为发育呈深灰色的气烃包裹体,石英中可见 CO_2 气相包裹体。揭示存在含烃盐水–液烃–气烃–气相 CO_2 等多相不混溶作用,富烃类还原性成矿流体注入和它们多相不混溶作用耦合,可能是导致矿质沉淀富集成矿的机制。⑥早期成岩成矿期富烃类还原型成矿流体主要形成于早期沉积成岩期(157±2 ~178±4Ma),以含烃盐水–气液烃(C_1 ~C_{15-18})和非烃类富 CO_2 型还原性成矿流体,与紫红色铁质杂砾岩中氧化相铜铅锌发生强烈的地球化学还原相作用,含烃盐水中气液烃不混溶作用和强烈还原作用、CO_2 逃逸和热水解作用,导致铜硫化物发生矿质沉淀和铁方解石–铁白云石化。

（赤铁矿）$Fe_2O_3+CH_4+ H_2S+3O_2 \longrightarrow$（黄铁矿）$FeS_2 \downarrow +2H_2O+$（铁方解石）$[Fe,Ca]CO_3 \downarrow$

$CuSO_4+CH_4 \longrightarrow$（辉铜矿）$CuS \downarrow +2H_2O+CO_2 \uparrow \longrightarrow 2H_2+CO_3^{2-}+(Ca^{2+},Mg^{2+})$

$\longrightarrow$白云石$[Ca,Mg]CO_3 \downarrow$

（2）早白垩世还原性成矿流体改造期(中期内源性热流体改造成岩成矿期 A 阶段和 B 阶段)形成年龄在 136.1±2.1 ~116.4±2.6Ma(辉铜矿和含铜沥青 Re-Os 同位素模式年龄)。以碎裂岩化相+沥青化蚀变相+铁锰碳酸盐化蚀变相+绿泥石蚀变相+铜硫化物相等多重耦合成岩成矿作用为特征,受萨热克巴依地区 NW 向和 NE 向切层的断裂–碎裂岩化相带控制显著。①砾石和岩屑发生了碎裂岩化相构造变形成岩作用,沿穿砾裂隙和裂缝、砾缘裂隙和裂缝等形成了显微脉状充填的碳质(沥青)铜硫化物(辉铜矿–斑铜矿–黄铜矿)–铁锰方解石–铁锰白云石。②B 型微细脉型绿泥石蚀变相形成于碎裂岩化过程中,形成古地温度为 188 ~219℃,热通量在 116.90 ~330.49J/($m^2\times s$),热通量明显较高,属构造–热事件成因的绿泥石化蚀变相和铜硫化物相(方维萱等,2017e)。B 型微细脉型绿泥石蚀变相与辉铜矿–斑铜矿等铜硫化物紧密共生,分布在构造成岩作用形成的碎裂岩化基性火山岩砾石类和凝灰质杂基中,它们呈微细脉状沿碎裂岩化相中显微裂隙和裂缝充填。③强铁碳酸盐化蚀变相(富铜矿石带)呈胶结物产出于铁白云石显微裂隙中,第 2 期次油气包裹体发育铁白云石胶结期后,发育丰度较高(GOI 为 4% ~5%),含烃盐水包裹体沿铁白云石胶结物内的微裂隙呈带状分布;包裹体中液烃呈淡褐色、淡黄色、褐色,显示浅蓝色荧光;气烃呈灰色,无荧光显示,轻质油包裹体发育在铁白云石微裂隙中。其中液烃包裹体约占 60%,气液烃包裹体约占 30%,气烃包裹体约占 10%,富烃类还原性成矿流体注入和还原性成矿流体沸腾作用(发育多相包裹体),也导致矿质沉淀富集的机制。

在本区方解石、铁白云石和石英等矿物包裹体主要类型有 CO_2 型、CH_4+CO_2 型、$CH_4+N_2+CO_2$ 型和 $CH_4+N_2+ CO_2+H_2O$ 等 4 种类型,发育非烃类富 CO_2 型和富烃类 CO_2–烃混合型还原性成矿流体,它们与含烃盐水、轻质油和沥青等富烃类还原性成矿流体多相不混溶作用是导致成矿物质沉淀富集成矿的机制。细网脉状强铁锰碳酸盐化蚀变相,由中–晚期细网脉状铁方解石、锰方解石、铁白云石和铁锰白云石等组成,它们与辉铜矿、斑铜矿和蓝辉铜矿等铜硫化物充填在显微裂隙–裂缝中,推测为 Fe-Mn-Ca-Mg-CO_2 型还原性成矿流体,形成了强铁锰碳酸盐化蚀变相,在萨热克砂砾岩型铜矿层中和底板蚀变围岩中较为发育。其形成机理为:①非烃类富 CO_2 型和富烃类 CO_2-烃混合型还原性成矿流体,沿库孜贡苏组紫红色铁质杂砾岩类组成的储集层发生侧向二次运移,因矿体上盘围岩渗透率低和孔隙度低而圈闭,阻碍了向上盘围岩大规模逃逸,仅限于切层断裂-碎裂岩化相带逃逸烟囱附近,形成线带状逃逸蚀变晕,上盘不发育铁锰碳酸盐化蚀变相。②向铜矿体下盘高孔隙度和高裂隙渗透率的紫红色铁质杂砾岩类渗流对流循环,形成了矿体和下盘围岩中发育铁锰碳酸盐化蚀变相。强铁锰碳酸盐化蚀变相由玫瑰红细脉状和网脉状锰方解石-含锰白云石组成。在地表风化后呈浅褐红色且容易识别,其 CaO 含量在 28.76% ~ 33.68%,MgO 含量在 11.91% ~ 16.34%,FeO 含量在 10.0% ~ 14.71%。富 Fe-Ca-Mg-CO_2 亚型(铁白云石-含铁方解石化蚀变)和富 Fe-Mn-Ca-Mg-CO_2 亚型(含锰白云石-含锰方解石化蚀变)可能为岩石-流体-烃类-CO_2 多相态耦合反应形成的结果,这种低温热液型铁锰碳酸盐化蚀变相(强还原相),与沉积成岩期碳酸盐化蚀变相(方解石化)具有较大差异。

富 Fe-Mn-Ca-Mg-CO_2 型偏酸性还原性成矿流体与辉铜矿等铜硫化物富集成矿关系密切,铁锰碳酸盐化细脉-铜硫化物充填在显微裂隙中,铁锰白云石-铁白云石形成于铜硫化物之后而充填在显微裂隙中,揭示它们均受碎裂岩化相控制明显,具有显著的构造-流体-岩相-岩性多重耦合结构,而且铁锰白云石和铁锰方解石细脉多为最晚充填于裂隙-显微裂隙中。①在含铜褪色化杂砾岩中早期方解石胶结物被后期锰白云石、铁方解石和铁锰方解石交代,或见锰白云石和铁锰方解石呈细脉状沿裂隙分布,它们与辉铜矿等铜硫化物紧密共生,揭示细脉状和微细脉状铁锰碳酸盐化与铜富集成矿关系密切。②在灰绿色-斑杂色含铜蚀变杂砾岩中,见辉铜矿、石英和锰白云石细脉沿砾石的裂隙发育,裂隙宽 0.03 ~ 0.2mm,被细脉状锰白云石、辉铜矿和斑铜矿等充填或半充填;其晶粒状锰白云石和方解石的粒径在 0.1 ~ 2.0mm,含量约占 6%,主要充填在显微裂隙和原生粒间孔隙。其矿物充填序列为斑铜矿+辉铜矿→辉铜矿→锰白云石。③浅黄褐色-灰绿-浅紫斑杂色含铜铁质杂砾岩见石英和铁白云石细脉。辉铜矿沿砾石裂隙充填。铁白云石多褐铁矿化后呈蜂窝状。裂隙宽 0.03 ~ 0.2mm,被铁白云石细脉充填或半充填;晶粒状铁白云石(约 10%)粒径 0.1 ~ 2.0mm,主要充填在裂隙和原生粒间孔隙中。他形粒状辉铜矿(约 5%)粒径 0.1 ~ 1.6mm,主要充填砾石间粒间孔或细砂岩岩屑内粒间孔,其矿物充填序列为辉铜矿→铁白云石。

(3)岩浆热液叠加改造成岩成矿期形成于晚白垩世-古近纪(中期2外源性热流体叠加改造成岩成矿期),为深部热物质上涌形成的垂向热反转构造作用结果(图6-1),可划分为3个阶段:①在增温蚀变 A 阶段,围绕辉长辉绿岩脉群形成了大规模漂白化蚀变相带和褪色化蚀变相带,C 型团斑状-细脉状绿泥石化蚀变相分布在辉绿岩-辉绿辉长岩脉群外接触带漂白-褪色化蚀变带中,形成温度在(167 ~ 185℃),平均为 175℃,其热流密度在(68.95 ~ 458.25)J/($m^2 \times s$),平均热流密度 321.46J/($m^2 \times s$),可见团斑状、细脉状和自形晶片片状绿泥石蚀变相,分布在上侏罗统库孜贡苏组和下白垩统克孜勒苏群中。辉绿辉长岩脉群侵入构造期的古地温场在 236 ~ 238℃。②到达高温蚀变 B 阶段以高温绿泥石化为特征,其 C 型绿泥石化蚀变相在褪色化蚀变带中热流密度高达 442.86 ~ 922.63J/($m^2 \times s$),揭示在热扩散场中存在显著热梯度,切层褪色化蚀变带为热能传输的岩浆热液运输构造通道。③降温蚀变 C 阶段以绿泥石化碳酸盐化蚀变辉绿岩脉和蚀变辉长辉绿岩为特征,D 型浸染状绿泥石化蚀变相在辉绿岩-辉绿辉长岩脉群中,绿泥石交代黑云母、角闪石和辉石等暗色矿物,并伴有铜矿化。辉绿岩-辉长辉绿岩脉群遭受热液蚀变期的古地温场在 121～185℃,其热流密度在 58.14～383.91J/(m^2×s),平均热流密度为 239.59J/(m^2×s),为岩浆-构造-热事件的热衰减场特征。萨热克巴依次级盆地为多期次的内源性-外源性叠加热流体叠加改造型盆地。

中新世托尔通阶末期-梅辛阶(8.8±1～6.6±1Ma)。萨热克砂砾岩型铜多金属矿床北矿带在中新世托尔通阶末期(11.608～7.246Ma)-梅辛阶(7.246～5.332Ma),经历了显著连续的构造变形事件(8.8±1～6.6±1Ma)。磷灰石裂变径迹年龄分别为 8.8±1Ma、8.4±1Ma、7.4±1Ma 和 6.6±1Ma。在中新世托尔通阶末期-梅辛阶(8.8±1～6.6±1Ma)为萨热克砂砾岩型铜矿床叠加成矿期,推测没有构造变形行迹的黑色油状含辉铜矿沥青脉形成于该期(8.8±1～6.6±1Ma)。

(4)中新世托尔通阶末期-梅辛阶(8.8±1～6.6±1Ma)与表生富集成矿期。推测晚期次生富集成岩成矿期形成于上-更新世,可划分为 3 个阶段:①构造抬升 A 阶段形成于前西域期(8.8±1～6.6±1Ma)。②铜次生富集 A 阶段起始于中新世托尔通阶末期(8.8±1Ma),结束于梅辛阶 6.6±1Ma,主要形成于西域期(<7.56Ma)。沿断裂带形成了小型断陷洼地,接受了西域组山间巨杂砾岩沉积,被抬升铜矿体遭受风化侵蚀作用。③铜次生富集 B 阶段形成于西域期末-乌苏期初(1.806Ma),萨热克巴依地区-乌鲁克洽提在乌苏期经历了显著构造抬升作用,西域组在山顶之上,据现今侵蚀基准面 800～1000m,这种持续抬升和干旱气候环境,为铜次生富集成岩成矿提供了良好条件,残屑状基岩面发育盐磐和含铜锰结壳。④次生富集 C 阶段形成于乌苏期(1.806Ma)至今,可见乌苏组沿北东向断裂带分布在现代河流两侧阶地之上。以萨热克地区封存含铜卤水与煤矿自燃形成的 CH_4+CO_2+H_2S 型气侵作用,指示现今仍在发生次生富集成矿作用。

6.1.2　燕山晚期-喜马拉雅早期(K₂-E)砂砾岩型铜铅锌-铀-天青石成矿亚系统

1. 烃源岩系与燕山期康苏-前进-岳普湖-乌恰煤矿带

(1)康苏组碳质泥岩夹煤层热解生烃潜量在 0.1～2.64mg/g,总烃量为 55×10^{-6};R_o 在 1.2%～2.0%;杨叶组泥岩热解生烃潜量在 0.94～4.89mg/g,总烃量为 228×10^{-6}～443×10^{-6};R_o 在 0.55%～0.94%,它们均为优质烃源岩系(达江等,2007)。本次测试研究证实,康苏组-杨叶组煤系烃源岩为优质烃源岩,在燕山期-喜马拉雅期前陆冲断带挤压构造作用下,康苏组和杨叶组煤岩可形成显著的构造生排烃作用,而断裂-碎裂岩化相-初糜棱岩相等构造岩相带为生排烃中心。

(2)康苏组-杨叶组煤系烃源岩具有构造生排烃作用。本次研究测试康苏-前进杨叶组含煤烃源岩,含煤泥岩及碳质泥岩中镜质组反射率 R_o 在 0.52±0.03%,经过层间滑动作用形成煤线定向排列,R_o 为 0.59%±0.03%,而碎裂岩化相含煤泥岩中 R_o 为 0.64%±0.07%,说明杨叶组烃源岩系随着构造挤压作用增加,镜质组反射率逐渐升高,暗示存在构造生排烃作用。康苏组煤岩 R_o 在 0.667%～0.841%,属气煤(0.65%～0.92%)。康苏组含煤烃源岩系进入生油窗口期,为有机质成熟阶段,以热催化作用为主,主要形成烃类气体、液烃和沥青质

(固体烃)、非烃类富 CO_2-H_2S 气体等烃类和富烃类还原性成矿流体。在乌拉根-康西-吾合沙鲁-加斯深部发育侏罗系,为砂砾岩型铜铅锌-铀矿床和砂岩型铜矿床的烃源岩系。

　　总之,在乌拉根挤压-伸展转换盆地以内源性热流体叠加改造作用,侏罗系为主力烃源岩系。部分富烃类还原性成矿流体来自盆地上基底构造层。

2. 巴什布拉克式砂砾岩型铀矿床

　　有机质(地沥青、油迹和液态石油等)对巴什布拉克铀矿床具有显著控制作用(韩凤彬,2012;韩凤彬等,2012;李盛富等,2015;刘章月等,2015,2016;方维萱等,2016a;2017a),铀富集成矿赋存在克孜勒苏群下段灰绿色含地沥青砂岩夹砾岩中,铀矿层底部厚层泥岩中发育含液态石油裂隙,但含液态石油岩石中没有铀矿化。铀矿体位于沥青化蚀变相带中(含液态石油岩层上部 30~50m 处),层状、板状和透镜状铀矿体受地沥青化蚀变控制显著,90%以上的铀矿体主要集中于砾岩层(赋存在克孜勒苏群下段含地沥青砂岩夹砾岩),铀矿层厚度大且品位高地段,固体沥青化和油迹发育(李盛富等,2015)。①巴什布拉克铀矿床主成矿期与油气上升所携带成矿(铀)元素,在砂岩空隙或胶结物表面吸附还原形成铀矿床。早期有机质中铀含量较低,后期有机质包裹有多种铀矿物和金属硫化物。有机质包裹的金属硫化物有黄铁矿、胶硫钼矿;包裹的铀矿物有沥青铀矿、铀石和含钛铀矿物(可能为非晶质),同时胶硫钼矿本身能包裹沥青铀矿、铀石;在砂岩粒间的碎屑物中同样存在胶硫钼矿、沥青铀矿、铀石和含钛铀矿物(李盛富等,2015)。②富烃类还原性成矿流体以气烃-含烃盐水-液烃-固体烃类为主。地沥青(固体烃)充填在岩石裂隙中,韩凤彬(2012)研究石英中两期包裹体以液烃为主,有少量气烃和含烃盐水,包裹体均一温度为 71~193℃,成矿流体具有低盐度(9.21%~0.71% NaCl)和中盐度(20%~24% NaCl)特征,成矿压力为 77.90×10^5~211.75×10^5Pa,成矿深度在 0.26~0.71km,平均值为 0.48km。含铀地沥青砂岩中,有机质氯仿沥青"A"为 0.0019%~0.0026%,OEP(奇偶优势指数)为 0.72~0.84,平均为 0.78,显示了有机质高成熟的特征;CPI(碳优势指数)为 1.16~1.35,平均为 1.25,指示热演化程度较高;Pr/Ph(姥鲛烷/植烷)为 0.77~1.01,平均为 0.89,说明有机质处在还原环境(刘章月等,2015)。③巴什布拉克铀矿床被归入为砂岩型,成因为油气叠加还原-层间/氧化潜水作用,成矿年龄分别为 76Ma 和 16Ma(陈祖伊等,2010)。

　　从容矿岩系(90%铀矿体赋存在砂砾岩段,李盛富等,2015)等综合角度看,以沥青化和铁锰碳酸盐化蚀变相带中铀富集成矿,发育黄铁矿-方铅矿-闪锌矿-黄铜矿-辉钼矿-胶硫钼矿等矿物组合,与萨热克铜多金属矿床中铜银钼共生矿体,伴生铀矿化等矿物组合和蚀变组合类似。本次研究认为:①巴什布拉克式砂砾岩型铀矿床及其外围 Cu-Pb-Zn-Mo-U 异常,指示具有寻找巴什布拉克式砂砾岩型铀矿床潜力,也具有寻找砂砾岩型铜铅锌(铀)矿床前景;②第一期富烃类还原性成矿流体(油气类)充注年龄为 76Ma,该期富烃类还原性流体充注在克孜勒苏群砂砾岩层中,燕山晚期区域性构造抬升事件造成了侏罗系含煤烃源岩系大规模排烃作用,在萨热克南和托帕等地形成了克孜勒苏群第三岩性段中砂砾岩型铜铅锌矿床、巴什布拉克式砂砾岩型铀矿床中,铀矿化较弱但形成了初步富集。沿断裂和裂隙充注的油气形成了褪色化蚀变相(灰色、灰绿色、天蓝色和灰黑色等),使克孜勒苏群紫红色铁质

砂砾岩从富 Fe^{3+} 铁质氧化相转变为富有机质的还原环境,形成了黄铁矿化蚀变和呈胶结物沥青化蚀变相(后期氧化为地沥青),面型沥青化蚀变相-褪色化蚀变相-黄铁矿化蚀变相组成了初始成矿相体;③第二期富烃类还原性成矿流体充注事件,携带铀成矿物质的油气流体沿渗透性砂砾岩段、碎裂岩化相和断裂带充注。两期沿裂隙和节理分布的脉状、细脉状沥青化蚀变相,铀矿体和铀矿化受地沥青蚀变相带范围控制;④第三期层间氧化成矿作用因喜马拉雅期强烈造山隆升,为含铀地下水渗入先存铀矿化体中再度富集成矿提供了良好的成矿地质条件。在西域期含铀层间氧化作用下,以方解石-高岭石-赤铁矿(褐铁矿)-黄钾铁矾化-次生石膏化等为特征,在表生氧化-酸性环境下形成蚀变组合。

3. 砂砾岩型铅锌-铀-天青石成矿亚系统物质-时间-空间结构

(1)燕山晚期-喜马拉雅早期砂砾岩型铜铅锌-铀-天青石成矿亚系统,以乌拉根式砂砾岩型铅锌矿床(图6-2、图6-3、图6-4)、巴什布拉克式砂砾岩型铀矿床、帕卡布拉克天青石矿床为典型端元矿床。从下到上垂向成矿序列结构和空间分布规律为:①康苏煤矿、前进煤矿、反修煤矿、岳普湖煤矿、乌恰煤矿等,赋存在下侏罗统康苏组和中侏罗统杨叶组中,产于北部库孜贡苏 NW 向陆内走滑拉分断陷盆地,围绕萨里塔什中生代 NW 向盆内隆起带控制呈南向突出的半环状分布;②巴什布拉克砂砾岩型铀矿床,赋存在克孜勒苏群下段砂岩夹砾岩的砾岩层中,产于北向收敛半环状的加斯-盐场中侏罗世-白垩纪挤压-伸展转换盆地的北缘;③乌拉根-康西-加斯砂砾岩型铅锌矿床,赋存在克孜勒苏群第五岩性段与阿尔塔什组底部之间,产于近东西向乌拉根晚白垩世-古近纪挤压-伸展转换盆地中;④康西大型石膏矿床和帕卡布拉克中型天青石矿床,赋存在阿尔塔什组底部;⑤在过渡类型上,吉勒格砂砾岩型铜铅锌矿床赋存在于克孜勒苏群第五岩性段与阿尔塔什组底部,而托帕砂砾岩铜铅锌-天青石矿床,赋存在克孜勒苏群第三岩性段与阿尔塔什组底部,均受披覆背斜控制。

(2)紫金矿业集团股份有限公司于2013年,提交乌拉根铅锌矿床资源储量(111b+331+332+333)总矿石量为 $22230.61×10^4t$,锌金属量为5058262t,铅金属量为880089t;Zn 平均品位为2.53%,Pb 平均品位0.36%。主工业组分为锌,同体共伴生组分为铅,异体共伴生天青石矿。原生硫化物以闪锌矿和方铅矿为主,少量黄铁矿、毒砂和黄铜矿等,微量硫镉矿。该矿床上部氧化矿石带发育(非硫化物型铅锌体),以菱锌矿、水锌矿、异极矿、白铅矿和铅矾为主,微量锌明矾。褐铁矿、褐铁矾和黄钾铁矾发育。脉石矿物以石英为主,其次为长石和方解石,少量白云石、石膏、绢云母、黑云母、绿泥石、白云母、高岭石等。石膏天青石岩和天青石岩为异体共伴生矿,均为阿尔塔什组底部,东与帕卡布拉克天青石矿床或与康西石膏矿床的赋矿层位一致。矿石类型以砂砾岩型铅锌矿石为主,分布在克孜勒苏群第五岩性段,次为碳酸盐型铅锌矿石,产于阿尔塔什组底部。碳酸盐型铅锌矿石,在氧化矿石带 2140~2190m 中段 23~31 线穿脉中零星可见,厚度为 2~4m;在原生矿石带中仅在 SZK27-1 孔 125.3~142.4m 处。

(3)成矿作用、成矿相体和成矿地质体在时间序列上的空间叠置规律清晰,主要发育在晚白垩世-古近纪初挤压-伸展转换构造界面附近,与燕山晚期-喜马拉雅期初本区处于陆内挤压-伸展转换大陆动力学背景有密切耦合关系。克孜勒苏群中共有 4 个赋矿层位,垂向成岩成矿序列结构为:①在第一岩性段灰绿色砂砾岩-沥青化蚀变砂砾岩层中,赋存大型巴什布拉克式砂砾岩型铀矿床;②在第三岩性段中,赋存托帕砂砾岩型铜铅锌-天青

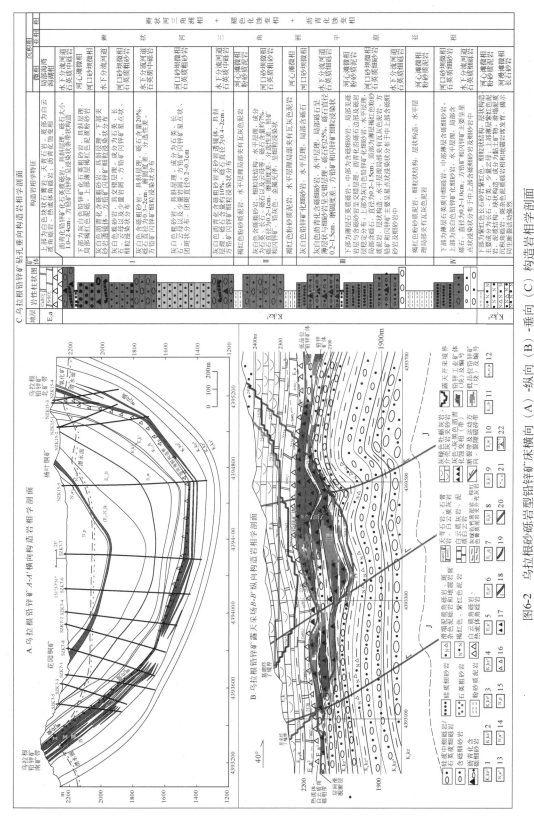

图6-2 乌拉根砂砾岩型铅锌矿床横向（A）-纵向（B）-垂向（C）构造岩相学剖面

1.克孜勒苏群第三岩性段；2.克孜勒苏群第四岩性段；3.克孜勒苏群第五岩性段；4.克孜勒苏群第一段；5.阿尔塔什组第一段；6.阿尔塔什组二段；7.齐姆根组；8.卡拉塔尔组下段；9.卡拉塔尔组上段；10.乌拉根组；11.巴什布拉克组；12.克孜洛依组；13.安居安组；14.安居安组上段；15.帕卡布拉克组；16.白云质角砾岩和石英质灰岩；17.沥青化构造角砾岩带；18.铝矿"化体；19.铅锌矿相地槽堆积；20.铜矿"化体；21.氧化矿"石带下界线（潜水面上界线）；22.钻孔面和编号

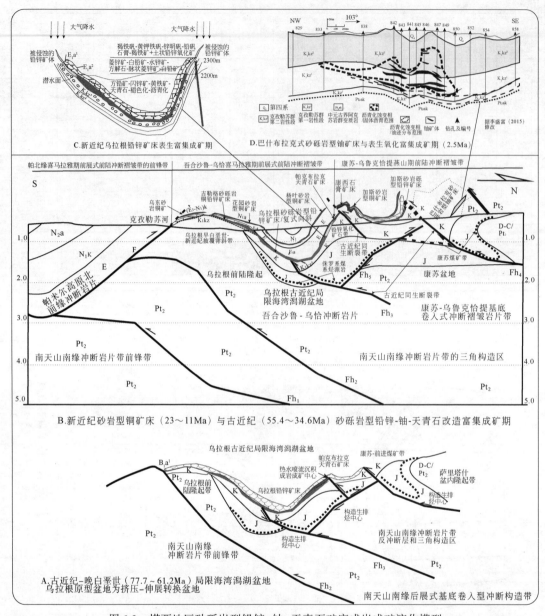

图6-3　塔西地区砂砾岩型铅锌–铀–天青石矿床成岩成矿演化模型

石矿床;③在克孜勒苏群第四岩性段灰绿色–红褐色粉砂质泥岩中石膏发育,为含膏泥质潮坪相。发育震积同生泥砾岩相、泥质滑塌角砾岩和地震岩席构造等,揭示同生断裂带活动强烈;④在第五岩性段赋存有乌拉根–康西砂砾岩型铅锌矿床,三角洲前缘亚相岩屑粗砂质细砾岩–硅质细砾岩,为水下分流河道亚相含砾岩屑粗砂岩–岩屑砂岩等,它们为赋存沉积亚相组合;⑤下白垩统上部为阿克莫木天然气田和喀什凹陷主要储集层和勘探重点方向(刘家铎等,2013)。

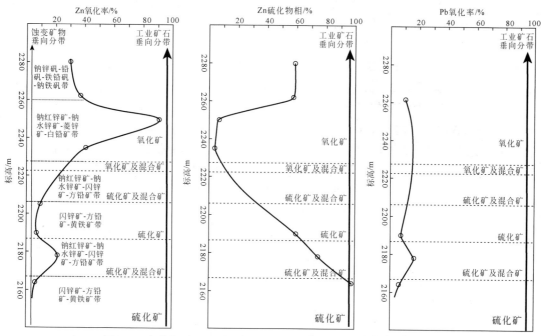

图 6-4　乌拉根砂砾岩型铅锌矿床表生富集成矿作用与蚀变分带图

在克孜勒苏群顶部与阿尔塔什组底部发育同期异相结构相体，在康苏–盐场发育古风化壳和角度不整合面，在喜马拉雅期经历了层间滑脱构造–热流体叠加作用和沥青化蚀变相，使其更加复杂化。①阿尔塔什组底部为铅锌矿层次要赋存层位，以白云质角砾岩–膏质白云质角砾岩等为主；②在乌拉根铅锌矿层上部，为天青石矿层和石膏矿层，向东到帕卡布拉克天青石矿区相变为含天青石细砾岩–含砾粗砂岩；向西为康西石膏矿床，它们为大型盐丘构造发育层位，在阿克莫木天然气田为良好的盖层；③阿尔塔什组上部生物碎屑灰岩形成于浅海相；④在新近纪克孜洛依组–安居安组中砂岩铜矿床，形成于挤压收缩–拗陷体制中。总之，在乌拉根砂砾岩型铅锌矿区内，从下到上垂向成矿序列结构为：下部砂砾岩型铅锌矿床→中下部天青石矿层→中部石膏矿层→上部花园–杨叶式砂岩铜矿床(图6-3)。

(4)在物质–时间–空间关系上，受前陆冲断褶皱带、多期构造反转和挤压–伸展转换盆地迁移作用等复合控制，从北东向南西乌拉根–康苏区域成矿学具有显著成矿分带(图6-2)：①萨里塔什晚古生代盆内隆起带中，产出有造山型铜铅锌银矿床和古风化壳型铝土矿床；②受萨里塔什–乌恰水泥厂中生代盆内隆起带和康苏次级盆地控制，反修–康苏–前进–岳普湖–乌恰东半环形煤矿带围绕盆内隆起带南缘分布，位于中生代库孜贡苏陆内拉分断陷盆地南端；③在乌拉根–康西形成了半环形砂砾岩型铅锌矿床，其西侧为康西大型石膏矿床，东端为帕卡布拉克中型天青石矿床，深部发育康苏组–杨叶组煤系烃源岩。受晚白垩世–古新世丹尼阶(83.5～61.1Ma)构造–热事件控制显著；④在花园–杨叶–加斯半环形砂岩型铜–铀矿化带，赋存在克孜洛依组–安居安组中，受喜马拉雅期前展式薄皮型冲断褶皱带控制(图6-2)。

(5)矿石堆积场所与构造岩相学。①在晚白垩世–古近纪，塔西地区总体处于挤压–伸展转换体制下，乌拉根原型盆地为挤压–伸展转换盆地。在乌拉根局限海湾潟湖盆地内沿同生断裂带,发育热卤水喷流-同生交代沉积成岩成矿期,形成乌拉根铅锌矿床、帕卡布拉克天青石矿床和康西石膏矿床等,提供了矿石堆积场所和良好储集保存的构造空间。②对于乌拉根-康西砂砾岩铅锌矿床和帕卡布拉克天青石矿床而言,成矿流体的驱动系统为燕山晚期-古近纪前陆冲断褶皱带。成矿流体运移通道为同生断裂带。成矿流体的圈闭构造为乌拉根斜歪复式向斜。成矿流体二次运移和储集层为克孜勒苏群第五岩性段高孔隙度和渗透率砂砾岩类、阿尔塔什组天青石岩-石膏岩-膏质白云质角砾岩等,它们组成了岩相岩性圈闭的构造岩相学带。阿尔塔什组底部石膏岩-含膏泥岩-膏泥质白云质角砾岩等为盐构造物质组成,盐下构造层为主滑动构造面,形成了大规模滑脱构造带,它是深部富烃类和非烃类富 CO_2-H_2S 型还原性成矿流体大规模运移构造岩相带。盐间构造以石膏热液角砾岩和流变状石膏岩为主,构成了对成矿流体岩性岩相封闭层。盐底劈构造和盐上构造为岩盐和含铜铅锌卤水,向下渗流对流可提供成矿物质。③巴什布拉克铀矿床的成矿流体驱动系统,为燕山晚期后展式厚皮型前陆冲断褶皱带,燕山晚期(76Ma)油气充注在层间高孔隙度和渗透率的砂砾岩层中,形成了二次运移和岩性岩相圈闭。乌拉根-康西砂砾岩型铅锌矿床储集层特征和储矿构造特征,揭示了矿石堆积场所具有同期异相相体结构的独特构造岩相学特征,克孜勒苏群与阿尔塔什组之间矿体储集层的三种典型同期异相结构地层,盆地反转构造期与构造古地理位置有密切关系。

　　Skx 型构造高位-古地貌的相体结构地层。①在盐场-康西石膏矿床的 Skx 型相体结构地层特征为克孜勒苏群顶部遭受古侵蚀作用,发育古风化壳和古土壤层,揭示古地形较高并遭受构造侵蚀,盆地正反转构造期达到了顶峰期,不利于富铅锌热卤水喷流沉积作用保存或已遭受侵蚀;②阿尔塔什组底部石膏岩-含膏泥岩-膏泥质白云岩相组合为局限海湾潟湖相,为形成石膏矿床有利地段,记录了盆地负反转构造期开始进程;③阿尔塔什组下段膏岩层为盐构造的滑脱构造面,发育热流体角砾岩、石膏角砾岩、白云质角砾岩等,指示了区域成矿流体大规模运移的构造通道。

　　Sw 型构造低位-古洼地的相体结构地层。①在乌拉根铅锌矿区发育 Sw 型相体结构地层,在克孜勒苏群第四岩性段发育斑杂色泥砾岩、滑塌泥质角砾岩和地震岩席等,揭示同生断裂活动强烈,形成了同生断裂控制的构造洼地和构造低位。②下部为克孜勒苏群第五岩性段高孔隙度-高渗透率硅质细砾岩-硅质砂砾岩-含砾粗砂岩,发育基底式胶结的方解石-白云石、浸染状闪锌矿-方铅矿-黄铁矿等,这些碳酸盐质和硫化物以热液胶结物形式共生。中部为含铅锌白云质角砾岩。中上部为石膏天青石岩。③中上部石膏岩-膏质泥岩-膏质白云岩等,组成了高塑性-低渗透率的膏岩层。发育白云质角砾岩、热流体角砾岩、石膏角砾岩、沥青化蚀变相(带)、褪色化蚀变相。④多种不同性质和成分的热流体活动记录显著,碳酸盐型铅锌矿石中,发育热液角砾岩化,方铅矿和闪锌矿呈细网脉状热液胶结物,胶结白云质灰岩角砾;而白云质灰岩角砾中,发育团斑状-角砾状方铅矿等,揭示具有两期以上成矿作用发生。闪锌矿-方铅矿呈细粒浸染状热液胶结物,胶结硅质细砾岩,微细脉状闪锌矿-方铅矿充填在碎裂状硅质细砾之中,或细脉状方铅矿-闪锌矿穿切硅质细砾石和填隙物。天青石岩和重晶石天青石岩揭示富 Sr-Ba-SO_4^{2-} 型热卤水同生沉积活动强烈。沥青化蚀变相-褪色化蚀变相沿层间断裂和切层断裂分布(图6-3),说明富烃类还原性成矿流体活动强烈,并与断裂带-硅质细砾之间具有显著的物理性耦合作用,为铅锌硫化物沉淀提供了良好的还原环

境。Sp 型天青石热水角砾岩相系的相体结构地层：①在帕卡布拉克天青石矿床和外围发育
Sp 型相体结构地层，克孜勒苏群第五岩性段上部为含天青石硅质细砾岩，顶部以天青石硅
质细砾岩（天青石矿层底部，天青石≥35%）为主，天青石呈热水沉积胶结物形式，基底式胶
结硅质细砾。天青石晶腺晶洞构造发育，指示了 $Sr\text{-}Ba\text{-}SO_4^{2-}$ 型热卤水喷流通道口相标志。
②在天青石热水沉积角砾岩中（天青石矿层中部，天青石≥70%），天青石发育呈晶腺晶洞构
造的浑圆状角砾，被钙屑细砾–硅质粗砂质胶结，为典型的 $Sr\text{-}Ba\text{-}SO_4^{2-}$ 型热卤水喷流沉积中
心相标志。③厚层块状灰质砂质天青石岩（天青石矿层上部，天青石≥60%），天青石呈自形
晶粒状和浸染状产出。天青石交代方解石，白云石包裹天青石。富 $Sr\text{-}Ba\text{-}SO_4^{2-}$ 型热卤水同生
混合沉积–同生交代沉积形成的天青石矿石。④含天青石石膏热液角砾岩，常为天青石矿层
上盘围岩，仅具有天青石化蚀变。

（6）矿化网络结构与构造岩相学。在成矿系统"源–能–运–储–保"上，①铅锌成矿物质
来源具有多源性，本次研究揭示克孜勒苏群第四岩性段具有铅锌初始矿源层特征，铅同位素
揭示为壳源铅同位素。推测主要来自萨里塔什 NW 向盆地基底隆起带中 MVT 型铅锌矿床
剥蚀循环再富集作用形成。硫源具有多样性，不但具有生物硫和硫酸盐热化学还原作用等
多种因素，而且本次研究认为，乌拉根砂砾岩型铅锌矿床北部康苏组–杨叶组煤系烃源岩中
铅锌富集，能够形成富烃类–非烃类富 $CO_2\text{-}H_2S$ 还原性成矿流体，可为成矿作用提供硫–铅
锌和烃类–非烃类 $CO_2\text{-}H_2S$ 还原性成矿流体。现今乌拉根砂砾岩型铅锌矿区和外围，发育含
铜–铅锌较高的盐泉水露头，它们为地层封存卤水，也可为乌拉根砂砾岩型铅锌矿床提供部
分成矿物质。②在成矿能量上，沉积盆地原型盆地、沉积盆地反转构造、盆地改造变形构造
组合等，它们是该成矿亚系统的矿化网络结构重要组成，也是该成矿亚系统的能量供给源类
型。乌拉根原型盆地为挤压–伸展转换盆地，前陆冲断带挤压过程为构造生排烃事件、富烃
类还原性成矿流体大规模运移和排泄事件提供了构造驱动力和能量供给源。③乌拉根–康
苏–康西地区在晚白垩世末–古近纪初经历了重大构造–热事件，磷灰石裂变径迹 FT 年龄为
77.7±5.1～61.2±4.7Ma，揭示在乌拉根北矿带方铅矿化砂砾岩（61.2±4.7Ma）、乌拉根向斜
转折端油气还原砂岩（77.7±5.1Ma）、乌拉根油气还原砂岩（67.6±4.3Ma）、康西灰黑色砂岩
（67.3±4.2Ma）、康西灰白色砂岩（63.2±4.7Ma）和康苏氧化砂岩（71.2±4.2Ma）（韩凤彬，
2012）等，它们记录了该期构造–热事件。前人在下白垩统克孜勒苏群中获得碎屑磷灰石裂
变径迹中值年龄为 ca.75.5+3.7Ma（Hurford et al.，1984）和 ca.95.0+4.1Ma（Yang et al.，
2014），揭示克孜勒苏群在晚白垩世经历了两次构造抬升过程。④在晚白垩世坎潘阶
（83.5Ma）–古近纪丹尼阶（61.1Ma）（阿尔塔什期），构造–热事件具有时间上的连续性，与燕
山晚期前陆冲断褶皱带在物质–时间–空间上具有紧密耦合关系，也与巴什布拉克砂砾岩型
铀矿床第一期（76Ma）成矿事件一致。⑤乌拉根晚白垩世–古近纪原型盆地为挤压–伸展转
换盆地，在区域挤压走滑抬升区，形成了乌拉根半岛构造出露于海水面之上。走滑拉分伸展
断陷区为乌拉根局限海湾潟湖盆地。乌拉根半岛构造围限并限制了热卤水贫化流水，驱动
并促使热卤水在局限海湾潟湖盆地中，发生大规模聚集和成岩成矿（图6-2）。⑥这种区域
挤压–伸展–走滑作用，与新特提斯俯冲带由俯冲海沟成转换断层、以水平走滑汇聚（72～
65Ma）的远程效应有密切关系。晚白垩世坎潘阶–古近纪丹尼阶（83.5～61.1Ma）重大构
造–热事件为成矿流体的驱动系统和能量源，也是盆地正反转构造顶峰期。

　　沉积盆地原型盆地、盆地反转构造和盆地改造变形样式等是矿化网络结构组成部分,也是成矿系统的能量供给源类型。①成矿流体大规模运移驱动系统(该成矿亚系统的能量场源类型)具有三阶段演化模式,即中-晚侏罗世(J_{2+3})拉分断陷盆地构造反转期→白垩纪-古近纪挤压-伸展转换期→新近纪挤压收缩变形期。白垩纪-古近纪挤压-伸展转换期为下伏康苏组和杨叶组烃源岩大规模构造生排烃作用形成期。②成矿流体大规模运移的构造通道系统,晚白垩世-古新世受盲冲断褶带顶部控制的同生断裂带(图6-3),不但为构造生排烃中心和运移通道,也是热卤水喷流-同生交代沉积大规模运移构造通道。在始新世-中新世前陆挤压变形过程中,阿尔塔什组底部滑脱构造岩相带为成矿流体大规模运移通道。

　　在乌拉根-康西砂砾岩型铅锌矿床储集相体层上:①在克孜勒苏群第五岩性段、阿尔塔什组底部不整合面和白云质角砾岩等,为高孔隙度、高渗透率和高裂隙渗透率等构造岩相带,它们是成矿流体在储集相层中发生二次运移构造通道,也是形成水-岩-烃-多相态耦合反应并导致矿质沉淀和储集相体层位。②克孜勒苏群第四岩性段紫红色泥岩和灰绿色泥岩、阿尔塔什组底部石膏岩-含膏泥岩-膏质泥质白云岩,它们为成矿流体的岩相岩性封闭层。③在阿尔塔什组上部生物碎屑灰岩等浅海相沉积,暗示乌拉根海湾潟湖盆地进一步变深,为铅锌矿层保存提供了良好条件。乌拉根复式斜歪向斜构造系统是乌拉根砂砾岩型铅锌矿床保存良好的构造岩相学条件,铅锌矿层总体向西侧伏而保存良好。但帕卡布拉克因构造古地理位置较高和处于向斜构造仰起端,后期构造抬升较强,遭受剥蚀程度较大。

　　乌拉根-康苏地区侏罗系煤矿层中富集铅锌-硫-烃类,煤系烃源岩为铅锌-铀金属协同成矿作用的重要传媒介质和物质基础。推测燕山期-喜马拉雅期构造生排烃中心位置,是砂砾岩型铅锌-铀矿床和砂岩型铜矿床的成矿系统能量源和物质供给区。

　　矿化网络结构的地质-物探-化探-遥感勘查标志上:①乌拉根局限海湾潟湖盆地-复式斜歪向斜构造、克孜勒苏群褪色化蚀变长英质细砾岩、阿尔塔什组底砾岩、热水岩溶角砾岩、白云质角砾岩和天青石岩-钡天青石岩等,它们为乌拉根砂砾岩型铅锌矿床重要的构造岩相学勘查指标。②在化探-遥感等综合异常特征上,乌拉根-康西-加斯下白垩统克孜勒苏群和阿尔塔什组中,以1:20万和1:5万比例尺的Pb-Zn-Ag-Ba-Sr组合异常为主,Cu-Ba-Sr异常为新近系中砂岩型铜矿床的勘查标志。强烈的铁化蚀变色彩异常带和褪色化蚀变带等为遥感色彩异常的勘查标志。新近纪干旱气候下铅锌次生富集成矿作用强烈,形成了褪色化蚀变带、羟基蚀变带和铁化蚀变带等显著的遥感色彩异常,以地表成矿相体、化探-遥感综合异常,可圈定找矿靶位。③含铅锌蚀变带和矿石具有一定的低电阻率和高充电率异常,AMT(CSAMT)可探测和揭示圈定隐蔽褶皱、隐蔽断裂,圈定深部找矿靶区。④反射地震剖面测量,可有效探测和圈定深部隐蔽构造、盲冲型冲断褶皱带、反冲构造(三角构造区)、储矿沉积盆地分布范围。

　　4. 砂砾岩型铜铅锌-铀-天青石区域成矿演化模型与成矿机理

　　(1)铜铅锌-铀-天青石早期成岩成矿期。①铅锌-铀富集成矿形成于早期沉积成岩成矿期A阶段,富烃类和烃类-非烃类富CO_2型还原性成矿流体形成于晚白垩世坎潘阶-马斯特里赫特阶(83.5~65.5Ma)。巴什布拉克铀矿床第一期富烃类还原性成矿流体(油气类)充注事件发生于76Ma。在乌拉根-康西砂砾岩型铅锌矿床内,富含铅锌成矿物质的富烃类和烃类-非烃类富CO_2型还原性成矿流体,在克孜勒苏群砂砾岩层中,形成了铅锌硫化物等胶结物形式的浸染状铅锌矿石。大规模褪色化为富烃类还原性成矿流体气洗蚀变作用将Fe^{3+}还原为Fe^{2+}。②天青石-石膏富集成矿形成于早期成岩成矿期B阶段(古新世丹尼阶，65.5~61.1Ma)，以富含Sr-Ba-SO_4^{2-}型强氧化酸性热卤水喷流-同生交代沉积成岩成矿作用为主。

早期成岩成矿期与康西-乌拉根地区晚白垩世末-古近纪重大构造-热事件(77.7±5.1~61.2±4.7Ma)在物质-时间-空间域上耦合，与印度与欧亚大陆汇聚经历了早期水平走滑汇聚(72~65Ma)(王二七，2017)事件和正向碰撞事件(65~63Ma)(丁林等，2017)在时间域上相耦合，为盆地正反转构造期顶峰期。同期，托云盆地中发育古近纪玄武岩(61.7±3.1Ma)，形成了约10°顺时针旋转作用(李永安等，1995)，它们为本区域构造-热事件提供了深部地幔动力学和大陆动力学背景，造成了在挤压走滑抬升作用下，形成乌拉根半岛构造并对陆表海域形成分割，局部走滑拉分断陷形成了古近纪热水沉积盆地，在后继的盆地负反转构造期形成了天青石矿床。

在帕卡布拉克天青石矿床中，发育高温临界相(>374.15℃)的热卤水沉积成岩成矿系统。①在高温热卤水沉积成岩成矿早期形成天青石硅质细砾岩。高温热卤水为富气高温相(480~468℃)(高温临界相成矿流体，方维萱，2012b)和中-高盐度相(23.18% NaCl)成矿流体，与低温相(178~138℃)和低盐度(8.68%~4.65% NaCl)热卤水，形成了两类成矿流体的混合同生沉积成岩成矿作用。②富气、中盐度的高温相成矿流体(480~468℃)为热卤水喷流沉积成岩成矿中心相位置，它们为富锶热气泉喷流(射气)标志，是富锶氧化态的高温临界相成矿流体(水临界相温度在374.15℃)(方维萱，2012b)。向西到乌拉根铅锌矿床一带，富Ca-Sr-Ba-SO_4^{2-}型氧化态酸性成矿流体与富烃类还原性成矿流体混合沉积，也是导致重晶石-钡天青石与方铅矿-闪锌矿共生的内在机制。③在帕卡布拉克天青石矿床内，阿尔塔什组底部厚层块状天青石岩(富天青石矿石)，以含子晶、富液的高盐度相(53.26%~32.36% NaCl)成矿流体为中温相(228~196℃)热卤水，与低盐度相(6.01%~5.86% NaCl)的低温相(200~197℃)热水混合成岩成矿作用，形成了富天青石矿石。④从下部天青石硅质细砾岩→上部厚层状天青石岩中，气相比例和成矿温度均逐渐降低，但成矿流体盐度显著增高，揭示在干旱环境下存在热卤水降温浓缩结晶分异作用，在厚层块状天青石岩中发育晶腺晶洞构造，帕卡布拉克天青石矿床形成于负反转构造期，为天青石矿床保存提供了条件。

(2)始新世内源性热流体改造成岩成矿期形成于始新世伊普里斯阶-普利亚本阶(55.8~33.9Ma)，为铅锌-天然气成藏成矿高峰期(55.4~34.6Ma)。内源性热流体改造成岩成矿期A阶段，为乌拉根铅锌矿床热流体改造成矿阶段。乌拉根铅锌矿成矿年龄为55.4±2.2Ma(硫化物和碳酸盐矿物Sm-Nd和Rb-Sr等时线年龄)(王莹，2017)。在油气充注气泡中，发育微细粒闪锌矿等硫化物，在热液裂隙-裂缝内发育微细脉状方铅矿和线丝状闪锌矿。阿克1井储集层段中自生伊利石形成年龄分别为38.55Ma、38.1Ma和34.6Ma，属渐新世晚期(40.4~33.9Ma)(张君峰等，2005)。始新世中期卡拉塔尔期-乌拉根期为第二次海进过程，于始新世乌拉根期末(约41Ma)发生海退。乌拉根期末海退事件(约41~33.9Ma)，与西南天山隆升事件(46.0±6.2Ma、46.5±5.6Ma)(Sobel et al.，1997，2006)在时间-空间域上吻合。喜马拉雅早期第二幕挤压事件形成挤压应力场，驱动内源性热流体改造成岩成矿期B阶段，形成了大脉状–网脉状方铅矿闪锌矿,沿断裂–节理–裂隙带呈切层产出。①早期层纹状细粒天青石化为层状相体,与石膏岩和含膏角砾状白云岩等共生,显示热卤水同生沉积成岩成矿特征。晚期网脉、细脉状和块状天青石化蚀变岩和天青石石膏化的结晶较粗,可见天青石和石膏呈晶簇状和脉状,穿层分布在早期层状–似层状天青石岩和天青石石膏岩。②碳酸盐化蚀变为方解石–白云石化,在含铅锌矿褪色化蚀变砂砾岩中,方解石主要呈胶结物形式产出,而白云石与方铅矿–闪锌矿–黄铁矿共生,呈热液胶结物形式产出,白云石内包裹闪锌矿–方铅矿–黄铁矿等或与硫化物呈共边结构,显示它们具有紧密共生关系。在含铅锌碳酸盐岩型矿石中,方解石和白云石为主要组成矿物。可见方解石–白云石呈微细脉状产于砂砾岩和白云石角砾岩的裂隙–显微裂隙中,为后期形成的蚀变组合。③石膏与白云石、方解石、铅锌硫化物等,在沉积成岩期呈砂砾岩胶结物形式产出。在天青石石膏热液角砾岩、膏质白云质角砾岩和石膏热流体角砾岩中,石膏呈角砾和热液胶结物形式存在。在含铅锌蚀变砂砾岩和含铅锌沥青化蚀变砂砾岩中,发育石膏脉、天青石石膏脉、方铅矿–闪锌矿石膏脉等,为后期热液改造成因。在裂隙面上,沥青–石膏拉伸线理发育。

(3)表生富集成矿期。铅锌氧化矿石带发育深度受地下水和潜水面高度控制,南矿带0线以西地表水补给源丰富,氧化深度在110~140m,最大达160m(图6-4)。在7线附近汇水盆地区的氧化深度在120~140m。北矿带位于水文排泄区且产状相对较陡,氧化深度相对较大(>100m),向深部沿层间裂隙带局部可达300m,如Ⅲ号矿体在2140m中段CM3穿脉中出现厚度6m的氧化矿。表生成岩成矿期可划分为A、B和C三个阶段,推测形成于中新世末–更新世,以锌次生富集成矿为主。铅锌氧化矿石主要具有皮壳状构造、胶结状构造,次为浸染状构造。铅锌氧化矿物呈集合体状或脉状充填在砂砾石颗粒间或砾石裂隙中。氧化矿石交代环边结构发育,菱锌矿和水锌矿交代闪锌矿残余。①表生成岩成矿期A阶段,以闪锌矿–黄铁矿–毒砂等不稳定矿物风化作用为主。菱锌矿呈不规则粒状、脉状、皮壳状等,分布在脉石矿物粒间或裂隙,与褐铁矿和铅矾共生。在粗粒菱锌矿中见微细粒残余状闪锌矿。在闪锌矿颗粒边缘或裂隙内发育菱锌矿交代边或闪锌矿呈交代残余结构嵌布于菱锌矿中。②B阶段以锌次生矿物的进一步次生富集成矿为主。水锌矿 $Zn_5[CO_3]_2(OH)_6$ 呈微–细粒状(0.01~0.20mm),常包含闪锌矿。菱锌矿和水锌矿显微隐晶状集合体,以闪锌矿颗粒为中心呈环状分布,形成葡萄状构造。少量异极矿呈他形粒状和细脉状分布于微裂隙中,沿石英砂砾微裂隙充填呈短微脉状、交错微脉状,呈包含微脉镶嵌型,可被方解石脉切割。铅矾和白铅矿沿方铅矿周边交代,褐铁矿沿黄铁矿和毒砂边缘交代。揭示非硫化物型铅锌矿体为原生硫化物型铅锌矿体,经次生富集成矿作用所形成。③表生成岩成矿期C阶段以褐铁矾–黄钾铁矾为主,形成典型土状构造的褐红–浅黄红色铁化蚀变带,由褐铁矿、褐铁矾类 $Fe_2(H_2O)_7[SO_4]_2(OH)_6$ 和黄钾铁矾 $KFe_3[SO_4]_2(OH)_6$ 等组成,为遥感铁化蚀变带识别色彩异常标志。褐铁矿呈褐黄色和暗褐色的土状或微脉状。褐铁矾类呈褐红色。褐黄或黄色黄钾铁矾呈显微隐晶状和胶状集合体,充填在砂砾岩孔隙或破碎裂隙中,或分布在碳酸盐矿物晶间边缘和碳酸盐岩裂隙中。

6.1.3　喜马拉雅晚期(E_3-N_1)铜–铀–盐成矿亚系统

(1)在成矿地质体和储矿相体的时间序列和物质组成上:①伽师铜矿赋存在古近系始新

统–渐新统苏维依组($E_{2-3}s$,38~36Ma)中。②沙立它克能托铜矿赋存在古近系渐新统巴什布拉克组($E_{2-3}b$,33.62~28.91Ma)中。③杨叶–花园砂岩型铜矿床赋存在新近系渐–中新统克孜洛依组(28.91~20.73Ma)和中新统安居安组(20.73~14.12Ma)中。④滴水砂岩型铜矿床赋存在新近系中新统康村组(13~6.5Ma)中。⑤在拜城滴水砂岩型铜矿田内和外围,古近系始新统–渐新统苏维依组($E_{2-3}s$,38~36Ma)和渐新统吉迪克组(36~13Ma),为石膏矿床和膏岩盐主要赋存地层。⑥塔里克铀矿点和铀矿化带赋存在塔里克背斜北翼,赋矿层位为中侏罗统克孜勒努尔组(J_2k)上部灰色中粗粒砂岩中,少量在细砂岩和泥岩中。沿走向呈板状或透镜状产出,铀矿化与有机质、煤线和黄铁矿关系密切。在拜城铜–铀–盐成矿集中区内,日达里克铀矿床和铀矿化带位于秋里塔格复背斜带新近系中,铜–铀成矿集中区分布在康村组和库车组中,南北宽10km,东西长50km。铀矿化类型以砂岩型为主。砂岩型铜矿床总体特征为:在喜马拉雅晚期砂岩型铜–铀矿床以古近纪和新近纪陆相闭流–半封闭的咸化湖盆相为主,以含膏盐碎屑岩系–含膏盐泥质灰岩系等为咸化湖盆内主要储矿相系,碎裂岩化相和褪色化蚀变相发育。

在伽师铜矿床主矿区拜什塔木矿区、西部大山口矿区和东部西克尔矿区等三个矿区内,①中部拜什塔木矿段含铜矿(化)层沿走向长约2600m,矿体产状与地层产状基本一致,总体走向为NWW280°,倾向SW,倾角较陡(70°~79°),深部近于直立。矿体整体呈层状和似层状,厚度为15.30~1.18m,平均厚度为5.23m,铜矿平均品位为1.20%。铜含矿层底部为砾岩层,砾石大小不均一,砾岩的胶结物中发育有铜矿化。矿体顶底板岩石均为紫红色、红色、绛紫色黏土岩,砂质黏土岩和粉砂岩组成的紫色层,常见韵律构造。拜什塔木矿段Ⅰ-1号矿体规模最大,矿体呈层状、似层状,在880m标高矿体长度达1051m,在960m中段Ⅰ-1与Ⅰ-2号矿体有相连趋势,控制最低标高为707m,控制倾斜深度为500m,矿体最大长度与最大倾斜延深之比为1.91,矿体平均厚度5.36m,平均品位Cu 1.32%,具有中部厚和两端薄的大透镜状特点。矿体产状稳定(190°~200°∠80°)并向西侧伏,侧伏角约为30°。②西克尔矿段含铜矿(化)层在地表出露约1000m,走向总体NWW280°,倾向NEE,地层发生倒转,与中部矿段整体为反S形。矿(化)体倾角近于直立(80°~87°),矿体平均厚度在1.41m和2.51m,平均品位在0.71%和0.62%。储矿地层主要为红色砂岩,夹有数层厚度不等的浅色层,构成了浅紫交互层,铜矿化发育在浅色层中。含矿层底部为砾岩层,厚约30cm,砾石大小不一,在该层中可见铜矿化发育在胶结物中。含铜矿(化)层主体以浅灰色、灰白色、棕色的中细粒砂岩、钙质砂岩为主,夹有砂质黏土岩。含矿层上下盘为黏土岩、砂质黏土岩和粉砂岩组成的紫色层,常有韵律构造,紫色层中未见矿化。总体上,浅部为铜氧化矿石带,以蓝辉铜矿、赤铜矿、黑铜矿、氯铜矿、孔雀石、蓝铜矿、自然铜等为主,在混合矿石带,以辉铜矿–蓝辉铜矿为主,伴有斑铜矿,深部原生硫化矿石带,以辉铜矿、斑铜矿、黄铜矿、黄铁矿等为主。围岩蚀变为褪色化蚀变、方解石化和少量硅化。

滴水式砂岩型铜矿床物质组成以A层矿体、B层矿体和C层矿体为特征:①A层矿体矿化不均匀,铜品位在0.46%~0.85%,厚度0.3~0.88m,工业价值小。上盘围岩为红褐色泥质粉砂岩与黄褐、暗灰色中粒砂岩;底盘围岩为褐黄、灰褐色泥质砂岩夹薄层细砂岩,具有水平层理、包卷构造。铜矿物富集在灰绿色–灰褐色薄层条带状泥灰岩及薄层状细砂岩和页岩,矿体底部发育生物遗迹和植物残存体等可产生还原性成矿环境的有机物质。孔雀石、蓝铜矿和黑铜矿呈星点状、薄层状。②B 层矿体面积可达 $6.1×10^6 m^2$，铜品位在 0.98% ～ 2.36%，厚度 0.71～2.10m，铜金属储量至少为 $20×10^4 t$，为滴水铜矿床主要工业矿体和矿山开采主要对象。铜金属矿物多富集于深灰色泥灰岩或杂色细砂岩中，地表主要为星散浸染状构造的孔雀石、蓝铜矿、赤铜矿，深部以辉铜矿为主，其次有黄铜矿、斑铜矿和铜蓝。地表矿体厚度 0.4～1.96m，平均厚度 1.01m，铜品位在 0.75%～1.56%，平均品位 1.10%。其中 8 号矿体厚度在 0.29～3.66m，平均厚度 1.26m，厚度变化系数 81%，铜品位在 0.45%～ 2.539%，铜平均品位 1.11%，铜品位变化系数为 40.45%。总体上 B 层矿体受台阶式隐伏正断层的影响，在浅部矿体连续性较深部差；在 950m 标高以下，矿体走向及倾向上的连续性较好。整个 B 层矿体顶板围岩以浅灰色泥灰岩为主，局部浅紫红色粉砂岩或浅灰色中细粒砂岩。蚀变泥灰岩-蚀变白云质粉砂岩-蚀变白云质砂岩为储矿岩石组合。底板围岩以浅黄绿色中粗粒砂岩为主，局部为浅紫红色泥质粉砂岩，揭示铜富集在咸化湖泊中沉积水体向上增深过程中。③C 层矿体面积可达 $5.8×10^6 m^2$，铜品位在 0.61%～2.28%，厚度 1.53～ 2.14m，铜金属储量>$17×10^4 t$。上部主要为黄绿色、红褐色薄-厚层状粉砂质泥岩，水平层理构造，中部为灰绿色薄层状泥灰岩，层纹状构造，下部为杂色中厚层细粒砂岩铜矿化体。铜矿物主要为星散浸染状构造的孔雀石化、蓝铜矿化、黑铜矿化。C 层矿体在滴水矿区西部总体形态较为简单，呈似层状产出，呈近东西走向，倾角 21°～24°。在滴水矿区东部 C 层矿体位于第四系风积层之下，C 层矿体盲矿体呈透镜状和飘带状。矿区西部地表 C 层矿体品位变化较大而厚度变化不大，厚度在 0.4～0.98m，平均厚度 0.74m；铜品位在 0.37%～ 1.68%，铜平均品位 1.39%。在地下 C 层矿体的品位及厚度较为稳定，厚度在 0.37～3.0m，平均厚度 1.45m，铜品位在 0.54%～2.34%，铜平均品位 1.04%。C 层铜矿体在滴水铜矿西区已作为工业矿体进行了开发。上盘围岩的岩石组合为灰绿色含砾粗砂岩、灰色泥灰岩和黄绿色泥质岩。储矿层岩石组合为褪色化蚀变中细粒砂岩-蓝灰和深灰色泥灰岩，铜富集在咸化湖泊水体增深部位，白云质和咸化湖泊相白云质泥灰岩发育。下盘围岩岩石组合为浅紫色砂岩、灰色含砾粗砂岩夹砾岩、红褐色含砾粗砂岩、褐色中粗粒砂岩和青灰色含砾粗砂岩。总体上，浅部为铜氧化矿石带，以蓝辉铜矿、赤铜矿、黑铜矿、氯铜矿、孔雀石、硅孔雀石、蓝铜矿、自然铜等为主；在混合矿石带，以辉铜矿-蓝辉铜矿为主，伴有斑铜矿；深部原生硫化矿石带，以辉铜矿、斑铜矿、黄铜矿、黄铁矿等为主。围岩蚀变主要为褪色化蚀变、方解石化和少量硅化。

杨叶式砂岩型铜矿床(包括杨叶铜矿、花园铜矿和杨树沟铜矿等)含铜砂岩为渐新统-中新统(E_3-N_1)中的灰白色细-中粒含钙质砂岩和安居安组褪色化蚀变砂岩，含铜砂岩受褶皱构造控制，铜矿层主要在背斜两翼，并受前展式薄皮型冲断褶皱控制显著。铜矿石矿物以孔雀石、赤铜矿、氯铜矿、硅孔雀石为主，次之为辉铜矿和自然铜。呈星点浸染状、薄膜皮壳和结核状等，分布于砂岩胶结物中。孔雀石、赤铜矿、硅孔雀石、氯铜矿、自然铜等均为表生富集成矿作用形成的次生矿物。部分辉铜矿和自然铜为原生矿物。围岩蚀变主要为褪色化蚀变、团斑状铜矿化、天青石化、绢云母化、方解石化和硅化。

(2)在成矿相体和成矿地质体时间序列上，塔西-塔北砂岩型铜矿床形成的古气候均为干旱炎热条件，有利于铜以 $CuCl_2$ 和 $CuSO_4$ 等形式远距离搬运和在炎热干旱气候条件下聚集，形成酸性氧化相铜初始富集。①伽师砂岩型铜矿床主要赋矿层位为古近系苏维依组($E_3 s$)，喀什县沙立它克能托铜矿赋存层位为古新统-始新统巴什布拉克组,二者为同期异名地层单位,具有镜像对称的构造岩相学关系。伽师砂岩铜矿床形成于古近纪半封闭局限海湾潟湖盆地之中,伽师砂岩型铜矿床储矿岩相为浅灰色褪色化蚀变薄中层状细砂岩,孔雀石化呈星点状和大团斑状大致沿层分布,铜矿层下部蒸发岩相石膏层稳定分布。局限海湾潟湖盆地白云质蒸发潮坪相,形成了向上变粗变浅的退积型沉积序列。②古近系渐新统-新近系中新统克孜洛依组(E_3-N_1)和中新统安居安组(N_1a)为主要赋矿层位,形成于陆内咸化湖泊相环境之中,克孜洛依组(E_3-N_1)为向上变粗变浅的沉积序列,安居安组(N_1a)为向上变细变深的沉积序列,为典型正反转构造与负反转构造的转换部位。③滴水式砂岩型铜矿床赋存在中-上新统康村组中,康村组可划分为四个岩性段。滴水铜矿床内的铜矿体主要赋存在康村组第三段(A含矿层)与第四岩性段内(B和C含矿层)。其中康村组第四段(B含矿层和C含矿层)可分为6个岩性层,铜主要富集在陆相三角洲前缘亚相河口沙坝微相中细粒砂岩与咸化湖泊相砂质泥灰岩-泥灰岩过渡部位,沉积水体向上增深(泥灰岩-白云质碎屑岩)过程,主体为咸化湖泊相。

(3)成矿流体、成矿作用特征和空间分布规律。砂岩铜矿床具有相似的成矿流体和成矿作用,以高盐度和低盐度成矿流体混合作用为主,成矿稳定为中低温相,富含 CO_2-H_2S 等非烃类还原性成矿流体形成还原作用导致矿质沉淀。

成矿作用在空间关系上,塔西-塔北地区砂岩铜矿床在空间上表现为相似的矿石分带规律,地表和浅部为铜氧化矿石带,向下为混合矿石带,深部为原生硫化矿石带。①氯铜矿呈蓝绿、蓝色,浸染状或条带状构造,氯铜矿沿层面或节理面(裂隙)形成薄膜状、圆斑状。主要赋存于薄层泥灰岩及粉砂岩中,以膏盐壳和盐泉露头处较为发育。②赤铜矿(Cu_2O)和黑铜矿(CuO)在氧化矿石带(红层矿)局部含量达1%～5%,呈褐红色和砖红色,与赤铁矿-针铁矿连生,分布在孔雀石和辉铜矿边部。③孔雀石、硅孔雀石和蓝铜矿等,呈斑点状、被膜状和星点状,沿层间裂隙和切层裂隙分布。④辉铜矿、斑铜矿、黄铜矿和黄铁矿等,在混合矿石带逐渐增多,但它们主要在深部原生硫化矿石带富集,以蓝铜矿消失底界线为原生硫化矿石带和混合矿石带分界线标志。

(4)矿石堆积场所与构造岩相学。按照构造岩相学类型和特征,可以划分为三类不同的矿石堆积场所:①伽师砂岩铜矿床的构造岩相学组合样式为古近纪半封闭局限宽浅型潟湖盆地-蒸发潮坪相+前陆冲断褶皱带+断裂-节理-裂隙带。在伽师砂岩铜矿床内,拜什塔木矿区矿化程度最好,含矿层厚度大,矿石品位高,断裂-节理-裂隙系统也较发育,北东、北西向横向走滑断裂和顺层走滑断裂组,北东向走滑断裂左行水平断距约70m,断裂带内充填硫化物方解石脉,切割了二叠系灰岩和白垩系凝灰岩,地表断层破碎带中有铁帽氧化,该北东向断裂带两侧的1号和2号矿体内,一系列左行走滑断裂与铜富集成矿关系密切,受南北挤压应力派生的斜向右行走滑作用所控制(王泽利等,2015),连通基底构造层的基底断裂带,为深部成矿流体向上运移提供了构造通道。②滴水砂岩型铜矿床的构造岩相学组合样式为三角洲前缘亚相分流河湾-河口微相杂色砂岩-滨浅湖相泥灰岩微相相变部位+前陆冲断褶皱带+断裂-节理-裂隙带。铜矿体整体呈层状、似层状和透镜状,产于褪色化蚀变砂岩与褪色化蚀变灰岩过渡部位,受米斯坎塔克(铜矿山)背斜构造北翼层间滑动构造带和背斜构造控制显著,断裂-节理-裂隙构造相发育中多充填石膏、断层泥和粉砂泥质,风化裂隙深度可达200m,地下水属Na-Cl型和(Na,Mg)-Cl型,矿化度在5.35~21.6g/L,属高矿化度的咸水和卤水。在滴水砂岩型铜矿床表生富集带内,断裂-节理-裂隙相为有利的成矿储矿构造组合,以红化蚀变带为铜氧化矿石带特征,典型矿物组合为自然铜-赤铜矿-氯铜矿-孔雀石-硅孔雀石-褐铁矿。③杨叶-花园砂岩型铜矿床的构造岩相学组合样式为陆内富Sr咸化湖泊相白云质砂岩-同生角砾岩相带紫红色泥砾砂岩+对冲前展式薄皮型冲断褶皱带+节理-裂隙带。铜矿体整体呈层状、似层状和透镜状,赋存在克孜勒依组褪色化蚀变砂岩和褪色化蚀变泥砾砂岩中,可见富含辉铜矿等铜矿物的沉积砾石,似层状同生泥质角砾状铜矿化发育,铜富集成矿强度,与碳化的植物碎片化石呈正相关关系,可见围绕紫红色泥砾周边发育团斑状和角砾状富集成矿(孔雀石和辉铜矿等),远离泥砾呈浸染状,整体呈似层状和透镜状。受复式向斜构造、逆冲断层和断层相关次级褶皱控制显著,辉铜矿细脉沿层间和切层节理-裂隙分布,呈X形和S形细脉状辉铜矿沿剪切裂隙。

(5)矿化网络结构与构造岩相学。矿化网络结构具有三种不同的样式,与三种砂岩型铜矿床成矿地质条件、成矿过程、盆山原耦合转换方式等具有密切关系。

伽师式砂岩型铜矿床矿化网络结构特征为:①新近纪柯坪塔格前陆冲断褶皱带的前锋带,为伽师式砂岩型铜矿床成矿能力和成矿物质供给系统,以盆山转换构造带为矿化网络结构主控构造样式;②在柯坪塔格新近纪前陆冲断褶皱带附近和前锋带苏依维组中,形成了区域性带状综合化探异常。采用遥感地质解译和路线构造岩相学剖面,可有效识别这些地质-化探-遥感综合异常;③成矿流体一次运移的圈闭构造为前锋带中倒转褶皱-斜歪褶皱南翼(直立-倒转翼),成矿流体二次运移为岩相岩性和构造圈闭,即浅灰色褪色化蚀变薄中层状细砂岩为富含铜初始矿源层,切层和顺层断裂-节理-裂隙带为成矿流体二次运移的构造通道,同时也是储矿构造;④深部反射地震勘探,揭示了柯坪塔格前陆冲断褶皱带的前锋带位置,主要位于柯坪古生代古陆呈鼻状向西侧伏部位,暗示柯坪古陆和白垩纪基性火山岩-凝灰岩等,为蚀源岩区提供了铜初始成矿物质。

滴水式砂岩型铜矿床矿化网络结构特征为:①受新近纪秋里塔格前陆冲断褶皱带和盐丘底劈构造系统双重控制,为盆山转换构造带内迁移前陆盆地边部盐底劈+前展式基底卷入厚皮型冲断褶皱带。②滴水式砂岩型铜矿床,伴生Ag-U,与岩盐-膏盐岩-天然气-油气资源位于统一构造成矿带上,南侧和西侧为油气田,东侧和北侧为岩盐-膏盐岩矿床。③滴水式砂岩型铜矿床位于米斯坎塔克背斜构造北翼。米斯坎塔克背斜构造为断层传播褶皱,位于羊塔克库都克-干河滩道班公路以北,东起羊塔克库都克以北的却勒塔格,西至达伍寺亚,长40km,东段宽8km,西段宽6km。以夏马勒且儿特采沙场为界,背斜东段走向北东,西段走向近东西。米斯坎塔格背斜在近地表表现为由地下向南逆冲的盲断层所控制形成的断层传播褶皱,具有南翼陡而北翼缓的几何学特征,南翼倾角约50°,北翼倾角较缓(10°~20°)。在夏马勒且儿特采沙场,米斯坎塔格背斜在走向上发生弯曲,呈宽"S"形。硝亚道班以西到干河滩道班以东的达伍寺亚,米斯坎塔格背斜为由地下发育于前侏罗纪地层中并向南逆冲的盲台阶状逆断层,控制并形成了断层转折褶皱。南翼产状108°∠19°,北翼产状80°∠16°(陈楚铭等,1999)。④逆冲盲断层为成矿流体驱动和运输构造通道系统,断层相关褶皱和北翼层间和切层断裂-节理-裂隙带为成矿流体二次运移的构造系统,同时也是成矿流体圈闭构造和储矿构造,三角洲前缘亚相分流河湾-河口微相杂色砂岩-滨浅湖相泥灰岩微相相变部位为成矿流体储集层。⑤在滴水式砂岩型铜矿床北侧为却勒挤压型盐推覆体构造(程海艳,2014),为滴水式砂岩型铜矿床成矿流体(含铜卤水)供给源区,在却勒挤压型盐推覆体构造作用下,驱动了含铜卤水大规模沿盲逆冲断层带南向运移,被米斯坎塔克背斜构造北翼的层间和切层断裂–节理–裂隙构造带圈闭,形成了滴水式砂岩型铜矿带。⑥化探 Cu-Ag-Pb-Zn-U 综合异常中分布大规模褪色化蚀变带和"红化蚀变相带"为直接找矿标志。在前陆冲断褶皱带中化探 Cu-Ag-Pb-Zn-U 综合异常为圈定铜找矿靶区标志,地震勘探可揭示深部构造空间特征。

杨叶–花园式砂岩型铜矿床矿化网络结构为:①受帕米尔高原北侧前陆冲断褶皱带的前锋带和西南天山造山带前陆冲断褶皱带影响,对冲式双向驱动形成了对冲前展式薄皮型冲断褶皱带,为盆山原对接转换构造带。在古近纪–新近纪盆–山–原转换期,帕米尔高原北缘继续向北逆冲推覆,西南天山造山带向南西方向逆冲推覆;而东阿赖山 NE 向冲断褶皱带在新近纪末期向 SE 向逆冲推覆,形成了塔西山间闭流宽浅湖盆。②中新统安居安组主体为辫状河三角洲相紫红色含砾砂岩–中粗粒砂岩,其南侧相变为三角洲平原亚相→宽浅湖相→半深湖相细砂岩,呈对称沉积相分带。花园和杨叶铜矿床产于克孜洛依组和安居安组中。③前展式前陆断褶带为富烃类还原性成矿流体驱动–圈闭构造。发育在切层和顺层断裂–节理–裂隙为成矿流体二次运移构造岩相学通道,也是储矿构造样式,克孜洛依组和安居安组蚀变钙质砂岩为成矿流体二次运移的岩性通道和储集层。④安居安组中发育褪色化蚀变带、Cu-Ag-Mo-Sr-U 化探异常、气洗蚀变相和油斑–油迹–油侵蚀变带,揭示具寻找砂岩型铜–铀潜力,共伴生天青石化。前展式薄皮式冲断褶皱带形成时代为 16±2Ma 和 14±2Ma(磷灰石裂变径迹年龄,本书),推测该年龄为杨叶砂岩型铜矿床的成矿年龄,揭示具有寻找砂岩型铜(铀–天青石)矿床潜力。⑤以喜马拉雅晚期砂岩型铜–铀–盐成矿亚系统理论为指导,在康村组砂岩型铜矿床新发现了伴生铀矿化信息。

(6)成岩成矿机理与成矿模式。①虽然伽师式、滴水式、杨叶–花园式砂岩型铜矿床赋存地层层位不同,但均赋存在干旱炎热气候条件下形成沉积层序结构,有利于铜以 $CuCl_2$ 和 $CuSO_4$ 等形式富集在矿源层中形成初始富集。②在沉积成岩成矿期内,以高盐度和低盐度成矿流体混合作用为主,成矿稳定为中低温相,富含 CO_2-H_2S 等非烃类还原性成矿流体形成还原作用导致矿质沉淀。③在伽师式、滴水式、杨叶–花园式砂岩型铜矿床中,以发育层间–切层断裂–节理–裂隙带为构造岩相学特征,揭示后期改造成矿作用较为显著。改造期成矿流体成分主要为 H_2O、CO_2、CH_4,代表弱氧化性流体,亦具有中低温(146.2~268.1℃)、中高压(267.83~457.64MPa)的特征。杨叶砂岩型铜矿床的成矿年龄分别为 16±2Ma 和 14±2Ma(磷灰石裂变径迹年龄)。④在伽师式、滴水式、杨叶–花园式砂岩型铜矿床内,均发育铜氧化矿石带、混合矿石带和原生硫化矿石带,铜表生富集成矿作用显著,提升了铜工业矿体开采经济价值,发育赤铜矿、孔雀石、硅孔雀石、蓝铜矿、黑铜矿、铜蓝等铜表生富集矿物、赤铁矿和针铁矿等红色铁氧化物。

综上所述:①塔西地区中–新生代盆山原镶嵌构造区,为铜铅锌–天青石–铀–石膏–煤–天然气等多矿种同盆共存富集成藏成矿,是我国陆内特色成矿单元。按照塔西盆山原耦合转换不同期次的构造岩相学序列、构造岩相学组合类型、原型盆地和盆地动力学等综合角度,将塔西砂砾岩型铜铅锌–天青石–铀–煤成矿系统,划分为燕山期铜多金属–铀–煤成矿亚系统、燕山晚期-喜马拉雅早期铅锌-天青石-铀成矿亚系统、喜马拉雅晚期铜-铀成矿亚系统。它们在物质-时间-空间分布规律,受塔西地区盆山原镶嵌构造区挤压-伸展转换过程控制显著。②燕山期铜多金属-铀-煤成矿亚系统形成于中生代陆内走滑拉分断陷盆地中,受对冲式厚皮型逆冲推覆构造系统、裙边式复式向斜构造和碱性辉长辉绿岩脉群侵入构造系统等复合控制,砂砾岩型铜多金属矿床形成于盆地正反转构造期,耦合了深部热物质上涌形成的垂向热构造反转作用。③燕山晚期-喜马拉雅早期铅锌-天青石-铀成矿亚系统,形成于乌拉根晚白垩世-古近纪挤压-伸展转换盆地中,受后展式厚皮式前陆冲断褶皱带、斜歪复式向斜构造和层间滑脱构造带复合控制,砂砾岩型铅锌矿床和砂砾岩型铀矿床形成于盆地正反转构造期高峰期,而天青石矿床形成于盆地负反转构造期初期。喜马拉雅晚期铜-铀成矿亚系统形成于新生代周缘山间咸化湖盆,受前展式薄皮式前陆冲断褶皱带等复合控制。

6.2　萨热克式砂砾岩型铜矿区 1∶5 万找矿预测靶区圈定与验证效果

6.2.1　预测找矿地段(找矿远景区)的类别与划分原则

1. 预测找矿地段(找矿远景区)类别划分及划分原则

(1)找矿预测区划分原则。按原地矿部颁发的《固体矿产普查勘探地质资料综合整理规范》(1980 年)的有关规定和原地矿部 1980 年 2 月颁发的《成矿远景区划基本要求(试行)》,《1∶50000 矿产地质调查工作指南(试行)》(中地调函〔2016〕117 号),将找矿预测区划分为以下三种类别。

甲类预测找矿地段(Ⅰ级找矿预测区):成矿地质条件很有利,有已知工业矿床或较好的成矿现象,具有一定数量的小型规模的重要工业类型矿床,已经建成规模以上的生产矿山并形成规模以上的产能的地区;或是成矿地质条件有利,物、化探异常较好,找矿标志明显,资料依据较充分,经今后进一步勘查评价工作,在小型规模的矿床深部和外围可实现新增的资源量规模、资源潜力较大的地区。

乙类预测找矿地段(Ⅱ级找矿预测区):有已知小型矿床、矿点、矿化点和矿化现象,已经建成小型规模生产矿山,或生态环境许可、具有建设规模以上矿山的基础建设条件,具有较好的成矿地质条件,化探异常和找矿标志明显,以往工作程度较低,有可能找到具有工业规模和价值的矿床,具一定的资源潜力地区。

丙类预测找矿地段(Ⅲ级找矿预测区):具有一定的成矿地质条件或较好的物化探异常,但矿化现象不太明显,有可能发现矿床或值得探索地区,以往工作程度低,通过工作有可能发现矿床或值得探索的地区。

(2)预测找矿地段(找矿预测区)范围的圈定原则。①预测找矿地段(找矿预测区)一般受同一构造-火山-沉积-岩浆事件控制,具有类似构造-火山-岩浆演化与叠加历史,即萨热克砂砾岩型铜多金属矿床预测找矿地段位于萨热克巴依中生代陆内拉分断陷盆地内。造山型铜金矿、金矿和铅锌矿位于萨热克巴依下基底构造层(中元古界阿克苏岩群)和上基底构造层(古生代地层)。②预测找矿地段(找矿预测区)边界范围圈定,据地面高精度磁力异常、1∶5万水系沉积物地球化学异常和1∶2.5万沟系次生晕异常,结合成矿地质背景圈定找矿预测地段,以物探(AMT资料、三极激电剖面和地面高精度磁力剖面)进行综合深部构造岩相学填图和解译,寻找深部隐伏成矿地质体。③预测找矿地段(找矿预测区)内,包括砂砾岩型铜多金属矿床、造山型铜金矿、金矿和铅锌矿等形成的地质条件,具有寻找明确或相对明确的成矿地质体、成矿构造和成矿结构面、成矿作用标志。矿点和矿化点、蚀变构造带、物化探异常、遥感异常等矿化信息标志。④预测找矿地段(找矿预测区)一般范围在5~90km²,一般属于Ⅳ级金属成矿带内部预测找矿地段。⑤在一个预测找矿地段(找矿预测区)内,能够圈定出一个以上找矿靶区和具体找矿靶位,作为进一步找矿预测重点区,或者至少以物化探异常作为前提条件。

2. 预测找矿地段类别划分及圈定原则

(1)甲1类预测找矿地段(含具体找矿靶位)。在Ⅰ级找矿预测区内,成矿地质条件很有利,有已知工业矿床或较好成矿现象,具有一定数量小型规模的重要工业类型矿床;或成矿地质条件有利,物、化探异常较好,找矿标志明显,资料依据较充分,经今后进一步勘查评价工作,在小型规模的矿床深部和外围可实现新增的资源量规模、资源潜力较大的地区。在政府规划的或可能编制到政府开发规划的矿产地区域。

考虑到生产矿山和大中型矿床已经具备前期工作基础和生态环境评估等一系列相关事项,生产矿山深部和外围成矿地质条件有利地区,可直接进入普查–详查阶段地段,直接圈定找矿靶位进行深部钻孔设计工程。已知矿床外围和外围深部成矿地质条件有利部位,可直接进入普查–详查阶段地段,直接圈定找矿靶位设计钻孔验证和系统勘查。在矿山企业可使用这些找矿预测区资料进行规划编制,或可能编制到政府开发规划的矿产地。本次项目共圈定了预测区5和预测区6两处甲1类预测找矿地段(图6-5、表6-3)。

(2)甲2类预测找矿地段。在Ⅰ级找矿预测区内,有已知矿点、矿化点和矿化信息,具有较好的成矿地质条件,化探异常和找矿标志明显,以往工作程度较低,通过进一步工作,有可能找到具有工业规模和价值的矿床,具一定的资源潜力地区。现行具有生态环境许可、具有建设矿山的基础条件(水–路–电)等。

在化探异常区内,存在砂砾岩型铜多金属矿床和造山型金铜矿、金矿和铅锌矿有关的成矿地质体、成矿构造和成矿结构面,成矿作用标志明显。本次项目圈定了三处甲2类找矿预测区,分别为预测区1、预测区2和预测区4(表6-3)。

(3)乙类预测找矿地段。在Ⅱ级找矿预测区内,具有较好的成矿地质条件或较好的物化探异常,但矿化现象不太明显,有可能发现矿床或值得探索的地区,以往工作程度低,通过工作有可能发现矿床或值得探索的地区。具有砂砾岩型铜多金属矿床或造山型铜金矿的成矿地质体、成矿构造等有利成矿地质条件,本次项目圈定了乙类找矿预测区两个。

根据以上预测找矿地段分类和划分原则,通过上述系统性研究,专题填图和构造岩相学系列填图等,本项目按照1∶5万区域找矿预测要求和工作程度及综合研究程度,共圈定了甲1类预测找矿地段2处、甲2类预测找矿地段3处、乙类预测找矿地段2处,共计7个找矿预测区(地段)(表6-3、图6-5)。

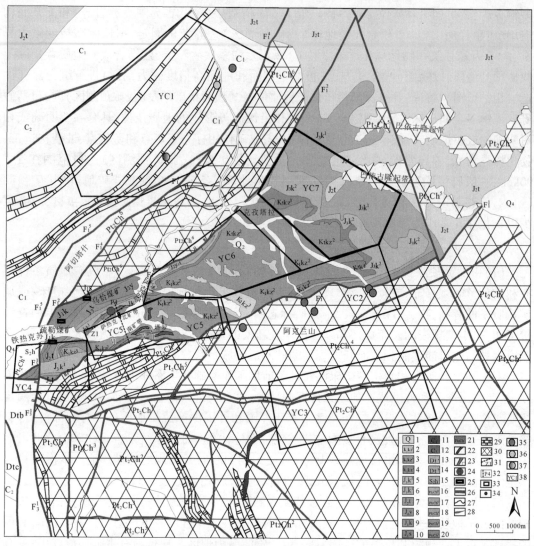

图 6-5　萨热克地区找矿预测靶区圈定图 (图版 W)

1. 第四系砂砾石沉积物 (Q);2. 下白垩统克孜勒苏群第三岩性段 (K_1kz^3),灰绿色、紫红色砾岩和含砾砂岩、岩屑砂岩夹紫红色粉砂岩;3. 克孜勒苏群第二岩性段 (K_1kz^2),红色长石岩屑砂岩、泥质粉砂岩和灰绿色粉砂质泥岩互层,上部褐红色粉砂质泥岩夹长石岩屑砂岩;4. 克孜勒苏群第一岩性段 (K_1kz^1),褐红色粉砂质泥岩与泥质粉砂岩互层,夹灰绿色含砾岩屑砂岩;5. 上侏罗统库孜贡苏组第二岩性段 (J_2k^2),顶部紫红色、灰绿色和灰黑色细砾岩与紫红色透镜状长石岩屑砂岩泥质细砂岩,中部紫红色、灰绿色和灰黑色中细砾岩,下部紫红色和灰绿色粗-中砾岩,具有下粗上细的正向粒序结构;6. 库孜贡苏组第一岩性段 (J_2k^1),上部灰绿色砾岩夹紫红色砾岩和含砾岩屑砂岩,中部灰绿色含砾岩屑砂岩夹含砾岩屑砂岩、长石岩屑砂岩,下部钙屑砂岩、钙屑含砾粗砂岩和钙屑泥质砂岩,具有下细上粗的反向粒序结构;7. 中侏罗统塔尔尕组 (J_2t);8. 中侏罗统杨叶组 (J_2y);9. 下侏罗统康苏组 (J_1k);10. 下侏罗统莎里塔什组 (J_1s);11. 上石炭统;12. 下石炭统;13. 中泥盆统塔什多维岩组 C 岩段;14. 中泥盆统塔什多维岩组 B 岩段;15. 中志留统合同沙拉组,绢云母千枚岩、硅质板岩、大理岩化灰岩;16. 阿克苏岩群第六岩性系;17. 阿克苏岩群第五岩性系;18. 阿克苏岩群第四岩性系;19. 阿克苏岩群第三岩性系;20. 阿克苏岩群第二岩性系;21. 阿克苏岩群第一岩性系;22. 铁矿体 (床);23. 铜矿体和编号;24. 铜矿床;25. 煤矿床;26. 断层及编号;27. 地质界线;28. 辉绿岩辉长岩脉群;29. 阿克苏岩群中变形的大理岩标志层;30. 阿克苏岩群组成的下基底构造层;31. 实测构造岩相学剖面位置;32. 实测 4 勘探线构造岩相学剖面位置;33. 找矿预测区范围;34. ZK404 和 ZK405 钻孔位置;35. 铜矿点;36. 金矿化点;37. 铅锌矿点;38. 预测区位置编号

表6-3　萨热克地区找矿预测区特征汇总表

编号	主攻矿种和类型	预测区级别	勘查部署建议	成矿要素和找矿预测要素特征	面积/km²
YC1	造山型金矿、金铜矿和铅锌矿	甲2类	普查	萨热克地区西北边缘。成矿构造为石炭系和阿克苏岩群中脆韧性剪切带,成矿地质体为剪切带中蚀变岩和热液角砾岩化相带。成矿结构面糜棱岩化相+碎裂岩化相+硅化-铁碳酸盐化蚀变相。构造-热流体耦合成矿作用。加强W-Cu-Au异常检查评价、隐伏矿体和成矿要素研究。金矿化点和金铜矿化点2处,Cu-6、Ag-7、Ag-8、Ag-9与Au-3-1等化探异常。具有寻找中型金矿潜力	45.37
YC2	造山型金矿、金铜矿	甲2类	普查	萨热克南侧阿克苏岩群中。成矿构造为阿克苏岩群中脆韧性剪切带,成矿地质体为剪切带中蚀变岩和热液角砾岩化相带。成矿结构面糜棱岩化相+碎裂岩化相+硅化蚀变相+铁碳酸盐化-硅化蚀变相。构造-热流体耦合成矿作用。加强W-Cu-Au异常检查评价、隐伏矿体和成矿要素研究。含金铜剪切带断续长4300m,9号、23号、7号、21号、18号、19号、20号等8个金铜矿(化)点。圈定了1∶2.5万沟系次生晕综合异常共7个。有寻找中型铜金矿潜力	33.18
YC3	造山型金铜矿	乙类	预查	萨热克地区南侧阿克苏岩群中。在阿克苏岩群中,发育脆韧性剪切带与化探异常	26.41
YC4	砂砾岩型铜铅锌矿、煤矿和造山型金矿	甲2类	预-普查	在萨热克巴依次级盆地西南端,近南北向逆冲推覆构造带发育区,化探异常发育,倒转褶皱和脆性断裂带发育,碎裂岩化相和褪色化蚀变相发育。隐蔽褶皱和断裂构造发育,加强寻找隐伏矿床研究和勘查	9.91
YC5	砂砾岩型铜铅锌矿和造山型金矿	甲1类含靶位	普-详查。系统钻探验证	初始成矿地质体为库孜贡苏组,盆地流体改造成矿地质体为碎裂岩化相+沥青化-褪色化蚀变相,叠加成矿地质体为碱性辉绿岩脉群。高精度磁力异常揭示深部发育隐伏辉绿辉长岩脉群。成矿构造逆冲推覆构造系统前锋带下盘侏罗系-下白垩统,断层传播褶皱发育。成矿作用为含铜铁质紫红色砂砾岩与富烃类还原性盆地流体多重耦合。具有寻找中型铜矿潜力。加强新类型成矿地质体寻找和研究,加强隐伏造山型铜金矿床研究等	11.67

编号	主攻矿种和类型	预测区级别	勘查部署建议	成矿要素和找矿预测要素特征	面积/km²
YC6	砂砾岩型铜铅锌矿和造山型金矿	甲1类含靶位	普–详查。系统钻探验证	初始成矿地质体为库孜贡苏组,盆地流体改造相体结构为碎裂岩化相+沥青化–褪色化蚀变相,叠加成矿地质体为碱性辉绿岩脉群。成矿构造逆冲推覆构造系统前锋带下盘侏罗系–下白垩统,萨热克复式向斜北翼掀斜陡倾翼,电法异常揭示发育隐蔽断裂和褶皱。高精度磁力异常揭示深部发育隐伏辉绿辉长岩脉群。成矿作用为含铜铁质紫红色砂砾岩与富烃类还原性盆地流体多重耦合。具有寻找中型铜矿潜力	11.26
YC7	砂砾岩型铜铅锌矿和造山型金矿	乙类	预–普查	萨热克巴依次级盆地中基底隆起构造带边缘,成矿地质体为库孜贡苏期和阿克苏岩群中脆韧性剪切带。物探电法异常和化探异常发育,寻找隐伏矿床为主要目标	96.97

在本次圈定的 7 个找矿预测区内,YC1、YC2、YC3、YC4、YC5、YC6 和 YC7 均达到了 1∶5 万比例尺的找矿预测程度。YC5 和 YC6 达到了 1∶1 万找矿预测程度,即矿床深部和外围的找矿预测,主要是对于深部隐蔽构造样式和构造组合研究程度较大,达到了可以按照层状成矿相体结构,以 200～400m 工程间距进行系统的工程验证。

6.2.2　萨热克地区 4 号找矿预测区(甲 2 类)

(1)萨热克西南端 4 号勘查找矿靶区。在萨热克西南端 4 号勘查找矿靶区内(图 6-5),面积近 10km²。经过地表路线地质修测和实测构造岩相学剖面研究认为:萨热克南逆冲推覆构造系统前缘带,成矿构造以侏罗系–下白垩统冲断构造区为典型特征。库孜贡苏组含铜紫红色铁质砂砾岩和含砾砂岩等组成了初始成矿结构面。以褪色化蚀变砂岩和含砾砂岩为盆地流体改造成矿结构面和深部找矿构造岩相学标志。在萨热克裙边式复式向斜构造西南端,发育近南北向倒转褶皱和斜歪褶皱,为近南北向逆冲推覆构造系统前缘带,侏罗系–下白垩统组成了其下盘隐伏褶皱群落。在康苏组和杨叶组为含煤粗碎屑岩系,现为地表煤矿主要开采对象。

(2)在萨热克西南端 4 号勘查找矿靶区内,已经圈定了一批物探异常,主要指示了康苏组和杨叶组含煤碎屑岩系,烃源岩层发育。

(3)在萨热克西南端 4 号勘查找矿靶区内,圈定了 Au-Cu 等综合异常,这些化探异常分布在中生代地层、古生代地层和中元古代地层区,与逆冲推覆构造系统有十分密切关系,但尚未进行 1∶5 万化探异常检查评价。具有很好的找矿前景,深部隐伏砂砾岩型和造山型金矿找矿勘查值得高度重视。

(4)勘查部署建议。对萨热克西南端 4 号找矿预测区,开展 1∶1 万沟系次生晕详查和

1∶1万构造岩相学填图,寻找和圈定地表含矿蚀变矿化带。1∶1万沟系次生晕测量面积10km²,采样密度50点/km²。缩小找矿靶区,圈定找矿靶区。

6.2.3　萨热克地区7号找矿预测区(乙类)

(1)萨热克北东段7号勘查找矿靶区。在萨热克北东段7号勘查找矿靶区内(图6-5),面积近97km²。研究认为:库孜贡苏组旱地扇扇中亚相为初始成矿地质体,库孜贡苏组含铜紫红色铁质砂砾岩和含砾砂岩等组成了初始成矿结构面。在萨热克裙边式复式向斜构造北东段,发育近南北向宽缓褶皱。推测康苏组和杨叶组为含煤粗碎屑岩系。

(2)在萨热克北东段7号勘查找矿靶区内,已经圈定了一批物探异常,主要指示了康苏组和杨叶组含煤碎屑岩系,烃源岩层发育。

(3)在萨热克北东段7号勘查找矿靶区内,圈定了Au-Cu-Sb等综合异常,这些化探异常分布在中生代地层和中元古代地层区,具有很好的找矿前景,深部隐伏砂砾岩型和造山型金矿找矿勘查值得高度重视。

(4)勘查部署建议。对萨热克北东段7号找矿预测区,开展1∶1万沟系次生晕详查和1∶1万构造岩相学填图,寻找和圈定地表含矿蚀变矿化带。1∶1万沟系次生晕测量面积60km²,采样密度50点/km²。缩小找矿靶区,圈定找矿靶区。选择重要化探异常,进行综合物探勘查(AMT、三极激电和地面高精度磁力测量),物探AMT测量物理点500个;1∶5000实测构造岩相学剖面20km。

6.2.4　萨热克地区造山型金–铅锌矿预测找矿地段(1号找矿预测区,甲2类)

1. 造山型金矿的成矿地质体和成矿结构面确定及依据

(1)该区域为萨热克地区的第二期构造地质事件【DB】,古生界上基底构造层形成与演化期。以石炭系中构造岩片为主要地层单位,构造变形型相和变质相为【DB-C₂-F+f+SC】。石炭系中发育分层剪切流变作用,构造变形组合为层间滑脱型脆韧性剪切带+SC组构+逆冲推覆–滑脱型切层脆韧性剪切带(图6-1)。变质相主要为绿片岩相–低绿片岩相。形成绿泥石–硅化–绢云母型含金脆韧性剪切带。

(2)造山型金矿成矿地质条件(图6-1)。在萨热克地区NW区段石炭系中,发育顺层滑脱型脆韧性剪切带,并伴有热液角砾岩相带,以铁锰碳酸盐化–硅化为主,黄铁矿化普遍发育,可见五角十二面体黄铁矿,对于寻找类卡林型(造山型)金矿较为有利。石炭系具有分层剪切变形特征,构造变形型相为顺层滑脱型韧性–脆韧性剪切带,流变褶皱发育,并伴有同构造期强烈的热液活动(热液角砾岩相带)。

(3)本次新发现了24号金矿化点,在萨热克地区西北部石炭系滑脱型韧性剪切带,宽50~100m,产状为320°∠70°(图版O)。原岩为泥质粉砂岩,在泥质含量较高部位(绢云母)形成韧性剪切带,顺层滑脱型韧性剪切带、含金黄铁矿铁碳酸盐化硅化热液角砾岩(图版O),发育S-C组构、A型褶皱、绢英糜棱岩、绢云母糜棱岩及石香肠状硅化脉,可见斑点状褐铁矿。褐铁矿绢英糜棱岩主要限于100m的层间发育,为层间滑脱型韧性剪切带。共采集10件刻槽样,分析成果见表6-4,其6件样品金含量大于0.1g/t,最高为0.51g/t,表明本区具有进一步寻找韧性剪切带型金矿的潜力。

表6-4　萨热克地区西北24号金矿化样品分析结果

序号	样品编号	$\omega(B)$				
		$Au/10^{-9}$	$Ag/10^{-9}$	$Cu/10^{-2}$	$Pb/10^{-2}$	$Zn/10^{-2}$
1	HQD32	0.51	<1.0	0.004	0.021	<0.010
2	HQD33	<0.10	<1.0	0.003	0.035	<0.010
3	HQD34	0.24	1.8	0.001	0.024	<0.010
4	HQD34A	0.12	<1.0	<0.001	<0.010	<0.010
5	HQD36	<0.10	<1.0	0.004	<0.010	<0.010
6	HQD36A	0.19	1.6	0.004	0.010	<0.010
7	HQD37-1	0.11	<1.0	0.011	0.011	<0.010
8	HQD37-2	<0.10	<1.0	0.012	<0.010	<0.010
9	HQD37-3	<0.10	<1.0	0.003	0.011	<0.010
10	HQD37-4	0.13	<1.0	0.007	0.021	<0.010

2. 化探异常特征与找矿前景预测

本次项目重新圈定和排序的化探综合异常为 ZHB14Cu(AuAgAsZn),以 Au-Cu-Ag 异常为主体的综合异常,四川省核工业地质调查院(2011)化探异常编号为 HS11 和 HS7 号综合异常。该造山型金铜矿找矿预测靶区位于萨热克巴依幅铁斯给依吐可吐多维一带,卓尤勒干苏河从区内穿过。东部出露地层主要为长城系阿克苏岩群,岩性为浅灰白色钙质石英片岩、灰黑色薄层状细晶大理岩、绢云母(黑云母)石英片岩、绢云母千枚岩等。西部出露地层为下石炭统巴什索贡组,与阿克苏岩群呈脆韧性剪切带接触。ZHB14Cu(AuAgAsZn)化探综合异常位于两条北东—南西向脆韧性剪切带之间,近东西向平移断裂与其交汇处化探异常强度较大,区域性热流体活动强烈,主要受脆韧性剪切带控制。

其 ZHB14Cu(AuAgAsZn)化探综合异常东部为 HS11 号异常,Cu 含量最高达 458×10^{-6},Ag 达 0.36×10^{-6},HS-11 综合异常 NAP 值为 24.39,在综合异常中排序第 4 位,属乙 1 类异常,是以 Cu、Ag 和 Au 为主要异常元素的综合异常。经四川省核工业地质调查院(2011)进行异常检查评价和探槽揭露,在 HS-11 号异常中心的长城系阿克苏岩群中,发现了铁斯给铜矿点,含铜蚀变破碎带产于钙质石英片岩中;矿体厚度在 2～3m,控制长度 50m,延深尚未控制,铜平均品位在 1.58×10^{-2},伴生 Ag 在 1～2.7g/t,含钨 0.05～0.08×10^{-2}。褐铁矿化破碎带延伸长 200～500m,宽几十厘米,破碎带上岩石褐铁矿化蚀变较为普通,褐铁矿化蚀变带长约 700m。其 Au-3-2 号金异常位于该区域,该金异常是直接寻找造山型铜金矿的找矿标志。

其 ZHB14Cu(AuAgAsZn)化探综合异常西部为 HS6 号综合异常和 Au-3-1 号金异常。实际上,Au-3 号异常具有寻找造山型金铜矿的潜力,主要成矿地质体为发育在石炭系中顺层滑脱型剪切带叠加 NE 向脆韧性剪切带。成矿构造为蚀变脆韧性剪切带,成矿结构面由热液角砾岩化相和蚀变绢英糜棱岩等组成,Au-3 异常具有明显浓集中心,Au 异常中心峰值达到了 $22 \times 10^{-9} \sim 18 \times 10^{-9}$,异常面积达 10km^2,并伴有 Cu、Ag 等异常。本次项目对 Au-3 异常踏勘检查,发现了含金脆韧性剪切带,具有寻找中型规模的造山型金铜矿潜力。

3. 找矿潜力评价与勘查部署的建议

(1)在找矿预测区 YC1 内,主攻类型为造山型金矿和金铜矿,该地段现已发现了两处矿化点,其次金矿化点一处,金铜矿化点一处,具有形成含金脆韧性剪切带型金矿床潜力。

(2)Cu-6、Ag-7、Ag-8、Ag-9 与 Au-3-1 等组成了综合异常,异常面积大,元素组合对寻找造山型金铜矿具有良好的指示意义。对 Au-3-1 进行检查,发现了石炭系中含金脆韧性剪切带,金矿化与脆韧性剪切带中热液角砾岩化密切有关。它们属于造山型金矿和金铜矿,具有较大找矿潜力,值得进一步安排工作,进行矿点检查和异常评价。

(3)勘查部署建议:以造山型金矿和金铜矿为勘查主攻目标,开展预-普查工作。主要工作方法包括:1∶2.5 万沟系次生晕测量面积 70km^2;1∶1 万构造-岩性-岩相测量(草测)面积 20km^2;物探 AMT 测量物理点 500 个;1∶5000 实测构造岩相学剖面 20km,探槽 $2 \times 10^4 \text{km}^3$,短坑道 300m。

4. 找矿预测区 YC1 内造山型铅锌矿预测找矿地段的成矿相体确定和依据

(1)在找矿预测区 YC1 西南段为造山型铅锌矿的预测找矿地段(靶区)。16 号造山型铅锌矿化带在萨热克巴依次级盆地西北部石炭系中,在云英片岩与大理岩化灰岩过渡部位,分布含铅锌褐铁矿化带较宽,水平宽度 10 ~ 15m,走向长度约为 200m,具有向西进一步延伸的趋势,外围化探异常和构造地质条件有利,表明铅锌矿化具有一定的找矿潜力。

(2)以阔库克拉克铅锌矿点(16 号点)为代表,位于萨热克铜矿北偏东约 8km 处,该矿点曾经开采,老硐方位 305°,坑道长约 220m,坑道北东壁见刻槽取样痕迹。在石炭系灰色云英片岩中,可见方解石细脉,部分边部可见星点状黄铜矿化(图版 O 中①和②)。

(3)在云英片岩与大理岩化灰岩(图版 O 中③)的接触带中可见白色的大理岩出露和褐铁矿化露头(图版 O 中④),从本区采集到的方铅矿矿石(图版 O 中⑤)和含黄铁矿大理岩化灰岩(图版 O 中⑥)来看,矿化主要与接触带中的大理岩或大理岩化灰岩有关,由于两种岩性的差异,受后期构造变形的影响,在本区接触带形成一定的容矿空间,白色大理岩为主要的赋矿脉石矿物,应为构造-热液后期活动的产物。

总体上,成矿地质体为位于岩性-岩相界面之间的脆韧性剪切带,在构造扩容空间,有利于造山带流体大规模储集和形成铅锌富集成矿。

5. 成矿结构面确定和依据

在该造山型铅锌矿预测找矿地段内,铅锌矿化产于石炭系大理岩中,围岩蚀变为大理岩硅化、黄铁矿化、铁白云石化和方解石化,在古硐口东侧片岩类中顺片理发育黄钾铁矾化,外围褐铁矿化强烈。其中黄铁矿化呈细脉-脉状、浸染状、团块状。

阔库克拉克铅锌矿点(16 号点)受控于萨热克北推覆断裂系统中的次级断裂带(图版O),该矿点南侧约 300m 即见一规模较大的推覆断裂,断裂带产于石炭系变质砂岩和片岩夹黑云母片岩中,倾向 NW335°,倾角 40° ~ 50°,与萨热克北逆冲推覆构造系统近于平行,属萨热克北逆冲推覆构造系统后缘滑脱构造带,靠近断裂带岩石强烈揉皱变形和蚀变强烈。

该铅锌矿化带产于硅化大理岩中,靠近铅锌矿化带可能受硅化影响而使岩石变得完整,靠近硐口大理岩较破碎,且片理较发育。矿石中角砾状构造特征显示大理岩角砾,被黄铁矿–方铅矿胶结,表明铅锌矿化带受张剪性构造叠加。

总体上看,在滑脱型顺层脆韧性剪切带中,叠加了张剪性构造作用,并伴有较强硅化、热液角砾岩化,方铅矿等硫化物为热液胶结物。成矿结构面为脆韧性剪切构造面→张剪性构造面+硅化–铁碳酸盐化蚀变相+铅锌硫化物热液胶结物。

6. 成矿作用标志特征

对石英–硫化物矿石中的石英包裹体开展了研究,包裹体主要为富液相的两相水溶液包裹体(I型),其形态主要为不规则状、椭圆形、水滴状、叶片状、负晶形等,主要分布特征为单个分布、成群分布,以及沿裂隙呈条带状分布(次生包裹体为主)。石英硫化物阶段中石英中的包裹体大小 3 ~ 10μm,集中分布在 4 ~ 5μm,在室温(20℃)下,包裹体中气液相比从 10% ~ 40%,集中分布在 15% ~ 25%,加热后全部均一为液相。

测温结果显示,石英硫化物阶段流体包裹体的 T_h 温度为 184 ~ 273℃,大部分集中在 170 ~ 220℃,平均值为 204℃,估算盐度范围为 0.31% ~ 5.1% NaCl,平均值为 2.5% NaCl,流体密度为 0.56 ~ 0.91g/cm³,压力估算值为 0.9 ~ 17.1MPa,可能代表了主成矿阶段的流体性质。

从流体包裹体特征来看,该矿点的成矿流体具有中低温和低盐度特征。

7. 化探异常特征

该区域化探异常规模小,以 Ag-17、Zn-8、As-6、Sb-4、Mo-5 等组成了化探综合异常,As-Sb-Ag 等前缘晕元素等化探异常为典型特征,本化探异常区地形切割大,地面冲刷作用强烈,但值得引起高度注意,在这种景观地球化学特征下,尤其需要重点研究前缘晕元素、综合异常和成矿地质体之间关系,有可能为隐伏成矿地质体、成矿构造等综合显示。

8. 找矿潜力评价与勘查部署的建议

该矿点的矿石类型比较简单,主要金属矿物有黄铁矿、方铅矿、闪锌矿,少量黄铜矿;非金属矿物主要为石英、方解石。①铅矿化体产于构造破碎带中,破碎带走向 NE40°,倾向南东,倾角40°左右,铅锌矿化体宽 0.8 ~ 1.2m,推测走向延伸在200m。②黄铁矿呈浅铜黄色、铜黄色,主要呈浸染状、团块状、脉状分布。镜下观察看主要分为两个期次,第一期次主要为自形–半自形粒状,粒径不等,主要为 0.5 ~ 1mm,局部粒径大者达数毫米,镜下可见晶形良好的立方体黄铁矿。第二期次的黄铁矿主要呈脉状穿插充填于早期生成的矿物裂隙中。③方铅矿呈铅灰色,多呈半自形粒状集合体与闪锌矿成块状构造,粒径 1 ~ 2mm,也可见呈他形粒状充填于早期矿物裂隙中,镜下呈亮白色,常发育黑三角孔,可见其穿插黄铁矿或溶蚀交代黄铁矿及脉石矿物。④闪锌矿因含铁质较高通常呈棕褐色至黑色,多呈半自形粒状,粒径 1 ~ 3mm,常与方铅矿成块状构造或成团块状交代早期黄铁矿。镜下呈灰色,常溶蚀交代早期黄铁矿和方铅矿,其内见黄铜矿呈乳滴状固溶体分离。根据矿石结构构造特征,主要金属矿物生成顺序为早期黄铁矿–晚期黄铁矿–方铅矿–闪锌矿–黄铜矿。⑤该铅锌矿点中含有较高 Ag,具有铜矿化,本次研究认为阔库克拉克铅锌矿点(16 号点)的成因类型为造山型铅锌矿床,具有较好的找矿潜力。

　　勘查部署建议:以造山型铅银矿为勘查主攻目标,开展预-普查工作。

　　主要工作方法包括 1∶2.5 万沟系次生晕测量面积 60km²、1∶1 万构造-岩性-岩相测量(草测)面积 10km²、物探 AMT 测量物理点 300 个,以及 1∶5000 实测构造岩相学剖面 20km,短坑道 100m。

6.2.5　泽木丹-阿克然造山型金铜矿(YC2,甲 2 类)

1. 成矿地质体确定和依据

　　泽木丹-阿克然勘查找矿靶区(YC2)位于萨热克南厚皮式逆冲推覆构造系统前锋带,成矿地质条件十分有利。铜金矿化带分布在阿克苏岩群中含金铜剪切带,断续长 4300m,具有寻找含金银铜剪切带型矿床的前景。该脆韧性剪切带连续长度在 10km 以上,控制了 9 号、23 号、7 号、21 号、18 号、19 号、20 号等 8 个金铜矿(化)点和 1 个铁矿(化)点。

　　通过路线地质调查和构造岩相学实测剖面,在萨热克巴依次级盆地东南部阿克然-泽木丹一带盆地下基底地层阿克苏岩群中,发现了发育北东向含金铜脆韧性剪切带,发现和圈定了多处原生铜矿化石英脉和硅化蚀变带,铜品位 0.17%~3.21%,银品位 18.7~153g/t,Au品位在 0.18~0.48g/t,铜金银矿化体规模尚需工程控制,脆韧性剪切带宽 350~500m,断续长 4300m。

　　主要成矿地质体为滑脱型韧性剪切带和切层脆韧性剪切带叠加部位。在基性凝灰岩中发育的脆韧性剪切带,存在初始成矿地质体(基性凝灰岩),值得高度重视。成矿相体由蚀变脆韧性剪切带和蚀变糜棱岩相等组成,包括硅化蚀变绢英岩、铁白云石绢英岩和硅化蚀变岩等。

2. 成矿结构面确定和依据

　　受萨热克南逆冲推覆构造系统控制,含金铜脆韧性剪切带主要产于高角度主逆冲推覆体之中,下盘为侏罗系-下白垩统组成的底盘倒转-斜歪褶皱群落,成矿结构面划分为两种主要类型。一种是发育在基性凝灰岩中脆韧性剪切带,以透闪绿泥石片岩、透闪阳起石片岩和阳起绿泥石片岩等为主,为透闪-阳起-绿泥石型脆韧性剪切带,叠加方解石-硅化蚀变相,多分布在 3600m 以上的中高山区。另一种是绢云母化-硅化型脆韧性剪切带,以铜金矿化为主。

3. 成矿作用标志特征

　　对阿克然(19、20 和 21 号矿化点)铜金矿化点进行成矿作用标志研究,该铜矿化产于阿克苏岩群第四岩性段中,铜矿化体露头尺度宽度小于 1.0m,表现为铜蓝和孔雀石化沿片理面和裂隙发育,伴有强烈硅化现象,受控于近东西向断裂构造。该矿点附近孔雀石化较发育,多沿断裂裂隙产出。矿石样品分析结果显示,Cu 的含量 0.38%~0.64%,Cu-Au 品位具较明显的正相关关系。

　　脉石矿物石英中包裹体发育,主要为富液相的两相水溶液包裹体(Ⅰ型),其形态主要为不规则状、椭圆形、水滴状、叶片状等,主要分布特征为单个分布、成群分布,以及沿裂隙呈条带状分布(次生包裹体为主)。石英中包裹体大小 3~10μm,集中分布在 4~5μm,在室温

(20℃)下,包裹体中气液相比为 10% ~40%,集中分布在 15% ~25%,加热后全部均一为液相。

石英包裹体测温结果显示,流体包裹体 T_h 为 257 ~399℃,平均为 301℃,估算盐度范围为 1.65% ~21.4% NaCl,平均值为 7.91%,流体密度主要为 0.64 ~0.85g/cm³,压力估算值为 4.1~26.9MPa,显示了较高的成矿温度和成矿压力。

4. 矿点特征、化探异常特征与找矿潜力评价

(1)果儿(泽木丹)铜金矿点(18 号)。该矿点位于新疆乌恰县乌鲁克恰提乡萨热克村以东约 15km。地理坐标:东经 74°44′06″,北纬 40°01′57″。交通较为困难。铜矿点位于调查区中部中元古代苏鲁铁列克断隆区北缘,萨热克南逆冲推覆构造系统南前锋带上盘冲断褶皱带,断褶带总体产状 170°∠60° ~70°。萨热克南逆冲推覆构造系统是中元古代苏鲁铁热克断隆区与萨热克中生代陆内拉分断陷盆地构造分界线,其北西侧侏罗系–下白垩统发育逆掩褶皱–直立褶皱–倒转褶皱–斜歪褶皱群落,为逆冲推覆构造系统前锋带下盘变形的中生代地层,为新生代陆内造山带卷入的中生代地层系统,它们组成了厚皮式逆冲推覆构造系统。

果儿(泽木丹)铜矿点赋存在阿克苏岩群第四岩性段中,该段岩性为浅灰色绢云母石英片岩、绢云母片岩、灰色条带状云母石英片岩夹灰黄色大理岩及灰黑色黑云母石英片岩、浅绿灰色石英片岩。含矿岩性组合为浅绿灰色绿帘石化石英片岩、透闪石绿泥石片岩、透闪石阳起石片岩等,夹少量云母石英片岩,原岩为基性火山岩和基性凝灰岩类。

果儿(泽木丹)铜矿点主要受脆韧性剪切带控制,成矿地质体为变基性火山岩相+糜棱岩化相+脆韧性剪切带。在脆韧性剪切带内,以绢英岩化和硅化为主,硅化细脉和石英脉比较发育,石英脉规模一般较小,脉宽 5 ~10cm,延伸长度 0.5 ~1.5m,这些脉体均为硅化蚀变脉体,呈网脉状硅化,单个石英脉呈顺层、斜切和垂直岩层片理。石英脉边部均匀硅化较为强烈,见有较多的细网脉状石英。圈出铜矿体 2 个。Ⅰ号铜矿体长 60m,厚 1.0m,平均含 Cu 品位 0.35×10⁻²,呈透镜状产出。Ⅱ号铜矿体长 60m,推测长度约 150m,Cu 最高品位 0.70×10⁻²,平均含 Cu 品位 0.48×10⁻²,厚 3.0m。矿石矿物有辉铜矿和斑铜矿,以细脉状和团块状斑铜矿为主,其次为孔雀石、黄铜矿。

该铜金矿点形成于四堡期–晋宁期:①金铜矿化带主要受脆韧性剪切带控制,产于中元古界阿克苏岩群第四岩系,与变基性火山岩和基性凝灰岩关系密切;②绢云母绿泥石型脆韧性剪切带中发育绢英岩化、硅化和绢云母化,黑云母糜棱岩相经历了脆韧性剪切带绿片岩相退变质作用,辉铜矿和斑铜矿主要产于网脉状硅化和绢英岩化中;③铜矿点处于萨热克南断层破碎带中,破碎带及邻近地段对成矿十分有利。矿点处石英脉发育,孔雀石化强烈,分布范围较广,值得进一步工作。

(2)阿克然(铁热克)铜矿点。铁热克铜矿点(19 号点)位于新疆乌恰县萨热克村东约 11km 的铁热克沟中。地理坐标:东经 74°41′40″,北纬 40°01′43″。由乌恰县城经康苏镇和乌鲁克恰提乡汽车可直达萨热克村,然后沿牧区简易公路可达铁热克沟口,改徒步或畜力运输方能到达矿点,全程约 150km。

铁热克铜矿点出露长城系阿克苏群第四岩性段,该段主要岩性为浅灰–灰色绢云母石英片岩、绢云母绿泥石片岩、条带状云母石英片岩,夹灰黄色大理岩及黑云母石英片岩。矿点处于萨热克南断层的破碎带中。该断层之北为中侏罗统塔尔尕组的砾岩和砂岩。受断层的影响,断层之南的阿克苏岩群逆冲于塔尔尕组之上。断层产状 120°~140°∠70°。铜矿化体赋存于浅灰–灰色绢云母石英片岩和石英片岩中,岩石中孔雀石化普遍。孔雀石呈星点状、斑点状产出,局部呈稀疏浸染状分布于上述岩石中。铜矿化体呈近东西向断续延伸,矿点处有两个铜矿化体,长度分别为 520m 和 1000m,厚度 1~3m。

根据地表刻槽样品分析结果,在矿化体中圈出 2 个铜矿体,呈透镜状平行产出,产状 170°∠62°。其中 I 号矿体长 600m,厚 1.5m,平均含 Cu $0.74×10^{-2}$,含 Au $0.29×10^{-2}$,含 Mo $0.05×10^{-2}$;II 号矿体可分为两段,即 II–1、II–2,两段总长 430m,厚 1.0~1.5m,平均厚 1.25m,平均含 Cu $0.99×10^{-2}$,含 Au $0.35×10^{-2}$。矿石矿物以孔雀石、辉铜矿和斑铜矿为主。

含矿岩石中硅化蚀变现象较为强烈,应是后期热液活动所造成。该矿点应属热液型铜矿点。成矿时代属前寒武纪。因品位偏低,矿化断续出露,仅具找矿指导意义。但该矿点矿石中伴生有 Au、Mo 元素,本次项目圈定萨热克南逆冲推覆构造系统前锋带和主逆冲推覆构造带,长度 4000m 以上,控制了铁热克铜矿点(19 号)和 18 号、17 号、21 号和 7 号铜金矿点,具有整体成带分布特点,这种受脆韧性剪切带和阿克苏岩群第四岩系(变基性火山岩–基性凝灰岩)控制的铜金矿化带,为找矿预测区 2 内预测找矿靶位。

在萨热克南逆冲推覆构造系统前锋带和主逆冲推覆构造带中,已经圈定了 1:2.5 万沟系次生晕综合异常共 7 个,包括 H-7、H-8、H-10、H-11、H-13、H-14 和 H-15 等综合异常,直接圈定了造山型金铜矿靶区。其中 H-14、H-11 和 H-8 化探综合异常区内,均已发现了地表铜(金)矿体,但异常检查程度不够,尚需进行短坑道和钻孔验证。①H-14 号化探综合异常区内,已经发现了果儿(泽木丹)铜金矿点(18 号)和 17 号金铜矿点;②H-11 号化探综合异常区内,已经发现了阿克然(铁热克)铜矿点(19 号)和 20 号金铜矿点;③在 H-8 化探综合异常区内,已经发现了阿克然(铁热克)铜矿点(21 号)和 7 号金铜矿点。

以 H-11 号综合异常为例论述该类异常找矿潜力,已经发现了阿克然(铁热克)铜矿点(19 号)和 20 号金铜矿点。H-11 号综合异常位于测区中南偏东部(表 6-5),异常面积约 1.18km,呈不规则状,长约 1.2km,宽约 1.1km。异常规格化面金属量值(NAP)为 1.84,为本区综合异常评序值第 10 位,是 Cu、Pb、Ag、Zn 元素综合异常。该异常多呈中外异常浓度带,Cu 异常峰值为 $159.3×10^{-6}$、Pb 异常峰值为 $51.8×10^{-6}$、Ag 异常峰值为 $154×10^{-9}$、Zn 异常峰值为 $113×10^{-6}$、As 异常峰值为 $11.9×10^{-6}$ 等。

表 6-5　萨热克地区 H-11 号综合异常特征值表

元素	Cu/10^{-6}	Pb/10^{-6}	Ag/10^{-6}	Zn/10^{-6}	As/10^{-6}	Sb/10^{-6}
最高含量(Max)	159.3	51.8	154	113	11.9	1.19
平均含量(X)	64.33	40.28	135.33	96.60	11.20	1.15
异常面积 S/km²	0.37	0.05	0.04	0.87	0.02	0.04
异常下限(Ca)	35	30	115	85	10	1.1
衬度(Ka=X/Ca)	1.84	1.34	1.18	1.14	1.12	1.04
异常中样点数(N)	16	4	3	15	3	4
变异系数(Cv)	0.56	0.22	0.12	0.09	0.05	0.04
规格化面金属量(NAP=S×Ka)	0.67	0.06	0.05	0.98	0.02	0.05

根据 R-型聚类分析(图 6-6),在相关系数 0.3 水平上,元素组合主要分为两组,一组为 Cu-Ag,另一组为 Pb-Sb-As-Ba。该两组元素组合可能反映出多期次矿化叠加成矿成晕特征,一期以 Cu-Ag 矿化为主,另一期以 Pb、Sb、As 热液蚀变作用叠加形成多元素异常晕。该异常有两个浓集中心。经踏勘检查,在变质砂岩内,孔雀石分布较为普遍,多呈星点状、斑点状及稀疏浸染状,异常浓集中心呈东西向展布,初步可圈出两个铜矿化层,第一铜矿化层长 200 ~ 650m,厚 1.5m。第二矿化层长 100 ~ 300m,厚 1 ~ 1.5m,倾向 170°∠62°,含铜品位为 0.5% ~ 0.89%,最高达 1.63%,伴生有金、钼,Au 含量为 0.44g/t,Mo 含量为 0.03%,最高达 0.17%。该异常规模中等、强度一般、变异系数不大,但元素组合尚好,地质部位有利,经实地检查已发现铜矿化体,值得继续进行评价。

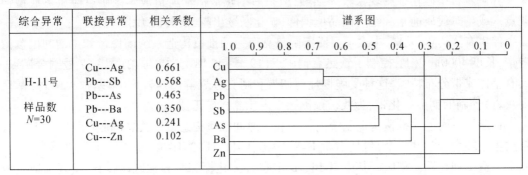

图 6-6　萨热克地区 H-11 号综合异常谱系图表

总之,在找矿预测区内具有明确的预测找矿地段,这些矿点以变基性火山岩-基性凝灰岩和脆韧性剪切带为成矿地质体,成矿构造为脆韧性剪切带内构造扩容带,以发育绢英岩化、硅化和黄铁矿化为典型特征。成矿结构面为构造-流体耦合界面,因此,将泽木丹-阿克然找矿预测区 2 确定为甲 2 类找矿预测区,其预测找矿地段特征为:①泽木丹-阿克然铜矿(化)点(17、18、19、20 号点)特征。泽木丹铜矿点可见苏鲁铁列克铜矿点(17 号点)和果儿铜矿化点(18 号点)。阿克然铜矿化点可见 19 号点和 20 号点。这些矿化点主要受阿克苏岩群中脆韧性剪切带控制,其中发育在基性凝灰岩的脆韧性剪切带,具有较大找矿潜力,主要是基性凝灰岩对于金铜初始成矿物质聚集较为有利。②阿克然苏鲁铁列克矿点(17 号点)位于萨热克盆地东北侧的长城系基底地层中。在 2015 年对该点的野外调查中,沿途多处可见孔雀石化云英片岩,岩石发生了多期强烈变形,已糜棱岩化,矿化应与构造变质流体的重新活化-迁移富集有关。云英片岩中可见到明显的孔雀石化,并在部分云英片岩层间石英脉中可见明显的黄铜矿化。孔雀石化多沿构造裂隙分布,表现为后期的产物。可见到明显的黄铜矿化,多沿石英脉的两侧分布。本区长城系基底岩石构造变形强烈,岩石中的黄铜矿化应与构造变质流体的重新活化-迁移富集有关。③泽木丹铜矿点 Cu 品位为 0.68%,Ag 品位达 $14×10^{-6}$,伴生金达到 $0.15×10^{-6}$。孔雀石化、辉铜矿和斑铜矿局部富集,主要与长城系云英片岩中的石英脉有关,表现为变质-构造流体作用的结果,泽木丹铜矿化点与阿克然铜矿(化)点间的距离超过 3km,表明在该矿化带上具有进一步寻找铜金矿化的潜力。④阿克然铜矿化点,以铜矿化为主,伴生金和银。⑤Cu-22、Ag-26、Ag-27、Ag-28、Ag-29、Ag-30、Ag-31 和 Ag-32、Au-24 异常等组成了综合异常,揭示在阿克苏岩群中含金铜矿点和铜矿化点等组成的金铜矿化带,受脆韧性剪切带控制。部分 Cu 和 Ag 异常位于侏罗系中,具有很好的找矿前景。⑥本区域主要为 Cu、Ag 和 Au 富集成矿,有色金属矿产地质调查中心新疆地质调查所完成探槽和钻孔揭露,均已见矿,揭露铜金矿(化)体向下延深到 200m,地表延长规模较大(1000m),尚需进一步开展普查。⑦总之,在萨热克南逆冲推覆构造系统规模长度达 10km,宽度在 1000m,钻孔揭露深部见矿,前锋带和主逆冲推覆构造带中铜金矿点和化探异常组成的异常-矿化带,是今后造山型铜金矿十分重要的预测找矿地段。

5. 勘查部署的建议

(1)勘查部署建议:开展普查和局部详查。

(2)勘查部署方案和技术方法:①开展 Cu-22、Ag-26、Ag-27、Ag-28、Ag-29、Ag-30、Ag-31和 Ag-32、Au-24 异常综合异常评价。1∶1 万沟系次生晕测量面积 60km^2,采样密度 50 点/km^2,缩小找矿靶区,圈定找矿靶区。②择优开展矿点评价。在对 9 号、23 号、7 号、21 号、18 号、19 号、20 号等 8 个金铜矿(化)点踏勘调查基础上,限于钻孔施工难度大,坑道施工条件好,首先阐明金铜矿体产状,为钻孔设计提供依据,进行短坑道揭露。③对含金铜脆韧性剪切带和蚀变矿化体进行大间距揭露,该脆韧性剪切带长度达 4500m,按照(200～400)m×200m 网度,进行大间距钻孔验证,寻找和圈定金铜矿体,开展找矿预测。

6.2.6　萨热克地区的预测资源量与勘查部署建议

萨热克南矿带 5 号勘查找矿预测区(甲类,含找矿靶位)面积 11.67km^2,萨热克北矿带 6号勘查找矿预测区面积 11.26km^2,为本书圈定最重要的勘查找矿预测区。根据构造岩相学填图、物探(AMT 和三极激电测深),依据萨热克砂砾岩型铜多金属矿床成矿模式、综合勘查模型等系统资料。

(1)预测区铜金属资源量参数选取依据。在萨热克南矿带 5 号勘查找矿预测区(甲类,含找矿靶位)内,按照面积(11.67km^2)为 50% 含矿率,扣除风险系数。估算资源量有效面积为 5km^2,根据已有钻孔工程揭露情况,铜矿层厚度按 2.0m 估算,小体重参考萨热克砂砾岩型铜多金属矿床的已知参数(2.629t/m^3)。预测的铜矿体品位参考萨热克砂砾岩型铜矿床全矿平均品位(1.17%),扣除风险系数后,平均品位按照 1.0% 估算。

预测的资源量=可估算资源量水平投影面积(5km^2)×预测的矿体厚度(2.0m)×小体重(2.629t/m^3)=预测的矿石量(2629×10^{4}t)。

按照预测的铜平均品位(1.0%)估算,5 号和 6 号勘查找矿预测区(甲类,含找矿靶位),预测的铜金属资源量为(333+334)26×10^{4}t。减去已知钻孔控制区资源量,预测的资源量合计可达 50×10^{4}t。

(2)勘查工作部署建议。建议今后(2019～2025 年)按照三个层次部署勘查工作。

第一层次:萨热克铜矿区外围普查,主攻萨热克式砂砾岩型铜多金属矿床,新增铜金属资源量(333)20×10^{4}t,为萨热克铜矿山提供后备资源。

第二层次:对 1 号和 2 号勘查找矿靶区,开展预-普查,主攻造山型金矿、金铜矿和铅锌矿,力争新增金金属资源量(333+334)10t,铅锌金属资源量(333+334)10×10^{4}t,铜金属资源量(333+334)5×10^{4}t。

第三层次:对萨热克西南端 4 号找矿预测区和萨热克北东段 7 号勘查靶区,开展预查和找矿预测,进行资源潜力评价。

综上所述,本次以萨热克地区为例,研发的 1:5 万区域找矿预测系列技术要点包括以下 9 个主要方面。①在构造变形域、构造变形样式和构造岩相学研究基础上,构造岩相学相序域和基本填图单位划分为盆地下基底构造层前寒武纪构造岩石地层(韧性→脆韧性剪切变形构造域/糜棱岩相-糜棱岩化相),新厘定了萨热克铜矿区深部阿克苏岩群下构造层和古生界上基底构造层,确定阿克苏岩群形成年龄在 1528±140Ma($N=6$,加权平均年龄,$MSWD=4.6$)。盆地上基底构造层古生界(脆韧性剪切变形构造域/糜棱岩化相)。②下二叠统-上三叠统岩石地层系统(造山带卷入地层系统,面带型脆韧性剪切带/糜棱岩化相-构造片理化相)。③侏罗系-白垩系陆内盆地地层系统(侏罗系-白垩系岩石地层系统,脆性构造变形域/碎裂岩化相)。④古近系海峡-局限海湾盆地地层系统。⑤新近系周缘山间盆地地层系统(冲断褶皱带,脆性构造变形域/构造角砾岩相-构造片岩相等)。⑥重大构造岩相学事件与构造岩相学独立填图单元(非正式独立填图单位)。⑦盆中-盆边-盆缘外围构造样式和构造组合、岩浆侵入构造与褪色化蚀变带。⑧遥感构造-蚀变相(铁化蚀变相+泥化蚀变相)解译+实测构造岩相学路线+物化探异常,圈定找矿靶区。⑨矿点和化探异常检查评价和构造岩相学填图,圈定找矿靶位。

6.3　萨热克式砂砾岩型铜矿隐蔽构造圈定与 1:1 万深部找矿预测

以萨热克砂砾岩型铜多金属矿区为例,创建的深部和外围大比例尺(1:1 万~1:5000)构造岩相学系列填图新方法和找矿预测技术要点包括:10 套图件揭示矿体和相体三维空间几何形态学特征、变化规律、控矿规律、富集成矿规律和富矿体分布规律,结合地球化学岩相学和同位素精确绝对定年,研究相体五维时间-空间-物质结构和演化规律。

(1)实测勘探线构造岩相学剖面图、相体分布规律、相体结构模式和控矿特征。

(2)实测纵向构造岩相学剖面图、相体分布规律、相体结构模式和控矿特征。

(3)矿(化)体顶板等高线图、变化规律和控矿特征。

(4)矿化体底板等高线图、变化规律和控矿特征。

(5)含矿层厚度等值线图、变化规律和控矿特征。

(6)矿体厚度等值线图、变化规律和控矿特征。

(7)铜矿化强度等值线图、变化规律和控矿特征。

(8)成矿强度等值线图、变化规律和控矿特征。

(9)隐伏基底顶面等高线、变化规律、古隆起和古构造洼地、控矿特征。

(10)构造岩相学剖面+物探(AMT 和磁法)=找矿靶位圈定→验证工程设计和施工。

以下对关键技术和深部隐蔽构造、构造组合和找矿预测进行详细论述。

6.3.1　萨热克铜矿区的深部隐蔽构造样式、构造组合与找矿预测

夏斌等(2011)对隐蔽构造定义为"指那些受勘探技术限制以及构造自身的复杂性而不

能明确其特征、性质和演化历史的构造"。他们提出对于隐蔽构造的研究应以界面和变形标志的识别为基础,地层结构的分析为核心,以先进的构造思维和技术手段为保证。济阳拗陷深层发育有大型走滑断裂带、反转构造、构造转换带或过渡带、底辟构造带、潜山内幕构造、复杂的断裂带、隐伏断裂等隐蔽构造样式。隐蔽构造在沉积盆地内十分发育,对于油气资源具有重要的大规模运移和成藏聚集作用。

隐蔽构造不但在沉积盆地内部十分发育,而且在造山带、火山岛弧带和深成岩浆弧、地幔柱有关的火山−岩浆区域等,均较为发育。①本次研究对于隐蔽构造释义为"受传统构造样式概念和勘查技术限制,难以直接识别圈定和进行构造解析研究的复杂构造类型,在出露于地表和隐伏于地下情况下,需借助于勘探工程揭露、专题性综合填图和构造岩相学填图后,才能恢复重建的复杂构造样式和构造组合",如岩浆侵入构造系统和热液角砾岩构造系统(方维萱,2016b,2018b),它们均为隐蔽构造组合和构造样式;②本次研究的萨热克巴依走滑拉分断陷盆地的基底顶面等高线(古构造洼地和基底隆起带)、裙边式复式向斜构造中次级向斜和背斜、碎裂岩化相带、鼻状构造等,均为隐蔽构造样式(图 6-7),它们共同组成了萨热克地区的隐伏构造组合;③经过深部构造岩相学专题填图后,揭示萨热克巴依地区变超基

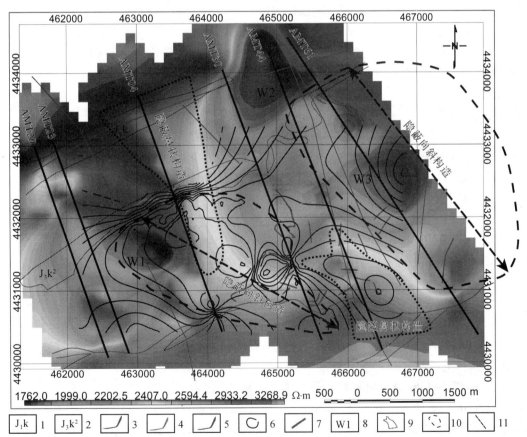

图 6-7 萨热克地区基底构造层等高线、古构造洼地、隐蔽鼻状构造和隐蔽向斜图(图版 X-1)

1. 康苏组:浅灰白色石英砂岩、灰色细粒岩屑石英砂岩、泥质细砂岩、灰黑色粉砂岩、黑色碳质泥岩、煤层、煤线,为含煤层系;2. 库孜贡苏组第二岩性段:灰绿色、紫红色巨块状砾岩,顶部为灰白岩屑石英砂岩,砾岩为铜的赋矿地层;3. 辉绿岩脉;4. 铜矿(化)体;5. 铁矿(化)体;6. 等值线;7. 断层;8. 洼陷编号;9. 隐蔽鼻状构造;10. 隐蔽向斜构造;11. 隐蔽向斜轴线

性岩–变基性岩脉群,与隐蔽鼻状构造具有交集空间拓扑学结构,变超基性岩–变基性岩脉群分布在隐蔽鼻状构造边部,暗示深部隐伏鼻状构造边部发育隐伏断裂构造带,它们为萨热克南逆冲推覆构造系统的隐伏前锋带,指示了深源地幔热流体(变超基性岩–变基性岩)形成岩浆热液叠加成矿作用中心的所在位置。

现从一维构造岩相学填图、二维构造岩相学填图、综合方法(AMT-三极激电–磁法–构造岩相学)深部填图、三维专题填图等方面,为萨热克砂砾岩型铜多金属矿区深部和外围找矿预测(1∶5000~1∶10000)提供依据。

6.3.2　基于 AMT-三极激电对深部隐蔽构造探测

1. 音频大地电磁测深(AMT)资料解释依据

采用音频大地电磁测深资料构建地下地层、断层等是以岩石电性为基础,实质是在深部电性填图基础上,进行构造岩相学解译和填图,以圈定深部隐蔽构造。根据本区各地层的岩石电性和音频大地电磁测深二维反演电阻率断面特征,构建深部电性填图与构造岩相学解译填图的岩矿石物性测量和解释推断依据包括:①本区的泥岩、砂岩、砂砾岩发育,一般泥质岩发育区电阻率值偏低;砂岩和砂砾岩发育区为电阻率阻值偏高,本区岩石标本的物性测量也证实了这些特征,如有矿化蚀变或含水,砂岩、砂砾岩的电阻率一般有所降低。下白垩统克孜勒苏群(K_1kz)的电阻率一般较低,但浅部受各种因素(地形、盐碱、岩性差异等)的影响,变化较大。②根据岩石物性统计资料和音频大地电磁测深浅部电阻率对应的地层等资料大致确定地层的电性分布特征。③第四系为冲洪积物,电阻率较低为几十欧姆·米。下白垩统克孜勒苏群(K_1kz)的电阻率一般高于上侏罗统库孜贡苏组(J_3k)。中侏罗统(J_2y)杨叶组低于上侏罗统库孜贡苏组(J_3k)。侏罗系下统地层(J_1)的电阻率应高于中侏罗统。各地层由于岩性的差异,局部会有所不同,如砂岩含量高的一定比泥岩含量高的电阻率高。长城系阿克苏岩群的电阻率为最高,而脆韧性剪切带(石英绢云母片岩等)的电阻率则相应地降低。志留系因主要为片岩类,电阻率一般较低,甚至低于侏罗系,为隐蔽志留系存在的标志;如果反演断面电阻率次序升高且底部电阻率较高,解释可能缺失志留系。如果反演断面的电阻率次序升高但底部电阻率相对变低,推测可能存在隐蔽志留系。④当电阻率断面图的等值线出现明显梯度变化,横向有较大差异,说明电性特征具有明显差异,一般解释为断裂构造。⑤根据萨热克铜矿区地层资料,第四系为冲洪积物,厚度小于30m。下白垩统克孜勒苏群(K_1kz)分为三个岩性段,厚度约405m。上侏罗统库孜贡苏组(J_3k)分为两个岩性段,厚度约345m。中侏罗系统塔尔尕组(J_2t)和杨叶组(J_2y)合计厚度约440m。下侏罗统康苏组(J_1k)和莎里塔什组(J_1s)合计厚度约205m。

基底构造层和断裂变化较大。①盆地上基底构造层为中志留统(S_2)合同沙拉组,厚度大于300m。盆地上基底泥盆系–石炭系现今出露在萨热克北西侧,钻孔揭露深部出露志留系和阿克苏岩群。在萨热克第4勘探线 ZK404 和 ZK405 两个钻孔深部,中侏罗统杨叶组与志留系呈角度不整合接触,缺失下侏罗统、泥盆系–石炭系等。它们为已知构造岩相学建模效验的钻孔提供了良好构造岩相学先验模型。经效验后的建模构造岩相学体外推填图。②在萨热克第4勘探线 ZK408 钻孔深部,下侏罗统康苏组与长城系阿克苏岩群呈角度不整合接触,揭示上基底构造层志留系–石炭系发育不完整,局部遭受剥蚀或未曾接受沉积。萨热克南矿带深部下基底构造层阿克苏岩群直接抬升,也提供了良好的构造岩相学先验模型。总之,萨热克巴依盆地基底构造层顶面具有高低不均匀的变化特征。③前期构造岩相学填图揭示,萨热克南和萨热克北对冲式逆冲推覆构造系统对盆缘构造影响较大,均为前锋带,发育断层相关褶皱。因此,断层和岩性界线确定,依据地表地质、钻孔构造岩相学编录及测深剖面的断面等值线变化特征,充分考虑钻孔资料和剖面的二维反演的电阻率纵横向变化特征,进行综合确定。

2. 定性分析方法

AMT 资料定性分析是针对频率域资料进行的。依据不同地质构造、电性分布特征的大地电磁响应规律,分析提取原始资料中的地质信息,定性地把握地下电性层分布特征、地层起伏变化情况、局部构造、构造单元划分等,为进一步的定量解释提供依据。同时评价、检验、落实定量解释成果的可靠性。在音频大地电磁测深中,对实测曲线类型的分析比较,是资料定性认识解释更准确地获得测区地质结论的重要组成部分。曲线类型定性地反映出了地下电性层的分布特征。

测区内的电阻率测深曲线分析研究,有助于对 AMT 测深资料取得较深入认识。全区基本上有三种测深曲线类型(图 6-8):①1200m 测点地表长城系阿克苏岩群,测深曲线除了高频段有局部变化外,基本上为高阻一平线,显示长城系高阻特征;②2800m 测点为 AKH 形类型,地表第四系低阻,下为低阻的克孜勒苏群(K_1kz),下伏中–低阻的库孜贡苏组(J_3k)→塔尔尕组(J_2t)→杨叶组(J_2y)→康苏组(J_1k)→莎里塔什组(J_1s)等,底部为高阻的长城系阿克苏岩群;③4650m 测点为 KH 形类型,地表为杨叶组(J_2y)+塔尔尕组(J_2t),下伏为中高阻的莎里塔什组(J_1s)和康苏组(J_1k),底部为高阻的长城系阿克苏岩群,具有曲线跳升特点。

3. 资料反演解释

地表实测的大地电磁视电阻率,是地下不同电性介质及构造的综合反映。二维反演是假定大地电性结构是二维的,即地下介质的电性在垂直于勘探剖面的方向上不变,而沿剖面方向和随深度发生变化的一种反演方法。二维反演的假设更接近于真实的地电情况,在对剖面电性单元的划分上,二维反演同样可分为连续介质反演和层状介质反演:①二维连续介质反演是在不受任何先验认识的约束下,将剖面进行薄层单元分块划分,而后进行电性拟合,求得各单元的电阻率,在断面上呈现出电性分布的图像,以此进行地质认识与解释;②二维层状介质反演是在对连续介质反演结果的地质认识基础上,将连续分布的电性区块化,建立地质、地电的初始模型,进行二维反演,用以修改初始的地质认识(非约束反演)和校验地质解释成果(约束反演)。

4. 萨热克 30 线二维反演和解释断面与资料解释

萨热克 30 线二维反演和解释断面图(图 6-8)包含三个部分:①音频大地电磁二维反演电阻率断面图(上图);②剖面所在位置的地质平面截图(中图),以揭示地质图平面变化特征;③物探解译断面图(下图),依据物探资料解译地层结构图,结合构造岩相学研究和解译,进行深部地质体关系研究,解译沉积盆地内部地层结构和隐蔽构造。

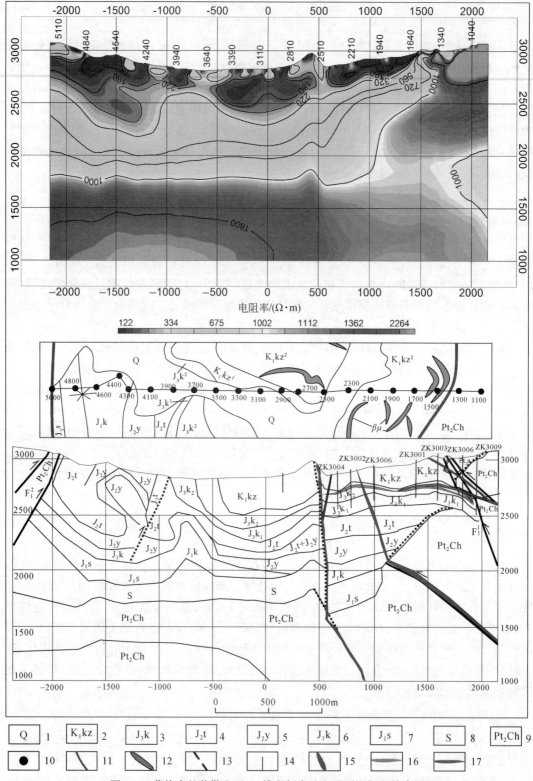

电阻率/(Ω·m)

| 122 | 334 | 675 | 1002 | 1112 | 1362 | 2264 |

图 6-8 萨热克整装勘查区 30 线音频大地电磁测深解释综合图

1. 第四系;2. 下白垩统克孜勒苏群;3. 上侏罗统库孜贡苏组;4. 中侏罗统塔尔尕组;5. 中侏罗统杨叶组;6. 下侏罗统康苏组;7. 下侏罗统莎里塔什组;8. 志留系;9. 中元古界阿克苏群;10. 激电测量点;11. 断层;12. 地表辉绿岩;13. 推测断层;14. 钻孔;15. 辉绿岩脉;16 铜矿体;17. 铅锌矿体

（1）萨热克南（F_1^1）和萨热克北（F_1^2）呈对冲式逆冲推覆构造系统分布在萨热克巴依陆内拉分断陷盆地两侧，它们发育在长城系阿克苏岩群中（图6-8）。据反演断面图分析，电阻率断面图呈现较明显的盆状特性，两端和深部阻值偏高，中部阻值偏低，浅部电阻率分布高低不均匀。盆地的构造特征表现为北部陡、南部缓的不对称盆地。地表出露地层依次为下侏罗统康苏组（J_1k）、中侏罗统杨叶组（J_2y）和塔尔尕组（J_2t）、上侏罗统库孜贡苏组（J_3k）。从3500m号点附近开始向南为下白垩统克孜勒苏群，地表为第四系残坡积层松散沉积物。在克孜勒苏群中，侵入有辉绿辉长岩群，它们多沿断裂带侵位，并形成褪色化蚀变带。

（2）在萨热克北矿带北侧，地表塔尔尕组发育的向斜和杨叶组发育的背斜，在深部具有显著地电性反应（图6-8上、中和下图对比分析）。萨热克北矿带在地表为上凸耐风化剥蚀的山梁，断层上盘向上逆冲作用明显，为发育在下侏罗统康苏组、中侏罗统杨叶组和塔尔尕组的断裂–褶皱构造带，从断桥–乌恰煤矿–疏勒煤矿连续发育，长度>7000m。该断褶带发育在下–中侏罗统中，它们为萨热克北逆冲推覆构造系统的前锋带，从断褶带卷入地层[$F(J_1k+J_2y+J_2t)-F(Pt_2a)$]结构看，最早形成时间在中侏罗世塔尔尕期末–晚侏罗世库孜贡苏期初，也是萨热克巴依走滑拉分断陷盆地构造反转期构造组合。上侏罗统库孜贡苏组主要为掀斜构造，导致萨热克北矿带库孜贡苏组产状变陡，发育层间滑动裂隙带和切层裂隙带、大型切层节理，这种大型节理–切层裂隙–层间滑动裂隙带等构造组合发育在库孜贡苏组–阿克苏岩群，从卷入的地层结构[$J-Fr(J_3k-J_1s-Pt_2a)$]和碎裂岩化相等分析看，该构造组合形成于白垩纪。

（3）从北西到南东方向上，主要电性特征表现为：①点号4950～3800m对应于杨叶组（J_2y）和塔尔尕组（J_2t），表现为低阻，次级向斜和背斜在深部具有清晰的褶曲状电性结构；②3800～3500m对应库孜贡苏组（J_3k）储矿相体地层，具有相对高阻特征，电性层向南倾，与库孜贡苏组产状一致。③3500～1450m对应克孜勒苏群（K_1kz），电性特征为低阻，沉积最深处位于3000m点附近。④从2600m向南电性特征高阻越来越浅，海拔2800～1000m深部电性具有连续褶皱状变化梯度带，这种垂向高度约3000m连续褶皱状变化梯度为隐蔽构造，推测为变辉绿辉长岩群沿先存构造侵位，先存断裂构造扎根于阿克苏岩群的下基底构造层中，受垂向基底断裂带控制。

（4）在2000m点以南的深部（海拔2000～3000m）电阻率逐渐抬升，倾向北西向，深部为阿克苏岩群整体式抬升，自南东向北西逆冲推覆的叠瓦状三组断层，为萨热克南基底卷入式的厚皮型逆冲推覆构造系统。在挤压应力松弛期，它们也是深部碱性超基性岩浆上涌侵位的构造通道（先存构造）。阿克苏岩群向北西倾向面，为早期成盆期的走滑断裂带发育的残存位置，被三组逆冲推覆断裂切割。被破坏错位的同生断裂带在萨热克南矿带地表清晰，塔尔尕组冲积扇杂砾岩超覆于阿克苏岩群之上，扇根亚相直接超覆在阿克苏岩群之上（南东端），向盆地内部（北西向）砾石的砾径和砂质粒径均逐渐减小，砾石主要为阿克苏岩群变质岩类，南东向到北西向，塔尔尕组侧向相序结构为灰绿色粗杂砾岩→灰白色–浅灰色中杂砾岩→浅灰色粗砂质细砾岩→灰色含砾粗砂岩→灰色岩屑砂岩，揭示古流向为南东向→北西向。

（5）在1490～855m点，地表为阿克苏岩群组成的冲断岩片。在2360～1340m点地表和深部海拔2800m，为库孜贡苏组–克孜勒苏群等组成的萨热克南逆冲推覆构造系统的下盘前锋带。在阿克苏岩群中发育断层传播褶皱，几何学特征为宽缓式波状褶皱。在下盘前锋带克孜勒苏群–库孜贡苏组组成了翻卷褶皱，发育挤压破碎带和片理化带。

　　(6)从地面高精度磁力异常、变辉绿辉长岩脉群和钻孔中蚀变辉绿岩脉群、克孜勒苏群中褪色化蚀变带等综合分析,结合三极激电和 AMT 资料综合反演解译,变辉绿辉长岩群侵位主要为萨热克南逆冲推覆构造系统的挤压构造应力松弛期。

　　(7)在萨热克南矿带 30 勘探线附近(图6-8):①砂岩型铜矿体分布在克孜勒苏群褪色化蚀变砂岩中,砂岩型铜矿体主要受褪色化蚀变带、变辉绿辉长岩群侵位和断层传播褶皱控制显著;②克孜勒苏群第三岩性段中,砂砾岩型铅锌矿体主要受褪色化蚀变带、变辉绿辉长岩群侵位和断层传播褶皱控制显著;③库孜贡苏组第二岩性段褪色化蚀变中砾岩和含砾粗砂岩中,发育铜铅锌矿层和铅锌矿层,赋存在蚀变辉绿辉长岩脉下盘蚀变砂砾岩层中,褪色化蚀变强烈,碎裂岩化相发育。

　　5. 单偶极激电测深异常特征及解释

　　萨热克 30 线单偶极激电测深二维反演(图6-9、图6-10)。从北到南圈定了 11 个异常,分别是 L30-ip01 到 L30-ip11(图6-9)。除了 L30-ip09 表现为低阻高极化异常外,其他异常均为中、高阻高极化的特征。

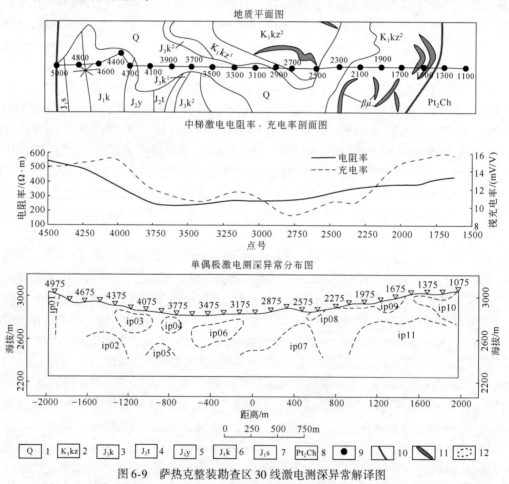

图 6-9　萨热克整装勘查区 30 线激电测深异常解译图

1. 第四系;2. 下白垩统克孜勒苏群;3. 上侏罗统库孜贡苏组;4. 中侏罗统塔尔尕组;5. 中侏罗统杨叶组;6. 下侏罗统康苏组;7. 下侏罗统莎里塔什组;8. 中元古界阿克苏群;9. 激电测量点;10. 断层;11. 地表辉绿岩;12. 激电异常

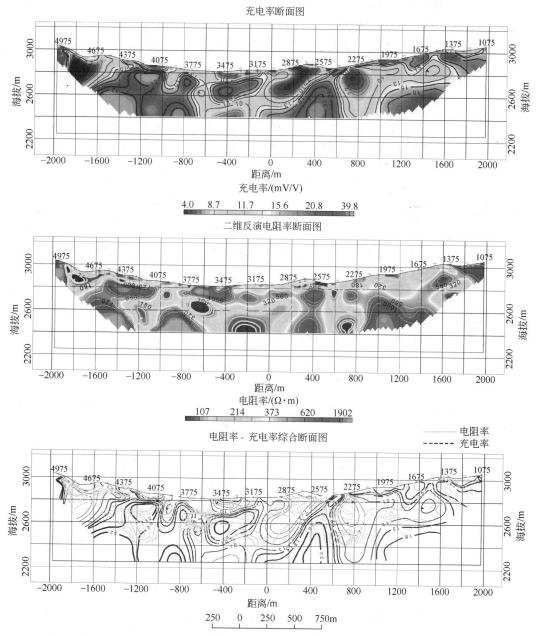

图 6-10　萨热克整装勘查区 30 线激电测深二维反演综合断面图

（1）L30-ip01 位于盆地北边缘萨热克北逆冲推覆构造系统的下盘地层，与含煤地层康苏组（J_1k）和杨叶组（J_2y）所在位置一致，说明激电异常为煤系地层（煤系烃源岩系）所引起。L30-ip01 产状较陡，总体倾向为北西向，推测为萨热克北逆冲推覆构造系统造成下盘康苏组–杨叶组煤系烃源岩发生了倒转。

（2）L30-ip01 至 L30-ip05 分为浅部（海拔 2600 ~ 2830m）和中深部（海拔 2600 ~ 2400m）两个不同深度的异常，地表与侏罗系中统杨叶组（J_2y）和塔尔尕组（J_2t）相对应。

杨叶组为萨热克地区煤系烃源岩,该地段杨叶组中发育背斜,杨叶组–塔尔尕组为断褶带,推测中深部(海拔 2600~2400m)为杨叶组褶皱和煤系烃源岩所引起的电法异常。

(3)L30-ip06 部分与库孜贡苏组(J_3k^2)储矿相体对应,可能为砂砾岩型铜多金属矿体引起的矿致异常。

(4)L30-ip07 和 L30-ip08 在空间上,可以看作一个大异常中间被隔离的激电异常,浅部 L30-ip07 异常与地表蚀变辉绿辉长岩群相吻合,揭示蚀变辉绿辉长岩群和相关岩浆热液蚀变作用,形成了金属硫化物富集。深部 L30-ip08 由于与库孜贡苏组储矿相体吻合,蚀变辉绿辉长岩群发育,深部隐蔽杨叶组煤系烃源岩发育,推测它们为三重叠加地质体综合引起的电法异常。

(5)L30-ip09 到 L30-ip11 四个异常也分浅部和深部两个层面:①在 1∶5 万中梯激电(2100~1600m 点)有强异常对应,说明激电异常真实存在;②L30-ip09 地表对应白垩系下统克孜勒苏群(K_1),异常可能为浅部克孜勒苏群中砂岩型铜矿体和含铜盐碱壳物质引起;③L30-ip10 位于盆地南缘萨热克南逆冲推覆构造系统前锋带和蚀变辉长辉绿岩群发育部位,地表和钻孔验证揭露了砂砾岩型铅锌矿体,为逆冲断裂–蚀变辉绿辉长岩–砂砾岩型铅锌矿体综合引起;④L30-ip11 为深部异常,异常幅值高,钻孔 ZK3001、ZK3003、ZK3006 和 ZK3009 证实,L30-ip11 激电异常由砂砾岩型铜铅锌矿层群综合形成,南侧(向小号点方向)没有封闭,暗示砂砾岩型铜铅锌矿层群继续向深部延深,深部具有较大找矿潜力,为具体钻孔靶位,建议设计钻孔进一步验证。

6. 萨热克 44 线二维反演和解释断面与资料解释

萨热克 44 线二维反演和解释断面图见图 6-11。断面图的内容包含四个部分:①音频大地电磁二维反演电阻率断面图(上图);②地磁、充电率综合剖面图(中图);③物探解译断面图(下图)。

(1)根据勘探剖面的地质资料:盆地两侧为长城系阿克苏岩群,萨热克北 F1 和萨热克南 F2 两条对冲式逆冲推覆构造系统发育。在剖面北部康苏组(J_1k)和杨叶组(J_2y)有出露,3800~4550m 为第四系覆盖,3800m 开始为库孜贡苏组(J_3k),从3350m 号点附近开始向南均为克孜勒苏群,局部有第四系覆盖,南部地表未见侏罗系。克孜勒苏群中蚀变辉绿岩脉群侵入。据反演断面图分析,电阻率断面图呈现较明显的盆状特性,两端和深部阻值偏高,中部阻值偏低,浅部电阻率分布高低不均匀;盆地的构造特征表现为北部缓、南部陡的不对称盆地。

(2)从南到北,电法物性结构与深部地质体主要关系为:①点号 0~650m 高阻体与长城系阿克苏岩群对应。②点号 650~1900m 段浅部为高低相间的中低阻,深部为高阻,浅部解译为克孜勒苏群(K_1kz)和库孜贡苏组,以地表出露的克孜勒苏群对应,深部解译为阿克苏岩群。③点号 1900~4600m 段为局部横纵变化的中低阻带、深部电阻变高,地表依次为白垩系下统克孜勒苏群(K_1kz)、库孜贡苏组(J_3k)、第四系和杨叶组(J_2y)等。④推测在点号 1225~2425m 深部(海拔 2500~2000m)存在志留系,为隐蔽地质体。⑤在 44 勘探线北端点号 3800~4550m,地表为第四系覆盖,杨叶组(J_2y)和塔尔尕组(J_2t)为平缓式复式褶皱,跨度最宽处大于 1000m。推测它们为萨热克北逆冲推覆构造系统形成的传播褶皱。⑥在 44 勘探线东侧,中侏罗系收窄为 100~200m,产状变陡,一般大于 70°,推测为萨热克南逆冲推覆构造系统的前锋带,构造变形强烈。

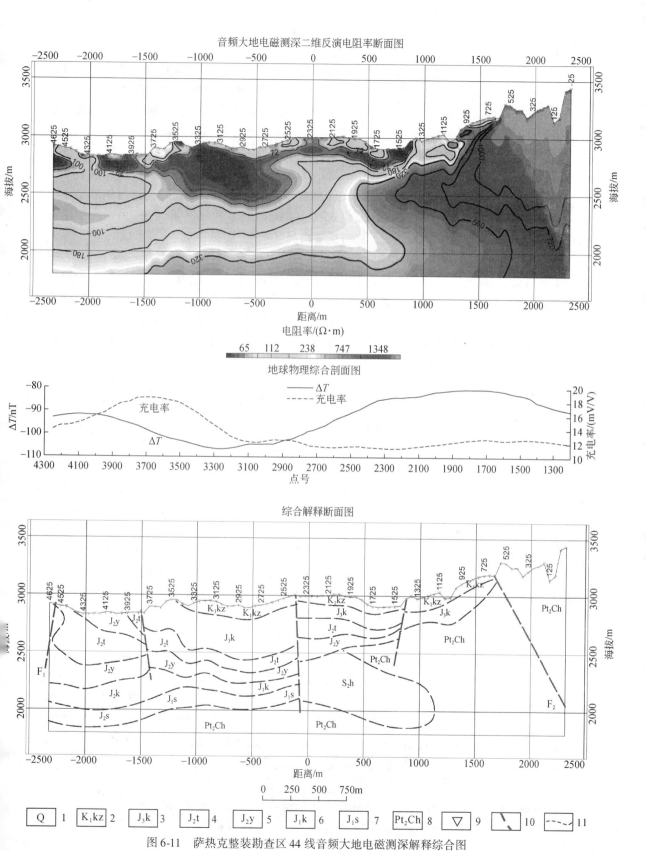

图 6-11　萨热克整装勘查区 44 线音频大地电磁测深解释综合图

1. 第四系；2. 下白垩统克孜勒苏群；3. 上侏罗统库孜贡苏组；4. 中侏罗统塔尔尕组；5 中侏罗统杨叶组；6. 下侏罗统
康苏组；7. 下侏罗统莎里塔什组；8. 中元古界阿克苏群；9. 测点位置；10. 推测断层；11. 推测地质界线

(3)本次解译以三个钻孔资料为基准比较进行解译,对比地质、钻孔资料和综合构造岩相学模型,参照音频大地电磁测深二维反演电阻率断面,对 44 号勘探线深部地质体和隐蔽构造进行了解译(图 6-11)。①从北向南,受萨热克北逆冲推覆构造系统影响,其下盘侏罗系发生倒转并向南被推起,在 44 号勘探线北段,莎里塔什组(J_1s)、康苏组(J_1k)和杨叶组(J_2y)产状变陡直至反转。因杨叶组(J_2y)和塔尔尕组(J_2t)地层厚度较大,呈现 C 形结构,下盘较缓,向南抬起。浅部为中高阻分布的克孜勒苏群(K_1kz),其下伏为电阻率较低的库孜贡苏组(J_3k)。②2400～4600m 段,侏罗系沉积地层较全,1400～2400m 段明显减薄,与深部隐蔽构造(鼻状构造)抬升有密切关系。在点位 650～1400m 段,库孜贡苏组(J_3k)和克孜勒苏群(K_1kz)继续减薄,下伏长城系阿克苏岩群主要由鼻状构造(隐蔽构造)物质组成。

(4)构造岩相学分析:断面电阻率异常呈现较明显的盆状特性,两端和深部阻值偏高,中部阻值偏低,浅部电阻率分布高低不均匀。盆地现今构造特征表现为北部地层缓、南部地层陡,总体为不对称构造变形的盆地内部结构。①在萨热克巴依次级盆地内,44 号勘探线北段为沉积中心之一。北段总体变形较弱,构造样式为宽缓状的断层传播褶皱。②44 号勘探线南段为鼻状构造(隐蔽构造),推测由长城系阿克苏岩群和志留系等组成,为隐伏基底隆起带。构造组合为鼻状构造+断褶带。从卷入地层的构造结构看,鼻状构造[NF(Pt_2a-S)]对盖层沉积和盖层变形构造[F(J-K_1)+f(J-K_1)],均有控制作用。③鼻状构造[NF(Pt_2a-S)]对蚀变碱性辉绿辉长岩脉群也具有一定的控制作用。苏干勒河与巴西嘎塔勒德布拉克沟组成的弧形可能是深部长城系老地层凸起的分界线。磁异常 5 的北翼与巴西嘎塔勒德布拉克沟分布一致,其弱磁异常可能与此断崖有关,揭示深部为隐伏蚀变辉绿辉长岩群集中部位。④44 号勘探线 AMT 资料解释揭示,萨热克巴依盆地南部存在两次挤压作用,点号 650～2400m 段显示在中侏罗世晚期,盆地南侧中志留统和长城系阿克苏岩群遭受挤压变形,形成了从南向北逆冲推覆构造系统,库孜贡苏组为山前压陷沉积系统。为萨热克巴依走滑拉分断陷盆地在燕山期(J_{2-3})形成的反转构造。晚白垩世(喜马拉雅期)盆地地层再度遭受挤压变形和逆冲推覆,长城系阿克苏岩群被推覆于侏罗系–白垩系之上,在挤压构造应力松弛期,沿先存断裂带发生了碱性辉绿辉长岩脉群侵位事件,形成了现今盆地内部构造–地层格局。

萨热克 44 号勘探线单偶极激电测深二维反演(图 6-12)包含四个部分:二维反演电阻率断面图(上图)、二维反演充电率断面图(中上图)、1∶5 万中梯激电充电率和磁测剖面图(中下图)和激电测深断面解释图(下图)。综合分析和解释如下。

根据二维反演充电率断面,从北到南圈定了 6 个异常,分别是 L44-ip01 到 L44-ip6(图 6-12)。①L44-ip1 位于萨热克北逆冲推覆构造系统前锋带下盘地层中,L44-ip1 为高阻高极化异常,推测由康苏组(J_1k)煤层和煤系烃源岩引起,揭示本段深部发育煤系烃源岩和矿源层;②L44-ip2 和 L44-ip3 为中阻中极化异常,地表与库孜贡苏组储矿相体(J_3k^2)相吻合,推测为砂砾岩型铜多金属层引起的矿致异常。在空间上与 1∶5 万中梯激电(IP-04)相对应,说明异常真实存在,应该为矿致异常;③L44-ip4 部分为深部激电异常,高阻高极化,规模较大,可能与深部辉绿辉长岩脉群侵入构造叠加成岩成矿作用有关(IP-17、IP-18);④L44-ip5 为中低阻中极化异常,与地表出露的蚀变辉绿岩脉和褪色化蚀变带有关,为矿致异常;⑤L44-ip6 为高阻中高极化异常,在长城系老阿克苏岩群中,逆冲推覆构造系统前锋带与蚀变体密切有关。

单偶极激电测深反演电阻率断面图

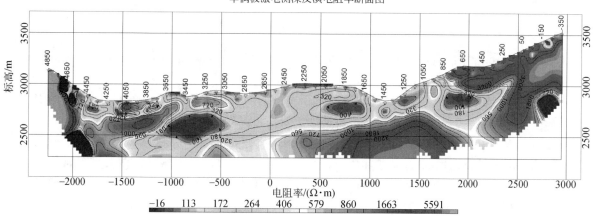

单偶极激电测深反演充电率断面图

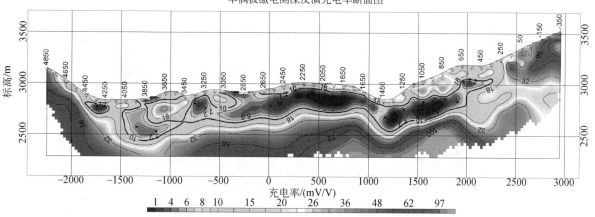

44线地质截面图

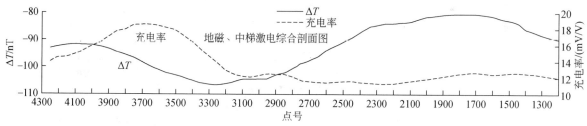

激电测深断面解释图

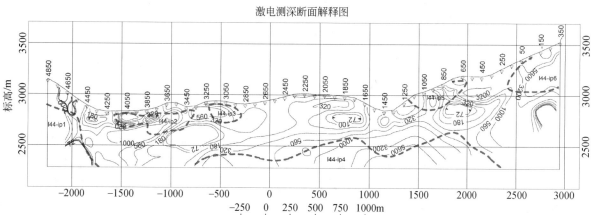

图 6-12　萨热克整装勘查区 44 线激电测深异常解译图

6.3.3　基于高精度磁法测量与深部隐蔽构造(岩脉群)的探测

本次完成萨热克矿区高精度磁测剖面20km(14条剖面),结合前人完成的1:5万的磁测和局部地区1:1万的地磁资料,重新进行了处理和解释。

(1)从萨热克地区高磁 ΔT_0 平面等值线图(图6-13)看,根据磁异常特征划分了3个异常区:①东南部高值正异常区;②西北部高值正异常区;③中部弱磁异常区。西北部异常区异常强度较东南部异常区异常强度高;中部弱磁异常区磁场强度在–50~50nT,变化不大,磁异常呈现为点状、条带状等。

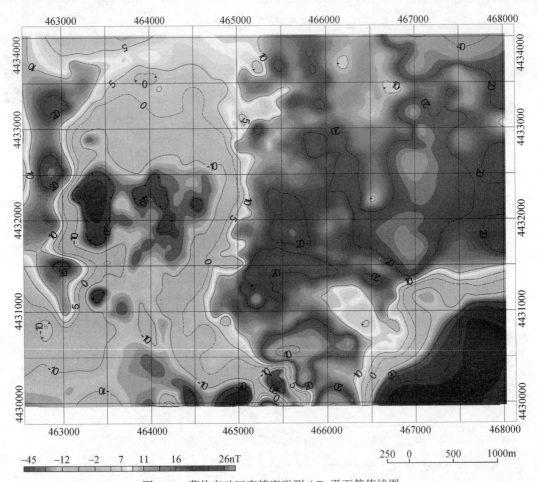

图6-13　萨热克矿区高精度磁测 ΔT_0 平面等值线图

(2)磁场测区的化极采用统一的参数计算,化极参数选择测区中部的一个坐标计算得到,磁倾角为59.66°,磁偏角为3.89°。化极后的磁力高值分布整体向北偏移,磁异常的走向分布更明显。①从萨热克矿区高精度磁测 ΔT(化极)平面等值线图(图6-14)看,整体磁性分布表现为东边强、西边弱,北强南弱;②为了清晰地表达全区磁性分布特征,把几个有代表性的磁性分布图综合起来(图6-15)。

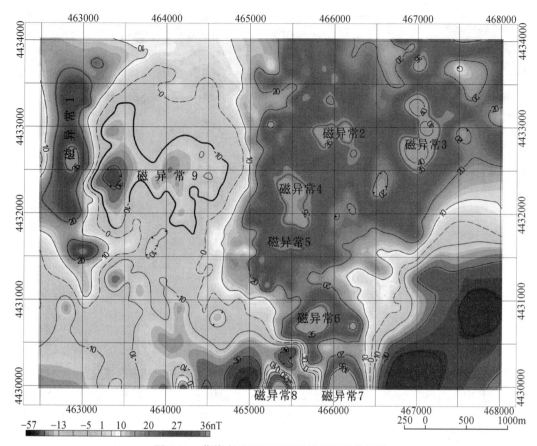

图 6-14　萨热克矿区地面磁性局部异常特征图

（3）萨热克矿区地面磁性局部异常特征是以磁力上延 200m 的垂向二导分布作为底图编制。局部磁异常更为突出，磁力的分带性更加明显。根据图 6-15 圈定了 9 个较大的磁异常，编号为磁异常 1 至磁异常 9。磁异常 1 为由一系列点状较强磁性异常组成的、近南北向的带状异常；磁异常 2~4 也是由一系列点状异常构成，走向北北西或南北向；磁异常 5 和 6 与上述异常有所区别，走向为北西西和东西向。磁异常 7 和 8 位于长城系老地层，为点状异常。值得一提的磁异常 9，为低磁异常，显近圆形。

（4）从图 6-15 可以清楚地了解到，磁异常 5 和 6 与地表出露的辉绿岩脉对应，可以推测这两个磁异常由蚀变辉绿岩脉引起。根据地层、岩石磁性测试结果，本区引起磁异常的主要因素为蚀变辉绿岩脉。推测磁异常基本上为辉绿岩脉群所形成。

（5）磁异常 9 异常区基本对应萨热克铜矿主矿体，磁性特征表现为弱磁性，说明主矿体的沉积及构造等条件有其特殊性。

（6）从磁异常（图 6-15）与蚀变辉绿辉长岩群地表出露情况等综合分析看：①萨热克南矿带蚀变辉绿辉长岩脉群在地表露头位于磁异常西侧，总体呈弧形断续岩脉状分布，磁异常 6 和磁异常 5 位于岩脉群东侧，揭示蚀变辉绿辉长岩脉群在深部倾向为东，与钻孔揭露和地表连接实际情况吻合。②磁异常 2、磁异常 3 和磁异常 4 总体走向为近南北向，与地表近南

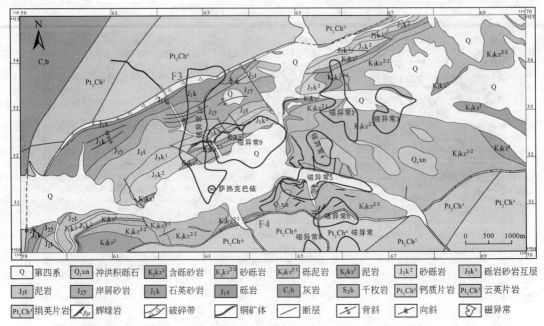

图 6-15　萨热克矿区地质、磁异常分布综合平面图(图版 X-2)

北向蚀变辉绿辉长岩脉群相吻合。地表蚀变辉绿辉长岩脉群位于磁异常 2、磁异常 3 和磁异常 4 西侧,揭示这些岩脉群在深部倾向大致为北。③总体上看来,在萨热克巴依走滑拉分断陷盆地中部,磁异常 2、磁异常 3 和磁异常 4、磁异常 5 和磁异常 6 分布位置为蚀变碱性辉绿辉长岩脉群形成的岩浆热液叠加成矿区域,走向北东向的岩脉群在深部倾向东,而走向近东西向的岩脉群在深部倾向北,具有张剪性应力场下形成的岩脉群特征。

6.3.4　萨热克巴依基底构造层顶面等高线、构造洼地与隐蔽构造

(1)在萨热克 4 勘探线已知钻孔(ZK408、ZK405 和 ZK404)效验建模基础上,基于对萨热克地区 AMT(CSAMT)测深剖面联合反演,解译萨热克巴依地区基底构造层顶面等高线。在萨热克 30 勘探线南矿带,利用已知钻孔(ZK3006 和 ZK3009 等),对 AMT(CSAMT)测深剖面联合反演的萨热克巴依地区基底构造层顶面等高线进行检验,测试其有效性和可靠性。

(2)从图 6-16 看:①萨热克巴依地区基底构造顶面等高线图,揭示基底构造层顶面起伏变化较大;②识别和圈定了三处古构造洼地(W1、W2 和 W3),这些古构造洼地为成矿有利的隐蔽构造样式;③识别和圈定出两处隐蔽鼻状构造带,它们为隐伏基底隆起带。这些隐伏基底隆起带与古构造洼地过渡的构造岩相带、后期构造变形样式(隐蔽鼻状构造带)和周边蚀变碱性辉绿辉长岩脉群等,对于萨热克式砂砾岩型铜多金属矿床具有显著控制作用,为深部找矿预测的关键隐蔽构造样式和构造组合。

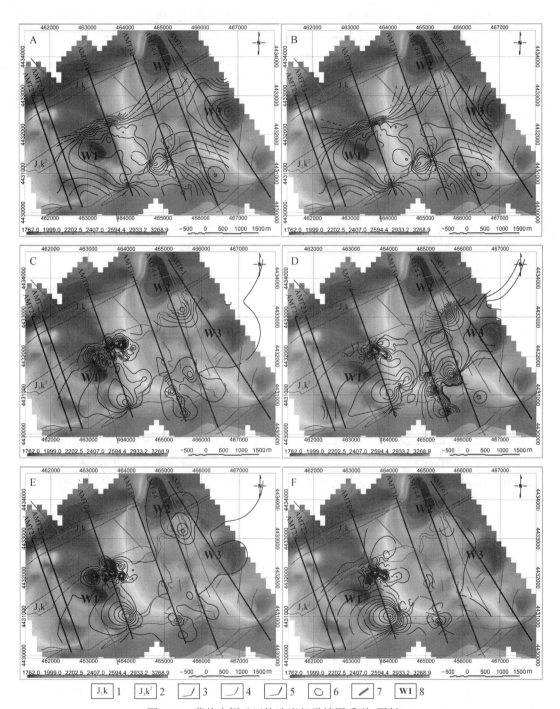

图 6-16　萨热克铜矿区构造岩相学填图系列(图版 Y)

A. 矿体顶板等高线图;B. 矿体底板等高线图;C. 含矿层等厚度线图;D. 矿体厚度等值线图;E. 铜矿化强度等值
线图(成矿相体强度等值线图);F. 铜成矿强度等值线图

1. 康苏组:浅灰白色石英砂岩、灰色细粒岩屑石英砂岩、泥质细砂岩、灰黑色粉砂岩、黑色碳质泥岩、煤层、煤线,为含煤层
系;2. 库孜贡苏组第二岩性段:黄绿色、紫红色巨块状砾岩,顶部为灰白岩屑石英砂岩,砾岩为铜的赋矿地层;3. 辉绿岩
脉;4. 铜矿(化)体;5. 铁矿(化)体;6. 等值线;7. 断层;8. 洼陷编号

（3）结合1：10000构造岩相学填图技术成果，本次圈定隐蔽构造样式包括隐蔽向斜两处、隐蔽鼻状构造三处、隐蔽古构造洼地三处，层间–切层断裂–裂隙带和隐蔽岩浆侵入构造、逆冲推覆构造系统前锋带和下盘断褶带等（图6-16），为萨热克地区隐蔽构造组合。

6.3.5 构造岩相学系列填图新方法示范推广应用与隐蔽构造圈定

根据构造岩相学填图理论和方法技术（方维萱，2016b，2017b，2018b），结合萨热克铜矿特殊的成矿地质背景特征，本次采用构造岩相学填图的6种系列新方法，对萨热克铜矿成矿相体、成矿相体结构面和成矿构造等进行研究。通过119个钻孔资料（119×6个地质要素点位）圈定了矿体顶板等高线图（图6-16A）、矿体底板等高线图（图6-16B）、含矿层等厚度线图（图6-16C）、矿体厚度等值线图（图6-16D）、铜矿化强度等值线图（成矿相体强度等值线图）（图6-16E）、铜成矿强度等值线图（图6-16F）等，将钻孔揭露的深部地质点（共119×6个地质点）投影到地表，总地质点位数=589+714个，地表地质点位和钻孔深部地质点位投影点合计，平均地质点位密度为59个/km²，提高了构造–岩性–岩相专项填图的立体精度。同时，结合勘探线构造岩相学剖面和纵向构造岩相学填图剖面，基本圈定了成矿相体、成矿相体结构面的空间几何学形态。

根据构造岩相学填图理论和方法技术（方维萱，2016b，2017b，2018b），结合萨热克铜矿特殊的成矿地质背景特征，本次研究构造岩相学填图的理论基础和方法原理主要为以下6个方面。

第一，通过实测构造岩相学剖面和实测纵向构造岩相学剖面，确定成矿相体和填图单元，在萨热克矿区成矿地质体为库孜贡苏组二段，通过地表专项填图圈定了库孜贡苏组二段分布范围，即可圈定成矿相体。初始成矿相体为库孜贡苏期叠加复合扇旱地扇扇中亚相。盆地成矿流体叠加成矿相体为沥青化蚀变相+褪色化蚀变相+碎裂岩化。岩浆热液叠加成矿相为蚀变辉绿辉长岩脉群+褪色化蚀变带。但由于萨热克巴依次级盆地中成矿相体地表出露范围有限，难以探索成矿地质体（库孜贡苏组二段）对于砂砾岩型铜多金属矿体的控制规律，因此，需要研究成矿地质体和成矿相体空间分布规律和空间几何形态学特征，才能更好研究成矿地质体和成矿相体，以及对砂砾岩型铜多金属矿床的控制规律。

第二，在选择典型勘探线剖面和纵剖面上，对地表露头+钻孔岩心+坑道工程等进行实测构造岩相学剖面，确定成矿地质体、成矿相体、成矿相体结构面和成矿构造的综合标志后，最后选择能够有效揭示成矿地质体、成矿相体、成矿相体结构面和成矿构造等的空间几何形态学参数，进行隐伏成矿地质体、隐蔽成矿相体结构面和隐蔽成矿构造描述和专项填图。

第三，基础数据准备和综合整理程序如下。①根据地表露头、钻孔和坑道基本样品的分析测试数据，在划分矿体和矿化体边界的基础上整理数据，为成矿系列图件制作提供数据基础；②根据收集到的地表露头+探槽+钻孔岩心+坑道工程的分析测试数据，采用Surfer作图软件形成等值线系列图件；③把已经做好的矿体顶底板等值线图和矿体等厚线投影到矿区地质图，结合地质情况，可以研究矿体赋存的主要地层，矿体的几何形态的变化，预测深部的矿体赋存位置，为成矿预测做准备；④本次收集了探槽、钻孔等工程的坐标数据和基本分析结果，清理出见矿标高，计算出矿体厚度，然后根据构造岩相学填图6种系列新方法，对新疆萨热克铜矿床的成矿地质体、成矿构造和成矿结构面类型和构造岩相学的鉴定标志进行了确定,并对它们的空间形态学和强度分布规律进行了研究。

第四,矿(化)体顶板和底板等高线图可用于圈定隐蔽褶皱。在萨热克铜矿区内,最上部矿(化)体的顶板等高线和最下部矿(化)体的底板等高线图,可以有效地圈定成矿地质体的顶面等高线和底面等高线,即由铜矿体、铜矿化体、矿化体之间围岩等组成了成矿地质体。根据萨热克铜矿区钻孔和井巷工程中基本分析数据所圈定的铜矿体和铜矿化体,计算铜矿化体顶底板的海拔标高,以2930m为基准高程面(即0m相对等高线),绘制顶底板等高线图。正值为高于2930m海拔标高,负值为低于2930m海拔标高,0m等于2930m海拔标高。从萨热克铜矿区的矿(化)体顶板等高线图(图6-16A)和底板等高线图(图6-16B)看出,矿(化)体顶板等高线和底板等高线具有相似变化趋势,它们圈定了萨热克巴依次级盆地西部萨热克铜矿区和近外围隐伏成矿地质体的空间几何形态学特征和分布规律。

第五,含矿层厚度等值线图和矿体厚度等值线图及其变化规律,用于揭示成矿作用最终形成的矿体和矿化体厚度,以揭示该矿床工业利用潜力和现状。本次研究将基本分析样品中Cu≥0.1%作为铜矿化层(体)的圈定指标,来圈定成矿构造面下界面和上界面。最下部和最上部铜矿化体(Cu≥0.1%)的底界面和顶界面,圈定成矿构造面下界面和顶界面;从最下部到最上部铜矿化层的累计垂直厚度即为含矿层厚度;可以认为含矿层的厚度等值线图,圈定了成矿结构面和成矿作用的空间范围,其变化规律也揭示了成矿结构面和成矿作用的空间变化规律和空间几何形态学特征。

第六,铜矿化强度等值线图和成矿强度等值线图,以及它们的变化规律,可有效识别和圈定成矿作用强度和成矿强度,便于与其他地区和在全球范围内进行系统对比分析,为本区域深部和外围找矿预测提供依据。

1. 萨热克矿区铜矿体顶板和底板等高线变化规律、隐蔽褶皱圈定与找矿预测

(1)铜矿(化)体的顶板等高线特征与变化规律(图6-16A)。①在萨热克矿区北矿带,顶板等高线沿北东向延伸,与北矿带铜矿体主体走向一致。向该盆地中心等高线逐渐下降,北矿带矿体向南东方向侧伏。②在萨热克矿区南矿带等高线延伸方向总体为NE,南矿带矿体走向北东。铜矿体顶板等高线下降方向与北矿带相反,向该次级盆地中心部位呈下降趋势,与南矿带矿体向北倾伏特征相吻合。③萨热克矿(化)体底板等高线具有对称式变化趋势,与砂砾岩型铜矿层受库孜贡苏组地层层位和萨热克复式向斜构造控制的地质规律一致。④在萨热克矿区北矿带和南矿带0勘探线以东区域,局部等值线呈北西向延伸,推测与隐蔽北西向断裂走向和辉绿辉长岩脉群叠加改造作用有密切关系。⑤根据铜矿体顶板等高线与盆地基底构造层顶面等高线综合对比,结合构造岩相学剖面实证研究,揭示萨热克铜矿区发育两个次级隐蔽向斜构造,次级隐蔽向斜构造轴向为北西向,推测为在萨热克南和萨热克北对冲式厚皮型逆冲推覆构造系统下,构造应变局域化压剪性应力场作用形成的次级隐蔽向斜;同时,在喜马拉雅期北东向—南西向挤压变形过程中,次级隐蔽向斜构造得到了进一步构造强化;最终形成了萨热克巴依裙边式复式向斜构造系统。

(2)铜矿(化)体的底板等高线特征与变化规律(图6-16B)。铜矿(化)体底板等高线图揭示了成矿地质体下界面的空间几何形态学特征和分布规律。①底板等高线在萨热克矿区10~16线附近和西部(11线附近)相对抬高,受隐蔽鼻状构造(基底隆起带)影响较为明显。

在1、0和2线附近明显下陷,构成了局部洼地,这也同物探AMT解译的构造洼地和纵向构造岩相学填图圈定的下切谷相吻合。②在52-60线附近及以东区域,其底板等高线向东逐渐降低,推测可能存在次级洼地,物探AMT基底构造解译推断结果反映该区段存在构造洼地。③根据矿(化)体底板等高线图和顶板等高线图变化规律,萨热克复式向斜构造内,存在一系列隐蔽次级褶皱和隐蔽断层。④根据铜矿体底板等高线与盆地基底构造层顶面等高线综合对比,结合构造岩相学剖面实证研究,揭示萨热克铜矿区发育两个次级隐蔽向斜构造。为找矿预测区YC5和YC6的1:10000~1:5000大比例尺找矿预测提供了直接依据。可作为系统勘探工程部署和钻孔设计依据。

2. 萨热克矿区铜储矿相体等厚线图、变化规律与找矿预测

(1)铜含矿层等厚线(储矿相体等厚度线)图特征及变化规律。①萨热克铜矿区,铜多金属矿的含矿层整体呈面状和透镜体状分布,分别形成了8个含矿层厚度中心(图6-16C),总体揭示了萨热克铜矿的成矿作用和储矿相体(初始成矿结构面)分布范围。其北矿带5个含矿厚度大于30m的区域,揭示这些区域储矿相体厚度大,有利于富集成矿。②在0线和7线之间存在两个含矿层厚度较大部位,储矿相体层呈北西向展布,经地表和钻孔岩心构造岩相学编录,揭示北西向碎裂岩化相带和断裂带发育。0线和14线之间存在两个北东向延伸的含矿厚度中心,且具有北西向叠加,说明存在北西和北东向两种成矿相体结构面,这种成矿相体结构面为冲积扇扇中亚相的范围,但实际构造岩相学研究表明,在这种初始相体(成矿地质体)中叠加了层间裂隙带和碎裂岩化相,它们空间位置揭示了盆地流体改造主成矿期形成的盆地流体改造主储矿相体(主成矿地质体)和盆地流体改造主成矿相体结构面分布范围。③在萨热克铜矿区南矿带中,含矿层厚度中心与地表辉绿辉长岩脉群和褪色化蚀变带相吻合,揭示了与辉绿辉长岩脉群形成的侵入构造和褪色化蚀变带属深源流体叠加成岩成矿分布范围,即蚀变辉绿辉长岩群+褪色化蚀变带为岩浆热液叠加成矿相体和相体结构面。

(2)铜矿体等厚线图特征及变化规律。在铜矿体等厚线图中,矿体厚度以最小可采厚度为1.0m,最低边界铜品位为0.5%,将圈定的矿体厚度累计加和为累计矿体厚度,以研究成矿地质体与已知矿体在厚度方面的成矿规律。①铜矿体等厚线具有北东向和北西向两个走向,即铜矿体等厚线具有"X形"分布规律。揭示初始成矿相体结构(旱地扇扇中亚相)与碎裂岩化相-沥青化蚀变相-褪色化蚀变相,四种不同相体结构呈包含叠置的空间拓扑学结构。②铜矿体等厚线总体沿北东向展布,但在北矿带NE向和NW向两个走向叠加,形成厚大的富铜矿体,也是目前矿山开发的主要矿体,显然,这种NE向和NW向矿体等厚线与隐蔽盆地流体改造主成矿期形成的成矿地质体和成矿结构面密切相关。坑道-钻孔构造岩相学编录证实,铜富矿体在物质组成上为Cu-Mo-Ag共生矿体,受旱地扇削切面微相+切层-顺层断裂-裂隙带+碎裂岩化相+沥青化蚀变相复合控制,这些不同成因相体呈异时同位叠加空间拓扑学结构。③在萨热克南部矿带局部出现厚矿体,特别是北西向矿体,其厚度大于北矿带,在28线、30线和40线附近形成北西向的富矿体厚度大于30m。说明南部矿带局部受到后期碱性辉绿辉长岩脉群侵入构造和深源热流体叠加成岩成矿作用(图6-16D)。它们也是典型异时同位叠加相体结构,NW向断裂带与蚀变碱性辉绿辉长岩脉群有密切关系,但二者相体结构表现为相邻关系。它们位于萨热克找矿预测YC5南部,揭示萨热克南矿带和YC5深部具有巨大的找矿潜力,建议尽快进行矿山开拓探矿和工程验证。④在萨热克找矿预测

区 YC6 内,磁力异常和构造岩相学综合研究揭示,蚀变碱性辉绿辉长岩脉群总体走向为近南北向,倾向北东,也是岩浆热液叠加成矿中心位置,找矿预测区 YC6 深部找矿前景巨大,应尽快开展地表钻探验证勘探。

3. 铜矿化强度等值线图和成矿强度等值线图变化规律与找矿预测

(1)铜矿化强度等值线图特征及变化规律(图 6-16E)。将最低可采厚度≥1.0m 作为圈定指标,将含矿层的平均铜矿化品位也作为圈定指标,即铜矿化强度=含矿层厚度×平均铜矿化品位。①铜矿化强度等值线图(图 6-16E)可以揭示成矿相体结构面与成矿规律之间内在关系,萨热克北矿带矿化强度十分强,形成大约 4 个矿化中心(>40Cu%×m)。都是呈透镜状,可能为冲积扇扇中亚相,为初始相体空间位置(成矿地质体)。②铜矿化强度等值线呈 NW 向延展,与 NW 层间滑动构造带和碎裂岩化相分布规律一致,经地表-坑道-钻孔联合构造岩相学编录和研究,揭示沥青化蚀变相+碎裂岩化相强度,与铜矿化强度等值线延长方向有十分密切的关系。

成矿相体结构面为强构造变形带+强沥青化蚀变相双重耦合结构。考虑到初始成矿相体(旱地扇扇中亚相)与强构造变形带+强沥青化蚀变相多重耦合结构,即它们相体结构为岩石岩相层-流体-构造异时同位多重耦合相体结构面。南部矿化范围相对较大,矿化强度相对较小。但考虑到萨热克南矿带具有岩浆热液叠加成矿作用、岩浆侵入构造、隐蔽鼻状构造、逆冲推覆构造系统前锋带和下盘断褶带等多重构造-流体-岩相耦合结构,需要重新认识深部找矿方向和矿体赋存规律,揭示南部和盆地中部具有较大的找矿潜力。

(2)铜成矿强度等值线图特征及变化规律(图 6-16F)。从矿山开采的工业价值角度考虑,以最小可采厚度(1m)×最低边界铜品位(0.5%),作为萨热克铜矿床的铜成矿强度图(单位:Cu%×m),即铜成矿强度=含矿层厚度×矿体平均品位。铜成矿强度等值线图可揭示铜富集成矿中心位置,在成矿地质体中寻找和预测成矿中心位置。采用成矿地质体和成矿构造面强度分布规律,为建立综合找矿预测模型提供基础。

通过铜成矿强度等值线图(图 6-16F)可以看出:①在盆地中部和南部矿带成矿范围比较大,成矿相体结构面呈面状分布,说明中部和南部矿带成矿空间比较大。②在萨热克南矿带蚀变辉绿岩脉区形成了成矿中心,这可能与南部矿带具有岩浆热流体叠加有关,显示构造-岩浆-热流体耦合成矿作用。③在北矿带 44 线附近形成了成矿中心,可能为隐伏的成矿地质体(冲积扇扇中亚相)加构造(NNE 向断裂叠加)叠加改造形成。中部和南矿带,矿化范围大,成矿强度等值线舒缓,预测盆地中部也是成矿有利位置。④铜成矿强度等值线呈 NW 向和NE 向延伸展布,进一步揭示了 NW 向和 NE 向切层-顺层沉积断裂-裂隙带和碎裂岩化相-沥青化蚀变相,它们形成的多重耦合相体结构面,为铜成矿强度中心。

总之,构造岩相学填图技术示范推广应用证实萨热克砂砾岩型铜矿床深部和外围具有巨大找矿潜力,同时,也进一步证明了该套创新技术方法具有普适性和可推广使用价值。①采用萨热克矿区最上部矿(化)体的顶板等高线和最下部矿(化)体的底板等高线图等 6 种系列构造岩相学填图,不但可有效地圈定成矿地质体的顶面等高线和底面等高线,也可用于隐蔽构造样式研究。证明该方法有效并可基于该参数进行深部及外围找矿预测。对于二次录入数据也进行了检查,数据录入质量高。②将深部隐伏地质点信息,投影到地表构造-岩性-岩相图中,可以有效地集成立体地质信息,提高对成矿地质体、成矿结构面和成矿构造、成矿作用强度等的研究水平。③上述构造岩相学填图,为找矿预测 YC5 和 YC6 提供了坚实的论证资料。

6.3.6　萨热克南矿段找矿预测区 YC5 与找矿靶位圈定

　　萨热克铜矿区外围深部 YC5 找矿预测区(甲 1 类)勘查靶区内找矿靶位圈定和验证情况。萨热克南矿段 5 号勘查找矿预测区(甲类,含找矿靶位)。圈定并进行了萨热克巴依次级盆地西南端找矿靶区(原 A 区)验证工程。萨热克巴依次级盆地西南端 12km² 范围内($X=$ 4429000~4432000;$Y=$13459000~13463000)。

　　(1)遥感解译和实测构造岩相学剖面证实,已知成矿相体(成矿地质体)和储矿相体层(含矿地层)向西南端延伸,发育上侏罗统库孜贡苏组下段湿地扇相和上段(J_3k^2)旱地扇相。初始成矿相体旱地扇扇中亚相发育。

　　(2)成矿构造有利于铜叠加富集成矿,位于盆地南缘侏罗系-克孜勒苏群分布区,属于萨热克南逆冲推覆构造带的传播褶皱区(J_3-K)和下盘断褶带,储矿构造发育。

　　(3)成矿相体结构面存在,库孜贡苏组中层间断裂-裂隙发育(碎裂岩化相)且构造变形显著,发育大规模褪色化蚀变相带。

　　(4)遥感色彩异常和化探异常发育,找矿标志明显。发育岩浆热液叠加成矿相体结构面,揭示深部找矿潜力巨大。

　　(5)2015 年在该区施工了 ZK1901 钻孔,岩心中发现了大量黄铁矿化。

　　萨热克南矿带 5 号找矿预测区(甲 1 类,含找矿靶位)面积 11.67km²,为本书圈定的最重要的勘查找矿预测区,以下对于 5 号勘查找矿预测区具体找矿预测靶位进行论证。

　　YC5 找矿预测区(甲 1 类,含靶位)内成矿地质体和成矿构造的大致分布规律已经清晰,初始成矿相体(成矿地质体)共有三种类型:一是库孜贡苏组含铜紫红色铁质杂砾岩,旱地扇扇中亚相紫红色铁质杂砾岩为铜钼初始富集层位;二是克孜勒苏群含铜褪色化蚀变砂岩,主要与碱性辉绿辉长岩脉群形成的区域褪色化带有密切关系,蚀变碱性辉绿辉长岩和褪色化蚀变相带为岩浆热液叠加成矿相体;三是在克孜勒苏群第三岩性段为含铅锌褪色化砂砾岩与含砾粗砂岩,是蚀变碱性辉绿辉长岩和褪色化蚀变相带岩浆热液叠加成矿相体。其找矿预测靶位明确,可以作为钻孔设计的直接依据。

　　(1)萨热克南矿带 YC5 找矿预测区内,已知砂砾岩型铜多金属矿体顶板等高线图揭示,在萨热克南逆冲推覆构造系统下盘侏罗系-下白垩统存在隐伏成矿地质体,少量钻孔在 30 勘探线揭露并验证,但仍有较大找矿空间,需要系统性普查找矿(图 6-8、图 6-16)。

　　(2)物探(AMT 和三极激电测深)揭示在这些部位(图 6-9~图 6-15),不但下盘侏罗系-下白垩统存在隐伏成矿地质体,而且可能存在志留-泥盆系等组成的盆地上基底构造层,也成为今后深部验证钻孔设计的依据。

　　(3)1:5 万构造岩相学修图、1:1 万构造岩相学填图、1:5000 实测构造岩相学剖面和 1:2000 实测构造岩相学剖面等,系统性构造岩相学(图 6-16)研究认为:在萨热克南逆冲推覆构造系统前锋带下盘,侏罗系-下白垩统为斜歪-倒转-直立褶皱群落,远离其下盘发育传播褶皱作用形成的宽缓褶皱群落。不但发育盆地流体改造型成矿地质体,而且形成了良好的构造扩容和造山带流体大规模运移和圈闭构造。

（4）地面高精度磁力测量和资料解释证明（图 6-14、图 6-15），深部存在隐伏叠加成岩成矿地质体–碱性辉绿辉长岩脉群，并与地表区域褪色化带一致。深部存在蚀变辉绿辉长岩脉群和褪色化蚀变相，它们为岩浆热液叠加成矿相体。

（5）成矿相体、铜矿化强度和铜成矿强度等值线图等（图 6-16），揭示它们不但隐伏在萨热克南逆冲推覆构造带系统之下，而且具有较高的成矿强度，与三期成矿地质体相互叠加有密切关系。总之，本区域存在三类成矿地质体叠加作用且强度大，隐蔽构造发育齐全，成矿条件十分有利。

（6）成矿相体结构面大致分布规律与找矿预测靶位。①萨热克南矿带 5 号勘查找矿预测区内，初始成矿结构面为库孜贡苏组旱地扇扇中亚相含铜紫红色铁质杂砾岩，而且在克孜勒苏群中发育含铅锌砂砾岩等组成的初始成矿结构面。在萨热克南逆冲推覆构造系统前锋带下盘侏罗系–下白垩统分布区域内，盆地流体改造富集主成矿期，形成碎裂岩化相发育，为盆地流体改造期主成矿结构面。②根据综合资料，推测深部存在盆地基底构造层（古生界）【DB】和二叠–三叠系（造山带卷入地层）【DC】，推测存在新型成矿结构面。③在萨热克南逆冲推覆构造系统下盘侏罗系–下白垩统存在隐伏成矿结构面，少量钻孔在 30 勘探线揭露并验证。但仍有较大找矿空间，需要系统性普查找矿。④物探（AMT 和三极激电测深）揭示在这些部位，不但下盘侏罗系–下白垩统存在隐伏成矿结构面，而且可能存在志留–泥盆系等组成的盆地上基底构造层【DB】和二叠–三叠系（造山带卷入地层）【DC】，也成为今后深部验证钻孔设计的依据。⑤1∶5 万构造岩相学修图、1∶1 万构造岩相学填图、1∶5000 实测构造岩相学剖面和 1∶2000 实测构造岩相学剖面等，系统性构造岩相学研究认为：在萨热克南逆冲推覆构造系统下盘侏罗系–下白垩统为斜歪–倒转–直立褶皱群落，远离其下盘发育传播褶皱作用形成的宽缓褶皱群落。不但发育盆地流体改造型成矿结构面（构造扩容带），而且形成了良好的构造扩容和造山带流体耦合界面，以区域性褪色化蚀变带为典型标志。地面辉绿辉长岩脉群和褪色化蚀变带发育，这种穿层垂向碱性辉绿辉长岩脉群和深源热流体叠加成矿期，不但能够提供深源热流体叠加成矿，而且能够提供深部盆地流体垂向运移的构造通道，也控制了含矿层最大厚度中心。次级近东西向褶皱和隐蔽褶皱–断裂带发育，它们为良好的储矿构造组合样式，以 11～12 线、20～60 线为最佳找矿靶位。⑥地面高精度磁力测量和资料解释证明（图 6-13～图 6-15），深部存在隐伏碱性辉绿辉长岩脉群形成了叠加成岩成矿结构面，以围绕其分布区域褪色化带为标志。⑦萨热克南矿带 5 号勘查找矿预测区内，以区域性褪色化蚀变带为构造–流体–岩性–岩相多重耦合标志，分布在四个类型地区，一是在萨热克南逆冲推覆构造系统内部，为蚀变构造角砾岩相；二是在侏罗系–下白垩统冲断褶皱区（萨热克西南端），发育大规模褪色化蚀变带，以含沥青褪色化蚀变砂岩为特征；三是在克孜勒苏群内褪色化蚀变带，形成了含铜砂岩型铜矿体；四是在碱性辉绿辉长岩脉群周边，形成了含铜褪色化蚀变带。总之，本区域存在成矿结构面和多重耦合结构，成矿条件十分有利。

（7）隐蔽成矿构造预测与找矿预测靶位（图 6-15、图 6-16）。①本区域典型三大矿田构造系统均有发育，分布于萨热克巴依陆内拉分断陷盆地南部，主体为该盆地斜坡构造相带，以矿体底板等高线图揭示在 3 线-0 线-4 线、8 线-16 线、20 线-64 线等三个地段，推测为斜坡构造相带中局部洼地,主体呈 NW 向局部洼地,为十分有利的同生沉积成岩成矿期形成的矿田同生构造样式,也接近萨热克南同生断裂带部位。这些部位为晚侏罗世库孜贡苏期叠加复合扇体发育部位,库孜贡苏组中砂砾岩型铜矿体底板等值线被现今出露于地表的阿克苏岩群组成的下基底构造层顶面等高线所掩盖,在萨热克南逆冲推覆构造系统前锋带下盘深部,钻孔揭示深部隐伏矿体找矿潜力很大。②本区属萨热克南逆冲推覆构造系统前缘带,由冲断褶皱区、隐蔽断褶区、隐蔽褶皱群落、传播褶皱等组成,前缘带为逆冲推覆构造系统中,造山带流体大规模排泄运移的构造通道和释压排泄区;而且下盘侏罗系–下白垩统逆掩褶皱区为造山带流体大规模圈闭构造。萨热克裙边式复式向斜构造系统南部和南部边缘,其萨热克南逆冲推覆构造系统前锋带下盘,侏罗系–下白垩统倒转–斜歪–直立褶皱群落为其南缘次级裙边褶皱群落,也是良好的储矿构造样式。尤其需要高度重视在萨热克南逆冲推覆构造系统前锋带下盘侏罗系–下白垩统中,隐蔽构造区寻找隐伏砂砾岩型矿体。③以碱性辉绿辉长岩脉群侵入构造和周边含铜褪色化蚀变带,为叠加成岩成矿地质体和成矿结构面,也是叠加成矿构造主要位置组成和构造样式,地面高精度磁力测量揭示,在深部发育规模较大的隐伏侵入构造系统。总之,从构造组合和构造样式看,本 5 号勘查找矿预测区(甲类含找矿靶位)最为有利。

(8)已知矿体和含矿层厚度等值线外推的预测找矿地段(图 6-16)。①在萨热克南矿带内,已知矿体等厚线明显呈北北西展布,推测与深部存在的隐蔽褶皱–断裂带有密切关系。含矿层等厚度线呈北北西向展布。它们均在萨热克南逆冲推覆构造系统前锋带下盘区域具有较大变化。②在这些北北西向矿体等厚度线较大区域和含矿层等厚度线较大区域,地面发育较多辉绿辉长岩脉群和大规模褪色化蚀变带,揭示这种深源热流体叠加成岩成矿作用具有较大贡献。地面高精度磁力测量圈定了三处(磁 4、磁 5 和磁 6 号异常)隐伏辉绿辉长岩脉群区域(图 6-15),总体呈 NNW 向展布,局部为近东西向展布,揭示本区域深部隐伏叠加成矿地质体较为复杂,但仍然揭示出深部具有较大找矿潜力。

(9)主攻类型。主攻萨热克式砂砾岩型铜多金属矿床,兼顾造山型金矿。

(10)勘查目标与勘查方案安排的建议。①开展 1∶5000 地面高精度磁力测量、物探(AMT 和三极激电)剖面测深,圈定隐伏碱性辉绿辉长岩脉群分布空间。进行 1∶5000 隐伏构造岩相学填图,重点剖面开展 1∶2000 构造岩相学测量,为钻孔施工设计提供依据;②按照 200m×100m 基本网度,进行系统钻探揭露,局部加大钻孔深度到 800m,探索和寻找碱性辉绿辉长岩脉群和隐伏上基底构造层(S-D)新找矿空间,探求和扩大萨热克南矿带铜多金属矿资源量,预期可新增探获铜金属资源量(333)$10×10^4$t 以上,为萨热克铜矿山提供后备资源。

6.3.7 萨热克铜矿区外围 YC6 找矿预测区(甲 1 类)

(1)萨热克北矿带 6 号勘查找矿预测区在 2015 年验证见矿。2014 年圈定并进行了萨热克北矿带的北东延伸部位 30-80 勘探线(B 区)验证工程。萨热克已知含矿构造岩相带在 30 线北东,继续延伸到 84 线(X=4432318~4434613;Y= 13464347 ~ 13467364),面积 4km^2。①成矿地质体继续向北东方向延伸且具有一定规模,遥感解译和实测构造岩相学剖面证实含矿构造岩相带(冲积扇体扇中亚相+碎裂岩化相)继续向东北方向延伸。②成矿构造组合样式有利于铜叠加改造富集,在萨热克巴依次级盆地后期构造变形中,其北缘发育逆冲推覆型韧性剪切带,碎裂岩化相发育。③采样分析证明成矿结构面发育,并有利于形成富矿石,该地段发育次级褶皱构造、层间断裂–裂隙带,有利于铜矿层富集。基本分析样品铜品位在0.16% ~1.38%,伴生银品位 3.20 ~18.10g/t,地表铜矿体和矿化体有继续扩大规模的条件。④物化探找矿标志明显,化探异常发育并与地表矿化体相吻合且指示仍存在新找矿空间。在 30 线和 44 线北部均有物探异常显示,地表库孜贡苏组地层中可见明显的孔雀石化。⑤2015 年在 30 线北部施工了 ZK3012 钻孔,发现了辉铜矿化和铜矿体,表明该区值得进一步加大验证力度。

(2)萨热克南矿段 6 号勘查找矿预测区与找矿靶位圈定(甲类含找矿靶位)。萨热克北矿带 6 号勘查找矿预测区面积 11.26km²,为本项目圈定最重要的勘查找矿预测区,以下对于 6 号勘查找矿预测区具体找矿预测靶位进行论证。

(3)成矿地质体大致分布规律与找矿预测靶位(图 6-15、图 6-16)。在萨热克北矿带 6 号找矿预测区内,成矿地质体为库孜贡苏期含铜紫红色铁质砂砾岩类,主体为扇中亚相,成矿地质体主体向南侧伏,向北东方向稳定延伸。①萨热克北矿带 6 号找矿预测区内,已知砂砾岩型铜多金属矿体顶板等高线图揭示,在萨热克北逆冲推覆构造系统下盘侏罗系–下白垩统存在隐伏成矿地质体,少量钻孔在 30 勘探线揭露并验证,其矿层持续向萨热克复式向斜核部延伸。仍有较大找矿空间,需要系统性普查找矿。②物探(AMT 和三极激电测深)揭示在这些部位,不但侏罗系–下白垩统存在隐伏成矿地质体,而且可能存在隐伏构造洼地和基底隆起带,推测隐蔽成矿地质体也成为今后深部验证钻孔设计的依据。③1:5 万构造岩相学修图、1:1 万构造岩相学填图、1:5000 实测构造岩相学剖面和 1:2000 实测构造岩相学剖面等,系统性构造岩相学研究认为:在萨热克北逆冲推覆构造系统下盘发育侏罗系倒转褶皱–斜歪褶皱群落,造成了萨热克复式向斜构造北翼变为陡倾斜,形成了大型膝折构造带和屈服应变带,为盆地流体改造型成矿地质体分布区域。而且,大型膝折构造带和屈服应变带为盆地流体大规模运移和圈闭构造,对于形成萨热克式砂砾岩型铜多金属矿十分有利。④地面高精度磁力测量和资料解释证明,深部存在隐伏叠加成岩成矿地质体–碱性辉绿辉长岩脉群,并与地表区域褪色化带一致。⑤成矿地质体强度等值线图解释,它们不但为隐伏隐蔽成矿地质体,而且具有较高的成矿强度,与三期成矿地质体相互叠加有密切关系。总之,本区域存在三类成矿地质体叠加作用且强度大,成矿条件十分有利。

(4)成矿相体结构面大致分布规律与找矿预测靶位(图 6-15、图 6-16)。①萨热克南矿带 6 号勘查找矿预测区内,初始成矿结构面为库孜贡苏组旱地扇扇中亚相含铜紫红色铁质杂砾岩。少量钻孔在 30 勘探线揭露并验证,这种初始结构面继续向古构造洼地延伸,仍有较大找矿空间,需要系统性普查找矿。②在盆地内部构造样式上,发育盆地基底隆起带(北东向和北北西向),它们分割并围限了 W3 构造洼地,在基底隆起带和 W3 构造洼地之间为斜坡构造岩相带,它们是初始结构面和盆地流体改造成矿构造面赋存空间部位。③物探(AMT 和三极激电测深)揭示在这些部位,不但存在初始和改造成矿结构面,也可能发育叠加成矿构造面,成为今后深部验证钻孔设计的依据。④1:5 万构造岩相学修图、1:1 万构造岩相学填图、1:5000 实测构造岩相学剖面和 1:2000 实测构造岩相学剖面等,系统性构造岩相学研究认为:受萨热克北逆冲推覆构造系统影响,在萨热克复式向斜构造北翼分布的大型膝折构造带和屈服应变带,为良好的盆地流体改造型成矿结构面区。地面 NW 向斜冲断裂组发育,这种穿层断裂组不但能够提供深部盆地流体垂向运移的构造通道,而且控制了含矿层最大厚度中心,次级褶皱和隐蔽褶皱–断裂带发育,它们为良好的储矿构造组合样式,以 44 线、48 线、52 线和 56 线为最佳找矿靶位。⑤地面高精度磁力测量和资料认为,存在隐伏碱性辉绿辉长岩脉群和叠加成岩成矿结构面,地表区域褪色化带为深部隐蔽成矿结构面的标志。总之,存在成矿结构面和多重耦合结构,成矿条件十分有利。

(5)隐蔽成矿构造预测、矿体和含矿层等厚度线外推预测的找矿地段(图 6-15、图 6-16)。在萨热克北矿带 6 号找矿预测内,本区域典型三大矿田构造系统发育,且隐蔽成矿构造最为有利,是寻找隐伏砂砾岩型铜多金属矿床的有利预测找矿地段。①在矿田同生构造特征上,萨热克北矿带 6 号找矿预测区其北侧为构造洼地,中部为 NE 向展布的基底隆起构造带,为库孜贡苏组扇中亚相含铜紫红色杂砾岩类和地表铜矿体出露部位;库孜贡苏组向南部侧伏主体为隐伏成矿地质体,受南部构造洼地控制明显,因此,NE 向基底隆起带+两侧构造洼地+斜坡构造相带等同生沉积成岩成矿期构造组合,对于形成砂砾岩型铜多金属矿床十分有利。②本区属萨热克北逆冲推覆构造系统前缘带,为造山带流体大规模排泄运移的构造通道和释压排泄区。地表为萨热克裙边式复式向斜构造系统北部和中心部位,深部存在披覆褶皱和隐蔽褶皱–断裂带,两个北北西向隐蔽断裂带对于盆地流体改造和深源热液叠加成矿作用十分有利。③以隐伏碱性辉绿辉长岩脉群侵入构造为叠加成矿构造,地面多处发育辉绿辉长岩脉群和褪色化蚀变带,地面高精度磁力测量揭示,在深部发育规模较大的隐伏侵入构造系统。④在萨热克北矿带 6 号找矿预测区内,形成了局部较大规模的含矿层厚度中心,向南部具有逐渐减薄趋势,在进入构造洼地之后,含矿层厚度变薄到 1.0m。但限于钻孔揭露程度不够,这种趋势仍有进一步揭露空间。⑤在萨热克北矿带 6 号找矿预测区内,构造洼地两侧形成了矿体等厚度线高值区域,与斜坡构造岩相带控制规律相近似。但在 30 勘探线以东区域,主要为钻孔揭露不够,本书研究认为,该斜坡构造相带应出现矿体厚度较大部位,因此,预测在 30~68 线,6 号和 5 号找矿预测区相连接部位,属于预测找矿地段最有利部位,它们属于斜坡构造相带和隐伏辉绿辉长岩脉群相互叠加的地段。总之,从三大矿田构造系统的构造组合和构造样式看,萨热克北矿带 6 号找矿预测区内,具有明确的找矿预测靶位,值得加快深部普查和详查工作。

(6)主攻类型为萨热克式砂砾岩型铜多金属矿床。

(7)勘查目标与勘查方案安排的建议,详见 6.3.8 节。

6.3.8　萨热克铜矿区 YC5 和 YC6 找矿预测区的详查安排与工作要点

第一层次:对 5 号和 6 号勘查找矿异常靶区开展系统性普查,重视对于萨热克南逆冲推覆构造系统构造带下盘侏罗系–下白垩统倒转褶皱群落区隐伏砂砾岩型多金属的矿体普查。预期可新增铜金属资源量(333)20×10^4t。

(1)开展萨热克南矿带 5 号勘查找矿靶区普–详查。由于在萨热克巴依次级盆地西南端找矿靶区具有明显的成矿条件,2015 年在该区已施工了 ZK1901 钻孔并发现了大量的黄铁矿化,建议在该区开展物探工作的基础上,进行钻孔验证。开展 1:5000 地面高精度磁力测量、物探

（AMT 和三极激电）剖面测深,圈定隐伏碱性辉绿辉长岩脉群分布空间。进行 1∶5000 隐伏构造岩相学填图,重点剖面开展 1∶2000 构造岩相学测量,为钻孔施工设计提供依据。按照 200m×100m 基本网度,进行系统钻探揭露,局部加大钻孔深度到 800m,探索和寻找与碱性辉绿辉长岩脉群和隐伏上基底构造层(S-D)有关的新找矿空间,探求和扩大萨热克南矿带铜多金属矿资源量,预期可新增探获铜金属资源量(333)10×10^{4}t 以上,为萨热克铜矿山提供后备资源。

（2）开展萨热克北矿带 6 号勘查找矿靶区普–详查。萨热克北矿带 30-80 勘探线一带是铜矿体北东延伸部位,成矿条件较为有利,2015 年在 30 线北部施工了 ZK3012 钻孔,发现了一定的辉铜矿化。同时在 44 线地表发现有铜异常,物探测深也显示有明显的物探异常,可加大该地段的勘查力度。开展 1∶5000 地面高精度磁力测量、物探(AMT 和三极激电)剖面测深,圈定隐伏碱性辉绿辉长岩脉群分布空间,进行 1∶5000 隐伏构造岩相学填图,重点剖面开展 1∶2000 构造岩相学测量,为钻孔施工设计提供依据。按照 200m×100m 基本网度,进行系统钻探揭露,局部加大钻孔深度到 800m,探索和寻找与碱性辉绿辉长岩脉群和隐伏上基底构造层(S-D)有关的新找矿空间,探求和扩大萨热克北矿带铜多金属矿资源量,预期可新增探获铜金属资源量(333)10×10^{4}t 以上,为萨热克铜矿山提供后备资源。

第二层次:造山型金矿和砂砾岩型铜多金属矿预查与找矿预测。①对萨热克西南端 4 号找矿预测区和萨热克北东段 7 号勘查靶区,开展 1∶1 万沟系次生晕详查和 1∶1 万构造岩相学填图,寻找和圈定地表含矿蚀变矿化带。1∶1 万沟系次生晕测量面积 70km^2,采样密度 50 点/km^2。缩小找矿范围,圈定找矿靶区。②选择重要化探异常,进行综合物探勘查(AMT、三极激电和地面高精度磁力测量),物探 AMT 测量物理点 500 个;1∶5000 实测构造岩相学剖面 20km。

第7章　主要结论与新认识

以镶嵌构造理论和成矿系统理论为指导,采用并持续创新了构造岩相学和地球化学岩相学等综合研究方法,从构造-流体-岩相多重耦合与金属大规模成矿角度,对塔西地区 10 个不同含矿层位、萨热克巴依、乌拉根、拜城和托云等四个含铜铅锌次级盆地、萨热克和乌拉根等 8 个典型砂砾岩型铜铅锌矿床进行系统研究和对比,创新构建了塔西盆山原镶嵌构造区砂砾岩型铜铅锌成矿系统及其物质-时间-空间演化结构,新构建了 1:5 万区域找矿预测和 1:1 万矿区深部和外围找矿预测系列,并验证发现了隐伏矿体,完成示范应用并建立了三处示范应用基地,提交了两处大中型砂砾岩型铜铅锌矿产地。

在帕米尔高原-塔里木叠合盆地-南天山造山带中新生代陆内盆山原镶嵌构造区形成演化过程中,区域构造-流体-成矿与金属矿产-天青石-煤-铀-油气资源同盆富集成矿规律与陆内特色成矿单元关系,主要有以下几个方面。

(1)采用构造岩相学和地球化学岩相学,从塔西地区盆山原镶嵌构造区形成演化角度,揭示塔西中-新生代砂砾岩型铜铅锌成矿系统由三个成矿亚系统组成,分别为燕山期(J_{2+3}-K_1)铜多金属成矿亚系统、燕山晚期-喜马拉雅早期(K_2-E)铅锌-天青石-铀成矿亚系统和喜马拉雅晚期(N_{1-2})铜铀成矿亚系统。铜铅锌-铀-天青石矿床共生分异机制与盆地基底构造、盆山原耦合关系、晚白垩世-古近纪响岩质碱玄岩-响岩质碧玄岩侵位事件等有关。

(2)塔西中-新生代砂砾岩型铜铅锌成矿系统在物质-时间-空间的区域结构模型由三个成矿亚系统组成:①燕山期(J_{2+3}-K_1)铜多金属成矿亚系统,以萨热克砂砾岩型铜多金属矿床为代表,包括萨热克和江格结尔砂砾岩型铜多金属矿床。②燕山晚期-喜马拉雅早期(K_2-E)铅锌-天青石-铀成矿亚系统,以乌拉根砂砾岩型铅锌矿床为代表,包括乌拉根砂砾岩型铅锌矿床、康西砂砾岩型铅锌矿床、托帕砂砾岩型铜铅锌矿床和帕卡布拉克天青石矿床等。③喜马拉雅晚期(N_{1-2})铜铀成矿亚系统,以滴水砂岩型铜矿床为代表,包括滴水砂岩型铜矿床、杨叶-花园砂岩型铜矿床和伽师砂岩型铜矿床。区域构造-成矿演化模型和成矿序列为燕山期(J_{2+3}-K_1)砂砾岩型铜多金属矿床→燕山晚期-喜马拉雅早期(K_2-E)砂砾岩型天青石-铅锌矿床喜马拉雅晚期(N_{1-2})砂岩型铜铀矿床。

(3)塔西地区中-新生代陆内盆山原耦合转换过程中,盆地系统构造演替序列、原型盆地和盆地动力学特征与砂砾岩型铜铅锌成矿亚系统,在盆地动力学、原型盆地和盆山原镶嵌构造区物质-时间-空间耦合结构上为陆内山间走滑拉分断陷盆地(后陆盆地系统中砂砾岩型铜多金属-铀-煤成矿系统)→陆内山前挤压-伸展走滑转换盆地(前陆盆地系统内砂砾岩型铅锌-天青石-铀-煤成矿亚系统)→陆内原山压陷盆地(周缘山间盆地系统砂岩型铜铀盐成矿亚系统)。对比哈萨克斯坦、玻利维亚、云南金顶铅锌矿床和楚雄砂岩型铜矿床等,提出塔西地区盆山原镶嵌构造区为全球独具特色的陆内成矿单元,形成了砂砾岩型铜铅锌-铀-天青石-煤成矿系统,构造热事件使三叠系和侏罗系煤系烃源岩等产生大规模的生排烃作用,形成了富烃类还原性油气侵入和富 CO_2-H_2S 型非烃类气侵作用,导致氧化相铜铅锌矿质被大规模还原与沉淀富集成矿。通过对其盆地基底构造、内部构造和盆边构造等沉积盆地分析、构造-热演化史、深部隐蔽构造恢复等深入研究揭示：①托云中-新生代后陆盆地系统由萨热克巴依中生代 NE 向陆内拉分断陷盆地、库孜贡苏中生代 NW 向陆内拉分断陷盆地和托云中-新生代幔源热点构造等组成，前二者与西南天山复合陆内造山带呈斜交叠置的盆-山耦合关系，叠加复合幔源热点构造为垂向热驱动力，以中侏罗世-古近纪碱性变超基性岩-碱性变基性岩等构造-岩浆-热事件为标志，形成了燕山期（J_{2-3}-E_1）砂砾岩型铜多金属-铀-煤矿床。萨热克巴依原型盆地为陆内走滑拉分断陷盆地，盆内发育 NE 向同生断裂相带、隐伏基底隆起和构造洼地等侏罗纪同生构造。库孜贡苏组湿地扇（残余湖泊相）→旱地扇（山麓冲积扇相）的叠加复合冲积扇相序列结构证明为干旱气候条件下的山间尾闾湖盆，为铁质吸附的铜铅锌氧化相成矿物质聚集提供了良好的构造-古地理封闭环境，旱地扇扇中亚相为主要储矿相体和初始成矿相体，可以划分为五个微相。下白垩统克孜勒苏群第三岩性段为砂岩型铜矿体和砂砾岩型铅锌矿体储矿相体，为初始成矿相体。盆内隐蔽褶皱-断裂带和碎裂岩化相带形成于晚白垩世-古近纪，碎裂岩化相+沥青化蚀变相+网脉状铁锰碳酸盐化蚀变相为盆地成矿流体叠加改造成矿相体。变碱性超基性岩-变碱性基性岩（原称为辉绿辉长岩和辉绿岩等）周边大规模褪色化蚀变相带为岩浆热液叠加成矿相体。构造岩相学填图、AMT 和地面高精度磁力测量揭示萨热克南和萨热克北两个盆边 NE 向同生断裂带，在晚侏罗世反转为挤压-逆冲断裂带形成了山间尾闾湖盆。至古近纪末最终构造定型，构造样式和组合为对冲式厚皮型逆冲推覆构造带。萨热克巴依深部存在隐伏岩浆侵入构造系统。②西南天山复合陆内造山带分割了前陆盆地系统和后陆盆地系统，形成了造山型铅锌矿床、铜金矿和金矿，具有寻找造山型铜金钨矿潜力。③乌鲁-乌拉中-新生代前陆盆地系统位于西南天山复合陆内造山带南侧。盆地下基底构造层中元古界阿克苏岩群组成了乌拉根前陆隆起，晚古生代地层组成了萨里塔什盆中隆起构造，它们为乌拉根前陆盆地提供了铅锌初始成矿物质，在下侏罗统康苏组、中侏罗统杨叶组煤层和煤系地层中形成了铅锌矿源层。燕山期中侏罗世杨叶期和晚白垩世形成了康苏前陆冲断褶皱带，为前陆盆地中形成热水同生沉积（Ca-Sr-Ba-SO_4^{2-} 型热卤水）成岩成矿提供了良好的储矿盆地和构造岩相学条件。古近纪（喜马拉雅早期）发生了富烃类还原性成矿流体改造富集成矿。④乌鲁-乌拉周缘山间盆地形成于帕米尔高原北侧前陆冲断褶皱带与西南天山陆内复合造山带之间，向上变浅和粒度变粗的沉积相序揭示继承了塔西古近纪局限海湾盆地构造古地理，形成了宽阔尾闾湖盆，为铁质吸附相氧化相铜和咸化湖泊相卤水聚集提供了良好的封闭环境。⑤拜城-库车新生代周缘山间咸化湖盆，形成于古近-新近纪盆山耦合转换过程，陆内咸化湖泊相发育形成了向上变浅和变粗含膏岩层序。

（4）响岩质碱玄岩-响岩质碧玄岩系列幔源热点构造-岩浆侵入事件为"同期多层位富集成矿"的构造岩相学分异机制。①对萨热克巴依-托云地区变碱性超基性岩-变碱性基性岩原岩类型，恢复为碱性苦橄岩-碱性苦橄质岩-粗面苦橄质玄武岩系列和响岩质碱玄岩-响岩质碧玄岩系列。②响岩质碱玄岩-响岩质碧玄岩系列经历了早期透闪石-黑云母相，与岩浆体系中 H_2O 加入有关。中期钠长石-铁白云石-绿泥石蚀变相，与强烈的富 CO_2 深部流体交代作用密切有关，岩浆结晶分异作用强烈，向碱性增强（蚀变响岩质碱玄岩，$Na_2O+K_2O>6.0\%$）和 SiO_2 增加的碱性中性岩（铁白云石化蚀变辉长闪长岩）方向演化，直接形成了岩浆热液型铜矿,提供了 Cu-Zn-Mo-Ag 等成矿物质。晚期白云石-蛇纹石-绿泥石蚀变相主要与 H_2O 加入和富 CO_2 流体作用有关。铁白云石化蚀变霞石辉长岩类和铁白云石化蚀变碱性闪长岩类,对于寻找上侏罗统库孜贡苏组中砂砾岩型铜多金属矿床、克孜勒苏群第三岩性段中砂岩型铜矿床和砂砾岩型铅锌矿床等极其有利。③响岩质碱玄岩-响岩质碧玄岩系列幔源热点构造-岩浆侵入事件为"同期多层位富集成矿"重要构造岩相学分异机制,也是砂砾岩型铜多金属与铅锌矿床成矿分异机制。

阐明了塔西地区砂砾岩型铜铅锌矿床的盆地基底构造层、主成矿期构造样式、区域构造配置、构造样式和构造组合、盆地隐蔽构造类型,揭示了盆地构造反转事件、构造热事件生排烃与砂砾岩型铜铅锌矿床富集成矿的物质-时间-空间耦合关系,为深部隐伏矿体探测提供了相关理论依据。

塔西盆山原耦合转换不同期次的构造岩相学序列、构造岩相学组合类型、原型盆地和盆地动力学,结合沉积盆地内部构造样式、深部隐蔽构造样式和构造组合等综合研究表明,砂砾岩型铜铅锌成矿系统在物质-时间-空间分布规律,受塔西地区盆山原镶嵌构造区挤压-伸展转换过程控制显著。

(1)燕山期(J_{2-3}+E_1)铜多金属-铀-煤成矿亚系统形成于中生代陆内走滑拉分断陷盆地中,砂砾岩型铜多金属矿床形成于盆地正反转构造期;受晚白垩世-古近纪对冲式厚皮型逆冲推覆构造系统、裙边式复式向斜构造和碱性辉长辉绿岩脉群侵入构造系统等复合控制,耦合了深部热物质上涌形成的垂向热构造叠加作用。①初始成盆期为早侏罗世,早侏罗世康苏期-中侏罗世杨叶期为煤层和煤系烃源岩形成期。在中侏罗世塔尔尕期末-晚侏罗世库孜贡苏期发生了构造正反转,由陆内走滑拉分断陷盆地反转为陆内压陷盆地。塔尔尕组震积角砾岩相带-灰质同生角砾岩相带等,揭示在萨热克巴依地区发育 NE 向同生断裂带,它们与泥灰岩-薄层结晶灰岩等构造岩相学特征,成为塔尔尕期深湖相标志。晚侏罗世库孜贡苏期叠加复合扇相由湿地扇和旱地扇组成,砂砾岩型铜多金属矿床主要储矿岩相为旱地扇扇中亚相紫红色铁质杂砾岩。其次为下白垩统克孜勒苏群第三岩性段岩屑砂岩和含砾粗砂岩,原型盆地为陆内走滑拉分断陷盆地。在库孜贡苏期干旱气候条件下,在萨热克巴依形成了尾闾湖盆,为砂砾岩型铜多金属矿床形成和保存提供了大量良好的构造岩相学条件。在早白垩世末盆地萎缩封闭并发生构造变形。侏罗纪-早白垩世萨热克巴依盆地内同生构造样式包括三个基底构造洼地、两处隐蔽基底鼻状隆起带、隐伏基底洼地-隐蔽基底隆起带之间构造斜坡相带,对砂砾岩型铜多金属矿床控制显著。②晚白垩世-古近纪为萨热克巴依盆地主要构造变形期,构造变形事件延续到新近纪。盆内构造变形样式与成矿关系为:萨热克裙边式复式向斜构造和萨热克南-萨热克北对冲式厚皮型逆冲推覆构造系统,构造组合为区域成矿流体驱动系统,次级隐蔽褶皱、次级横推断裂带和碎裂岩化相、层间-切层断裂-裂隙带和碎裂岩化相等,它们为成矿流体圈闭构造,也是储矿构造样式。③晚白垩世-古近纪变碱性超基性岩-变碱性基性岩脉群形成了岩浆叠加复合构造组合,为萨热克巴依地区垂向成矿流体驱动力系统。对于变碱性超基性岩-变碱性基性岩中期黑云母相成岩深度在 6.54 ~ 2.1km,成岩温度在 695 ~ 738℃;晚期以黏土化蚀变相(伊利石-绿泥石-钛绿泥石化)为主,成岩温度在 115℃;推测成岩深度 ≤2.1km。经萨热克铜多金属矿床内矿物包裹体测试研究,本区域最大成矿深度可到 1.84km,即它们处于同一成岩成矿系统内,砂砾岩型铜多金属矿床的成矿深度,与晚期黏土化蚀变相(伊利石-绿泥石-钛绿泥石化)相同。在岩浆叠加复合构造上,变碱性超基性岩-变碱性基性岩脉群形成岩浆侵入构造,一般位于隐蔽鼻状构造边缘。④中新世托尔通阶末期-梅辛阶(8.8±1~6.6±1Ma)构造抬升作用,为萨热克铜矿床表生富集成矿作用提供了构造剥蚀和保存条件。

(2)燕山晚期-喜马拉雅早期(K_2-E_1)铅锌-天青石成矿亚系统,形成于乌拉根晚白垩世-古近纪挤压-伸展转换盆地中,受喜马拉雅期后展式厚皮型前陆冲断褶皱带、斜歪复式向斜构造和层间滑脱构造带复合控制。①在乌拉根晚白垩世-古近纪挤压-伸展转换盆地中,砂砾岩型铅锌矿床形成于晚白垩世的盆地正反转构造期高峰期,晚白垩世盆内基底构造抬升形成了乌拉根半岛,围限了乌拉根局限海湾潟湖盆地。在晚白垩世(燕山晚期)前陆冲断构造带形成过程中,构造生排烃作用导致康苏组-杨叶组煤系烃源岩形成了大规模生排烃事件。富烃类成矿流体(油气类)侵入作用和富CO_2-H_2S型非烃类成矿流体气侵作用,形成了乌拉根砂砾岩型铅锌矿床和大规模气侵褪色化蚀变相带。②天青石矿床形成于古近纪初期的盆地负反转构造初期,以高温富气相的氧化态酸性成矿流体为特征,形成了热水岩溶白云质角砾岩相带、天青石矿床、天青石化蚀变和区域性Sr-Ba异常。③受喜马拉雅晚期后展式厚皮式前陆冲断褶皱带、斜歪复式向斜构造和层间滑脱构造带复合控制,以克孜勒苏群第五岩性段顶部与阿尔塔什组底部底砾岩-古土壤-古风化壳-石膏岩-膏质白云岩等,发生大规模层间滑脱构造,形成了层间构造流体角砾岩相带、层间-切层节理-裂隙带和层间碎裂岩化相,以及乌拉根砂砾岩型铅锌矿床叠加改造富集成矿。④新近纪构造抬升作用,使乌拉根砂砾岩型铅锌矿床进入了表生富集成矿期,形成了褐铁矾-锌矾-铅矾-赤铁矿矾等褐红色铁矾类表生蚀变相带。

(3)喜马拉雅晚期(E_3-N_1)铜-铀成矿亚系统形成于新生代周缘山间咸化湖盆,受前展式薄皮型前陆冲断褶皱带等复合控制。①杨叶-花园、伽师、滴水等砂岩型铜矿床,形成于周缘山间盆地(再生前陆盆地)。三叠系和康苏组-杨叶组煤系烃源岩为盆内烃源岩系。花园和伽师砂岩型铜矿床,受向西侧伏鼻状基底构造控制显著。②在喜马拉雅晚期(16±2~11Ma)西南天山前陆冲断构造带形成过程中,前展式前陆冲断褶皱带为主要成矿构造样式,断层相关褶皱为主要储矿构造。杨叶-花园砂岩型铜矿床受对冲式薄皮型前陆冲断褶皱带控制。伽师砂岩型铜矿床受前陆冲断褶皱带控制。滴水砂岩型铜矿床(带)受前陆冲断褶皱带中断层相关褶皱和盐底劈构造控制显著。③层间-切层节理-裂隙-裂缝带(碎裂岩化相)和褪色化蚀变带(富CO_2-H_2S非烃类气侵蚀变相带)为砂岩型铜矿床主要储矿构造岩相带特征。

从构造岩相学和地球化学岩相学等综合方法角度,采用8个成岩成矿要素"源、生、气-卤-烃、运-聚-时、耦、存、叠、表"研究和描述,阐明了砂砾岩型铜铅锌矿床成矿规律和成矿演化模式。

(1)"源":成矿物质来源具有多向来源,形成多向异源异时的同位叠加,在沉积盆地内储矿相体层中富集成矿。

(2)"生"为成矿系统物质来源区和成矿能量供给区特征,煤系烃源岩为侏罗系和三叠系煤层和含碳碎屑岩系,反转构造期挤压构造-热事件为构造生排烃作用提供了构造动力源,这些构造-热事件为富烃类和富CO_2-H_2S型非烃类还原性成矿流体提供了侧向构造能量供给。幔源热点构造(K_2-E)垂向驱动为垂向物质能量供给源区。

(3)"烃-气-卤"。采用矿物包裹体和矿物地球化学岩相学等综合方法,新确定了"烃-气-卤"特殊类型成矿流体结构与矿物地球化学识别标志,富烃类还原性成矿流体,以富含甲烷、液烃、气烃、气液烃、轻质油、固体烃(沥青质)和强烈富集烷烃类化探异常为特征;富CO_2-H_2S型非烃类还原性成矿流体以矿物包裹体、沥青化蚀变相和烷烃类化探异常、铁锰碳酸盐化蚀变相和矿物地球化学岩相学(气洗蚀变相)为有效识别方法。新发现了富气高温相氧化态强酸性富Sr气相成矿流体,含子晶、富液的高盐度(53.26%~32.36% NaCl)中低温相成矿流体(热卤水型),揭示天青石-铅锌矿床存在高温气相侵入作用(天青石硅质细砾岩)、气相侵入交代作用(天青石化灰岩)和气相热水岩溶作用、中-低温热水混合沉积成矿流体。含烃盐水类为还原性成矿流体的在砂砾岩型铜铅锌矿区内普遍发育,以矿物包裹体、褪色化蚀变相(气洗蚀变相)、沥青化蚀变相和烷烃类化探异常(气洗蚀变相)为有效标志。低盐度-半咸水低温成矿流体以H_2O为主体,富含Cu-Pb-Zn和SO_4^{2-}-Cl^-等离子态成矿物质,在砂砾岩型铜铅锌矿区普遍发育。幔源热点构造垂向供给了岩浆热液对流循环系统。

(4)"运-聚-时"要素用于恢复描述成矿过程和成矿机理。①在陆内挤压走滑体制转换过程中,发生侧向构造-热事件生排烃作用,驱动了富烃类和非烃类还原性成矿流体大规模运移。②富烃类还原性成矿流体以含烃盐水为主,富集气烃、液烃、气液态烃、轻质油和沥青等固体烃等多相态烃类成矿流体。发育含烃盐水-气烃-液烃三相和含烃盐水-气烃-液烃-固体烃(沥青)四相不混溶作用等,多相态烃类不混溶作用是导致辉铜矿和斑铜矿等铜硫化物沉淀富集成矿机制之一。③存在还原性成矿流体沸腾作用并导致矿质沉淀富集。④发育CO_2-H_2S气相包裹体,揭示存在含烃盐水-液烃-气烃和非烃类气相CO_2-H_2S等多相非烃类和非烃类的不混溶作用,导致铜硫化物大规模沉淀富集成矿。⑤烃源岩以康苏组-杨叶组和三叠系煤系烃源岩为主,具有多期次成烃运移和叠加作用。萨热克砂砾岩型铜多金属矿床的初始成矿期为166.3±2.8Ma(辉铜矿Re-Os等时线年龄),叠加改造成矿期为(116.4±2.1~136.1±2.6Ma)(辉铜矿Re-Os模式年龄),岩浆热液叠加成岩成矿期为58.6±2.0Ma(辉铜矿Re-Os等时线年龄)。表生富集成矿期为(8.8±1~6.6±1Ma,磷灰石裂变径迹年龄)。杨叶砂岩型铜矿床成矿年龄在16±2~14±2Ma(磷灰石裂变径迹法)。

(5)"耦"。储集相体层多重耦合结构与改造富集储集相体层构造岩相学特征。砂砾岩型铜铅锌矿床的储矿岩相体为高孔隙度和渗透率的杂砾岩类、砂砾岩-粗砂砾岩类型;上下盘围岩多为透水性差和渗透率低的粉砂质泥岩和泥岩类。烃类还原性和非烃类还原性成矿流体大规模储集,流体不混溶和流体沸腾、大规模水岩反应、地球化学氧化-还原相界面作用等,导致矿质大规模沉淀富集成矿。在萨热克式铜多金属矿床的储集相体层构型特征包括:①含铜富铁质氧化相(紫红色铁质杂砾岩)+碎裂岩化相(裂隙型储层)+沥青化蚀变相+铁锰碳酸盐化蚀变相;②上盘围岩为低孔隙度(1.392%)-低渗透率(0.273×10^{-5} μm^2),孔隙-裂隙型储集相体层为高孔隙度(3.11%)和高渗透率(6.09×10^{-5} μm^2);下盘围岩为高孔隙度(3.72%)和中渗透率(1.777×10^{-5} μm^2)。③初始成岩成矿为孔隙型。叠加改造成矿期为裂隙型。发育砾内缝、砾缘缝和穿砾缝。④构造-流体耦合作用强烈部位,裂隙渗透率显著增大,强碳酸盐化相(11.25×10^{-4}~103.68×10^{-4} cm^{-2})和弱碳酸盐化相(0.41×10^{-4}~8.6×10^{-4} cm^{-2})、中强绿泥石蚀变相(1.26×10^{-4}~4.27×10^{-4} cm^{-2})和弱绿泥石蚀变相(0.005×10^{-4}~0.85×

$10^{-4}\mathrm{cm}^{-2}$);细脉状铜硫化物与裂隙密度和裂隙开度呈正相关关系。⑤地球化学岩相学耦合结构:富烃类还原性成矿流体+非烃类($\mathrm{Fe\text{-}Mn\text{-}CO_2}$型和$\mathrm{H_2S}$型)还原性成矿流体,赤铁矿–辉铜矿和斑铜矿–赤铁矿矿物对间的地球化学氧化–还原作用相界面。⑥储集相体层为隐蔽向斜+层间滑动构造带+碎裂岩化相带。乌拉根式铅锌矿床的储集相体层构型特征包括:①同生角砾岩相+褪色化蚀变相+天青石热水沉积岩相+网脉状硫化物相+网脉状石膏天青石脉+石膏化层间滑脱构造层。②上盘岩性圈闭层为含膏碳酸盐岩–石膏天青石岩;裂隙–孔隙型储集相体层(铅锌矿体)具高孔隙度(13.37%)和高渗透率($2641.26\times10^{-5}\ \mu\mathrm{m}^2$);下盘围岩(紫红色粉砂质泥岩)具有高孔隙度(17.11%)和中渗透率($523.16\times10^{-5}\ \mu\mathrm{m}^2$)。③储集相体层主要为孔隙型,硅质细砾岩和长英质细砾岩中裂隙度和渗透率均很好。改造成矿期局部叠加裂隙型和热液溶蚀孔隙,为裂隙–孔隙型储集相体层。④地球化学岩相学耦合结构:$\mathrm{Ca\text{-}Sr\text{-}Ba\text{-}SO_4^{2-}}$型强酸性强氧化热卤水型+非烃类还原性成矿流体+富烃类($\mathrm{Fe\text{-}Mn\text{-}CO_2}$型和$\mathrm{H_2S}$型)还原性成矿流体。首次发现并厘定了富气高温相(480~468℃)(高温临界相成矿流体)和中–高盐度相(23.18% NaCl)成矿流体,与低温相(178~138℃)和低盐度(8.68%~4.65% NaCl)热卤水,形成了气–液–固相的三类成矿流体的混合同生沉积成岩成矿作用。发育强酸性高温(480~468℃)气相侵入成矿作用,发育高温临界相(>374.15℃)热卤水喷气孔沉积成岩成矿系统,在成岩成矿早期形成天青石硅质细砾岩。以含子晶、富液的高盐度相(53.26%~32.36% NaCl)成矿流体为中温相(228~196℃)高盐度热卤水同生沉积作用。强酸性高温(480~468℃)气相侵入成岩成矿作用,为天青石化灰岩和热水岩溶作用机理。⑤同生圈闭构造为沉积盆地从潟湖相增深为浅海相,为矿床保持提供了基础。在改造成矿期古近纪倒转–斜歪复式向斜构造系统,层间滑脱构造岩相带和碎裂岩化相带为储矿相体。砂岩型铜矿床的储集相体层构型特征包括:①含铜褪色化钙质砂岩+含铜高盐度卤水。②含铜褪色化蚀变砂岩+紫红色泥岩。③裂隙–孔隙型储集相体层。④地球化学岩相学结构含铜高盐度卤水+富烃类还原性成矿流体+氧化物相铜矿物组合(赤铜矿–自然铜–黑铜矿–氯铜矿)。早期成岩成矿期B阶段,杨叶砂岩铜矿床高盐度相(31.87% NaCl)成矿流体与低盐度相(4.34%~7.17% NaCl),在中低温环境下(126~307℃)发生流体混合成矿作用。滴水砂岩型铜矿床中高盐度相成矿流体(30.48%~32.92% NaCl)与低盐度相(10.98%~11.1% NaCl)在低温相环境(132~195℃)中,两类成矿流体混合作用导致矿质沉淀机制。成矿流体成分主要为$\mathrm{CH_4}$、$\mathrm{H_2S}$、$\mathrm{H_2O}$,成矿深度在中高压(235.42~454.44MPa)。改造期成矿流体成分主要为$\mathrm{H_2O}$、$\mathrm{CO_2}$、$\mathrm{CH_4}$,成矿深度在中高压(267.83~457.64MPa)。⑤受新近纪冲断褶皱带和断层相关褶皱(背斜)构造控制显著。富烃类和非烃类$\mathrm{CO_2\text{-}H_2S}$型还原性成矿流体圈闭构造为隐蔽褶皱和基底隆起、前陆(基底)冲断构造带。

(6)"存"。同生沉积成岩成矿期和盆地改造成矿期的构造样式与构造组合。①萨热克式砂砾岩型铜多金属矿床同生构造组合为盆内隐伏基底隆起、古构造洼地和同生披覆背斜。受对冲式厚皮型逆冲推覆构造系统驱动,成矿流体圈闭在复式向斜构造系统中。富矿体赋存于隐蔽褶皱–断裂带和沥青化蚀变相+碎裂岩化相强烈部位。受晚白垩世–古近纪深源碱性辉绿辉长岩脉群叠加成岩成矿显著。②乌拉根式砂砾岩型铅锌–天青石矿床盆内同生构造组合为近东西同生断裂带、三级热水洼地、热水沉积岩相和同生断裂角砾岩相带、前陆冲断褶皱带。三级热水洼地为成矿流体圈闭构造。古近纪倒转–斜歪复式向斜构造系统和前陆冲断褶皱带,它们复合控制层间滑脱构造带和储集相体层。③滴水–杨叶砂岩型铜矿床受周缘山间湖盆同生断裂相带和咸化湖泊退积型泥灰岩–钙质砂岩等复合控制,在喜马拉雅晚期前陆冲断褶皱带控制了砂岩型铜矿床,铜矿带位于背斜两翼和层间滑动带中。

(7)"叠"。在萨热克铜多金属矿床内,岩浆热液叠加成矿年龄为58.6±2.0Ma(辉铜矿Re-Os等时线年龄)。

(8)"表"。塔西砂砾岩型铜铅锌矿床具有强烈的表生富集成矿作用,砂砾岩型铜铅锌矿床表生富集成矿作用与识别标志为关键科学问题。①萨热克砂砾岩型铜多金属矿床表生富集成矿带底界限以铜蓝带(2685m)为标志,表生富集成矿作用发育在2900~2685m,以蓝辉铜矿、久辉铜矿–铜蓝为矿物地球化学岩相学标志。表生富集成矿作用形成于(8.8±1~6.6±1Ma)。②乌拉根铅锌矿床表生富集成矿带以钠水锌矿–钠红锌矿为底界限标志,表生富集成矿作用发育在2300~2160m,钠水锌矿–钠红锌矿–锌明矾–菱锌矿、白铅矿–铅矾–铁铅矾为矿物地球化学岩相学标志。表生富集成矿作用形成<14±2Ma。③砂岩型铜矿床表生富集成矿带底界限以铜蓝带为标志,深度从地表到深部240m,以"红化蚀变带"和氯铜矿–蓝铜矿–赤铜矿–自然铜–黑铜矿为矿物地球化学岩相学标志。

新厘定了塔西砂砾岩型铜铅锌成矿系统和三个成矿亚系统在物质–时间–空间内部结构,阐明了砂砾岩型铜铅锌矿床成矿规律。

(1)燕山期(J_{2+3}-K_1)铜成矿亚系统。①萨热克砂砾岩型铜多金属矿床主成矿期年龄为166.3±2.8Ma(辉铜矿Re-Os等时线年龄),为萨热克巴依陆内走滑拉分断陷盆地的构造反转期(燕山早期末J_{2+3})。早白垩世(K_1,116~136Ma,辉铜矿Re-Os模式年龄)为盆地改造变形期和成矿流体叠加成矿期,推测伴随碱性超基性岩侵入事件。在古近纪(E:58.6±2.0Ma,辉铜矿Re-Os等时线年龄)盆山原转换期耦合了深部变碱性超基性岩侵入事件形成的岩浆热液叠加成矿作用。表生富集成矿期发生在中新世托尔通阶末期–梅辛阶(8.8±1~6.6±1Ma,磷灰石裂变径迹年龄),蓝辉铜矿–久辉铜矿–铜蓝等铜次生富集成矿作用强烈,伴有垂向构造抬升于未变形的黑色油状含辉铜矿沥青脉。②在成矿机制上,晚侏罗世库孜贡苏期紫红色铁质杂砾岩中发生初始富集成矿作用(氧化相Cu-Mo-Ag);同期构造生排烃作用形成了富烃类还原性成矿流体富CO_2-H_2S型非烃类还原性成矿流体并携带超微细粒辉铜矿等成矿物质,以切层断裂带为运移构造通道,以油气侵入作用和气侵作用方式注入库孜贡苏组储集相体,使氧化相Cu-Mo-Ag大规模还原富集成矿。沥青化蚀变相、铜硫化物和铁锰碳酸盐矿物地球化学岩相学记录,揭示存在地球化学氧化–还原多重耦合反应界面,以气烃–液烃–气液烃–含烃盐水–固体烃–岩石–碎裂岩化相等气–液–固相多重耦合反应界面为特征。③矿质大规模沉淀富集机理为多重耦合反应界面、多相态不混溶作用、CO_2临界相变与气体逃逸作用、成矿流体沸腾作用、多期次改造叠加富集成矿等。④盆→山转换过程的挤压构造生排烃作用、晚白垩世–古近纪变碱性超基性岩–碱性基性岩侵位事件与生排烃作用等为成矿系统能量供给源。

(2)燕山晚期–喜马拉雅早期(K_2-E)铅锌成矿系统。①克孜勒苏群第四岩性段和盆地上基底构造层MVT型铅锌矿床为乌拉根砂砾岩型铅锌矿床的铅锌成矿物质来源,下侏罗统康苏组和中侏罗统杨叶组富铅锌煤系烃源岩为主力烃源岩和铅锌矿源层。砂砾岩型铅锌富集成矿形成于早期沉积成岩成矿期A阶段,以富烃类还原性油气侵入作用和富CO_2型非烃类还原性气侵作用为主,形成于晚白垩世坎潘阶–马斯特里赫特阶(83.5~65.5Ma)。大规模褪色化为富烃类还原性成矿流体气洗蚀变作用,将 Fe^{3+} 还原为 Fe^{2+} 并形成区域性褪色化蚀变相带。②帕卡布拉克天青石富集成矿形成于早期成岩成矿期 B 阶段(古新世丹尼阶,65.5~61.1Ma),以富含 $Sr-Ba-SO_4^{2-}$ 型强氧化酸性热卤水喷流–同生交代沉积成岩成矿作用为主,伴有强酸性高温(480~468℃)气相侵入作用,发育高温临界相(>374.15℃)热卤水喷气孔沉积成岩成矿系统,成岩成矿早期形成天青石硅质细砾岩。

(3)喜马拉雅晚期(N_{1-2})铜铀成矿亚系统。①砂岩型铜矿床赋存在古近系始新统–渐新统苏维依组($E_{2-3}s$,38Ma~36Ma)、古近系渐新统巴什布拉克组($E_{2-3}b$,33.62~28.91Ma)、新近系渐–中新统克孜洛依组(28.91~20.73Ma)和中新统安居安组(20.73~14.12Ma)、新近系中新统康村组(13~6.5Ma)中。在喜马拉雅晚期砂岩型铜–铀矿床以古近纪和新近纪陆相闭流–半封闭的咸化湖盆相为主,以含膏盐碎屑岩系–含膏盐泥质灰岩系等为咸化湖盆内主要储矿相系,碎裂岩化相和褪色化蚀变相发育。②铜含矿层底部为砾岩层,砾石大小不均一,胶结物中发育有铜矿化。铜富集在灰绿色–灰褐色薄层条带状泥灰岩及薄层状细砂岩和页岩中。围岩蚀变主要为褪色化蚀变、团斑状铜矿化、天青石化、绢云母化、方解石化和硅化。总体上浅部为铜氧化矿石带,以蓝辉铜矿、赤铜矿、黑铜矿、氯铜矿、孔雀石、蓝铜矿、自然铜等为主,在混合矿石带,以辉铜矿–蓝辉铜矿为主,伴有斑铜矿,深部原生硫化矿石带,以辉铜矿、斑铜矿、黄铜矿、黄铁矿等为主。围岩蚀变主要为褪色化蚀变、方解石化和少量硅化。③在成矿相体和成矿地质体时间序列上,塔西–塔北砂岩型铜矿床形成的古气候均为干旱炎热条件,有利于铜以 $CuCl_2$ 和 $CuSO_4$ 等形式远距离搬运和在炎热干旱气候条件下聚集,形成酸性氧化相铜初始富集。伽师砂岩铜矿床形成于古近纪半封闭局限海湾潟湖盆地之中,储矿岩相为浅灰色褪色化蚀变薄中层状细砂岩,孔雀石化呈星点状和大团斑状大致沿层分布,铜矿层下部蒸发岩相石膏层稳定分布。局限海湾潟湖盆地白云质蒸发潮坪相,向上变粗变浅的退积型沉积序列下部。花园–杨叶砂岩型铜矿床以克孜洛依组和安居安组为赋矿层位,形成于陆内咸化湖泊相环境。克孜洛依组(E_3-N_1)为向上变粗变浅序列,安居安组(N_1a)为向上变细变深序列,为典型正反转构造与负反转构造的转换部位。滴水砂岩型铜矿床赋存在中新–上新统康村组中,铜矿体主要赋存在康村组第三段(A 含矿层)与第四岩性段内(B 和 C 含矿层)。铜主要富集在陆相三角洲前缘亚相河口沙坝微相中细粒砂岩与咸化湖泊相砂质泥灰岩–泥灰岩过渡部位,沉积水体向上增深(泥灰岩–白云质碎屑岩)过程,主体为咸化湖泊相。④砂岩铜矿床具有相似的成矿流体和成矿作用,以高盐度和低盐度成矿流体混合作用为主,成矿稳定为中低温相,富含 CO_2-H_2S 等非烃类还原性成矿流体形成还原作用导致矿质沉淀。在杨叶砂岩铜矿床中,在沉积成岩成矿期,高盐度相形成于低温相环境中,包裹体盐度较高(31.87% NaCl),均一温度在 126~157℃。中盐度相的石英包裹体中盐度在 16.89%~22.24% NaCl),均一温度在 151~294℃,包裹体盐度中等。低盐度包裹体盐度在 4.34%~7.17% NaCl),主体为中温相(307~246℃),少数为低温相(158~164℃)。以呈透明无色的纯液包裹体与呈无色–灰色的富液体包裹体为主,部分视域内发育呈深灰色的气体包裹体。滴水砂岩型铜矿床在早期成岩成矿期 B 阶段,高盐度包裹体(30.48%~32.92% NaCl)形成于低温相(132~195℃);低盐度包裹体(10.98%~11.1% NaCl)也形成于低温相(148~162℃);两类高盐度相成矿流体和低盐度相成矿流体的不同盐度流体混合作用,是导致矿质沉淀机制之一。沉积成岩成矿期的成矿流体成分主要为 CH_4、H_2S、H_2O,具有中低温($82.4 \sim 181.6℃$)、中高压($235.42 \sim 454.44MPa$)特点;改造期成矿流体成分主要为 H_2O、CO_2、CH_4,代表弱氧化性流体,亦具有中低温($146.2 \sim 268.1℃$)、中高压($267.83 \sim 457.64MPa$)的特征,指示该矿床两个成矿期成矿流体主要为大气降水与盆地卤水的混合(王伟等,2018a)。辉铜矿 $\delta^{34}S = -31.6‰ \sim -21.3‰$,表明硫主要源自硫酸盐细菌与有机质还原。⑤成矿作用在空间关系上,地表和浅部为铜氧化矿石带,向下为混合矿石带,深部为原生硫化矿石带。主要矿石矿物为氯铜矿、赤铜矿、孔雀石、硅孔雀石、蓝铜矿、黑铜矿、铜蓝、自然铜、辉铜矿、蓝辉铜矿、斑铜矿和黄铁矿等,其中:赤铜矿、孔雀石、硅孔雀石、蓝铜矿、黑铜矿、铜蓝及黄铁矿、赤铁矿和针铁矿等红色铁氧化物,主要分布于地表铜氧化矿体(红层矿)。深部铜氧化物和铁氧化物逐渐减少,辉铜矿、黄铜矿、斑铜矿和铜蓝分布在 $200 \sim 144m$ 深部。

在储矿相体的构造岩相学组合样式上,①伽师砂岩铜矿床为古近纪半封闭局限宽浅型潟湖盆地-蒸发潮坪相+前陆冲断褶皱带+断裂-节理-裂隙带。②滴水砂岩型铜矿床为三角洲前缘亚相分流河湾-河口微相杂色砂岩-滨浅湖相泥灰岩微相相变部位+前陆冲断褶皱带+断裂-节理-裂隙带。③杨叶-花园砂岩型铜矿床为陆内富 Sr 咸化湖泊相白云质砂岩-同生角砾岩相带紫红色泥砾砂岩+对冲前展式薄皮型冲断褶皱带+节理-裂隙带。④受复式向斜构造、逆冲断层和断层相关次级褶皱控制显著,辉铜矿细脉沿层间和切层节理-裂隙分布,呈 X 形和 S 形细脉状辉铜矿沿剪切裂隙。前展式薄皮式冲断褶皱带形成时代为 $16±2 \sim 14±2Ma$(磷灰石裂变径迹法)、11Ma(辉铜矿 Re-Os 模式年龄)。⑤储矿相体层内以发育层间-切层断裂-节理-裂隙带为特征,揭示后期改造成矿作用较为显著。改造期成矿流体成分主要为 H_2O、CO_2、CH_4,具有中低温($146.2 \sim 268.1℃$)、中高压($267.83 \sim 457.64MPa$)的特征。杨叶砂岩型铜矿床的成矿年龄为 $16±2Ma$ 和 $14±2Ma$。

创建 1 : 5 万区域找矿预测和 1 : 1 万矿区深部和外围找矿预测方法系列,经验证见矿和完善修改,提交了两处具有大中型找矿潜力的示范区。

(1)1 : 5 万区域找矿预测系列包括:①1 : 5 万构造岩相学填图单元和独立填图单元确定方法技术。②1 : 5 万化探异常-遥感-构造岩相学综合评价技术。③综合构造岩相学-化探-物探-遥感异常的综合查定与评价技术和专利(一种用于检查评价干旱荒漠景观区铜铅锌异常的新方法)。④沉积盆地内隐蔽构造圈定方法和沉积盆地基底顶面形态恢复和深部矿体定位预测的新方法。⑤沉积盆地内成岩相系分类新方案(建议)。

(2)1 : 1 万矿区和外围构造岩相学-矿物地球化学找矿预测技术系列包括:①实测勘探线构造岩相学剖面图、相体分布规律、相体结构模式和控矿特征,基于矿物地球化学岩相学-矿物包裹体-烷烃类化探等研究,对蚀变相类型和构造岩相学类型进行划分研究,确定独立填图单元等。②实测纵向构造岩相学剖面图、相体分布规律、相体结构模式和控矿特征,基于矿物地球化学岩相学-矿物包裹体-烷烃类化探等研究,对蚀变相类型和构造岩相学类型进行划分研究,确定独立填图单元等。③矿(化)体顶板等高线图、变化规律和控矿特征。④矿化体底板等高线图、变化规律和控矿特征。⑤含矿层厚度等值线图、变化规律和控矿特征。⑥矿体厚度等值线图、变化规律和控矿特征。⑦铜矿化强度等值线图、变化规律和控矿特征。⑧成矿强度等值线图、变化规律和控矿特征。⑨隐伏基底顶面等高线、变化规律、古隆起和古构造洼地,隐蔽构造等圈定和分布特征,基于 AMT(CSAMT)和高精度磁法测量、地球化学岩相学和构造岩相学等综合研究,确定效验层位和构造要素。⑩构造岩相学剖面+物探(AMT 和磁法)=找矿靶位圈定→验证工程设计和施工。

(3)经中高山区隐伏砂砾岩型铜铅锌矿床找矿预测新技术研究与勘查技术集成后,优化勘查流程为 1:20 万和 1:5 万区域地质–物探–化探–遥感异常研究与靶区优选→1:2.5 万沟系次生晕详查+构造岩相学简测→1:1 万矿产地质调查与矿点–异常评价(地球化学岩相学研究、AMT 测量和构造岩相学实测剖面)→设计钻孔验证+AMT 测量+地震勘探+构造岩相学填图→系统验证与综合研究、构造岩相学专题填图。

参 考 文 献

阿种明,李清海,张广辉.2008.塔里木盆地喀什凹陷北缘铀成矿条件分析.新疆地质,26(4):391-395.

白洪海,年武强,曲曼姑力.2008.新疆乌恰县乌拉根铅锌矿床地质特征及找矿模式探讨.新疆有色金属, (5):1-4.

毕献武,胡瑞忠,何明友.1996.哀牢山金矿带 ESR 年龄及其地质意义.科学通报,41(14):1301-1303.

伯英,曹养同,刘成林,等.2015.新疆库车盆地盐泉水水化学特征、来源及找钾指示意义.地质学报, 89(11):1936-1944.

蔡春芳,梅博文,李伟.1996.塔里木盆地油田水文地球化学.地球化学,25(6):614-623.

蔡宏渊,邓贵安,郑跃鹏.2002.新疆乌拉根铅锌矿床成因探讨.矿产与地质,16(1):1-5.

曹养同,刘成林,焦鹏程,等.2009.库车盆地铜矿化与盐丘系统的关系.矿床地质,29(3):553-562.

曹养同,杨海军,刘成林,等.2010.库车盆地古-新近纪蒸发岩沉积对喜马拉雅构造运动期次的响应.沉积 学报,28(6):1054-1065.

常健,邱楠生.2017.磷灰石低温热年代学技术及在塔里木盆地演化研究中的应用.地学前缘,24(3): 79-93.

陈旭,董玉文,陈红汉,等.2011.塔里木盆地台盆区三叠系三级层序界面和体系域界面的识别与应用.沉 积学报,29(5):917-927.

陈楚铭,卢华复,贾东,等.1999.塔里木盆地北缘库车再生前陆褶皱逆冲带中丘里塔格前锋带的构造与油 气.地质论评,45(04):423-433.

陈富文,李华芹.2003.新疆萨瓦亚尔顿金锑矿床成矿作用同位素地质年代学.地球学报,24(6):563-567.

陈杰,Heermance R V,Burbank D W,等.2007.中国西南天山西域砾岩的磁性地层年代与地质意义.第四纪 研究,27(4):576-587.

陈咪咪,田伟,潘文庆.2008.新疆西克尔碧玄岩中的地幔橄榄岩包体.岩石学报,24(4):681-688.

陈宁华,董津津,厉子龙,等.2013.新疆北山地区二叠纪地壳伸展量估算:基性岩墙群厚度统计的结果.岩 石学报,299(10):3540-3546.

陈天振,李卫花,徐遂勤,等.2008.井中三分量磁测方法与效果初探.地球物理学进展,(3):892-897.

陈衍景.2010.初论浅成作用和热液矿床成因分类.地学前缘,17(2):27-34.

陈祖伊,陈戴生,古抗衡,等.2010.中国砂岩型铀矿容矿层位、矿化类型和矿化年龄的区域分布规律.铀矿 地质,26(6):321-330.

程海艳.2014.库车褶皱冲断带西段盐底辟成因机制.吉林大学学报:地球科学版,44(4):1134-1141.

池国祥,薛春纪,卿海若,等.2011.中国云南金顶铅锌矿碎屑灌入体和水力压裂构造的观察及流体动力学 分析.地学前缘,18(5):29-42.

崔晓琳,刘文元,刘羽,等.2015.紫金山高硫型金铜矿的矿床地质研究进展.矿物学报,35(2):167-177.

达江,宋岩,赵孟军,等.2007.塔里木盆地喀什凹陷北缘烃源岩潜力探讨.新疆地质,25(1):77-80.

丁林,Maksatbek S,蔡福龙,等.2017.印度与欧亚大陆初始碰撞时限、封闭方式和过程.中国科学:地球科 学,47:293-309.

丁孝忠,林畅松,刘景彦,等.2011.塔里木盆地白垩纪-新近纪盆山耦合过程的层序地层响应.地学前缘, 18(4):144-157.

董连慧,徐兴旺,范廷宾,等.2015.喀喇昆仑火烧云超大型喷流-沉积成因碳酸盐型 Pb-Zn 矿的发现及区域 成矿学意义.新疆地质,33(1):41-50.

董朋生,董国臣,孙转荣,等.2018.冀北五凤楼煌斑岩年代学、地球化学特征及其成因.现代地质,32(2):

305-315.

董新丰,薛春纪,李志丹,等.2013.新疆喀什凹陷乌拉根铅锌矿床有机质特征及其地质意义.地学前缘,20(1):129-145.

杜治利,王清晨.2007.中新生代天山地区隆升历史的裂变径迹证据.地质学报,81(8):1081-1100.

方维萱.1990.陕西省小秦岭地区断裂构造地球化学特征.地质与勘探,26(12):40-43.

方维萱.1998.北山黄尖丘-跃进山蚀变岩型金矿特征、找矿标志.有色金属矿产与勘查,7(4):210-215.

方维萱.1999.秦岭造山带古热水场地球化学类型及流体动力学模型探讨热水沉积成矿盆地分析与研究方法之二.西北地质科学,20(2):17-27.

方维萱.2011.地球化学岩相学及在云南个旧地区变火山岩相研究中应用.矿物学报,31(S1):768-771.

方维萱.2012.地球化学岩相学类型及其在沉积盆地分析中应用.现代地质,26(5):966-1007.

方维萱.2014.论扬子地块西缘元古宙铁氧化物铜金型矿床与大地构造演化.大地构造与成矿学,38(4):733-757.

方维萱.2016.论热液角砾岩构造系统及研究内容、研究方法和岩相学填图应用.大地构造与成矿学,40(2):237-265.

方维萱.2017a.初论地球化学岩相学的研究内容、研究方法与应用实例.矿物学报,37(2):1-18.

方维萱.2017b.地球化学岩相学的研究内容、方法与应用实例.矿物学报,37(5):509-527.

方维萱.2017c.塔西中-新生代盆-山-原镶嵌构造区与大陆动力成矿系统//琚宜文,曹代勇,何登发,等.中国地球科学联合学术年会论文集.北京:中国地球物理学会:1129-1131.

方维萱.2018a.岩浆侵入构造系统Ⅰ:构造岩相学填图技术研发与找矿预测效果.大地构造与成矿学,https://doi.org/10.16539/j.ddgzyckx.2018.05.013.

方维萱.2018b.对全国生态环境资源进行综合调查评价的设想.战略与管理,3-4:20-35.

方维萱,郭玉乾.2009.基于风险分析的商业性找矿预测新方法与应用.地学前缘,16(2):209-226.

方维萱,贾润幸.2011.云南个旧超大型锡铜矿区变碱性苦橄岩类特征与大陆动力学.大地构造与成矿学,35(1):173-148.

方维萱,韩润生.2014.云贵高原-造山带-沉积盆地的构造演化与成岩成矿作用(代序).大地构造与成矿学,38(4):729-732.

方维萱,黄转莹,刘方杰.2000a.八卦庙超大型金矿床构造-矿物-地球化学.矿物学报,20(2):121-127.

方维萱,刘方杰,胡瑞忠,等.2000b.凤太泥盆纪拉分盆地中硅质铁白云岩——硅质岩特征及成岩成矿方式.岩石学报,16(4):700-710.

方维萱,张国伟,胡瑞忠,等.2001.秦岭造山带泥盆系热水沉积岩相应用研究及实例.沉积学,19(1):48-54.

方维萱,胡瑞忠,谢桂青.2002.云南哀牢山地区构造岩石地层单元及其构造演化.大地构造与成矿学,26(1):28-36.

方维萱,刘方杰,胡瑞忠,等.2003.八方山大型多金属矿床热水沉积岩相特征与矿化剂组分关系.矿物学报,23(1):75-81.

方维萱,胡瑞忠,漆亮,等.2004.云南墨江金矿含镍金绿色蚀变岩的构造地球化学特征及时空演化.矿物学报,24(1):31-38.

方维萱,黄转盈,唐红峰,等.2006.东天山库姆塔格-沙泉子晚石炭世火山-沉积岩相学地球化学特征与构造环境.中国地质,33(3):529-544.

方维萱,柳玉龙,张守林,等.2009a.全球铁氧化物铜金型(IOCG)矿床的三类大陆动力学背景与成矿模式.西北大学学报(自然科学版),39(3):404-413.

方维萱,柳玉龙,郭茂华,等.2009b.云南东川滥泥坪铁氧化物铜-金型(IOCG)矿床发现与找方向.岩石矿物地球化学通报,28(S1):199.

方维萱,杨新雨,柳玉龙,等.2012.岩相学填图技术在云南东川白锡腊铁铜矿段深部应用试验与找矿预测.矿物学报,32(1):101-114.

方维萱,杨新雨,郭茂华,等.2013.云南白锡腊碱性钛铁质辉长岩类与铁氧化物铜金型矿床关系研究.大地构造与成矿学,37(2):242-261.

方维萱,贾润幸,王磊,等.2015.新疆萨热克大型砂砾岩型铜多金属矿床的成矿控制规律.矿物学报,35(增刊):202-204.

方维萱,贾润幸,郭玉乾,等.2016.塔西地区富烃类还原性盆地流体与砂砾岩型铜铅锌-铀矿床成矿机制.地球科学与环境学报,38(6):727-752.

方维萱,贾润幸,王磊.2017a.塔西陆内红层盆地中盆地流体类型、砂砾岩型铜铅锌-铀矿床的大规模褪色化围岩蚀变与金属成矿.地球科学与环境学报,39(5):585-619.

方维萱,贾润幸,王磊,等.2017b.初论塔西地区陆相红层盆地中铜铅锌-铀-煤-天然气同盆共存规律.矿物岩石地球化学通报,36(S1):905-907.

方维萱,王磊,鲁佳,等.2017c.新疆萨热克铜矿床绿泥石化蚀变相与构造-岩浆-古地热事件的热通量恢复.矿物学报,37(5):661-675.

方维萱,王磊,郭玉乾,等.2018.新疆萨热克巴依盆内构造样式及对萨热克大型砂砾岩型铜矿床控制规律.地学前缘,25(3):240-259.

傅国友,宋岩,赵孟军,等.2007.烃源岩对大中型气田形成的控制作用——以塔里木盆地喀什凹陷为例.天然气地球科学,18(1):62-66.

高炳宇,薛春纪,池国祥,等.2011.云南金顶超大型铅锌矿床沥青 Re-Os 法测年及地质意义.岩石学报,28(5):1561-1567.

高广立.1989.论金顶铅锌矿床的地质问题.地球科学——中国地质大学学报,14(5):467-476.

高俊,龙灵利,钱青,等.2006.南天山:晚古生代还是三叠纪碰撞造山带.岩石学报,22(5):1049-1061.

高兰,王安建,刘俊来,等.2005.滇西北兰坪金顶超大型矿床研究新进展:侵位角砾岩的发现及其地质意义.矿床地质,24(4):457-461.

高兰,王安建,刘俊来,等.2008.滇西北兰坪地区金顶超大型铅锌矿床架崖山-北厂矿段岩石地层特征.地质通报,27(6):855-865.

高永宝,薛春纪,曾荣.2008.兰坪金顶铅锌硫化物成矿中硫化氢成因.地球科学与环境学报,30(4):367-372.

高珍权,刘继顺,舒广龙,等.2002.新疆乌恰铅锌矿床成矿的地质条件及成因.中南工业大学学报(自然科学版),32(02):116-120.

高珍权,方维萱,王伟,等.2005.沟系土壤测量在新疆乌恰县萨热克铜矿勘查中的应用效果.矿产与地质,19(6):669-673.

顾雪祥,章永梅,李葆华,等.2010.沉积盆地中金属成矿与油气成藏的耦合关系.地学前缘,17(2):83-105.

郭佩,刘池洋,王建强,等.2017.碎屑锆石年代学在沉积物源研究中的应用及存在问题.沉积学报,35(1):47-56.

韩宝福,王学潮,何国琦,等.1998.西南天山早白垩世火山岩中发现地幔和下地壳捕虏体.科学通报,43(23):2544-2547.

韩凤彬.2012.新疆乌恰乌拉根铅锌矿床成因研究.北京:中国地质科学院.

韩凤彬,陈正乐,陈柏林,等.2012a.新疆喀什凹陷巴什布拉克铀矿流体包裹体及有机地球化学特征.中国地质,39(4):985-998.

韩凤彬,陈正乐,刘增仁,等.2012b.塔里木盆地西北缘乌恰地区乌拉根铅锌矿床S-Pb同位素特征及其地质意义.地质通报,31(5):783-793.

韩凤彬,陈正乐,刘增仁,等.2013.西南天山乌拉根铅锌矿床有机地球化学特征及其地质意义.矿床地质,32(3):591-262.

韩宏伟,张金功,张建锋,等.2010.济阳拗陷二氧化碳气藏地下相态特征研究.西北大学学报(自然科学版),40(3):493-496.

韩润生,邹海俊,吴鹏,等.2010.楚雄盆地砂岩型铜矿床构造-流体耦合成矿模型.地质学报,84(1):1438-1447.

韩文华,方维萱,张贵山,等.2017.新疆萨热克砂砾岩型铜矿区碎裂岩化相特征.地球科学与环境学报,39(3):1-9.

郝杰,刘小汉.1993.南天山蛇绿混杂岩形成时代及大地构造意义.地质科学,28(1):93-95.

郝诒纯,万晓樵.1985.西藏定日的海相白垩、第三系.青藏高原地质文集,(2):227-232.

郝诒纯,曾学鲁,李汉敏.1982.塔里木盆地西部晚白垩世—第三纪地层及有孔虫.地球科学——中国地质大学学报,(2):1-161.

何登发,周新源,杨海军,等.2009.库车坳陷的地质结构及其对大油气田的控制作用.大地构造与成矿学,33(1):19-32.

何登发,李德生,何金有,等.2013.塔里木盆地库车坳陷和西南坳陷油气地质特征类比及勘探启示.石油学报,34(2):202-218.

黑慧欣,罗照华,李德东,等.2015.宽成分谱系岩墙群的岩石成因及其构造与成矿意义.地质通报,34(2-3):229-250.

侯贵廷,王传成,李乐.2010.华北南缘古元古代末岩墙群侵位的磁组构证据.岩石学报,26(1):318-324.

侯贺晟,高锐,贺日政,等.2012.西南天山-塔里木盆地结合带浅深构造关系-深地震反射剖面的初步揭露.地球物理学报,55(12):4166-4125.

侯增谦,李红阳.1998.试论幔柱构造与成矿系统:以三江特提斯成矿域为例.矿床地质,(2):97-113.

侯增谦,杨岳清,曲晓明,等.2004.三江地区义敦岛弧造山带演化和成矿系统.地质学报,78(1):109-120.

侯增谦,潘桂棠,王安建,等.2006.青藏高原碰撞造山带:Ⅱ.晚碰撞转换成矿作用.矿床地质,25(5):521-543.

侯增谦,宋玉财,李政,等.2008.青藏高原碰撞造山带Pb-Zn-Ag-Cu矿床新类型:成矿基本特征与构造控矿模型.矿床地质,27(2):123-144.

胡国艺,李谨,李志生,等.2010.煤成气轻烃组分和碳同位素分布特征与天然气勘探.石油学报,31(1):42-48.

胡国艺,张水昌,田华,等.2014.不同母质类型烃源岩排气效率.天然气地球科学,25(1):45-52.

胡剑辉,吉蕴生,曾志钢.2010.新疆乌拉根铅锌矿床地球化学异常模式研究.矿产勘查,1(3):260-268.

胡俊良,赵太平,陈伟,等.2007.华北克拉通1.75Ga基性岩墙群特征及其研究进展.大地构造与成矿学,31(4):457-470.

胡明安.1989.试论岩溶型铅锌矿床的成矿作用及其特点:以云南兰坪金顶矿.地球科学——中国地质大学学报,14(5):531-538.

胡瑞忠,陶琰,钟宏,等.2005.地幔柱成矿系统:以峨眉山地幔柱为例.地学前缘,12(1):42-54.

华仁民,李晓峰,张开平,等.2003.金山金矿热液蚀变粘土矿物特征及水-岩反应环境研究.矿物学报,23(1):23-30.

黄汲清.1980.On the polycyclic evolution of geosynclinal foldbelts.Science in China,Ser.A,33(4):475-491.

黄建国,杨剑,崔春龙,等.2017.塔里木盆地西南缘库斯拉甫一带泥盆纪砂岩型铜矿地质特征——以赛格孜干勒克铜矿为例.西北地质,50(2):136-141.

黄行凯,艾世强,崔乐乐,等.2017.新疆萨热克铜矿辉绿岩地球化学特征及动力学意义.矿物学报,37(5):
　　646-652.

黄智斌,张师本,杜品德,等.2003.塔里木油气区石炭-二叠系划分对比、古环境研究及含油气远景评价.
　　内部资料.1087-1096.

季建清,韩宝福,朱美妃,等.2006.西天山托云盆地及周边中新生代岩浆活动的岩石地球化学与年代学研
　　究.岩石学报,22(5):124-1340.

贾承造.2009.环青藏高原巨型盆山体系构造与塔里木盆地油气分布规律.大地构造与成矿学,33(1):
　　1-9.

贾润幸,方维萱,王磊,等.2017.新疆萨热克砂砾岩型铜矿床富烃类还原性盆地流体特征.大地构造与成
　　矿学,41(4):1-13.

贾润幸,方维萱,李建旭,等.2018.萨热克铜矿床铼锇同位素年龄及其地质意义.矿床地质,37(1):
　　151-162.

焦若鸿,许长海,张向涛,等.2011.锆石裂变径迹(ZFT)年代学:进展与应用.地球科学进展,26(2):
　　171-181.

瞿泓滢.2013.国外超大型-特大型铜矿床成矿特征.中国地质,40(2):371-390.

康磊,校培喜,高晓峰,等.2012.西昆仑康西瓦断裂西段斜长片麻岩LA-ICP-MS锆石U-Pb定年及其构造意
　　义.地质通报,31(8):1244-1250.

康亚龙,欧阳玉飞,樊俊昌,等.2009.新疆乌恰地区乌拉根铅锌矿床热卤水成因探讨.四川地质学报,
　　29(4):400-405.

雷秉舜,尚晓春,李嘉曾,等.1988.安基山铜矿含矿裂隙分布特征及其与成矿的关系.地质找矿论丛,
　　3(4):20-33.

黎敦朋,赵越,王瑜,等.2017.昆仑-黄河运动的时代下限:来自塔里木盆地南缘西域砾岩顶部火山岩
　　$^{40}Ar/^{39}Ar$定年的约束.大地构造与成矿学,41(6):1135-1147.

李成,王良书,郭随平,等.2000.塔里木盆地热演化.石油学报,21(3):13-17.

李春辉,刘显凡,赵甫峰,等.2011.金顶超大型铅锌矿床中的地幔流体现实踪迹与壳幔混染叠加成矿机制.
　　地学前缘,18(1):194-206.

李德东,罗照华,周久龙,等.2011.岩墙厚度对成矿作用的约束:以石湖金矿为例.地学前缘,18(1):
　　166-178.

李丰收,王伟,杨金明.2005.新疆乌恰县乌拉根铅锌矿床地质地球化学特征及其成因探讨.矿产与地质,
　　19(4):335-340.

李宏博,张招崇,吕林素.2010.峨眉山大火成岩省基性墙群几何学研究及对地幔柱中心的指示意义.岩石
　　学报,26(10):3143-3152

李厚民,毛景文,张长青.2011.滇黔交界地区玄武岩铜矿流体包裹体地球化学特征.地球科学与环境学
　　报,33(1):14-23.

李建锋,赵越,裴军令,等.2017.塔里木盆地新生代海相沉积问题.地质力学学报,23(1):141-149.

李剑,谢增业,李志生,等.2001.塔里木盆地库车坳陷天然气气源对比.石油勘探与开发,28(5):29-41.

李江海,何文渊,钱祥麟.1997.元古代基性岩墙群的成因机制、构造背景及其古板块再造意义.高校地质
　　学报,3(3):272-281.

李江海,蔡振忠,罗春树,等.2007.塔拉斯-费尔干纳断裂带南端构造转换及其新生代区域构造响应.地质
　　学报,81(1):23-31.

李江海,周肖贝,李维波,等.2015.塔里木盆地及邻区寒武纪-三叠纪构造古地理格局的初步重建.地质学

报,61(6):1225-1234.

李任伟.2010.大别山周缘盆地物源研究:新结果及运用.沉积学报,28(1):102-117.

李荣西,张锡云,金奎励.2001.用镜质组反射率重建沉积盆地构造演化特征.矿物学报,21(4):705-709.

李盛富,王成.2008.巴什布拉克铀矿床形成机理及其找矿标志.世界核地质科学,25(3):143-149.

李盛富,陈洪德,蔡根庆,等.2015.巴什布拉克铀矿床物质成分.矿物学报,35(3):365-372.

李世琴,唐鹏程,饶刚.2013.南天山库车褶皱–冲断带喀拉玉尔滚构造带新生代变形特征及其控制因素.
地球科学——中国地质大学学报,38(4):859-869.

李思田.2015.沉积盆地动力学研究的进展、发展趋势和面临的挑战.地学前缘,22(1):1-8.

李伟.1995.塔里木盆地油田水有机地球化学特征分类及其石油地质意义.石油勘探与开发,22(6):
30-35.

李文昌,余海军,尹光候.2012.西南"三江"格咱岛弧斑岩成矿系统.岩石学报,29(4):1129-1144.

李文鹏,郝爱兵,郑跃军,等.2006.塔里木盆地区域地下水环境同位素特征及其意义.地学前缘,13(1):
191-198.

李文渊.2015.中国西北部成矿地质特征及找矿新发现.中国地质,2(3):365-380.

李献华,李寄嵎,刘颖,等.1999.华夏古陆古元古代变质火山岩的地球化学特征及其构造意义.岩石学报,
15(3):364-371.

李小明,谭凯旋,龚文君,等.2000.利用磷灰石裂变径迹法研究金顶铅锌矿成矿时代.大地构造与成矿学,
24(3):283-286.

李宜振,赵进平.2007.南极绕极波的行波和驻波共存系统.南极研究,19(1):38-48.

李永安,李强,张慧,等.1995.塔里木及其周边古地磁研究与盆地形成演化.新疆地质,13(4):293-376.

李勇,漆家福,师俊,等.2017.塔里木盆地库车坳陷中生代盆地性状及成因分析.大地构造与成矿学,
41(5):829-842.

李曰俊,杨海军,赵岩,等.2009.南天山区域大地构造与演化.大地构造与成矿学,33(1):94-104.

李志丹,薛春纪,辛江,等.2011.新疆乌恰县萨热克铜矿床地质特征及硫、铅同位素地球化学.现代地质,
25(4):720-729.

李忠,韩登林,寺建峰.2006.沉积盆地成岩作用系统及其时空属性.岩石学报,22(8):2151-2164.

李忠,高剑,郭春涛,等.2015.塔里木块体北部泥盆–石炭纪陆缘构造演化:盆地充填序列与物源体系约束.
地学前缘,22(1):35-52.

林治家,陈多福,刘芊.2008.海相沉积氧化还原环境的地球化学识别指标.矿物岩石地球化学通报,
27(01):72-80.

刘本培,王自强,朱鸿.1996.西南天山构造格局与演化.北京:中国地质大学出版社.

刘博,陈正乐,任荣,等.2013.新疆南天山缝合带的形成时限——来自阔克萨彦岭花岗岩体的锆石年龄新
证据.地质通报,32(9):1371-1384.

刘池洋.2008.沉积盆地动力学与盆地成藏(矿)系统.地球科学与环境学报,30(1):1-23.

刘池洋,孙海山,1999.改造型盆地类型划分.新疆石油地质,20(2):79-82.

刘池洋,毛光周,邱欣卫,等.2013.有机–无机能源矿产相互作用及其共存成藏(矿).自然杂志,35(1):
47-55.

刘池洋,王建强,赵红格,等.2015.沉积盆地类型划分及其相关问题讨论.地学前缘,22(3):1-26.

刘函,王国灿,曹凯,等.2010.西昆仑及邻区区域构造演化的碎屑锆石裂变径迹年龄记录.地学前缘,
17(3):064-078.

刘红旭,董文明,刘章月,等.2009.塔北中新生代构造演化与砂岩型铀成矿作用关系——来自磷灰石裂变
径迹的证据.世界核地质科学,26(3):125-133

刘宏林,叶雷,唐虎,等.2010.新疆乌恰县萨热克铜矿详查报告.新疆:新疆鑫汇地质矿业有限责任公司.

刘家铎,王峻,王易斌,等.2013.塔里木盆地喀什北地区白垩系层序岩相古地理特征.地球科学与环境学报,35(1):1-14.

刘家军,龙训荣,郑明华,等.2002.新疆萨瓦亚尔顿金矿床石英的$^{40}Ar/^{39}Ar$快中子活化年龄及其意义.矿物岩石,22(3):19-23.

刘建明,赵善仁,刘伟,等.1998.成矿地质流体体系的主要类型.地球科学进展,13(2):161-165.

刘全有,戴金星,金之钧,等.2009.塔里木盆地前陆区和台盆区天然气的地球化学特征及成因.地质学报,83(1):107-114.

刘少峰,张国伟.2005.盆山关系研究的基本思路、内容和方法.地学前缘,12(3):101-111.

刘伟,杨飞,吴金才,等.2015.喀什凹陷北缘阿克莫木气田气源探讨.天然气地球科学,26(3):486-494.

刘文元.2015.福建紫金山斑岩–浅成热液成矿系统的精细矿物学研究.北京:中国地质科学院.

刘武生,赵兴齐,史清平,等.2017.中国北方砂岩型铀矿成矿作用与油气关系研究.中国地质,44(2):279-287.

刘羽,刘文元,王少怀.2011.紫金山金铜矿二元铜硫化物成分特点的初步研究.矿床地质,30(4):735-741.

刘增仁,田培仁,祝新友,等.2011.新疆乌拉根铅锌矿成矿地质特征及成矿模式.矿产勘查,2(6):669-680.

刘增仁,漆树基,田培仁,等.2014.塔里木盆地西北缘中新生代砂砾岩型铅锌铜矿赋矿层位的时代厘定及意义.矿产勘查,(2):149-158.

刘章月,秦明宽,蔡根庆,等.2015.新疆巴什布拉克地区有机地球化学特征及其对铀成矿的控制.地学前缘,22(4):212-222.

刘章月,秦明宽,刘红旭,等.2016.南天山中、新生代造山作用与萨瓦甫齐铀矿床叠加富集效应.地质学报,90(12):3310-3323.

柳广弟,高先志,张厚福,等.2009.石油地质学(第四版).北京:石油工业出版社.

卢华复,贾东,陈楚铭,等.1999.库车新生代构造性质和变形时间.地学前缘,6(4):215-221.

陆松年,蒋明媚.2003.地幔柱与巨型放射状岩墙群.地质与调查,26(3):136-144.

罗金海,车自成,李继亮.2000.中亚及中国西部侏罗纪沉积盆地的构造特征.地质科学,35(4):404-413.

罗金海,周新源,邱斌,等.2004.塔拉斯–费尔干纳断裂对喀什凹陷的控制作用.新疆石油地质,25(6):584-587.

罗金海,车自成,张国锋.2012.塔里木盆地西北缘与南天山早——中二叠世盆山耦合特征.岩石学报,28(8):2506-2514.

罗培.2014.新疆乌恰托云山间盆地地质遗迹景观体系——成因及评价研究.四川:成都理工大学.

罗照华,卢欣祥,王秉璋,等.2008.造山后脉岩组合与内生成矿作用.地学前缘,15(4):1-12.

马万栋,马海州.2006.塔里木盆地西部卤水地球化学特征及成钾远景预测.沉积学报,24(1):96-106.

马玉杰,卓勤功,杨宪彰,等.2013.库车坳陷克拉苏构造带油气动态成藏过程及其勘探启示.石油实验地质,35(3):249-254.

毛景文,韩春明,王义天,等.2002.中亚地区南天山大型金矿带的地质特征、成矿模型和勘查准则.地质通报,21(12):858-868.

毛景文,谢桂青,张作衡,等.2005.中国北方中生代大规模成矿作用的期次及其地球动力学背景.岩石学报,21(1):169-188.

潘桂棠,肖庆辉,陆松年,等.2008.大地构造相的定义、划分、特征及其鉴别标志.地质通报,27(10):1613-1637.

潘燕宁,周凤英,陈小明,等.2001.埋藏成岩过程中绿泥石化学成分的演化.矿物学报,21(2):174-178.

戚厚发,戴金星.1981.我国高含二氧化碳气藏的分布及其成因探讨.石油勘探与开发,2:34-42.

漆家福,雷刚林,李明刚,等.2009.库车坳陷克拉苏构造带的结构模型及其形成机制.大地构造与成矿学,33(1):49-55.

钱俊锋.2008.塔里木盆地西北缘中、新生代构造特征及演化.浙江:浙江大学.

钱志宽,罗泰义,黄智龙,等.2011.云南个旧新山层状透辉石岩地质地球化学特征与成因探讨.矿物学报,31(03):338-352.

乔秀夫,李海兵,王思恩,等.2008.新疆境内塔拉斯-费尔干纳断裂早侏罗世走滑的古地震证据.地质学报,82(6):721-730.

任彩霞,马黎春,曹养同.2012.新疆库车盆地滴水沟砂岩型铜矿矿化特征研究.矿床地质,31(S1):341-342.

任纪舜.1991.论中国大陆岩石圈构造的基本特征.中国区域地质,10(4):289-293.

任宇泽,林畅松,高志勇.2017.塔里木盆地西南坳陷白垩系层序地层与沉积充填演化.天然气地质,28(9):1298-1311.

任战利.1992.沉积盆地热演化史研究新进展.地球科学进展,7(3):43-49.

任战利,赵重远,张军,等.1994.鄂尔多斯盆地古地温研究.沉积学报,12(1):56-65.

任战利,田涛,李进步,等.2014.沉积盆地热演化史研究方法与叠合盆地热演化史恢复研究进展.地球科学与环境学报,36(3):1-20.

陕西省地质矿产勘查开发局区域地质矿产研究院.2010.乌宗敦奥祖幅(J43E001011)、塔塔幅(J43E001012)、库尔干柏勒幅(J43E001013)1∶5万区域地质调查报告.新疆:新疆地矿局第二地质大队.

邵济安,张履桥.2002.华北北部中生代岩墙群.岩石学报,18(3):312-318.

邵洁涟,梅建明.1986.江火山岩区金矿床的矿物包裹体标型特征研究及其成因与找矿意义.矿物岩石,6(3):103-112.

沈渭洲,李惠民,徐士进,等.2000.扬子板块西缘黄草山和下索子花岗岩体锆石U-Pb年代学研究.高校地质学报,6(3):412-416.

施继锡,余孝颖,王华云.1995.古油藏、沥青及沥青包裹体在金属成矿研究中的应用.矿物学报,15(2):117-122.

时文革,巩恩普,褚亦功,等.2015.新疆拜城新近系含铜岩系沉积体系及沉积环境.沉积学报,33(6):1074-1086.

帅燕华,邹艳荣,彭平安.2003.塔里木盆地库车坳陷煤成气甲烷碳同位素动力学研究及其成藏意义.地球化学,32(5):469-475.

四川省核工业地质调查院.2010.托库依如克幅(K43E024013)1∶5万区域地质调查报告.新疆:新疆地矿局第二地质大队.

宋晓东,李江涛,鲍学伟,等.2015.中国西部大型盆地的深部结构及对盆地形成和演化的意义.地学前缘,22(1):126-136.

孙军刚,李洪英,刘晓煌,等.2015.山西铜矿峪铜矿床绿泥石特征及其地质意义.矿物岩石地球化学通报,34(6):1142-1154.

覃功炯.1994.云南金顶超大型陆相碎屑岩铅锌矿床特征.地学前缘,1(4):229-231.

覃功炯,朱上庆.1991.金顶铅锌矿床成因模式及找矿预测.云南地质,10(2):145-190.

覃文庆,姚国成,顾帼华,等.2011.硫化矿物的浮选电化学与浮选行为.中国有色金属学报,21(10):2669-2677.

谭凯旋,龚文君,李小明,等.1999.地洼盆地砂岩铜矿床的构造–流体–成矿体系及演化.大地构造与成矿学,23(1):35-41.

汤冬杰,史晓颖,赵相宽,等.2015.Mo-U共变作为古沉积环境氧化还原条件分析的重要指标——进展、问题与展望.现代地质,29(01):1-13.

汤良杰,邱海峻,云露,等.2012.塔里木盆地北缘—南天山造山带盆—山耦合和构造转换.地学前缘,19(5):195-204.

汤良杰,李萌,杨勇,等.2015.塔里木盆地主要前陆冲断带差异构造变形.地球科学与环境学报,37(1):46-56.

唐敏,任永国,曹养同.2012.库车盆地古近纪–新近纪蒸发岩沉积演化特征及其资源效应初步探讨.盐湖研究,20(3):1-8.

唐鹏程,汪新,谢会文,等.2010.库车坳陷却勒地区新生代盐构造特征、演化及变形控制因素.地质学报,84(12):1735-1745.

唐鹏程,饶刚,李世琴,等.2015.库车褶皱–冲断带前缘盐层厚度对滑脱褶皱构造特征及演化的影响.地学前缘,22(1):312-327.

唐武,王英民,张雷,等.2013.塔里木盆地三叠纪前缘隆起迁移演化规律.古地理学报,15(2):219-230.

唐永永,毕献武,和利平,等.2011.兰坪金顶铅锌矿方解石微量元素、流体包裹体和碳–氧同位素地球化学特征研究.岩石学报,27(9):2635-2645.

滕晓华,张志高,彭文彬,等.2013.天山黄土岩石磁学特征及其磁化率增强机制.海洋地质与第四纪地质,33(5):147-154.

滕志宏,岳乐平,蒲仁海,等.1996.用磁性地层学方法讨论西域组的时代.地质论评,42(6):481-489.

汪新,贾承造,杨树锋,等.2002.南天山库车冲断褶皱带构造变形时间——以库车河地区为例.地质学报,76(1):55-63.

汪新,唐鹏程,谢会文,等.2009.库车坳陷西段新生代盐构造特征及演化.大地构造与成矿学,33(1):57-65.

王安建,高兰,刘俊来,等.2007.论兰坪金顶超大型铅锌矿容矿角砾岩的成因.地质学报,81(7):891-897.

王安建,曹殿华,高兰,等.2009.论云南兰坪金顶超大型铅锌矿床的成因.地质学报,83(1):43-54.

王丹,吴柏林,寸小妮,等.2015.柴达木盆地多种能源矿产同盆共存及其地质意义.地球科学与环境学报,37(3):55-57.

王淀佐,龙翔云,孙水裕.1999.硫化矿的氧化与浮选机理的量子化学研究.中国有色金属学报,1(1):15-23.

王二七.2017.关于印度与欧亚大陆初始碰撞时间的讨论.中国科学:地球科学,47:284-292.

王江海,孙大中,常向阳,等.1998.云开地块西北缘那蓬岩体的锆石U-Pb年龄.矿物学报,(2):130-133.

王京彬,李朝阳.2015.金顶超大型铅锌矿床Ree地球化学研究.地球化学,(4):359-365.

王京彬,王玉往,周涛发.2008.新疆北部后碰撞与幔源岩浆有关的成矿谱系.岩石学报,24(04):743-752.

王磊,方维萱,贾润幸,等.2017.新疆乌恰县萨热克铜矿床沉积微相与储矿相体结构特征.矿物学报,37(5):608-616.

王平户,张国成,解新国.2009.新疆库木库里盆地砂砾岩型铜矿成因分析.地质与勘探,45(1):18-22.

王濮,潘兆橹,翁玲宝,等.1982.系统矿物学(上).北京:地质出版社.

王清晨,李忠,等.2007.库车–天山盆山系统与油气.北京:科学出版社.

王庆乙,邱钢.2013.井中三分量磁测的高精度问题.地质装备,14(1):18-19.

王庆乙,李学圣,徐立忠.2009.高精度井中三分量磁测是矿山深部找矿的有效手段.物探与化探,33(3):235-239+244.

王瑞廷,方维萱,欧阳建平.2002.陕西镇安二台子金铜矿床表生地球化学异常特征.矿床地质,21(4):356-365.

王松,李双应,杨栋栋,等.2012.天山南缘石炭系–三叠系碎屑岩成分及其对物源区大地构造属性的指示.岩石学报,8(8):2453-2465.

王伟,李文渊,唐小东,等.2018.塔里木陆块西北缘滴水铜矿成矿流体特征与成矿作用.地质与勘探,54(3):441-445.

王小雨,毛景文,程彦博,等.2014.粤东新寮岽铜多金属矿床绿泥石特征及其地质意义.岩石矿物学杂志,33(5):885-905.

王新利,杨树生,庞艳春,等.2009.云南金顶铅锌矿床成矿物质来源及有机成矿作用.地球科学与环境学报,31(4):376-382.

王彦斌,王永,刘训,等.2000.南天山托云盆地晚白垩世–早第三纪玄武岩的地球化学特征及成因初探.岩石矿物学杂志,19(2):131-173.

王焰.2008.云南二叠纪白马寨铜镍硫化物矿床的成因:地壳混染与矿化的关系.矿物岩石地球化学通报,27(4):332-343.

王莹.2017.新疆西南天山地区铅锌矿床区域成矿作用研究.北京:中国地质大学(北京).

王泽利,司如一,赵远方,等.2015.试论新疆伽师砂岩型铜矿的推覆构造控制.山东科技大学学报(自然科学版),34(6):25-31.

王招明,赵孟军,张水昌,等.2005.塔里木盆地西部阿克莫木气田形成初探.地质科学,40(2):237-247.

吴淦国,吴习东.1989.云南金顶铅锌矿床构造演化及矿化富集规律初探.地球科学(5):477-486.

吴根耀.2014.中亚造山带南带晚古生代演化:兼论中蒙交界区中–晚二叠世残留海盆的形成.古地理学报,16(6):907-925.

吴海枝,韩润生,吴鹏,等.2014.滇中郝家河砂岩型铜矿床成岩期与改造期热液蚀变作用——来自组分迁移计算的证据.大地构造与成矿学,38(4):866-878.

吴坤,刘成林,焦鹏程,等.2014.新疆库车盆地钾盐科探1井含盐系地球化学特征及找钾指示.矿床地质,33(5):1011-1019.

吴利仁.1963.论中国基性岩、超基性岩的成矿专属性.地质科学,4(1):29-41.

夏斌,魏海泉,袁亚娟,等.2011.济阳拗陷深层隐蔽构造及其勘探意义.西南石油大学学报(自然科学版),33(4):73-77+192.

肖志峰,欧阳自远,卢焕章,等.1993.海南抱板金矿田围岩蚀变带中绿泥石的特征及其意义.矿物学报,13(4):319-324.

谢会文,尹宏伟,唐雁刚,等.2015.基于面积深度法对克拉苏构造带中部盐下构造的研究.大地构造与成矿学,39(6):1033-1040.

谢世业,莫江平,杨建功,等.2002.新疆乌恰县乌拉根新生代热卤水喷流沉积铅锌矿地质特征及成矿模式.矿床地质,21(增刊):495-498.

谢世业,莫江平,杨建功,等.2003.新疆乌恰县乌拉根新生代热卤水喷流沉积铅锌矿成因研究.矿产与地质,17(1):11-16.

徐学义,马中平,李向民,等.2003.西南天山吉根地区P-MORB残片的发现及其构造意义.岩石矿物学杂志,22(3):245-253.

许桂红,肖昱,田培仁.2014.塔里木盆地周缘中新生代砂岩型铅锌、铜、锰矿区域成矿浅析.矿产勘查,5(6):857-865.

许靖华,孙枢,王清晨,等.1998.中国大地构造相图(1:400万).北京:科学出版社.

许效松,汪正江,万方,等.2005.塔里木盆地早古生代构造古地理演化与烃源岩.地学前缘,12(3):49-57.

许志琴,李海兵,杨经绥.2006. 造山的高原-青藏高原巨型造山拼贴体和造山类型. 地学前缘,13(4): 1-17.

许志琴,戚学祥,杨经绥,等.2007. 西昆仑康西瓦韧性走滑剪切带的两类剪切指向、形成时限及其构造意义. 地质通报,26(10):1252-1261.

许志琴,杨经绥,侯增谦,等.2016a. 青藏高原大陆动力学研究若干进展. 中国地质,43(1):1-42.

许志琴,王勤,李忠海,等.2016b. 印度-亚洲碰撞:从挤压到走滑的构造转换. 地质学报,90(1):1-23.

薛春纪,陈毓川,杨建民,等.2002. 滇西兰坪盆地构造体制和成矿背景分析. 矿床地质,21(1):36-44.

薛春纪,陈毓川,王登红,等.2003. 滇西北金顶和白秧坪矿床:地质和 He,Ne,Xe 同位素组成及成矿时代. 中国科学(D 辑:地球科学),33(4):315-322.

薛春纪,曾荣,高永宝,等.2006. 兰坪金顶大规模成矿的流体过程—不同矿化阶段流体包裹体微量元素约束. 岩石学报,22(4):1031-1039.

薛春纪,高永宝,曾荣,等.2007. 滇西北兰坪盆地金顶超大型矿床有机岩相学和地球化学. 岩石学报, 23(11):2889-2900.

薛春纪,高永宝,Chi Guoxiang,等.2009. 滇西北兰坪金顶可能的古油气藏及对铅锌大规模成矿的作用. 地球科学与环境学报,31(3):221-229.

薛春纪,赵晓波,莫宣学,等.2014a. 西天山"亚洲金腰带"及其动力背景和成矿控制与找矿. 地学前缘, 21(5):128-155.

薛春纪,赵晓波,莫宣学,等.2014b. 西天山巨型金铜铅锌成矿带构造成矿演化和找矿方向. 地质学报, 88(12):2490-2531.

薛春纪,赵晓波,张国震,等.2015. 西天山金铜多金属重要成矿类型、成矿环境及找矿潜力. 中国地质, 42(3):381-410.

薛会,张金川,刘丽芳,等.2006. 天然气机理类型及其分布. 地球科学与环境学报,28(2):53-57.

杨富全,毛景文,王义天,等.2006. 新疆萨瓦亚尔顿金矿床年代学、氢氩碳同位素特征及其地质意义. 地质论评,52(3):343-350.

杨国栋,李义连,马鑫,等.2014. 绿泥石对 CO_2-水-岩石相互作用的影响. 地球科学——中国地质大学学报,39(4):462-472.

杨海军,朱光有.2013. 塔里木盆地凝析气田的地质特征及其形成机制. 岩石学报,29(9):3233-3250.

杨家静,王一刚,王兰生,等.2002. 四川盆地东部长兴组-飞仙关组气藏地球化学特征及气源探讨. 沉积学报,20(2):349-352.

杨江海,杜远生,徐亚军,等.2007. 砂岩的主量元素特征与盆地物源分析. 中国地质,34(6):1032-1044.

杨克明.1994. 论西昆仑大陆边缘构造演化及塔里木西南盆地类型. 地质论评,40(1):9-18.

杨立强,刘江涛,张闯,等.2010. 哀牢山造山型金成矿系统:复合造山构造演化与成矿作用初探. 岩石学报,26(6):1723-1739.

杨鹏飞,王立社,赵仁夫,等.2013. 新疆乌什北山铝土矿成矿作用分析. 矿物学报,33(S2):979-980.

杨树锋,余星,陈汉林,等.2007. 塔里木盆地巴楚小海子二叠纪超基性岩脉的地球化学特征及其成因探讨. 岩石学报,23(5):1087-1096.

杨威,郭召杰,姜振学,等.2017. 西南天山前陆盆地侏罗纪-白垩纪盆山格局——来自碎屑锆石年代学的证据. 大地构造与成矿学,41(3):533-550.

杨文强,刘良,曹玉亭,等.2011. 西昆仑塔什库尔干印支期(高压)变质事件的确定及其构造地质意义. 中国科学:地球科学,41(8):1047-1060.

杨永强,翟裕生,侯玉树,等.2006. 沉积岩型铅锌矿床的成矿系统研究. 地学前缘,13(3):200-205.

杨志杰,王福刚,杨冰,等.2014. 砂岩中绿泥石含量对 CO_2 矿物封存影响的模拟研究. 矿物岩石地球化学通报,33(2):201-207.

姚合法,林承焰,侯建国,等.2004.苏北盆地粘土矿物转化模式与古地温.沉积学报,22(1):29-35.

姚远,肖中尧,王宇,等.2016.塔里木盆地调整型油气藏流体特征与聚集规律——以巴什托油气藏为例. 天然气地球科学,27(6):1003-1013.

尹汉辉,范蔚茗,林舸.1990.云南兰坪–思茅地洼盆地演化的深部因素及幔–壳复合成矿作用.大地构造与 成矿学,(2):113-114.

于志远,方维萱,杜玉龙,等.2016.新疆乌恰县萨热克铜矿区古盐度恢复及与成矿关系.河南科学,34(1): 109-114.

喻顺,陈文,吕修祥,等.2014.(U-Th)/He技术约束下库车盆地北缘构造热演化——以吐孜2井为例.地 球物理学报,57(1):62-74.

曾威,孙丰月,张雪梅,等.2012.新疆西昆仑特格里曼苏砂岩型铜矿地质特征及成因探讨.地质找矿论丛, 27(3):284-290.

翟裕生.1999.论成矿系统.地学前缘,6(1):13-27.

翟裕生.2004.地球系统科学与成矿学研究.地学前缘,11(1):1-10.

翟裕生.2007.地球系统、成矿系统到勘查系统.地学前缘,14(1):172-181.

翟裕生,彭润民,邓军.2000.成矿系统分析与新类型矿床预测.地学前缘,7(1):125-132.

翟裕生,彭润民,王建平,等.2003.成矿系列的结构模型研究.高校地质学报,9(4):510-519.

翟裕生,王建平,邓军,等.2008.成矿系统时空演化及其找矿意义.现代地质,22(2):143-150.

翟裕生,王建平,彭润民,等.2009.叠加成矿系统与多成因矿床研究.地学前缘,16(6):282-290.

张斌,陈文,孙敬博,等.2016.南天山欧西达坂岩体热演化历史与隆升过程分析——来自Ar-Ar和(U-Th)/ He热年代学的证据.中国科学:地球科学,46:392-405.

张伯声,王战.1974.中国的镶嵌构造与地壳波浪运动.西北大学学报(自然科学版),4(1):1-11.

张伯声,王战.1993.地壳波浪状镶嵌构造学说撮要.地球科学与环境学报,15(4):6-10.

张伯声,吴文奎.1986.略论塔里木盆地的波浪状镶嵌构造.地球科学与环境学报,8(3):27-35.

张传恒,杜维良,刘典波,等.2006.塔里木北部周缘前陆盆地早二叠世快速迁移与沉积相突变:俯冲板片拆 沉的响应.地质学报,80(6):785-791.

张传林,周刚,王洪燕,等.2010.塔里木和中亚造山带西段二叠纪大火成岩省的两类地幔源区.地质通报, 29(6):779-794.

张德全,佘宏全,李大新,等.2003.紫金山地区的斑岩–浅成热液成矿系统.地质学报,77(2):253-261.

张国伟,郭安林,董云鹏,等.2011.大陆地质与大陆构造和大陆动力学.地学前缘,18(3):1-12.

张海,方维萱,杜玉龙.2014.云南个旧卡房碱性火山岩地球化学特征及意义.大地构造与成矿学,38(4): 885-897.

张鸿翔.2009.我国特色成矿系统的研究进展与重点关注的科学问题.地球科学进展,24(5):565-570.

张景廉,金之钧,杨雷,等.2001.塔里木盆地深部地质流体与油气藏的关系.新疆石油地质,22(5): 371-376.

张君峰,王东良,王招明,等.2005.喀什凹陷阿克莫木气田天然气成藏地球化学.天然气地球科学,16(4): 507-513.

张俊武,邹华耀,李平平,等.2015.含烃盐水包裹体PVT模拟新方法及其在气藏古压力恢复中的应用.石 油实验地,37(1):102-108.

张抗.1999.改造型盆地及其油气地质意义.新疆石油地质,20(2):65-70.

张克信,王国灿,曹凯,等.2008.青藏高原新生代主要隆升事件:沉积响应与热年代学记录.中国科学D 辑,38(12):1575-1588.

张连昌,夏斌,牛贺才,等.2006.新疆晚古生代大陆边缘成矿系统与成矿区带初步探讨.岩石学报,22(5):
　　1387-1398.

张培震,邓起东,杨晓平,等.1996.天山的晚新生代构造变形及其地球动力学问题.中国地震,12(2):
　　23-36.

张旗,焦守涛,吴浩若,等.2013a.中国三叠纪古地势图.古地理学报,15(2):181-202.

张旗,金惟俊,李承东,等.2013b.地热场中"岩浆热场"的识别及其意义.地球物理学进展,8(5):
　　2495-2507.

张旗,金惟俊,李承东,等.2014.岩浆热场:它的基本特征及其与地热场的区别.岩石学报,30(2):
　　341-349.

张旗,金维浚,李承东,等.2015.利用镜质组反射率方法寻找隐伏岩体–岩浆热场应用的一个实例.大地构
　　造与成矿学,39(6):1094-1107.

张乾,朱笑青,张正伟,等.2007.贵州威宁地区峨眉山玄武岩型自然铜–辉铜矿矿床的成矿前景.矿物学
　　报,21(3-4):379-383.

张舒,张招崇,黄河,等.2010.南天山沙里塔什铅锌矿床地质特征及S、Pb同位素特征研究.现代地质,
　　24(5):856-865.

张涛.2014.天山南麓库车坳陷新生代高精度磁性地层与构造演化.甘肃:兰州大学.

张亚辉.2016.浮选药剂与矿物界面作用的镜像对称规则.金属矿山,4:87-93.

张英志,林畅松,高志勇,等.2014.塔西南坳陷早白垩世物源体系和沉积古地理分析.现代地质,28(14):
　　791-798.

张有瑜,Horst Z,Andrew T,等.2004.塔里木盆地典型砂岩油气储层自生伊利石K-Ar同位素测年研究与成
　　藏年代探讨.地学前缘,11(4):637-648.

张玉泉,朱炳泉,谢应雯,等.1998.青藏高原西部的抬升速率:叶城–狮泉河花岗岩^{40}Ar-^{39}Ar年龄的地质解
　　释.岩石学报,14(1):11-21.

张展适,华仁民,季峻峰,等.2007.201和361铀矿床中绿泥石的特征及其形成环境研究.矿物学报,
　　27(2):161-172.

张振亮,冯选洁,董福辰,等.2014.西南天山砂砾岩容矿矿床类型及找矿方向.西北地质,47(3):70-82.

张志亮,沈忠悦,汪新,等.2013.库车坳陷克拉苏河新生代沉积岩磁组构特征与古流向分析.地球物理学
　　报,56(2):567-578.

张中宁,刘文汇,郑建京,等.2006.塔里木盆地深层烃源岩可溶有机组分的碳同位素组成特征.沉积学报,
　　24(5):769-773.

章邦桐,凌洪飞,吴俊奇,等.2013."花岗岩浆晶出锆石U-Pb体系的封闭温度≥850℃"质疑——基于元素
　　扩散理论、锆石U-Pb年龄与全岩Rb-Sr年龄对比的证据.地质论评,59(1):63-70.

赵红格,刘池阳.2003.物源分析方法及研究进展.沉积学报,21(3):409-415.

赵金洲.2007.我国高含H_2S/CO_2气藏安全高效钻采的关键问题.天然气工业,27(2):141-145.

赵靖舟,戴金星.2002.库车油气系统油气成藏期与成藏史.沉积学报,20(2):314-319.

赵靖舟,张金川,高岗,等.2013.天然气地质学.北京:石油工业出版社.

赵靖舟,曹青,白玉彬,等.2016.油气藏形成与分布:从连续到不连续——兼论油气藏概念及分类.石油学
　　报,37(2):145-159.

赵孟军,鲁雪松,卓勤功,等.2015.库车前陆盆地油气成藏特征与分布规律.石油学报,36(4):395-404.

赵志刚,张雄华,刘晓煌,等.2014.新疆阿合奇地区石炭纪古岩溶的发现及其地质意义.地质通报,33(1):
　　42-50.

郑民,孟自芳.2006.新疆拜城古近系磁性地层划分.沉积学报,24(5):650-656.

郑伟,陈懋弘,赵海杰,等.2013.广东省天堂铜铅锌多金属矿床矽卡岩矿物学特征及其地质意义.岩石矿物学杂志,32(1):23-40.

郑作平,陈繁荣,于学元.1997.八卦庙金矿床的绿泥石特征及成岩成矿意义.矿物学报,17(1):100-106.

周鹏,尹宏伟,周露,等.2018.断背斜应变中和面张性段储层主控因素及预测方法——以克拉苏冲断带为例.大地构造与成矿学,42(1):50-59.

周新源,苗继军.2009.塔里木盆地西北缘前陆冲断带构造分段特征及勘探方向.大地构造与成矿学,33(1):10-18.

周永恒,鲍庆中,柴璐,等.2013.俄罗斯乌多坎砂岩型铜矿的成矿特征与找矿标志.地质科技情报,32(5):153-159.

朱光有,张水昌,梁英波,等.2006.川东北飞仙关组高含 H_2S 气藏特征与 TSR 对烃类的消耗作用.沉积学报,24(2):300-308.

祝新友.2008.青藏高原周边地区新生代 MVT 铅锌矿床//中国有色金属学会.有色金属工业科技创新——中国有色金属学会第七届学术年会论文集.

祝新友,王京彬,刘增仁,等.2010.新疆乌拉根铅锌矿床地质特征与成因.地质学报,84(5):694-702.

祝新友,王京彬,王玉杰,等.2011.新疆萨热克铜矿——与盆地卤水作用有关的大型矿床.矿产勘查,2(1):28-35.

卓勤功,李勇,宋岩,等.2013.塔里木盆地库车坳陷克拉苏构造带古近系膏盐岩盖层演化与圈闭有效性.石油实验地质,35(1):42-47.

邹才能,陶士振,周慧,等.2008.成岩相的形成、分类与定量评价方法.石油勘探与开发,35(5):526-540.

邹海俊,韩润生,方维萱,等.2017.大姚六苴砂岩型铜矿矿区构造岩矿物岩石学特征与地质意义.矿物学报,37(5):528-535.

邹华耀,吴智勇.1998.镜质组反射率在重建盆地古地温中的应用——中国东部、西部中、新生代沉积盆地古地温特征.沉积学报,16(1):112-119.

Abramov B N. 2008. Petrochemistry of the paleoproterozoic udokan copper-bearing sedimentary complex. Lithology and Mineral Resources,43(1):37-43.

Barley M E,Groves D I. 1992. Supercontinent cycles and the distribution of metal deposits through time. Geology,20(4):291-294.

Battaglia. 1999. Applying X-ray diffract ion geothermometer to chlorite. Clays and Clay Minerals,47(1):54-63.

Bechtel A,Püttmann W. 1992. Combined isotopic and biomarker investigations of temperature and facies-dependent variations in the Kupferschiefer of the Lower Rhine Basin,northwestern Germany. Chemical Geology,102(4):23-40.

Bernet M, Garver J I. 2005 Fission-track analysis of detrital zircon. Reviews in Mineralogy and Geochemistry,58(1):205-238.

Bevins R E,Robinson D,Rowbotham G. 1991. Compositional variations in mafic phyllosilicates from regional low-grade metabasites and application of the chlorite geothermometer. Journal of Metamorphic Geology,9(6):711-721.

Bhatia M R. 1983. Plate tectonics and geochemical composition of sandstone. The Journal of Geology,91(6):611-627.

Bhatia M R,Crook A W. 1986. Trace elements characteristics of graywackes and tectonic setting discrimination of sedimentary basins. Contribution to Mineralogy and Petrology,92(2):181-193.

Bird P. 2003. An updated digital model of plate boundaries. Geochemistry,Geophysics,Geosystems,4(3):1-52.

Bryndzia L T, Steven D S. 1987. The composition of chlorite as a function of sulfur and oxygen fugacity:An experimental study. American Journal of Science,287(1):50-76.

Cailteux J L H, Kampunzu A B, Lerouge L, et al. 2005. Genesis of sediment-hosted stratiform copper-cobalt deposits,central African copper belt. Journal of African Earth Sciences,42(1):134-158.

Caritat P D, Hutcheon I, Walshe J. 1993. Chlorite geothermometry:A review. Clays and Clay Minerals,41(2):219-239.

Cathelineau M,Nieva D. 1985. A chlorite solid solution geothermometer:The Los Azufres(Mexico)geothermal system. Contribution to Mineralogy and Petrology,91(3):235-244.

Cathelineau M. 1988. Catio site occupancy in chlorites and illites as a function of temperature. Clay Minerals,23(4):471-485.

Cawood P A, Hawkesworth C J, Dhuime B. 2012. Detrital zircon record and tectonic setting. Geology,40(10):875-878.

Ciborowski T J R, Minifie M J, Kerr A C, et al. 2017. A mantle plume origin for the Palaeoproterozoic Circum-Superior large Igneous Province. Precambrian Research,294:189-213.

Cliff R A. 1985. Isotopic dating in metamorphic belts. Journal of the Geological Society,142(1):97-110.

Cox D P,Lindsey D A,Singer D A,et al. 2003. Sediment-hosted copper deposits of the world:Deposit models and database. US Geological Survey Open-File Report,3(107):50.

DeCelles P G,Giles K A. 1996. Foreland basin systems. Basin Research,8(2):105-123.

Deer W A,Howie R A,Iussman J. 1962. Rock-Forming Minerals:Sheet Silicates. London:Longman,270.

Dickison W R. 1976. Sedimentary basins developed during evolution of Mesozoic-Cenozoic arc-trench system in western North America. Canadian Journal of Earth Sciences,13(9):1268-1287.

Dodson M H, McClelland-Brown E. 1985. Isotopic and palaeomagnetic evidence for rates of cooling, uplift and erosion. Geological Society,London,Memoirs,10(1):315-325.

Dong Y P,Sun S,Yang Z,et al. 2017. Neoproterozoic subduction-accretionary tectonics of the South Qinling Belt,China. Precambrian Research,293:73-90.

Erast R E,Buchan K L. 2003. Recongnizing mantle plumes in the geological record. Annual Review of Earth and Planetary Sciences,31(16):469-523.

Ernst R E,Baragar W R A. 1992. Evidence from magnetic fabric for the flow pattern of magma in the Mackenzie giant radiation dyke swarm. Nature,356(6369):511-513.

Fahrig W F. 1987. The tectonic settings of continental mafic dyke swarms:Failed arm and early passive margin. Geological Association of Canada,34:331-348.

Farrar E,Hanes J A,Archibald D A. 1997. Chronological constraints on the thermal and tilting history of the Sieera San Pedro Martir pluton, Baja California, Mexico, from U/Pb,^{40}Ar/^{39}Ar and fission-track geochronology. Geological Society of America Bulletin,109(6):728-745.

Flint S S. 1989. Sediment-hosted stratabound copper deposits of the Central Andes. Sediment-hosted Stratiform Copper Deposits,371-398.

Gleadow A J W, Duddy I R. 1981. An atural long-term track annealing experiment for apatite. Nuclear Tracks,5(1-2):169-174.

Gleadow A J W,Duddy I R,Green P F,et al. 1986. Confined fission track lengths in apatite:a diagnostic tool for thermal history analysis. Contributions to Mineralogy and Petrology,94(4):405-415.

Goble R J. 1980a. Copper sulfides from Alberta:yarrowite Cu_9S_8 and spionkopite $Cu_{39}S_{28}$. Canadian Minerlogist,18:511-518.

Goble R J. 1980b. Geerite,$Cu_{1.60}S$,a new copper sulfide from Dekalb Township,New York. Canadian Minerlogist,

18:519-523.

Gou L L,Zhang L F,Tao R B,et al. 2012. A geochemical study of syn-subduction and post-collisional granitoids at Muzhaerte River in the Southwest Tianshan UHP belt,NW China. Lithos,136:201-224.

Grguric B A,Putnis A. 1999. Rapid exsolution behavior in the bornite-digenite series,and implication for natural ore assemblages. Mineral Mag,63:1-12.

Gudmundsson A. 1990. Emplacement of dikes,sills and crustal magma chamber at divergent plated boundaries. Tectonophysics,176(3-4):257-275.

Gutscher M A,Olivet J L,Aslanian D,et al. 1999. The "lost Inca Plateau":Cause of flat subduction beneath Peru? Earth and Planetary Science Letters,171(3):335-341.

Halls H C. 1982. The importance and potential of mafic dyke swarms in studies of geodynamic processes. Geoscience Canada,9(3):145-154.

Harrison T M,Armstrong R L,Naeser C W,et al. 1979. Geochronology and thermal history of the Coast Plutonic complex,near Prince Rupert,British Columbia. Canadian Journal of Earth Sciences,16(3):400-410.

Heermance R V,Chen J,Burbank D W,et al. 2007. Chronology and tectonic controls of Late Tertiary deposition in the southwestern Tian Shan foreland,NW China. Basin Research,19(4):599-632.

Heinrich C A. 1990. The chemistry of hydrothermal tin (tungsten) ore deposition. Economic Geology,85(3): 457-481.

Hendry D A F. 1981. Chlorites,phengites,and siderites from the Prince Lyell ore deposit,Tasmania,and the origin of the deposit. Economic Geology,76(2):285-303.

Hou G T. 2012. Mechanism for three mafic dyke swarms. Geoscience Froniter,3(2):217-223.

Huang Z L,Li C Q,Yang H L,et al. 2002. The geochemistry of lamprophyres in the Laowangzhai gold deposits, Yunnan Province,China:Implications for its characteristics of source region. Geochemical Journal,36(2): 91-112.

Huang B,Piper J D A,Peng S,et al. 2006. Magnetostratigraphic study of the Kuche depression,Tarim Basin,and Cenozoic uplift of the Tian Shan Range,Western China. Earth and Planetary Science Letters,251(3-4): 346-364.

Hurford A J,Fitch F J,Clarke A. 1984. Resolution of the age structure of the detrital zircon populations of two Lower Cretaceous sandstones from the Weald of England by fission track dating. Geological Magazine,121(4): 269-277.

Inoue A. 1995. Formation of Clay Minerals in Hydrothermal Environments. Origin and Mineralogy of Clays. Berlin: Springer Heidelberg:268-330.

Jahren J S,Aagaard P. 1989. Compositional variations in diagenetic chlorites and illites,and relationships with formation-water chemistry. Clay Minerals,24(2):157-170.

Kirkham R V. 1996. Volcanic redbed copper//Eckstrand O R,Sinclair W D,Thorpe R I. Geology of Canadian mineral deposit types. Geological Survey of Canada,Canada,241-252.

Kranidiotis P,MacLean W H. 1987. Systematics of chlorite alteration at the Phelps Dodge massive sufide deposit, Matagami,Quebec. Economic Geology,82(7):1898-1991.

Li Z H,Liu X M,Dong Y P,et al.,2017. Geochronology and geochemistry of mafic dykes in the helanshan complex: Implications for mesozoic tectonics in the north china craton. Geoscience Frontiers,S1674987117301627.

Lightfoot P C,Keays R R. 2005. Siderophile and chalcophile metal variations in flood basalts from the Siberian T rap,Noril'sk Region:Implications for the origin of the Ni-Cu-PGE sulfide ores. Economic Geology,100(3): 439-462.

MacDowell S D, Elders W A. 1980. Authigenic layer silicate minerals in borehole Elmore I. Salton Sea geothermal field, California, USA. Contribution to Mineralogy and Petrology, 74(3): 293-310.

Martinod J, Husson L, Roperch P. 2010. Horizontal subduction zones, convergence velocity and the building of the Andes. Earth and Planetary Science Letters, 299(3-4): 299-309.

Mattaure R M. 1981. La formation des chaines de montagnes. Science Edition Francaisede Scientific American, 46: 40-56.

Meschede M. 1986. A method of discriminating between different types of mid-ocean ridge basalts and continental tholeiites with the Nb-Zr-Y diagram. Chemical Geology, 56(3): 207-218.

Misra K C. 1999. Understanding Mineral Deposit. Kluwer Academic Publishers: 450-461.

Morimoto N, Koto K, Shimazaki Y. 1969. Anilite, Cu_7S_4, a new mineral. American Mineralogist: Journal of Earth and Planetary Materials, 54(9-10): 1256-1268.

Morimoto N. 1962. Djurleite, a new copper sulphide mineral. Mineralogical Journal, 3(5-6): 338-344.

Morton A C. 1991. Geochemical studies of detrital heavy minerals and their application to provenance research. Geological Society, 57(1): 31-45.

Mutschler F E, Ludington S, Bookstrom A A. 1999. Giant porphyry-related metal camps of the world-a database. USGS Open File Rep: 99-556.

Najmana Y, Jenksa D, Godinb L. 2017. The Tethyan Himalayan detrital record shows that India-Asia terminal collision occurred by 54Ma in the Western Himalaya. Earth and Planetary Science Letters, 459: 301-310.

Parnell J. 1988. Metal enrichments in solid bitumens: A review. Mineralium Deposita, 23(3): 191.

Patiat P, Achache J. 1984. India-Eurasia collision chronology has implications for crustal shortening and driving mechanism of plates. Nature, 311(18): 615-621.

Pašava J, Slawomor O, Andao D. 2010. Re-Os age of non-mineralized black shale from the Kupferschiefer, Poland, and implications for metal enrichment. Mineralium Deposita, 45(2): 189-199.

Pitcher W S. 1993. The nature and origin of granite. London: Glasgow and Blackie Academic: 182-190.

Ramya M, Ganesan S. 2010. Annealing effects on resistivity properties of vacuum evaporated Cu_2S thin films. International Journal of Pure and Applied Physics, 6(3): 243-249.

Rollison H R. 1993. Using geochemical data: evaluation, presentation, interpretation. New York: Longman Scientific & Technical Limited: 167-205.

Rosenbaum G, Giles D, Saxon M. 2005. Subduction of the Nazca Ridge and the Inca Plateau: Insights into the formation of ore deposits in Peru. Earth and Planetary Science Letters, 239(1-2): 18-32.

Shatwell D. 2004. Subducted ridges, magmas, differential uplift, and gold deposits: Examples from South and Central America. Geoscience Australia, The Ishihara Symposium: Granites and Associated Metallogenesis: 115-120.

Shayakubov T S, Kremenetsky A A, Mintser E, et al. 1999. The Muruntau ore field. Au, Ag, and Cu Deposits of Uzbekistan, GFZ Potsdam, IGCP 373 Excursion Guidebook: 37-74.

Sillitoe R H, Mckee E H. 1996. Age of supergene oxidation and enrichment in the chilean porphyry copper province. Economic Geology, 91(1): 164-179.

Sisson V B, Pavlis T L, Roeske S M, et al. 2003. Introduction: An Overview of Ridge-trench Interactions in Modern and Ancient Settings//Sisson V B, Roeske S M, Pavlis T L. Geology of a transpressional orogen developed during ridge-trench interaction along the North Pacifi c margin: Boulder, Colorado, Geological Society of America Special Paper, 371: 1-18.

Snow D T. 1970. The frequency and apertures of fractures in rock//International journal of Rock mechanics and Mining sciences & Geomechanics Abstracts. Pergamon, 7(1): 23-40.

Sobel E R, Chen J, Heermance R V. 2006. Late Oligocene-Early initiation of shortening in the Southwestern Chinese Tian Shan: Implication for Neogene shortening rate variations. Earth and Planetary Science Letters, 247:70-81.

Sobel E R, Dumitru T A. 1997. Exhumation of the margins of the western Tarim basin during the Himalayan orogeny. Journal of Geophysical Research, 102:5043-5064.

Sun J M, Jiang M S. 2013. Eocene seawater retreat from the southwest Tarim Basin and implications for early Cenozoic tectonic evolution in the Pamir Plateau. Tectonophysics, 588:27-38.

Sun J M, Lius T S. 2006. The age of the Taklimakan Desert. Science, 312(5780):1621-1621.

Sun J M, Zhang Z Q. 2009. Syntectonic growth strata and implications for late Cenozoic tectonic uplift in the northern Tian Shan, China. Tectonophysics, 463:60-68.

Sun J M, Zhu R X, Bowler J. 2004. Timing of the Tianshan Mountains uplift constrained by magnetostratigraphic analysis of molasse deposits. Earth and Planetary Science Letters, 219:239-253.

Sun J M, Xu Q H, Huang B C. 2007. Late Cenozoic magnetochronology and paleoenvironmental changes in the northern foreland basin of the Tian Shan Mountains. Journal of Geophysical Research, 112: B04107.

Sun J M, Li Y, Zhang Z Q, et al. 2009. Magnetostratigraphic data on the Neogene growth folding in the foreland basin of the southern Tianshan Mountains. Geology, 37:1051-1054.

Sun J M, Lii T Y S, Gong Y Z, et al. 2013. Effect of aridification on carbon isotopic variation and ecologic evolution at 5.3Ma in the Asian interior. Earth and Planetary Science Letters, 380:1-11.

Sun J, Zhu R, An Z. 2005. Tectonic uplift in the northern tibetan plateau since 13.7Ma ago inferred from molasse deposits along the altyn tagh fault. Earth and Planetary Science Letters, 235(3-4):641-653.

Sun S S, McDonough W F. 1989. Chemical and isotopic systematics of oceanic basalts: Implications for mantle composition and processes. Geological Society, London, Special Publications, 42(1):313-345.

Van Breemen O, Aftalion M, Pankhurst R J, et al. 1979. Age of the Glen Dessary syenite, Inverness-shire: diachronous Palaeozoic metamorphism across the Great Glen. Scottish Journal of Geology, 15(1):49-62.

Von Eynatten H, Gaupp R. 1999. Provenance of cretaceous synorogenic sandstones in the Eastern Alps: Constraints from framework petrography, heavy mineral analysis and mineral chemistry. Sedimentary Geology, 124:81-111.

Wagner G A, Haute P V D. 1992. Fission Track Dating. Stuttgart: Ferdinand Enke Verlag.

Wang X, Sun D, Chen F, et al. 2014. Cenozoic paleo-environmental evolution of the Pamir-Tien Shan convergence zone. Journal of Asian Earth Sciences, 80:84-100.

Warren J K. 2000. Evaporites, brines and base metals: Bow-temperature ore emplacement controlled by evaporite diagenesis. Australian Journal of Earth Sciences, 47:179-208.

Wilde A R, Layer P, Mernagh T, et al. 2001. The giant Muruntau gold deposit: geologic, geochronologic, and fluid inclusion constraints on ore genesis. Economic Geology, 96(3):633-644.

Winchester J A, Floyd P A. 1977. Geochemical discrimination of different magma series and their differentiation products using immorbile elements. Chemical Geology, 20:325-343.

Xu Y, Wei X, Luo Z. 2014. The early Permian Tarim large igneous province: Main characteristics and a plume incubation model. Lithos, 204(4):20-35.

Xue C J, Chi G X, Li Z D, et al, 2014. Geology, geochemistry and genesis of the Cretaceous and Paleocene sandstone-and conglomerate-hosted Uragen Zn-Pb deposit, Xinjiang, China: A review. Ore Geology Reviews, 63: 328-342.

Yamada R, Tagami T, Nishimura S, et al. 1995. Anealing kinetics of fission tracks in zircon: An experimental study. Chemical Geology, 122(1-4):249-258.

Yang W, Jolivet M, Dupont-Nivet G, et al. 2014. Mesozoic-Cenozoic tectonic evolution of southwestern Tian Shan:

Evidence from detrital zircon U/Pb and apatite fission track ages of the Ulugqat area, Northwest China. Gondwana Research, 26(3-4):986-1008.

Yin A, Nie S, Craig P, et al. 1998. Late cenozoic tectonic evolution of the southern chinese tian shan. Tectonics, 17(1):1-17.

Zang W, Fyfe W S. 1995. Chloritization of the hydrothermally altered bedrock at the Igarape-Bahia gold deposit, Carajas, Brazil. Mineral Deposita, 30(1):30-38.

Zappettini E O, Rubinstein N, Crosta S, et al. 2017. Intracontinental rift-related deposits: A review of key models. Ore Geology Reviews, 89:594-608.

Zhang B S, Wang Z. 1974. Chinese mosaic structure and crust-wave movement. Journal of Northwest University (natural science edition), 4(1):1-11.

Zhang B S, Wang Z. 1993. Extraction from hypothesis of crust-wave mosaic structure. Journal of Earth Sciences and Environment, 15(4):6-10.

Zhang B S, Wu W K. 1986. On the crust-wave mosaic structure in the Tarim. Journal of Earth Sciences and Environment, 8(3):27-35.

Zhang H X, 2009. The scientific progress and some key scientific problems of Chinese special mineralization system. Advances in Earth Science, 24(5):565-570.

Zhang T, Fang X M, Song C H, et al. 2014. Cenozoic tectonic deformation and uplift of the South Tian Shan: Implications from magnetostratigraphy and balanced cross-section restoration of the Kuqa depression. Tectonophysics, 628:172-187.

Zhang Y T, Liu J Q, Guo Z F, 2010. Permian basaltic rocks in the Tarim Basin, NW China: Implications for plume-lithosphere interaction. Gondwana Research, 18(4):596-610.

Zheng H B, Powell C M, An Z, et al. 2000. Pliocene uplift of the northern Tibetan Plateau. Geology, 28(8):715.

图　版

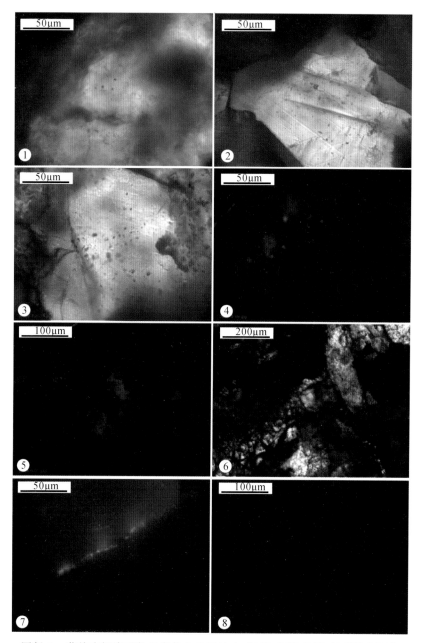

图版 A　萨热克铜床矿物包裹体中含烃盐水、气烃–气液态烃、轻质油和沥青

1. 2685-3(2)(单偏光):石英胶结物中成群分布,呈无色-灰色的含烃盐水包裹体;2. 2685-4(2)(单偏光):方解石胶结物中成群分布,呈深灰色的含烃盐水包裹体;3. 2685-3(2)(单偏光):方解石胶结物内成群分布,呈无色–灰色的含烃盐水包裹体和呈深灰色的气烃包裹体;4. 2685-09(UV 激发荧光):沿白云石胶结物内的微裂隙成带状分布,呈淡黄–灰色的气液烃包裹体,显示浅蓝色的荧光;5. 2685-5(UV 激发荧光):砾岩中白云石胶结物内,晶间微裂隙中含轻质油,显示浅蓝色荧光;6. 2685-4(2)(单偏光):砾岩的晶间孔隙为方解石所胶结,其微裂隙中含黑褐色沥青;7. 2730-5:UV 荧光下的轻质油照片(浅蓝色荧光);8. 2790-5:UV 荧光下的轻质油照片(浅蓝色荧光)

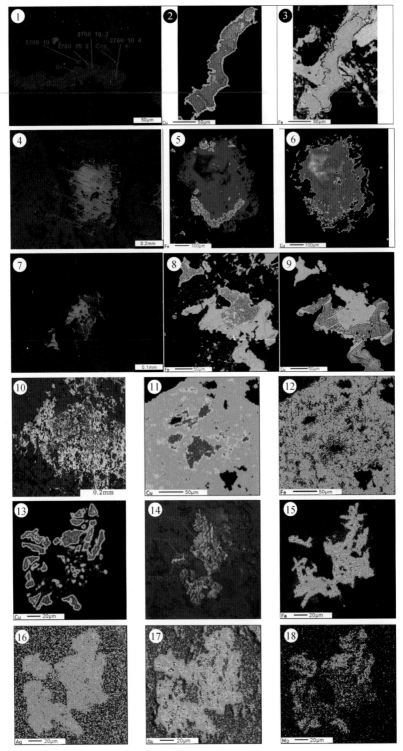

图版 B 萨热克铜矿铜硫化物固溶体结构的 EPMA 微区填图与元素含量图像

1. 样品 2760-10,反射光,斑铜矿–黄铜矿固溶体分离结构;2. 样品 2760-10,EPMA-Mapping,Cu 元素含量分布;3. 样品 2760-10,EPMA-Mapping,Fe 元素含量分布;4. 样品 2760-2,反射光,斑铜矿–辉铜矿固溶体分离结构;5. 样品 2760-2,EPMA-Mapping,Cu 元素含量分布;6. 样品 2760-2,EPMA-Mapping,Fe 元素含量分布;7. 样品 2790-1,反射光,斑铜矿–黄铜矿固溶体分离结构;8. 样品 2790-1,EPMA-Mapping,Cu 元素含量分布;9. 样品 2790-1,EPMA-Mapping,Fe 元素含量分布;10. 样品 2730-6,反射光,黄铜矿–斑铜矿固溶体分离结构;11. 样品 2730-6,EPMA-Mapping,Cu 元素含量分布;12. 样品 2730-6,EPMA-Mapping,Fe 元素含量分布;13. 样品 2790-2,EPMA-Mapping,Cu 元素含量分布;14. 样品 2790-2,反射光,赤铁矿–辉铜矿交代残余结构;15. 样品 2790-2,EPMA-Mapping,Fe 元素含量分布;16. 样品 2790-2,EPMA-Mapping,Ag 元素含量分布;17. 样品 2790-2,EPMA-Mapping,Au 元素含量分布;18. 样品 2790-2,EPMA-Mapping,Mo 元素含量分布

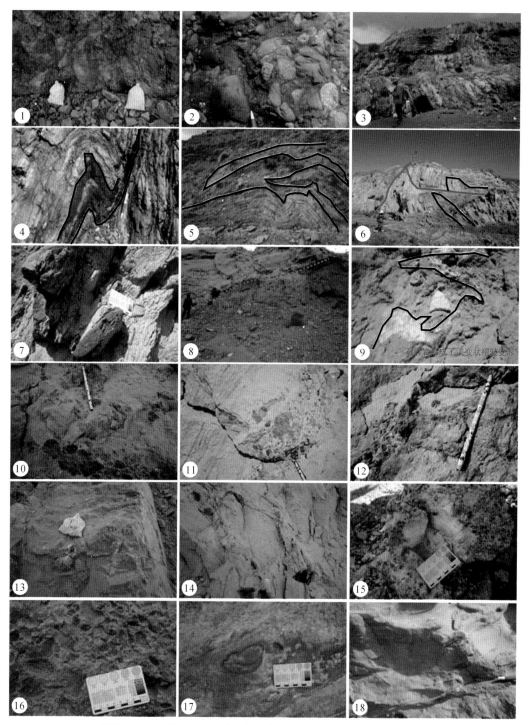

图版 C 乌拉根地区中生代–古近纪地层和矿石的构造岩相学特征

1. 俄霍布拉克组(T_3e)碳质泥岩夹煤线;2. 莎里塔什组(J_1s)灰褐色杂巨砾岩;3. 康苏组(J_1k)煤层和含煤细砂岩;4. 杨叶组冲断褶皱带中煤线和碳质泥岩中褶皱;5. 帕克布拉克河东岸杨叶组二段中褶皱群落;6. 康苏煤矿南杨叶组(J_2y)二段中层间褶皱群落;7. 帕克布拉克杨叶组(J_2y)二段含砾碳质泥岩;8. 康西 E_1a 与 K_1zk^5 呈微角度不整合接触;9. 康西主滑脱构造带中 E_1a 含膏泥岩中流变褶皱;10. 乌拉根 K_1zk^4 中紫红色同生泥砾岩(地震岩席);11. 乌拉根铅锌矿区沥青化含铅锌硅质细砾岩;12. 乌拉根铅锌矿床沿裂隙分布强沥青化蚀变相(含铅锌蚀变硅质细砾岩);13. 乌拉根铅锌矿(K_1zk^5)上盘 E_1a 中天青石矿层;14. 乌拉根铅锌矿层中含泥砾硅质细砾岩 K_1zk^5;15. 帕克布拉克 E_1a 中含天青石硅质细砾岩;16. 杨叶矿中 N_1a 钙质泥砾岩(角砾状铜矿);17. 花园铜矿中含铜化砾石的岩屑钙质砂岩;18. 杨叶铜矿中条带状–团斑状铜矿石(含砾岩屑砂岩)

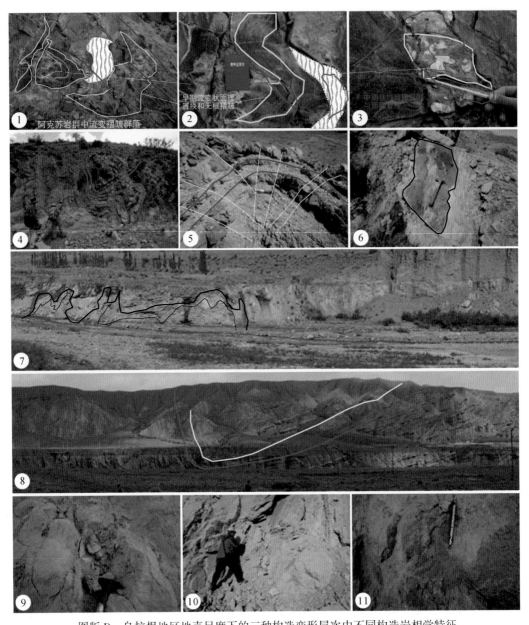

图版 D　乌拉根地区地壳尺度下的三种构造变形层次中不同构造岩相学特征

1~3. 巴什布拉克铀矿床北侧前陆褶皱带中阿克苏岩群中两期韧性剪切变形与面理置换;4. 萨里塔什铅锌矿区泥盆系中脆韧性剪切带;5. 萨里塔什铅锌矿南二叠系中脆韧性剪切带;6. 杨叶克孜勒苏群中油侵蚀变岩屑粗砂岩;

7. 康苏河东岸杨叶组断层相关褶皱群落;8. 康苏河东岸乌拉根向斜构造核部和两翼特征(北陡南缓);9~11. 乌拉根铅锌矿露天采场中碎裂岩化相含方铅矿闪锌矿蚀变硅质细砾岩,沥青化沿裂隙带和层间滑动构造带分布

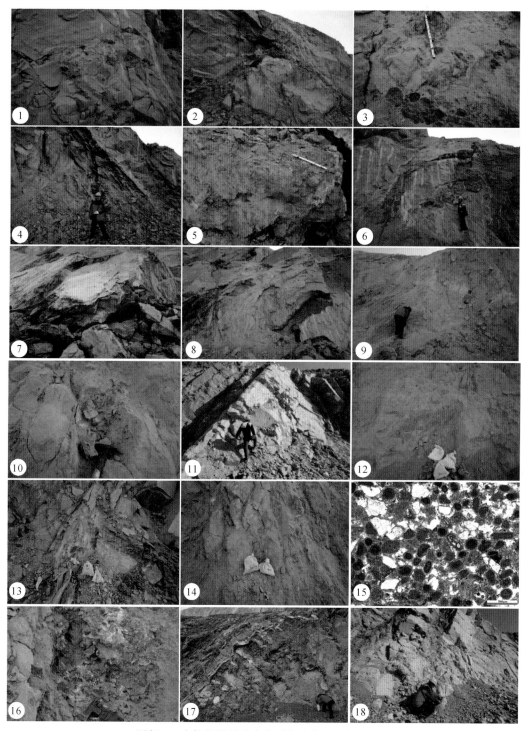

图版 E　乌拉根铅锌矿床实测构造岩相学剖面照片

1～3. K_1kz^4 紫红色砂质中砾岩（YW1），切层同生泥砾岩边部发育褪色化，砾石为暗紫色泥砾岩；4、5. K_1kz^4 紫红色（YW4A）与灰绿色（YW4B）铁质砂质中砾岩；6. 条带状紫红色-灰绿色震积角砾岩；7、8. K_1kz^4 紫红色条带状粉砂质白云质泥岩（YW7A）；9. K_1kz^5 灰绿色含泥砾粗砂岩；10. K_1kz^5 含锌褪色化细砾岩（YW8，Ⅱ矿体）；11. K_1kz^5 含锌膏质白云质细砾岩（YW11）；12. 含铅锌白云质细砾岩（YW12，Ⅰ矿体）；13. E_1a 纤维状石膏岩（YW13）；14. E_1a 天青石化砂屑鲕状白云岩（YW15）；15. 鲕粒结构；16. E_1a 硬石膏岩（YW16A）；17. E_1a 砂屑钙质石膏角砾岩（YW19）；18. E_1a 介壳灰岩与灰绿色钙屑泥岩

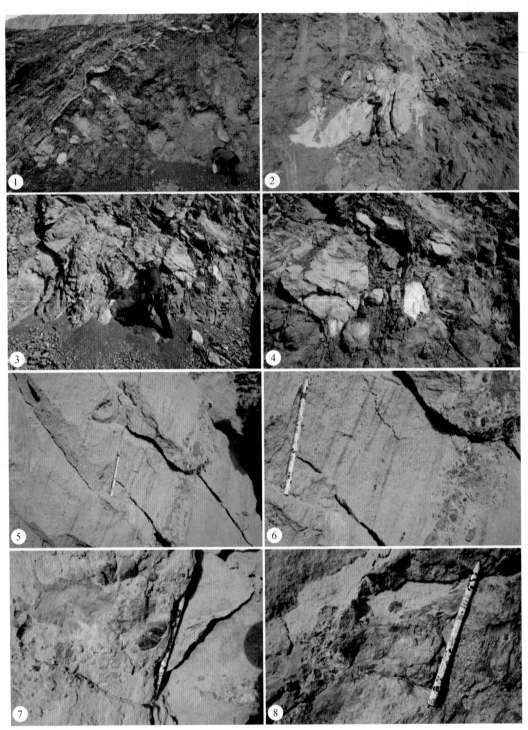

图版 F　乌拉根铅锌矿床内滑移构造岩相带的上下滑动构造岩相结构面与流体活动

1. E_1a 砂屑钙质石膏角砾岩相带(YW19);2. E_1a 石膏岩透镜状和流变构造;3. E_1a 网脉状石膏角砾岩相(流体排泄通道相);4. E_1a 石膏角砾的大型旋转碎斑与构造面理,层间滑动构造岩相带的上滑移构造岩相学结构面与石膏角砾岩化相带特征;5、6. K_1kz^5 线带状和团斑带状沥青化沿构造滑移层面分布;7、8. K_1kz^5 含铅锌团斑状沥青化蚀变细砾岩(YW24),沥青化围绕砾石周边储集,滑移构造岩相带的下滑移构造岩相学结构面与沥青化蚀变相带特征

图版 G 乌拉根–帕克布拉克天青石矿床构造岩相学照片

1~3. 细砾质天青石岩(314A)与方解石天青石岩(314);4~6. 方解石天青石岩(314);7、8. 砂质灰质天青石热液
角砾岩(217-2,富天青石矿石);9. 方解石天青石岩(217-6);10. 方解石天青石岩(217-6);11. 多孔状天青石矿石
(217-1,富天青石矿石);12~15. 黄钾铁矾化石膏天青石灰质角砾状岩(323)

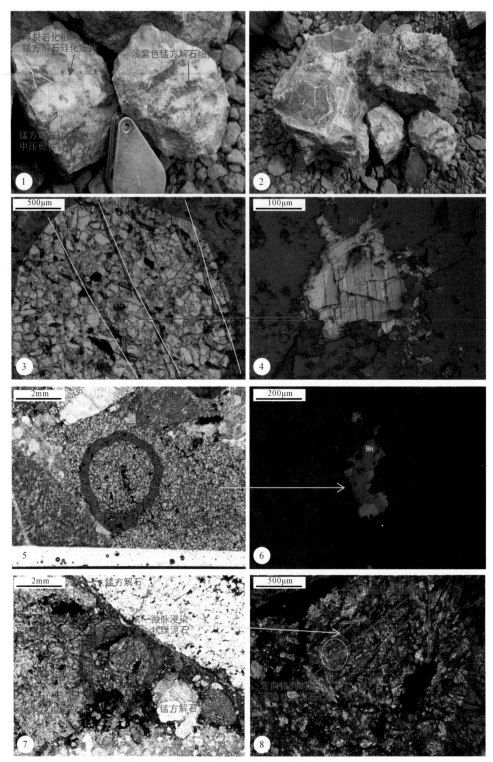

图版 H 新疆萨热克铜矿区绿泥石化蚀变相地质产状

1. Bg3 含绿泥石锰方解石硅化细脉;2. Bg4 含绿泥石锰方解石硅化含铜褐色化杂砾岩;3. Bg2 含铜褐色化杂砾岩中显微裂隙与绿泥石化特征;4. Bg2 含铜褐色化杂砾岩中显微裂隙充填的辉铜矿(Cc)和斑铜矿(Bn);5. Bg3 含铜褐色化杂砾岩中显微裂隙充填的铜硫化物(斑铜矿和辉铜矿);6. Bg3 含铜褐色化杂砾岩中显微裂隙充填的斑铜矿(Bn)和辉铜矿(Cc);7. 含铜褐色化杂砾岩中微裂隙,充填有碳质–绿泥石–铜硫化物;8. Bg4 含铜褐色化杂砾岩的微裂隙中,充填有碳质–浸染状绿泥石–铜硫化物

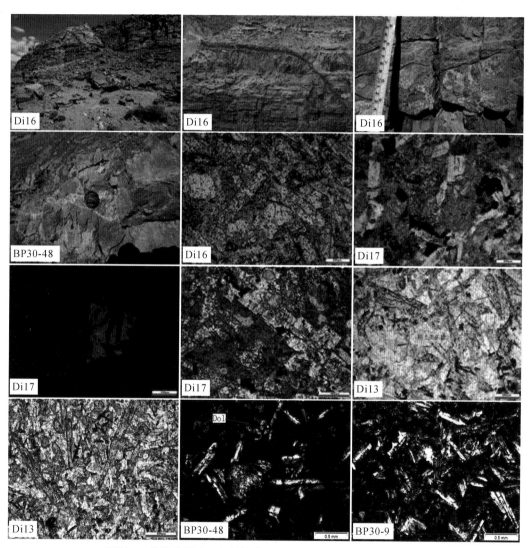

图版 I 萨热克铜矿区超基性岩–基性岩的岩石岩相学特征照片

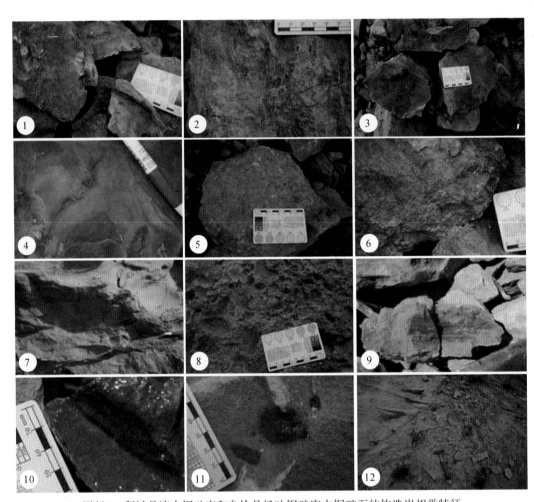

图版 J　拜城县滴水铜矿床和乌恰县杨叶铜矿床中铜矿石的构造岩相学特征

1. 滴水蚀变泥灰岩中层间裂隙孔雀石;2. 碎裂状–条带状铜矿石(蚀变泥灰岩型);3. "红化蚀变带"中层间裂隙中孔雀石;4. 滴水"红化蚀变带"碎裂状铜矿石;5. 滴水层间液压致裂角砾岩化铜矿石;6. 滴水"红化蚀变带"角砾状铜矿石型;7. 杨叶铜矿蚀变泥砾砂岩中层状;8. 蚀变泥砾砂岩中紫红色泥砾和岩屑;9. 孔雀石–辉铜矿砾石和孔雀石紫红色泥砾含铜砾石和紫红色泥砾中浸染状铜矿化;10. 杨叶杆状赤铜矿–辉铜矿富铜矿石;11. 岩屑砂岩中浑圆状赤铜–辉铜矿砾石;12. 花园碎裂岩屑砂岩裂隙中辉铜矿细脉

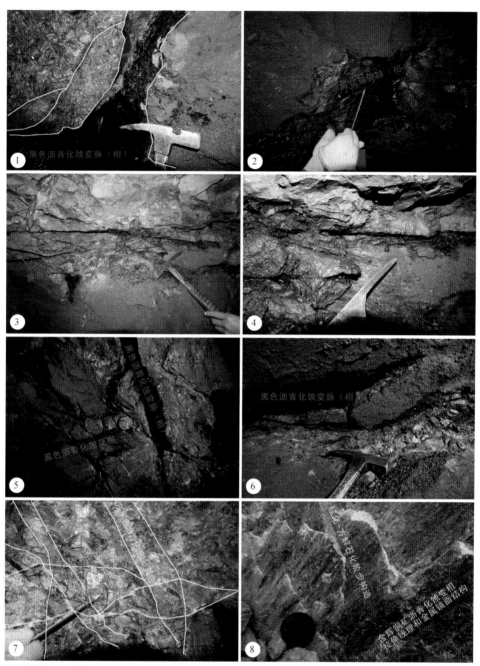

图版 K 萨热克铜矿区黑色-灰黑色沥青化蚀变相与断裂-裂隙耦合的构造岩相学特征

1. 2730 坑道 6 穿脉 S 形沥青化细脉和片理化黑色强沥青化蚀变相(脉宽 10cm),呈楔形膨大和收缩;2. 2730 坑道 6 穿脉早期黑色强沥青化蚀变相(发育金属镜面和拉伸线理,晚期油状地沥青,两期构造面斜交);3. 6 穿脉早期切层沥青化细脉(0. 3cm,拉伸线理和金属镜面),晚期层间 S-L 型压剪性裂隙带中网脉状黑色强沥青化蚀变相(0. 5~2cm),富铜沥青化构造流体角砾岩;4. 2730 坑道 6 穿脉早期沥青化细脉,晚期层间裂隙破碎带黑色沥青化脉(宽 2cm)和网脉状黑色沥青化脉(黑色强沥青化蚀变相,富铜沥青化构造流体角砾岩相);5. 2730 坑道 6 穿脉早期沥青化细脉;晚期层间裂隙破碎带黑色沥青化脉(宽 2cm)和网脉状黑色沥青化脉(黑色强沥青化蚀变相,富铜沥青化构造流体角砾岩相;6. 0 线穿脉切层断裂中 S-L 构造透镜体中切层黑色强沥青(1~2cm),旁侧富辉铜矿灰黑色中沥青化蚀变相;7. 2730 坑道 6 穿脉富辉铜矿细网脉状(0. 5cm)灰黑色中沥青化蚀变相+强碎裂岩化相;8. 黑色辉铜矿沥青拉伸线理和金属镜面构造,黑色强沥青化蚀变相,阶步为硅化细脉

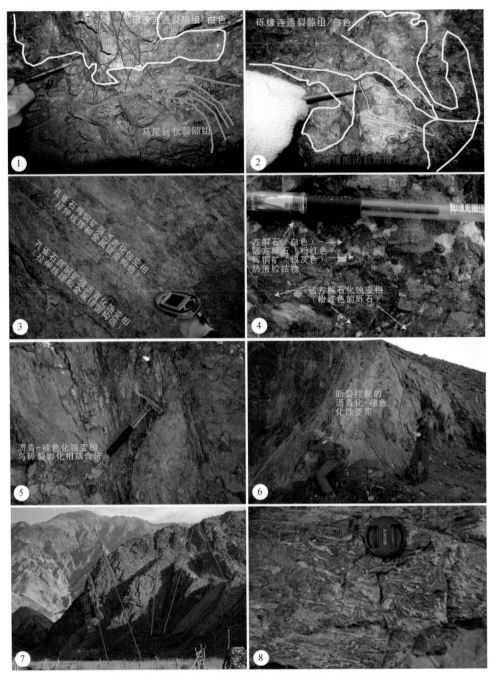

图版 L 萨热克铜矿区碎裂岩化相与沥青化蚀变相耦合特征

1. 273 坑道 6 穿脉强碎裂岩化相富辉铜矿矿石，灰黑色沥青化蚀变相+强碎裂岩化相+旱地扇扇中亚相杂砾岩；2. 2730 坑道 6 穿脉强碎裂岩化相富辉铜矿矿石，灰黑色沥青化蚀变相+细网脉状方解石–硅化蚀变相+强碎裂岩化相+旱地扇扇中亚相杂砾岩；3. 萨热克北矿带 4 线地表采场中，孔雀石辉铜矿黑色强沥青化蚀变相，发育拉伸线理和镜面构造，斜冲走滑应力场中压剪性结构面和裂隙面；4. 萨热克 2730 坑道采场中，富辉铜矿铁锰白云石化蚀变灰绿色杂砾岩；5. 萨热克北矿带 4 线地表采场中，铜矿体上盘褐色化碎裂状紫红色粉砂质泥岩；6. 克孜勒苏群二段切层断裂带中沥青化构造片岩和灰绿色褐色化蚀变泥质粉砂岩；7. 萨热克北矿带 4-10 线地表大型穿层纵张节理与康苏组含煤碎屑岩系；8. 萨热克北盆地下地层构造层中元古界阿克苏岩群中流变状黑云母大理岩/黑云母糜棱岩相/原岩为凝灰质碳酸盐岩

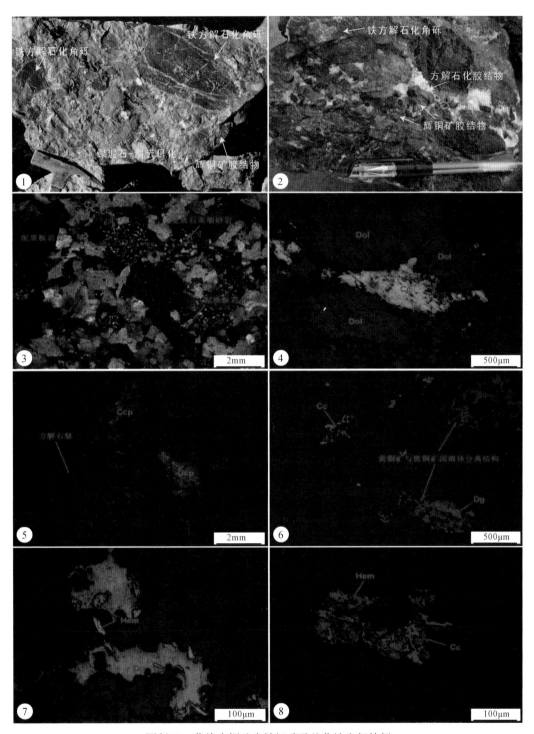

图版 M　萨热克铜矿床铁锰碳酸盐化蚀变相特征

1. 绿泥石–绢云母化与铁方解石化含铜蚀变杂砾岩；2. 多期方解石化含铜蚀变杂砾岩；3. 铁白云石化蚀变相；4. 辉铜矿与铁白云石化蚀变相紧密共生关系；5. 黄铜矿与方解石化蚀变相紧密共生关系；6. 斑铜矿–黄铜矿和辉铜矿–蓝辉铜矿共生关系；7. 辉铜矿–赤铁矿和蓝辉铜矿共生关系/地球化学氧化–还原相界面；8. 辉铜矿–辉铜矿共生关系/地球化学氧化–还原相界面；Cc-辉铜矿，Dg-蓝辉铜矿，Hem-赤铁矿，Dol-铁白云石，Cc-辉铜矿，Ccp-黄铜矿

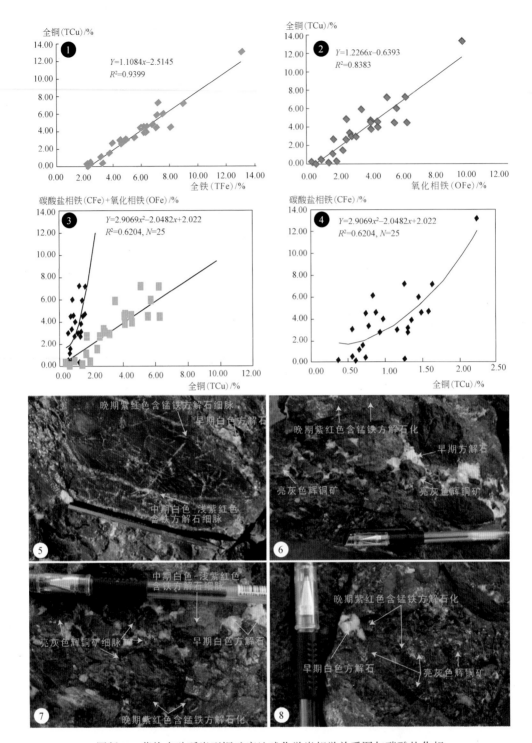

图版 N 萨热克砂砾岩型铜矿床地球化学岩相学关系图与碳酸盐化相

1. 铜矿石品位与全铁含量相关关系图;2. 铜矿石品位与氧化相铁含量相关关系图;3. 氧化相铁(OFe)和碳酸盐相铁(CFe)与全铜(TCu)含量相关图;4. 碳酸盐相铁(CFe)与全铜(TCu)含量相关关系图;5. 浅紫红色大理岩砾石边部早期白色方解石胶结物、中期白色和浅紫红色含锰铁方解石细脉、晚期浅紫色铁方解石-铁锰白云石细脉;6. 杂砾岩中热液胶结物为灰白色和白色方解石和亮灰色辉铜矿,大理岩砾石发生了晚期浅紫红色含锰方解石化;7. 杂砾岩中热液胶结物为白色方解石和亮灰色辉铜矿,晚期浅紫红色含锰铁方解石细脉与辉铜矿细脉共生;8. 杂砾岩中热液胶结物为白色团块状方解石和亮灰色浸染状辉铜矿,晚期浅紫红色含锰铁方解石细脉与辉铜矿细脉共生,大理岩砾石发生了晚期浅紫红色含锰铁方解石化(自形晶方解石具有清晰解理)

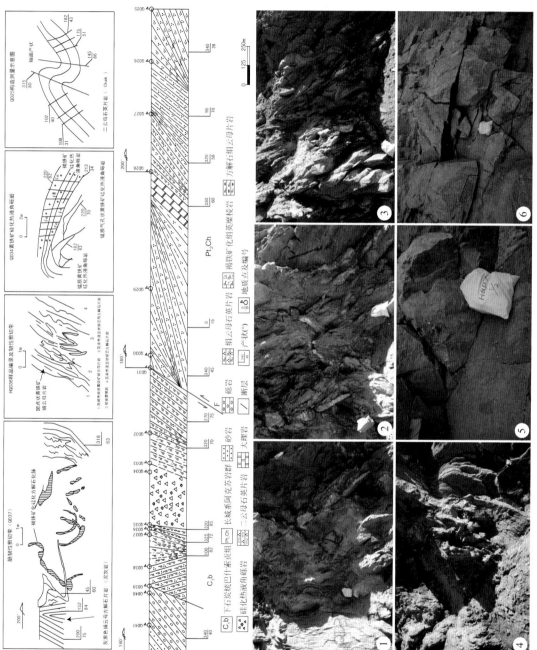

图版 O 造山型金矿化区内含金脆韧性剪切带与构造变形型相型特征

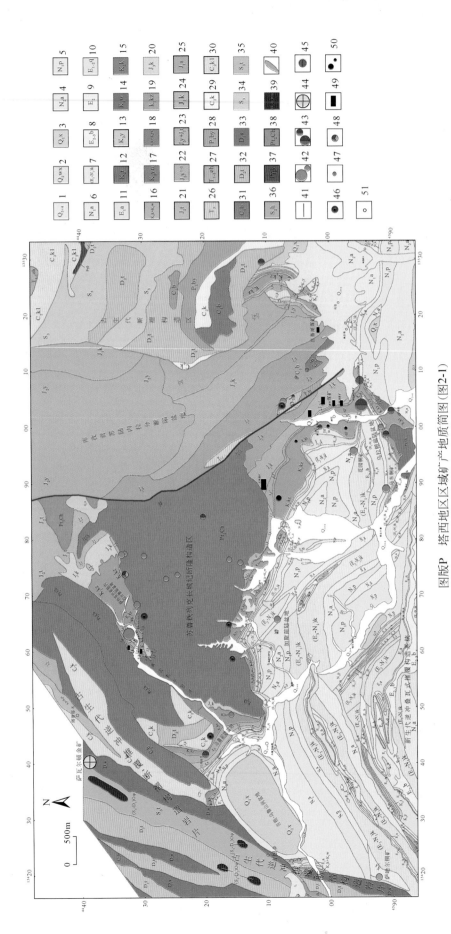

图版P 塔西地区区域矿产地质简图（图2-1）

1.中上更新统+全新统；2.中更新统乌恰群；3.下更新统西域组；4.上更新统阿图什组；5.中新统帕卡布拉卡组；6.中新统安居安组；7.渐新–中新统克孜洛依组；8.始新–渐新统巴什布拉克组；9.始新统；10.始新统天姆楔组；11.古新统阿尔塔什组；12.上白垩统乌依塔克组；13.上白垩统阿尔塔什塔什组；14.上白垩统库孜拜组；15.上白垩统依格孜牙组；16.上白垩库孜勒苏群；17.上白垩统英吉沙群；18.下白垩统克孜勒苏群–上白垩英吉沙群；19.下白垩统克孜勒苏群（J₃y–杨叶组；J₃y–杨叶组第二岩性段）；20.上侏罗统库孜贡苏组；21.上侏罗统塔尔尕依组；22.中侏罗统杨叶组；23.中侏罗统沙里塔尔尕组；24.下侏罗统杨叶组和塔尔尕组；25.中侏罗统康苏组；26.未分上三叠统；27.下中三叠统我量布拉克群；28.下二叠统杨叶组第一岩性段（J₃y–杨叶组第二岩性段）；29.上石炭统克孜组；30.下石炭统阿叶里素组；31.下石炭塔拉治尔加组；32.中泥盆统什素贡组；33.下泥盆统萨瓦亚尔顿组；34.未分上志留统；35.上志留统塔尔特库里群；36.中志留统尤列提群；37.二叠系黑云母花岗岩；38.中元古界阿克苏苏岩组；39.晚志留世–早泥盆世超镁铁质岩石；40.辉绿岩脉；41.区域性断层；42.大中型铜矿床；43.大型铅锌矿床；44.大型金矿床；45.中型铷矿床；46.铁矿床和铁矿点；47.铝土矿点；48.铝锌铜矿点；49.煤矿床和煤矿点；50.大型铀矿床、铀矿点；51.地名

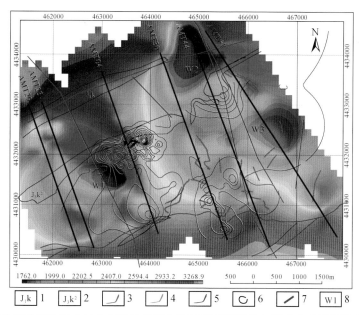

图版 Q　萨热克巴依次级盆地中反演的基底构造层顶面深度线与铜矿含矿层等厚度图(图3-3)

1. 下侏罗统康苏组范围;2. 上侏罗统库孜苏组上段,萨热克铜矿床赋存层位;3. 辉绿辉长岩脉群;4. 地表铜矿体;5. 铁矿体;6. 钻孔控制的铜矿(化)体含矿层等厚度线(m);7. 断层及据物探 AMT、CSAMT 和高精度磁力测量等推测的隐伏断裂;8. 根据物探资料综合解译的古构造洼地

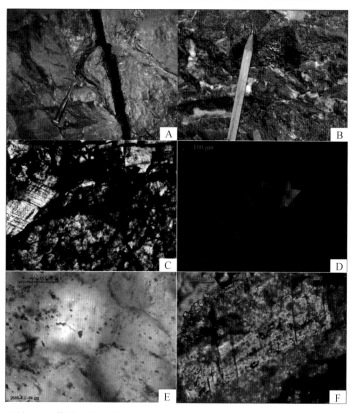

图版 R　萨热克铜矿床沥青化蚀变相和富烃类包裹体特征(图3-8)

A. 2730 中段-006 穿脉可见切层断裂中的黑色沥青物质;B. 2685 中段-4014 穿脉中的网脉状辉铜矿;C. 砾岩粒间孔隙为方解石所胶结,微缝隙含黑褐色沥青;D. 砾岩白云石胶结物晶间微缝隙含中轻质油,显示浅蓝色荧光;E. 石英胶结物内成群分布,呈无色–灰色含烃盐水包裹体及深灰色气体包裹体;F. 白云石胶结物内成群分布,呈褐色液烃包裹体

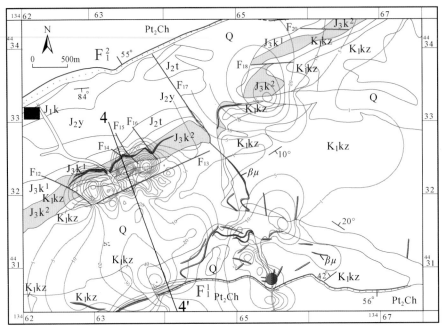

A.新疆萨热克砂砾岩型铜多金属矿床找矿地质模型平面图

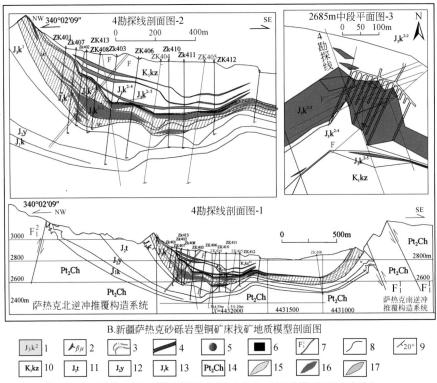

B.新疆萨热克砂砾岩型铜矿床找矿地质模型剖面图

J₃k² 1	$\beta\mu$ 2	3	4	● 5	■ 6	F₁ 7	8	20° 9
K₁kz 10	J₂t 11	J₂y 12	J₁k 13	Pt₂Ch 14	15	16	17	

图版 S　新疆萨热克砂砾岩型铜多金属矿床找矿地质模型平面图(图 3-21)

1. 初始成矿地质体(上侏罗统库孜贡苏组);2. 古近纪叠加成矿地质体(辉绿岩);3. 矿化层厚度等值线图;4. 砂砾岩铜矿体;5. 砂岩型铅锌矿体;6. 下侏罗统康苏组煤矿;7. 断层及破碎带;8. 地质界线;9. 地层产状;10. 下白垩统克孜勒苏群;11. 中侏罗统塔尔尕组;12. 中侏罗统杨叶组;13. 下侏罗统康苏组;14. 长城系阿克苏岩群;15. 库孜贡苏组(J₃k)叠加复合扇体旱地扇成矿地质体;16. 铜矿体;17. 晚白垩世盆地流体改造富集成矿地质体

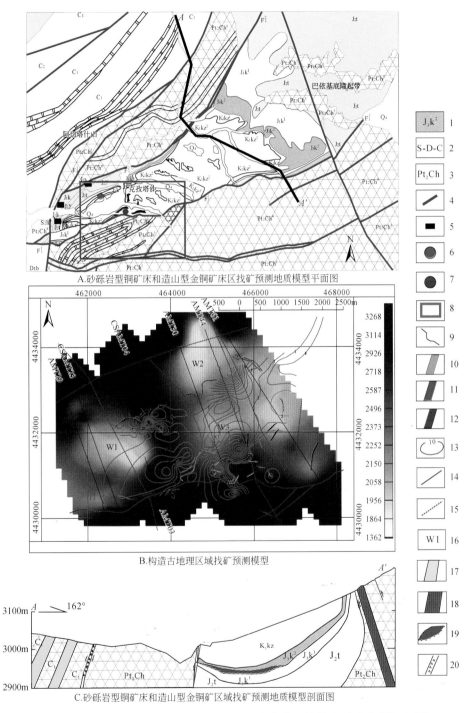

A.砂砾岩型铜矿床和造山型金铜矿床区找矿预测地质模型平面图

B.构造古地理区域找矿预测模型

C.砂砾岩型铜矿床和造山型金铜矿床区域找矿预测地质模型剖面图

图版T　新疆萨热克砂砾岩型铜矿床和造山型金矿床综合区域找矿预测地质模型(图3-22)

1. 初始成矿地质体;2. 上基底构造层;3. 下基底构造层;4. 断裂;5. 下侏罗统康苏组煤矿;6. 萨热克铜矿床;7. 铁矿点;
8. 岩相古地理恢复范围;9. 实测构造岩相学剖面;10. 辉绿辉长岩;11. 铜矿体;12. 铁矿体;13. 铜矿体等厚线;14. 断层;
15. 反演断层;16. 古沉积洼地;17. 含金韧性剪切带;18. 铜金矿化韧性剪切带;19. 预测铜矿体;20. 角砾岩带

图版U 乌拉根-巴什布拉克地区矿产地质图 (图4-1)

1.上新统+更新统:冲积+冲洪积岩石砂;风成砂;湖积淤泥;化学沉积和盐类;2.下更新统帕卡布拉克组:灰色砾岩夹砂岩透镜体;3.中新统西域组:灰红-褐红色砂岩-含砾岩-粉砂质泥岩-泥质细砂岩为主夹褐红-黄褐-紫红色晶屑凝灰岩二段;第二和第四段以褐红-黄褐色泥岩为主夹砾岩和砂岩;以褐红-灰褐色砂砾岩-含砾砂岩-粉砂质泥岩为主,夹砾岩和泥岩一段;4.中新统安居安居二段;以灰褐-褐黄-灰褐色石英岩一段;含铜层位;7.下白垩统克孜勒苏群第五岩性段:灰褐色-褐黄色粉砂岩-砂砾岩;顶部为紫红色泥岩夹砂岩;为乌拉根式铅锌矿的赋矿层位;8.克孜勒苏群第四岩性段:灰-灰黄色含砾砂岩-石英砂岩-含砾长石岩屑砂岩夹泥岩-灰绿色砾岩-含砾砂岩-紫红色岩屑砂岩一段;南部为灰黄色-灰黄色岩屑砂岩与紫红色泥质粉砂岩-粉砂岩及灰色粉砂岩夹灰色泥质粉砂岩;9.克孜勒苏群第三岩性段:10.克孜勒苏群第二岩性段:北部为灰白色长石岩屑砂岩-含砾砂岩-紫红色岩屑砂岩一下部为褐黄色岩屑砂岩及灰色泥质粉砂岩-砂砾岩夹长石岩屑砂岩;南部为黄褐色-暗褐色泥岩-灰黄色长石岩屑砂岩夹泥岩互层;上部为褐灰色岩屑砂岩与灰绿色长石岩屑砂岩;11.克孜勒苏群第一岩性段:底部灰白色粉砂质泥岩-粉砂岩及砾岩-灰绿色砾岩-黄褐色含砾岩屑长石砂岩;北部灰绿色-黄褐色碎屑灰岩一带;12.上侏罗统库孜贡苏组:灰绿色岩屑石英砂岩夹紫灰色泥质粉砂岩-灰白色石英砂岩;13.中侏罗统塔尔尕组:顶部为灰色块状粉砂岩;南部为褐黄-黄褐色砾岩-黄褐色含砾砂岩-灰绿色细砂岩夹含砾泥质细岩屑砂岩-粉砂岩;14.中侏罗统杨叶组;底部灰白色石英砂岩-粉砂质泥岩;中上部以暗紫灰色泥质粉砂岩为主,下部为灰白色石英砂岩;北部灰绿色泥岩塔尔尕层;15.下侏罗统莎里塔什组:灰色-深灰色灰岩中厚层状灰岩;下部为黑-深灰色石英片岩-灰绿色泥质岩片岩;18.下石炭统巴什兰贡组:灰绿色黑色砂岩和泥岩夹;16.未分上三叠系:灰绿色-紫灰色石英砂岩-粉砂岩-碳酸盐岩;17.下叠系统比上列提群:上段上部为第六岩性段:灰色上部为深灰-浅灰色二云母石英片岩-黑云母石英片岩夹灰绿色片岩;上段下部为黑-深灰色石英片岩-褐灰色大理岩-黄褐灰色片岩-浅绿色黄绿色块状基性火山岩;19.中泥盆统托库孜布拉克组;底部有灰色砂岩和碎屑岩;夹基性火山碎屑岩天提组;20.阿克苏群第五岩性段:绿灰色二云母石英片岩-黑云母石英片岩-浅绿色片岩及黄褐色黑云母石英片岩;22.阿克苏群第三岩性段:灰色绢云母石英片岩-云母石英片岩-浅绿色大理岩;23.阿克苏群第二岩性段:灰绿色绢云母石英片岩夹灰色石英片岩;下段第四岩性段:浅灰色绢云母石英片岩夹浅绿色绢云母石英片岩及黑色条带状云母岩-深灰色大理岩;24.砂岩型铅锌矿点;25.砂岩型铜矿点;26.铜矿床;27.向斜;28.背斜;29.铅锌矿床-矿点;30.铜矿床-矿点;31.煤矿床;32.铯矿床

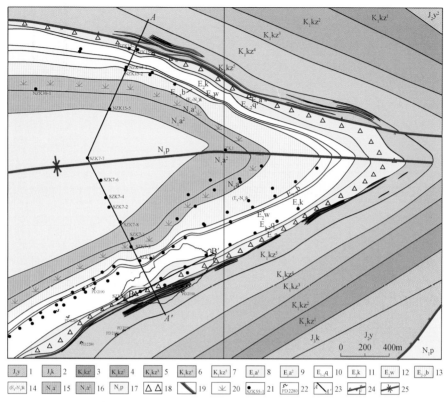

图版 V-1 塔西地区乌拉根铅锌矿区地质简图(图4-2)

1. 杨叶组;2. 库孜贡苏组;3. 克孜勒苏群第一岩性段;4. 克孜勒苏群第二岩性段;5. 克孜勒苏群第三岩性段;6. 克孜勒苏群第四岩性段;7. 克孜勒苏群第五岩性段;8. 阿尔塔什组第一段;9. 阿尔塔什组第二段;10. 齐姆根组;11. 卡拉塔尔组;12. 乌拉根组;13. 巴什布拉克组;14. 克孜洛依组;15. 安居安组下段;16. 安居安组上段;17. 帕卡布拉克组;18. 白云质角砾岩和构造热流体角砾岩相带;19. 铅锌矿体;20. 孔雀石化带;21. 钻孔和编号;22. 坑道及编号;23. 构造岩相学剖面位置(A-A'构造岩相学剖面见图4-3中);24. 断裂及性质;25. 向斜轴部位置

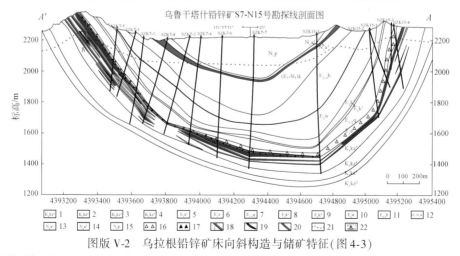

图版 V-2 乌拉根铅锌矿床向斜构造与储矿特征(图4-3)

1. 克孜勒苏群第二岩性段;2. 克孜勒苏群第三岩性段;3. 克孜勒苏群第四岩性段;4. 克孜勒苏群第五岩性段;5、6. 阿尔塔什组;7. 齐姆根组;8. 卡拉塔尔组一段;9. 卡拉塔尔组二段;10. 乌拉根组;11. 巴什布拉克组;12. 克孜洛依组;13. 安居安组一段;14. 安居安组二段;15. 帕卡布拉克组;16. 白云质角砾岩;17. 沥青化;18. 铅锌矿体;19. 铅锌矿化体;20. 铜矿体;21. 露采界面;22. 钻孔及编号

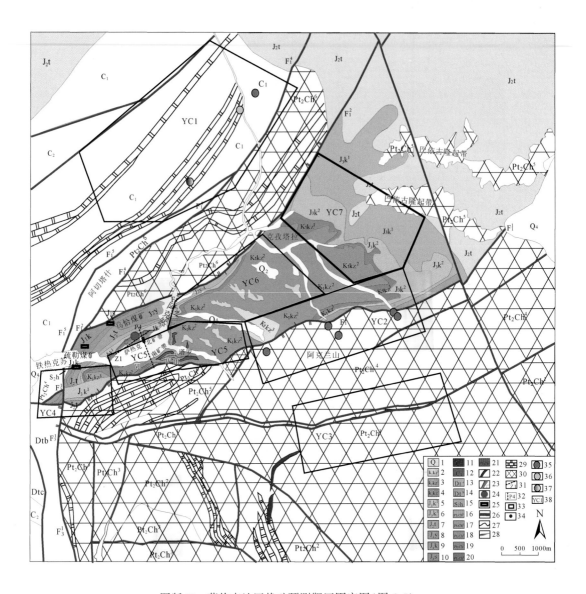

图版 W　萨热克地区找矿预测靶区圈定图(图6-5)

1. 第四系砂砾石沉积物(Q);2. 下白垩统克孜勒苏群第三岩性段(K_1kz^3),灰绿色、紫红色砾岩和含砾砂岩、岩屑砂岩夹紫红色粉砂岩;3. 克孜勒苏群第二岩性段(K_1kz^2),红色长石岩屑砂岩、泥质粉砂岩和褐灰色粉砂质泥岩互层,上部褐红色粉砂质泥岩夹长石岩屑砂岩;4. 克孜勒苏群第一岩性段(K_1kz^1),褐红色粉砂质泥岩与泥质粉砂岩互层,夹灰绿色含砾岩屑砂岩;5. 上侏罗统库孜贡苏组第二岩性段(J_2k^2),顶部紫红色、灰绿色和灰黑色细砾岩与紫红色透镜状长石岩屑砂岩泥质细砂岩,中部紫红色、灰绿色和灰黑色中细砂岩,下部紫红色和灰绿色粗–中砾岩,具有下粗上细的正向粒序结构;6. 库孜贡苏组第一岩性段(J_2k^1),上部灰绿色砾岩夹紫红色砾岩和含砾岩屑砂岩,中部灰绿色含砾岩屑砂岩夹含砾岩屑砂岩、长石岩屑砂岩,下部钙屑砂岩、钙屑含砾砂岩和钙屑泥质砂岩,具有下细上粗的反向粒序结构;7. 中侏罗统塔尔尕组(J_2t);8. 中侏罗统杨叶组(J_2y);9. 下侏罗统康苏组(J_1k);10. 下侏罗统莎里塔什组(J_1s);11. 上石炭统;12. 下石炭统;13. 中泥盆统塔什多维岩组 C 岩段;14. 中泥盆统塔什多维岩组 B 岩段;15. 中志留统合同沙拉组,绢云母千枚岩、硅质板岩、大理岩化灰岩;16. 阿克苏岩群第六岩性系;17. 阿克苏岩群第五岩性系;18. 阿克苏岩群第四岩性系;19. 阿克苏岩群第三岩性系;20. 阿克苏岩群第二岩性系;21. 阿克苏岩群第一岩性系;22. 铁矿体(床);23. 铜矿体和编号;24. 铜矿床;25. 煤矿床;26. 断层及编号;27. 地质界线;28. 辉绿辉长岩脉群;29. 阿克苏岩群中变形的大理岩标志层;30. 阿克苏岩群组成的下基底构造层;31. 实测构造岩相学剖面位置;32. 实测 4 勘探线构造岩相学剖面位置;33. 找矿预测区范围;34. ZK404 和 ZK405 钻孔位置;35. 铜矿点;36. 金矿化点;37. 铅锌矿点;38. 预测区位置编号

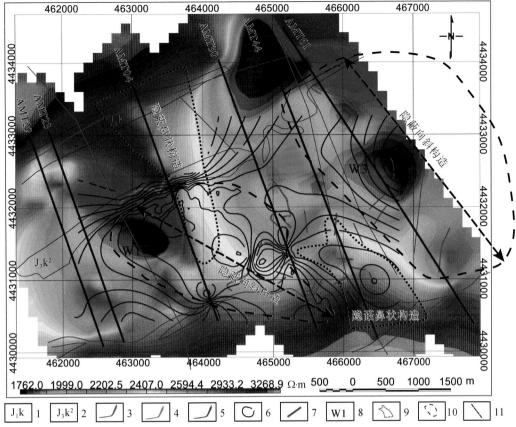

图版 X-1 　萨热克地区基底构造层等高线、古构造洼地、隐蔽鼻状构造和隐蔽向斜图(图6-7)

1. 康苏组:浅灰白色石英砂岩、灰色细粒岩屑石英砂岩、泥质细砂岩、灰黑色粉砂岩、黑色碳质泥岩、煤层、煤线,为含煤层系;2. 库孜贡苏组第二岩性段:灰绿色、紫红色巨块状砾岩,顶部为灰白岩屑石英砂岩,砾岩为铜的赋矿地层;3. 辉绿岩脉;4. 铜矿(化)体;5. 铁矿(化)体;6. 等值线;7. 断层;8. 洼陷编号;9. 隐蔽鼻状构造;10. 隐蔽向斜构造;11. 隐蔽向斜轴线

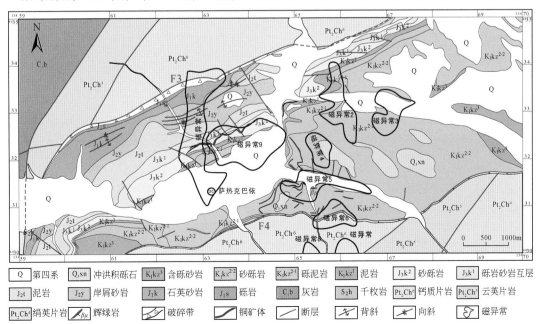

图版 X-2 　萨热克矿区地质、磁异常分布综合平面图(图6-15)

图版 Y　萨热克铜矿区构造岩相学填图系列（图 6-16）

A. 矿体顶板等高线图；B. 矿体底板等高线图；C. 含矿层等厚度线图；D. 矿体厚度等值线图；E. 铜矿化强度等值
线图（成矿相体强度等值线图）；F. 铜成矿强度等值线图

1. 康苏组：浅灰白色石英砂岩、灰色细粒岩屑石英砂岩、泥质细砂岩、灰黑色粉砂岩、黑色碳质泥岩、煤层、煤线，为含煤层
系；2. 库孜贡苏组第二岩性段：灰绿色、紫红色巨块状砾岩，顶部为灰白岩屑石英砂岩，砾岩为铜的赋矿地层；3. 辉绿岩
脉；4. 铜矿（化）体；5. 铁矿（化）体；6. 等值线；7. 断层；8. 洼陷编号